中国大坝工程学会丛书

水库大坝
智慧化建设与高质量发展

贾金生　李文超　湛正刚　汪　良　主编

中国建筑工业出版社

图书在版编目（CIP）数据

水库大坝智慧化建设与高质量发展/贾金生等主编
. —北京：中国建筑工业出版社，2022.10
（中国大坝工程学会丛书）
ISBN 978-7-112-27980-7

Ⅰ.①水… Ⅱ.①贾… Ⅲ.①水库－大坝－水利工程
－中国－文集 Ⅳ.①TV698.2-53

中国版本图书馆 CIP 数据核字（2022）第 176504 号

　　本论文集基于对水库大坝建设发展新形势的分析和对重大水利水电工程建设及运行管理经验的总结，围绕行业普遍关注的水库大坝工程建设及管理技术等内容，阐述坝工事业发展的新观点、新动态、新方向、新技术。全书共分为五篇，包括：水库大坝建设与运行；水库大坝安全管理；水库大坝施工与材料；多能互补与生态保护；数字孪生与智能化新技术。

　　本书可供水利水电规划、勘测、设计、施工、运行、科研、教学和建设管理部门有关人员参考。

责任编辑：辛海丽
责任校对：张　颖

中国大坝工程学会丛书
水库大坝智慧化建设与高质量发展
贾金生　李文超　湛正刚　汪　良　主编

＊

中国建筑工业出版社出版、发行（北京海淀三里河路 9 号）
各地新华书店、建筑书店经销
北京龙达新润科技有限公司制版
北京君升印刷有限公司印刷

＊

开本：787 毫米×1092 毫米　1/16　印张：59　字数：1468 千字
2022 年 10 月第一版　　2022 年 10 月第一次印刷
定价：199.00 元
ISBN 978-7-112-27980-7
（40075）

序

　　中国大坝工程学会 2022 学术年会将在贵州举行。大会邀请院士、专家学者和众多工程一线技术人员，围绕"水库大坝智慧化建设与高质量发展"主题，共同探讨坝工事业发展的新趋势，阐述和分享研究思考的新观点、新技术和新成果。为便于与会人员学习和交流，会前从征集的论文中遴选了 123 篇汇编成册，形成本论文集。论文集主要包括下述几项重点内容：

　　（一）水库大坝建设与运行

　　（二）水库大坝安全管理

　　（三）水库大坝施工与材料

　　（四）多能互补与生态保护

　　（五）数字孪生与智能化新技术

　　本论文集选择的这五个领域，前三项属于传统议题，但赋予了新理念、新材料和新技术的实践；后两个议题，属于坝工领域面临的新课题。之所以聚焦这些方面内容，主要基于国家推动经济社会高质量发展对水安全、能源安全等提出了新的要求。为全面提升国家水安全保障能力，水利部作出了推动新阶段水利高质量发展的重要部署，要求着力提升水旱灾害防御、水资源集约节约利用、水资源优化配置和大江大河大湖生态保护治理四大能力，重点抓好完善流域防洪工程体系、实施国家水网重大工程、复苏河湖生态环境、推进智慧水利建设、建立健全节水制度政策和强化水利体制机制法治管理六条实施路径。为更好地保障国家能源安全，国家发改委、国家能源局明确提出加快构建清洁低碳、安全高效的现代能源体系，积极推进多能互补的清洁能源基地建设，大规模推进抽水蓄能工程建设，推动能源高质量发展。水库大坝，是水安全和能源安全的重要基础支撑，在抗御洪旱灾害、调蓄利用水资源、修复水生态环境、提供清洁能源、应对气候变化等方面发挥着重要作用。

　　面对新形势，迎接新挑战，落实新要求，水库大坝建设与管理需要广泛探讨、不断创新，凝聚全行业的智慧和实践经验，积极推进坝工事业高质量发展，为保障国家水安全、能源安全和实现双碳目标作出应有贡献。

　　一是水库大坝建设和管理要满足高质量发展要求。水利高质量发展，要求水库大坝全生命周期都应满足安全、可靠、高效、与生态环境和谐共生。这就要求大坝建设和管理工作者，要转变理念，调整价值取向，真正把质量、安全、绿色作为水库大坝建设和运行的核心价值，统筹好公共利益与工程效益、社会安全与经济效益的关系。要通过创新理念，研发新技术、新工艺、新材料，尤其要大力推进建设具有预报、预警、预演、预案功能的数字孪生大坝工程，全面提升水库大坝建设和运行的数字化、智能化水平，提高新建和已建水库大坝的本质安全。

二是水库大坝要为流域生态安全贡献力量。经过大规模的水利水电工程建设，中国流域防洪和供水保障能力大大提升，水电装机超过 3.4 亿千瓦，提供了大量清洁能源。但随着不断增长的人民群众对美好生态环境的期待，江河生态环境受到越来越广泛的关注。江河湖泊是自然界最重要的生态廊道之一，水库大坝是江河生态廊道的重要组成部分。要坚持人与自然和谐共生理念，在水库大坝建设和运行中更加注重江河生态保护和改善，最大限度发挥水库大坝在流域中的生态调节和生态修复功能，维护河湖健康生命，实现河湖功能永续利用。要创新调度机制，运用大数据、物联网、云计算等新一代信息技术，优化单一水库和水库群联合调度，不断改善江河湖泊生态系统的质量和稳定性。

三是水库大坝要为"双碳"目标实现积极发挥作用。中国政府提出 2030 年实现"碳达峰"，2060 年实现"碳中和"，要求构建现代新型能源体系。2030 年风电和太阳能发电总装机容量预计达到 12 亿千瓦以上，其随机性和波动性给电网带来巨大挑战。利用水电良好的调节性能可对风、光等可再生能源进行补偿，水风光储一体化发展是一个新的发展思路。水电需要调整功能定位，逐步由独立发电主体向新能源调节主体转变，在充分发挥既有流域水电基地调节能力基础上，进一步增大容量、提高调节能力，同时合理布局配套的抽水蓄能电站，深度提升流域水电调节能力。

为充分发挥学术社团的智库支撑和桥梁纽带作用，更好地服务国家战略，支持创新驱动，推动学科发展和引领科技进步，作为我国坝工领域的全国性学术组织与国际交流的桥梁纽带，中国大坝工程学会持续打造学术年会这一学术活动品牌，得到了政府部门和各级领导的大力支持，也得到了专家学者和广大会员的积极响应，已成为广大坝工科技工作者交流成果、切磋观点、增进合作的重要平台和反映中国大坝技术进展的重要窗口。

本次会议由中国大坝工程学会主办，由中国水利水电第九工程局有限公司、中国电建集团贵阳勘测设计研究院有限公司、华电西藏能源有限公司（中国华电集团有限公司西藏分公司）承办，中国华能集团有限公司、黄河勘测规划设计研究院有限公司、中国葛洲坝集团股份有限公司、中水珠江规划勘测设计有限公司、广东省水利水电科学研究院、遵义市水利水电勘测设计研究院有限公司、中国电建集团昆明勘测设计研究院有限公司、华电西藏能源有限公司大古水电分公司、贵州大学等单位给予了协办支持。在此一并表示衷心的感谢！

会议组委会主席

2022 年 10 月于北京

目　录

第四篇　多能互补与生态保护

第五篇　数字孪生与智能化新技术

第一篇　水库大坝建设与运行

节能分部式除尘工艺在制砂系统中的应用与研究

程洪泉　姚大军　万林波

（中国水利水电第九工程局有限公司，贵州贵阳 550081）

摘　要：本制砂系统粉尘处理根据系统场地采用就近布置除尘器，单台生产设备扬尘点集中收尘的工艺，以"点对点"的方式进行针对性处理，所收集粉尘既可通过气力输送集中于存放粉仓罐，也可就近返回胶带输送机上。根据不同工况除尘器选用气箱脉冲布袋除尘器与脉冲反喷扁袋除尘器结合使用，最大限度降低骨料生产"能耗及成本"。

关键词：机制砂系统；节能分部式；除尘工艺；应用研究

1　引言

近年来，我国对环境保护、生产污染的排放指标，要求越来越严格，对于机制砂行业来说，更是面临着新的挑战。国家对矿业加工粉尘排放指标由原来的 $50mg/m^3$ 提高至 $20mg/m^3$，而各投资建设单位为了百分百地满足环保排放指标要求，在技术上基本将制砂系统运行排放指标提升至 $10mg/m^3$。同时，目前在机制砂行业里，正常产能下，几乎没有能一次性达到排放指标的除尘工艺。

通过大量的调研，了解国内的大型机制砂系统里，基本上都是采取多次抽排、多次封闭、喷淋、水雾综合等方案来满足除尘技术指标要求，部分系统甚至干脆取消除尘工艺，采用全水洗的方案，来解决生产粉尘污染问题。总体而言，绝大多数存在能耗高、成本大、占地宽、原料利用率低及水资源耗费成本高等缺点，除尘工艺的成本和水平，目前仍存在较大的提升空间，创新一套节能低耗、降本增效的机尘砂除尘工艺势在必行。

本文介绍的节能分部式机制砂除尘工艺，就是在这样的背景下，诞生的一套新型除尘工艺，在除尘效果、节能降耗除尘，与传统除尘工艺对比，取得了极大的进步。

2　研究与应用依托的工程项目简述

云南滇中引水工程是国家"十三五"172 项重点工程之一，滇中引水楚雄砂石 1 标项目位于云南省楚雄州牟定县，主要为云南滇中引水工程（楚雄段）隧洞、渡槽、暗涵等工程提供约 $111.36×10^4 m^3$ 混凝土的骨料用量。

本项目砂石加工系统布置于迤石坝石料场附近，料源岩性主要为长石石英砂岩；根据场地布置、料源特性、生产强度，采用半干式制砂工艺，粗碎设计处理能力为 640t/h，

作者简介：程洪泉（1976—），男，贵州安顺人，高级工程师，多年从事工程技术、机制砂石工艺流程设计、施工管理工作。E-mail：616354171@qq.com。

成品生产能力为 520t/h。系统设计为三段破碎：粗碎、中碎、制砂（整形）。粗碎为开路生产，颚式破碎机加工料场开采原料，控制破碎后的骨料小于 300mm 至中碎车间；中碎为闭路生产，圆锥式破碎机加工半成品仓骨料，控制破碎后的骨料小于 40mm 至制砂车间，以及分级 5～12mm、<5mm 骨料；制砂为闭路循环，立轴式破碎机制砂兼整形，生产优质粗骨料和成品砂。

本项目合同环保指标：粉尘排放浓度：≤10mg/m³，包括但不仅限于固体、液体、气体等，须通过当地环保部门验收，且不达到环保要求，不予竣工验收（表 1）。

质量指标要求   表 1

序号	项目	指标	备注
1	人工砂中的石粉含量	6%～18%	石粉系指小于 0.16mm 的颗粒；常态混凝土 14%～18%，碾压混凝土 18%～22%
2	轻物质含量	≤1%	其密度小于 2.0t/m³

3 除尘工艺的选择

3.1 简述

鉴于除尘系统对砂石加工系统的重要性，也是一个系统最终成功的关键所在，本项目设计之初就根据项目特点，精心钻研除尘系统。目前，我国矿山除尘器除尘工艺分为干式和湿式除尘，根据加工系统的特性，基本都采用干式除尘工艺。各除尘器厂家的设备在外观和型号上，有一定的差异，但其主要结构基本由进风口、配套风机、风筒、除尘器主机等组成（主机由主机箱体、进出风口、排污口等组成）。

3.2 除尘工作原理

干式除尘工艺主要工作原理为含尘气体由风管或箱体法兰口（直座式）进入过滤单元，粉尘随气流进入滤袋室，并均匀地分散到各个滤袋表面，粉尘被阻挡在滤袋外侧，而穿过滤袋的净化气体经过滤袋架与滤袋口进入到设备净气室，通过出口排风机排入大气。

为保证设备阻力保持稳定，压缩空气喷射清灰系统每隔一段时间由脉冲阀脉冲系统清灰一次，将积附在滤袋外侧的粉尘打落，粉尘靠自重落入灰斗中集中卸灰，具体原理见图 1。

3.3 国内外除尘器的发展情况

除尘器最初的目的主要是用来回收物料，其中最具有代表性的是 1881 年西方国家出现的第一台袋式除尘器，1907 年第一台电式除尘器被发明出来。目前最领先的技术还是在西方国家，我国除尘器研究起步较晚，最初基本上是整套引进国外设备系统，主要用于矿山井下除尘，但由于国内外地质情况不一、环境条件复杂多变，使用效果很难适应我国的技术环境条件。

如今，我国的矿山、建材行业除尘系统，呈现百花齐放、多家争鸣的现状，也带来了质量、成本、效果参差不齐，特别是机制砂石干法生产加工系统除尘的设备及工艺，近几年才发展起来，所以正确合理地选择除尘设备及优化设计除尘工艺，对于满足环保要求、

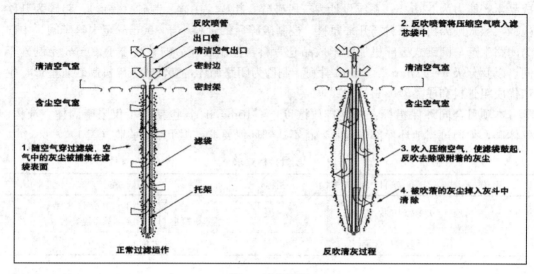

图 1　清灰原理

降本增效，显得至关重要。

3.4　除尘工艺的分析与选择

目前国内绝大多数机制砂加工系统，基本采用一机多点式收尘，辅助以二次、三次车间封闭，来进行除尘处理，工艺原理简单、安装方便、便于处理；如图 2 所示，一台除尘设备利用风管对多台生产设备进行除尘；其不足之处在于设备的噪声大、每吨成品砂石料理论耗电大多在 0.8kWh 以上，且设备用地空间较大，同时由于一机多点，电机功率配置较大，开机运行时，能量利用率相对较低。

图 2　一机多点式收尘系统安装

本文研究与应用依托项目属于中小型加工系统,当地电费价格较高,用地极为紧张,合同运行期 7 年,若仍沿用目前常用的除尘工艺,项目生产运行成本将会进一步增高,给系统运行成本带来更大的压力,并且不能有效除尘收尘以满足环保要求,无法通过系统验收。因此必须结合项目特点,创新工艺,做到既能满足除尘技术指标要求,成本又控制在可承受的范围。

对国内机制砂现用的除尘设备及系统进行了大量调研,为了突破技术瓶颈,延伸调研了金属矿山、煤矿行业、水泥行业、火电厂等的除尘设备及工艺,再结合本项目的特征,从而最终设计了本系统独有的除尘工艺,我们称之为节能分部式除尘工艺。

4 节能分部式除尘工艺研究

节能分部式除尘工艺系统主要组成:机械除尘器+水雾除尘+喷淋+封闭综合方案,是可以根据矿山料源含水率、质量、天气等因素,结合不同工况采用不同模式进行智能管理的一套综合系统。节能分部式除尘工艺的工作原理:分析粉尘源点及大小→计算含尘空气流量→配置除尘器及吸尘管。

4.1 尘源点的分析

根据加工系统的生产特性,在有物料分离、抛掷、冲击、破碎、滚动、跌落、强气流的部位及环节,均会产生需要处理的粉尘。

本系统重大尘源点主要有如下部位:(1)粗碎车间,重大粉尘源点主要为粗碎平台投料、颚式破碎及排料跌落入胶带输送;(2)半成品料仓给料机给料跌落;(3)中碎车间料斗集料进料及排料跌落入胶带输送;(4)细碎车间集料进料及排料跌落;(5)筛分车间筛分集料斗跌落;(6)转料仓集料给料、皮带机给料跌落等部位,均是重大尘源产生点,是重点粉尘处理部位。

4.2 尘源点含尘空气流量分析与计算

根据制砂加工系统特点,不同的矿山原料级配,不同的原料含水率,不同的给料量,不同的破碎排料开口尺度,不同的产品生产组合方式,其粉尘产生量、扬尘量均不同,从而含尘空气的含尘浓度变化不同,从除尘工艺的角度来看,只能按最不利的最大的除尘能力来计算和配置除尘系统。

除尘系统功率配置需要计算的主性能参数,单位时间内的含尘空气量(根据系统设备型号参数工况、试验、经验确定)、假定过滤面积、假定最佳风速。比如:破碎机除尘器的处理风量是指除尘设备在单位时间内所能净化气体的体积量,其计算公式为处理风量(m^3/h)÷过滤风速(m/min)=过滤面积(滤袋的表面积,m^2)。

袋式除尘器处理风量的计算与选择是首要环节,其决定了除尘器工作效率的高低以及除尘器型号的不同,小型除尘器处理风量小到每小时只有几立方米,而大中型除尘器风量每小时可达上百万立方米。若除尘风量选得过大,那么设备的占地面积和投资都会增加;若除尘风量选得过小,除尘器在超风量下运行,滤袋就很容易发生阻塞,寿命逐渐缩短,压力损失增大,除尘效率就会降低。袋式除尘器入口粉尘浓度由扬尘点的工艺所决定,是另一个重要环节。风量选择合理的过滤风速是确定除尘器结构的重要参数之一，影响至关重要。

同时，除尘器应用上不能为片面追求投资少、占地少，以便价格上占据优势，选择高风速的过滤风量，不考虑国产滤料的应用最佳工作点，结果会导致滤袋寿命急剧下降和"高阻症"的出现，系统风量在短期内很快下降，运行成本上升和达不到除尘效果。

4.3　本系统除尘特征

本系统采用的制砂工艺为半干式制砂工艺，与干法存在一定的差异，粉尘含水率高于干法生产产生的粉尘，一般控制在5％以内（干式制砂的含水率需要小于2％），因此应对过滤袋的脱水、抗粘、表面张力性能进行特殊处理，以保持其工作效果的稳定性。对于破碎机布袋除尘器，其使用温度取决于两个因素，滤料的承受温度和气体温度在露点温度以上。目前，由于玻纤滤料的大量选用，其使用温度可达280℃，对高于这一温度的气体采取降温措施，对低于露点温度的气体采取提温措施。对于袋式除尘器，间接传热烘干机、选银设备等制砂设备，使用温度与除尘效率关系并不明显。出口含尘浓度指布袋除尘器的排放浓度，表示方法同入口含尘浓度，出口含尘浓度的大小应以当地环保要求或用户的要求为准，布袋除尘器的排放浓度一般都能达到$20g/Nm^3$以下。

本系统采用就近布置除尘器、单台生产设备扬尘点集中收尘的收尘工艺，以"点对点"的方式进行针对性处理，所收集粉尘既可通过气力输送集中于粉仓罐，也可就近返回到胶带输送机上。根据不同工况除尘器选用气箱脉冲布袋除尘器与脉冲反喷扁袋除尘器结合使用，大幅降低除尘系统阻力，提高除尘设备的效率，最终降低整个生产系统所需的除尘系统装机功率，在提高除尘效果的同时减少电耗。

4.4　智能与智慧控制

本除尘系统采用智能控制系统及变频控制系统，设备均采用中央集中控制，当尘源点粉尘浓度发生变化时，智能控制系统会通过变频控制，自动调节期间风速及脉冲振动频率，做到精细化节能降耗。

4.5　本系统除尘布置与封闭

除尘封闭的精度，直接影响到除尘的效果，以及系统运行的稳定性；而布置是否合理，直接影响运行安全和运行成本。设计生产车间工艺结构时，应同步设置和预留封闭、吸尘管、除尘器、排气管的空间，使破碎系统与除尘系统有机完美结合，才能更好达到使用方便、运行顺畅、外观完美的要求，同时工作量方可控制在合理范围。节能分部式除尘系统是中国水利水电第九工程局有限公司首次引入的机制砂系统的除尘工艺，因此在封闭与布置方面，还有较大的提升空间，以中碎车间为例，其封闭和布置如图3所示。

5　应用成果及效果

本系统的节能分部式除尘系统自2020年10月安装完成，运行1年以来，其成品电耗摊销仅为0.3kW/t；排气口检测指标粉尘排放浓度均≤$10mg/m^3$，具体数据见表2。

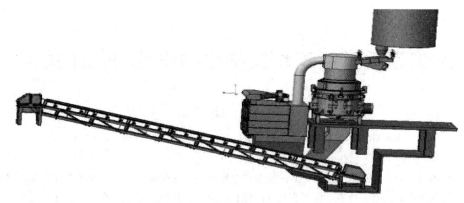

图 3　节能分部式除尘系统封闭和布置示意图

砂石加工系统各车间排放粉尘检测数据统计　　　　　表 2

序号	车间名称	检测部位	粉尘检测数据（mg/m³）	综合排放数据（mg/m³）	备注
1	粗碎车间	排料口	1.43		
		车间出入口	0.15		
2	中碎车间	排料口	1.16		
		车间出入口	0.08		
3	细碎车间	排料口	1.10	0.66	
		车间出入口	0.06		
4	一筛车间	排料口	1.25		
		车间出入口	0.07		
5	二筛车间	排料口	1.20		
		车间出入口	0.07		

　　除尘系统在正常运行时，车间生产环境完全满足职业健康的生产工作环境，且每一台除尘器专门配置了消声器，使系统粉尘和噪声两大难题得以完美解决，得到了建设单位、环保部门的高度认可。

6　结语

　　节能分部式除尘工艺首次引入机制砂系统领域，虽然达到了功能预期、环保指标及节能降本的目标，但在工艺上局部还存在一些不足，如当生产原料含水率偏高时，运行粉尘还是会有部分积累于箱体及过滤袋上，其风干后，二次班次起机生产时，会有少量的粉尘扬起，需要辅助喷淋系统，才能控制起机时的扬尘，还需不断完善和提升。

　　本项目节能分部式除尘系统工艺，是半干法制砂工艺提高环保技术指标的深化工艺，是在水利机制砂石领域一次新的突破，是跨行业引入和借鉴的一次大胆尝试，也是目前国内机制砂领域机械除尘效果良好、成本可控、真正节能降耗的一项新兴工艺，同时还需要不断地总结与提升，在更宽更广的领域去实践和使用，才能更好地得到升华。

水电站工程垂直深基坑支护结构设计与施工关键技术

李　刚　陈　琰　居　浩

（中国电建集团贵阳勘测设计研究院有限公司，贵州贵阳 550081）

摘　要：水电站工程垂直深基坑开挖支护在复杂的地形地貌、开挖深度、地下设施等多种限制条件下，选择合理的支护形式及施工技术，做好支护系统结构设计，并在保证基坑安全的前提下优化施工方法，确保工程施工安全，降低工程造价，具有重要的现实意义。本文对某水电站项目大面积深基坑工程实例分析，介绍了深基坑的支护系统结构设计，以及结合实际施工，对支护结构体系的相关技术参数进行了优化设计。从设计手段、施工工艺及施工质量控制方面对影响基坑安全及经济造价方面入手，采用了"抗滑桩＋防渗墙、混凝土地下连续墙独立挡护、混凝土地下连续墙＋预应力锚索挡护"多种支护形式，并形成了一套水电工程深基坑设计施工经验，对类似的基坑设计施工提供一定参考。

关键词：水电站；垂直深基坑；地下连续墙＋预应力锚索；结构设计；成槽施工

1　前言

城市发展过程中为综合利用地下空间，如地下室、地铁站、地下商场等各种工业与民用建筑，其基坑均为垂直深基坑。当前水电工程开发已经完全融入城市协调发展，实现统一规划、统筹建设用地。由于基坑周围环境设施往往比较复杂，加上用地有限，传统的放坡开挖方法在大多数情况下已经不具备实施条件[1]，水电工程建设节约用地或减小施工过程对城市或道路运行的影响是当前水电工程施工主导思想，垂直深基坑技术在水电工程中已经开展应用。

2　深基坑垂直支护结构

建筑深基坑支护技术发展非常迅速，城市建筑深基坑一般深 4～8m，许多大型地下市政设施、地下商业设施及地铁站的深基坑开挖深度超过 10m。支护结构多采用钻孔灌注桩（排桩）、地下连续墙、钢支撑、抗滑桩、水泥搅拌墙等。建筑深基坑根据建筑物体型及规模特征，基坑内可设置水平多层支撑梁系，深度可达 50m。

3　电站布置与城区关系

某水电坝址及库区位于中心城区的上游区域，电站纳入城区规划，电站建设过程中相关道路等基础设施按照城区总体规划进行布局建设，建成后，电站将成为城区向上游区域延伸的一部分，对城区打造特色旅游、脱贫攻坚都具有重要的意义（图 1）。根据城区城

作者简介：李刚（1980—），男，吉林农安人，工程硕士，正高级工程师，主要从事水电工程设计。
　　　　　E-mail：35633674@qq.com。

镇发展规划，电站枢纽布置不占用右岸城区城镇规划商业、住宅、医院、学校、公路用地，施工及运行期不中断两岸道路通行，不影响城镇后期规划。因此需要采取合适的边坡开挖及支护方式减少对城区城镇规划用地占用。电站枢纽布置在岸边两条道路之间，坝顶以上无永久边坡。

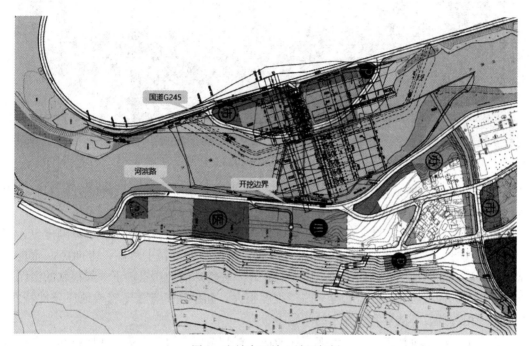

图 1   电站布置纳入城区规划

4   工程布置特点及基坑开挖方案选择

本工程为 Ⅱ 等大（2）型工程，挡水建筑物、泄水建筑物、引水发电建筑物等主要建筑物为 2 级建筑物。对于近坝防护区，根据《防洪标准》GB 50201—2014、《堤防工程设计规范》GB 50286—2013 规定，设计洪水为 50 年一遇（2%），相应堤防工程级别为 2 级。

河床式电站枢纽建筑物为泄洪闸＋河床厂房（灯泡机组）。本工程左岸近坝防护工程主要防护对象为工厂和 G245 国道。覆盖层深 40～50m，物质成分为卵砾石夹砂，结构为稍密～较密实状态，下伏粉砂泥质板岩。左岸护坦边坡均为深厚覆盖层分布，厚度一般为 29.6～37.3m，下伏基岩为峨边群之茨竹坪组粉砂岩及粉砂质板岩、泥质板岩及炭质板岩，岩体多呈薄层状结构，并呈弱～微风化状态，岩层陡倾、近直立。

为尽可能减少对城镇规划用地的影响，枢纽建筑物轴线选择在原始河道最宽位置；结合河流和道路布置情况，仍需要优化泄洪建筑物孔口尺寸、厂内综合布置来缩短大坝轴线总长度（图 2）。经过泄洪闸孔数 5 孔、7 孔方案，泄洪闸下游闸墩上布置安装间方案等综合比较，选择 5 孔泄洪闸＋岸边安装间方案，将枢纽建筑物布置于两条公路之间，不占用也不影响其通行。

本工程两岸基坑开挖深度：右岸一期导流河床扩挖深度 9m，左岸一期基坑开挖最大

图 2　坝址区两岸道路布置

深度 30m，右岸二期基坑开挖最大深度 40m。为实现基坑开挖施工，两岸边坡不能采用放坡支护，而采取加强挡护再垂直开挖的思路。

地下连续墙的优点：施工时振动小，噪声低，非常适于在城市施工；墙体刚度大，用于基坑开挖时，极少发生地基沉降或塌方事故；防渗性能好；工效高，工期短，质量可靠，经济效益高。地下连续墙的缺点主要有：在一些特殊的地质条件下（如很软的淤泥质土，含漂石的冲积层和超硬岩石等）施工难度很大；如果施工方法不当或地质条件特殊，可能出现相邻槽段不能对齐和漏水的问题[2]。

根据本工程基坑深度规模，兼顾水库防渗、保护两岸建筑物需要，库区段和消能段首先考虑地下连续墙结构，根据基坑深度不同和边界条件限制而选择布置预应力锚索。

因本工程基坑深度大，支护方案选择重点是满足强度需要，因此自上游到下游依次采用：抗滑桩＋防渗墙、2m 厚地下连续墙＋预应力锚索、2m 厚地下连续墙、1.5m 厚地下连续墙＋预应力锚索三种结构形式。

5　垂直支护结构设计

本工程左岸近坝垂直防护工程将泄洪闸上游段基坑支挡与硅厂、G245 公路防护、水库永久防渗系及一期基坑闭气永临结合进行设计。左岸近坝防护对象地面高程较低，对该区域临河侧采取下部基岩内布设防渗帷幕，上部的覆盖层内设置防渗墙，地面以上部分布置防洪墙垂直防渗体系，在坝肩与大坝防渗帷幕衔接。同时，该区域左岸厂区有地下设施，有取水井布置，预应力锚索钻孔及灌浆施工将影响取水生产，所以本段未布置预应力锚索。根据工期安排一期基坑内左岸防护工程为施工关键线路工作，采用一道工序加厚的地下连续墙；靠近坝肩位置深度达 30m，布置预应力锚索；而基坑上游（一期围堰接头以上）采用（防护墙横向布置）抗滑桩 1.5m×4m＋防渗墙厚 1m。下游护坦段支护结构除保护国道外，仍需满足泄洪防冲刷要求，该区域锚索布置不受限制，采用 1.5m 厚地下连续墙＋预应力锚索。

5.1 计算假定

桩墙锚固深度[3] 根据锚固段的最大侧压应力不大于地基的侧向容许承载力来确定。因墙均锚入基岩 2m，故墙底支撑条件设定为铰支。考虑支护结构距 G245 公路较近，桩顶变形控制在 $0.005\sim0.010h_T$（h_T 为墙高）；墙在土压力与预应力锚索的初始张拉力作用下正负弯矩大致相等，并考虑锚索与墙变形协调；地下连续墙独立支挡情况按悬臂桩计算假定进行内力计算。

取典型断面进行边坡稳定计算，以最大剩余下滑力水平分力、库仑土压力两种作用计算得到的最大结构内力作为结构配筋的依据。经过各工况对比分析后，确定一期基坑内，坡外有水、坑内无水工况为最危险工况。

防护段覆盖层天然重度取 $22kN/m^3$，饱和重度取 $24.4kN/m^3$，c 取 0。内摩擦角是水上取 32°，水下取 28°，允许承载力为 450kPa。基岩的天然重度和饱和重度都是 $27.2kN/m^3$，c 取 700kPa，内摩擦角取 42°，饱和抗压强度为 40MPa，允许承载力为 2000kPa。地基系数：覆盖层与锚固体粘结强度取 220kPa，基岩与锚固体粘结强度取 1000kPa；覆盖层 m 值取 $10MN/m^4$，基岩 m 值取 $20MN/m^4$。

5.2 计算结果

1. 抗滑桩（防护墙横向布置）1.5m×4m＋防渗墙厚 1m

库仑土压力作用下，背侧最大弯矩 59370kN•m，最大剪力 10786kN，最大位移 201mm。由上述内力值，进行结构配筋计算，拟定弯矩最大、剪力较大截面配筋为：受拉区竖向纵筋为 10 根 Q30 轻轨，受压区纵筋为 6 根 Q30 轻轨＋9Φ36，抗剪拉筋为 6Φ16@400。

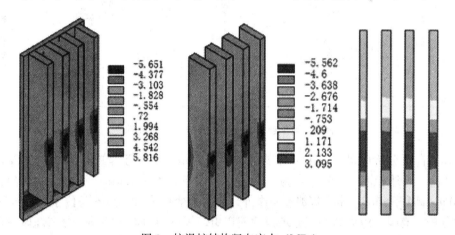

图 3 抗滑桩结构竖向应力（MPa）

由于防渗墙和抗滑桩浇筑有先后，可在它们之间形成弱面，假定桩墙结构分离，接触面间存在接触摩擦力。有限元分析成果（图 3）：抗滑桩竖向拉应力，最大值为 3.095MPa，高程为 567.5m，低于开挖面 2.0m。防渗墙竖向最大拉应力值为 5.816MPa，位于岸里，高程为 555.3m。结构向岸外最大水平变形为 255.0mm，位于桩顶，桩底端向岸外水平变形为 232.0mm。

2. 地下连续墙＋预应力锚索

为泄洪闸基础过渡至上游明渠段基础开挖面范围，开挖形成约 30m 垂直基坑，采用 1.5m 厚地下连续墙＋锚索的方式进行支护，锚索间排距 3m。施工过程中经与施工单位沟通了解，采用 1m 直径接头管进行Ⅰ、Ⅱ序槽段衔接。最终确定有锚索段结构计算单元尺寸宽×高为 3m×2m，间距 3m；无锚索段计算单元尺寸宽×高为 6m×2m，间距 6m。

根据计算假定，最终确定三排锚索水平锁定力分别为 1050kN、900kN、700kN。库仑土压力作用下，背侧最大弯矩 82733kN·m，最大剪力 10185kN，最大位移 189mm。拟定弯矩最大、剪力较大截面配筋为：受拉区竖向纵筋为 25 根 Q30 轻轨，受压区纵筋为 4 根 Q30 轻轨＋9Φ36，抗剪拉筋为 6Φ16@400。

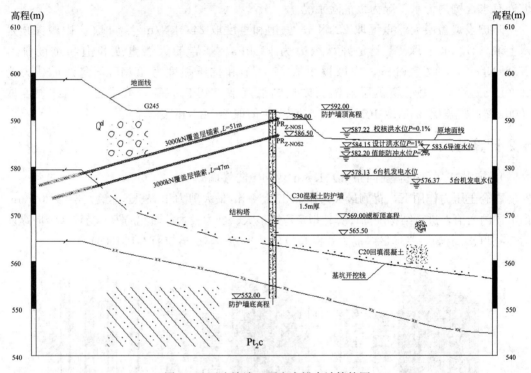

图 4　地下连续墙＋预应力锚索计算简图

根据有限元分析成果（图 4）：结构竖向拉应力最大值位于岸内，为 8.62MPa，高程为 557.5m；岸外拉应力最大值为 8.33MPa，高程为 572.0m。结构最大剪应力为 1.84MPa，高程为 557.5m。防护墙向岸外最大水平变形为 37.0mm，位于高程 574.0m。经对比分析，有限元应力结果积分求得截面弯矩，较材料力学法略小，分布规律一致，符合工程一般规律。

3. 地下连续墙独立承担

明渠底板厚 1.5m，需开挖至 569.50～571.50m 高程，基坑垂直深度约 17～18.5m，采用 1.5m 厚地下连续墙独立支挡。开挖期控制工况结构内力值：库仑土压力作用下，背侧最大弯矩为 63584kN·m，最大剪力为 8282kN，墙顶最大位移约 135mm。由上述内力值，进行结构配筋计算，拟定弯矩最大、剪力较大截面配筋为：受拉区竖向纵筋为 19 根 Q30 轻轨，受压区纵筋为 4 根 Q30 轻轨＋6Φ36，抗剪拉筋为 6Φ16@400。

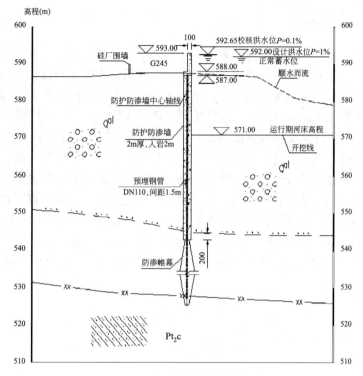

图 5　地下连续墙计算简图

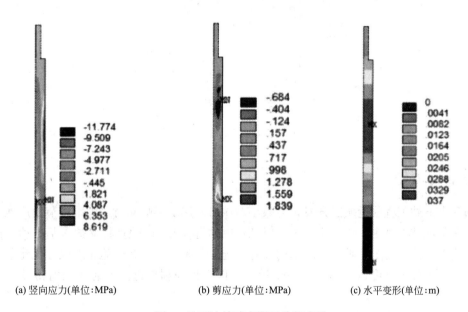

(a) 竖向应力(单位：MPa)　　(b) 剪应力(单位：MPa)　　(c) 水平变形(单位：m)

图 6　地下连续墙有限元分析成果

　　有限元分析成果（图 5、图 6）：结构竖向拉应力最大值位于岸内，为 15.55MPa，高程为 568.0m；岸外拉应力最大值为 1.87MPa，高程为 572.0m。结构最大剪应力为 2.07MPa，高程为 557.0m。防护墙向岸外最大水平变形为 240.0mm，位于桩顶。

6　地下连续墙成槽施工

地下连续墙的施工过程：导向槽施工、钢筋笼制作、泥浆制作、成槽、下钢筋笼、下接头管、下拔混凝土导管浇筑混凝土、拔接头管。水利工程中深基坑施工每项工作都非常关键，成槽质量关系到钢筋笼顺利下放、槽段间衔接不偏孔错位而漏水，因此本文重点说明成槽施工。成槽施工设备（图 7）主要有：乌卡斯（及冲击钻、手拉钻）旋挖机、液压抓斗等。本工程地下连续墙槽段长度为 6~8m（接头管中心），经现场对比乌卡斯钻机与抓斗组合，旋挖机与抓斗组合，乌卡斯钻机、旋挖机、抓斗组合施工方案。为确保成槽质量好、工效高。考虑各设备特点，最终采用乌卡斯钻机、配合旋挖钻机打主孔；在主孔前几米因施工平台回填或场地表层松散，容易塌孔，主孔施工过程采用回填复打挤密，再往下钻孔施工。旋挖钻机工效快，但孔斜控制难工大，精度低，本工程实际施工安排，在主孔孔深 15~25m 段采用旋挖钻机施工，其余采用乌卡斯钻机钻孔。副孔和小墙采用液压抓斗施工，工效高。实现 25d 完成 45m 深一序槽段成槽施工，并实现全槽段钢筋笼顺利下放。

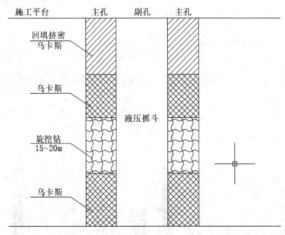

图 7　地下连续墙成槽施工设备组合

7　总结与展望

随着水电站工程临近城区开发，为减小对城市发展的影响同时最大限度节约用地，垂直支护深基坑技术将更广泛应用。本文以某水电站近 3 万 m^2 的垂直支护深基坑动态设计及配合施工经验，总结了垂直支护结构设计、施工设备选型及组合施工经验，优化了施工流程，加快了施工进度，提高了成槽质量，确保工程顺利推进。上述经验值得类似工程借鉴。

参考文献

[1]　董大志.地下轨交工程毗邻区深基坑工程技术研究［D］.苏州：苏州科技学院，2016.
[2]　喻刚.水利工程中深基坑施工技术［J］.中国新技术新产品，2009（19）：95-95.
[3]　冯树荣，彭土标.水工设计手册 第 10 卷 边坡工程与地质灾害防治［M］.北京：中国水利水电出版社，2013.

典型水电流域高坝筑坝关键技术研究与实践

段　斌[1]　陈　刚[2]　严锦江[2]　彭旭初[2]

（1. 国能大渡河金川水电建设有限公司，四川阿坝 624100；
2. 国能大渡河流域水电开发有限公司，四川成都 610041）

摘　要： 水电是十分重要的清洁可再生能源，筑坝技术对流域水电开发和水电工程建设尤其关键。针对大渡河流域梯级大坝群，基于建成的瀑布沟心墙堆石坝筑坝技术攻关，攻克了深厚覆盖层上建 200m 级高心墙堆石坝的技术难题；基于建成的大岗山混凝土双曲拱坝筑坝技术攻关，首创了全套强震区高拱坝抗震安全技术体系；基于建成的猴子岩混凝土面板堆石坝筑坝技术攻关，取得了强震区、狭窄河谷、深厚覆盖层高面板堆石坝筑坝技术进步；基于在建的双江口心墙堆石坝筑坝技术攻关，实现了 300m 级心墙堆石坝筑坝关键技术突破；基于在建的金川混凝土面板堆石坝筑坝技术攻关，实现了在深厚覆盖层和强卸荷岩体上修建高面板堆石坝的技术创新；基于丹巴混凝土闸坝筑坝技术攻关，论证了深厚覆盖层基础上建 40m 级混凝土闸坝的技术可行性。上述筑坝技术取得了非常显著的经济和社会效益，值得我国水利水电行业借鉴和推广。

关键词： 大渡河；流域；高坝；筑坝技术；水利水电

1　引言

水力发电（简称水电）是十分重要的清洁可再生能源。在我国贯彻落实新发展理念指导下，深入实施能源安全新战略，锚定碳达峰、碳中和目标，坚持可再生能源优先发展，实施可再生能源替代行动，加快构建新型电力系统，促进可再生能源高质量发展，在有效支撑清洁低碳、安全高效的能源体系建设的背景下，水电被赋予了更大更重要的使命，发挥着不可替代的特殊作用[1]。当前，科学有序推进大型水电基地建设，积极发挥水电调节能力，统筹推进水、风、光储综合能源基地建设是水电发展的必然趋势和具体路径[2]。修建水电工程就要进行大坝填筑，筑坝技术的进步和发展对水电工程建设至关重要。大渡河发源于我国青海省果洛山东南麓，干流全长 1062km，天然落差 4175m，全河流域面积 7.74 万 km^2，多年平均年径流量 473 亿 m^3，与黄河相当，其干流和主要支流水力资源蕴藏量约 3368 万 kW，占四川省水电资源总量的 23.6%，在我国十三大水电基地中位居第五[3]。由于大渡河地形地质条件复杂，存在河床覆盖层深厚、地质灾害较多、局部断裂带等复杂的地质问题，由此导致大渡河梯级电站建设将面临多项世界性的筑坝技术难题，如瀑布沟大坝（坝高 186m）是我国已建的深厚覆盖层上最高的砾石土心墙堆石坝[4]；大岗山混凝土双曲拱坝（坝高 210m）是世界建成的地震设防标准最高的高坝[5]；猴子岩大

作者简介：段斌（1980—），男，工学博士，正高级工程师，从事水电工程建设管理及技术工作。
　　　　　E-mail：iamduanbin@163.com。

坝（坝高 223.5m）是世界建成的最狭窄超高面板堆石坝、强震区世界最高面板堆石坝[6]；龚嘴大坝（坝高 85m）是大渡河干流建成的最高混凝土重力坝[7]；铜街子大坝（坝高 82m）是大渡河干流唯一的涵盖混凝土面板堆石坝、混凝土重力坝、混凝土心墙堆石坝等多种坝型的混合坝[8]；双江口土质心墙堆石坝（坝高 315m）是目前在建的世界第一高坝[9-10]；金川大坝（坝高 112m）是大渡河干流深厚覆盖层上在建的最高面板堆石坝[11]；丹巴大坝（坝高 38.5m）是我国拟建的超过 100m 覆盖层上修建的最高闸坝[12]，巴底大坝（坝高 97m）是大渡河干流深厚覆盖层上拟建的最高沥青心墙堆石坝[12]。可见，大渡河干流梯级电站工程涵盖了心墙堆石坝、面板堆石坝、拱坝、重力坝、闸坝、混合坝等主要坝型，堪称流域水电坝型"博物馆"，破解上述大坝的筑坝关键技术对引领世界坝工技术发展，推动我国清洁可再生能源高质量发展，实现碳达峰、碳中和目标，具有十分重要的意义和价值。

2　流域地质背景概述

2.1　地形地貌

大渡河流域总的地势是西北高、东南低，可分为四个地貌区，即河源高原宽谷区，上源与上游高山（原）峡谷区，中游高山、中山峡谷、盆地区，下游低山、丘陵宽谷区。

2.2　地层岩性

大渡河流经多个不同的大地构造单元，地层岩相变化十分复杂，从前震旦系到第四系地层都有出露。就地层整体分布特征而言，以龙门山主中央断裂为界，分为西北部地槽变质岩区和东南部地台沉积岩区。流域内三叠系主要分布于流域西北部，前震旦系在流域中部出露最多，古生界各系地层出露于流域中部与东南部。

2.3　地质构造

大渡河流域跨越松潘－甘孜地槽褶皱系和扬子准地台，分为四个主要地质构造单元，即色达－松潘断块、川滇南北向构造带北段、甘孜－康定断块、川中台拗。

2.4　新构造与地震

大渡河流域，自燕山运动以来，区域构造格架已趋定型。喜山期开始的新构造运动主要表现为大面积的掀斜抬升、老断裂的继承和发展、新断裂的产生、局部的断陷凹陷以及与之伴随的地震活动等。主要断裂带新构造包括鲜水河断裂带、磨西断裂带、大渡河断裂带、安宁河断裂带北段、龙门山断裂带等。区内强震震中，特别是 $M \geqslant 6$ 级的强震震中分布却具有明显的分带性和分区性。大渡河干流梯级电站均开展了地震安全性评价、工程防震抗震专题研究和审查等工作，地震安全性是有保障的。

2.5　物理地质作用

大渡河区带除崩塌、滑坡、潜在不稳定斜坡及泥石流外，物理地质作用主要表现有物理风化、卸荷等。

2.6　水文地质

大渡河流域在双江口以上的河源区，地下水类型主要是基岩裂隙水、松散堆积层中的孔隙潜水；在丹巴至马尔康地区的大渡河两岸分布变质砂板岩、大理岩以及少量岩浆岩侵入体，地下水类型主要是基岩裂隙水；石棉至丹巴地区段内岩浆岩大面积出露，地下水类型以基岩构造裂隙水为主；石棉至河口段地处大相岭峨眉山一带，碳酸岩类分布较广，岩溶水较发育，局部因气候干燥降雨量相对较少，地下水埋藏较大，泉点分布甚少。

3　典型筑坝技术分析

基于上述流域地质背景，自 2003 年以来，通过筑坝技术攻关和成果实践，在大渡河流域建成了世界范围内极具代表性的瀑布沟、大岗山、猴子岩三座高坝；通过开展重大科研和技术论证，解决了双江口、金川、丹巴等高坝筑坝技术难题，推进了项目建设和前期工作。这些建设和实施成果大大推动了坝工技术的进步和发展。

3.1　瀑布沟深厚覆盖层上高心墙堆石筑坝关键技术

1. 大坝工程概况

瀑布沟水电站工程等级为Ⅰ等大（1）型工程，开发任务以发电为主，兼有防洪、拦沙等综合效益。装机容量 3600MW，设计多年平均发电量 145.85 亿 kWh。工程枢纽主要由拦河大坝、泄水、引水发电、尼日河引水等主要永久建筑物组成，工程总布置格局为：河床部位布置砾石土心墙堆石坝，左岸布置地下式引水发电建筑物及一条岸边开敞式溢洪道、一条深孔无压泄洪洞，右岸布置一条放空洞。拦河大坝采用砾石土心墙堆石坝，大坝坝高 186m，坝基河床覆盖层最深处达 77.5m，坝顶长 540.50m。坝顶防浪墙高出坝顶 1.2m，其下部与心墙顶连接。上游坝坡 1：2 和 1：2.25，下游坝坡 1：1.8。坝顶宽度 14m。心墙顶设计高程 854.00m，顶宽 4m，心墙上、下游坡度均为 1：0.25，底高程 670.00m，底宽 96m。心墙坝肩部位，开挖面形成后，浇筑 50cm 厚的垫层混凝土，并对其下基岩进行固结灌浆。心墙上、下游侧均设反滤层，上游设两层各为 4m 厚的反滤层，下游设两层各为 6m 厚的反滤层。心墙底部在坝基防渗墙下游亦设厚度各为 1m 两层反滤料与心墙下游反滤层连接，心墙下游坝基反滤层厚为 2m。反滤层与坝壳堆石间设过渡层，与坝壳堆石接触面坡度为 1：0.4。为防止地震损坏，增加安全措施，在坝体上部堆石体内埋设土工格栅。坝基覆盖层防渗采用两道各厚 1.2m 的混凝土防渗墙，两墙中心间距 14m，墙底嵌入基岩 1.5m。防渗墙分为主、副防渗墙。主防渗墙位于坝轴线剖面，防渗墙顶与廊道连接，廊道置于心墙底高程 670.00m，主防渗墙与心墙及基岩防渗帷幕共同构成主防渗平面；副墙位于主墙上游侧，墙顶插入心墙内部 10m。上游坝坡高程 722.50m 以上采用干砌石护坡，垂直坝坡厚度为 2m；下游坝坡采用大块石护坡，垂直坝坡厚度为 1m。上游围堰包含在上游坝壳之中，作为坝体堆石的一部分。坝基及两岸基岩帷幕灌浆深入不大于 3Lu 的基岩相对隔水层。

2. 筑坝关键技术分析

针对坝体高（186m）、覆盖层深厚（77.5m）、河道窄、防渗土料黏粒含量少（平均

4.6%）等技术难题，开展了瀑布沟深厚覆盖层上高心墙堆石筑坝关键技术研究与应用。通过现场试验、物理模型、数值分析等手段，围绕高土石坝坝体防渗安全、基础防渗安全和泄洪消能安全等问题开展研究，解决宽级配砾石土料的选择利用、深厚覆盖层的地基处理、高水头大流量窄河谷条件下的泄洪消能等重大技术难题，有效解决了深厚覆盖层低黏粒宽级配砾石土心墙坝建坝关键问题。利用当地宽级配的天然砾石土解决了坝体心墙防渗的技术问题，丰富了坝工界对天然砾石土的认识，拓宽了砾石土心墙坝筑坝材料范围。首次成功将黏粒含量 5%的宽级配砾石土用作大坝心墙防渗材料，突破了建坝材料选择利用"瓶颈"，拓宽了建坝材料的适用范围，并配套研究应用了剔除粗粒的宽级配砾石土料级配调整技术和厚层状、25t 凸块土料碾技术；研究了长距离、大落差、连续下行式皮带机土料运输技术，属国内首次将带式输送机应用到水电工程大坝心墙砾石土料运输中，为类似工程土料运输积累经验并提供参考；同时研究了深厚覆盖层采用两道大间距高强度低弹模防渗墙，心墙与坝基混凝土防渗墙的连接为"单墙廊道式＋单墙插入式"，形成可靠的基础防渗体系，为我国深厚覆盖层上的心墙堆石坝建设探索出了成功经验；对坝基砂砾石层采用了部分开挖及固结灌浆处理，提高了基础的承载力，使坝基范围内绝大部分原河床覆盖层得到了充分的运用，同时减少了基础开挖及填筑的方量，取得了良好的技术经济效益；提出了分散泄洪、分区消能、合理分配泄量的设计理念，研究采用翻转扭曲挑坎的变底岸坡岸边溢洪道和缓底坡长泄洪洞新型掺气设施，解决了高水头、大泄量、窄河谷、环境特殊条件下的消能抗冲和掺气减蚀难题。建成后的瀑布沟大坝见图 1。该大坝被评为中国电力优质工程奖和国际里程碑工程奖。

图 1　建成后的瀑布沟大坝

3.2 大岗山强震区高拱坝筑坝关键技术

1. 大坝工程概况

大岗山水电站工程等级为 I 等大（1）型工程，开发任务以发电为主，装机容量 2600MW，设计多年平均发电量 114.3 亿 kWh。水库正常蓄水位 1130m，总库容 7.42 亿 m^3，调节库容 1.17 亿 m^3，具有日调节能力。电站枢纽工程由最大坝高 210m 的混凝土双曲拱坝、左岸地下厂房、右岸泄洪洞等组成。大岗山双曲拱坝主要体形参数见表 1。大坝设计地震采用 100 年基准期超越概率 2%，相应基岩地震动水平峰值加速度 557.5cm/s^2，大坝校核地震采用 100 年超越概率 1%，相应基岩地震动水平峰值加速度 662.2cm/s^2。大坝采取设置梁向钢筋、跨缝阻尼器、布置拱座抗力体抗震预应力锚索，并在大坝上游面一定范围内喷涂防渗涂料等抗震措施。

大岗山双曲拱坝体形参数　　　　　　　　　　　　　　　　表 1

项目	参数	项目	参数
坝高(m)	210.00	厚高比	0.248
拱冠顶厚(m)	10.0	弧高比	2.964
拱冠底厚(m)	52.0	上游倒悬度	0.136
拱端最大厚度(m)	56.55(950m 高程)	坝体混凝土量(万 m^3)	313.83
顶拱中心角(°)	93.136	坝基开挖量(万 m^3)	488.72
最大中心角(°)	93.466(1090m 高程)	单位坝高柔度系数	11.70
顶拱中心线弧长(m)	622.42	顶拱上游弧长(m)	631.13

2. 筑坝关键技术分析

大岗山双曲拱坝高 210m，设计地震动峰值加速度高达 557.5cm/s^2，在世界大型水电工程中最高，面临十分突出的拱坝抗震安全难题。在大岗山大坝建设过程中，开展了拱坝地震动输入研究，深化了设定地震反应谱的地震动输入与拱坝非线性响应分析方法，首次开展了大坝混凝土全级配弯拉动态性能试验研究，揭示了大坝混凝土在动力条件下的力学特性新规律，为抗震规范修订提供了依据；提出并实施了强震区特高拱坝综合抗震处理方法体系。优化体形设计、加强坝顶整体刚度、增加拱端坝体厚度、增强坝趾区锚固、布设梁向抗震钢筋，并首次在坝体横缝埋设阻尼器等综合抗震措施（图 2），满足了特强震区高拱坝抗震安全要求；提出并实施复杂地质条件下坝肩抗震加固技术。对右岸长大裂隙形成的 512 万 m^3 巨型不稳定块体采用了"坡面锚索＋抗剪洞（锚固洞）＋斜井＋立体排水降压"的综合加固处理技术；首次系统采用数值分析方法，通过系统研究施工时序对工程的影响，提出了合理的施工时序，满足了坝肩抗震安全的要求，并使边坡加固对工程直线工期的影响降到最低；以微震监测技术为主，在右岸坝肩卸荷裂隙密集带微震监测的基础上，增加坝体及坝基微震监测仪器布置，建立整个坝肩及坝基微震监测系统。首次在水库蓄水及大坝初期运行期，通过微震监测与数值分析相结合技术，为探讨坝体、坝基及坝肩的应力变形特性及变化规律提供了新途径。该工程被评为国家优质工程金奖。

图 2　大岗山大坝抗震阻尼器

3.3　猴子岩狭窄超高面板堆石坝筑坝关键技术

1. 大坝工程概况

猴子岩水电站工程等级为Ⅰ等大（1）型工程，开发任务以发电为主，装机容量 1700MW，设计多年平均发电量 74.09 亿 kWh，水库正常蓄水位 1842m，总库容 7.04 亿 m^3，调节库容 3.87 亿 m^3，具有季调节能力。电站枢纽工程由最大坝高 223.5m 的面板堆石坝、泄洪消能建筑物、引水发电建筑物、放空建筑物等组成。猴子岩大坝具有"两高、两深、一窄"的建设难点。"两高"就是最大坝高 223.5m；地处 7 度地震区，大坝抗震设防烈度 8 度，大坝抗震校核标准采用基岩水平峰值加速度为 401cm/s^2。"两深"就是河床深厚覆盖层，厚度约 80m，大坝基坑深达 120m。"一窄"就是河谷宽高比仅 1.25，猴子岩大坝作为 200m 级以上挡水建筑物，土石填筑量仅 1000 万 m^3。

2. 筑坝关键技术分析

针对上述技术难题，首创了强震区狭窄河谷超高混凝土面板堆石坝关键技术。针对 80m 深覆盖层内存在的可液化黏质粉土层及全年高围堰复合边坡抗滑稳定问题，采取强化基坑防渗、放缓基坑开挖边坡、加强基坑排水等措施，成功解决了深基坑和高围堰组合下的复合边坡抗滑稳定问题。针对深基坑防渗需要，首次采用深而薄的上下游围堰防渗墙与上游右岸磨子沟防渗墙形成全封闭，提出了"主孔孔斜率不大于 3‰、其他槽孔斜率不大于 5‰、搭接墙厚保证 95%"的超规范造孔质量标准，确保防渗墙质量与效果。针对河谷深窄、狭长的特点，提出了狭窄河谷岸坡接触效应的分析方法与变形的影响机理，首创了狭窄河谷特高面板堆石坝控制标准，通过上下游堆石不分区、全断面均一压实的措施，获得了较小的孔隙率和较高的压缩模量，实现了变形控制和变形协调。研发了适用于狭窄河谷特高面板堆石坝的面板止水结构措施。周边缝大变形的新型止水结构（底部铜片止水、中部 PVC 棒、顶部 PVC 棒＋橡胶止水带＋柔性填料）、防挤压破坏的弹性压性垂直缝止水结构。针对狭窄河谷堆石坝填筑"拱效应"技术难题，首次采取"高标准的设计指标、大吨位碾压机具、合理的填筑分期规划、碾压施工参数 GPS 实时监控系统"等系统性技术措施，有效提高了施工期堆石坝碾压质量；首次引进光纤陀螺 Z 和磁惯导技术，建立了系统的大坝变形监测设施。针对大坝抗震问题，发展了强震区特高面板堆石坝抗震加固技术。采取了永久水平缝的面板抗震新结构措施（钢筋过缝不断开、垂直面板方向的结构缝），二、三期面板间设置水平缝后面板的最大动拉应力下移，比不设缝时降低了约 30%，通过该措施显著降低了强震时高面板坝面板的应力，提高了面板的抗震安全性。大坝填筑完成并蓄水运行后，混凝土面板裂缝少于 4.0 条/（1000m²），坝体内部累计最大沉降量 1387mm（占坝高 0.6%），小于设计值 1740mm（占坝高 0.77%），为我国同等规模面板坝中最小。建成后的猴子岩大坝见图 3。该工程被评为国家优质工程金奖。

图 3　建成后的猴子岩大坝

3.4　双江口 300m 级特高心墙堆石坝筑坝关键技术

1. 大坝工程概况

双江口水电站工程等级为 I 等大（1）型工程，开发任务以发电为主，装机容量 2000MW，设计多年平均发电量 77.07 亿 kWh。水库正常蓄水位 2500m，总库容 28.97 亿 m³，调节库容 19.17 亿 m³，具有年调节能力。电站枢纽工程由坝高 315m 的土质心墙堆石坝、右岸洞式溢洪道、泄洪洞、放空洞、左岸地下引水发电系统等组成，是目前在建的世界第一高坝。双江口砾石土心墙堆石坝采用直心墙形式，坝顶高程 2510.00m。坝基设 2m 厚混凝土基座，横河向宽 46.10m，顺河向宽 128.00m，基座内设置基岩帷幕灌浆廊道（3.0m×3.5m）。坝顶宽度为 16.00m，上游坝坡为 1∶2.0，2430.00m 高程处设 5m 宽的马道；下游坝坡 1∶1.90。

2. 筑坝关键技术分析

双江口水电站心墙堆石坝是世界第一高坝，由于其地处高海拔、高寒地区，工程区地形地质条件复杂，坝体及坝基变形稳定、防渗排水、防震抗震等技术问题突出，筑坝难度大，质量要求高；同时目前国内外也较为缺乏 300m 级心墙堆石坝的工程经验。因此，双江口水电站特高心墙堆石坝工程建设面临的技术问题复杂，技术难度较大。围绕 300m 级心墙堆石坝设计关键技术，开展了坝基覆盖层及筑坝材料特性、防渗土料改性及试验方法、坝体结构形式及分区方案、抗震安全评价及抗震措施、防渗土料开采、运输和自动掺和、智能大坝管控等一系列关键技术研究，取得了丰富的研究成果，为双江口水电站特高心墙堆石坝建设奠定了坚实的技术基础。需要特别说明的是，由于双江口大坝心墙压实、变形控制和抗渗要求很高，需采用更精准的心墙料改性控制技术；引入了非接触式微波水分传感器多点实时感知土料和掺合料含水量，开发考虑气温、风速等因素的掺合料含水量智能调控技术；研发土料干重与砾石进量动态匹配的给料设备，发明土料和砾石料稳定掺合的卧式螺旋犁刀掺拌设备，融合土料和砾石料精准计量掺拌与含水量智能调整工艺，研发基于流式数据感知的人工掺配砾石土心墙料改性精准控制技术。该技术取代了"平铺立采、人工加水"传统工艺，掺拌计量误差由约 11% 减小至 2%，节约备料占地约 80%，显著提高质量稳定性。随着双江口工程建设的深入推进和工程技术的不断发展，还需在坝体结构分区及坝料特性、特高土石坝坝长期变形特性、高海拔冬季土料冻融规律及大坝防渗土料施工措施、特高坝安全监测等关键技术上进行深入研究，为保证双江口特高心墙堆石坝科学建设创造有利条件。同时，大量的创新性研究成果实现了 300m 级心墙堆石坝筑坝技术突破，推动了世界特高土石坝筑坝技术的发展。建设中的双江口大坝见图 4。

图 4　建设中的双江口大坝

3.5　金川深厚覆盖层和强卸荷岩体面板堆石坝筑坝关键技术

1. 大坝工程概况

金川水电站工程等级为Ⅱ等大（2）型工程，主要任务为发电，设计装机容量 860MW，设计多年平均发电量 34.857 亿 kWh。水库正常蓄水位 2253m，死水位 2248m，总库容 5.08 亿 m³，具有日调节能力。枢纽工程主要由混凝土面板堆石坝、左岸引水发电系统、右岸溢洪道及生态泄水道和泄洪放空洞等建筑物组成。挡水建筑物为混凝土面板堆石坝，坝顶高程 2258m、宽 10m，最大坝高 112m，趾板置于最大厚度约 65m 的覆盖层上。泄水建筑物由右岸 2 孔开敞式岸边溢洪道和 1 条有压泄洪放空洞组成。溢洪道为岸边开敞式，与混凝土面板堆石坝相接，由引渠段、堰闸段、泄槽段及挑流鼻坎段四部分组成，总长约 425m，最大泄量 6589m³/s。

2. 筑坝关键技术分析

该工程坝址覆盖层深厚，物质组成复杂，并有砂层透镜体；两岸岩体卸荷强烈，用于坝体填筑的开挖料及料场开采料岩性软硬相间。针对坝基深厚覆盖层的性状及应用、趾板建基岩体的选择、筑坝堆石料选择与规划、深厚覆盖层混凝土面板堆石坝智能建造关键技术及工程应用等研究，取得了大量研究成果。与国内外已建在深厚覆盖层上百米级的混凝土面板堆石坝对比，不仅覆盖层深厚、含有砂层透镜体，且两岸趾板置于强卸荷岩体上，有一定的突破和创新，促进了混凝土面板坝筑坝技术的发展。（1）河床覆盖层最大厚度 65m，三大岩组层位起伏变化较大、颗粒组成及工程特性复杂，局部夹有砂层透镜体（厚度 2.5～13.44m）。以现场勘察、室内外试验、数值计算对比和工程类比等手段，分析了覆盖层各岩组的展布特征及颗粒级配，提出了物理力学（含动力）特性指标；通过多种方法评价，对砂土液化及液化破坏问题给出了明确的结论；提出了处理覆盖层渗漏、渗透稳定、压缩变形和砂层液化的工程措施。（2）分析评价了两岸卸荷岩体的工程地质特性，比较了趾板建在强、弱卸荷岩体不同部位的优劣性，提出了两岸趾板建于强卸荷岩体的设计标准，实现了技术突破。（3）首次对河床覆盖层材料进行了流变试验，提出了考虑覆盖层流变特性的物理力学参数，结合筑坝堆石料的流变特性，计算分析了坝体坝基尤其是覆盖层及砂层透镜体的后期变形影响，对接缝止水构造和材料的选用、坝体填筑顺序、混凝土面板浇筑时间提出了明确要求。（4）首次针对深厚覆盖层上混凝土面板坝研究了不同面板宽度、压性区缝宽和缝内填料对面板应力变形的影响，提出了压性缝缝面止水结构和措施。建设中的金川大坝见图 5。

图 5　建设中的金川大坝

3.6　丹巴深厚覆盖层上高闸坝筑坝关键技术

1. 大坝工程概况

丹巴水电站工程等级为Ⅱ等大（2）型工程，主要任务为发电，初拟装机容量1196.6MW，多年平均发电量49.52亿kWh，枢纽建筑物主要由拦河闸坝、16.7km长的引水发电系统等组成。电站闸基河床覆盖层深厚，最厚达127.66m，共分6层，且结构及成分复杂（图6），混凝土闸坝坝高38.5m，需要对深厚覆盖层闸基进行加固处理。拦河闸坝由泄洪闸、冲沙闸、左右岸挡水坝段、鱼道和生态小机组系统组成，坝顶高程1999.5m，闸（坝）轴线长度351m，最大闸（坝）高38.5m。右岸重力坝段布置过鱼鱼道和生态流量泄放小机组。泄洪、冲沙闸共8孔，孔口尺寸8m×8m（宽×高），下游采用护坦＋预挖冲坑相结合的消能形式。左、右岸挡水坝段除右坝头段采用混凝土心墙堆石坝外，其余均为混凝土重力坝。

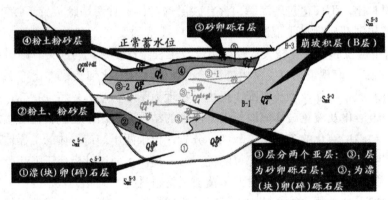

图6　丹巴闸坝闸址部位覆盖层结构图

2. 筑坝关键技术分析

目前我国对深厚覆盖层基础上建40m级混凝土闸坝的设计和施工经验缺乏。丹巴闸坝基础覆盖层深厚，需要对覆盖层地基的稳定、差异沉降、渗透变形及砂土液化等问题进行深入的研究；另外，对建基面、持力层的选择，闸坝下防渗措施的选择，地基处理措施的选择等问题也需要进行深入的研究。对此，开展了河床深厚覆盖层蠕变特性、砂土液化及动参数、坝基高压喷射注浆试验、闸坝及闸基三维渗流分析及渗流与应力耦合、闸坝及闸基三维静力与动力分析、深厚覆盖层加固处理前后强度变化及上坝基稳定试验等专项研究，取得了一系列研究成果。提出了适用于闸基深厚覆盖层的加固处理方法，推荐挖除覆盖层第④层、第⑤层，采用砂砾石料置换，对置换层进行固结灌浆的基础加固处理方案。开展了静动力三维有限元计算，丹巴水电站闸坝基础变形不大，且不均匀沉降较小，各种工况下混凝土结构的应力都能满足其强度要求，拟定设计方案是合理的。研制出了能实现闸基降强的变温相似材料及配套的升温降强技术，变温相似材料和升温降强试验技术首次成功应用于深厚覆盖层的地质力学模型试验中。提出了地质力学模型综合法试验安全系数$K_{CS}=1.89\sim2.36$，说明闸坝与闸基是稳定的，表明闸基加固处理方案是合适的，论证了该筑坝技术的可行性。

4 结语

大渡河作为我国流域水电开发的典型代表,其流域的地形地质条件和水电开发规划决定了大渡河流域梯级电站群大坝筑坝技术的复杂度和先进性。通过对瀑布沟、大岗山、猴子岩、双江口、金川、丹巴共六个典型大坝工程概况和筑坝技术的分析和总结,破解了典型流域梯级电站群大坝筑坝技术难题,实现了流域梯级电站群大坝安全优质建设和水电资源合理高效开发。

(1)大渡河流域典型大坝筑坝技术经验值得行业借鉴和推广。基于建成的瀑布沟心墙堆石坝筑坝技术攻关,攻克了深厚覆盖层上建200m级高心墙堆石坝的技术难题;基于建成的大岗山混凝土双曲拱坝筑坝技术攻关,首创了全套强震区高拱坝抗震安全技术体系;基于建成的猴子岩混凝土面板堆石坝筑坝技术攻关,取得了强震区、狭窄河谷、深厚覆盖层高面板堆石坝筑坝技术进步;基于在建的双江口心墙堆石坝筑坝技术攻关,实现了300m级心墙堆石坝筑坝关键技术突破;基于在建的金川混凝土面板堆石坝筑坝技术攻关,实现了在深厚覆盖层和强卸荷岩体上修建高面板堆石坝的技术创新;基于丹巴混凝土闸坝筑坝技术攻关,论证了深厚覆盖层基础上建40m级混凝土闸坝的技术可行性。

(2)大渡河流域典型大坝筑坝技术更需持续推陈出新。随着对已建成的诸多大坝的监测和数据分析,将科研和设计成果与大坝实际运行状态进行对比,会得出更多的技术成果,指导后续大坝建设;大渡河后续开发的梯级电站还面临着深厚覆盖层、软岩等技术问题,同时还面临新坝型、项目经济性和安全性等诸多考验,需要在后续工作中进一步加强技术研究和工程实践,推动我国坝工技术持续进步,为我国西藏、青海等地的后续水电资源开发奠定坚实的技术基础。

参考文献

[1] 国家发展和改革委员会,国家能源局,财政部,等."十四五"可再生能源发展规划[R].北京:国家发展和改革委员会,2021.

[2] 段斌.企业视角下我国水电高质量发展方向探讨[J].能源科技,2020,18(6):1-5.

[3] 段斌,陈刚,邹祖建,等.大型流域水能高效开发与利用关键技术研究与实践[J].水电能源科学.2020,38(12):58-61.

[4] 张建华,姚福海.瀑布沟水电站建设中的主要技术问题与对策[J].水力发电.2010,36(06):8-11.

[5] 段斌,陈刚,严锦江,等.大岗山水电站前期勘测设计中的大坝抗震研究[J].水利水电技术.2012,43(01):61-64.

[6] 朱永国,严军.猴子岩面板堆石坝的设计理念与技术创新[J].水力发电.2018,44(11):56-59.

[7] 李克俭.龚嘴大坝定检情况及安全状况[J].四川水力发电.1996,(04):47-51.

[8] 张超萍,王东,沈定斌,等.铜街子水电站右岸大坝抬升原因浅析[J].长江科学院院报.2015,32(05):57-60.

[9] 段斌.300m级心墙堆石坝筑坝关键技术研究[J].西北水电.2018,(01):7-13.

[10] 李鹏.双江口水电站特高心墙堆石坝建设关键技术研究[J].水电与新能源.2020,34(02):1-9.

[11] 段斌,吴晓铭,陈刚,等.建在深厚覆盖层和强卸荷岩体上的混凝土面板堆石坝筑坝关键技术研究,堆石坝建设和水电开发的技术进展——中国大坝协会2013学术年会暨第三届堆石坝国际研讨会论文集[C].郑州:黄河水利出版社,2013:679-687.

[12] 唐茂颖,段斌,张林,等.深厚覆盖层上的高闸坝整体稳定地质力学模型试验研究[J].水力发电.2017,43(06):105-109.

[13] 潘永胆,田雨,巴文,等.巴底大坝三维应力变形分析研究[J].长江工程职业技术学院学报.2013,30(03):1-3.

贵州望谟县桑郎水库大坝左岸边坡滑坡处理关键技术

李迪光　张明齐　缪俊骏

（贵州省水利水电工程咨询有限责任公司，贵州贵阳 550081）

摘　要： 桑郎水库大坝左坝肩和河床基础开挖，大坝左岸边坡开挖后，岩体处于临空状态，由于没有及时采取有效的边坡支护措施，在主汛期连续强降雨作用下，边坡发生滑移失稳，坡面拉裂，整个边坡发生滑移，且为中型滑坡，危及大坝左坝肩下部及河床基础开挖，经现场勘察、制定处理方案，并对方案进行技术咨询，后对失稳左岸边坡进行削坡减载，并进行抗滑桩加固处理，做好边坡排水系统设计和对边坡稳定进行安全监测，在对左坝肩边坡处理后，水库蓄水以来边坡稳定，水库运行正常。本文总结了桑郎水库边坡在施工过程中存在的滑坡及处理，为类似工程提供借鉴。

关键词： 坝肩开挖；边坡失稳；勘察；处理

1　引言

桑郎水库位于望谟县桑郎镇，坝址距望谟县城 60km，距桑郎镇 4km。

桑郎水库工程是集发电、灌溉、供水为一体的综合利用水利工程。水库正常蓄水位 505m，最高洪水位 505.36m，总库容 1480 万 m^3，坝型为碾压混凝土拱坝。水库为中型，工程等别为Ⅲ等，枢纽大坝等主要建筑物为 3 级，次要建筑物为 4 级。灌溉工程及电站工程等别为Ⅳ等，厂房、渠道及渠系建筑物为 4 级。

枢纽由碾压混凝土拱坝、左岸引水隧洞进水口及冲砂底孔组成，大坝为混凝土双曲拱坝，坝顶高程 507m，最大坝高 90m，坝顶宽 5m、坝底宽 17.5m，坝顶溢洪，溢流堰顶高程 500m，设 3 孔 5m（高）×8m（宽）弧形闸门，溢流净宽 24m，自由跌落水垫消能。灌溉及发电共用一条引水隧洞，进水口布置在大坝上游左岸边，进口底板高程 484.0m，隧洞长 1443.94m，隧洞衬砌后直径 3.1m。地面式厂房，装机 2×6.3MW。

水库大坝左、右坝肩开挖至坝顶高程（507m）附近时，左坝肩下游侧甚至出现了危及坝肩稳定的深大爆破裂隙，该裂隙沿左坝肩下游拱端线由 507m 高程贯穿至 460m 高程，裂缝高度 47m，缝宽 5～20cm，缝深 2～3m，下游抗滑岩体已遭破坏。

2　工程区地质背景

2.1　地形地貌

水库坝址位于深切 U 形峡谷内，两岸基岩裸露，为横向河谷，河流流向 S40°E，河道

作者简介：李迪光（1969—），男，教授级高工，主要从事水利水电工程技术咨询工作。
　　　　　E-mail：419644342@qq.com。

平直，坝址下游 400m 左右，河流作 S 形转弯，河床坡降 1‰。下游河流转弯后右岸有零星分布的狭窄舌状漫滩阶地，高出河水面 1～2m。下坝线左岸下游约 20～25m 发育一大冲沟，沟口扇形堆积体厚达 8～10m，右岸为弧形河弯。

坝址两岸坡体对称完整，山体雄厚。坝线 505m 高程河谷宽 72m，宽高比为 1.1，两岸下部均为 80°陡壁，上部稍缓，自然坡度 50°～65°。

2.2　地层岩性

坝址出露石炭系中统黄龙群（C_2hn）、下统大塘组第三段（C_1d^3）、下统大塘组第二段（C_1d^2）、下统大塘组第一段（C_1d^1）及第四系覆盖层（Q）。

2.3　地质构造

工程区位于桑郎背斜 NW 翼，为单斜构造，层状结构，坝址区无较大断裂发育，岩层产状较稳定：340°～350°∠30°～40°，倾向上游；隧洞区岩层产状：315°～330°∠28°～42°，倾左岸偏上游。工程区断裂构造不发育，仅局部有层间错动现象。平硐揭露岸坡卸荷裂隙发育一般仅限于硐深 3～5m 范围内，主要表现为沿 N5°E 组裂隙有溶蚀扩张，或泥质充填现象，规模小，延伸短；硐深 5m 以后则卸荷裂隙不发育，裂隙大多闭合。构造裂隙有以下各组。

①产状 N35°E/SE∠65°～75°，裂面较平整，浅部张开 5～10mm，局部有泥质充填，深部闭合，地表可见延伸长 1.0～2.0m，发育频率 2～3 条/m。

②产状 N45°W/NE∠70°～80°，裂面平整，浅部张开 1～5mm，局部有泥质充填，深部闭合，地表可见延伸长 0.5～1.0m，发育频率 3～4 条/m。

③产状 N15°W/SW∠60°～75°，裂面平整，浅部张开 5～10mm，局部有泥质充填，深部闭合，地表可见延伸长 0.5～1.0m，发育频率 1～2 条/m。

3　坝线工程地质条件及评价

3.1　坝线坝基（肩）稳定性

坝址岸坡对称陡峻（坡度 52°～80°），两坝肩下游抗滑岩体在顺河方向宽度大于 100m，岩体完整性好。出露大塘组（C_1d）深灰、灰黑色薄至中厚层灰岩夹硅质岩、泥页岩，岩层产状：340°～350°∠30°～40°，倾向上游，形成典型的横向谷。坝肩岩体软弱夹层主要表现为层间时夹有 2～4cm 厚的泥岩与方解石脉混合物，其中以大塘组第三段第三层 C_1d^{3-3} 发育频率较高。平硐揭示该软弱层遇水有软化现象，泥化不明显，其他未发现倾向下游的缓倾角结构面；主要发育走向 N35°E、N45°W、N15°W 三组裂隙。现按拱坝进行抗滑稳定分析，拱坝的抗滑稳定主要是坝肩，岩层倾向上游，倾角 30°～40°，无缓倾角结构面，两坝肩下游抗滑岩体宽厚，岩体完整性好，三组裂隙中的 NW 向组作为侧向切割面与坡面的组合为不利组合，但平硐揭示进入弱～微风化岩体后，裂隙闭合较好，卸荷裂隙、溶蚀裂隙不发育，故总体来说，结构面组合基本不构成沿岸坡剪出的离立滑移体，拱座岩体的结构特征有利于坝肩的抗滑稳定。

3.2　开挖边坡稳定性

据开挖前预测，三组裂隙中的 NW 向组作为侧向切割面与坡面的组合为不利组合。两岸坝肩上游面边坡均为逆向坡，不利组合体滑动趋向于坡内上游侧，边坡稳定性相对较好，局部可能出现掉块现象；两岸坝肩下游面开挖后形成楔形边坡均为顺向坡，岩层倾向上游，岩层倾角 30°～40°，岩层走向、与顺河向 NW 向两组裂隙和垂直于河床方向 NE 向裂隙所构成的不利组合对基坑的坝端和下游侧开挖边坡稳定不利，有可能形成局部的不稳定岩体，加之坝肩岩体局部存在软弱夹层、浅层岩体溶蚀风化较破碎，开挖边坡稳定性差。建议对上游侧边坡 507m 高程以上开挖边坡采用系统锚杆和喷混凝土支护；507m 高程以下开挖边坡采用随机锚杆支护；对下游侧需切脚开挖岩体从上至下逐级采取先支护后开挖的方式进行。

4　开挖后工程地质条件

坝顶上部黄龙群厚层灰岩沿后沿 N45°W/NE∠70°～80°裂隙面清除，形成台坎，开挖面未见明显卸荷裂隙发育；坝肩岩体大部分进入弱风化下部，主要发育两组裂隙：①产状 N35°E/SE∠65°～75°；②产状 N45°W/NE∠70°～80°。裂隙闭合较好，偶见小裂隙，闭合较好，裂隙连通率约 50%，未见软弱夹层分布，岩石较硬～坚硬，岩体较完整。现状边坡稳定性总体较好，开挖线边缘位于强风化带内边坡岩体稳定性相对较差，需做相应的支护处理。由于坝肩上部 492～507m 高程靠河流侧顶托部位抗力岩体被切割，坝肩抗力岩体体积发生较大变化，拱端受力条件发生变化，需对坝肩抗力岩体进行稳定性复核。

右坝肩地形较缓，坝肩上部黄龙群厚层灰岩已自然崩落，开挖情况相对较好，除少数开挖后形成的倒悬岩体和局部小规模危岩体外（已清除），开挖情况基本与设计意图一致，现状边坡稳定性总体较好，但开挖线两侧边坡地表风化及溶蚀现象较严重，开挖线边缘位于强风化带内边坡岩体稳定性较差，需做相应的支护处理。

拱端及拱端上游侧岩体，从现场开挖揭露情况看，拱端面岩体较完整，基本为弱风化岩体，但岩体裂隙仍较发育。其中②组、③组裂隙发育较为明显，③组与岩层面近直交。

左坝肩拱端及下游侧抗滑体见图 1。拱端面不平，未完全成型；在拱端下游侧发育不明显的②组裂隙，从 485m 高程不连续延伸至坝肩下部；坝肩下游侧抗滑岩体较单薄，485m 高程以下厚 3～5m，485m 高程以上基本无抗滑岩体。

左坝肩下部抗滑倒悬体。在下部，因引水渠道开挖形成倒坡，导致左坝肩下游抗滑体呈倒悬体。现状看倒悬体①组、②组裂隙较发育，与岩层面相互切割岩体呈块状。

右坝肩及下游侧抗滑体。右坝肩拱肩槽开

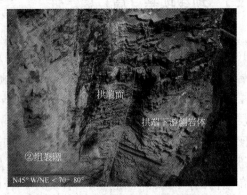

图 1　左坝肩拱端及下游侧抗滑体

挖基本形成，从地形上看，坝肩下游抗滑体存在倒悬体，上、下存在凹槽带，抗滑体单薄。

5 坝肩及边坡稳定复核

5.1 坝肩稳定复核

基于现状地形条件，设计单位采用刚体极限平衡法进行平面和空间稳定分析。得出结论如下：

（1）左坝肩 492m 高程以上抗滑岩体遭破坏，抗滑稳定安全系数不满足规范要求；

（2）左、右坝肩 492m 高程以下现状抗滑岩体抗滑稳定安全系数满足要求；

（3）通过对平面及空间稳定分析两种方法计算结果对比，空间法计算的安全系数较平面法有一定程度增大；

（4）建议在左坝肩 492m 高程以上采取地形补缺或加大拱座嵌深等工程措施，以获得更多抗滑岩体，从而满足坝肩抗滑稳定要求。

5.2 坝区边坡稳定分析

通过定性分析，拱坝右坝肩上下游现状边坡基本稳定，局部存在表层少量较破碎岩体掉块现象，但通过临时处理方案中"排危＋随机锚杆＋喷混凝土"措施可暂时保证边坡安全；左坝肩上游边坡现状基本稳定，运行期蓄水后由于为逆向坡，大规模滑动的可能性小，且对拱坝的失事后果影响较小；左坝肩下游侧边坡由于受坝肩开挖切割形成临空面，加之为顺向坡，层间分布有软弱夹层，强风化带内顺河床及垂直于河床向均有卸荷裂隙发育（第①组及第②组裂隙），因此，左坝肩下游侧现状边坡总体向上游侧方向滑动的可能性最大，为最危险工况。需通过计算确定其稳定安全系数。边坡体处于自然稳定状态，边坡整体稳定性较好。

受岩层层面走向的控制，左坝肩下游侧边坡总体沿上游滑动的可能性最大，根据裂隙分布及其走向，A-A 向边坡由于顺岩层走向，底部软弱夹层滑动面倾角最大（此时为正倾角，28°），第②组裂隙走向与边坡走向平行，即可能存在沿第②组裂隙侧滑的情况，此为边坡第一种可能失稳的模式；由于左坝肩下游侧岩体总体在地形上呈"凸"形，加之第③组裂隙的存在，则 B-B 向边坡也有失稳的可能，此时下游侧为临空面，上游侧为开挖切割后的临空面，侧面沿第③组裂隙，形成一个"半圆锥体"的整体滑动。这种失稳模式下，岩层倾角呈较大倾角（底滑面软弱夹层，视倾角 20°），侧向沿第③组裂隙滑动。

拱圈平切面及缓倾结构面 A-A 剖面、陡倾结构面 B-B 剖面如图 2～图 4 所示。

5.3 左坝肩下游边坡稳定复核计算

（1）A-A 向边坡

考虑裂隙面拉力影响，孔隙水压力折减系数 $\eta = 0.5$。裂隙面（侧滑面）$f' = 0.55$，$c' = 0.1MPa$，现状边坡（507～445m 高程之间的边坡）计算 $F_s = 1.92 > [F_s] = 1.1$，施工期最大边坡（507～417m 高程之间的边坡）计算 $F_s = 1.45 > [F_s] = 1.1$，因此，按照"拱坝坝基开挖图"对 445m 高程以下继续开挖后形成的左坝肩下游侧边坡，在整个施工

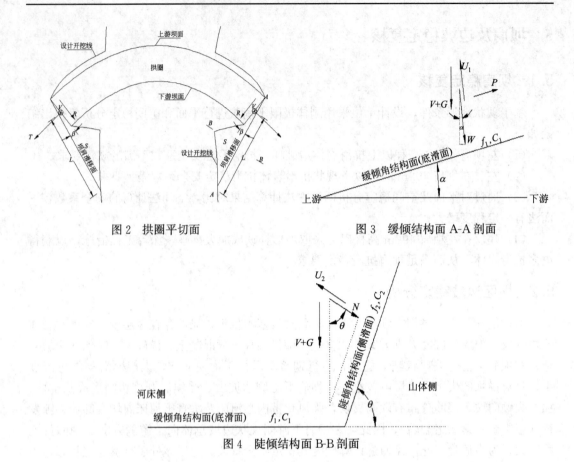

图 2　拱圈平切面　　　　　　　　　图 3　缓倾结构面 A-A 剖面

图 4　陡倾结构面 B-B 剖面

期内是安全的。运行期内由于坝肩会传递一部分与边坡滑动方向相反的作用力给下游岩体，更偏于安全。

（2）B-B 向边坡

考虑侧滑面（第③组裂隙）黏聚力影响，孔隙水压力折减系数 $\eta = 0.5$。裂隙面（侧滑面）$f' = 0.55$，$c' = 0.1\mathrm{MPa}$，现状边坡（507～445m 高程之间的边坡）计算 $F_s = 1.34 > [F_s] = 1.1$，施工期最大边坡（507～417m 高程之间的边坡）计算 $F_s = 1.16 > [F_s] = 1.1$，因此，现状边坡是稳定的。

6　处理方案

6.1　临时（应急）处理方案

（1）先对左、右坝肩上游侧不稳定岩体进行排危清理，局部范围可视情况采用随机锚杆加强支护，然后喷 C20 混凝土。随机锚杆直径为 $\phi25$，长度为 3.0m（视需要加长或加密），锚杆应与岩层大交角（45°～60°）倾向山内钻设，水泥砂浆（或水泥浆）强度等级为 M25；喷 C20 混凝土厚度为 10cm。

（2）左坝肩下游侧边坡岩体极为破碎，爆破裂隙发育。要求对下游侧不稳定岩体进行清除，清除范围为竖向由坝顶开口线以上沿裂隙至裂隙底部、纵向（顺水流方向）由裂隙暴露面向下游侧延伸 3～5m 宽度之间的楔形体。清除过程中须采用"逐层清除＋支护"循环，即上一层清除后，需立即进行支护，才能进入下一层施工。清除层高控制在 3m 以内，支护措施采用"系统锚杆＋挂网喷 C20 混凝土"的方式，系统锚杆直径为 ϕ25，长度为 4.5m，梅花形布置，间排距为 2m（并视需要加长或加密），锚杆应与岩层大交角（45°～60°）倾向山内钻设，水泥砂浆（或水泥浆）强度等级为 M25；挂网钢筋直径为 ϕ6，间排距 200mm；喷 C20 混凝土厚度为 10cm。

（3）对右坝肩下游侧不稳定岩体进行排危清理，清理后采用"系统锚杆＋喷 C20 混凝土"方案进行支护，支护要求同左坝肩下游侧边坡。

6.2 永久方案

（1）地形补缺回填混凝土处理方案

根据开挖现状地形条件，左坝肩下游侧 485.0～487.5m 高程之间为一缓坡平台，宽度 2.5～3.5m，可作为补缺回填混凝土基础，边坡设计采用锚筋＋混凝土贴坡挡墙来补齐缺失的下游抗滑岩体，混凝土回填范围为 485.0～507.0mm 高程，回填混凝土外边界沿平台 485.0m 高程外边线，上游边界为拱坝下游坝肩轮廓线，下游边界至山体基岩凸出位置，回填混凝土坡比为 1：0.2～1：0.35，建基面平台高程 485.0m，采用 1：10 倒坡倾向山体侧，平台底部采用梅花形布置 ϕ32 锚杆，间排距 1.5m，锚杆根长 4.5m，入岩 4.0m，外露 0.5m 浇筑在回填混凝土内。靠山体侧与混凝土接触坡面 485.0～507.0m 高程范围内采用梅花形布置 ϕ32 锚杆，间排距 2.0m，根长 4.5m（短锚杆），入岩 4.0m，外露 0.5m 浇筑在回填混凝土内，锚杆方向沿岩层走向，与岩层层面交角 60°。

在回填混凝土体与岩体接触面范围内进行固结灌浆，固结灌浆孔入岩 8.0m，间排距3.0m，孔向沿岩层走向并与层面交角 60°，梅花形布置。

在固结灌浆完成后，再插入 ϕ32 锚杆，根长 9.0m（长锚杆），伸入基岩 8.0m（固结灌浆孔入岩长度），回填混凝土体内留 1.0m，然后再对固结灌浆孔封孔。

（2）受爆破影响范围处理方案

右岸坝肩下游侧及左右坝肩上游侧由于爆破影响较小，按原临时（应急）处理方案进行实施，不增加其他处理方案。

在拱坝左坝肩下游侧边线向下游延伸 12m，450.0～485.0m 高程之间区域（即补缺回填混凝土体以下、现状河床以上区域）岩体加强支护及固结灌浆。在此区域钻设系统锚杆，系统锚杆直径为 ϕ25，长度为 4.5m，梅花形布置，间排距为 2.0m（并视需要加长或加密），锚杆应与岩层大交角（与岩层方向成 60°夹角）倾向山内钻设，水泥砂浆强度等级为 M25；挂网钢筋直径为 ϕ6，间排距 200mm；喷 C20 混凝土厚度为 100mm。对该区域的岩体进行固结灌浆处理，固结灌浆孔入岩 5.0m，间排距 3.0m，孔向与锚杆方向一致，灌浆孔梅花形布置。

7 结论

（1）大坝坝左岸坝基为弱风化岩体，设计在高程 485m 以上采取补缺＋预应力锚索＋固结灌浆处理，在高程 485m 以下采取锚喷＋固结固结灌浆处理基本合理，对建基面软弱带进行工程处理后，基础承载力和变形满足设计和规范要求。

（2）左、右坝肩稳定分析计算的设计工况及计算方法，符合现行规范规定，稳定计算安全系数满足规范要求。

（3）边坡等级和标准基本合适，大坝坝基为弱风化岩体，开挖坡比满足地质建议要求，开挖边坡经处理满足设计边坡稳定要求。

（4）大坝坝基弱风化岩体经加固处理，水库蓄水三年以来，大坝左拱端与基岩接触带无渗漏，并经安全监测数据分析，边坡无异常，坝体运行正常。

参考文献

[1] 中华人民共和国住房和城乡建设部 . 水利水电工程地质勘察规范：GB 50487—2008 ［S］. 北京，中国水利水电出版社，2009.

[2] 申庆成，等 . 边坡危岩治理中对锚索预应力损失的试验研究 ［J］. 云南水力发电，2006，22 (5).

[3] 李小青，等 . 预应力锚索在滑坡治理中的应用研究 ［J］. 华中科技大学（城市科学版），2004，(4).

[4] 彭竹斌 . 居甫渡水电站枢纽工程地质条件评价 ［J］. 云南水力发电，2009，25 (4).

[5] 李建林 . 卸荷岩体力学理论与运用 ［M］. 北京：中国建筑工业出版社，1999.

沥青混凝土心墙砂砾石坝静动力应力与变形特性分析

赵寿刚   刘   忠   高玉琴   鲁立三

(1. 黄河水利委员会黄河水利科学研究院，河南郑州 450003；

2. 水利部堤防安全与病害防治工程技术研究中心，河南郑州 450003)

摘　要： 对沥青混凝土心墙砂砾石坝进行施工和蓄水工况下三维非线性有限元静力分析，获得坝体应力与变形状态，然后采用 50 年超越概率 10％ 和 5％ 地震对坝体进行动力分析，研究坝体的动力响应，计算坝体永久变形。同时，为了考虑施工不确定性，研究不同坝料参数对坝体工作性态的影响，对施工筑坝砂砾石料控制参数进行敏感性分析，即将邓肯-张模型的坝料主要参数 K 和 K_b 分别降低 10％ 和 20％ 做计算对比分析。综合分析堆石体及防渗墙的工程特性，评估大坝工作安全性态。

关键词： 砂砾石料；静动力；三维有限元；应力与变形；敏感性分析

1　工程概况

砂砾石料作为土石坝等工程的主要建筑材料[1]，在自然界中分布极为广泛，而沥青混凝土具有良好的防渗及适应变形性能，通常用作坝体心墙，沥青混凝土心墙砂砾石坝已成为一种典型坝型，但沥青混凝土心墙坝仍处于发展阶段[2]。某水库是一座具有灌溉、兼顾供水、防洪的综合利用水利工程，工程由拦河坝、开敞式侧槽溢洪道、泄洪洞及输水洞组成。拦河坝坝型为沥青混凝土心墙砂砾石坝，坝顶宽度为 10m，最大坝高 85.1m，坝长 381.0m；上游坝坡 1∶2.5，下游综合坝坡 1∶2.37。坝体从上游向下游依次为上游砂砾填筑区、上游过渡层、沥青混凝土心墙、下游过渡层和下游砂砾填筑区。坝址河床覆盖层从上至下，无明显分层现象，偶夹砂层透镜体，厚度小于 0.3m，近岸河床表层漂、块石较多，多为岸坡岩体卸荷崩塌堆积所致，河床中心附近表层漂、块石相对较少，卵砾石较多。依据《中国地震动参数区划图》GB 18306—2015 和工程场地地震安全性评价[3]，本区 50 年超越概率 10％ 的地震动峰值加速度为 0.15g，对应地震基本烈度为 Ⅶ度；工程区 50 年超越概率 10％ 的地震动峰值为 0.1846g，5％ 的地震动峰值为 0.2492g。本工程取 50 年超越概率 10％ 的地震动参数作为设计地震，取 50 年超越概率 5％ 的地震动参数作为校核地震。

基金项目： 引江济淮工程（河南段）科研服务项目（HNYJJH/JS/FWKY-2021001），黄河水利科学研究院中央级公益性科研院所基本科研业务费专项（HKY-JBYW-2020-02）。

作者简介： 赵寿刚（1971—），男，汉族，河北南皮人，正高级工程师，主要从事水工程安全评价和防灾减灾，以及岩土基本理论、试验和检测技术等方面的研究工作。E-mail：zsg6537@163.com。

2　静力三维有限元计算与分析

2.1　有限元模型

考虑坝体分区、施工程序及加载过程等，对坝体和坝基进行剖分，建立三维有限元模型。模型底部取到凝灰质板岩，上、下游侧约取 1 倍坝高作为截断边界，坝轴线方向取到两岸基岩作为边界。模型上、下游施加法向约束，模型底部及两侧施加三个方向约束。有限元模型共剖分 31068 个单元，34010 个结点，单元网格划分时，对砂砾石料和混凝土等单元大部分为 8 结点六面体单元，少数用 6 结点五面体单元和 4 结点四面体等单元过渡。混凝土防渗墙和沥青混凝土心墙沿厚度方向分两层网格。坝体的三维有限元网格划分如图 1 所示。

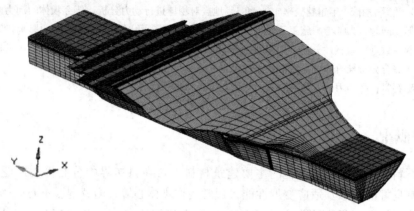

图 1　三维有限元网格

2.2　计算参数及条件

混凝土在达到破坏强度之前线性关系一般较好，按线弹性材料处理，参数见表 1；坝体砂砾石料采用 $E\text{-}B$ 非线弹性模型进行有限元计算[4,5]，其参数根据相关试验成果选取，见表 2。考虑到坝体施工分层填筑的特点和堆石体的非线性特性[6-8]，荷载采用逐级施加的方式，按照施工进度和蓄水计划，将坝体填筑和加载分为施工过程（分 24 级填筑模拟）和蓄水过程模拟。计算时，首先加载地基覆盖层，并在分级加载坝体之前将结点位移初始化为零，仅保留单元应力，从而获得地基初始应力场。整个有限元模型的坐标系为：X 坐标轴水平指向右岸为正、Y 坐标轴水平指向下游为正、Z 坐标轴向上为正；位移与坐标轴方向一致为正，相反为负。在以下计算分析中，应力以压应力为正（＋），拉应力为负（－）。

三维有限元计算采用的线弹性材料参数　　　　　　　　　　　　表 1

参数 ＼ 材料	ρ (g/cm³)	E (GPa)	ν
混凝土防渗墙	2.50	30	0.167
混凝土基座	2.50	30	0.167
基岩	2.40	30	0.167

三维有限元计算坝料采用的邓肯-张模型（*E-B*）参数　　　表 2

料种 \ 参数	ρ(g/m³)	K	n	K_b	m	R_f	φ_0(°)	$\Delta\varphi$(°)	c (kPa)
砂砾石料	2.15	1135	0.385	257	0.422	0.827	41.0	0.1	18.5
过渡石料	2.10	906	0.417	175	0.460	0.813	41.0	0.4	3.0
沥青混凝土心墙料	2.43	850	0.330	410	0.217	0.760	27.0	0.0	400.0
覆盖层料	2.12	1119	0.385	253	0.422	0.827	41.0	0.1	18.5

2.3　三维非线性静力计算成果与分析

1. 坝体应力与变形

1）坝体应力情况

图 2 和图 3 显示了最大横断面竣工期、蓄水期的第一主应力等值线。可见，心墙内的应力明显比过渡层内的应力低，心墙存在一定的应力拱效应。

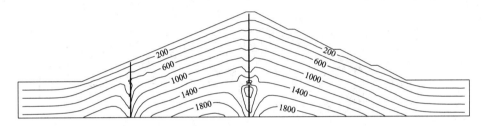

图 2　坝体竣工期最大横断面第一主应力等值线（kPa）

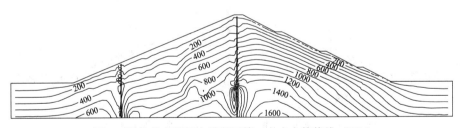

图 3　坝体蓄水期最大横断面第一主应力等值线（kPa）

图 4 和图 5 显示了最大横断面竣工期、蓄水期的第三主应力等值线。蓄水后，上游坝壳位置的第三主应力明显减小，心墙内第三主应力显著增大，但心墙第三主应力均大于零，即没有出现拉应力，心墙不会产生拉裂缝。

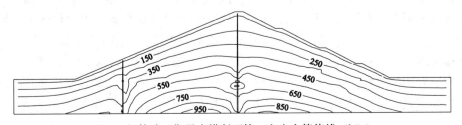

图 4　坝体竣工期最大横断面第三主应力等值线（kPa）

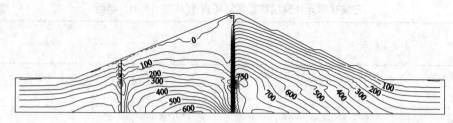

图 5 坝体蓄水期最大横断面第三主应力等值线（kPa）

图 6 和图 7 显示了最大横断面竣工期、蓄水期的应力水平等值线。竣工期坝体总体应力水平不高，仅约半坝高处心墙应力水平较高，超过了 0.5。蓄水后，心墙应力水平有所提高，而上游坝壳应力水平较高，接近 1。这种破坏属于主动破坏，类似于挡土墙结构，不会导致上游坝壳的失稳。因为心墙和下游坝壳内的应力水平较小，对上游坝壳的变形有约束作用，只要心墙和下游坝壳稳定，上游坝壳就是稳定的。这里心墙及下游坝壳相当于挡土墙，而上游坝壳相当于挡土墙后填土，当挡土墙上产生主动土压力时，墙后填土处于主动破坏状态，但只要挡土墙稳定，墙后填土就稳定。

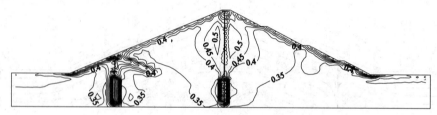

图 6 坝体竣工期最大横断面应力水平等值线

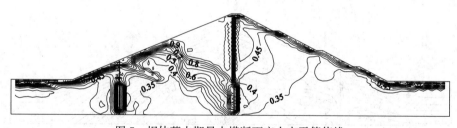

图 7 坝体蓄水期最大横断面应力水平等值线

2）坝体变形情况

坝体竣工期由计算成果图 8 可以看出，由于堆石体的泊松效应，使得最大横断面上水平位移分布规律基本上是上游堆石区位移指向上游，下游堆石区位移指向下游，且坝壳向下游及向上游的位移有较好的对称性。这符合竣工期堆石坝上下游方向位移分布的一般规律。最大横断面向上游最大位移为 12.2cm，位于上游侧基础覆盖层以上坝体 1/3 坝高位置，向下游最大位移为 13.6cm，位于下游侧基础覆盖层以上坝体 1/3 坝高位置。

水库蓄水后，在水荷载作用下，最大横断面上游侧堆石体向上游的位移减小，下游侧堆石体向下游的位移增大。向上游的位移最大值为 8.8cm，位于上游侧基础覆盖层以上坝体 1/4 坝高位置；向下游的位移有所增大，最大值为 17.5cm，约在 1/2 坝高处，如图 9 所示。

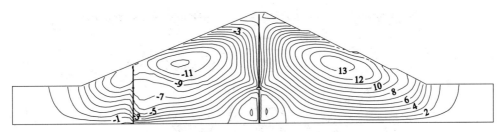

图 8　坝体竣工期最大横断面顺河向位移等值线（cm）

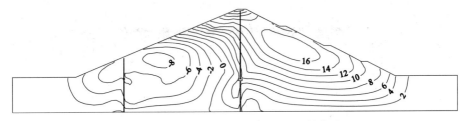

图 9　坝体蓄水期最大横断面顺河向位移等值线（cm）

图 10 和图 11 分别给出坝体最大横断面竣工期、蓄水期的沉降等值线。竣工期和蓄水期最大沉降值分别位于坝体中部和坝体中部略偏底部，约在 1/3 坝高处。竣工期坝体最大沉降为 41.2cm；蓄水后坝体沉降稍有上抬，最大值为 34.7cm。

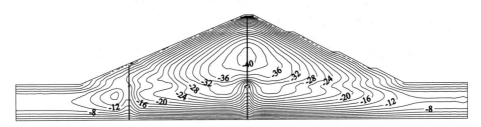

图 10　坝体竣工期最大横断面沉降等值线（cm）

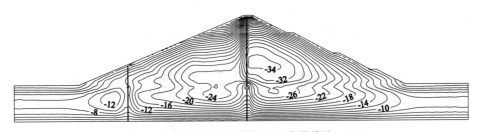

图 11　坝体蓄水期最大横断面沉降等值线（cm）

2. 防渗墙应力与变形

1）防渗墙应力情况

图 12 和图 13 分别为竣工期防渗墙坝轴线纵剖面第一、三主应力等值线。防渗墙第一主应力最大值为 21.6MPa；防渗墙第三主应力主要为拉应力，最大值为 2.91 MPa，其余部位数值较小。

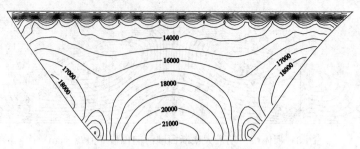

图 12　坝体竣工期防渗墙坝轴线纵剖面第一主应力等值线（kPa）

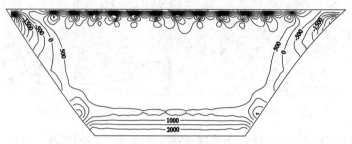

图 13　坝体竣工期防渗墙坝轴线纵剖面第三主应力等值线（kPa）

图 14 和图 15 为蓄水期防渗墙坝轴线纵剖面第一、三主应力等值线。防渗墙第一主应力仍为压应力，靠近基础部位压应力较大，最大值为 17.7MPa；防渗墙第三主应力主要为拉应力，最大值为 2.12MPa，其余部位数值较小。

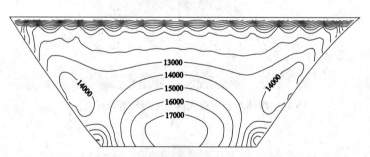

图 14　坝体蓄水期防渗墙坝轴线纵剖面第一主应力等值线（kPa）

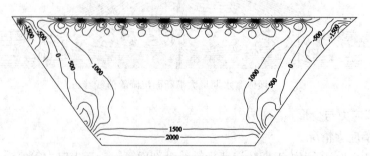

图 15　坝体蓄水期防渗墙坝轴线纵剖面第三主应力等值线（kPa）

2）防渗墙变形情况

图 16 和图 17 分别为竣工期防渗墙挠度及坝轴向位移等值线，图 18 和图 19 分别为蓄

水期防渗墙挠度及坝轴向位移等值线。可以看出，竣工期，防渗墙向下游几乎没有变形；水库蓄水后，在水荷载作用下防渗墙向下游变形，最大挠度发生在河床中央两侧对称位置的顶部，最大挠度为 4.8cm。蓄水期防渗墙坝轴向分布基本上与竣工期相同，数值较小，最大轴向位移 2.8cm。

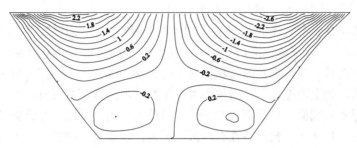

图 16　坝体竣工期防渗墙坝轴线纵剖面坝轴向水平位移等值线（cm）

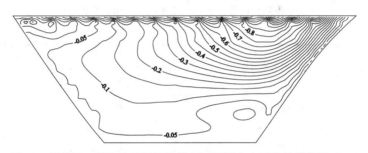

图 17　坝体竣工期防渗墙坝轴线纵剖面顺河向水平位移等值线（cm）

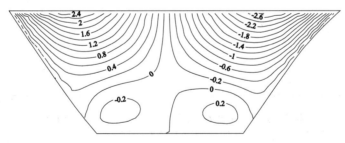

图 18　坝体蓄水期防渗墙坝轴线纵剖面坝轴向水平位移等值线（cm）

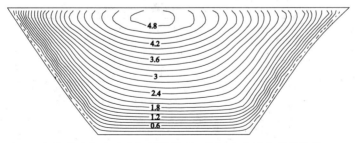

图 19　坝体蓄水期防渗墙坝轴线纵剖面顺河向水平位移等值线（cm）

2.4 三维静力参数敏感性分析

为了考虑施工不确定性，研究不同坝料参数对坝体工作安全性态的影响，对筑坝材料控制参数进行敏感性分析，即将坝料及河床料的邓肯-张模型主要参数 K 和 K_b 分别降低 10%和 20%做计算对比分析，成果见表3～表5。

由计算结果可知，参数降低20%后，坝体的沉降增大。竣工时，坝体沉降由41.2cm增至51.3cm；满蓄时，坝体沉降由34.7cm增至44.0cm。堆石体顺河向水平位移随材料参数下降呈上升态势，其中满蓄时，坝体向上游位移由8.8cm增至11.5cm。堆石体、心墙和防渗墙应力均稍有增加，但是增幅不大。坝料参数降低，堆石料的整体力学性能相对变差，弹性模量系数偏低，导致坝体的整体变形较大。通过对比计算分析可以发现，坝料的力学参数对整个坝体应力变形特性有较大的影响。砂砾石料的密实度提高，其模量系数较大，则坝体变形较小。因此，提高堆石料的密实度是有利的。

三维有限元计算分析结果汇总（K 和 K_b 不折减） 表3

项目			竣工期	蓄水期
堆石体位移(cm)	顺河向水平位移	向上游	12.6	8.8
		向下游	13.6	17.5
	坝轴向水平位移	指向右岸	7.2	7.6
		指向左岸	6.6	7.0
	垂直位移	向下	41.2	34.7
最大断面堆石体最大应力(MPa)	第一主应力		1.83	1.48
	第三主应力		0.62	0.97
最大断面心墙最大应力(MPa)	第一主应力		1.81	1.64
	第三主应力		0.65	0.94
最大断面防渗墙最大应力(MPa)	第一主应力		21.61	17.65
	第三主应力		2.21(−2.91)	2.05(−2.12)

三维有限元计算分析结果汇总（K 和 K_b 分别降低 10%） 表4

项目			竣工期	蓄水期
堆石体位移(cm)	顺河向水平位移	向上游	13.5	9.9
		向下游	15.1	19.2
	坝轴向水平位移	指向右岸	8.0	8.4
		指向左岸	7.4	7.8
	垂直位移	向下	45.7	38.9
最大断面堆石体最大应力(MPa)	第一主应力		1.88	1.50
	第三主应力		0.63	0.98
最大断面心墙最大应力(MPa)	第一主应力		1.84	1.66
	第三主应力		0.67	0.92
最大断面防渗墙最大应力(MPa)	第一主应力		22.65	18.54
	第三主应力		2.85(−3.15)	2.51(−2.31)

三维有限元计算分析结果汇总（K 和 K_b 分别降低 20%）　　表 5

项目			竣工期	蓄水期
堆石体位移（cm）	顺河向水平位移	向上游	15.0	11.5
		向下游	16.7	21.9
	坝轴向水平位移	指向右岸	9.0	9.4
		指向左岸	8.2	8.7
	垂直位移	向下	51.3	44.0
最大断面堆石体最大应力（MPa）	第一主应力		1.93	1.53
	第三主应力		0.65	1.00
最大断面心墙最大应力（MPa）	第一主应力		1.88	1.68
	第三主应力		0.68	0.93
最大断面防渗墙最大应力（MPa）	第一主应力		23.81	19.50
	第三主应力		3.21（−3.52）	3.12（−2.56）

3　动力三维有限元计算与分析

3.1　动力计算参数

根据筑坝材料静动力特性试验成果，动力计算参数见表 6。

三维有限元动力计算参数　　表 6

料种＼参数	k_1	k_2	n	c_1（%）	c_2	c_3	c_4（%）	c_5	λ_{max}
沥青混凝土心墙料	11.8	1495	0.31	0.36	0.79	0	8.69	0.76	0.19
坝壳砂砾石料	10.0	1600	0.50	0.1	0.75	0	2.00	1.00	0.25
过渡石料	11.5	1327	0.34	0.24	0.57	0	8.25	0.73	0.22
覆盖层砂砾石料	10.0	1600	0.50	0.1	0.75	0	2.00	1.00	0.25

3.2　地震时程曲线

图 20 和图 21 分别为 50 年超越概率 10% 和 50 年超越概率 5% 的场地谱加速度时程曲线。水平向地震基岩峰值加速度分别为 184.6cm/s^2 和 249.2cm/s^2，垂直向地震基岩峰值加速度取水平向的 2/3。

3.3　地震波输入方法

地震动输入是工程结构抗震分析的基础，地震动输入的可靠性水平在很大程度上决定了结构抗震安全评价结论的可靠性水平。但迄今为止，场址地震动输入尚未有确切和统一的方法。目前在坝址的地震动输入方面，主要依赖地震部门在地震安评中提供的成果。坝址区 50 年超越概率为 10%、5% 时，场地地震动峰值加速度分别为 184.6gal 和 249.2gal。目前对某个概率水平下的样本曲线的用法没有明确的规定。在本次计算中，将 3 条样本曲线按照三个方面分别输入，一共有六种组合情况，如表 7 所示。

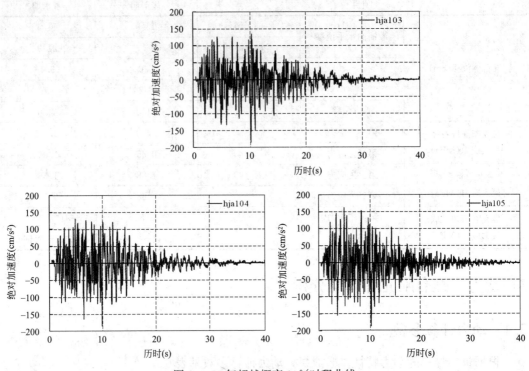

图 20　50 年超越概率 10％时程曲线

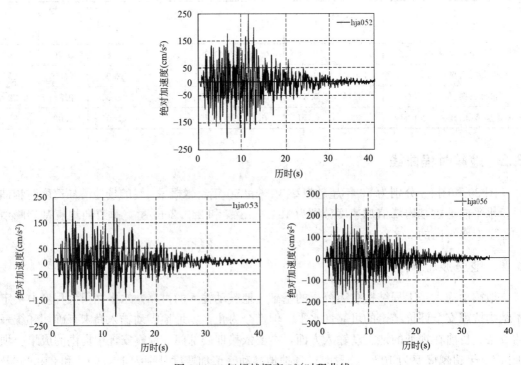

图 21　50 年超越概率 5％时程曲线

地震动输入组合情况 表7

地震工况	地震动输入组合	X	Y	Z
设计地震波 $P_{50}=10\%$	组合一	hja103	hja104	hja105
	组合二	hja103	hja105	hja104
	组合三	hja104	hja103	hja105
	组合四	hja104	hja105	hja103
	组合五	hja105	hja103	hja104
	组合六	hja105	hja104	hja103
校核地震波 $P_{50}=5\%$	组合一	hja052	hja053	hja056
	组合二	hja052	hja056	hja053
	组合三	hja053	hja052	hja056
	组合四	hja053	hja056	hja052
	组合五	hja056	hja052	hja053
	组合六	hja056	hja053	hja052

3.4 不同组合情况下大坝动力反应

对表7所列的各种地震组合进行计算，得出不同地震动输入组合情况下大坝的动力反应特征值，如表8所示。

不同组合情况下大坝动力反应特征值 表8

地震工况	地震动输入组合	动力放大倍数		动位移(cm)		永久变形(cm)		
		顺河向	垂直向	顺河向	垂直向	顺河向		垂直向
						向上游	向下游	
设计地震波 $P_{50}=10\%$	组合一	2.73	3.45	14.2	8.4	5.2	3.8	20.4
	组合二	2.78	3.50	13.5	8.3	4.6	3.2	18.0
	组合三	2.75	3.47	14.5	8.2	4.3	3.7	18.6
	组合四	2.68	3.49	13.9	7.3	4.0	2.9	18.4
	组合五	2.80	3.61	15.2	8.5	5.2	3.1	19.9
	组合六	2.74	3.48	14.4	8.1	4.5	3.8	18.7
校核地震波 $P_{50}=5\%$	组合一	2.58	2.98	27.7	12.2	6.7	1.3	30.9
	组合二	2.61	3.10	28.8	12.4	7.1	4.8	32.7
	组合三	2.55	2.94	25.7	12.4	6.3	2.4	33.3
	组合四	2.54	2.96	25.3	12.7	6.1	2.0	33.5
	组合五	2.59	2.97	27.1	12.2	6.5	3.5	30.6
	组合六	2.54	3.15	25.1	12.3	7.0	1.4	30.9

按照设计地震波和校核地震波计算的六种组合中，大坝的动力反应差别不大，大坝的动力放大倍数、动位移和永久变形比较接近。由设计波组合五、校核波组合二计算结果可知，坝体顺河向动力放大倍数和动位移较大，考虑到顺河向动位移对心墙的危害较大，故

将设计波组合五与校核波组合二的计算结果进行详细整理和分析。

3.5　动力三维有限元计算成果与分析

1. 50 年超越概率 10%

1) 坝体动力反应

图 22 为坝体最大断面顺河向和竖向最大动力反应加速度放大倍数分布。顺河向和竖向最大放大倍数分别为 2.80（$a_{max} = 5.17m/s^2$）和 3.61（$a_{max} = 4.44m/s^2$），坝体加速度反应在顺河向较为强烈，最大加速度反应发生在坝顶位置。在覆盖层内部接近基岩位置附近，动力反应加速度出现减小现象。

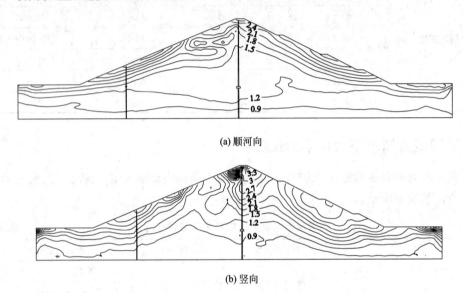

(a) 顺河向

(b) 竖向

图 22　坝体最大断面最大动力反应加速度放大倍数分布

图 23 为防渗体系坝轴向、顺河向和竖向最大动力反应加速度放大倍数分布。三个方向最大放大系数分别为 1.98（$a_{max} = 3.66m/s^2$）、2.70（$a_{max} = 4.98m/s^2$）和 3.20（$a_{max} = 3.94m/s^2$），防渗体系加速度反应在顺河向较为强烈，最大值发生在沥青混凝土心墙顶部中间位置；竖向加速度反应次之，最大值发生在沥青混凝土心墙顶部中间偏右位置；坝轴向加速度反应最弱，最大值发生在沥青混凝土心墙顶部位置。

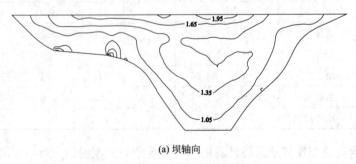

(a) 坝轴向

图 23　防渗体系最大动力反应加速度放大倍数分布（一）

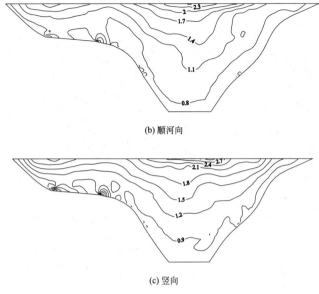

(b) 顺河向

(c) 竖向

图 23   防渗体系最大动力反应加速度放大倍数分布（二）

由上述计算结果可以看出，随着高程增加，高频波被吸收，振动周期变长，与大坝主振频率更为接近，大坝动力反应也越大，在坝顶附近坝体的加速度放大系数迅速增加，地震的"鞭梢"效应明显。

2）大坝动位移

图 24 为坝体最大断面顺河向和竖向最大动位移分布。顺河向和竖向的最大动位移分别为 15.2cm 和 8.5cm，主要集中在坝顶位置，随着高程降低，坝体的最大动位移不断减小。

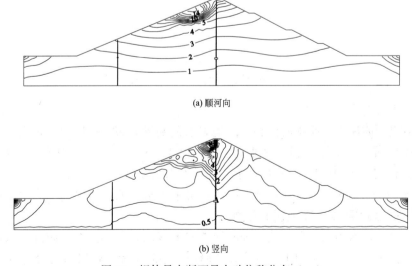

(a) 顺河向

(b) 竖向

图 24   坝体最大断面最大动位移分布（cm）

图 25 为防渗体系坝轴向、顺河向和竖向最大动位移分布。顺河向最大动位移较大，

达到 11.2cm，发生在心墙顶部附近；而坝轴向和竖向的最大动位移较小，分别为 7.2cm 和 7.3cm，都发生在心墙顶部。

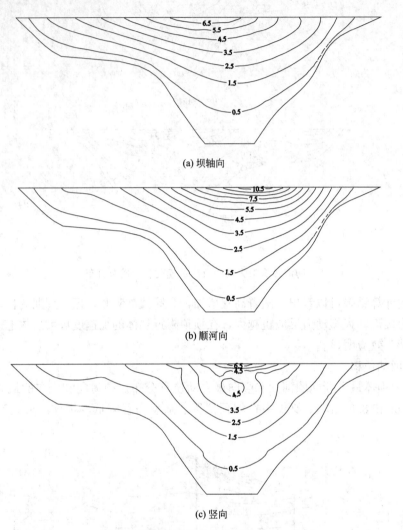

(a) 坝轴向

(b) 顺河向

(c) 竖向

图 25　防渗体系最大动位移分布（cm）

3）大坝永久变形

图 26 给出坝体最大断面顺河向和竖向地震永久变形分布。在顺河向，大坝永久变形整体指向下游，最大值发生在约 2/3 坝高位置，为 3.1cm；在上游坝坡约 1/2 坝高处，上游坝壳出现局部坝体向上游变形，最大永久变形为 5.2cm。在竖向，地震永久变形表现为震陷，最大值为 19.9cm，出现在坝顶上游侧，由于蓄水后上游坝壳的应力水平高于下游侧坝壳，导致最大震陷发生在坝顶上游侧。

图 27 给出了防渗体系坝顺河向、竖向和轴向地震永久变形分布。防渗体系竖向永久变形最大值为 18.5cm，方向向下，发生在心墙顶部中间位置；顺河向最大变形为 1.6cm，指向下游，发生在 1/2 坝高心墙中间位置；坝轴向位移最大值为 3.5cm，指向右岸，最小值为 3.1cm，指向左岸；防渗体系在地震作用下向中间变形。

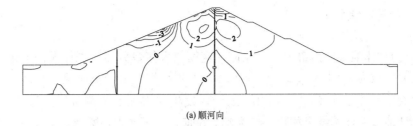

(a) 顺河向

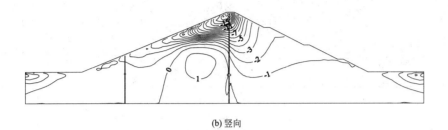

(b) 竖向

图 26　坝体最大断面地震永久变形分布（cm）

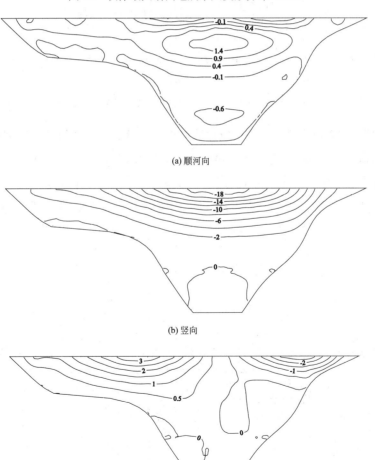

(a) 顺河向

(b) 竖向

(c) 坝轴向

图 27　防渗体系地震永久变形分布（cm）

2. 50 年超越概率 5%

1) 坝体动力反应

图 28 为坝体最大断面最大动力反应加速度放大倍数分布。坝体顺河向最大动力反应加速度放大倍数为 2.61（$a_{max}=6.5\text{m/s}^2$），发生在坝顶偏向下游侧；竖向最大动力反应加速度放大倍数为 3.1（$a_{max}=5.15\text{m/s}^2$），发生在坝顶上游侧位置。与 50 年超越概率 10% 的设计地震波计算结果相比，最大动力反应加速度放大倍数有所减小。

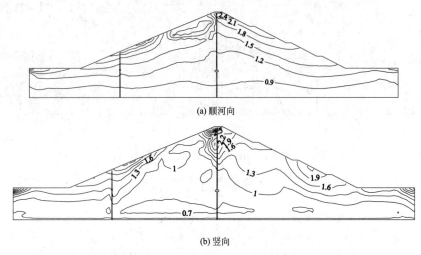

(a) 顺河向

(b) 竖向

图 28　坝体最大断面最大动力反应加速度放大倍数分布

图 29 为坝体防渗体系最大动力反应加速度放大倍数分布。防渗体系顺河向最大动力反应加速度放大倍数为 2.29（$a_{max}=5.71\text{m/s}^2$），最大值发生在心墙顶部中间位置；竖向最大动力反应加速度放大倍数为 3.05（$a_{max}=5.07\text{m/s}^2$），发生在心墙顶部中间位置；坝轴向最大动力反应加速度放大倍数为 1.85（$a_{max}=4.61\text{m/s}^2$），发生在心墙顶部中间偏右位置。

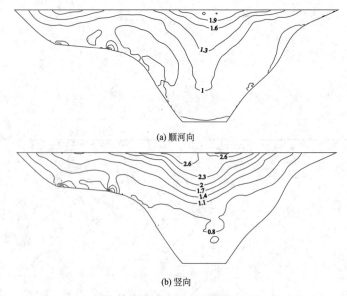

(a) 顺河向

(b) 竖向

图 29　防渗体系最大动力反应加速度放大倍数分布（一）

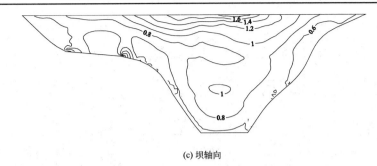

(c) 坝轴向

图 29　防渗体系最大动力反应加速度放大倍数分布（二）

2）大坝动位移

图 30 为坝体最大断面顺河向和竖向最大动位移分布。顺河向和竖向的最大动位移分别为 28.8cm 和 12.4cm，主要集中在坝顶位置，随着高程降低，坝体的最大动位移不断减小。

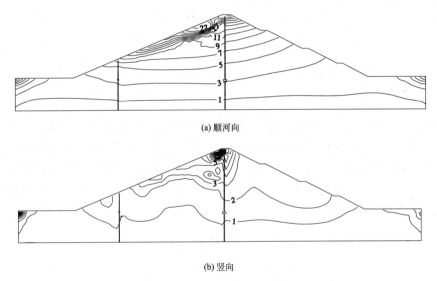

(a) 顺河向

(b) 竖向

图 30　坝体最大断面最大动位移分布（cm）

图 31 为防渗体系坝轴向、顺河向和竖向最大动位移分布。坝轴向最大动位移为 7.4cm，发生在心墙顶部靠近左岸侧；顺河向最大动位移为 24.8cm，发生在心墙顶部中间偏右岸位置；竖向最大动位移为 11.7cm，发生在心墙顶部中间位置。

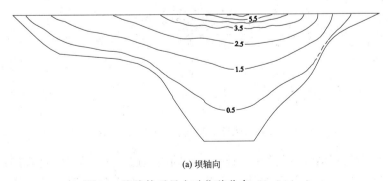

(a) 坝轴向

图 31　防渗体系最大动位移分布（cm）（一）

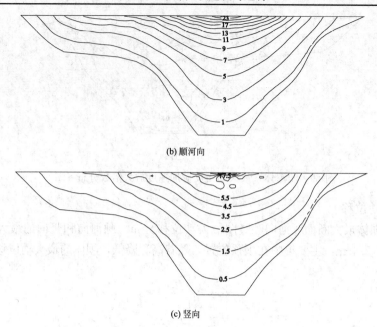

(b) 顺河向

(c) 竖向

图 31　防渗体系最大动位移分布（cm）（二）

3）大坝永久变形

图 32 给出最大断面顺河向和竖向地震永久变形分布。在顺河向，大坝永久变形整体指向下游，最大值发生在约 2/3 坝高位置，为 4.8cm。在上游坡约 1/2 坝高处，上游坝壳出现局部坝体向上游变形，最大永久变形为 7.1cm。在竖向，地震永久变形表现为震陷，最大值为 32.7cm，出现在坝顶上游侧，由于蓄水后上游坝壳的应力水平高于下游侧坝壳，导致最大震陷发生在坝顶上游侧。

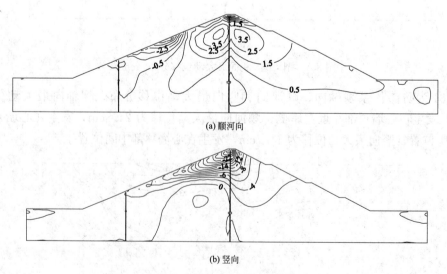

(a) 顺河向

(b) 竖向

图 32　坝体最大断面地震永久变形分布（cm）

图 33 给出了防渗体系坝顺河向、竖向和坝轴向地震永久变形分布。防渗体系竖向永久变形最大值为 32.5cm，方向向下，发生在心墙顶部中间位置；顺河向最大变形为

2.1cm，指向下游，发生在 1/2 坝高心墙中间位置；坝轴向位移最大为 5.3cm，指向右岸，最小为 4.5cm，指向左岸；防渗体系在地震作用下向中间变形。

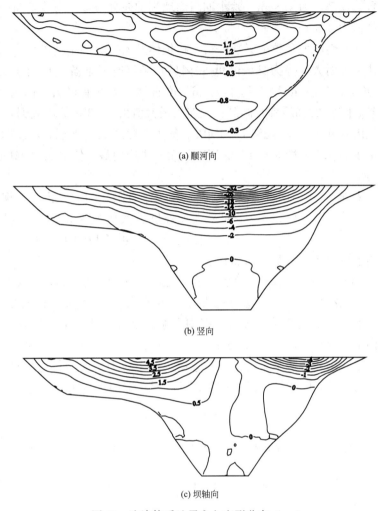

(a) 顺河向

(b) 竖向

(c) 坝轴向

图 33　防渗体系地震永久变形分布（cm）

4　结论

（1）坝体应力与变形三维有限元非线性静力分析表明，坝体应力：竣工期，堆石体第一主应力最大值为 1.83MPa，第三主应力最大值为 0.62MPa；蓄水期，堆石体第一主应力最大值为 1.50MPa，第三主应力最大值为 0.98MPa。坝体位移：竣工期，上游侧堆石体位移向上游，下游侧堆石体位移向下游；蓄水期，上游侧堆石体向上游位移减小，下游侧堆石体向下游位移增大。竖直位移最大值分布在 1/3 坝高处，竣工期最大竖向位移为 41.2cm，蓄水期最大竖向位移为 34.7cm。

（2）防渗墙应力与变形三维有限元非线性静力分析表明，防渗墙应力：竣工期，防渗墙第一主应力最大值为 21.6MPa，防渗墙第三主应力主要为拉应力，最大值为 2.91MPa，其余部位数值较小。蓄水期，防渗墙第一主应力最大值为 17.7MPa。第三主应力主要为拉应力，最大值为 2.12MPa，其余部位数值较小。防渗墙变形：竣工期，防渗墙向下游几乎没有变形；水库蓄水后，在水荷载作用下防渗墙向下游变形，最大挠度发生在河床中央两侧对称位置的顶部，为 4.8cm。蓄水期防渗墙坝轴向分布基本与竣工期相同，数值较小，最大轴向位移为 2.8cm。

（3）有限元非线性静力参数敏感性分析，将坝体及河床料的主要静力参数降低 10％、20％后，堆石体变形增大，静力参数降低 20％后，满蓄时向下游变形由 17.5cm 增大到 21.9cm，竖直沉降由 34.7cm 增大到 44.0cm。堆石体应力稍有增大，但增大幅度不大；满蓄时，静力参数降低 20％后堆石体第一主应力最大值由 1.48MPa 增大到 1.53MPa；第三主应力最大值由 0.97MPa 增大到 1.00MPa。静力参数降低 20％后，满蓄时防渗墙第一主应力最大值由 17.65MPa 增大到 19.50MPa，第三主应力最大值由 2.12MPa（拉）增大到 2.56MPa（拉）。

（4）50 年超越概率 10％地震动输入情况下，三维有限元动力分析，大坝最大断面顺河向最大加速度放大倍数为 2.80，竖向最大加速度放大倍数为 3.61；大坝最大震陷为 19.9cm，最大顺河向永久变形为 3.1cm，指向下游；上游坝坡约 1/2 坝高位置局部向上游变形，最大向上游永久变形量为 5.2cm。

（5）50 年超越概率 5％地震动输入情况下，三维有限元动力分析，大坝最大断面顺河向最大加速度放大倍数为 2.61，竖向最大加速度放大倍数为 3.10；大坝最大震陷为 32.7cm，最大顺河向永久变形为 4.8cm，指向下游；上游坝坡约 1/2 坝高位置局部向上游变形，最大向上游永久变形量为 7.1cm。

（6）根据三维有限元分析结果可知，防渗墙第三主应力主要为拉应力且拉应力较大。建议岸坡采用台阶开挖，防渗墙内配置抗裂钢筋，对覆盖层进行相应的地基处理等措施。

参考文献

[1] 王新民，钱亚俊，姚芳芳，等 . 颗粒破碎对砂砾石料强度与变形特性的影响 [J]. 人民黄河，2020，42（10）：148-151.

[2] 孔宪京，余翔，邹德高，等 . 沥青混凝土心墙坝三维有限元静动力分析 [J]. 大连理工大学学报 .2014，54（02）：197-203.

[3] 中国水利水电科学研究院 . 水工建筑抗震设计规范：DL 5073—2000 [S]. 北京：中国电力出版社，2001.

[4] 顾淦臣，沈长松，岑威钧 . 土石坝地震工程学 [M]. 北京：中国水利水电出版社，2009.

[5] 黄河勘测规划设计研究院有限公司 . 碾压式土石坝设计规范：SL 274—2020 [S]. 北京：中国水利水电出版社，2021.

[6] 孙宏磊 . 碾压式沥青混凝土心墙砂砾石坝有限元分析 [J]. 水利科技与经济，2020，26（04）：27-32.

[7] 潘恕，沈凤生，常向前 . 小浪底斜心墙堆石坝的三维有效应力法地震反应分析 [R]. 黄河水利委员会黄河水利科学研究院，1995.

[8] 陈贺珏 . 某沥青混凝土心墙砂砾石坝动力分析及抗震设计 [J]. 人民长江，2015，46（S1）：123-126.

锦江水库大坝混凝土溶蚀成因及治理对策研究

高龙华[1]　明武汉[2]　张　根[1]

(1. 水利部珠江水利委员会水文局，广东广州 510610；2. 江门市水利局锦江水库管理处，广东江门 529099)

摘　要：本文分析了水库大坝混凝土溶蚀机理和类型。在此基础上，以江门市锦江水库为例，运用环境水质检测、析出物检测的方式分析大坝溶蚀类型，利用自然电位法和探地雷达相结合的物探方式分析大坝渗流部位和成因，结合水库历史资料，提出大坝渗流治理和减缓溶蚀的对策措施建议。

关键词：混凝土；溶蚀；析出物；自然电位法；探地雷达

1　引言

钙质是混凝土保持强度、密实度、抗渗等特性的重要成分[1]。混凝土因具有较好的抗渗性，在水利工程中常被用作筑坝或防渗材料。然而，基于各方面因素，混凝土局部会产生孔隙和裂隙，在混凝土的表面或廊道、排水孔出口和集水沟等渗水部位出现白色 $Ca(OH)_2$ 沉积物析出的现象，被称为"析钙现象"[2]。混凝土的析钙现象理论上称作混凝土溶蚀性侵蚀，是因混凝土长期与硬度小的水接触而使混凝土中的石灰被溶失、液相石灰浓度下降、水泥水化产物分解、混凝土孔隙率增加、强度降低，最后导致混凝土结构物破坏的一种化学腐蚀，也是以混凝土或砂浆为主的水工建筑物或砌筑物常见病害和主要破坏原因之一[3]。本文基于国内外研究进展资料[4-7]，以江门市锦江水库为例，结合工程历史观测数据，综合采用试验检测、资料分析等方法，科学分析评价大坝钙离子流失成因、类型和重点部位。在此基础上，提出大坝渗流治理的对策措施建议，以期为工程今后的运行维护提供科学依据。

2　工程概况

锦江水库位于恩平市大田镇境内潭江干流锦江河上游，是一座以防洪、灌溉为主，兼顾发电的大（2）型水库。锦江水库大坝为浆砌石重力坝，分为三个时期建设。第Ⅰ期混凝土砌大石从 1958 年 11 月至 1960 年 9 月，砌至 55.0m 高程，局部混凝土掺合了 10%～20%烧黏土；第Ⅱ期浆砌石施工从 1963 年至 1965 年，上游侧单边加高了 10m，砌至 65.0m；第Ⅲ期施工从 1970 年 7 月至 1972 年 9 月，混凝土砌块石砌至 72.0m，再改用砂浆砌块石砌至坝顶。2000 年对锦江水库进行除险加固，主要包括改建第二溢洪道、对坝体进行充填灌浆、坝基进行帷幕灌浆并增加观测设施，完善工程管理设施。

作者简介：高龙华（1975—），男，重庆人，教授级高工，工学博士，主要从事水文水资源工作。
　　　　　E-mail：1184161401@qq.com。

据 1973 年观测以来的资料显示，1973—1976 年这段时间大坝的渗漏较为严重，渗漏量达 12L/s。后经 1973—1976 年内对大坝进行帷幕灌浆后，坝体裂缝填塞及灌浆处理后，渗漏量显著减少，并基本稳定在 0.4L/s 的状况，但在雨季及水位较高时渗漏量可能增大到 0.6L/s，从多年的资料统计[8]，大坝年内的渗漏量一般在 0.3～0.6L/s 之间。经 2013 年对水库大坝安全鉴定发现，坝体下游、一级廊道内以及第二溢洪道内少量渗水、砂浆溶蚀，局部有白色游离钙析出。至 2015 年跟踪监测发现，二级廊道内亦发生钙析出现象（图 1）。

图 1   坝体内游离钙析出情况（2015 年 12 月摄）

3   溶蚀机理及条件

3.1   溶出型侵蚀机理及条件

当水泥石长期与大量或流动软水接触时，水化产物将按其稳定存在所必需的平衡氢氧化钙（Ca^{2+}）浓度的大小，逐渐溶解或分解，从而造成水泥石破坏，这就是软水侵蚀，也称为溶出性侵蚀、溶析性侵蚀或淡水侵蚀[9]。

此种溶蚀特点在于：其作用不是均匀分布于砂浆体内的，而是发生在含有孔隙的通道表面，具有集中性，而且会持续地连锁反应。当砂浆多孔疏散时，其中的胶态产物也会被渗流水冲刷并带走，渗漏管道变得更粗大，渗漏水更易通过，造成侵蚀加剧。这种破坏作用与砂浆本身的密实程度密切相关，砂浆越疏松、毛细管道越多、越粗大，渗漏就越严重，侵蚀作用也就越大、越快。溶蚀作用不会自动停止，而会随时间的推移不断加剧，而且渗漏水通过砂浆时水中夹杂的有机物会黏附在砂浆内部的孔隙壁，影响以后灌浆补强的粘结效果，因此必须及时进行处理。

3.2   泛酸型侵蚀机理及条件

混凝土内部是一个碱性的环境，混凝土中的水化物都必须在一定的 pH 值范围内才能稳定存在，当混凝土内部 pH 值降低时，混凝土内部的化学成分会由于与氢离子反应发生脱钙作用而改变。混凝土在含酸的溶液环境中，由于酸溶液中大量的氢离子存在，会与混凝土中的水化物发生化学反应，以硝酸为例，发生的化学反应如下：

$$HNO_3 + Ca(OH)_2 = Ca(NO_3)_2 + H_2O \qquad\qquad (1)$$

$$HNO_3 + C\text{-}S\text{-}H = Ca(NO_3)_2 + H_2O + SiO_2 \qquad\qquad (2)$$

$$HNO_3 + C\text{-}A\text{-}H = Ca(NO_3)_2 + H_2O + Al_2O_3 \qquad\qquad (3)$$

$$HNO_3 + C_4AF = Ca(NO_3)_2 + H_2O + Al_2O_3 + Fe_2O_3 \qquad\qquad (4)$$

可以看出，硝酸与混凝土内部水化物发生化学反应，生成可溶性的 $Ca(NO_3)_2$，$Ca(NO_3)_2$ 溶于水使混凝土中钙离子流失。酸溶液对混凝土的侵蚀，主要取决于酸的类型、浓度及 pH 值，以及形成覆盖膜的化学成分。此外，当混凝土处于盐酸侵蚀环境中时，由于盐酸中氯离子的存在，会对混凝土中的钢筋造成氯离子侵蚀。

3.3　碳酸型侵蚀机理及条件

大坝在建成蓄水后，下层库水形成的厌氧环境有利于微生物的生存活动，导致下层库水含有大量游离 CO_2。这种游离的 CO_2 会对混凝土造成另一类侵蚀即碳酸盐侵蚀[10]。碳酸性溶液中存在大量游离的 CO_2，极易与碱性水化物发生反应，促成水化物溶解，导致溶蚀程度加深，其主要步骤为：首先，水泥水化产物中的 CH 与碳酸反应生成碳酸钙，碳酸钙又与碳酸生成易溶于水的碳酸氢钙而流失；其次，随着水泥浆体中 CH 浓度的降低，侵蚀性 CO_2 会继续与 C-S-H 反应并导致 C-S-H 的钙质流失，C-S-H 结构随之解体并形成结晶的 SiO_2，铁相或铝相产物，其有关化学反应如下：

$$Ca(OH)_2 + H_2O + CO_2 \rightarrow CaCO_3 + 2H_2O \qquad\qquad (5)$$

$$CaCO_3 + H_2O + CO_2 \rightarrow Ca(HCO_3)_2 (可逆) \qquad\qquad (6)$$

$$nCaO \cdot SiO_2 \cdot mH_2O + nCO_2 + H_2O \rightarrow nCaCO_3 + nSiO_2 + (m+1)H_2O \qquad (7)$$

$$nCaO \cdot Al_2O_3 \cdot mH_2O + nCO_2 + H_2O \rightarrow nCaCO_3 + nAl_2O_3 + (m+1)H_2O \qquad (8)$$

$$nCaO \cdot Fe_2O_3 \cdot mH_2O + nCO_2 + H_2O \rightarrow nCaCO_3 + nFe_2O_3 + (m+1)H_2O \qquad (9)$$

碳酸钙与侵蚀性 CO_2 生成碳酸氢钙的反应是可逆反应，只有当碳酸氢钙与侵蚀性 CO_2 达到平衡时，反应才会终止，当水中含有较多的游离 CO_2，超过平衡质量浓度时，则反应不断向着生成重碳酸盐方向进行。在流动的压力水作用下生成的碳酸氢钙易溶解被水带走，这使得碳酸钙与侵蚀性碳酸反应难以达到平衡，水泥浆体中的 CH 逐渐溶失，水泥浆体结构则遭受破坏。

4　试验检测分析

一般认为发生溶蚀破坏要存在三个条件：钙离子浓度差、孔隙或渗流、水质含有侵蚀作用。为此，本次拟综合运用环境水质检测、渗漏水析出物检测、物探试验检测相结合的方式，分析判定溶蚀成因和渗流部位。

4.1　水样检测

本次取得坝址区 2 个地表水水样进行水化学分析，测试结果见表 1。根据《水利水电工程地质勘察规范》GB 50487—2008 附录 L 判定：环境水对混凝土具有中等程度腐蚀性（重碳酸型），对钢结构具有腐蚀性。

水库环境地表水腐蚀性评价 表1

腐蚀类型	评价依据	腐蚀成分含量及腐蚀性等级		界限指标
		发电尾水渠	水库库区	
一般酸性型	pH值	7.22	7.02	无:pH>6.5
碳酸型	侵蚀型CO_2	3.29	3.29	无:CO_2<15mg/L
重碳酸型	$[HCO_3^-]$	0.349 中等	0.398 中等	无:HCO_3^->1.07mmol/L 弱:1.07~0.70mmol/L 中等:HCO_3^-≤1.07mmol/L
镁离子型	$[Mg^{2+}]$	0.73	0.25	无:Mg^{2+}<1000mg/L
碳酸盐型	$[SO_4^{2-}]$	1.93	0.98	无:SO_4^{2-}<250mg/L
对钢筋混凝土中钢筋	$[Cl^-]$	4.03	5.565	—
对钢结构	$[Cl^-+SO_4^{2-}]$	5.48	6.30	弱:pH=3~11,$Cl^-+SO_4^{2-}$<500

注:环境水中同时存在$[Cl^-]$和$[SO_4^{2-}]$时,表中$[Cl^-]$含量=$[Cl^-]$+$[SO_4^{2-}]$×0.25折算。

4.2 析出物检测

为进一步探查库水对大坝和基础的腐蚀影响与程度,取2组具有代表性渗漏水析出物进行光谱半定全量分析,并从46种元素中选其含量较大的6种元素列表说明,见表2。

坝基析出物主要化学成分 表2

编号	取样位置	化学成分(%)					
		SiO_2	Al_2O_3	CaO	MgO	Fe_2O_3	MnO
239	右坝基廊道	>10	1	>10	0.3	3	0.8
240	中、左坝基廊道	>10	>10	3~10	0.5	>10	3

从表2中239号坝基析出物的主要成分和含量看,库水腐蚀对象以混凝土为主,溶蚀腐蚀岩基为次。而240号坝基析出物是中部坝基和左部坝基的混合试样,尤以左坝基取量居多。析出物五种主要化学成分较高。含量>10%的有SiO_2、Al_2O_3、Fe_2O_3,CaO含量3%~10%,另MgO、MnO含量亦大于239号试样。结合相应位置排水孔渗漏水水质分析结果综合分析判断:库水对左部基岩和混凝土均具有较强的腐蚀,是库水流经坝基,溶解坝基软弱带中风化易溶物和混凝土中CaO沉积的结果。析出物的光谱分析显示,左右坝基存在软弱岩基或裂隙发育的可能性较大,尤以左坝基明显。

4.3 物探检测

根据现场条件、规范要求,使用自然电位法(1m点距)、探地雷达法两种方法进行测试。沿水库坝轴线方向平行布置5条纵测线,测线长度共计900m,测点905点。自然电位法完成坝顶、一级廊道、一级马道、二级廊道共计2728m,测试工作在坝顶、一级廊道、一级马道和二级廊道开展。探地雷达从一级廊道和二级廊道分别布置朝迎水面和背水面两个方向探测。采用50MHz、100MHz和400MHz三种天线。测线布置见图2。

(1)自然电位法结论。坝体渗水主要来自库水,渗水方向为由库内往外流,渗水部位

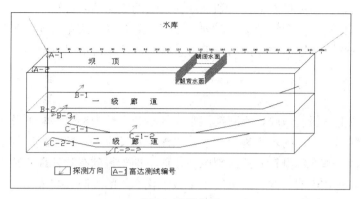

图 2　测线布置

表现出自然电位为正异常。坝体内无明显的水流通道，但坝体内潜水活动既有垂直于坝体的活动，也有坝体内的横向活动。总体上点号 0～55m，165～246m 段坝体内潜水活动明显。二级廊道、一级廊道、坝顶自然电位图见图 3。

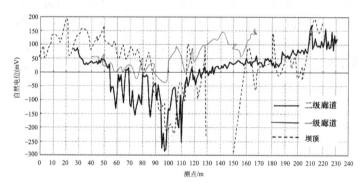

图 3　自然电位图

（2）探地雷达法结论。坝顶 15m 深度内未见大范围的松散或空洞。一级廊道隧道腰部砌体基本完整，隧道各朝迎水面和背水面水平方向约 7m 范围内坝体填充物比较均匀，背水面个别地段存在局部土质松散或不匀。二级廊道砌体不规整，隧道体外充填物极不均匀，隧道各朝迎水面和背水面水平方向约 5m 范围内坝体填充物材质及厚度变化大。推断隧道附近坝体内存在砂石部位既是水的富集地，也是水的流动通道，而黏土部位为相对隔水层，水中含钙离子成分很高，引起渗漏并在廊道砌体裂隙形成碳酸钙沉积（图 4）。

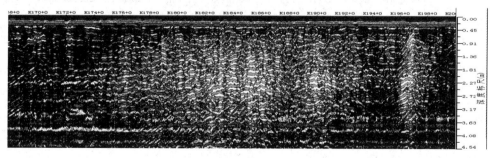

图 4　探地雷达典型剖面图像

（3）综合分析。根据自然电位法和探地雷达法的检测结果可知，坝体存在明显潜水活动的范围主要集中在左、右坝段部分，坝中段则相对较好。而左右坝段部分又主要集中在工程施工的结合部位或基岩与坝的结合部位，这些部位渗流情况较明显。

5　结论

（1）经过以上分析、试验，判断锦江水库的溶蚀主要为溶出型侵蚀及碳酸型侵蚀的复合溶蚀。由于锦江水库内的水表现为软水，水泥与水反应生成的水化产物不能在其中以稳定的形态存在，而基岩本身存在的微裂隙在建设早期未得到有效处理，留下了供软水流动的渗流通道，当孔隙内溶液的石灰浓度小于该水化产物的极限石灰浓度，则氢氧化钙、水化硅酸钙及水化铝酸钙等水化产物将被溶解或分解。

（2）在各种水化产物中，$Ca(OH)_2$ 由于溶解度最大首先溶出，这样不仅增加了水泥石的孔隙率，使水更容易渗入，而且由于 $Ca(OH)_2$ 浓度降低，还会使水化产物依次发生分解，如高碱性的水化硅酸钙、水化铝酸钙等分解成为低碱性的水化产物，并最终变成硅酸凝胶、氢氧化铝等胶凝能力差的物质。而在大量存在 HCO_3^- 的情况下，溶蚀同时还进行着碳酸盐的反应，使溶蚀的速度增加，造成了水库的整体溶蚀和析钙现象。

（3）监测显示分缝处存在渗漏的可能性很大，考虑到大坝分三期建设，且建成时间较长，建议对分缝处更换止水材料。渗流治理方面，建议对左、右岸坝基与浆砌石接触部位实施灌浆，灌浆时在水泥单一材料基础上适当添加其他防侵蚀反应材料，有效减缓坝体的溶蚀速度和降低渗流量，控制溶蚀风险。

参考文献

[1] 吴福飞，侍克斌，董双快，等. 塑性混凝土的长期渗流溶蚀稳定性试验 [J]. 农业工程学报，2014，30（22）：112-119.

[2] 蒋慷，唐洪刚，张正洋，等. 钙溶蚀对混凝土耐久性影响研究概述 [J]. 低温建筑技术，2015，37（11）：15-17.

[3] 胡明玉，徐旺敏，何雯，等. 江西省大中型混凝土水库大坝溶出性侵蚀调查研究 [J]. 长江科学院院报，2018，35（04）：54-59.

[4] 王海龙，郭崇波，邹道勤，等. 侵蚀性水作用下混凝土的钙溶蚀模型 [J]. 水利水电科技进展，2018，38（03）：26-31.

[5] 王少伟，徐应莉，徐丛. 基于数值模拟的混凝土坝渗透溶蚀劣化时空特征 [J]. 水电能源科学，2021，39（01）：87-91.

[6] 李新宇，方坤河. 混凝土渗透溶蚀过程中钙离子迁移过程数值模拟 [J]. 长江科学院院报，2008，25（06）：96-100.

[7] 周东昊，沈振中，马保泰，等. 渗透溶蚀作用下混凝土坝质量损失分布规律 [J]. 水利水电科技进展，2022，42（02）：72-78.

[8] 陈伟东，包为民，瞿思敏，等. 锦江水库对下游径流年际变化影响分析 [J]. 中国农村水利水电，2015（09）：12-16.

[9] 王海龙，郭春伶，孙晓燕，等. 软水侵蚀混凝土的性能劣化细观机理 [J]. 浙江大学学报（工学版），2012，46（10）：1887-1892，1922.

[10] 唐伟，曹建华，杨会，等. 外源水对碳酸盐侵蚀速率研究——以桂林毛村地下河为例 [J]. 地球与环境，2014，42（02）：207-212.

重庆长江金刚沱泵站引水建筑物水流条件和泥沙冲淤变化研究

黄雪颖[1]　黄建成[2]　李志晶[2]　柯新语[1]

(1. 武汉科技大学城市建设学院，湖北武汉 430081；2. 长江科学院河流研究所，湖北武汉 430010)

摘　要： 在大江大河上修建泵站引水建筑物需考虑工程附近的水流条件和河床冲淤变化情况，直接关系到工程实施后的运行安全和效益的发挥。本文基于河工模型试验，研究了金刚沱泵站工程河段未来 10 年间泵站取水头部附近的流速、流态和泥沙冲淤情况，以及对泵站引水口可能产生的影响。结果表明，在长江不同频率来水流量条件下，泵站取水管头部附近水流平顺，流态稳定，河道主流线横向摆动较小，取水管头部处流速较大，不易产生泥沙淤积；在泵站运行 10 年末，工程河段滩、槽变化较小，河势较稳定，取水管头部附近河床泥沙淤积高程低于取水箱体进水顶高程，能够保证泵站正常取水的要求，引水建筑物布置位置基本合理。

关键词： 长江金刚沱泵站；引水建筑物；流速流态；泥沙冲淤；河工模型

1　前言

近年来，重庆市渝西地区随着城市化进程的加快，城镇与农村争水、生产生活用水挤占生态环境用水较为普遍，致使农业实灌面积减小、灌溉保证率偏低，河流生态流量下泄不足，区内部分河流水质为Ⅳ类、Ⅴ类，水生态环境污染问题日益突出，已严重制约了渝西地区经济社会的可持续发展。为此，重庆市决定利用渝西过境水资源丰富的优势，新建长江、嘉陵江一批骨干提水工程，通过输水管线与区内水库连通调蓄，形成"南北连通互济，江库丰枯互补"的水资源配置体系，以缓解渝西地区水资源供需矛盾。因此，修建提水泵站工程是渝西地区水资源配置体系中的基础工程，意义重大、影响深远。

根据水利部水利水电规划总院审查通过的《重庆市渝西水资源配置工程总体方案》要求，渝西水资源配置工程共建 7 座水源泵站，金刚沱泵站是其中规模最大的泵站工程，该泵站位于重庆市江津区油溪镇长江金刚沱河段左岸侧，为地面式厂房，泵站取水管头部伸入江中约 400m 取水，设计取水流量为 28.60m³/s。

由于工程河段上游金沙江新建了多座水库，使该河段来水来沙条件发生变化，工程所在的左岸胜中坝碛坝边滩受乱采乱挖砂的影响，滩面形状遭到较大破坏，出现深坑、倒套，水流条件复杂，同时新建泵站取水头部伸入江中主流区附近靠近航道，在其下游约

基金项目： 国家重点研发计划课题（2020YFF0212201）。

作者简介： 黄雪颖（1996—），女，湖北武汉人，硕士生，主要从事污水与固体废弃物资源化及城市水资源承载力方面的研究。

通讯作者： 黄建成（1962—），男，湖南长沙人，教授级高级工程师，主要从事河流工程泥沙研究。
E-mail：1060912752@qq.com。

300m 处还建有丁坝。因此，在工程初设阶段开展对泵站取水头部附近水流条件、河床冲淤变化等方面的研究十分必要，直接关系到工程运行安全和供水保障安全，也为工程设计的优化布置提供科学依据。

2　河道基本情况

2.1　河道概况

金刚沱河段地处长江上游重庆地区，河道两岸低山丘陵分布有阶地、碛坝边滩，河型呈单一弯曲状，河段全长约 8km（图 1）。在河道进口段主流沿左岸而行，过横山村后主流逐渐过渡到右岸进入金刚沱弯道，在泵站取水口附近主流偏右岸而行，过芳阴村后主流逐渐摆回左岸并于金刚沱水位站附近沿左岸下行，过燕坝村后主流又逐渐摆回右岸进入下游河段。

该河段沿程河宽较均匀，洪水期水面宽 900～1100m，枯水期水面宽 400～600m；河道两岸低山丘陵，岸线较稳定，基本处于天然状态，河床组成以砂卵石为主；河床冲淤特点为汛期淤积，汛后冲刷，年际间冲淤基本平衡。近年来受上游建库来沙减少的影响，河床以冲刷为主，但冲刷幅度不大，河槽较稳定，左岸胜中坝边滩变化较大主要是人工挖砂造成，河段整体河势基本稳定。

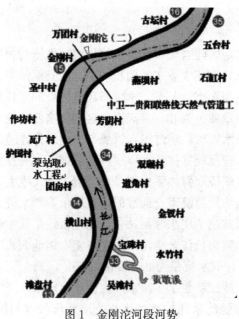

图 1　金刚沱河段河势

2.2　水文特性

朱沱水文站位于工程上游约 30km，是长江上游干流的控制站，朱沱站与工程河段之间无大的支流入汇，因此朱沱站来水来沙条件可以代表工程河段水文泥沙特性。根据朱沱站 1954—2018 年间实测水文资料统计，朱沱站多年平均流量 8450m³/s，径流量 2650×

$10^8 \mathrm{m}^3$，其中 5—10 月径流量 $2122 \times 10^8 \mathrm{m}^3$，为年径流量的 79%，实测最大流量为 $55800 \mathrm{m}^3/\mathrm{s}$（2012 年），最小流量为 $1920 \mathrm{m}^3/\mathrm{s}$（1999 年）。朱沱站多年平均输沙量为 $2.640 \times 10^8 \mathrm{t}$，多年平均含沙量为 $1.11 \mathrm{kg/m}^3$。近年来，随着长江上游干支流水电工程的修建、水土保持工程的实施和河道采砂等因素的影响，河段径流量变化不大，但输沙量下降明显，2000—2018 年间朱沱站径流量较多年平均减少 2.7%，输沙量较多年平均减少 31.6%，其中砾卵石推移量较多年平均减少 85%；悬移质含沙量较多年平均减小 29.6%，悬沙粒径中数由 0.011mm 减小为 0.009mm。

3 工程布置方案

金刚沱泵站位于重庆市江津区油溪镇长江金刚沱河段左岸瓦厂村附近，泵站主要由引水建筑物（取水头部、引水管、引水管出口检修塔）、泵房前池、地面泵站厂房、出水隧洞、出水塔及管理楼、变配电间等组成。取水头部伸入江中靠近主流区，距左岸边约 400m，距下游航道部门设置的丁坝约 300m（图 2）。取水头部采用箱式钢筋混凝土结构形式，在其顶面设置进水窗口，并安装拦污格栅，两根 DN3200 引水管深入箱体内取水，引水钢管后接出水检修塔（图 3）。取水头部平剖面为菱形，为整体箱式结构，取水头部长 27.3m、宽 6.6m，顶高程 183.0m（位于 97% 保证率枯水水面线以下 1m），低于下游丁坝坝顶高程约 1m。取水头部长轴方向与长江主槽方向平行。

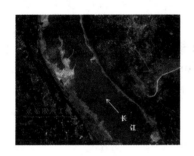

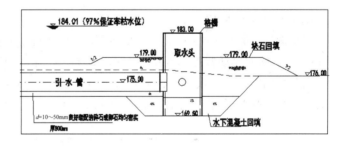

图 2 泵站取水口位置   图 3 泵站取水口纵剖面图

4 物理模型试验

4.1 模型概况

金刚沱泵站物理模型模拟的河段范围，上起横山村（取水口上游约 4.7km），下至燕坝村（取水口下游约 5.3km），全长约 10.0km。模型设计按几何相似，水流运动相似，泥沙运动相似和河床冲淤变形相似准则进行。模型平面比尺 $\lambda_L = 200$，垂直比尺 $\lambda_H = 100$，模型变率为 2.0。

根据对工程河段悬移质和床沙取样资料分析，该河段悬移质最大粒径为 0.678mm，中值粒径为 0.012mm，平均粒径为 0.028mm。床沙最大粒径为 245.2mm，中值粒径为 153.4mm，平均粒径为 139.7mm。由以往长江上游河段泥沙模型设计经验和本河段泥沙冲淤特点，模型沙选用株洲精煤，其密度为 $1.33 \mathrm{t/m}^3$，干重度 $0.75 \mathrm{t/m}^3$。

模型采用 2016 年 9 月该河段实测地形制模，进行了水面线，断面流速分布和河床冲淤变化的验证。结果表明，各项验证指标均符合《河工模型试验规程》SL 99—2012 要求，模型设计，选沙及各项比尺的确定基本合理，能够保证正式试验成果的可靠性。

4.2　试验条件

按照《泵站设计规范》GB 50265—2010 的规定，金刚沱泵站取水口最高运行水位为 206.77m（20 年一遇洪水位；泵站取水口最低运行水位为 184.01m，取水保证率 97%。因此，模型试验中共选取四级典型流量作为试验特征流量，分别是 52600m³/s（20 年一遇洪水流量），42600m³/s（5 年一遇洪水流量），8410m³/s（多年平均流量），1920m³/s（取水保证率 97%流量）。模型地形为 2016 年 10 月该河段实测地形。

模型泥沙冲淤系列年试验进口水沙条件采用国务院三峡工程建设委员会办公室泥沙专家组确定的三峡工程蓄水运用后泥沙问题研究的 10 年系列（1991—2000 年系列）一维泥沙数学模型计算成果。该计算成果中考虑了上游干流溪洛渡、向家坝水库，支流岷江紫坪铺、瀑布沟等电站蓄水拦沙的影响。模型进口悬移质级配采用 2017 年朱沱站实测悬移质级配资料进行设计和配沙；床沙采用 2019 年金刚沱河段实测床沙级配资料进行设计和铺沙。

4.3　试验成果分析

1. 河道主流线变化

在流量为 1920～526000m³/s 条件下，工程河段主流线横向摆动幅度一般为 10～100m，最大横向摆动幅度 200m，在取水管上、下游 1000m 河道范围内主流线位置较稳定，主流横向摆动幅度较小，摆幅在 20～60m 之间，在取水管头部处主流横向摆动幅度 60m，主流距取水管头部横向距离 132～198m（图 4），有利于取水管取水。

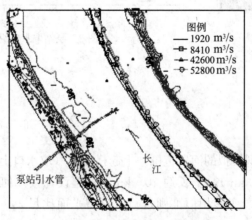

图 4　工程河道主流线变化图

2. 河道流速变化

在流量为 1920～52600m³/s 条件下，取水管附近河道水流较顺直，流速较大（图 5），取水管断面河道最大流速 1.78～2.84m/s，平均流速 1.04～2.10m/s；取水头部附近测点流速 1.14～2.54m/s，不易产生泥沙淤积。

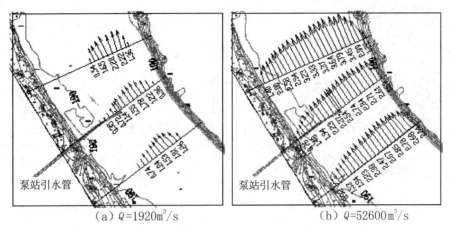

（a）$Q=1920\mathrm{m^3/s}$ （b）$Q=52600\mathrm{m^3/s}$

图 5 　泵站取水口附近流速分布

3. 取水口附近局部流态

泵站取水头部伸入江中靠近主流区，当流量为 $1920\mathrm{m^3/s}$ 时，取水头部上方水面出现较稳定的立轴漩涡，漩涡直径约 6m，漩涡强度不大（图 6），流量大于 $4000\mathrm{m^3/s}$ 时已无明显的漩涡出现，水面平滑。表明在枯水期泵站引水时，在取水头部水面有立轴漩涡出现，随着流量增加，取水头部上方水深加大，立轴漩涡逐渐消失。

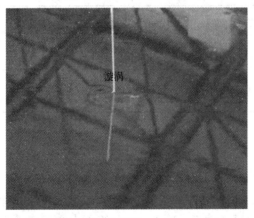

图 6 　取水头部处漩涡（$Q=1920\mathrm{m^3/s}$）

4. 河道滩槽冲淤变化

金刚沱泵站运行 10 年末，该河段河槽以冲刷下切为主，边滩则左岸有所淤高，右岸有所冲低（图 7）。在取水口以上 2km 河段，河槽冲淤幅度−1.71～0.63m，左岸边滩淤高 1.59～2.45m，右岸边滩冲低 0.28～2.20m；取水口以下 2km 河段，河槽冲深 0.05～2.0m，左岸边滩冲淤变幅−1.54～2.03m；右岸边滩冲低 1.43m。取水口断面处（图 8），深槽淤高 0.34m，左岸边滩平均淤高 1.78m，右岸边滩冲低 1.43m，取水头部附近河床高程为 178.4～180.5m，较起始地形淤高 1.3～2.3m，取水头部处的河床淤积高程未达到取水口箱体进水顶高程 183.0m，不影响泵站正常取水。

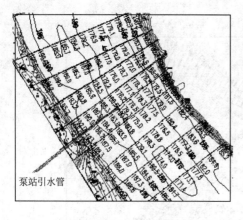

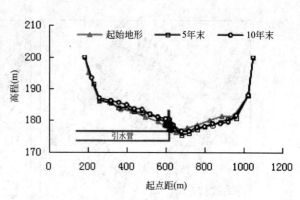

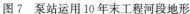

图 7　泵站运用 10 年末工程河段地形　　　　图 8　泵站取水口断面河道变化

5. 河道冲淤量变化

泵站运行 10 年末，取水口上、下游 4km 河段略有淤积，累计淤积量为 4.69 万 m³，淤积强度为 1.17 万 m³/km（表 1），其中取水口上游 2km 段淤积量为 11.2 万 m³，淤积强度为 5.6 万 m³/km；取水口下游 2km 段冲刷量为 6.51 万 m³，冲刷强度为 3.25 万 m³/km。由泵站运行 5 年末与 10 年末的地形相比可见，随着上游水库拦沙，清水下泄的持续，工程河段河床冲刷呈由强变弱的趋势，在泵站运行 10 年末河床冲淤基本趋于平衡。

工程河段冲淤量及冲淤强度　　　　　　　　　　　表 1

泵站运行年份	取水口以上段(2km)		取水口以下段(2km)		全河段(4km)	
	冲淤量 ($10^4 m^3$)	冲淤强度 ($10^4 m^3/km$)	冲淤量 ($10^4 m^3$)	冲淤强度 ($10^4 m^3/km$)	冲淤量 ($10^4 m^3$)	冲淤强度 ($10^4 m^3/km$)
5 年末	−7.16	−3.58	−47.37	−23.68	−54.54	−13.63
10 年末	+11.2	+5.60	−6.51	−3.25	+4.69	+1.17

注：冲淤量“−”冲，“+”淤。

5　引水建筑物布置合理性分析

金刚沱泵站取水管头部伸入江中靠近主流区，取水头部采用箱体结构顶面进水方式。试验结果表明，在不同流量条件下，取水管头部附近水流平顺，流态较稳定，主流线横向摆动较小，流速为 1.14～2.54m/s，不易产生泥沙淤积；枯水期当流量小于 4200m³/s 时，取水头部上方水面会出现较稳定的立轴漩涡，漩涡强度不大，对水面波动影响较小。在泵站运行 10 年末，工程河段滩、槽位置变化不大，河势较稳定，受上游水库拦沙，清水下泄影响，河槽以冲刷下切为主，边滩则有所淤积，但冲淤幅度均不大，在取水管头部附近河床泥沙淤积高程约 180.5m，低于取水口箱体进水顶高程约 2.5m。由此可见，泵站引水建筑物布置位置和结构形式基本合理，能满足泵站正常取水的要求。

6　结论与建议

（1）金刚沱河段在不同流量条件下，取水管断面上下游 1000m 河道范围内主流线横向变化较小，水流平顺，流态较稳定，枯水时，取水头部上方水面出现漩涡，漩涡强度不大，对水面波动影响较小，取水管头部附近测点流速为 1.14～2.54m/s，不易产生泥沙淤积。

（2）泵站运行 10 年，工程河段滩、槽位置变化不大，河势较稳定。受上游水库拦沙，清水下泄影响，河道呈冲槽淤滩态势，但冲淤幅度不大。在取水管附近边滩淤高 1.49～2.03m，取水头部附近河床高程约 180.5m，低于取水口箱体进水顶高程约 2.5m，对泵站正常取水无影响。

（3）在泵站运行后，应定期观测工程附近河道水流条件和河床冲淤地形，及时发现可能出现的问题，采取相应措施，同时在取水头部处设置航标标志，以保护过往船舶航行安全及取水头部建筑物运行安全。

参考文献

[1] 长江勘测规划设计研究有限责任公司. 重庆市渝西水资源配置工程可行性研究报告简本 [R]，武汉：长江勘测规划设计研究有限责任公司，2018.

[2] 长江勘测规划设计研究有限责任公司. 重庆市渝西水资源配置工程可行性研究报告（第五篇工程布置及建筑物）[R]. 武汉：长江勘测规划设计研究有限责任公司，2018.

[3] 黄建成，吴华莉，马秀琴. 重庆市渝西水资源配置工程金刚沱泵站引水建筑物河工模型试验研究报告 [R]. 武汉：长江科学院，2019.

[4] 武汉水利电力学院河流泥沙工程学教研室. 河流泥沙工程学（下册）[M]. 北京：中国水利水电出版社，1983.

[5] 卢金友. 长江泥沙起动流速公式探讨 [J]. 长江科学院院报，1991.12.

[6] 潘庆燊. 长江水利枢纽工程泥沙研究 [M]. 北京：中国水利电力出版社，2003.

[7] 住房和城乡建设部. 泵站设计规范：GB 50265—2010 [S]，北京：中国计划出版社，2011.

[8] 住房和城乡建设部，国家质量监督检验检疫总局. 防洪标准：GB 50201—2014 [S]，北京：中国计划出版社，2014.

[9] 水利部. 水利水电工程等级划分及洪水标准：SL 252—2017 [S]. 北京：中国水利水电出版社，2017.

基于有限元法的水库渗流分析——以锦江水库为例

王少波　张　舒　周佳伟

(水利部珠江水利委员会水文局，广东广州 510611)

摘　要：大坝渗流对于水库安全有不可忽视的影响。本文基于二维渗流数学模型，通过有限元法，以江门市锦江水库为例，考虑三个断面和两种工况，探究有限元法在水库渗流分析中的适用性。结果表明，有限元法能较为准确地计算水库渗流量，模拟结果与监测结果较为接近。

关键词：有限元法；水库渗流

1　研究背景

土石坝作为我国水库最常见的坝型，具有建设成本低、质量可靠、适应性强、寿命较长等特点[1]。而土石坝的渗流问题关系水库的经济效益及安全运行保障。据统计，土石坝溃坝有 45% 是由渗流问题造成的[2]，水库大坝安全将直接关系供水保障安全与人民群众的生命财产安全。因此水库渗流安全评价对优化设计方案[3]、改进施工方法[4] 和渗流动态监测[5] 等环节有着重要意义。目前水库渗流分析主要有解析求解、物理模拟与数值模拟三类方法[6]，前两类方法操作较为复杂，实用性有限。而随着计算机技术的不断发展，更为灵活简便的数值模拟兴起，其中有限元法能进行不规则的差分网格划分，在模拟曲线边界和各向异性渗透介质方面有很强的优越性，目前已经成为应用较为广泛的数值分析方法[7]。

本文根据江门市锦江水库资料分析、试验检测结果，建立合理的二维渗流（垂直剖面）数学模型，拟采用三角形网格对研究断面进行离散，基于有限元法计算，模拟典型工况的渗流情况，与实测渗流数据进行比对印证，分析有限元法在水库渗流模拟中的适用性，并为水库后期运行管理提供参考。

2　研究方法

2.1　渗流的基本微分方程

以二维渗流问题考虑（垂直剖面），渗流的基本微分方程：

$$\frac{\partial}{\partial x}\left(K_x\frac{\partial h}{\partial x}\right)+\frac{\partial}{\partial z}\left(K_z\frac{\partial h}{\partial z}\right)=S_s\frac{\partial h}{\partial t} \tag{1}$$

式中，h 为总水头（m）；K_x、K_z 分别为 x 方向与 z 方向的渗透系数；S_s 为单位贮

作者简介：王少波（1977—），男，山东招远人，教授级高工，博士，主要从事水文水资源工作。
　　　　　E-mail：83202208@qq.com。

水量，即单位体积饱和土体在下降 1 个单位水头时，由于土体压缩和水体的膨胀所释放出来的贮存水量，当不可压缩时，$S_s = 0$。

当不考虑压缩性时，式(1)可简化为：

$$\frac{\partial}{\partial x}\left(K_x\frac{\partial h}{\partial x}\right) + \frac{\partial}{\partial z}\left(K_z\frac{\partial h}{\partial z}\right) = 0 \tag{2}$$

2.2 计算及求解方法

1）有限元法

有限元法是采用"分块逼近"的手段来求解偏微分方程的一种数值方法。它是把渗流区域划分成许多小的相互联系的亚区域，成为"单元"。本次分析采用三角形网格，分割所研究的区域后，用函数构造每个子区域中的水头表达式，最后集合起来形成代数方程组，从而得到原来渗流区域的解。

渗流问题的有限元分析大致步骤如下：（1）把带求解区域划分为一系列数目的有限个单元，单元的顶点称为节点。单元和单元之间通过节点相联系。（2）有限单元内的待定近似函数（单元水头分布函数）由已知的若干插值函数叠加组成。在多个单元所共有的结点上，其水头函数应相等，而且要保证在单元交界面上水头函数也相等。本次分析采用变分法来求解方程，即根据变分泛函数区域离散化，然后对待定的结点场函数值变分，使变分泛函达到极值。（3）建立每个结点的单元系数矩阵，也称单元渗透矩阵。（4）把单元渗透矩阵集合起来，形成一组描述整个渗流区域的代数方程组，建立总的渗透矩阵。（5）把给定的边界条件也归并到总矩阵中。（6）求解线性代数方程组的解，最终得到问题的解答。

2）计算格式的建立

二维非均质各向异性土体的稳定渗流偏微分方程可改成以下形式：

$$\frac{\partial}{\partial x}\left(k_x\frac{\partial H}{\partial x}\right) + \frac{\partial}{\partial y}\left(k_y\frac{\partial H}{\partial y}\right) + W = 0 \qquad x,y\in Q \tag{3}$$

$$H(x,y)|_{\Gamma} = \varphi(x,y) \qquad 在 \Gamma_1 上$$

$$\frac{\partial}{\partial x}\left(k_x\frac{\partial H}{\partial x}\right)\cos(n,x) + \frac{\partial}{\partial y}\left(k_y\frac{\partial H}{\partial y}\right)\cos(n,y) = q \quad 在 \Gamma_2 上 \tag{4}$$

根据变分原理渗流场上述边值问题等价于泛函数 $I(H)$ 的极值问题，可表示为：

$$I(H) = \frac{1}{2}\iint_{\Omega} k_x\left(\frac{\partial H}{\partial x}\right)^2 + k_y\left(\frac{\partial H}{\partial y}\right) - 2WH\,\mathrm{d}x\,\mathrm{d}y - \int_{\Gamma_2} qH\,\mathrm{d}s \tag{5}$$

根据研究区域的结构特性，进行计算区域的离散化，即：

$$\Omega = \sum_{i=1}^{n}\Omega_i \tag{6}$$

某单元区内的水头插值函数为：

$$H(x,y) = \sum N_i(\xi,\eta)h_i \tag{7}$$

式中，$N_i(\xi,\eta)$ 为单元的形态函数；H_i 为结点水头值；(ξ,η) 为基本单元的局部坐标。

式(5)在某一单元上可表达为：

$$I(H) \approx \sum_e I^e(H) = \min \tag{8}$$

由上述可见，在一定的单元划分情况下，泛函 $I(H)$ 完全确定结点水头，因此式(8)

的极值条件即为：

$$\frac{\partial I(H)}{\partial H_i} = \sum_e \frac{\partial I^e(H)}{\partial H_i} = 0, i = 1, 2, \cdots m \qquad (9)$$

对各子区域叠加，可得由有限元求解稳定渗流场的方程组：

$$[k]\{H\} = \{Q\} \qquad (10)$$

式中，$[k]$ 为总体渗透矩阵，由单元渗透矩阵集合而成；$\{H\}$ 为自由项向量，为域内源和已知边界流量对结点的贡献；$\{Q\}$ 为待求结点水头向量。

3）方程组的定解条件

对于稳定渗流计算分析，只需要边界条件即可，而对于非稳定渗流还需要给出初始条件。

（1）边界条件。指渗流区域几何边界上的水力性质，又可分为第一类边界条件和第二类边界条件。

①第一类边界条件，又称为给定水头边界。当已知渗流区域的某一部分边界（如 Γ_1）上的水头时，边界条件为：

$$H(x, y, t)|_{\Gamma_1} = \varphi(x, y, t) \qquad (11)$$

②第二类边界条件，又称为给定流量边界。当已知渗流区域的某一部分边界（如 Γ_2）上的法向流速时，边界条件为：

$$k\frac{\partial H}{\partial n}\Big|_{\Gamma_2} = q(x, y) \qquad (12)$$

式中，n 为 Γ_2 的外法线方向；q 为 Γ_2 的侧向补给量；此类边界为隔水边界，此时 $q = 0$。在介质各向同性的条件下，上式简化为：

$$\frac{\partial H}{\partial n}\Big|_{\Gamma_2} = 0 \qquad (13)$$

③自由面边界条件。在自由面（Γ_3）上有：

$$\frac{\partial H}{\partial n}\Big|_{\Gamma_3} = 0 \qquad (14)$$

$$H(x, y)|_{\Gamma_3} = z(x, y) \qquad (15)$$

④溢出面边界条件。在溢出面（Γ_4）上有：

$$\frac{\partial H}{\partial n}\Big|_{\Gamma_4} \leqslant 0 \qquad (16)$$

$$H(x, y)|_{\Gamma_4} = z(x, y) \qquad (17)$$

（2）初始条件。如果研究非稳定渗流，则还需要有初始条件。通常第一类边界条件（即流场中的水头分布），它在开始时刻 $t = 0$ 时对整个流场起支配作用。所以，进行非稳定渗流计算时，必须先求得开始时刻的水头分布作为初始条件。即：

$$h(x, z, 0) = h_0(x, z) \qquad (18)$$

3　研究区域及建模

3.1　锦江水库概况

锦江水库位于江门恩平市大田镇境内潭江干流锦江河上游，属多年调节运用的水库，依照水库的洪水调度原则，制定了江门市三防指挥部批准的水库汛期调度运用计划。在确保水库汛期安全运用的前提下，充分发挥水库在汛期的拦洪削峰作用，同时，在不影响水库下游安全泄洪的情况下，采用预排和错峰调度，以确保下游的防洪安全。水库汛期（4月15日～10月15日）防洪限制水位94.00m，采用溢洪道分级控制泄洪的运用方式进行汛期调度运用，保证水库汛期水位严格控制在94.00m。

3.2　计算断面

根据锦江水库大坝布置、坝体结构以及廊道内渗流情况，本次坝体渗流分析选取三个典型断面进行计算和分析，断面布置如图1所示。

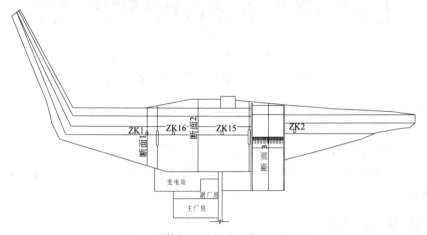

图1　计算断面和钻孔点位置示意图

3.3　计算工况

本次渗流分析收集到2010—2014年锦江水库坝后实测水位特征值及各月平均水位变化情况，如表1和图2所示。从图2可以看出，由于水库防洪调度等，汛期和非汛期平均水位变化不大，相差最大的为2011年，汛期平均水位比非汛期平均水位低0.94m，全年平均水位为91.06～88.89m，全年平均最高水位为91.80～89.75m，全年平均最低水位为90.12～88.19m，2010—2014年的平均水位为90.11m，总体来看，水库水位运行过程中，水库上游水位变化不大。

锦江水库坝后实测水位特征值（单位：m）　　　表1

特征值	2014年	2013年	2012年	2011年	2010年
最低水位(m)	40.45	40.25	40.18	40.21	40.33
最高水位(m)	41.41	42.44	41.38	41.09	41.51
平均水位(m)	40.93	41.35	40.78	40.65	40.92

从表1可以看出，坝后水位变化也不大，最低水位和最高水位变化最大的为2013年，全年最低水位和最高水位也仅相差2.19m，其他年份最低水位和最高水位相差不到1.2m，2010—2014年锦江水库坝后的平均水位为40.93m。

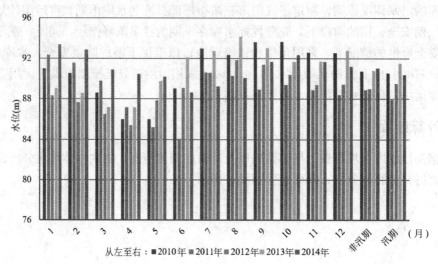

图 2　锦江水库 2010—2014 年各月平均水位变化情况

根据分析，本次针对三个典型断面渗流分析计算工况为：

工况 1，坝前水位为 94.00m，坝后水位为 40.93m。

工况 2，坝前水位为 90.11m，坝后水位为 40.93m。

根据断面 1 和断面 3 的资料可知，断面 1 和断面 3 底部高程高于坝后水位，计算按坝后无水处理。

3.4　计算参数的选取

本次渗流计算分析参数的选取主要是根据《江门市锦江水库大坝安全鉴定地质勘察报告》（2013.4）以及地质勘察资料。根据各孔注水试验渗透系数和透水率，本次采用的渗流系统如表 2 所示。

坝体渗流系数取值   表 2

类别	渗透系数（m/d）
混凝土	0.018
浆砌石块	0.022
混凝土块石	0.0237
混凝土埋大石	0.033

3.5　渗流计算结果

大坝各断面不同工况下单宽渗流量见表 3，可以看出，各断面大坝渗流量大部分从廊道一渗出，工况 1 条件下，断面 1 廊道一的单宽渗流量是廊道二的单宽渗流量的 2.67 倍；断面 2 廊道一的单宽渗流量是廊道二的单宽渗流量的 3.16 倍；断面 3 廊道一的单宽渗流量是廊道二的单宽渗流量的 5.52 倍。工况 2 条件下，断面 1 廊道一的单宽渗流量是廊道二的单宽流量的 2.82 倍；断面 2 廊道一的单宽渗流量是廊道二的单宽流量的 3.48 倍；断面 3 廊道一的单宽渗流量是廊道二的单宽流量的 6.01 倍。从单宽渗流量来看，各断面工况 1 的单宽渗流量略大于工况 2；从廊道一和廊道二单宽渗流量对比来看，各断面工况 1 的廊道一和廊道二单宽渗流量比值略小于工况 2。所以，上游水位越高，各断面单宽渗流量越大，但单宽渗流量整体很小。

从大坝平面布置来看，为了方便表达，大坝两分缝之间的坝体叫坝体中段，长度为 70.86m，大坝右分缝至右岸的坝体叫坝体右段，长度约 47.5m，大坝左分缝至左岸的坝体叫坝体左段，长度约 137.7m；以断面 2 单宽渗流量作为大坝两分缝之间的坝体的单宽渗流量，以断面 1 单宽渗流量作为大坝右分缝至右岸之间的坝体的单宽渗流量，以断面 3 单宽渗流量作为大坝左分缝至左岸之间的坝体的单宽渗流量，可以计算出各工况下坝体的渗流总量，如表 4 所示。可知，工况 2 条件下坝体总渗流量为 0.319L/s，根据 2004—2011 年观测资料统计，总堰平均流量为 0.14～0.28L/s，最大流量为 0.20～0.42L/s。本次计算结果廊道一和廊道二的总渗流量略大于总堰平均流量，但未大于总堰流量的最大值，处于合理范围内，所以计算结果合理。

各断面单宽渗流计算结果 表 3

断面	工况	一级廊道渗流量 [m³/(d·m)]	二级廊道渗流量 [m³/(d·m)]	下坝面渗流量 [m³/(d·m)]
断面 1	工况 1	0.118	0.044	0.021
	工况 2	0.100	0.035	0.020
断面 2	工况 1	0.164	0.052	0.035
	工况 2	0.147	0.042	0.033
断面 3	工况 1	0.131	0.024	0.003
	工况 2	0.118	0.020	0.002

渗流计算结果 表 4

断面	工况	一级廊道渗流量（L/s）	二级廊道渗流量（L/s）	下坝面渗流量（L/s）
坝体右段	工况 1	0.052	0.019	0.009
	工况 2	0.044	0.016	0.009
坝体中段	工况 1	0.108	0.034	0.023
	工况 2	0.096	0.028	0.022
坝体左段	工况 1	0.128	0.023	0.002
	工况 2	0.116	0.019	0.002
一级廊道总渗流量	工况 1	0.288		
	工况 2	0.256		
二级廊道总渗流量	工况 1	0.076		
	工况 2	0.063		
廊道总渗流量	工况 1	0.365		
	工况 2	0.319		
坝体总渗流量	工况 1	0.400		
	工况 2	0.351		

4　结论

　　本文通过设置三个断面与两种工况，基于有限元法分析了锦江水库的渗流情况。经与历史观测资料对比发现，有限元法能较为精确地模拟水库渗流，在不同工况下均有很强的适用性。针对锦江水库渗流量较大的情况，本文认为是由于大坝东、西两沉降缝在初期施工时受当时经济及技术条件限制采用了三层沥青两层油毛毡填缝，未使用延展性及抗裂性很好的材料作为止水材料，因此建议对分封处进行更换止水材料处理措施，建议对左、右岸坝基与浆砌石接触部位实施灌浆，使用紫铜止水或橡胶止水在适当时机进行施工，以进一步有效降低渗流量。

参考文献

[1]　吴中如. 大坝与坝基安全监控理论和方法及其应用 [J]. 江苏科技信息，2005 (12)：1-6.

[2]　毛海涛. 无限深透水地基上土石坝坝基渗流控制计算方法和防渗措施的研究 [D]. 乌鲁木齐：新疆农业大学，2010.

[3]　陶家祥，熊红阳，胡波. 论大坝安全监测数据异常值的判断方法 [J]. 三峡大学学报（自然科学版），2016，38 (06)：15-17，41.

[4]　王博. 基于有限元法的某重力坝防渗帷幕深度优化研究 [J]. 人民珠江，2017，38 (02)：78-83.

[5]　王志强，朱云江，刘君建，等. 碾压式均质土坝坝体渗流分析及稳定性评价 [J]. 人民珠江，2016，37 (10)：55-61.

[6]　刘镡璞. 基于 GEOSLOPE 的晓街河水库坝体渗流稳定分析 [D]. 大连：大连理工大学，2013.

[7]　庞琼，王士军，谷艳昌，等. 基于滞后效应函数的土石坝渗流水位模型应用 [J]. 水土保持学报，2016，30 (02)：225-229.

双江口水电站下游泄洪雾化影响及岸坡防护方案研究

柳海涛[1]　杨　敬[2]　孙双科[1]　李广宁[1]　冯天骏[2]

（1. 中国水利水电科学研究院，北京 100038；

2. 中国电建集团成都勘测设计研究院有限公司，四川成都 610072）

摘　要： 本文针对双江口水电站泄洪建筑物布置方案，运用泄洪雾化数学模型，分析各种泄洪组合条件下河谷雾化降雨分布规律。研究表明，由于洞式溢洪道与河谷岸坡交角最大，相同泄量条件下，对岸雾化雨区爬升高度最大，深孔泄洪洞与放空洞次之，竖井泄洪洞与河谷方向基本一致，两岸雾化雨区范围最小。电站正常运行期，当洞式溢洪道与深孔泄洪洞联合泄洪时，两者泄量比例宜 1∶3～1∶2，当竖井泄洪洞参与泄洪时，应在保证安全的前提下全开泄洪。施工导流期，宜优先开启 3 号导流洞，其次是深孔泄洪洞，最后开启 2 号导流洞，三者泄量比例为 3∶1∶1。综合考虑各种泄洪条件下雾化降雨强度的包络线范围，结合该电站下游岸坡分区防护设计标准，提出了具体的岸坡防护范围与标准，可供设计方案优化参考。

关键词： 双江口电站；泄洪雾化；降雨强度；泄洪调度；分区防护；数学模型

1　引言

我国西南高海拔地区是国家重要的水电能源基地，是国家"十四五"清洁能源发展规划的重要组成部分，域内规划建设数量众多的大型水电工程。上述工程在泄洪运行中伴随规模巨大的雾化降雨和局地风场，根据二滩电站泄洪雾化原型观测资料，泄洪过程中形成的降雨强度已超过 1000mm/h，最大风速 50m/s，而自然降雨历史记录鲜有超过 200mm/h，对于工程安全运行造成不利影响[1-4]，随着电站建设向高海拔地区发展，泄洪雾化形成过程及其对周边环境的影响更加复杂[5,6]。泄洪雾化的影响因素众多，按分类主要包括：泄洪工程布置[7-9] 与运行调度方式[10,11]、河谷地形与水舌风场[12,13]、当地海拔与气象条件[14] 三个方面，实际工程中上述影响往往同时存在，对于雾化理论分析方法与预报技术提出了更高的要求。国内目前泄洪雾化分析方法主要分为原型观测资料统计分析、大比尺物理模型试验、雾化数学模型三大类[15]，随着相关机理研究与数值计算技术的发展，数学模型方法在泄洪雾化影响定量分析中得到广泛应用，其中包括三大类：基于粒子随机喷射的拉格朗日数学模型[14,16]，适用于分析雾化暴雨区内降雨分布规律；基于连续介质输运的欧拉两相流模型[17-19]，适用于分析雨雾输运区内浓度分布规律；基于多尺度数值同化模式的气象模型[20]，适用于分析泄洪雾化对周边气象因素的影响。本文研究针对双江口水电站泄洪雾化影响进行分析，该电站拥有国内在建最高的土石坝工程，通过在

作者简介：柳海涛（1971—），男，博士，教授级高级工程师，主要从事水工水力学与生态水力学研究。

E-mail：htliou@163.com。

两岸布置多个不同类型的泄洪建筑物，采用挑流消能实现将泄洪能量远离坝区的目的。同时，电站位于高海拔地区，两岸山高坡陡，地形复杂，需采取高边坡工程防护。本文从工程安全的角度出发，采用自主研发的泄洪雾化随机溅水数学模型[14]，综合考虑泄洪建筑物布置与运行调度方案、泄洪风场与河谷地形、当地气压与气温等要素的共同影响，定量分析坝下雾化降雨强度分布规律，据此提出安全合理的泄洪运行调度方案，以及雾化区内岸坡分级、分区防护范围，供设计方案优化参考。

2　工程背景

双江口水电站是大渡河流域水电规划的第 5 级，电站水库总库容 28.97 亿 m³，装机容量 200 万 kW。电站枢纽平面总体布置见图 1，各泄水建筑物工程特性见表 1。挡水建筑物为土石坝，坝顶高程 2510m，正常蓄水位 2500m，校核洪水位 2504.42m。电站左岸为竖井泄洪洞，右岸由上至下依次布置放空洞、深孔泄洪洞和洞式溢洪道，泄洪水舌入流位置集中，泄洪消能和雾化问题均较为突出。以洞式溢洪道为例，校核水位下泄量 4138m³/s，上下游落差高达 250m，泄洪雾化规模与降雨强度在同类工程中居领先地位。电站下游两岸地质条件复杂，尤其是溢洪道对岸飞水岩沟附近崩坡堆积体发育，根据最新地勘成果资料，堆积体覆盖层深度约 120m，方量约 1200 万 m³，开展边坡稳定分析需了解相应泄洪条件下雾化雨强分布情况。同时，各泄洪建筑物出口布置于两岸，其单独运行及组合运行时形成雾化降雨，对于对岸山坡及泄洪建筑物安全有一定影响。正常蓄水位时，电站可以开启的泄洪设施有洞式溢洪道、深孔泄洪洞和竖井泄洪洞，施工导流期间可以开启的泄洪设施有 2 号导流洞、3 号导流洞、深孔泄洪洞，2 号导流洞后期改建为放空洞，3 号导流洞后期改建为竖井泄洪洞。针对上述工程布置方案，制定电站施工与运行期泄洪雾化影响分析工况见表 2。

图 1　双江口水电站工程总平面布置

双江口水电站泄水建筑物工程特性　　　表1

建筑物	洞式溢洪道	深孔泄洪洞	竖井泄洪洞	放空洞	2号导流洞	3号导流洞
布置形式	实用堰进口;无压直坡隧洞;挑流消能	短有压进口;无压直坡隧洞;挑流消能	短有压进口;漩流竖井;挑流消能	长有压进口;"龙伸腰"式挑流消能	有压接无压后改建为放空洞	进口短有压后改建为竖井泄洪洞
进口高程（m）	2478.00	2443.00	2475.00	2380.00	2340.00	2360.00
起挑高程（m）	2347.45	2288.85	2251.00	2259.81	2259.81	2251.00
洞身断面（m×m）	16×23(宽×高)	11×16(宽×高)	18(涡室直径)12(竖井直径)	9×13.5(宽×高)龙伸腰段11×15.5(宽×高)结合段	9×13.5(有压段)11×15.5(无压段)	12×16
最大泄流量(m³/s)	4138(校核洪水)	2768(校核洪水)	1196(校核洪水)	1286(2460m水位)	2405(设计洪水)	3268(设计洪水)

电站施工与运行期泄洪雾化影响研究工况　　　表2

工况	说明	上游水位（m）	洞式溢洪道（m³/s）	深孔泄洪洞（m³/s）	竖井泄洪洞（m³/s）	放空洞（m³/s）	机组过流（m³/s）	总泄量（m³/s）
1	正常泄洪工况:$P=1\%$洪水,洞式溢洪道全开,深孔泄洪洞局开,竖井泄洪洞停运	2500	3091	1677	—	—	532	5300
2	正常泄洪工况:$P=1\%$洪水,洞式溢洪道局开,深孔泄洪洞全开,竖井泄洪洞停运	2500	2032	2736	—	—	532	5300
3	正常泄洪工况:$P=1\%$洪水,洞式溢洪道局开,深孔泄洪洞全开,竖井泄洪洞全开	2500	957	2736	1075	—	532	5300
4	施工导流工况:$P=0.33\%$洪水,2号导流洞敞泄+3号导流洞敞泄	2407.75	—	—	2316	2405	—	4721
5	施工导流工况:$P=0.2\%$洪水,深孔泄洪洞局开,3号导流洞敞泄,放空洞敞泄	2446.9	118	3268	1173	—	—	4559

3　数学模型基本原理

3.1　数学模型基本方程

水滴运动过程中,受到重力、浮力和空气阻力的共同作用,满足如下力学微分方程[21]:

$$\frac{\mathrm{d}x}{\mathrm{d}t}=u;\frac{\mathrm{d}y}{\mathrm{d}t}=v;\frac{\mathrm{d}z}{\mathrm{d}t}=w$$

$$\frac{\mathrm{d}u}{\mathrm{d}t}=-C_\mathrm{f}\frac{3\rho_\mathrm{a}}{4d\rho_\mathrm{w}}(u-u_\mathrm{f})\sqrt{(u-u_\mathrm{f})^2+(v-v_\mathrm{f})^2+(w-w_\mathrm{f})^2}$$

$$\frac{\mathrm{d}v}{\mathrm{d}t}=-C_\mathrm{f}\frac{3\rho_\mathrm{a}}{4d\rho_\mathrm{w}}(v-v_\mathrm{f})\sqrt{(u-u_\mathrm{f})^2+(v-v_\mathrm{f})^2+(w-w_\mathrm{f})^2} \qquad (1)$$

$$\frac{\mathrm{d}w}{\mathrm{d}t}=-C_\mathrm{f}\frac{3\rho_\mathrm{a}}{4d\rho_\mathrm{w}}(w-w_\mathrm{f})\sqrt{(u-u_\mathrm{f})^2+(v-v_\mathrm{f})^2+(w-w_\mathrm{f})^2}+\frac{\rho_\mathrm{a}-\rho_\mathrm{w}}{\rho_\mathrm{w}}g$$

式中，u、v、w 为水滴三维方向的运动速度分量（m/s），u_f、v_f、w_f 分别为水滴邻近风速分量（m/s）；C_f 为阻力系数；d 为水滴粒径（m）；ρ_a 为空气密度（kg/m³），ρ_w 为水的密度（kg/m³）；g 为重力加速度（m/s²）。

3.2 水滴初始喷射条件

求解式（1）需给出初始时刻水滴喷射条件，其中包括水滴粒径、喷射速度、喷射角度等随机变量，以及众值参数（总体中出现次数最多的标志值）、喷射颗粒流量（单位时间内喷射出的粒子总数）等时均变量[14]。

（1）水滴直径 d 概率密度函数分布：

$$f(d)=\frac{1}{\lambda^\alpha \Gamma(\alpha)}d^{\alpha-1}\exp(-\frac{d}{\lambda}) \tag{2}$$

式中，α 为常数；$\lambda=k\bar{d}$，$\bar{d}$ 为水滴粒径众值（m），与入水流速、角度、含水浓度以及入水形态有关，本文中，取 $\bar{d}=0.005\text{m}$，$\alpha=2.0$，$k=1.0$。

（2）水滴初始喷射速度 u 概率密度函数分布：

$$f(u)=\frac{1}{\lambda^\alpha \Gamma(\alpha)}u^{\alpha-1}\exp(-\frac{u}{\lambda}) \tag{3}$$

式中，$\lambda=k\bar{u}$，$\bar{u}$ 为喷射速度众值。

（3）水滴出射角 θ 概率密度函数分布：

$$f(\tan\theta)=\frac{1}{\lambda^\alpha \Gamma(\alpha)}(\tan\theta)^{\alpha-1}\exp(-\frac{\tan\theta}{\lambda}) \tag{4}$$

式中，$\lambda=k\tan\bar{\theta}$，$\bar{\theta}$ 为出射角众值。

（4）水滴出射偏转角 ϕ 概率密度函数分布：

$$f(\tan\phi)=\frac{1}{\tan\sigma \sqrt{2\pi}}\exp[-\frac{(\tan\phi-\tan\mu)^2}{2(\tan\sigma)^2}] \tag{5}$$

式中，μ 为偏转角众值，依据水舌平面偏转角度取值；σ 为偏转角的均方差，σ 取值在 $20°\sim30°$ 之间，本文取 $22.5°$。

（5）水滴喷射速度与角度众值：

$$\bar{u}=20+0.495u_i-0.1\alpha_i-0.0008\alpha_i^2 \tag{6}$$
$$\bar{\theta}=44+0.32u_i-0.07\alpha_i$$

式中，$\bar{u}$、$\bar{\theta}$ 为出射速度和出射角众值；u_i、α_i 为入射速度和入射角众值。

（6）水滴喷射颗粒流量 n：

水舌入水激溅主要发生于入水前缘，其喷射厚度 h 可以表示为[11]：

$$h=\frac{\eta}{C}\sqrt{\frac{\nu_w R}{u_*}} \tag{7}$$

式中，η 为系数，可取 25；C 为含水浓度，可根据水舌入水时断面形态判断，对于充分发展的掺气水舌，一般在 0.03 左右；ν 为水的运动黏滞系数（m²/s）；R 为水力半径（m），u_* 为摩阻流速（m/s），其表达式为 $u_*=\sqrt{\tau/\rho_w}$，其中 τ 为空气阻力 $\tau=0.5C_f\rho_a u_i^2$。

水舌入水喷射的总流量可进一步表示为：

$$q = k_s h u_i l \tag{8}$$

式中，k_s 为喷溅系数，$k_s = 0.01 \sim 0.03$，本文取 0.01；l 为水舌入水前缘总长度（m）。

一旦喷射总流量确定，则对应的水滴颗粒流量可以表示为：

$$n = \frac{6q}{\pi d_m^3} \tag{9}$$

式中，q 为喷射源流量（m^3/s）；d_m 为整个喷射过程水滴平均粒径，该粒径值未知，且不同于众值粒径 $\bar{d}$。为此，首先由众值粒径 $\bar{d}$ 计算对应的颗粒流量 $\bar{n} = \frac{6q}{\pi \bar{d}^3}$；然后由式（2）中概率密度函数随机生成 $\bar{n}$ 个喷射水滴 $[d_i, i = 1, \bar{n}]$，其对应喷射总流量为 $\bar{q} = \frac{1}{6} \sum_{i=1}^{\bar{n}} \pi d_i^3$；最后，将颗粒流量修正为 $n = \bar{q} n / \bar{q}$。

3.3 海拔高程与气温对水滴运动的影响

海拔高程与气温的变化对空气密度、气压、黏滞系数、阻力系数的影响，采用下列公式表示[14]。

（1）水滴运动阻力系数 C_f：

$$\begin{cases} C_f = (24/Re)(1 + 0.15 Re^{0.687}) & Re \leqslant 1000 \\ C_f = 0.44 & Re > 1000 \end{cases} \tag{10}$$

式中，Re 为水滴运动雷诺数，可表示为 $Re = d V_r / \nu_a$，V_r 为水滴相对空气的运动速度（m/s）；ν_a 为空气运动黏滞系数（m^2/s）。

（2）空气运动黏滞系数 ν_a：

$$\nu_a = 0.000001087 T_r^{1.5} / [\rho_a (T_r + 198.6)] \tag{11}$$

式中，T_r 为兰氏温度（°R），可表示为 $T_r = 1.8 T_a + 491.67$，T_a 为空气温度（℃）。

（3）空气密度 ρ_a：

$$\rho_a = 16.019 \exp[-(724.3 + T_a)/287.8](1 - 0.00002257E)^{4.2553} \tag{12}$$

式中，E 为海拔高程（m）。

（4）当地气压 p 与海拔 E、气温 T_a 的关系：

$$p = p_0 \left(1 - \frac{gE}{c_p T_a}\right)^{\frac{c_p M}{R_0}} \tag{13}$$

式中，p_0 为海平面标准气压，取 101325Pa；c_p 为空气定压比热容，取 1005J/(kg·K)；M 为干燥空气的摩尔质量，取 0.02896kg/mol；R_0 为普适气体常数，取 8.315 J/(mol·K)。

3.4 数学模型计算过程

本文采用的随机溅水数学模型的计算流程见图 2。模型求解条件包括：泄洪水力学因子、水舌风场、河谷地形、当地气候等。根据水工模型试验可知水舌入水位置、形态、速度、角度等水力学参数；根据坝下河谷地形与水舌入水条件，由 Fluent 计算软件得到泄洪水舌风场；溅水喷射源条件，根据自由水面紊动扩散理论，由水舌入水条件离散化处理得到；河谷地形与水舌风场需通过数值转换程序转化为结构化数据，输入雾化随机溅水数学模型；海拔与气温变化对于空气压强、密度、黏滞系数、水滴飞行阻力等的影响，通过式（10）～式（13）在随机溅水数学模型中加以考虑；数学模型的输出结果包含雾化降雨随机散点图、降雨强度等值线图，以及地面附近风场图等。上述数学模型通过小湾水电站泄洪洞雾化原型观测资料进行验证[11,14]，降雨强度分析误差可控制在 10% 以内，限于篇幅，具体内容不再赘述。

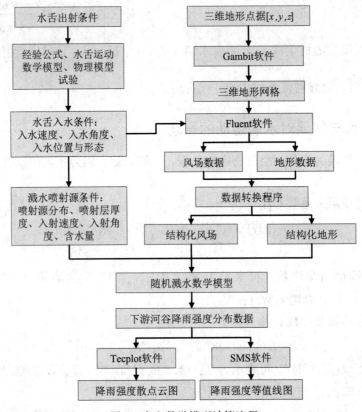

图 2　本文数学模型计算流程

4　典型工况泄洪雾化影响分析

4.1　计算条件

针对电站正常运行期间，在洞式溢洪道敞泄 $3091\mathrm{m}^3/\mathrm{s}$、深孔泄洪洞局开 $1677\mathrm{m}^3/\mathrm{s}$ 运行工况下，下游雾化降雨分布进行分析。具体泄洪雾化水力学参数见表 3。

根据双江口工程坝址位置，当地海拔高程 2200m，气温 20℃，换算得到大气密度 $0.943\mathrm{kg/m}^3$，空气黏滞系数 $1.924\times10^{-5}\mathrm{m}^2/\mathrm{s}$，大气压强 77638.5Pa，上述参数用于泄洪风场与雾化降雨分布计算。

工况 1 条件下泄洪雾化水力学参数　　　　　　　　　　表 3

建筑物	上游水位(m)	下游水位(m)	泄洪流量(m³/s)	水舌入水喷射线源			入水角度(°)	偏转角度(°)	入水流速(m/s)	含水量
				X(m)	Y(m)	喷射厚度(m)				
溢洪道	2500	2255.55	3091	1718~1828	250~208	0.809	48~51	42~24	47~49	0.127
泄洪洞			1677	1594~1670	267~239	0.043	38~44	43~21	39~40	0.101

4.2　泄洪雾化风场计算分析

为反映河谷地形对于雾化风场与降雨分布的细微影响，需要输入电站下游三维地形网格，为兼顾精度与效率，计算中水舌入水附近网格尺度 1m，地形与大气边界网格尺度 5～10m，网格总数约 200 万。图 3 为电站下游河谷等高线云图，计算域涵盖电站所有泄洪建筑物的泄洪雾化影响范围。图中地形等高线包含了河道水下高程，计算中需根据下游水位对地形数据进行处理，当地形实际高程低于下游水位时，其计算高程应取 0，即为河道水面。图 3 中给出了泄洪工况 1 中溢洪道与泄洪洞水舌入水位置与形态，水舌入水坐标系以土石坝轴线中点为坐标原点，垂直坝轴线顺河向为 x 轴正向，左侧为 y 轴正向，水舌平面偏转角度以逆时针方向为正，以下同。采用 Fluent 软件计算得到泄洪工况 1 条件下泄洪洞与溢洪道出口水舌风场，图 4 为地面附近风速等值线分布形态。计算表明：洞式溢洪道泄洪时，水舌风场强度与爬升范围较之相邻深孔泄洪洞明显更大，溢洪道水舌入水点处风速可达 45m/s，泄洪洞水舌入水附近风速可达 35m/s。同时，溢洪道水舌风受本岸下游侧地形的影响，也出现水舌风沿坡面爬升现象，将使部分雨雾分布于此。

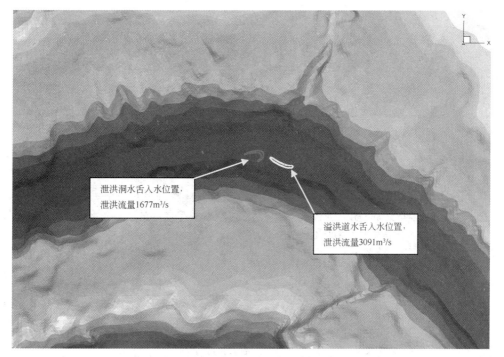

图 3　双江口电站下游河谷等高线云图

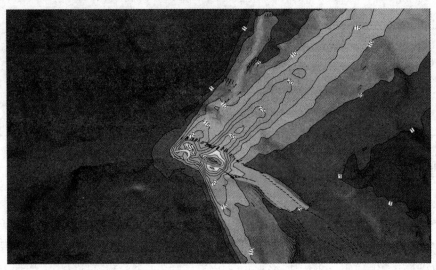

图4 正常运行期间，洞式溢洪道敞泄 $3091\mathrm{m}^3/\mathrm{s}$，深孔泄洪洞局开 $1677\mathrm{m}^3/\mathrm{s}$，下游水舌风场分布

4.3 泄洪雾化降雨分析

根据图3中水舌入水分布形态与表3中泄洪雾化水力学参数，结合图4水舌风场与三维河谷地形，计算工况1下游泄洪雾化降雨分布规律。计算中将泄洪洞与溢洪道水舌入水前缘划分为20~40个喷射线源，每个线源可设置不同的喷射参数，同步进行一定历时的喷射计算，整个随机喷射过程需要重复50次以上，以保证统计变量计算精度。图5为泄洪工况1河谷地面附近雾化降雨分布形态与降雨强度等值线图。计算表明，当溢洪道与泄

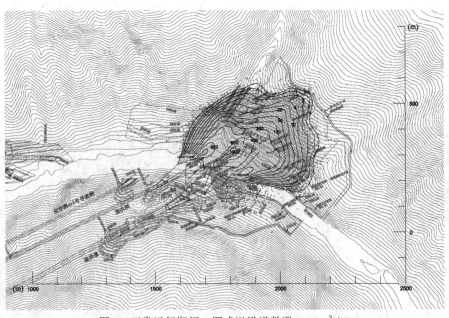

图5 正常运行期间，洞式溢洪道敞泄 $3091\mathrm{m}^3/\mathrm{s}$，

深孔泄洪洞局开 $1677\mathrm{m}^3/\mathrm{s}$，下游雾化降雨分布（mm/h）

洪洞联合运行时，下游形成 2 个暴雨中心区，其中在泄洪洞出口附近区域，中心降雨强度达到 600mm/h，在泄洪洞与溢洪道出口之间区域中心降雨强度达到 1000mm/h。在水舌风的驱动下，雨雾沿着对岸山坡爬升，以 0.5mm/h 降雨等值线为标准，最大爬升高度 250m，对应高程 2505m，接近设计框格梁护坡边界。本岸一侧降雨出现在溢洪道出口下游，雨区爬升高度 25m，爬升高程 2280m，降雨强度在 2mm/h 以下，雾化影响与对岸相比较小。关于本工程泄洪雾化的总体影响范围，需要针对其余泄洪工况进行系统分析。

5 泄洪雾化影响综合分析

5.1 不同泄洪方式雾化降雨变化规律

图 6~图 9 为工况 2~工况 5 泄洪条件下，地面附近雾化降雨分布形态与降雨强度等值线分布。表 4 为各工况下泄洪雾化降雨区分布特征值。计算结果表明：（1）洞式溢洪道、深孔泄洪洞、竖井泄洪洞联合泄洪，流量分配比例 1：3：1 左右时，泄洪雾化爬升高程与核心降雨强度最小；洞式溢洪道、深孔泄洪洞联合泄洪，流量分配比例 2：3 时次之；洞式溢洪道、深孔泄洪洞联合泄洪，流量分配 3：2 左右时，雾化降雨爬升高度与核心降雨强度最大。（2）在施工导流期间，当 2 号导流洞＋3 号导流洞联合泄洪时，雾化降雨爬升高程相对较高，随着 3 号导流洞泄量的增大，沿河谷方向水舌风增大，雾化雨区向下游飞水岩沟口移动，左岸沿程雾化雨区爬升高程显著下降。

综合分析表明：（1）洞式溢洪道与河谷岸坡交角最大，相同泄量条件下，形成的雾化雨区爬升高程最大，深孔泄洪洞与 2 号导流洞（放空洞）次之，竖井泄洪洞（3 号导流洞）与河谷方向基本一致，两岸雾化雨区最小。（2）泄洪过程中，当洞式溢洪道与深孔泄洪洞联合泄洪时，应适当增大深孔泄洪洞的比例；当竖井泄洪洞或者 3 号导流洞参与泄洪

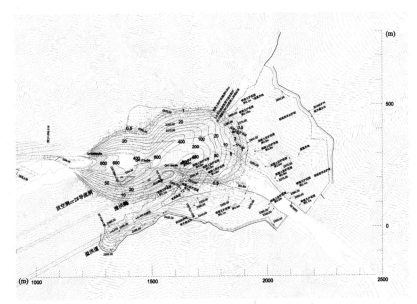

图 6　正常运行期，洞式溢洪道局开 2032m³/s，深孔泄洪洞全开 2736m³/s，下游雾化降雨分布（mm/h）

时，应在保证安全的前提下全开泄洪。（3）施工导流过程中，为了缩小岸坡雾化防护区纵向范围，在相同泄洪流量下，应适当增大深孔泄洪洞泄量，减小放空洞泄量，因为前者雾化雨区靠近飞水岩沟及其下游核心防护区，防空洞正对飞水岩沟上游防护区高度有所不足。

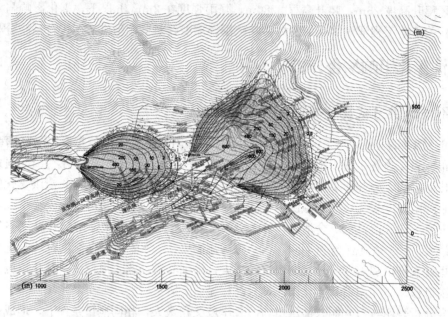

图7 正常运行期洞式溢洪道局开 957m³/s，深孔泄洪洞全开 2736m³/s，竖井泄洪洞全开 1075m³/s，下游雾化降雨分布（mm/h）

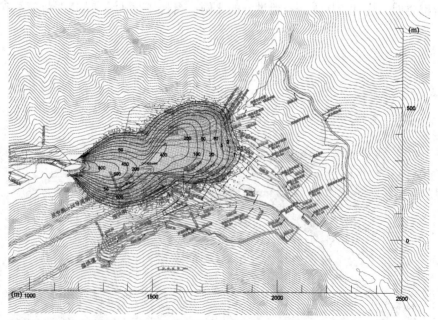

图8 施工导流期，2号导流洞敞泄 2405m³/s，3号导流洞敞泄 2316m³/s，下游雾化降雨分布（mm/h）

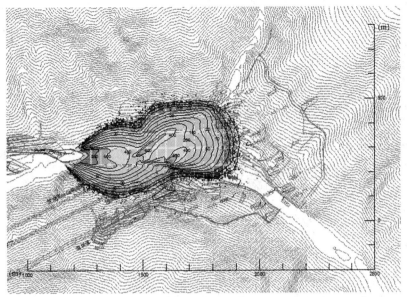

图 9　施工导流期，深孔泄洪洞局开 118m³/s，放空洞敞泄 1173m³/s，
3 号导流洞敞泄 3268m³/s，下游雾化降雨分布（mm/h）

各泄洪工况雾化降雨区分布特征值　　　　　　　　　　　　表 4

工况	上游水位（m）	洞式溢洪道（m³/s）	深孔泄洪洞（m³/s）	竖井泄洪洞（m³/s）	放空洞（m³/s）	雾化横向宽度（m）	雾化纵向长度（m）	核心区降雨强度（mm/h）	爬升高程（m）右岸	爬升高程（m）左岸
1	2500	3091	1677	—	—	425	544	600/800	2280	2505
2	2500	2032	2736	—	—	474	539	600/1000	2256	2479
3	2500	957	2736	1075	—	498	926	400/600/800	2363	2443
4	2407.75	—	—	2316	2405	402	667	800/400	2372	2408
5	2446.9	—	118	3268	1173	392	705	800/600/400	2390	2381

注：雾化横向宽度与纵向长度为雾化降雨边界（$P = 0.5$mm/h）在 X 方向与 Y 方向最大范围。

5.2　泄洪雾化分区防护范围

根据上述不同洪水频率、不同泄洪组合条件下的雾化降雨范围及等值线图，取其外包络线，制定下游岸坡分区防护范围。具体分布见图 10，各分区的上下边界线分别对应降雨强度 200mm/h、50mm/h、10mm/h、1mm/h 的最大包络线。各区按照设计提出的分级标准进行防护，具体防护标准为：①强溅水区，区内降雨强度在 200mm/h 以上，建议采用混凝土护坡，设置锚杆和排水孔；②特大暴雨区，区内降雨强度在 50～200mm/h 之间，水面以上坡面宜采用贴坡混凝土防护，必要时加锚筋，防止产生滑坡灾害；③大暴雨区，区内降雨强度在 10～50mm/h 之间，可根据地形与地质条件，采取喷混凝土护坡，并增设马道与排水沟；④自然降雨区，区内降雨强度在 1～10mm/h 之间，属自然降雨范畴，建议进行坡面覆盖层与散裂体的清理、加固。图 10 中给出了下游雾化防护分区范围，分析表明，洞式溢洪道出口下游两岸防护范围完全满足要求，纵向范围上略有盈余，但飞水岩上部岸坡部分区域、左岸竖井泄洪洞出口下游两岸，防护高程略显不足。

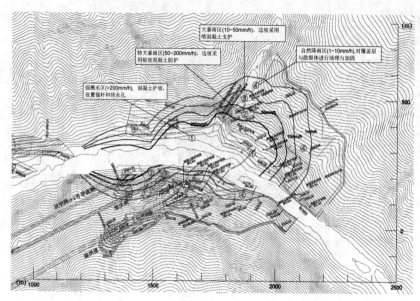

图 10 双江口水电站下游雾化防护分区范围

6 结论

本文运用泄洪雾化数学模型，针对双江口水电站泄洪建筑物布置方案，分析各种泄洪组合条件下，河谷雾化降雨分布范围，为工程施工导流期与正常运行期泄洪调度、下游高边坡防护方案优化提供依据。研究表明，由于洞式溢洪道与河谷岸坡交角最大，相同泄量条件下，对岸雾化雨区爬升高度最大，深孔泄洪洞与 2 号导流洞次之，竖井泄洪洞出流与河谷方向基本一致，两岸雾化雨区相对最小。为减轻雾化降雨不利影响，在正常运行期间，洞式溢洪道与深孔泄洪洞联合泄洪，两者泄量比例宜为 1∶3～1∶2，当竖井泄洪洞参与泄洪时，应在保证安全的前提下全开泄洪，三者泄量比例为 1∶3∶1；施工导流期间，宜优先开启 3 号导流洞，其次是深孔泄洪洞，最后开启放空洞（2 号导流洞改建而来），三者泄量比例为 3∶1∶1。根据各种泄洪条件下雾化降雨分布，得到雾化降雨强度特征值的包络线范围，结合岸坡分区防护设计标准，提出了具体的防护范围与标准，可供设计参考。

参考文献

[1] 秦伟，吴大兵，汪德胜，等. 老渡口水电站泄洪雾化成因分析及综合治理 [C]. 水库大坝和水电站建设与运行管理新进展，2022：119-125.

[2] 况源，邓荣耀，陈翠华，等. 向家坝水电站泄洪雾化对气温影响程度研究 [J]. 高原山地气象研究，2021，41（04）：108-112.

[3] 孙春雨，张华. 二滩水电站泄洪雾化对局地天气影响范围的研究 [J]. 水利水电技术（中英文），2021，52（11）：131-142.

[4] 杨平. 大坝泄洪雾化环境影响及防护措施分析 [J]. 河南水利与南水北调，2020，49（06）：4+11.

[5] Dan Liu，Jijian Lian，Fang Liu，et al. An Experimental Study on the Effects of Atomized Rain of a High Velocity Waterjet to Downstream Area in Low Ambient Pressure Environment [J]. Water，2020，12（2）：397（1-18）.

［6］ Li Lin，Yi Li，Wei Zhang，Zhuo Huang，et al. Research progress on the impact of flood discharge atomization on the ecological environment ［J］. Natural Hazards，2021，108（5）：1415-1426.

［7］ 潘洪月，李华，宛良朋，等. 水电工程中环境友好型泄洪消能建筑物研究［J］. 水电与新能源，2020，34（02）：36-38＋48.

［8］ 练继建，冉聃颉，何军龄，等. 挑坎体型对下游雾化影响的试验研究［J］. 水科学进展，2020，31（02）：260-269.

［9］ 练继建，何军龄，猴文娟，等. 泄洪雾化危害的治理方案研究［J］. 水力发电学报，2019，38（11）：9-19.

［10］ 余凯文，韩昌海. 高拱坝枢纽工程泄洪调度方式对雾化的影响分析［J］. 水利水运工程学报，2019（04）：74-82.

［11］ 徐建荣，柳海涛，彭育，等. 基于泄洪雾化影响的白鹤滩水电站坝身泄洪调度方式研究［J］. 中国水利水电科学研究院学报，2021，19（05）：449-456，468.

［12］ 柳海涛，徐建荣，孙双科，等. 海拔高程对泄洪雾化影响的敏感分析［J］. 水利学报，2019，50（11）：1365-1373.

［13］ 许唯临. 高坝水力学的理论与实践［J］. 人民长江，2020，51（01）：166-173，186.

［14］ 张华，何贵成. 泄洪雾化水滴分档随机喷溅数学模型及其验证［J］. 水利水电科技进展，2022，42（01）：53-60.

［15］ 张袁宁，刘刚，童富果. 基于水气两相流的泄洪雾化机理及规律研究［J］. 水动力学研究与进展（A辑），2020，35（04）：515-525.

［16］ Gang Liu，Fuguo Tong，Bin Tian，et al. Finite element analysis of flood discharge atomization based on water-air two-phase flow ［J］. Applied Mathematical Modelling，2020，81：473-486.

［17］ 刘刚，童富果，田斌. 基于水气两相流的水布垭电站泄洪雾化有限元分析［J］. 重庆大学学报，2020，43（06）：90-102.

［18］ 张华，宋佳星，何贵成，等. 泄洪雾化对天气环境影响的松弛同化方法研究［J］. 水利学报，2019，50（10）：1222-1230.

［19］ 张华，练继建，李会平. 挑流水舌的水滴随机喷溅数学模型［J］. 水利学报，2003，48（8）：21-25.

［20］ 何光渝，高永利. Visual Fortran 数值计算方法集［M］. 北京：科学出版社，2002.

高山峡谷区水电工程岸坡稳定性评价方法及应用

王周萼[1]　蔡耀军[1,2]

（1. 水利部长江勘测技术研究所，湖北武汉 430011；2. 长江设计集团有限公司，湖北武汉 430010）

摘　要： 高山峡谷区地形陡峻，为确保水电工程正常运行，岸坡稳定性至关重要，但传统勘察手段难以或无法做出快速准确的评价。针对高山峡谷的地形特点，总结提出了岸坡稳定性评价的四项关键内容，即三维高清影像的获取、不良地质体的辨识、典型不良地质体的现场核实、重点不良地质体的稳定性评价，并以某水电站为例介绍了岸坡稳定性评价过程。分析表明，某水电站库区分布不良地质体共 17 处，现状均稳定；蓄水后，15 号堆积体可能产生滑坡，经稳定性计算分析，15 号堆积体不会导致水库堰塞。因此，某水电站库区不存在水库堰塞的不良地质体。工作方法可为类似工程的岸坡稳定性评价提供参考。

关键词： 稳定性评价；三维影像；不良地质体；高山峡谷区；水电工程

1　引言

在水电工程建设中，岸坡稳定性对工程建设有重要影响。水库蓄水后，岸坡上分布的滑坡体、变形体和堆积体等不良地质体可能失稳入库造成堵江，也可能产生高速涌浪摧毁大坝或翻过大坝威胁下游人民生命财产安全。如 1963 年意大利瓦依昂水库滑坡，造成 2600 余人死亡，滑坡体堵塞了水库，使大坝和水库完全报废；2008 年 5 月 12 日发生的汶川大地震造成唐家山山体崩塌形成堰塞湖，对下游造成巨大威胁，后经紧张处置，未造成人员伤亡；2018 年 10 月和 11 月金沙江西藏地区两次滑坡形成堰塞湖，下泄洪水波及云南地区，导致房屋、公路及跨江桥梁被冲毁，损失严重。可见，准确评价岸坡稳定性并开展危害性预测，对水电工程正常运行意义重大。

对于普通地区，进行岸坡稳定性评价不存在难度，一般从工程地质条件、物理力学参数和稳定性分析等方面开展研究，采用人工地形测量、现场地质测绘、勘探及室内外试验等手段进行[1-3]。对于高山峡谷地区，因地形陡峻、沟壑纵横、交通不便等问题，传统勘察手段难以或无法实施，如何快速准确评价大范围的岸坡稳定性，是摆在地质工作者面前的一个重要课题。

笔者从事高山峡谷区水电工程地质工作多年，对岸坡稳定性评价方法进行了总结提炼，关键内容包括四方面，即：三维高清影像的获取、不良地质体的辨识、典型不良地质体的现场核实、重点不良地质体的稳定性评价。本文对此进行了解读，并以某水电站岸坡稳定性评价为例介绍了评价过程，以期为高山峡谷区水电工程岸坡稳定性评价提供参考。

作者简介：王周萼（1974—），男，高级工程师，主要从事水利水电工程地质及岩土工程工作。
E-mail：25154860@qq.com。

2 岸坡稳定性评价方法

水电工程的岸坡稳定性评价有别于公路边坡、房屋建筑边坡等其他类型的工程边坡，重要区别在于，水电工程岸坡如果失稳入库，一般情况下不会对工程正常运行造成大的影响，因为水库面积大，不良地质体入库不会造成水库堰塞，不会影响水库安全正常运行。其他类型边坡如果失稳，将直接威胁到工程安全运行，并可能造成人民生命财产损失。因此，对于水电工程岸坡的稳定性评价，不必非要开展重型勘探工作，只需基本查明不良地质体的地质条件，对其稳定性做出准确的评价即可。

2.1 三维高清影像的获取

高山峡谷区地势高陡，不易实地开展岸坡稳定性的勘察工作，基于无人机航拍技术辨识不良地质体具有独特优势。相比传统卫星遥感与常规航拍，无人机航拍具有布置灵活、轻便快捷、地面分辨率高、成本低等优势。采用无人机飞行平台携带光学摄影设备，从多个不同角度对目标区域进行数据采集，将地形信息转化为图像色彩数据，最终以点云数据进行表达，实现地形信息的快速、高效获取[4-5]。

首先利用无人机航拍获取二维影像，然后把二维的影像进行一系列处理形成实景三维模型。即通过摄影测量对相邻影像进行计算，获得空间上的三维距离信息，亦即通过相邻影像之间重叠部分的同名点进行影像匹配，获得相邻影像之间的视差和深度（距离）信息的一种技术。结合每张影像的位置、姿态信息，利用摄影测量技术解算出相邻影像之间的空间关系，从而处理出三维影像成果。航拍时，可以根据地质的需要设定无人机的航高拍摄出不同分辨率的照片，根据高分辨率照片可以进行精细化建模从而达到毫米级分辨率的三维影像。

2.2 不良地质体的辨识

借助无人机航拍获取的三维高清影像，经地质专业人员进行影像解译，识别出目标区域分布的滑坡体、变形体及堆积体等不良地质体[6]。该项工作相当于把现场地质测绘搬到电脑上，极大地提高了工作效率，且能更好地把握不良地质体的空间形态。

不良地质体识别后，还需确定其前后缘高程、平面尺寸等几何信息，有两个途径，一是在电脑上安装 Acute3D Viewer 浏览器软件，该浏览器具备查看三维模型影像功能，可以查看三维影像的坐标、高程，并能进行平面距离测量；二是在电脑上安装南方 CASS 成图系统软件，该软件具备与 Acute3D Viewer 浏览器软件相似的功能。

对不良地质体影像数据进行矢量化处理后，生成 1∶1000 比例地形图，结合三维高清影像，即可确定不良地质体的基本地质特征。

2.3 典型不良地质体的现场核实

不良地质体确定后，可选择典型不良地质体进行现场核实，一般选择规模较大、能够到达的不良地质体，这一步工作也是对此前确定的不良地质体的现场验证，以验证此前确定的不良地质体的准确性。

2.4 重点不良地质体的稳定性评价

重点不良地质体指规模较大、距大坝较近或蓄水后可能导致水库堰塞的不良地质体，这是岸坡稳定性评价的主要关注点。若勘探条件允许，应对重点不良地质体开展钻探等重型勘探工作，以查明不良地质体的物质组成及空间分布等地质信息；勘探条件不允许时，可结合坝址区勘探揭示的地质条件进行反推，一般能对不良地质体的基本地质情况做出较准确判断，这一点在实际勘察工作中已获得验证。

3 应用实例

3.1 工程概况及基本地质情况

某水电站位于金沙江上游，以发电为主要开发任务，是西电东送骨干电源点之一。电站正常蓄水位 2302m，死水位 2294m，最大坝高 213m，装机容量 2400MW，为 I 等大 (1) 型工程。库区属高原高山气候，降水量小，多年平均降水量不超过 400mm，蒸发量大，多年平均蒸发量超过 1800mm。库区为高山峡谷地貌（图 1），河谷深切，岸坡陡峻，山顶高程达 3500～5180m，河谷切割深度 1000～2800m。出露基岩主要为变质岩与岩浆岩，变质岩主要为中元古界雄松群（Pt_2x）的含硅质结晶灰岩、绢云石英千枚岩与云母片岩；岩浆岩主要为金沙江蛇绿岩群（DTJ）的基性～超基性岩及其他外来岩块形成的蛇绿混杂岩，局部有石英闪长岩、花岗闪长岩及辉长辉绿岩出露。第四系堆积体有崩坡积、崩积、洪积、冰积、滑坡堆积等，零星分布于岸坡相对平缓地段。区内构造十分发育，主要以南北向断裂构造为主。基岩场地 50 年超越概率 10% 的水平向地震动峰值加速度为 0.20g，对应地震基本烈度为 Ⅷ 度。库区岸坡以岩质岸坡为主，一般处于稳定或基本稳定状态，局部存在崩塌、掉块等；土质岸坡较少，一般稳定或基本稳定，未见明显变形迹象。

3.2 不良地质体辨识

某水电站库区植被稀少，岩土层多裸露，有利于无人机航拍作业，获取的影像清晰，满足不良地质体的辨识要求（图 2）。圈定库区不良地质体共 17 处（图 3），主要沿金沙江干流两岸零散分布。

3.3 不良地质体稳定性分析

对无人机航拍获取的不良地质体影像数据进行矢量化处理，生成 1:1000 比例地形图，结合三维高清影像，确定不良地质体的基本地质特征（表 1）。不良地质体类型均为第四系堆积体，成因多样，有崩坡积、崩积、洪积、冰积、滑坡堆积等。现状稳定性判别主要根据高清影像判断是否存在变形迹象，如裂缝、下错陡坎等，现状均为整体稳定，不存在失稳的问题。水库蓄水后，不受库水影响的不良地质体稳定条件没有变化，仍将保持原有稳定状态，不会失稳入库。受库水影响的不良地质体有 2 号、4 号、7 号、10 号、11 号、12 号、14 号、15 号共 8 处，根据不良地质体的地质特征分析，变形破坏以塌岸为

图 1　某水电站库区高山峡谷地貌

图 2　无人机航拍影像

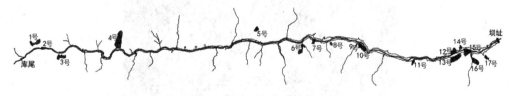

图 3　库区不良地质体分布

主，规模小，不会发生水库堰塞；15 号堆积体可能产生滑坡，失稳规模较大，存在水库堰塞的可能。为此，需重点评价 15 号堆积体的稳定性。

不良地质体基本特征　　　　　表 1

堆积体编号	距坝距离（km）	方量（万 m³）	前/后缘高程(m)	成因	稳定性	
					现状	蓄水后
1 号	60.5	840	2350/2700	冰积	稳定	稳定
2 号	60.5	410	2290/2395	冲洪积	稳定	塌岸
3 号	57.3	335	2400/2775	崩坡积	稳定	稳定
4 号	48.6	4650	2302/3240	冰积	稳定	塌岸
5 号	31.6	425	2990/3220	崩坡积	稳定	稳定
6 号	25.9	865	2410/3085	崩坡积	稳定	稳定
7 号	23.9	325	2230/2620	崩坡积	稳定	塌岸
8 号	18.5	340	2510/2750	崩积	稳定	稳定
9 号	17.8	300	2320/2530	崩坡积	稳定	稳定
10 号	17.6	840	2220/2410	冲积	稳定	塌岸
11 号	11.2	470	2260/2445	洪积	稳定	塌岸
12 号	5.7	725	2188/2610	冰积	稳定	塌岸
13 号	5.1	1635	2340/2810	冰积	稳定	稳定
14 号	4.8	460	2295/2500	洪积	稳定	塌岸
15 号	3.8	1000	2186/2650	崩坡积	稳定	滑坡
16 号	4.2	960	2320/2640	滑坡堆积	稳定	稳定
17 号	2.1	140	2425/2700	崩坡积	稳定	稳定

3.4　15 号堆积体稳定性评价

1）基本地质特征

15 号堆积体距坝址约 3.8km，无人机航拍影像见图 4。堆积体前缘抵金沙江河床，

图 4　15 号堆积体航拍影像

高程 2186m 左右，顺江宽约 750m，后缘高程 2650m 左右，纵向长 750～780m，面积约 40 万 m²。堆积体地形总体较陡，平均坡度 35°左右。据地表调查，组成物质主要有碎石、角砾及砾砂等碎石土，细粒土很少，碎石岩性主要是石英闪长岩，间夹云母片岩。堆积体平均厚约 25m，体积约 1000 万 m³。

堆积体典型地质剖面见图 5。2400m 高程以下下伏基岩为雄松群第三段石榴石云母片岩，2400m 高程以上及后缘高陡岸坡大面积出露晚三叠纪石英闪长岩，两者之间呈断层接触（F_{6-1}）。

从成因分析，堆积体的形成是地形与构造两因素共同作用的结果。堆积体所在的金沙江右岸地形陡峻，第一岸坡坡顶高程 3500～4000m，平均坡度在 50°以上，多处呈近似直立的陡崖状，结构面很发育，崩塌、掉块时有发生，局部比较频繁，多年来经常发生数十～数百方规模的崩塌现象，坡底可见大量块石堆积。

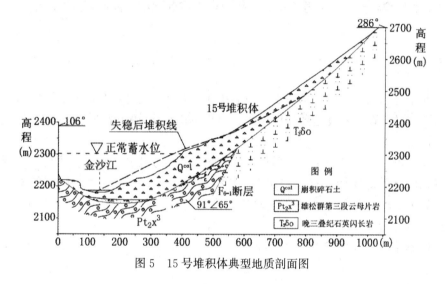

图 5　15 号堆积体典型地质剖面图

2）稳定性分析

现状条件下，堆积体无论是整体还是局部均没有明显变形迹象，表明堆积体整体稳定。水库蓄水后，因堆积体前部已抵河床，分析认为堆积体可能产生整体低速滑动。稳定性计算采用不平衡推力法，该方法适用于滑面为任意形状的滑坡，并考虑堆积体中的动水压力、浮托力、地震等动荷载及各个滑块不同抗剪强度参数的影响。

影响稳定性计算结果的两个主要因素是地下水位与滑面抗剪强度。库区降雨量很小，加之堆积体主要以粗颗粒为主，透水性强，堆积体中地下水位很低，长期观测表明钻孔水位与江水位齐平，即使偶有较大降雨，钻孔水位也未见明显变化。因此，结合工程经验，2302m 库水位条件下，堆积体水上部分无地下水。滑面抗剪强度主要结合堆积体物质组成并参考其他类似堆积体的抗剪强度取值，天然状态下，黏聚力 c 取 10kPa，获得内摩擦角 φ 为 29°；饱和状态下，黏聚力 c 取 8kPa，获得内摩擦角 φ 为 26°。计算工况与结果见表 2。

计算表明，15 号堆积体在现状条件下整体基本稳定，正常蓄水位条件下可能失稳，叠加地震时稳定性进一步下降。水库蓄水及地震是影响堆积体稳定的主要因素。

15 号堆积体稳定性计算工况与结果表　　　　　　　　　　　　**表 2**

计算工况	稳定系数
工况 1：现状	1.136
工况 2：自重＋2302m 水位	0.982
工况 3：自重＋2302m 水位＋Ⅷ度地震	0.890

3）水库堰塞预测

根据稳定性分析成果，15 号堆积体在水库蓄水后可能产生滑坡。

水库蓄水前，15 号堆积体整体稳定，地表无明显变形迹象，不会失稳。水库蓄水后，15 号堆积体失稳可能性大，失稳后主要堆积在坡脚附近，不会造成水库堰塞。

堆积体典型地质断面水上面积约 17700m²，正常库水位时该处水库断面面积约 34600m²，即使堆积体水上部分全部入江也仅约占该处水库断面面积的 50%，不会造成水库堰塞。

4　结论

（1）鉴于高山峡谷区的地形特点，总结提出了岸坡稳定性评价的四项关键内容，即：三维高清影像的获取、不良地质体的辨识、典型不良地质体的现场核实、重点不良地质体的稳定性评价。

（2）某水电站库区分布不良地质体共 17 处，现状均稳定。水库蓄水后，不受库水影响的不良地质体仍将保持原有稳定状态，不会失稳入库；8 处受库水影响的不良地质体中，有 7 处为塌岸型失稳，不会影响水库正常运行，15 号堆积体可能产生滑坡型失稳，可能导致水库堰塞。

（3）根据稳定性分析成果，水库蓄水前，15 号堆积体整体稳定；水库蓄水后，15 号堆积体失稳可能性大，失稳后主要堆积在坡脚附近，不会造成水库堰塞。因此，某水电站库区不存在导致水库堰塞的不良地质体。

参考文献

[1] 崔杰，王兰生，徐进，等．金沙江中游滑坡堵江事件及古滑坡体稳定性分析 [J]．工程地质学报，2008，16（1）：6-10．

[2] 张万奎，王文远，黄德凡．黄登水电站大型不良地质体勘察研究 [J]．云南水力发电，2015，5：120-124，148．

[3] 范雷，张琪．金沙江苏洼龙-奔子栏河段滑坡灾害发育分布规律 [J]．长江科学院院报，2016，33（03）：38-41．

[4] 胡才源，章广成，李小玲．无人机遥感在高位崩塌地质灾害调查中的应用 [J]．人民长江，2019，33（1）：136-140．

[5] 彭大强，许强，黄秀军，等．无人机低空摄影测量在黄土滑坡调查评估中的应用 [J]．地球科学进展，2017，24（3）：319-330．

[6] 冯威．高寒高海拔复杂艰险山区无人机勘察技术应用 [J]．铁道工程学报，2019，8：5．

多雨地区土石围堰联合防渗体系应用实践

谢济安[1]　罗文东[1]　田福文[2]

（1. 广西大藤峡水利枢纽开发有限责任公司，广西桂平 537226；

2. 中国水利水电第八工程局有限公司，湖南长沙 410004）

摘　要： 大藤峡工程地处高温多雨地区，多年平均相对湿度高达 80%，黏土填筑施工条件较为复杂。经过优化施工方案和控制施工质量，形成二期土石围堰黏土心墙和复合土工膜联合防渗体系，解决了多雨地区土石围堰快速施工技术难题，满足了工程度汛要求。二期土石围堰经过三年的运行，未发生任何渗透破坏，且渗漏量远小于设计 600 m^3/h，基坑经常性排水可控，土石围堰联合防渗体系达到了预期效果。

关键词： 土石围堰；黏土心墙；土工膜；联合防渗

1　前言

大藤峡工程二期上游土石围堰需长期挡高水位，满足船闸通航及左岸厂房发电水位要求。工程地处高温多雨地区，多年平均相对湿度高达 80%，制约围堰黏土填筑进度，土工膜施工过程中存在容易破损及焊接接头质量难以控制等问题。综合考虑围堰度汛节点要求、施工设备效率、围堰填筑料源和类似工程成功经验，二期土石围堰上游挡枯水期围堰采用塑性混凝土防渗墙，上部加高堰体采用复合土工膜加黏土心墙联合防渗形式。根据方案和现场实际情况进行精心规划和施工组织，优化施工方案和控制施工质量，保证黏土心墙填筑和土工膜铺设工作顺利进行，满足工期要求[1]。

2　工程概况

大藤峡水利枢纽位于广西最大、最长的峡谷——大藤峡出口处，坝址控制流域面积 19.86 万 km^2，是国务院确定的 172 项节水供水重大水利工程的标志性工程，是红水河十个水电梯级开发的最后一级，集防洪、航运、发电、水资源配置（补水压咸）、灌溉等综合效益于一体。水库总库容 34.79×10^8 m^3，总装机容量 1600MW，工程规模为 I 等大（1）型工程。

本工程二期导流围右岸，江水由一期建成的 20 孔泄流低孔、1 孔泄流高孔过流。在二期围堰的保护下，施工河床 4 孔泄流低孔、1 孔泄流高孔、右岸厂房、右岸挡水坝等建筑物[2]。

根据《水利水电工程等级划分及洪水标准》SL 252—2017、《水利水电工程施工组织

作者简介： 谢济安（1983—），男，本科，高级工程师，从事水利水电工程建设技术与管理工作。

E-mail：149412223@qq.com。

设计规范》SL 303—2017 并结合工程建设期需利用二期上游土石围堰全年挡水发电情况，确定二期上游围堰建筑物级别为 3 级。

　　二期上游围堰设计洪水标准为大汛 50 年重现期洪水，流量 $Q=44900\text{m}^3/\text{s}$，堰顶高程为 54.30m。二期上游围堰布置在坝轴线上游约 270m 处，围堰轴线呈直线布置，轴线与水流方向夹角约 84°，斜向下游。上游围堰左侧与纵向围堰上游段相连接，右侧与右岸开挖边坡相连接，围堰轴线总长 349.6m。具体平面见图 1。

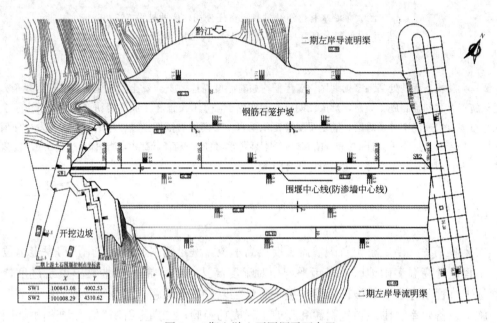

图 1　二期上游土石围堰平面布置

　　二期上游围堰断面结构分上下两部分，下部为挡枯水期围堰，对枯水期围堰加高后形成挡大汛洪水围堰。挡枯水期围堰标准为 10 年重现期 12 月～次年 2 月最大洪水，流量 $Q=4920\text{m}^3/\text{s}$，顶高程为 29.87m，上游坡比 1:1.5，下游坡比 1:2.0，塑性混凝土防渗墙施工平台顶高程为 31.37m。挡大汛标准为 50 年重现期洪水，流量 $Q=44900\text{m}^3/\text{s}$，堰顶高程为 54.30m，上游坡比 1:2.2，下游坡比 1:2.0，在 39.3m 高程处迎、背水面各设一 2m 宽马道，堰顶宽 10m。具体断面见图 2。

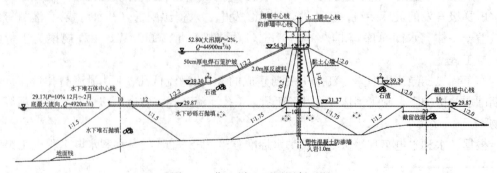

图 2　二期上游土石围堰断面图

2019 年 10 月 26 日二期截流，2020 年 1 月 13 日上游围堰塑性混凝土防渗墙施工完成，2020 年 1 月 23 日上游围堰开始填筑加高，2020 年 4 月 18 日，二期上游围堰填筑完成。二期上游围堰填筑总量 90.68 万 m³，其中石渣料 31 万 m³，砂砾石料 51.95 万 m³，反滤料填筑 2.57 万 m³、黏土料填筑 5.12 万 m³、复合土工膜（300g/1mm/300g）15620m²。

3 设计与施工技术

3.1 土石围堰联合防渗体系

二期围堰填筑时段为 2020 年 1 月 23 日～4 月 18 日，施工高峰期正直阴雨绵延时段，空气湿度大，黏土自然含水率远远大于碾压最优含水率，如单独采用黏土防渗则需对黏土进行严格翻晒、晾晒，制约围堰填筑进度，影响工程度汛。同时土工膜施工过程中存在容易破损及焊接接头质量难以控制等问题。

综合考虑围堰度汛节点要求、施工设备效率、围堰填筑料源和类似工程成功经验，为加强围堰挡水运行安全，二期上游挡枯水期围堰采用塑性混凝土防渗墙，塑性混凝土防渗墙厚 1.0m，防渗墙深入基岩 1.0m。上部加高堰体（29.87～54.30m 高程）采用复合土工膜加黏土心墙联合防渗形式[3]。围堰施工填筑顺序见图 3。

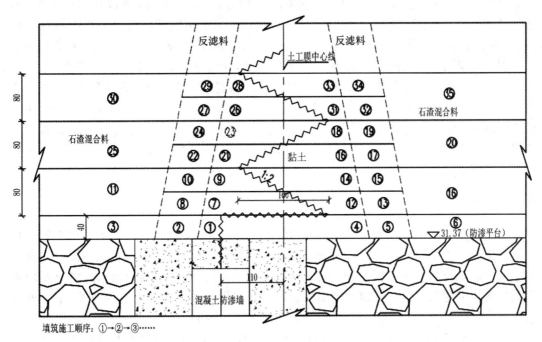

图 3 围堰填筑顺序（单位：cm）

3.2 塑性混凝土防渗墙

上游挡枯水期围堰（29.87m 高程以下）为水下抛投和原河床覆盖层，由于水下抛投料粒径离散性较大，且原河床覆盖层厚度和级配的不确定性，为保证围堰防渗质量，挡枯水期围堰采用塑性混凝土防渗墙防渗。

上游挡枯水期围堰塑性混凝土防渗墙轴线长 279.58m，布置于二期上游土石围堰桩号 SW0+053.89～SW0+333.47，防渗墙厚度 1.0m，嵌入弱风化岩体 1.0m，最大深度约 25.0m，防渗墙采用"钻凿法"成槽施工方案，成槽施工分两期进行，一、二期槽长均为 5.6m，3 个主孔 2 个副孔布置。

3.3　复合土工膜

二期上游围堰加高段选用型号为 300g/1.0mm/300g 的聚氯乙烯 PE 复合土工膜，膜厚 1mm，主膜抗拉强度大于 12kN/m，复合土工膜抗拉强度大于 20kN/m。基布采用聚酯长丝无纺针刺土工布，单位面积质量 300g/m^2，厚度不小于 2.2mm，抗断裂强度不小于 15kN/m（纵横向），CBR 顶破强度不小于 2.6kN，等效孔径为 0.07～0.2mm，垂直渗透系数 $1×10^{-1}～1×10^{-3}$cm/s。

考虑到反滤料是利用河床开采料加工而成，骨料棱角尖锐，土工膜易被刺破，加大了修补工作量和渗漏概率。因而土工膜两侧采用黏土作为保护层和辅助防渗。土工膜心墙内"之"字形折曲布置，黏土每填筑两层即 80cm 折曲一次，折曲水平投影长度 160cm，防渗墙轴线上下游各 80cm。"之"字形折曲布置不但可以改善土工膜在堰体中的受力条件，而且便于土工膜的铺设施工。

土工膜与右岸岸坡岩石采用 6.0m 宽的混凝土盖板连接，在前期标段开挖岩基面上直接浇筑混凝土，并按"之"字形埋设土工膜，在土工膜折线两端和中心点处搭设直径 25mm 的插筋，插筋长度 3.7m，外露 1.6m，以加强盖板混凝土与岩石之间的连接以及土工膜埋设的稳固。土工膜外露按照 1.5m 长度控制，以方便围堰土工膜与其焊接。

土工膜与左岸混凝土导墙采用 2.4m 宽的"爬山虎"连接，用油漆沿围堰土工膜中心线在混凝土导墙上标示出中心线和上下游折叠线，对导墙混凝土进行凿毛处理，并在土工膜折线两端和中心点处搭设直径 25mm 的插筋，插筋长度 3.7m，外露 1.6m，以加强爬山虎与导墙之间的连接以及土工膜埋设的稳固。土工膜外露按照 1.5m 长度控制，以方便围堰土工膜与其焊接。

3.4　黏土心墙

根据《碾压式土石坝设计规范》SL 274—2001，黏土心墙与上下游石渣料之间必须设置反滤层，保证心墙黏土不发生渗透变形和渗漏水通畅排出，一旦心墙发生横向裂缝，防止心墙土料中的细颗粒被渗流带走[4]。依据黏土特性、围堰挡水高度以及堰体几何体形，通过计算并参照以往类似工程经验，二期上游围堰黏土心墙顶宽 3m，两侧边坡 1：0.2[5]。

黏土心墙铺料层厚 50cm，碾压厚度 40cm，水平宽度靠近反滤料侧超填 20～30cm，以便填筑完成后进行削坡；相邻填筑层间做到填料界限分明，分层铺筑时，做好接缝处各层连接，防止层间错动或折断现象。靠近土工膜侧以边坡稳定为原则，不得超填，该边坡人工铁锹修整。摊铺过程中安排专人对土料中的大石块、树根以及建筑垃圾进行清除。黏土心墙与混凝土结构及岩石基础接触面部位填筑时，先洒水湿润，并边涂刷浓泥浆、边铺土、边夯实。泥浆的重量比（土：水）可为 1：2.5～1：3.0，涂层厚度为 3～5mm，在裂隙岩面上填土时，涂层厚度加大到 5～10mm。

黏土心墙料采用 18t 凸块碾碾压，平行轴线方向行走，用进退错距碾压 6～8 遍，每次错距 30cm，行走速度采用 1 档，控制在 1.4～2.0km/h。工作面之间交接处进行搭接碾压，搭接宽度为 1.0m。碾压出现弹簧土现象时，将弹簧土挖除，重新铺筑黏土碾压。对于黏土含水率较大时，采用挖掘机夯实，避免出现大面弹簧土而影响施工质量和进度。心墙两侧边坡采用挖掘机夯实。考虑到黏土心墙料及反滤料宽度较窄，并且填筑厚度一致，待该层同一侧的黏土心墙料及反滤料卸料平仓完毕后同时进行碾压施工，靠近土工膜周边时不得采用大型碾压设备，改用小型碾压设备进行碾压。

3.5 反滤料

本工程反滤料由左岸砂石加工系统提供，自卸汽车运输到仓面。

4 施工质量控制

4.1 质量保证措施

（1）料源质量保证

含水率是黏土施工质量的控制关键，天气晴朗时尽可能多开采，并集中堆放在下游鱼道处，雨天采用彩条布覆盖。天气潮湿时与开挖料掺配混合，以满足黏土心墙摊铺和碾压需要。

（2）施工期间跨心墙措施

二期上游土石围堰所有的料源（围堰堰体料、反滤料、黏土料以及块石料）均分布在上游围堰下游侧，黏土心墙上游侧的堰体料和反滤料运输均要跨越心墙，为防止运输车辆对土工膜和黏土心墙造成压伤损坏，在黏土心墙上方布置 2 座移动式钢栈桥，根据需要变换平面位置并随填筑面上升变换布置高程。

（3）碾压质量保证措施

黏土自然含水率或掺配后的含水率在碾压生产性试验结果范围以内时，采用凸块碾压机碾压，超出范围在 5% 以内则采用光轮碾压机碾压，大于 10% 时采用挖机夯实。对于碾压层面间歇时间超过 24h 时，用光轮碾压机收平，避免突降暴雨在黏土层面凹槽内聚集，造成黏土局部胶结成块，必要时用彩条布覆盖[6]。

（4）施工突遇暴雨，将尚未碾压的黏土心墙用光轮碾压机快速碾压形成光面，避免雨水渗入，并将黏土料用彩条布覆盖。

4.2 施工注意事项

（1）黏土优先在下游跨江大桥右岸阶地取料，装车时剔除树根，保证上堰黏土质量。凸块碾碾压后，黏土层面留下凹凸不平的浅坑，为防止雨水聚集造成局部胶结，每一班作业后再用光轮碾进行碾压收面。

（2）指派专职人员对原材料、材料试验、接缝质量、铺设面的平整度、周边连接等做经常性的检查和控制。如发现异常现象应及时报告，并认真记录。

（3）为满足上、下游作业面间的通行需要，防止施工设备运输车辆对土工膜造成压伤损坏，在心墙上方布置 2 座移动式钢栈桥，可根据需要变换平面位置并随填筑面上升变换布置高程。施工时在土工膜心墙上铺一层宽度 12.0m 毡布，采用 QY-25 吊车吊装钢栈桥并将其安放在毡布上，作为横穿心墙的施工道路。

（4）土工膜接缝施工实行"专人负责、全程录像"制度，同时安排专人验收。各部位接缝施工完成之后施工人员、验收人员共同签字确认，随同该部位影音录像共同存档，建立可追溯的质量保证制度。

5　实施效果与结论

大藤峡 2019 年 10 月 26 日二期截流，2020 年 1 月 13 日上游围堰塑性混凝土防渗墙施工完成，2020 年 1 月 23 日上游围堰开始填筑加高，2020 年 4 月 18 日，二期上游围堰填筑完成。大藤峡二期上游土石围堰常年高水位运行，未发生任何渗水变形和局部破坏等现象，且基坑经常性排水可控。黏土自身为可塑性强的细微颗粒，适应变形能力强，作为复合土工膜的保护层，不会刺穿土工膜。通过大藤峡二期土石围堰土膜联合防渗技术的实践，充分证明在多雨季节或多雨地区，土石围堰采用黏土和复合土工膜联合防渗，施工质量和进度都可以得到保证。

参考文献

[1] 王军雷. 浅论苏丹上阿特巴拉 C1A 项目河床心墙坝填筑施工与经验总结 [J]. 建筑科技与管理学术交流，2014，11：119-122.
[2] 冯吉新. 大藤峡工程下游围堰岩溶基础防渗处理设计 [J]. 东北水利水电，2018，36（11）：4.
[3] 邢玉玲，束一鸣，等. 膜土联合防渗系统对高土石坝心墙拱效应的影响 [J]. 河海大学学报，2007，4：460-463.
[4] 谷宏海，陈群，唐岷. 高土石坝土工膜与心墙联合抗渗探析 [J]. 水利科技与经济，2009，15（2）：3.
[5] 王嘉贵，赵麒. HDPE 防渗土工膜施工技术 [J]. 科技论坛，2013，6：261-267.
[6] 王兴德. 粘土心墙的填筑要求与质量控制探析 [J]. 水利水电，2018，11：2.

马堵山水电站设计优化和关键技术研究与实践

党　勇[1]　毕树根[2]

（中水珠江规划勘测设计有限公司，广东广州 510610）

摘　要： 马堵山水电站工程建坝条件复杂，面临狭窄河床枢纽布置、多泥沙河流、区域地质构造条件复杂、消能设计、高温条件下碾压混凝土筑坝等诸多关键技术问题。设计和施工通过大量的研究与论证，运用科学先进的设计理念和方法，对建筑物体布置和体型进行设计优化，新型外加剂的应用，建立新的计算模型和验算标准，有效地解决了一系列工程技术难题，枢纽布置和建筑物满足规范要求，节省了工程投资。工程经过模型试验、施工建设和实际运行的验证，很好地实现了工程建设、提前发电和工程安全的目标。

关键词： 枢纽布置；排沙；体型；消能；温控；抗震；运行方式

1　工程概况

马堵山水电站位于云南省红河州个旧市和金平县境内的红河干流上，是红河干流 12 级梯级开发方案中的第 10 级。开发任务以发电为主，为发展供水、库区航运创造条件。

工程地处红河下游河段，属热带季风雨林区，气候酷热，年平均气温在 21℃ 以上，年平均最高气温超过 25℃ 有 9 个月，年平均最高气温超过 30℃ 有 5 个月。坝址以上集水面积为 31356km²，多年平均流量 302 m³/s，校核洪水流量（$P=0.05\%$）16500m³/s，多年平均悬移质含沙量 4.89 kg/m³，多年平均年悬移质输沙量 4613 万 t，为多泥沙河流。红河断裂带从近场区穿过，地质构造背景复杂。坝址河谷高程约 140m，河床宽度约 70m。坝址基岩为三叠系中统个旧组第三段中～厚层弱风化白云石大理岩、薄层绢云白云石大理岩、薄～中厚层弱风化含炭质白云石大理岩、千枚状大理岩，基岩岩体隐裂隙发育，力学强度差异较大。坝址基本地震烈度Ⅶ度。

水库总库容 5.51 亿 m³，正常蓄水位 217m，正常蓄水位对应库容 4.82 亿 m³，死水位 199m，调节库容 2.6 亿 m³，为不完全年调节水库，电站总装机容量 288MW（3×96MW），多年平均发电量 13.14 亿 kWh。枢纽工程为Ⅱ等大（2）型，主要建筑物级别为 2 级。

2　工程布置和特点

工程坝址河床狭窄，宽约 70m。鉴于河道流量大、含沙量大、坝址气温高、地质条件复杂的建设条件，给枢纽挡水、泄水、冲排沙、引水建筑物的布置带来极大的挑战。枢

作者简介：党勇（1963—），男，陕西，本科，高级工程师，从事水利水电工程建筑设计。
　　　　　E-mail：dygdgz@163.com。

纽建筑物由碾压混凝土重力坝、4 孔 15m×17m（宽×高）的溢流表孔、2 孔 5m×7m（宽×高）的泄洪排沙底孔及 1 孔 5m×4m（宽×高）的冲沙孔、左岸坝式进水口、引水隧洞及地面厂房等组成。坝轴线呈折线布置，坝顶总长 365.43m，最大坝高 105.5m[1]。

工程具有水头高、流量大、含沙量大、坝址气温高、地质条件复杂、建筑物布置紧凑的特点。

3 设计优化

3.1 枢纽折线式布置

马堵山水电站水库最大泄洪量 13611m³/s，泄洪规模较大。坝址河床宽度约 70m，拦河大坝要布置挡水、泄水、冲排沙、引水发电建筑物，坝顶长度约 300m。泄水建筑物前沿长 98m，布置于主河床，引水发电系统布置在狭窄的河道上使得枢纽布置难度增加，进水口布置成为枢纽总体布置的关键。根据坝址区地形条件，引水发电系统拟布置在左岸。设计结合塔式进水口和坝式进水口形式进行了坝轴线直线与折线两种方案的技术经济比较，选定坝式进水口坝轴线折线布置，左岸坝轴线折向上游，以适应引水隧洞正向进水并减少开挖支护工程量，进水口前沿总长 74.5m。枢纽坝轴线选择很好地满足了大坝泄水和电站引水的条件，坝顶交通方便。枢纽坝轴线折线布置同时有利于坝式进水口前的冲沙廊道布置和连接，更好地适应排沙要求，最优化地满足工程发电任务。枢纽平面布置见图 1。

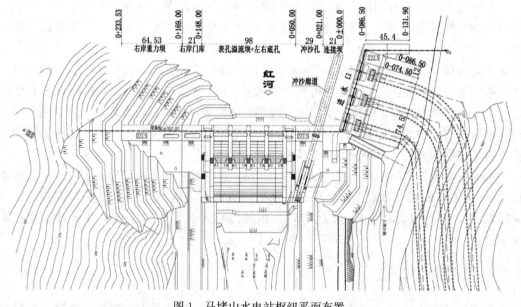

图 1 马堵山水电站枢纽平面布置

3.2 排沙底孔和冲沙孔布置

红河为多泥沙河流，马堵山水电站坝前泥沙淤积抬高库水位对上游南沙电站运行及元阳县城防护堤淹没产生敏感影响，同时泥沙对水轮机将产生严重磨损。工程的泥沙问题非常突出，枢纽需要布置排沙冲沙系统。

枢纽主河床布置4个溢流表孔坝段，水库拟布置2个泄洪排沙底孔和1个电站进水口冲沙孔。原枢纽布置方案2个泄洪排沙底孔及1个冲沙孔集中布置在左岸，均为有压深式泄水孔形式。经水工模型试验研究，水库泄洪排沙孔排沙时形成的漏斗纵向范围约45m，横向范围约35m，排沙范围小，其下泄水流对左岸山体冲刷严重，直接影响左岸上坝公路等永久建筑物的安全。因此调整优化排沙的设计思路，将左岸集中泄洪排沙调整为左右岸联合泄洪排沙，两个泄洪排沙底孔分别布置在表孔溢流坝段两边闸墩中，泄水前沿的宽度由102m调整为98m，下泄水流对称挑流消能后归顺于下游主河槽，减轻对河岸的冲刷。

泄洪排沙底孔左侧布置一孔冲沙孔，主要解决进水口前泥沙出库问题，冲沙孔进口段平行于进水口前沿，冲沙孔斜向布置于坝内，出口水流与坝轴线呈73.472°斜角挑入下游河床。为能使较小的冲沙流量形成一个覆盖3个机组进水口的冲沙漏斗，在进水口前沿布置有双向进口的冲沙廊道，廊道低于进水口底坎高程19m，下接冲沙孔。在冲沙廊道左、右侧墙底部分别设置10对正反向小进水口，旨在增大冲沙影响范围，确保小流量冲沙时进水口前保持"门前清"。

通过水工模型试验研究[2]验证，优化泄洪排沙底孔冲沙孔布置后，坝前的排沙范围增加，进水口前仍能保持较好的冲沙效果，结合对消能建筑物体型的研究与优化，坝下游冲刷情况得到了明显的改善，冲坑深度减小了5~8m，回流速度较小，对岸坡影响减小。

3.3 大坝设计优化

1) 大坝建基面抬高

枢纽拦河大坝为碾压混凝土重力坝，最大坝高105.5m，建基于弱风化白云石大理岩、含炭质白云石大理岩中上部。

在坝基开挖阶段，为减少开挖工程量，加快施工进度，确保一汛前坝体混凝土浇筑到度汛高程，设计进行动态跟踪，运用物探手段对开挖后的基础地质条件进行复核，在开挖基础面的不同部位选取代表点进行声波测试，声波孔深度一般在开挖面以下9~13m，通过分析测试孔的声波数据变化稳定情况，来判断开挖面以下基岩特征，在大坝满足规范[3,4]强度和稳定应力要求基础上，进而对建基高程做出及时调整。调整后的河床坝段最低建基面高程为117.0m，比可行性研究（相当于初步设计）阶段提高2m，减少开挖量约9万m³，混凝土节省约8万m³。建基面调整见图2。经过优化后，坝高大于70m的坝段建基面基本置于弱风化中部，坝高小于70m的坝段建基面置于弱风化上部。建基面高程优化调整，减少了工程量，争取了工期，实现了安全度汛目标，为实现工程提前发电起到不可替代的作用。

2) 大坝体型优化

大坝体型主要由稳定控制，在满足稳定的条件下，设计针对大坝上、下游坡比及折坡点高程不同组合进行优化计算，调整出优化体型，上游折坡点高程150m，下游折坡点高程208.5m，折坡点以上均为直立面，折坡点以下上游坡比1：0.2，下游坡比由原方案1：0.75调整为1：0.73，节省了坝体混凝土约4000m³，从而既节省了投资又确保了建筑物安全。优化前后重力坝剖面见图 2。

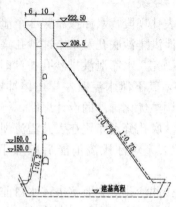

图 2 优化前后重力坝剖面

3.4 软岩地层大直径引水隧洞设计优化

发电引水隧洞布置在左岸，一机一洞，单机额定引用流量 168.67m³/s，长 330～400m，圆形断面，洞径 7.5m，最大内水压力约 105m。隧洞沿线岩体覆盖厚度 20～120m，除洞口附近为白云石大理岩外，其余洞段为千枚岩或千枚状大理岩，属较软岩，围岩分类以Ⅳ类围岩为主，局部Ⅲ类围岩。隧洞内水压高，洞径大，岩石软弱，围岩条件差。在隧洞设计过程中，充分考虑地形地质条件及隧洞水力学等因素，尽量加大洞线与岩层走向的夹角，合理确定隧洞之间岩体厚度，降低不利地质条件对隧洞布置及水力劈裂的影响；通过加强固结灌浆，提高围岩的整体性和抗变形性，充分利用围岩与衬砌的联合作用，优化一期支护与二期衬砌结构设计，减小钢衬长度，减小钢筋混凝土衬砌厚度，降低工程造价。

工程运行至今，隧洞渗漏、应力、变形等观测无异常，洞室运行良好。

3.5 采用水轮机圆筒阀，取消设置进水口快速闸门或蝶阀

电站压力引水管长约 495m。为防止机组产生飞逸转速，一般在引水系统布置快速闸门或机组前布置蝶阀，作为快速切断水流的措施。红河为多泥沙河流，如果使用蝶阀，阀体易损坏，可靠性低。

电站设计在水轮机本体设置了圆筒阀代替进水口设置的快速闸门或蝶阀，作为机组防飞逸措施，圆筒阀可动水启闭，动水开启和关闭时间 60～90s，与常规机组进水口快速闸门或蝶阀相比，圆筒阀位于座环固定导叶与活动导叶之间，在多泥沙水流过机时，能更快速有效地使机组安全地退出飞逸，减少机组的飞逸持续时间，有效降低机组发生飞逸的危害。

利用圆筒阀的关闭作用，可减少或避免导水机构漏水造成的电能损失，减轻或避免水轮机导水机构停机期间活动导叶的间隙空蚀和磨损。在停机时间较长时，采取了行之有效的"停机关阀"措施，大大降低了含泥沙水流对过流部件的磨损破坏，水轮机大修周期明显延长，相应提高了水轮机的利用率。

4 关键技术研究与实践

4.1 泄洪建筑物消能研究和设计优化

1）溢流表孔消能研究和设计优化

枢纽布置 4 孔 15m×17m（宽×高）溢流表孔，2 孔 5m×7m（宽×高）的泄洪排沙底孔及 1 孔 5m×4m（宽×高）的冲沙孔，溢流表孔采用宽尾墩＋挑流的消能方式，排沙孔和冲沙孔均采用挑流消能方式，泄洪情况坝下存在冲坑较深，两岸防护难度较大的问题。为减小冲坑深度，降低混凝土防淘墙的造价，结合水工模型试验研究[2] 对枢纽的溢流表孔消能方式进行设计优化。

由于溢流表孔单宽流量达到 161.97m³/s，研究和优化主要针对溢流坝宽尾墩的形式和挑坎位置。经设计拟定多方案[5] 和模型试验研究[2]，单纯依靠调整宽尾墩，只是对水流的横向分布和纵向分布进行了调整，挑射水流入水仍然比较集中，出坎射流能量都比较大，消能效果没有明显改善。在对各方案进行认真梳理研究后，设计思路逐渐清晰，采用工程措施时需要从两个方面入手：一个是尽量增加水流分散程度；二个是尽量增加射流入水前的能量消耗。为此，溢流坝宽尾墩由 Y 形优化为 T 形，收缩比为 0.4，收缩角为 20.56°，孔口缩窄后出口宽度 6m，墩尾厚 13m；挑流鼻坎沿反弧切线方向向下游顺延 5m，反弧半径为 25m，挑角仍保持 20°，抬高尾坎高程为 167.022m，略高于下游校核洪水位 166.88m。溢流表孔布置见图 3。

设计优化后，部分过坝水流从宽尾墩上部挑出，与挑坎上挑起的水舌相互碰撞，在空中充分消能，避免了全部越过挑坎直接跌落在下游河床上。模型试验表明，冲坑形态基本稳定，坝下冲坑远离坝脚，岸边回流速度较小，冲坑底高程位于大坝建基面之上。

2）泄洪排沙底孔挑流消能

两个泄洪排沙底孔由左岸集中布置调整为布置在溢流表孔坝段的左右边闸墩中，经研究和设计优化，出口采用向河床单侧曲线收缩的体型，使得泄洪排沙对称水流在空中对撞，得以充分消能。

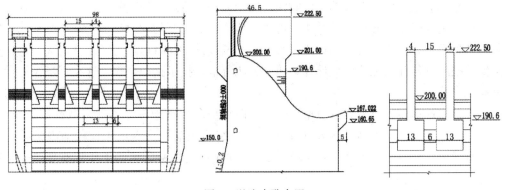

图 3　溢流表孔布置

对泄洪排沙冲沙消能建筑物的研究和设计优化，有效地减小了下游冲坑深度和防护的范围与高度。经工程原型泄洪验证，坝下雾化影响区明显减小，有利于水雾的扩散，降雨强度减弱，确保了电站厂房、边坡及设备正常运行，以及枢纽建筑物和下游河床与岸坡的安全。

4.2　高温干燥气候条件下碾压混凝土坝温控设计关键技术及温控防裂措施

1) 温控技术研究

枢纽坝址气候炎热，高温时段长达 9 个月，大坝施工面临高温干燥条件下筑坝的技术难题。在施工中，工程提出"基于水泥水化放热过程优化技术的通水冷却方法"和"外掺氧化镁碾压混凝土筑坝技术"温控防裂新思路。研究了水泥水化放热过程优化机理及优化技术[6]，研制了两种复合新型混凝土外加剂（FG-IA），与常规混凝土外加剂相比，掺新外加剂后水泥水化放热过程得到优化，混凝土通水冷却降温效率提高 30%，多削减混凝土温升峰值约 5℃，结构开裂风险与温控成本大大降低。工程在国内首次开展了大规模采用外掺氧化镁碾压混凝土筑坝技术及其应用研究，确定了氧化镁的最佳掺量，研究了快速均匀拌制新技术，解决了外掺氧化镁碾压混凝土筑坝的关键技术问题。

2) 温控防裂措施

针对国内外常采用制冰等强制冷却措施，在高温地区施工碾压混凝土时热量回灌大、裂缝多发频发问题，经多方研究[6]，工程施工采用外掺复合新型高效缓凝外加剂配合通水冷却为主的温控防裂措施，延长了混凝土水化热半熟龄期，削减混凝土温升峰值 3 ~ 5℃，显著降低混凝土结构开裂风险，工程施工期和水库蓄水以来大坝未产生有害裂缝。外掺氧化镁碾压混凝土拌制采用多点均布添加氧化镁悬浮液拌制技术，提高拌制工效 40%，在国内首次实现外掺氧化镁技术的大规模应用，不仅有效解决了碾压混凝土坝的温控防裂问题，还实现了工程全年快速施工。

4.3　建立大坝整体模型进行抗震计算分析，突破规范首次提出了校核地震工况

"5.12"汶川特大地震发生后，马堵山水电站补充开展了地震专题研究[7,8]。工程地处云贵高原南缘，红河断裂带从近场区通过，区域地质构造背景复杂。坝基断层、裂隙较发育，岩体完整性较差、力学强度差异较大，属于复杂地质条件下建坝。针对工程特点，抗震计算分析除采用拟静力法外，同时还运用动力法计算地震作用效应，工程抗震设计的动力分析普遍采用振型分解反应谱法，可较好地给出重力坝的动力反应。基于坝基岩体的各种不利因素及大坝在枢纽中的重要作用，大坝抗震计算同时运用了时程分析法，建立枢纽整体模型进行各种工况下模拟计算，研究方法科学，技术路径合理，这在百米级的大坝中具有先进性。

拟静力法计算坝体应力和抗滑稳定时，一般场地条件下地震动参数取基准期 50 年超越概率 10%。为深入分析地震工况下的安全性，突破规范首次提出了校核地震工况的验算，地震动参数取基准期 100 年超越概率 2%，这种提高标准验算的工作思路得到专家的充分肯定。

枢纽大坝的抗震计算分析，科学地运用多种计算方法，完整地对大坝受力状态进行计算分析，充分反映了大坝在地震工况下的结构安全性。可为在复杂地质条件下修建枢纽大坝工程提供有价值的技术参考。

4.4 水库科学运行调度，创造性地提出排沙运行方式

马堵山水电站水库处于多沙河流，库尾受元阳县城 30 年一遇防洪能力控制，上游南沙电站采用预报预泄排沙调度模式，为季调节水库，需要长期保持有效调节库容和提高发电效益，致使马堵山水电站水库运行调度边界条件复杂。设计单位利用先进的手段建立了数学模型，在大量研究分析的基础上，科学、创造性地提出了水库汛期分级固定排沙水位运行方式，即排沙水位 6～8 月固定在 211m、9～11 月固定在 213m。该运行方式即可与上游梯级联合排沙调度，减少水库库区淤积，不突破库区淹没回水线，又可保持水库有效调节库容，提高水库的蓄满率，提高电站发电效益。

通过电站多年运行的检验，水库正常蓄水位以下库容累计损失为 9527.05 万 m³，其中有效库容损失 3370m³，死库容损失 6157.05 万 m³，水库淤积情况并不算太严重。实践证明，水库排沙运行方式采用汛期固定排沙水位是正确的，水库运行调度是科学合理的，同时也是富有创造性的。

5 结论

马堵山水电站是红河干流装机规模最大的电站，设计深入研究工程的特点及建设条件，采用先进的设计理念和设计方法，在不利的气候条件和复杂的地形地质条件下成功建坝，着重解决了枢纽布置、泄洪、消能、冲排沙、高温筑坝、软岩地层大直径隧洞、地震和水轮机组防飞逸等一系列技术问题，确保了工程安全建设，最大限度地节省工程投资，并提前 6 个月发电。

工程在国内首次实现外掺氧化镁技术的大规模应用，解决了大规模采用外掺氧化镁碾压混凝土筑坝的关键技术问题；针对泥沙淤积特性，创造性地提出了水库汛期分级固定排沙运行方式。工程设计取得了具有先进性的成果和实践经验，获得了良好的经济、社会效益，产生了巨大的生态环境效益。工程已历经 10 年安全运行，有力保障了电力系统的安全稳定，实现了节能环保目标。

参考文献

[1] 李怡芬，等. 云南省红河马堵山水电站工程可行性研究报告［R］. 中水珠江规划勘测设计有限公司，2008.

[2] 珠江水利科学研究院. 云南红河马堵山水电站水工模型试验研究报告［R］. 2007.

[3] 中华人民共和国国家经济贸易委员会，混凝土重力坝设计规范：DL 5108—1999［S］. 北京：中国电力出版社，2015.

[4] 国家能源局. 混凝土重力坝设计规范：NB/T 35026—2014［S］. 北京：中国电力出版社，2015.

[5] 王建平，何贞俊，张金明. 挑流式宽尾墩联合消能研究与应用［J］. 人民珠江，2012，33（06）：34-36.

[6] 林培光. 马堵山水电站碾压混凝土施工温度控制及防裂措施［J］. 建筑界，2013，13（3）：102-103.

[7] 沈振中，王燕，贾静，等. 马堵山重力坝地震响应三维有限无分析［J］. 水力发电，2009，35（5）：46-48.

[8] 甘磊，沈振中，凌春海，等. 马堵山重力坝动力响应分析及安全评价［J］. 水电能源科学，2010，28（7）：78-81.

水利工程质量管理小组成果创建程序问题研究

付　茜[1]　谭　辉[2]　曾浩强[3]

(1. 水利部海河水利委员会河湖保护与建设运行安全中心，天津 300170；2. 水利部建设管理与
质量安全中心，北京 100038；3. 成都市城镇规划设计研究院有限责任公司，四川成都 610093)

摘　要： 成功的水利工程质量管理小组成果创建活动，是解决水利高质量发展基础性要义中薄弱问题途径之一。PDCA 循环程序运用正确是活动成功的关键，其中 P 阶段理解难度大、问题最多。本课题采用实证研究方法分析 P 阶段程序运用中五个环节的具体问题及原因，提出在政策制定、导则修订中加大成果运用力度等建议，在基础性要义层面助力水利工程高质量发展。一定程度上填补了研究空白。

关键词： 水利工程；质量管理小组；高质量发展；PDCA 循环；P 阶段程序；原因分析；对策

1　研究背景

1.1　概念

　　水利工程质量管理小组成果创建程序：水利工程组织遵循 PDCA 循环开展水利工程 QC 小组成果创建的步骤[1]。

1.2　水利工程 QC 小组成果创建从基础要义层面助力水利工程高质量发展

　　现阶段，我国经济已由高速增长阶段转向高质量发展阶段，高质量发展成为许多学科的研究热点。Huang 等研究结果表明中国各省份间高质量发展不平衡，对外开放子系统是发展最不平衡的子系统，其次是创新发展子系统[2]。依靠水利建设构建可靠的防洪抗旱体系，提高水旱灾害防御能力，保障人民群众的生命财产安全，是水利高质量发展的基础要义[3]。

　　质量管理小组是各岗位员工自主参与质量改进和创新活动的有效形式，通过遵循科学的活动程序，运用质量管理理论和统计方法[4]，形成质量改进和创新的有效成果。创建活动的特性及交流发布环节可知，成果创建与水利工程高质量发展的关系在于：成果创建活动是改善地区间水利高质量发展不平衡及推动水利建设创新发展的有效途径，即可从基础要义层面助力水利工程高质量发展，作用独特。

1.3　程序问题影响水利工程 QC 小组成果作用发挥

　　成果创建的科学性特点在于："严格遵循 PDCA 程序，逐步深入地分析问题、解决问

作者简介：付茜（1968—），女，天津人，高级工程师/高级会计师，硕士，主要从事水利工程安全质量管理工作。
E-mail：fq400@sohu.com。

题；在活动中坚持用数据说明事实，用科学的统计方法来分析与解决问题"[5]。可见，遵循程序创建成果是基本要求，是持续、有效开展活动并实现目标的前提，程序存在问题成果科学性降低，影响其在高质量发展中独特作用的发挥。

1.4 水利工程 QC 小组成果创建程序问题研究处于空白状态

笔者用"水利工程 QC 小组成果创建程序问题研究"为关键词在百度搜索无结果；在中国知网搜索也无结果，表明其研究处于空白状态。因此，分析创建程序中存在问题，提出解决途径，更好助力水利工程高质量发展具有现实意义。

2 研究目的、范围和方法

QC 活动程序包括策划（Plan，P）、实施（Do，D）、检查（Check，C）、处置（Action，A）四个阶段（简称 PDCA 循环），见图 1[4]。创建程序的 P 阶段是水利工程质量管理小组成果创建活动的灵魂，是重点也是难点。其中，出现问题最多的是选择课题、现状调查、设定目标、原因分析四阶段（详见图 1 椭圆部分）。本研究紧抓关键分析四阶段的具体问题，剖析原因，提出改进建议，为更好地发挥 QC 成果在水利工程高质量发展中的作用，提供借鉴。

研究采用实证分析方法，样本选取自 2016 年 3 月中国水利工程协会推动开展以来至 2021 年共 2858 项水利工程优秀 QC 成果[6]，具有典型意义。

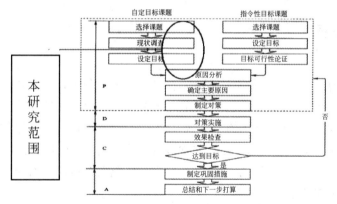

图 1　问题解决型课题活动程序

3 问题及原因分析

3.1 选择课题程序

1. 常见问题

为强调所选课题的重要性，大篇幅陈述背景、缺乏数据，未说明目前实际与目标差距，解决问题的紧迫性未描述清楚，属于选题理由无数据、不充分不直接的问题，未很好体现 QC 成果"用数据和事实说话"的特色，也未体现与下一步现状调查程序的逻辑关系。

2. 问题原因分析

未能准确理解选择课题活动程序方法，未通过采集分析数据后用图表阐明选题的目的及必要性，未把上级要求（或客观标准、指标）及现场实际程度用数据进行明确，现状与要求的差距、急需解决的重点问题及严重程度也未用数据明确。图2程序方法运用正确：首先，明确了公司要求真空预压用电损耗率≤10%，统计分析现状值为13.07%，两者差距3.07%，不符合要求。需要通过开展水利工程QC成果创建活动找到问题症结加以改进，达到公司要求。

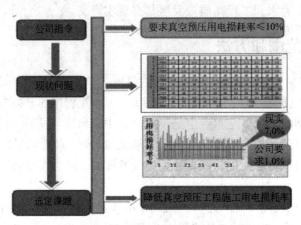

图2　选择课题程序案例

3.2　现状调查程序

1. 常见问题

现状调查未分层分析或分析不够深入。如图3未分层分析，仅凭防腐钢管不合格数据一层调查就绘制饼分图，确定"大直径钢管外壁防腐涂装合格率低"的"症结"是"防腐层厚度喷涂不均匀"，未从不同的施工区域、施工班组、设备、作业时间等方面进行分析，也未查找确定影响"大直径钢管外壁防腐涂装合格率"的防腐性能、厚度、均匀程度的数据，致使查找"症结"不准确，影响下一步针对"症结"开展的原因分析和改进措施的准确性，进而影响成果质量。

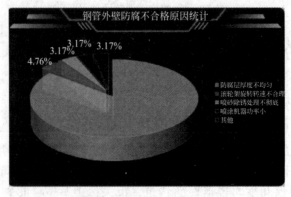

图3　现状调查程序案例

2. 问题原因分析

一是未理解现状调查目的是了解问题现状和严重程度，未理解数据收集需体现客观性、全面性、时效性和可比性；二是未掌握横向和纵向角度分层整理和分析数据信息的方法，未能通过分析数据、明确现状和找出症结，确定改进方向和程度，也就未达到现状调查程序"为目标设定和原因分析提供依据"的目标，如图3所示。

如某案例第一层分析找到"斜坡段"问题最多，见图4（a）；第二层分析找到"斜坡段"中"焊缝部位"问题最多，见图4（b）；第三层分析找到"斜坡段焊缝部位"中"焊缝欠焊"问题最多，见图4（c），得到结论"焊缝欠焊"是"症结"。该案例运用统计工具"排列图"进行了3层分层整理和分析，层与层间体现了包含的逻辑关系，准确找到了症结，程序方法运用正确。

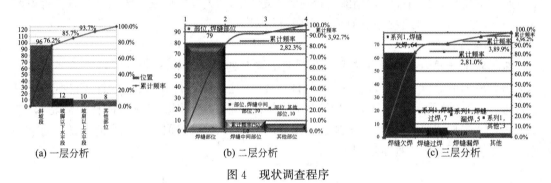

图4　现状调查程序

3.3　设定目标程序

1. 常见问题

未依据有效的现状调查结果计算出可以实现的目标，或者直接写出目标值，致使目标设定无依据或依据不充分，不可测量，不可检查。

2. 问题原因分析

未理解目标设定与上一步程序现状调查的逻辑联系，不理解目标设定依据的数据基础是现状调查中症结解决的程度。如仍以图4案例为例，设定目标依据逐层现状调查找到的"症结——"焊缝欠焊"，保留一定富裕度后，按解决"焊缝欠焊"问题85％能力测算：$86.5\%+(1-86.5\%)\times76.2\%\times82.3\%\times81.0\%\times85\%=92.5\%$，小组可达到的程度为92.5％，据此设定课题目标：将"焊接一次验收合格率"从86.5％提高到92.5％，该案例通过数据明确了课题改进的程度，满足目标可测量可检查、具有挑战性要求。程序方法运用正确。

3.4　原因分析程序

1. 常见问题

1）未展示问题全貌

在从5M1E［人（Man）、机（Machine）、料（Material）、法（Method）、环境（Environment）、测量（Measure）］六方面进行原因分析时，缺少"测"的内容，如图5所示，使原因分析不全面，如"测"方面可以分析测量、工程质量三检制落实、工程质量监督检查等问题后原因分析才全面。

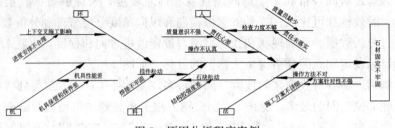

图 5　原因分析程序案例

2）分析原因不彻底

如图 6 所示，针对症结"精磨直径超差"分析的"人"方面末端原因是"质量意识淡薄"，比较含糊，不能直接采取对策，原因分析不彻底。

2. 问题原因分析

未理解末端原因是"能直接采取对策的措施"的含义。如图 6（a）对造成"质量意识淡薄"原因的分析未到末端：A. 不具体；B. 不是可以进行确认的原因；C. 不是可以直接采取对策的原因。图 6（b）找到"人"方面的第一层原因是"未及时修正砂轮"，末端原因是"未按照要求自检""未制定操作规范"，可以直接采取措施，找到了真正的末端原因，原因分析彻底，程序运用正确。

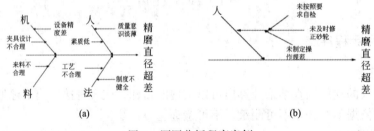

(a)　　　　　　　　　　　　　　　(b)

图 6　原因分析程序案例

4　对策

4.1　政策层面

相关部门重视水利工程优秀 QC 成果结果运用。目前，省部级优秀 QC 成果成为国家优质工程奖[7]、中国水利工程优质（大禹）奖评审的采分项[8] 契合水利工程高质量发展需要。建议水利职称评审将省部级优秀 QC 成果纳入赋分项，吸引更多的水利工程勘察设计单位、监理、检测、PPP、BOT、代建制等项目公司、水利工程 EPC 总承包商、智能建造参与各方及广大水利工程运行管理等企事业单位，参与活动创建程序运用中，更好地发挥其在水利工程建设领域科学性、创新性、群众性的独特作用，在基础性要义层面筑牢水利工程高质量发展基础。

4.2 技术层面

对《水利工程质量管理小组活动导则》T00/CWEA 2—2017 进行修订，如建议增加水利工程智能建造、数字栾生水利工程建设等相关内容，进一步完善创新型成果活动内容，继续做好《导则》宣贯培训，深入浅出对 P 阶段程序运用进行讲解，更加契合高质量发展阶段大规模水利工程建设时代需要。

参考文献

［1］安中仁，董红元，袁艺，等．水利工程质量管理小组活动导则［S］．北京：中国水利水电出版社，2017，9：1-3.

［2］HUANG X，CAI B，LI Y. Evaluation index system and measurement of high-quality development in China［J］. Revista De Cercetare Si Interventie Sociala，2020，68：163-178.

［3］韩宇平，苏潇雅，曹润祥，等．基于熵-云模型的我国水利高质量发展评价［J］．水资源保护，2022，1：27-28.

［4］段永刚，侯进锋，邢文英，等．质量管理小组活动准则：T/CAQ 10201—2020［S］，中国质量协会，北京：中国标准出版社，2020，4：Ⅳ-3.

［5］安中仁，董红元，袁艺，等．水利工程质量管理小组创建活动指南［M］．北京：中国水利水电出版社，2018，3.

［6］数据来源：依据 2016、2017、2018、2019、2020、2021 中国水利工程工程协会网站水利工程优秀质量管理小组成果整理.

［7］中国施工企业管理协会．关于印发《国家优质工程奖评选办法》（2020 年修订版）的通知（中施企协字〔2020〕54 号）附件 1《国家优质工程奖评选办法》附录 5. 二（一）19.［EB-OL］.［2020-10-13］.

［8］中国水利工程协会．关于印发《中国水利工程优质（大禹）奖评选管理办法》的通知（中水协〔2022〕23 号）附件．9.［EB-OL］.［2022-06-22］.

泥沙淤积对闸门启闭的影响分析及应对措施

焦玉峰[1]   柯呈鹏[1]   张全彪[1]   杨 莎[1]   杨 勇[2]   马荣伟[3]

(1. 黄河水利水电开发集团有限公司, 河南济源 454681;

2. 黄河水利科学研究院, 河南郑州 450003;

3. 河南江河水沙工程技术有限公司, 河南郑州 450199)

摘　要：因泥沙淤积导致的黄河及多泥沙流域水利枢纽闸门启闭困难问题日益突显, 已严重影响水利枢纽安全运行。高含沙条件下孔洞及闸门运行工况十分复杂, 深水条件下处理难度极大, 通过对多泥沙河流水利枢纽典型闸门启闭问题进行泥沙淤积机理分析, 在枢纽设计、调度运行、淤堵应急三个层面提出应对措施。

关键词：多泥沙；闸门启闭；泥沙淤积机理；启闭机容量；应对措施

1　引言

水少沙多是黄河的显著特点, 因泥沙淤积导致的黄河及多泥沙流域水利枢纽闸门启闭困难问题日益突显, 在黄河干流中已投运的万家寨、三门峡、小浪底、西霞院等水利枢纽都多次出现过泄洪孔洞闸门启闭问题, 闸门无法正常启闭已严重影响水利枢纽的安全运行, 存在重大安全隐患, 开展多泥沙流域水利枢纽闸门启闭问题研究及采取相应措施不仅非常必要, 且非常紧迫。

2　多泥沙河流闸门启闭问题

通过对三门峡、万家寨、龙口、天桥、青铜峡、刘家峡、小浪底及西霞院等主要骨干水利枢纽闸门启闭问题情况调研, 相关水利枢纽泥沙淤积和闸门启闭问题情况见表1。

多泥沙河流水利枢纽闸门启闭问题　　　　　　　　　　　　　　　　　表1

流域	水利枢纽	泥沙淤积及闸门启闭具体问题
黄河上游	刘家峡	1987年刘家峡水库坝前淤积面高程普遍升高, 排沙洞4次被堵塞不过水; 1988年泄水道开门后因门前淤沙坍塌堵住进水口30min未过水; 1988年排沙洞闸门开启后64d未进流
黄河上游	青铜峡	1996年1号、2号泄水管检修门提不起来; 3孔泄洪闸门曾全部被淤埋; 泥沙淤堵机组进口, 机组闸门无法正常启闭
黄河中上游	万家寨	2014年2号排沙孔工作门不过流; 除2号排沙孔外其他4个排沙孔工作门均存在开启困难; 8个底孔弧门不能全关; 机组尾水闸门不能全关, 尾水门槽有泥沙淤积, 压力钢管有泥沙淤积等

作者简介：焦玉峰 (1982—), 男, 副高级工程师, 主要从事水工机械设备运行维护工作。

柯呈鹏 (1995—), 男, 助理工程师, 主要从事水工机械设备运行维护工作。

E-mail：771302121@qq.com。

流域	水利枢纽	泥沙淤积及闸门启闭具体问题
黄河 中上游	龙口	2011 年泥沙淤堵 2 号排沙洞;电站坝段,5~7 号排沙洞进口事故门不能落至全关;1 号、3 号、4 号、5 号、6 号、7 号、8 号排沙洞进口事故门顶沉积泥沙或异物导致无法开启
	天桥	2014 年冲沙洞和冲沙底孔前沿存在淤积问题,泄水孔洞不存在淤堵问题,闸门可以正常启闭
黄河 中游	三门峡	1972 年底孔前淤积厚度达 17~18m,机组进口前淤高 13~15m,闸门完全被淤没,造成开机时提闸门困难
	小浪底	2018—2020 年排沙洞、孔板洞事故闸门频繁出现无法正常启闭;发电洞尾水管淤堵,发电机顶部冒水
	西霞院	2018—2020 年发电洞事故闸门无法正常启闭;5 号排沙洞孔洞淤积 2m,工作闸门无法开启
其他流域 枢纽		王瑶泄水孔洞坝区泥沙淤积严重,泄洪洞频繁淤堵;陕西省东雷抽黄工程由于泥沙淤积启闭机超载而导致启闭机横梁拉裂的事故;汾河二坝弧形钢闸门由于泥沙淤积钢闸门无法开启等

3 典型闸门启闭问题处理过程

3.1 检修闸门上游侧泥沙淤积处理

1999 年 6 月 25 日,三门峡水利枢纽 11 号底孔门前泥沙淤积处理及启门过程[1]。

问题原因:三门峡水利枢纽 11 号底孔检修闸门关闭后因近 40 年未进行启闭,在底孔前形成石渣及泥沙 10.5m 淤积,闸门前石渣及泥沙淤积对检修闸门产生巨大压力,导致启闭力过大,造成检修闸门无法正常启门。

应对措施:首先选择在汛前降水位时段开启淤积位置相邻泄洪闸门,进行泄洪排沙;其次采用高压水枪冲淤,潜水排污泵和真空泵抽淤,并配备浮船和潜水员进行辅助工作,利用坝顶 350t 门机回转吊运输杂物,在启闭机启闭力超过 500t 时,增设临时千斤顶,按照"上提下顶"的方案,辅助检修闸门启门。

3.2 检修闸门下游侧泥沙淤积处理

2020 年 7 月 3 日,桥沟水电站出口检修闸门下游侧泥沙淤积处理及启门过程。

问题原因:桥沟水电站在汛期进行停机避沙,由于出口检修闸门设计为上游侧止水,汛期在尾水形成泥沙回淤,在检修门处形成 10m 泥沙淤积,造成 2 扇检修闸门淹没于泥沙中,因吊耳陷入泥沙中无法进行机械抓梁穿脱销,故无法正常启门。

应对措施:首先在机械抓梁上下安装临时冲淤泵和清淤泵;其次将机械抓梁沿门槽降至泥沙淤积处进行冲淤和抽淤,当淤积高度降至闸门吊耳处,拆除冲淤泵和清淤泵,将机械抓梁挂住吊耳板提升闸门 10cm,利用上游水压进行水力清淤,此时在尾水出口形成顺时针回旋状水流,待泥沙淤积明显降低后,全开单扇检修闸门;最后提升另一扇检修闸门。

3.3 工作闸门上游侧孔洞淤积处理

2019 年 9 月 3 日,西霞院反调节水库 5 号排沙洞工作闸门上游侧泥沙淤积处理及启门过程。

问题原因：小浪底水利枢纽长时间、低水位、高含沙泄洪排沙期间，下游西霞院反调节水库5号排沙洞工作闸门关闭后，半天内孔洞泥沙淤积2.1～2.3m，由于工作闸门为下游侧挡沙设计，闸门启闭力不足，造成工作闸门无法正常启门。

应对措施：首先采用水下机器人进行流道、闸门全面检查；其次全关进口事故闸门、出口检修闸门，在事故闸门门槽内增设临时潜水泵、渣浆泵抽排流道泥沙及积水，利用消防车高压水枪在工作闸门位置进行冲淤；最后流道平压后提起进口事故闸门、出口检修闸门，工作闸门启闭恢复正常。

4 闸门启闭问题分析

4.1 孔洞泥沙淤积机理[2]

依据范家骅提出异重流孔洞泥沙淤积机理，当异重流形成时，由于与敞开的通道内清水存在密度差引起的压差，泥沙将潜入隧洞内，向下游运动，形成异重流淤积（图1）。在现场实际中，多泥沙河流水利枢纽闸门关闭后，孔洞停止过流，短时间内孔洞内就会形成泥沙淤积，含沙量的不同直接影响泥沙淤积高度，同时在泥沙沉积后，由于孔洞内外存在密度差，洞外的泥沙含量不变，泥沙将继续潜入洞内，泥沙淤积逐渐密实，这种持续沉降在短时间内将孔洞全部淤满。

当超过闸门设计淤积高度后，最终造成启闭机容量不足无法正常启闭，如果此时继续启闭闸门将有可能造成钢丝绳、拉杆、轴等启闭机设备损坏，危及工程安全。

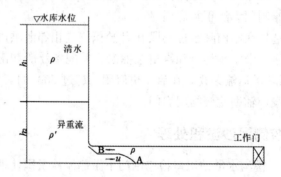

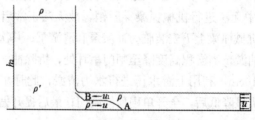

图1 异重流泥沙淤积机理

4.2　泥沙淤积条件下闸门设计规范不明确

按照《水利水电工程钢闸门设计规范》SL 74—2019 在多泥沙河流中闸门在计算启闭力时需考虑泥沙影响，提出应适当加大安全系数，以克服泥沙局部阻塞增加的阻力，但是无明确计算方法，可借鉴资料较少，目前可采用的只有夏毓常、徐国宾公式及部分设计院经验公式，与实际存在一定偏差。

其中，夏毓常公式是在清水平面钢闸门启门力基础上，加上泥沙作用在门板上的水平压力，以及泥沙对闸门正面的附着力和门槽内泥沙对闸门侧面的附着力等构成。徐国宾基于理论和实际工程资料分析，提出了泥沙淤积对平面钢闸门启门力影响的计算公式。其中将门前淤泥考虑为由粗细颗粒组成的宾汉体泥浆，并将淤泥对闸门的附着力考虑为两部分：一部分是粗颗粒与闸门之间的碰触和相对滑动产生的摩擦力；另一部分是细颗粒之间的絮凝作用提供的极限剪切力[3]。

4.3　按照门前泥沙淤积设计荷载存在局限性

设计阶段对闸门启闭力的合理估算是关系到闸门能否正常运行的重要因素，启闭机选型阶段设计人员已考虑了同时作用在闸门的各种荷载，同时按照各种荷载发生概率，将实际上将出现的各种荷载进行最不利组合，并将水位作为组合条件（表2），根据不同工程的情况，已适当提高了启闭机容量，淤沙压力是按照《水利水电工程钢闸门设计规范》SL 74—2019 所列公式计算，并对闸门挡水面倾斜的情况，提出计及竖向淤沙压力。由于泥沙淤积的复杂性，按照闸门前泥沙淤积设计荷载存在局限性。

闸门设计荷载组合　　　　　　　　　　　　　　　　　　　　　表 2

荷载组合	计算情况	荷载										其他出现机会较多荷载	其他出现机会很少荷载	说明
		自重	净水压力	动水压力	浪压力	水锤压力	淤沙压力	风压力	启闭力	地震作用	撞击力			
基本组合	设计水头情况	√	√	√	√	√	√	√	√			√		按设计水头组合计算
特殊组合	校核水头情况	√	√	√	√	√	√	√	√		√		√	按校核水头组合计算
	地震情况	√					√	√		√				按设计水头组合计算

注：√表示采用。

5　结论及应对措施

结合黄河流域十来座主要水利枢纽泥沙淤堵问题情况、典型处理过程及原因分析，得出以下结论。

水利枢纽孔洞进口或出口如有异种重流形成，无其他影响条件下，过流孔洞关闭后，在一定时间内就会在相应孔洞内和闸门附近形成沉降性及累积性泥沙淤积，同时过流孔洞切换后，过流孔洞对停泄孔洞洞内泥沙淤积影响并不明显。在闸门前、闸门后、流道内形成泥沙淤积后，必须采取相应措施，否则将造成泥沙淤积进一步扩大，极易造成启闭机事故，严重影响枢纽安全运行。

由于高含沙条件下孔洞及闸门运行工况十分复杂，深水条件下处理难度极大，多泥沙河流水利枢纽不可避免地都会遇到闸门启闭困难的问题，需要高度重视孔洞泥沙淤积，可以考虑枢纽设计、调度运行、淤堵应急三个层面应对措施。

枢纽设计层面：一方面泄水建筑物防淤堵措施[4]，进口采用集中布置和分层布置，多孔口、小尺寸的进口形式，进口前设置拦沙坎等；另一方面金属结构及监测设计防淤堵措施，设置冲淤设施和泥沙监测装置，事故闸门止水设计为迎水侧，同时合理选择启闭机容量。

调度运行层面：控制进口淤沙高度，制定合理调度运用方式，防止闸门前泥沙累积性淤积；定期启闭孔洞闸门；及时清理进水塔前的树根、高秆作物、杂草等杂物；防止库水位猛涨猛落；死水位时留有一定的泄流规模。

淤堵应急层面：泄水孔洞淤堵后，若闸门可以启闭，应及时启闭闸门利用水力疏通；同时开启周围其他孔洞拉沙，降低被淤堵孔口的泥沙淤积面高程。当闸门无法启闭时，可采用潜水员清淤、高压水枪冲沙、气动提升清沙、注水反压疏通等其他措施。

另外，结合孔洞泥沙淤积机理可再深入分析，从孔洞内泥沙和闸门淤积交接处入手，进行泥沙特征、泥沙沉速、淤积时间、沉积高程、闸门结构、启闭力影响相关研究和计算[5]，针对孔洞内局部泥沙淤积（闸门或门槽）开展扰沙或冲沙相关技术装备研发，增设固定式或移动式冲淤设备，将闸门双面淤积转化为单面淤积，利用水力自然疏通，开辟解决孔洞淤积和闸门启闭困难新思路。

参考文献

[1] 姜淑慧. 三门峡水利枢纽 11♯底孔坝前清淤及斜门提启 [J]. 水利水电工程设计，1999，4：3-5.
[2] 范家骅. 异重流与泥沙工程实验与设计 [M]. 北京：中国水利水电出版社，2011.
[3] 徐国宾. 淤泥对平面钢闸门启门力影响的计算方法 [J]. 水利学报，2012，9：1092-1096.
[4] 朱春英. 多泥沙河流泄水建筑物进口防淤堵措施 [J]. 人民黄河，1996，11：3-5.
[5] 杨勇. 闸门前后双面泥沙淤积机理及对启门力的影响 [C]. 中国水利学会. 2020 学术年会论文集，北京，中国，2020.

弧形闸门开度的计算方法与装置设计

张权召　洪　兴　韩彦超　崔　娇

（中国南水北调集团中线有限公司河南分公司，河南郑州 450018 ）

摘　要： 控制河道流态和水库流量的闸门多为弧形闸门，闸门开度直接影响水位的高低、流速的大小和流量的分配，数据的精准、高效采集直接影响调度策略的制定，进而影响到工程的运行安全。本文在弧形闸门支臂上安装一竖向测距仪，根据闸门绕支铰转动时，弧门曲面上闸门底沿与任一参考点的相关关系，建立数学模型，严格推导出弧形闸门开度计算公式，并通过计算机模拟验证了计算方法的准确性，同时探讨了测量装置的设计思路，将装置在某控制闸弧形闸门进行了现场试验，试验结果证明了该装置的可靠性。

关键词： 弧形闸门；开度；模型；南水北调；激光

1　概况及问题的引出

弧形闸门是水利工程上控制流态的一种重要闸门形式，因其启闭力较小、水力学条件好以及因多采用液压控制精准度高、自动化程度高，多广泛应用于各类水道上作为工作闸门使用[1]。弧形闸门不设门槽，由转动门体、埋设构件及启闭设备三大部分组成，闸门的本体由门叶、支臂、支承铰和止水装置等部分组成。目前南水北调中线干线工程上的节制闸多采用弧形闸门控制，开度大小直接影响输水调度安全，日常工作中对闸门开度的监测和复核就显得尤为重要。与弧形闸门配套的启闭设备主要有卷扬启闭机和液压启闭机，通常是先由某种传感器测得启闭机卷筒的"旋转角度"或液压启闭机工作油缸活塞的"行程"值，自动代入已编好的"旋转角"或"行程"与开度的函数解析式软件，计算得出闸门开度值[2]，通过自动化系统传输至调度后台。

弧形闸门不同于平板闸门的运动方式，主要在于闸门启闭时，门叶是绕着固定的支铰轴转动，致使闸门开度的计算并不像平面闸门那样简单直观[1]。在卷筒上安装角度传感器或在油缸上安装的行程仪用来测量和计算传输开度，自动化程度高，但因弧形闸门开度与这些传感器测量的位移之间呈非线性关系，其函数关系很难用一般的数学方法建立，很难满足自动化系统对闸门开度控制的实时性和准确性要求[3]。针对弧形闸门的开度计算，目前也有多种计算方法，如闸门开启一个角度 θ 后，根据液压式启闭系统的机构运动关系和运动轨迹，通过数学模型推导出弧形闸门开度计算公式[3]；根据闸门启闭机之间的相互位置关系，推导出启闭机卷筒旋转角度与弧形闸门开度之间的关系式[4]；设计安装一套"圆弧形反余弦函数比例闸门开度测量尺"，进行人工直接测读[2,5]。本文设计出一种

作者简介： 张权召（1983—），男，河南灵宝人，高级工程师，硕士，主要从事水利工程建设管理工作。
E-mail：150078194@qq.com。

简单的开度测量装置，仅通过弧形闸门支臂上任意一点竖向位移的变化，建模推导出闸门的开度计算公式，提出另一种弧形闸门开度测量手段，提高闸门开度测量的精度和自动化程度。

2　弧形闸门开度计算模型的构建

2.1　设计思路

在弧形闸门上支臂上 C 点安装一测距仪（图 1），C 点选择的原则为：安装方便，周围无遮挡物且随着闸门的启闭保持在加大水位以上 50cm 左右，并不超过闸墩平台为宜，随着闸门的启闭，实时测得 C 点到闸墩平台的距离 d，根据上支臂 O、C、B 三点的比例关系，可得出弧门表面 B 点距离闸墩平台的距离 d'，A 点为弧形闸门面板底端一点，A 点到闸门底板的距离为 H，A、B 两点在同一圆弧上，根据几何关系，由 B 点上升的距离 Δh，可理论计算出 A 点上升的距离 H，即为当前闸门的开度值。

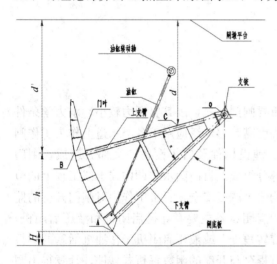
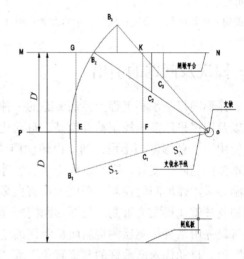

图 1　弧形闸门开度计算设计思路示意　　　　图 2　弧形闸门支臂上任意一点与
　　　　　　　　　　　　　　　　　　　　　　　　门叶上对应某点的关系

2.2　模型建立

1. 弧形闸门门叶上 B 点竖向位移的计算

首先在闸墩平台上设置一参照物（图 2），来测量上支臂上所选点 C 到参照物的距离，即 C 点到参考线 MN 的距离 d。沿支铰 O 点做平行于 MN 的支铰水平线 OP，由图示可知，已知初始值如下：参考线 MN 到闸底板的距离为 D，参考线 MN 到 OP 的距离为 D'，C 点到支铰的距离为 S_1，C 点到门叶上 B 点的距离为 S_2，弧门的曲率半径为 R，则有 $R=S_1+S_2$，以及测量值 d，求 B 点到闸底板的距离 h（设 B 点到 MN 的距离为 d'）。

（1）当上支臂 OB 在 OP 以下运动时（$d \geqslant D'$）

此时 B 点处于 B_1 的位置，$C_1K=d$，$B_1G=d'$，根据三角形 OC_1F 和三角形 OB_1E 的相似关系有：

$$\frac{C_1F}{B_1G}=\frac{OC_1}{OB_1} \quad 即,\frac{d-D'}{d'-D'}=\frac{S_1}{S_1+S_2}=\frac{S_1}{R}$$

从而，$h=D-B_1G=D-d'=D-D'-\dfrac{R(d-D')}{S_1}$

（2）当上支臂 OB 在 OP 到 MN 之间运动时$\left(\dfrac{S_2}{R}D'\leqslant d\leqslant D'\right)$

此时，B 点在 OP 以上，OB_2 以下运动，同理可得，$h=D-d'=D-D'+\dfrac{R(D'-d)}{S_1}$

（3）当上支臂 OB 在 MN 之上运动时（$0\leqslant d\leqslant \dfrac{S_2}{R}D'$）

此时，B 点运动到 B_3 位置，同理可得，$h=D+d'=D-D'+\dfrac{R(D'-d)}{S_1}$

综上，弧形闸门门叶上 B 点到闸底板的距离：

$$h=D-D'+\frac{R(D'-d)}{S_1} \tag{1}$$

2. 闸门开度 H 与 Δh 关系

通过查阅节制闸弧形闸门的设计图纸，门叶绕着支铰 O 点做圆周运动，由前文已得出弧门上任意时刻 B 点到闸门底板的距离 h，进而可以得出 B 点的竖向位移变化量 Δh。从而可以简化出数学模型如下：

已知：圆心 O 点位置，半径为 R，圆心角 $\angle AOB=\alpha$，弧 AB 沿圆周做运动，当 B 点竖直上升 Δh 时，求：A 点竖直上升多高？

初始条件下（图 3），当闸门全关时，A 点位于闸门底板处，OA 与 y 轴反方向的夹角为 θ，此时定义 $\Delta h=0$，A 点对应的开度 $H=0$。

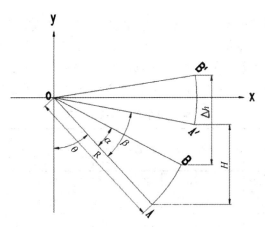

图 3 弧形闸门门叶上某点运动轨迹建模坐标

以支铰 O 点为原点，水平方向为 x 轴，竖直方向为 y 轴建立坐标系，A 点逆时针旋转 β 角到 A' 时，B 点到达 B'，依据闸门运动范围，可知 $0°<\theta+\alpha+\beta<180°$。在建立的坐标系下，

$$A[R\sin\theta,-R\cos\theta]$$
$$B[R\sin(\theta+\alpha),-R\cos(\theta+\alpha)]$$
$$A'[R\sin(\theta+\beta),-R\cos(\theta+\beta)]$$
$$B'[R\sin(\theta+\alpha+\beta),-R\cos(\theta+\alpha+\beta)]$$

有，$\Delta h=-R\cos(\theta+\alpha+\beta)+R\cos(\theta+\alpha)$

则，$\beta=\arccos\dfrac{R\cos(\theta+\alpha)-\Delta h}{R}-(\alpha+\theta)$

得，

$$H=-R\cos(\theta+\beta)+R\cos\theta=-R\cos\left[\arccos\left(\frac{R\cos(\theta+\alpha)-\Delta h}{R}\right)-\alpha\right]+R \tag{2}$$

3. 闸门开度 H 推导

闸门全关时，C 点到闸墩平台的初始距离为 d_0，依据式（1）有：

$$\Delta h=\frac{R(d_0-d)}{S_1} \tag{3}$$

将式（3）代入式（2）中有：

$$H=-R\cos\left\{\arccos\left[\cos(\theta+\alpha)-\frac{(d_0-d)}{S_1}\right]-\alpha\right\}+R\cos\theta \tag{4}$$

式中，α 为闸门全关时，弧门底部与支铰的连线和测距仪与支铰连线的夹角；θ 为闸门全关时，弧门底部与支铰的连线和竖直方向的夹角；R 为弧形闸门的曲率半径；S_1 为测距仪安装位置到支铰的距离；d_0 为闸门全关时，测距仪安装位置到闸墩平台竖直距离；d 为闸门运行到任意位置时，测距仪安装位置到闸墩平台竖直距离。

3 开度测量装置的设计与模拟应用

通过前文的开度计算模型构建，要想得到闸门在任意位置的开度值，只需要测量出上支臂上某一点的竖向位移变化。本文通过计算机模拟了闸门在任意位置情况下，依据上述公式计算出的开度值与测量出的开度模拟值进行对比（表 1、图 4、图 5），理论计算值与模拟值完全吻合（误差在 1mm 以内，系三角函数运算过程中四舍五入引起）。

弧形闸门开度计算模拟过程　　　　　　　　　　　　　　　　　表 1

序号	R(mm)	θ(°)	α(°)	S_1(mm)	d_0(mm)	d(mm)	开度 H(mm)		备注
							计算值	模拟值	
1	11000.1	43.342	29.328	3523	4049.4	2973.4	2684.626	2684.5	
2	11000.1	43.342	29.328	3523	4049.4	1642.1	6724.802	6724.7	
3	11000.1	29.092	29.328	4986.7	8320.5	5582.7	4469.052	4469.1	调整了 θ,进行验证(图 4)
4	11000.1	29.092	29.328	4986.7	8320.5	2657.8	11218.684	11218.6	
5	12385.7	38.297	21.533	5237.1	5161.8	4394.4	1370.305	1370.2	
6	12385.7	38.297	21.533	5237.1	5161.8	2981.6	4197.425	4197.5	调整了 R、θ、α,进行验证(图 5)
7	12385.7	38.297	21.533	5237.1	5161.8	747.3	9367.202	9367.4	

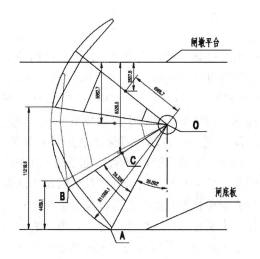
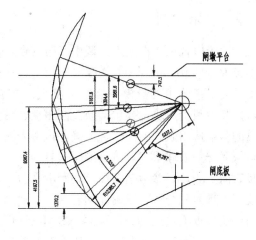

图 4　弧形闸门开度计算模拟过程 1　　　　图 5　弧形闸门开度计算模拟过程 2

4　实际应用

4.1　闸门开度 H 另一种表达

由式（4）可知，在实际的应用过程中，知道六个参数便可得出当前开度值，其中 R 为弧形闸门的曲率半径，为闸门的基本参数，S_1 为安装时便可知晓的距离，d 为闸门实时运动过程中测量的值，虽然 θ、α 和 d_0 在闸门全关时可以从图纸或现场量测，但现实情况下，闸门全关涉及调度操作，且 θ 和 α 角度的测量并不容易，此三个值可以换一种方法得到。

前期需测得闸门底板高程 G_1、支铰的高程 G_2、闸墩平台参考点高程 G_3，从而有：

$$\theta = \arccos \frac{G_2 - G_1}{R} \tag{5}$$

$$\begin{aligned}
\alpha &= \arccos \frac{(G_2 - G_1) - (G_3 - G_1 - d_0)}{S_1} - \theta \\
&= \arccos \frac{G_2 - G_3 + d_0}{S_1} - \arccos \frac{G_2 - G_1}{R}
\end{aligned} \tag{6}$$

将式（5）和式（6）代入式（4）中后，得：

$$\begin{aligned}
H &= -R\cos\left\{\arccos\left[\frac{(G_2 - G_3 + d)}{S_1}\right] - \alpha\right\} + G_2 - G_1 \\
&= -R\cos\left[\arccos\left(\frac{G_2 - G_3 + d}{S_1}\right) - \arccos\left(\frac{G_2 - G_3 + d_0}{S_1}\right) + \arccos\left(\frac{G_2 - G_1}{R}\right)\right] + G_2 - G_1
\end{aligned} \tag{7}$$

闸门的开度与 R、S_1、d_0、d 有关，如果闸门全关暂时不具备条件获取 d_0 时，可以在任意位置通过利用闸控系统中的开度，试算得出 d_0，从而可以满足开度计算。

4.2 应用实例

试验位置选择在南水北调中线新密铁路倒虹吸 4 号弧形闸门右支臂，该弧形闸门曲率半径 R 为 11000mm，G_1、G_2、G_3 三点高程分别为 116.166m、124.111m、128.265m。试验装置主要由测量模块、通信模块、电源模块和控制模块组成，结构简易（图 6、图 7）。其中测量模块主要包括激光测距仪、悬垂铁球、安装框架和水平反射板组成，竖向距离的测量选用激光测距仪，为确保该激光测距仪随着闸门的转动一直保持竖直向上测量，可依靠悬垂铁球重力，将该测距仪悬挂在安装框架上，随着支臂的转动，测距仪一直保持竖直向上测量，参考基准面是在闸墩平台延伸面上安装一水平反射板，该反射板位于测距仪上方且面积合适，以确保随着闸门的启闭，激光测距仪的点能一直落在该反射板上；通信模块负责测量模块和控制模块之间的通信连接，本装置采用无线连接方式，方便后台采集数据；电源模块主要包括太阳能板和蓄电池，主要向测量模块和通信模块供电；控制模块主要功能是远程向测量模块发送测量指令，并展示返回的测量结果，是用户后台的操作界面，数据也可以下载保存。

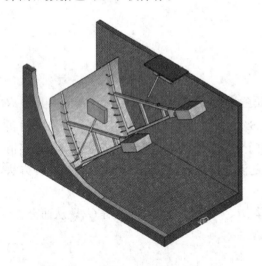

图 6 弧形闸门开度计算模型

图 7 现场安装的开度测量装置

现场多次调试闸门，得到一系列 d 值，以及通过启闭机控制柜获得对应的左开度值，通过式（7）计算出来的开度值与左开度值比较（表 2），可知测量计算值与左开度值绝对误差在 20mm 以内，平均误差 7.7mm，可以满足现场复核需要。

弧形闸门开度计算实例   表 2

序号	底板高程 G_1(m)	支铰高程 G_2(m)	平台高程 G_3(m)	R(mm)	S_1(mm)	d_0(mm)	d(mm)	开度 H(mm) 计算值	左开度	绝对误差(mm) 7.7(均值)
1	116.166	124.111	128.265	11000	4976	5147	1133	8453.542	8452	1.5
2	116.166	124.111	128.265	11000	4976	5147	1122	8484.142	8496	11.9
3	116.166	124.111	128.265	11000	4976	5147	1157	8386.991	8393	6.0
4	116.166	124.111	128.265	11000	4976	5147	1191	8293.199	8294	0.8

| 序号 | 底板高程 G_1(m) | 支铰高程 G_2(m) | 平台高程 G_3(m) | R(mm) | S_1(mm) | d_0(mm) | d(mm) | 开度 H(mm) | | 绝对误差(mm) |
								计算值	左开度	7.7(均值)
5	116.166	124.111	128.265	11000	4976	5147	1229	8189.040	8192	3.0
6	116.166	124.111	128.265	11000	4976	5147	1266	8088.285	8093	4.7
7	116.166	124.111	128.265	11000	4976	5147	1296	8007.064	7995	12.1
8	116.166	124.111	128.265	11000	4976	5147	1333	7907.462	7893	14.5
9	116.166	124.111	128.265	11000	4976	5147	1374	7797.816	7793	4.8
10	116.166	124.111	128.265	11000	4976	5147	1409	7704.807	7694	10.8
11	116.166	124.111	128.265	11000	4976	5147	1485	7504.672	7494	10.7
12	116.166	124.111	128.265	11000	4976	5147	1522	7408.123	7395	13.1
14	116.166	124.111	128.265	11000	4976	5147	1538	7366.548	7355	11.5
15	116.166	124.111	128.265	11000	4976	5147	1460	7570.233	7558	12.2
16	116.166	124.111	128.265	11000	4976	5147	1427	7657.182	7655	2.2
17	116.166	124.111	128.265	11000	4976	5147	1318	7947.766	7957	9.2
18	116.166	124.111	128.265	11000	4976	5147	1242	8153.565	8156	2.4
19	116.166	124.111	128.265	11000	4976	5147	1168	8356.584	8360	3.4
20	116.166	124.111	128.265	11000	4976	5147	1137	8442.430	8455	12.6

目前数据远程传输技术已经很成熟，完全可以实现将激光测距仪测量的 d 值实时传至计算机后台，并在系统中将闸门的基础参数值输入，通过简单的计算即可得到闸门的开度值。为此，开发了闸门开度激光测距仪远程测量和数据采集系统界面，在后台即可完成数据的实时采集和下载，并通过公式计算即可得到测量开度值，方便与闸控系统的开度进行比较。

5 小结

（1）本文提出了一种弧形闸门开度的计算测量方式，经理论推导和数值模拟，与实际完全吻合，实际应用中测得的闸门开度精度与基础参数的测量和测距仪的安装有一定的关系。

（2）该方法仅需测量一个距离值即可通过理论计算，得到闸门的开度值，而目前距离的测量手段和精度已很完善，利用激光测距可以达到毫米级。该方法有效地解决了目前通过已安装的开度尺测量时遇到的支臂或闸门遮挡、视角误差、耗时费力的问题。

（3）该开度值的计算原理与其他闸门控制系统中采集的开度值计算方式不同，既可以作为闸门开度复核的一种有效途径，也因其结构形式简单，安装采集方便，成本低廉，为现有一些未能实现自动化数据采集的闸门提供了一种可靠的改造升级方式。

参考文献

[1] 代威.弧形闸门开度计算 [J].山西水利科技，2014，(02)：18-20.

[2] 席清海，唐靖壹，吴福生.弧形闸门开度测量尺 [J].科技创新与应用，2018，(35)：84-85.

[3] 涂从刚，任传胜.弧形闸门开度实时测控的方法设计 [J].水利科技与经济，2009，15 (2)：121-122.

[4] 向良军.弧形闸门开度的计算与控制 [J].中国农村水利水电，2003，(06)：77-78.

[5] 尚力阳，胡畔，贾诚儒，等.弧形闸门开度指示装置的设计与应用 [J].技术与市场，2019，26 (08)：21-23，27.

电池储能提升配电系统弹性可行性研究

李宪栋　尤相增

（黄河水利水电开发集团有限公司，河南济源 459017）

摘　要：配电系统弹性提升是应对小概率高损失极端事件的需要。充分挖掘配电系统现有弹性资源是提升其弹性的有效途径。探讨了利用电池储能系统提升配电系统弹性的可行性，结合工程实例分析了电池储能系统作为水利枢纽配电系统闸门应急电源的可行性。

关键词：配电系统；应急电源；电池；储能

1　引言

电力系统弹性是指其抗击小概率高损失极端事件的能力，包括预防性能力、实时性调度能力和恢复性能力[1-3]。电力系统弹性提升措施包括规划阶段进行网络结构增强和合理配置应急电源等工程措施，运行阶段通过实时性调度改变系统电源和网络结构消纳极端事件冲击能力[4,5]，事后恢复阶段对电源和负荷的及时性恢复[6]。开展新技术攻关、充分挖掘电力系统弹性资源、从物理层和信息层协同增强其弹性是研究的热点[2-4,7-10]。

传统配电系统无内部电源，不利于应对电网大面积停电造成的极端事件。增设应急电源可以提升配电系统弹性。除柴油发电机外，分布式电源和储能设备成为配电系统应急电源的新选择。分布式电源占地面积较大，充分利用直流系统蓄电池的储能功能作为配电系统应急电源是提升配电系统资产利用率和弹性的有益尝试。本文结合某水利枢纽工程实际探讨电池储能系统作为应急电源提升配电系统弹性的可行性。

2　水利枢纽配电系统弹性提升措施分析

水利枢纽配电系统主要负荷为闸门系统、排水系统、监测系统和照明系统。其中闸门系统和排水系统设备非连续性工作，闸门启闭操作根据枢纽运行情况具有不确定性，排水系统根据渗漏水量按照水位控制运行。监测系统和照明系统需要连续运行。

2.1　水利枢纽配电系统弹性分析

某水利枢纽配电系统设置为 10kV 和 400V 系统两级供电。10kV 配电系统采用单母线分段主接线，每段母线设置两路电源，两段母线之间设有分段断路器和备自投装置。400V 系统按照泄洪系统水工金属结构布置情况分别设置流道事故闸门动力中心、工作闸门动力中心和控制楼配电中心。400V 系统动力中心均采用双电源供电并设有备自投装置。

作者简介：李宪栋（1977—），男，高级工程师，主要从事水利水电工程电气系统运行管理工作。
　　　　　E-mail：lxdxlddc@163.com。

此水利枢纽配电系统采用的双路供电网络结构设计为配电系统高可靠性供电奠定了较好的基础。单一电源失电可以通过投入备用电源来实现连续供电，备自投装置的设置可以进一步提升配电系统连续供电能力。配电系统 10kV 系统备自投装置只能保证在两段母线主用电源投入时实现备用电源自动投入。在未配置计算机监控系统情况下，主用电全部失电情况下需要人员参与投入备用电源。

此水利枢纽配电系统未设置应急电源，在遭遇电网大面积停电极端情况下配电系统供电恢复能力不足。如果遇到枢纽高水位运用关键时期将会造成严重的安全风险。此水利枢纽配电系统弹性提升建设非常必要。

2.2 水利枢纽配电系统应急电源设置

为水利枢纽配电系统设置应急电源，可以保证在遭遇电网大面积停电极端情况下恢复重要负荷供电，从而提升枢纽运行安全水平。应急电源设置一般选择柴油发电机。柴油发电机配置在 10kV 系统可以提高枢纽配电系统应急供电的灵活性，实现对分散的闸门配电中心的灵活供电。

由于水利枢纽水工配电系统 10kV 系统配电中心无足够的增设柴油发电机空间，同时为了兼作枢纽电站厂用电系统应急电源，柴油发电机布置在枢纽开关站出线场。

利用柴油发电机为水工配电系统供电需要通过较长距离的高压电缆线路，存在供电电缆故障导致应急电源供电不可靠情况。为了提升水工配电系统应急供电保障水平，在重要的枢纽泄洪系统配电中心增设了应急电源接入柜，并购置了移动应急发电车，可以实现根据需要利用应急发电车为泄洪系统供电。

柴油发电机和应急发电车及配套应急电源接入柜的设置提升了枢纽水工配电系统外部供电可靠性，但并未提升水工配电系统抗击外部电源供电丢失的情况，依靠外部应急电源存在一定的无法保障风险。理想的情况是在枢纽水工配电系统内部设置应急电源。水工配电系统直流系统蓄电池可以作为应急电源为系统供电。水工配电系统分别在 10kV 系统配电中心附近和进水塔设置了两套直流系统，直流系统蓄电池作为水工配电系统 10kV 系统和 400V 系统应急电源，可以提升水工配电系统弹性，提高其抵御外部系统电源丢失风险能力。

3 电池储能系统

电池储能系统包括储能电池、变流器和控制器。电池应急电源系统在控制系统和消防系统已经有广泛应用，但一般限于较小容量和功率应用。用于水利枢纽配电系统为闸门提供动力电源，需要大功率大容量的电池应急电源系统。随着储能技术的发展，电池储能系统更广泛地参与电力系统功率调节成为可能[11-14]，这为电池储能系统参与大功率应急电源建设提供了可行性。

3.1 储能电池

储能电池是电池储能系统的关键部分。电化学储能系统中主流电池应用包括锂离子电池、液流电池、钠流电池和铅蓄电池[15]。锂离子电池在新能源汽车动力电池和通信系统储能电池中得到了广泛应用，高比功率、高能量、低成本和长寿命是其主要特点。液流电池具有低成本、高能量效率、安全、循环寿命长和功率密度高等特点，技术成熟，可应用于大中型储能场景。钠流电池具有能量密度高、充放电能效高、循环寿命长特点，但安全性有待提高。铅蓄电池具有明显的成本低和技术成熟度高特点，已经在新能源接入和电力系统中开始应用。储能系统电池的典型要求包括高安全、低成本、长寿命和环境友好。

电池容量是决定电池储能系统应用场景的关键，主要由制造水平决定。当前在综合功率器件容量限制、电池系统技术限制和储能系统安全性设计要求限制条件下，链式电池储能系统最大容量设计为 32MW[16]。投入实际工程应用的 300MW 辅助火电机组调频运行的锂离子电池储能系统容量达到了 9MW/4.5MWh。在已投运的电池储能系统中，锂离子电池占比达到 90% 左右，新增电池储能系统中 99% 以上是锂离子电池[17]。经济分析表明，大工业用户侧电池储能系统配置中，按照目前电价情况测算，铅炭电池经济性最好，其次是铁锂电池、钠流电池和液流电池[18]。电动机直接启动情况下，电源容量应设为同时工作电机容量的 5 倍以上；电动机变频启动情况下，电源容量应设为同时工作的电机总容量的 1.1 倍[19]。

3.2 变流器

储能系统变流器连接电池储能系统与电力系统，承担着控制电池与电力系统能量交换的任务。基于电力电子技术的变流器可以实现四象限灵活调节控制，是储能系统参与不同应用场景的关键设备。电池储能系统参与电网调频在响应速度和控制策略方面优于火电机组、燃气机组和水电机组[20]。

变流器控制包括外环电压控制和内环电流控制。外环电压控制根据变流器运行状态和外部功率控制指令生成内环电流控制的 dq 轴电流参考值，内环电流控制根据并网点交流电压快速生成电流指令对调制波进行调节控制。常见的功率控制模式包括定电压控制模式、定有功功率控制模式和电压下垂控制模式。定电压控制模式通过调节变流器两侧功率来维持并网点电压恒定，定有功功率控制模式通过改变并网点电压来维持变流器两侧交换功率恒定，电压下垂控制模式按照设定的下垂系数对变流器并网点电压和交换功率进行控制。变流器下垂电压控制满足如下关系式：

$$(P_1 - P_2) + \beta(U_1 - U_2) = 0 \tag{1}$$

式中，P_1 和 P_2 分别为有功功率设定值和实测有功功率值；U_1 和 U_2 分别为电压设定值和实测电压值；β 为下垂系数。

3.3 控制器

控制器主要完成对储能电池组电池的充放电控制及电池之间的综合协调控制。为了延长电池寿命，电池充放电控制需要结合其荷电状态（SOC）进行优化控制。储能系统控制器完成对电池及电池组的充放电状态及 SOC 的监测和控制。典型的储能系统控制器包括模组级电池管理单元、簇级电池控制单元、系统级控制单元和子阵级智能控制单元。模组级电池管理单元完成对单个电池模组的状态采集监视和控制，负责电池的被动均衡管理和故障退出；簇级电池控制单元完成对电池簇电压电流的监视控制，包括对电池间的均衡SOC控制；系统级控制单元完成对采集的簇级数据的计算分析和处理，包括簇间管理和环境管理；子阵级智能控制单元完成对电池系统三级保护之间的协调控制及与变流器保护的动作时序和逻辑控制。

4 电池储能系统应急电源选择

结合某水利枢纽水工配电系统工程实例对电池储能系统作应急电源可行性进行探讨。

4.1 电池储能系统容量确定

某水利枢纽泄洪系统设有明流洞、孔板洞和排沙洞，每条泄洪洞均设有 1 套事故闸门和 1 套工作闸门。事故闸门采用卷扬机启闭系统，工作闸门采用液压控制系统。闸门控制系统采用了变频器控制。水利枢纽水工配电系统承担为闸门系统供电功能，闸门系统是水利枢纽配电系统中重要的大功率负荷。水利枢纽水工配电系统应急电源容量设置应能保证闸门系统中功率最大的一套门正常启闭。水利枢纽各闸门启闭系统电机额定功率如表 1 所示，其中最大功率负荷为孔板洞事故闸门启闭系统。

某水利枢纽闸门启闭系统负荷 表1

泄洪孔洞闸门	电机额定功率(kW)
明流洞事故门	264
明流洞工作门	180
孔板洞事故门	528
孔板洞工作门	300
排沙洞事故门	264
排沙洞工作门	264

在枢纽闸门启闭系统中，孔板洞事故门需要同时启用 4 台额定功率为 132kW 的电机，最大功率为 528kW。孔板洞事故门启动过程中监测到的单个变频器最大输出功率为 43.16kW（表 2），闸门提升时间为 30min，闸门提升过程中对功率变化要求为分钟级，电力电子变流器功率变化可以达到毫秒级，满足闸门提升功率控制要求。

按孔板洞事故门启闭试验数据配置应急电源容量应为：
$$C = 1.1 \times 43.16 \times 4 \times 0.5 = 94.96 \text{kWh} \tag{2}$$

按照孔板洞电机额定容量配置应急电源容量为：
$$C = 1.1 \times 528 \times 0.5 = 290.4 \text{kWh} \tag{3}$$

目前储能工程经验数据[21] 表明，锂电池储能项目单位电量成本为 2000 元/kWh，充放电效率为 0.93，荷电状态下限为 0.2，上限为 1，项目周期为 8 年，年运维成本为 25 元/kWh，功率容量比为 0.5。

电池储能系统投资容量需要选择：
$$C = 290.4 \div (1 - 0.2) = 363 \text{kWh} \tag{4}$$

4.2 电池储能系统容量选择

根据负荷计算确定电池容量后，结合电池储能系统市场供应情况进行选择。对于已经投运的水利枢纽水工配电系统，现场设备布置已经确定，供选择的设备布置空间有限，储能系统占地面积是重要考虑因素。

表 2

孔板洞事故闸门运行参数

序号	运行状况	运行时间	运行速度 (m/min)	闸门开度 (m)	荷重 (t)	变频器	运行频率 (Hz)	直流母线电压 (V)	输出电压 (V)	输出电流 (A)	输出功率 (kW)
1	A门从0提升至1m	14:03~14:07	0.4	0.25	8.48	A门1号	10	539.7	75.5	105.4	4.8
						A门2号	10	539.6	75.5	107.8	4.9
				0.43	166.28	A门1号	10	534.9	76.4	120.5	8.7
						A门2号	10	534.8	76.4	122.5	8.8
2	双门从1m提升至5m	14:08~14:18	0.4	3.0	166.28	A门1号	10	532.8.7	76.5	119.5	8.5
						A门2号	10	532.8.6	76.6	121.7	8.6
				2.94	167.81	B门1号	10	531.8	76.6	117.8	8.8
						B门2号	10	531.3	76.6	118.1	8.7
				4.96	168.06	A门1号	10	532.5	76.5	110.2	8.7
						A门2号	10	532.5	76.6	122.5	9.0
				4.89	169.20	B门1号	10	531.7	76.7	118.8	8.8
						B门2号	10	531.3	76.6	118.7	8.7
3	双门从5m提升至8m	14:18~14:21	1.01	5.26	167.12	A门1号	25.2	528.4	190.0	122.8	21.1
						A门2号	25.2	528.3	190.0	125.4	21.3
				5.19	169.61	B门1号	25.2	527.4	189.9	120.9	21.5
						B门2号	25.2	526.5	189.7	121.2	21.2
4	双门从8m提升至10.3m	14:21~14:22	1.51	8.57	166.16	A门1号	37.7	524.9	282.7	124.5	31.3
						A门2号	37.7	524.1	282.7	126.5	31.4
				8.50	166.74	B门1号	37.7	523.6	282.7	123.4	32.5
						B门2号	37.7	523.4	282.3	123.2	31.7
5	双门10.3m提升至22m	14:22~14:29	1.8	10.54	162.35	A门1号	45.0	523.3	337.4	125.7	37.8
						A门2号	45.0	522.6	337.4	127.9	37.9
				10.47	166.52	B门1号	45.0	522.1	337.1	123.1	38.1
						B门2号	−45.0		336.7	123.3	37.3
6	双门22m下降至1m	14:30~14:43	1.8	15.05	172.49	A门1号	−45.0	617.2	334.5	108.8	20.9
						A门2号	−45.0	613.4	334.5	111.0	20.7
				15.08	177.75	B门1号	−45.0	617.9	334.0	108.1	23.2
						B门2号	−45.0	615.5	333.4	108.3	22.6
7	双门从1m下降至0.41m	14:43~14:45	0.4	0.81	175.76	A门1号	−10.0	616.7	73.3	110.2	4.7
						A门2号	−10.0	613.3	73.3	112.6	4.7
				0.82	181.50	B门1号	−10.0	617.7	73.1	108.7	4.9
						B门2号	−10.0	615.1	73.0	109.0	4.7

结合厂商生产型号，可以选择 500kWh/200kW 电池储能系统。目前商用的锂电池集装箱系统参数见表 3。综合考虑功率容量和占地面积，可以选择 SDL 10-250/600 型电池储能系统，其额定容量为 600kWh，额定功率为 250kW，占地面积约 8m²。

商用电池储能系统参数比较 表 3

储能系统	额定容量/功率(kWh/kW)	尺寸参数(mm×mm×mm)	质量(t)	循环次数
SDC-ESS-S691V552	552/500	7520×2438×2591	15	≥5000
SDL10-250/600	600/250	2991×2438×2896	8	
SDC-ESS-S691V386	386/150	2991×2438×2896	8	≥5000

4.3 电池储能系统布置

电池储能集装箱防火间距要求离办公用房最小距离为 10m。水利枢纽 10kV 配电系统位于控制中心附近，不适合布置电池储能集装箱。在枢纽泄洪系统事故闸门集中的配电中心区域选择电池储能系统布置地点。此区域原先布置有直流系统，主要为事故闸门备用电源，直流系统负荷为 200Ah。可以考虑将直流系统升级为电池储能系统，为直流系统供电同时兼作水工配电系统应急电源。

5 结论

本文从配电系统弹性提升技术角度对电池储能系统作为水利枢纽配电系统应急电源的可行性进行了探讨。电池储能系统作为配电系统应急电源可以充分挖掘配电系统中直流系统蓄电池组功能，为充分利用现有资源提升配电系统弹性提供了具体可行的技术方案。结合水利枢纽水工配电系统实例从供电功率、响应速度和占地面积方面探讨了电池储能系统作为闸门系统应急电源的技术可行性。电池储能系统作为配电系统应急电源应兼顾为直流系统供电，综合利用电池储能系统为交流系统供电及其与光伏等电源结合提升其利用率是下一步研究的方向。

参考文献

[1] 鞠平，王冲，辛焕海，等．电力系统的柔性、弹性与韧性研究 [J] ．电力自动化设备，2019，39 (11)：1-7．

[2] 别朝红，林超凡，李更丰，等．能源转型下弹性电力系统的发展与展望 [J] ．中国电机工程学报，2020，40 (9)：2735-2745．

[3] 邱爱慈，别朝红，李更丰，等．强电磁脉冲威胁与弹性电力系统发展战略 [J] ．现代应用物理，2021，12 (3)：3-12．

[4] 彭寒梅，王小豪，魏宁，等．提升配电网弹性的微网差异化恢复运行方法 [J] ．电网技术，2019，43 (7)：2328-2335．

[5] 章博，刘晟源，林振智，等．高比例新能源下考虑需求侧响应和智能软开关的配电网重构 [J] ．电力系统自动化，2021，45 (8)：86-94．

[6] 朱溪，曾博，徐豪，等．一种面向配电网负荷恢复力提升的多能源供需资源综合配置优化方法 [J] ．中国电力，2021，54 (7)：46-55．

[7] 王守相，刘琪，赵倩宇，等．配电网弹性内涵分析与研究展望 [J] ．电力系统自动化，2021，45 (9)：1-9．

[8] 刘瑞环，陈晨，刘菲，等．极端自然灾害下考虑信息-物理耦合的电力系统弹性提升策略：技术分析与研究展望

　　　［J］．电机与控制学报，2022，26（1）：9-23．

［9］　赵曰浩，李知艺，鞠平，等．低碳化转型下综合能源电力系统弹性：综述与展望［J］．电力自动化设备，2021，
　　　41（9）：13-23，47．

［10］　杨飞生，汪璟，潘泉，等．网络攻击下信息物理融合电力系统的弹性事件触发控制［J］．自动化学报，2019，
　　　45（1）：110-119．

［11］　饶宇飞，高泽，杨水丽，等．大规模电池储能调频应用运行效益评估［J］．储能科学与技术，2020，9（6）：
　　　1828-1836．

［12］　孙丙香，李旸熙，龚敏明，等．参与 AGC 辅助服务的锂离子电池储能系统经济性研究［J］．电工技术学报，
　　　2020，35（19）：4048-4061．

［13］　丁勇，华新强，蒋顺平，等．大容量电池储能系统一次调频控制策略［J］．电力电子技术，2020，54（11）：
　　　38-41，46．

［14］　王凯丰，谢丽蓉，乔颖，等．电池储能提高电力系统调频性能分析［J］．电力系统自动化，2022，46（1）：
　　　174-181．

［15］　缪平，姚祯，John LEMMON，等．电池储能技术研究进展及展望［J］．储能科学与技术，2020，9（3）：
　　　670-678．

［16］　刘畅，蔡旭，李睿，等．超大容量链式电池储能系统容量边界与优化设计［J］．高电压技术，2020，46（6）：
　　　1-11．

［17］　李建林，梁忠豪，李雅欣，等．锂电池储能系统建模发展现状及其数据驱动建模初步探讨［J］．油气与新能
　　　源，2021，33（4）：75-81．

［18］　袁家海，李玥瑶．大工业用户侧电池储能系统的经济性［J］．华北电力大学学报（社会科学版），2021（3）：
　　　39-49．

［19］　韩坚，王亚楠，顾伟峰．基于电池储能系统的风电机组极端工况备用电源的设计［J］．船电技术，2021，41
　　　（7）：27-30．

［20］　吴启帆，宋新立，张静冉，等．电池储能参与电网一次调频的自适应综合控制策略研究［J］．电网技术，
　　　2020，10：3829-3836．

［21］　郑睿敏，谭春辉，侯惠勇，等．用户侧电池储能系统容量配置探讨［J］．电工技术，2020（5）：60-62．

超大量程沉降仪在坝基覆盖层沉降变形观测中的应用

丁玉堂[1]　陆阳洋[1]　吴春晖[2]　陈晓华[3]　熊国文[1]

(1. 南京水利科学研究院岩土工程研究所，江苏南京 210024；

2. 宁海县镇乡水利服务总站，浙江宁波 315600；3. 宁海县水利局，浙江宁波 315600)

摘　要：坝基覆盖层变形模量较低，在坝体自重荷载作用下沉降变形较大，易对上部坝体造成不良影响，是水利工程设计与施工重点关注的对象。现有的众多监测手段因量程较小、精度较低、造价偏高等，难以胜任覆盖层大变形沉降的监测。本文介绍了一种基于电位器式传感器研发的超大量程坝基沉降仪。该类仪器具有大量程、高精度、结构简单、造价低廉的优点。通过 3 个具体的工程应用案例，对该类仪器的表现进行了评价。在监测数据分析的基础上，总结了坝基覆盖层沉降变形的发展与分布规律，同时获得了一个预测覆盖层沉降量的简单经验公式。上述研究成果可为相关工程监测设计与施工提供参考。

关键词：坝基；覆盖层；沉降变形；沉降仪；超大量程

1　引言

覆盖层广泛地分布于我国各主要河流的现代河床中，其厚度可达数十甚至数百米[1]。受施工条件、建设成本等方面的制约，一些大坝在建造时未将覆盖层完全挖除，而是采取了部分挖除、碾压、强夯、振冲加密、固结灌浆、高压旋喷桩等方法对坝基覆盖层进行处理[2]。即便如此，由于覆盖层变形模量较低、组成成分与分布状态复杂，在坝体自重作用下极易产生较大沉降及不均匀沉降，进而威胁坝体结构及防渗系统的安全。表 1 列举了国内外覆盖层上筑坝典型工程案例[3,4]。由表可知，目前报道较多的工程问题，主要为覆盖层沉降过大或不均匀沉降造成的坝体、防渗结构的开裂以及大坝渗漏，个别工程甚至出现坝体塌陷等事故。因此，除了早期个别的重力坝、拱坝（如下马岭、窄巷口）外，目前建设较多的坝型多为对变形适应能力较强的各类土石坝及坝体自重相对较小的低水头混凝土闸坝。随着我国水电开发建设的不断深入，西南地区深切河谷深厚覆盖层上建坝的需求旺盛，覆盖层变形仍是制约工程建设的一个技术难题，需学术界与工程界进一步探索研究。

覆盖层上筑坝典型工程案例　　　　　　　　　　　　　　　　　　　　　　　　**表 1**

项目名称	坝型	最大坝高(m)	覆盖层厚(m)	已报道问题
下马岭	混凝土重力坝	33.2	38	覆盖层沉降造成大坝裂缝
窄巷口	双曲拱坝	39.5	30	渗漏量大

基金项目：宁波市水利科技项目（NSK201709），南京水利科学研究院青年基金项目（Y316020）。

作者简介：丁玉堂（1987—），男，山东日照人，高级工程师，博士，主要从事水利工程安全监测及科研工作。

E-mail：ytding@nhri.cn。

续表

项目名称	坝型	最大坝高(m)	覆盖层厚(m)	已报道问题
金沙峡	闸坝	29.2	20~23	坝基渗流破坏
金康	闸坝	20	60~80	坝体裂缝
沙湾	闸坝	86.9	68.85	覆盖层地基渗漏、渗流破坏、不均匀变形及徐变
多布	闸坝	50.3	20~190	—
黄壁庄副坝	碾压土坝	19.2	25.5	塌陷
瀑布沟	心墙坝	186	80	坝基廊道构缝错位、止水破坏渗水
硗碛	心墙坝	125.5	70	坝基廊道构缝错位、止水破坏渗水
水牛家	心墙坝	108	30	—
小浪底	斜心墙坝	160	80	坝顶裂缝
碧口	心墙坝	101.8	25	—
冶勒	沥青混凝土心墙坝	125.5	400	—
长河坝	心墙坝	240	60~70	—
珊溪	混凝土面板堆石坝	132.5	24	—
九甸峡	混凝土面板堆石坝	136.5	65	—
阿尔塔什	混凝土面板堆石坝	164.8	90	—
河口村	混凝土面板堆石坝	112	30~40	—
梅溪	混凝土面板堆石坝	41	10~30	渗水量大
水布垭	混凝土面板堆石坝	233	10.5	—
圣塔扬娜(智利)	混凝土面板砂砾石坝	113	30	—
塔贝拉(巴基斯坦)	斜心墙坝	147	230	渗透量大、出现塌坑
阿斯旺(埃及)	斜心墙坝	112	225~250	—

　　安全监测可反映覆盖层变形、渗流状态的具体表现，是开展覆盖层特性研究、研判大坝运行性态的最直接手段之一。然而覆盖层沉降量较大，甚至可达米级，远超一般坝工位移传感器的量程范围。江边拦河闸坝坝基覆盖层沉降监测采用钢弦式位移计[5]，该类仪器量程较小且安装工艺复杂，观测结果表明仪器测值失真，无法反映坝基真实的沉降情况。多布拦河闸坝采用预埋钢管标法[6]对坝基覆盖层沉降进行人工观测，其测值基本反映了坝基沉降过程特征。但该方法在坝体浇筑时，需要对钢管标不断接长并重新测定初始值，施工、测量烦琐且精度难以保障。河口村水库大坝在主观测断面布置了一套从上游到下游贯通的固定式水平测斜仪组对覆盖层沉降进行观测[7]。观测成果显示，此方法可成功测得高达789mm的沉降变形，且沉降过程与实际工况总体吻合。但该方法所需传感器数量较多，造价高昂。同时，测量误差随传感器数量与测点间距增加而累积，坝体填筑到顶后，测值波动量仍接近20mm。

　　本文介绍了一类基于电位器式传感器研制的坝基沉降仪[8]。该类仪器具有大量程、高精度、结构简单、造价低廉的优点。在详细介绍仪器工作原理的基础上，选取了3个代表性工程进行监测案例分析，对覆盖层的沉降发展与分布规律进行了总结，相关工作可为我国覆盖层上建坝安全监测设计与施工提供参考。

2　工作原理

电位器式坝基沉降仪是由南京水利科学研究院基于电位器式传感器研制的一种适用于土石坝大变形位移监测的仪器。其基本组成包括沉降仪、锚板（沉降板）、保护墩、传递杆等（图1a）。传递杆通过钻孔埋设，下部伸入基岩约1m，上部接沉降仪。沉降仪上部接锚板，外部以保护墩保护。锚板与保护墩紧密结合。当坝体进行填筑时，覆盖层在坝体自重作用下发生沉降，带动保护墩下移。由于传递杆伸入基岩，可认为保持不动，传递杆与保护墩之间产生的相对位移即为覆盖层沉降量，进而通过沉降仪测得。

电位器式构造原理如图1（b）所示：将一个精密的直线往复式电位器传感器组装于可伸缩的密封保护管内，电位器传感器的一端固定于保护管的一端，电位器的滑壁固定于保护管的另一端，两端通过连接杆与被测物体连接。初始状态，直线电位器的2个输出端与滑臂接成1个分压电路，分别输出电压U、U_0。位移计两端产生相对位移时，改变了滑臂的位置，输出电压为U、U_i。位移计算公式为：

$$S = H_i - H_0, H_i = CU_i/U - C' \tag{1}$$

式中，S 为沉降量；H_i 为当前时刻拉伸量；H_0 为初始拉伸量；C、C' 为仪器系数。

电位器式坝基沉降仪量程可定制为 900mm 甚至以上，精度控制在 ±2mm 以内，其量程与精度可满足坝基覆盖层沉降观测所需。

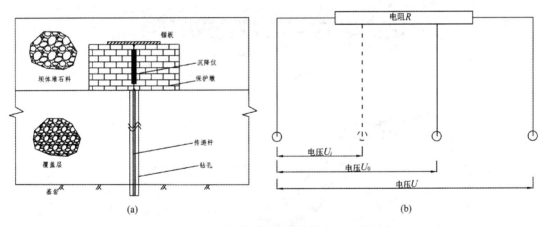

图1　电位器式坝基沉降仪及构造原理示意图

3　典型案例分析

选取3个代表性工程的坝基覆盖层沉降监测案例进行分析，覆盖层沉降监测仪器均选用南京水利科学研究院研发的超大量程电位器式坝基沉降仪。

3.1　滩坑水电站大坝覆盖层沉降监测

滩坑水电站位于浙江省青田县境的瓯江水系，拦河坝为钢筋混凝土面板堆石坝，最大坝高 162m。坝基砂砾石覆盖层厚度约 20～27m，建坝时仅对趾板及其下游范围 30m 内的覆盖层进行挖除。工程于 2004 年 10 月开工，2008 年 4 月蓄水。为对覆盖层沉降情况进行观测，在最大坝高断面（坝 0+417m）布置 5 套电位器式坝基沉降仪，测点布置如图 2 所示。

施工期坝基覆盖层沉降变形实测过程线如图 3 所示。由图可以看出，测值过程线可大致分为 3 段：

（1）2005 年 11 月—2006 年 9 月，此阶段各测点沉降测值增加相对较缓慢，最大沉降量为 114.5mm（JV2-1 测点），下游侧测点沉降量相对较小。上述测值变化过程与分布特征主要与前期填筑速率较低、上游侧填筑高程相对较高有关，测值与工况相吻合。

（2）2006 年 9 月—2008 年 7 月，此阶段大坝填筑加速并逐渐到顶。相应地，各测点沉降量自 2006 年 9 月起迅速增长。随着填筑逐步到顶，沉降增量逐步趋缓。

（3）2008 年 8 月后，各测点测值逐步趋稳。

至 2009 年 7 月，最大沉降量为 550.8mm（JV2-2 测点），约占覆盖层厚度的 2.04%。从测值分布上看，坝轴线上游侧沉降测值大于下游侧，这主要与上游侧坝基覆盖层压缩性较大有关[9]。

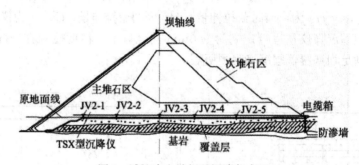

图 2　滩坑水电站坝基沉降仪布置

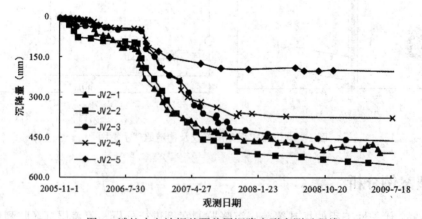

图 3　滩坑水电站坝基覆盖层沉降变形实测过程线

3.2　高达水库大坝覆盖层沉降监测

高达水库位于广西武宣县黔江水系，拦河坝为塑性混凝土心墙土石坝，最大坝高 61.5m。坝址两岸不对称，其中左岸存在分布广泛、厚度大的洪坡积碎石土覆盖层，坝基变形模量较小。

原设计在左岸 0+180m 断面与 0+270m 断面坝基布置弦式多点位移计对覆盖层沉降情况进行观测，后考虑到预计沉降超弦式仪器量程，改为电位器式坝基沉降仪。左岸坝段于 2021 年 6 月开始填筑，2022 年 4 月基本填筑到顶。施工期典型测点沉降过程线如图 4 所示。

上述测点均位于心墙上游侧坝基，其下覆盖层厚分别为 31.55m、30.04m。由图可知，各测点测值变化过程与坝体填筑高程高度一致，即在坝体快速填筑期，坝基沉降迅速增长，坝体停止填筑后，坝基沉降逐步趋于稳定。至 2022 年 6 月，上述两个断面实测坝基沉降量分别为 134.76mm、92.68mm，分别占覆盖层厚度的 0.4%、0.3%，变形量相对较小。两个测点覆盖层厚度较为接近，上覆坝体高度一致，但沉降量差距较大，表明左岸坝基覆盖层变形模量存在明显差异。

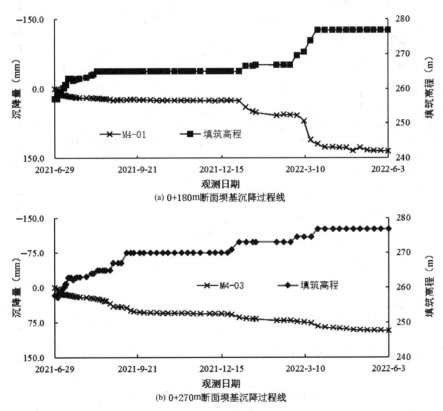

图 4　高达水库大坝左岸坝基沉降变形实测过程线

3.3　西林水库大坝覆盖层沉降监测

西林水库大坝位于浙江省宁海县，是建立在覆盖层之上的面板堆石坝，最大坝高 53.6m，主、次断面（坝 0+163m、坝 0+208m）覆盖层厚度分别约 30m、15m。坝体于 2016 年 8 月开始填筑，2017 年 9 月基本填筑到顶。为开展坝基覆盖层沉降的观测，在主、次断面各布置 5 套沉降仪。测点布置与沉降量分布见图 5，施工期典型测点沉降变形实测过程线见图 6。可以看出：

（1）各测点测值变化过程与坝体填筑过程高度吻合。坝体集中填筑期，坝基覆盖层沉降增速较快，停止填筑后，坝基沉降逐渐趋于稳定。

（2）各测点沉降量与覆盖层、上部坝体厚度密切相关。相同位置，主断面测点沉降量大于次断面。同一断面，近坝轴线位置的测点沉降量明显大于近上、下游侧测点。主、次断面坝轴线测点（BG4、BG9）最终沉降量分别为 243.89mm、127.29mm，分别占覆盖层厚度的 0.81％与 0.85％，比例基本一致，表明主次断面坝基覆盖层变形模量差距较小。

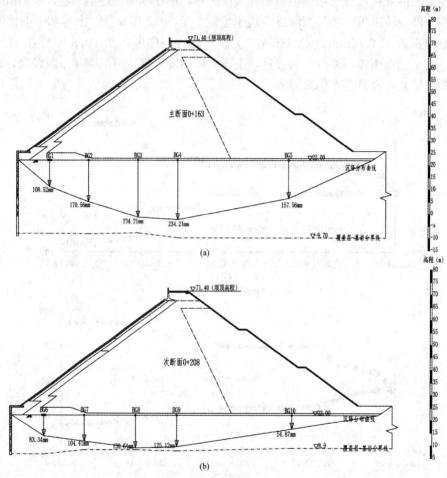

图 5 西林水库坝基沉降变形测点布置与沉降量分布

3.4 汇总分析

为进一步探究坝基覆盖层沉降的一般规律，对上述三个工程案例中各断面的坝高、覆盖层厚度、最终沉降量进行汇总，数据统计如表 2 所示。进一步绘制断面坝高与覆盖层厚度乘积（单位：m·m）与沉降量（单位：mm）的散点关系如图 7 所示。对散点进行曲线拟合得到关系式为：

$$y = 0.1306x \tag{2}$$

式中，x 代表坝高与覆盖层厚度乘积，y 代表覆盖层沉降量。

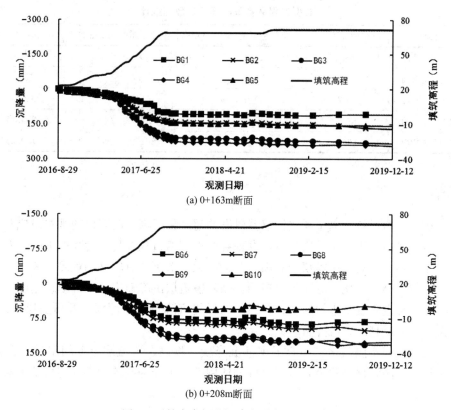

(a) 0+163m断面

(b) 0+208m断面

图6　西林水库坝基沉降变形实测过程线

由图7可以看出直线拟合程度较好。该式可作为一个简化经验公式，在不考虑坝体、覆盖层材料自身特性以及加载方式等因素下，对土石坝坝基覆盖沉降量进行简单估算。

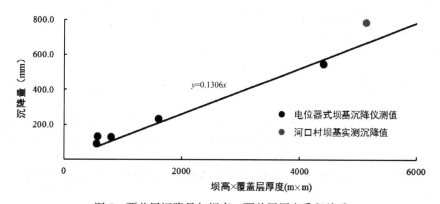

图7　覆盖层沉降量与坝高、覆盖层厚度乘积关系

以河口村水库大坝工程案例对上述经验公式进行检验。河口村水库大坝坝高122.5m，覆盖层最大厚度41.87m。如图7所示，根据经验公式（2）预测坝基沉最大降量为669.85mm，较实测值（789mm）低约15%。考虑到河口村水库大坝采用的固定式测斜仪具有一定误差，上述预测沉降量与实际沉降量差距仍在可接受范围以内。

典型工程案例覆盖层沉降数据统计　　　　　　　　　　表 2

观测断面	断面坝高(m)	覆盖层厚度(m)	坝高×覆盖层厚度(m×m)	最大沉降量(mm)
滩坑 0+417 断面	163.0	27.0	4401.00	550.8
高达 0+180 断面	18.3	31.5	576.45	134.7
高达 0+270 断面	18.7	30.0	561.00	92.68
西林 0+163 断面	53.6	30.0	1608.00	234.21
西林 0+208 断面	53.6	15.0	804.00	130.61

4　总结

（1）本文介绍了基于电位器式传感器研发的超大量程坝基沉降仪的基本组成及工作原理。结合 3 个典型工程案例开展分析，发现各测点测值过程线均较为光滑平顺，变化过程与实际工况相吻合，表明该类仪器对坝基覆盖层大变形沉降有较好的观测效果。

（2）各测点测值变化与分布规律表明：坝基覆盖层沉降速率受上部填筑速度影响，覆盖层的沉降变形主要发生于填筑期；覆盖层的最终沉降量受上部坝高及覆盖层厚度控制，坝高越大、覆盖层越厚，沉降量越大。

（3）根据工程实测数据，拟合了坝基沉降量与坝高、覆盖层厚度的定量关系经验公式。对比验证表明，该经验公式具有良好的适用性，可作为我国同类坝型坝基覆盖层沉降量的初步估算。

参考文献

[1] 许强，陈伟，张倬元. 对我国西南地区河谷深厚覆盖层成因机理的新认识 [J]. 地球科学进展，2008（05）：448-456.
[2] 邢建营，关志诚，吕小龙. 面板堆石坝深覆盖层处理技术研究及在河口村水库工程中的应用 [J]. 岩土工程学报，2020，42（07）：1368-1376.
[3] 刘世煌. 试谈覆盖层上水工建筑物的安全评价 [J]. 大坝与安全，2015（01）：46-63.
[4] 党林才，方光达. 深厚覆盖层上建坝的主要技术问题 [J]. 水力发电，2011，37（02）：24-28+45.
[5] 杜雪珍，朱锦杰，邢林生. 江边拦河闸深覆盖层坝基沉降监测资料分析 [J]. 浙江水利水电专科学校学报，2011，23（03）：4-7.
[6] 崔剑武，陈树联. 深厚覆盖层基础混凝土建筑物变形监测技术研究和应用 [J]. 西北水电，2017（02）：85-88.
[7] 魏小平，建剑波，翟巍，等. 基于水平固定测斜仪的坝基沉降监测方法及应用 [J]. 山西建筑，2015，41（11）：219-220.
[8] 熊国文，熊梦婕，程建议. TSX 型超大量程大坝坝基沉降仪的研制与应用 [J]. 长江科学院院报，2011，28（11）：110-112.
[9] 彭育，陈振文. 滩坑水电站混凝土面板堆石坝施工期坝体变形特征 [C] //. 土石坝技术——2008 年论文集，2008：153-161.

沙坝水库"两库一站""一管三用"创新设计

张 娜　田新星

（中水北方勘测设计研究有限责任公司，天津 300000）

摘 要：为解决思南县水资源不平衡问题，利用合理的水资源调度方法，通过对沙坝水库和代家坝水库枢纽布置的设计研究，提出了"两库一站""一管三用"的水资源优化调度模型，实现了两库联调，有效提高了水资源利用率。该成果对以后通过水库工程布置解决水资源不平衡问题有着借鉴意义。

关键词：两库一站；一管三用；联调；水资源调度；枢纽布置优化

1　前言

水库是我国重要的水资源储备方式，水库调度直接影响着当地的国民经济效益，其防洪、供水的作用也对国民生计产生了举足轻重的作用。代家坝水库集雨面积较大，水资源丰沛，而代家坝水库所在流域水资源存在严重的供需差异，为提高水资源利用率，减少水资源浪费，多余弃水正好可以向相邻沙坝水库补水，以满足沙坝水库的供水需求，促进当地工业发展，提高人民生活质量。为此，研究如何将两座水库连接起来，又做到社会效益和经济效益同步提升，是决解思南县水资源优化调度的重中之重。

沙坝水库的工程任务是向双塘工业园区供水。项目建成后可向该园区供水 597 万 m^3/a，下放环境水 50.5 万 m^3/a，总可供水量 647.5 万 m^3/a。水库正常蓄水位 660m，死水位 625m，调节库容 385 万 m^3，总库容为 465 万 m^3，多年调节。

枢纽主要建筑物包括混凝土面板堆石坝，最大坝高 64.7m，坝顶长 212.0m。左岸布置岸边式溢洪道，平面总长 178.0m；右岸布置放空兼泵站上水管隧洞。

由于沙坝水库坝址以上集水面积较小（仅为 8.5 km^2），设计流域用水缺口较大，为充分利用水资源，达到建坝成库调蓄后最优的供水效益，经技术经济论证后，将距离坝址约 7.6km 外的代家坝泉水通过输水管道引至沙坝水库，但同时需保证原代家坝水利工程各项功能，故仅引代家坝弃洪水，引水流量 0.5 m^3/s。

代家坝引水坝（代家坝泉出口）正常蓄水位 618.00m，而沙坝水库大坝正常蓄水位 660m，因此，代家坝引洪水须通过泵站加压后才能进入沙坝水库库内，并进行水库调蓄后向工业园区供水。而泵站位置的选择和上水管的线路的选择，又将是关乎本工程技术可行和投资经济的关键所在。

2　泵站站址选择

代家坝引水坝两岸地形较陡，地质条件复杂，没有理想的泵站站址可供选择，而且若

作者简介：张娜（1990—），女，河北衡水人，高级工程师，研究生，主要从事水工结构设计工作。
E-mail：1165968274@qq.com。

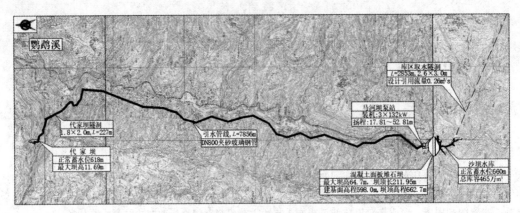

图1　"两库一站"平面布置示意图

采取管线进口提水，则后段约 7.6km 的长管线全线处于高压水头状态，泵站扬程也很大，极不经济；代家坝引水管沿线地形条件较差，沟壑纵横，且同样存在泵站上水管过长导致扬程大，运行费用高的问题。因此泵站的选择在地理条件满足条件的情况下，越靠近终端沙坝水库越经济。

通过初步布置及水力计算，引水管管材采用夹砂玻璃钢管时，管线水头损失约 6m，管线完全可以重力输水至坝址附近，也就是说，泵站位置完全可以设置在坝脚，减小泵站上水管长度，泵站最大净扬程 53.74m，装机 3×132kW。

同时，提水泵站设置在坝区原则上可以充分利用代家坝～沙坝的宝贵水头，同时可以方便运行管理。如此，泵站的位置基本选定，接下来的问题就是泵站至沙坝水库之间上水管的路线选择。

3　泵站上水管路线比选

泵站上水管出厂区后，存在两条可供布设上水管的线路：

线路 1：穿过沙坝水库建库前期的"导流隧洞"改造成的"放空隧洞"，实现"水库放空"兼"泵站供水"功能合一，进入库内；

线路 2：沿大坝下游坝面，翻越坝顶，进入库内。

线路 1 结合导流洞布置，由于导流洞必须通过改造形成放空通道，且放空管计算管径为 1.2m，为上水管、放空管的控制管径（上水管计算管径 0.7m，小于 1.2m），因此该方案对于泵站上水管，该部分投资增加为零；线路 1 的泵站上水管明管段（即从厂区～导流洞出口段）管径为 DN700，管材为 Q345-C 钢管，壁厚 8mm，该段长度 75.665m。隧洞内埋管段由于充分利用导流洞进行改造，并结合放空管进行布置，因此该段管径及管材受放空管控制，管径为 DN1200，管材为 Q345-C 钢管，壁厚 12mm。该段上水管长度 283.166m。

泵站上水管结合"导流隧洞""放空管"布置，放空管与泵站上水管由于不可能在同一时间段运行，为节约投资，采用"一管三用"的布置形式，使得该工程经济效益进一步升级。水库建设期，发挥泄洪导流作用；水库及泵站正常运行时，发挥泵站上水管及下放环境水管的作用；当水库需要放空时，泵站停机，管道发挥放空作用。

　　放空兼上水管与下放环境水管均布置在大坝左岸导流隧洞内，导流洞底板高程614.10m，受坝前淤沙（617.10m）及死水位（625.00m）的限制，放空管进口管中心高程选择为620.60m，满足既能在泵站提水及下放环境水管管口不被淤沙堵塞，又能满足在死水位以下发挥放空及下放环境水功能。由于导流洞底板高程与放空管进口管中心高程之间存在6.5m高差，导流洞高3.0m，因此放空兼泵站上水管、下放环境水管在隧洞进口段采用"龙抬头"的形式进行布置。

　　线路2：由于本工程推荐坝型为面板堆石坝，若在坝身埋设管道解决放空及下放环境水、泵站上水通道，则面临坝体自身不均匀沉降的问题必须单独设置泵站上水管并翻越坝顶进入库区，上水管管径为DN700，管材为Q345-C钢管，壁厚8mm，总长度255m，提水总扬程56.0m（含水损）。

　　上水管线路1、2综合比较见表1。

泵站上水管线路综合比较　　表1

线路项目	线路1（上水管兼放空管方案）	线路2（翻越坝顶方案）	比较结果
地形条件	根据导流洞改造，不受地形条件限制	坝下游右岸边坡陡峭，施工难度大	线路1优
施工条件	由于采用放空管兼作，放空管施工完毕即可，不受其他构筑物施工干扰	受导流洞改造及坝体填筑制约，必须待坝体填筑完毕后施工，且与导流洞改造施工存在交叉干扰	线路1优
直接投资	土建投资24.81万元，管道结构及安装投资16.80万元，直接工程投资41.61万元（与放空管重合部分未计入）	土建投资91.27万元，管道结构及安装投资63.89万元，直接工程投资155.16万元	线路1优
运行费用	年耗电量62万kWh	年耗电量75万kWh	线路1优
运行可靠及安全性、检修条件	放空与上水管不同时运行，各自运行安全可保障。但由于上水管不运行时，整个管道内高压水头作用，且在不同的库水位下水压不同，提水扬程变值。进口设置检修闸门，具备检修条件	独立上水管，独立运行，无干扰。但上水管翻越坝顶后须向上游延伸一定距离，否则直接冲刷大坝上游面板。检修条件相对简单，停机即可检修	两者相当

　　从以上综合分析比较可知，上水管线路1占绝对优势，即采用放空管兼作泵站上水管，铺设在"导流隧洞"改造后的"放空隧洞"内的方案。因此，从方便布置及施工、节能、节省投资及方便运行管理等角度，充分利用右岸导流洞进行改造而形成水库放空、下放环境水及泵站上水的通道，达到"一管三用"的目的。

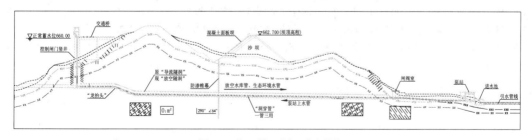

图2　"一管三用"布置图

4 结论

经泵站站址、泵站上水管布置形式的比选,采用通过"导流隧洞"改造成的"放空隧洞"铺设"泵站上水管"及"下放环境水管"的布置方案,是技术可行、经济合理、施工方便的。主要体现在:

(1)充分利用导流隧洞这一临时建筑物,节省投资,对于投资不大的中小型水利工程建设,有至关重要的意义。

(2)泵站上水管从低高程进入库区,避免上水管翻越坝顶造成的能量损耗,通过泵站变幅扬程,库区低水位时,泵站低扬程运行;库区高水位时,泵站高扬程运行,充分满足节能降耗要求。

(3)安全性方面,导流隧洞在整个施工期导流安全是满足的;大坝建成下闸蓄水后,导流洞封堵改造施工,铺设放空兼泵站上水钢管及下放环境水管;改造施工完毕后,放空洞内埋管在补水时发挥泵站上水管功能,在大坝需要放空时发挥放空管功能,两者互不干扰互不影响。

(4)在水利水电工程枢纽布置中,单体建筑物的设计往往因为技术成熟、规范规定、强条限制而无法进行较大幅度的优化,但"永临结合""一物多用"等思路,会给前期优化设计带来可观的效果。

通过泵站及输水管线将代家坝水库和沙坝水库连接起来,有效实现了水资源的充分利用,既在保证代家坝水库自身功能的前提下一定程度上解决了代家坝坝下游的防洪问题,又提高了沙坝水库的供水效益,水尽其用,实现了"十三五"规划中"创新、协调"的发展理念。综合考虑安全可靠、投资经济、施工条件及时序、运行管理、征占地等因素,采用"两库一站""一管三用"的创新组合。

参考文献

[1] 水利部.水工隧洞设计规范:SL 279—2016 [S].北京:中国水利水电出版社,2016.
[2] 贵州省水利水电勘测设计研究院.贵州省思南县沙坝水库工程初步设计报告 [R].贵阳.2014.
[3] 刘秀杰,李超.水库一洞三用取放水隧洞方案设计 [J].科技创新与应用.2016,5:198.
[4] 龚志浩,程吉林,杨树滩,等.山湖水库"一库两站"联合运行优化调度方法 [J].排灌机械工程学报,37 (02):37-42.
[5] 姜兆兴.浅述水库运行管理及调度方法 [J].工程技术(文摘版):00087-00087.
[6] 孙霞.浅析水库运行管理中存在问题及调度的有效方法 [J].陕西水利,2017 (z1):2.
[7] 何文华.浅析水库运行管理及调度的有效方法 [J].农家参谋,2018,594 (17):303.
[8] 林秉南,赵雪华,施麟宝.河口建坝对毗邻海湾潮波影响的计算(二维特征线理论法)[J].水利学报,1980 (3):16-25.

溜槽装置在土石坝坝坡整修项目中的设计与应用

刘焕虎　　程科林　　王志刚

（黄河水利水电开发集团有限公司，河南济源 454681）

摘　要：溜槽装置是土建、矿山等施工项目中常见的物料运输工具，技术人员针对小浪底主坝坝坡整修项目的特殊施工条件，设计制作了一套实用可行的溜槽装置系统，创新性地解决了坝坡面上石料运输的难题，具备较强的安全性和可靠性并提高了施工效率。

关键词：溜槽装置；坝坡整修；设计应用

1　引言

溜槽，指通常在地面上从高处向低处运东西的槽[1]，内面相对光滑，运输物质能自动溜下，材质有钢材以及合金材质等，在矿产工业、水利水电工程、港口工程的施工作业过程中经常应用[2]。小浪底水利枢纽主坝整修项目中，需要对所填石料进行运输、摊铺，因坝面没有交通设施及道路[3]，其他大型机械难以使用，拟针对该施工项目设计一套适合的溜槽装置系统，将块石运输到坝坡整修所需位置。

2　工程概况

小浪底水利枢纽主坝为壤土斜心墙堆石坝[4]，最大坝高 160m，坝顶设计高程283.00m，坝顶宽 15m，坝顶长 1667m。由于自然沉降及自然风化等因素，大坝出现沉降变形等情况，影响大坝美观及安全，需对坝坡坡面进行整修[5]。上游坝坡设计坡度 1：2.6，下游坝坡设计坡度 1：1.75，上游坝坡坡度 22°～24°，下游坝坡坡度 29°～32°，据测量估算以及现场施工实际情况，坝坡整修填石总量约 10.9 万 m^3，约合 18.5 万 t。

3　溜槽装置的组成

3.1　溜槽设计

土石坝坝顶上固定设置有防浪墙，溜槽装置固定设置在土石坝坝坡上，溜槽装置包括依次连接的漏斗和多个溜槽。漏斗包括漏斗主板和两个固定设置在漏斗主板上的漏斗护板，两个漏斗护板之间形成锥形的石料引导空间，漏斗主板和防浪墙可拆卸连接，漏斗主板固定连接有用于防止漏斗变形的漏斗框架，相邻两个溜槽之间可拆卸连接。溜槽包括溜

作者简介：刘焕虎（1984—），男，硕士，高级工程师，主要从事水工建筑物维修养护工作。

E-mail：lhhxfp@163.com。

槽主板和两个固定设置在溜槽主板上的溜槽护板，溜槽主板固定连接有用于防止溜槽变形的溜槽框架。根据施工组织安排和现场实际，采用钢板、槽钢、工字钢制作三角桁架和组合式溜槽，溜槽为可拆装组合形式，采用 10mm、20mm 钢板制作溜槽，每节长 6m。吊车反铲配合安装溜槽，底部宽 1.51m，制作运输 9km 安装，M36×140 加强螺栓 516 套。两边有宽 0.5m 的 1∶2 坡度立沿，立沿采用 20mm 钢板。为保证溜槽坚固不变形，底部焊接工字钢衬托，每 1.5m 加焊一道工字钢。溜槽连接为搭接卡扣式连接，保证连接牢固、拆装方便。每节溜槽设置 4 个吊耳，方便吊装。为保证石料倾倒顺利，在第一节溜槽上端设置开敞式漏斗，接料漏斗长 3m，上部宽 3m，下部宽 1.5m，钢板、工字钢组合制作漏斗钢板厚 20mm。两边均设宽约 0.5m 的 1∶2 坡度立沿，漏斗和第一节溜槽采用焊接连接。漏斗下方设置 4 个支腿，支腿下方布置钢板和枕木以支撑漏斗悬空区域的受力。加工 4～6 套溜槽，施工开始后根据施工情况和需要调整（图 1、图 2）。

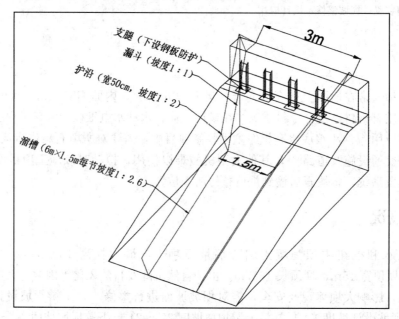

图 1　溜槽及漏斗俯视图

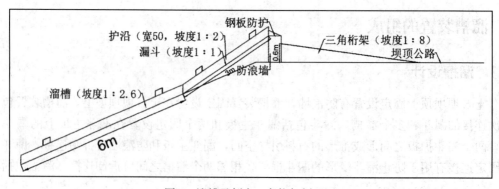

图 2　溜槽及倒车三角桁架剖面图

3.2 吊钩门式移动起重机设计

为提高溜槽安拆的效率，制作了两组溜槽安拆专用工具（图3），主要组成部分为：吊钩门式移动起重机制作型钢1.796t，吊钩门式起重机制作型钢1.796t，安装1t永磁起重器2个，5t手板葫芦2个，2t电动卷扬机2个，5t电动卷扬机1台，遥控配电箱2台，4t U形卡两个，3t电动葫芦1个，承载5t橡胶轮4个。

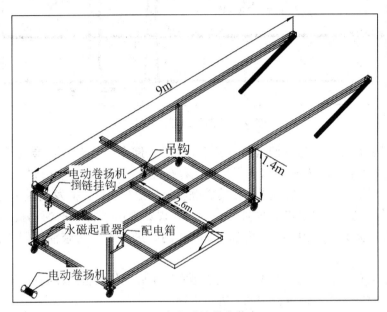

图3　门机式溜槽安装车

4　溜槽施工组合设计

4.1　溜槽组合设计

为保证运输、布料效率和安全性，经多次调整形成最终的溜槽组合设计：在260m高程以上区域布置两组短溜槽，长度为15m和20m，260m高程以上区域的石料布置由两组短溜槽和反铲配合完成，260m高程完成下料以后短溜槽拆除，由反铲完成坝坡整修工作，整修过程中可以自坝顶281m高程位置至260m高程马道位置挂线测量，保证坝面的坡度和平整度符合要求。完成坝面260m高程以上区域整修后，二次布置两套长溜槽长度约60m，布置到260m高程马道位置，反铲配合运输摊铺石料，摊铺的具体高程位置根据水位变化调整。

此种溜槽布置设计，可以保证控制坝面的坡度和平整度，避免溜槽拆除后进行二次坝面整修，长短溜槽不需要同步移动，溜槽安装拆解较为灵活，反铲的施工效率较高。经现场施工对比，此溜槽布置设计为最优方案（图4）。

4.2　溜槽施工试验与应用

（1）溜槽运料试验：按照施工设计要求，制作三角桁架1个、漏斗1个、溜槽2节共

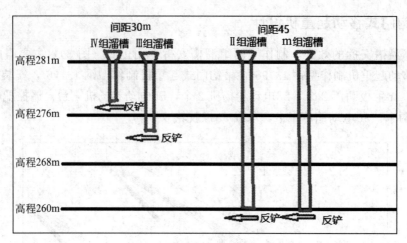

图 4　溜槽组合设计示意图

12m，运输到小浪底坝顶防浪墙处现场组装，15t 自卸车，装载符合参数要求的石料约 7m³，现场将石料倾倒，观察石料运行情况，看石块是否可以通过溜槽到达指定区域。进行了两次运料试验，证实石块经过溜槽能够顺利达到指定地点，但发现漏斗底部有局部被大块石砸成的凹坑，两边立沿有少量块石溢出，现场提出了将溜槽的钢板厚度由 10mm 增加至 20mm，立沿宽度由 30cm 增加全 50cm 的改进方案，其余溜槽段立沿宽度增加至 40mm。

（2）溜槽安拆试验：制作完成门机式溜槽安装车后，将设备运输到现场，进行了安拆运输溜槽的试验，证实溜槽可以顺利安拆、运输。

（3）在坝坡整修施工过程中，使用溜槽完成了坝面石料运输、布料的工作，累计完成运输石料 18.5 万 t，比原计划缩短一半工期。

5　结语

现场技术人员根据小浪底主坝坝坡整修项目的特殊施工条件，设计并制作了一套实用可行的溜槽装置系统，成功运用到小浪底主坝坝坡整修施工项目中，创新性地解决了大体积、大方量的块石运输困难的问题；极大地提高了施工效率，具备较强的安全性、可靠性；在今后类似的坝坡整修施工项目可以大力推广应用。

参考文献

[1] 胥振波，任巧玲．大坝满管溜槽溜槽系统设计方案与研究 [J]．工程与工业技术，2011，12（36）：104-106．
[2] 李新会，李建岗，等．陆浑水库大坝迎水坡整修施工与管理 [J]．河南水利与南水北调，2014，6：37-38．
[3] 黄楠．密云水库南石骆驼副坝坝下游坝坡加固改造方案设计与施工 [C]．中国水利学会，2014 年中国水利学会学术论文集，北京，中国，2014：816-821．
[4] 卢建勇，于跃，万永发．小浪底电站水轮机过流部件碳化钨涂层修复 [J]．人民黄河，2017（39）增刊 1：107-109．
[5] 张建生，詹奇峰，徐强．小浪底水电站水轮机稳定运行技术措施 [J]．水力发电，2006，2（32）：77-79．

非常溢洪道设计与运用浅析

顾小兵

（中水北方勘测设计研究有限责任公司，天津 300222）

摘　要： 非常溢洪道在我国的应用发展兼具历史意义和实用价值。随着社会经济与生态文明发展，当前及过去一段时间非常溢洪道在实际工程中应用不多。当水库确有需要且具备条件时，设置非常溢洪道可极大节约建设及维护费用。本文介绍了非常溢洪道的概念理解及布设思路，浅析了非常溢洪道的设计和运用条件，提出了非常溢洪道在新建与加固水库中的应用建议与思考。

关键词： 非常溢洪道；洪水标准；溢洪道设计；启用标准

1　前言

在水库工程中，溢洪道是最常见的泄水建筑物，按泄流标准和运行情况，可分为正常溢洪道和非常溢洪道。其中，正常溢洪道的泄洪能力应能满足宣泄设计洪水的要求，超过此标准的洪水由所有泄洪设施共同承担。非常溢洪道是辅助正常溢洪道及其他泄洪设施宣泄洪水，以保护大坝安全的建筑物。非常溢洪道运用概率很少，经过实际运用考验的更不多，缺乏设计理论及实践经验；在设计应用中还存在不少问题，如非常溢洪道洪水标准界定、设计启用条件等，都有待进一步研究规范。但随着极端气候的频度与强度增加，非常溢洪道在实际工程中的应用可能越来越多。本文梳理非常溢洪道设计规定和类型特点，介绍分析非常溢洪道的设计和运用条件，为其在新建水库或除险加固中的应用提供借鉴。

2　我国非常溢洪道的发展

非常溢洪道在我国水利工程中的应用有着鲜明的历史印记，其认识与应用过程也是我国水库工程洪水标准和经济社会发展的过程。中华人民共和国成立初期，我国尚没有建立洪水标准设计规范，水库大坝设计时参照苏联的国家规范，普遍采用频率洪水标准。20世纪 50 年代末，全国大批水库大坝仓促上马兴建，成为"三边"工程，加之水文资料短缺等原因，造成实际设计标准普遍偏低（王理华，1994；牛运光，1999）。

淮河"75·8"大洪水后，水利电力部在《水利水电工程等级划分及设计标准》（草案，1964 年）基础上，制定了"关于复核水库防洪安全的几点规定"，大幅度地提高设计洪水标准，提出对大、中型和重要的小型水库都要以可能最大洪水作为保坝标准。国内大伙房、南山、庙宫等水库的加固保坝建设多集中在此间开展。由于强调不许垮坝的防洪标准过高，按此规定除险加固工程量过大，也使此后新建水库所需的投资增大。修建非常溢

作者简介： 顾小兵（1981— ），男（汉族），江苏泰州人，高级工程师，主要从事水利水电工程设计。
E-mail：9507745@qq.com。

洪道成为当时提高水库防洪标准、保障水库大坝安全的主要措施之一。因此，非常溢洪道一度被认为是保坝工况泄洪设施，其相应设计启用标准为保坝洪水标准。

1978 年原水电部制定了《水利水电枢纽工程等级划分及设计标准（山区、丘陵区部分）（试行）》SDJ 12—78 颁布，将山区丘陵部分枢纽工程非常运用洪水标准适当降低，并区分了不同坝型。对已建的水库实施加固有困难时，经上级批准，可以适当降低要求。期间，有些省份根据本地区已建水库的实际情况，制定了本省水库加固的洪水标准，加快了加固工程的进度，非常溢洪道应用也相对普遍。

1994 年建设部颁布国家标准《防洪标准》GB 50201—1994。新的标准比 1990 年的补充规定所定的标准有所提高。考虑到行业标准需要服从国家标准，2000 年及 2017 年颁布的行业标准则分别按 GB 50201—1994 及 GB 50201—2014 的规定制定洪水标准。至此，我国水库工程洪水标准逐步完善，同时，随着经济社会发展和生态文明意识增强，非常溢洪道在国内水利工程建设中也逐渐减少。

3　非常溢洪道概念的理解

3.1　与洪水标准的关系

水库校核洪水是水库大坝设计考虑工况，也是泄水建筑物（包括正常溢洪道和非常溢洪道等）设计考虑工况。现行洪水标准水库校核洪水已有较大提高，但实践证明，水库运行中可能出现的最大洪水比设计采用的万年一遇的洪水还要大。因为万年一遇洪水是调查资料经处理推求所得，调查资料本身存在局限性，历史上有可能出现过比这更大的洪水。再有，随着人类活动对生态环境改变的加剧，使洪水径流、汇流的时间更短，洪水更集中，峰值更大。非常溢洪道的运用任务是宣泄超过设计标准的洪量。因此，可以理解非常溢洪道应对洪水标准为校核洪水标准或可能最大洪水。

3.2　与正常溢洪道关系

水库设有正常、非常溢洪道时，正常溢洪道泄洪能力不应小于设计洪水标准下溢洪道应承担的泄量。规范还强调超过设计洪水标准的洪水可由正常溢洪道和非常溢洪道共同承担，可理解为正常溢洪道应宣泄设计洪水标准下泄量，加非常溢洪道泄量及其参与泄洪期间正常溢洪道增加的泄量。非常溢洪道宣泄的超设计标准的洪量既包括设计洪水标准与校核洪水标准之间的洪量，也应包括坝址出现超过校核洪水标准的可能特大洪量。非常溢洪道宣泄超过设计标准的稀遇洪水，启用机会少，但从保坝的功能定位看，非常溢洪道与正常溢洪道同等重要，是互补性配合关系。

现行《溢洪道设计规范》SL 253—2018 条文说明有"正常溢洪道宣泄常遇洪水，其标准应根据地形、地质条件、枢纽布置、坝型、洪水特性及对下游的影响等因素确定"表述。此处应理解为正常溢洪道宣泄不小于设计洪水标准下泄量，是包含常遇洪水的。之所以提出常遇洪水概念，是因《溢洪道设计规范》SL 253—2000 曾提出，当设计洪水量超过常遇洪水量较多，且布置条件允许情况下，正常溢洪道可分设主溢洪道（宣泄常遇洪水）、副溢洪道（宣泄常遇洪水~设计洪水）说法，这也是一定时期经济技术发展的产物，案例少且不具备代表性，现规范已取消。

4 非常溢洪道的设置条件

水库工程设计的洪水标准现已大幅提高，按万年一遇或可能最大洪水（PMF）进行校核设计的大型工程，溢洪道设计规模巨大，投资通常是极高的。水库校核洪水标准的提高，往往意味着溢洪道投入运行后，长期实际下泄流量可能远低于校核洪水甚至设计洪水标准。有资料分析，按千年一遇洪水标准设计的溢洪道，至少 75％ 的泄流能力可能在建筑物使用寿命中用不上，规模越大的溢洪道小概率利用的泄洪能力占比往往越大；但溢洪道的造价有时是相当高的，水库工程中泄水建筑物平均造价约占总投资的 20％～25％，部分水库泄水建筑物投资甚至超过大坝投资。因此，水库新建或提升改造中，当校核洪水标准较高且洪量超过设计洪量很多时，在布设条件允许情况下，差别化设置非常溢洪道，宣泄超过设计标准的稀遇洪水，以降低工程总体造价是必要的也是可行的。

溢洪道设计规范提出，采用非常溢洪道时，首先应具备有利的地形、地质条件，强调应比较论证其技术可行性和经济合理性。同时，在水利高质量发展的新阶段，要高度重视生态环境可持续性及水利工程安全性，应统筹考虑非常溢洪道类型选择及泄洪对下游影响等。

5 非常溢洪道的类型特点

20 世纪国内修建非常溢洪道的工程实例很多，如辽宁大伙房水库、河北岳城水库、河南鸭河口水库、浙江南山水库、湖南黄石水库等。如图 1 所示为分别设置了正常溢洪道和第一、第二非常溢洪道的辽宁大伙房水库。水库主溢洪道为直泄陡槽式，底坎高程为 125m，装有 5 扇弧形闸门；第一非常溢洪道为真空堰，堰顶高程 134m，前缘长 180m；第二非常溢洪道为宽顶堰，堰顶高程 130m，前缘长 150m（初期为漫流式），堰顶设有自溃式土堤，堤顶高程 139m；第二非常溢洪道是根据 1975 年全国防汛和水库安全会议精神，为确保大坝安全，用最大可能暴雨进行复核而增设的保坝工程措施之一，于 1978 年 10 月竣工。

5.1 开敞式

水库库周有合适垭口且下接河道时，适宜布置开敞式非常溢洪道。库周无条件但坝址处河谷缓坡开阔时，结合正常溢洪道布置开敞式非常溢洪道也是可行的。开敞式非常溢洪道控制段与正常溢洪道结构相同，根据地形地质条件设置溢流堰，堰顶可设闸门或不设闸门。在较好岩体中开挖的泄槽，可不做衬砌或做标准较低的衬砌，宣泄洪水时，泄槽及下游允许有局部损坏。

开敞式非常溢洪道因其控制段设计标准等同正常溢洪道，对地形地质条件要求相对较高，但布置适应性相对广泛。考虑控制段下游适当简化措施后，整体造价是节省的。有资料表明，控制段设置闸门的开敞式非常溢洪道，相较其上建自溃坝方案，直接投资没有明显变化。

开敞式非常溢洪道由控制段控制运行，安全可靠。如采用闸门控制，虽增加建设维护

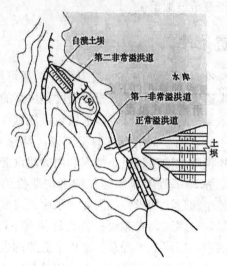

图 1　辽宁大伙房水库布置

成本，但在水库效益提升及运行管理灵活度方面是有利的。开敞式非常溢洪道每次运行后，其控制段不需要进行修复，不仅节约了修复费用，也不会影响水库的蓄水，是现今水利建设首选非常溢洪道类型。

5.2　漫流式

水库库周有高程合适、地势平坦的山坳时，适合布置过水断面为宽浅式、溢流前缘较长的漫流式非常溢洪道。漫流式溢洪道在山坳处设溢流堰，有时溢流堰可分段做成不同堰高。同样，控制段下游的泄槽和消能防冲设施，如行洪过后修复费用不高时可简化布置，甚至可以不做消能设施。

漫流式非常溢洪道的布置对地形条件要求较高，借用山坳口地形设置控制段，整体工程量一般较大，下游泄流及冲刷防护面也不小，除对生态环境产生一定影响外，修复工作量也很大，实际工程案例不多。如大伙房水库为了宣泄特大洪水，1977 年增加了一条长达 150m 的漫流式非常溢洪道。因漫流式溢洪道堰顶高程相对较低，影响水库效益，后期该漫流式溢洪道堰顶加设了自溃式土堤。可见，漫流式溢洪道从建设条件、工程造价、运行管理、效益影响等多方面不占优势。

5.3　溃坝式

溃坝式非常溢洪道多结合库周设有副坝的地形布设，坝身既要能长期可靠挡水，又要能适时溃决行洪。按溃决方式分为机械引溃、爆破引溃、漫顶自溃和引冲自溃等多种。早期溃坝式出于当时经济及技术能力，控制段绝大多数不建闸室，往往只在坝体基础附近加一段混凝土防冲底板和齿墙。后从水库蓄水经济效益考虑，发展出在漫流式或开敞式溢流堰顶加设自溃堤形式。当溢流前缘较长时，为了减小库内蓄水骤降的下泄量，有的漫顶自溃堤按不同高程分隔为数段布置。溃坝式非常溢洪道多在 20 世纪经济困难时期采用，如大伙房、鸭河口、南山等水库的非常溢洪道均应用此种类型。

溃坝式非常溢洪道设计理论和实践经验缺乏，设计时需对溃坝断面、筑坝材料、填筑要求、防渗措施、溃决方式及冲溃率等多方面开展分析试验研究。该类溢洪道运用的灵活性较差，溃坝具有偶然性，溃坝泄洪时下泄流量有突增现象，给下游防护造成一定困难，且修复工程量较大。总体而言，溃决式非常溢洪道存在诸多不可控风险，方法偏理论化，可实施性不强。

6 非常溢洪道设计要点

6.1 建筑物设计标准

非常溢洪道的运用对水库特征水位及大坝设计参数均有决定性影响，因而在泄水建筑物设计时，对非常溢洪道应根据其应对的洪水标准及功能作用，作为与正常泄水建筑物同等重要，应与正常溢洪道一并考虑其主要建筑物设计标准。

非常溢洪道的运用概率很小，但泄流能力不得降低，以免危及大坝安全，应以"泄量规模不打折，控制段设计标准不降低"为设计原则。除控制段不降低设计标准外，在不影响大坝主体且对下游影响可控情况下，可适当降低其他部位设计标准。非常溢洪道行洪过水后，其修复费用也是相对较低的。现行《溢洪道设计规范》在布置规定及条文说明有较多文字表述非常溢洪道也应是出于此点考虑。

6.2 布置及选型

水库库岸有通往天然河道的垭口或山坳时，经技术经济比较可布置非常溢洪道。为了避免泄洪时对其他建筑物造成影响，非常溢洪道的位置应与其他建筑物保持一定的距离。受地形地质条件所限，有时也可集中布置或对同一溢洪道进行功能分区，差别化设置两条溢洪道，但应做好隔离保护措施，避免相互影响。总之，要针对不同水库洪水特性及对下游的影响等条件，因地制宜地开展非常溢洪道的布置比选。

在非常溢洪道类型选用方面，漫流式、溃坝式溢洪道形式存在对边界条件的适应性较差、直接投资或修复成本较高、运行不灵活、安全无保障及管理负担重等问题，已逐步退出历史舞台。开敞式溢洪道具备地形地质条件适应性强、修复成本较低、运行灵活、安全可靠等特点，在新时期水利工程高质量建设要求下，非常溢洪道宜采用开敞式。

6.3 堰顶高程选择

非常溢洪道的溢流堰顶高程，应比正常溢洪道稍高，且一般不设闸门，有时也设闸门增加蓄水兴利。一般情况下堰顶高程和口门宽度成正比，在满足"宣泄超过设计标准的洪量"的泄流能力要求前提下，需根据多方面因素综合确定：

（1）过流单宽流量。根据过流通道地形地质条件，要考虑过流面抗冲能力、下游消能设施及河道承接能力，也要考虑过水损坏修复代价及难度。非常溢洪道启用后，过流历时越短越好，以便减小对下游的冲刷和淹没。故合适的单宽泄量需要技术经济比较选定。

（2）兼顾水库效益。非常溢洪道的启用意味着库水位可能大幅消降。应结合地形地质条件，通过不同堰顶高程与口门宽度组合，考虑与水库其他泄洪设施联合运用，及水库泄洪调度多方案研究，使非常溢洪道启用后水库尽可能多地蓄水发挥综合效益。

（3）利于投资和方便运行。溢洪道宽口门不宜太宽，因为一方面泄槽及防冲设施工程量将很大，另一方面如有闸门分段挡水，将给工程的管理、维护和启用带来不便。溢洪道口门过窄，则过流单宽需很大，且大概率需要设闸门控制，投资及运行维护费用也将增加。

堰顶高程和口门宽度确定是非常溢洪道设计重要工作内容，除应考虑以上因素外，必要时还需经水工模型试验确定。

7　非常溢洪道启用标准

非常溢洪道定位于应按校核洪水标准或可能最大洪水，泄量往往数倍于正常溢洪道。以往溃坝式和漫流式溢洪道因无法控制泄洪，一旦启用对下游必将造成较大的影响，如不及时启用、贻误时机就有垮坝的危险，造成更大的损失。因此，尽管水库有此类"安全"措施，但在启用与不启用之间，始终存在着极大矛盾和担心，对梯级水库河道上游水库则更为慎重。对于开敞式非常溢洪道，多数设有闸门，启用水位是可控的。一般情况下，当库水位超过设计洪水位，非常溢洪道即可启用。若非常溢洪道泄洪将造成下游地区较大损失时，宜在较低库水位启用；若适当提高标准对水库最高洪水位影响不大，也可在较高库水位启用。具有两个以上非常溢洪道时，宜采用分级分段启用方式，避免加重下游的损失。为防止水库泄洪造成下游严重破坏，规范规定：非常溢洪道启用标准应根据工程等级、枢纽布置、坝型、洪水特性及标准、库容特性及对下游的影响等因素多方案技术经济比较确定。非常溢洪道泄洪时，水库最大总泄量不应超过坝址同频率天然洪峰流量。

非常溢洪道的启用标准是一个比较复杂的问题，运用实践经验不多，采用时宜通过水工模型试验论证，做到安全可靠。目前有基于防洪调度风险确定非常溢洪道启用条件相关研究。依据防洪调度风险可接受的洪水过程，采用不同起调水位和不同洪水过程结合，确定非常溢洪道启用的坝前水位。此方法可以相对全面地考虑水库遭遇不同标准洪水过程中非常溢洪道的启用条件，对非常溢洪道启用标准研究具有一定参考价值。

8　结语及思考

随着我国经济社会的快速发展，水利工程建设标准逐步提高。现今各国普遍重视大坝安全，水库泄洪设施无差别化应对高标准洪水是规范趋势，现行《溢洪道设计规范》对非常溢洪道有应用规定。开敞式非常溢洪道具有适应性较强、修复成本较低、运行灵活、安全有保障等优点。新建或洪水标准偏低的已建水库，在水库洪水特征有需要及布置条件可行的情况下，设置非常溢洪道应对超标准的稀遇洪水，对降低工程造价是经济合理的。当然，非常溢洪道的设计理论尚不尽完善，运用实践经验也不足，在设计和运用中应谨慎对待。

参考文献

[1]　水利部．溢洪道设计规范：SL 253—2018 [S]．北京：中国水利水电出版社，2018．
[2]　翁义孟．介绍自溃坝式非常溢洪道的几个工程实例 [J]．水利水电技术，1979（04）：45-51．
[3]　郭伟，张茜．非常溢洪道在水库除险加固中的应用 [J]．水利规划与设计，2016（07）：118-120，126．
[4]　刘长胜．溃坝式非常溢洪道应用的探讨 [J]．治淮，1989（01）：34-36．
[5]　庞敏．自溃式非常溢洪道设计 [J]．水利水电工程设计，2000（04）：16-18．
[6]　崔云龙．基于防洪调度风险陆浑水库非常溢洪道启用条件研究 [D]．郑州：郑州大学，2020．

工程多方式水力治漂浮物研究与
岷江龙溪口航电枢纽拦导集收漂设计

蔡　莹[1,3]　郑　春[2]　魏学元[2]　肖金红[3]

(1. 长江水利委员会长江科学院，湖北武汉 430010，2. 龙溪口航电枢纽工程设计施工总承包
五星联合体总包部，四川犍为 614400，3. 武汉长科设计有限公司，湖北武汉 430010)

摘　要： 漂浮物干扰工程运行，需要改善治理。经广泛研究，岷江龙溪口航电枢纽电站引水渠采用水力一体治漂浮排系统和浮闸式水力一体清漂网架系统新技术治理漂浮物，该技术设置具有拦截和引导漂浮物功能的浮排，治理过程中在水力作用下将漂浮物导向集收漂浮闸，一体化拦导集收清（漂）主动高效可控治理漂浮物，避免在电站进流通道聚漂。水力一体治漂有多种方式，与传统拦集清漂技术比较，设施适应漂浮物特性规律，受力合理，安全性能高，与水流条件、岸边地形变化相协调，具有一定调节能力，减少人力机械操作环节，可排漂不弃漂，适应性广，易于维护，综合性能有较大改善，技术有助于治漂工作规范化、专业化、促进创新进步。

关键词： 水力一体；漂浮物；浮排；浮闸；网栅；滤收漂闸；航电枢纽

1　研究背景

　　地表垃圾等汇集水面形成漂浮物，漂浮物组成复杂，流动分散集缠绕腐烂下沉，随机且不稳定，聚集在枢纽前影响泄洪排涝、发电航运、取水调水、旅游景观等，污染水质，影响工程形象，威胁枢纽安全运行，漂浮物治理是工程难题。工程治漂包括拦、导、清、排、运等，当前措施各环节独立，多依靠人力机械操作，不能联合运行，易集兜漏沉，造成设施翻转、卡阻、堵塞、毁坏等，存在安全低效失控等问题。清漂环境复杂多变，管理困难，不易发挥长期稳定效果；进水口坝顶清污机清漂干扰因素多，操作难度大；枢纽闸孔排漂耗水量大效率低，影响工程直接效益，不能改善水环境。现有治漂方式对浮物规律适应不足，缺少系统研究，措施没有充分发挥水力作用，难以满足水利工程多方面要求。坝前关键水域应避免大量聚漂，减少人工清漂作业。

　　漂浮物运移聚集分布受水流控制，合理布置工程设施利用水力因势利导可改善治理效果。长江科学院在长期专业研究三峡、葛洲坝等工程漂浮物治理工作中，探索性提出水力一体拦、导、集（临时）、清（排、运、吊）治漂方式，在国家重点研发计划专题"枢纽库面拦排漂及安防技术与装备研发"（2016YFC0401900）和长江科学院技术研转基金项目"水力一体化治漂技术研转与推广应用"（CKZS2014002/SL）等项目支持下，经深入调查研究开发"水力一体拦导漂拦漂排"关键技术装备，在三峡坝前库区木鱼岛水域以及

作者简介：蔡莹，湖北浠水人，主要从事工程水力学研究及水利先进实用技术"水力一体化治漂技术"研发推广应用。
　　　　　E-mail：583547969@qq.com。

黄河三门峡电站运用检验，获得多方面预期实用效果，经不断完善技术已用于湖北汉江碾盘山水利枢纽电站。

水力一体治漂方式有多种实用设施，包括拦导漂浮排、集收漂浮闸、浮槽、网栅、滤收漂网闸等，根据河道水库以及枢纽电站治漂需要合理规划设置，适用于流态较平顺、水面流速 3m/s 以内水域以及电站（包括抽蓄、核电站）、泵站、水厂、排漂闸孔等工程，与现有的柔性拦漂排拦漂、人工船只清漂、拦污栅清污机组合清漂、枢纽排漂比较，该方式充分发挥水力导集收漂作用，可处理漂浮物、潜悬物、藻类，辅助拦鱼，减少人力机械操作，排漂不弃漂，效率高，易操作维护，兼具水面交通，不断航，构建枢纽关键水域水上安防屏障，提升工程治漂的安全、经济、环保等效益，已获多项国家专利，列入水利部 2022 年水利先进实用技术重点推广指导目录。

龙溪口航电枢纽经工程水文、布置、运行、漂浮物等多方面研究比较，结合电站水力学指标与水力一体治漂技术研究应用成果，决定采用水力一体治漂浮排系统和浮闸式水力一体清漂网架系统两项新技术处理电站引水渠漂浮物，改善工程痛点难点问题。

2　工程多方式水力治漂研究

龙溪口电站采用的水力一体治漂浮排系统和浮闸式水力一体清漂网架系统实用装备适用于渠道、河道、航道、水库水面拦截、引导、收集各类漂浮物、潜悬物（藻类）、拦截鱼类等，设施运用应合理规划河势水流条件，综合考虑流态流速水位等水力要素，设置在漂浮物密集经过的水域，不是在天然聚集区处理漂浮物，自身还应具有一定的调控适应水流的能力，河道水力不足可设置自身导漂机构，兼顾水面交通以及船舶通航，重点水域结合水面防恐和安防需要。

水力一体治漂方式与传统的拦漂清漂的区别在于依据漂浮特性充分发挥河流水力作用，河道工程都具有运用条件。根据河道水库、枢纽电站、排漂闸、泵站水厂等不同工程部位的需要，分别设置拦导漂浮排、集收漂浮闸、集收漂（潜）网栅、滤收漂闸等设施，各工程方式设置见图 1。

当前电站、泵站、水厂一般在进水口设置平板拦污栅与清污机组合清污，受气象水文技术等限制清污困难，工作效率低，清理跟不上聚集导致拦污栅被污物堵塞，抓斗入水扰动挤压加剧漂浮物下沉堵栅，提栅清污、停机反冲是被迫采取的无奈之举。汛期是工程发挥效益的关键期，此时兼顾清漂，抢险强度大操作难，造成大量水头损失，有时压垮拦污栅造成停机，影响工程安全运行，河床式电站问题更为突出。排涝泵站行洪通道单一，拦污栅堵塞危及辖区防汛排洪，严重影响城市汛期安全。针对工程上述不足在进水口设置水力集清漂浮物网栅系统，分层收集漂浮物、下潜物，在坝顶门机共同作用下进行清理，工作效率高，构造简单，运行维护简便，提升工程运行安全，见图 1(a)。

有些水利枢纽利用泄水排泄漂浮物。受流量、水位、流态等因素制约，排漂吸漂范围有限，耗水量大，水能利用率低，影响工程直接效益，将漂浮物问题转嫁下游河道及工程，不能改善水环境。根据坝前水流状态及漂浮物特性运移规律，在枢纽合适部位设置水力排滤收漂浮物闸门系统，及排泄、过滤、收集于一体，利用坝顶门机或吊车在坝顶或坝后适时起吊清理，"细水长流"排漂不弃漂，减少耗水量，运行简便，过程中减少人力操作，提升生态环保要求，见图1(b)。

运用水力一体治漂浮排、浮闸、网栅、排滤收漂闸技术方案，应根据工程特点结合工程布置、水文条件、工程调度运行、漂浮物情况和治理要求进行全面专业研究、有机组合、合理设置，重大枢纽工程可结合水力学模型试验进行必要的布置研究。典型工程设施布置运用见图1(c)、(d)。

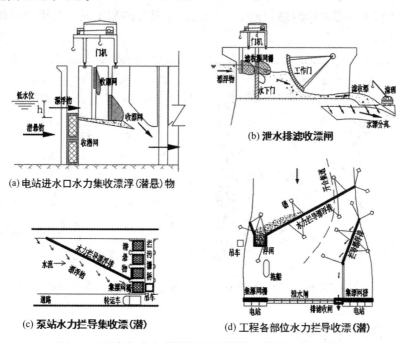

图1　工程多方式水力拦导集收清漂浮（潜悬）物示意图

3　龙溪口电站水力一体治漂条件

龙溪口航电枢纽是岷江下游河段规划的第四个梯级，采用河床式开发方式，从左至右依次布置左岸重力坝、厂房、泄洪闸坝、船闸，右岸接头重力坝，坝顶总长 961.07m，高程为 324.50m。龙溪口枢纽正常蓄水位 317.00m，设计洪水位 317.65m、校核洪水位 321.51m。发电厂房安装 9 台单机容量为 53.34MW 的灯泡贯流式水轮发电机组，电站总引用流量为 4768.2m³/s。

电站前池由斜向拦沙坎、导墙、电站厂房分隔而成，拦沙坎顶高程 305.0m、高 7.0m，导墙长 177.19m，拆除高程 308m。拦沙坎上游与河道左岸混凝土护坡相接，然后以 50°角的折线延至厂房坝段和泄洪闸坝段之间的厂坝导墙。前池上游附近河床清淤高程及前池前缘高程均为 298m，前池后半部分以 1∶3 的顺坡下降到高程 281.01m，后接厂房进水口。

根据岷江流域已建工程运行情况，漂浮物是困扰电站的难题，影响工程安全运行和效益，龙溪口电站将来运行时会同样存在该问题。龙溪口电站引水渠治理漂浮物原设计方案为传统柔性拦漂排，该方式在国内其他同类工程运用中问题较多，在本工程上游已建的犍为航电枢纽拦漂排初期运行就出现断开拦漂失效，设施还存在景观欠佳等。为有效改善本工程漂浮物问题，有必要研究实用可行的技术措施，可为后续工程治理漂浮物提供有益的借鉴。

河道水库水面水力一体治漂技术设施适用于流态较平顺、水面流速 3m/s 以内水域，可依水位变化对浮排形态进行适当调节。根据龙溪口电站引水渠水力学模型试验成果，正常运行工况下电站引水渠流速不超过 1.5m/s、流向流态较稳定，库面水力一体治漂技术设施可应用于该工程漂浮物治理。流量 15000m³/s 两种典型工况电站引水渠流速流态分布见图 2、图 3。

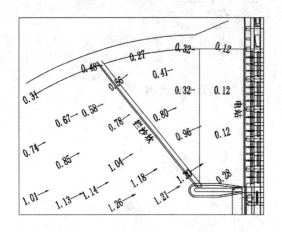

图 2 15000m³/s 电站满发泄洪前池流速分布   图 3 15000m³/s 电站停机敞泄前池流速分布

4 治漂方案布置与构造

综合水力一体治漂研究及应用成果，龙溪口电站拦导漂排在水面呈直线状态，刚性单元与柔性连接浮动定位，拦截漂浮物过程中在水流作用下将漂浮物导向集收漂浮闸，根据漂浮物收集情况适时整体打包水面转运，或枢纽泄水排漂。发挥水力作用实现拦导集收运排一体化处理漂浮物。设施适应水流条件、漂浮物爆发、组成等不确定性，水面形态、导漂角度、导漂板吃水深度可随水位变动相应调节，避免阻卡漂，有利于减轻约束荷载，操作便利灵活，极端情况可避险，设施兼作水上交通操作平台，不断航。工程布置见图 4。

拦导漂浮排总长 366.6m，由 10 节长×宽×吃水各约 36m×3.6m×1.0m 刚性单节浮排串联组成，单节浮排由 3 个 12m×3.6m×1.0m 基本制作单元螺栓连接构成，基本制作单元包括主浮筒、钢架支撑、拦导漂板、走道、系缆桩、栏杆、防撞件等。各节浮排独立水下锚墩定位，浮排系缆桩、水下锚之间系缆绳连接，为人力辅助导排清漂操作需要，栏杆设置在浮排下游侧。

集收漂浮闸构造类似船闸，由两侧浮排、循环收集网兜、首尾工作桥、进口网闸门等组成，两侧浮排构成闸室，闸室内铺设循环收集网兜。浮闸设置在拦导漂浮排前漂浮物易聚集的部位（可根据运用情况调整），闸室网兜长×宽×吃水为 12m×6m×3.0m，一次收集漂浮物 10~100m³，容量大小可根据转运条件调整，清理适时打包网兜，水面拖运至 1 号泄洪闸上游检修孔，通过坝顶双向检修门机吊至坝顶转运；汛期电站不发电还可根据枢纽运行水流漂浮物情况，打开浮闸网兜，利用枢纽泄洪排漂。

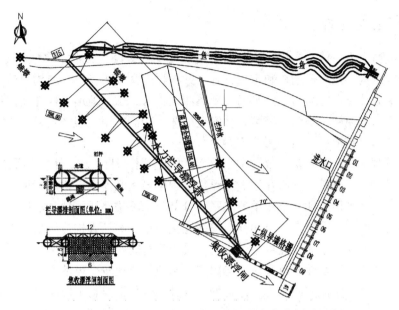

图 4　岷江龙溪口电站引水渠拦导漂浮排与集收漂浮闸布置

拦导漂浮排和集收漂浮闸主体钢浮筒直径 920mm、壁厚 8mm，分段隔仓防漏水下沉，其他部位板、杆及支撑架材料厚度为 3～14mm，浮筒主材为 Q355B，型材 Q235B，排体单位长度重量约 6.5kN/m，约为 50％总浮力，浮排节间由钢丝绳柔性系缆连接，设置防撞轮胎和防漏漂帘。

水下锚墩设在对应的浮排节间上下游部位，综合受力、水下耐久、淤积、绕绳等满足要求，墩顶设 Q355B ϕ70 钢系缆环，高出淤积高程，墩顶系缆环与浮排系缆桩间用 ϕ18 柔软镀锌钢丝绳穿环与系缆桩连接，避免墩顶与缆绳摩擦，每套锚环系缆力 200kN，在水面浮排上可更换连接水下锚环系缆绳。

浮排右端与导墙锚环柔性连接，高程约 305m；浮排左端位于鱼道右侧的 315～316m 等高线之间，可从岸边上浮排走道。通过调节缆绳长度可在一定范围内调整浮排水面位置，使浮排浮动满足水位变动要求。浮排左端与岸边和右端与固定格栅之间挂浮漂拦污网，避免漏漂。

拦导漂浮排和集收漂浮闸各部位制造、安装及验收按招标文件技术条款及《水利水电工程钢闸门制造、安装及验收规范》GB/T 14173—2008、《水电工程钢闸门制造安装及验收规范》NB/T 35045—2014 等相关标准要求，对主浮筒成品均须进行 0.06N/mm^2、20min 气密稳压性检查和焊缝探伤检查，浮排主体为耐久结构，缆绳、拦导漂板为可耗损可更换材料。

浮排浮动定位参照船舶、趸船等水上设施抛锚、系缆、移位、浮动、防撞构造及操作方式。为满足运行维护交通需要，应配置专用交通维护船只，岸边通行阶梯。拦导漂浮排和集收漂浮闸运行应配备专职操作维护人员和人工绞盘、卡环、绳索、船只、吊车、码头、斧锯、拖钯、推杆、救生、监视、照明、通信等必要的设施和器具。

为验证设施运用性能，在工程联调联试期间应对浮排形态、钢丝绳的拉力等主要指标应进行典型工况原型试验测验，检验拦、导、收、运、排漂效果等，并进行优化调整。

5　设施安全稳定性

龙溪口电站水力一体拦导漂排集收漂浮闸方案及构造设计参考了多座拦漂工程设施、船舶、趸船等结构构造布置结构和定位方式，并根据水文气候特征、结构荷载组成、水力计算、结构受力计算、重力与浮力平衡、现场测试检验、水下地形、构件及器械装配、操作及交通需要、方便施工等多种因素，从安全耐久、功能实用、经济效果、维护简便等方面进行综合分析比较形成的最终实施方案。

浮排运行时主要承受水流、漂浮物、风浪共同作用。从水力一体拦导漂浮排结构功能、连接方式、定位分析，设施在拦截漂浮物过程中导离漂浮物，排前不聚漂，漂浮物挤压力可忽略；浮排整体由独立工作单节串联，分节与水下锚环缆绳独立承担水力，节间缆绳起联系作用，两端不受约束，节间横向缆绳连接力小，经计算构造满足要求可确保浮排内力安全，理论上浮排整体长度可不受限制；设施运行时拦漂导漂不聚集漂浮物，可减小吃水深度，柔性连接随水面漂浮起伏，与固定挡水建筑物比较受风浪作用小。集收漂浮闸与浮排并连在一起，水流方向受力为浮排的一部分，收集漂浮物不影响整体荷载。

力一体拦导漂浮排吃水和水面高度都很小，参照《港口工程荷载规范》JTS 144-1—2010 根据浮排结构和受力条件分析，浮排系缆力都很小。与工程现有柔性拦漂排比较，减小吃水深度，功能及受力方式更为合理，结构安全可靠。开发的技术装备设施在长江三峡、黄河三门峡坝前水面经风暴袭击、反恐演练、船舶撞击、泄水坠落等极端条件运用检验，在水面流态平稳、流速 3m/s 内水域都具有较好的安全性和稳定性。

从浮排实测情况看，浮排前后断面流速变化小，水头差都很小，实测工况缆绳拉力都比较小。岷江龙溪口航电枢纽拦导漂排吃水深度 1m，按最大流速约 3m/s，经多种方式简单计算分析，拦漂排单位长度水流冲击力不超过 3kN/m，36m 单节拦漂排水力不超100kN；采用 Flow 3D 流体力学计算软件模拟计算，水流对单节浮排的冲击力约 100kN；参照船舶系缆力与排水量的比例估算，单节浮排系缆力更小。经综合计算比较分析，设施安全系数不小于 3。

6　结论

有效治理漂浮物是提升环保、安全、实现工程综合效益等多方面的现实需要，现有治漂方式问题较多，难以满足工程运行需求。当前漂浮物治理没有充分规范依据，实际运用效果需要改进，治理方式及措施还在探索中。水力一体治漂方式充分发挥水力作用，顺应漂浮物规律特性，经试验和实际运用检验具有多方面优势，适用于各类工程。

根据工程布置水力特点经广泛研究，岷江龙溪口航电枢纽电站采用长江科学院研发的水力一体治漂浮排系统和浮闸式水力一体清漂网架系统治理引水渠漂浮物，该技术方式主动可控高效，避免漂浮物在电站进流通道聚集，实现拦导集收清（排）漂作业一体化，控制减少人力机械中间操作环节，可与水流条件、岸边地形变化相协调，具有一定调节能力，设施受力方式合理，适应性强，安全性能高，节省工程投资和运行成本，易于维护。

水力一体治漂技术措施包括拦导漂浮排、集收漂浮闸、集收漂（潜）网栅、滤收漂闸孔等设施，依据漂浮特性与水流条件合理规划设置，可为河道水库、枢纽电站、泵站水厂、排漂闸等不同工程部位改善漂浮物治理条件，与传统方式比较综合性能有较大提高，技术有助于漂浮物治理工作规范化、专业化，实现技术创新进步。

参考文献

[1] 蔡莹，李书友，黄明海．汉江碾盘山电站水力一体拦导漂浮排设计研究 [J]．长江科学院院报，2021，38（10）：99-103.

[2] 周建军，曾永红，蔡莹．枢纽发电、泄洪、通航运行及联合优化调控技术 [M]．北京：科学出版社，2020：210-245.

[3] 蔡莹，黄国兵，刘圣凡．因势利导水力一体化治漂在三峡库区的应用 [J]．水利水电快报，2020，41（1）：62-66.

[4] 蔡莹，杨伟，黄国兵．水力一体化治漂与枢纽库面安防系统研究及实施 [J]．水利水电技术，2017，48（11）：168-173.

[5] 蔡莹，唐祥甫，蒋文秀．河道漂浮物对工程影响及研究现状 [J]．长江科学院院报，2013，30（8）：84-89.

[6] 蔡莹，李章浩，李利．河道型水库漂浮物综合治理措施探究 [J]．长江科学院院报，2010，27（12）：31-35.

[7] 蔡莹，谢学伦，黄国兵．浮桥式治漂浮排在三峡坝前的应用研究与实践 [J]．长江科学院院报，2016，33（10）：63-66.

[8] 岳桢．水利水电清污现状和对应措施 [J]．西北水电，2009（1）：21-28.

[9] 高朝辉，仇宝云，问泽杭．泵站拦污栅及其清污研究进展 [J]．排灌机械，2006，24（2）：10-15.

[10] 任玉珊，刘淑珍，于向军，等．水电站拦污栅水头损失和清污机械研究现状和趋势 [J]．长春工程学院学报（自然科学版），2002，3（3）：12-15.

[11] 童中山，周辉，吴时强，等．水电站导漂建筑物研究现状 [J]．水利水运工程学报，2002，（1）：73-78.

[12] 蔡莹．杨文俊．史德亮．等．水利工程进水口水力集清漂浮物网栅系统 [P]．中国：ZL202110628046.8，2021-06-06.

[13] 蔡莹，黄国兵，段文刚，等．水利工程水力排滤收漂浮物闸门系统 [P]．中国：ZL202110628043.4，2021-06-06.

[14] 蔡莹，黄国兵，卢金友，等．水力一体治漂浮排系统 [P]．中国：ZL201520148114.0，2015-07-22.

[15] 蔡莹，黄国兵，史德亮，等．浮闸式水力一体清漂网架系统 [P]．中国：ZL201520137674.6，2015-07-22.

基于模糊网络分析法的小型水库退役影响评价

胡国平[1]　　王超群[2]　　黎良辉[2]

(1. 江西省水利科学院, 江西南昌 330029; 2. 南昌大学工程建设学院, 江西南昌 330031)

摘　要: 现有的水库退役影响多为定性描述生态环境在水库退役前后的变化, 对经济社会和当地居民意见等关注不足, 且无系统的水库退役影响分析。本文应用模糊网络分析方法从生态环境、经济和社会三个方面建立了小型水库退役影响评价模型, 对水库退役影响进行分析评价, 并以江西省某小型水库为例进行验证, 评价模型合理, 评价结果与现状相符, 为主管部门制定水库退役计划提供技术支撑。

关键词: 小型水库; 退役影响; 模糊网络分析法; 评价模型

1　引言

退役是小型水库生命周期的一个重要阶段和必然需求, 目前该项工作进展缓慢, 这是由水库退役决策本身的复杂性及善后处理困难等造成的, 且目前对水库退役的研究大多集中在退役决策评估方法等方面, 对退役影响的分析研究较少。Doyle[1] 提出概念性渠道演变模型 (CEM), Bednarek[2] 从时间维度入手, 分析总结了拆坝后短期内的生态指标变化和达到新的准平衡状态的长期生态效应。方崇等[3] 聚焦于鱼类种类和数量变化的研究, 发现拆坝后受河流生态系统的影响, 王若男[4]、俞云利等[5] 针对拆坝对生态系统的影响提出了河流修复措施的研究方向和应用前景。从现有的水库退役影响研究相关文献来看, 水利工作者的研究重点还是生态影响, 本文系统整理了水库退役的生态影响、经济影响和社会影响, 并就江西某小型水库的退役影响进行综合评价, 优选网络分析法建立评价体系, 考虑到影响评价的模糊特性, 引入模糊数学理论以降低应用网络分析法的主观影响, 使评价结果更加准确客观。

2　小型水库退役影响评价方法

本文采用模糊网络分析法[6] 研究小型水库退役影响, 该方法是基于网络分析法[7] 和三角模糊数理论[8] 的综合分析方法, 考虑了各评价指标之间的相互影响关系, 又具有一定的层次性, 一定程度上克服了模糊综合评判和网络分析法的局限性, 整体系统性较强, 是网络分析法对偶然性、模糊性和不确定性定性量化的一种延伸方法。

1. ANP 网络结构

典型 ANP 网络结构如图 1 所示。

项目来源: 江西省水利厅科技项目 (202022YBKT25); 江西省水利行业地方标准制定项目 (202223BZKT03)。

作者简介: 胡国平 (1983—), 男, 硕士, 高级工程师, 主要从事水利工程评价、防灾减灾研究等。
E-mail: 190373590@qq.com。

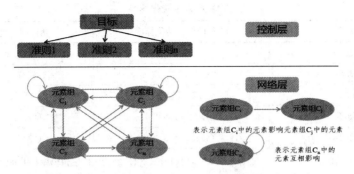

图 1　典型 ANP 网络结构

利用指标间的相对重要性，建立判断矩阵，如表 1 所示。

间接优势度比较判断矩阵　　　　　　　　　　　　　　　　表 1

e_{jl}	$e_{i1},e_{i2},\cdots e_{in}$	归一化特征向量
e_{i1}		$W_{i1}^{(jl)}$
e_{i2}		$W_{i2}^{(jl)}$
$\vdots$		$\vdots$
e_{in}		$W_{in}^{(jl)}$

并由特征根法得到排序向量 $W_{i1}^{(jl)}$，$W_{i2}^{(jl)}$，$\cdots W_{in}^{(jl)}$，记 W_{ij} 为：

$$W=\begin{vmatrix} W_{i1}^{(j1)} & W_{i2}^{(j2)} & \cdots & W_{i2}^{(jnj)} \\ W_{i2}^{(j1)} & W_{i2}^{(j2)} & \cdots & W_{i2}^{(jnj)} \\ \cdots & \cdots & \cdots & \cdots \\ W_{in_i}^{(j1)} & W_{in_i}^{(j2)} & \cdots & W_{in_i}^{(jnj)} \end{vmatrix} \tag{1}$$

2. 三角模糊数理论

模糊数是一个对象模糊特性的表达，利用三角模糊数整合专家意见，可以有效地克服人为主观性，使得决策更加科学合理。

$F=\{x\in R\,|\,\mu_F\,(x)\}$，$R_1$：$-\infty<X<+\infty$，$\mu_F\,(x)$ 是 R_l 到闭区间 $[0,1]$ 上一个连续映射。三角模糊数可以表示为 $M=(l，m，n)$，它的隶属函数 $\mu M\,(x)$：$R\to$ $[0,1]$ 定义为：

$$\mu M(x)=\begin{cases} 0 & x<l \text{ 或 } x>u \\ (x-l)/(m-l) & l\leqslant x\leqslant m \\ (x-u)/(m-u) & m\leqslant x\leqslant u \end{cases} \tag{2}$$

其中 $l\leqslant m\leqslant u$，l 是 M 的上界，m 是 M 的中值，u 是 M 的下界。l 和 u 代表着判断的模糊程度，$u-l$ 与模糊程度成正比，当 $l=m=u$ 时，M 是普遍意义的实数。三角模糊数转化标度见表 2。

3. F-ANP 法评判步骤

该方法通过网络分析法构建指标体系，通过三角数学运算原理，建立模糊评判矩阵，并对结果进行综合评判，主要步骤如下。

三角模糊数转化标度 表2

语言表示	三角模糊数转化标度	三角模糊数倒数转化标度
同等重要	$(1/2,1,3/2)$	$(2/3,1,2)$
稍微重要	$(5/2,3,7/2)$	$(2/7,1/3,2/5)$
明显重要	$(9/2,5,11/2)$	$(11/2,1/5,3/2)$
强烈重要	$(13/2,7,15/2)$	$(2/15,1/7,2/13)$
绝对重要	$(17/2,9,19/2)$	$(2/19,1/9,2/17)$

$(3/2,2,5/2)(7/2,4,9/2)(11/2,6,13/2)(15/2,8,17/2)$ 为对应三角模糊数中间值
$(2/5,1/2,2/3)(2/9,1/4,2/7)(2/17,1/8,2/15)$ 的三角模糊数倒数标度

（1）确定 ANP 网络结构

基于评价因素之间的相互关系，确定合理的网络结构模型。

（2）确定因素集及评语集

确定评价目标的评语集：$V=\{V_1,V_2,\cdots,V_m\}$；确定评价因素集 $U=\{U_1,U_2,\cdots,U_k,\cdots,U_n\}$。

（3）确定模糊关系矩阵

进行单因素评价，建立模糊关系矩阵，即 U 到 V 的关系矩阵 R：

$$R=\begin{vmatrix} r_{11} & r_{12} & r_{13} & \cdots & r_{1n} \\ r_{21} & r_{22} & r_{23} & \cdots & r_{2n} \\ \cdots & \cdots & \cdots & & \cdots \\ r_{m1} & r_{m2} & r_{m3} & \cdots & r_{mn} \end{vmatrix} \qquad (3)$$

（4）用 ANP 法确定权重

采用 1～9 标度法确定判断矩阵具有一定的离散性，因为缺少考虑评估对象的不确定性和模糊性，事实上，判定两个因素之间的相对重要性很大程度上取决于主观判断，基于这个原因，使用三角模糊数学更加合理。

（5）确定结果

运用模糊数学运算方法，确定综合评价结果。计算所用的算子不同的取法解决不同的实际问题。常用的有 $M(\wedge,\vee)$，$M(g,\vee)$，$M(\wedge,\oplus)$，$M(g,\oplus)$，详见表3。

常用四种算子的主要特征 表3

算子	$M(\wedge,\vee)$	$M(g,\vee)$	$M(\wedge,\oplus)$	$M(g,\oplus)$
特征	主因素决定型，只考虑主要作用的因素	主因素决定型，只考虑次要作用的因素	包含的信息较多	考虑了所有因素，信息包含最多

本文选择 $M(\wedge,\oplus)$ 算子计算加权平均值，最后根据最终指标向量，结合评语集确定评价结论。

3　F-ANP 法评价模型构建

3.1　ANP 网络结构

ANP 网络结构分为控制层和网络层，如图2所示。建立指标评价体系后，各指标间

并不是相互独立的，而是互相影响，存在一定的耦合关系。

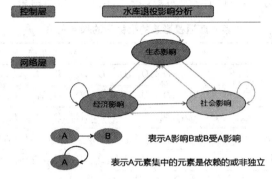

图 2　ANP 网络结构示意图

3.2　构建因素集与评语集

1. 因素集的构建

根据 F-ANP 法原理构建水库退役影响评价因素集，建立某水库退役影响评价体系，如图 3 所示。

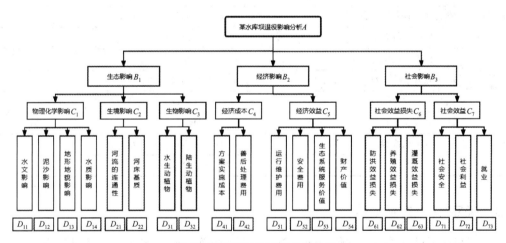

图 3　某水库退役影响分析体系

结合上述的 ANP 网络结构示意图和某水库退役影响分析体系，可以进一步厘清各个指标的联系，如表 4 所示。

2. 评语集的构建

评语集是对各层次评价指标的一种语言描述，它是专家评审人对各评价指标所给出的评语集合。本模型根据水库退役各种影响大小将评语分为五个等级，可将标准定量化为百分制，具体的评价集确定为：$V = \{v_1, v_2, v_3, v_4, v_5\} = \{特优, 优, 良, 中, 差\}$

具体评价标准为：

评价得分 90 分以上，评价等级为特优，表示超出预期结果；

评价得分 80 分以上，评价等级为优秀，表示达到预期结果；

评价得分 70 分以上，评价等级为良好，表示比较符合预期结果；

评价得分 60 分以上，评价等级为中等，表示基本符合预期结果；

评价得分低于 60 分时，评价等级为差，表示达不到预期结果。

某水库退役影响的指标间的耦合关系　　　　　　　　　　　　表 4

影响指标			被影响指标
生态影响 B_1	物理化学影响 C_{11}	水文影响 D_{11}	D_{12},D_{13},D_{14},D_{22},D_{31},D_{32},D_{53},D_{54},D_{61},D_{62},D_{63},D_{71},D_{72}
		泥沙影响 D_{12}	D_{11},D_{13},D_{14},D_{21},D_{22},D_{31},D_{41},D_{42},D_{53},D_{54},D_{61},D_{62},D_{63},D_{71},D_{72}
		地形地貌影响 D_{13}	D_{11},D_{12},D_{14},D_{21},D_{22},D_{31},D_{32},D_{42},D_{53},D_{54},D_{62},D_{63},D_{72}
		水质影响 D_{14}	D_{11},D_{12},D_{22},D_{31},D_{32},D_{42},D_{53},D_{54},D_{62},D_{63},D_{71},D_{72}
	生境影响 C_{12}	河流的连通性 D_{21}	D_{11},D_{12},D_{13},D_{14},D_{41},D_{42},D_{53},D_{54},D_{63},D_{71},D_{72}
		河床基质 D_{22}	D_{11},D_{12},D_{13},D_{14},D_{31},D_{41},D_{42},D_{53},D_{54},D_{62},D_{63},D_{72}
	生物影响 C_{13}	水生动植物 D_{31}	D_{11},D_{12},D_{13},D_{14},D_{22},D_{32},D_{53},D_{54},D_{62},D_{63},D_{71},D_{72}
		陆生动植物 D_{32}	D_{11},D_{12},D_{13},D_{14},D_{41},D_{42},D_{53},D_{54},D_{62},D_{71},D_{72}
经济影响 B_2	经济成本 C_{21}	方案实施成本 D_{41}	D_{11},D_{12},D_{13},D_{14},D_{21},D_{22},D_{31},D_{32},D_{42},D_{51},D_{52},D_{53},D_{54},D_{61},D_{62},D_{63},D_{72}
		善后处理费用 D_{42}	D_{11},D_{12},D_{13},D_{14},D_{21},D_{22},D_{31},D_{32},D_{53},D_{54},D_{61},D_{62},D_{63},D_{72},D_{73}
	经济效益 C_{22}	运行维护费用 D_{51}	D_{21},D_{22},D_{31},D_{32},D_{41},D_{42},D_{52},D_{61},D_{73}
		安全费用 D_{52}	D_{41},D_{42},D_{61},D_{71},D_{73}
		生态系统服务价值 D_{53}	D_{31},D_{32},D_{54},D_{72},D_{73}
		财产价值 D_{54}	D_{72},D_{73}
社会影响 B_3	社会效益损失 C_{31}	防洪效益损失 D_{61}	D_{72},D_{73}
		养殖效益损失 D_{62}	D_{31},D_{72},D_{73}
		灌溉效益损失 D_{63}	D_{31},D_{72},D_{73}
	社会效益 C_{32}	社会安全 D_{71}	D_{61},D_{72},D_{73}
		社会利益 D_{72}	D_{61},D_{62},D_{63},D_{31},D_{73}
		就业 D_{73}	D_{61},D_{62},D_{63},D_{31},D_{71},D_{72}

3.3　确定模糊关系矩阵

对三级因素进行单因素评价，建立单因素评价矩阵。即 A 到 V 的关系矩阵 R：

$$R=\begin{vmatrix} r_{11} & r_{12} & r_{13} & \cdots & r_{1n} \\ r_{21} & r_{22} & r_{23} & \cdots & r_{2n} \\ \cdots & \cdots & & \cdots & \cdots \\ r_{m1} & r_{m2} & r_{m3} & \cdots & r_{mn} \end{vmatrix} \tag{4}$$

3.4　确定权重

本文先从二级指标物理化学影响 C_{11}、生境影响 C_{12}、生物影响 C_{13}、经济成本 C_{21}、经济效益 C_{22}、社会效益损失 C_{31}、社会效益 C_{32} 七个方面来进行评价。邀请专家对评价对象进行评估，对评估结果进行统计，得到模糊两两判断矩阵，再用特征根法（借助 MATLAB 软件进行运算）计算出合适权重向量。具体步骤如下。

（1）构造三级指标模糊权重矩阵。构建退役影响评价模型时，考虑各元素组之间存在互相影响关系，得到下列成分模糊关系矩阵 A。

$$A = \begin{vmatrix} a_{11} & a_{12} & a_{13} & a_{14} & a_{15} & a_{16} & a_{17} \\ a_{21} & a_{22} & a_{23} & a_{24} & a_{25} & a_{26} & a_{27} \\ a_{31} & a_{32} & a_{33} & a_{34} & a_{35} & a_{36} & a_{37} \\ a_{41} & a_{42} & a_{43} & a_{44} & a_{45} & a_{46} & a_{47} \\ a_{51} & a_{52} & a_{53} & a_{54} & a_{55} & a_{56} & a_{57} \\ a_{61} & a_{62} & a_{63} & a_{64} & a_{65} & a_{66} & a_{67} \\ a_{71} & a_{72} & a_{73} & a_{74} & a_{75} & a_{76} & a_{77} \end{vmatrix} \tag{5}$$

（2）在元素集 C_1（物理化学影响）中，以元素 D_{11}（水文影响）为准则，元素集 C_1（物理化学影响）中的元素 D_{11}（水文影响）、D_{12}（泥沙影响）、D_{13}（地形地貌影响）、D_{14}（水质影响）对元素 D_{11}（水文影响）的影响大小按照 $1\sim9$ 标度表构建模糊判断矩阵，见表 5。

C_1 对于 D_{11} 的相对重要性 表 5

D_{11}	D_{11}	D_{12}	D_{13}	D_{14}	权重向量
D_{11}	*	*	*	*	*
D_{12}	*	*	*	*	*
D_{13}	*	*	*	*	*
D_{14}	*	*	*	*	*

通过特征根法可以得出排序向量 $(W_{11}^{(11)}, W_{12}^{(11)}, W_{13}^{(11)}, W_{14}^{(11)})^{\mathrm{T}}$，即元素集 C_1 中元素 D_{11}、D_{12}、D_{13}、D_{14} 对元素 D_{11} 影响程度的排序向量。

同理，分别以元素 D_{12}（泥沙影响）、元素 D_{13}（地形地貌影响）和元素 D_{14}（水质影响）为准则，可得到排序向量 $(W_{11}^{(12)}, W_{12}^{(12)}, W_{13}^{(12)}, W_{14}^{(12)})^{\mathrm{T}}$、$(W_{11}^{(13)}, W_{12}^{(13)}, W_{13}^{(13)}, W_{14}^{(13)})^{\mathrm{T}}$ 和 $(W_{11}^{(14)}, W_{12}^{(14)}, W_{13}^{(14)}, W_{14}^{(14)})^{\mathrm{T}}$。

将上述 4 个特征向量进行矩阵组合，可以得到模糊判断矩阵 W_{11}。

（3）按照同样的计算原理，最终可以得到模糊判断矩阵 $W_{11}, \cdots, W_{17}$；$W_{21}, \cdots, W_{27}$；$W_{31}, \cdots, W_{37}$；$W_{41}, \cdots, W_{47}$；$W_{51}, \cdots, W_{57}$；$W_{61}, \cdots, W_{67}$；$W_{71}, \cdots, W_{77}$ 这样求得二级结构模糊矩阵，即模糊超矩阵 W。

$$W = \begin{vmatrix} W_{11} & W_{12} & W_{13} & W_{14} & W_{15} & W_{16} & W_{17} \\ W_{21} & W_{22} & W_{23} & W_{24} & W_{25} & W_{26} & W_{27} \\ W_{31} & W_{32} & W_{33} & W_{34} & W_{35} & W_{36} & W_{37} \\ W_{41} & W_{42} & W_{43} & W_{44} & W_{45} & W_{46} & W_{47} \\ W_{51} & W_{52} & W_{53} & W_{54} & W_{55} & W_{56} & W_{57} \\ W_{61} & W_{62} & W_{63} & W_{64} & W_{65} & W_{66} & W_{67} \\ W_{71} & W_{72} & W_{73} & W_{74} & W_{75} & W_{76} & W_{77} \end{vmatrix} \tag{6}$$

（4）构造模糊加权超矩阵计算权重 $\overline{W}$：

$$\overline{W}=A \cdot W=\begin{vmatrix} a_{11}W_{11} & a_{12}W_{12} & a_{13}W_{13} & a_{14}W_{14} & a_{15}W_{15} & a_{16}W_{16} & a_{17}W_{17} \\ a_{21}W_{21} & a_{22}W_{22} & a_{23}W_{23} & a_{24}W_{24} & a_{25}W_{25} & a_{26}W_{26} & a_{27}W_{27} \\ a_{31}W_{31} & a_{32}W_{32} & a_{33}W_{33} & a_{34}W_{34} & a_{35}W_{35} & a_{36}W_{36} & a_{37}W_{37} \\ a_{41}W_{41} & a_{42}W_{42} & a_{43}W_{43} & a_{44}W_{44} & a_{45}W_{45} & a_{46}W_{46} & a_{47}W_{47} \\ a_{51}W_{51} & a_{52}W_{52} & a_{53}W_{53} & a_{54}W_{54} & a_{55}W_{55} & a_{56}W_{56} & a_{57}W_{57} \\ a_{61}W_{61} & a_{62}W_{62} & a_{63}W_{63} & a_{64}W_{64} & a_{65}W_{65} & a_{66}W_{66} & a_{67}W_{67} \\ a_{71}W_{71} & a_{72}W_{72} & a_{73}W_{73} & a_{74}W_{74} & a_{75}W_{75} & a_{76}W_{76} & a_{77}W_{77} \end{vmatrix} \tag{7}$$

同理，重复上述步骤可以得到层次 B（B_1，B_2，B_3）的成分模糊关系矩阵 B：

$$B=\begin{vmatrix} b_{11} & b_{12} & b_{13} \\ b_{21} & b_{22} & b_{23} \\ b_{31} & b_{32} & b_{33} \end{vmatrix} \tag{8}$$

模糊超矩阵 M：

$$M=\begin{vmatrix} M_{11} & M_{12} & M_{13} \\ M_{21} & M_{22} & M_{23} \\ M_{31} & M_{32} & M_{33} \end{vmatrix} \tag{9}$$

得到以层次 B（B_1，B_2，B_3）准则的加权超矩阵 $\overline{M}$：

$$\overline{M}=BM=\begin{vmatrix} b_{11}M_{11} & b_{12}M_{12} & b_{13}M_{13} \\ b_{21}M_{21} & b_{22}M_{22} & b_{23}M_{23} \\ b_{31}M_{31} & b_{32}M_{32} & b_{33}M_{33} \end{vmatrix} \tag{10}$$

$$A=\overline{M} \tag{11}$$

于是：

$$\overline{W}=A W=\overline{M}W=BMW \tag{12}$$

（5）计算极限排序。利用最大特征根法求得 W 的最大特征根 1 所对应的归一化特征向量 W^t，W^t 即为各项评价指标对大坝退役影响评价的权重。根据 W^t 中各数值的大小所对应的评价指标进行降序排列，其排序即为所选评价指标对大坝退役影响评价影响权重大小的排序。

3.5　确定评价结果

根据权向量 W^t 和模糊评价值矩阵 R，进行综合评判，评判模型 Q 为：

$$Q=W^t \cdot R \tag{13}$$

式中，Q 为综合评判向量；R 为综合评判矩阵；W^t 表示该层指标的权向量；运算符"·"为模糊算子。

4 实例分析

4.1 基本情况

1. 水库退役前基本情况

某水库设计灌溉面积 500 亩，影响人口 800 人，是一座以防洪为主，兼有灌溉、养殖等综合效益的小（2）型水库。水库实际总库容 5.03 万 m^3，达不到原库容 26.1 万 m^3，现状实际功能指标达不到水库原设计工程规模。根据利用世行贷款实现绿色园区改造提升示范项目的规划，该水库位于项目规划区内，退役后将成为城市景观湖，在经济、社会生活及生态等方面都有着巨大的意义。

2. 水库退役后基本情况

1）生态系统调查

水文：调研组测量了拆坝前和拆坝后大坝上下游的流速比、水温比和容径流量比。

泥沙：原库区大部分泥沙已在枯水期挖除，遗留泥沙采取原地固置和自然冲蚀的方式处理，河流自然美观，不存在明显的堵塞现象。

地形地貌：专家组走访了库区周边，拆坝前河岸大部分不稳定的情况得到明显改善，拆坝后加固河岸，河岸稳定性增加。

水质：水质评价共选取 pH 值、溶解氧、浊度、生物需氧量（BOD）、化学需氧量（COD）等指标，拆坝后水质得到明显的改善。

河流：拆坝后未发现河流有明显的堵塞现象，下游河段块石卵石较多，河床基质较为丰富。

植物覆盖率：通过历史遥感影像资料和现场调查，河道及岸边整治工作全部完成后植物覆盖率显著提升。

2）经济影响状况调查

专家组复核了该水库退役资金，对方案实施成本不以资金数量的多少作为评分依据，而是以其有效利用率作为评分标准打分；水库退役节省的运行维护费用和安全费用等粗略采用历年平均费用后专家进行评分；现场走访得知生态公园周边土地的财产价值得到极大地提升，且生态公园的美学价值和观光旅游等生态系统服务价值显著增强。

3）社会影响状况调查

本文采用发放问卷的方式调查社会影响满意度，共发放 100 张问卷，回收 100 张，有效问卷 92 张。专家根据问卷调查结果评估社会影响。

4.2 确定模糊关系矩阵

为得到较为真实的水库退役影响评价，本文征求熟悉水库降等与报废工程项目等的专家 20 人组成评审团，结合上文指标评价内涵以问卷调查的形式让他们对综合评价系统第三层元素进行单因素评价。通过对调查表的回收、整理、统计，得到评价指标如表 6 所示。

水库退役影响评价指标 表6

评价指标	极好[100,90)	较好[90,80)	一般[80,70)	轻微[70,60)	恶劣[60,0)
水文影响	0	3	15	2	0
泥沙影响	0	2	14	4	0
地形地貌影响	0	3	13	4	0
水质影响	0	3	12	5	0
河流的连通性	0	7	12	1	0
河床基质	0	9	11	0	0
水生动植物	0	12	8	0	0
陆生动植物	0	4	11	5	0
方案实施成本	4	13	3	0	0
善后处理费用	6	13	1	0	0
运行维护费用	0	11	9	0	0
安全费用	7	8	5	0	0
生态系统服务价值	0	8	12	0	0
财产价值	0	0	17	3	0
防洪效益损失	0	3	12	5	0
养殖效益损失	0	6	12	2	0
灌溉效益损失	0	10	10	0	0
社会安全	0	12	8	0	0
社会利益	0	5	10	5	0
就业	0	4	13	3	0

根据表6，建立单因素评价矩阵。即U到V的关系矩阵R。

4.3 确定权重

根据上述方法，构造模糊加权超矩阵并计算权重。利用最大特征根法求得$\overline{W}$的最大特征根1所对应的归一化特征向量W^t，W^t即为各项评价指标对大坝退役影响评价的权重。根据W^t中各数值所对应的评价指标进行降序排列，即为所选三级评价指标对大坝退役影响评价影响权重的排序（表7）。

$W^t = (0.0303, 0.0285, 0.0223, 0.0289, 0.0530, 0.0505, 0.0586, 0.0277, 0.0515,$
$0.0893, 0.0631, 0.0553, 0.0867, 0.0715, 0.0445, 0.0355, 0.0315, 0.0471, 0.0809,$
$0.0435)^T$

4.4 综合评价

这里综合评价合成算子选择$M(\wedge,\oplus)$型，即加权平均型算子。计算结果如下：

各项评价指标权重 表7

一级指标及其权重		二级指标及其权重		三级指标及其权重		归一化权重
生态影响 B_1	0.2997	物理化学影响 C_{11}	0.3670	水文影响 D_{11}	0.2758	0.0303
				泥沙影响 D_{12}	0.2588	0.0285
				地形地貌影响 D_{13}	0.2024	0.0223
				水质影响 D_{14}	0.2630	0.0289
		生境影响 C_{12}	0.3451	河流的连通性 D_{21}	0.5120	0.0530
				河床基质 D_{22}	0.4880	0.0505
		生物影响 C_{13}	0.2879	水生动植物 D_{31}	0.6785	0.0586
				陆生动植物 D_{32}	0.3215	0.0277
经济影响 B_2	0.4173	经济成本 C_{21}	0.3372	方案实施成本 D_{41}	0.3657	0.0515
				善后处理费用 D_{42}	0.6343	0.0893
		经济效益 C_{22}	0.6628	运行维护费用 D_{51}	0.2282	0.0631
				安全费用 D_{52}	0.1999	0.0553
				生态系统服务价值 D_{53}	0.3135	0.0867
				财产价值 D_{54}	0.2584	0.0715
社会影响 B_3	0.2830	社会效益损失 C_{31}	0.3939	防洪效益损失 D_{61}	0.3994	0.0445
				养殖效益损失 D_{62}	0.3184	0.0355
				灌溉效益损失 D_{63}	0.2823	0.0315
		社会效益 C_{32}	0.6061	社会安全 D_{71}	0.2708	0.0471
				社会利益 D_{72}	0.4744	0.0809
				就业 D_{73}	0.2548	0.0435

$$Q = W^t \cdot R = \begin{bmatrix} 0.0303 \\ 0.0285 \\ 0.0223 \\ 0.0289 \\ 0.0530 \\ 0.0505 \\ 0.0586 \\ 0.0277 \\ 0.0515 \\ 0.0893 \\ 0.0631 \\ 0.0553 \\ 0.0867 \\ 0.0715 \\ 0.0445 \\ 0.0355 \\ 0.0315 \\ 0.0471 \\ 0.0809 \\ 0.0435 \end{bmatrix}^T \begin{bmatrix} 0.00 & 0.15 & 0.75 & 0.10 & 0.00 \\ 0.00 & 0.10 & 0.70 & 0.20 & 0.00 \\ 0.00 & 0.15 & 0.65 & 0.20 & 0.00 \\ 0.00 & 0.15 & 0.60 & 0.25 & 0.00 \\ 0.00 & 0.35 & 0.60 & 0.05 & 0.00 \\ 0.00 & 0.45 & 0.55 & 0.00 & 0.00 \\ 0.00 & 0.60 & 0.40 & 0.00 & 0.00 \\ 0.00 & 0.20 & 0.55 & 0.25 & 0.00 \\ 0.20 & 0.65 & 0.15 & 0.00 & 0.00 \\ 0.30 & 0.65 & 0.05 & 0.00 & 0.00 \\ 0.00 & 0.55 & 0.45 & 0.00 & 0.00 \\ 0.35 & 0.40 & 0.25 & 0.00 & 0.00 \\ 0.00 & 0.40 & 0.60 & 0.00 & 0.00 \\ 0.00 & 0.00 & 0.85 & 0.15 & 0.00 \\ 0.00 & 0.15 & 0.60 & 0.25 & 0.00 \\ 0.00 & 0.30 & 0.60 & 0.10 & 0.00 \\ 0.00 & 0.50 & 0.50 & 0.00 & 0.00 \\ 0.00 & 0.60 & 0.40 & 0.00 & 0.00 \\ 0.00 & 0.25 & 0.50 & 0.25 & 0.00 \\ 0.00 & 0.20 & 0.65 & 0.15 & 0.00 \end{bmatrix}$$

$$=(0.0564 \quad 0.3702 \quad 0.4912 \quad 0.0821 \quad 0.0000)$$
$$(14)$$

最终得分为：$S = Q \cdot F$

式中，S 可表示水库退役影响评估综合得分；F 为评价集分值向量，且 $F = (100 \quad 90 \quad 80 \quad 70 \quad 60)^T$。

经计算 $S = 84.01$ 分，根据 3.2 节确定的评语集，评分 80 分以上为达到预期结果，与现场实际情况相符。表明通过本文评估体系得出该水库退役影响在准确性上比较可靠。

5 结论

从现有的文献来看，水库退役影响研究以定性分析为主，且偏向于退役后的生态环境影响，定量分析和综合性分析较少。本文运用模糊网络分析方法评价江西省某小型水库的退役影响，既考虑了水库退役影响指标之间的耦合关系，也考虑了影响指标模糊特性，应用模糊数学原理降低了网络分析法的主观影响，最终的评价结果与实际情况相符，表明所建立的模型较为准确，为水库退役工作提供了一定的借鉴和指导。

参考文献

[1] Doyle M W, Stanley E H, Harbor J M. Channel adjustments following two dam removals in Wisconsin [J]. Water Resources Research, 2003, 39 (1).

[2] Bednarekat. Undamming rivers: Areview of the ecological impacts of damremoval [J]. Environmental Management, 2001, 27 (6): 803-814.

[3] 方崇, 苏超, 陆克芬, 等. 退役大坝拆除后对河流鱼类生长环境的影响 [J]. 安徽农业科学, 2008 (19): 8120-8122.

[4] 王若男. 退役闸坝拆除对河流生态环境影响调查评价技术 [D]. 邯郸: 河北工程大学, 2015.

[5] 俞云利, 史占红. 拆坝措施在河流修复中的运用 [J]. 人民长江, 2005, 36 (8): 15-17.

[6] 周志维, 马秀峰. 基于 F-ANP 法的大坝风险评价与管理技术研究 [J]. 中国水利, 2021 (04): 41-44.

[7] 王莲芬, 蔡海鸥. 网络分析法 (ANP) 的理论与算法 [C] //. 决策科学理论与方法——中国系统工程学会决策科学专业委员会第四届学术年会论文集., 2001: 16-25.

[8] 柏茜, 刘波, 姜新佩. 三角模糊数在水利工程建设项目风险评估中的应用 [J]. 水利建设与管理, 2021, 41 (09): 74-78.

巴基斯坦某特大断面导流洞初次支护设计优化研究

裴向辉 刘 卓

（中水北方勘测设计研究有限责任公司，天津 300222）

摘 要： 导流洞初次支护的方案设计直接关系到导流洞的施工方法、施工速度及施工安全。本文以巴基斯坦某特大断面导流洞为例，通过数值模拟方法，对导流洞两种初次支护进行对比分析。结果表明，在四类围岩下，不同支护方案下的收敛均能满足规范要求；将锚杆从 8m 改为 6m 时，相应围岩的收敛性并没有显著降低，说明在该围岩条件下，增加锚杆长度并不能明显改善支护效果，优化支护成功应用于导流洞实际开挖支护中，对类似工程具有重要参考和借鉴意义。

关键词： 导流洞；特大断面；初次支护；数值模拟；收敛

1 引言

随着世界水电建设的发展，大跨度、高过流量导流洞在水电工程应用越来越广泛，采用全断面截流成为隧洞导流的重要施工导流方式，已建或在建工程如二滩、小湾、大朝山、龙滩和达苏等工程均采用全断面截流隧洞导流方式，同时，导流洞场区地质条件越为复杂且难以预测，隧洞围岩稳定常因工程特点不同而出现新问题，特别对于大断面隧洞而言，穿越地层的地质条件复杂多变，导流洞初次支护处理是否得当，直接涉及工程的风险程度及工程进度。

王立平[1] 通过分析不同地质条件下的导流洞施工难点，系统探究了导流隧洞的开挖方法，阐述了较为常用的支护技术，为特大断面复杂地质导流洞施工提供参照。杨静安等[2] 以功果桥水电站导流隧洞为实例，基于非线性有限元法，给出了导流隧洞结构设计方案。关汉峰等[3] 以黄登水电站导流隧洞的为范例，对于大断面地下洞室不良地质洞段，阐述了在不良地质段贯通时的开挖支护方法。本文以巴基斯坦某特大断面导流洞为例，通过数值模拟方法，优化导流洞开挖支护方式，并应用于工程实践中，数值分析方法结果及现场实际均表明，该优化方案技术切实可行、能有效规避塌方风险，在保证隧洞施工安全的同时，加快施工进度。

2 强度准则与计算方法

2.1 岩石强度准则

Heok-Brown 强度准则将节理岩体视为均匀连续介质，通过经验参数反映岩体的材料

作者简介：裴向辉（1987—），男，辽宁凌源人，工程师，研究生，主要从事水利水电设计工作。

E-mail：315217967@qq.com。

和结构特性，并认为如果节理岩体中的应力状态满足 Heok-Brown 准则，岩体将屈服或破坏。2002 年霍克和布朗对该准则进行了进一步修正[4]。其基本方程为：

$$\sigma_1 = \sigma_3 + \sigma_{ci} \left(m_b \frac{\sigma_3}{\sigma_{ci}} + s \right)^a \tag{1}$$

$$m_b = m_i \exp\left(\frac{GSI - 100}{28 - 14D} \right) \tag{2}$$

$$s = \exp\left(\frac{GSI - 100}{9 - 3D} \right) \tag{3}$$

$$a = \frac{1}{2} + \frac{1}{6} (e^{-\frac{GSI}{15}} - e^{-\frac{20}{3}}) \tag{4}$$

式中，σ_1、σ_3 分别为岩体破坏时的第 1 和第 3 主应力；σ_{ci} 为完整岩石试件的单轴抗压强度；m_b 为折减系数；s，a，m_i 为与岩体质量有关的参数；GSI 为表征岩体破碎成都以及岩块镶嵌结构；D 为表征岩体的受扰动程度的参数，对于未扰动岩体，$D=0$；对于扰动程度强烈，$D=1$。

2.2　围岩允许变形

根据规范[5]，洞周允许相对收敛量见表1。

隧洞、洞室周边允许相对收敛值（%）　　　　　　　　　　　表1

围岩类别	洞室埋深(m)		
	<50	50～300	300～500
Ⅲ	0.10～0.30	0.20～0.50	0.40～1.20
Ⅳ	0.15～0.50	0.40～1.20	0.80～2.00
Ⅴ	0.20～0.80	0.60～1.60	1.00～3.00

注：1. 洞周相对收敛值是指两测点间实测位移值与两测点间距离之比，或拱顶位移实测值与隧道宽度之比。
　　2. 脆性围岩取小值，塑性围岩取大值。
　　3. 本表适用于高跨比 0.8～1.2，埋深<500m，且其跨度分别不大于 20m（Ⅲ级围岩）、15m（Ⅳ级围岩）和 10m（Ⅴ级围岩）的隧洞洞室工程，否则应根据工程类比，对隧洞、洞室周边允许相对收敛值进行修正。

3　工程概况与开挖支护方案

3.1　工况概况

基斯坦某水电站两条导流洞布置在右岸，见图 1。工程施工采用一次拦断河流、隧洞导流的全年导流方案，1 号导流隧洞进口底板高程为 362.00m，出口底板高程 360.00m，导流隧洞长 1681m，导流隧洞底坡 0.11%，埋深 14.9～175m，导流洞为圆形断面，衬砌后直径为 15.0m。2 号导流隧洞进口底板高程为 374.00m，出口底板高程 360.00m，导流隧洞长 1783m，导流隧洞底坡 0.79%，埋深 27.8～212m，导流隧洞为圆形断面，衬砌后直径为 15.0m。

导流洞开挖断面为马蹄形，开挖尺寸 16.75m×16.775m～17.3m×17.3m（宽×高），开挖断面面积约 234～245m²，衬砌后圆形断面直径 15m；根据规范[6] 规定，导流洞判定为特大断面。

　　导流洞围岩岩层产状陡倾角发育，岩性变化复杂，岩体完整性较差；片理较为发育、强度较低、风化作用强烈，工程性质上属于软岩。洞身围岩的岩体分级主要为Ⅲ、Ⅳ和Ⅴ类，Ⅳ类围岩占比在 40% 以上。

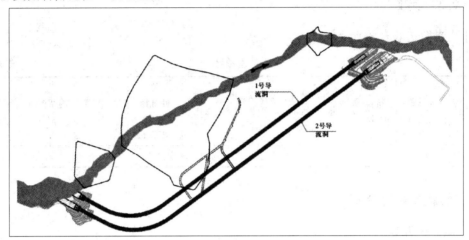

图 1　导流洞平面布置图

3.2　开挖支护方案

　　导流洞采用钻爆法开挖，采用自上而下分层分区的三步台阶开挖方法。Ⅳ类围岩占比较大，开挖支护直接关乎导流洞的安全及施工速度，通过 Phase2 软件模拟导流洞开挖支护，优化导流洞开挖支护方式（表 2）。

支护方案　　　　　　　　　　　　　　　　　　　　　　　　表 2

方案	开挖断面直径 (m)	钢格栅	挂网喷护		锚杆				备注
			厚度(mm)	挂网	直径(mm)	长度(m)	间距(m)	排距(m)	
一	17.15	(P130-29-36)@1.2	5cm 厚钢喷＋25cm 素喷	100mm×100mm×6mm,双层	32	8	1.3	1.2	原方案
二	17.15	(P130-29-36)@1.2	5cm 厚钢喷＋25cm 素喷	100mm×100mm×6mm,双层	25	6	1.3	1.2	优化方案

4　计算模型与计算过程

4.1　计算模型

　　计算坐标系：x 轴为水平方向，与隧洞轴线方向垂直，指向右为正；y 轴为竖直方向，向上为正。计算模型范围：在岩体中开挖隧洞时，地应力二次分布的影响范围有限，一般距洞室中心点 3～5 倍开挖宽度的范围内影响较大。隧洞四周分取 5 倍的洞径。两侧约束左右位移，上下测约束上下位移。

　　边界条件：有限元模型截取边界为位移约束边界，考虑模型四周边界处受隧洞开挖支护的影响很小，几乎可以忽略不计，故在模型四周边界均采取约束水平向和竖直向位移的方式。计算中考虑了隧洞的开挖和支护的施工过程，拟定不同的施工步。

4.2　计算参数

　　围岩参数选取表 3 所示。

围岩参数　　　　　　　　　　　　　　　　　　　　　　　　　　　表 3

围岩类别	天然密度(g/cm³)	抗拉强度(MPa)	弹性模量(天然，GPa)	变形模量(天然，GPa)	泊松比	单位弹性抗拉强度(MPa/m)	坚固系数 f_k	内摩擦角 $\varphi(°)$	凝聚力 c(MPa)
Ⅳ	2.2	1.0	25	3	0.31	300	0.8	32	0.1

4.3　计算结果与分析

1. 原支护方案

（1）围岩水平收敛变形分析

　　考虑到隧洞围岩发生塑性屈服，洞周允许相对收敛值取表 1 中大值；隧洞开挖宽为 17.15 m，故侧墙允许最大相对变位为 17.15×1.2‰＝206mm。分析位移分布可知，一次支护完成，围岩应力完全释放，侧墙间相对变位分别为 23mm、66mm、120mm 及 190mm，不超过允许值，在上述计算假定下，隧洞围岩水平变位满足规范要求。见图 2。

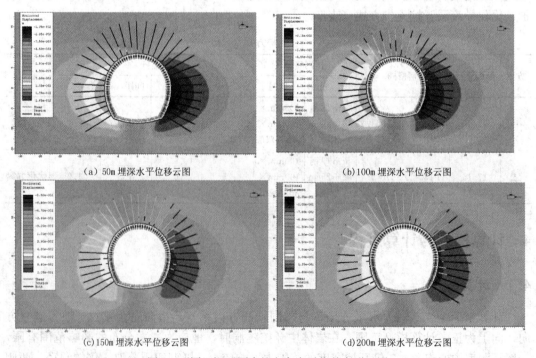

（a）50m 埋深水平位移云图　　　　　　　（b）100m 埋深水平位移云图

（c）150m 埋深水平位移云图　　　　　　　（d）200m 埋深水平位移云图

图 2　不同埋深下原支护方案水平收敛变形云图

（2）围岩垂直收敛变形分析

考虑到隧洞围岩发生塑性屈服，洞周允许相对收敛值取表1中大值；隧洞开挖高为17.15 m，故顶拱与拱脚间允许最大相对变位为17.15×1.2‰＝206mm。分析位移分布可知，一次支护完成，围岩应力完全释放，侧墙间相对变位分别为6mm、30mm、66mm及110mm，不超过允许值，在上述计算假定下，隧洞围岩垂直变位满足规范要求。见图3。

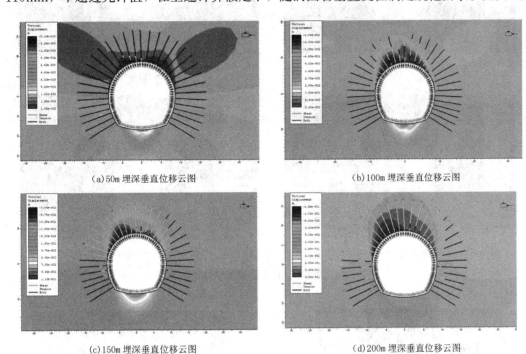

（a）50m 埋深垂直位移云图　　　　　（b）100m 埋深垂直位移云图

（c）150m 埋深垂直位移云图　　　　　（d）200m 埋深垂直位移云图

图 3　不同埋深下原支护方案垂直收敛变形云图

（3）围岩塑性区分析

计算结果表明，隧洞开挖后围岩虽有较大范围发生屈服，但在一次支护结构作用下，围岩应力的进一步释放并未加大塑性区的扩展范围，围岩塑性区发展受到限制。随着埋深增大，塑性区也随之增大，但塑性区扩展幅度变小。见图4。

（4）支护结构内力及稳定分析

隧洞穿断层带洞段一次支护为挂网＋钢拱架＋喷混凝土＋系统锚杆，本文仅就锚杆内力进行分析。

通过分析锚杆轴力分布图可知，总体上越靠近临空面锚杆轴力较大。侧墙两侧及顶拱局部锚杆单元发生屈服，其他部位锚杆单位轴力均不超过锚杆抗拉强度，总体上锚杆结构是安全的。见图5。

2. 优化支护方案

（1）围岩水平收敛变形分析

与原方案计算相类似，洞周允许相对收敛值取表1中大值；侧墙允许最大相对变位为17.15×1.2‰＝206mm。分析位移分布可知，一次支护完成，围岩应力完全释放，侧墙间相对变位分别为23mm、66mm、120mm及190mm，不超过允许值，在上述计算假定下，隧洞围岩水平变位满足规范要求。见图6。

(a)50m 埋深塑性区云图

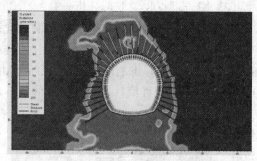
(b)100m 埋深塑性区云图

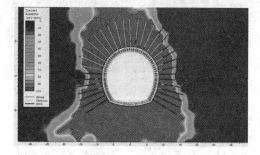
(c)150m 埋深塑性区云图

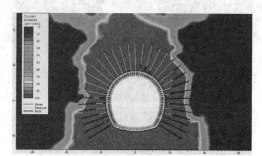
(d)200m 埋深塑性区云图

图 4　不同埋深下原支护方案塑性区云图

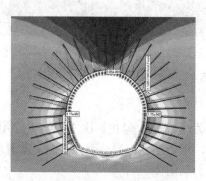
(a)50m 埋深锚杆内力图

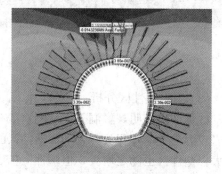
(b)100m 埋深锚杆内力图

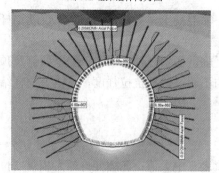
(c)150m 埋深锚杆内力图

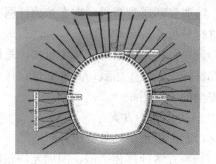
(d)200m 埋深锚杆内力图

图 5　不同埋深下原支护方案锚杆轴力图

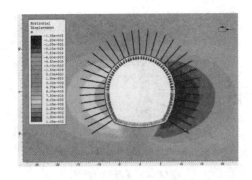 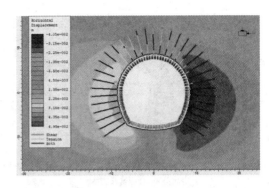

50m 埋深水平位移云图　　　　　　　　　　(b)100m 埋深水平位移云图

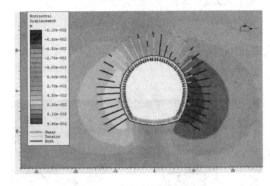 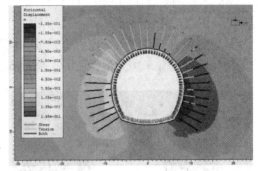

(c)150m 埋深水平位移云图　　　　　　　　　(d)200m 埋深水平位移云图

图 6　不同埋深下优化方案水平收敛变形云图

（2）围岩垂直收敛变形分析

考虑到隧洞围岩发生塑性屈服，洞周允许相对收敛值取表 1 中大值；隧洞开挖高为 17.15 m，故顶拱与拱脚间允许最大相对变位为 17.15×1.2‰＝206mm。分析位移分布可知，一次支护完成，围岩应力完全释放，侧墙间相对变位分别为 6mm、30mm、72mm 及 110mm，不超过允许值，在上述计算假定下，隧洞围岩垂直变位满足规范要求。见图 7。

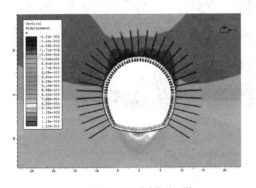 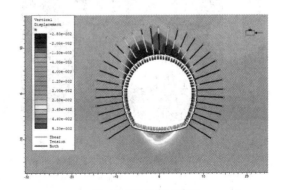

（a)50m 埋深垂直位移云图　　　　　　　　　(b)100m 埋深垂直位移云图

图 7　不同埋深下优化方案垂直收敛变形云图（一）

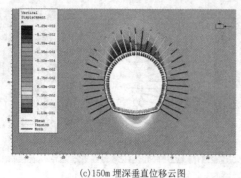
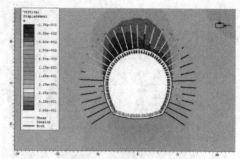

(c)150m 埋深垂直位移云图　　　　　　　　　(d)200m 埋深垂直位移云图

图 7　不同埋深下优化方案垂直收敛变形云图（二）

（3）围岩塑性区分析

计算结果表明，隧洞开挖后围岩虽有较大范围发生屈服，与原支护方案相比，围岩应力的进一步释放并未加大塑性区的扩展范围。见图 8。

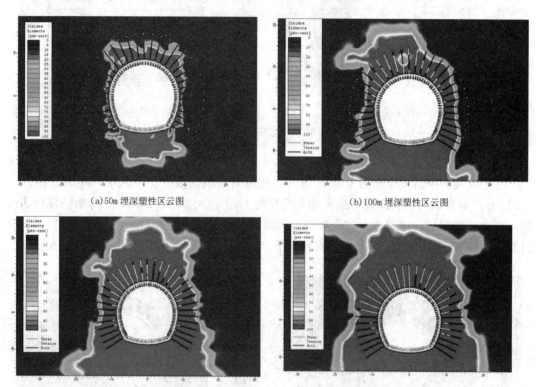

(a)50m 埋深塑性区云图　　　　　　　　　　(b)100m 埋深塑性区云图

(c)150m 埋深塑性区云图　　　　　　　　　　(d)200m 埋深塑性区云图

图 8　不同埋深下优化方案塑性区云图

（4）支护结构内力及稳定分析

通过分析锚杆轴力分布图可知，其规律与原支护方案一致。即总体上越靠近临空面锚杆轴力较大，侧墙两侧及顶拱局部锚杆单元发生屈服，其他部位锚杆单位轴力也均不超过锚杆抗拉强度。见图 9。

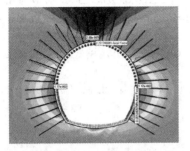

(a)50m 埋深锚杆内力图

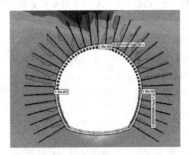

(b)100m 埋深锚杆内力图

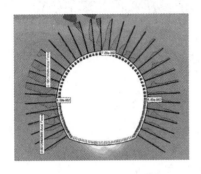

(c)150m 埋深锚杆内力图

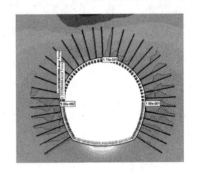

(d)200m 埋深锚杆内力图

图 9　不同埋深下优化方案锚杆轴力图

5　结论

（1）根据《岩土锚杆与喷射混凝土支护工程技术规范》GB 50086—2015 的Ⅳ类围岩收敛标准，并要求一次支护结构未屈服或少量屈服来计算。Ⅳ类围岩优化支护方案可满足规范设计要求。

（2）Ⅳ类围岩下，优化方案与原方案相比保持在同一水平或有所增大，水平收敛与原方案一致，垂直收敛增长范围 0～8.70%。

（3）与原支护方案相比较，优化方案收敛变形与原方案保持在同一水平或有小幅增长，但最大涨幅不超过 9.52%，表明锚杆直径和长度减少会增加围岩收敛值，但收敛值仍在规范允许范围内。

（4）将锚杆从 8m 改为 6m 时，相应巷道的收敛性并没有显著降低，说明在该围岩条件下，增加锚杆长度并不能明显改善支护效果。

开挖完成后采用网喷及钢格栅拱架喷混凝土联合支护；同时，在开挖与支护工序衔接上，才有优化方案进行支护，严格遵守"一掘进，一支护"的原则，稳步掘进保证围岩稳定，在实际施工时取得了较好效果。

参考文献

[1]　王立平.基于特大断面复杂地质的导流洞施工技术研究 [J].黑龙江水利科技，2020，48（7）：41-43，206.

[2]　杨静安，张锦堂，杨鑫平，等.功果桥导流隧洞围岩稳定与支护结构分析 [J].水利水电技术，2009，（02）：27-30.

［3］ 关汉峰，郭钊．大断面地下洞室不良地质段贯通时的开挖支护［J］．云南水力发电，2014，30（4）：67-68.

［4］ Evert Hoek，Carlos Carranza Torres，Brent Corkum. Hoek Brown failure criterion-2002 edition. Rocklab software help，2002.

［5］ 住房和城乡建设部．岩土锚杆与喷射混凝土支护工程技术规范：GB 50086—2015［S］．北京：中国计划出版社，2015.

［6］ 国家能源局．水工建筑物地下工程开挖施工技术规范：DL/T 5099—2011［S］．北京：中国电力出版社，2011.

装配式鱼道预制梁可调节整体模板技术研究

柘孝金[1,2] 康 宁[1,2] 管廷辉[1,2]

(1. 中国水利水电第九工程局有限公司，贵州贵阳 550081；

2. 水电九局西藏建设工程有限公司，西藏拉萨 850000)

摘 要： DG 水电站鱼道是在全国范围内首次大量采用预制装配技术的鱼道，在 Y5 区盘折段采用大型钢管柱群＋大吨位预制梁＋现浇底板浇筑方式。根据设计图纸，鱼道标准段长预制梁仅占总预制梁的 37.2％，其余 62.8％均为非标准段长预制梁。另外，由于鱼道施工临建布置场地狭窄，预制件生产工期仅 5 个月。为加快预制梁制作进度，通过对传统预制梁定型模板的结构创新研究，最终研发出装配式鱼道预制梁可调节整体模板，加快了鱼道预制梁制作施工进度，节约了施工成本。

关键词： 装配式鱼道；预制梁；可调节；整体模板

1 工程概述

西藏 DG 水电站位于西藏自治区山南地区桑日县境内，为Ⅱ等大（2）型工程，开发任务以发电为主，电站装机容量为 660MW。DG 水电站鱼道布置在坝址右岸，鱼道总长 3471.22m，为竖缝式鱼道。主要由 4 个鱼道进口、2 个鱼道出口、总长度超过 3km 的鱼道池室、进出口闸门及启闭设施、防洪闸门及启闭设施、1 栋综合管理房、1 间观测室和 5 间启闭房等组成。

DG 水电站鱼道是在全国范围内首次大量采用预制装配技术的鱼道，在边坡盘折段采用大型钢管柱群＋大吨位预制梁＋现浇底板浇筑方式。由于鱼道沿大坝右岸边坡地形布置，鱼道在边坡盘折段水平距离 120m 范围内盘折上升高度近 40m，导致该部位存在大量长度不规则预制梁。根据设计图纸，鱼道预制梁共 258 榀，其中 15m 长标准段预制梁为 96 榀，仅占总预制梁的 37.2％，其余均为 5.87～17.96m 的非标准段长预制梁（图 1）。

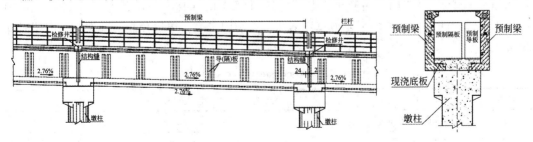

图 1 鱼道典型断面图

基金项目： 中国水利水电第九工程局有限公司西藏 DG 水电站鱼道土建及设备采购安装工程。

作者简介： 柘孝金（1985—），男，贵州人，工程师，本科，从事水利水电工程项目施工技术与管理工作。
E-mail：409724295@qq.com。

2　工程重难点分析及解决方案

（1）预制场地狭窄，预制梁制作工期紧

电站区域位于深 V 形峡谷内，施工临建布置场地狭窄，前期较为有利的场地布置均被其他标段占据，鱼道预制厂占地仅 3000m²，根据鱼道施工进度计划，预制件生产工期仅 5 个月。由于非标准段长预制梁数量占预制梁总量的 62.8%，非标准段长的预制梁数量多，按照 5 个月将预制梁预制完成，则每月需预制 52 榀梁。而预制场地仅能摆放 16 榀标准段长预制梁定型模板，按照每月 52 榀预制梁制作计划，则每套模板每月必须完成 3～4 次周转。另外，由于鱼道工程合同质量标准为优良，预制件外观质量要求高，在预制场地有限、施工时间有限的情况下完成预制梁制作较为困难。为此，需合理规划预制场地，提高预制梁制作效率，加快预制梁定型模板制作的周转率。

（2）非标准段长预制梁数量多，采用传统的定型模板浇筑施工效率低

根据预制梁设计图纸，15m 标准段长预制梁共 96 榀，其余 162 榀均为非标准段长的预制梁。

传统的预制梁预制场地占用面积大，多数采用定型模板逐块拼装，对于不规则的部位则采用木模板进行拼装。由于预制梁外观质量要求较高，定型模板面板、背肋等用料较厚，从而导致定型模板往往单块较重，在模板安拆过程中还需采用手动葫芦、起重设备等传统工具进行拼装，随着使用时间的增长，存在拼缝不严密的情况。另外，针对长度规格不统一的预制梁，每一榀预制梁均要立一次模板，在进行模板拼装时需采用起重设备将笨重的定型钢模板拆除移动至特定尺寸，最后拼装。为此，需对传统的定型模板结构进行创新，研发出具有伸缩功能、能适应不同梁长的定型模板，同时拆装方便。

3　模板研发思路

（1）制约预制梁制作进度原因分析

DG 水电站鱼道作为国内首个大量使用装配式构件的鱼道，预制梁是整个鱼道设计、施工的创新亮点。由于预制梁制作工期紧，任务重，要在规定时间内完成，就必须提高预制梁的制作效率。前期采用传统的定型模板逐块拼装制作 24 榀预制梁，在模板安拆环节共用 108+24=132 工时，占整个预制梁施工时间的 50.94%+11.32%=62.62%。预制梁模板安装时间较长的工序主要为模板移动、安装固定等，单榀预制梁制作各工序用时详见表 1。

表 1　单榀预制梁制作各工序用时统计

序号	工序	工时	发生频率（%）	累积频率（%）	备注
1	模板移动、安装、加固	108	50.94	50.94	6 人，单人 18 工时
2	钢筋安装施工	36	16.98	67.92	6 人，单人 6 工时
3	预埋件施工	8	3.77	71.70	4 人，单人 2 工时
4	混凝土浇筑	36	16.98	88.68	6 人，单人 6 工时
5	模板拆除	24	11.32	100.00	6 人，单人 4 工时

由于预制梁模板安装、拆除用工占累计频率的 62.62%，若能将预制梁模板制作安装用工时间由累积频率 62.62% 降低至 25%，即施工效率在现有基础上提高 $1-25\% \times 212/132=59.8\%$。要加快预制梁模板安装、拆除进度可通过对现有定型模板的拼装技术和模板结构设计进行改进，使之能提高模板安装效率，加快预制梁制作进度。

（2）新型定型模板设计思路创新

由于鱼道预制梁成 L 形，预制梁高 2.5m，底宽 0.9m，常规拆装式预制方式为将预制梁直立放置，沿梁的高度方向制作定型模板。但由于预制梁高度较大，若竖向预制，则模板制作面积大，需双向架立模板，且需额外沿高度方向设置两侧斜撑；否则，在施工过程中易发生预制梁整体倾覆的安全事故。另外，按照竖向预制，模板安装高度已超过人员独立操作的高度，在预制梁备仓期间必须搭设操作架，采用起吊设备吊装模板，人工调节校准，模板安装工序繁琐，不利于快速施工。为此采用整体装配式组合模板，既能实现快速拆模、合模，又能快速调节适应不同梁长的整体模板，以解决合模过程中的模板接缝不严密问题（表 2）。

创新思路 表 2

编号	创新方向	图例	具体创新内容
1	预制梁方向改变		改变预制梁制作方向，降低模板安装难度
2	整体定型模板		整体定型模板，提高模板刚度和严密性
3	拉伸式模板		参考抽屉原理，在定型模板上增加一节伸缩节，能适应不同梁长需求，并安装轨道，方便调节到位
4	附着式振捣		参考隧洞衬砌钢模台车振捣形式，在模板表面增设附着式振捣器，解决振捣不到位导致的质量问题
5	结论	装配式鱼道预制梁可调节整体模板的研发	

通过创新思路分析，在现有的分块式组装模板基础上重新设计，将预制梁改为横向

（倒向）预制，并增加旋转轴、插销、连杆等装置，实现侧面模板翻转。按照预制梁 15m 长度标准段，将模板分为 1.5m＋4×3m＋1.5m，共 6 段，每段采用螺栓连接，并可独立翻转（图 2）。

另外在整体定型模板靠近端部的位置增加 3m 长的伸缩节，底部设置轨道及行走机构，采用 1.5m＋A×3m（标准节，A 取 0～4）＋3m（伸缩节，调节范围 3～6m）＋1.5m＝6～21m 预制梁，标准段节数可根据预制梁制作的长度进行删减，并利用伸缩节实现预制梁长度调节功能。258 榀梁中除了 2 榀 5.87m 长预制梁无法实现预制外，其余 256 榀均可实现预制（预制梁制作保证率 99.22%）。

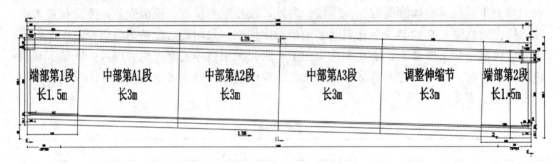

| 端部第1段 长1.5m | 中部第A1段 长3m | 中部第A2段 长3m | 中部第A3段 长3m | 调整伸缩节 长3m | 端部第2段 长1.5m |

图 2　模板典型纵剖面图

4　预制梁可调节整体模板研发方案

按照模板研发创新思路，模板分为标准节、伸缩节两部分。每段模板的标准节均采用螺栓连接，并可独立翻转，就像"手臂"一样可伸直、弯曲；伸缩节则利用桁架＋木模板的形式实现梁长的精确调节（表 3）。

表 3

模板设计技术要求

项目	技术要求	备注
模板标准节部分	1. 整体模板，采用旋转翻模就能实现模板的安装及拆除。 2. 接缝严密不漏浆，模板周转使用次数高。 3. 整体稳定性较好，表面能够安装附着式振捣器	
模板伸缩节部分	1. 桁架＋木模板结构，能根据预制梁制作长度自由调节，同时设置有纵向支撑桁架，在模板伸缩到位后可安装非标准段木模板。 2. 增加伸缩节后不影响标准节模板的旋转翻模功能。 3. 底部设置行走机构，能灵活移动。 4. 接缝严密、不漏浆，模板周转使用次数高	

根据设计草图（图 3），对模板各部位进行细部结构设计，运用 CAD 三维建模，对模板标准段、非标准段进行详细设计，最终确定模板总体设计方案、出具加工图纸，并由模板厂家生产，运至施工现场组装、使用。模板三维效果图如图 4 所示。

模板设计方案、现场运用及浇筑完成的预制梁如图 5、图 6 所示。

5　现场运用实施效果分析

在施工过程中预制梁整体模板通过转轴翻转，不用逐块拆除后再二次拼装。同时，由

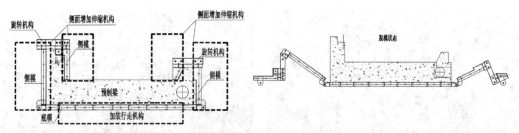

图3　模板设计草图

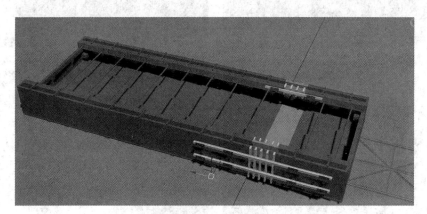

图4　模板三维效果图

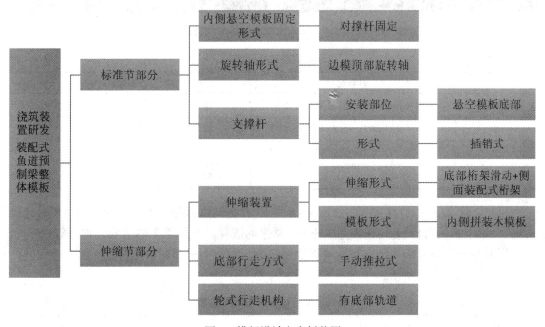

图5　模板设计方案树状图

于非标准长度预制梁采用伸缩节进行调整梁长，在预制梁制作过程中加快了施工进度。施工过程中对每月浇筑预制梁数量进行统计，抽取了2020年5月26日～2020年8月25日的预制梁制作情况，具体数据如表4所示。

图 6   新型可调节整体装配式模板现场运用及浇筑完成的预制梁

预制梁浇筑数量统计   表 4

序号	时间段	单位	数量	备注
1	2020 年 5 月 26 日～2020 年 6 月 25 日	榀	52	
2	2020 年 6 月 26 日～2020 年 7 月 25 日	榀	54	
3	2020 年 7 月 26 日～2020 年 8 月 25 日	榀	55	
平均值		榀	53.6	

可知，除 2020 年 5 月 26 日～2020 年 6 月 25 日浇筑数量为 52 榀，与目标值（每月完成 52 榀）相同外，其余两月均超额完成任务。从平均值看，每月浇筑 53.6 榀，均全部达标。

同时在预制梁模板安装、加固及拆除过程中，对每一榀预制梁模板安拆用工时间进行了统计，具体如表 5 所示。

预制梁模板安拆用工时间统计   表 5

序号	用工时间（工时）	榀数	发生频率（%）	备注
1	48	20	12.42	
2	49	26	16.15	
3	50	38	23.60	

序号	用工时间(工时)	榀数	发生频率(%)	备注
4	51	45	27.95	
5	52	18	11.18	
6	53	14	8.70	

可知，实施后单榀预制梁模板安拆用工均控制在 53 工时以内，平均达到 (48×20＋49×26＋50×38＋51×45＋52×18＋53×14)/(20＋26＋38＋45＋18＋14)＝50.35 工时，达到预期目标。

6 经济效益

按照模板采购费用、人工效率提高两方面分别对传统普通定型模板和新型预制梁可调节整体模板进行对比计算，具体经济效益如下：

(1) 普通定型模板采购费用和装配式整体模板采购费用

一套普通定型模板约 5.5t，按照 7800 元/t，16 套模板共 5.5×7800×16/10000＝68.64 万元，模板设计费用 3000 元，合计 68.94 万元。

一套装配式鱼道预制梁整体模板浇筑装置重 6.6t，按照 7800 元/t，16 套模板共 6.6×7800×16/10000＝82.67 万元，模板设计费用 4500 元，合计 82.82 万元。

(2) 人工效率提高节约费用

一套普通拆装定型模板每榀安拆花费人工为 132 工时，一套装配式鱼道预制梁可调节整体模板平均每榀安拆花费人工为 50.35 工时。按照实际用工价格，技工每工时 35 元，普工每工时 20 元，每榀预制梁技工与普工占比为 4：6，则每工时综合用工单价为 26 元。共预制 256 榀预制梁 (258 榀预制梁中 2 榀预制梁未采用本工艺施工)，可提高的人工效益为 (132－50.35)×26×256/10000＝54.35 万元；经济效益对比如表 6 所示。

经济效益对比 (万元)　　　　　　　　　　　　　　　　　　表 6

费用类型	新型预制梁可调节整体模板	传统普通定型模板
模板采购费用	82.82	68.94
人工费用	33.51	87.86
合计	116.33	156.8

可知，新型预制梁可调节整体模板投入使用后预计可减少成本 116.33－156.8＝40.47 万元。

7 结语

高海拔峡谷地区水电站鱼道受地形限制，只能依靠地形将鱼道盘折上升段集中布置，在峡谷地区采用大型钢管混凝土柱群＋装配式池室的鱼道结构形式可缩短整个鱼道项目建设工期。通过对预制梁定型模板的技术研究，对传统的预制梁定型模板进行了创新，将定型模板设计成整体翻转式模板，并增加可调节的伸缩模板，加快了施工进度，节约了施工成本，确保了鱼道池室预制梁制作强度满足工期要求，为后期峡谷地区的装配式鱼道预制梁制作提供了类似借鉴经验。

参考文献

［1］ 住房和城乡建设部．工厂预制混凝土构件质量管理标准：JG/T 565—2018 ［S］．北京：中国标准出版社，2018.

［2］ 中国质量协会．质量管理小组活动准则：T/CAQ 10201—2016 ［S］．北京：中国标准出版社，2016.

［3］ 国家能源局．水工混凝土施工规范：DL/T 5144—2015 ［S］．北京：中国电力出版社，2015.

［4］ 国家能源局．水工混凝土钢筋施工规范：DL/T 5169—2013 ［S］．北京：中国电力出版社，2013.

［5］ 住房和城乡建设部．混凝土结构工程施工质量验收规范：GB 50204—2015 ［S］．北京：中国建筑工业出版社，2015.

岩溶地区水利水电工程设计探析

糜凯华　　邓水明

（中水珠江规划勘测设计有限公司，广东广州 510610）

摘　要：岩溶地区地质背景复杂，同样的地层岩溶发育程度不一样，相近的地质构造，由于水动力不同，岩溶类型也不同；岩溶地区建造水利水电工程需要解决很多难题，水库蓄水后要查清岩溶通道则更加困难，其处理费用也较大。为给岩溶地区兴建水利水电工程提供技术参考，本文阐述岩溶对水工建筑物的影响，分析岩溶地区水利水电工程设计过程中需要注意的事项，以此为同类型工程的设计提供借鉴参考。

关键词：岩溶；水工建筑物；渗漏；水库

1　研究背景

在岩溶地区建设水利水电工程，往往技术难度复杂、有时还比较棘手。50 多年来，我国在岩溶地区进行勘测、设计、施工等方面取得了不少的成绩，在岩溶地区建成了乌江渡[1]、大化、鲁布革、洪家渡[2] 等一大批水利水电工程，同时积累了丰富的建设经验，但因岩溶埋藏于岩体之中，具有一定的不可预见性，以当前的勘测方法还不能完全真正地查清楚，再加上时间、经费等限制，像水槽子、桃曲波、羊毛湾、拉浪、大龙洞、猫跳河二级等水库，都曾出现过不同程度的岩溶性渗漏、岩溶浸没内涝问题，有些还影响水库的正常运行。近年来，一些岩溶地区的水利水电工程在施工前或蓄水后，也同样出现了一些问题，如黄壁庄水库除险加固中出现多次坝基岩溶塌陷，江口电站开工后坝基发现特大岩溶孔洞等。

岩溶地区修建水工建筑物，往往需要设计人员根据岩溶分布特点，通过勘探、细致研究、综合技术经济比较，分析库坝岩溶发育规律、论证建库条件、分析岩溶对坝基、边坡、洞室群等影响，选择合适的坝址、坝型及岩溶处理方式。

2　库坝区岩溶勘探

保证岩溶地区水库正常蓄水，是建库的基本要求。为此，需加强库区岩溶勘探，分析是否存在岩溶、岩溶发育程度和发育规律。由于岩溶的复杂性和不均一性，岩溶地区的勘察与非岩溶地区有一定的区别，勘察范围相对来说较大，需包括一个完整的岩溶水文地质单元[3]。控制性钻孔深度需达到相对隔水层。勘探密度需加密，以便追溯岩溶带。勘探时不仅要注意岩溶单体和组合形态、岩溶空间分布和连通性、岩溶发育程度，还要注意岩溶的演变历程。

作者简介：糜凯华（1986—），男，贵州毕节人，工程师，研究生，主要从事水利水电工程设计工作。
　　　　　E-mail：964578575@qq.com。

评判库区岩溶发育状况还需查明库坝区地下水排泄基准面，以判断深部岩溶发生的条件。在分析岩溶渗透时，对于整个岩溶区，可考虑岩层、岩性、水动力条件等差异，将岩溶区分段研究，勘测设计人员可根据不同岩溶段特点，提出相应开发和处理意见。岩溶地区勘探是岩溶地区建坝的基础，需要调查库坝地层分布，正确确定各岩层所属年代，按具体成分正确定性定名。查清褶皱、断裂分布、产状、填充状况、渗水条件及对岩溶发育的影响。调查地下分水岭位置、水文地质结构、河水与地下水的补给关系，判别蓄水后可能渗水的通道[4]。调查相对隔水层位置、厚度变化、隔水性能和构造封闭条件。查清岩溶发育和分布规律、岩溶孔洞实际展布、延伸和连通、泉水补给来源，分析对工程的影响。

岩溶地质勘探是非常艰苦细致的工作，是岩溶判断和处理的基础。如乌江渡、彭水、万家寨等工程均做了大量细致工作，并积累了丰富的经验，但也有一些工程忽视了岩溶地质勘探而出现工程事故。

3　岩溶对水工建筑物的影响分析

岩溶除可能造成水库渗漏、坝基渗流、筑坝渗漏等问题外，还可造成坝基塌陷、变形，岸坡崩塌，洞室涌水和塌方等事故。设计阶段应查明上述事件的可能性及可能地段，做好相应防范设计。

3.1　岩溶对坝基影响

岩溶地区坝基位置除分布有软弱夹层、层间剪切带、破碎带外，还分布有影响坝基稳定的岩溶结构体[5]。除了坝基常规强度、变形、渗流和稳定问题外，因存在岩溶结构体，可能带来溶洞、坝基整体强度、承载力及压缩变形问题，也会增加岩溶结构体充填物对抗滑稳定影响及本身渗流稳定问题，同时带来基坑施工中岩溶孔洞涌水和运行期岩溶承压水导致的扬压力变化问题。

3.2　岩溶对地下洞室影响

对于有良好排水的无压洞，岩溶承压水自排入无压洞，不影响洞室稳定。而对有压洞，应区别原始渗流状态、施工期渗流状态、正常运行期和检修期不同渗流状态，分别采用不同的措施进行处理。施工期水工隧洞作为天然的排水洞需做好防止岩溶涌水和施工排水处理，运行期要防止内水外渗的不利影响，检修期要充分考虑外水压力并做好衬砌外压结构失稳设计。必要时，在隧洞旁设排水洞或隧洞下设排水沟，以确保安全。

岩溶地区由于温度升高、压力下降，不稳定的重碳酸钙、重碳酸镁在空气中分解，析出碳酸钙、碳酸镁，并释放出 CO_2，碳酸钙、碳酸镁附在过流表面，结晶形成水垢，特别是当粗糙不平的过流表面附着沉淀的结晶后，水垢发展更为迅猛。由于水垢的存在，增大了过水面的糙率，沿程水头损失也相应增加，对于无压洞甚至会减少净空面积，影响电站的正常运行。

3.3　岩溶段边坡稳定

对于岩溶发育的边坡，当存在溶洞、溶缝、溶隙时，对岩体整体性有一定影响，再加上特殊的水动力条件，增加了边坡的不稳定性。岩溶地区的边坡常表现出崩塌、滑坡、蠕变等破坏形态。

4 岩溶地区工程设计和岩溶处理

4.1 坝址选择

坝址的选择直接影响水利水电工程成败和防渗处理工程量的大小及难易程度。通常为减少岩溶处理难度及工程量，坝址优先选择非岩溶段或岩溶不发育的河段，尽量避开在岩溶发育段建库筑坝；优先选择补给型河谷，避开悬托型河谷或排泄型河谷；优先选择顺直河段，避开易产生水库渗漏的河段、河湾、干支流交汇的三角地带；优先选择深谷河谷，避开易产生较大岩溶洼地的宽河谷地带；优先选择深部岩溶埋深较浅河段，避开深部岩溶较强发育河段。从减少岩溶对高边坡稳定影响方面考虑，优先选择横向河谷，慎重选择纵向河谷。从提高坝基防渗效果和减少防渗工程量方面考虑[6]，优先选择具有可连接防渗边界河段，避开无可靠防渗边界河段。

4.2 坝型选择

岩溶地区河谷大多狭窄、岸坡陡峻，属于碳酸盐岩和沉积岩。碳酸盐岩抗压强度大于60MPa，具有一定承载能力，为中等坚硬岩石，受地质作用影响多有褶皱共生。沉积岩具有层状结构，不同年代不同岩性的岩体相间分布；具有层间剪切带、软弱夹层，其间夹泥，力学参数低，往往成为抗滑稳定和渗流稳定的控制层面。岩溶发育复杂，特别是深部岩溶，直接影响工程的防渗效果及工程的安全运行。

因岩溶地区具有上述工程特点，除了层间软弱带较发育地区，坝肩和坝基抗滑稳定及渗流稳定会成为工程建设的控制因素外，岩溶地区建库筑坝还有防止库坝区渗漏的要求，以及布置相当数量的灌浆平洞，建立可靠防渗体系，并为蓄水后进一步完善防渗处理创造必要条件等要求。

据统计，在岩溶地区国内外已建的大型水利水电工程中，各种坝型都有。混凝土坝占64%，这与河谷的地形、地质、建材等条件有关，也与混凝土坝方便布置灌浆洞，蓄水后便于防渗补强有关。值得注意的是，岩溶地区坝型选择，是综合考虑地形、地质、水文特性、泄洪规模、建材、施工及经济等因素，经比较决定的。方便岩溶地区防渗系统布置及后期防渗体系补强，往往是坝型比选中需要考虑的一个因素。

4.3 防渗体设计

岩溶地区筑坝建库和非岩溶地区筑坝一样，需进行精心设计；同时，还有别于非岩溶地区的问题。因岩溶发育非常复杂，存在一定的不可预见性，其处理工程量巨大，处理费用占工程投资的 10%～30%。岩溶地区的岩溶处理，需按因地制宜、堵排相结合的原则设计。防渗工程包括岩溶地基加固、库坝区岩溶孔洞封闭和坝基防渗帷幕建设等[7,8]。其中有别于非岩溶地区且从设计角度讲较为困难的问题是，慎重选择防渗形式、合理确定防渗帷幕方向、左右两岸防渗范围及防渗帷幕的深度等。

　　对于库底岩溶裂隙，需选用铺盖防渗，铺盖长度可根据坝基渗流稳定的要求，通过计算确定。土质铺盖厚度通常为设计水头的 $1/10$ [9]。利用天然河道淤积防渗需注意淤积物颗粒大小、自然固结所需的时间及最终渗透性能。对于岸边大型漏水管道，多选用截水墙或直接用混凝土堵洞 [10,11]。

　　对于坝基岩溶常结合坝基帷幕和排水，一并处理。帷幕方向和长度视库坝区隔水层位置、相对隔水层或弱透水层产状，按帷幕最短原则确定。要求帷幕尽可能多段阻截渗漏通道，达到最佳防渗效果。岩溶地区防渗帷幕深度不能再按某一比例的坝高或水头确定，而是按实际河床底部岩溶发育深度确定，要求达到河床底部隔水层、相对隔水层或小于 $1\sim4Lu$ 渗漏标准。

5　结论

　　岩溶地区进行水工建筑物设计一件复杂而细致的工作，需进行细致的岩溶地质勘察以避免或减少水利水电工程建设风险。勘测和设计很好地结合，查明岩溶发育规律、库坝区渗漏通道，合理地选择坝址、坝型、防渗体形式，评估岩溶对水工建筑物的影响，是在岩溶地区建设水利水电工程的基本保证。

参考文献

[1]　阴松，王中美，余波，等. 乌江渡水电站坝基水质特征及帷幕性状评价 [J]. 水利水电技术，2017, 48 (3): 39-45.

[2]　柴建峰，朱时杰. 贵州省洪家渡电站 K40 溶洞封堵处理方法分析 [J]. 地球与环境，2005 (33): 435-439.

[3]　张有良. 最新工程地质手册 [M]. 北京：中国知识出版社，2006.

[4]　肖万春. 水库岩溶渗漏勘察技术要点与方法研究 [J]. 水力发电，2008, 34 (7): 52-55.

[5]　段如勇，屈昌华，刘杰. 临口水库典型溶洞特征及综合处理技术探讨 [J]. 水利规划与设计，2015 (01): 41-43.

[6]　费英烈，邹成杰. 贵州岩溶地区水库坝址渗漏问题的初步研究 [J]. 中国岩溶，1984 (2): 120-129.

[7]　巩绪威，米有明，李剑，等. 岩溶地区水库防渗设计：以宜兴市油车水库为例 [J]. 水利规划与设计，2016 (12): 112-116.

[8]　黄国芳，李自翔，高位. 浅谈岩溶地区水库防渗处理 [J]. 水利建设与管理，2018 (6): 7-10.

[9]　刘计山. 某强岩溶区水库防渗关键参数的最终确认 [J]. 人民长江，2014, 45 (1): 44-48.

[10]　黎志键，劳武，卢达. 水库岩溶防渗堵漏技术研究与实践 [J]. 中国水利，2011 (22): 35-37.

[11]　韦恩斌，劳武. 广西大龙潭水库防渗堵漏灌浆新技术应用 [J]. 水利水电技术，2009, 40 (7): 121-124.

水轮发电机组大轴中心补气系统改造优化与实践

杨可可　李由杰　韩宏斌　任高峰

（黄河水利水电开发集团有限公司，河南济源 459017）

摘　要： 小浪底水电站水轮发电机组在水库调水调沙期间水头较低，过机含沙量较大，导致停机避沙机组尾水管淤堵，机组尾水通过大轴中心补气管路冒出，对机组造成较大危害，严重影响汛期发电机组正常运行。通过对水轮发电机组大轴中心补气系统进行改造优化，增加浮球式逆止阀，经过实践验证，改造后逆止阀动作可靠，有效解决机组尾水通过大轴中心补气管路冒出的问题，提高了机组的安全稳定性。

关键词： 水轮发电机组；大轴中心补气系统；浮球式逆止阀；改造优化与实践

1　背景

小浪底水力发电站位于黄河下游，共装设 6 台 30 万 kW 混流式水轮发电机组，总装机容量为 180 万 kW，多年平均发电量为 50 亿度，是河南电网直调电站，其主要是为河南电网调峰、调频以及事故备用[1]。2018 年 7 月开始，每年汛期，因黄河流域防汛需要，小浪底水库进行调水调沙，库水位一直降低，机组运行的实际水头不断降低[2]。受调水调沙影响，水轮发电机组的过机含沙量较高，导致停机避沙机组尾水管淤堵，先后多次出现机组尾水通过大轴中心补气管路冒出，造成发电机顶部出水[2,3]，水流流入发电机定子、转子，使发电机定、转子绝缘受到不同程度损害，出水量较多时还会使水轮发电机组上导油槽进水，油水混合物溢出后将发电机转子、推力油槽、上机架、下机架等重要设备造成污染，造成水淹机组的严重事故[4]，对汛期水轮发电机组的安全稳定运行产生了严重影响。因此，亟须采取相关的技术措施解决这一问题。小浪底水电站通过对机组大轴中心补气系统进行技术改造优化，有效解决了机组尾水通过大轴中心补气管路冒出的问题，提高了机组的安全稳定性。

2　水轮发电机组大轴中心补气管路顶部涌水原因及临时措施

2.1　机组大轴中心补气系统的结构及原理

小浪底水电站水轮发电机组大轴中心补气采取自然补气方式[3]。混流式水轮发电机组在运行过程中，其尾水管内会形成一定的负压，使转轮区域产生空化与空蚀，影响水轮机的效率，增加水轮机各部分的振动，严重时还会对设备造成一定程度的损坏。采用大轴

作者简介：杨可可（1990—），男，河南省夏邑县人，中级工程师，硕士，主要从事水电厂发供电设备运行与管理工作。
　　　　　E-mail：2390513032@qq.com。

中心补气向机组尾水锥管内补入自然空气，破坏尾水管内的真空，补气效果较好，可以很好地改善水轮发电机组的运行状态，提高机组的安全稳定运行[5-8]。小浪底机组大轴中心补气机构见图1。

2.2 大轴中心补气管路顶部冒水原因

停机避沙后机组大轴补气管顶部冒水现象大多数发生在调水调沙期间，冒水和过机含沙量有关。机组在停机状态时，通过查看机组尾水进人门压力，发现机组停机后尾水进人门压力0.17MPa，并逐渐增大。当大轴补气管顶部冒水时，查看机组尾水进人门压力为0.24MPa。可以推断，停机后机组尾水管泥沙不断沉积，使尾水管肘管段底部基本被泥沙封住。由于水轮机筒阀和导叶关闭不严，含沙小水流不断注入尾水管内，由于流量较小，无法使尾水管肘管的泥沙冲走。尾水管连接大轴补气管，随着压力不断上升，浑水会从大轴补气管中溢出，见图2。

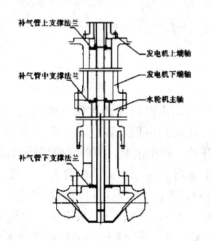

图1 大轴补气系统

图2 大轴中心补气管路顶部冒水

停机避沙后机组开机时也发生过大轴补气管路顶部冒水现象。机组在停机避沙期后首次开机时，若库水位为210m，则活动导叶只需5s就可以开至37%的第一开度，机组尾水管内的压力快速升高，若尾水管内淤积的泥沙量较少，此压力水头下不会超过发电机顶部高程，也不会有水从大轴补气管顶部冒出；但若机组尾水管内淤积的泥沙量较大，在短时间内不能被水流冲走，会导致尾水管内水流不畅，机组尾水管内的压力水头会上升至大于发电机顶部高程，大轴补气管顶部就会有水冒出[5]。

2.3 大轴中心补气管路顶部冒水临时措施及存在问题

为防止调水调沙期间机组再次发生大轴补气管路突发冒水，机组停机后在大轴补气管路顶部加装可拆卸式止水法兰。当机组停机后安装法兰盖板可有效避免尾水上涨溢出情况发生，在机组需要开机时先带着盖板空转冲淤半小时，随后再停机拆掉盖板重新开机[3]。通过加装盖板的方式有临时应对大轴补气管路突发跑水情况，见图3。

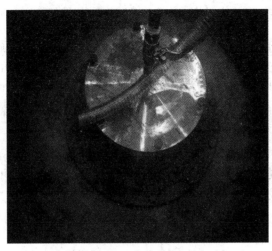

图 3　大轴补气管顶部止水法兰

安装可拆卸式法兰盖板虽然对机组尾水向上流的管路进行了有效封堵，较好地防止机组尾水返水，避免了水淹上导油槽，但是这种措施存在一定的风险，比如补气管中压力过高、易损坏补气管节间密封等[5]。此外，采取该措施后再次开机时过程比较烦琐，无法采取自动操作，机组空转冲淤后还需要二次停机拆除盖板后才能重新开机，这不仅仅影响了机组开机并网所需的时间，同时加重了值班人员作业强度，有时需要凌晨开机时值班人员需要迅速赶往现场拆装堵板，每次操作至少需要 4 名作业人员相互辅助才能快速完成拆除恢复工作。

由于在大轴补气管路顶部焊接止水法兰，焊接过程中热传导作用会将下部密封圈烫坏，使密封圈失去密封效果，尾水返水沿着补气管上涨到该部位时将会造成渗漏，随后渗漏水进入转子中心体内，还需要架设临时泵进行紧急排水，存在一定的安全隐患。因此需要对机组大轴补气系统进行改造，在补气管上加装永久逆止阀进行封水止水，保证机组汛期安全运行。

3　大轴补气系统的改造优化及改造后的效果

3.1　大轴中心补气系统改造优化

目前国内多家大型水电站广泛采用的一种浮球式逆止阀，该逆止阀的浮球内部为空心铝制材料外部包裹一层橡胶，整个浮球密度小于水。当尾水返水沿着补气管上涨时，浮球自然浮起封堵上部管路，可有效封水止水。当机组运行时，浮球靠自重下落，气流可通过浮球四周向下补气，最终补入转轮泄水锥，以缓解机组偏离最优工况区运行时，水轮机转轮下方产生的低压区对水轮发电机组造成的危害[9-11]。

考虑到后期浮球更换可能会比较繁琐，小浪底水轮发电机组大轴补气装置浮球阀安装于转子中心体内。为了今后浮球更换方便，在阀座加工时将下法兰面加工成平面不带止口，同时上端管与顶轴封水盖留足够的间隙，这样可以直接在转子中心体内部先将上端管向上顶起，再将阀座抽出，直接在转子中心体里更换浮球，方便省力，减小劳动强度。

3.2　大轴中心补气系统改造优化后的效果

　　2021 年 5 月份，小浪底工程 4 号机组 C 级检修期间，首次实施安装浮球式逆止阀，见图 4。4 号机组检修结束后，开机空转运行前，通过打开尾水补气阀向机组尾水管内进行补气，过多的补气量使尾水管内压力不断上升，当尾水进人门压力达到 0.23MPa 时，通过大轴补气顶部观察孔可以看到浮球式逆止阀的浮球浮起，持续补气至尾水进人门压力至 0.4MPa，大轴补气管路顶部未出现冒水现象，试验证明大轴补气系统改造效果较好。2021 年 10 月初，在小浪底水轮发电机组过机含沙量最大达到 230kg/m³ 的情况下，4 号机组没有发生大轴补气管路冒水情况，从实践验证浮球式逆止阀的可靠性较好。目前小浪底水电站已经全部完成 6 台机组大轴中心补气系统的技术改造。

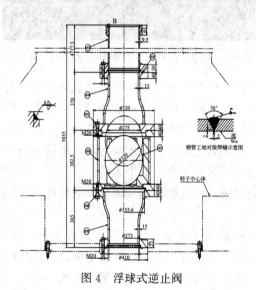

图 4　浮球式逆止阀

4　结论

　　通过对水轮发电机组大轴中心补气系统进行改造优化，在发电机转子中心体内大轴补气管路上增加浮球式逆止阀，经过试验与实践验证，改造优化后浮球式逆止阀动作可靠，有效解决了调水调沙期间机组尾水通过大轴中心补气管路冒出的问题，消除了汛期机组尾水返水造成水淹定、转子及上导油槽等严重隐患，提高了小浪底水轮发电机组的安全稳定性，确保机组长期安全运行。由于机组大轴补气管路新增浮球式逆止阀，对机组大轴补气效果以及机组振动和摆渡的影响还需要进一步的跟踪研究分析。

参考文献

[1]　王贵，罗甜，张亚楠，等．浅谈小浪底电厂设备运行分析工作 [J]．水电站机电技术，2018，41（03）：61-63.

[2]　李鹏，韩宏斌，丁焱．泄洪排沙高含沙水流对小浪底机组的影响分析及应对措施 [J]．机电信息．2020，（30），75，76.

[3]　刘婉，王丹阳，郑雪冰等．浅谈小浪底水电厂机组大轴顶部冒水 [J]．机电信息，2020（21）：59.61.

[4]　胡畅，邓方雄，赵小明．某水电站大轴补气管渗漏原因分析与处理 [J]．水电与新能源，2022，36（01）：

51-53.

[5] 李鹏，黄维华，韩宏斌 . 小浪底水电厂发电机顶部出水原因及应对措施［J］. 人民黄河，2021，43（S1）：241-242.

[6] 马越，耿清华，钱冰，冯治国 . 龚嘴水电站尾水管补气模型试验研究［J］. 人民长江，2016，47（22）：102-104.

[7] 戴锋 . 黄龙滩电厂三、四号水轮机组补气装置改造［J］. 湖北电力，2014，38（10）：66-69.

[8] 胡学龙，赖见令，唐启尧，等 . 浅析向家坝右岸地下电站主轴中心补气系统［J］. 水电站机电技术，2012，35（05）：12-15.

[9] 刘啟文 . 小湾机组大轴中心补气阀防漏水装置的研究及应用［J］. 水力发电，2015，41（10）：41-42＋71.

[10] 刘佳望，黄波，谢捷敏 . 水电机组大轴中心补气阀改造及效果评价方法［J］. 湖南电力，2019，39（04）：64-67.

[11] 杨自聪，梁成刚，刘江红等 . 锦屏一级水电站大轴中心补气系统的改造优化［J］. 四川水力发电，2020，39（02）：111-114.

DG 水电站大坝工程碾压混凝土仓面设计

熊　涛　韦　虎

（中国水利水电第九工程局有限公司，贵州贵阳 550081）

摘　要：针对 DG 水电站坝体碾压混凝土施工组织与系统规划问题，通过仓面设计——单元工程施工组织设计，实现资源规划与进度安排。经实践表明，仓面设计能规范施工行为，提高浇筑效率，保证坝体碾压混凝土工程质量。仓面设计作为某一单元工程浇筑前必要的技术准备及指导浇筑作业的一种重要措施，在 DG 水电站工程中切实发挥出规范施工作业、保证工程质量、加快施工进度的作用，尤其在西藏高海拔地区特殊气候与建设条件极差的情况下更具指导意义。

关键词：西藏地区；碾压混凝土；DG 水电站；仓面设计；资源规划

1　前言

仓面设计作为单元工程施工组织设计，是对水工建筑物的单个浇筑部位进行详细规划，以确保混凝土浇筑的各道工序正常、有序，并按照相应的质量技术要求进行施工。仓面设计是混凝土浇筑质量控制的重要环节和保证措施[1]。

仓面设计最早于 2000 年在三峡二期工程中应用，在施工条件复杂与浇筑强度高的情况下，对规范施工作业、保证工程质量、加快进度等方面发挥了重要作用[2]。2011 年应用在官地水电站中，在工期缩短 12 个月、月浇筑强度增加约 10 万 m³ 的情况下保证了工程质量[3]。鉴于 DG 水电站大坝是目前在建的海拔最高的碾压混凝土重力坝，受特殊的气候与建设条件影响，对混凝土施工质量要求更高，且高海拔地区人工降效严重，类似工程项目应用较少，将仓面设计应用到 DG 水电站中，对单元工程进行合理规划，加快工程进度，保证工程质量。仓面设计在 DG 水电站中的成功应用可供类似工程项目借鉴。

2　工程概况

DG 水电站位于西藏自治区山南地区桑日县境内，为 Ⅱ 等大（2）型工程，以发电为主，水库正常蓄水位 3447.00m，相应库容 0.5528 亿 m³，电站坝址控制流域面积 15.74 万 km²，多年平均流量 1010m³/a，电站装机容量为 660MW。

大坝坝顶高程 3451m，最大坝高 117m，是目前在建的海拔最高的碾压混凝土坝，西藏在建最高大坝，坝顶长 385m，大坝碾压混凝土 93.7 万 m³，常态混凝土 50.5 万 m³。

作者简介：熊涛（1996—），男，贵州毕节人，助理工程师，从事水利水电工程项目施工技术与管理工作。
　　　　　　E-mail：xiongtao11@foxmail.com。

3 主要技术难题

3.1 特殊气候条件

坝体所在地基本气候特性为昼夜温差大、空气稀薄、大气干燥、太阳辐射十分强烈，每年 11～4 月为旱季，5～10 月为雨季，年温差小而日温差大，年平均温度低，低温季节长且最低气温低，温差变化大，日照充足而多大风，气压仅有 0.6 个标准大气压；据坝址下游 35km 的加查气象站实测统计，昼夜温差最大达 20℃左右，气候条件对混凝土的质量影响极大。

3.2 建设条件极差

坝址两岸山体陡峻，施工布置难度大；地质条件复杂，骨料供应紧缺；气候恶劣，温差大、气压低、风力强、冻土深、辐射强；先天条件的特殊性，对工程建设的各个单元带来了各种考验。

受坝体结构复杂、气候条件特殊、建设条件差、交叉施工干扰大等因素影响，施工难度大且初凝时间短，安全生产管理工作任务艰巨。

因此，根据工程所处地区特点、仓面的结构特性，做出相应的仓面规划和做好仓面浇筑前期准备，并指导作业人员施工，保证混凝土浇筑有序进行，并达到加快工程建设进度、保证工程质量，是尤为必要的。

4 仓面设计要点

（1）仓面特征：描述了仓面详细的参数，具有相应的仓面高程、仓面桩号、仓内的配筋情况与仓位埋件等情况。

（2）入仓方式：应根据工程所在地气候特点，结合建设区域地势条件，入仓方式的规划决定了入仓道路的布置，在仓面设计过程中应该综合考虑入仓道路的布置，入仓道路坡度应控制在 18%～20%，入仓道路两侧坡比为 1∶0.5，设键槽与限裂钢筋，使得与后续混凝土浇筑更好地结合，保证坝体稳定性。

（3）混凝土分区与施工布置：仓面要按照要求进行明确的混凝土分区。确定仓面的不同区域混凝土强度等级级配，仓面指挥时要避免混凝土下料发生混淆。施工布置包括设备、材料和仓面人员，设备包括混凝土的入仓设备、铺料设备、平仓设备、仓面保温保湿设备和仓面保洁设备等；材料主要为仓面保温保湿材料；仓面人员包括设备操作员、质量与安全监控人员、指挥管理人员等。

（4）变态混凝土施工：采用一种介于常态与碾压之间的混凝土，使其具备常态混凝土的可振捣性能；同时，又具备碾压混凝土施工快、强度高等优势。止水片周围是变态混凝土施工的关键部位之一，应严格按设计要求施工，采取止水支撑和保护措施，确保振捣密实。

（5）温度控制措施：大坝混凝土为大体积混凝土，须采取合理的温控措施，采用智能温控系统对坝体进行冷却通水，对大体积混凝土的最高温度控制极为有效。

（6）碾压参数：在碾压混凝土施工前进行了碾压混凝土试验，确定最佳的碾压参数，以达到碾压质量要求。在施工过程中采用智能碾压系统对混凝土碾压参数进行实时监测，最终检测压实度满足压实标准为止。

（7）过程养护：仓面须时刻使用喷雾机与冲毛枪保证仓面湿润，改善仓面小气候；及时处理仓面出现的积水；在已经碾压完成的部位未进行下层浇筑前覆盖保温保湿材料。

（8）质量保证措施：根据坝体结构特点、碾压混凝土试验结果；结合施工工艺及技术要求，明确混凝土的升层高度、碾压密实度、铺料方法、与变态防渗区域的施工方式等；对于特殊部位的施工，须编写专门的作业指导书并下发至每一个作业人员的手中。如遇施工缝与结构缝，铺设限裂钢筋，增加坝体稳定性。针对浇筑时段的不同，提前查清天气情况，做好应急措施，确保仓面浇筑作业能保质保量地进行，且在浇筑前对拌合系统设备例行检查，避免浇筑过程中因设备出现问题而停止浇筑。

5　仓面设计的应用

为切实了解仓面设计在 DG 水电站的应用，以下为 9～11 号坝段高程 3352.00～3356.70m 仓面设计实例。

5.1　分析仓面特性

根据大坝浇筑入仓方式规划，大坝高程 3398m 以下的碾压混凝土主要利用自卸汽车运输，充分发挥自卸汽车入仓强度大的特点。且因施工结构需要，施工时将 9～11 号坝段合并为一个单元工程进行浇筑，浇筑高程为 3352.00～3356.70m，桩号为（坝上 0-002.10～坝下 0+094.50，坝左 0+050.00～坝右 0+033.64），永久面混凝土保护层为 20cm，抗震钢筋网采用 $\phi25$ 带肋钢相间布置，间距为 20cm；仓面升层 4.7m，开仓前，需将浇筑的分层线标注在模板上，以控制碾压层高；经计算，本仓混凝土总浇筑方量为 22813m³，共有五种强度等级级配；分别为碾压混凝土 C_{90}20W8F200 和 C_{90}15W6F100、变态混凝土 C_{90}20W8F200 和 C_{90}15W6F100 以及常态混凝土 C_{30}W6F150；上游模板往里 1.2m 为变态防渗区域；2019 年 6 月浇筑，属高温季节施工，采取预冷入仓，温度控制在 10℃左右，允许间歇时间按 2h 控制，预计浇筑历时 104h。

5.2　仓面设计规划

入仓道路平面布置（图 1）：采取坝后入仓＋坝前出仓、仓内道路＋仓外道路的组合方式形成机动而灵活的浇筑仓汽车运输回路，过程减少施工干扰，加快浇筑效率。

混凝土分区与施工平面布置（图 2）：该仓面存在多种级配的混凝土，根据施工规范，不同混凝土需要同时浇筑，保证混凝土交界面的结合质量；在结合部位，振捣棒需插入下层碾压混凝土中 5cm，并进行复振确保混凝土的质量。

在上游防渗区、孔洞、模板、廊道等周边无法用机械设备碾压部位浇筑机拌变态混凝土，无需造孔灌浆，须用振捣棒进行振捣，加强混凝土层间结合质量，振捣应使用高频振捣器（变态混凝土施工主要采用 $\phi100$ 振捣棒（50cm 长），靠近模板的部位采用 $\phi70$ 振捣棒（60cm 长），振捣时间宜大于常态混凝土 1～2 倍，保证浆体翻至表面。施工时振捣棒

图 1 　入仓道路平面布置

垂直插入混凝土中，快插慢拔，振捣时将振捣器插入下层混凝土 5cm 左右，保证均匀性和碾压区与变态区结合，振捣后无气泡产生，振捣器提出的浆液，表面光滑、圆润、平顺。

温度控制措施（图 3）：该仓布置了 3 层冷却水管，采取水平间距为 1m，垂直间距为 1.5m，距模板面 1m，与诱导缝的距离范围为 0.8～1.5m，用 U 形锚筋固定，特殊部位的冷却水管铺设可根据现场实际情况进行调整；每趟支管不超过 300m，采取一拖三的方式，即一趟主管最多接三趟支管，冷却水管铺设完毕后，统一接对应主管引进智能温控分控站。

该仓内埋设了 10 支温度计，垂直间距为 3m，以便后期坝体温控系统监测冷却水管的作用。

碾压参数：采用通仓法分层浇筑，进占法进行卸料，铺料厚度宜为 34±2cm，满足压实厚度为 30cm，智能振动碾压参数按照 2＋6（行走速度为 1.0～1.5km/h）进行施工，碾压完成后对于条带不平整部位采用无振慢速 2 遍加碾平整，无法碾压的局部采用小碾碾压 20 遍。

浇筑时段在夏季，属于高温大风季节，混凝土表面水分散失迅速，为了保证碾压密实度和良好的层间结合，在仓面施工过程中，需采取冲毛枪和喷雾机改善仓面小气候，同时避免出现仓面积水；在已经碾压完成的部位，未进行下层混凝土浇筑前覆盖彩料布进行保温保湿。

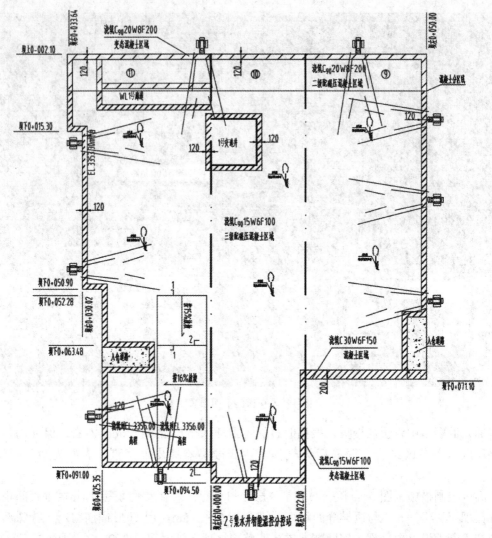

图 2　混凝土分区及施工平面布置

5.3　相关资源分配

　　仓面内的资源分配包括入仓机械、仓面的主要设备及设施、仓面指挥人员、相关值班人员等，合理的资源分配决定了资源的利用率。

　　(1) 采用自卸汽车直接入仓方式浇筑混凝土的仓面最大浇筑面积为 $4591.5m^2$，碾压层厚为 30cm，按 6h 覆盖，需最大强度为 $229.6m^3/h$。从左岸混凝土生产系统经左岸沿江通道、下游围堰，汽车运距为 1.5km，仓内平均行驶速度降低 25%，自卸汽车平均速度取 14km/h，来回共需时间为 12.85min($1.5 \div 14 \times 60 \times 2 = 12.85$)，拌合站搅拌时间 6min，考虑洗车、卸车、转向、调车、排队等时间和其他原因停车的时间约 10min，共计 28.85min。综合考虑上述因素，一辆自卸汽车每小时可运料 2 车，25t 自卸汽车每车装料 $13.5m^3$（装 3 罐，$4.5m^3/$罐），其生产强度为 $27m^3/h$。共需 25t 自卸汽车 $229.6 \div 27 = 8.5$ 台，考虑到维修和备用，共配备 10 台 25t 自卸汽车。

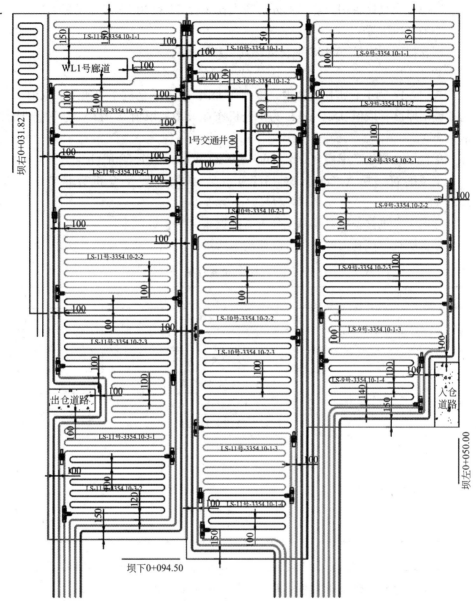

图 3　高程 3354.10m 冷却水管埋设平面图

（2）仓面内主要施工机械设备计算如下：

①振动碾配置

大坝碾压混凝土碾压主要采用三一 STR130C-8 型振动碾，其生产率为：

$$Q = V(B-b)HK/N$$

式中，V 为振动碾碾压行走速度，取值 1500m/h；B 为振动碾作业宽度，取值 2.135m；b 为要求的重叠宽度，取值 0.2m；$(B-b)$ 为一次有效碾压宽度，取值 1.94m；H 为碾压层厚度，取值 0.3m；K 为碾压作业综合效率，取值 0.9；N 为碾压遍数，取 6 遍。

单台振动碾生产率 $Q = 1500 \times (2.135 - 0.2) \times 0.3 \times 0.9/6 = 161.7 \text{m}^3/\text{h}$。

共需配置振动碾数量 229.6/161.7＝1.42 台。

考虑 1 台维修备用，经以上分析需配置 3 台 STR130C-8 型振动碾。

②平仓机配置

平仓拟采用山推 SD13S 平仓机，其生产率为：

$$Q = WVDE/N$$

式中，W 为平仓机作业宽度，取值 1.8m；V 为平仓机作业速度，取值 1.6km/h；D 为摊铺层厚度，取值 0.34m；E 为平仓机作业效率，取值 0.6；N 为平仓机的摊铺次数，取值 1 次。

单台平仓机生产率 $Q = 1.8 \times 1600 \times 0.34 \times 0.6 = 587.52 \text{m}^3/\text{h}$

平层铺筑一层（30cm）共 1377.45m^3，共需配置平仓机数量 1377.45/587.52 = 2.35 台。

考虑 1 台维修备用，经以上分析需配置 4 台平仓机。

综上所述，该仓面的设备分配如表 1 所示。

设备分配　　　　　　　　　　　　　　　表 1

设备	型号	数量
入仓机械	25t 自卸车	共 10 辆
	9m^3 罐车	共 5 辆
变态混凝土振捣	变频机组 ZTB-150	7 台
	ϕ100mm 振捣棒（50cm 长）	6 根
	ϕ70mm 振捣棒（60cm 长）	4 根
	制浆站（左岸）	1 座
仓面主要设备与设施	SD13S 平仓机	4 台
	三一 STR130C-8 振动碾	3 台
	切缝机	1 台
	高压冲毛枪	4 台
	喷雾机	10 台

工程地处高原地区，人工降效严重，应根据浇筑时段的气候条件，实际浇筑情况进行人员分配，此仓除去设备驾驶员外，人员分配如表 2 所示。

人员分配　　　　　　　　　　　　　　　表 2

仓面人员（单班）	白班（人）	夜班（人）
总指挥	1	2
副总指挥	1	2
技术员	1	1
质检员	2	2
试验检测员	2	2
安全员	1	1
调度室	2	2
喷雾洒水工	8	8
制浆铺浆工	6	6

仓面人员(单班)	白班(人)	夜班(人)
预埋工	8	8
温控人员	2	2
模板工	8	8
振捣工	20	20
其他	8	8

5.4 应用总结

经过仓面应用情况分析,最终该仓浇筑完成历时 87.7h,实际浇筑方量为 21580m³,浇筑强度为 246m³/h,完全满足最大强度要求;经检测,已浇筑的混凝土坝体内冷却水管通水冷却效果好,有效控制了混凝土内部最高温度;仓面设计切实发挥出指导作用,规范施工,提高浇筑效率,保证了坝体混凝土质量。

6 结束语

在西藏高海拔、特殊气候、建设条件差、工期紧的情况下,结合碾压混凝土施工快、强度高的特点,对大坝碾压混凝土施工进行仓面设计、资源规划、减少了施工干扰,在质量、进度和安全方面均得到了保证,自 2019 年 3 月碾压混凝土开始浇筑以来,截至 2020 年 11 月共完成碾压混凝土浇筑 90 多万立方米,大坝碾压混凝土全线到顶;仓面设计在 DG 水电站坝体混凝土浇筑过程中,对保证混凝土质量,规范施工过程发挥了极大作用,加快了 DG 水电站的建设速度。

参考文献

[1] 张超然,周厚贵. 水利水电工程施工手册 第三卷 混凝土工程 [M]. 北京:中国电力出版社,2002.
[2] 郑路,陈新群,张勇. 混凝土仓面设计在三峡二期工程中的应用 [J]. 中国三峡建设,2001,8 (3).
[3] 莫志财,孙岩丽. 仓面设计在官地水电站碾压混凝土重力坝施工中的应用 [J]. 混凝土世界,2011 (11):78-81.

石坝河水库坝体绝热温升及施工期温度监测分析

罗　键　张全意　曾　旭

（遵义市水利水电勘测设计研究院有限责任公司，贵州遵义 563000）

摘　要： 本文结合仁怀市石坝河水库（堆石混凝土重力坝，最大坝高 57m），开展了绝热温升理论计算，获得了石坝河水库堆石混凝土坝体最大绝热温升及块石吸热效率，并通过仿真分析相互验证。同时通过研究重点仓面布设的温度测点，获得了外界气温对新浇筑坝体的影响范围、新浇筑仓面对下部已成坝体的温升影响情况，分析总结出了堆石混凝土在不同时期的热传递方向和热交换微观过程，提炼了石坝河水库坝体内部温度实际变化过程拟合方程和经验系数矩阵。对类似工程温度变化过程分析提供了参考，具有借鉴意义。

关键词： 堆石混凝土；绝热温升；仿真分析；温度监测

1　研究背景

堆石混凝土技术是一种全新的混凝土材料与建造施工技术，具有工艺简便、施工快速、温控易行、成本低廉、环境友好和高强耐久等特点[1]。但目前国内已建和在建的大多混凝土坝分缝设计依然相对保守，大多参照混凝土拱坝进行设计[2]，造成大坝分缝设计复杂、温控措施复杂、施工仓面小、施工干扰大、堆石入仓难度大、坝体堆石率较低等缺点，未能充分利用堆石混凝土材料优势。

遵义市在（完）建的堆石混凝土坝 50 余座，大多采用不分纵横缝、全断面整体上升浇筑的结构形式，少数工程仅在基础变化处设置横缝，而目前完建并蓄水的大坝均运行正常[3-5]。为进一步探求堆石混凝土材料特性及温度变化过程，结合完建仁怀市石坝河水库（堆石混凝土重力坝）开展了绝热温升分析计算、仿真对比分析、施工期温度监测分析工作[6-10]。

2　工程概况

工程位于贵州省仁怀市茅台镇上坪村境内，工程所在区域属亚热带季风湿润气候区，多年平均气温 15.6℃，实测最高气温 41.3℃；块石料为三叠系下统茅草铺组（T_1m）薄至中厚层灰岩、白云岩，干密度为 2.68g/cm^3，饱和抗压强度≥40MPa。

水库总库容 149 万 m^3。工程等别为Ⅳ等，规模属小（1）型。大坝为堆石混凝土重力坝，最大坝高 57.0m，最大坝底厚 52.3m，坝轴线长 227.0m，坝体堆石混凝土填筑量约

基金项目： 贵州省水利厅 2019 年度科技项目（KT201905）。

作者简介： 罗键（1990—），男，四川射洪县人，工程师，本科，主要从事水工结构设计工作。

E-mail：592063840@qq.com。

20 万 m³，堆石率 53%。坝体最大缝距及横断面设计如图 1 所示。

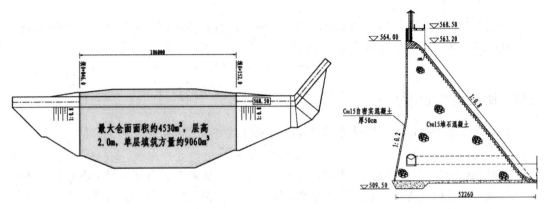

图 1　坝体最大缝距及横断面设计

3　绝热温升计算

3.1　计算公式

根据文献［6］利用最小二乘法拟合出的自密实混凝土绝热温升指数公式(1)，结合堆石混凝土特性，进一步推导出了堆石混凝土绝热温升公式(2) 如下：

$$\theta_{SCC} = 29.2 \times (1 - e^{-0.442\tau}) \tag{1}$$

$$\theta_{RFC} = \frac{1}{1 + \dfrac{V_{rock}\rho_{rock}C_{rock}}{V_{scc}\rho_{scc}C_{scc}}} \theta_{SCC} \tag{2}$$

式中，θ_{RFC} 为堆石混凝土绝热温升值（℃）；θ_{SCC} 为自密实混凝土绝热温升值（℃）；τ 为自密实混凝土浇筑后时间（d）；V_{rock} 为堆石体积，m³；V_{SCC} 为自密实混凝土体积（m³）；ρ_{rock} 为堆石重度（kg/m³）；ρ_{SCC} 为自密实混凝土重度（kg/m³）；C_{rock} 为堆石比热容［kJ/(kg·℃)］；C_{SCC} 为自密实混凝土比热容［kJ/(kg·℃)］。

3.2　计算参数

高自密实混凝土重度 2.25t/m³，块石重度 2.68t/m³，堆石混凝土重度 24.8t/m³。

高自密实混凝土配合比及热力学参数　　　　　　　　　　　　　　表 1

	水泥	砂	石子	水	粉煤灰
高自密实混凝土配合比(kg/m³)	139	1181	469	186	299
材料对应比热容取值[kJ/(kg·℃)]	0.456	0.699	0.749	4.187	0.92

由表 1 计算得到石坝河水库自密实混凝土比热容为 0.988kJ/(kg·℃)；块石岩性为灰岩，查阅相关资料比热容取 0.749kJ/(kg·℃)，由于石坝河水库坝体堆石率为 53%，加权平均得到堆石混凝土坝体比热容为 0.861kJ/(kg·℃)。

3.3 计算结果

通过理论计算，石坝河水库堆石混凝土坝体绝热温升公式如下，其中，最大绝热温升约出现在第 7 天，最大绝热温升为 14.32℃。

$$\theta_{RFC} = 14.32 \times (1 - e^{-0.442\tau}) \tag{3}$$

3.4 块石吸热效率

热量与温度变化可以采用热力学公式进行分析：

$$Q = cm \Delta t \tag{4}$$

忽略能量传递中引起的其他变化，在绝热状态下，从微观层面上（不考虑宏观各材料占比影响）可近似认为：堆石混凝土总热量变化等于自密实混凝土产生的热量减去块石所吸收热量：

$$\Delta Q_{RFC} = Q_{SCC放} - Q_{rock吸} \tag{5}$$

故结合式(1)、式(3)，并利用式(4)、式(5) 可以计算得到如表 2 所示结果。

绝热温升状态下堆石混凝土各材料能力变化计算结果　　　　表 2

材料	Q(kJ)	比热容[kJ/(kg·℃)]	质量(kg)	Δt 温升(℃)
块石	34334.4	0.749	2680	17.1
自密实混凝土	64911.6	0.988	2250	29.2
堆石混凝土	30577.2	0.861	2480	14.32

由此可知，可以近似认为石坝河水库块石吸热占自密实混凝土产生总热量的 52.8%，同时也可以计算得到石坝河水库块石的绝热温升约为 17.1℃。

4 仿真分析

4.1 热力学参数

坝体混凝土热力学参数见表 3。

坝体混凝土热力学参数　　　　表 3

参数类型	自密实混凝土	堆石混凝土
比热[kJ/(kg·℃)]	0.988	0.861
导热系数[kJ/(m·h·℃)]	8.9	10.6
表面散热系数[kJ/(m²·h·℃)]	48	48

4.2 反演公式

混凝土绝热温升采用双指数公式：$Q(\tau) = Q_0 \times (1 - e^{-\alpha\tau^\beta})$，式中，$Q(\tau)$ 为龄期 τ 时的绝热温升，Q_0 为最终绝热温升，α、β 为常数。计算温度与实测温度过程线对比如图 2 所示。

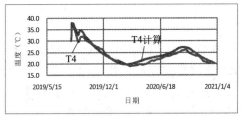 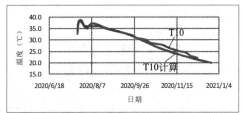

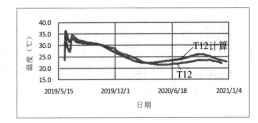 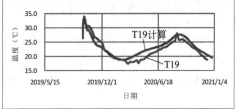

图 2　部分大坝温度测点仿真计算温度与实测温度过程线对比

4.3　反演结果

坝体不同材料分区的混凝土绝热温升见表 4。

混凝土绝热温升公式拟合值　　　　　　表 4

材料	Q_0(℃)	α	β
高自密实混凝土	30	0.27	1.00
堆石混凝土	14	0.41	0.78

根据反演结果，拟合出石坝河水库堆石混凝土绝热温升的公式为 $Q(\tau)=14(1-e^{-0.41\tau^{0.78}})$，最终绝热温升为 14℃。仿真反演得到的温度演化规律与实测的温度演化规律一致，且温度计算值与实测值吻合较好，同时也与本文 3 中采用的计算的绝热温升结果高度吻合，表明采用的仿真分析方法和选取的热学参数是合理、可靠的。

5　重点仓面温度监测试验

5.1　仓面基本情况

本次分析的试验数据自 2020 年 8 月 10 日 18：20 开始（监测开始），到 2020 年 10 月 2 日 17 点 14 分结束，共计 53d（表 5）。

各仓面高程及开仓时间统计　　　　　　表 5

仓面名称	仓面高程(m)	开仓时间
中间仓	560～562	2020 年 8 月 10 日 17：00
上层仓	562～563.2	2020 年 9 月 3 日 14：00
上＋1 层仓	563.2～565	2020 年 9 月 6 日 14：30
上＋2 层仓	565～567	2020 年 9 月 19 日 16：20

5.2 监测仪器

研究所使用的温度传感器为埋入式探头，标准量程为－30～＋70℃，温度监测数据由现场布设的自动化采集系统收集并通过 GPRS 传输至数据库，自动化装置的采集周期为 30min。同时，温度传感器与配套的自动化采集装置在现场试验前已完成室内率定，结果显示温度测值在 10～45℃的环境中整体误差为±0.2℃，满足试验精度要求。

5.3 监测仓面选择及仪器布置

为获得堆石混凝土不同部位温度变化特点，在石坝河水库选择了重点温度监测仓面（连续设置监测三层）进行温度监测试验，每层设近上游、中部、近下游三个监测断面，每个监测断面分自密实混凝土内及堆石内测点，具体布置如图3、图4所示。

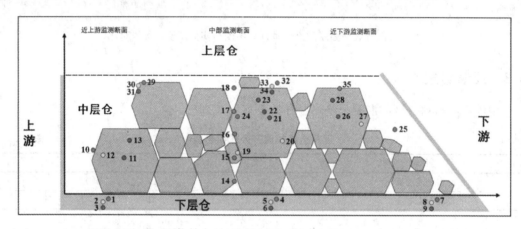

图 3　石坝河重点仓面监测试验仪器实际布置

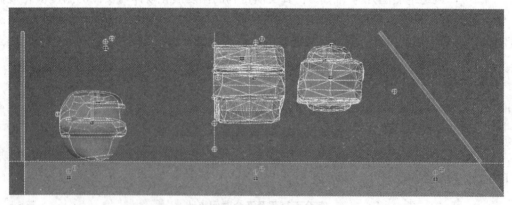

图 4　石坝河重点仓面温度监测布置三维图

5.4 外界气温变化对浇筑仓温度变化的影响

为研究外界气温对浇筑仓内部的影响，选取中层仓内不同部位和埋深的温度测点与外界气温变化过程线进行研究（图5～图7）。

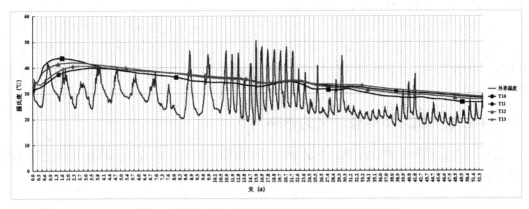

图 5 外界气温与中层仓上游测点温度变化过程线

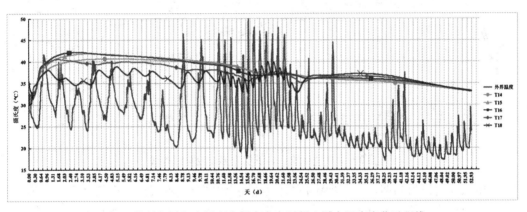

图 6 外界气温与中层仓中部自密实混凝土测点温度变化过程线

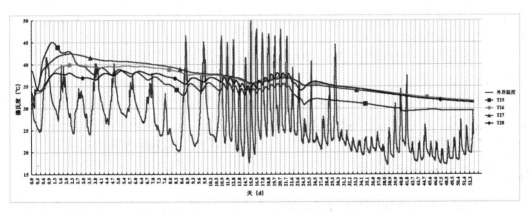

图 7 外界气温与中层仓下游测点温度变化过程线

通过对比发现如下结论：

（1）浇筑仓内各类型测点埋深（距仓顶或坝体表面）在 1m 以内时，测点温度随外界温度变化呈现明显的正相关性，表明外界气温对浇筑完成的块石混凝土坝体表面 1m 深度范围内影响较大；而当测点埋深大于 1m 时，各类型测点与外界气温相关性不明显，且当外界昼夜温差约达 25°时，各类型测点温度变化幅度仅约为±1.5℃，表明外界气温对浇筑完成的堆石混凝土坝体内部温度影响较小。

（2）通过图4可知，不同于图6和图7两种情况，虽然测点 T10 和 T12 埋深均小于 1m，但各测点温度变化过程均与外界气温相关性不明显，表明坝体上游为铅直面，受太阳辐射投影面积小，故表明坝体日照投影面积与影响范围密切相关，投影面积越小，影响越小。

5.5 中层仓浇筑对下层仓温度的影响

为研究中层仓浇筑对已浇筑的下层仓的温度影响，对下层仓内 9 个测点（温度变化已趋于稳定）进行研究（图8）。

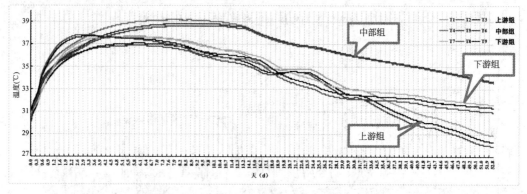

图 8 中层仓浇筑后，下层仓温度变化过程线

在中层仓浇筑后初期，下部坝体各部位温度变化区分度不明显，而从浇筑后的第 3 天开始，三组温度计的测值开始出现分层。其中，中部组（T4～T6）继续保持缓慢上升，上下游组（T1～T3、T7～T9）开始缓慢下降，此后中部组较上下游组稳定高出 2～3℃。随后上下游组温度也开始出现分层，且上游组温度下降速率更快，最终趋于稳定，整体上，9 支温度计温升幅度为 6.5～8.7℃。

上述现象表明：①由于主要水化热来源上部新浇筑仓面，故下部已浇筑坝体温升幅度总体不高（最大值 8.7℃，T4）；②新浇筑仓对下部坝体温度影响与所处部位密切相关，其中，坝体中部散热条件最差，其最高温度及最大温升明显高于上、下游组。针对上、下游组对比发现，由于坝体上游设有自密实混凝土防渗层，而自密实混凝土比热容大于块石，加之下游侧日照投影面积较上游侧大，故后期上游侧温度下降速率更快。

5.6 块石吸放热规律

为分析块石吸热和放热微观过程，选取了中层仓上游组 T11～T13（上层仓浇筑前）进行分析。

通过图9温度变化过程线可知：①断面1直观揭示了自密实混凝土浇筑后温升过程热传递的主要方向为：自密实混凝土→块石表面→块石内部，同时该现象也导致了不同材料温升出现一定的滞后性，块石内最高温度较自密实混凝土晚出现 1～2d；②断面 2 揭示了当自密实混凝土与块石温度一致时热传递的两个主要方向分别为：块石表面→自密实混凝土→外界、块石表面→块石内部；③断面 3 揭示了受外界散热作用，热传递方向为：块石

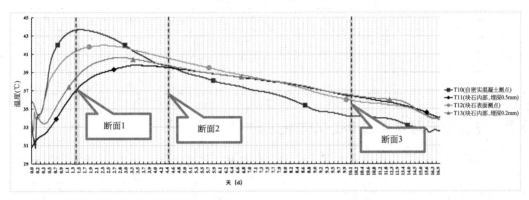

图 9　中层仓上游组温度变化过程线

内部→块石表面→自密实混凝土→外界。同时这一过程由于自密实混凝土比热大于块石，且散热条件更好，温度下降速率也越快。

5.7　浇筑仓温度变化过程拟合方程

结合 5.3 研究结论，当测点在坝体内埋深大于 1m 时，各类型测点与外界气温相关性不明显。故为增加温度变化过程的准确性，选取了中层仓内埋深大于或等于 1m 的 T11、T13、T14～T16、T19～T20 测点，分析其温度变化过程（图 10）。

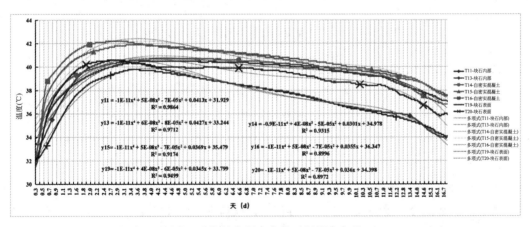

图 10　浇筑仓温度变化过程拟合方程

在一定程度减小外界温度对测点影响的前提下，对选取的 7 个测点温度变化过程线进行了拟合，得到了石坝河水库坝体内部温度变化过程方程，其相关系数 $R^2 \approx 0.9 \sim 0.99$，表明拟合的方程基本符合实际温度变化过程。

$$T = \alpha_1 x^4 + \alpha_2 x^3 + \alpha_3 x^2 + \alpha_4 x + \alpha_5$$

式中，T 为堆石混凝土温度；α_1、α_2、α_3、α_4、α_5 为常数。

其矩阵表示为：$T = \alpha_i x^j$，向量 $\alpha_i = (\alpha_1, \alpha_2, \alpha_3, \alpha_4, \alpha_5)$，向量 $x^j = (x^4, x^3, x^2, x, 1)^{\mathrm{T}}$，由此可以初步得到石坝河水库不同类型测点温度变化过程方程的系数矩阵，见表 6。

温度变化过程方程的系数矩阵　　　　　　　　　　表6

不同类型测点	α_1	α_2	α_3	α_4	α_5
块石内部	-1.0×10^{-11}	$(5\sim6)\times10^{-8}$	$-(7\sim8)\times10^{-5}$	$0.0427\sim0.0413$	$31.93\sim33.24$
自密实混凝土	$-(0.9\sim1)\times10^{-11}$	$(4\sim5)\times10^{-8}$	$-(5\sim7)\times10^{-5}$	$0.0301\sim0.0369$	$34.98\sim36.35$
块石表面	-1.0×10^{-11}	$(4\sim5)\times10^{-8}$	$-(6\sim7)\times10^{-5}$	$0.0345\sim0.0360$	$33.80\sim34.40$

5.8　浇筑后不同测点温度变化微观过程

　　根据布置的35个监测点，绘制了监测仓面温度变化过程线见图11，主要监测成果见表7。

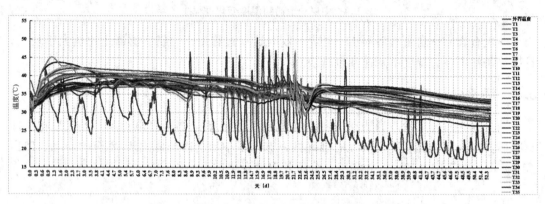

图11　石坝河水库重点仓面不同测点温度过程线

石坝河水库坝体重点仓面监测成果　　　　　　　　表7

测点类型	最大温升幅度（℃）	最高温度（℃）	最大温升出现时间(d)	温升幅度极小值测点编号	温升幅度极大值测点编号
自密实混凝土测点	$0.2\sim11.2$	$32.2\sim45.1$	$0.17\sim7.5$	17	25
堆石与混凝土界面测点	$0.7\sim9.5$	$30.9\sim42.5$	$0.33\sim7.4$	20	27
堆石内部测点	$2.9\sim8.9$	$35.7\sim40.6$	$2.1\sim7.4$	28	21

　　由于监测数据分析量较大，本文不再赘述，仅列举主要分析成果：

　　（1）一般情况下，在浇筑后10～50min内，在混凝土内部及石块表面两个部位会出现温度突增，突增幅度在0.2～4.2℃之间，但此时石块内部温度无明显突增。该现象可能与测点周边尚未完全被混凝土覆盖有关，此时堆石参与吸热作用不明显。

　　（2）在浇筑1h后，混凝土内部及石块表面两个部位突增情况出现拐点，温升速率降低，该现象表征了受自密实混凝土掩盖，散热环境和条件出现改变后，对应的散热作用已经小于自密实混凝土发热，而此时堆石参与吸热的过程更为明显。

　　（3）在浇筑后1～8d内，基本所有测点温度达到温升峰值，最大温升0.2～11.2℃，此时自密实混凝土最高温度仍高于堆石内部温度，该时间段堆石继续参与吸热。通过对比发现，相近部位的石块内部和自密实混凝土有着相似的温度变化趋势，但堆石温升过程呈现出一定的滞后性，其最高温度较自密实混凝土晚出现1～2d、最高温度较自密实混凝土低约 1～7℃、最大温升幅度较自密实混凝土低 1～4℃，这和堆石比热和导热系数有较大关系。

（4）达到最高温度后，温度变化呈现的总体趋势为：自密实混凝土温度下降速率较堆石最快。后期两者温度趋于一致所需时间和温度变化过程，与温度计所处位置、外界气温、临近仓面浇筑等密切相关，呈现出不同的曲线规律，但大多数在 20～60d 左右趋于稳定。

（5）总体上，受外界温度变化和散热作用的影响，浇筑后坝体实际最大温升小于绝热温升 3～5℃。同时，通过对比块石内部不同深度埋深的测点温度变化过程，得到了堆石所处仓面位置、到石块表面距离、外界气温是影响石块内部温度变化的三个最主要的因素。

6 结语

本文围绕石坝河水库开展了绝热温升理论计算、坝体仿真对比分析以及重点仓面试验研究等系列工作，旨在获取和验证石坝河水库堆石混凝土坝体最大绝热温升及块石吸热效率、自密实混凝土与块石热传导微观过程，主要结论如下：

（1）得到了石坝河水库堆石混凝土坝体最大绝热温升计算公式：$\theta_{RFC} = 14.32 \times (1 - e^{-0.442\tau})$，最大绝热温升 14.32℃，出现在浇筑后第 7 天。此外通过热力学公式，计算得到了块石的最大绝热温升约为 17.1℃，其吸收的热量占自密实混凝土产生总热量的 52.8%。

（2）结合实测温度，通过仿真分析，反演拟合出石坝河水库堆石混凝土绝热温升的公式为 $Q(\tau) = 14(1 - e^{-0.41\tau^{0.78}})$，与绝热温升理论结果吻合，两种计算方法得到了相互验证。

（3）通过对石坝河水库重点仓面温度监测的试验，得到了如下结论：①外界气温较为明显地影响浇筑后 1m 深度范围内的坝体温度变化；②新浇筑仓面对下部已浇筑的坝体带来的温升幅度不大（最大值 8.7℃），同时新浇筑仓对下部坝体温度影响与所处部位密切相关，其中，坝体中部散热条件最差，其最高温度及最大温升明显高于上、下游组；③获得了浇筑后不同时期的热传递方向；④在一定程度减小外界温度对测点影响的前提下，获得了石坝河水库坝体内部温度实际变化过程方程：$T = \alpha_1 x^4 + \alpha_2 x^3 + \alpha_3 x^2 + \alpha_4 x + \alpha_5$，并得到了符合该工程经验系数矩阵；⑤通过研究浇筑后不同测点温度变化曲线，获得了自密实混凝土与块石间的热交换微观过程。

下一步将结合不同工程对本文研究成果展开进一步讨论及深化。

参考文献

[1] 贵州省市场监督管理局. 堆石混凝土拱坝技术规范 DB52/T 1545—2020 [S]. 2020.

[2] 朱柏芳，高季章，陈祖煜，厉易生. 拱坝设计与研究 [M]. 北京：中国水利水电出版社，2002.

[3] 曾玲玲. 自密实堆石混凝土在海南水利工程中的首次应用 [J]. 水利规划与设计，2017（10）：156-158.

[4] 罗传雄. 广东首座堆石混凝土重力坝—长坑水库 [J]. 水利规划与设计，2013（01）：58.

[5] 王化翠，雷兴顺，刘志明. 胶结颗粒料筑坝技术示范与推广 [J]. 水利规划与计，2018（11）：157-161.

[6] 金峰，李乐，周虎，安雪晖. 堆石混凝土绝热温升性能初步研究 [J]. 水利水电技术，2008（5）：59-63.

[7]　何涛洪，张全意，张文胜，曾旭. 堆石混凝土重力坝分缝设计的思考与实践 [J]. 水利规划与设计，2019 (02)：105-107.

[8]　高继阳，张国新，杨波. 堆石混凝土坝温度应力仿真分析及温控措施研究 [J]. 水利水电技术，2016，47 (1)：31-35.

[9]　曾旭，姚国专，余舜尧. 堆石混凝土拱坝施工期温度监测与分析 [J]. 水力发电，2022 (2)：73-80.

[10]　曾旭，罗鑫，张文胜，张全意. 原材料对高自密实混凝土性能影响的研究 [J]. 陕西水利，2021 (06)：236-238.

DG 水电站排沙系统设计及优化

戴熙武[1]   孙洪亮[1]   姜宏军[1]   沈　明[1]   王世奎[2]

(1. 中国电建集团华东勘测设计研究院有限公司，浙江杭州 311122；

2. 华电西藏能源有限公司大古水电分公司，西藏山南 856000)

摘　要：DG 水电站库容较小，水库泥沙淤积速率较快，排沙系统的合理布置是枢纽水工设计的关键。本文介绍了 DG 水电站排沙系统总体布置设计，采用数值模拟和水工模型试验相结合的方法，对排沙系统水流流态、泄流能力、拉沙效果等进行研究，验证了本工程采用冲沙底孔和排沙廊道结合布置的方式是合理的。

关键词：排沙系统；布置；模型试验；数值模拟；流态

1　前言

DG 水电站位于西藏山南地区，是 YLZBJ 干流中游沃卡河口至朗县县城河段规划 8 级开发的第 2 级电站，上游距规划开发的 BY 水电站约 7.6km，下游距规划开发的 JX 水电站和在建的 ZM 水电站分别约 7km 和 17.6km。坝址控制集水面积 157407km^2，多年平均流量为 1010m^3/s，正常蓄水位对应库容为 0.5528 亿 m^3，总装机容量为 660MW，工程开发任务为发电。

枢纽主要建筑物由挡水建筑物、泄洪消能建筑物以及引水发电系统等组成，本工程为 Ⅱ 等大（2）型工程。挡水建筑物采用混凝土重力坝，最大坝高 117.0m。泄洪建筑物由坝身 5 个溢流表孔和一个泄洪冲沙底孔组成。冲沙及排沙建筑物由冲沙底孔及排沙廊道组成，DG 水电站水库库容小，正常蓄水位 3447m 以下库容与沙量之比仅为 4.4，水库泥沙淤积速率较快。按 15 年淤积年限计算，坝前泥沙淤积高程将超过进水口拦污栅底板高程。因此，科学合理布置排沙建筑物将为本工程安全稳定运行提供强有力的保障。

2　排沙建筑物总体布置及结构设计

2.1　排沙建筑物总体布置

DG 水电站采用混凝土重力坝＋坝后式厂房方案布置，引水发电系统位于右岸靠河床侧，厂房下游尾水渠紧靠右岸边坡，结构布置较局促。通过大量调查研究，借鉴国内外已建工程排沙设施布置方式，采用冲沙底孔和排沙廊道结合布置的方式，用于坝前拉沙、保障进水口"门前清"。冲沙底孔布置在 10 号坝段，处于溢流坝段和发电坝段之间；排沙廊道进口布置在 11～14 号坝段进水口底部右侧，结合生态流量管，平面上采用"五合一"布置形式。排沙建筑物立面及平面布置详见图 1、图 2。

作者简介：戴熙武（1990—），男，江西人，硕士，中级工程师，主要从事水电站及泵站水力学研究及水电水利工程设计。E-mail：1606383093@qq.com。

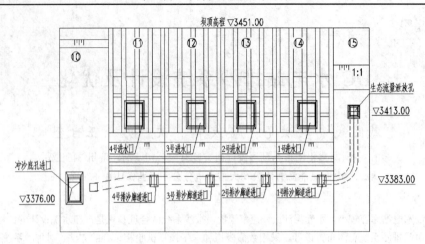

图 1　排沙系统上游立视图

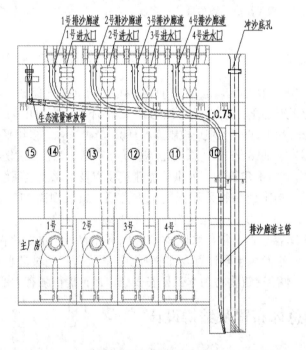

图 2　排沙系统平面布置

2.2　冲沙底孔结构设计

冲沙底孔采用有压深式进水孔形式，由进口段、压力段、出口明流泄槽段组成。进口段长 7.2m，压力段长 51.0m，出口明流泄槽段长 70.1m。进口段采用三面收缩的喇叭口形，进口顶板及两侧边墙均采用 1/4 椭圆曲线，进口底板前缘用半径 1.5m 的 1/4 圆弧与底板连接。进口段设平板事故检修门，底坎高程 3376.00m。压力段采用矩形断面，断面尺寸 5.0m×9.6m（宽×高），至出口收缩为 5.0m×8.0m（宽×高）。出口处设弧形工作门，底坎高程 3376.00m。弧门后为明流泄槽段，泄槽末端采用扭鼻坎体型，使水流偏向河床，避免冲刷厂坝间导流墙基础。

2.3　排沙廊道结构设计

排沙廊道由进口段、事故检修门闸门段、支管段、主管段、出口工作闸室和明流泄槽段组成。进口段长 4.00m，排沙廊道支管段长 26.31～32.87m，主管段长 136.76m，出口明流泄槽段长 73.39m。进口段采用三面收缩的喇叭口形，进口顶板采用 1/4 椭圆曲线，底部、两侧均为半径 1.2m 的 1/4 圆弧。进口段布置一扇平板事故检修闸门，底坎高程 3383.00m。支管及主管段均为矩形断面，断面尺寸 3.2m×3.2m（宽×高），至出口收缩为 2.8m×3.2m（宽×高）。出口处设弧形工作门，底坎高程 3381.00m。弧门后为明流泄槽段，底板高程 3380.40m，过水断面宽 2.8m，两侧边墙高 9.6m，泄槽末端采用异型斜鼻坎，使含沙水流偏向下游海漫段冲坑内。排沙廊道支管段和主管段布置在厂房坝段实体混凝土内，主管出口段及明流泄槽段紧靠冲沙底孔右侧布置。

3　数值模拟研究

3.1　排沙廊道两种有压断面形式对比

根据国内外类似工程经验，排沙廊道可采用圆形断面或矩形断面。设计过程中，拟定两种不同的断面方案，采用数值模拟进行对比研究。圆形断面方案，支管直径 3.0m，主管直径 3.5m，支管和主管平面交角为 48°，支管和主管交汇处的岔管采用非对称"Y"月牙肋岔管，支管和主管逐步渐变。方形断面方案，支管和主管断面尺寸均为 3.2m×3.2m（宽×高），支管和主管交汇处布置半径 15m 的圆弧转弯段。

圆形断面方案，经水力学数值计算，4 号排沙廊道单独运行时，由于水流流速较高，支管和主管交汇处的岔管段管壁产生了分离流，引起较大负压，约－38m 水头，如图 3 所示；岔管段中心也出现了－3～－4m 水头的负压，且压力波动较大。岔管段水流流态较差，流速分布不均匀，且月牙肋板减小了岔管处过流断面，对岔管处流态和流速有较大有影响，如图 4 所示。

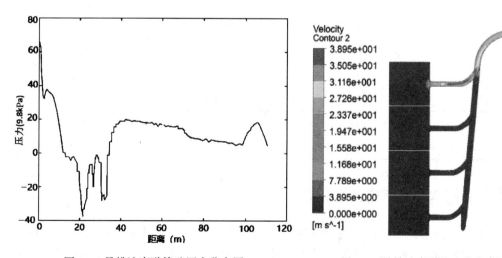

图 3　4 号排沙廊道管壁压力分布图　　　　图 4　4 号排沙廊道流速分布云图

方形断面方案，采用半径较大的圆弧段衔接，能有效避免岔管段产生分离流及出现负压，且压力波动较小，如图 5 所示。流速分布均匀，岔管段流态较好，如图 6 所示。

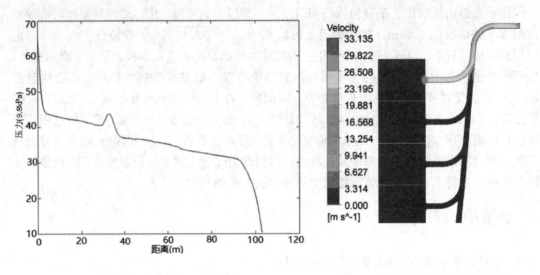

图 5　4 号排沙廊道管壁压力分布　　　　图 6　4 号排沙廊道流速分布云图

3.2　矩形断面方案泄流能力数值计算

针对矩形断面方案，采用数值模拟对排沙廊道泄流能力进行计算[1-3]。各工况下，排沙廊道出口流量及出口流速见表 1。可知各工况下，排沙廊道泄流量均大于设计泄流量 200m³/s，能满足泄流要求。

各工况排沙廊道出口流量及流速　　　　　　　　　　　　　表 1

工况序号	库水位(m)	出口流量(m³/s)	出口流速(m/s)
1	3447.0	218.7	27.9
2	3447.0	224.1	28.6
3	3447.0	231.2	29.5
4	3447.0	238.4	30.4
5	3442.0	209.8	26.8
6	3442.0	215.1	27.5
7	3442.0	221.9	28.3
8	3442.0	228.8	29.2

4　排沙廊道水工模型试验成果

方形断面与圆形断面相比，受力条件相对较差[4]。为进一步验证方形断面方案可行性，建立排沙廊道 1：20 水工模型，从水流流态、压力分布、泄流能力等方面对其水力特性进行系统研究。试验工况见表 2。

排沙廊道模型试验工况   表 2

工况序号	上游水位(m)	下游水位(m)	备注
1	3447.00	3369.52	上游正常蓄水位，下游半台机发电尾水位
2	3442.00	3369.52	上游排沙运行控制水位，下游半台机发电尾水位
3	3440.00	3369.52	上游死水位，下游半台机发电尾水位
4	3448.63	3388.75	上、下游均为校核洪水位
5	3447.00	试验中确定	上游正常蓄水位，下游为顺利泄流的最高水位
6	3442.00	试验中确定	上游排沙运行控制水位，下游为顺利泄流的最高水位

4.1 水流流态及压力分布

1～4 号排沙廊道在工况 1～6 单独运行时，水流流态相近，进水口水面平稳，无旋涡等不良流态；出口工作弧门后泄槽至出口挑坎部位的水面线基本相近，水流不会冲击弧门支铰。水流经进水口流经岔管时，主流沿支管圆弧切线方向流入主管道，与主管道外侧边墙交汇时有少量水体折返流向上游，形成局部回流。在与主管道内侧边壁的交汇部位局部水流有小幅摆动现象，水流的剪切作用没有形成强的旋转水流和漩涡，岔管部位水流流态整体平稳。

试验过程中发现事故检修门闸门槽内存在立轴旋涡，漩涡涡心位于门槽中心部位，将增强进口段水流紊动，影响排沙廊道过流条件。因此，修改试验模型，将门槽在顺水流向的宽度由原来的 0.5m 缩窄为 0.2m，在 4 号排沙廊道原模型及修改后模型的进口段安装压力传感器，对各测点时均及脉动压力进行测量。传感器布置点位如图 7 所示，测量结果见表 3、表 4。

4 号排沙廊道各测点脉动压力均方根值（kPa）   表 3

测点编号	库水位 3440.00m		库水位 3442.00m		库水位 3447.00m		库水位 3448.63m	
	原体型	修改后	原体型	修改后	原体型	修改后	原体型	修改后
PD2	0.60	0.69	0.69	0.85	0.78	0.85	1.04	1.04
PD3	1.23	1.12	1.11	1.22	1.34	1.22	1.51	1.52
PC4	1.66	1.58	2.12	1.62	1.89	1.62	2.12	1.88
PC6	0.26	0.29	0.29	0.35	0.31	0.35	0.40	0.44
PC7	1.82	0.76	1.68	0.88	1.88	0.88	1.98	0.91
PC8	0.78	0.66	0.70	0.71	0.74	0.71	0.89	0.73
PT9	1.15	1.13	1.66	1.31	1.52	1.31	1.44	1.43
PT10	0.53	0.53	0.45	0.73	0.37	0.73	0.56	0.86
PT11	0.63	0.57	0.55	0.78	0.63	0.78	0.78	0.98

4 号排沙廊道各测点时均压力值（kPa）　　　　　　　表 4

测点编号	库水位 3440.00m		库水位 3442.00m		库水位 3447.00m		库水位 3448.63m	
	原体型	修改后	原体型	修改后	原体型	修改后	原体型	修改后
PD2	308.64	307.8	318.00	342.6	343.92	342.6	351.36	350.0
PD3	326.88	327.4	335.52	365.1	364.08	365.1	372.48	374.2
PC4	380.64	380.0	392.40	426.4	426.24	426.4	437.04	438.4
PC6	324.00	324.3	334.80	364.4	360.24	364.4	368.88	374.2
PC7	309.84	310.0	321.36	347.2	348.96	347.2	357.16	357.5
PC8	309.36	308.4	318.48	345.9	346.32	345.9	354.48	355.7
PT9	369.36	369.4	383.04	418.9	418.08	418.9	428.16	430.9
PT10	316.80	316.4	327.60	356.4	357.36	356.4	366.24	366.3
PT11	265.68	265.5	274.32	298.9	300.48	298.9	308.16	307.3

　　由表 3、表 4 可知，4 组特征水位工况，门槽中心 PC7 测点的脉动压力均方根值由原体型的 1.68～1.98kPa 减小到修改体型的 0.76～0.91kPa，门槽内的水流脉动强度明显减弱。其他测点时均压力及脉动压力与原体型没有明显变化，时均压力值为 265.5～438.4kPa。由时均压力值计算事故闸门门槽段水流空化数为 1.7～2.1，大于标准 Ⅱ 型门槽初生空化数 0.4～0.6，不致发生空化水流。因此，缩小门槽宽度可以减弱门槽内的水流紊动，对门槽安全运行是有利的。

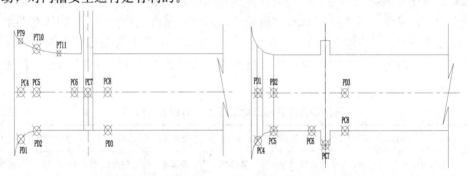

图 7　4 号排沙廊道进口段传感器布置立面图及平面图

　　为研究 4 号排沙廊道与主管交叉部位压力分布，在岔管段顶板局部布置 16 个压力测点，测点布置见图 8，测量结果见表 5、表 6。由表 5、表 6 可知，不同试验工况下，岔管交汇部位各测点均未出现负压，且同一水位工况，时均压力值相差大多在 10kPa 以内，时均压力值均在 200kPa 以上，测点的脉动压力均方根较小，大多在 2.0kPa 以内。由此可知，岔管部位流态比较稳定，水流没有因剪切分离产生较强漩涡等不利流态，主流部位水流紊动小。

1 号排沙廊道泄流时岔管局部时均及脉动压力值（kPa）　　　　表 5

测点编号	库水位 3440.00m		库水位 3442.00m		库水位 3447.00m		库水位 3448.63m	
	时均	脉动	时均	脉动	时均	脉动	时均	脉动
a1	218.12	1.36	226.75	1.42	248.12	1.54	253.33	1.63
a2	215.35	1.16	223.99	1.26	244.95	1.31	249.33	1.44

续表

测点编号	库水位 3440.00m		库水位 3442.00m		库水位 3447.00m		库水位 3448.63m	
	时均	脉动	时均	脉动	时均	脉动	时均	脉动
a3	218.56	1.01	227.33	1.12	248.56	1.17	253.77	1.22
a4	214.37	1.53	223.01	1.63	244.65	1.76	250.13	1.94
a5	217.51	1.31	226.14	1.42	247.24	1.48	251.89	1.67
a6	212.95	1.43	221.72	1.47	242.54	1.63	247.47	1.79
a7	218.69	1.59	227.60	1.66	249.24	1.77	254.72	1.95
a8	225.23	1.59	234.13	1.64	255.92	1.78	259.34	1.92
a9	209.51	7.35	218.28	7.29	239.65	7.91	247.87	9.02
a10	211.93	1.53	220.01	1.59	240.42	1.70	245.36	1.89
a11	226.89	1.55	236.20	1.65	257.98	1.73	261.96	1.84
a12	214.21	6.04	222.84	6.25	243.94	6.71	249.14	8.14
a13	214.90	3.25	223.67	3.24	244.36	3.51	248.88	4.37
a14	216.50	1.75	225.30	1.84	246.80	1.96	252.3	2.13
a15	218.08	1.92	226.57	2.03	248.22	2.25	253.29	2.71
a16	209.45	9.51	218.08	9.73	239.32	10.27	242.19	12.40

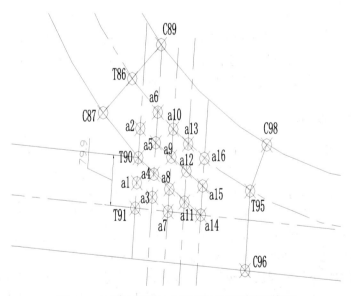

图 8   4 号排沙廊道与主管交叉部位传感器布置

4 号排沙廊道泄流时岔管局部时均及脉动压力值（kPa）   表 6

测点编号	库水位 3440.00m		库水位 3442.00m		库水位 3447.00m		库水位 3448.63m	
	时均	脉动	时均	脉动	时均	脉动	时均	脉动
a1	314.32	0.89	323.09	0.86	354.05	0.96	364.06	0.95
a2	297.24	1.45	305.32	1.38	333.82	1.54	343.82	1.41
a3	316.81	1.42	324.21	1.27	354.76	1.60	364.49	1.39

续表

测点编号	库水位 3440.00m		库水位 3442.00m		库水位 3447.00m		库水位 3448.63m	
	时均	脉动	时均	脉动	时均	脉动	时均	脉动
a4	322.74	4.75	331.09	4.44	362.60	5.03	372.06	4.31
a5	299.21	1.48	307.71	1.34	336.48	1.45	346.20	1.46
a6	271.30	1.84	278.28	1.96	305.68	2.11	313.49	1.87
a7	320.27	4.57	328.90	4.37	359.45	5.60	369.45	4.97
a8	317.68	6.85	327.68	6.89	360.83	9.72	370.01	8.93
a9	295.88	1.60	304.65	1.45	333.14	1.63	342.87	1.55
a10	271.55	1.48	272.51	1.65	300.32	1.93	307.30	1.66
a11	333.18	8.92	342.49	8.48	372.91	10.18	382.22	9.29
a12	297.07	1.82	305.43	1.69	333.92	1.92	343.65	1.86
a13	274.86	1.72	281.85	1.88	309.66	2.08	317.88	1.80
a14	325.50	13.43	330.70	13.22	360.70	16.08	370.7	14.66
a15	300.51	2.16	308.32	1.87	336.54	2.14	345.72	2.19
a16	271.51	2.05	280.01	2.13	308.09	2.47	316.04	2.26

4.2 泄流能力

试验实测了 1～4 号排沙廊道单独运行，工作弧门全开情况下在不同库水位时的下泄流量。实验表明，当水位高于排沙运行控制水位 3442.0m 时，1～4 号排沙廊道泄流量为 203.4～227.1m³/s，均大于设计流量 200m³/s，满足设计要求。

5 整体模型拉沙试验

冲沙底孔结合排沙廊道有多种布置方式，设计过程中考虑过 1 个冲沙底孔结合 2 个、3 个、4 个排沙廊道进行布置。为验证各方案拉沙能力，采用几何比尺 1:60 的整体正态动床模型，对 1 个冲沙底孔＋2 个排沙廊道布置方案（2 个排沙廊道进口分布布置于 12 号和 14 号坝段）进行试验[5]。按照运行 15 年后坝前冲淤平衡淤积高程 3406.4m，在上游库区铺设细沙，在库水位分别为 3447m 和 3442m 工况下，试验观测了冲沙底孔和排沙廊道底孔拉沙淤塞情况、拉沙漏斗形态等。主要试验结果如下：

（1）两个库水位下均未观测到冲沙底孔及排沙廊道进口存在淤塞现象，电站 1～4 号进水口，泥沙淤积高程均在拦污栅底板以下，能够保证电站取水口"门前清"，拉沙效果如图 9 所示。

（2）冲沙底孔＋排沙廊道联合拉沙能形成相对稳定规则的圆锥体型漏斗，模型中，冲沙底孔拉沙漏斗半径比较大，达到 1m 左右，坡降约 1:1.8；2 个排沙廊道拉沙漏斗半径相差不大，模型中约 70cm，坡降约 1:1.55。

（3）冲沙底孔与排沙廊道形成的漏斗有重叠，靠右岸侧排沙廊道形成的漏斗范围达到岸边。

1 个冲沙底孔＋2 个排沙廊道布置方案，坝前能够形成明显的拉沙漏斗，可以达到电

图9　1个冲沙底孔＋2个排沙廊道布置方案拉沙效果图

站取水口"门前清"的排沙效果，1个冲沙底孔＋4个排沙廊道布置方案，漏斗间距将更小，拉沙能力更强，因此能满足排沙要求。

6　结论

本文采用数值模拟结合模型试验的方法，对 DG 水电站排沙系统采用冲沙底孔和排沙廊道结合布置方式进行验证及局部体型优化设计，得到以下主要结论：

（1）排沙廊道支管和主管交汇处，在岔管管壁处易产生分离流，从而引起较大负压，对结构安全及稳定运行不利，采用方形断面，支管与主管采用较大圆弧段衔接，水流沿圆弧段平顺流入主管，能有效避免水流出现分离和旋涡，提高水流稳定性。

（2）在门槽部位由于边界条件突变，易产生涡流，水体紊动较大，影响过流条件，适当缩窄门槽宽度，能较好地限制涡流产生，对门槽安全运行有利。

（3）本工程排沙系统满足冲沙排沙的要求，同时结构体型设计合理，水流流态、泄流能力、压力分布均满足要求。

参考文献

［1］　王福军．计算流体动力学分析［M］．北京：清华大学出版社，2004.
［2］　李家星，赵振兴．水力学［M］．南京：河海大学出版社，2005.
［3］　杨蒙，杜永全，何力．复杂排沙廊道泄流能力分析研究［J］．长江科学院院报，2012，29（11）：37-41.
［4］　DG 水电站排沙廊道单体水工模型试验研究报告［R］．北京：中国水利水电科学研究院，2017.
［5］　DG 水电站水工整体模型试验研究报告［R］．南京：南京水利科学研究院，2015.

基于极限平衡法与强度折减法的
土石坝坝肩边坡稳定研究

刘 卓 裴向辉

（中水北方勘测设计研究有限责任公司，天津300222）

摘 要： 大坝坝肩边坡开挖会导致开挖面附近的岩体应力重新分布，因此必须保证坝肩边坡的稳定性以防其构成严重的安全隐患。本文分别基于极限平衡法与强度折减法对某土石坝的坝肩边坡进行对比分析，结果表明其两岸坝肩边坡是稳定的，其中强度折减法所得的安全系数低于极限平衡法，同时强度折减法能够显示出边坡的应力应变结果及破坏过程，更符合实际情况。但极限平衡法应用时间更长且范围广泛，在工程实践中积累了大量的经验，建议同时应用这两种方法进行计算分析，为设计研究提供更全面的参考。

关键词： 边坡稳定；坝肩；极限平衡法；强度折减法；SLIDE；PHASE2

1 研究背景

土石坝在开挖施工过程中，会在左右坝肩部位形成边坡。《碾压式土石坝设计规范》SL 274—2020[1] 规定，岩石岸坡不宜陡于1：0.5。对于与坝体相接的坝肩边坡，虽然该边坡会在大坝填筑时进行回填，但仍然使得开挖面附近的岩体应力进行了重新分布，且土石坝的填筑过程持续时间较长，因此必须保证坝肩边坡在施工期间的稳定性，否则将会构成严重的安全隐患。

为保证坝肩边坡的安全稳定，专家学者们已进行了诸多研究。王瑞红等[2] 建立了某双曲拱坝坝肩高边坡的三维计算模型，结合卸荷岩体力学理论，通过弹塑性有限元法研究了坝肩边坡在开挖过程中的动态稳定性。程飞等[3] 基于刚体极限平衡原理应用程序STAB2008 对泸定水电站右坝肩的边坡稳定性进行了数值计算和分析，给出了支护设计方案。牛起飞[4] 等对某心墙堆石坝进行了离心模型试验，结果表明坝肩变坡会使心墙产生不均匀沉降发生横向裂缝，且心墙在固结中会形成局部低应力区，快速蓄水有水力劈裂的可能。宋胜武等[5] 对锦屏一级水电站高达500m 的坝肩高陡边坡的破坏模式及稳定性进行了分析，并提出了对应的加固设计原则与处理措施。漆祖芳等[6] 采用考虑开挖过程的有限元强度折减法分析了某水电站开挖边坡在施工期的稳定性，并提出了通过滑体内关键部位测点水平位移随折减系数的变化率作为边坡的失稳判据。王如宾等[7] 建立了某水电站高边坡的包含软弱结构面的地质力学模型，并采用西原模型及有限差分数值计算方法，模拟正常蓄水位下左岸边坡岩体的长期力学行为。

作者简介：刘卓（1989—），男，天津人，工程师，博士，主要从事水力学和水工结构设计工作。
E-mail：liu_z2@qq.com。

　　本文将基于 SLIDE 与 PHASE2 软件分别应用极限平衡法与有限元强度折减法，对某土石坝的坝肩边坡进行稳定性分析，并对其结果进行对比研究。

2　工程概况

　　埃塞俄比亚马克雷某供水开发项目位于马克雷城西部 20km 处，工程的主要任务是供水，枢纽建筑物包括：大坝、溢洪道、塔式取水口、底孔等。大坝为黏土心墙坝，坝顶高程为 1820.00m，坝顶宽 8m，最大坝高约 84m，大坝总长 1332.70m。大坝左右坝肩为临时边坡，左坝肩开挖边坡坡度为 1∶1.3，坡高为 51.04m；右坝肩开挖边坡坡度为 1∶1，坡高为 46.68m。坝肩边坡计算示意图如图 1 所示。

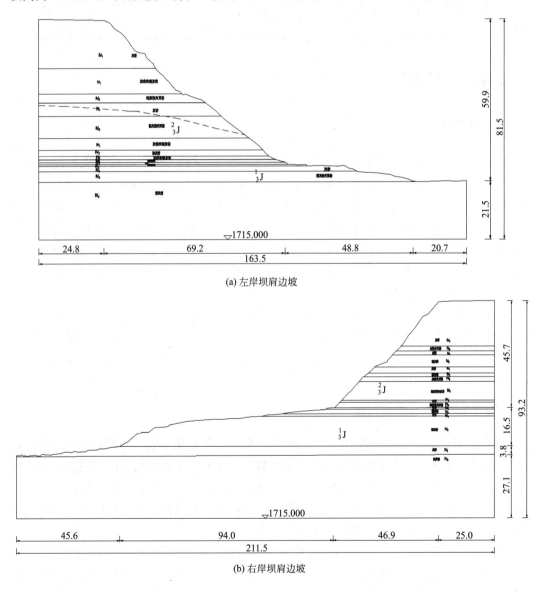

(a) 左岸坝肩边坡

(b) 右岸坝肩边坡

图 1　坝肩边坡计算示意图

目前坝肩边坡开挖已完成 1 年以上，由于边坡岩性主要为灰岩、泥灰岩、页岩等，其遇水易崩解导致强度降低，因此在大坝填筑前有必要对边坡稳定性进行分析。根据最新的试验成果，大坝坝肩边坡岩体力学指标建议值如表 1 所示，地震基本加速度为 $0.11g$，场地地震基本烈度为Ⅶ度。

大坝坝肩边坡岩体力学指标建议值　　　　　　　　　　　　　　　表 1

岩性及风化状态	天然密度 (g/cm^3)	饱和密度 (g/cm^3)	弹性模量 (GPa)	泊松比	抗拉强度 (MPa)	内摩擦角 (°)	黏聚力 (MPa)
弱风化灰岩、灰岩夹泥灰岩、泥灰岩夹灰岩	2.58	2.60	2~3	0.35~0.38	0.2~0.3	32~36	0.3~0.5
弱风化泥灰岩夹页岩、灰岩夹页岩、泥灰岩	2.54	2.56	1~2	0.38~0.4	0.1~0.2	28~32	0.2~0.3

3　计算方法与软件

3.1　极限平衡法

极限平衡法是建立在极限平衡与静力平衡关系上的一种方法[8]，其首先假定边坡的滑动面，然后将滑动面以上的滑动体分为若干条块，最后依据静力平衡条件与摩尔-库仑破坏准则分析沿该滑动面的可能性。由于该方程中的未知量数目多于已知量，边坡稳定分析就变成了一个求解高次超静定的问题。因此，为了使问题静定可解，需进行合理假定及限制条件，而基于这些假定与限制条件的不同，就发展出了多种基于极限平衡的边坡稳定计算方法，如忽略条间作用力的瑞典圆弧法，假定作用力方向的摩根斯坦法，假定条间力合力作用点位置的詹布法等。

SLIDE 软件是一款适用于土质边坡和岩质边坡稳定性的二维极限平衡法分析软件，其可以对圆弧、非圆弧及复合滑移面等多种滑移面进行自动搜索，包含瑞典圆弧法、斯宾塞法、詹布法、摩根斯坦法等多种极限平衡分析方法，可考虑各向异性、非线性等多种材料破坏准则。

3.2　强度折减法

有限元强度折减法的基本原理是通过不断降低岩土强度使有限元计算最终达到破坏状态为止，强度降低的倍数就是强度折减安全系数。有限元强度折减法将边坡视为弹塑性材料，引入了变形协调方程，无需假定滑裂面与条间作用力特征，其边坡濒临破坏的判断依据是：特征点的位移发生突变或者无限发展，广义塑性应变或者等效塑性应变从坡脚到坡顶贯通。两者相比，强度折减法更为实际且合理。

PHASE2 软件是一个二维弹塑性有限元分析程序，主要用于计算边坡及地下洞室开挖后岩土体的应力、应变和位移情况，适用于采矿、土建等方面的工程，包含了多种常用本构模型，可分析平面应变问题和空间轴对称问题，可直接进行边坡的有限元强度折减计算。

4 计算结果与对比分析

本计算中的坝肩边坡会在大坝填筑过程中予以回填，因此将对"完工"与"完工＋地震"两种工况进行稳定分析，依据《水利水电工程边坡设计规范》SL 386—2007[9]，对应的抗滑稳定安全系数分别取为1.2与1.1。图2为应用SLIDE软件基于极限平衡法所得的两岸边坡滑移面，限于篇幅仅展示瑞典圆弧法的计算结果，图3为应用PHASE2软件基于强度折减法所得的两岸边坡变形趋势，计算所得的安全系数如表2所示，现分析如下：

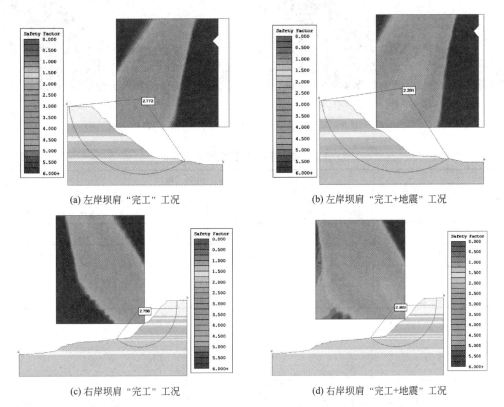

(a) 左岸坝肩"完工"工况   (b) 左岸坝肩"完工+地震"工况

(c) 右岸坝肩"完工"工况   (d) 右岸坝肩"完工+地震"工况

图2 基于极限平衡法的两岸边坡滑移面（瑞典圆弧法）

（1）该土石坝两侧坝肩边坡的抗滑稳定安全系数在分析工况下均大于规范要求的最小安全系数，满足规范要求，且在相同工况下两侧坝肩边坡的抗滑稳定安全系数较为接近。

（2）极限平衡法的9种计算方法所得的安全系数均大于强度折减法所得的结果，其中简化詹布法与强度折减法的计算结果最为接近，两者相差在0.1以内，其余方法所得的安全系数与强度折减法的最大差值为0.49。另外，极限平衡法的计算速度明显高于强度折减法。

（3）极限平衡法与强度折减法所得出的滑裂面基本吻合，但极限平衡法仅能根据预设的滑动面形式及可能的位置给出临界的边坡滑裂面及安全系数，不能给出边坡内的变形情况。而强度折减法可分析出临界状态下各部位的应力-应变结果，从而显示出边坡的破坏过程（图3）。

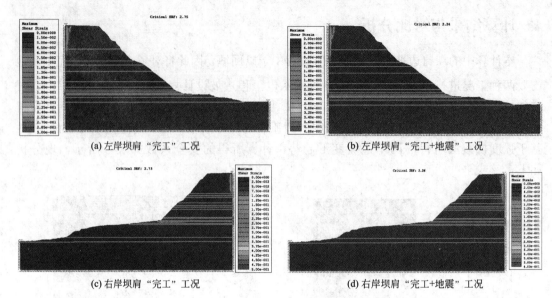

| (a) 左岸坝肩"完工"工况 | (b) 左岸坝肩"完工+地震"工况 |
| (c) 右岸坝肩"完工"工况 | (d) 右岸坝肩"完工+地震"工况 |

图 3　基于强度折减法的两岸边坡变形趋势

边坡稳定计算结果　　　　　　　　　　　　　　表 2

边坡	工况	有限元强度折减法	极限平衡法								
			瑞典圆弧法	简化毕肖普法	简化詹布法	严格詹布法	斯宾塞法	陆军工程师团法 1	陆军工程师团法 2	罗厄法	摩根斯坦法
左坝肩	完工	2.75	2.77	2.95	2.77	3.00	2.95	3.11	3.20	3.10	2.94
	完工＋地震	2.24	2.29	2.45	2.25	2.43	2.45	2.52	2.61	2.45	2.45
右坝肩	完工	2.73	2.79	2.96	2.82	3.07	2.97	3.18	3.22	2.98	2.96
	完工＋地震	2.26	2.39	2.54	2.30	2.51	2.46	2.46	2.68	2.37	2.53

5　结论

　　经上述分析可知，某土石坝应用极限平衡法与强度折减法的分析结果表明其两岸坝肩边坡是稳定的，其中强度折减法所得的安全系数低于极限平衡法，同时强度折减法能够显示出边坡的应力应变结果及破坏过程，更符合实际情况。但极限平衡法应用时间更长且范围广泛，在工程实践中积累了大量的经验，规范[9]中的边坡稳定安全系数允许值也是基于极限平衡法提出的，因此在实际设计研究中，建议同时应用这两种方法进行计算分析，为设计研究提供更全面的参考。

参考文献

[1]　中华人民共和国水利部．碾压式土石坝设计规范：SL 274—2020 [S]．北京：中国水利水电出版社，2020．

[2]　王瑞红，李建林，刘杰，等．考虑岩体开挖卸荷动态变化水电站坝肩高边坡三维稳定性分析 [J]．岩石力学与工程学报，2007（S1）：3515-3521．

[3]　程飞，刘小兵，张琦，等．泸定水电站右坝肩边坡稳定性的数值研究 [J]．西华大学学报（自然科学版），2009，28（03）：91-94．

[4] 牛起飞，侯瑜京，梁建辉，等．坝肩变坡引起心墙裂缝和水力劈裂的离心模型试验研究 [J]．岩土工程学报，2010，32 (12)：1935-1941.

[5] 宋胜武，向柏宇，杨静熙，等．锦屏一级水电站复杂地质条件下坝肩高陡边坡稳定性分析及其加固设计 [J]．岩石力学与工程学报，2010，29 (03)：442-458.

[6] 漆祖芳，姜清辉，唐志丹，等．锦屏一级水电站左岸坝肩边坡施工期稳定分析 [J]．岩土力学，2012，33 (02)：531-538.

[7] 王如宾，徐卫亚，孟永东，等．锦屏一级水电站左岸坝肩高边坡长期稳定性数值分析 [J]．岩石力学与工程学报，2014，33 (S1)：3105-3113.

[8] 卜磊，周汉民，李长洪，等．极限平衡法与强度折减法分析尾矿坝稳定性比较 [J]．有色金属（矿山部分），2014，066 (006)：70-74.

[9] 中华人民共和国水利部．水利水电工程边坡设计规范：SL 386—2007 [S]．北京：中国电力出版社，2007.

拱坝温度回升反演及其对拱坝工作性态的影响分析

刘有志[1]　刘　杨[1]　李金桃[1]　杨　萍[1]　谭尧升[2,3]　刘春风[2,3]

(1. 中国水利水电科学研究院，北京 100038；2. 中国三峡建工（集团）有限公司，
北京 100038；3. 中国长江三峡集团有限公司，北京 100038)

摘　要：本文以白鹤滩拱坝为例，采用有限元仿真分析方法，对可能导致大坝内部温度回升的几个主要因素：地温、气温和残余水热对温度回升的影响进行分析。结果表明，白鹤滩拱坝靠近基础约束区的温度回升主要是由地基倒灌和残余水化热所引起，对于远离基础约束区的混凝土，其内在温度回升主要由残余水化热所致，气温的影响相对有限一般只作用于表层混凝土，地温的影响范围仅限于靠近建基面区域的混凝土，而残余水化热对5～10年后内部温度回升则会有较明显的贡献。温度回升的影响贯彻工程全生命周期工作性态，应基于大坝内部的温度监测资料和初次蓄水期间的垂线变形资料，针对大坝温度回升对大坝工作性态的影响进行深入研究，从而为真实评价大坝蓄水初期及后面一段时间内的真实工作性态和安全状态奠定基础。

关键词：特高拱坝；高拱坝；水化热；温度回升；拱坝安全

1　工程背景

　　自 20 世纪以来我国建成二滩拱坝后，已相继建成了小湾、拉西瓦、构皮滩等特高拱坝，坝高达 305m 和 285.5m 的锦屏和溪洛渡拱坝也已封拱完建。已建特高拱坝的观测结果表明，大坝在封拱灌浆和后期通水冷却停止后都不同程度地出现了温度回升，如小湾拱坝实测温度回升最大达 8～10℃，二滩拱坝建成 5～6 年坝体最大平均温度回升比设计温度高出了 3～5℃，溪洛渡拱坝实测温度回升最大约 8～10℃[1]。一般情况下，温度下降会引起拉应力，温度上升会引起压应力，为减少运行期的拉应力，特高拱坝一般采用低温封拱的方式，即封拱温度比稳定温度低 2～3℃，这样坝体在运行期会有一定的温升从而减少温降荷载[2]。但由于拱坝为超静定结构，温升条件下在坝体大部分部位引起压应力的同时，也会在局部引起拉应力[3]。因此，应避免过大的温升。

　　白鹤滩水电站枢纽由拦河坝、泄洪消能设施、引水发电系统等主要建筑物组成。拦河坝为混凝土双曲拱坝，坝顶高程 834m，最大坝高 289m，坝顶厚度 14.0m，最大拱端厚度 83.91m，含扩大基础最大厚度 95m，混凝土方量约 803 万 m³。大坝坝顶弧长约 709.0m，分 30 条横缝，共 31 个坝段。

　　白鹤滩水电站地处亚热带季风区，坝址区多年平均气温 21.9℃，极端气温温差大、昼夜温差变化明显。其中极端最高气温 42.7℃，发生在 9 月，极端最低气温 2.1℃，发生在 12 月。平均水温 17.4℃，平均风速 1.9m/s。

作者简介：刘有志（1977—），男，江西高安人，博士，教授级高级工程师，主要从事大坝仿真与温控防裂研究。
E-mail：youzl@iwhr.com。

引起拱坝封拱后的后期温升的原因有三个：一是低温封拱后外界的较高温度向坝内的传导；二是实际边界温度高于设计值，如实际库水温高于设计库水温[4,5]；第三也是最重要的一点，即坝体内胶凝材料的后期发热。混凝土配合比中高掺粉煤灰及保温浇筑对水泥早期发热的抑制作用会使得拱坝封拱后仍有较大发热量[6]。关于水泥的后期发热，有研究发现，粉煤灰的发热量并不低，部分粉煤灰的发热量甚至高于水泥。但由于粉煤灰的水化取决于水泥水化的次生物 CaO，因此发热缓慢[7]，室内试验难以测到，现场混凝土由于后期坝体散热使粉煤灰的发热影响也不明显。

如上因素引起的大坝温度回升中，由于边界温度变化引起的温度回升会成为永久荷载作用于坝体，而胶凝材料的后期发热则会由于散热量大于内部发热量而逐步回落，最终消失，因此，胶凝材料发热引起的温度回升不会成为永久荷载作用于坝体。但是温度回升和回落可能是一个较长的过程，从而使坝体较长的时间处于与设计不一致的状态，同时由于混凝土材料存在徐变效应，封拱后的温度上升和回落会在坝体内部留下残余应力。因此，有必要对特高拱坝混凝土的后期发热，尤其是本工程采用低热水泥后，后期温度回升与中热水泥混凝土是否有区别，后期温度回升对坝体应力的影响进行研究[8,9]。

2 大坝混凝土温度回升反演分析

白鹤滩大坝混凝土各灌区灌浆后，停止冷却措施且考虑后期残余水化热时，坝体各高程混凝土自封拱温度开始，在内部水化热和外界气温及上、下游面库水温共同影响下，坝体内部温度首先逐渐升高至一个较高值，然后缓慢降低并趋于稳定值。

考虑后期残余水化热时，坝体拱冠梁剖面最高温度如图 1 所示，可以看出，坝体拱冠剖面中部温度在 22～24℃，封拱温度为 13～16℃，温度平均升高约 8～11℃。图 3 所示，混凝土内部约 9～13 年达到最高温度，坝体达到稳定温度约需要 70～100 年。

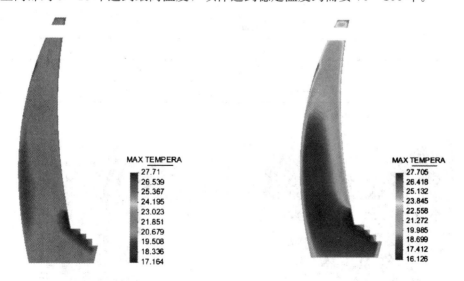

图 1 拱冠梁中部最高温度云图（考虑水化热）　　图 2 拱冠梁中部最高温度云图（不考虑水化热）

在不考虑后期残余水化热条件下，如图 4 所示，坝体达到稳定温度约需要 20～50 年。温度稳定所需时间随着坝体厚度变化而变化，其中坝体厚度较大的中下部，达到稳定温度所需时间较长，上部坝体厚度较小的区域，达到稳定温度所需时间较短。坝体稳定温度是各点温度的最高值，坝体拱冠梁剖面最高温度即稳定温度如图 2 所示。其中，上游面由于受堆渣库水温影响，下游面 606m 高程以下为尾水水温，606m 高程以上为气温，内部温度为 18～22℃，封拱温度为 13～16℃，温度平均升高约 4～6℃。

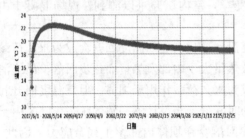

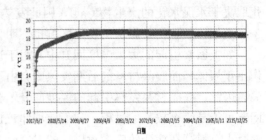

图 3　拱冠梁中部 547m 高程　　　　　　图 4　拱冠梁中部 547m 高程
温度过程线（考虑水化热）　　　　　　　温度过程线（不考虑水化热）

计算结果显示：大坝封拱后，当坝体厚度较大时，内部混凝土受外部水温和气温影响较小，地温影响范围有限，只会作用于距离建基面较近的位置。在混凝土后期残余水化热作用下，坝体温度逐渐升高，约 9～13 年达到最高温度，之后最终达到稳定温度约需要 70～100 年，坝体在整个运行过程中，内部温度将高于稳定温度。

3　后期温度回升对坝体应力与变形的影响

本节采用有限元法，分析后期温度回升对大坝工作性态的影响，包括大坝变形和应力情况，计算工况如表 1 所示，计算模型如图 5 所示。

后期温度回升计算工况　　　　　　　　　　　　　　表 1

工况编号	计算条件	备注
gk1	考虑自重＋正常蓄水位＋自然温度回升＋后期残余水化热	考虑后期残余水化热
gk2	考虑自重＋正常蓄水位＋自然温度回升	不考虑后期残余水化热

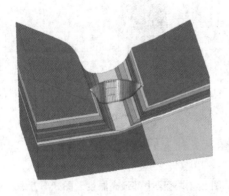

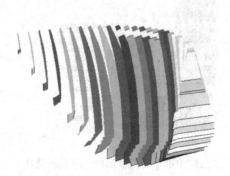

图 5　白鹤滩拱坝整体有限元计算模型及坝体横缝缝面示意

3.1 温度回升对坝体应力的影响

不同工况计算结果列于图 6、图 7 中，计算结果显示：

（1）后期温度回升会影响到大坝运行期的工作性态，大坝施工及运行期均应该考虑这一因素，应力方面体现为坝踵压应力增加，坝趾处也体现为压应力，总体而言有利于大坝应力的协调分布；

（2）考虑残余水化热后期坝踵竖向压应力稍大于不考虑残余水化热的方案；

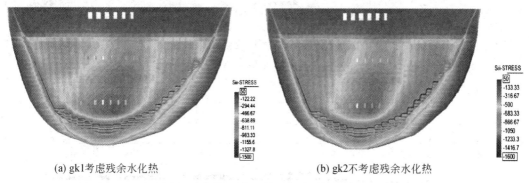

(a) gk1考虑残余水化热   (b) gk2不考虑残余水化热

图 6 不同工况坝趾第三主应力云图对比

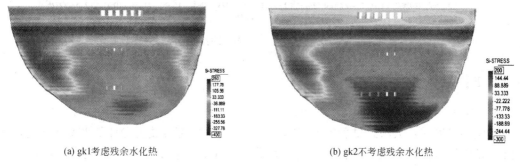

(a) gk1考虑残余水化热   (b) gk2不考虑残余水化热

图 7 不同工况坝踵第三主应力云图对比

3.2 温度回升对坝体位移的影响

计算结果显示：

（1）如图 8 所示，考虑后期温度回升荷载影响，由于坝体温度整体有一定程度的升高，坝体产生膨胀变形，从而会使坝体向上游变形偏大。

（2）图 9 的计算结果表明，考虑温度回升比不考虑温度回升的最大向下游变形略大于 2mm，两者差异并不明显，这是因为由于温度回升是一个过程量，当大坝达到稳定温度场时，温度回升对大坝最终状态的影响较为有限。

4 结论与建议

根据以往工程经验，高拱坝混凝土在后期往往有温度回升的现象，根据对白鹤滩大坝混凝土接缝灌浆后混凝土温度的变化过程做初步分析，主要得到以下几个方面的结论与建议：

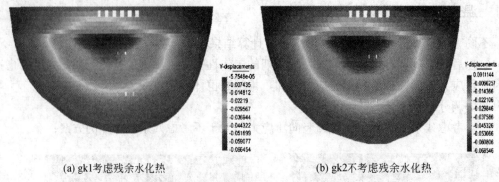

(a) gk1考虑残余水化热　　　　　　　　　(b) gk2不考虑残余水化热

图 8　不同工况顺河向位移云图对比

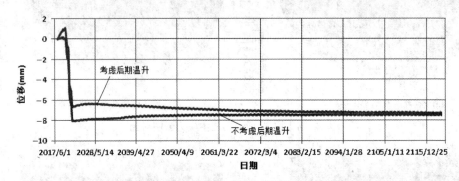

图 9　不同工况坝体拱冠梁 547m 高程中部顺河向位移过程线对比

4.1　主要结论

1) 温度方面

预测结果表明，大坝封拱后，当坝体厚度较大时，内部混凝土受外部水温和气温影响较小，地温影响范围有限，仅作用于建基面附近的位置，在混凝土后期残余水化热作用下，坝体温度逐渐升高，约 9~13 年达到最高温度，之后最终达到稳定温度约需要 70~100 年，坝体在整个运行过程中，内部温度将高于稳定温度。

考虑后期残余水化热时，坝体拱冠剖面中部温度在 22~24℃，温度平均升高了约 8~9℃。

在不考虑后期残余水化热条件下，坝体达到稳定温度约需要 20~50 年。内部温度为 18~22℃，温度平均升高约 4~6℃。

2) 变形方面

考虑后期温度回升荷载影响，坝体温度整体有一定程度的升高，坝体产生往上游侧的变形，最大附加后期温升荷载引起的向上游的变形量增加。大坝达到稳定温度场时，考虑温度回升比不考虑温度回升的最大向下游变形略大，两者差异约 2mm，这是因为大坝的后期温度回升是一个过程量，当大坝最终达到稳定温度场时，温度回升对大坝最终状态的影响较为有限。

3) 应力方面

大坝后期温度回升对应力方面的影响主要体现为坝踵压应力增加，坝趾处也体现为压应力，总体而言有利于大坝整体应力的协调分布；考虑到后期温度回升是一个长期的过程，会在运行初期很长的一段时间影响到大坝运行工作性态，大坝运行期工作性态安全评估均应充分考虑这一因素的影响。

4.2　主要建议

温度回升的影响贯彻工程全生命周期工作性态，应基于大坝内部的温度监测资料和初次蓄水期间的垂线变形资料针对大坝温度回升对大坝工作性态的影响进行深入研究，从而为真实评价大坝蓄水初期及后面一段时间内的真实工作性态和安全状态奠定基础。

参考文献

[1]　杨萍，刘玉，李金桃，等 . 溪洛渡拱坝后期温度回升影响因子及权重分析［C]//. 高坝建设与运行管理的技术进展——中国大坝协会 2014 学术年会论文集，2014：289-299.

[2]　张国新，周秋景 . 特高拱坝封拱后温度回升及影响研究［J]. 水利学报，2015，46（09）：1009.

[3]　张国新，刘有志，刘毅 . 特高拱坝施工期裂缝成因分析与温控防裂措施讨论［J]. 水力发电学报，2010，29（05）：45-51.

[4]　袁琼 . 二滩拱坝温度场及温度作用反馈分析［J]. 水电站设计，2003，19（1）：20-25.

[5]　张国新，陈培培，周秋景 . 特高拱坝真实温度荷载及对大坝工作性态的影响［J]. 水利学报，2014，43（S1）：73-79.

[6]　内维尔 . 混凝土性能（原著第四版）［M］. 刘数华，译 . 北京：中国建筑工业出版社，2011.

[7]　弗朗索瓦，德拉拉尔 . 混凝土混合料的配合［M］. 廖欣，叶枝荣，李启令，译 . 北京：化学工业出版社，2004.

[8]　朱伯芳 . 大体积混凝土温度应力与温度控制［M］. 北京：中国电力出版社，1999.

[9]　张国新 . 大体积混凝土结构施工期温度场、温度应力分析程序包 SAPTIS 编制说明及用户手册，1994—2014.

第二篇　水库大坝安全管理

县域水库大坝风险分级管理
实践探索——以贵州省湄潭县为例

蔡华频[1] 刘晓波[2] 蔡从利[2]

(1. 贵州省水利工程管理局,贵州贵阳 550000;2. 湄潭县水务局,贵州遵义 563000)

摘　要:水库大坝风险分级管理的推广实施对提升我国水库大坝安全管理水平具有重要意义。文章基于贵州省湄潭县探索水库风险分级管理实践成效,获得国家水利部批准为全国深化小型水库管理体制改革样板县,对贵州省湄潭县水库大坝风险分级管理模式的框架体系进行了叙述,对其在实施水库风险分级管理实践中存在的困难和问题进行了分析研究,为推动水库大坝风险管理制度研究与示范应用提供实践经验。

关键词:大坝;风险;分级管理;实践

1 引言

根据全国水库大坝注册登记数据库,贵州省水利部门共注册小型水库 2171 座,其中,小(1)型 509 座、小(2)型 1662 座;土坝 1188 座、砌石坝 388 座、混凝土坝 95 座、其他坝型 500 座;坝高 15m 以下 1010 座、15~30m 970 座、30~50m 159 座、50m 以上 32 座。相比于全国平均水平,贵州省小型水库具有坝高库容小、土坝多、老坝多等特点。

贵州省湄潭县共有已建成水库 34 座,其中,中型 2 座、小(1)型 10 座、小(2)型 22 座,为全县防洪、灌溉和供水提供了重要支撑。湄潭县现有水库多建于 20 世纪 50~70 年代,土坝占比超过 80%,不少大坝建设标准偏低,工程质量差,水库大坝安全管理难度大、风险高。

2020 年,贵州省湄潭县以创建全国第二批小型水库管理体制改革样板县为抓手,着力全面提升水库安全管理水平,在小型水库管理体制改革样板县创建过程中,探索运用水库大坝风险分级管理机制,在贵州省先行先试,将差别化管理模式引入县域水库大坝风险管理,一定程度上对当前水库大坝风险分级管理理论体系进行了实践检验,取得了一定成效,具有很强的现实意义。

2 贵州省湄潭县水库大坝风险分级管理实践

2.1 基本原则

湄潭县在尝试实施县域水库大坝风险分级管理过程中,从分析本县水库大坝安全风险

作者简介:蔡华频,男,贵州瓮安人,贵州省水利工程管理局局长,硕士,主要从事水利工程管理工作。
E-mail:754821864@qq.com。

管理短板着手，对照规范厘清自身存在问题和痛点，借助专业机构力量制定风险管理措施。通过将水库大坝风险管理研究理论成果引入实践，立足本地实际建立县域水库风险分级管理制度体系。将全县 34 座水库按照其风险高低排序，以"体现差别、突出重点、精准对焦、靶向管理"为原则，采取差别化管理模式，对高风险的重点关注，中风险的正常关注，低风险的一般关注，将有限精力、资金、人员向高风险水库倾斜，对低风险的、管理较好的水库采取正向激励机制。

湄潭县在实施大坝风险分级管理中，在现有水库管理投入水平基本不变的前提下，利用已经和正在开展的大坝安全鉴定、各类应急预案编制、水库下游淹没分析和风险图绘制等工作成果，通过调整全县水库管理机构，优化配置有限资源，挖掘水库大坝管理潜能，推进全县水库大坝安全与风险管理，力求做到从灾后救助向灾前防范的转变，实现事前风险可研判，事中处置有预案，模拟演练强总结，最终达到风险可控目标。

2.2 风险等级

利用大坝运行缺陷、大坝管理水平、大坝下游影响、突发事件应急处置能力四个指标（库容、坝高不考虑，原因是下游淹没损失已经考虑了库容和坝高影响），构建大坝风险综合评价模型。

大坝运行缺陷度 S 可利用大坝安全鉴定结论确定，没有鉴定结论的通过专家判断确定。

三类坝或存在重大安全隐患：10 分；

二类坝或存在较大安全隐患：5 分；

一类坝或存在一般安全隐患：1 分。

大坝安全分类来自于大坝安全鉴定结论，大坝安全隐患级别来自专家判断。

大坝管理水平 M 考虑利用水库管理考核得分分为四级，对应管理优良、良好、较差、很差，将大坝管理水平 M 分别赋值为 1、1.3、1.5、2（表 1）。

大坝日常管理水平风险评价因素赋值　　　　　　　　　　　　表 1

水库大坝管理水平	管理优良	管理良好	管理较差	管理很差
管理考核得分	90～100	80～89	70～79	70 以下
大坝管理水平 M 赋值	1	1.3	1.5	2

大坝下游影响系数 C 可以通过简化影响保护人数、重要基础设施概化，根据下游影响人数、死亡情况、经济损失、环境影响，将下游影响分为非常严重（Ⅰ级）、严重（Ⅱ级）、中等（Ⅲ级）、不严重（Ⅳ级）四个等级，分别对应的下游影响系数 C 取为 4、3、2、1（表 2）。

下游影响系数 C 判别标准　　　　　　　　　　　　表 2

后果影响等级	后果严重等级	下游影响系数 C	判别标准
Ⅰ级	非常严重	4	影响人口达 1 万人以上，有明显人员死亡，或经济损失非常严重，或造成大范围的环境或农业危害，或以上的各种组合
Ⅱ级	严重	3	影响人口 5000～10000 人，经济损失严重，多起人员严重伤害或致命伤亡，或下泄具有永久影响的污染物造成长期环境或农业危害，或以上的各种组合

后果影响等级	后果严重等级	下游影响系数 C	判别标准
Ⅲ级	中等	2	影响人口 1000～5000 人,经济损失较重,无人员伤亡,或下泄具有永久影响的污染物对农业无明显影响,或无环境影响,或无外部影响,或以上的各种组合
Ⅳ级	不严重	1	影响人口 1000 人以下,经济损失较轻,无人员伤亡,无环境影响,无外部影响

突发事件应急处置能力 E 考虑利用应急预案及应急处置能力大致概化,要考虑警报因子即预警时间情况(预警时间与下游淹没体与大坝高差和距离有关)。

(1) 警报不足(预警时间<60min),应急物资和抢险救援队伍缺失,相关机构和人员对自己在应急处置中的职责不清楚,未开展应急演练,对突发事件应急处置意识差,E 取为 4;

(2) 勉强充分的警报(预警时间 60～120min),应急物资和抢险救援队伍不足,相关机构和人员对自己在应急处置中的职责模糊,应急演练走形式,对突发事件应急处置意识不足,E 取为 3;

(3) 充分警报(预警时间>120min),应急物资和抢险救援队伍到位,相关机构和人员对自己在应急处置中的职责清楚,应急演练到位,对突发事件应急处置意识充分,E 取为 2。

(4) 充分警报(预警时间>180min),应急物资和抢险救援队伍十分到位,相关机构和人员对自己在应急处置中的职责十分清楚,应急演练十分到位,对突发事件应急处置意识非常充分,E 取为 1。

用下式进行单座水库大坝风险指数 RI 计算:

$$RI = S \times M \times E \times 10^{\sqrt{C}}$$

式中,S 为大坝运行缺陷度;M 为大坝管理水平;E 为应急处置能力系数;C 为下游影响系数。

2.3 大坝风险排序

针对湄潭县域 34 座水库,基于现有大坝安全鉴定或隐患排查、大坝安全管理应急预案、大坝溃决计算分析(表 3)等成果,对湄潭县全域每座水库计算大坝风险指数 RI,根据计算结果对 34 座水库大坝风险指数从高到低进行排序,得出湄潭县全域大坝风险排序结果。风险排序每半年或每年开展一次。

湄潭县水库溃坝下游淹没影响及后果等级统计　　　　　　　　　　　　　　表3

序号	水库名称	规模	主坝类型	乡(镇)	集雨面积 (km²)	溃坝风险	后果影响等级
1	湄江	中	浆砌石重力坝	复兴镇	208	影响人口 15 万人,耕地面积 3 万亩,范围河段约 95.9km,经济损失达 14 亿元	Ⅰ级
2	红旗	小(1)	土坝	马山镇	10.5	影响人口 1250 户 5000 余人,耕地 4000 余亩,经济损失达 2.2 亿元	Ⅱ级
3	红光	小(1)	均质土坝	抄乐镇	6.55	影响下游 4300 人,耕地 5200 亩,经济损失达 2 亿元	Ⅱ级

续表

序号	水库名称	规模	主坝类型	乡(镇)	集雨面积（km²）	溃坝风险	后果影响等级
4	铜鼓井	小(1)	均质土坝	抄乐镇	6.64	影响下游人口 2000 余人，耕地 1500 亩，公路 3km，经济损失达 1.2 亿元	Ⅱ级
5	李家堰	小(1)	浆砌石重力坝	天城镇	8.74	影响下游 2500 人，耕地 5000 亩经济损失达 1.5 亿元	Ⅱ级
6	潘村	小(1)	土石坝	黄家坝街道	5.88	影响人口 16900 余人，公路 3km，通信线路 8km，输电线路 12km，耕地 16800 亩，经济损失达 6 亿元	Ⅰ级
7	彭溪沟	小(1)	土坝	兴隆镇	3.88	影响人口 2710 余人，耕地 10000 亩，经济损失 2.1 亿元	Ⅱ级
8	东华溪	小(1)	土坝	兴隆镇	10.4	影响人口 2300 余人，耕地 10000 亩，经济损失 1.7 亿元	Ⅱ级
9	关坎脚	小(1)	混凝土重力坝	洗马镇	21.4	影响人口 12000 余人，耕地 8000 亩，经济损失 4.3 亿	Ⅰ级
10	水岩溪	小(1)	黏土心墙坝	湄江街道	6.5	影响人口 4000 人，耕地 300 亩，小区 1 处，经济损失 5 亿元	Ⅱ级
11	群力	小(1)	土石坝	茅坪	2.83	影响 356 户 2348 人，耕地 660 亩，经济损失 1 亿元	Ⅱ级
12	仁合	小(2)	均质土坝	西河镇	0.97	影响下游人口 1000 人，耕地 1000 亩，公路 2km，经济损失 4000 余万元	Ⅲ级
13	红星	小(2)	浆砌石重力坝	西河镇	2.68	影响下游人口 950 人耕地 5000 亩，公路 3km，经济损失 7000 余万元	Ⅲ级
14	水轮湾	小(2)	土坝	马山镇	0.62	影响下游人口 1000 人，耕地 2000 亩，公路 2km，经济损失 5000 余万元	Ⅲ级
15	马家沟	小(2)	土坝	马山镇	0.41	影响下游人口 100 人，耕地 800 亩，经济损失 1000 万元	Ⅳ级
16	均田沟	小(2)	土坝	马山镇	0.62	影响下游人口 1000 人，耕地 1000 亩，经济损失 3000 万元	Ⅲ级
17	冷风	小(2)	浆砌石重力坝	复兴镇	2	影响人口 800 人，经济损失 1500 万元	Ⅲ级
18	高岩	小(2)	均质土坝	复兴镇	2.71	影响人口 1000 人，经济损失 2000 万元	Ⅲ级
19	百花山	小(2)	土坝	兴隆镇	0.45	影响人口 102 人，耕地 3200 亩，经济损失 2000 万元	Ⅳ级
20	何坝田	小(2)	浆砌石重力坝	兴隆镇	1.89	影响人口 220 余人，耕地 5000 亩，经济损失 2400 万元	Ⅳ级
21	前进	小(2)	土坝	兴隆镇	1.32	影响人口 350 余人，耕地 900 亩，经济损失 2100 万元	Ⅳ级
22	后山沟	小(2)	土坝	兴隆镇	1.27	影响人口 1530 余人，耕地 850 亩，经济损失 3000 万元	Ⅲ级
23	东流水	小(2)	均质土坝	抄乐镇	2.29	影响下游人口 500 人，耕地 1000 亩，公路 3km，经济损失 2700 万元	Ⅳ级
24	桥上	小(2)	均质土坝	抄乐镇	1.49	影响人口 300 余人，耕地 1200 亩，公路 2km，经济损失 2000 万元	Ⅳ级
25	张陶沟	小(2)	土石坝	黄家坝街道	2.63	影响人口 4000 人，公路 3km，通信线路 8km，电网 12km，经济损失 2.2 亿元	Ⅱ级

续表

序号	水库名称	规模	主坝类型	乡(镇)	集雨面积(km²)	溃坝风险	后果影响等级
26	佛顶山	小(2)	土石坝	高台镇	0.7	影响人数 800 人,耕地 1200 亩,经济损失 3000 万元	Ⅳ级
27	友谊	小(2)	土石坝	新南镇	2.08	影响人口 2000 余人,耕地 3000 余亩,经济损失 1.7 亿元	Ⅲ级
28	大水源	小(2)	渣石坝	茅坪镇	1.57	影响人口 2356 人,耕地 560 亩,经济损失 1 亿元	Ⅲ级
29	大山	小(2)	混凝土拱坝	茅坪镇	0.6	影响人口 3296 人,耕地 3352 亩,经济损失 2.1 亿元	Ⅲ级
30	麻浪沟	小(2)	土石坝	茅坪镇	1.42	影响人口 2542 人,耕地 1832 亩,经济损失 1.4 亿元	Ⅲ级
31	正沟	小(2)	浆砌石重力坝	石莲镇	1.9	影响人口 1000 人,耕地 3000 亩,公路 0.2km,经济损失 1.3 亿元	Ⅲ级
32	平桥	小(2)	均质土坝	石莲镇	1.43	影响人口 3500 人,耕地 1000 亩,公路 3km,经济损失 2 亿元	Ⅲ级
33	张洞	小(2)	均质土坝	石莲镇	0.49	影响人口 200 人,耕地 500 亩,公路 0.5km,经济损失 1200 万元	Ⅳ级
34	角口	中	拱坝	新南镇	4583	影响厂房安全,经济损失 9100 万元	Ⅱ级

2.4　大坝风险管理

湄潭县水库大坝风险分级管理采取一库一策方式,基于风险分级排序,优化配置已有水库管理资源,针对责任人进行必要的风险信息提醒,并完善大坝安全责任制、维修养护、巡视检查、安全监测、安全鉴定、应急演练等制度执行,对高风险水库配备能力强责任人,加强责任人培训,倾斜维修养护资源,细化巡视检查和安全监测,加强定期安全鉴定和应急处置,初步构建大坝风险管理框架。

(1)风险提醒:针对水库防汛责任人和大坝安全责任人,每月月初和汛前、汛中、汛后发布所管辖水库大坝风险排序情况、风险高低情况及整改情况,可以查阅每座水库的隐患风险、整改方案、整改计划、整改进展等。

(2)责任制:基于风险排序情况进一步优化调整责任人配置,风险高的应当对责任人要求更高,进一步加强要求和培训,同时提高责任人履职能力。

(3)维修养护:根据风险高低,进行资金倾斜,风险高的水库维修养护经费应当适当增加,同时对因管理较差和差的管理单位和管理责任人予以适当问责惩罚。

(4)巡查监测:依据风险高低,差别化开展相关巡查和监测工作,重点体现在频次、项目、数据收集和整编分析工作上,根据《土石坝安全监测技术规范》SL 551—2012 和《混凝土坝安全监测技术规范》SL 601—2013 细化监测频次、项目、数据收集和整编分析规定,基于不同风险情况提出不同要求。

(5)安全鉴定:主要体现在鉴定周期(风险高的周期应当缩小,或督促地方责任,经专家判定后具体确定鉴定周期要求)、工作深度(工程缺陷中,要对高风险贡献大的严重安全隐患进行重点分析,对高风险贡献大的运行管理问题进行重点督办整改)。

(6)调度运用:应当区分工程风险高中低情况,对于高风险的水库加强调度运用方案修订、每年调度运用计划制定和审查审批，加强调度运用演练，病险严重的水库制定控制运用措施。

（7）应急预案：高风险可提醒加强预案修订和应急演练。

（8）技术培训：针对不同的人员和这些人员在本年度安全管理过程中存在的问题，靶向提出培训范围、内容和频次要求。

3 湄潭县水库大坝风险分级管理实践反映出的问题和困难分析

湄潭县探索县城水库大坝风险分级排序管理模式，对我国当前水库大坝风险管理理论进行了具体实践，取得了一定的效果，但总体情况有待进一步完善，与国际水平以及当前国内相关理论研究预期还有一定差距。主要问题和困难体现在以下几个方面：

（1）虽然依靠专业机构建立了水库大坝风险管理体系，但受地方管理设施和技术落后、工程技术人员严重缺乏等因素的影响，很多专业性较强的管理措施难以落地。

（2）已建水库中有不少建设标准偏低，工程质量差，风险隐患复杂，水库大坝风险评估难度大，一线管理人员受自身专业能力和管理经验的限制，难以及时有效识别隐蔽性风险并根据分级管理制度进行有效管理。

（3）受地方人力、财力不足等因素的影响，在实施水库大坝风险分级管理过程中难以按实际需求配置人员和落实经费，部分措施不能落地，较大制约了水库风险分级管理机制效果的发挥。

湄潭县水库大坝风险分级管理实践反映出的问题和困难，具有一定代表性，是在贵州省乃至全国推广水库大坝风险管理必须面对的现实问题，也是完善我国水库大坝风险管理理论，推动相关理论走向实践并取得良好效果必须进一步研究解决的问题。我国水库大坝风险管理理论研究必须结合地方发展水平、基层水利技术力量、地方财政状况、区域水库工程特性等实际问题出发，将可操作性纳入研究范畴，以创新的手段最大限度地发挥水库大坝风险管理的效果，推动我国水库大坝风险管理从理论走向实践并取得实效。

（1）结合科技手段提升风险识别能力。将科技手段提升作为提升水库大坝风险管理整体水平的重点，力求采用科技手段使得水库大坝风险数据化、直观化，最大限度地减少一线水库管理人员技术能力薄弱的限制。

（2）试点示范推广。分层级、分区域建立水库大坝风险分级管理试点，在我国水库管理较典型的地区先行先试，开展大坝风险管理技术研究与实践，从实践中发现问题和不足，不断完善符合我国实际的水库大坝风险管理理论体系。

（3）建立基于管理学的技术规范。水库大坝风险管理不仅是工程技术问题，同时是管理学问题，在水库大坝风险管理研究中应当重视风险度量理念，积极建立风险管理的事前管理机制，建立法规、制定标准、完善程序和方法，有效识别、评估、监控并处理各类风险。

4 结语

通过近年来的持续努力，我国在水库大坝风险管理理论研究上取得了一定成绩，水库大坝风险管理理念得到普遍认可。从贵州省湄潭县尝试水库大坝风险分级管理模式可以看出，该模式对充分利用有限资源提升水库大坝风险管理水平具有明显效果，在水库大坝数量大、风险很高而资源紧缺的区域推广实施具有较好前景。但必须充分认识我国推广实施水库大坝风险分级管理还面临较多实际问题，如何根据我国水库数量大、坝型复杂、地方管理水平和能力差距大等突出因素，研究符合实际的水库大坝风险管理措施仍然是一项重大课题。

参考文献

[1] 仲琳，赵寒容，胡灵芝．水库大坝等级分类及风险管理 [J]．西北水电，2011，增刊：169-172.
[2] 徐耀，王挺，常清睿．大坝风险管理技术的发展与趋势探讨 [J]．水利发展研究，2018，7：44-48.
[3] 王昭升，吕金宝，盛金保．水库大坝风险管理探索与思考 [J]．工程建设与管理，2013，8：52-54.
[4] 吴晓彬，蔡力群．水库大坝安全管理新理念——大坝风险管理 [J]．江西水利科技，2008，34（4）：292-295.

运行期大坝安全监测问题及对策

郭法旺

（中国电建集团贵阳勘测设计研究院有限公司，贵州贵阳 550081）

摘 要： 对目前运行期大坝安全监测工作存在的问题梳理总结，对问题产生的原因进行了分析，并从体现监测的价值的角度对运行单位、外委单位及其他相关方提出了相应的建议，以期促进行业更加健康发展。

关键词： 运行期；大坝；安全监测

1 概述

在水利水电行业，一般认为，大坝首次蓄水后，经历一段时间（有些规范认为是 3 年）的初期运行或初蓄期，就进入了运行期；也有人认为机组全部投产发电即标志着从建设转为了运行，或者枢纽工程专项验收完成即是建设期的结束，运行期的开始；笔者认为，从大坝及周边建筑物运行的角度出发，只要坝前水位雍高至可以判断大坝是否达到设计既定目标的高度，并完整经历了一个主汛期，就可认为大坝进入了运行期。

根据《水库大坝安全管理条例》和《水电站大坝运行安全监督管理规定》的要求，对大坝进行安全监测和检查是运行单位或管理单位的责任。而大坝是可以长期甚至超长期服役的，因此，运行期的大坝安全监测是一个长期、经常性的工作。

据公开数据披露，在国家能源局大坝安全监察中心注册的 493 座大坝中（截至 2017 年底），监测工作 34%由外委单位负责，66%由运行单位负责[1]。全国近 3000 座水库大坝中，也有部分省市或水库采用委托专业公司进行运行观测的情况[2]。

随着国内水电开发进程的不断推进，将会有更多的水电站大坝进入运行期，因此，对目前监测工作存在的问题进行分析，并对应提出解决方法，保证运行期大坝安全监测工作能够越做越好，是非常有必要的，这也是本文的主要目的。

2 目前监测工作中存在的问题

2.1 安全监测系统得不到有效的维护，无法正常运行

本文所指的安全监测系统是指在施工期埋设的各类传感器、监测装置和相应的数据采集设备，以及为了完成数据采集而配置的软件系统。

基金项目： 智慧全传感大坝安全监测关键技术研究与应用（KT202010）。

作者简介： 郭法旺（1982—），男，河南新乡人，正高级工程师，主要从事岩土工程及大坝安全监测工作。
E-mail：18985191565@qq.com。

由于仪器设备自身的寿命远小于大坝的寿命，因此，在大坝整个运行期，各类仪器将会陆续失效，需要运行单位每年或定期维护。而现状是，埋入式不可更换仪器不可避免地失效，可更换仪器或装置受经费、人员技术水平、管理能力等因素的影响，得不到有效的维护，造成存在缺陷却依然采集"正常数据"[3]，特别是变形、渗流等观测设施。

这种现象几乎在所有的大坝中都存在，是一个普遍的问题。而安全监测系统是大坝安全监测工作的基础，这更是一个需要高度重视的问题。

2.2　采集到的数据质量无法保证

使用自动化采集的数据，由于不同厂家的采集装置、采集软件等技术水平不一，出现采集到的部分数据明显偏离实际值，需人工观测核实。

未实现自动化的以及需人工采集的数据，受观测频次能否严格执行、现场工作人员认真程度、数据录入及计算是否有误、外界影响能否准确记录等环节或主观因素的制约，数据质量更无法保证。由于监测数据时间性很强，基本无法追溯，对于这类问题，只能靠资料分析时进行数据检查和甄别，一定程度上降低了数据的价值。

2.3　巡视检查流于形式

据调查，特大型水库大坝巡视检查比较到位，部分大中型及多数小型大坝未按要求开展或基本未开展巡视检查[2]。究其原因，大部分从业人员没有理解巡视检查的作用和意义，认为仪器监测就是安全监测，所以，不论是填一些检查表，还是拍一下照片，甚至使用新的水工点检系统，大都是走一下过程。

只有在大坝某部位有异常数据需要分析，建筑物某处有不正常现象需要查找原因时，才会发现，原来曾经做的巡视检查的各类记录和表格，在需要的时候都用不上。

2.4　资料分析价值不高

对于观测资料的整理和分析是安全监测工作最重要的环节，也是最能体现监测作用和价值的地方。

目前，在资料整理分析方面，普遍存在以下问题：分析方法简单，基本只绘制过程线；分析内容不全，对相关影响因素认识不到位；分析深度不足，脱离工程实际，只以数据统计、模型计算为主，没有从结构的运行机理出发；反馈不及时，只按合同或规范定期分析，没有在发现异常时及时分析反馈[4]。

因为资料分析问题多，不能从监测数据中挖掘更多的价值，所以，监测工作的价值得不到认可。

3　原因分析

3.1　认识不足

很多运行管理单位的领导或技术干部都是从工程建设口转成运行的，他们大多数认为现阶段大坝的设计水平高，建设条件好，施工质量受控，经历了首次蓄水，进入运行期后肯定是安全的，就算不监测也不会垮。目前持这种观点和观念的人很多，而且预计在未来的很长一段时间都不会有大的改变。所以，虽然国内几乎所有的大坝都在做监测，但其根本原因是中国法律法规的要求，上级单位的强制，以及相关行业管理制度和手段的约束。如果没有这些配套，可能大多数中小型工程甚至部分大型工程都不会去做监测，部分水电开发程度不高的国家就有这种现象。

如果运行单位认为监测并不是他们需要做，而只是国家要求做，就会对监测工作不重视，就不会配备足够的费用，费用低了，就不会吸引更多优秀的人才，也不会得到较好的外委单位的服务，监测工作就会越做越差，监测的价值无法体现出来，就会让运行单位进一步印证自己的判断，更加不重视，陷入一种恶性循环。

类似的认识在委外单位中也比较多，绝大多数监测从业人员及其后方管理层都认为运行期监测就是去测个数据，出个报告，并没有什么技术含量，也不能给单位带来更多的收益，所以，配置的资源往往都比较落后。

应该说，正是由于上述认识的偏差和不足，使得目前运行期大坝安全监测陷于低质、低效益、认可度不高的困境，亟须改进。

3.2 人员能力参差不齐

目前监测工作存在的四方面问题，都和人的能力有关：监测仪器的运行维护需要现场作业人员有一定的仪器仪表基础，懂得仪器的原理和常见故障，有较强的动手能力，能够判断问题并及时解决；日常观测要求操作人员有一定的测绘知识，并能够做一些基本的计算，具备判别数据是否异常的能力；巡视检查需要实操人员有一定的水工、地质等专业背景，并对建筑物可能会出现的问题有一定的预见能力；资料分析更是一种综合能力的体现，没有受过水利水电工程相关专业培训、并经历过类似工程监测实践的人员，想要较好的完成综合分析，难度比较大。

能够同时具备上述四种能力的人寥寥无几。通过经常性的培训、交流，组建由熟练技术工人和经验丰富的资料分析工程师组成的专业团队是可行的。

3.3 监测手段单一，技术水平总体落后

从21世纪初开始，水电大规模开发至今，安全监测所使用的大部分仪器仪表几乎没有明显的改进和更新，虽然一些大型工程中不断地尝试新产品、新技术，但对于监测技术的提升作用有限。目前存在的主要问题有：

（1）由于仪器设备的价格依然没有降低，为了在有限的建设投资内完成要求，监测设计只能继续选择性地布置，关键部位的仪器失效后无法弥补。

（2）由于仪器仍以单点或多测点的形式组成，造成数据分析时空间上未覆盖的区域只能以一定的数学模型来推算。

（3）由于大多仪器仍需被动激励，而非主动输出，使得采集频次不得不以规范的形式作出强制要求，即使是自动化采集也很难做到真正意义的实时。

当然，上述问题可能并非短时间内可以解决，也受制于其他基础行业的革新，但新技术、新手段的滞后，客观上影响了监测的效果。

4　对相关单位的建议

4.1　对运行单位的建议

运行单位作为大坝的责任主体，肯定比其他单位更希望大坝能够安全、稳定地运行下去。因此，他们结合自己的特点和需要，在大坝安全监测方面，做了很多有效的工作。如，大唐国际从水工技术监督的角度分级管理，单独委托技术监控管理服务单位，加强对外委单位的监督考核，是一种值得学习的模式[5]；国家电投成立大坝中心，作为专业化监督和技术支持单位，组建专委会、专家库和工作网，以监控管理系统为支撑，对包括安全监测的全部工作进行管理，履行大坝运行全过程安全管理职责，管理理念先进，体系完善，值得推广[6]。

当然，每个单位、集团都有自己的管理体系和发展思路，不必模仿，但可以借鉴。从监测工作的特点来说，无论是自行管理，还是外委，建议运行单位都要建立一个以现场监测工人为基础、资料分析工程师为骨干、多专业大坝安全专家为支撑的技术团队，并设立考核、监督和约束机制，以 PDCA 的管理模式为导向，不断提高大坝安全管理水平。

4.2　外委单位应该怎么做

作为外委单位，面对越来越低的合同价格，越来越高的成本，能够做的是什么呢？

（1）通过自身的努力，发挥监测的作用和价值，来改变整个行业的认识。

笔者所在的单位负责的一个中型水电站运行期安全监测，某年溢洪道汛期泄流后，底板混凝土冲蚀严重，汛后加固后，第二年又出现了同样的问题，我们通过对底板仅有的 4 支渗压计和 6 套锚杆应力计历史数据进行分析，找到了根本原因，甲方据此调整了处理方案（较之前的方案节约 500 万元），到目前工程安全运行，没有出现过类似问题。经历此事后，甲方对大坝安全监测的态度和认识发生了根本性扭转，以前每年都在想着怎么压缩运行期安全监测的支出，现在不光不压缩，还主动增加费用，对监测设施进行改造。

监测工作做好了，通过数据分析，为运行单位节约成本或提高效益，监测的价值得到了体现，就会改变运行单位的认识，费用就不会降低，就会吸引更多优秀的人才，监测工作就会做得更好，这就是一种良性循环。

（2）不断加强自身能力的建设，合理配置优质资源，提高服务质量，让选择外委的大坝越来越多。

这一点必须要强调一下，目前很多从事大坝监测外委的单位都同时在做水电站施工期监测，由于施工期需要紧密结合土建进度，又有监理时刻在监督，所以，很多单位都会把优秀的管理人员和技术工人优先安排到施工项目中。对于运行项目，经常会派遣一下不那么得力的人，或者刚毕业的学生，所以，才会出现很多问题。如果长期这样做，那么选择外委的大坝可能越来越少。对于外委单位来说，将会失去一片可以长期维系的市场。

（3）持续地满足甲方更多的需求，而不仅限于合同约定。

对于外委单位派驻现场的负责人来说，除了组织好日常观测和资料报送以外，还应该全面熟悉国家能源局及相关政府机构出台的各类法律法规，掌握相应的技术规范，并认真阅读竣工安全鉴定、竣工验收、历次专家检查、注册及定检等关键节点的报告，对大坝存在的问题或缺陷熟记于心，对运行单位本年度的各项工作有一定的了解，主动沟通，及时提供甲方与大坝监测相关的所有需求，无论是否属于合同约定。

4.3 行业监督机构

目前很多行业都取消资质许可，改为行业自律。大坝安全监测虽市场规模不大，从业单位不多，但仍鱼龙混杂，技术水平差异较大，很多中小型水电站在外委时以低价为选择标准。外委单位以低于成本价拿到项目后，为获得利润，节约成本，使用没有经验的工人，有些甚至连全站仪都不会操作，交出来的成果达不到要求，严重影响了行业的发展。

鉴于此，建议相关行业监督机构建立健全从事大坝安全监测工作单位的监督考核机制，对于严重违反行业技术标准或不履行合同职责的单位定期公开通报，形成全国范围的信用管理体系。

4.4 仪器设备商

大坝安全监测对监测仪器的需求是长期的，即使是进入运行期，也需要对设备经常性的维护和定期的改造。因此，设备厂商应该对大坝监测有较强的信心，虽然运行期的需求量没有施工期大，但长期的需求必定会带来稳定的现金流。

建议设备商一方面加大对新产品的开发和新技术的追求，将技术革新作为市场竞争的主要手段，另一方面建立快速的售后服务体系，能够提供差异化服务。

4.5 设计单位

大坝设计单位拥有整个工程的勘测设计资料和熟悉各个专业的技术人才，有着其他单位不可替代的优势。但是，随着各设计单位在后水电时代的转型升级，很多熟悉工程的人员陆续转岗，优势将会逐渐消失。

因此，建议设计单位可通过建立知识管理系统、总结技术优势等方式将工程的经验固化，也可与运行单位一起组建大坝安全专家库，定期对大坝进行回访，一方面保持和发挥自身的作用，另一方面做好技术的传承和缺陷修补、加固市场的铺垫。

5 结语

运行期大坝安全监测虽大多为常规技术，工作量不大，预期产出激励性不高，条件相对艰苦，但对从业人员的综合能力要求高，工作烦琐，考验耐心，考量职业道德，体现管理水平，需要参与各方通力协作，在维系自身利益的同时，更要以大坝的安全为共同目标，以体现监测的价值为共同追求，以促进行业的健康发展为首要选择。

笔者通过从事近十年的运行期大坝安全监测工作，对目前存在的问题进行初步分析，并针对性地提出了相应的建议，不妥之处，敬请行业专家批评指正。

参考文献

［1］　崔何亮，张秀丽，王玉洁，等．水电站大坝在线监测管理平台的探索与实践［J］．大坝与安全，2018（2）：31-36.

［2］　方卫华，范连志．水库大坝安全监测调查研究［J］．中国水利，2013（10）：28-30.

［3］　杨敏刚，李战备，张金杰．运行期水库大坝变形监测系统常见问题与改进建议［J］．大坝与安全，2017（2）：18-21，27.

［4］　王玉洁．水电站大坝安全监测资料分析现状及展望［J］．大坝与安全，2015（5）：50-57.

［5］　彭涛，周建波．大唐国际运行水电站水工技术监督工作创新和实践［J］．大坝与安全，2018（2）：17-19.

［6］　丁慧琳，李季，周涛．国家电力投资集团公司大坝安全监督管理模式初探［J］．大坝与安全，2018（2）：13-16.

水利工程深埋长隧洞主要地质问题的分析与评价

杨海燕　李建强

（中水北方勘测设计研究有限责任公司，天津　300222）

摘　要：围岩变形、岩爆、突涌水和高地温是深埋长隧洞常见地质问题，本文采用岩体强度应力比（S）判别法对围岩变形进行预测评价，运用 E-Hoek 法和国内经验判据 SRF 法进行岩爆风险等级划分，以古德曼经验式、柯斯嘉科夫法、工程实践总结的经验公式计算最大涌水量和稳定涌水量，考虑工程区地质环境和岩体热传导能力的差异性，对高地温进行评价。

关键词：深埋长隧洞；挤压变形；岩爆；突涌水；高地温

1　前言

埋深大于 600m、钻爆法施工长度大于 3km 或 TBM 法施工长度大于 10km 的隧洞定义为深埋长隧洞[1]。随着人类的认知和技术水平的不断提升，深埋长隧洞在水利水电、铁路、公路等各类大型工程中迅速发展，而在隧洞实施过程中常伴随发生岩体塌方、围岩变形、突涌水、岩爆、高地温及放射性等各类地质灾害。新疆 ABH 隧洞施工时发生突涌水、软岩大变形、岩爆及高地温等不良地质问题；锦屏二级发电洞出现了岩爆和涌水；精伊霍铁路天山隧洞出现溶洞突水和突泥；新疆某达坂输水隧洞发生了软岩变形；奇热哈塔尔遇到了岩爆和高地温；大伙房输水隧洞发现岩体具有放射性危害；广渝高速公路华蓥山隧道遭遇了煤层瓦斯、天然气、二次生化气及 H_2S 等有害气体问题[2-4]。这些地质问题在项目实施过程中严重制约了工期，危害了人员安全，增加了工程投资。为了避免或尽量降低上述地质问题对工程的影响，详细查明隧洞沿线地质条件，合理、客观评价可能存在的地质问题，是保证项目顺利实施的关键。本文以深埋长隧洞常发生的挤压变形、岩爆、突涌水和高地温等地质问题为主，详细阐述了各类地质问题的评价方法。

2　深埋长隧洞主要地质问题

2.1　洞室挤压变形

深埋隧洞开挖前应力处于平衡状态，开挖后，初始应力平衡状态被打破，应力重分布，岩石向洞室空间挤压变形，直至再平衡，若挤压变形超过了围岩本身所能承受的能

作者简介：杨海燕（1968—），女，江苏南京人，正高级，本科，主要从事水利水电工程设计工作。
　　　　　E-mail：yang_hy@bidr.com.cn。

力，便会产生破坏。不同强度的岩石，围岩破坏形式存在一定的差异，硬质岩多为结构面组合形成不利的掉块、坍塌、塌落等；软质岩围岩可能产生较大塑性变形或破坏，在高地应力下，有可能产生大变形和长期流变，地质问题难处理。

理论上，通常用岩体强度应力比 S 判别法对围岩变形进行初步预测评价。计算公式为：

$$S = \sigma_{cm}/P_0 \tag{1}$$

$$\sigma_{cm} = \frac{2c \cdot \cos\varphi}{1 - \sin\varphi} \tag{2}$$

式中，σ_{cm} 为岩体抗压强度（MPa）；P_0 为初始地应力中洞室横断面最大应力；φ 为岩体内摩擦角。

由于最大主应力和最小主应力在垂直洞向的合力小于或等于自重应力，因此 P_0 取自重应力。

围岩变形初步预测评价认为：$S \geqslant 0.45$ 时，变形程度为基本稳定；$0.3 \leqslant S < 0.45$ 时，轻微挤压变形；$0.2 \leqslant S < 0.3$，中等挤压变形；$0.15 \leqslant S < 0.2$，严重挤压变形；$S < 0.15$，极严重挤压变形。

2.2 岩爆

岩爆是高地应力环境下地下工程开挖过程中容易产生的一种突发性地质灾害。在新鲜、完整、坚硬的岩体深部开挖洞室时，围岩以剥落、弹射方式突然飞出和剧烈破坏，并伴随声响，这种现象称为岩爆。岩爆的发生受到岩性、构造、地下水、围岩类别、岩体结构、洞室跨度等条件控制，主要发生在岩体完整性好、无地下水、较干燥、岩质坚硬致密的围岩中。

E-Hoek（σ_V/R_c，其中 σ_V 为原岩垂直应力，R_c 为岩块单轴抗压强度）和国内常用经验判据 $SRF = (3\sigma_1 - \sigma_3)/R_{ci}$ 可进行岩爆风险等级的划分，见表 1 和表 2。

E-Hoek 岩爆等级划分 表 1

E-Hoek	<0.1	0.1~0.2	0.2~0.3	0.3~0.4	0.4~0.5
破坏形式	稳定巷道	少量片帮	严重片帮	需重型支护	可能出现岩爆

SRF 岩爆风险等级划分 表 2

SRF	0.45~0.6	0.6~0.9	0.9~1.2	>1.2
风险分级	低风险	中等风险	高风险	极高风险
破坏形式	破损	片帮	岩爆	断裂型岩爆

2.3 突涌水

地下工程围岩涌水是影响施工进度和造成工程事故的主要工程地质问题。当地下洞室或隧洞穿过地下水富水层、汇水构造、强透水带、与地表溪沟及库塘有水力联系的透水层、断层破碎带、岩溶通道或采空区等部位时，大量地下水突然涌进洞室。大多情况下，地下水的大量涌出，造成断层带物质、岩溶充填的泥及碎石等一起涌进洞室，导致灾害发生及给施工带来困难。

采用古德曼经验式法和工程实践总结的经验公式法计算最大涌水量；采用柯斯嘉科夫法和工程实践总结的经验公式计算稳定涌水量。各计算公式如下。

计算最大涌水量：

①古德曼经验式

$$Q_\mathrm{m}=L\frac{2\pi KH}{\ln(4H/d)} \tag{3}$$

②工程实践总结的经验公式

$$Q_\mathrm{m}=L(0.0255+1.9224KH) \tag{4}$$

计算稳定涌水量：

①柯斯嘉科夫法

$$Q_\mathrm{S}=L\frac{2aKH}{\ln(2R/d)} \tag{5}$$

②工程实践总结的经验公式

$$Q_\mathrm{S}=LKH(0.676-0.006K) \tag{6}$$

式中，Q_m 为隧洞最大涌水量（$\mathrm{m^3/d}$）；Q_S 为隧洞稳定涌水量（$\mathrm{m^3/d}$）；L 为隧洞长度（m）；K 为岩体的渗透系数（m/d）；H 为洞底以上含水体厚度（m）；d 为洞身横断面的等价圆直径（m）；R 为隧洞涌水量影响宽度，取 $R=500\mathrm{m}$；a 为修正系数，$a=\dfrac{\pi}{2+(H/R)}$。

2.4 高地温

对于深埋洞室而言，高地温也是主要地质问题之一，洞内的温度随着埋深增加而增加。有关资料表明，当地温超过 30℃ 时，常给施工设备造成损害，给施工工艺和施工方法造成困难，施工的效率明显降低。

地温梯度受多因素影响，在地下工程的地温勘察评价中，应分析所在地区的地质环境差异，一般不宜直接采用全球的平均地温梯度进行估算，全球的平均地温梯度为 25～30℃/km。地下工程岩体的地温与热传导和热散失量的多少有关，通常热传导能力较差的地层（如页岩、泥岩），其地温梯度通常较大；相反，热传导能力较强的地层（如多孔隙或破碎的砂岩），其地温梯度通常较小，所以地温梯度随地下水、岩性的变化而改变。另外，由于各地区地质构造、地壳结构、岩浆作用和构造活动性的差异，地温梯度也大不相同。在构造活跃、岩浆活动频繁地区，存在高温低压带，其地温梯度常可达到 40℃/km；而在一些稳定地区，地温梯度则多在 30℃/km 以下；在低温高压带，其地温梯度仅为 6℃/km。

3 工程实例

3.1 工程概况

巴基斯坦某水电站工程引水隧洞总长度约 20km，采用钻爆法施工，开挖洞径为 7～8m，隧洞垂直最小埋深为 14m，最大埋深为 1350m，其中埋深大于 600m 的洞段长约 6.1km。隧洞所穿过地层绝大部分为中硬岩，中硬岩中绝大部分又为石英云母片岩，局部发育有石膏和石墨片岩等软弱岩石。隧洞沿线断裂构造发育，规模较大的断层约 23 条，以压、压扭性为主，其中 Ⅰ 级区域性断层 2 条，Ⅱ 级大型断层 13 条，Ⅲ 级中型断层 8 条，按产状主要分为三组：① 走向为 NW60°～80°；② 走向为 NE30°～40°；③ 走向为 NW290°～350°，以 NE 向陡倾角断层为主，NW 向断层零星发育。隧洞工程区域内地下水类型主要为松散岩类孔隙水、浅层基岩裂隙潜水、深层基岩裂隙水及承压水。受构造运动的影响，断层上盘一侧岩体的透水性和含水性，在空间上表现了很大的不均一性。水平或倾斜的构造破碎带或节理密集带可视为相对含水层。

工程区主导应力状态为 $\sigma_H > \sigma_z > \sigma_h$，以最大水平主应力占主导地位，最大水平主应力方向为 NE9°～66°，平均方位 29°，整体上为 NNE～NE 向。最大水平主应力为 1.01～49.93MPa，最小水平主应力为 0.55～30.13MPa，铅直向应力为 0.28～38.78MPa。最大水平主应力侧压系数 $(\lambda_1 = \sigma_H/\sigma_z)$ 集中分布在 1.1～1.8 之间，最小水平主应力侧压系数 $(\lambda_2 = \sigma_h/\sigma_z)$ 集中分布在 0.6～1.0 之间。

3.2 洞室挤压变形的评价

隧洞岩性主要为石英云母片岩，同时发育少量的石膏和石墨片岩。石英云母片岩的饱和单轴抗压强度约 51.9MPa，依据式(1) 计算得出，在埋深 480～910m 围岩会产生轻微挤压变形，埋深 910～1800m 围岩会产生中等挤压变形。在断层挤压带及含地下水洞段变形或会相对严重。

石膏和石墨片岩主要分布在隧洞的下游段，埋深 480～950m 围岩可能会产生中等挤压变形；埋深大于 950m，可能发生严重挤压变形，甚至极严重挤压变形。

3.3 岩爆的评价

隧洞穿过深埋洞段中硬岩石英云母片岩和变质花岗岩计算岩爆取值为：石英云母片岩的单轴抗压强度平均值为 78.3MPa，饱和单轴抗压强度平均值为 51.9MPa，属于中硬岩，软化系数为 0.66；变质花岗岩的天然单轴抗压强度平均值为 81.6MPa，饱和单轴抗压强度平均值为 60MPa，属于坚硬岩，软化系数为 0.74。计算过程中均选用饱和抗压强度平均值。最大主应力：$S_H = 3.5396 + 0.0328H$ $(R^2 = 0.9314)$，最小主应力：$S_h = 0.0132 + 0.0229H$ $(R^2 = 0.9314)$；计算自重应力时选用天然密度平均值 2.75g/cm^3。

采取 E-Hoek 法和经验判断法计算结果见表 3，计算结果表明，一般洞段发生岩爆的可能性不大，但在埋深大的完整～较完整岩体，且集中发育的部分洞段可能会发生岩爆、片帮等现象。推测穿过两个最高山脊，埋深大于 800m 的洞段（约 3km）可能发生高风险岩爆（SRF 方法）或需要重型支护（E-Hoek 方法），应做好相应的防治措施。

表3

隧洞段岩爆分级

部位	桩号(m)	平均埋深(m)	最大主应力σ₁(MPa)	最小主应力σ₃(MPa)	自重应力(MPa)	R_c(MPa)	R_b(MPa)	岩性	E-Hoek		SRF	风险等级	经验判断	备注
									σ_V/R_c	破坏形式			破坏形式	
引水隧洞段	2+850~4+000	364	15.5	8.3	9.8	78.3	51.9	石英云母片岩为主	0.13	少量片帮	0.49	低风险	破损	SRF指标评价岩爆风险等级适用于抗压强度大于80MPa，因此中硬岩以中硬岩为主洞段仅供参考
	4+000~4+200	508	20.2	11.6	13.7	81.6	60	变质花岗岩为主	0.17	少量片帮	0.60	低风险	破损	
	4+330~4+980	424	17.4	9.7	11.4	78.3	51.9	石英云母片岩	0.15	少量片帮	0.54	低风险	破损	
	5+850~7+300	335	14.5	7.7	9.0	78.3	51.9	石英云母片岩	0.12	少量片帮	0.46	低风险	破损	
	7+400~7+930	457	18.5	10.5	12.3	78.3	51.9	石英云母片岩	0.16	少量片帮	0.58	低风险	破损	
	10+430~12+560	983	35.8	22.5	26.5	78.3	51.9	石英云母片岩	0.34	需重型支护	1.08	高风险	岩爆	
	12+710~14+597.4	417	17.2	9.6	11.2	78.3	51.9	石英云母片岩	0.14	少量片帮	0.54	低风险	破损	
	16+200~16+800	916	33.6	21.0	24.7	78.3	51.9	石英云母片岩和大理岩为主	0.32	需重型支护	1.02	高风险	岩爆	
	16+848~17+840	719	27.1	16.5	19.4	71.6	51.9	石英云母片岩	0.27	严重型片帮	0.91	高风险	岩爆	
	18+260~18+940	356	15.2	8.2	9.6	78.3	51.9	石英云母片岩	0.12	少量片帮	0.48	低风险	破损	
	18+940~19+140	475	19.1	10.9	12.8	75.9	51.9	黑云母片岩	0.17	少量片帮	0.61	中等风险	片帮	
	19+210~19+490.43	335	14.5	7.7	9.0	78.3	51.9	石英云母片岩为主	0.12	少量片帮	0.46	低风险	破损	

3.4 突涌水的评价

根据引水隧洞沿线钻孔及厂房部分钻孔的压水试验成果,推测隧洞部位微新岩体的透水性多为弱~微透水,地下水的溢出状态多为渗、滴水状。可能发生涌突水的部位主要集中在较为富水的断层带、裂隙密集带和大理岩地层中。

在不考虑排水防渗措施的前提下,对隧洞开挖时(施工期)涌水量进行预测。假设条件如下:

①结合隧洞沿线地形地貌及构造发育情况,不同埋深的岩体渗透性取值见表4;
②每一洞段地下水位线为水平,以其上游侧和下游侧的平均值代替该段隧洞的水位;
③洞径取开挖洞径6.5~7.0m;
④影响宽度 R 取500m。

隧洞沿线不同埋深的岩体渗透性取值 表4

指标	一般情况						特殊情况	
	埋深范围(m)						断层带	过沟段
	≤60	60~120	120~180	180~350	350~500	>500		
透水率(Lu)	20	12	6.2	3.9	3.3	1	5~10	20~50
换算渗透系数(m/d)	0.22	0.13	0.069	0.044	0.037	0.011	0.056~0.11	0.22~0.56

引水隧洞地下水溢出水量估算结果见表5。可知,一般洞段的稳定单位涌水量约3~4m³/(d·m),断层段的稳定单位涌水量约10~15m³/(d·m),穿沟段的稳定单位涌水量在27~30m³/(d·m);最大涌水量约为稳定涌水量的2~3倍。

引水隧洞地下水溢出水量估算结果 表5

部位	桩号	隧洞长度 L(m)	洞底以上含水体平均厚度 H(m)	最大涌水量 [m³/(d·m)]		稳定涌水量 [m³/(d·m)]		备注
				古德曼经验式	经验公式法	柯斯嘉科夫法	经验公式	
岩体较完整~完整段	14.01km平均值		—	7.6	11.2	2.9	3.9	
断层及断层影响带	4+200~4+320	120	270	19.1	29.0	7.6	10.2	f31
	5+620~5+840	220	149	12.0	16.0	4.7	5.6	f4
	7+930~9+000	1070	197	14.9	21.2	5.9	7.4	F3影响带
	9+000~9+580	580	242	35.0	52.1	14.0	18.1	F3
	9+580~10+420	840	427	27.6	45.9	10.7	16.1	F3影响带
	10+850~10+950	100	846	60.3	112.8	20.4	39.4	F10
	13+350~13+480	130	216	16.0	23.2	6.4	8.1	f34
	14+150~14+260	110	85	7.8	9.2	2.8	3.2	f35
	14+670~14+770	100	86	9.8	11.5	3.5	4.0	f11
	15+720~16+270	550	445	57.2	95.7	22.1	33.3	F12/f13
	16+690~16+740	50	625	37.8	67.2	13.8	23.5	f14

部位	桩号	隧洞长度 L(m)	洞底以上含水体平均厚度 H (m)	最大涌水量 [m³/(d·m)]		稳定涌水量 [m³/(d·m)]		备注
				古德曼经验式	经验公式法	柯斯嘉科夫法	经验公式	
断层及断层影响带	17+920～18+000	80	380	25.1	40.9	9.9	14.3	f15
	18+200～18+340	140	310	21.3	33.3	8.5	11.7	f15-1
	19+110～19+210	100	170	26.5	36.6	10.4	12.7	F17
	4.19km 平均值			27.5	43.6	10.7	15.2	
穿沟段	0+400～0+550	150	48	20.8	20.7	6.6	7.1	1 号冲沟
	2+650～2+850	200	100	88.4	107.5	32.6	35.9	2 号冲沟
	5+210～5+380	170	100	88.4	107.5	32.6	35.9	3 号冲沟
	7+140～7+380	240	105	91.6	112.9	34.1	37.7	4 号冲沟
	14+260～14+670	410	81	75.6	87.1	26.9	29.1	6 号冲沟
	1.17km 平均值			75.9	90.3	27.6	30.2	

需要注意的是上述涌水量的估算假设条件多为理想状态，计算时考虑的是断面的平均渗流，所以估算值仅为设计和施工作为参照。施工开挖应加强超前探等预报工作，根据地下水揭露情况，采取适宜的排水、防水措施，以保证隧洞的正常施工。

3.5 高地温的评价

地温和地温梯度不仅与地形地貌有关，而且与岩性和构造发育程度有关。考虑主要建筑物，结合隧洞沿线主要岩性和构造，对地下厂房部位钻孔和隧洞中线钻孔进行地温测试。隧洞中线孔测试结果：随孔深加大地温递增；孔深 1.0～38.0m 段为受地表温度影响段，地温从 15.4℃ 快速升至 18.2℃；地温稳定段为孔深 38～180m，实测温度为 18.2～20.4℃，平均地温梯度为 1.55℃/100m。其中在孔深 38.0～135.0m 段主要为石英云母片岩，地温梯度为 1.34℃/100m；孔深 135.0～161.0m 段主要为石墨片岩，地温梯度为 2.69℃/100m；孔深 161.0～180.0m 段主要为石英云母片岩，地温梯度 1.05℃/100m。

地下厂房部位钻孔测试结果表明：孔深 1.0～42.0m 段为受地表温度影响段，地温从 4.4℃ 升至 5.9℃，地温稳定段为 42～340m，实测温度为 5.9～10.5℃，平均地温梯度为 1.54℃/100m。其中在孔深 42.0～263.0m 段主要岩性为二云片岩，地温梯度 1.31℃/100m；孔深 263.0～319.0m 段主要岩性为花岗斑岩和二云片岩，地温梯度 0.71℃/100m；孔深 319.0～340.0m 段主要岩性为变质辉长岩，地温梯度 6.67℃/100m。

综上所述，隧洞地温梯度变化范围较大，一般 1.5～2.8℃/100m，部分段为 5.00～6.67℃/100m，属于地温异常段，施工期应加强通风，做好高地温防护的措施。

4 结语

（1）深埋长隧洞施工过程中可能遇到的围岩挤压变形、岩爆、突涌水和高地温问题是制约工程实施的主要地质问题，在软质岩、高地应力、深埋洞段，发生挤压变形的可能性较大，而在硬质岩、高地应力和深埋洞段发生岩爆的可能性较大。

（2）受多因素制约，洞室涌水量的估算假设条件多为理想状态，目前尚无较可靠的计算方法，因此本文采用的涌水量估算法得到的结果仅供设计、施工参照，施工开挖过程中应加强超前探等预报工作。

（3）地温梯度受多因素影响，不宜直接采用全球的平均地温梯度进行估算，本文根据钻孔测试结果表明，地温梯度在构造和特殊岩性的影响下，存在地温变化异常的问题。

（4）本文对深埋长隧洞存在的主要地质问题进行了分析与评价，对岩体的辐射性和有害气体的分析与评价也应给予重视。

参考文献

[1] 宋嶽，高玉生，贾国臣，等. 水利水电工程深埋长隧洞工程地质研究 [M]. 北京：中国水利水电出版社，2014.
[2] 杜雷功. 长大深埋水工隧洞设计关键技术研究与实践 [J]. 水利水电技术，2017，48（10）：1-9.
[3] 司富安，贾国臣，高玉生. 水利水电工程深埋长隧洞勘察技术方法 [J]. 技术创新与应用，2010，69-71.
[4] 张小宝，司富安，段世伟，等. 深埋水工长隧洞主要工程地质问题与勘察经验 [J]. 水利规划与设计，2021，12. 55-60.

板桥水库除险加固工程溢流坝段渗漏治理效果评价

赵　春[1,3]　　贾金生[1,3]　　郑璀莹[1,3]　　冯朝岭[2]　　曾宪才[2]　　赵国亭[2]

（1. 中国水利水电科学研究院，北京 100038；2. 河南省驻马店市板桥水库管理局，
河南驻马店 463715；3. 中国大坝工程学会，北京 100038）

摘　要：板桥水库 2012 年被鉴定为三类坝，渗流安全性为 C 级。渗漏是影响水库大坝整体安全的关键因素，如何有效地检测水库大坝的渗漏点、渗漏通道和渗漏流速等一直是坝工安全领域研究的热点。本文采用"DB-VI 三维流速矢量声呐测量仪"对板桥水库加固前后溢流坝段迎水面的渗漏情况进行微流场检测和对比分析，对溢流坝段渗漏治理效果进行了评价。根据微流场检测数据，加固前溢流坝迎水面上测量到的渗漏总水量约 2.272L/s，加固后渗漏总水量约 0.224L/s，通过加固使得渗漏减少 90% 以上，渗漏量得到了显著控制，除险加固工程达到了设计的预期效果。同时，采用微流场检测技术结合水下摄像进行验证，可以确认主要渗漏点的位置，为采取针对性的处理措施提供依据。建议该方法在水利水电行业推广应用。

关键词：板桥水库；混凝土溢流坝；渗漏通道；微流场；声呐测量；渗漏检测

1　前言

　　板桥水库位于淮河支流汝河上游河南省驻马店市驿城区板桥镇，水库始建于 1951 年，是中华人民共和国成立后最早兴建的大型水库之一。1975 年 8 月遇特大暴雨洪水溃坝失事，1978—1992 年复建完工，1993 年通过竣工验收，水库总库容 6.75 亿 m³。水库工程由两岸土坝、混凝土溢流坝（河床段）、输水洞、电站及取水口工程组成，是一座以防洪为主，结合城市供水、灌溉、发电和养殖等综合利用的大（2）型水库。板桥水库混凝土溢流坝全长 150m，包括 8 个表孔坝段和 1 个底孔坝段，表孔坝段堰顶高程 104.00m。溢流坝两端各设 65m 长混凝土刺墙与土坝连接，形成南北裹头。

　　板桥水库复建蓄水后一直存在溢流坝冬季渗漏问题，1994 年 1 月到 3 月对溢流坝进行了堵漏补强灌浆，1995 年后渗流量又逐年增大，2001 年及 2008 年以来渗流量超设计值。板桥水库现状混凝土溢流坝廊道内渗水严重，且大部分排水孔有钙质析出物，冬季低温坝体坝基渗漏量尤大，经判断廊道以上坝体至上游排水孔间存在渗流通道。观测资料显示：渗流量受温度影响明显，夏季最小，冬季最大。2012 年，板桥水库被河南省水利厅鉴定为"三类坝"，拟进行除险加固。鉴定指出，混凝土坝及南北裹头连接段存在渗流安

基金项目："十三五"国家重点研发计划课题（2018YFC1508502）。

作者简介：赵春（1975—），男，湖南衡东人，正高级工程师，主要从事大坝安全评价和病险水库除险加固项目管理。
E-mail：zhaochun@iwhr.com。

全隐患，渗流安全性为 C 级，主要问题包括：混凝土溢流坝坝体存在渗流通道，综合等效渗透系数较大，不满足规范要求；大坝渗漏量超设计值，且廊道析出物明显；南刺 1 坝段下游渗流出逸点较高，漏水严重，南裹头存在局部渗流薄弱环节，北刺 4 与土坝接触部位存在渗流安全隐患，并向不利方向发展。

根据《板桥水库除险加固初步设计报告》，板桥水库除险加固工程内容主要包括：拆除重建大坝上、下游护坡，溢流坝及裹头防渗等处理。由于板桥水库为驻马店市城市供水唯一水源地，只能在保证城市供水的前提下进行除险加固施工，因此施工期间不能断水，需要在不放空的情况下对溢流坝段进行水下修复。经论证，渗漏治理方案为：采用 C30 水下不分散混凝土加固方案，即在水库蓄水的情况下，对混凝土溢流坝迎水面进行水下浇筑混凝土防渗面板，配合坝内廊道化学灌浆进行防渗处理，防渗面板厚度为 40cm，浇筑起始高程为建基面新鲜基岩。板桥水库除险加固工程从 2019 年开始，2022 年完工，2022 年 8 月通过蓄水验收。

板桥水库混凝土溢流坝渗流安全问题，经多年巡视检查、分区检测、观测资料分析，基本判定了存在渗漏问题的坝段、部位。但因总渗漏量最大仅达到 3.15L/s（2018 年 1 月 30 日），量值较小，常规方法很难进行渗漏通道的查找。渗漏是影响水库大坝整体安全的关键因素，如何有效地检测水库大坝的渗漏点、渗漏通道和渗漏流速等一直是坝工安全领域研究的热点。本文针对加固前溢流坝上游坝面裂缝情况未知的条件下，通过采用微流场检测手段来查找渗漏通道，从而对存在渗漏通道的部位进行针对性防渗处理。在加固后再次检测以评价加固效果。

2　微流场渗流检测原理

声呐是唯一的能在水下进行信息的探测、识别、导航和通讯的物理测量方法。三维流速矢量声呐可视化成像系统是基于"双电层震电理论"与"声呐渗流测量方法"，融合了声呐矢量加速度探测技术、航空定向技术、压力传导技术、水文地质仿真计算技术、GPS 定位技术、计算机大数据解析成像技术与无线通信网络技术。而实现渗漏声呐测量的"三维流速矢量声呐测量仪"，是由声呐矢量加速度三轴探测器构成，能够自动感应识别流体空间的运动速度与矢量方向，与其对应的渗漏缺陷的三维坐标位置的数据采集与原解析模型成像，对水下工程的渗漏入水口、渗漏路径及渗流场的渗漏流速、渗流方向、渗流量、渗透系数建立水文地质参数解析模型，并可提供工程质量缺陷定位。

水流三维运动的速度与方向按下式计算（以 x 方向为例，其他两个方向类似）：

$$U_\mathrm{x} = a t \vec{x} \tag{1}$$

式中，U_x 为 x 方向水流运动流速（cm/s）；a 为 x 方向水流运动加速度（cm/s^2）；t 为 x 方向的加速度时间（s）；$\vec{x}$ 为 x 矢量方向（°）。

根据各网格节点处三个方向的渗漏流速与节点等效面积进行积分，从而求得总渗漏量。

板桥水库微流场检测的主要检测设备采用 DB-Ⅵ三维流速矢量声呐测量仪。DB-Ⅵ三维流速矢量声呐测量仪依据渗流场与水声学测量原理，基于声呐矢量加速度三轴探测器阵列，能够精细地测量出声波在流体中能量传递的大小与分布，并自动生成地下工程需要的各种水文地质参数图表。依据《水工混凝土结构缺陷检测技术规程》SL 713—2015，流速测量精度可达到 $1.0\times10^{-6}\,\mathrm{cm/s}$，流向测量允许误差为 $\pm04''$。

测量作业时，连接探头、电缆和测量仪表，测量仪器通电预热 3min，将测量探头放到预先设置好的测量网格节点处，测量该点渗流场分布数据，一个测点测量 60s，待测量完成，测量数据自动保存，进行下一个点测量，依次测量完成。该仪器上设限值报警功能，当测量到渗漏流速超过限定值时，仪器自动红灯闪烁并发出报警信号，提示测量人员有异常流速出现，这时在原位进行 3 次测量，锁定渗漏流速，并在该点周围加密测量，以便捕捉到准确的渗漏入水口位置。

3 加固前混凝土坝渗漏测量情况

2020 年 1 月 8—15 日，在混凝土溢流坝加固前对迎水面进行了渗漏测量。渗漏检测范围的平面布置见图 1。根据原型观测资料研判，在常规测量基础上，对渗漏严重的表孔 2、表孔 6 坝段及 93.00m 高程以上区域加强检测。届时库水位 106m，从 103m 高程向下起测，垂直方向 90m 高程以上每 1 米 1 个测点，以下每 2 米 1 个测点；水平方向表孔 2 坝段 5 个测点，表孔 6 坝段 7 个测点，表孔 5 坝段施工占位未测，其余坝段均 4 个测点。迎水面渗漏检测数据成果见图 2。

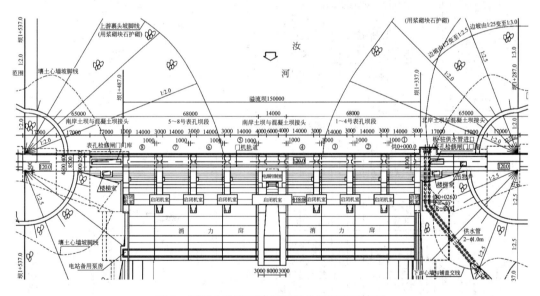

图 1 混凝土溢流坝渗漏测量位置平面示意图

图 3 为平行坝轴线测点平均渗漏流速曲线分布，可见渗漏平均流速最大值在表孔 6 坝段距左侧 4m、14m 处，渗漏流速数值分别是 $2.4\times10^{-3}\,\mathrm{cm/s}$、$1.6\times10^{-3}\,\mathrm{cm/s}$；图 4 为垂直坝轴线测点平均渗漏流速曲线分布，可见垂直坝轴线渗漏流速平均最大值在 101m 高程，其渗漏流速数值是 $1.2\times10^{-3}\,\mathrm{cm/s}$；图 5 为混凝土坝迎水面渗漏流速等值线平面分布。此次声呐渗漏流速测量到有明显异常的数值均分布在表孔 6 坝段，结合图 2 数据显示：$X=4\mathrm{m}$、$Y=101\mathrm{m}$ 处最大流速为 $1.91\times10^{-2}\,\mathrm{cm/s}$，$X=14\mathrm{m}$、$Y=101\mathrm{m}$ 处次大流速

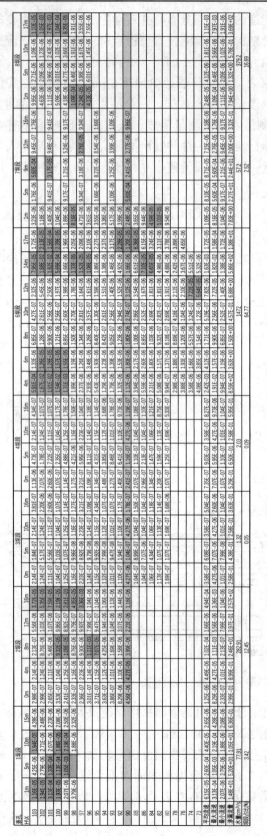

图 2　加固前混凝土坝迎水面面渗漏速统计（单位：cm/s）

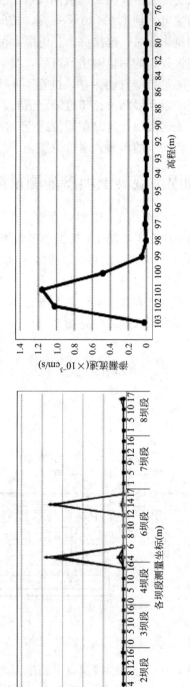

图 3　平行坝轴线测点平均渗漏流速曲线分布

图 4　垂直坝轴线测点平均渗漏流速曲线分布

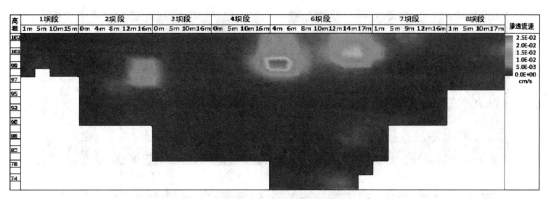

图5　迎水面测点渗漏流速等值线平面分布

为 $1.82×10^{-2}$cm/s；流速大于 $1×10^{-2}$cm/s 的数值还有 3 个，分别是 $X=14$m、$Y=102$m 处为 $1.68×10^{-2}$cm/s，$X=4$m、$Y=102$m 处为 $1.67×10^{-2}$cm/s，$X=4$m、$Y=100$m 处为 $1.54×10^{-2}$cm/s。渗漏流速异常区域位于表孔 6 坝段的结构缝（竖缝）和施工缝（横缝）质量缺陷位置，见图6。

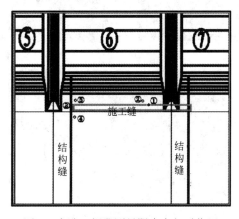

图6　表孔 6 坝段测量漏水点相对位置

为了直观地看到异常渗漏流速及入水口的真实状况，对声呐测量到的渗漏流速超过 $1.0×10^{-4}$cm/s 量级的渗漏水点位，通过潜水员水下作业，采用水下喷墨示踪摄像，获取渗漏流速异常部位混凝土缺陷影像资料，捕捉到了 5 个渗漏水点的混凝土缺陷的外观影像图像资料，如图7所示，证实了渗漏发生的位置，实现了混凝土质量缺陷拍照和渗漏流速动态入渗的刻画。

对溢流坝坝体渗漏检测面积 2177m²，总渗漏量 2.272L/s，表孔 6 坝段渗漏水量占坝体渗漏水量的 64.7%，坝体平均渗漏流速 $1.38×10^{-4}$cm/s，渗漏测量异常区域最大渗漏流速 $1.91×10^{-2}$cm/s。渗漏区域主要集中在表孔 1 坝段、表孔 2 坝段、表孔 6 坝段和表孔 8 坝段，其中表孔 6 坝段渗漏最为严重，渗漏区域主要分布在95m高程以上。具体位置为：表孔 6 坝段 $X=4$m、$Y=101$m，$X=14$m、$Y=101$m，$X=14$m、$Y=102$m，$X=4$m、$Y=102$m，$X=4$m、$Y=100$m；表孔 2 坝段 $X=8$m、$Y=96$m，$X=16$m、$Y=99$m，$X=16$m、$Y=97$m；表孔 8 坝段 $X=17$m、$Y=101$m，$X=17$m、$Y=102$m；表孔 1 坝段 $X=5$m、$Y=99$m。

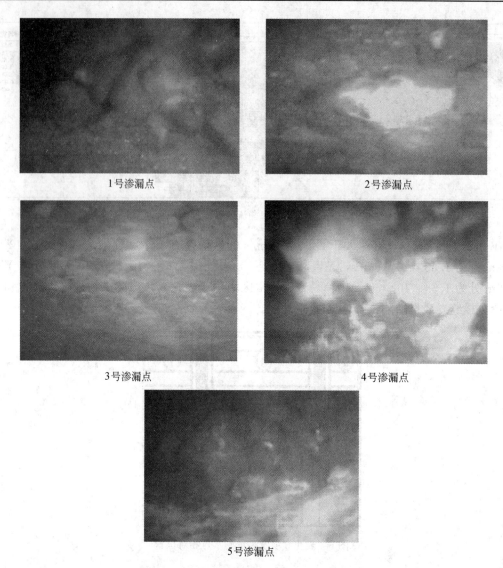

1号渗漏点　　　　　　　　　　　2号渗漏点

3号渗漏点　　　　　　　　　　　4号渗漏点

5号渗漏点

图7　表孔6坝段渗漏点潜水员水下验证照片

4　渗漏处理

　　根据声呐渗漏检测结果和相关资料分析，溢流坝坝体渗漏的原因是：坝体局部存在施工冷缝、裂缝、蜂窝、空洞、骨料聚集等质量缺陷，这些缺陷形成了贯通坝体的渗漏通道；另外也存在结构缝渗漏问题，结构缝渗漏的主要原因是结构缝止水周围的混凝土振捣不密实。渗漏通道主要有三类：施工缝质量缺陷产生的渗漏通道；结构缝止水部位缺陷产生的渗漏通道；混凝土浇筑质量缺陷产生的渗漏通道。其中施工缝质量缺陷产生的渗漏通道与结构缝止水部位缺陷产生的渗漏通道贯通是主要的渗漏通道。

　　根据声呐渗漏检测结果，派潜水员对这些测点上、下、左、右各不少于1.5m的范围进行仔细地检查；在此范围内，找出可能导致坝体渗漏的混凝土缺陷。对于结构缝部位，参照声呐渗漏检测结果进一步确定渗漏段的范围，明确渗漏段的最低高程和最高高程。根据检查结果，针对这些缺陷的具体状况，对其进行水下处理。

（1）对于蜂窝、孔洞等缺陷的处理方法

使用液压镐等水下设备将存在缺陷部位的混凝土适当凿除，凿除厚度不少于30mm，尽可能地凿至密实的混凝土面，但凿除深度不宜超过100mm；凿除完毕后，使用高压水冲洗混凝土面；使用SXM水下快速密封剂等材料先将未能凿至密实混凝土面的部位封闭；待SXM水下快速密封剂具有足够的强度后，使用喷墨示踪法检查处理部位是否仍存在渗漏；如果仍有渗漏，则继续使用SXM进行封堵；必要时，需将先前封堵的SXM凿除，做返工处理。如果不再渗漏，则可视具体情况，使用水下不分散水泥膏、水下不分散砂浆、SXM水下快速密封剂等材料将处理部位填平。

（2）对于结构缝渗漏的处理

对结构缝渗漏段的最低高程以下1.5m和最高高程以上1.5m两点之间结构缝内的杂物清理干净；必须注意，在清理及后续的所有操作中，都不得伤及止水铜片。在结构缝渗漏段的最低高程以下1.5m的位置，使用橡胶棒、GB等材料将结构缝渗漏段的底部封闭，具体做法可参考图8。

在渗漏段底部安装注浆管，并对注浆管周围进行密封。涂刷胶粘剂，自下而上安装T形止水至结构缝渗漏段的最高高程以上1.5m的位置，以封闭渗漏段结构缝的侧面。待T形止水的胶粘剂具有足够的强度后，通过注浆管快速注入LW和HW的混合浆液；并使浆液顶面保持在结构缝渗漏段的最高高程以上1.5m的位置。LW和HW的混合浆液具有遇水膨胀性能，固化后能够形成具有一定强度的弹性体，且与混凝土粘结良好。

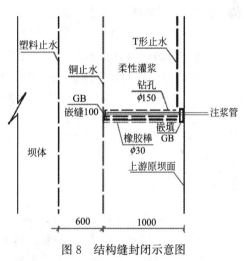

图8　结构缝封闭示意图

经过对渗漏点进行处理后，施工单位历时近2年实施完成了溢流坝段混凝土面板水下浇筑工作。主要包括：1～8号表孔坝段新浇筑的防渗面板从坝体基础开始浇筑至高程102.28m、底孔坝段新浇筑的防渗面板从坝体基础开始，浇筑至高程91.00m。

5　加固后混凝土坝渗漏测量情况

为检验施工效果，现场进行了第二次微流场检测，测量时间为2022年03月11日至2022年03月13日。第二次测量主要针对进行了面板浇筑处理的区域，测量区域是在混凝土溢流坝的迎水面测量坝体的渗漏水量，测量时的库水位高程为110m，比施工前的测量水位高出4m，大坝的渗流场数据均在这一高程下测量完成的。测量起始高程为103m。本次测量范围包含溢流坝8个坝段，在这8个坝段的测量中，垂直方向90m高程以上是每1m一个测量点，以下为每2m一个测量点；流速测量数据见图9。

测孔 HX	1坝段				2坝段					3坝段				4坝段				5坝段				6坝段					7坝段					8坝段			
	1m	5m	10m	15m	0m	4m	8m	12m	16m	0m	3m	10m	16m	0m	5m	10m	15m	0m	5m	10m	15m	4m	6m	10m	14m	17m	1m	5m	9m	12m	16m	1m	5m	10m	17m

图 9　加固后混凝土坝迎水面渗漏流速统计（单位：cm/s）

通过对板桥水库混凝土溢流坝迎水面的声呐渗流现场测量，获得水下渗流场的声呐原位测量数据，经解析、成像、分析、评估和整编后，得出如下的测量结果。

（1）溢流坝迎水面的水下渗漏检测总面积 $2687m^2$，测量到全坝段的总渗漏水量 $224cm^3/s$，相比加固前的 $2272cm^3/s$ 下降了 90%。

（2）水平方向平均渗透流速除 6 号、8 号坝段大于 $2.0\times10^{-6}cm/s$ 外，其余各坝段均小于 $1.0\times10^{-7}cm/s$；垂直方向平均渗透流速除 6 号、8 号坝段大于 $2.0\times10^{-6}cm/s$ 外，其余各坝段均小于 $1.0\times10^{-7}cm/s$，均属于微小流速量级。

（3）图 10 为溢流坝面等值线平面分布，与加固前的渗透流速等值线对比，加固前的平均渗漏流速 $1.38\times10^{-4}cm/s$，加固后的平均渗漏流速 $9.13\times10^{-7}cm/s$，平均渗漏流速下降 2～3 个数量级。

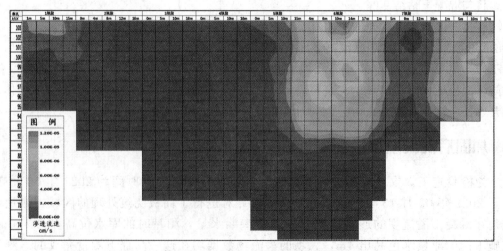

图 10　加固后面板各测点渗漏流速等值线平面分布

（4）为了更清楚地看到混凝土坝施工缝、结构缝出现的 5 个渗漏风险点，图 11 显示了加固前后对应的 5 个渗漏风险点的渗漏流速值，经过加固处理后的 5 个渗漏风险点的渗透流速下降了 4 个数量级，渗漏风险得到了有效控制。

6号坝段渗漏点流速对比					
测量日期	1号	2号	3号	4号	5号
2020年1月	1.67E-02	1.91E-02	1.54E-02	1.68E-02	1.82E-02
2022年3月	1.76E-06	1.97E-06	1.90E-06	3.74E-06	6.35E-06

图 11   加固前后 6 号坝段渗漏点流速对比（单位：cm/s）

6 结语

针对板桥水库除险加固工程，采用"DB-VI三维流速矢量声呐测量仪"对加固前后溢流坝段迎水面的渗漏情况进行了微流场检测，并进行了对比分析，对溢流坝段渗漏治理效果进行了评价。主要有以下结论：

（1）板桥水库大坝的渗漏属结构裂隙的微渗流，为了减小渗漏风险，采取在大坝前方再加厚一层防渗面板的措施。经过施工前后的 2 次声呐渗流现场原位对比测量数据，渗漏量得到了显著控制，达到了预期的设计效果。

（2）根据微流场检测数据，加固前溢流坝迎水面上测量到的渗漏总水量约 2.272L/s，加固后渗漏总水量约 0.224L/s，通过加固使得渗漏减少 90% 以上；经过加固处理后的 5 个渗漏风险点的渗透流速下降了 4 个数量级，渗漏风险得到了有效控制。

（3）根据管理单位现场观测数据，加固前最大总渗漏量 3.15L/s，对应 2018 年 1 月 30 日库水位 111.02m，其中坝体渗漏 2.35L/s；除险加固过程中最大总渗漏量 2.59L/s，对应 2021 年 1 月 12 日库水位 110.26m，其中坝体渗漏 1.81L/s；除险加固后最大总渗漏量 0.28L/s，对应 2022 年 1 月 31 日库水位 110.69m，与加固前的最大渗漏量相比，总渗漏量同比下降 91.1%，其中坝体渗漏 0.072L/s，同比下降 96.9%。对比加固前、加固中、加固后的渗漏数据，加固后的坝体渗漏量只有加固前的 3.1%，除险加固工程对坝体渗漏起了极大的削减作用，除险加固效果非常显著。

（4）采用微流场检测技术并结合水下摄像进行验证，可以确认主要渗漏点的位置，为采取针对性的处理措施提供了依据。板桥水库的实践表明，该方法可以在水利水电行业进行推广应用。

参考文献

[1] 黄世强. 水库大坝渗漏探测方法概述 [J]. 大坝与安全, 2021 (2)：42-50.

[2] 童学卫, 赵春. 大中型病险水库典型病害原因初步分析 [J]. 水利建设与管理, 2015, 35 (12)：66-70.

[3] 林兴超, 李卓, 范光亚, 等. 高泉水库三维渗流数值模拟及坝基渗漏原因分析 [J]. 中国水利水电科学研究院学报, 2013, 11 (4)：260-265.

[4] 田金章, 向友国, 谭界雄. 综合检测技术在面板堆石坝渗漏检测中的应用 [J]. 人民长江, 2018, 49 (18)：5.

[5] 方艺翔, 汪小刚, 陈文强, 等. 监测资料、压水试验与综合物探法在某心墙坝渗漏识别中的应用研究 [J]. 水利水电技术, 2022, 53 (2).

[6] 徐轶, 谭政, 位敏. 水库大坝渗漏常用探测技术及工程应用 [J]. 中国水利, 2021.：48-51.

[7] 李进, 等. 探地雷达技术在土石坝渗漏隐患探测中的应用 [J]. 城市道桥与防洪, 2011 (7)：275-277.

[8] 何开胜, 王国群. 水库堤坝渗漏的探地雷达探测研究 [J]. 防灾减灾工程学报, 2005 (3)：21-24.

[9] 高士佩, 等. 基于探地雷达隐患检测的堤防渗流数值模拟 [J]. 人民长江, 2017 (6)：152-155.

[10] 刘建刚，等. 综合示踪方法探测复杂堤基渗流 [J]. 地质与勘探，2002 (3)：94-96.

[11] 陈建生，等. 用环境氢氧同位素示踪方法研究新安江大坝渗漏 [J]. 核技术，2005 (3)：239-242.

[12] 任宏微，等. 单孔同位素稀释示踪法测定地下水渗流速度、流向的技术发展 [J]. 国际地震动态，2013 (2)：5-15.

[13] 李维朝，等. 堤坝裂缝集中渗流冲蚀起动判别指标对比分析 [J]. 中国水利水电科学研究院学报，2021，19 (5)：7.

[14] 周克发，张士辰. 板桥水库主坝结构安全分析 [J]. 大坝与安全，2011 (6)：5.

[15] 杜国平，杜家佳，宋晓峰，等. 三维流速矢量声纳测量系统 [J]. 工程地球物理，2019 16 (3)：359-367.

[16] 胡盛斌 杜国平，等. 基于能量测量的声纳渗流矢量法及其应用 [J] 土力学，2020 6 (6)：2143-2154.

新疆大石峡特高土石坝设计安全控制指标研究

韩小妹[1]　赵鹏强[1]　毛振凯[2]

（1. 水利部水利水电规划设计总院，北京 100120；

2. 中国电建集团西北勘测设计研究院有限公司，陕西西安 710065）

摘　要：本文通过类比分析特高土石坝的经验与教训，结合大石峡已开展和正在开展的科研试验成果，从总体变形、坝体变形协调、渗流安全、地震震陷安全、结构和材料耐久性等方面，提出了大石峡 250m 级特高土石坝设计安全控制指标，不仅有利于指导大石峡特高土石坝安全建设和运行管理，同时为补充完善特高坝设计的规范条文提供参考。

关键词：大石峡；特高土石坝；设计安全控制指标

1　前言

国内已经制定的面板堆石坝设计规范[1-2] 只适用于坝高 200m 以下土石坝设计安全标准。水利水电工程界和学者从风险控制、可靠指标、面板坝材料、结构应力特性和施工技术等方面研究特高面板坝的设计标准、安全性和关键技术[3-8]。鉴于大石峡特高土石坝存在地震烈度高、河谷狭窄、左右岸地形不对称、河床镶嵌混凝土高趾墩、分区筑坝材料力学差异大、日温差大等特点，抗震安全和渗透稳定、坝体绝对变形和变形协调控制、高寒地区低温冻胀和冰拔等成为大石峡特高坝安全设计的关键。

大石峡水利枢纽工程已经于 2019 年 11 月河床截流，目前正在开展基础开挖和基础防渗工作，大坝填筑工程还未开展。因此，有必要总结大石峡前期开展的设计研究项目成果和技施阶段开展的部分现场试验成果，再结合国内外已建 200m 级特高土石坝（含面板坝）工程经验和教训、在建和规划特高土石坝科研试验研究成果及设计经验，类比分析国内外土石坝设计规范要求，从稳定安全、结构安全两个层次进一步研究大石峡 250m 级特高土石坝设计安全指标。

2　总体变形安全控制指标

2.1　坝体沉降变形控制指标

200m 级面板堆石坝[9] 最大沉降平均为最大坝高的 1.1%，基本不超过最大坝高的 1.5%，天生桥一级坝达到最大坝高的 2.08%～2.19%。大石峡面板砂砾石坝的沉降率控制指标宜按照 0.8% 控制。

作者简介：韩小妹（1974—），女，正高级工程师。E-mail：hanxiaomei@giwp.org.cn。

2.2 坝体水平位移控制指标

通常采用坝体水平位移特征值评价坝体变形性状，特征值计算公式[10] 为

$$C_{Du}=D_u/H \text{ 或 } C_{Du}=D_u/H_{max}$$
$$C_{Dd}=D_d/H \text{ 或 } C_{Dd}=D_d/H_{max}$$

式中，C_{Du}、C_{Dd} 为坝体向上游水平位移特征值和坝体向下游水平位移特征值；D_u、D_d 为坝体向上游、下游水平位移（m）。

200m级面板堆石坝水平位移特征值[9]，向上游 $0\sim-0.16\%$，向下游 $0.04\%\sim$ 0.36%，其中天生桥一级坝下游水平位移特征值相对较大，下游达到 0.65%。坝高 $200\sim$ $250m$ 的面板坝水平位移特征值[9]，向上游 $0\sim-0.10\%$，向下游 $0\sim0.25\%$。大石峡大坝水平位移特征值计算值，向上游 -0.05%，向下游 0.16%。综合坝体变形控制和施工碾压质量要求，大石峡面板砂砾石坝的水平位移特征值分别按照向上游 -0.10%，向下游 0.25% 控制。

由于河床处坝较高，沉降大，两岸坝体沉降小，河床沉降的坝体拖曳两岸坝体，两岸坝体均向河床轴向位移。当两岸边坡陡峭，河床段与两岸岸坡堆石坝坝体过渡变形区域小，坝体轴向位移大，从而会影响面板垂直缝位移。

2.3 坝体轴向位移控制指标

采用坝体轴向位移特征值评价岸坡形状对坝体变形影响，其特征值计算公式[10] 为

$$C_{Dz}=D_z\sin\alpha/H_{max}$$

式中，C_{Dz} 为坝体轴向位移特征值；D_z 为坝体轴向水平位移（m）；H_{max} 为最大坝高（m）；α 为岸坡平均坡角。

由于两岸堆石体均指向河床变形，因此右岸岸坡平均坡角 α 的大小影响坝体指向左岸的轴向水平位移 D_z，左岸岸坡平均坡角 α 的大小影响坝体指向右岸的轴向水平位移 D_z。

猴子岩、水布垭、夹岩等坝[9] 轴向位移特征值为 $0\sim0.1\%$，玉龙喀什右岸坡度陡峭，稳定运行轴向位移相对较大，右岸指向左岸轴向位移特征值达到 0.108%。猴子岩高面板坝河谷狭窄，两岸坡度为 $60°\sim65°$，局部有倒坡，在两岸岸坡附近和坝体底部设置主堆石特别碾压区，提高坝体压实度，大坝蓄水一年后实测轴向位移特征值最大仅为 0.027%。综合以上分析考虑，大石峡面板砂砾石坝在坝体施工碾压质量严格要求基础上，其轴向位移特征值按照 0.1% 控制。

2.4 坝面变形控制指标

1）面板挠度位移控制指标

水库蓄水后，面板整体向下游变形，最大挠曲变形一般发生在坝高的 $1/2\sim4/5$ 范围内，挠度越大，面板局部弯矩就大，受拉面产生结构裂缝的可能性较大。100m级以上高面板坝的面板挠曲率[9]（面板挠度与面板斜长之比，即弦长比）在 $0.05\%\sim0.26\%$ 之间，平均为 0.14%，其中堆石坝普遍高于砂砾石坝，砂砾石坝挠曲率平均为 0.13%。挠曲率

较大的天生桥一级（0.26%）面板不同程度发生了裂缝和破损。

综合分析 200m 级以上高面板和 100m 级以上高面板坝挠曲率情况，以及工程实际运行监测情况，当挠曲率小于 0.2%，面板挠曲变形不会影响防渗结构的有效性，所以大石峡面板砂砾石坝面板挠曲率，不考虑流变成果，挠曲率按照 0.2% 控制，如果考虑长期流变和地震影响，挠曲率按照 0.25% 控制。

2）面板轴向位移控制指标

河谷狭窄，两岸陡峭，不对称地形，混凝土面板应力变形性状较差，易受挤压和挠曲变形。除了猴子岩和江坪河宽高比小于 2，高面板堆石坝蓄水后面板轴向位移特征值[9]大于 0.2‰，巴贡、吉林台一级、夹岩、大石峡、玉龙喀什、羊曲面板轴向位移特征值[9]为 0.08‰～0.2‰，因此大石峡面板轴向位移特征值能按照 0.2‰ 控制。

2.5 水库大坝放空能力控制指标

初期蓄水、水位变化、面板渗漏及降水都会引起堆石体变形。水位变化，即水荷载施加或消减的，将引起坝体应力应变重新分布。对于坝高 200～300m 高水头大坝，设置表、中、低分级泄洪和放空措施，有助于科学分级泄洪和放空，合理控制库水位消落速度，有利于大坝应力应变重分布，同时为面板、垫层和止水结构具备可修复条件，提高大坝防渗体可靠性。

1）水库放空系数

坝高 150m 以上面板坝专门设置放空洞放空系数（H_1/H，其中 H_1 为最低泄水建筑物进口底板与坝顶的垂直距离，H 为最大坝高）为 0.41～0.79[9]，平均为 0.58；泄洪排沙洞兼放空洞放空系数为 0.10～0.46[9]，平均为 0.33。大石峡面板坝水库放空系数 0.55，在面板坝专门放空洞平均放空系数 0.58 附近。

2）水库放空水位消落速度

目前各水库水位消落速度见表 1。可以看出，黏土心墙土石坝和沥青混凝土心墙土石坝正常运行紧急检修、放空水库水位消落速度约为 3m/d，非常放空水库水位消落速度小于 10m/d；面板堆石坝填筑体透水性好，正常运行紧急检修、放空水库和非常放空水库水位消落速度基本上小于 10m/d[9]。猴子岩面板坝水库水位最大消落速度为 56.25m/d，当水库水位消落到 1785～1787m 后，水库水位消落速度小于 6.63m/d。夹岩水库水位消落速度基本上控制在 1.88～4.3m/d 之内，水库泄洪能力大，可以有序控制水库水位消落。大石峡面板坝初拟正常检修最大放空速度为 8m/d，应急最大放空速度为 10m/d，介于面板坝水库水位消落速度平均值之内。

水库放空水位消落速度汇总 表1

项目名称	坝型	坝高（m）	蓄水年份	最大放空速度（m/d）		
				初期运行的紧急检修、放空（设计/实际）	正常运行期的紧急检修、放空	非常放空（政治、军事、特殊自然灾害等要求）
两河口	黏土心墙堆石坝	295	2020		2.7	9.5
冶勒	沥青混凝土心墙堆石坝	125	2005		3	5

续表

项目名称	坝型	坝高(m)	蓄水年份	最大放空速度(m/d)		
				初期运行的紧急检修、放空（设计/实际）	正常运行期的紧急检修、放空	非常放空（政治、军事、特殊自然灾害等要求）
官帽舟	沥青混凝土心墙土石坝	108	2015	5	3	5
猴子岩	混凝土面板堆石坝	223.5	2016		56.25	
江坪河	混凝土面板堆石坝	219	2020	2/7.51	平均5.5（枯水期）	平均7.8（丰水期）
夹岩	混凝土面板堆石坝	150	2021		4.3	
羊曲	混凝土面板堆石坝	150	在建	6.93	6.93	6.93
大石峡	混凝土面板砂砾石坝	247.0	在建	10	9	10
玉龙喀什	混凝土面板堆石坝	233.5	在建	—	10	—

3　坝体变形协调控制指标

3.1　坝体分区变形协调指标

（1）坝体沉降协调准则，坝体沉降协调准则可用下式表示：

$$\left|\frac{S_{i+1}-S_i}{y_{i+1}-y_i}\right|_{\max} < [I]$$

$$\left|\frac{S_{i+1}-S_i}{x_{i+1}-x_i}\right|_{\max} < [I]$$

式中，S_i、S_{i+1} 为坝体 i 点、$i+1$ 点的沉降（cm）；y_i、y_{i+1} 为坝体 i 点、$i+1$ 点在上下游方向的坐标（cm）；x_i、x_{i+1} 为坝体 i 点、$i+1$ 点在坝轴线方向的坐标（cm）；$[I]$ 为坝体允许倾度。

（2）坝体水平位移协调准则，包括坝体上下游方向位移协调准则和坝体轴向位移协调，可以下式表示：

$$\left|\frac{D_{Byi+1}-D_{Byi}}{y_{i+1}-y_i}\right|_{\max} < [T]$$

$$\left|\frac{D_{Bxi+1}-D_{Bxi}}{x_{i+1}-x_i}\right|_{\max} < [T]$$

式中，D_{Byi}、D_{Byi+1} 为坝体 i 点、$i+1$ 点在上下游方向水平位移（cm）；D_{Bxi+1}、D_{Bxi} 为坝体 i 点、$i+1$ 点在坝轴线方向水平位移（cm）；$[T]$ 为坝体材料允许变位差。

部分面板坝顺河向沉降倾度 $[I]$ 和水平变位差 $[T]$ 汇总见表 2[9]。可以看出，大部分面板坝工程通过安全监测得出的顺水流向沉降倾度 $[I]$ 和水平变位差 $[T]$ 小于 1%，河谷陡峭、宽高比达到 1.19 的猴子岩大坝沉降倾度 $[I]$ 和水平变位差 $[T]$ 的计算值和实测值均小于 1%。结合大石峡大坝三维有限元计算沉降倾度分布，大石峡大坝坝体分区协调变形控制标准为沉降倾度 $[I]$ 和水平变位差 $[T]$ 均小于 1%。大石峡大坝左岸"坝 0+000.00m～坝右 0+117.50m"段坝基地形起伏，上、下游均产生"细、长、薄"填筑体，特别是上游填筑区厚度0~40m，最大高度247m，如图1所示，开挖坡比缓于1∶1.6，水平变位差［T］容易超过警戒值1‰，建议加强岸坡坝基开挖削坡和填筑处理，防止薄层填筑体与岸坡形成两张皮。

部分面板堆石坝顺河向沉降倾度［I］和水平变位差［T］汇总　　　表2

坝名	最大坝高（m）	沉降位移特征值 S_i/S_{i+1}（cm）		水平位移特征值 D_{Byi}/D_{Byi+1}（cm）		沉降倾度［I］（%）		水平变位差［T］（%）		备注
		竣工期	蓄水期	竣工期	蓄水期	竣工期	蓄水期	竣工期	蓄水期	
猴子岩	233.5	−168/−72	−174.1/−96.7	−52.4/69	−16.0/82.3	0.76	0.84	0.55	0.58	反演分析
			−131.7/−26.53		4.99/11.52		0.83		0.09	2018年实测
水布垭	233	221.7/65.9	261/104.9	−37.8/12.6	−30.9/18.3	1.15	1.16	0.25	0.25	2015年实测
黔中平寨	157	60/20		5.4/0		0.53		0.07		计算分析
		78.52/25.37		−8.07/0.68		0.44		0.04		2014年实测
夹岩	154	52.56/18.65		5.21/0.51		0.36			1.04	2021年实测
溧阳上库	165		101.9/8.3		−44.5/7.5		0.73		0.30	2018年实测
江坪河	219	89.2/33.1	101.8/50.8	15.8/−15.4	25.2/3.8	0.41	0.39	0.14	0.80	考虑流变
阿尔塔什	164.8	78.17/20.37		8.07/0.93		0.22		0.03		2021年实测
九甸峡	133	120/0	120/0	−25/20	−20/25	2.00	2.28	0.35	0.85	
大石峡	247	110.6/40	133.2/70	26.7/−16.6	29.4/22	0.47	0.36	0.13	0.16	考虑流变
玉龙喀什	233.5	161.3/50	170.6/50	41.2/−44.4	47.5/−18.1	0.74	1.21	0.29	0.29	考虑流变
羊曲	150	48.5/5	60/25	5.9/−5.5	9.0/−1.2	0.44	0.70	0.08	0.19	考虑流变

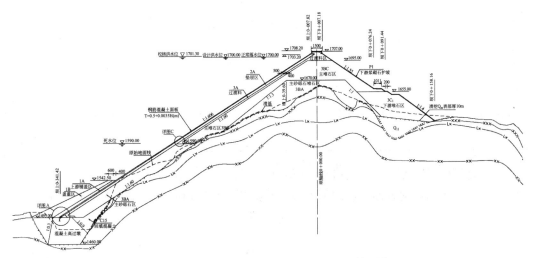

图1　大石峡大坝"坝右0＋067.50m"断面图

3.2　坝体填筑区与岸坡的变形协调控制指标

1）堆石体与岸坡相交处变形协调控制指标

国内部分面板堆石坝坝轴向沉降位移、水平位移典型特征值及沉降倾度 $[I]$、水平变位差 $[T]$ 见表3。可以看出，大部分工程通过实测数据得出的面板堆石坝坝轴向沉降倾度 $[I]$ 和水平变位差 $[T]$ 小于 1%，其中宽高比达到 1.74 的九甸峡大坝沉降倾度 $[I]$ 约为 1.2%，河谷陡峭、宽高比（1.19）最小的猴子岩大坝坝轴向沉降倾度 $[I]$ 和水平变位差 $[T]$ 的实测值小于 1%。大石峡大坝宽高比为 2.33，三维有限元计算分析得出，除了蓄水期坝轴向的沉降倾度 $[I]$ 达到 1.1%，略微大于 1%，其他沉降倾度 $[I]$ 和各工况下水平变位差 $[T]$ 均小于 1%。鉴于大石峡、九甸峡大坝河谷狭窄，两岸陡峭，坝壳填筑区填筑料变形模量系数均大于 1000，但是其沉降倾度 $[I]$ 均为 1.1%~1.2%。虽然通过现代碾压设备，筑坝料压实度提高，变形模量系数提高，且大石峡大坝两岸高陡岸坡设置了增模胶凝砂砾石分区料，减小该部位总的变形量和不均匀变形梯度。因此大石峡大坝坝轴向沉降倾度 $[I]$ 和水平变位差 $[T]$ 均按照 1% 控制。

部分面板堆石坝坝轴向沉降倾度 $[I]$ 和水平变位差 $[T]$ 汇总　　　　表3

坝名	最大坝高（m）	宽高比	沉降位移特征值 S_i/S_{i+1}(cm)		水平位移特征值 D_{Bzi+1}/D_{Bzi}(cm)		沉降倾度 $[I]$(%)		水平变位差 $[T]$(%)		备注
			竣工期	蓄水期	竣工期	蓄水期	竣工期	蓄水期	竣工期	蓄水期	
猴子岩	233.5	1.19		−131.7/−99.14		8.99/11.52		0.73		0.03	2018 年实测
水布垭	233	2.83	221.7/143.3	261/172.4	20.4/19.0	31.5/29.2	0.98	1.11	0.01	0.03	2015 年实测
夹岩	154	2.75	52.56/34.95		5.21/2.08		0.26		0.02		2021 年实测
黔中平寨	157	2.31	60/0		7/0		1.00		0.35		计算分析
			78.52/42.82		−8.07/0		0.73		0.23		2014 年实测
溧阳上库	165			70.4/48.2		23.7		0.12		1.98	2018 年实测
阿尔塔什	164.8	4.82	78.17/40.75		8.07/6.51		0.22		0.01		2021 年实测
九甸峡	133	1.74	45/0	45/0	4/0	4/0	1.20	1.21	0.44	0.41	
大石峡	247	2.33	110.4/0	133.1/0	13.8/0	15.1/0	0.89	1.10	0.23	0.23	考虑流变
玉龙喀什	233.5	2.14	162.5/0	171.8/0	0/−24.1	0/−24.5	1.48	1.59	0.51	0.57	考虑流变
羊曲	150	2.36	48.5/0	60/0	5.8/0	8.2/0	0.73	0.81	0.18	0.22	考虑流变

2）面板垂直缝和水平缝位移控制指标

采用考虑坝高和河谷性状影响的面板垂直缝位移特征值 C_{Dv}，计算公式为：

$$C_{Dv} = \frac{D_v \cos\alpha_{max}}{H_{max}}$$

式中，D_v 为面板垂直缝位移（mm）；H_{max} 为最大坝高（m）；α_{max} 为最陡段岸坡坡角。

天生桥一级坝的 C_{Dv} 为 1.60×10^{-4}，珊溪大坝垂直缝位移特征值 C_{Dv} 为 0.94×10^{-4}，水布垭、洪家渡、紫坪铺和马鹿塘二期等其余已建的面板堆石坝的 C_{Dv} 为

$(0.06\sim0.67)\times10^{-4}$，在建的大石峡（采用灰岩筑坝料）、玉龙喀什（采用花岗岩筑坝料）大坝垂直缝位移特征值 C_{Dv} 为 $(0.19\sim0.55)\times10^{-4}$，大部分面板堆石坝垂直缝位移特征值均比天生桥一级坝和珊溪，这说明提高堆石坝体的填筑密实度和变形模量，减小堆石坝体的变形，从而会减小面板垂直缝位移特征值。根据大石峡大坝计算分析的垂直缝位移值，结合类比工程成果，大石峡面板堆石坝垂直缝位移特征值 C_{Dv} 控制在 0.8×10^{-4} 之内。

3）周边缝变形安全控制指标

采用考虑坝高和岸坡等影响因素的周边缝位移特征值，计算公式为：

$$C_{Ds}=\frac{D_s\cos\alpha_{max}}{H}$$

式中，$D_s=\sqrt{O^2+S^2+T^2}$；D_s 为周边缝位移的合位移；O、S、T 为周边缝张开位移、沉降和剪切位移（mm）；H 为坝高（m）；α_{max} 为最陡段岸坡坡角。

考虑坝高和岸坡坡角对周边缝剪切位移影响，周边缝位移特征值 C_{Ds} 较好地表征了堆石坝体变形对周边缝位移的影响程度。坝高在 100m 以上的为 $(0.14\sim2.84)\times10^{-4}$，猴子岩、水布垭、天生桥一级等特高坝的 C_{Ds} 为 $(1.07\sim2.00)\times10^{-4}$，巴贡、江坪河等特高坝的 C_{Ds} 为 $(0.14\sim0.41)\times10^{-4}$，根据计算分析得出的周边缝成果，预估大石峡和玉龙喀什的 C_{Ds} 为 $(0.50\sim0.72)\times10^{-4}$。因此建议大石峡大坝周边缝位移特征值 C_{Ds} 控制在 1×10^{-4} 之内。

我国国内面板堆石坝工程实测周边缝最大张开位移 $1.8\sim20.92$mm，最大沉降位移 $3.09\sim49.38$mm，最大剪切位移 $1.74\sim43.7$mm，三向变位均小于 50mm。

水布垭接缝止水研究结果表明，铜止水的鼻宽 $d=30$mm、鼻高 $H=105$mm、铜片厚度 $t=1.0$mm，在张开 50mm、沉陷 100mm 和剪切 50mm 接缝位移作用下不会破坏。

大石峡面板砂砾石坝主要填筑体为砂砾料，压缩模量高、抗变形能力强，经计算分析并考虑一定的安全裕度，周边缝三向变位分别按沉降 100mm、张开 50mm 和剪切 65mm 控制，小于已建猴子岩面板坝沉降 100mm、张开 100mm 和剪切 65mm 的控制指标，目前的止水结构和工艺完全能够适应大石峡 250m 级高面板砂砾石坝的接缝止水结构的设计要求。

3.3　面板与垫层的变形协调控制指标

根据猴子岩、黔中平寨、溧阳上库等面板堆石坝面板与垫层脱空、错动变形及蓄水情况，当面板脱空 $-20\sim10$mm、错动变形 $-3\sim10$mm 时，面板与垫层接触良好，水库正常蓄水、面板渗漏小，因此建议大石峡面板坝的面板与垫层脱空指标控制在 $-20\sim10$mm，错动变形控制在 $-3\sim10$mm 之内。

4　渗流安全控制指标

4.1　渗透稳定

已建的 $150\sim200$m 级高混凝土面板坝混凝土面板顶部厚度大多为 0.3m，厚度渐增梯度 0.0035 左右，正在建设和刚竣工的 200m 级高混凝土面板坝混凝土面板，其顶部厚度 0.4～0.5m，渐增梯度 0.0035，底部厚度在 1.1m 左右，水力梯度在 185～200 之间，均没有超过规范规定的高限 200。大石峡面板坝面板最大水力梯度为 182，面板水力梯度处于 150～200m 级高混凝土面板坝面板水力梯度平均值，处于 200m 级高混凝土面板坝面板水力梯度下限，因此其安全富裕度较大。

150～200m 级高面板坝趾板水力梯度通常在 3～20 范围之内。大石峡面板坝工程混凝土趾板水力梯度 4.0～17.1，小于新鲜微风化基岩允许水力梯度（不大于 20），处于 150～200m 级高面板坝趾板水力梯度常规取值范围之内。

我国近期中、高面板堆石坝垫层区（2A）具有下列共同特性：

（1）垫层区水平宽度 2～5m，以 3m、4m 为多，约占一半以上；坝高不小于 150m 的高坝垫层区水平宽度大多为 4m。

（2）垫层料的渗透系数大多为 $1×(10^{-3}～10^{-4})$cm/s，只有个别工程是 $1×10^{-2}$cm/s。寒冷地区存在冻胀问题，水库水位变化速度快且变幅大，为保证面板稳定，垫层区应有较好的排水性能，因此其渗透系数宜为 $1×(10^{-2}～10^{-3})$cm/s。

（3）高面板坝垫层料允许渗透坡降为 1～40。

大石峡垫层区等宽布置，水平宽度 5m，居于高面板坝垫层宽度上限。大石峡面板坝工程垫层料渗透稳定试验得出，渗流方向自下而上，其临界坡降 2.17，根据工程重要性按照渗透坡降安全系数 $k=2～3$ 考虑，允许坡降约为 0.70～1.0，安全考虑采用 0.70；渗流方向自上而下，其破坏坡降 $\geqslant 110.7$，按照安全系数 $k=2～3$ 考虑，允许坡降约为 35～55，安全考虑允许坡降采用 40。

4.2 渗漏量控制指标

目前对大坝渗流量大小没有统一界定，工程常采用以下三个方面分析渗流量是否满足工程安全：

（1）是否满足坝体和坝基渗透稳定；

（2）坝体和坝基每秒总渗流量通常应小于入库多年径流量的 1%；

（3）两岸绕坝渗流不危及大坝左右岸下游山体边坡稳定。

坝高 200～250m 级面板堆石坝渗流量控制标准见表 4。可以看出，坝高 200～250m 级面板坝每秒总渗流量通常应小于入库多年径流量的 1%，甚至远小于最枯月径流量的 1%。大石峡在正常蓄水位情况下坝址区域总渗漏量 73.72L/s，占多年平均径流的 0.05%，占最枯月平均径流 0.30%，大坝渗漏总量与入库径流比重很小，说明大石峡坝基和两岸防渗标准安全富裕度大。目前各高坝渗漏量统计平均值为 65.7L/s，大石峡混凝土面板砂砾石坝在正常蓄水位下的总渗漏量为 73.72L/s，略高于高面板坝渗流量平均值。

5 地震震陷安全控制指标

虽然地震具有不确定性，我国大陆内地震主要发生在西南和西北。结合紫坪铺、碧口、水牛家和跷碛四座大坝经历强震后的震损现象，总结分析特高面板坝动力计算分析和

表 4

坝高 200～250m 级面板堆石坝渗流量控制标准

大坝名称	建成年份	最大坝高(m)	面板面积(万m²)	多年/最枯月平均流量(m³/s)	防渗线坝基地质特性	坝基防渗标准	面板防渗下最大总渗流量(L/s)			总渗流量最大控制标准
							坝体	坝基及两岸	小计(计算/实测)	
水布垭	2008	233	13.84	299/26	灰岩	坝基及近岸 $q≤3Lu$，远岸 $q≤5Lu$			/134.13↘40（2021年实测）	实测占最枯月径流量的 0.07%
猴子岩	2017	223.5	5.96	774/188	变质灰岩，白云质灰岩	$q≤3Lu$（局部深槽不满足）	9.29（计算）	301.77（计算）	311.07（计算）/210.34（实测）	占最枯月径流量的 0.17%（计算）/0.11%（实际）
江坪河	2020	219	6.51	81.1/15.3	白云岩，泥质灰岩，泥质白云质灰岩	坝基及近岸、远坝区 $q≤1Lu$，远坝区 $q≤3Lu$	50.4	87.09	137.49/	占最枯月径流量的 0.90%
巴贡	2010	205	13.0	/	杂砂岩、杂砂岩与页岩互层	$q≤3Lu$			190↘170.25（实测）	
三板溪	2008	185.5	8.40	240/	灰岩泥页岩	坝基及两岸 $q≤3Lu$ 或 1/3 水头加 10m 两者取大者			/303↘62.6（实测）	
洪家渡	2005	179.5	7.22	149/	灰岩砂泥岩				/135↘7～20（实测）	计算值占多年平均流量的 0.01%
天生桥一级	2000	178	17.27	612/72	灰黑色中厚层夹少量薄层微晶灰岩	坝基及两岸 $q≤3Lu$ 或 1/2 水头两者取大者			/165↘80（实测）	处理后实测渗流量占最枯月径流量的 0.11%
大石峡	在建	247	16.1	154.5/26.3	灰黑色二云母石英岩夹二云母斜长片麻岩	$q≤3Lu$	22.82	55.07	77.89/	计算值占最枯月径流量的 0.30%
玉龙喀什	在建	233.5	10.56	66/7.76	左岸为二云母石英片岩夹黑云母斜长片麻岩，河床及右岸为二云母石英片岩	$q≤3Lu$	77	173	250/	计算值占多年平均流量的 0.38%

三维振动台试验成果，特高面板坝的震陷率一般为 0.16%～0.65%，平均震陷率为 0.40%。对于坝高 100～200m 的面板堆石坝，沉陷率普遍在 0.6% 以上，而面板砂砾石坝的沉降率基本上不超过 0.6%。从震陷变形协调控制角度，大石峡面板砂砾石坝的震陷率应不超过 0.8%；从坝顶超高角度考虑，坝顶震陷率采用 1.2%。

6　耐久性控制指标

6.1　设计使用年限和耐久性指标关系

除了港珠澳大桥工程设计合理使用年限为 120 年以外，我国水利以外其他土木行业工程设计使用年限最高为 100 年，其配套的混凝土耐久性设计规范或标准使用年限也是不超过 100 年。港珠澳大桥工程除了满足 100 年使用年限的耐久性指标外，针对工程运行海水环境，在氯离子扩散系数、透气性和电阻率等方面提出更高要求。虽然现有规范[10] 规定了 I 等水库工程合理使用年限为 150 年[11]，但是仅明确提出合理使用年限 100 年以下耐久性指标，没有提出合理使用年限 150 年的耐久性指标。目前系统研究使用年限 150 年的耐久性设计和标准的水利工程还很少，仅先通过大石峡混凝土耐久性试验初步成果，先判断大石峡混凝土试验材料和混凝土是否能达到 100 年使用年限的标准要求，然后再类比行业规范和工程案例成果，尽可能提出使用年限 150 年的耐久性指标或大石峡进一步开展研究的试验建议。

6.2　合理使用年限 100 年的设计安全控制指标

为满足合理使用年限 100 年，大石峡面板坝混凝土中的氯离子含量不应大于 0.06%；混凝土天然砂砾石骨料具有潜在有害的碱-硅酸反应，混凝土掺入粉煤灰掺量不低于 25% 后，混凝土碱活性抑制效果显著。使用碱活性骨料配制混凝土时，水泥碱含量不宜大于 0.60%；掺合料宜优先采用粉煤灰，粉煤灰宜采用 I 级或 II 级的 F 类粉煤灰，碱含量不宜大于 2.00%。混凝土中最大总碱量限制为 2.5kg/m³。F 类粉煤灰游离氧化钙含量≤1.0%，C 类粉煤灰游离氧化钙含量≤4.0%。面板混凝土等级：一期面板，$C_{90}35W12F200$，二期、三期面板，$C_{90}35W12F300$，采用二级配，极限拉应变不小于 100×10^{-6}，极限压应变不小于 900×10^{-6}；高趾墩混凝土等级最终取为迎水面 C30W10F100（二）和内部 C25W10F100（三）。面板和高趾墩混凝土等级均比规范规定提高一个等级，混凝土等级耐久性设计有安全富裕度。早期混凝土抗裂等级处于 L-IV，单位面积上的总开裂面积 $100\text{mm}^2/\text{m}^2\leqslant C<400\text{mm}^2/\text{m}^2$；后期混凝土抗碳化等级可处于 T-IV，碳化深度 $0.1\text{mm}\leqslant d<10\text{mm}$。

6.3　合理使用年限由 100 年提高到 150 年的安全控制指标和使用措施

考虑到面板和趾板渗径短、高趾墩长期处于水下无法检修，为了本工程合理使用年限由 100 年提高到 150 年[11]，大石峡面板和高趾墩混凝土不采用具有碱活性的天然骨料；面板和趾板混凝土宜掺膨胀剂和纤维，早期混凝土抗裂等级处于 L-V，单位面积上的总开裂面积 $C<100\text{mm}^2/\text{m}^2$，后期混凝土抗碳化等级处于 T-V，碳化深度 $d<0.1\text{mm}$。

目前寒冷地区面板防冰冻常采用涂刷涂层材料弱化冰冻粘结力、加热融冰及面板混凝土增柔增韧性能等措施。大石峡拟采用聚脲对面板进行耐久性防护，招标和施工阶段仍需开展物理实验进行对比分析研究，提出适应大石峡高面板坝寒冷、水位变幅大地区的混凝土耐久性、防冻害涂层材料。

从弱化止水结构与冰冻结粘结力、改善止水结构附近水域温度分布等方面提升止水结构抗冰冻性能，下一步拟开展止水结构抗冰冻措施。

7　结语

鉴于现有已建特高土石坝不超过 10 座，已建的特高面板坝仅有水布垭、猴子岩、江坪河、巴贡（西北院设计）等，经历强震的 150m 级以上的面板坝仅有紫坪铺一座，研究提出的大石峡特高土石坝设计控制指标明显具有工程自身特点，目前还不能发展成为设计安全标准。特别是大石峡大坝河谷左右岸和上下地形均不对称，河谷狭窄，坝体变形协调问题突出，坝体变形协调控制指标还在探索，将会随着大石峡大坝施工和蓄水过程中监测数据和反演分析成果进行逐步完善。提出的大石峡设计安全控制指标，不仅有利于指导大石峡特高土石坝安全建设和运行管理，同时为补充完善特高坝设计的规范条文提供参考。

参考文献

[1]　中华人民共和国水利部．碾压式土石坝设计规范：SL 274—2020 [S]．北京：中国水利水电出版社，2021．

[2]　中华人民共和国水利部．混凝土面板堆石坝设计规范：SL 228—2013 [S]．北京：中国水利水电出版社，2013．

[3]　周建平，王浩，陈祖煜，等．特高坝及其梯级水库群设计安全标准研究Ⅰ：理论基础和等级标准 [J]，水利学报，2015.46（5）：505-514．

[4]　杜效鹄，李斌，陈祖煜，等．特高坝及其梯级水库群设计安全标准研究Ⅱ：高土石坝坝坡稳定安全系数标准 [J]．水利学报，2015.46（6）：640-649．

[5]　杨泽艳，周建平，王富强，等．300 m 级高面板堆石坝安全性及关键技术研究综述 [J]．水力发电，2016，42（9）：41-45．

[6]　沈凤生．混凝土面板堆石坝设计与实践关键技术研究 [J]．水利规划与设计，2017（1）：1-6．

[7]　关志诚．高土石坝的抗震设防依据及选用标准 [J]．水利规划与设计，2009（5）：1-3．

[8]　关志诚．高混凝土面板砂砾石（堆石）坝技术创新 [J]．水利规划与设计，2017（11）：9-14．

[9]　水利部水利水电规划设计总院，中国电建集团西北勘测设计研究院有限公司，新疆葛洲坝大石峡水利枢纽开发有限公司．新疆大石峡水利枢纽工程特高土石坝安全标准专项研究报告（课题1）[R]．北京，2021（12）：61-172．

[10]　索丽生，刘宁，等．水工设计手册（第2版）第6卷 土石坝 [M]．北京：中国水利水电出版社，2014．

[11]　中华人民共和国水利部．水利水电工程合理使用年限及耐久性设计规范：SL 654—2014 [S]．北京：中国水利水电出版社，2014．

五嘎冲拱坝右坝肩抗滑稳定分析与加固设计

傅志浩[1]　陈冰清[1]　符昌盛[2]　吕　彬[1]

(1. 中水珠江规划勘测设计有限公司，广东广州 510610；

2. 贵州省水利水电勘测设计研究院有限公司，贵州贵阳 550002)

摘　要： 五嘎冲水库工程碾压混凝土双曲拱坝右坝肩地质条件复杂，坝体及右岸安全稳定问题突出，本文结合施工开挖揭示地质条件，分析抗滑稳定计算参数，选择滑动模式，优化右坝肩抗滑稳定施工措施，提出的拱坝坝轴线调整＋裂隙面和软弱层面换填处理＋系统锚索加固方案系统解决了右坝肩抗滑稳定问题。刚体极限平衡法及数值分析法计算结果显示：不同设计工况下，坝体整体稳定及各代表层抗滑稳定均满足规范安全系数要求，处理措施及计算分析方法可为同类工程提供参考。

关键词： 拱坝；抗滑稳定；加固处理

1　引言

混凝土拱坝的坝肩稳定性是拱坝设计中面临的最关键问题之一，经验表明多数失事拱坝均是由于坝肩稳定出现问题[1-5]。当前拱坝抗滑稳定分析的方法主要有刚体极限平衡法、数值计算和地质力学模型试验，众多专家学者和工程设计人员在此方面做了大量的研究工作。地质力学模型试验可近似模拟工程结构、岩体及断层、软弱带、节理等结构特征，更能直观地追踪坝体整体开裂、破坏情况，但由于地质力学模型试验的复杂性，多在大型、高坝工程中应用[6-8]；工程数值计算方面，基于弹塑性力学、断裂力学和损伤力学的有限元方法被广泛应用于高拱坝整体稳定及加固分析[9-11]，但由于现实地质条件的多样性、岩土本构模型以及整体稳定分析的复杂性，在拱坝失稳判据方面仍未形成统一标准，因而针对拱坝抗滑稳定当前仍以刚体极限平衡法为主，同时对于高拱坝辅以数值计算和地质力学模型试验，结合工程类比，综合评价拱坝的整体稳定安全性[12-13]。

五嘎冲工程拱坝枢纽区两岸山顶高程 1600～1670m，河床枯季水面高程 1270m，河谷呈 U 形，岩层走向与河流流向近于平行，岩层缓倾左岸偏下游岩体，为层状结构（部分为次块状结构），层面与软弱层是岩体内的主要薄弱面。拱坝左岸为陡崖，山体雄厚，岩体较完整，顺河向裂隙不发育，未发现控制坝体抗滑稳定的控制性结构面（裂隙），抗滑稳定问题不突出。拱坝右岸受岩性及河流侵蚀切割影响变化较大，地形在坝址高程

作者简介：傅志浩，男，高级工程师，博士，主要从事水利水电工程设计与研究、工程数字技术研究与应用。
E-mail：5753079@qq.com。

1350m 以上为缓～陡坡地形，1350m 以下为陡崖，向下游地形变缓，至下游约 300m 处地形变为呈三面临水的舌状单面山地形，地形坡度 35°～50°；右岸岩层近顺河向裂隙较发育，其与软弱层面（泥化夹层及软弱层）组成不利组合，坝肩抗滑稳定问题突出。根据工程前期勘探平洞和现场施工开挖揭露，在右坝肩拱端部位存在 L01（贯通强卸荷带和下游河湾）、L1（小断层带）、软弱层 2、泥化夹层 NJ1 等不利结构面，且 L1 属张性裂隙，其充填物组成复杂，一方面其走向与拱端推力方向近垂直，在荷载作用下易产生变形，是坝肩压缩变形稳定的主要控制因素，另一方面根据 L1 裂隙与大坝平面位置关系，其构成右坝肩及下游边坡的后缘切割边界之一，亦存在边坡稳定问题，因此对拱坝右坝肩进行系统加固处理是十分必要的，关系到工程结构安全稳定。

本文根据五嘎冲拱坝现场施工揭示的地质情况，以刚体极限平衡法分析为主，结合非线性有限元分析计算加以验证，重点分析右坝肩抗滑稳定，并对 L1 裂隙处理、拱端右岸下游边坡进行针对性加固设计。相关设计经验可为同类型高拱坝设计提供借鉴与参考。

2 工程地质概况

五嘎冲水库工程位于贵州省普安县马别河上游隔界河电站上游约 1.6km 的峡谷河段内，坝址河段较平直，呈 U 形。水库大坝为碾压混凝土抛物线双曲拱坝，坝顶高程 1340m，坝基高程 1232m，最大坝高 108m，坝顶宽 6.0～6.3m，坝底宽 26.0～26.5m，为中厚拱坝。大坝正常蓄水位、设计洪水位为 1337.0m，校核洪水位 1338.39m，死水位 1305.0m，工程规模属中型，工程等别 III 等，因坝高超过 100m，大坝按 2 级建筑物设计；坝址区地震动峰值加速度为 0.05g（地震基本烈度为 VI 度），地震动反应谱特征周期为 0.45s，区域稳定性较好，建筑物不考虑地震设防。

2.1 坝址地质条件

坝址右岸为河道转弯形成的山脊地形，大坝右岸开挖开口线距离转弯处约 170m。出露地层自上而下主要有三叠系中统关岭组第二段第四层至第一层和第一段第二层，为中厚层灰岩、瘤状灰岩、白云质灰岩、中厚层泥灰岩、泥质白云岩。岩层缓倾下游偏左岸，倾向 53°，倾角 7°～8°。

2.2 软弱层

软弱层 2 位于 T_2g^{2-1} 地层与 T_2g^{2-2} 地层分界处，处于坝高中部位置，厚 0.8m 左右，成分为薄层泥灰岩、泥质白云岩及钙质泥岩，两岸基本对称，据平硐揭露，软弱层沿上层面分布有层间错动形成的泥化夹层，多为岩屑型，经地下水长期淋沥软化、风化，部分已泥化，其性状为褐黄、灰色黏土，呈软塑状，其间含有小碎石颗粒，粒径 1～5mm，厚度一般 0.1～1cm，沿层面有起伏，沿泥化夹层有渗水现象。泥化夹层（NJ1）处于坝高的中下部，为层间泥化夹层，厚 25～27cm，局部达 30cm，沿层面延伸，成分为黄色、黄褐色黏土夹碎石，碎石含量约 40%～50%，粒径 0.2～5cm，呈软塑状态，该层上下均为中厚至厚层灰岩，见图 1。

2.3　构造

山体平行发育几组卸荷裂隙，裂隙走向与河道走向夹角 35°～40°，其中 L1 裂隙对大坝稳定影响大。施工阶段根据开挖揭露，L1 走向为 N67.8°E，走向对稳定不利；L1 裂隙在坝顶高程以上表现为多条裂隙组成的裂隙带，向下切割逐步收拢为一道裂隙，同时裂隙本身存在一定的倾角，走向也并非一成不变，而且在垂向上呈波浪状扭曲。

2.4　节理裂隙

右坝肩山体受岩层产状、连通好的 L1、L2 裂隙和 6 组节理裂隙切割，裂隙统计详见下表，其中第②、④、⑤组延伸长，多为张性，性状差，尤以右岸特别发育；第③、⑥组延伸长度一般小于 5m，多闭合。详见表 1。

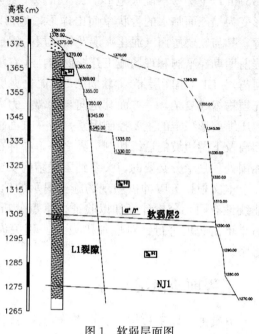

图 1　软弱层面图

右坝肩节理裂隙统计表　　　　　表 1

编号	产　状		
	走向	倾向	倾角
①	N40～45°W	SW	85°～88°
②	N0～10°E	NW	82°～85°
③	N20～30°E	NW	70°～80°
④	N40～50°E	SE	60°～70°
⑤	N60～70°E	SE	75°～80°
⑥	N0～10°W	SW	80°～85°

3　坝肩抗滑稳定分析

3.1　滑动模式的选取

结合工程布置和现场揭示地质情况，右坝肩山体受岩层产状、L1、L2 和 6 组节理裂隙切割，拱端不利地质结构面竖直向陡立的有：贯通的 L1 裂隙、岩体发育的裂隙①；水平向缓倾的有位于坝高中间的软弱层 2 和中下部的泥化夹层（NJ1）。采用文献 [14] 空间稳定分析分段法（等 KC 值法），按坝肩岩体中有底部水平结构面及两个铅直结构面呈折面滑移的情况确定抗滑岩体独立体，采用 KC 值法折线侧滑面进行刚体极限平衡分析计算，计算模型见图 2。计算高程选取 1301m、1288m、1275m、1262m。

3.2 计算方法

坝肩稳定分析采用"刚体极限平衡法"，荷载组合与拱坝应力计算组合一致。根据《混凝土拱设计规范》SL 282—2018[15]，1、2级拱坝及高拱坝采用下式计算抗滑稳定：

$$K = \frac{\sum(Nf' + c'A)}{\sum T} \qquad (1)$$

式中，K 为抗滑稳定安全系数，荷载基本组合≥3.25，特殊情况下≥2.75；N 为垂直于滑裂面的作用力；T 为沿滑裂面的作用力；A 为计算滑裂面的面积；f' 为抗剪断摩擦系数；c' 为抗剪断凝聚力。

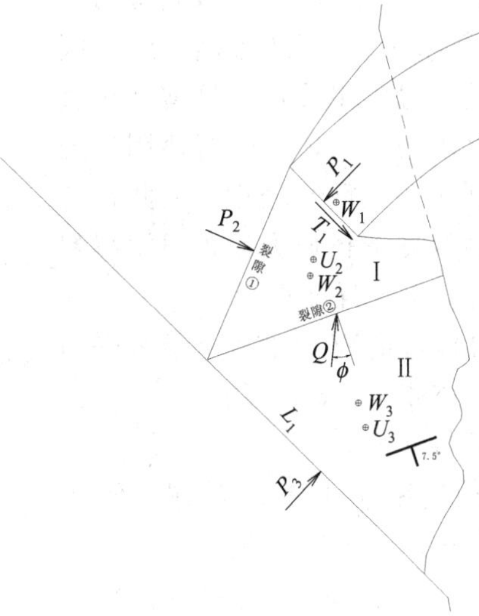

计算简图详见图2。

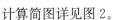

图 2 计算简图

抗滑岩体所受荷载为：

P_1、T_1、W_1——拱端推力、拱端剪力、拱端竖向力；

P_2、P_3、U_2、W_2——上游面水压力、侧面水压力、底面扬压力、岩体自重；

α、β、γ——拱坝端面与 L_1 面夹角、裂隙①面与 L_1 面夹角、岩层与水平面夹角。

根据计算力系分析，可知上述式(1)中抗滑力及滑动力分别为：

抗滑力：$\sum P = (P_1\cos\alpha - T_1\sin\alpha - P_2\cos\beta - P_3)f'_{\text{侧}} + A_{\text{侧}}\,c'_{\text{侧}} + [(W_1 + W_2)\cos\gamma - U_2]$
$$f'_{\text{底}} + A_{\text{底}}\,c'_{\text{底}} \qquad (2)$$

滑动力：$\sum T = (P_1\sin\alpha + T_1\cos\alpha + P_2\sin\beta) + (W_1 + W_2)\sin\gamma \qquad (3)$

3.3 计算荷载确定

坝肩稳定计算荷载主要考虑了拱端力系、滑块上游面及侧面的水压力、扬压力、岩体自重等。

（1）拱端力系 P_1、T_1、W_1 根据 ADASO 程序计算得出相应各层拱圈在不同荷载组合下的拱端推力结果。

（2）滑块上游面水压力 P_2，由于拱座设置有防渗帷幕以及下游侧排水孔，参照《混凝土拱坝设计规范》SL 282—2018，水压力计算时帷幕之前取全水头，帷幕之后渗透压力折减系数取 0.35。同时根据工程现场勘察，裂隙①连通率约为 40%，裂隙走向与拱肩推力、剪力合力方向基本一致，蓄水后合力不会导致裂隙连通率有大的变化；现场实施时对右坝肩部位设置了 8m 深的固结灌浆，并针对拱坝坝肩存在明显裂隙的部位进行专门的追踪钻孔灌浆处理，因此综合考虑滑块上游面水压力按前述原则计算后，根据裂隙贯通率按 0.5 倍进行折减。水压力计算简图见图 3。

（3）L1 侧面水压力 P_3，按各高程平切面计算，侧滑面上游端水头取相应计算水头差的 0.35 倍，下游端取 0，总侧面水压力按台体公式计算。

（4）滑块底部扬压力 U_2，计算原则与前述滑块上游面水压力一致，经综合考虑，底滑面扬压力上游面渗压力为该高程与库水位 0.35 倍水头，下游侧临空为 0，因右坝肩在处理过程中设置了抗剪平洞进行置换处理，同时山体在进行锚固施工时，也开展了钻孔灌浆处理，因此在按前述原则计算底部扬压力后，根据裂隙贯通率按 0.5 倍进行折减。

（5）岩体自重 W_2，采用各高程平切面积，按台体体积公式计算。

（6）荷载分解

底滑面岩层倾下游偏左岸，倾角 7.5°。计算时，考虑拱端竖向力 W_1 和岩体自重 W_2 沿层面向下游切向分力，分力分解方向同 L_1 裂隙走向，岩层倾角按垂直裂隙①面切割层面的视倾角计算，取 6.7°。

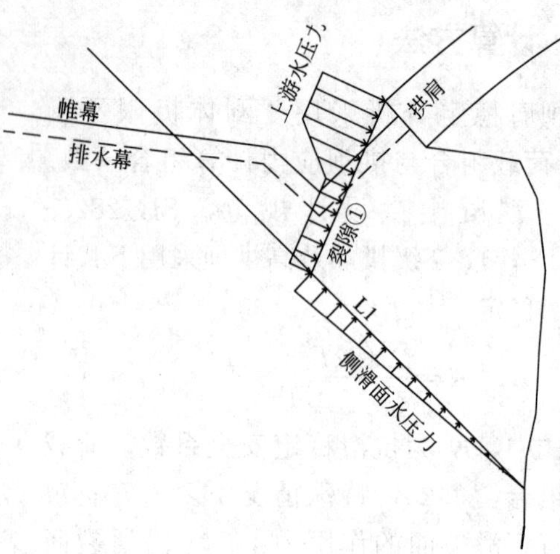

图 3 水压力计算简图

3.4 计算参数

1）岩体密度

取 $2.7 t/m^3$。

2）底滑面抗剪断参数

岩石层面抗剪断参数 $f'=0.45 \sim 0.50$，$c'=0.15$；层间泥化夹层抗剪断参数 $f'=0.30 \sim 0.35$，$c'=0.03 \sim 0.05$。由于现场针对软弱层和泥化夹层分布情况在高程 1275m 和 1288m 设置两层抗剪平洞进行置换处理，此两层计算时底滑面参数取抗剪平洞处理后的加权参数，考虑到混凝土剪断可能性较低，而发生破坏时往往是混凝土与基岩接触面滑移，结合地质专业建议，取 $f'=0.77$，$c'=0.93$ [地质建议抗剪断强度（混凝土/岩）$f'=0.65 \sim 0.90$，$c'=0.875 \sim 1.0$]。对于 1301m 和 1262m 计算层，底滑面参数取岩石层面参数。

同时在计算分析时，考虑到平洞置换混凝土仅局部提高了软弱夹层的参数，对岩石普通层面并无提高作用，因此最终软弱层和泥化夹层计算的安全系数取加权参数和普通层面参数计算中的低值。

3）侧滑面抗剪断参数

L1 裂隙面抗剪断参数 $f'=0.2$，$c'=0.003$（平洞原位试验），现场顺 L1 裂隙走向在拱端推力扩散范围内设置两条竖井，通过竖井对 L1 裂隙冲洗后采用自密实混凝土填充处理，根据现场原位剪切试验，抗剪断峰值强度为 1275m 高程 $f'=1.34$，$c'=0.41$；1295m 高程 $f'=1.25$，$c'=0.35$。

施工现场开挖揭露，L1 裂隙张开度变化较大，呈上宽下窄的趋势，上部宽度可达 $0.8 \sim 1m$。在较高位置的平洞和竖井，设计要求的施工通道两侧 3m 范围采用高压水冲洗并回填，实际实施时施工人员可到达裂隙面进行冲洗，并有一定的设计外范围的处理。在较低位置的平洞和竖井，因 L1 裂隙发育宽度小，因此裂隙面采用高压水管冲洗，局部会出现不满足设计要求的 3m 宽覆盖范围。综合整个裂隙面的施工条件考虑，设计计算时裂隙面回填有效面积取设计面积的 80%。

综合现场试验成果及实施效果来看，f' 值偏高，c' 值偏低，综合考虑现场裂隙面的岩体风化、充填和钙化附着等影响，自密实混凝土与裂隙面抗滑参数取 $f'=0.8$，$c'=0.3$。

4) 置换混凝土抗剪断参数

抗剪竖井和联系平洞混凝土断面抗剪断参数 $f'=1.0$，$c'=1.05$（参考《碾压混凝土坝设计规范》SL 314—2018[16] 附录中国内碾压混凝土取芯成果，同时考虑到混凝土强度增加，剪切面不是混凝土施工层面，因此较抗剪平洞和竖井参数略有提高）。

3.5 抗滑稳定计算

分别计算 L1 面未做处理和 L1 面处理后的如下四种工况的右坝肩抗滑稳定情况及需要补充的抗滑力。工况一：正常蓄水位＋温降；工况二：死水位＋温升；工况三：正常蓄水位＋温升；工况四：校核洪水位＋温升。对 L1 裂隙和软弱夹层进行开挖换填处理。L1 裂隙和软弱层处理前后，安全系数及需补充抗滑力见表 2、表 3。

经计算分析可知，在 L1 裂隙及软弱夹层处理后，右坝肩各控制层面安全系数除 1262m 高程不满足规范要求，需补充 18660t 抗滑力外，其余各工况安全系数均可满足规范要求。

裂隙及软弱层面未处理时计算安全系数及需补充抗滑力　　表 2

高程(m)	工况	$K_{规范}$	$K_{计算}$	需补充抗滑力(t)	高程(m)	工况	$K_{规范}$	$K_{计算}$	需补充抗滑力(t)
1301	工况 1	3.25	2.85	12711	1275	工况 1	3.25	1.39	156621
	工况 2	3.25	6.76	—		工况 2	3.25	2.7	22331
	工况 3	3.25	3.58	—		工况 3	3.25	1.57	128013
	工况 4	2.75	3.27	—		工况 4	2.75	1.5	99816
1288	工况 1	3.25	1.61	88736	1262	工况 1	3.25	1.8	179514
	工况 2	3.25	3.5	—		工况 2	3.25	3.26	—
	工况 3	3.25	1.9	63529		工况 3	3.25	1.96	147695
	工况 4	2.75	1.78	48446		工况 4	2.75	1.9	101886

裂隙及软弱层面处理后计算安全系数及需补充抗滑力　　表 3

高程(m)	工况	$K_{规范}$	$K_{计算}$	需补充抗滑力(t)	高程(m)	工况	$K_{规范}$	$K_{计算}$	需补充抗滑力(t)
1301	工况 1	3.25	4.7	—	1275	工况 1	3.25	3.58	—
	工况 2	3.25	10.63	—		工况 2	3.25	6.8	—
	工况 3	3.25	5.99	—		工况 3	3.25	4.06	—
	工况 4	2.75	5.46	—		工况 4	2.75	3.88	—
1288	工况 1	3.25	4.2	—	1262	工况 1	3.25	3.1	18660
	工况 2	3.25	8.95	—		工况 2	3.25	5.35	—
	工况 3	3.25	4.95	—		工况 3	3.25	3.42	—
	工况 4	2.75	4.67	—		工况 4	2.75	3.3	—

根据现场实际情况，在右坝肩下游侧抗滑岩体部位设置 180t 预应力锚索 100 束，锚索水平倾角 30°，与 L1 裂隙夹角 60°；同时，在拱坝下游右岸护坦边墙部位设置 100t 预应力锚索 40 束，锚索水平倾角 15°，与 L1 裂隙夹角 57°。锚索共计可提供抗滑力 22000t，大于计算所需补充的抗滑力，可满足设计要求。

4　拱坝整体稳定数值分析

为系统评价右岸坝肩加固处理措施的有效性，采用水容重超载法分析拱坝坝体和地基岩体的变形以及屈服状态的发展过程，给出加固处理后拱坝-地基系统的整体安全度，采用 SAPTIS 非线性有限元仿真分析软件，综合模拟坝体、基础中的各控制性地质边界条件及右岸的加固处理措施，采用强度折减法对加固前后坝基岩体及结构面的变形、屈服区进行对比分析，评价右岸坝肩加固处理措施的有效性，限于文章篇幅，本文不再详述，可见文献［17］，有限元计算网格见图 4，右坝肩地质模型见图 5。

图 4　有限元计算网格

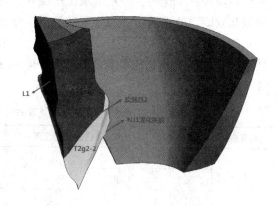

图 5　右坝肩地质模型

五嘎冲拱坝加固后超载安全系数以及其他工程类比数据见表 4。可见，表中各同类拱坝坝踵起裂安全系数基本相当，普遍在 1.0 倍左右，加固后五嘎冲拱坝的起裂安全系数 λ_1 约为 1.0；达到防渗帷幕的安全系数 λ_2 在 1.5～1.75 左右，次于锦屏，略高于其他工程；屈服体积比曲线出现转折的安全系数 λ_3 为 1.75；最大变形曲线出现拐点的安全系数 λ_4 为 4.75～5.25 倍，最终不收敛安全系数 λ_5 为 6.50。综合五个安全系数来看，五嘎冲拱坝坝肩加固处理后超载安全系数较高，处于高坝工程的偏上位置。工程设计采取的加固措施可行、有效。

五嘎冲及类比工程安全系数　　表 4

超载系数	λ_1	λ_2	λ_3	λ_4	λ_5	屈服准则
五嘎冲	1.0	<1.75	1.75	4.75	6.50	DP
锦屏	1.5～2.0	2.0	4.0	6.5	8.5	DP
小湾	<1.0	1.0		4.0	6.25	DP
溪洛渡	1.0～1.5	1.5	2.0	4.0	5.5	DP
萨扬	<1.0	<1.25	1.25	3.5	4.25	DP
二滩	≈1.0	1.0～1.5	1.5	5.0	7.0	DP

续表

超载系数	λ_1	λ_2	λ_3	λ_4	λ_5	屈服准则
Kolnbrein_无支撑	0.5	0.75		4.5	6.0	DP
Kolnbrein_有支撑	<1	1.25		5.0	6.25	DP
李家峡	<1.0	1.2		4.0	4.5	DP
藤子沟	1.0	1.1		4.5	5.0	MC
三河口	1.0	1.3	1.6	4.6	5.2	DP
土溪口	<1.0	<1.25	1.75	4.75	6.75	DP
石门	<1.0	<1.0		2.8	3.0	MC

注：λ_1 为设坝踵开始开裂时超载系数；λ_2 为裂缝裂至帷幕时超载系数；λ_3 为大坝屈服量占比曲线出现拐点时超载系数；λ_4 为大坝顺河向变形关系曲线斜率突变时超载系数；λ_5 为最终不收敛超载系数。

5 右坝肩加固处理措施设计

以实际发育的裂隙组合及软弱层面参数计算，右坝肩拱端抗滑稳定不满足规范要求。经过方案比选最终选择 3 种处理措施联合对右坝肩进行加固处理。

1）坝轴线调整

施工图阶段开挖揭示，L1 裂隙与河道的交角较初设减小约 16°，对右坝肩整体稳定不利，方案调整中结合各层平切风化深度，在保证拱端足够嵌深及拱坝体型不变情况下，以 1340m 高程（坝顶）拱圈左岸下游侧点 D27 为基点，坝体整体顺时针旋转 3°。旋转后右拱端至 L1 裂隙的距离整体增大（在坝顶 1340m 高程处由 13.3m 增加至 19.1m），对拱端抗力岩体抗滑稳定及拱端抗压缩变形有利。坝轴线调整方案见图 6。

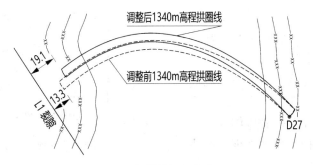

图 6　坝轴线调整方案

2）换填处理

通过计算分析，L1 裂隙及软弱层面对拱端抗滑稳定影响较大，设计方案采用沿L1 裂隙面布置的 2 条抗滑竖井、3 层联系平洞及沿软弱层面布置的 2 层抗剪平洞，通过 C30 自密实混凝土置换对右坝肩进行加固处理。换填处理加固措施详见图 7、图 8。

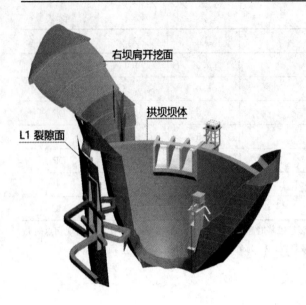

图7　换填处理措施整体图

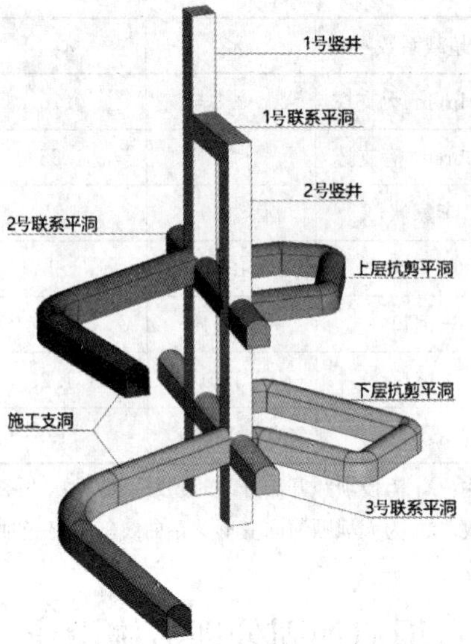

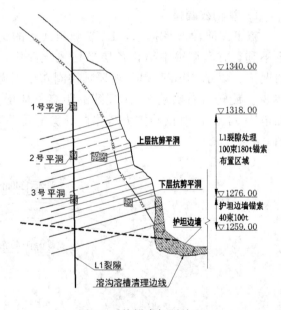

图8　换填处理措施各洞室分布图

3）锚索加固

经计算分析可知，在 L1 裂隙及软弱夹层处理后，右坝肩各控制层面安全系数除 1262m 高程不满足规范要求，需补充 18660t 抗滑力外，其余各层均满足规范要求，设计采用穿过 L1 裂隙面的锚索进行加固处理，锚索布置见图 9。

6　结语

（1）五嘎冲拱坝右坝肩受 L1 裂隙、软弱层影响，地质条件复杂，在未进行处理时，坝肩稳定计算不满足设计规范要求，通过对 L1 裂隙及软弱层进行系统的置换处理，以及对抗滑岩体进行系统的预应力锚索和护脚加固处理，保证了大坝的抗滑稳定性。

图9　系统锚索加固处理

（2）本文结合现场开挖揭示情况，针对性地开展了现场原位试验、计算参数选取、设计复核与方案优化调整。设计思路与工程经验可为同类型高拱坝设计提供借鉴与参考。

参考文献

[1]　张伯艳，陈厚群，杜修力，等．拱坝坝肩抗震稳定分析［J］．水利学报，2000（11）：55-59.

[2]　陈红其．拱坝坝肩岩体空间稳定分析－拱坝坝肩抗滑稳定计算程序的编制及应用［D］．成都：四川大学，2005.

［3］ 胡金山. 超高拱坝拱座及抗力体抗滑稳定研究［J］. 人民长江, 2019, 50（7）: 138-143.

［4］ 朱伯芳, 张超然. 高拱坝结构安全关键技术研究［M］. 北京: 中国水利水电出版社, 2010.

［5］ 陈坤孝. 拱坝技术的研究与应用——盖下坝水电站工程［M］. 北京: 中国水利水电出版社, 2012.

［6］ 林鹏, 石杰, 宁泽宇, 等. 不利结构面对高拱坝整体稳定影响及加固分析［J］. 水力发电学报, 2019, 38（5）: 27-36.

［7］ 董建华, 刘超, 陈建叶, 等. 含深卸荷岩体拱坝坝肩变形特性及稳定分析［J］. 工程科学与技术, 2019, 51（03）: 43-51.

［8］ 张芮瑜, 陈媛, 张林, 等. 叶巴滩高拱坝坝肩稳定分析及其加固效果评价［J］. 人民长江, 2021, 52（1）: 122-128.

［9］ 谢中凯, 叶居东. 传力洞在拱坝坝肩加固中的应用研究——以葫芦口水电站为例［J］. 浙江水利科技, 2017, 45（04）: 29-32.

［10］ 刘喜康, 殷荣岗. 滑块稳定分析FEM-LEM法的精度及动力稳定性评价［J］. 云南水力发电, 2021, 37（07）: 85-88.

［11］ 陈姣姣, 李家云. 拱坝应力变形及坝肩稳定分析［J］. 东北水利水电, 2021, 39（06）: 55-58＋72.

［12］ 王青, 童元雄. 五谷溪水库拱坝坝肩抗滑稳定分析论证［J］. 陕西水利, 2017（S1）: 111-113.

［13］ 钱雪晋, 李应周, 周华. 观音水库拱坝基础处理应力变形分析［J］. 黑龙江水利科技, 2021, 49（12）: 27-29＋68.

［14］ 王毓泰, 周维垣, 毛建全, 等. 拱坝坝肩岩体稳定分析［M］. 贵州: 贵州人民出版社, 1982.

［15］ 中华人民共和国水利行业标准. 混凝土拱坝设计规范: SL 282—2018［S］. 北京: 中国水利水电出版社, 2018.

［16］ 中华人民共和国水利行业标准. 碾压混凝土坝设计规范: SL 314—2018［S］. 北京: 中国水利水电出版社, 2018.

［17］ 程恒, 傅志浩, 张国新, 等. 五嘎冲拱坝坝肩加固效果分析及整体安全度评价［J］. 岩土力学, 2017, 38（S1）: 374-380.

西霞院工程右岸土石坝渗水处理措施研究实践

谢宝丰　刘焕虎

（黄河水利水电开发集团有限公司，河南济源 454681）

摘　要：西霞院工程大坝分三个典型坝段，即左岸土石坝段、河槽混凝土坝段和右岸土石坝段。土石坝上游坝坡的防渗主要靠土工膜防渗，复合土工膜规格为两布一膜，下设级配砂砾石垫层、上铺保护层，保护层上铺设预制混凝土联锁板块护坡。本文针对西霞院右岸土石坝渗水问题，短时间内研究制定处理措施、组织实施西霞院工程右岸土石坝渗水处理，方案采用现有材料替代原设计的两布一膜土工膜，对施工区域的土工膜覆盖修复，以保证防渗效果；采用具有早强、高抗渗性、膨胀性能、硫铝酸盐水泥及混凝土新材料，缩短了工期，保证了施工质量。

关键词：土石坝；渗水；土工膜

1　引言

西霞院工程位于黄河中下游区域[1]，是小浪底水利枢纽配套水利工程，设计库容 1.6 亿 m³，总装机容量 14 万 MW，为大（2）型水利工程。西霞院水库大坝分三个典型坝段，即左岸土石坝段、河槽混凝土坝段和右岸土石坝段。土石坝上游坝坡复合土工膜规格为两布一膜[2]，复合土工膜规格为 400g/0.8mm/400g，下设级配砂砾石垫层、上铺保护层，保护层上铺设预制混凝土联锁板块护坡[3]，联锁板间缝隙较多，联锁板挂钩连接处缝隙较大，板与板之间的施工拼接缝也会有一定的缝隙，对联锁板及联锁板缝隙采用填塞方法处理[4]。西霞院工程已运行多年，土石坝段难免会遇到局部渗漏问题，需要对渗漏部位进行了渗漏修复处理[5]。

2　现状问题

1. 土石坝段渗水情况

巡检发现西霞院右岸土石坝段下游侧排水沟处有约 268m 长的积水，积水面平均高程 123.9m。经勘察现场、分析原因，确定以下情况：

（1）监测维修分公司联合水工部，采用示踪剂法结合水下蛙人检查，在大坝上游坝坡采用示踪剂法确认在 D2+614 附近 130.0m 高程的一个连锁板缝隙有墨汁渗入现象，并在现场进行标记。

作者简介：谢宝丰（1982—），男，高级工程师，主要从事土建及水工建筑物的运行管理和施工管理工作。
　　　　　E-mail：65391686@qq.com。

（2）下游坡脚渗水，下游侧排水沟积水区域为土石坝段 D2＋354～D2＋622 处约 268m，水流方向自右向左。

（3）坡脚淤积及坝坡变形，从现场查勘看，在 D2＋622 附近下游坝坡有一条带宽约 4m，护坡干砌石的颜色相对较暗，有两条可目测到的缝隙。坡脚排水沟上游侧的干砌石内有泥沙淤积。

（4）从监测设施渗压计及现场查勘，可以看出在桩号 D2＋614 附近 130.0m 高程的土工膜可能存在渗漏通道，表现出自此位置下游坡脚排水沟内有积水现象。

2. 主要问题

（1）需要尽快拆除右岸土石坝段 D2＋614 附近、上下范围为 129.5～133m 高程左右区域联锁板、开挖出砂砾层，检查土工膜是否存在损坏。

（2）检查石坝段 D2＋614 联锁板下的砂砾石保护层和垫层是否存在渗漏通道。

（3）从分公司接到维修任务到 6 月 15 日大流量下泄，工期只有 10d 左右，工期短、施工难度大，临水作业安全风险大。

（4）原铺设土工膜为两布一膜，以及设计方案建议的一布一膜，参数要求为厂家定制的，当前不具备定制生产的条件，需要寻求替代提供的方案。

（5）因工期短，施工完成立即抬升水位，联锁板间的浇筑混凝土和砂浆填缝无养护期，需寻求速凝、早强、快干微膨胀的新型材料。

3 实施方案

3.1 方案设计

根据以上原因分析和土石坝渗水实际情况，确定以下处理方案：首先需查找土工膜的渗漏部位；采用两层两布一膜土工膜（200g/0.5mm/200g）对渗漏点进行修补；砂砾石垫层及联锁板恢复；为缩短工期，混凝土浇筑和砂浆灌缝材料使用新型硫铝酸盐水泥材料施工。

3.2 土工膜替代方案

因原设计方案中采用 0.6mm 光面膜加一布一膜（0.3mm/350g），因采购周期长，经与设计单位和项目管理部门沟通，采用现有两层两布一膜土工膜（200g/0.5mm/200g）的替代方案，并在施工前进行粘结渗水试验。

（1）土工膜粘结试验，选两组土工膜分别用聚硫密封胶粘结一组，用 KS 热熔胶粘结一组，然后做抗拉试验，经现场对比，KS 热熔胶的粘结效果明显优于聚硫密封胶。

（2）两布一膜替代试验，监测维修分公司根据目前条件提出采用覆盖两层两布一膜土工膜（200g/0.5mm/200g）的方案，并采用 KS 热熔胶粘结做渗水试验，粘贴 70cm× 70cm 的封闭水袋静置 48h 未见渗水，证明粘结力良好，密封性良好。现场试验结果证明，方案采用 KS 热熔胶和现有的两布一膜（200g/0.5mm/200g），在损坏部位覆盖粘贴两层两布一膜土工膜的修复方案能够替代原设计方案。

3.3　渗水部位查找确认

（1）首次查找范围：暂按 D2+614 桩号两侧各 2.0m，高程范围 129.5～133.0m。

（2）将淤积面高程以上的护坡联锁板拆除，将复合土工膜上的 0.20m 保护层清除干净。

拆除联锁板前，先清理连锁板缝里的混凝土，清理连锁板锁扣里的混凝土，然后用 Z 形撬杠翘掉连锁 C 板，依次拆除 C 板内联锁块，拆除后的联锁块使用小推车运输，人工整齐码放至北侧 5m 存放范围内，供本工程重复使用。

（3）土工膜表面清除干净后，查看土工膜下部是否脱空塌陷，若有脱空塌陷现象就需要重点关注，仔细查看脱空塌陷位置的土工膜是否有破损及形成的渗漏通道。

（4）若土工膜下部无脱空塌陷现象，可仔细查看土工膜的颜色或表面附着泥沙的情况，若与大面积的土工膜有差异，可重点再查看土工膜是否有渗漏通道。

（5）若从外观不能发现渗漏点，可在土工膜表面洒水或水中加颜料，仔细查找渗漏通道。

（6）若在此范围没找到渗漏点，再向两侧各 2m 扩大范围，按上述方法重新查找。

（7）根据现场情况和工作安排，实际拆除联锁板进行渗水检查维修的面积为 200.34m^2（18.9m×10.6m），需要拆除联锁板约 780 块。

3.4　渗水部位土工膜修复处理

（1）找到渗漏通道后，若土工膜下部脱空，需将土工膜剪开，用粒径范围 15cm 厚的 0.1～40mm 的垫层料，回填并压实至与周围的坝坡面一致，垫层料适当洒水压实。

（2）土工膜的破损部位根据其损坏程度采取以下相应措施。

对其表面土工布已被冲刷掉的土工膜，将原土工膜上层清理干净露出光面膜，在其表面铺设两布一膜复合土工膜（200g/0.5mm/200g），新铺设土工膜周边宽 0.2m 的下层土工布剪下露出光面膜，用 KS 热熔胶粘结两膜。

（3）对土工膜破损部位，须粘结两层一布一膜土工膜（200g/0.5mm/200g），第一层（下层）先对破坏位置周边各扩大 0.5m 范围其上先铺设一布一膜复合土工膜，将原土工膜上层清理干净露出光面膜，在其表面铺设两布一膜复合土工膜，新铺设土工膜周边宽 0.2m 的下层土工布剪下露出光面膜，用 KS 热熔胶粘结两膜涂刷。两布一膜范围内均涂刷 KS 热熔胶，土工布与原土工膜接触范围按方格形涂胶，平行坝轴线条带间距小于 1m，垂直坝轴线条带间距小于 2m，周边涂刷宽度 0.2m。再对破坏位置周边各扩大 2m 范围，第二层（上层）再铺设一层两布一膜，粘贴方法同上（图 1）。

（4）一布一膜土工膜与土工布的规格：200g/0.5mm/200g。首层膜铺设范围大于损坏区 0.5m，上层铺设范围大于损坏区 2m。

（5）土工膜和土工布其表面须保持干净，应做粘结及胶结试验；并据试验结果确定其衔接方式及相应工艺。

（6）对已出露的土工膜应仔细检查是否有漏洞、磨损破坏等现象。

（7）施工期间，防止对土工膜造成损坏，安排好施工程序，并注意人员安全。

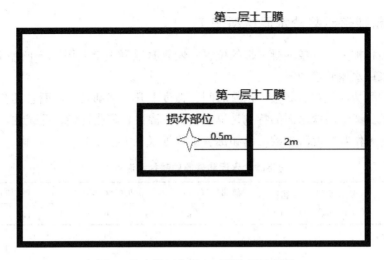

图1 渗水损坏位置土工膜修复示意图

3.5 砂砾石垫层及联锁板恢复

（1）土工膜修补好后，在其表面铺设20cm厚的砾石保护层，分上下两层各10cm厚。下层料粒径范围0.1～40mm，上层料粒径范围5～40mm。保护层适当洒水压实。

（2）在保护层上仍铺设0.17m厚的预制混凝土联锁板块护坡，尺寸0.5m×0.5m。混凝土联锁板采用人工配合机械铺设，铺设时从下向上进行施工。施工时，将混凝土联锁板A、B、C和A的异形块四种形状通过挂钩和槽孔依图纸按照先后顺序拼装在一起（图2）。

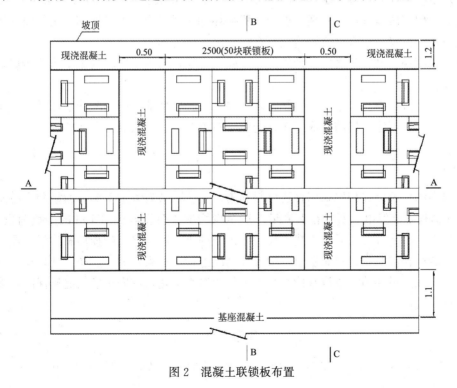

图2 混凝土联锁板布置

3.6 采用新型硫铝酸盐水泥材料施工

因拆除面积扩大至一条混凝土带的位置，恢复时混凝土带采用 C35 商品混凝土浇筑，联锁板间隙采用水泥砂浆勾缝。

普通的硅酸盐水泥和混凝土，初凝时间、强度上升时间都较长，而且具有收缩性，不满足工期要求。硫铝酸盐水泥的特点是早强、高抗渗性、膨胀性能、低碱性，适用于抢修和抢建工程、补偿收缩混凝土的配制和抗渗工程等（表 1）。

硫铝酸盐水泥和普通硅酸盐水泥性能

表 1

种类	比表面积 (m^2/kg)	密度 (g/cm^3)	凝胶时间(min)		抗折强度（MPa）			抗压强度（MPa）		
			初凝	终凝	1d	3d	28d	1d	3d	28d
普通硅酸盐水泥	340	3.13	185	243	2.6	5.0	7.2	12.2	27.4	52.4
硫铝酸盐水泥	470	2.94	26	43	6.2	6.7	7.0	29.3	34.6	46.5

在水泥用量基本相同的条件下，硫铝酸盐水泥混凝土早期强度发展比普通水泥混凝土快得多，1d 可达设计强度的 88%，3d 可达设计强度的 113%。也就是说，硫铝酸盐水泥混凝土浇筑 1d 后，即可进行下道工序施工，为加快工程进度提供了有力的保证，最终在主汛期前完成全部工作。

4 实施效果

（1）累计拆除联锁板、土工膜面积 200m^2，约 780 块。高程范围为 129.5～133.0m。在拆除范围内多次检查，未发现明显土工膜损坏和渗涌通道。可以推测，土工膜损坏部位较小或在接缝位置，也有可能渗漏点不在拆除区域范围内。

（2）采用现有材料替代原设计的两布一膜土工膜，对施工区域的土工膜覆盖修复，提高防渗效果。

（3）施工过程中，采用具有早强、高抗渗性、膨胀性能、硫铝酸盐水泥及混凝土新材料，克服工期短难题，提前完成工作，避免了对抬升水位、大流量下泄的影响。

5 结语

本文中的处理措施相比采用普通材料和施工工艺，节省大量工期，西霞院上游水位低于 129m 高程不能发电，所以在大流量下泄至少增加 4 台发电机组 10d 的满负荷发电量，创造了一定的经济效益。通过查找坝坡较大区域的土工膜及垫层的损坏和渗涌情况，排除了这一区域存在渗漏点，对右岸土石坝渗水情况进行了探索，对今后如何处理这一问题提供了借鉴，在主汛期前完成渗水检查处理工作，对水工建筑物安全度汛提供保障，取得了较好的社会效益。

参考文献

[1] 刘钢钢，刘焕虎，白瑞洁. 西霞院工程机组水发联轴法兰渗油分析及处理 [J]，人民黄河，2020，42（S1）：262-263.

［2］ 卢力，贾林．某抽蓄电站水库土工膜防渗体系渗漏修复措施［J］，西北水电，2020，5：46-49.

［3］ 岑威钧．土石坝防渗（复合）土工膜缺陷及其渗漏问题研究进展［J］，水利水电科技进展，2016，1（36）：104-106.16-22.

［4］ 王 博，闫铁成．普通硅酸盐—硫铝酸盐水泥复合凝胶体系的制备及性能研究［J］，功能材料，2021，7：79-84.

［5］ 张宇峰．复合土工膜在渠道防渗加固修复工程中的应用分析［J］，科技创新与应用．2016，20：231-232.

黄河下游堤防工程破坏机理分析

张秀勇[1]　李忠举[2]　徐振坤[3]

（1. 南京水利科学研究院，江苏南京 210029；2. 广饶县水利工程公司，山东东营 257300；

3. 东营港经济开发区港口服务办公室，山东东营 257300）

摘　要： 本文全面系统地收集了黄河堤防的大量历史出险资料、地质勘察资料及现场调查资料，深入研究了目前黄河堤防所存在的安全隐患和历史上发生的重要险情，并分析研究影响黄河堤防安全的主要因素，将黄河下游堤防工程安全系统看作由堤身—堤基—边界条件三者组成的系统，详细论述三者对堤防安全的影响。根据黄河堤防堤基岩土分布和险情特点，对堤基结构类型进行了详细划分。结合黄河堤防的险情特点，分析了黄河堤防管涌与流土险情的发生、发展过程及影响因素。

关键词： 堤防；资料；管涌；破坏机理

1　引言

黄河土层复杂多变，其河势变化迅速，边界条件异常复杂，在洪水期可能发生冲决。因此，黄河下游堤防的安全不仅取决于堤身、堤基的结构特点，更取决于复杂多变的边界条件。

2　黄河下游堤防工程堤身的结构特点

2.1　黄河下游堤防工程的堤身结构

黄河下游堤防不同堤段的堤身结构具体情况不同，本文根据黄河下游堤防的加固方式将堤身的结构分为 6 种（如图 1 所示，右为临河）。

2.2　黄河下游堤防堤身的土壤特性

堤身的土壤特性对黄河下游堤防安全的影响很大。黄河下游堤身土质为砂性土，夹杂大量粉细砂、部分黏性土，渗透系数大，洪水期易发生渗水、流土等险情；局部黏土堤防上的裂缝易形成过水通道，威胁堤防安全。本文从宏观上分析黄河下游堤防纵向和竖向的堤身土壤分布特征[1]。

作者简介：张秀勇（1973—），男，博士学位，高级工程师，主要从事软土地基处理方面的研究工作。

E-mail：931164685@qq.com。

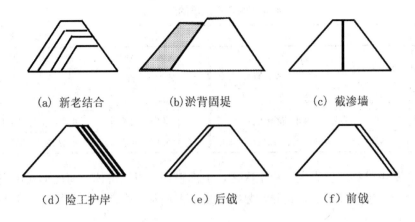

图1 黄河下游堤防堤身结构类型示意

1）纵断面土层分布

本节将堤身土壤分为人工填土、细砂（含砂土）、粉砂（含粉土）、砂壤土、壤土、黏土六类。黄河堤身土壤颗粒组成纵断面分布由粗逐渐变细，具体分布见表1。

黄河下游堤防不同堤段堤身的土壤特性 表1

堤段名称		堤身填土	堤段名称		堤身填土
南岸	邙山—东坝头	以轻砂壤土为主	北岸	曹坡—北坝头	多为砂壤土
	东坝头—东平湖	砂壤土及轻壤土		北坝头—张庄	砂壤土、壤土各半
	济南宋庄—王旺庄	壤土		陶城铺—鹊山	壤土及砂壤土
	王旺庄—垦利	砂壤土、粉土		鹊山—北镇	壤土及少量盐渍土
				北镇—四段	壤土及少量盐渍土

2）断面竖直土质分布

黄河下游堤防堤身土质主要是浅黄色壤土、砂壤土，粉土并有少量细砂、黏土，且近堤顶一般为干硬状态，随垂直深度增加，含水量逐渐增大，从稍湿到湿，从坚硬到可塑。

总之，黄河下游堤防堤身的质量是影响堤防安全的重要因素，考虑到堤身土层复杂性，选择部分堤段对堤身土质进行质量评价，结果显示大多数指标不满足有关规范要求，堤身填筑土质普遍不良，堤身质量综合评价为差或较差。

3 黄河下游堤防工程堤基结构的特点及其分类

3.1 黄河下游堤防堤基土质的特点

大量的地质勘探资料显示黄河下游地基均未进行处理，地层松软，其中口门地基是黄河堤基的典型特性。

河南堤段无论是南岸还是北岸，一般深约 10～15m 以下都有深厚的砂层，而山东堤段，从 30m 深的钻孔资料看，未发现深厚的透水砂层，但表层混埋较浅的粉砂、细砂层比河南堤段多[2]。黄河堤基土质的沿程分布如表2所示。

黄河下游堤基土质的分布情况　　　　表 2

堤段名称		堤基土质	堤段名称		堤基土质
南岸	邙山—东坝头	粉土、壤土、部分夹有薄层黏土	北岸	曹坡—北坝头	砂壤土与中厚层壤土
				北坝头—张庄	薄层黏土与壤土互层
	东坝头—东平湖	壤土、砂壤土		陶城铺—鹊山	砂壤土及薄层黏土
	济南宋庄—王旺庄	壤土、砂壤土		鹊山—北镇	砂壤土与壤土互层
	王旺庄—垦利	砂壤土、薄层壤土		北镇—四段	砂壤土夹薄层黏土、盐渍土的透镜体互层

　　黄河堤基土以黏性土为主，粉土次之，上部粉细砂以透镜体或薄层形式出现，下部则基本成层分布，透水性中等，且异常复杂多变，但堤基存在严重危及堤防安全的管涌、流土等险情，很难确保安全。

3.2　黄河下游堤防堤基概化方案

　　黄河下游堤防的堤基概化为四种主要类型：一元结构、二元结构、多元结构和黄土类结构[2,3]。同时，根据结构的细微差异细分为 9 个亚类。具体如表 3 所示。本文针对黄河下游堤防堤基结构条件千差万别的特点，对黄河大坝的各种堤基类型进行概化分析。

黄河下游堤防工程堤基结构化分类　　　　表 3

大类	亚类	性质描述	堤基机构示意图
一元结构（Ⅰ）	单一砂性土（1a）	由单一的厚层或较厚的砂性土或粉细砂组成	
	单一黏性土（1b）	由黏土、粉质黏土组成，抗渗条件好或较好	
二元结构（Ⅱ）	薄盖层二元结构（Ⅱa）	上部黏性土层厚度小于3m，下部砂层厚度大，堤岸抗冲性及堤基的抗渗性差	
	厚盖层二元结构（Ⅱb）	上部黏性土层厚度大于3m，下部砂层厚，在黏性土无破坏条件下抗渗性好	
多元结构（Ⅲ）	多元结构（Ⅲa）	以砂性土为主，夹杂大量砂壤土、壤土互层	
	多元结构（Ⅲb）	以黏性土为主，中间夹砂壤土、壤土薄层，层理明显	
	多元结构（Ⅲc）	含秸料、树枝、木桩、块石及土的老口门	

大类	亚类	性质描述	堤基机构示意图
黄土类结构（Ⅳ）	黄土类结构（Ⅳa）	堤基为上更新世黄土类砂壤土及黄土类壤土	
	黄土类结构（Ⅳb）	由上部覆盖黏性土的黄土类土组成	

4　黄河下游堤防工程的边界条件

黄河下游堤防工程边界条件可分为自然边界条件和工程边界条件[2-5]。本文将详细分析自然边界条件，具体包括河势边界条件、水力边界条件及荷载边界条件。其中，根据黄河下游河道不同河段的特点，其划分为四种类型具体如表 4 所示。

黄河下游河道基本特性统计　　　　表 4

地址	河道形态	宽深比（$\sqrt{B/H}$）	堤距（km）	平均弯曲系数	滩槽高度差	河道特点
孟津～高村	游荡河性	20～40	5～20	1.15	不到 2m，有的小于 1m	河床宽浅，心滩密布，汊河很多，主流摆动幅度很大。河岸物质组成较粗，抗冲性差
高村～陶城铺	过度河型	8～12 孙口以下为 3.5～4	2～8	1.35	逐渐加大	心滩减少，滩槽高度差逐渐加大，主流摆动幅度降低。河岸物质组成较细，具有一定抗冲性
陶城铺～利津	顺直微弯	在 6 以下	0.5～4	1.21	5～6m	滩槽高度差很大，主流摆动幅度较低。河岸物质组成很细，具有一定抗冲性
利津～河口	尾闾段		0.5～12			易摆动的河口尾闾段，主流摆动幅度较大

其中，河势边界条件主要包括河道河槽断面形态、主流的走向和滩地面积的大小；水力边界条件主要是指与洪水位有关的各种水力因素，包括洪峰形式（洪水高度与持续时间、洪水变化幅度与速度）与两岸地下水位高度；而荷载边界条件包括风浪荷载、顶部荷载、突发性荷载及生物洞穴影响等。在不同的环境条件下，各种荷载的影响程度也有所差异[11]。

5　渗透破坏机理研究

黄河下游堤防未来的险情主要是冲决破坏和渗透变形。渗透变形具体可以分为管涌、流土、接触冲刷和接触流土四种，其中威胁最为严重的是管涌和流土[6]。

5.1　管涌破坏机理研究

黄河下游堤防许多堤段被认为是流土型土质，但洪水期间发生的却是大量的管涌险情，本文认为这种现象主要是与黄河堤基中、强透水性的深厚粉细砂层土质有关[7-8]。

1. 影响因素

堤防管涌险情的影响因素主要包括堤基结构、水力梯度、周围的地形条件等。管涌险情的发生与堤基土质和结构有关，土层越不均匀，越容易发生管涌，但是却越不容易扩展到管涌破坏；水力梯度的上升速度越快，管涌越容易扩展到破坏；人类的活动也会加剧管涌破坏的发生。

2. 管涌的发展过程

首先管涌在上游侧开始，然后向下游慢慢扩展，最终形成流土破坏，一般分为三个阶段，如图 2～图 4 所示。第一阶段：在管涌出口部位的薄弱细砂层形成"空腔"，并在地表面形成"喷泉"；第二阶段：空腔扩大，在土层内部形成渗流通道；第三阶段：渗漏通道完全贯通，细砂大量涌出（流土），演变成流土破坏。

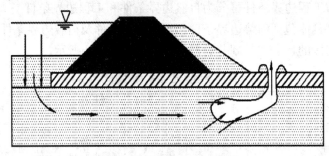

图 2　管涌发展的第一阶段

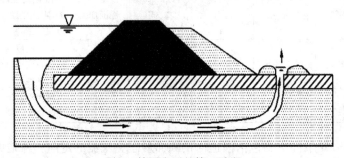

图 3　管涌发展的第二阶段

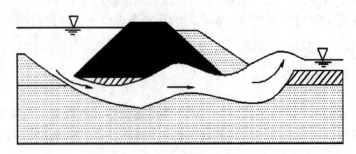

图 4　管涌发展的第三阶段

3. 管涌防治措施

首先，黄河堤身最佳的筑堤材料应该是透水性小、强度高和抗水性能强的黏性土、壤土等；其次，在黄河下游堤防中进行垂直防渗处理不仅具有防止渗透变形效果，还可以增加边坡的稳定性；此外，一定厚度的重力式堤防不仅能降低渗透水力梯度；还能依靠堤身重量抵抗高水位下水平推力，增加坡脚压重，防止管涌的发生。

5.2 流土破坏机理研究

在渗透力作用下，渗透水流的水力梯度进一步增大，使堤基的局部土体表面隆起或大块土体松动而随渗水流失的现象，称为流土。[8-9]

1. 主要影响因素

黄河下游堤防在汛期高水位情况下，堤基和堤身均会出现渗流，这是产生堤防渗流侵蚀的动力。另外，堤基和堤身不良土质条件及其他各种因素造成的有利渗透发生的条件是产生堤防渗流侵蚀的必要条件。总之，导致黄河下游堤防发生流土破坏的关键是水的渗透作用。

2. 流土力学机理

从力学角度分析，流土的发生是由于渗透作用力大于上覆压力引发的。流土形成的机理可以用图5来说明，当位置5处的渗透力 D 与重力 G 相等时，土体处于极限平衡状态。而单位土体渗透水压力与水力坡降 γ 有关，故水力坡降则是判断流土发生的关键参数。

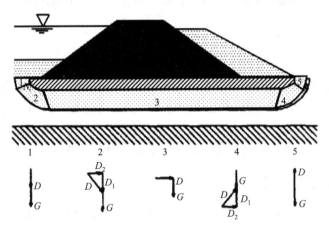

图5 堤防不同位置渗透压力与土的重力方向示意图

大量研究表明，发生管涌的临界水力坡降计算式如下：

$$J_c = \alpha(G_s - 1)(1-n)\frac{d_b}{d_e} \tag{1}$$

发生流土的临界水力坡降计算式如下：

$$J_c = \alpha\gamma' = \alpha(G_s - 1)(1-n) \tag{2}$$

由式（1）和式（2）可以看出，当管涌流失土的颗粒粒径 d_b 逐渐趋近于等值粒径 d_e 时，管涌破坏趋近于流土破坏。由此可知，管涌的发展有一个变化过程，只要及时监视，并采取有效的反滤措施就可控制管涌的发展。

3. 流土防治措施

在对黄河下游堤防流土防治上，应当在破坏到来前积极预防，到来的时候做好抢护和补救。应以"反滤导渗，控制涌水，留有渗水出路"为原则。其常用的抢护流土的方法有反滤压盖、反滤围井、减压围井、透水压渗台等。

目前，黄河下游正在进行的标准化堤防工程建设对于防止堤防破坏，尤其是对于流土破坏，作用巨大，其根本原则就是"淤背固堤"，可有效防止堤基基础流土破坏并控制渗流，如图6所示。

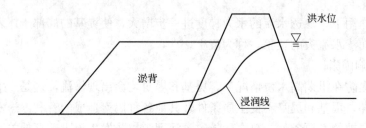

图6　设计洪水位条件下标准化堤防的渗流示意图

6　滑坡破坏机理研究

滑坡是一定自然条件下斜坡上部分岩土体，在重力作用下，由于自然及人为等因素的影响，沿着一定的软弱面或滑动带，整体表现为缓慢的、个别快速的以水平位移为主的变形现象[10,11]。

6.1　影响因素

引起黄河下游堤防滑坡的因素很多。从本质上说，引起黄河下游堤防滑坡的最主要因素可以归结为"水"，包括渗流、水流冲刷侵蚀、堤基问题引起的滑坡等其他因素。渗流将增加滑动体的滑动力从而产生滑坡；水流冲刷侵蚀将引起岸坡失稳滑坡；施工及竣工期由于地基问题会引起滑坡；生物洞穴等其他因素也会引起滑坡。

6.2　滑坡力学机理分析

黄河下游滑坡破坏从本质上将是堤防边坡失去稳定而导致的，从力学角度来分析滑坡实质上就是边坡稳定性计算分析。图7给出的是黄河下游堤防滑坡的力学分析示意图。

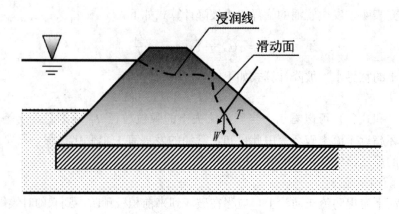

图7　滑坡力学分析示意图

（1）极限平衡分析法是传统的边坡稳定分析方法，其表达式如式（3）所示，若采用有限元法计算，可以不必对一部分内力和滑裂面形状做出假定，并能提供应力、变形的全部信息，使其分析研究成果的理论基础更为严密。

$$\tau_f = c' + \sigma' \tan\varphi' = c' + (\sigma - u) \tan\varphi' \tag{3}$$

（2）强度折减理论土坡的安全系数定义为把强度指标减小到边坡临界破坏时的强度指标折减系数，强度指标如下式进行折减：

$$c_f = c/F, \quad \varphi_f = \arctan(\tan\varphi/F) \tag{4}$$

采用蒙特卡洛法（Monte Carlo Method）进行随机抽样，采用强度折减法与有限元方法相结合计算最小安全系数，进而获得滑坡的破坏概率。

6.3 防治措施

滑坡一旦出现，应立即采取措施，防治的原则是设法减小滑动力和增加抗滑力。其做法可以归纳为："上部削坡与下部固脚压重"。对因渗流作用引起的滑坡，必须采取"前截后导"。即临水帮戗，以减少堤身渗流的措施。通过对背水坡实施放淤固堤，减小了渗透水力坡降，增加渗流路径，减低浸润线的高度，增加了土体的抗剪强度，从而使堤防边坡的稳定性得到提高。

7 结论

本文主要根据大量地质勘探资料、现场调查资料及其他相关资料，首先分析研究了黄河下游堤防堤身的土壤特性、堤基结构、边界条件的特点及其影响因素。其次，结合黄河下游堤防的土质特点和河道特点，深入分析了黄河下游堤防特大洪水期所发生的管涌、滑坡等险情的破坏机理，同时针对堤防的不同出险情况提出了相应防治措施。

参考文献

[1] 马国彦，王喜彦，李宏勋. 黄河下游河道工程地质及淤积物物源分析 [M]. 郑州：黄河水利出版社，1997.

[2] 李隆俊. 黄河堤防工程安全性评价研究 [D]. 郑州：郑州大学，2020.

[3] 王恺忱. 对当前黄河下游河道演变发展的认识 [J]. 人民黄河，2022，44（03）：40-43，47.

[4] 李保国，宋伟华，毕黎明，刘红珍，慕平. 黄河中下游设计洪水成果修订及其影响研究 [J]. 人民黄河，2019，41（12）：30-34.

[5] 卢程伟，周建中，江焱生，何典灿. 复杂边界条件多洪源防洪保护区洪水风险分析 [J]. 水科学进展，2018，29（04）.

[6] 陆国芳. 论水利工程基坑施工时流砂、管涌成因及对策办法 [J]. 江西建材，2014（07）：102.

[7] 韩旭，罗登昌. 长江堤防工程大数据基本特征及应用策略 [J]. 人民长江，2020，51（S1）：262-264.

[8] 殷素娟，张立，田大永，雷崇方. 堤防渗流计算若干问题的探讨 [J]. 地下水，2017，39（06）：100-101.

[9] 姚秋玲，丁留谦，刘昌军，张顺福. 堤基管涌机理及防治设计准则研究 [J]. 中国防汛抗旱，2022，32（01）：75-79.

[10] 李国英. 论黄河长治久安 [J]. 人民黄河，2001，7，23（7）：1-5.

[11] 徐腾飞，千析，王弯弯，田世民. 加快推进黄河水文化建设的思路与措施 [J]. 人民黄河，2022，44（S1）：5-6.

碾压混凝土大坝坝段间结构缝渗水处理研究

杨 光[1] 孟 欢[2] 张 帅[3] 刘梦妮[1]

(1. 中国电建集团国际工程有限公司，北京 100036；

2. 华能澜沧江水电股份有限公司景洪水电厂，云南西双版纳 666100；

3. 中国电建集团昆明勘测设计研究院有限公司，云南昆明 650051)

摘 要：景洪水电站 12 号、13 号坝段结构缝在高程 570m 廊道存在渗水现象。根据监测及检查成果，判断止水失效或止水片附近混凝土浇筑不密实而形成渗水。采用从廊道内打穿过结构缝的斜孔进行化学灌浆（聚氨酯）的方式对 12～13 号坝段结构缝渗水进行处理，保障工程长期安全运行，同时为其他类似工程提供参考。

关键词：景洪水电站；结构缝；渗水处理；施工工艺

根据景洪水电站首次定检要求，开展大坝排水孔排水情况普查[1]。成果表明，景洪水电站 12 号、13 号坝段高程 570m 廊道存在结构缝渗水。通过安全监测和水下检查等资料[2,3]，查明了渗水原因和途径。在此基础上提出了渗水处理措施，形成新的止水体系，保障工程长期安全运行，同时为其他类似工程提供参考。

1 工程概况

景洪水电站是澜沧江中下游河段水电开发规划两库八级中的第六级电站，位于云南省西双版纳傣族自治州首府景洪市上游，距景洪市老大桥约 5km。电站坝址距昆明市公路里程约 545km，交通条件方便，地理位置优越。

电站的开发任务是以发电为主，兼顾航运，并具有防洪、旅游等综合利用效益。采用堤坝式开发，枢纽由拦河坝、泄洪冲沙建筑物、引水发电系统、变电站、垂直升船机等组成。正常蓄水位 602m，总库容为 $11.39 \times 10^8 m^3$，最大坝高 108m，电站装机容量为 1750MW，属 Ⅰ 等工程。电站厂房布置在左侧主河槽位置，泄水建筑物和通航建筑物布置在河床右侧，采用一字排列布置，从左岸至右岸依次为：左岸非溢流坝段、左冲沙底孔坝段、厂房坝段、右冲沙底孔坝段、2～7 号溢流坝段、升船机坝段、1 号溢流坝段、右岸非溢流坝段。

2 结构缝渗水情况

12 号、13 号坝段结构缝渗水近三年最大值为 7.75L/s，年变幅介于 2.02～4.05L/s

基金项目：本文已获得中国电力建设股份有限公司科技项目经费资助。

作者简介：杨光（1986—），男，湖北武汉人，高级工程师，主要研究方向为大坝安全监测、检测、评估与管理。

E-mail：yangguang@powerchina-intl.com。

之间，年平均介于 3.48～4.96L/s 之间。测值有一定时效变形，上游水位有一定正相关性，与气温有明显负相关。

渗水监测数据特征值统计（L/s） 表 1

年份	最大值	日期	最小值	日期	年变幅值	年平均值
2016	4.75	2017 年 1 月 1 日	2.73	2016 年 9 月 24 日	2.02	3.48
2017	4.99	2017 年 12 月 1 日	2.48	2017 年 7 月 11 日	2.51	3.54
2018	7.75	2018 年 12 月 30 日	3.7	2018 年 4 月 10 日	4.05	4.96

结构缝的上游面、溢流面及坝内廊道和孔洞穿过横缝处的四周等部位均设置止水设施。在坝段间上游横缝处布置三道止水，溢流面横缝处布置两道止水。止水片上、下游两端分别与上游横缝止水和下游横缝止水焊接。

结合止水体系和监测检测情况来看，可能坝体横缝止水、结构缝所在高程 570m 廊道四周止水片局部破损，导致止水失效或止水片附近混凝土浇筑不密实而形成渗水途径，先逐渐充满高程 570m 廊道以下横缝止水内部，继而在高程 570m 廊道出现渗水点。

3 处理施工方案

渗漏水产生的三要素是：漏水源、渗水通道与逸出点，要解决工程的渗漏水问题也需从这三方面着手[4,5]。大坝目前的状况直接更换横缝止水存在诸多困难，从缺陷修补角度出发，根据类似工程经验[6,7]，采用从廊道内打穿过横缝的斜孔进行化学灌浆（聚氨酯）的方式对 12～13 号坝段横缝渗水进行处理最为有效，从而形成新的止水体系。

处理高程为 566.5～579.2m。其中高程 570m 以上廊道上倾孔或水平孔，其余廊道打下倾孔。要求钻孔穿过横缝的位置尽量分布均匀。在裂缝两侧各布置一排灌浆孔，灌浆孔距 2.2m、1.4m，一侧孔深 1.9m（第一层灌浆孔），另一侧根据缝深控制钻孔深度，钻孔穿过裂缝≥50cm。

总体遵从自低而高、自上游向下游的原则：ZK03、04、13、12 形成竖向屏障→ZK14、ZK01、ZK02→ZK05、06、11、10→07、08、09。

处理后进行坝体横缝钻孔压水及芯样检查（布孔原则为灌浆孔数的 5%）。压水检查透水率均不大于 1Lu，且所取芯样获取率满足要求，芯样完整，缝隙内化学浆液充填密实。灌浆完成一定时间后，清除嵌缝材料，进行表面处理，表面喷涂采用环氧胶泥（图1、图2）。

4 处理施工工艺

主要工艺流程为：缝面检查→钻灌浆孔→开槽、钻排水泄压孔、埋管、封缝→灌浆孔孔内电视确定裂缝位置、下灌浆管路、封孔→串通性检查→化学灌浆→割管、封孔→表面清理→质量检查。

（1）缝面检查
检查处理缝面性状及漏水情况，并做好相应记录。

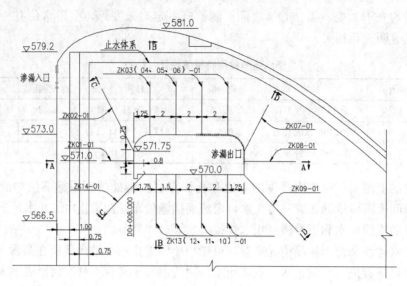

图 1　钻孔深孔分布

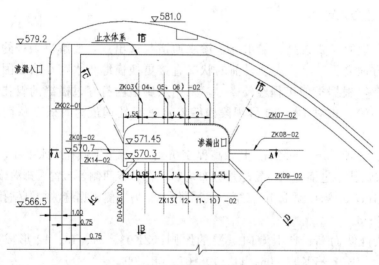

图 2　钻孔浅孔分布

（2）钻灌浆孔

按设计孔位布置图在廊道分批钻设灌浆孔，采用地质钻钻孔，孔径 75mm，终孔孔深按距最近止水不小于 1.0m 控制。钻孔过程应严格按设计角度及孔深控制，严禁超设计参数，同时做好钻孔记录，特别是孔内涌水陡增时的孔深记录。

（3）开槽、钻排水泄压孔、埋管、封缝

因廊道基本为预制廊道，对预制块拉裂部位两侧各 20cm 左右范围内预制部分凿除，裂缝 200mm×150mm "V" 形槽，并在漏水较大部位钻排水泄压孔，孔径和孔深根据漏水情况定，用快干水泥进行埋管封缝，确保封缝密实。

（4）钻孔录像、下灌浆管路、封孔

每个单孔钻孔完成后均需做孔内电视录像，根据孔内电视确定裂缝位置及裂缝宽度，做好准确、详细记录，为相邻灌浆孔布置和灌浆参数提供依据。

安装灌浆管路，灌浆管由镀锌钢管制作，采用力顿快干水泥进行封孔埋管，要求埋设牢固，埋设镀锌钢管与灌浆设备管路相匹配，根据现场实际情况考虑埋设一根或多根灌浆管。

（5）串通性检查

钻孔完成后根据现场实际情况，关闭各管路进行串通性检查试验，检查管路通畅及混凝土面封闭情况。若有大串漏，重新封堵。

（6）化学灌浆

灌浆压力：灌浆前应测试记录好孔口涌水压力、孔内涌水流量等基础数据，最大灌浆压力按相应部位孔口压力加 0.2MPa 左右控制。

灌浆方式：同一廊道内 2～3 孔并联纯压式灌浆，尽可能增加进浆速度。

浆液比例：开灌比例为 HW：LW＝2：8，灌浆过程中视串漏情况、涌水封堵情况适时调整浆液比例或添加固化剂。

结束标准：压力达到设计压力稳压 10～15min 且进浆流量小于 0.5L/min，即可结束灌浆；待凝后在同一廊道内钻设下一批灌浆孔，按同样方式灌注。

为使堵水效果显著且预留尽可能大的后续补强加固空间，一方面适时添加固化剂，另一方面适当减缓浆液往坝下游移动速度。

灌浆过程中做好灌浆记录，灌浆过程中派专人全过程在相邻廊道不间断巡查，发现出浆，及时处理。

制浆系统：制浆系统由拌料桶、搅拌器具及进浆料桶组成，制浆过程中应注意防水、防火、保持通风。

（7）表面清理

待浆液固化后，割除灌浆管路采用快干水泥进行封孔，用钢丝刷、铲刀等将缝面清理干净。

（8）灌浆过程中特殊情况处理

灌浆过程中如果出现严重串漏或不起压现象，应采取措施堵漏或根据具体情况采用间歇灌注、添加固化剂等措施进行处理。化学灌浆应连续进行，因故中断应尽快恢复灌浆；材料应随拌随用，制浆系统应避免有水进入，若发现浆液有凝固、结块现象应做弃浆处理。

5　结语

根据监测及检查成果，判断景洪水电站 12～13 号坝段结构缝渗水可能是坝体横缝止水、结构缝所在高程 570m 廊道四周止水片局部破损，导致止水失效或止水片附近混凝土浇筑不密实而形成渗水途径，先逐渐充满高程 570m 廊道以下横缝止水内部，继而在高程 570m 廊道出现渗水点。

采用从廊道内打穿过横缝的斜孔进行化学灌浆（聚氨酯）的方式对 12～13 号坝段横缝渗水进行处理最为有效，形成新的止水体系的处理方式，满足首次定检问题处理要求，同时保障工程长期安全运行，同时为其他类似工程提供参考。

参考文献

[1] 杨念东，张浩江，等．云南景洪水电站大坝运行总结报告［R］．西双版纳：华能澜沧江水电股份有限公司景洪水电厂，2018.

[2] 赵志勇，张礼兵，张帅，等．云南景洪水电站大坝监测资料分析报告［R］．昆明：中国电建集团昆明勘测设计研究院有限公司，2018.

[3] 陆超，陈思宇，彭望，等．云南省澜沧江景洪电厂大坝 12～13 号坝段结构横缝渗水检查成果报告［R］．昆明：中国电建集团昆明勘测设计研究院有限公司，2019.

[4] 孙志恒．水工混凝土建筑物的检测、评估与缺陷修补工程应用［M］．北京：中国水利水电出版社，2006.

[5] 戈文武，等．混凝土缺陷处理（水利水电工程施工技术全书）［M］．北京：中国水利水电出版社，2017.

[6] 苏武华，赵培双，安可君，等．水工建筑物渗水成因分析及可靠性处理方式［J］．云南水力发电，2019，03：48-51.

[7] 李健，杜雪珍，刘浩．桐柏上水库大坝运行性态分析与渗水处理［J］．大坝与安全，2017（05）：64-67.

极弱胶结海相地基处理桩型比选分析

李荣伟

（中水北方勘测设计研究有限责任公司，天津 300202）

摘　要： 新近系上新统极弱胶结海相沉积土具孔隙率较大、原位测试击数较高但模量较小等特征，为解决其地基承载力满足但地基变形不满足大型水利拦河闸地基持力层的问题，在分析地基土结构、室内外试验成果的基础上，通过打桩试验及比选研究，最终将预应力高强混凝土空心方桩复合地基优化为素混凝土灌注桩复合地基。工程实践证明，干作业条件下的素混凝土灌注桩更适宜于极弱胶结海相沉积土，是一种适应性强、工效快、质量及桩长便于控制的地基处理方案，较好地解决了极弱胶结海相地基沉降量较大的问题。

关键词： 海相软土；预制桩；灌注桩；地基处理；地基沉降

1　前言

南渡江龙塘大坝枢纽位于海南省南渡江干流下游，距离入海口约 26km。该工程枢纽正常蓄水位为 8.35m，是海口市区及江东新区主要供水水源，多年平均总供水量 25975 万 m^3。龙塘坝坝址断面 300 年一遇设计洪峰流量为 $14300m^3/s$，50 年一遇设计洪峰流量为 $11600m^3/s$；正常蓄水位以下库容 1640 万 m^3，总库容 4.9 亿 m^3，属 Ⅱ 等大（2）型工程。该工程拦河闸坝坐落于新近系上新统海相沉积层之上，该地基土物质组成复杂、土质不均、透水性变化大，工程建坝时未采取有效处理措施，1971 年建成投入使用以来多次出现渗漏、不均匀沉降等工程地质问题，虽经多次除险加固但均未能彻底解决安全隐患。为此，2018 年 12 月起研究实施龙塘大坝枢纽改造工程，即在现状龙塘坝下游 70m 处新建大坝枢纽工程。该工程拟以下伏新近系上新统海相沉积粉质黏土层作为坝基持力层，但该地基土为极弱胶结、土质不均、含胶结硬块，原位测试击数较高但压缩模量较低，闸基计算总沉降量超出规范要求。研究该地基土的物理力学特性及其处理措施，是本工程遇到的重大技术难题之一。

目前对弱胶结岩体的研究主要集中于侏罗系、白垩系等特殊软岩领域，特别是煤矿、隧洞等地下工程的变形与支护措施等方面较多；新近系极弱胶结海相地基土具备软岩特性，其物理力学性质介于硬土与软岩之间，属于过渡性特殊岩土介质，目前研究成果较少，特别是作为大型拦河闸地基持力层的研究很少[1-7]。本文结合南渡江龙塘大坝枢纽改造工程，基于工程设计与施工相关经验，研究新近系上新统水下极弱胶结粉质黏土的物理力学性质及地基沉降处理措施。

作者简介： 李荣伟（1974—），男，甘肃定西人，高级工程师，硕士，主要从事水利水电工程地质勘测设计工作。
　　　　　　E-mail：493738660@qq.com。

2 海口组工程地质特性

2.1 地层岩性及分析

南渡江枢纽工程拦河闸工程区深度 50.0m 范围内地基岩（土）层为新近系上新统海口组（N_2^m），其特性从上到下分述如下：

第⑨层：岩性主要为含砂低液限黏土、粉土质角砾、粉土质砂、黏土质砂、低液限黏土、高液限黏土等，灰白、灰褐色为主，基本未胶结成岩，均一性差，物质组成复杂。其中，粉土质角砾呈稍密至密实状；低液限黏土多呈可塑状、局部软塑。多呈中等压缩性、局部高压缩性。岩芯多呈土夹碎块状，局部呈短柱状，渗透性不均。局部揭露第⑨1层贝壳碎屑岩，呈透镜体状分布，岩芯多呈碎块状、块状，局部呈短柱状，多呈强风化状。揭露层厚 0.70～9.00m，层顶高程 -7.75～2.57m。

第⑩层：低液限黏土，灰色为主，基本未胶结成岩或极弱胶结，多呈可塑状、局部硬塑状；多呈中等压缩性、局部高压缩性；土质不均，局部为粉土质砂、含砂低液限黏土/含砂低液限粉土，含胶结硬块，局部均一性较差，局部夹少量砾砂及贝壳碎屑。大部分钻孔揭露，分布稳定。

第⑪层：贝壳碎屑岩，生物碎屑结构，块状构造，主要由贝壳及石英砂钙质泥质胶结而成，岩芯多呈短柱状。揭露最大厚度 31.30m（未穿透），层顶高程 -26.05～-20.55m。工程地质剖面见图 1。

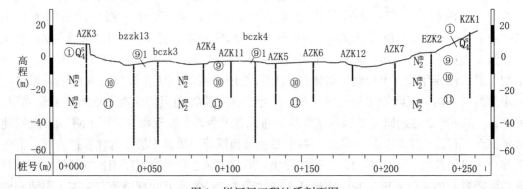

图 1   拦河闸工程地质剖面图

2.2 地基土物理力学性质

拟建龙塘大坝枢纽改造工程拦河闸地基持力层为第⑩层低液限黏土（N_2^m）。根据钻孔原位测试成果统计分析，实测标贯击数 14～61 击，平均 34.2 击，统计标准值为 32.9 击。实测标贯击数随深度分布情况见图 2。实测标贯击数随深度增加的规律性不明显，同一深度范围内实测值离散性大。

根据 51 组物理性质试验成果分析，平均天然含水率 26.3%，天然密度 1.90g/cm³，干密度 1.51g/cm³、孔隙比 0.803、饱和度 88.9%，液限 34.2%，塑限 21.3%，塑性指数 13.0，液性指数 0.37；根据 26 组固结试验成果分析，压缩系数 α_{1-2} 为 0.12～

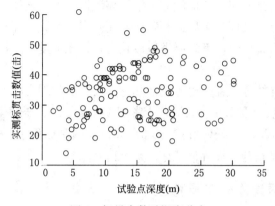

图 2　标贯击数随深度分布

$0.30\mathrm{MPa}^{-1}$、平均 $0.21\mathrm{MPa}^{-1}$，压缩系数 α_{2-4} 为 $0.10\sim0.22\mathrm{MPa}^{-1}$、平均 $0.16\mathrm{MPa}^{-1}$；压缩模量 Es_{1-2} 为 $6.1\sim15.7\mathrm{MPa}$、平均 $9.3\mathrm{MPa}$，压缩模量 Es_{2-4} 为 $8.2\sim18.1\mathrm{MPa}$、平均 $12.2\mathrm{MPa}$。固结试验 $e\sim P$ 曲线、三轴压缩试验 $\sigma_1\sim\sigma_3$ 曲线（群点法）分别见图 3、图 4。

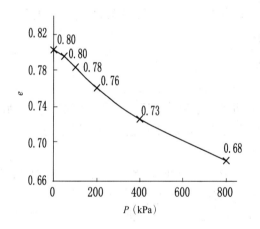

图 3　第⑩层低液限黏土 $e\sim P$ 曲线

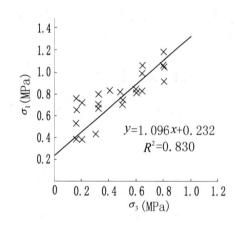

图 4　三轴压缩试验 $\sigma_1\sim\sigma_3$ 曲线

　　根据 9 组单轴压缩变形试验成果分析，天然状态下单轴抗压强度 $0.073\sim1.36\mathrm{MPa}$、平均 $0.184\mathrm{MPa}$，试件受压破坏时多呈鼓胀破坏，周侧多产生纵向开裂；弹性模量 $2.02\sim7.18\mathrm{MPa}$（剔除离散值 $0.94\mathrm{MPa}$、$16.6\mathrm{MPa}$）、平均 $3.22\mathrm{MPa}$，变形模量 $1.35\sim6.42\mathrm{MPa}$（剔除离散值 $0.68\mathrm{MPa}$、$10.6\mathrm{MPa}$）、平均 $2.69\mathrm{MPa}$，泊松比平均值为 0.35。轴向自由膨胀率、径向自由膨胀率、侧向约束条件下轴向膨胀率均≤2%，持力层遇水有一定膨胀性；耐崩解性指数 $3.4\%\sim24.7\%$、平均值 13.1%，为极低耐久性。根据岩石三轴强度压缩试验（CU）成果分析，围压为 $0.2\sim0.4\mathrm{MPa}$ 时，弹性模量平均值为 $2.58\mathrm{MPa}$，变形模量平均值为 $2.04\mathrm{MPa}$。

　　从物质组成、土质结构及现场原位测试和室内试验成果分析，第⑩层地基土孔隙率较大，近饱和状态，可塑至硬塑状，总体属中等压缩性土；由于含弱胶结硬岩颗粒，土质不均，反映到物理力学试验指标上看，除含水率、孔隙率、饱和度等离散性较小之外，原位测试、密度、固结、直接剪切、三轴压缩等指标离散性较大；该地基土孔隙率较大、近饱和、模量较小，试件受压破坏时多呈鼓胀破坏，周侧多产生纵向开裂；三轴试件破坏时以鼓胀破坏为主。如按岩石评价，第⑩层类似极软岩，抗压强度低、模量低、具较明显的崩解特性。

根据试验成果，并结合工程类比提出地基持力层主要物理力学性质指标建议值为：天然含水率 26.3%，天然密度 $1.90g/cm^3$，干密度 $1.51g/cm^3$、压缩模量 Es_{1-2} 为 7.5MPa，压缩模量 Es_{2-4} 为 10.0MPa，凝聚力 C_q 为 31.5kPa、内摩擦角 φ_q 为 15.5°，渗透系数 K 为 8×10^{-6}cm/s，地基承载力允许值 $[R]$ 为 235kPa。

2.3 第⑩层胶结透镜体分布及特性

根据统计分析，在平面上，左岸翼墙、空箱及右岸空箱等部位，钻孔处胶结透镜体厚度占比 22.7%～49.0%，平均 35.3%；拦河闸、右岸翼墙钻孔处胶结透镜体厚度占比 9.0%～26.2%，平均 20.7%。以上资料仅基于数量有限的勘探点资料，勘探点之间的情况未知；根据地质剖面图，沿深度方向，胶结透镜体分布无规律。

本工程实施过程中结合基坑开挖，对胶结透镜体取样 6 组，经统计分析，压缩系数 α_{1-2} 平均值为 $0.14MPa^{-1}$，压缩模量 E_{1-2} 平均值为 13.4MPa；压缩系数 α_{2-4} 平均值为 $0.10MPa^{-1}$，压缩模量 E_{2-4} 平均值为 20.6MPa。

3 预制桩试桩成果分析

为了处理地基土压缩变形不满足设计规范的问题，原设计方案拟采用高强混凝土预制空心桩处理，断面尺寸 400mm×400mm、内径 250mm，桩身混凝土强度 f_{cu} 不低于 C80。

施工期首先进行了打桩试验，试验桩长 10～14m。共试桩 12 根，其中未采取引孔措施试桩 6 根，均未达到设计孔深；采取引孔措施（孔径 300mm、孔引 5～7m）试桩 6 根，成功 1 根、断裂 5 根；采取引孔措施（孔径 500mm、孔引 6m）试桩 1 根，发生断裂。首先破坏的主要形式为桩身纵向开裂，其次为横向开裂。经综合分析认为，试验失败的原因主要有：

（1）第⑩层软硬不均，局部分布胶结透镜体，透镜体的强度较高，是导致桩身断裂的原因之一。

（2）部分桩身在贯入度相对较大的情况下发生纵裂破裂，主要原因是空心桩是未封口的中空构件，在第⑩层低液限黏土层中打桩过程中，地层中的地下水、土、空气等呈液态的混合物压入空心桩内，导致桩身内压力增大，在锤击作用下发生"水锤效应"，激增的桩内静、动压力使空心桩内壁撑裂，桩壁出现纵向裂缝，并伴有泥浆混合物溢出。在采用闭孔桩尖进行试桩，在引孔条件（孔径 500mm、引孔深 7m）下试验 2 根，均达到设计要求。

综上所述，根据不引孔、不全引孔、小孔径引孔等措施打桩试验成果，预制桩不适宜于本地区极弱胶结海相不均匀地基，特别是开口桩端的预制空心桩失败率较高，需要对上述地基处理方案进行优化。

4 优化桩型比选分析

根据地质条件及设计需求，结合施工现场已具备的各项工作条件，初步确定的优化比选方案为长螺旋压灌植桩及素混凝土灌注桩。

植桩法首先主要解决沉桩问题，其次提高部分侧摩阻力，充分发挥预制桩单桩承载力高、桩体质量稳定等优势。该方法基本无污染、质量稳定可控、检测方便，拟定设计方案是采用长螺旋引孔（孔径 600mm），引孔深度为设计桩长减 1m，压灌 C20 细石混凝土后，采用锤击设备打入至设计标高。预制桩桩长 10m，间排距 2.0～2.2m。素混凝土灌注桩孔径 800mm，桩长 10m，间排距 2.4～2.8m。根据《建筑地基处理技术规范》JGJ 79—2012 复合地基的承载力特征值计算方法，两种方案的沉降量相当，且均小于 15cm，均可满足规范要求。

旋挖引孔植桩通过预制桩挤压填充细石混凝土，提高桩身与土体侧摩阻力，从而提高竖向承载力；预制桩强度等级为 C80，耐久性好、质量可控，便于现场管理；承载力高，桩长短，桩间距大，材料用量少，综合造价低，低碳环保；相比现浇桩可缩短检测等待时间；配置钢筋水平承载力高；较原方案节约投资 416.44 万元。但预制桩每延米单价较现浇桩高，锤击沉桩有一定噪声，施工工艺复杂、工期长。

素混凝土灌注桩复合地基主要优点是钢筋用量少，施工简单；每延米桩长单价低；不存在挤土效应；适用性强，工艺简单，施工工期可控；较原方案节约投资 589.94 万元。但灌注桩材料质量不稳定，成桩质量不易控制；均需要超灌、凿桩头；检测需要等待 28d。

拦河闸复合地基施工方案由预应力空心方桩优化为长螺旋压灌植桩工法或素混凝土灌注桩在技术上均可行，且方案优化后均可节约投资、缩短工期。从工期分析，素混凝土灌注桩施工工期较预应力空心方桩施工工期节省 7d；从投资角度分析，素混凝土灌注桩总投资较预应力空心方桩投资节省 173.5 万元；本工程地基土属弱至微透水性，孔壁稳定性好，灌注桩可采用干作业成孔方式施工，可避免水下混凝土灌注桩通常的缺陷问题。综合分析，素混凝土灌注桩方案更优，推荐采用此方案。优化方案后对工程运行安全无不利影响，适应性强，工艺简单，施工工期可控。

5 结语

新近系上新统极弱胶结海相沉积土土质不均，含胶结颗粒，具孔隙率较大、模量较小等特征，水利工程拦河闸坝以其作为地基持力层时，将遇到地基承载力性状满足要求，但地基变形不满足规范要求而需要采取地基处理措施的情况。

预应力高强混凝土空心方桩是一种质量稳定的地基处理形式，但在不均匀地基条件下常需采取引孔等辅助手段才能实施。通过比选分析，长螺旋压灌植桩工法和素混凝土灌注桩均可作为优化方案，但植桩法工艺相对复杂；在具备干作业成孔地质条件下，素混凝土灌注桩适应性强、工艺简单、质量和工期可控，特别适宜于本工程在汛期赶工情况下的地基处理，作为最终优化推荐方案，并成功应用于本工程拦河闸等建筑物地基处理。

素混凝土灌注桩实施经验表明，需严格控制干作业成孔条件下的孔底浮渣厚度，应按规范要求采取低应变检测、钻孔取芯等手段检测桩身完整性，并进行单桩静载荷试验、高应变检测等，桩身完整性及单桩竖向承载力等作为复核地基处理是否达到设计要求的依据。

参考文献

［1］远艳鑫. 水工建筑物软土地基处理技术及运用［J］. 湖南水利水电，2019，222（04）：98-100.

［2］黄仕强. 软土地基水闸设计中沉降控制复合桩基应用的作用［J］. 湖南水利水电，2019，222（04）：82-83.

［3］孟庆彬. 极弱胶结岩体结构与力学特性及本构模型研究［D］. 北京：中国矿业大学，2014：50-58.

［4］应科峰，顾若飞. 预应力混凝土管桩在软土地基中的应用［J］. 工程建设与设计，2009，259（11）：111-1113.

［5］刘斌. 海相软土地基沉降模式的研究分析［D］. 河北：河北工业大学，2014：2-12.

［6］梁定勇，许国强，肖瑶，等. 海口江东新区新近纪-第四纪标准地层与组合分区［J］. 科学技术与工程，2021，21（26）：11052-11062.

［7］孟庆彬，钱唯，韩立军，等. 极弱胶结岩体再生结构的形成机制与力学特性试验研究［J］. 岩土力学，2020，41（03）：19-29.

基于实测数据的土石坝健康状态分级探讨

李宪栋　唐红海

（黄河水利水电开发集团有限公司，河南济源 459017）

摘　要： 针对大坝健康状态评估缺少实用的指标分级问题，提出了按照指标变化拐点进行大坝健康状态分级的建议。将大坝监测指标变化率作为大坝运行稳定判据，结合土石坝工程实际测量数据对大坝健康状态变化规律进行了拟合。结合土石坝运行中的外部变化和渗流指标监测数据对基于指标的土石坝健康状态分级标准进行了探讨，将稳定运行的大坝监测指标前期变化最大值作为预警值，将中期稳定运行变化值作为最优值，在此区间内按照变化率变化拐点将大坝健康状态分为优秀、健康、注意和警戒四个等级。大坝健康状态分级为大坝运行管理提供了量化指标，可以作为调整大坝管理措施的参考依据。

关键词： 健康状态；指标体系；预警值；分级

1　土石坝健康状态评估

　　大坝运行管理的重要内容是定期进行大坝健康状态评估。基于监测指标的大坝健康状态评估是跟进和调整大坝监测等运行管理措施的基础。大坝健康状态评估需要建立科学合理的评价指标体系和确定合理的状态分级标准，在此基础上结合健康指标变化进行量化分析。量化分析是实现管理标准化和提升管理水平的必要措施。

　　目前大坝运行管理中定期结合《水库大坝安全评价导则》和《水电站大坝运行安全评价导则》（简称评价导则）进行安全性评价。评价导则给出了大坝安全综合评价的框架和评级标准，从大坝防洪、结构、渗流、抗震、金属结构、泄水建筑物和工程质量分别进行逐项评价，然后综合评价，将大坝分为 A、B、C 三类。评价中采用了木桶短板原理，按照评价项目中最低等级项目数量确定大坝的整体等级类别。大坝安全评价导则中采用了按照评价项目是否满足要求进行判断的评价方法，未进行综合评估和分级管理，不利于进行综合分析和及早发现健康状态异常进行预警。将运行监测指标量化，建立便于比较分析的综合评价指标进行综合评判是必要的可行方法。对大坝健康状态进行分级，确定合适的预警值对于大坝运行管理具有积极意义。大坝定期安全性评价周期为 6~10 年，不利于大坝运行管理中及时掌握大坝健康状态变化。基于运行监测指标的年度评价成为运行管理中的必要补充措施。

　　土石坝健康状态评估是一个多因素综合评判问题，评估流程为：确定合理的评估指标体系和分级标准，采用合适的模型将各个指标融合后形成综合评价指标，根据指标值结合状态分级确定土石坝的健康状态等级。评估指标体系应选取能反映土石坝健康状态变化且

作者简介：李宪栋（1977—），男，河南林州人，高级工程师，硕士，主要从事水利工程运行管理工作。
　　　　　E-mail：lxdxlddc@163.com。

便于监测的指标集合。常用的综合评估方法包括层次分析法[1-2]、模糊综合评估法[3-4]、物元分析[5]等，其中各指标的权重对最终评估指标影响较大，指标权重确定方法主要包括主观确定法、客观确定法和主客观混合确定法。合理的健康状态分级决定了评估结论及大坝运行管理措施的调整策略。

大坝结构变化和渗流变化是反映大坝健康状态的重要指标，也是运行管理中主要监测指标，其中结构变化主要包括大坝垂直位移变化和顺水流方向位移变化。如何确定监测指标数据变化的合理范围成为大坝运行中进行健康状态评估的关键问题。参考类似工程信息进行判断是评价导则提供的思路，但运行中的大坝结构和运行情况差别较大，很难取得实用的参考性数据资料。依据大坝运行历史数据拟合大坝健康状态变化规律，在此基础上对其健康状态进行分级是可以尝试的方法[6]。本文试着结合土石坝监测数据对大坝健康状态分级进行探讨。

2　土石坝健康状态分级

2.1　土石坝健康状态评估指标分级

土石坝健康状态评估指标是综合各级评估指标后的综合指标。土石坝监测指标体系中的大坝变形、渗流量等指标单位不同，监测量数值变化范围也有较大差别。为了将各类指标有效融合，一般先将各级指标进行归一化处理，然后进行融合形成综合评估指标。根据综合评估指标变化范围将土石坝健康状态平均分级是基于土石坝老化规律为均匀变化的假设。工程经验表明，许多事物的老化规律是不均匀变化的。本文采用根据土石坝健康状态变化规律拐点进行分级的状态分级方法。土石坝健康状态变化规律可以通过将监测数据变化量随时间变化情况进行拟合模拟。监测数据的变化系列应该是能反映土石坝全寿命周期变化规律的数据，且其变化趋势应是收敛稳定的。从大坝建成蓄水运行开始对大坝监测数据进行连续监测，将前期历史最大值作为后期运行过程中监测预警值，将中期稳定值作为最优值，在最优值和预警值之间按照大坝监测指标变化规律拐点将大坝健康状态分为优秀、健康、预警和警戒四个级别。

土石坝变形和渗流是反映其健康状态的重要指标，指标变化稳定或收敛可以作为大坝健康的判断标准。土石坝运行中监测数据包括大坝结构变化和渗流变化两大类。大坝结构变化包括水平方向和垂直方向变化，水平方向变化包括顺水流方向变化及顺轴线方向变化，垂直方向变化主要是大坝沉降量。渗流变化包括坝基渗流和排水洞渗流变化。处于健康状态的土石坝结构变化和渗流变化随时间增长应该趋于收敛稳定，短期变化趋势与水库水位变化正相关。对于变化缓慢的土石坝可以将年作为分析时间单位。实际监测中采集到的是指标变化累计量，应采用变化率作为评估指标。大坝结构变化采用土石坝顺水流方向和垂直方向位移年度变化率作为分析判断指标，大坝渗流变化采用坝基渗流变化率和排水洞渗流变化率作为分析指标。

2.2　收敛稳定性判定

随时间变化的监测量是否稳定可以从其变化趋势来判断，稳定的变化趋势是监测量变化幅值保持稳定或变小。对于呈增长趋势的变化量 S，对应的变化稳定模型为：

$$\frac{\mathrm{d}S}{\mathrm{d}t} \geqslant 0, \frac{\mathrm{d}^2 S}{\mathrm{d}t^2} < 0 \tag{1}$$

对于呈减小趋势的变化量 S，对应的变化稳定模型为：

$$\frac{\mathrm{d}S}{\mathrm{d}t} \leqslant 0, \frac{\mathrm{d}^2 S}{\mathrm{d}t^2} > 0 \tag{2}$$

式中，S 为监测指标；t 为时间。

3 工程实例

3.1 土石坝监测指标变化情况

土石坝健康状态监测指标选取大坝变形和渗流两类指标。大坝变形监测指标选取大坝顺水流方向位移和沉降位移，大坝渗流监测指标选取坝基日渗流量变化率和排水洞日渗流量变化率。

某水利枢纽大坝为壤土斜心墙堆石坝，1999 年建成开始蓄水，2001 年后库水位进入正常运用范围。选取 2001—2021 年监测数据进行分析。主坝坝体表面变形监测主要通过对主坝上下游坡共 8 条视准线进行监测来实现。8 条视准线共有 27 个工作基点和 120 个监测点。大坝变形选取大坝 283m 高程视准线中段监测数据进行分析。主坝顺水流方向累计位移变化趋势如图 1 所示，沉降累计位移变化趋势如图 2 所示。大坝渗流选取坝后量水堰渗流和排水洞渗流日渗流量进行分析，大坝坝基渗流量变化趋势如图 3 所示，排水洞渗流流量变化趋势如图 4 所示。

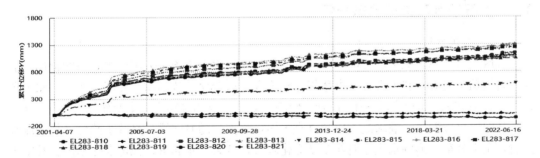

图 1 主坝顺水流方向累计位移变化趋势

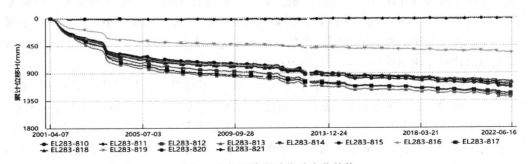

图 2 主坝沉降累计位移变化趋势

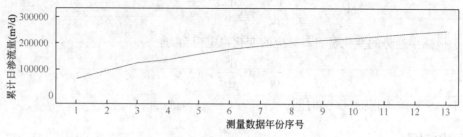

图 3 大坝坝基渗流量累计变化趋势

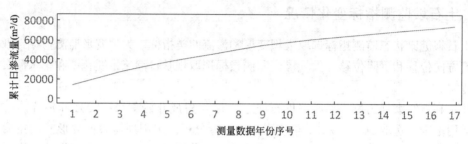

图 4 排水洞渗流量累计变化趋势

可以看出，大坝顺水流方向位移和沉降位移变化随着时间增长放缓，大坝变形趋于收敛稳定；大坝坝基渗流变化和排水洞渗流变化随着时间增长放缓，趋于收敛稳定。处于健康状态的大坝监测指标变化规律应是随时间变化趋于平稳或收敛。土石坝变形和渗流监测指标显示，此土石坝处于运行稳定状态。

3.2 土石坝监测指标状态分级

1）土石坝变形

选取土石坝每年顺水流方向和垂直方向位移变化率作为衡量大坝健康状态的指标。上述土石坝顺水流方向和垂直方向位移年变化率及位移变化趋势如图 5 和图 6 所示。图中选择了土石坝 283m 高程中段 5 个监测点 2001—2021 年监测位移变化率变化情况进行分析。

从图中可以看出，顺水流方向和垂直方向位移变化随时间增长呈减小趋势。从监测数据看，主坝外部变形顺水流方向前 5 年变化较大，从第 6 年起进入稳定变化期内。其中土石坝顺水流方向位移年度变化率从 70％左右降低到了 10％以内，随后变化波动稍大，主要受库水位年度升降变化影响。土石坝垂直方向位移变化率从起初的 66％左右快速降低到第 5 年的 7.93％，随后逐步缓慢降低到期末的 1.48％，波动幅度较小。土石坝主坝顺水流方向位移年变化率变化呈现反复趋势，位移变化率负值占 60％，有稳定趋势。土石坝垂直方向位移变化率负值占 90％，呈现稳定趋势。

从土石坝顺水流方向位移年变化率变化规律看，可以将土石坝健康状态按照 10％、50％和 70％分为四级，变化率小于 10％定为优秀状态，变化率在 11％～50％之间定为健康，变化率在 51％～70％之间定为注意，变化率大于 70％定为警戒。同理，土石坝垂直方向位移年变化率按照 10％、30％和 65％分级，变化率小于 10％定为优秀，变化率在 11％～30％之间定为健康，变化率在 31％～65％之间定为注意，变化率大于 65％定为警戒。

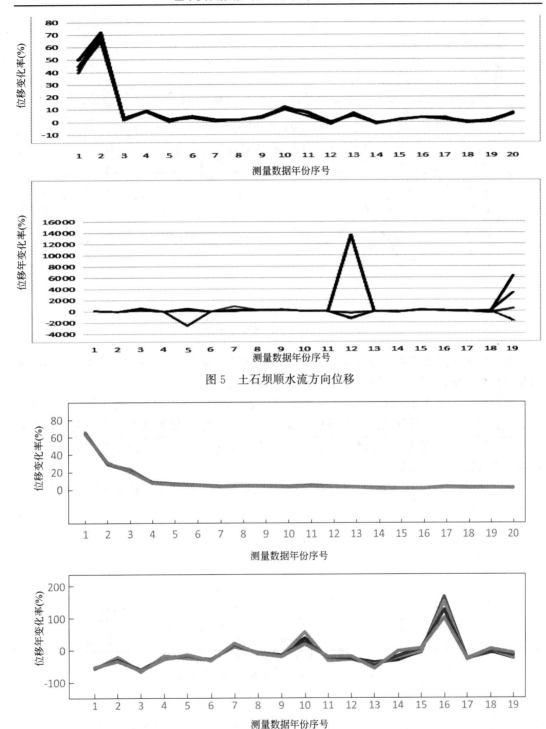

图 5　土石坝顺水流方向位移

图 6　土石坝垂直方向位移

2）渗流变化

为了便于分析对比，选取了 15 年库水位为 260m 附近的主坝坝基日渗流量进行分析，主坝坝基日渗流量及变化率如图 7 和图 8 所示。

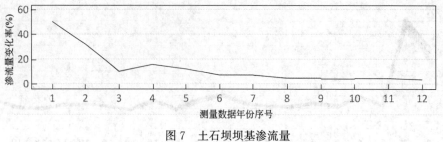

图 7　土石坝坝基渗流量

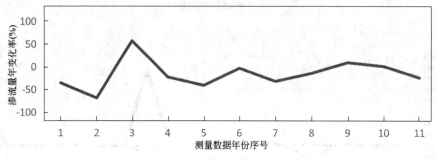

图 8　土石坝坝基渗流量年变化率

图 7 显示上述土石坝主坝坝基日渗流量随时间增长而减小，但有波动，图 8 显示渗流量年变化率负值占 73%，表明坝基渗流呈现收敛稳定趋势。

根据库水位为 260m 附近的主坝坝基渗流量变化情况，将主坝坝基渗流量变化率按照 10%、35%、50% 进行分级。主坝坝基渗流量小于 10% 定为优秀状态，主坝坝基渗流量在 10%～35% 之间定为健康状态，主坝坝基渗流量在 35%～50% 之间定为注意状态，主坝坝基渗流量大于 50% 定为警戒状态。

选取 2003—2020 年主坝排水洞渗流量变化情况进行分析，主坝排水洞渗流量及年变化率见图 9 和图 10。

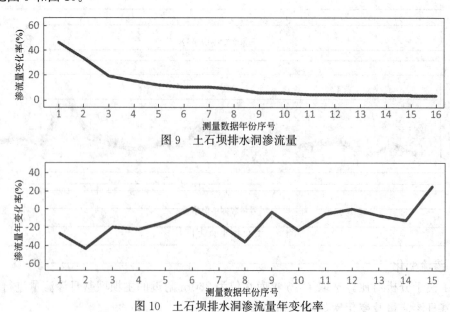

图 9　土石坝排水洞渗流量

图 10　土石坝排水洞渗流量年变化率

图 9 显示上述土石坝主坝排水洞日渗流量随时间增长而减小，稍有波动，图 10 显示渗流量年变化率负值占 93％，表明主坝排水洞渗流呈现收敛稳定趋势。

根据土石坝主坝排水洞日渗流量变化情况，将土石坝主坝排水洞日渗流量变化率按照 10％、20％、50％进行分级。主坝排水洞渗流量变化率小于 10％定为优秀状态，在 10％～20％之间定为健康状态，在 20％～50％之间定为注意状态，大于 50％定为警戒状态。

4　结论

本文针对大坝健康状态评估指标分级问题结合工程实例对土石坝变形和渗流监测指标等级划分进行了探讨。对于健康指标变化率逐渐减小并趋于稳定的土石坝，可以将健康指标变化拐点作为健康状态分级的分界点。

通过对某水利工程土石坝蓄水初期开始至运行相对稳定的监测数据分析，形成了土石坝变形年变化率曲线和主坝渗流年变化率曲线。本文研究表明，土石坝位移呈现非线性，建议对土石坝顺水流方向和垂直方向位移年变化率指标按照 10％、50％、70％和 10％、30％、65％对大坝健康状态进行分级。土石坝渗流随时间变化呈现非线性，建议对土石坝主坝坝基渗流年变化率和排水洞渗流年变化率按照 10％、35％、50％和 10％、20％、50％对大坝健康状态进行分级。

为了实现土石坝健康状态综合评估，还需要进一步完善监测指标体系，确定监测指标体系融合权重和方法。土石坝其他监测指标的健康状态分级及监测指标体系权重和融合问题将是下一步研究的课题。

参考文献

[1] 王硕，沈振中，张文兵，等．一种分析大坝安全状况的改进变权层次分析法［J］．水利水电科技进展，2022，42（3）：97-103.

[2] 郭维维．改进层次模糊分析法在水库大坝安全评价中的应用＿郭维维［J］．水利水电快报，2020，41（8）：63-67.

[3] 程帅，汪俊波，兰昊，等．基于可变模糊集理论的混凝土坝安全评价［J］．水力发电，2021，47（3）：115-120.

[4] 李京阳，岳春芳，李江，等．基于模糊综合评价的下天吉水库震后安全评价＿李京阳［J］．水电能源科学，2020，38（6）：55-58.

[5] 吕鹏，王晓玲，余红玲，等．基于 FDA 的大坝渗流安全动态可拓评价模型＿吕鹏［J］．河海大学学报（自然科学版），2020，48（5）：433-439.

[6] 黄会宝，李艳玲，胡瀚尹，等．基于导则的大坝安全在线定期综合评价模型研究［J］．大坝与安全，2020，（1）：6-11，21.

基于球面波冲击因子的重力坝水下爆炸效应评估

胡　晶[1]　陈叶青[2]　王　思[1]　吕林梅[2]　张雪东[1]　张紫涛[1]

(1. 中国水利水电科学研究院，北京 100048；2. 中国人民解放军
军事科学院国防工程研究院，河南洛阳 471023)

摘　要： 重力坝的防护关系着国家的公共安全问题。目前还缺少有效的指标评估重力坝的水下爆炸效应。本文在球面波冲击因子的基础上，考虑自由液面的截断效应，使冲击因子可以合理描述炸药入水深度、蓄水位高度对水下爆炸作用的影响。为了验证冲击因子描述水下爆炸效应的合理性，基于声固耦合方法进行数值模拟，分别在冲击因子相同和不同时，改变炸药当量、爆距、入水深度、蓄水位高度进行了一系列模拟，验证冲击因子与坝体能量、动力响应及结构损伤的相关性。研究表明：当冲击因子一致时，坝体的动能、应变能基本一致，损伤面积率也较为接近。坝体的能量与冲击因子呈抛物线关系，这符合能量守恒。当冲击因子超过一定值后，冲击波将使结构产生损伤，坝体损伤面积比与冲击因子呈线性关系。因而，冲击因子可以作为评估重力坝水下爆炸效应的有效指标。

关键词： 冲击因子；水下爆炸；重力坝；能量；损伤

1　研究背景

由于水的不可压缩性，水下爆炸的威力远大于空中爆炸[1]。重力坝等水工结构在水下爆炸作用下的安全值得关注。水工结构一旦破坏，随后的洪水可能对下游区域造成巨大的灾难[2]。

由于试验的危险性，重力坝的水下爆炸研究仍以数值模拟为主，Autodyn、Lsdyna、Abaqus 等商业软件是广泛使用的分析工具。基于此类方法，学者系统研究了炸药当量[3]、爆距[4]、入水深度[3]、蓄水位高度[5,6]等外部因素对重力坝水下爆炸效应的影响，数值模拟得到的坝体与 Vanadit-Ellis 和 Davis[7] 开展的离心模型试验结果基本一致[8,9]。然而，由于水下爆炸的复杂性，目前还缺少类似地震震级这样简单有效的指标来评价水下爆炸对坝体产生的冲击环境[10]。

基于能量的平面波冲击因子广泛应用于船舶的防护设计[11-16]，可以合理描述远场水下爆炸作用。然而，在近场水下爆炸作用时，由于球面波效应，冲击波能量沿船体分布并不均匀。姚熊亮等[17] 考虑了沿船体长度方向的冲击波能量衰减，对平面波冲击因子进行了修正，可以描述近场水下爆炸对水面舰船等梁式结构的作用，并通过数值模拟对其进行

基金项目： 第七届青托工程项目（2021QNRC001）；国家自然科学基金项目（51879283）。

作者简介： 胡晶（1989—），男，江苏东海人，高工，博士，主要从事水工结构抗爆研究。
　　　　　　E-mail：jinghu@buaa.edu.cn。

了验证[18]。针对板体结构，胡晶等[19] 将结构遮挡的冲击波能量作为指标，建立了考虑球面波效应的冲击因子，相比平面波冲击因子，该指标可以统一描述近场及远场水下爆炸作用[8]，该指标也通过了离心模型试验的验证。

本文基于球面波冲击因子开展研究，验证其描述重力坝水下爆炸效应的适用性。在浅水爆炸中，水下爆炸作用不可避免地受到自由液面反射的影响，本文采用虚爆源理论对球面波冲击因子进行修正，使之可以综合考虑炸药当量、爆距、入水深度、蓄水位高度以及坝体几何尺寸对水下爆炸作用的影响，从而为重力坝水下爆炸效应的评估提供指标。

2 水下爆炸冲击因子

2.1 球面波冲击因子

Hu 等[8] 采用结构遮挡的冲击波能量作为指标，通过球面积分，得到考虑球面波效应的板体结构冲击因子，其主要公式如下：

$$SF = \sqrt{E_s \beta L^2} \tag{1}$$

$$E_s = K_E \cdot \sqrt[3]{W} \cdot (\sqrt[3]{W}/L)^{a_E} \tag{2}$$

$$\beta = 4\arcsin(a_0 b_0) \tag{3}$$

$$b_0 = \frac{l}{\sqrt{L^2 + l^2}} \tag{4}$$

$$a_0 = \frac{h}{\sqrt{L^2 + h^2}} \tag{5}$$

式中，E_s 为冲击波能流密度；β 为结构边界与爆源组成的立体角；L 为爆距；l 为结构宽度的一半；h 为结构高度的一半；W 为炸药当量；K_E，α_E 为能流密度对应的经验系数，对于 TNT，$K_E = 83$，$\alpha_E = 2.05$。

2.2 考虑自由液面效应的水下爆炸冲击因子

式(1) 可以考虑炸药当量、爆距、入水深度等因素对水下爆炸作用的综合影响。然而，由于未考虑自由液面的截断效应，浅水爆炸时，理论计算所得的坝体的能量偏大，而坝体的损伤将小于实际。为了减小误差，对球面波冲击因子进行修正。根据爆炸力学和波动理论，自由液面反射可以通过虚爆源进行考虑。对于浅水爆炸，可以假定水面上存在镜像点 B，当量为 $-W$，其产生的负压力波将叠加到 A 爆源产生的正压力波。虚爆源理论可以描述自由液面的截断效应（图 1）。

根据式(1)~式(5)，定义二元函数，

$$f(x, y) = \arcsin\left(\frac{x}{\sqrt{(L^2 + x^2)}} \frac{y}{\sqrt{(L^2 + y^2)}}\right) \tag{6}$$

式中，x，y 为自变量。在近自由液面附近爆炸时，A 点与 B 点产生的冲击波能量将进行叠加，爆源与结构组成立体角可以等效为，

$$\beta_M = 2f(d, l) + 2f(h_w - d, l) - [2f(h_w + d, l) - 2f(d, l)]$$

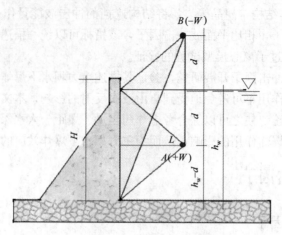

图 1　考虑自由液面效应冲击因子

$$=4f(d,l)+2f(h_w-d,l)-2f(h_w+d,l) \tag{7}$$

式中，d 为炸药入水深度，h_w 为蓄水位高度。

$$SF=\sqrt{E_s\beta_m L^2} \tag{8}$$

该冲击因子可以综合考虑爆炸当量、爆距、入水深度、蓄水位变化以及结构几何形状对水下爆炸作用的影响，可以描述结构所处的水下爆炸环境。

3　重力坝水下爆炸效应数值模拟

3.1　数值模拟方法

数值模拟基于声固耦合方法开展，对于线性声学介质，流场的压力满足波动方程：

$$-\frac{\rho_f}{K_f}\frac{\partial^2 p}{\partial t^2}+\nabla^2 p=0 \tag{9}$$

式中，ρ_f 为流体密度，v 为流速，p 为压力，t 为时间，c 为声速，$K_f=\rho_f c^2$ 为流体的体积模量。数值模拟施加的爆炸冲击波为球面波，其衰减规律根据 Cole 理论计算[20]，

$$P(t)=P_m e^{-t/\theta} \tag{10}$$

$$P_m=K_p\left(\frac{W^{1/3}}{L}\right)^{\alpha_p} \tag{11}$$

$$\theta=K_\theta W^{1/3}\left(\frac{W^{1/3}}{R}\right)^{\alpha_\theta} \tag{12}$$

式中，$P(t)$ 为冲击波压力时程，P_m 为冲击波峰值压力，t 为时间，θ 为时间常数，K_p、K_θ、α_p、α_θ 为峰值压力、时间常数对应的经验系数，对于 TNT，$\alpha_p=1.13$，$\alpha_\theta=-0.23$，$K_p=53.3$，$K_\theta=84$。

3.2　数值模型

数值模型基于离心模型试验建立，重力加速度 $50g$，坝高 550mm，坝顶厚 50mm，坝底厚 375mm。坝体上游面为垂直面，下游坝坡为 1∶0.75。模型底部为固定边界；坝

体 2 个侧面约束法向位移。模型坝分 3 个坝段，每个坝段宽 240mm，坝段之间切向采用摩擦接触（图 2），法向为刚性接触；为减小计算量，坝前水域厚度设为 10cm。流体与坝体结构的相互作用采用声固耦合理论模拟，即接触面法向速度相同。

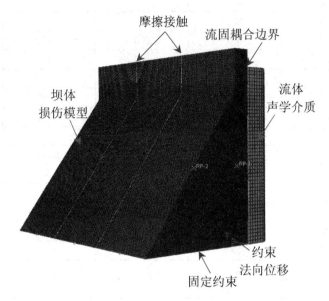

图 2 数值模型

3.3 模拟参数

数值模拟采用 Ren 等[21] 提出的混凝土损伤本构模型，该模型可以合理地反映混凝土结构的动态损伤。王思等[6] 采用离心模型试验结果的对比，验证了模型及参数（表 1）的合理性。水的声速为 1465m/s，各坝段间的切向摩擦系数取 0.6。

材料参数[6]　　　　　　　　　　　　　表 1

介质	水泥砂浆	水	介质	水泥砂浆	水
模型	损伤模型	声学介质	拉伸强度（MPa）	2.2	—
密度（kg/m³）	2400	1000	峰值拉应变	0.00012	—
杨氏模量/体积模量（GPa）	22.0	2.18	峰值压应变	0.0014	—
泊松比	0.25	—	多向受压强度提高系数	1.1	—

3.4 模拟工况

为了对冲击因子的有效性进行验证，首先在冲击因子相同的条件下（表 2，工况 1～工况 11），改变爆距、入水深度、蓄水位高度等因素进行模拟，对比坝体能量及损伤程度的一致性。随后，通过增大当量、减小爆距等方式，模拟不同冲击因子条件下坝体的水下爆炸效应（表 2，工况 12～工况 19），确定冲击因子与坝体能量、坝体动力响应及结构损伤的关系。

模拟工况　　　　　　　　　　　　　　　　　　表2

编号	L(m)	d(m)	h_w(m)	W(g)	SF
1	0.4	0.3	0.5	5.368	0.429
2	0.35	0.3	0.5	4.047	0.429
3	0.3	0.3	0.5	3.0	0.429
4	0.25	0.3	0.5	2.182	0.429
5	0.3	0.2	0.5	3.456	0.429
6	0.3	0.35	0.5	3.023	0.429
7	0.3	0.4	0.5	3.186	0.429
8	0.3	0.2	0.35	4.599	0.429
9	0.3	0.3	0.4	3.812	0.429
10	0.3	0.3	0.45	3.319	0.429
11	0.3	0.3	0.53	2.862	0.429
12	0.3	0.3	0.5	0.1	0.076
13	0.3	0.3	0.5	0.5	0.173
14	0.25	0.3	0.5	3.0	0.505
15	0.2	0.3	0.5	3.0	0.600
16	0.15	0.3	0.5	3.0	0.722
17	0.3	0.2	0.35	3.0	0.346
18	0.3	0.3	0.4	3.0	0.380
19	0.3	0.4	0.5	3.0	0.416

4　冲击因子有效性验证

4.1　坝体能量一致性

图3～图5整理了冲击因子相同时，改变爆距、入水深度、蓄水高度等条件对中间坝

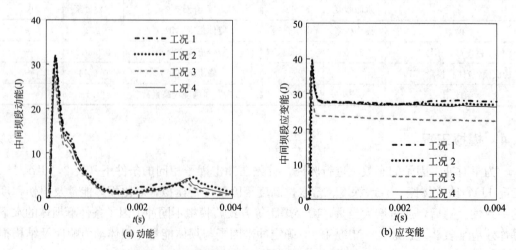

(a) 动能　　　　　　　　　　　　　(b) 应变能

图3　不同爆距下中间坝段能量（SF=0.429）

段能量的影响。结果表明，冲击因子一致时，各个工况应变能和动能的变化趋势吻合，能量峰值也较为接近。球面波冲击因子可以合理地反映水下爆炸作用下结构的应变能和动能，而结构的应变能和动能也决定了坝体的振动、变形及损伤情况。

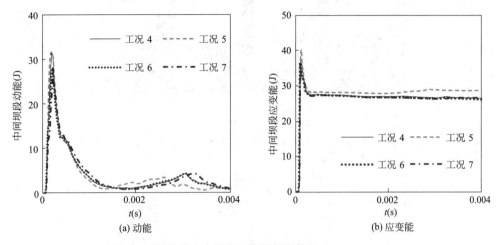

图 4 不同炸药入水深度下中间坝段能量 （$SF = 0.429$）

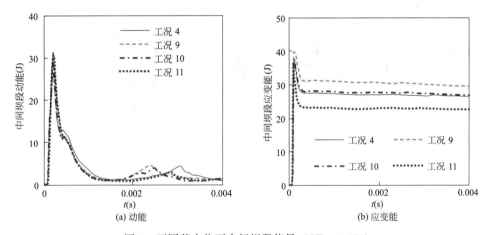

图 5 不同蓄水位下中间坝段能量 （$SF = 0.429$）

4.2 坝体损伤一致性

图 6 整理了相同冲击因子下，爆距、入水深度、蓄水位高度变化时坝体的损伤云图。坝体损伤主要集中在坝体迎水面、坝头及坝基等部位。坝体迎水面损伤主要因上游面的入射波压力超过混凝土的极限强度而产生压碎破坏；坝头部位截面较小，应力易于集中，因而损伤严重；除局部冲击，水下爆炸还将对坝体产生较大的整体弯曲作用，这使得坝基部位易发生开裂；除此之外，爆炸冲击波传播至下游面，反射产生的稀薄也可能使坝体下游产生局部拉伸破坏。为了衡量坝体的破坏程度差异，采用损伤面积率[22]表征坝体的破坏程度。总体上，各个工况所得损伤模式及损伤面积率均较为接近，损伤面积率均值为9.06%，当炸药入水深度较浅或蓄水位较低时，损伤面积率略有差异，最大偏差约10%。

可以认为，当不同工况下坝体的破坏模式接近时，如冲击因子相同，坝体的损伤程度也将基本一致。

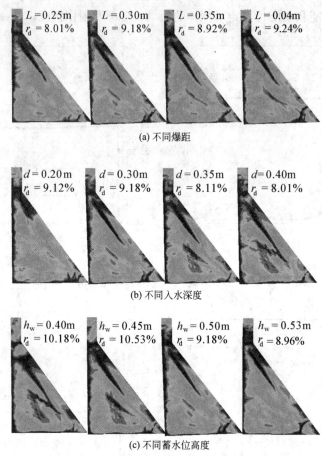

(a) 不同爆距

(b) 不同入水深度

(c) 不同蓄水位高度

图 6　相同冲击因子下中间坝段的损伤

5　基于冲击因子的坝体水下爆炸作用评估

5.1　坝体能量

图 7 给出了冲击因子与中心坝段、侧面坝段以及整个坝体结构的应变能、动能的关系。随着冲击因子的增大，坝体所受冲击能量也随之增大，各个坝段应变能与动能的峰值基本相同，这符合能量守恒。图 7(a) 中，横坐标为根据中心坝段计算得到的冲击因子，中心坝段的能量与冲击因子近似呈抛物线关系，这也与冲击因子的定义一致；由于偏心作用，侧面坝段动能及应变能小于中心坝段，坝体结构的总体能量为中心坝段与 2 个侧面坝段能量之和。为了进一步验证冲击因子的有效性，考虑侧面坝段的偏心作用以及整个坝体结构的尺寸，计算侧面坝段及整个坝体结构的冲击因子，应变能、动能与冲击因子的关系将回归到同一抛物线（图 7b），这证明了冲击因子合理反映了坝体所受的能量。坝体的动能、应变能决定了坝体的振动及变形响应，影响着坝体的损伤程度，因而冲击因子可以用于评估坝体的水下爆炸效应。

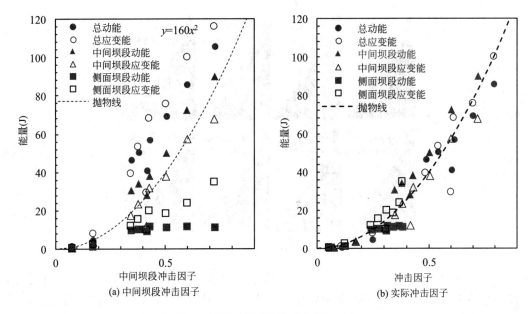

图 7   不同冲击因子与坝体能量关系

5.2   坝体动力响应

对于结构动力响应，根据数值模拟结果，图 8 整理了加速度峰值、应变峰值与冲击因子的关系。结果表明：冲击因子与加速度、应变值基本满足线性关系，冲击因子的增加，坝体所受的冲击能量增加，相应的结构振动及变形也更大，因而，可以采用冲击因子描述水下爆炸产生的动力响应。

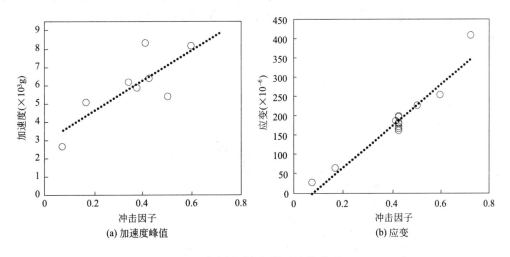

图 8   冲击因子与坝体响应的关系

5.3   坝体损伤

对于坝体损伤，图 9 整理了工况 12～19 所得的坝体损伤。随着炸药当量的增大，

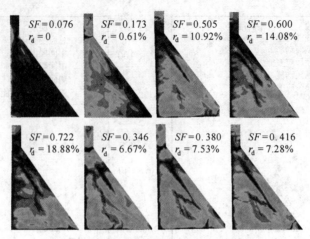

图 9　不同冲击因子下中间坝段损伤

坝体损伤程度逐渐增大（工况 12～13，工况 3），坝头部位首先产生裂缝，而坝体损伤主要集中在坝头部位。进一步减小爆距（工况 3，工况 14～16），随着爆距的减小，坝体毁伤显著加剧。而如果减小蓄水位高度（工况 17、18），则坝体损伤明显降低，冲击因子也相应减小，这说明了蓄水位对减小坝体能量、降低坝体损伤的重要作用。而当炸药入水深度增加时（工况 3，工况 19），冲击因子增加，坝体中下部的损伤程度也会增加，这主要是由于当炸药距离水面较近时，球面冲击波的能量将部分扩散到空气中，而自由液面反射的稀疏波也会减轻爆炸冲击作用。这说明本文对冲击因子的修正是合理的。

　　图 10 给出了各个工况冲击因子与对应坝体的损伤面积率间的关系。当冲击因子达到一定阈值后，坝体产生损伤，随着冲击因子的增大，坝体损伤面积增大。坝体损伤面积比与冲击因子基本呈线性关系，这说明采用冲击因子描述坝体在水下爆炸作用下的损伤是可行的。

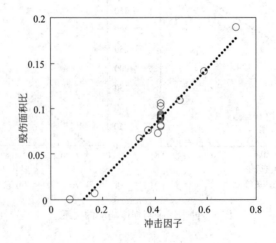

图 10　冲击因子与中间坝段损伤面积比的关系

6 结论

本文基于球面波理论及数值模拟等方法，研究了重力坝在水下爆炸作用下的动力响应以及损伤，探索采用冲击因子评估坝体水下爆炸效应的适用性。通过研究，得到以下主要结论：

（1）采用虚爆源理论，对球面波冲击因子进行修正，使之可以合理描述自由液面对水下爆炸冲击能量的影响，所得冲击因子可以综合描述炸药当量、爆距、入水深度、蓄水位高度等因素对水下爆炸效应的影响；

（2）数值模拟结果表明：当冲击因子相同时，中心坝段的应变能、动能基本相同，不同工况坝体的损伤程度也基本一致；

（3）各个坝段的应变能、动能与对应的冲击因子呈抛物线关系，这一结果符合能量守恒，说明冲击因子可以描述坝体所受的爆炸冲击能量。

（4）坝体的动力响应峰值、损伤程度均与冲击因子呈线性关系。虽然坝体几何尺寸复杂，但是结果表明：采用冲击因子评估重力坝的水下爆炸效应是可行的。

参考文献

[1] 张社荣，孔源，王高辉. 水下和空中爆炸时混凝土重力坝动态响应对比分析 [J]. 振动与冲击，2014，33（17）：47-54.

[2] 陈祖煜，程耿东，杨春和. 关于我国重大基础设施工程安全相关科研工作的思考 [J]. 土木工程学报，2016，49（03）：1-5.

[3] 张社荣，王高辉，王超，等. 水下爆炸冲击荷载作用下混凝土重力坝的破坏模式 [J]. 爆炸与冲击，2012，32（05）：501-507.

[4] Xu Q，Chen J，Li J，et al. Numerical study on antiknock measures of concrete gravity dam bearing underwater contact blast loading [J]. Journal of Renewable & Sustainable Energy，2018，10（1）：014101.

[5] 李麒，王高辉，卢文波，等. 库前水位对混凝土重力坝抗爆安全性能的影响 [J]. 振动与冲击，2016，35（14）：19-26.

[6] 王思，胡晶，张雪东，等. 不同水深水下爆炸数值及离心试验研究 [J]. 哈尔滨工业大学学报，2020，52（06）：78-84.

[7] Vanadit-Ellis W，Davis L K. Physical modeling of concrete gravity dam vulnerability to explosions [C] //Waterside Security Conference (WSS)，2010 International. IEEE，2010：1-11.

[8] Ren X，Shao Y. Numerical investigation on damage of concrete gravity dam during noncontact underwater explosion [J]. Journal of Performance of Constructed Facilities，2019，33（6）：04019066.

[9] Wang X，Zhang S，Wang C，et al. Blast-induced damage and evaluation method of concrete gravity dam subjected to near-field underwater explosion [J]. Engineering Structures，2019，209.

[10] Hu J，Chen Z，Zhang X，et al. Investigation of a New Shock Factor to Assess an Air-Backed Structure Subjected to a Spherical Wave Caused by an Underwater Explosion [J]. Journal of Structural Engineering，2020，146（10）：4020220.

[11] Liang C C，Tai Y S. Shock responses of a surface ship subjected to noncontact underwater explosions [J]. Ocean Engineering，2006，33（5/6）：748-772.

[12] Zare A，Janghorban M. Shock factor investigation in a 3-D finite element model under shock loading [J]. Latin American Journal of Solids and Structures，2013，10（5）：941 – 952.

[13] Rajendran R，Narasimhan K. A Shock Factor Based Approach for the Damage Assessment of Plane Plates Subjected to Underwater Explosion [J]. The Journal of Strain Analysis for Engineering Design，2006，41（6）：417-425.

[14] 姚熊亮, 曹宇, 郭君, 等. 一种用于水面舰船的水下爆炸冲击因子 [J]. 哈尔滨工程大学学报, 2007 (05): 501-509.

[15] 胡宏伟, 宋浦, 王建灵, 等. 炸药水中爆炸冲击因子的新型计算方法 [J]. 爆炸与冲击, 2014, 34 (01): 11-16.

[16] 乔迟, 张世联, 武少波, 等. 表征外部爆炸作用下舱段破坏的新型冲击因子研究 (英文) [J]. 船舶力学, 2017, 21 (06): 761-768.

[17] Yao X, Guo J, Feng L, et al. Comparability research on impulsive response of double stiffened cylindrical shells subjected to underwater explosion [J]. International Journal of Impact Engineering, 2009, 36 (5): 754-762.

[18] Guo J, Yang Y, Zhang Y, et al. The Spherical Shock Factor Theory of a FSP with an Underwater Added Structure [J]. Shock and Vibration, 2019, 2019 (PT. 1): 1-12.

[19] 胡晶, 陈祖煜, 魏迎奇, 等. 考虑球面波效应的水下爆炸冲击因子 [J]. 水利学报, 2018, 49 (10): 1227 - 1235.

[20] Cole H R. Underwater Explosions [M]. New Jersy: Princeton University Press, 1948.

[21] Ren X, Zeng S, Li J. A rate-dependent stochastic damage-plasticity model for quasi-brittle materials [J]. Computational Mechanics, 2015, 55 (2): 267-285.

[22] 吕林梅, 陈叶青, 魏晓丽, 等. 基于毁伤面积率指标的混凝土重力坝毁伤评估方法研究 [J]. 防护工程, 2020, 42 (2): 28-32.

浅谈水轮发电机组故障诊断技术

贾春雷　张延智　屈伟强　谭小刚　刘成东　刘学鸽　刘　博　曹　琛

（黄河水利水电开发集团有限公司，河南济源 459017）

摘　要：水电作为我国仅次于火电的第二大能源形式，水轮发电机组的安全问题越来越重要。通过对水轮发电机组振动等数据进行监测，分析并提取数据中隐含的特征信息，可以对水轮发电机组的运行状态进行评估，提前发现异常情况或故障苗头，及时采取措施进行处置，避免异常或故障进一步发展加剧。本文介绍了水轮发电机组振动信号分析及特征提取方法，对水轮发电机组主流的故障诊断方法及国内外研究现状进行了详细介绍，最后对水轮发电机组故障诊断的前景进行了展望。

关键词：水轮发电机组；故障诊断；振动；在线监测

1　研究背景

水电作为清洁能源，在保障社会生产生活用电的同时，对减少碳排放、建设生态文明发挥着重要作用。随着国内水电资源的陆续开发，水电总装机容量在不断提升，水轮发电机组的单机容量也在增加，白鹤滩水电站单台机组的容量达到了 100 万 kW，成为水轮发电机组单机容量世界之最。水轮发电机组的正常运行对电网的稳定至关重要，一旦因故障引起事故停机，可能造成电网频率波动，还可能造成较大的经济损失。如何通过状态数据对水轮发电机组的运行状态、健康水平进行判断和评价，从数据中发现异常，提早介入、及时处置，避免故障的发生或者扩大，成为水电站运行管理中迫切需要解决的现实问题。

水轮发电机组的故障诊断是对机组各部位状态数据进行采集，以数据为支撑，采用一定的方法通过综合分析研判，对机组的整体性能和健康水平进行评价，提前感知异常趋势，发现潜在隐患，预知故障苗头，从而采取一定的预防及处理措施，防患于未然。

2　水轮发电机组故障诊断概述

水轮发电机组绝大部分的故障都会在振动信号上有所体现，如幅值增大、频谱异常等。水轮发电机组的振动一般是水力、机械和电磁等因素相互作用产生的[1]。一方面，同一个故障现象可能是某个原因单独导致的，也可能是多个原因相互叠加作用后产生的结果；另一方面，同一个故障原因在机组处于不同的运行工况时所表现出来的现象也可能有较大差异。水轮发电机组的故障具有从量变到质变、从轻到重渐进发展的特点，前期一般故障现象不明显，但随着时间的推移故障的特征会逐渐显现并进一步加剧，这也造成了在故障产生的初期识别、判定故障非常困难。

作者简介：贾春雷（1982—），男，河南郑州人，高级工程师，硕士，主要从事水电站自动化设备控制研究及维护。
　　　　　E-mail：94652853@qq.com。

由于振动信号具有比较直观、易于获取、包含的设备状态信息丰富等特点，基于振动信号的故障诊断是目前最为通用的一种故障诊断方法。故障诊断的流程一般是首先获取水轮发电机组的相关信号，提取信号的特征信息，然后根据信号特征进行综合分析和故障诊断。

传统的故障诊断主要是基于振动信号的幅频域分析，通过分析不同部位振动值的大小，以及振动信号的频谱等参数，依靠现场工程技术人员的知识和经验开展。这种诊断方法受个人的主观因素影响较大，对个人的要求较高，诊断效率低，诊断效果不理想，容易造成误诊。随着信号处理技术、计算机技术的进步以及人工智能领域的发展，智能算法在模式识别中的应用越来越普遍，故障诊断作为模式识别方面的一个应用场景，智能诊断方法也得到了重视和发展，成为故障诊断领域的热点，并被广泛应用于实际的生产实践中，并取得了一定的应用效果。

3　水轮发电机组振动信号分析及特征提取方法

振动信号在水轮发电机组故障诊断中发挥着重要作用，由于水轮发电机组结构复杂，当机组处于不同工况间的过渡状态或者出现某些故障时，振动信号的波形会变得复杂、频率发生改变等，往往具有非平稳、非线性的特点[2]。水轮发电机组的振动信号蕴含了机组运行工况的重要信息，通过一定的方法挖掘提取振动信号隐含的特征量，为故障诊断和状态评估提供数据支撑。

常用的振动信号分析方法主要有时域分析法、频域分析法、时频域分析法和人工智能算法[3]。时域分析法主要包括幅值域分析、自相关分析、互相关分析等方法，通过计算得到均值、方差、峭度、散度等时域特征，但由于信号干扰等因素导致时域信号非常复杂，难以提取其故障特征；频域分析法主要是基于傅里叶变换方法，傅里叶变换是一种全局变换，它将信号从时域转换到频域，把信号分解为一系列不同的频率分量，但它无法提供某个频率分量在哪个时刻出现，而在水轮发电机组设备故障诊断中，与时间相关的特征非常关键。傅里叶变换只适用于平稳信号的处理，无法提取到非平稳信号特征。时频域分析法能表达出信号频谱变化同时间的关系，在确定的时间点能够得到该时刻的频率和对应的幅值，是非平稳信号处理的主要分析方法，主要包括短时傅里叶变换、小波变换和经验模态分解等方法。

（1）短时傅里叶变换

为改善传统的傅里叶变换在处理非平稳信号中的不足，Gabor 提出了短时傅里叶变换方法。该方法的采用时间窗对原始信号进行局部截取，然后对该段信号进行傅里叶变换，通过时间窗的移动逐段进行分析，从而获得信号的时频特征。

短时傅里叶变换不足之处是窗函数需要人为事先选定，而且一旦选定就不再改变，当信号频率在某个时间点发生改变时，窗函数不能自适应地发生改变，造成最终分析结果中某些时间段的频率分辨率不高，信号的一些细节特征无法准确提取。

（2）小波变换

小波变换是一种应用较为广泛的信号分析方法，它采用加窗平移的方法，以小波函数为窗函数，通过窗函数的展缩与平移实现对信号分析处理，具有多分辨率的特点，避免了短时傅里叶变换由于窗函数固定而导致的分辨率不足的问题，能够观察到信号的细节特征，能较好地提取非平稳信号的时频特征。

小波变换方法不足之处是在进行变换之前需要事先对小波基函数进行选择，分析结果很大程度上取决于小波基函数的选取，说明该方法过于依赖个人的经验和先验知识，自适应能力不足。

（3）经验模态分解

经验模态分解（Empirical Mode Decomposition，EMD）方法是美籍华裔工程师 Norden E. Huang 于 1998 年提出的，该方法无需任何的先验知识，即可实现信号的自适应分解，具有很好的实用性[14]。该方法的基本思路是将信号分解为若干个近似单一频率的内在模态函数（Intrinsic Mode Functions，IMF），再对每个内在模态函数做希尔伯特变换，从而得到希尔伯特时频谱和边际谱。

EMD 方法不需要先验知识，自适应能力强，处理非平稳信号效果好，是一种非常有效的方法。该方法提出后便受到了学术界的广泛关注，并逐渐开始在实际工程中进行应用，其中机械设备故障诊断是应用效果较好的一个领域，该方法的缺点是容易出现端点效应、频率混叠等问题，在应用时需要采取一定的方法予以避免。

4 水轮发电机组故障诊断方法研究现状

机械设备故障诊断技术起源于 20 世纪 60 年代初，是一门涉及信号处理、自动控制、计算机技术、人工智能等多种学科交叉技术。机械设备的故障诊断技术经过多年的探索与发展，在深度和广度方面得到了较大的进展。德国 P. M. Frank 教授将故障诊断方法分为三类：基于信号处理的故障诊断方法、基于模型的故障诊断方法和基于历史数据的故障诊断方法[4]，该分类思想得到了大多数学者的认可。

水轮发电机组的故障诊断是机械设备故障诊断的一个分支，由于水轮发电机组的形式多样，产生故障的原因复杂，很难简单地通过故障现象找到故障原因，也难以通过理论分析的方法进行故障诊断。实际生产中如果机组发生故障，还是主要通过人工调取故障时刻前后的事件列表和相关状态参数的数值曲线，综合判定故障产生的原因。该方法主要依靠现场工程技术人员的知识和经验，受个人的主观因素影响较大，对人的要求较高，诊断效率低，诊断效果不理想，也难以形成通用的系统进行推广。

近几年来，随着信号处理技术、计算机技术的进步以及人工智能领域的突飞猛进，智能算法在模式识别中的应用越来越普遍。故障诊断作为模式识别方面的一个应用场景，智能诊断方法也得到了重视和发展，被广泛应用于实际的生产实践中，并取得了优于传统故障诊断方法的效果，常用的智能故障诊断方法有：专家系统、人工神经网络、支持向量机和模糊逻辑等[5,6]。

1. 专家系统

专家系统是一种基于人类知识库、通过模拟人类专家解决复杂、困难问题功能的诊断系统。它以人类的经验和知识建立知识库，通过一定的规则进行逻辑推理，从而实现故障诊断功能。专家系统在某些特定故障的诊断方面具有较好的效果，但存在难以获取全面的知识、自适应能力差等问题。

李晓波等提出了一种模糊专家系统,应用于汽轮发电机组的故障诊断,通过对汽轮发电机组汽流激振故障的案例分析,验证了该系统的有效性[7]。程晓絮等提出了一种应用于船舶电力系统故障诊断的专家系统,对船舶故障的具体诊断情况与解决方案进行分析,有效增强船舶电气系统供电稳定性[8]。李红民等提出了一种船载卫通站伺服系统故障诊断的专家系统,用实验证明了该方法能快速准确地识别伺服系统故障[9]。

通过上述研究发现,尽管专家系统在解决复杂系统故障诊断问题上取得了丰富的成果,但该方法仍然存在一定的局限性,难以获得全面的专家知识,推理机制在很大程度上决定了系统的自适应能力,知识库的维护和更新难度较大[10]。

2. 人工神经网络

人工神经网络是通过模拟人脑中神经元的工作原理而建立的网络模型,它以神经元为基本单位,通过神经元的输入输出将更多的神经元连接在一起,从而实现一定的功能,应用于故障诊断的神经网络主要有 BP 神经网络、径向基函数神经网络、小波神经网络等。

胡泽等利用 BP 神经网络对滚动轴承故障进行分类,具有较高的准确度[11]。周啸伟等通过采集柴油机缸盖上的振动信号,提取特征向量,将提取出的特征向量代入 BP 神经网络中进行训练,获得了较高的故障识别率[12]。曹智军采用滚动轴承工作过程中产生的摩擦因数、振动值以及噪声作为输入变量对 BP 神经网络进行训练,训练好的模型能够对轴承的不同工作状态进行识别[13]。

人工神经网络实质上是一种复杂的数据映射关系,它适合于求解复杂的问题,具有较强的自学习能力、泛化能力及自适应性,应用非常广泛,不足之处是易陷于局部极小值、对样本数量要求高、过拟合和收敛速度慢等问题。对于水轮发电机组故障诊断来说,要训练人工神经网络就需要有一定数量的故障样本,由于实际的故障样本很难获取,且既有的故障样本数量一般很难满足训练神经网络的要求,这成为人工神经网络在水轮发电机组故障诊断应用中的瓶颈问题。

3. 支持向量机

支持向量机(Support Vector Machine,SVM)是 Vapnik 等于 1995 年提出的一种基于统计学理论的方法。该方法以结构风险最小化为原则,以寻求分类样本的间隔最大化为目标,在处理非线性分类时采用核技巧将样本数据映射到高维空间,所得到的最优值属于全局最优值。该方法对样本数量要求不高,目前已成为水电机组智能故障诊断的主流方法之一。

秦正飞等利用水电机组振动信号提取出来的能量特征作为特征向量,训练 SVM 故障分类模型,通过实例分析表明该诊断方法故障识别率高,能有效诊断机组存在的故障[14]。彭仁旺提出一种脑电信号分类方法,利用经验模态分解方法从 C3、C4 导联信号提取特征值,然后利用 SVM 算法进行分类识别,得到了 94.6% 的正确识别率[15]。史庆军采用支持向量机多分类算法对滚动轴承故障进行分类,通过实验仿真验证了滚动轴承故障识别的准确率达到了 90%[16]。潘礼正采用 SVM 对旋转机械中齿轮故障进行诊断,采用不同的方法提取齿轮振动信号的特征,然后采用 SVM 分类方法对齿轮的运行状态进行判断识别,从而实现齿轮故障诊断[17]。

SVM 具有完备的理论基础,在样本较少的情况下具有较高的精度,同时还具有模型简单、泛化能力强等优点,比较契合水轮发电机组故障诊断的特点,很多的研究表明

SVM 在水轮发电机组故障诊断中具有较好的应用效果。不足之处是当样本数量较大进行模型训练时，对硬件要求高、训练时间长，无法满足故障诊断的实时性要求。

5 国内外研究现状

水轮发电机组的故障诊断一般是通过状态监测系统实现的。状态监测系统最初是基于振动、摆度测量的一种现场测量装置，主要功能包括振动值实时显示、振动值超限报警等功能。随着科学技术的进步，信号分析技术的发展以及水电站对状态监测功能要求的增多等因素，状态监测的产品功能不断地增加和完善，除了振动信号，其他状态量如定转子气隙、发电机局放等参数也逐渐接入状态监测系统，状态监测系统可监视的信息越来越多，数据的呈现形式也越来越丰富，更加便于设备监视和数据分析。

国外对水轮发电机组的振动摆度监测系统和故障诊断研究相对起步较早，成熟的监测系统产品较多，且基本上都经过了市场和生产现场的考验，具有代表性的系统有：美国 Atlanta 公司的 SD 系列状态监测系统、Bentley 公司的 BM3500 系统[18]、加拿大 VibroSystM 公司的 ZOOM2000 系统、美国派利斯公司生产的 PT2060 监测装置系列等。总体来看，这些监测系统具有实时监测机组振动状态和简单超限报警功能，能够通过对振动值的监测实现对机组运行工况的初步诊断功能。

国内故障诊断技术始于 20 世纪 70 年代末，但发展速度很快。随着国内水电能源的开发和更多水电站的建成投产，对在线监测及故障诊断产品需求日益迫切，一些大专院校、科研机构和企业相继开展相关的研究和产品研制工作，20 世纪 80 年代后期，一些水轮发电机组状态监测系统产品开始在水电厂投入运行。近些年，随着大数据、人工智能等技术的应用，状态监测系统产品的功能越来越丰富和实用，由最初的振动值监测、振动值越限报警等简单功能发展到频率分析、故障诊断、趋势预测等较为实用和复杂的功能，目前国内比较成熟的状态监测系统有：北京华科同安公司的 TN8000 系统、奥技异公司的 PSTA2100 系统、南瑞公司的 CMS-9000 系统等。

总体看来，我国水轮发电机组状态监测和故障诊断技术取得了很大的进步，在国内水电站的应用取得了一定的效果，也占据了部分市场份额。但在硬件方面仍有较大的进步空间，一些核心元器件仍以进口产品为主，自主生产制造的元件在设备性能、稳定性方面仍然存在差距。其次是智能故障诊断模型仍然处在探索阶段，实际应用案例不是很普遍，在模型算法优化及应用落地方面还有较大的发展空间。

6 展望

智慧水利是新阶段水利高质量发展的重要标志，水利部将智慧水利作为水利高质量发展的重要实施路径大力推进。数字孪生、人工智能、物联网等新兴技术正在与传统的水利行业进行深度融合，并将逐步提升水电站的数字化、网络化和智能化水平。未来的水轮发电机组故障诊断首先在前端感知数据方面，传感器的类型会更加丰富，能够获取的数据维度更加全面；其次是具有自学习能力的机器学习等方法的应用，能够对海量的数据进行分析处理，且更加的智能、高效；最后是基于数据分析的上层应用功能会更加丰富、实用，故障诊断、状态评价、趋势预测等功能能够真正满足水电站实际应用需求，使状态监测系统真正服务于水电生产，为制定检修策略、实施状态检修提供科学、充足的数据支撑。

参考文献

[1] 孙中伟. 基于 Labview 的水轮机振动信号分析 [D]. 邯郸：河北工程大学，2017.

[2] 位礼奎. 基于振动信号分析的煤矿主通风机故障诊断研究 [D]. 徐州：中国矿业大学，2016.

[3] 胡勤，张清华，孙国玺，何俊，于永兴. 时频分析方法在旋转机械故障特征提取中的应用 [J]. 广东石油化工学院学报，2017，27（04）：90-94.

[4] 贾志淳，邢星. Web 服务组合的行为推断诊断方法 [J]. 计算机科学，2015，42（04）：60-64.

[5] Lee Jongsu, Park Byeonghui, Lee Changwoo. Fault diagnosis based on the quantification of the fault features in a rotary machine. 2020，97（PB）.

[6] 廖应学，杨娟. 机械设备的智能故障诊断方法与研究——以旋转机械为例 [J]. 价值工程，2019，38（22）：224-226.

[7] 李晓波，贾斌，焦晓峰，何成兵. 模糊专家系统及其在汽轮发电机组故障诊断中的应用 [J]. 汽轮机技术，2020，62（03）：235-238.

[8] 程晓絮，眭仁杰. 基于专家系统的船舶电力系统故障诊断探究 [J]. 中国水运（下半月），2020，20（09）：70-71.

[9] 李红民，陈亮. 基于专家系统的船载卫通站伺服系统故障诊断研究 [J]. 计算技术与自动化，2020，39（02）：6-11.

[10] 薛小明. 基于时频分析与特征约简的水电机组故障诊断方法研究 [D]. 武汉：华中科技大学，2016.

[11] 胡泽，张智博，王晓杰，吴雨宸，谢心蕊. 基于希尔伯特-黄变换和神经网络的滚动轴承故障诊断 [J]. 电动工具，2020（01）：11-18.

[12] 周啸伟，唐俊刚，陈誉斌，张懿. 基于 BP 神经网络的柴油机振动故障诊断 [J]. 智慧工厂，19（10）：70-73.

[13] 曹智军. BP 神经网络技术在滚动轴承故障诊断中的应用研究 [J]. 煤矿机械，2019，40（01）：146-148.

[14] 秦正飞，王煜，高磊，汪健. 基于 EEMD 和优化 SVM 的水电机组振动故障诊断 [J]. 水电与抽水蓄能，2016，2（01）：67-70.

[15] 彭仁旺. 基于经验模态分解和 SVM 的脑电信号分类方法 [J]. 计算机测量与控制，2020，28（01）：189-194.

[16] 史庆军，郭晓振，刘德胜. 基于特征量融合和支持向量机的轴承故障诊断 [J]. 电子测量与仪器学报，2019，33（10）：104-111.

[17] 潘礼正，朱大帅，佘世刚. 基于多维度特征与 SVM 的齿轮故障诊断 [J]. 机械设计与制造，2019（S1）：104-107.

[18] 李欣同. 基于多重分形和概率神经网络的水电机组故障诊断研究 [D]. 西安：西安理工大学，2018.

达开水库除险加固工程设计探究

糜凯华　　邓水明

（中水珠江规划勘测设计有限公司，广东广州 510610）

摘　要：为使水库充分发挥应有的综合效益，需尽早进行除险加固。结合达开水库现状存在的问题，对主坝坝高、渗流稳定、坝坡稳定进行安全复核并提出三个加固方案。从技术经济的角度考虑，最终选择工程投资最省，施工工艺可靠、成熟，技术可行的"0.8m 厚混凝土防渗墙＋帷幕灌浆＋压坡"方案。该加固方案各项指标均满足规范要求，可为类似工程提供借鉴参考。

关键词：除险加固；达开水库；病险水库；加固设计

1　研究背景

水库是水利产业的重要设施。兴建水库可以调节利用水资源，除害兴利，促进国民经济发展和保障人民生命财产安全。对现有水库发挥的效益作出应有评价的同时，也应该看到水库大坝失事给国家和人民生命财产造成的重大损失。过去曾有相当一部分水库处于无人管理的状态，由于垮坝失事，造成严重的损失，引起了相关部门的重视，情况已有所扭转；但时至今日仍有 10％的水库，处于无人管理的状态。这些水库一般防洪标准低，设计、施工遗留问题多，管理工作不完善，防汛工作差，也是每年垮坝的重点。

水库在防洪、灌溉、供水、发电等方面发挥了巨大的效益[1]，为促进城镇国民经济发展、提高人民生活水平、保障社会稳定、改善生态环境等方面作出了巨大贡献；但限于当时的建设环境，水库存在防洪标准偏低，达不到有关规范、规程的要求，以及工程本身质量差，工程老化失修等问题，形成了病险水库，工程不能正常运行[2]。因病险水库多位于城镇、村庄的上游，成为城镇头上的一"盆"水，一旦垮坝，将对城镇造成灭顶之灾。

2　工程概况

达开水库位于贵港市、桂平市和武宣县的交界处，主坝位于武宣县桐岭乡龙山雅拔屯，库区内主要乡镇有贵港市港北区的奇石、中里两个乡镇。水库的任务是以灌溉为主，兼顾发电、养殖，枢纽建筑物包括拦河主坝（1 座）、副坝（9 座）、溢洪道（1 座）、水库检修放空设施、灌溉输水设施以及高架坝及其灌溉泄洪设施和灌溉发电洞等。水库总库容为 4.24 亿 m³，属大（2）型水库，设计洪水标准为 500 年一遇，

作者简介：糜凯华（1986—），男，贵州毕节人，工程师，硕士，主要从事水利水电工程设计工作。
　　　　　E-mail：964578575@qq.com。

校核洪水标准为 2000 年一遇，相应的设计洪水位为 102.23m，校核洪水位为 103.05m，正常蓄水位为 100.54m；消能防冲建筑物设计洪水标准为 50 年一遇。工程等别为 Ⅱ 等，主坝、副坝、溢洪道等主要建筑物级别为 2 级，灌溉输水设施等次要建筑物级别为 3 级。

3　水库工程现状复核

3.1　主坝坝顶高程复核

达开水库为大（2）型水库，工程等别为 Ⅱ 等，多年平均年最大风速 $W=18.9\text{m/s}$。根据《碾压式土石坝设计规范》SL 274—2020[3] 的规定，坝顶在水库静水位以上的超高按以下公式确定：

$$y=R+e+A$$

式中，y 为坝顶超高（m）；R 为最大波浪在坝坡上的爬高（m）；e 为最大风壅水面高度（m）；A 为安全加高（m）。

主坝坝顶高程计算结果见表 1。

主坝坝顶高程计算成果 （P=0.2%，P=0.05%）

表 1

计算工况	静水位	R	e	A	y	坝顶高程(m)	计算坝顶高程(m)	现状坝顶高程(m)	备注
设计洪水(0.2%)	102.23	2.386	0.0054	1.00	3.391	105.62			
校核洪水(0.05%)	103.05	1.509	0.0024	0.50	2.012	105.06	105.62	104.74	不满足
校核洪水(0.05%)	103.05	0.665	0.0012	0.50	1.166	104.22			

计算成果表明，主坝坝顶高程未满足规范要求。

3.2　主坝渗流稳定分析

综合地勘资料与测压管观测资料分析结果，主坝右侧坝体的透水性较强，土体的渗透系数相对较大，对坝体的渗流及坝坡稳定均不利。主坝渗流稳定[4] 计算简图见图 1。

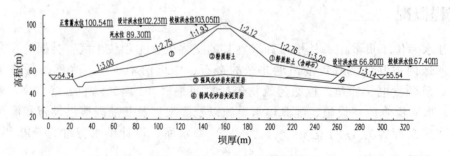

图 1　主坝渗流稳定计算简图

主坝在各特征水位作用下的坝体、坝基渗流场计算成果见图 2～图 4、表 2。

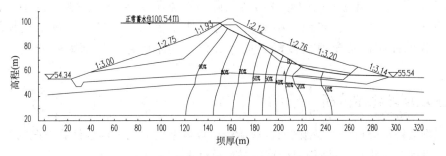

图 2　主坝典型剖面稳定渗流成果（正常蓄水位）

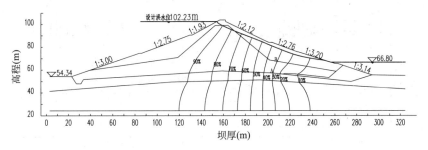

图 3　主坝典型剖面稳定渗流成果（设计洪水位）

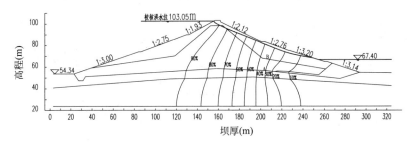

图 4　主坝典型剖面稳定渗流成果（校核洪水位）

主坝渗流计算成果　　　　　　　　　　　　　　　　　　　表 2

工　　况	土层及位置	最大渗透比降	允许比降	渗漏量	
				m³/(d/m)	L/s
正常蓄水位 100.54m	①含碎石粉质黏土（Ⅰ区 B 点）	0.52	0.51	3.352	8.95
	②粉质黏土（Ⅱ区 A 点）	0.58	0.50		
设计洪水位 102.23m	①含碎石粉质黏土（Ⅰ区 B 点）	0.45	0.51	3.115	8.49
	②粉质黏土（Ⅱ区 A 点）	0.39	0.50		
校核洪水位 103.05m	①含碎石粉质黏土（Ⅰ区 B 点）	0.45	0.51	3.170	8.70
	②粉质黏土（Ⅱ区 A 点）	0.40	0.50		

　　从表 2 可知，在正常蓄水位情况下，计算渗漏量为 8.95L/s，渗漏量较大，表明坝体渗透严重。在设计、校核洪水位工况下，下游坝体的浸润线在下游坡面有出逸点。正常蓄水位工况坝坡填土的最大渗透比降为 0.52，核心墙区填土的最大渗透比

降为 0.58，均大于相应土层的允许出逸比降，渗流不稳定。坝体水平排水及棱体排水局部发生冲刷破坏，这与现场检查发现部分块石沉陷架空，局部排水棱体块石已被坝体流失的细粒物质充填而被浸染成棕红色，反滤层存在局部失效或破坏的现象相吻合。

3.3 主坝坝坡稳定分析

主坝坝坡稳定分析[5] 典型剖面选取渗流计算典型剖面。主坝各计算工况的坝坡稳定计算结果见图5～图7，坝坡稳定计算成果汇总见表3。

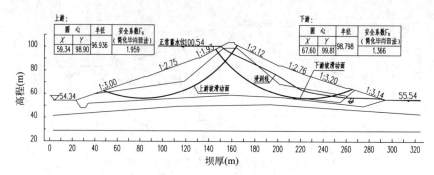

图 5 主坝典型剖面坝坡稳定计算成果（正常蓄水位）

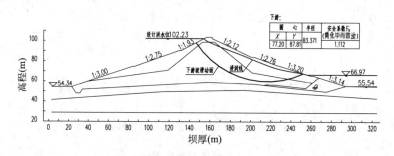

图 6 主坝典型剖面坝坡稳定计算成果（设计洪水位）

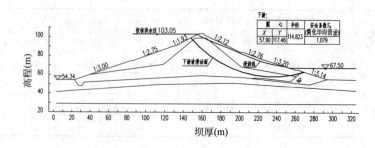

图 7 主坝典型剖面坝坡稳定计算成果（校核洪水位）

主坝典型剖面坝坡稳定计算成果汇总 表3

计算工况		坝坡	计算方法	安全系数(简化毕肖普法)	
				计算值	规范值
正常工况	正常蓄水位100.54m	上游坡	有效应力法	1.959	1.35
		下游坡	有效应力法	1.366	1.35
	最不利水位70.84m	上游坡	有效应力法	1.577	1.35
	设计洪水位102.23m	下游坡	有效应力法	1.112	1.35
非常工况	校核洪水位103.05m	下游坡	有效应力法	1.079	1.25
	校核洪水位103.05m 骤降至堰顶94.04m	上游坡	有效应力法	1.691	1.25
			总应力法	1.653	1.25

从表3可看出,主坝在设计、校核洪水位工况下,下游坝坡抗滑稳定安全系数不满足规范要求,存在安全隐患。

4 主坝除险加固设计

4.1 加固方案选择

针对主坝坝体、坝基存在渗流安全隐患,下游坝坡抗滑稳定不满足要求等问题,拟定了0.8m厚混凝土防渗墙+压坡方案(方案一)、0.8m厚混凝土防渗墙+削坡培厚方案(方案二)、1.2m厚混凝土防渗墙方案(方案三)三个除险加固方案进行比选[6]。

主坝加固三个比选方案的渗流稳定计算成果见表4,坝坡稳定计算成果见表5。

主坝加固比选方案渗流稳定计算成果 表4

加固方案	计算工况	计算最大渗透坡降J	坝体总渗流量		坝体允许渗透坡降JC
			m³/(d/m)	(L/s)	
方案一(混凝土防渗墙+压坡方案)	正常蓄水位(100.54m)	0.42	1.830	4.89	0.5
	设计洪水位(102.23m)	0.34	1.512	4.12	
	校核洪水位(103.05m)	0.35	1.539	4.22	
方案二(混凝土防渗墙+削坡培厚方案)	正常蓄水位(100.54m)	0.43	1.942	5.24	
	设计洪水位(102.23m)	0.36	1.571	4.28	
	校核洪水位(103.05m)	0.36	1.590	4.36	
方案三 (混凝土防渗墙方案)	正常蓄水位(100.54 m)	0.43	1.764	4.71	
	设计洪水位(102.23m)	0.35	1.410	3.84	
	校核洪水位(103.05m)	0.35	1.425	3.91	

从表4可知,主坝加固的三个比选方案在各种计算工况下,坝体填土的最大渗透坡降均小于允许出逸比降,且坝体浸润线在下游坡面已无出逸点,满足规范要求。此外,加固后的渗流量均比加固前减少约50%,效果显著。

主坝下游坝坡稳定计算结果　　　　　　　　　表 5

加固方案	计算工况	计算方法	安全系数(简化毕肖普法)	
			计算值	规范值
方案一(混凝土防渗墙+压坡方案)	设计洪水位 102.23m 下游相应水位 67.3m	有效应力法	1.413	1.35
	校核洪水位 103.05m 下游相应水位 67.71m	有效应力法	1.385	1.25
方案二(混凝土防渗墙+削坡培厚方案)	设计洪水位 102.23m 下游相应水位 67.3m	有效应力法	1.571	1.35
	校核洪水位 103.05m 下游相应水位 67.71m	有效应力法	1.549	1.25
方案三 (混凝土防渗墙方案)	设计洪水位 102.23m 下游相应水位 67.3m	有效应力法	1.352	1.35
	校核洪水位 103.05m 下游相应水位 67.71m	有效应力法	1.317	1.25

从表 5 可知，主坝加固的三个比选方案在设计、校核洪水位工况，下游坝坡抗滑稳定安全系数均大于规范规定的最小安全系数，满足规范要求。

三方案经渗流及坝坡抗滑稳定计算复核均满足规范要求，说明方案均可行。但从技术经济的角度考虑，推荐采用工程投资最省，施工工艺可靠、成熟，技术可行的"0.8m 厚混凝土防渗墙+帷幕灌浆+压坡方案（方案一）"。

4.2　加固设计

沿坝轴线增设 0.8m 厚的塑性混凝土防渗墙[7]，坝基及两侧坝肩采用帷幕灌浆；下游坝坡采用块石压坡，以满足坝坡的抗滑稳定。混凝土防渗墙下限线穿过坝基覆盖层，并嵌入强风化岩层 1.0m，顶高程与坝顶新建钢筋混凝土防浪墙底连接。混凝土防渗墙长 327m，最大墙深 53m，厚 0.8m，强度等级为 C15，抗渗等级为 W6。

对坝基及两侧坝肩一定范围的中等透水强风化岩层全线进行帷幕灌浆，坝基灌浆帷幕长 327m，左坝肩帷幕长 35m，右坝肩帷幕长 25m，灌浆帷幕总长 387m；帷幕深至基岩透水率 5Lu 线以下 5m，单排布孔，孔距 2m，最大孔深 58.51m，灌浆材料采用普通硅酸盐水泥浆液。

上游坝坡护坡加固采用 C15 混凝土护坡，护坡厚 20cm；混凝土护坡底部在原干砌石护坡表面用中粗砂找平，对填土裸露坝坡设不小于 30cm 厚反滤层。护坡布置到死水位以下 2.5m。混凝土护坡按 3m×3m 分缝，顺坡向分缝错开布置，缝宽 2cm，缝间填充沥青木板，护坡内埋设 ϕ75PVC 排水管，排水管伸至护坡下反滤层内。混凝土护坡坡脚设混凝土护脚墙，墙顶高程为 87.3m，顶宽 0.5m。

下游坝坡自第二级马道 75.54m 高程以下采用块石压坡，马道宽 3m，坡比为 1∶5；坝脚排水棱体在原堆石棱体基础上采用干砌石加高培厚，顶部高程取为 68.65m，超出下游最高水位 1.0m，顶宽 2.7m，下游坡 1∶2.25，块石与坝体填土之间设置反滤层与排水棱体反滤层衔接。此外，结合坝坡压坡处理对 75.54m 高程以上坡面适当修整，并重新种植优质草皮护坡，同时修缮原浆砌石阶梯及排水沟等构筑物。

现状浆砌石防浪墙已出现沉陷、裂缝和脱落现象，局部已向上游倾斜，结合防渗墙施工布置的要求，对坝顶拆除重建，将坝顶加高至 104.8m，防浪墙顶高程为 106m。防浪墙为 C25 钢筋混凝土悬臂式挡墙，墙高 3.8m，基础与防渗墙顶部相接；坝顶路面采用 C25 混凝土铺筑，厚 0.2m；路面下设碎石垫层，厚 0.2m，路面设 2% 的斜坡；下游侧设 2.1m 高的重力式混凝土挡墙，挡墙顶部设混凝土排水沟及护栏墩。混凝土防渗墙施工平台至路面基层之间采用均质黏土填筑。

5 结论

达开水库存在严重的安全隐患，水库已处于病险状态，严重影响水库的安全运行，为使水库能发挥应有的综合效益，对主坝坝顶高程、渗流稳定及坝坡稳定进行复核。针对主坝坝体、坝基存在渗流安全隐患，下游坝坡抗滑稳定不满足要求等问题，拟定三个加固方案进行比选分析，综合考虑投资、施工等因素，最终采用 0.8m 厚混凝土防渗墙＋帷幕灌浆＋压坡的方案加固主坝。通过有限元法计算，采用该加固方案，主坝的渗流及坝坡抗滑稳定均能满足规范要求且成本低、技术可靠。

参考文献

[1] 杨启林. 吴岭水库除险加固效益分析 [J]. 中国水利，2017 (8)：32-36.
[2] 严祖文，魏迎奇，张国栋. 病险水库除险加固现状分析及对策 [J]. 水利水电技术，2010，41 (10)：76-79.
[3] 中华人民共和国水利部. 碾压式土石坝设计规范：SL 274-2020 [S]. 北京：中国水利水电出版社，2020.
[4] 梁峰. 大坝渗流稳定及坝坡稳定计算分析 [J]. 广西水利水电，2019 (1)：20-22.
[5] 李兴灿. 水库大坝设计及稳定分析 [J]. 陕西水利，2017 (S1)：87-88.
[6] 梁泽文. 小型水库常见病险及除险加固处理技术分析 [J]. 中国新技术新产品，2021，(18)：112-114.
[7] 高波，田赟，孙凯，等. 塑性混凝土垂直防渗墙在田村水库除险加固工程中的应用 [J]. 中国水利，2021 (14)：38-39.

高面板坝首次蓄水至正常蓄水位安全性分析评价

贾万波[1] 李玉明[2] 江 颖[2]

(1. 黄河水利水电开发集团有限公司,河南郑州 450000;

2. 黄河小浪底水资源投资有限公司,河南郑州 450000)

摘 要: 对高混凝土面板堆石坝首次蓄水至正常蓄水位进行安全性评价,有利于发现工程运行规律,指导工程后期运用,避免不科学的蓄水,造成工程不可逆的伤害。本文主要利用龙背湾水电站混凝土面板堆石坝蓄水至正常蓄水位的实测资料与历史实测资料进行整编对比分析,着重分析坝体变形是否协调、面板挠度变化规律以及渗流变化规律。结果表明,工程蓄水至正常蓄水位期间水位上涨速率控制科学,坝体变形同步协调,渗流变化速率偏大但在安全范围以内,工程运行稳定,并对下一步水库运用提出建议。

关键词: 水利工程;正常蓄水位;安全性评价;混凝土面板堆石坝;协调变形分析;龙背湾水电站

1 背景

龙背湾水电站工程位于湖北省竹山县堵河流域南支官渡河中下游,为第一级电站、龙头水库,工程开发任务是以发电为主,兼有航运、人畜饮水等功能。水库正常蓄水位520.00m,校核洪水位523.89m($P=0.02\%$),总库容$8.3\times10^8m^3$。挡水建筑物主要为混凝土面板堆石坝,坝高158.3m,坝顶高程524.30m,混凝土防浪墙顶高525.50m,坝长465m,设计$0+167m$、$0+263m$两个主要监测断面。工程2014年10月下闸蓄水,2015年5月投产发电。

当前对于高面板堆石坝的安全性评价更多是在设计阶段的研究分析、抗震分析,以及基于本构模型进行数值预测分析或利用三维有限元进行反演分析,均是基于已有少量数据进行未来预测的分析,再用已有数据进行验证。大多数工程因受来水限制未能蓄水至正常蓄水位,因此利用实测资料对工程在正常蓄水位工况下进行的安全评价分析较少。本文利用工程蓄水至正常蓄水位的实测资料进行分析评价,评判工程运行状况。

2 蓄水过程

2020年10月1日,龙背湾水电站坝上水位511.95m,经过第一场秋汛,库水位于10月8日上升到516m。随后库水位逐渐抬升,于11月16日达到519.3m,11月21日达到520m,11月22日达到最高水位520.11m,随后库水位开始下降,于12月4日降至517m。

作者简介:贾万波(1991—),男,河南洛阳人,工程师,本科,主要从事水工工程安全监测。

E-mail: 970524500@qq.com。

期间，最大蓄水速率为104cm/d，发生在水位513～514m。最小蓄水速率为7cm/d，发生在水位518～519m之间。蓄水519.5～520m时，速率为19cm/d。降水位520～519.5m期间，速率为26cm/d；519～518m降水位速率为36cm/d。

3 关键时间节点选取

3.1 分析方法

通过选取历次水位快速上涨期间各监测量的变化情况，来对比分析工程运行情况，从中找出工程运行规律，掌握工程运行状况，重点采用方法为变形协调分析法。

3.2 对比时间节点选取

考虑到监测量的滞后时间，各监测量选取时间节点为水位上涨开始前一周和水位上涨结束后5～10d数据，渗流量取最大值。2015年投产发电以来蓄水过程线，见图1。选取时间节点及蓄水速率见表1。

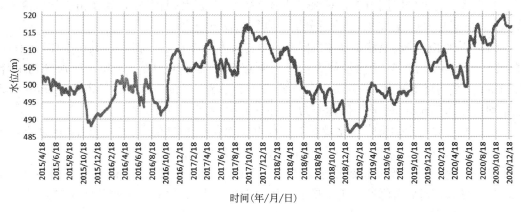

图1　坝上水位过程线

选取时间节点及蓄水速率统计　　　　　　　　　　　　表1

序号	时间 （年/月/日）	水位上涨 区间(m)	水位涨幅 (m)	最大上涨速 (m/d)	历时 (d)	平均上涨速率 (cm/d)	备注
1	2016/10/26— 2016/12/09	495.44～510.17	14.73	2.56	45	32.73	突破历史新高
2	2017/09/01— 2017/10/12	503.55～517.28	13.73	1.75	42	30.51	突破历史新高
3	2019/10/04— 2019/11/12	498.38～512.41	14.03	1.81	40	31.18	
4	2020/06/11— 2020/07/28	500.47～517.35	16.88	5.75	48	37.51	突破历史新高
5	2020/10/01— 2020/11/22	512.00～520.11	8.11	1.04	53	18.02	突破历史新高，达最高水位
6	2020/10/22— 2020/11/22	517.26～520.11	2.85	0.25	31	9.19	蓄水520m期间，水位每天均为新高

4 坝体及面板变形监测分析

4.1 监测点布设

大坝外部布设 18 个水平位移监测点，同位置布设水准点，共计 18 个沉降监测点。坝体内部 0+167m 断面和 0+263m 断面布设 25 台水管式沉降仪测点。

在 0+271m 断面上游面板不同高程间隔 10m 布置了 15 台电平器（TJ1～TJ15），以监测面板挠度变化状态。面板分三期浇筑，一期面板 2014 年 1 月浇筑至顶部高程 462.0m，二期面板 2014 年 6 月浇筑至顶部高程 492.0m，三期面板 2014 年 9 月浇筑至顶部高程 520.0m。TJ1～TJ9 位于一期面板上，TJ10～TJ12 位于二期面板上，TJ13～TJ15 位于三期面板上。

4.2 坝体内外部沉降分析

1. 外部沉降分析

根据表 1 选取的时间节点，对坝体外部沉降数据进行统计分析，计算出平均沉降量，见表 2。沉降速率折线见图 3。通过分析，可得出以下结论：

（1）历次水位快速上涨，坝体沉降变化量主要发生在坝顶（表 2），其中 2017 年首次蓄水至 517.28m 时沉降变化量最大，最大测点沉降变化量为 39.1mm，坝顶平均沉降 23.1mm，平均沉降速率 0.55mm/d。2020 年水位达到 520m，坝顶最大沉降 8.2mm，坝顶平均沉降 5.77mm，平均沉降速率为 0.18mm/d，明显小于 2017 年。

（2）0+263m 断面沉降变化量相对其他断面沉降变化量最大。0+164m 断面和 0+340m 断面变化量次之。0+164m 断面和 0+340m 断面沉降基本同步。

（3）坝顶上下游侧沉降变化同步，2017 年首次蓄水至 517m 坝体相对沉降量最大，沉降速率最大，随后沉降速率明显减小，蓄水 520m 期间沉降速率相较其他几次突破历史新高水位变化不大。

大坝外部平均沉降统计   表 2

时间	最高库水位（m）	水位涨幅（m）	高程 410～460m 平均沉降量（mm）	坝顶上下游侧 平均沉降量（mm）
2016 年 10—12 月	510.17（新高）	14.73	2.3	6.2
2017 年 9—10 月	517.28（新高）	13.73	−0.64	23.1
2019 年 10—11 月	512.41	14.03	3	6.2
2020 年 6—7 月	517.35（新高）	16.88	1.4	3.6
2020 年 10—11 月	520.11（新高）	8.11	1.06	5.77

2. 内部沉降分析

采取与外部同时间数据进行统计分析，见表 3，可得出以下结论：

（1）大坝内部沉降 2017 年 10 月首次蓄水至 517m 时变化量较大。蓄水 520m 内部沉降量在 −0.91～7.44mm 之间，相对较小。

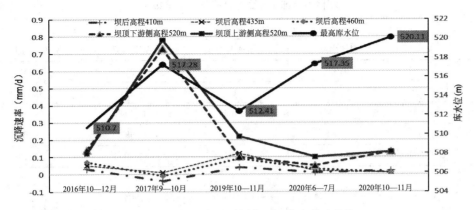

图 2　0＋263m 断面不同高程沉降速率过程线

（2）2017 年首次蓄水至高水位 517m 时坝体沉降速率较大，蓄水 520m 坝体内部沉降速率和其他工况下的变化速率基本一致。

（3）截至 2020 年 11 月，坝体内部最大沉降量为 1812.80mm，小于警戒指标 1959.00mm；占坝高 1.145％，与文献［1］国内同类型大坝相比，处于居中水平。

0＋167m 断面内部沉降变化速率（mm/d）   表 3

高程(m)	编号	2016 年 10—12 月	2017 年 9—10 月	2019 年 10—11 月	2020 年 6—7 月	2020 年 10—11 月
435	TA4-1	0.07	0.28	0.04	0.08	0.01
	TA4-2	0.09	0.3	0.21	0.1	0.06
	TA4-3	0.07	—	0.35	0.1	0.09
	TA4-4	0.07	—	0.21	−0.01	0
	TA4-5	0.07	0.02	0.08	0.1	0.03
460	TA5-1	0.12	0.6	0.38	0.13	0.05
	TA5-2	0.12	0.62	0.07	0.11	0.11
	TA5-3	0.1	0.2	0.02	0.02	0.07
	TA5-4	0.1	0.3	0.16	0.05	0.05

注：正值表示沉降，负值表示抬升；—表示数据缺失。

3. 内外部沉降变形协调性分析

根据历次水位较大涨幅期间坝体内外部沉降量统计分析，见表 4。取坝体 0＋167m 断面与 0＋263m 断面内外部测值平均值，制作过程线图 3。分析可得出如下结论：

（1）从表 4 中可以看出，0＋167m 断面内外部沉降和 0＋263m 断面内外部沉降速率基本一致，0＋263m 断面略大于 0＋167m 断面。

（2）从图 3 可以看出，大坝内外部沉降速率除 2017 年首次蓄水至高水位外，其他沉降速率基本一致。2020 年蓄水至 520m 时，外部沉降速率略大于内部沉降速率。

（3）沉降速率在 2017 年首次蓄水至高水位后，明显减小。2020 年蓄水至 520m 时坝顶沉降速率有微量增加。

（4）整体内外部变形协调同步。

坝体内外部沉降变化速率统计（mm/d）　　　　表 4

部位	0+167m 断面		0+263m 断面	
	坝体内部	坝顶沉降	坝体内部	坝顶沉降
2016 年 10—12 月	0.09	0.125	0.073	0.13
2017 年 9—10 月	0.328	0.64	0.454	0.755
2019 年 10—11 月	0.167	0.165	0.209	0.16
2020 年 6—7 月	0.074	0.07	0.087	0.075
2020 年 10—11 月	0.052	0.085	0.01	0.13

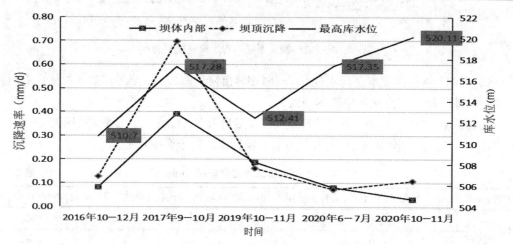

图 3　大坝内外部平均沉降速率过程线

4.3　坝体上下游方向位移分析

对历次水位快速上涨以及突破历史新高期间的大坝外部上下游方向变形情况进行分析；绘制 0+263m 断面（最重要监测断面）测点变化速率过程线见图 4，得出以下结论：

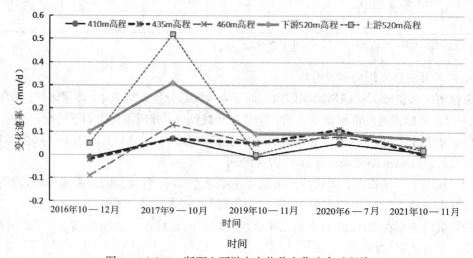

图 4　0+263m 断面上下游方向位移变化速率过程线

（1）从表5可以看出，2017年首次蓄水至517m时向下游方向变化量最大，变化量为26.0mm，平均变化速率为0.52mm/d。2020年水位达到520m，坝顶最大向下游方向位移3.6mm，平均位移速率为0.02mm/d，明显小于2017年。

（2）蓄水520m期间，坝顶向下游方向位移变化量在−0.6～3.6mm之间。左岸向下游方向位移变化量大于右岸。

（3）从图4可以看出，上下游方向位移变化速率自2017年以后逐渐减小。

（4）从图4可以看出，460m高程向下游方向位移最大，其次是坝顶。0+263m断面向下游方向位移大于其他断面。

（5）上下游方向位移整体变化速率均较小，相差不大，变形协调。

4.4 面板挠度变形分析

对历次水位快速上涨以及突破历史新高期间的混凝土面板挠度变形情况进行统计分析，见表5，可得出以下结论：

（1）历次水位快速上涨期间，2017年水位首次达到517m时，面板挠度变化最大，变化量为50.03mm，发生在494m高程，历次最大变化点均为此点。

（2）2020年6至7月，水位快速上涨突破历史最高水位时，面板挠度变化相对较大，最大变化速率为0.71mm/d，接近2017年首次蓄水时变化速率1.0mm/d。主要是因为2019—2020年上半年库水位长期在低水位运行，而此次水位快速上涨产生一定的影响，主要发生在二期、三期面板。

面板挠度变化速率统计（mm/d）　　　　　　　　表5

高程(m)	2016年10—12月	2017年9—10月	2019年10—11月	2020年6—7月	2020年10—11月	蓄水517～520m
374	−0.11	0.03	0.01	−0.01	0.01	0.02
384	−0.08	0.05	0.00	0.04	0.03	0.06
394	0.00	0.06	0.07	0.21	0.05	0.09
404	0.05	0.09	0.02	0.26	0.08	0.12
414	0.14	0.19	−0.03	0.30	0.10	0.15
424	0.20	0.31	−0.05	0.36	0.13	0.18
434	0.25	0.45	−0.06	0.43	0.16	0.21
444	0.26	0.53	−0.08	0.48	0.18	0.24
454	0.26	0.58	−0.08	0.55	0.18	0.24
464	0.21	0.59	−0.09	0.59	0.16	0.21
474	0.20	0.66	−0.07	0.66	0.16	0.21
484	0.19	0.87	−0.08	0.63	0.16	0.21
494	0.45	1.00	0.15	0.71	0.19	0.24
504	0.24	1.00	−0.02	0.66	0.17	0.24
514	0.20	0.82	−0.07	0.70	0.12	0.18

注：+表示垂直于面板向坝体内变形；−表示垂直于面板向坝体外变形。

（3）蓄水520m期间，面板挠度变化速率相对其他几次高水位蓄水较小，最大变化量为 10.66mm，发生在三期面板。

（4）蓄水 517～520m 期间，面板挠度平均变化速率有所增加。

（5）截至 2020 年 11 月，面板累计最大变化量为 396.90mm，占比设计指标 531mm 的 74.68%。

5　结论

（1）蓄水正常蓄水位期间，龙背湾水电站水位上涨速率控制科学。

（2）大坝内外部变形基本同步，变化量相对较小，无异常突变。面板挠度变化相对前期水位快速上涨变化较小，蓄水正常蓄水位期间挠度变化量有所增加。坝基浸润线平稳，无异常突变。

（3）总的来说，坝体变形协调，渗流量变化符合面板堆石坝规律，总渗流量小于设计警戒值，工程安全。

（4）通过对蓄水至正常蓄水位前后监测数据的分析，工程安全稳定运行，经受了 520m 正常蓄水位考验，今后蓄水运用过程中可以蓄水到 520m。考虑到蓄水 520m 时量水堰渗流量相对偏大，为了避免工程不可逆的损伤，结合库水位 518m 附近运用时间较长，且各项指标正常，建议短时间水位 520m 运用，518m 以下可长期运用。

（5）面板堆石坝科学的蓄水速率有助于减少坝体不均匀沉降造成的不可逆伤害，尤其是对面板的损伤。龙背湾水电站工程首次蓄水至正常蓄水位蓄水速率控制较好，可供其他工程参考。

参考文献

[1]　湛正刚，张合作，邱焕峰 . 高面板堆石坝安全性评价方法探讨［C］. 安全性研究及软岩筑坝技术进展论文集，2014.

[2]　赵永涛 . 龙背湾水电站大坝混凝土面板裂缝及脱空处理［J］. 人民长江，2019，50（S1）：178-181.

[3]　解晓峰 . 300m 级高混凝土面板堆石坝结构安全性评价分析［D］. 杨凌：西北农林科技大学，2012.

[4]　董训山 . 调节水库大坝安全评价变形监测分析［J］. 水利科技与经济，2020，26（06）：84-88.

[5]　王旭 . 定国山水库大坝安全评价分析［J］. 黑龙江水利科技，2021，49（08）：233-235.

[6]　郭维维 . 改进层次模糊分析法在水库大坝安全评价中的应用［J］. 水利水电快报，2020，41（08）：63-67.

[7]　牟声远 . 高混凝土面板堆石坝安全性研究［D］. 杨凌：西北农林科技大学，2008.

[8]　袁明道，徐云乾，史永胜，等 . 广东地区小型水库大坝安全评价分析与探讨［J］. 大坝与安全，2019（04）：20-23.

[9]　孙宇涛 . 混凝土面板堆石坝静动力分析及安全评价研究［D］. 西安：西安理工大学，2019.

[10]　陈正 . 混凝土面板堆石坝抗震安全性评价与极限抗震能力研究［D］. 福州：福州大学，2018.

赖屋山水库除险加固方案设计探析

糜凯华　邓水明

（中水珠江规划勘测设计有限公司，广东广州 510610）

摘　要： 为了较好地解决赖屋山水库现状存在的问题，确保水库除险加固后，既能满足规范规程的要求，充分发挥水库综合效益，又能方便运行管理。根据安全评价结果及勘察情况，对赖屋山水库现状进行分析，通过渗流稳定计算对坝坡稳定进行复核，提出病险水库加固方案。赖屋山水库经加固后基本解决水库渗漏及溢洪道泄流能力不足。该加固方案可为施工提供技术指导，为同类型工程提供借鉴参考。

关键词： 除险加固；赖屋山水库；加固设计；加固方案

1　研究背景

水库病险问题的处理，国外已有很多值得借鉴的除险加固技术，我国经过多年的经济发展，经济实力有了飞速的提升，但是经济底子比较薄弱。从科学角度进行经济分析，效益相同的情况下，除险加固成本上要比拆除重建低[1]。随着科学技术的发展，先进的项目管理技术、施工工艺、机械设备、模板、新型材料，为水利工程建设提供了保障和施工新思路。成熟的经验表明水库除险加固能使水库防洪能力、工程效益等提高到一个空前的水平[2]。近几年，水库除险加固已经成为 21 世纪实现水资源可持续利用和社会经济可持续发展的战略举措。病险水库事关人民群众生命财产安全，事关国民经济发展和社会稳定，事关国家的长治久安，因此，病险水库的除险加固十分迫切、十分必要。

2　工程概况

赖屋山水库位于深圳市龙华区赖屋山社区，在深圳市龙华区大浪街道西南部的龙华河羊台山河段上游，水库坝址以上集雨面积 2.073km^2，坝址以上河长 2.435km、河床平均比降 $J=0.084$，水库正常蓄水位 97.53m（56 黄海高程），相应库容 233.6 万 m^3；设计洪水位 99.21m，相应库容 268.65 万 m^3，对应下泄流量为 30.76m^3/s；校核洪水位（$P=0.1\%/P=0.05\%$）为 99.67m/100.14m，总库容 278.11 万 m^3，对应下泄流量为 43.89m^3/s；最低水位 78.48m，相应库容 15 万 m^3。枢纽建筑物始建于 1989 年，于 1990 年竣工。于 1992 年加固扩建后达到现状规模，2013 年又进行一次除险加固处理，并将赖屋山水库的主要建筑物级别由 4 级提高到 3 级，设计洪水标准采用 100 年一遇，校核洪水标准采用 2000 年一遇。目前，水库的主要功能为防洪，兼顾生态景观。枢纽由大坝、输水涵管、溢洪道等水工建筑物组成，各建筑物的平面布置见图 1。

作者简介：糜凯华（1986—），男，贵州毕节人，工程师，硕士，主要从事水利水电工程设计工作。
　　　　　E-mail：964578575@qq.com。

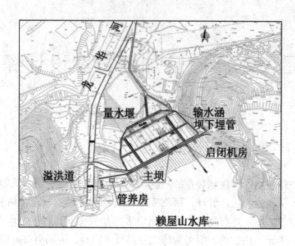

图 1　枢纽平面布置

3　水库现存问题

根据《赖屋山水库大坝安全评价报告》（2020 年 6 月）及实地踏勘情况，目前赖屋山水库主要存在如下问题：

（1）坝基和坝肩存在严重渗漏问题和安全隐患。

库区自 2014 年除险加固工作完成后，曾进行过库区蓄水，最高水位达到约 92m 时，左坝肩排水沟高程约 82m 处出现较大渗流，并且左坝肩存在多处渗漏点，渗水不含泥沙，为防止发生结构破坏，放水降低库水位。此后库区一直处于低水位运行，库水位基本未超过 90m。

经统计，下游坝脚排水沟内可见 9 个渗漏点，大部分分布于坝脚排水沟的中左段，沟内渗水较清澈，不掺杂土体颗粒，但有黄色锈蚀物不断从渗漏通道中流出，沟内几乎分布有这种黄色锈蚀物，并产生轻微淤积，但不影响排水沟的正常过流。排水沟下游的量水堰倒三角最低处高程为 73.01m，高出坝脚排水沟底 0.3m，堰上下游水位差约 15cm，坝脚排水沟经量水堰后，通过暗渠排往下游人工湖塘。水库渗漏点及渗漏物见图 2。

（2）下游坝坡最小抗滑稳定安全系数在设计水位和正常蓄水位工况下均不能满足规范与抗震要求。

图 2　水库渗漏点及渗漏物

按《水库大坝安全评价导则》[3]、《碾压式土石坝设计规范》[4] 和《水工建筑物抗震设计标准》[5] 有关规定，采用简化毕肖普法求安全系数[6]，抗震计算属于非常运用条件 Ⅱ 正常运用条件遇地震，计算工况如下：

工况 1：正常蓄水位遇 7 度地震时的上下游坝坡；

工况 2：设计洪水位遇 7 度地震时的上下游坝坡。

采用 Autobank7.5 进行稳定计算，计算得到各工况下的坝坡抗滑稳定最小安全系数结果见表1。

抗震稳定计算最小安全系数结果　　　　　　　　　　　表1

计算工况	抗滑稳定最小安全系数	滑弧半径(m)	工况描述	规范允许抗滑稳定最小安全系数
工况1	1.366	81.385	上游坝坡	
	1.135	100.489	下游坝坡	1.15
工况2	1.400	64.387	上游坝坡	
	1.129	100.489	下游坝坡	

计算结果表明，在各工况下大坝上游坝坡的最小抗滑稳定安全系数均能满足规范要求，但下游坝坡在各工况下均不满足抗震要求。

（3）溢洪道消力池段池底淤积，两侧挡墙多处坍塌，植被茂密，消力池失去消能作用，输水涵管进口段和出口阀门存在漏水，管壁存在表面剥落、锈蚀、破损及漏水等现象。

3　工程加固方案

3.1　大坝加固方案

根据大坝目前存在的问题，大坝加固的关键在于降低坝体浸润线，确保上游坝坡稳定和下游坝坡渗流稳定、坝坡稳定满足规范要求。因此，大坝加固方案采用"防渗墙＋帷幕灌浆"＋"坝脚块石堆载"的方案。

为满足 2000 年一遇校核洪水标准，对原大坝坝顶进行加高处理，加高高度为 0.5m，设计坝顶高程为 101.0m。坝上游坡重建 C25 钢筋混凝土防浪墙，结合电缆沟布置，坝顶路面采用 4cm 厚粗型密级配改性沥青混凝土（AC-13C）＋6cm 厚粗型密级配沥青混凝土（AC-20C）柔性路面，大坝下游坝坡设混凝土排水沟。大坝坝顶结构见图 3。

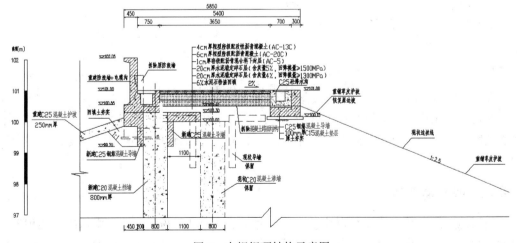

图 3　大坝坝顶结构示意图

在现状排水棱体下游堆载块石，块石顶宽 13.63m，坡比 1：2，块石堆载净高 3.77m，块石底设 600mm 厚级配碎石＋400mm 厚中粗砂反滤，末端设 C25 钢筋混凝土排水沟，排水沟右侧新建透水砖步道＋挡墙。坝脚堆石大样见图 4。

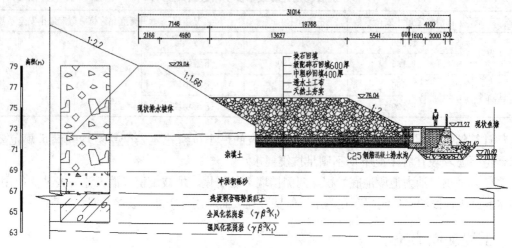

图 4　坝脚堆石大样

重建大坝上游护坡，护坡结构采用 250mm 厚的 C25 混凝土＋100mm 厚的中粗砂垫层。大坝上游护坡断面见图 5。

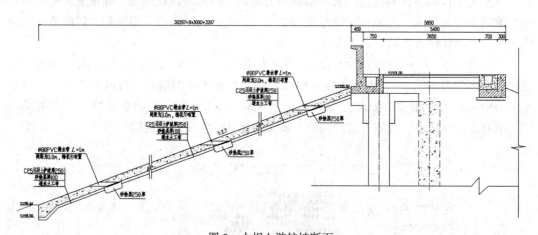

图 5　大坝上游护坡断面

对现状隐患坝坡挡墙进行削坡处理，采用土钉墙结构，墙面采用 300mm 厚的 C25 混凝土挡墙，土钉长 6.0m，水平、竖向间距按 1.5m，墙面设有排水孔。坝坡隐患整治断面见图 6。

3.2　大坝防渗方案

根据地质勘察情况，坝基岩性较简单，由第四系冲洪积粉质黏土、中粗砂、残积砂质黏性土和花岗岩风化层组成。中粗砂为强透水层，呈条带状分布于冲沟地段，由上伏粉质黏土隔水层隔离地表水，粉质黏土、残积层、全风化花岗岩属中等压缩性土，以弱透水性

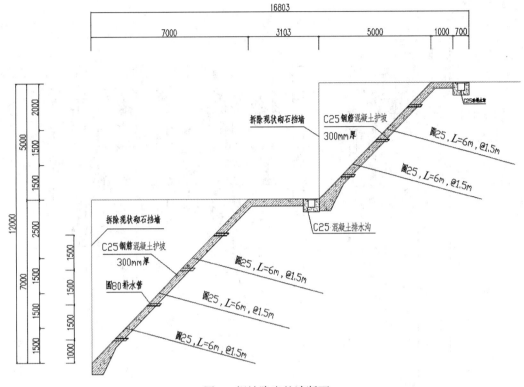

图 6 坝坡隐患整治断面

为主；强、中、微风化花岗岩裂隙发育程度为弱裂隙性，无断层通过，裂隙连通性差，均为弱透水层。根据室内试验成果显示，坝体冲洪积粉质黏土、残积土均属弱透水层。砂层下伏于弱透水层粉质黏土之下，分布范围较小。坝体填筑土土料质量满足均质土坝用料要求，但其压实度不满足《碾压式土石坝设计规范》对 3 级以下中、低坝黏性土压实度 $96\%\sim98\%$ 的要求。除险加固需对坝体、坝基采用防渗处理。

针对常用防渗措施，并结合工程实际情况，采用"坝基坝肩帷幕灌浆＋重建防渗墙"防渗方案。在原防渗墙上游新建 C20 混凝土防渗墙，墙厚 0.8m，防渗墙底高程入微风化 1.0m，防渗墙顶高程为 100.30m。坝基进行帷幕灌浆处理[7]，灌浆先下游后上游，灌浆分三序孔，设 2 排，孔距 2.0m，排距 2.0m。坝基帷幕灌浆底边线按入微风化 5.0m 控制，顶边线按强风化以上 5m 控制。防渗墙覆盖大坝及左、右坝肩，总长度为 224.75m。

3.3 溢洪道加固设计

现状消力池已丧失消能作用，来自溢洪道的泄流直接排入下游河道。该溢洪道建成后未进行过泄洪，经过现场周边情况的调查，在消力池左岸有一天然冲沟，汛期由于冲沟段地势较低，山体汇水经自然冲沟泻下，携带泥沙，直接排入河道，然而枯水期上游河道基本无泄流，综合考虑可能是由于溢洪道消力池和出口海漫段及河道渠底淤积并长满杂草导致。

针对溢洪道上述问题，整治方案如下：

（1）对全段溢洪道浆砌石挡墙进行加固处理。

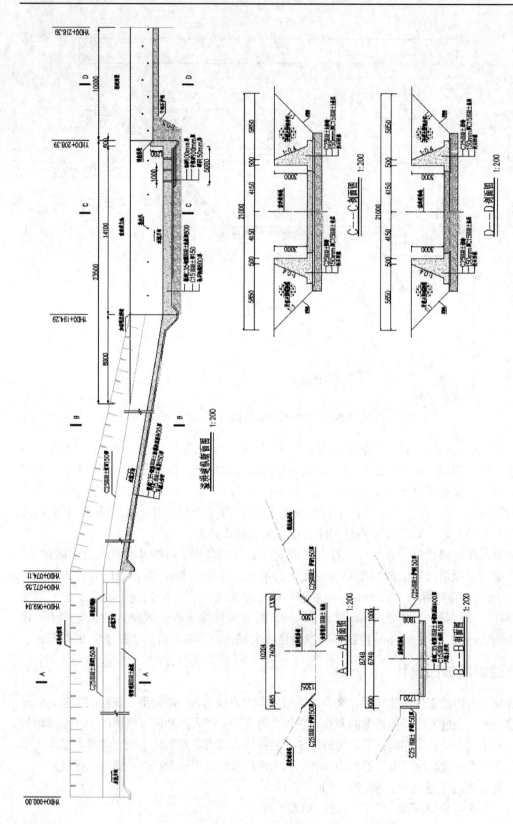

图 7　溢洪道加固大样

（2）对泄槽段底板混凝土进行拆除重建。

（3）对现状消力池进行拆除重建。

（4）新建海漫段。

控制段、泄槽段断面采用 150mm 厚的 C25 混凝土进行贴面加固处理；拆除现状泄槽段底板混凝土，两侧挡墙墙脚各保留 1m 的净宽，新建 400mm 厚的 C35 钢筋混凝土底板。对现状消力池进行拆除重建，消力池池长取 16.0m，池深取 1.2m；消力池两侧岸墙采用 C25 混凝土挡墙；对海漫段重建 10m 长的挡墙，底板采用干砌石护砌处理。溢洪道加固大样见图 7。

3.4 输水涵管设计

根据现场勘察情况，输水涵为关闭状态时，输水涵管存在漏水，根据现场测量，流量大约 0.08m³/s，水流清澈。经金属结构检测，输水涵管管壁存在凹凸面，多处存在缺陷点，渗水从环缝缺陷点处滴出、流出或涌出。

针对输水涵管上述问题，整治方案如下：

（1）对原坝下涵管采用水泥浆全段封堵，消除输水涵管安全隐患。

（2）重建输水涵管，涵管线位绕至大坝左坝段，下穿溢洪道进水渠段，从溢洪道消力池段左侧挡墙穿出，全长约 249m。涵管施工采用顶管施工工艺，管材采用 DN1200 钢管，钢管壁厚 20mm。施工完毕后，从地面对涵管两侧进行充填灌浆处理。

3.5 防渗墙＋帷幕灌浆设计

1）沿坝轴线设置大坝防渗墙，以左侧原大坝防渗墙为起点，终点为大坝右坝肩处（距离原防渗墙终点往右 30m）。

2）灌浆在施工前设置地质先导孔，以检验坝体和坝基水文地质和工程地质特性，与工程地质勘察成果进行比对。

3）防渗施工前先确认原输水底涵位置，施工钻孔不得破坏原涵管，在涵管处及两侧 0.5m 的范围内应严格控制孔底与涵管顶部的距离，确保不小于 0.5m，避免破坏涵管。灌浆施工在库水位较低时进行[8]。

4）帷幕灌浆孔按分序加密的原则进行。帷幕灌浆由三排孔组成，按先上游排，再下游排，后中间排的顺序施工，孔距为 2m，孔径为 90mm。

5）帷幕灌浆所用的灌浆材料为水泥黏土浆，采用套阀花管法，注浆管上端孔口压力应小于 0.5MPa。

6）帷幕灌浆材料采用 R32.5R 或 42.5R 的硅酸盐水泥，水泥的细度为通过 80μm 方形筛的筛余量不大于 5%。

7）灌浆抽心检测孔数为总钻孔数目 10%。

8）灌浆钻孔采用黏土浆封堵灌浆孔。

9）坝基帷幕灌浆底边线按入微风化 5.0m 控制，顶边线按强风化以上 5m 控制。

4 结论

根据实地踏勘情况，赖屋山水库坝基和坝肩存在严重渗漏，溢洪道消力池失去消能作用，输水涵管存在漏水现象。整个水工建筑物带病运行，不能正常发挥作用，存在较大安全隐患。根据安全评价结论提出病险水库的加固方案，加固完成后，可恢复或加强水库的防洪功能，充分发挥水库的灌溉、发电、供水、旅游、养殖等综合效益，使生态环境得到改善，为水利管理体制改革提供有利条件，促进我国水利事业的发展，更好地服务于人民，造福于人民。

参考文献

[1] 杨启林．吴岭水库除险加固效益分析 [J]．中国水利，2017（8）：32-36．

[2] 严祖文，魏迎奇，张国栋．病险水库除险加固现状分析及对策 [J]．水利水电技术，2010，41（10）：76-79．

[3] 中华人民共和国水利部．水库大坝安全评价导则：SL 258—2017 [S]．北京：中国水利水电出版社，2017．

[4] 中华人民共和国水利部．碾压式土石坝设计规范：SL 274—2020 [S]．北京：中国水利水电出版社，2020．

[5] 中华人民共和国水利部．水工建筑物抗震设计标准：GB 51247—2018 [S]．北京：中国计划出版社，2018．

[6] 李兴灿．水库大坝设计及稳定分析 [J]．陕西水利，2017（S1）：87-88．

[7] 王燚．灌浆施工技术在水库大坝除险加固工程中的应用研究 [J]．黑龙江水利科技，2021，49（1）：172-173．

[8] 汪在芹，廖灵敏，李珍，魏涛．CW 系化学灌浆材料与技术及其在水库大坝除险加固中的应用 [J]．长江科学院院报，2021，38（10）：133-139．

混凝土缺陷水下修复技术在西霞院反调节水库排沙洞消力池底板磨蚀破坏的应用

韦仕龙　许清远

（黄河水利水电开发集团有限公司，河南济源 454650）

摘　要： 在大中型水利枢纽中，泄水建筑物长历时高含沙过流运用后，过流面水下混凝土因为长时间的磨蚀将不可避免地存在冲刷、掏空、空蚀、开裂等缺陷，由于多处于水下，且创造干地施工条件困难、成本高，因此水下修复施工将成为一种必备技术方法。本文主要以西霞院反调节水库现场应用实际为例，主要介绍了一种混凝土缺陷水下修复技术，并针对其中的重点难点进行了阐述，以为类似工程缺陷处理提供参考。

关键词： 磨蚀；混凝土缺陷；水下修复；西霞院反调节水库；工艺控制

1　引言

西霞院反调节水库是小浪底水利枢纽的配套工程，位于小浪底坝址下游 16km 处的黄河干流上，距洛阳市 25km，距郑州市 116km。水库的任务是以反调节为主，结合发电，兼顾灌溉、供水等综合利用，工程规模为大（2）型工程。

西霞院反调节水库布置有挡水坝、泄洪闸、排沙洞、排沙底孔等主要建筑物，担负着水库泄洪、排沙、排污的任务[1]，2018—2020 年，小浪底水利枢纽和西霞院反调节水库联合调度运用，长期经历"低水位、大流量、高含沙、长历时"的汛期泄洪排沙运用[2]，泄洪排沙建筑物经历了长时间的高速水流冲刷磨蚀，尤其是消力池承担着高速水流和排沙的消能工作，经历长时间运用后，对水下水工建筑物进行检查发现，建筑物受到不同程度的水毁破坏，需要采取专项的措施开展修复工作。

2　水下缺陷检查

2.1　结构布置

西霞院反调节水库左岸的引水发电和泄洪排沙的主要建筑物布置示意如图 1 所示。该部分包含 6 条排沙洞（1～3 号位于左排沙位置，4～6 号位于右排沙位置）、3 个排沙底孔和 4 条发电洞，其中 3 个排沙底孔保护分别位于 4 个机组的中间位置，保护机组不被淤堵。其布置考虑了黄河多泥沙特性，利用含沙量沿垂线分布上稀下浓、粒径上细下粗的特点，将发电洞进口布置在较高位置；排沙洞和排沙底孔进口布置在较低位置，即排沙洞、

作者简介：韦仕龙（1990—），男，工程师，主要从事小浪底水利枢纽和西霞院反调节水库运行管理。
　　　　　E-mail：972295381@qq.com。

排沙底孔是主要排沙的泄洪流道，连续多年长历时、高泥沙条件下运用，需要重点关注其水下建筑物的状态，尤其是出口消力池水下建筑物的水毁情况。

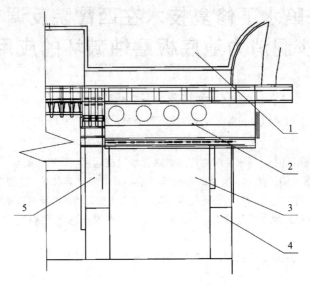

1—上游侧；2—引水发电和泄洪流道；3—引水发电消力池；4—左排沙出口；5—右排沙出口

图1 西霞院左岸泄洪排沙段建筑物示意图

2.2 结构检查

本次检查针对左、右排沙洞的出口消力池，鉴于该部位不具备干地检查的条件，通过潜水员进行水下检查及录像[3]。作为泄洪排沙运用的主要建筑物，其在高含沙期间投运较多，泥沙常规会聚集在出口消力池段，因此为保证检查效果，优先采取过流冲淤的方式对消力池进行全面清理，清除淤泥、砂石等杂物，水下检查时重点关注混凝土剥落、掏空、磨损、冲坑、钢筋裸露、裂缝、蜂窝麻面等缺陷。

2.3 检查结果

通过检查，发现左、右排沙洞的消力池底板均出现了不同程度的磨蚀坑现象，最严重出现在右排沙段，主要集中在上下游方向上Ⅰ级底板长24m，Ⅱ级底板长7m，宽度左侧最宽6m，右侧最宽11m，裸露钢筋，深度约0.25m，较为严重的地方出现了钢筋裸露、钢筋锈蚀磨蚀的现象。其缺陷结构示意如图2所示。若继续投入过流运用，在高含沙和长历时的水流条件下，会加速结构上的破坏，威胁水工设施的安全，因此急需对其进行处理。

3 缺陷修复

3.1 修复思路

针对水下检查发现的问题，采用水下修复的方式对水毁缺陷进行处理，重新浇筑混凝土，其具体施工流程为：水下切割凿毛→水下清理→钻锚孔、植锚筋→安装钢筋网→安装

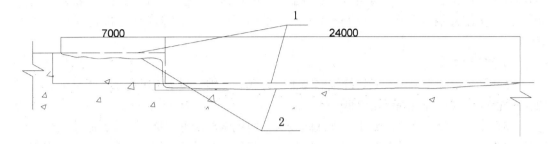

1—原结构边缘线；2—冲刷线

图 2　水下缺陷示意图（单位：mm）

模板→浇筑混凝土→拆除模板→细节修复。

针对水毁的程度，其修复方法也要针对性开展，若破坏深度大于 100mm，需要在表面布设钢筋网，布设后与锚筋牢固焊接，表层浇筑混凝土。对裸露的钢筋应检查，结构无损伤进行水下除锈，达到无锈痕、无锈斑；若原钢筋变形缺失，则重新修复，再浇筑混凝土。

3.2　消力池平面和立面缺陷修复

（1）水下切割、凿毛。以保证修复部位基体强度为原则，采用液压锯等工具沿破损边线外 6cm 为切割边线，切割出全封闭补强边缘线，深度不少于 60mm，之后采用液压镐凿除待清理的混凝土，凿出坚固、新鲜的混凝土面，凿毛厚度不小于 20mm，以增加浇筑面的糙度和新老混凝土的结合强度，同时保证所有待修复部位的深度均不低于 50mm。

（2）钻锚孔、植筋。采用 $\phi 20mm$ 锚筋，保证孔距 300mm，深度 300mm 布置，锚孔为 $\phi 22mm$，立面采用模板进行支撑，钢筋布置和锚筋安装示意见图 3。具体施工时，新钻锚孔采用高压水枪把屑渣冲除干净，然后在内部充填足够的高强锚固剂，插入锚筋，转动几次，使锚固剂充分与锚杆和孔壁粘紧，增加锚固力。

1—表层钢筋网；2—锚筋；3—立面模板；4—冲刷线

图 3　钢筋布置安装示意图（单位：mm）

（3）架立钢筋网。锚固剂硬化 12h 后，水下焊接钢筋网，规格为 $\phi 12@150$。钢筋网与锚筋之间、新老钢筋网之间搭接长度为 $10d$，单面焊。

（4）尾坎立面模板安装。模板采用 2.25m×2.4m、厚度 3mm 钢板和 $\angle 50 \times 5$ 角钢，浇筑模板由内部粘贴塑料膜以方便后期拆模。采用吊车吊运至水下位置处，并由潜水员安装，模板之间通过膨胀螺栓和锚筋固定。预留混凝土进料口和溢出口。进料口设在模板顶部，溢出口设在模板四角，溢出口设活页盖板，并可封牢。模板立设完成后，潜水员用高压水枪再次把渣屑冲除干净并检查模板四周的密封情况，对缝隙部位进行封堵，防止跑模。

（5）导管法浇筑

修补回填混凝土采用玄武岩纤维混凝土，玄武岩纤维混凝土应具备水下不分散、自密实等性能，混凝土强度等级不宜低于 C35。

（6）水下混凝土浇筑。鉴于此处缺陷较大，需浇筑混凝土方量大，综合施工质量、效率等因素，采取泵送商品混凝土配合布料机、导管的方法进行浇筑。配置 1 个水上浇筑平台、1 个布料机平台和 50m 浇筑导管平台，使用地泵将混凝土输送至布料机内，然后通过导管进行入仓浇筑，其示意如图 4 所示。待模板四角溢出口溢出混凝土后，封堵溢出口，直至最后一个溢出口溢出混凝土并全部封堵。水下混凝土应具备水下不分散、自密实等性能，此处优选了环氧混凝土或者玄武岩纤维混凝土。

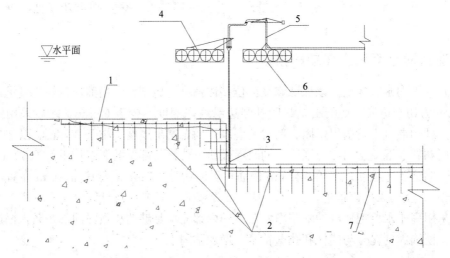

1—表层钢筋网；2—锚筋；3—立面模板；4—浇筑平台；5—布料机；6—布料机平台；7—冲刷线

图 4　浇筑作业平台示意图（单位：mm）

（7）拆模。待浇筑混凝土达到设计强度的 10% 后，将模板拆除，拆除过程不破坏新浇筑结构。

（8）细节修复。保证整体平整度，新浇混凝土原混凝土面的平整度进行测量，超过 3mm 的部分进行打磨处理，使之能够满足规范要求。

4　修复效果

1～3 号排沙洞段底板消力池也采取了上述方式进行了处理，并确保施工过程质量。经过 2021 年高含沙、长历时的汛期泄洪的考验后，对该部分进行了全面检查，发现 1～6 号排沙洞消力池在 2021 年汛前修复的部位除部分出现轻微的磨蚀现象外，整体性完好，可以说明水下修复技术在西霞院反调节水库是成功的。

5 结语

水利枢纽的水工建筑物至关重要，尤其是处于泄洪排沙系统的水下部分，需要具备较强的抗冲刷能力，但若出现破坏，在不具备干地修复的条件下，采取水下修复是非常必要的，本文所采用的水下修复技术得到了应用，可以为类似水工建筑物水下缺陷处理提供借鉴。同时为了保证枢纽的长期本质安全，应该周期性地开展水下设施设备的检查，发现问题及时维护保养，消除缺陷。

参考文献

[1] 秦云香，周莉，程翠林. 西霞院反调节水库工程布置特点及主要问题 [J]. 人民黄河，2022 (5)：22.
[2] 李冠州，谷源泉，吴祥，赵震. 专利环氧砂浆在西霞院水库泄洪洞中的应用 [J]. 人民黄河，2020 (S2)：42.
[3] 张捷. 混凝土缺陷水下修复技术 [J]. 大坝与安全，2004 (5)：8-12.

阿尔塔什水利枢纽工程大坝沉降变形研究分析

李帅军[1]　安美运[2]

(1. 中国电建集团贵阳勘测设计研究院有限公司，贵州贵阳 550081；

2. 贵州省水利科学研究院，贵州贵阳 550081)

摘　要： 在我国已建百米级混凝土面板堆石坝中，具有较深覆盖层、较高地震设防烈度、坝肩高陡边坡特点的堆石坝尚属少数，本文以新疆阿尔塔什水利枢纽工程为例，针对堆石坝体"三高一深"的特点，对堆石体沉降变形进行监测设计，并对数据进行整理及研究分析，得出堆石体沉降变形规律与特点，以期为同类工程提供重要参考。

关键词： 混凝土面板堆石坝；深覆盖层；沉降变形；四管式沉降仪

随着我国水电事业的不断发展，筑坝技术的逐渐完善，混凝土面板堆石坝[1] 因料源易于实现就地取材、工程造价经济等优点[2] 在国内外的建造数量越来越多，积累了丰富的筑坝经验，已成为当前主流坝型[3-5] 之一。目前，我国面板堆石坝不仅在筑高度上不断实现突破，更解锁了深覆盖层、强地震区等地质条件与高陡边坡等地形条件的限制，筑坝技术在国际上已领先。但面板堆石坝堆石体的沉降变形危害依然存在，例如阿瓜米尔巴（Aguamilpa）坝[6,7] 运行期因坝体变形过大而产生面板水平裂缝，水布垭面板堆石坝[8] 面板局部破损等。因此，对面板堆石坝沉降变形进行安全监测十分必要，通过系统监控及数据分析可有效掌握堆石坝在施工期、初蓄水期及运行期的沉降变形变化过程，可为大坝运行状态评估提供科学依据，为大坝安全预警提供数据支撑，从而降低事故发生率。本文以阿尔塔什水利枢纽工程面板堆石坝为例，根据堆石坝"三高一深"[9] 的特点，对堆石坝坝体及坝基沉降变形进行监测设计，并研究分析该条件下的堆石坝沉降变形变化规律与特点，为今后类似工程安全监测提供重要参考。

1　工程概况

阿尔塔什水利枢纽工程[10-13] 位于叶尔羌河干流山区下游河段上，是叶尔羌河流域的控制性水利枢纽工程，承担着防洪、灌溉、发电等综合任务。水库总库容 22.49 亿 m^3，灌溉面积 545.41 万亩，电站设计总装机容量达 755MW，属大（1）型 I 等工程，是目前新疆境内最大的水利枢纽工程，具有"新疆三峡"之称，同时也是国家"十三五"重点水利工程之一。主要枢纽工程由挡水建筑物（大坝）、泄水建筑物（左岸 2 号深孔、中孔及 1 号、2 号表孔和右岸 1 号深孔）、引水发电建筑物（引水式地面厂房）以及生态电站建筑

作者简介： 李帅军（1990—），男，河南鲁山县人，硕士，工程师，主要从事大坝安全监测及管理相关研究。

E-mail: lishuaijungeren@163.com。

物等组成。大坝坝址位于克孜勒苏柯尔克孜自治州阿克陶县的库斯拉甫乡境内，距喀什地区的莎车县约 120km。坝型为混凝土面板堆石坝，坝体填筑料主要为砂砾石料与爆破堆石料，坝体填筑分区自上游到下游依次为面板、垫层料区、过渡料区、砂砾石料区和爆破料区（坝体典型剖面见图 1），坝高 164.80m，坝顶宽 12m，坝长 795m，坝坡为上游 1：1.7，下游 1：1.6。坝基建在河床冲积砂卵砾石深厚覆盖层上，最深厚度达 94m。坝体工程区所处强震区，地震烈度为 8 度，抗震设计烈度为 9 度。右岸坝肩存在高陡边坡，坝肩河床以上边坡坡度范围为［70°，90°］，高度为 600m，岩层走向倾向岸里，且倾角范围为［60°，90°］。大坝于 2015 年 6 月 10 日正式开工，2016 年 4 月 19 日开始大坝首层填筑，2019 年 9 月大坝填筑完成，2019 年 11 月 26 日开始初次蓄水。

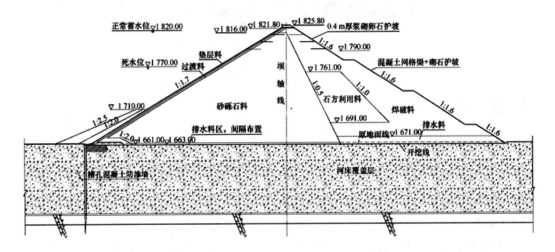

图 1   阿尔塔什水利枢纽工程混凝土面板堆石坝典型剖面

2   坝体沉降变形监测设计

2.1   监测仪器选择

为确保大坝在施工期、初蓄水期和运行期的安全运行，在坝体内部设计安全监测仪器，用以监测坝体沉降变形变化过程，从而为大坝在施工期建设、初蓄水期及运行期的运行状况评估提供科学的数据支撑。根据《土石坝安全监测技术规范》SL 551—2012[14] 要求，并结合阿尔塔什水利枢纽工程实际情况，选择水管式沉降仪[15] 对坝体内部沉降变形进行观测。本工程在对坝体沉降变形监测进行设计时，考虑到传统三管式测头的水管式沉降仪在使用过程中进水管易出现堵塞、管线较长时管路内部环境易滋生微生物导致管路不畅等问题，同时为确保工程冬季在外界温度低于 20℃时正常观测，在传统三管式测头水管式沉降仪的基础上做了改进[16]，使其演变为本工程所用的四管式测头水管式沉降仪（仪器型号：NSC-1000B，量程 0～3000mm；精度 2mm；温度范围-25～+60℃）。四管式测头水管式沉降仪组成结构如图 2 所示。

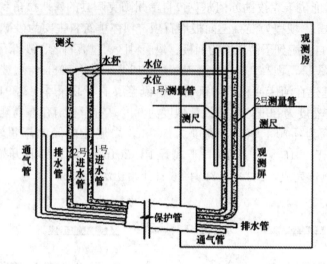

图 2　四管式测头水管式沉降仪组成结构

2.2　变形监测布设

1. 监测断面布置

工程在混凝土面板堆石坝共布设 4 个监测断面用以观测坝体沉降变形，其中在河床坝段设 2 个监测断面，分别为坝 0＋475m、坝 0＋305m 断面，在岸坡坝段设 2 个监测断面，分别为坝 0＋160m、坝 0＋590m 断面。

2. 沉降测点布置

堆石体河床坝段沉降监测断面分别在高程 1671m、1711m、1751m 和 1791m 各布置一条水管式沉降仪测线，岸坡坝段沉降监测断面分别在高程 1711m、1751m 和 1791m 各布置一条水管式沉降仪测线。其中高程 1671m 单条水管式沉降仪测线设计布置有 7 个沉降测点，高程 1711m 单条水管式沉降仪测线设计布置有 6 个沉降测点，高程 1751m 单条水管式沉降仪测线设计布置有 4 个沉降测点，高程 1791m 单条水管式沉降仪测线设计布置有 2 个沉降测点，堆石体共有 62 个水管式沉降测点。坝体典型断面变形监测布置如图 3 所示。

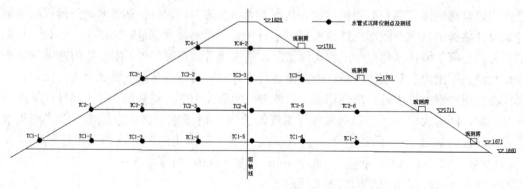

图 3　坝 0＋475m 监测断面变形监测布置

3 堆石体沉降变形计算原理及监测成果分析

3.1 沉降变形计算原理

工程采用的水管式沉降仪为专门定制的四管式沉降仪，其利用液体连通原理[17]，通过读取连通管路在观测房一端口的液面高程，便可知坝体埋设沉降测点的液面高程。通过连通器管路两端口高程之差与观测房沉降量，即可得出坝体测点沉降量，测点沉降量计算公式如下：

$$S = \Delta L + \Delta H \tag{1}$$

$$\Delta L = \frac{1}{2} \sum_{i=1}^{2} (L_{0i} - L_i) \tag{2}$$

式中，S 为测点沉降量（mm）；ΔL 为水管内液面沉降量（mm）；ΔH 为观测房沉降量（mm）；L_{0i} 为第 i 根水管内液面初始读数（mm）；L_i 为第 i 根水管内液面当前读数（mm）。

3.2 监测成果分析

1. 各沉降测点初始值时间

混凝土面板堆石坝于 2016 年 4 月 19 日开始大坝首层填筑，由于堆石体各分区填筑施工进度不完全一致的影响，坝体各监测断面沉降测点即使在同一高程层，其测点初始值取得时间也不完全一致，最早获得初始值的测点为高程 1671m 测线的 TC1-3～TC1-7 与 TC11-3～TC11-7 沉降测点，初始值取得时间为 2016 年 10 月 15 日，其他测点分别于 2017 年 3 月、2017 年 7 月、2018 年 6 月及 2019 年 6 月取得观测初始值。测点监测频次，施工期为 4～10 次/月，蓄水期为 10～30 次/月。

2. 堆石体沉降变形分析

堆石体共布设 4 个监测断面，16 条测线，62 个测点。其中坝 0+475m 与坝 0+305m 两个监测断面在高程 1671m 测线最长，管路长达 560m，为当前国内已建工程中管路最长的水管式沉降仪。同时，坝 0+475m 监测断面又为坝体 4 个监测断面中的最大坝高断面，因此本文以坝 0+475m 监测断面为典型断面。根据典型断面各沉降测点观测数据，绘制坝 0+475m 监测断面沉降变形分布（图 4）、坝 0+475m 监测断面在高程 1671m 与高程 1711m 的测点沉降变形过程线（图 5 与图 6），并对堆石体在施工期与初蓄水期的沉降变形进行研究分析。

研究得出：

（1）坝基最大沉降测点（TC1-5）出现在坝轴线位置，施工期最大沉降变形量为 513.9mm，占其测点下部堆石体与覆盖层总厚度 65m 的 0.79%，最大月均沉降速率为 14.27mm/月。初蓄期沉降变形量为 549.9mm，较施工期新增 36mm，占其测点下部堆石体与覆盖层总厚度 0.85%，最大月均沉降变形速率为 1.16mm/月。

（2）坝体最大沉降测点（TC2-5）在坝体主堆石区与下游堆石区分界线下游的第一个测点，施工期坝体最大沉降变形量为 604.9mm，占坝体与覆盖层之和（216.3m）的

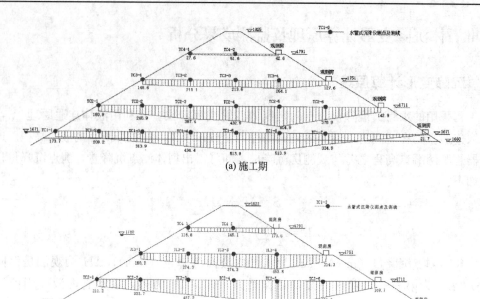

(a) 施工期

(b) 初蓄水期

图 4　坝 0+475m 监测断面沉降变形分布（沉降变形单位：mm，高程单位：m）

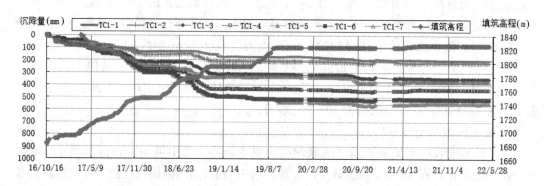

图 5　坝 0+475m 监测断面高程 1671m 沉降变形过程线

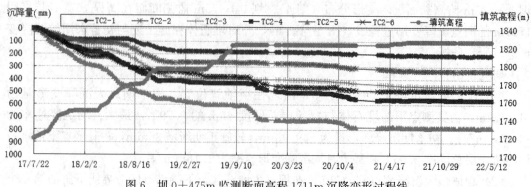

图 6　坝 0+475m 监测断面高程 1711m 沉降变形过程线

0.28％，最大月均沉降速率为 8.90mm/月，扣除同时段同断面处坝基贡献沉降量后，施工期坝体实际最大沉降量为 240.3mm。初蓄期坝体最大沉降变形量为 783.7mm，占坝体与覆盖层之和（219.8m）的 0.36％，最大月均沉降速率为 4.46mm/月，扣除同时段同断面处坝基贡献沉降量后，初蓄期坝体实际最大沉降量为 142.8mm。

（3）堆石体坝基与坝体沉降变形量在施工期与坝体填筑高度呈正相关关系，并且坝基和坝体的沉降速率在施工期最大，在坝体填筑完成后即初蓄水期坝基和坝体的沉降速率较施工期明显降低，呈现逐步变缓的趋势。

3. 已建同类工程对比

随着筑坝技术的不断创新及经验积累，我国在混凝土面板堆石坝设计、筑坝材料选择、坝体分区、填筑施工等方面提出了很多措施，用以控制堆石体的沉降变形，也取得了较好的效果。通过对国内已建同类工程施工期堆石坝沉降变形情况对比统计分析（表1），阿尔塔什水利枢纽工程堆石坝在施工期最大沉降量为 604.9mm，占坝高 0.28％，在同类工程中，其堆石坝最大沉降量相对较小，累积变形在同类工程统计范围内。同时，阿尔塔什水利枢纽工程堆石坝相对较小的沉降量，表明坝料自身物理特性较好，也说明了范金勇[12] 等的研究对控制堆石体沉降变形起到了一定作用。

同类型堆石坝沉降变形对比统计 表1

工程名称	坝高(m)	主要堆石体材料	最大沉降值(mm)	占坝高比(％)	备注
水布垭水利枢纽	233	灰岩	2184	0.94	
猴子岩水电站	223.5	灰岩、流纹岩	1190	0.53	
三板溪水电站	185.5	灰质砂板岩	1479.9	0.79	
洪家渡水电站	179.5	灰岩	814	0.45	
天生桥一级	178	灰岩/砂泥岩	2953.2	1.66	
阿尔塔什水利枢纽	164.8	砂砾石	604.9	0.28	
董箐水电站	150	砂泥岩	1982.5	1.32	
龙首二级水电站	146.5	辉绿岩	1346.3	0.92	
引子渡水电站	129.5	灰岩	567	0.45	
街面水电站	126	重结晶坚硬泥岩、砂岩	771	0.61	
芹山水电站	120	流纹质晶屑凝灰岩	730	0.61	

4 结论与建议

通过对阿尔塔什水利枢纽工程大坝施工期与初蓄期沉降变形监测数据的整理与研究分析，可得：同一高程层上，中部测点沉降量最大，两侧测点沉降量逐渐减小；不同高程层上，高程越低，沉降量越大；坝体内部沉降呈连续渐变形态，纵、横向分布基本协调，各测点沉降量与上覆堆石体厚度有关，坝基、坝体各测点沉降量分布规律性较好，符合土石坝沉降变形分布的一般规律；初蓄期坝基和坝体沉降变形速率明显低于施工期。坝基沉降变形主要发生在施工期，坝体沉降变形主要发生在施工期和初蓄期。

堆石体的沉降变形为混凝土面板坝稳定与安全的扼要，且阿尔塔什水利枢纽工程大坝具有"三高一深"[9]的特点，因此建议在运行期持续关注坝体与坝基的沉降变形情况，及时进行数据整理分析与结果反馈。同时，在后期运行过程中需做好水管式沉降仪管路维护工作，以便更好地发挥沉降变形监测的作用。

参考文献

[1] 吴晓翔. 中低混凝土面板堆石坝变形对大坝安全影响的研究 [D]. 2015 (03)：1-6.

[2] 高峰. 某面板堆石坝施工期沉降特性分析 [J]. 水利技术监督. 2021 (8)：195.

[3] 郦能惠，杨泽艳. 中国混凝土面板堆石坝的技术进步 [J]. 岩土工程学报，2012，34 (8)：85-93.

[4] 马洪琪. 300m 级面板堆石坝适应性及对策研究 [J]. 中国工程科学，2011，13 (12)：4-8.

[5] 钮新强. 高面板堆石坝安全与思考 [J]. 水力发电学报，2017 (01)：104-111.

[6] 徐泽平，郭晨. 高面板堆石坝面板挤压破坏问题研究 [J]. 水力发电，2007 (09)：80-84.

[7] 普洪嵩. 高面板堆石坝坝体变形规律及面板挤压破坏机理分析 [D]. 昆明：昆明理工大学，2020.

[8] 朱晟. 水布垭面板堆石坝施工与运行性状反演研究 [J]. 岩石力学与工程学报，2011 (S2)：3689-3695.

[9] 吴俊杰，马洪玉，袁磊. 阿尔塔什水利枢纽工程坝体三维渗流有限元计算分析 [J]. 水利规划与设计，2020 (08)：128-133.

[10] 温续余，冀建疆，孙双元. 新疆阿尔塔什水利枢纽工程初期蓄水安全鉴定报告 [R]. 水利部电规划设计总院，2019 (4).

[11] 汪洋，曲苓. 阿尔塔什水利枢纽混凝土面板砂砾石堆石坝设计及主要工程特点 [J]. 水利水电技术，2018，49 (SI)：4-9.

[12] 范金勇. 阿尔塔什深厚覆盖层上高面板砂砾石堆石坝坝体变形控制设计 [J]. 水利水电技术，2016，47 (3)：31.

[13] 袁磊，马洪玉. 阿尔塔什水利枢纽工程坝体分区及坝料设计验证 [J]. 水利规划与设计，2020 (8)：122.

[14] 中华人民共和国水利部. 土石坝安全监测技术规范：SL 551—2012 [S]. 北京：中国水利水电出版社，2012.

[15] 史训邦. 大坝内部观测水管式沉降仪故障分析及处理 [J]. 浙江水利科技，2014 (03)：88-95.

[16] 卞晓卫，蒋剑，余德平，等. 超长管路水管式沉降仪在阿尔塔什水利枢纽工程中的应用研究 [J]. 水利水电技术，2018，(49)：1-4.

[17] 张福良. 土石坝水管式沉降仪的故障分析与处理方法 [J]. 福建电力与电工，2007 (04)：52-53.

小浪底工程主坝坝坡不均匀沉陷维修方案优化与实践

谷源泉　苏　畅　韩鹏举

（黄河水利水电开发集团有限公司，河南济源 459017）

摘　要：自 2000 年 11 月底小浪底工程主坝竣工，小浪底主坝已运用 20 多年，由于自然沉降及自然风化等因素，主坝出现坡面防护堆石风化及坝坡沉降变形等，上下游坡不均匀沉陷及护坡中软岩的风化崩解，造成坡坝凹凸不平，下游坝坡在 250.00m 高程马道以上至坝顶间有坝坡突出现象，造成坝面坡面不平整，影响大坝美观，同时影响主坝长期安全稳定。针对小浪底主坝坝坡不均匀沉陷问题，在维修方案制订时比选了移动式塔吊垂直运输配合挖掘机施工和使用溜槽运输石料，并采用反铲挖掘机配合人工对石料进行摊铺两种施工方案；方案优化时根据现场实际，通过对石料运输溜槽、跨防浪墙三角桁架的设计制造和对溜槽分组配合的设计，提高了现场施工效率，通过对石料运输、布料和摊铺的严格控制，提高了施工质量，成功完成了小浪底主坝坝坡不均匀沉陷维修工程实践。对国内外大型水电站大坝坝坡维修施工具有很强的借鉴和指导意义。

关键词：小浪底；主坝坝坡；溜槽；石料运输

1　工程概况

黄河小浪底水利枢纽工程位于河南省洛阳市孟津县小浪底，在洛阳市以北黄河中游最后一段峡谷的出口处，南距洛阳市 40km，上距三门峡水利枢纽 130km，下距河南省郑州花园口 128km。黄河小浪底水利枢纽工程是黄河干流三门峡以下唯一能取得较大库容的控制性工程，是治理开发黄河的关键性工程，黄河小浪底工程控制流域面积 69.42 万 km²，占黄河流域面积的 92.3%，控制黄河输沙量近 100%。工程以防洪、减淤为主，兼顾供水、灌溉和发电，蓄清排浑，除害兴利，综合利用。

小浪底工程主坝坝体为土质斜心墙堆石坝，最大坝高 160m，坝顶高程 281m（原填筑高程 283m，预留 2m 沉降），坝顶长度 1667m，坝顶宽 15m，坝底最大宽度 870 余米，上游坝坡坡度在高程 185m 以下为 1∶3.5，高程 185～274.33m 为 1∶2.6，高程 274.33m 以上为 1∶2.0；下游坝坡坡度在高程 269m 以下为 1∶1.75，高程 269m 以上为 1∶1.5，坝体总方量 5073 万 m³，主坝于 1996 年 5 月底开始全面填筑，2000 年 6 月 26 日大坝填筑至 282.00m 高程，较合同工期提前 13 个月完成大坝填筑，2000 年 11 月 30 日主坝工程竣工。

2　存在问题

小浪底工程主坝经过 20 多年的运行，由于自然沉降及自然风化等因素，主坝出现坡

作者简介：谷源泉（1992—），男，河南濮阳人，助理工程师，本科，主要从事水电站水库运行管理工作。
　　　　　E-mail：1677354212@qq.com。

面防护堆石风化及坝坡沉降变形等，上下游坝坡不均匀沉陷[1] 及护坡中软岩的风化崩解，造成坝坡凹凸不平，软岩风化崩解后，护坡块石松散，对坝坡稳定不利。下游坝坡在250.00m 高程马道以上至坝顶间有坝坡突出现象，造成坝面坡面不平整，影响大坝美观。护坡堆石中含有软岩，经过长期的风吹雨淋，部分软岩已经风化崩解，护坡起不到保护堆石的作用。主坝上、下游坝坡不均匀变形造成上、下游坝面凹凸不平，影响工程形象面貌，土石坝护坡是坝体的重要组成部分[2]，按照水利工程运行管理监督检查办法中关于坝坡平整度的要求，坝坡不均匀沉陷问题要及时整平，保证坝坡表面平整，小浪底工程主坝坝坡不均匀沉陷问题需进行维修整平处理。

3　坝坡维修范围、要求及料场选择

3.1　维修范围

根据上游坝坡变形的凹凸情况，结合水库水位的运行情况，考虑坝坡整修的可实施性，上游坝坡整修处理范围为桩号 D0-010.00～D1＋270.00，坝轴线方向长 1270.00m，高程范围为 230.00m 至坝顶间坝坡。根据下游坝坡变形的凹凸情况，确定下游坝坡整修处理范围为桩号 D0＋130.00～D0＋780.00，坝轴线方向长 650.00m，高程范围为原250.00m 马道至坝顶间坝坡。整修不要求恢复到原设计边坡线，只对现有边坡进行整修顺平，坝坡整修允许适量超填。

3.2　维修要求

上游坝坡 230.00m 至原 260.00m 马道间、原 260.00m 马道至坝顶间坝坡整修，根据坝坡沉降后测量结果采用 6A 护坡块石料进行补坡处理。防浪墙上游侧干摆石平台宽0.8m 拓宽至 1.0m，原 260.00m 马道高程和宽度均不变，补坡坡比按坝顶干摆石边缘到原 260.00m 马道内侧点平均坡度控制、原 260.00m 马道外侧点与 230.00m 等高线点平均坡度控制。下游坝坡原 250.00m 马道至坝顶间坝坡整修根据坝坡沉降测量结果采用 6B 护坡块石料进行补坡处理。坝顶下游侧墙外侧干摆石平台宽 0.5m 拓宽至 0.8m，原250.00m 马道高程和宽度均不变，补坡坡比按坝顶干摆石边缘到原 250.00m 马道内侧点平均坡度控制。

3.3　料场选择

为满足小浪底主坝补坡块石料需要，在多次现场查勘的基础上，考虑石门沟料场为原大坝堆石填筑料场，本次坝坡整修的石料主要为上、下游坝坡的护坡料，为了保持护坡料与现状坝坡块石料的颜色基本一致，补坡块石料岩性与现状坝坡岩性应该一致，同时石门沟料场岩石强度较高，可以满足小浪底大坝护坡料的要求，故本次选择了石门沟块石料场作为本次补坡块石料的料源。通过搜集和分析初步设计阶段勘察资料，编写了石门沟块石料场地质条件说明。本次补坡块石料质量要求同主坝上、下游护坡 6A、6B 料。6A 料粒径大于 700mm 的颗粒含量不小于 50%，粒径小于 400mm 的颗粒含量不大于 10%，最小粒径 300mm；6B 料粒径大于 500mm 的颗粒含量不小于 50%，粒径小于 80mm 的颗粒含量不大于 10%。为了保持与现状坝坡块石料的颜色基本一致，补坡块石料岩性应与现状坝坡岩性一致，决定采用 T_1^4 岩组紫红色硅质和钙硅质砂岩[3]，岩石饱和抗压强度大于 60MPa。

4 维修施工方案优化

4.1 初步维修方案

高程 260.00m 马道之上部分考虑移动式塔式起重机[4] 垂直运输进行施工。

原 260.00m 马道以上部位，在坝顶设置一台移动式塔式起重机，起重力矩大于 300t·m，覆盖半径 60～70m。首先由 20t 自卸汽车将块石料运输至坝顶右岸，转有轨机动小矿车装 3m³ 吊桶（吊罐）运输至工作面附近，由移动式塔式起重机吊 3m³ 吊桶（吊罐）将石料垂直吊运至需补填部位，然后由人工配合长臂反铲将块石摆平、嵌固。

原 260.00m 马道以下部位考虑采用斜坡道运输方案进行施工。

斜坡道结合水平临时通道运输方案。首先在上游坝坡处每隔 400m 由人工装配 1 道钢结构斜坡道由坝顶通至原 260.00m 马道，共设计 3～4 道，斜坡道顶设置卷扬机，斜坡道上布置 2m³ 矿车运输石料，底部设卸料平台以利转运；然后，在水位降至原 260.00m 马道以下时，利用原 260.00m 马道进行扩宽、整平（也可铺设钢板作为临时路面）后做水平运输通道。石料由料场采用 5t 汽车运输至坝顶后转运至斜坡道矿山上，由卷扬机拖动矿车运输至原 260.00m 马道卸料平台，转至人工手推车水平运输至各需补填工作面附近，水位下降后坡面上由 2m³ 挖掘机接力翻运至补填部位，并由人工配合进行整平和嵌固。

下游原 250.00m 马道以上的坝坡回填与上游水位以上坝坡回填方案类似，由坝顶布置 70m 移动式塔式起重机均可覆盖需补填部位。

施工机械布置示意图见图 1。

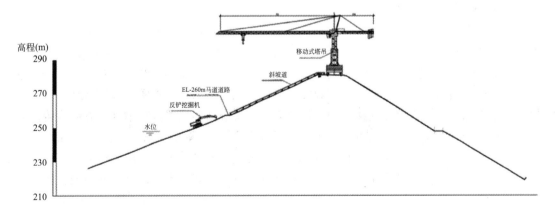

图 1　施工机械布置示意图

小浪底水库主坝坝顶宽 15m，其中上游侧设置有防浪墙，其他部位采用六棱砖铺设进行表面保护，下部铺设有防渗土工膜。施工期间为保护坝顶结构不造成破坏，需对坝顶采取保护措施，满足下列要求。

（1）尽量采用小型设备，坝顶水平运输结合塔机轨道采用有轨运输方式减少对坝顶的影响；

（2）塔机轨道基础混凝土浇筑前，拆除基础处六棱砖，并填筑砂砾石保护层，待坝坡修整完成、塔机及基础拆除后重新铺设；

（3）坝顶临时道路（通行运输车辆及反铲）位置应采取表面铺设钢板保护；

（4）局部需拆除防浪墙，施工完成后进行恢复。

4.2　讨论论证

通过多次召开施工方案讨论会，形成以下意见。

（1）在大坝坝顶布置 70m 移动式塔式起重机，由移动式塔式起重机 $3m^3$ 吊桶（吊罐）将石料垂直吊运至需补填部位单次运输量小，石料装卸困难，施工效率低，不能满足施工工期要求。

（2）采用移动式塔式起重机需在坝顶公路浇筑塔式起重机运行轨道，对坝顶路基强度要求较高，塔式起重机安全作业难以保证。

（3）采用该施工方案局部需拆除防浪墙，因防浪墙深入至大坝黏土心墙顶部以下，防浪墙拆除恢复时可能造成黏土心墙破坏，影响大坝坝体防渗安全。

（4）该施工方案在进行 260.00m 马道以下维修时，需采用半挖半填方式对坝体进行开挖，破坏坝体结构，影响坝体安全。

综上所述，该维修方案不能满足大坝坝坡维修的安全、进度等施工要求。

4.3　方案优化

根据坝坡整修专题讨论会最终确定，大坝坡面不再修建临时道路，不再使用移动式塔式起重机施工，整修所需石料使用溜槽[5] 运输到指定部位，采用反铲挖掘机配合人工对石料进行摊铺。

1. 溜槽的设计、制作

（1）溜槽设计：根据施工组织安排和现场实际，采用钢板、槽钢、工字钢制作三角桁架和组合式溜槽，溜槽为可拆装组合形式，每节 6m，每套溜槽 20 节，共长 120m。溜槽底部宽 1.5m，采用 14mm 厚钢板。两边有宽 0.5m 的 1∶2 坡度立沿，立沿采用 10mm 厚钢板。为保证溜槽坚固不变形，底部焊接工字钢衬托，每 1.5m 加焊一道工字钢。溜槽连接为搭接卡扣式连接，保证连接牢固、拆装方便。每节溜槽设置 2 个吊耳，方便吊装。为保证石料倾倒顺利，在第一节溜槽上端设置开敞式漏斗，漏斗长 3m，上部宽 3m，下部宽 1.5m，漏斗钢板厚 16mm。两边均设宽 0.5m 的 1∶2 坡度立沿，漏斗和第一节溜槽采用焊接连接。漏斗下方设置 4 个支腿，支腿下方布置钢板和枕木，以支撑漏斗悬空区域的受力，如图 2、图 3 所示。

（2）三角桁架设计：包括自卸车上防浪墙的三角桁架和反铲从防浪墙下坝坡的三角桁架。

自卸车上防浪墙的三角桁架：由于防浪墙不能拆除，而石料需要翻越防浪墙才能到达施工区域，采用 25t 自卸汽车从石料场区运至施工区域内，与溜槽相匹配，加工 2 组三角

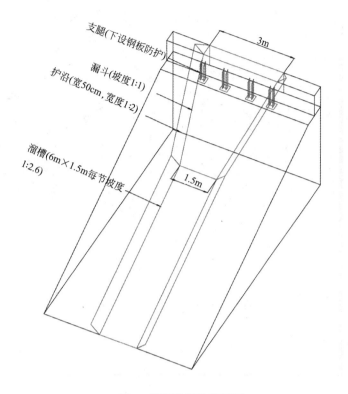

图 2　溜槽及漏斗俯视图

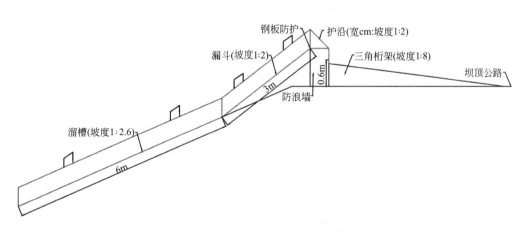

图 3　溜槽及三角桁架剖面图

桁架，自卸汽车倒退三角桁架上进行自卸，将石料倾倒至漏斗、溜槽处。三角桁架高 0.6m，坡比 1：8，面板为喇叭口式梯形，上端宽 4m，下端宽 6m，底部为工字钢焊接支架，面板为 10mm 厚钢板，表面焊接 ϕ14 带肋钢，如图 4 所示。

反铲下坝坡的三角桁架：坝坡施工用反铲需从防浪墙下到施工区域，制作专门的三角桁架。桁架长 6m，宽 4m，坡比 1：1.6，表面焊接 ϕ14 带肋钢，下方设置 4 个支腿，支腿下方布置钢板和枕木以支撑悬空区域的受力，如图 5 所示。

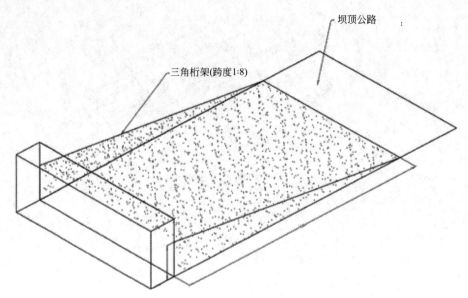

图 4　自卸车上防浪墙的三角桁架俯视图

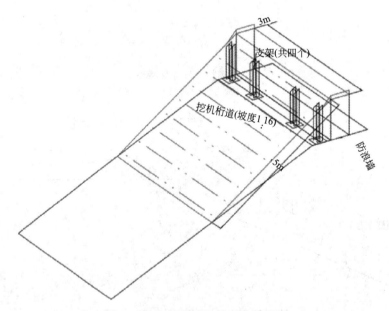

图 5　反铲下坝坡的三角桁架俯视图

2. 溜槽运料试验

按照施工设计要求，制作三角桁架一个、漏斗一个、溜槽两节共 12m，运输到小浪底坝顶防浪墙处现场组装，15t 自卸车，装载符合参数要求的石料约 7m³，现场将石料倾倒，观察石料运行情况，看石块是否可以通过溜槽到达指定区域。2020 年 7 月 20 日和 8 月 2 日进行了运料试验，证实石块经过溜槽能够顺利达到指定地点，但发现漏斗底部有局部被大块石砸成的凹坑，两边立沿有少量块石溢出，现场提出了将溜槽漏斗段的底部钢板由 10mm 增加至 16mm，立沿宽度由 30cm 增加至 50cm 的改进方案。

3．溜槽分组配合设计

设计每两套溜槽为一个组合，组合Ⅰ由 A、a 两套溜槽构成，溜槽间距 30m。溜槽 A 采用两组反铲和简易四轮运输车配合自上而下逐节安装，使用溜槽 A 向下运输石料并同步摊铺补填。溜槽 a 使用专用门机式溜槽安装车自上而下逐节安装。溜槽 A 完成安装和运输摊铺铺填本区域石料后，反铲平移至溜槽 a 底部，使用溜槽 a 进行运输石料，同时反铲摊铺补填石料，并自下而上逐节拆除溜槽 a。溜槽 A 使用门机式溜槽安装车自下而上逐节拆除，直至两套溜槽全部拆除完成，完成第一组循环，完成共计 60m 区域的石料运输和摊铺补填工作，然后溜槽组合Ⅰ向北平移 60m 循环施工。另一组溜槽组合Ⅱ，由溜槽B、b 两套溜槽组成，布置在距离第一组溜槽北侧约 240m 位置，工作方式与组合Ⅰ相同，同步由南向北推进，如图 6 所示。

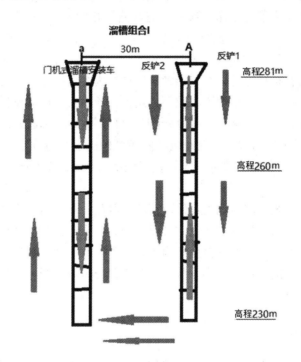

深色箭头为两台反铲安拆溜槽摊铺铺填石料路线，
浅色箭头为门机式溜槽安装车安拆溜槽的路线

图 6 溜槽分组配合设计示意图

4．测量放样

测量采用挂线法进行测量，在坡脚和坡肩处安置钢管桩，由于坝坡较长，需要再加密钢管桩。布置完成后在桩上挂线，根据线高度计算填石厚度。同时划分施工工作段，计划每 30m 作为一个施工段。根据测量结果计算该段所需石料方量，为下一步布料做准备。

5．石料运输、布料及摊铺

（1）运输

大坝上游 2020 年度整修所需石料，采用 25t 自卸车由石料场直接运输至坝顶，考虑到坝顶公路称重限制，控制自卸车装载量不超过 15t，通过三角桁架和溜槽布料。其余石料采用 25t 自卸车通过 250.00m 马道临时道路运输至 250.00m 平台临时储料区。

（2）布料

以组合 I 为例进行布料，组合 I 由 A、a 两套溜槽构成，两套溜槽间距 30m。组合 I 每次布料范围宽度 60m，高程 230.00～281.00m。根据测量数据分析出每节溜槽所占高程范围内所需块石量，组合 I 溜槽 A 布料范围宽度 30m，经计算后按照计算结果布料。组合 I 溜槽 A 布料顺序自上而下，每安装一节溜槽后，自卸汽车经漏斗和溜槽下泄块石，在每节溜槽所占高程和宽度范围内需要块石量达到后，方能进行下一节溜槽安装，以此类推，完整将组合 I 溜槽 A 范围内块石布料完成。组合 I 溜槽 a 布料顺序自下为上，布料前组合 I 溜槽 a 已安装完毕，按照计算结果经组合 I 溜槽 a 下泄块石，组合 I 溜槽 a 末端块石需求量达到后方能拆除第一节溜槽，边拆除溜槽边布料直至高程 281.00m。两套溜槽全部布料完成后，就完成第一组循环布料，完成共计宽度 60m 区域的石料布料工作，然后溜槽组合 I 向北移动 60m 后重复布料工作。

（3）摊铺

石料摊铺紧跟石料布料进行，石料摊铺以挖掘机为主要摊铺设备，个别地方需要人工配合摊铺，每套溜槽配备 2 台挖掘机。挖掘机站位与溜槽安装或溜槽拆除高程一致，距离溜槽 7.5m 远。挖掘机作业半径 7.5m，每台挖掘机摊铺块石宽度 15m，两台挖掘机摊铺范围 30m 宽，与溜槽布置相适应。挖掘机随着溜槽的安装与拆除上下行走，挖掘机在高程 230.00m 和 281.00m 处进行横向行走，在高程 230.00～281.00m 范围内不再进行左右行走。

石料摊铺要随填随测，严格把关：采取"填前测量，填平补齐""合理布料，均匀填石"。填石顺序根据溜槽布置顺序进行，个别地方石料不到位的情况下采用挖掘机接力翻运至补填部位。填筑石料采用挖掘机填石为主，人工摆石为辅，测量人员配合机械边填边测量，根据测量结果匹配石块的大小及数量，允许部分区域出现适量超填，但要保持坡面平顺。

5 施工保障措施

（1）组织对施工人员进行技术交底，使施工人员掌握施工方法和工艺要求，明确质量控制要点。

（2）严格把控原材料质量，选择购买合格的原材料，随机抽检石料，送第三方检测机构进行强度试验和风化程度试验。

（3）严格根据做好放线测量，分段布置放线桩，做好坡度控制，检查钢管桩是否牢固。

（4）由于施工现场高边坡临水面作业，施工现场须做好安全防护工作，临水面作业人员应正确穿戴救生衣，作业区存放救生圈及救生绳。进场前给所有施工人员购买意外伤害险。

（5）施工用电必须由水工部指定施工用电配电箱并由专业电工接线，配电方式采用三相五线制 TN-S 系统配电，三级用电二级保护、一机一闸一保护的措施保证用电安全。

（6）参加施工作业的相关人员必须取得相应的职业资格证书后，方可上岗作业，运输车辆及施工设备运行期间必须有专人指挥；机械设备下方严禁站人。

（7）参加施工车辆进场前对车况进行全面检查，特别是车辆制动情况经常检查，防止车辆失控。杜绝使用不合格车辆，进场前给所有施工车辆购买意外伤害险。

参考文献

［1］ 黄春华，刘超常，郭伯强．龙山水库土石混合坝充填灌浆技术［J］.广东水利水电，1999（3）：30-33.

［2］ 郭新民．土坝护坡毁坏原因与加固技术的探讨［J］.陕西水利，1999（科技增刊）：32-38.

［3］ 梁书锋，方士正，韦贵华，等．高温作用后硅质砂岩力学性能试验［J］.郑州大学学报，2021，42（3）：87-92.

［4］ 魏会敏．双轨移动式塔吊在漳沱河倒虹吸施工中的应用［J］.水科学与工程技术，2006（4）：57-58.

［5］ 芮扬．钢管支架式大体积混凝土基础溜槽浇筑施工技术［J］.建筑施工，2022，44（1）：42-44.

北京松林节制闸安全检测与评价分析

马妍祎[1]　李　萌[2]　卞文康[3]　李洹臣[3]　任　帅[3]

(1. 北京市城市河湖管理处，北京 100089；2. 中国水利水电科学研究院，北京 100038；

3. 北京中水科海利工程技术有限公司，北京 100038)

摘　要： 为了保证水闸工程的正常运行，经过多年运行后，需要对其进行安全鉴定或评价。本文以北京松林节制闸为例，依据《水闸安全评价导则》SL 214—2015 对其进行了现状调查、安全检测、安全复核和安全评价，提出了安全评价结论和处理建议，以期为水闸安全运行管理提供依据。

关键词： 现状调查；安全检测；工程复核；安全评价

1　前言

水闸运行安全直接关系着经济社会发展和人民生命财产安全，一旦失事，所造成的人员伤亡、对城镇及交通等基础设施的毁坏等损失和影响，远比一般公共设施失事的后果严重。因此，闸坝安全管理工作日益重要。水闸安全评价是水闸工程管理的重要基础工作，是及时准确掌握工程安全状况、科学制定管理措施的重要手段。开展水闸安全鉴定工作，对加强水闸安全管理，保障水闸安全运行，促进水闸工程管理制度化、规范化，发挥各级水行政主管部门的水闸工程安全监管职能，具有重要意义。根据《水闸安全鉴定管理办法》(水建管〔2008〕214 号) 要求，为切实加强水闸安全管理、准确掌握水闸安全状况、及时化解治理风险隐患，本文对松林节制闸开展了安全评价工作。

松林节制闸位于北京市北护城河上段末端，始建于 1950 年，分别于 1977 年和 2007 年完成改扩建，其主要功能为防洪和供水。闸室为开敞式钢筋混凝土结构，单孔，闸孔净宽 6.0m，闸墩厚 1.2m，墩顶高程 47.80m。闸室底板长 12.0m，底板厚 1.2m。闸室下游设置斜坡段及消力池，长度分别为 12.0m、15.0m，消力池深 1.0m，池底高程为 40.0m，池底板厚 1.2m。工作闸门为舌瓣式平板钢闸门，闸门尺寸为 6.0m×4.6m，采用 QH-2×100 型固定式卷扬启闭机控制启闭闸门，启闭机容量 2×100kN。

2　工程现状调查分析

工程现状调查分析是水闸安全评价工作的首要程序和重要步骤，是水闸安全评价的基础工作，需要由经验丰富、专业齐备的专家组开展现状调研。现状调查内容应包括工程技术资料收集、工程现状的全面检查和工程存在问题的初步分析，并对水闸工程安全管理进

作者简介： 马妍祎 (1996—)，女，北京市城市河湖管理处，技术员，主要担任水利工程日常维修养护工作。

E-mail: 269583960@qq.com。

行初步评价[1-3]。

通过查阅松林节制闸工程技术资料及对现场检查情况初步分析，水闸管护范围明确可控，管理规章制度齐全并落实，按审批的控制运用计划合理运用，管理设施满足运行要求，工程设施总体状况较好；水闸无扬压力观测项目，缺乏监测水闸安全运行的必要观测措施。

3 混凝土结构安全检测

3.1 外观状况检测

水闸整体外观状况较好，闸室未出现明显的异常沉降、倾斜和滑移等情况；上、下游边墙混凝土存在纵向裂缝，裂缝自底部向上延伸，缝宽 0.2～0.75mm，缝长 4.6～7.8m，典型裂缝深 8.3～19.0cm；上游边墙水位变化区范围内混凝土存在冻融剥蚀现象。

3.2 混凝土碳化深度检测

混凝土碳化深度是推定回弹强度的重要参数，是分析评价结构钢筋锈蚀状况的重要影响因素。本次对松林节制闸闸墩、交通桥、检修桥、工作桥及人行桥等混凝土结构进行了碳化深度检测。检测结果表明，松林节制闸混凝土结构均有一定程度的碳化，各个检测构件碳化深度最小值 5.4mm、最大值 28.5mm，均小于现场实测的钢筋保护层厚度。

3.3 混凝土强度检测

钻孔取芯检测混凝土强度的方法准确、可靠，但会破坏混凝土结构的整体性，不适宜大范围采用。回弹法为无损检测，不会造成结构破坏，且操作简便、精度较高，可对水闸结构全部构件进行检测。本次松林节制闸混凝土强度检测主要以回弹法为主，并在左边墩和交通桥左边墙上各钻取一根芯样，进行了芯样抗压强度试验。上述两种方法混凝土强度检测结果表明，水闸混凝土平均强度均大于 30MPa，超过原设计强度等级 C25 混凝土的强度。

3.4 钢筋保护层厚度检测

本次现场采用电磁感应法，对闸墩、边墙、工作桥梁柱、检修桥梁、交通桥板等构件的钢筋保护层厚度进行了检测。由检测结果可知，右边墩、检修桥大梁、人行桥大梁、工作桥大梁与立柱等构件钢筋保护层厚度平均值均小于《水工混凝土结构设计规范》SL 191—2008 规定的纵向受力钢筋混凝土最小保护层厚度[4]；左边墩、下游交通桥顶板等构件纵向受力钢筋混凝土保护层厚度平均值均大于规范要求的最小保护层厚度。

3.5 钢筋锈蚀状况检测

钢筋锈蚀会对钢筋混凝土结构耐久性能和承载能力造成不利影响。本次检测采用 GECOR8 钢筋锈蚀检测仪，根据半电池电位值检测数据来评价混凝土中钢筋锈蚀状况。现场主要选取闸墩、检修桥大梁及工作桥大梁等典型构件进行钢筋锈蚀状况检测。由检测结果可见，各检测构件钢筋半电池电位检测值均正向大于－200mV，钢筋发生锈蚀的概率很小[5]，考虑到碳化深度尚未超过实测钢筋保护层厚度，判断闸墩、检修桥大梁及工作桥大梁等构件内钢筋未发生锈蚀。

4 金属结构与机电设备安全检测

4.1 闸门外观状况检测

闸门整体状况完好，门体及主要构件未见损伤变形；闸门构件局部区域存在锈迹或锈蚀；闸门构件连接焊缝外观状况良好；闸门门顶舌瓣与闸门门体之间连接正常；闸门主轮支承装置、侧导轮支承装置零部件齐全，连接牢靠；闸门吊耳装置零部件齐全，连接完好；闸门止水装置部件齐全，连接牢靠；闸门门槽及埋件完好。

4.2 闸门腐蚀量检测

选择闸门主要构件进行腐蚀量检测，测试数据分别为 66 个。通过对腐蚀量检测数据进行整理，闸门腐蚀量均主要位于 0.2～0.5mm，总体平均腐蚀量分别为 0.35mm，频数为 84.8%。闸门主要构件腐蚀量频数分布统计见图 1。

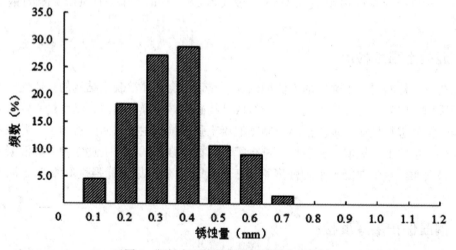

图 1　闸门主要构件腐蚀量频数分布统计

4.3 闸门焊缝无损探伤

本次闸门焊缝质量探伤采用接触式超声脉冲反射法。考虑闸门焊缝类别和受力情况，选取主横梁、边梁、面板为主要检测构件。焊缝探伤比例：一类焊缝约 30%，二类焊缝约 50%。焊缝超声波探伤结果：闸门所有受检焊缝都不存在裂纹及超标缺陷。

4.4 启闭机现状检测

松林节制闸启闭机主要由电动机、制动器、减速器、联轴器、传动轴、开式齿轮副、卷筒、钢丝绳、负荷限制器、行程控制器、操作控制系统以及机架等组成。

启闭机露天布置，外设不锈钢罩防护，设备布设总体规范；启闭机制动器、减速器、开式齿轮副、卷筒、机架等设备、零部件、结构件外观状况良好；启闭机钢丝绳在卷筒表面排列整齐；钢丝绳卷筒表面预缠绕圈数及绳端连接状况符合规范要求；启闭机三层现地操作控制柜及一层操作控制柜设置正常，启闭机行程控制装置及负荷限制装置等附属设施配备齐全。

5 工程复核计算

安全复核计算是水闸安全评价的重要环节，其目的是复核水闸各建筑物与设施能否按标准与设计要求安全运行。参照《水闸安全评价导则》SL 214—2015 规定，本次松林节制闸安全复核包括防洪标准、渗流、结构与抗震、金属结构等工作内容。

5.1 防洪标准复核

松林节制闸主要功能是防洪，本次松林节制闸防洪标准复核包括洪水标准、闸顶高程、过流能力复核。

（1）洪水标准复核

松林节制闸原设计为 3 级水工建筑物，按 50 年一遇洪水设计、100 年一遇洪水校核。根据《水利水电工程等级划分及洪水标准》SL 252—2017，松林节制闸设计洪水标准达到 3 级主要建筑物防洪标准，满足现行规范要求。

（2）闸顶高程复核

根据《水闸设计规范》SL 265—2016，闸顶计算高程应根据挡水工况和泄水工况共同确定。挡水工况时，正常蓄水位或最高挡水位加波浪高度与相应安全加高值之和应低于闸顶高程；泄水工况时，设计洪水位和校核洪水位与相应安全加高值之和应低于闸顶高程。闸顶超高复核计算结果表明，闸顶高程应不低于 47.64m，现状松林节制闸闸顶高程为 48.80m，水闸闸顶高程满足防洪要求。

（3）过流能力复核

当遇到 20 年及其以上洪水时，由松林节制闸和船闸联合运用担负下泄洪水的任务。松林节制闸与船闸计算闸孔总净宽为 8.58m，实际闸孔总净宽为 12.0m，计算结果表明闸孔净宽满足过流能力要求。

5.2 渗流安全复核

松林节制闸闸址位于永定河冲洪积扇中部，地形较平坦，场地类别为Ⅱ类。场区主要被第四系冲洪积地层所覆盖，地质结构主要为黏、砂双层结构，上部位黏质粉土或粉质黏土，下部以粉砂为主。本次渗流安全复核考虑较不利的正常蓄水位工况，采用改进阻力系数法进行渗透坡降计算，得到出口段和底板水平段渗透坡降值分别为 0.206、0.076。为保证闸基渗流稳定，《水闸设计规范》SL 265—2016 要求闸基的允许坡降必须小于土的临界坡降。粉砂闸基的水平段和渗流出口处渗透坡降允许值分别为 0.05～0.07、0.25～0.30。由于渗流出口处设置了滤层（一层编织袋＋200mm 厚豆石＋200mm 厚粗砂），水平段和出口段渗流坡降允许值可加大 30%，水闸地基满足渗流稳定要求。

5.3　结构与抗震安全复核

根据松林节制闸实际状况，本次水闸稳定复核分析主要考虑正常蓄水位、校核洪水位及地震三种工况。上述工况下复核计算结果说明：闸室基底应力平均值为 89.5～92.0kPa、闸室基底应力最大值 124.3kPa，均小于闸基允许承载力 160kPa；闸室基底的应力不均匀系数均小于规范要求的允许值，闸室抗滑稳定安全系数均大于允许值，且水闸抗震措施有效，说明闸室是安全稳定的。

5.4　金属结构复核

闸门的外形尺寸和主要构件尺寸按设计图纸并结合现场实测数据取用，构件的截面尺寸以现场实测的蚀余厚度为准。计算荷载主要考虑作用于闸门的静水压力，闸门作用水头4.48m。闸门复核计算结果表明，闸门主横梁最大正应力为 111.2MPa、最大剪应力为39.2MPa，小横梁最大正应力为 19.7MPa、最大剪应力为 11.9MPa，面板最大折算应力为 91.8MPa，均小于相应材料应力容许值 238.3MPa。

5.5　机电设备安全复核

舌瓣式平板钢闸门采用 2×100kN 固定卷扬式启闭机，配套电动机为 YZ160M2-6 三相交流异步电动机，电动机选型满足工程需要。启闭机设现地操作控制柜及一层操作控制柜各一套，运行控制功能正常。启闭机电动机三相电流及其不平衡度、三相电压及其不平衡度、电动机转速、温升和定子三相对地绝缘电阻均满足规范要求。综上所述，机电设备总体状况较好，运行控制功能正常。

6　安全评价与建议

6.1　安全综合评价

水闸安全评价需要综合考虑安全管理、工程质量和防洪标准、渗流、结构、抗震、金属结构、机电设备等水闸工程各专项安全性分级评价结果，综合评定水闸安全类别。

松林节制闸工程质量和防洪标准、渗流、结构、抗震、金属结构、机电设备等各项安全性分级评价结果见表1。

水闸安全性分级评价结果

表1

水闸名称	专项安全性分类	评定与评级
松林节制闸	工程质量	A
	防洪安全	A
	渗流安全	A
	结构安全	A
	抗震安全	A
	金属结构	A
	机电设备	A

按照《水闸安全评价导则》SL 214—2015 中水闸安全分类原则，水闸工程按工程质量和安全性分级均为 A 级，评定为一类闸。故松林节制闸安全综合评定为一类水闸。

6.2　建议

（1）对上下游连接段边墙混凝土裂缝内部采用化学灌浆补强，表面涂刷柔性防护涂层进行封闭，恢复和提升结构的安全性和耐久性。

（2）对钢筋保护层厚度不满足规范要求的检修桥大梁、人行桥大梁、工作桥大梁与立柱等构件混凝土进行防碳化处理。

（3）对上游边墙水位变化区冻融剥蚀混凝土进行修复及防护处理。

（4）对一般锈蚀的闸门构件进行除锈、防腐处理，继续加强闸门保养维护，保证闸门外观及运行状态良好。

（5）更换锈蚀较重的侧导轮支承装置底板连接螺栓。

（6）对于损坏的启闭机负荷限制装置进行修复，以恢复完好状态。

参考文献

[1]　中华人民共和国水利部．水闸安全评价导则：SL 214—2015 [S]．北京：中国水利水电出版社，2015.
[2]　中华人民共和国水利部．水工混凝土结构设计规范：SL 191—2008 [S]．北京：中国水利水电出版社，2015.
[3]　中华人民共和国水利部．水工混凝土试验规程：SL 352—2020 [S]．北京：中国水利水电出版社，2020.
[4]　中华人民共和国水利部．水工钢闸门和启闭机安全检测技术规程：SL 101—2014 [S]．北京：中国水利水电出版社，2014.
[5]　中华人民共和国水利部．水闸设计规范：SL 265—2016 [S]．北京：中国水利水电出版社，2016.

DG 水电站环境风险分析与预警机制的建立

潘炳锟　李　磊

（华电西藏能源有限公司大古水电分公司，西藏山南 856000）

摘　要：当前，我国环境现状不容乐观，通过中央环保督察曝光的典型问题反映出，局部地区水污染、大气污染和土壤污染问题仍然严重，环境污染状况日趋复杂，多种污染物并存。我国现行环境管理中以控制传统污染物 COD、氨氮等常规理化指标为目的，而这些目标不能全面真实地反映环境状况，给环境风险管理带来不便。梳理识别分析了 DG 水电站环境风险，提出了环境风险预防与预警机制、应急处置措施等。

关键词：DG 水电站；环境风险识别与分析；环境风险预防与预警；应急处置措施

1　项目简况

　　环境风险分析与预警作为环境风险管理的基础，虽然已在我国某些法律法规文件中有所提及，但相关条文过于简单，缺乏细节约束，操作性不强。此外，这些条文分布在多部法律法规中，内容过于分散。总体来看，我国环境风险评估预警法律法规体系尚未建立。

　　DG 水电站位于西藏自治区山南市桑日县境内，是西藏最大的内需水电项目、清洁能源项目，正在为国家实现碳达峰、碳中和目标贡献着"雪域力量"。为有效防范环境风险，DG 水电站建立健全环境风险评估化解机制，进一步提高贯彻执行风险评估化解机制的自觉性，增强风险评估和环保矛盾化解的工作实效，促进风险评估机制各项措施落实。

　　DG 水电站坝址处控制流域面积 15.74 万 km^2，多年平均流量 $1010m^3/s$，电站装机容量 660MW，多年平均发电量 32.05 亿 kWh。

　　工程建设过程中，建设单位遵照《中华人民共和国环境保护法》等有关法律法规，《西藏 YLZBJ 中游 DG 水电站"三通一平"等工程环境影响报告书》及批复意见、《西藏 YLZBJ 中游 DG 水电站环境影响报告书》及批复意见、《西藏 YLZBJ 中游 DG 水电站"三通一平"等工程竣工环境保护验收调查报告》及验收意见、《西藏 YLZBJ 中游 DG 水电站工程环境保护和水土保持总体设计及"三同时"实施方案》，建立了环境保护管理机构，在工程建设过程中与生态环境各级行政主管部门及其他有关部门积极配合，开展了一系列的环境保护工作。项目业主单位安全环保部承担施工区环境管理工作，并委托环境监理单位承担项目施工期环境监理工作，委托环境监测单位承担项目施工期环境监测工作，同时分别委托开展了施工期陆生生态调查与监测、施工期水生生态调查和人群健康调查等。

作者简介：潘炳锟（1992—），男，助理工程师，长期从事水电工程安全环保管理工作。
　　　　　　E-mail：754964762@qq.com。

2 环境风险分析

2.1 环境风险识别概况

根据 DG 水电站工程规模、建设特点及周边环境特征，工程运行期间，存在潜在的事件风险和环境风险，主要包括：主发电机组供排油系统和主变压器设备系统风险及废油处置不当等相关环境风险和生态风险，下游河道脱水影响等。

2.2 环境风险识别和分析

1. 环境风险源

根据《西藏 YLZBJ 中游 DG 水电站环境影响报告书》中的环境风险评价专题、工程相关设计文件以及工程区现场实际情况，本工程运行期有如下环境风险源。

1）主发电机组供排油系统

主发电机组供排油系统由两部分设备组成，一是在每一台发电机组处设置的调速器油压装置，二是透平油系统。

（1）调速器油压装置。发电机组调速系统主要设备由调速器电气部分、调速器机械液压部分、油压装置和自动化元器件及管路附件等组成。其中调速器油压装置涉及环境风险源，厂房内 4 台发电机组共设 4 套调速器油压装置，每一台发电机组处设置的调速器油压装置相同，调速器油压装置主要由压力油罐、回油箱、3 套油泵（2 套主油泵、1 套辅助油泵）及仪器仪表和管路附件等组成。根据压力油罐的油压控制信号自动运行。调速器油压装置内的压力油罐和回油箱里储存有供调速系统使用的机油，1 个油罐容积为 $8m^3$，机组运行时机油存量约为 $2.6m^3$，1 个回油箱内机油存量约为 $4m^3$，合计机油量为 $6.6m^3$，即 $5.94t$（机油密度按 $0.9g/mL$ 折算），4 台发电机组 4 台调速器油压装置内的压力油罐和回油箱机油存量合计为 $23.76t$。

（2）透平油系统。DG 电站的透平油系统，主要用于发电机上导、推力组全轴承油槽，以及水轮机导轴承油槽、调速器油压装置等处润滑油和操作油的供排。透平油处理系统主要由 4 只容积为 $20m^3$ 的透平油罐（2 只运行油罐，2 只净油罐）以及供排油设备、油处理设备和供排油管道、阀门等组成。透平油罐室、油处理室均布置在上游厂房 $3368.50m$ 高程。日常运行时，1 只运行油罐内储存机油量约为 $1m^3$，即 $0.9t$（机油密度按 $0.9g/mL$ 折算），1 只净油罐内储存机油量约为 $4m^3$，即 $3.6t$（机油密度按 $0.9g/mL$ 折算），2 只运行油罐和 2 只净油罐内共储存机油量约 $9t$。另在透平油处理系统处储存有备用未开启的汽轮机油 100 桶，$170kg/$桶，合计总存量为 $17t$。

2）主变压器设备系统

DG 水电站设 13 台 500kV 三相油浸式变压器，其中 12 台单相变压器、1 台备用单相变压器，为户外敞开式布置，布置在上游副厂房上游 $3378.15m$ 高程的室外地面上。主变电器设备配套建有的蓄电池室、GIS 室等厂房涉及环境风险源。

（1）主变压器油。主变压器油主要用于主变电设备的绝缘、散热和消弧作用，本电站不设固定式油罐主变压器油在主变设备内，由运行厂家维护或检修时加注或补充，在 DG

水电站工程现场不设主变压器油储存点。单台 500kV 主变压器里约有 0.37t 主变压油，13 台 500kV 三相油浸式变压器内主变压油合计约有 4.81t，若设备操作不当，主变压器油存在泄漏风险。

（2）蓄电池室。发电厂房内装有不间断电源、直流电源系统等，均由铅酸蓄电池提供。本电站在中控楼、GIS 室和配电房等处设有蓄电池室，蓄电池均设置在单独房间内，在其报废后，若随意存放、丢弃后由不具有相关资质的单位回收利用，可能造成电池外壳老化、破损，含铅废物泄漏而污染地表水、土壤及地下水。

（3）GIS 室。电站厂房 GIS 室断路器中使用六氟化硫。六氟化硫具有良好的电气绝缘性能及优异的灭弧性能，是一种新一代超高压绝缘介质材料。GIS 室内主变开关、断路器等各设备道内全部充满了六氟化硫气体，日常运行时，GIS 室各设备管道内六氟化硫气体存量约为 145m^2，即 7.25t（按 50kg/m^2 折算）。

如 GIS 室内发生六氟化硫泄漏，由于其密度大于空气，空气流动较小时容易向下沉降集中，在电缆沟等低洼处及楼层，有可能导致人员中毒或窒息事件发生，影响区域主要为电站厂房 GIS 及以下楼层，影响人群主要为厂房工作人员。

3）柴油发电机房

厂区 1 台套 700kW 的柴油发电机作为坝区保安电源，柴油机房布置在进厂交通洞施工支洞近厂坝间平台侧洞口。若设备由于操作不当，设备存在漏油或火灾的风险。

柴油发电机未开启时设备内无柴油，日常运行时，柴油储存在油库内，油库布置在坝址左岸下游董古沟西侧、S306 省道旁，油库环境风险源分析及风险保护措施，参照《西藏 YLZBJ 中游 DG 水电站施工期突发环境事件应急预案（2020 年修编版）》执行。

4）运行期废水

业主营地设置一体化地埋式污水处理设备，同时在下游副厂房 3383.30m 高程和上游副厂房 3371.80m 高程各设有一套生活污水处理设备。生活污水排水水量异常导致生活污水外排，对周边水系及局部地区形成一定污染。

5）危险废物暂存间

对于废矿物油若处理处置不当，排入环境中，则会污染土壤、当地地表水体等环境。

6）下游河道脱水

工程运行期，若发生电网系统故障时，此时下游某水电站也尚未建成，在此期间无流量下泄，坝下河段将发生脱水。河道发生脱水后，下游河道将出现暂时断流，水生生物生存空间减小，甚至可能暴露在河床，对水生生态影响大。

7）危险品运输

本工程危险品运输主要涉及油料，因道路交通事件或装载原因意外出现油料等泄露情况，造成人员死亡或对周边环境造成污染。本工程涉及公路为场内道路，对外交通有左岸新建的 S306 省道。

DG 水电站运行期环境风险源见表 1。

2. 物质危险性识别

按《物质危险性标准》《重大危险源辨别》GB 18218—2009、《职业性接触毒物危害程度分级》GB 50844—85 的相关规定，以及水电工程施工物资种类特点，本工程建设期间涉及的危险性物质为机油、变压器油和六氟化硫气体。

DG 水电站运行期环境风险源 表 1

序号	环境危险源 (环境危害因素)	发生区域	发生时间	可能的事件、后果	响应方式
1	主发电机组供排油系统(调速器油压装置、透平油系统和)	主、副厂房内	全年,非正常工况	污染局部区域	事件发生时,现场管理单位负责现场应急处置,建设部协调施工区应急资源援助支持,并上报集团公司,同时视情况报请属地环保部门、消防部门援助
2	主变压器设备(主变电器油漏油、含铅废物泄漏和 GIS 气体)	主、副厂房内	全年,非正常工况	污染局部区域	
3	柴油发电机房	厂坝间平台侧	全年,非正常工况	污染局部区域	
4	生活污水系统发生事件	污水处理厂出水口附近	全年,非正常工况	污染局部区域	
5	废矿物油泄漏	废矿物油暂存间	全年,非正常工况	污染局部区域	
6	下游河道脱水	大坝下游	全年,突发事件	水生生态影响	
7	运输车辆油料泄漏、爆炸	工程区道路及对外交通道路	全年,突发事件	污染局部区域或周边敏感水体	

1) 危险性物质的毒理性质

(1) 机油。①机油,润滑油,分子量:230~500。②性状,油状液体,淡黄色至褐色,无气味或略带异味;溶解性,不溶于水。③危险特性,遇明火、高热可燃。④燃烧物,一氧化碳、二氧化碳;稳定性,稳定;聚合危害,不聚合。

(2) 变压器油。变压器油是电气绝缘用油的一种,是石油的一种分馏产物,其主要成分是烷烃、环烷族饱和烃及芳香族不饱和烃等化合物,有绝缘、冷却、散热、灭弧等作用。事件漏油一般在主变压器出现事故时产生,若不能够得到及时、合适处理,将对环境产生严重的影响。

(3) 六氟化硫气体。①物理特性,是一种无色、无味、无毒和不可燃且透明的气体,在通常情况下有液化的可能性,在 45℃ 以上才能保持气态;在均匀电场下,其绝缘性是空气的 3 倍,在 4 个大气压下,其绝缘性相当变压器油。②化学特性,常温下是一种惰性气体,一般不会与其他材料发生反应。③电气特性,绝缘性能佳,还具有独特的热特性和电特性,是电负性气体,其分子和原子具有很强的吸附自由电子的能力,可以大量吸附弧隙中的自由电子,生成负离子。负离子的运动比自由电子慢得多,很容易和正离子复合成中性的分子和原子,大大加快了电流过零时的弧隙介质强度的恢复。

2) 物质危险性

根据以上物质特性,本工程所使用的危险品为易燃、可燃、低毒及爆炸性物品。主要危险性为火灾带来的生命、财产损失;环境风险主要是燃烧可能造成的森林火险,溢油对水体产生的石油类污染,以及运输事件造成危险品入江等。

3) 物质风险性识别

DG 水电站工程危险物质识别的主要对象为主发电机组供排油系统、主变电器设备系统、柴油发电机房。通过对本工程现场情况的调查,本工程的风险物质主要为机油、变压器油、柴油,见表 2。

工程化学品原辅材料 表2

序号	存放位置		物资名称	规格型号	储存方法	日常暂存量（t）	最大储量（t）	主要环境危害
1	主发电机组供排油系统	调速器油压装置	机油	L-TSA46(B级)	压力油罐和回油箱内	23.76	23.76	事故泄露、火灾、爆炸或处置不当对水环境、大气环境、土壤造成污染
		透平油系统	机油	L-TSA46(B级)	运行油罐和净油罐内	9	9	
		—	机油	L-TSA46(B级)	桶装	17	17	
2	主变电器设备系统	主变压器	主变压器油	S11-M	主变电器设备内	4.81	4.81	
		GIS室	SF6(六氟化硫)气体	—	GIS室设备管道内	7.25	7.25	

2.3 环境风险目标确定和风险事件可能性分析

1. 风险评价目标

①主发电机组供排油系统机油泄漏或火灾事件风险分析；②主变压油和GIS室气体泄漏事件分析；③下游河道脱水事件风险分析；④危险化学品道路运输泄漏风险。

2. 事件可能性分析

1) 主发电机组供排油系统泄漏事件影响分析

主发电机组供排油系统中的调速器油压装置和透平油系统存在的泄漏风险主要有：①受外力冲击、设备操作不当等，可能造成机油泄漏事件。机油泄漏可能造成土壤污染，处置不当可能引发火灾事件。②由于地震等不可控因素，导致储罐倾覆，机油泄漏。

主发电机组供排油系统中的调速器油压装置和透平油系统机油存在油罐内，位于主厂房内，地面进行了硬化且仓库室内干燥通风，张贴了相应的安全标识，配备了灭火器等消防设备，并有专业人员负责机油的加注或装卸，因此本工程主发电机组供排油系统在运行期发生泄漏和火灾的概率不大。

2) 主变压器设备系统事件可能性分析

主变压器设备由于操作不当，主变压器油和GIS室设备管道内气体存在泄露或火灾的风险，站主变旁均设置事故油池，主变发生漏油事件进行应急处理，并在主变室附近备用适量手提式化学灭火器、消防沙箱等。本电站采用六氟化硫气体绝缘全封闭组合电器（GIS）作为本电站的高压配电设备型式，六氟化硫气体在全封闭的设备管道内，排风口设于房间的底部，发生气体泄露的概率较小。

3) 运行期污废水对下游水质影响风险分析

本工程生活污水处理系统发生事故排放的可能原因主要有：①水处理设备检修或故障以及电力故障时，处理设施无法正常运行；②废水进水水质异常，而处理系统抗负荷冲击能力差；③水处理系统运行管理不善。

4) 下游河道脱水环境事件影响分析

工程运行期，若发生电网系统故障时，如电站无流量下泄，坝下河段将发生脱水。下游河道将出现暂时断流，水生生物生存空间减小，甚至可能暴露在河床，对水生生态影响大。

5）危险化学品道路运输泄漏事件影响分析

危险化学品道路运输泄漏事件主要是油料危险化学品道路运输过程中，因道路交通事件或装载原因，造成人员死亡或周边环境污染事件，主要分为泄漏、火灾爆炸两种。工程区及对外交通道路跨越水体的桥梁设置了防撞护栏，限制危险化学品通行速度，按照危险化学品管理要求，运输危险化学品的车辆需在车身明显处张贴警示标志，驾驶员持证上岗，规范行驶，禁止超速、超载，发生危险化学品道路运输泄漏事件极小。

桥面设有径流收集系统，当事件发生后可及时切断桥面径流与河流的导排关系，将泄漏物及事件消防废水全部收集到事件应急池集中处理，风险事件防范措施基本到位，危险化学品泄漏后外排污染环境的可能性极小。

2.4 环境风险等级评估

本项目不构成重大危险源。根据《企业突发环境事件风险分级方法》HJ 941—2018，企业突发环境事件风险等级分为重大、较大和一般三个级别，环境风险评估结果表明，本项目突发环境事件风险等级为"一般环境风险"，表征为"一般-水（Q0）"，详见《西藏 YLZBJ 中游 DG 水电站运行期突发环境事件风险评估报告》。

3 预防与预警机制

3.1 预防

1. 环境风险源监控

制定危险化学品运输计划并对危险化学品运输实施登记制度，严格执行使用登记制度。定期进行危险化学品贮存系统安全现状评价。

定期监测生产、生活废水处理系统运行情况，对各个排污口水质进行定期检测，明确坝区突发环境事件敏感点的分布。

运行期各运行管理单位应组织开展环境污染隐患排查与治理，切实履行安全生产主体责任。总承包部安全环保部环水保管理人员应经常巡视施工现场，督促各工区根据工程项目合同、施工方案和安全协议做好预控措施，监控环境危险源。

2. 预防措施

①建立危险源台账，掌握环境污染源的产生、种类及地区分布情况针对污染源的特点提出响应的应急措施；

②建立污染物的快速监测方法，购置污染物的快速检测设备，熟练掌握污染物的处置技术；

③开展突发环境事件的分析和风险评估工作，完善各类突发环境事件应急预案；

④建设单位、监理单位、运行期各单位及运行管理单位加强巡查、检查力度，做到早发现、早报告、早处置。

3.2　预警行动

1. 预警级别

应急救援小组根据项目建设单位应急办发布的预警、预防通报，结合本部门实际，及时通报预测、预警信息，指令所属部门采取有效预防措施，防止或减少突发事件的发生。

按照《华电西藏能源有限公司（中国华电集团有限公司西藏分公司）突发环境事件应急预案》要求，按照突发环境事件程度、发展态势和可能造成的危害程度，预警级别分为一级、二级和三级。一级为最高级别。

①一级预警：预期发生Ⅰ级响应突发环境事件，或者已经发生Ⅱ级响应突发环境事件，并有可能扩大。

②二级预警：预期发生Ⅱ级响应突发环境事件，或者已经发生Ⅲ级响应突发环境事件，并有可能扩大。

③三级预警：预期发生Ⅲ级响应突发环境事件，或已经发生Ⅳ级响应突发环境事件，有可能扩大。

2. 预警信息发布

项目建设单位收集到有关风险信息证明本单位突发环境事件即将发生或者发生的可能性增大时，应及时向上级公司和地方生态环境主管部门提出预警信息发布建议，按照地方人民政府要求，由地方人民政府或其授权的相关部门向公众发布预警信息。项目建设单位内部启动应急预案。

3. 预警调整和解除

项目建设单位根据事态发展情况和采取措施的效果适当调整预警级别；当判断风险已经消除或不再发生突发环境事件时，宣布解除预警，适时终止相关措施。

4. 信息报告

①发生突发环境事件后，项目建设单位须立即采取应对措施，并向当地生态环境主管部门和相关部门报告，同时通报可能受到污染危害的单位和居民。

②发生突发环境事件后，项目建设单位应立即以电话形式逐级上报，并在事件发生1小时内以邮件形式逐级上报"突发环境事件即时报告"，二级单位在收到报告后应立即上报集团公司应急指挥部办公室，紧急情况下可越级上报。

③项目建设单位应急管理办公室接到突发环境事件报告后，要立即向公司分管环保工作的领导汇报，同时向应急指挥部办公室通报。应急指挥部办公室接到报告后立即向应急指挥部和总指挥汇报，根据应急指挥部的决策立即启动相应级别响应措施。

5. 报告内容

项目建设单位在发布预警和发生突发环境事件期间，应安排人员24h值班，落实各项防范措施，并于每日的8：00前汇报工作进展情况。突发环境事件的报告分为即时报告、进展日报和总结报告三类。

①突发环境事件即时报告，主要内容包括事发企业概况，突发环境事件发生时间、地点等基本情况，污染源、污染物质、危害症状等，事件发生经过及危害程度等初步情况，已经造成的伤亡，采取的措施及其他事宜。

②突发环境事件进展日报主要内容包括突发环境事件有关确切数据、进展每日情况、

下一步拟采取的措施和需要协调的工作等内容。

③总结报告主要包括突发环境事件的处理措施、过程和结果，事件潜在或间接的危害、社会影响、处理后的遗留问题，参加处理工作的有关单位和工作内容，有关危害与损失的证明文件，提出有关意见和建议。

3.3 预警措施

①立即启动《突发环境污染事件应急预案》，该预案启动后，应急办必须发布预警信息，并密切跟踪污染事件的扩散情况，防止突发环境污染事件扩大升级；

②发布预警公告；

③协助政府部门转移、撤离或者疏散可能受到危害的人员，并进行妥善安置；

④通知各环境应急救援队伍进入应急状态，立即开展应急监测，随时掌握并报告事态进展情况；

⑤针对突发事件可能造成的危害，封闭、隔离或者限制使用有关场所，中止可能导致危害扩大的行为和活动；

⑥调集环境应急所需物资和设备，确保应急保障工作；

⑦突发环境污染事件发生后，突发事件单位应立即采取现场处置方案对现场进行先期处置，并立即向公司应急办工作人员汇报详细情况，工作人员立即向应急办相关领导汇报。

3.4 风险防范及应急处置措施

根据应急预案要求，结合 DG 水电站的特征污染物的具体实际，制定了如下污染事件现场应急处置措施：

1. 主发电机组供排油系统风险防范措施

主发电机组供排油系统风险防范措施包括调速器油压装置和透平油系统的风险防范措施。

1）调速器油压装置风险防范措施

本电站设 4 台发电机组（单机容量 165MW），每台发电机组设置 1 套调速器油压装置，厂房内设 4 套调速器油压装置，每一台发电机组处设置的调速器油压装置相同，调速器油压装置主要由压力油罐、回油箱、3 套油泵（2 套主油泵、1 套辅助油泵）及仪器仪表和管路附件等组成。

压力油罐为钢板焊接结构。压力油罐上设有安全阀、球阀和自动补气阀组等。回油箱上部设有 1 个进人孔。每台油泵吸入口设有 1 个过滤器。回油箱设有油位变送器、油混水信号器、充油接口、排油接口和排油阀。

2）透平油系统风险防范措施

透平油处理系统主要由 4 只容积为 $20m^3$ 的透平油罐（2 只运行油罐，2 只净油罐）以及供排油设备、油处理设备和供排油管道、阀门等组成。透平油罐室、油处理室均布置在上游厂房 3368.50m 高程。

①透平油系统油库室内采用下沉式设计，可防止火灾时漏油溢出，避免事件影响扩大。

②透平油罐室、油处理室位于上游副厂房 3368.50m 高程，分别单独设有房间，墙体为 240mm 厚防火墙，并各设有二樘甲级防火门与疏散通道相连（图 1）。

③油罐设有挡油槛，油罐室挡油槛内的有效容积按不小于最大一个油罐的容积设计，挡油槛高度确定为 250mm。

④透平油库门口有醒目的管理规定，可预防风险事件的发生。

二樘甲级防火门

有害因素告知牌

图 1　主发电机组供排油系统风险防范措施现场情况

2. 柴油发电机房风险防范措施

①厂区柴油发电机房设置于厂坝间的施工支洞内靠室外洞口侧，单独设置房间，围护结构均为防火隔墙，柴油发电机房用甲级防火门与室外相连。

②柴油发电机房设置独立的负压排风系统，风机为防爆风机，同时设有防爆照明灯和自动报警装置。

3. 主变压器设备系统风险防范措施

主变压器设备系统风险防范措施包括主变压油泄露和 GIS 室内六氟化硫泄漏风险防范措施。

1）主变压器油泄露风险防范措施

①变压器之间以入与上游副厂房之间采用防火墙分隔。

②主变外围均设置围护栏杆保护。

③单台变压器设有一个油坑，油坑下布有管道连接到变电事故油池，变电事故油池位于坝后平台的厂左侧，容积为 250m³。

④变压器出厂时均已经加满油，日常情况下仅需检查油位，定期增加油，发生故障检修时由厂家人员负责维修。

2）蓄电池室风险防范措施

本电站在中控楼、GIS 室和配电房等设备房处均设有蓄电池室。蓄电池室采取了以下的风险防范措施。

①蓄电池室均在设置单独房间内，房间内设有独立的负压排风系统，风机为防爆风机，同时设有防爆照明灯和自动报警装置。

②蓄电池室内设置防爆探测器，防爆探测器用于存在爆炸性危险场所的火灾探测，它通过设在安全区的防爆编码接口（内含安全栅）接入所属的火灾报警控制器。

③蓄电池采用艾诺斯免维护铅酸蓄电池，在蓄电池报废后，由厂家直接回收，不会在厂区存放或丢弃。

3）GIS 室内六氟化硫泄漏风险防范措施

①GIS 室内设 2 个六氟化硫气体在线监测现地采集柜，在 GIS 室门口处安装有六氟化硫气体泄漏在线监测系统（图 2），定期对气体泄漏监测报警系统进行检查，保证监测系统装置的正常运行。

②GIS 室内设通风装置，同时设有通风空调监控现地控制柜，可保证室内正常的通风效果。

③当发现气体泄漏发生泄漏时，应开启室内通风装置，同时立即联络检修人员进行检查，找出气体泄漏的部位和泄漏原因，对泄漏不严重能带电进行处理的应立即进行处理，对需停电处理的，应申请停电处理。

④发电机断路器和 GIS 室的气体排放按正常运行泄漏和事故爆破泄漏两种工况考虑。排风口设于房间的底部。事故爆破泄漏时，事故排风机的启动由气体泄漏报警装置自动控制。

主变事故油池

六氟化硫气体泄漏在线监测系统

图 2　主变压器设备系统风险防范措施现场情况图

4. 油类物质泄漏风险防范措施

本项目可能发油类物质泄漏的情况是当主发电机组供排油系统、柴油发电机系统及主变压器油由于设备操作不当或是其他极端情况下发生油类物质泄漏，造成设备周边土壤环境的污染，严重时甚至会流入到雅江，污染水体环境。预防油类物质泄漏措施最关键的是"源头控制"，正常运行时，主发电机组供排油系统、柴油发电机系统及主变压器油按照规定要求的风险防范措施设计并运行，发生油类物质泄漏的事件概率较低，但当油类物质泄漏的事件发生时，需要采取以下风险防范措施：

①发现人员应及时向应急办公室汇报。应急办公室首先派人现场调查，并将现场情况第一时间向应急领导小组报告，由应急领导小组做出应急处理措施。

②发现人员应关闭相关阀门，并在油品溢出区周围备好灭火器、灭火毯和吸油毡。

一旦油品溢出，按照使用规范要求，使用灭火器、灭火毯和吸油毡，防止油品溢出范围。

③油品轻微溢出且无法回收时组织应急处理人员用沙石进行填埋和吸附，防止油品泄漏到下水管道。

④油品（设备中的油品和处理系统中的油品）大量溢出时组织值班人员立即关（堵）好设备供油阀（闸），防止油品排入排水沟，最终溢流到雅江。同时对溢出的油品进行回收，在工程大坝下游设置拦油索，防止溢流油品流入到下游，对溢出油品进行回收完毕后，由应急监测小组对水质进行监测，当水质符合要求时，才可以再开设备供油阀（闸）。

5. 污废水污染防范措施

对废水处理系统进行有效的管理，可最大程度地避免事件的发生及可能带来的各种不利影响。为保证各个废水处理系统正常稳定运行，操作人员应严格按照操作技术规程，进行正确的操作和定期的维护，发现问题及时向环境管理部门汇报解决。

①按照"三同时"要求，为保证废水处理系统的有效运行，项目建设单位已把废水处理系统的建设与有效运行作为合同的条款之一纳入工程承包合同。

②工程环境监理单位应定期对废水处理系统的管理运行进行监督检查，即时掌握废水处理系统的运行情况，对不良情况提出口头或书面的整改意见。

③组织废水处理站的管护人员在上岗前接受专项技术操作培训，以保证废水处理设施的良好运行。

④废水处理系统的运行、管理费应专款专用，以保证废水处理系统的正常运行。

6. 下游河道脱水风险防范措施

DG 水电站共设置 1 个生态流量泄放孔（图 3），生态流量泄放孔布置于 15 号坝段，孔口尺寸 3.0m×3.5m（宽×高），进水口底高程为 3413.0m，低于死水位 27.0m，与 1 号排沙廊道进水口（位于 14 号坝段）平面距离为 13.85m，高于排沙廊道进口底板 30m，也较电站进水口底板 3408.5m 高 4.5m。生态流量泄放孔进口设事故检修门，孔口尺寸 3.0m×3.5m（宽×高），进口后部通过两次立面转弯后与排沙廊道主管相连，出口工作弧门共用，出口底板高程 3381.0m，孔口通过渐变段调整为尺寸 2.8m×2.8m 的方形，生态流量泄放孔泄放生态流量时可由出口的弧门控制开度进行流量调节。

在水库正常蓄水位 3447m 时，出口弧门全开，生态流量泄放孔最大泄放流量约 $212.9m^3/s$；在水库死水位 3440m 时，出口弧门全开，生态流量泄放孔最大泄放流量约 $201.3m^3/s$，均能满足下泄生态流量要求，坝下河段不会出现脱水现象。生态流量在线监测系统已建成运行。

7. 化学品运输风险防范措施

①加强交通运输安全管理，在路口等交通事件高发地段设置警示标志（图 4）。

②危险品运输采用全封闭运输，防治散落。

③在厂区道路两侧设置有防撞栏、排水沟等。

④加强安全教育、宣传。

⑤制定专项事件应急预案，在事件发生时将影响降至最低。

图 3   生态流量泄放孔进出口

桥梁限速标牌   隧道限速标牌及减速带

道路排水沟   桥梁排水洞

图 4   道路风险防范措施

4   结论与建议

上文梳理分析了 DG 水电站项目环境风险及应对措施，提出了预防、预警及应急处置措施，可为建设项目环境风险管控提供有力的支撑，后续可据此建立突发环境事件应急系统及响应程序，同时提出如下建议：

一是预防与应急并重，常态与非常态结合原则。积极预防、及时控制、消除隐患，提高公司对突发环境污染事件防范和处理能力，尽可能地避免或减少突发环境污染事件的发生。建立统一高效的应急信息平台，建设精干实用的专业应急救援队伍，健全应急预案体系，加强应急管理宣传教育，提高员工参与和自救互救能力，实现全员预警、全员动员、快速反应，应急处置整体联动。

二是坚持以人为本，安全第一原则。切实履行部门和人员的管理职能，把保障员工的健康与人身安全和公司财产安全作为应急救援工作的出发点和根本点，最大限度地减少事件造成的环境破坏，人员伤亡和危害。不断改进和完善应急救援的装备、储备，切实提高应急救援人员的安全防护水平和科学指挥能力。

三是坚持统一领导，分级负责原则。接受地方政府环境管理部门的指导，使公司的突发环境事件应急系统成为区域系统的有机组成部分。加强公司各部门之间的协同与合作，提高快速反应能力。在突发公共事件应急处置指挥部的统一领导下，建立健全管理机制。加强以公司、各部门管理为主的应急处置队伍建设，建立职能部门、科室联动协调制度，充分动员和发挥各级应急队伍的作用，依靠员工力量，形成统一指挥、反应灵敏、功能齐全、协调有序、运转高效的应急管理机制。

四是坚持平战结合，专兼结合，充分利用现有资源。积极做好应对突发环境事件的思想准备、物资准备、技术准备、工作准备，加强培训演练，应急系统做到常备不懈，可为公司和周围居民及社会提供服务，在应急时快速有效。

小浪底水利枢纽 220kV 开关站电缆洞渗漏水处理研究

李秀红　　李由杰

（黄河水利水电开发集团有限公司，河南济源，459017）

摘　要： 通过小浪底水利枢纽电缆洞渗漏水的分析和处理，提出各种补漏整治措施，为小浪底电厂成为无渗漏一流电厂提供支持，也为其他电缆洞渗漏处理提供参考。

关键词： 渗漏；分析；补漏

1　研究背景

小浪底水利枢纽 220kV 开关站投入运行至今已有 20 多年，出于多方面原因，造成不同位置出现不同程度渗漏水情况。特别是 2021 年 7 月的强降雨，开关站电缆洞内渗水严重，致使电缆洞长期处在积水潮湿状态中，出现电缆洞内电缆金属支撑架锈蚀，电缆防火涂料脱落、电缆洞顶部钢筋混凝土出现风化等情况，严重影响电缆洞内电缆及设施、设备的日常监护和安全运行。

2　研究区域概况

小浪底水利枢纽位于三门峡水利枢纽下游 130km、河南省洛阳市以北 40km 的黄河干流上，控制流域面积 69.4 万 km^2，占黄河流域面积的 92.3%。坝址所在地南岸为孟津县小浪底村，北岸为济源市蓼坞村，是黄河中游最后一段峡谷的出口。小浪底水利枢纽装机 6 台，每台 30 万 kW，总装机容量 180 万 kW，是河南电网理想的调峰电站。小浪底水利枢纽发电厂房是坝后地下式厂房，在地面中央集控室下方垂直距离约 90m。地下厂房内包含 6 台发电机组、尾水闸室、主变室及主变室上方 220kV 母线出线电缆夹层。小浪底水利枢纽 6 台水力发电机组出线母线电压为 18kV，经 220kV 变压器升压至 220kV。220kV 母线经电缆夹层通过 19 号、20 号电缆洞至地面开关站。

3　电缆洞渗漏形式与处理原则

3.1　渗漏形式

详细检查渗漏部位，发现电缆洞渗漏主要有以下几种形式：

（1）变形缝处渗漏。电缆洞变形缝处两侧雨水渗透严重，沿金属变形缝材料两侧渗

作者简介：李秀红（1985—），女，山东菏泽人，工程师，本科，主要从事水利工程运行管理工作。
　　　　　E-mail：549779593@qq.com。

出。顺着墙壁流下。

（2）出线场构架埋件处渗漏。19 号电缆洞上部现状为 220kV 开关站，上有部分出线场构架，底部用埋件与顶板相连，埋件与顶板连接处雨水沿埋件与顶板之间的缝渗入，两侧混凝土均已遭到冲刷和腐蚀。

（3）电缆套管穿顶板处、下水套管处渗漏。电缆穿顶板处密封材料脱落，进水严重，电缆支架与顶板与侧板连接处墙体冲刷严重。

（4）电缆沟底部渗漏。地面电缆沟虽设有盖板和底部排水措施，但电缆沟底部雨水聚集，对底部腐蚀较大，同时，电缆沟阻挡了绿地的排水，电缆沟两侧积水严重，电缆沟周边顶部渗水也严重。两侧雨水冲刷，电缆沟底部部分区域钢筋已外露。

（5）施工薄弱处渗水。洞内有些部位，应是顶部防水结构受损，渗水严重，甚至出现了雨水冲刷，大雨过后，洞内混凝土表面出现了空洞、麻面、露筋等情况。

（6）5D、6D 电缆洞洞内敷设有开关站断路器、刀闸等重要设备的控制及通信电缆，暴雨期间，内部漏水严重，主要漏水点为顶面顶板接缝处以及顶板与侧墙接缝处。内部墙面冲刷严重，电缆桥架锈蚀。同时，雨量大时内部雨水无法迅速排出，底部积水严重。

3.2　电缆洞渗漏水处理原则

（1）考虑渗漏止水和结构补强。

（2）在满足建筑物安全运行的前提下，混凝土结构缺陷处理以少损伤母体为原则。

（3）混凝土缺陷处理应达到恢复结构的整体性，最好与母体融为一体。

（4）处理材料要具有增强强度、防水、防渗、防腐蚀、防碳化、防碱骨料反应及防冻融等特性。

（5）保护钢筋不受腐蚀，防止混凝土老化，增强混凝土的强度和使用寿命。

4　电缆洞渗漏处理

4.1　变形缝渗水处理

将原先已老化的变形缝材料彻底替换，对变形缝周围重新处理，做好防渗防水的前提下，重新增加填缝材料。具体方案如下：

（1）将变形缝盖板拆除，缝内材料剔除，缝周边混凝土清理干净；沿缝走向进行布孔，灌浆孔为骑缝孔，钻孔深度控制在 10cm 左右，孔径 $\phi 14$mm。

（2）沿缝走向开 U 形槽，U 形槽宽 2.5cm，深 3～4cm 左右；剔除槽内松散物质，采用高压水枪将槽内基面及孔内清洗干净。

（3）装灌浆塞：安装前重点检查顶端的止回阀是否完好，使用专用扳手将灌浆嘴下部的密封胶圈压紧并固定牢固；对 U 形槽进行封闭处理，封闭材料采用效果好的快速堵漏剂回填至表面。

（4）灌浆：根据现场实际情况灌入潮湿型改性环氧树脂灌浆料，配料时严格按照产品规定比例配制浆液。水平缝由一端向另一端推进，竖缝自下而上推进，采用纯压式、逐一单孔灌注。开始时控制灌浆压力及进浆速率，起始压力为 0.1MPa，根据进浆情况，逐渐提高灌浆压力，最大压力不超过 0.6MPa。

（5）灌浆塞清理：注浆 24h 后在确认无渗漏的情况下，使用切割机沿灌浆塞根部将露出表面部分进行切除，用超强防水水泥砂浆进行封闭。

（6）裂缝封闭：整条缝灌浆结束后，表面打磨清理，表面刷聚氨酯防水砂浆进行密封，沿裂缝走向封闭宽度 20cm。

4.2　出线场构架埋件处、电缆套管、下水套管处渗水处理

出线场构架处的埋件关系到上部结构的稳定，不可轻易拆除，因此在保证上部稳定的前提下，保守处理。

（1）开槽：沿管根切、凿开多边形槽，槽宽 2.5cm，深 3～4cm 左右。

（2）封缝：对多边形槽进行封闭处理，封闭材料采用效果好的快速堵漏剂回填至表面，并捣固密封严实，待凝固后铲去多余部分。

（3）布孔、打孔：沿管根周边进行布孔，灌浆孔为骑缝孔，钻孔深度控制在 10cm 左右，孔径 φ14mm。其他灌浆处理工艺与变形缝处理工艺一致。为防止沿裂缝切割及钻孔时对电缆造成损坏，出线场构架埋件处、电缆套管、下水套管处渗水处理暂按上述方案执行。

4.3　电缆沟渗漏处理

电缆沟底部渗漏情况严重，需从各个层面进行处理；在上增加电缆沟的排水能力，防止沟内部有积水，同时采取措施减少电缆沟两侧的积水；在下对电缆沟底部已经腐蚀的地方进行防水处理。

（1）核实电缆沟内的排水坡度，对电缆沟底部重新找平后找坡，排水坡度＞2%，每隔一段设预埋水管将雨水排至管网内，减少排水沟内部积水；

（2）每隔一段，在适当位置将其中一块电缆沟盖板更换为过水电缆沟盖板，防止因电缆沟阻断的绿地排水，避免电缆沟两侧的雨水下渗。具体做法见图 1。

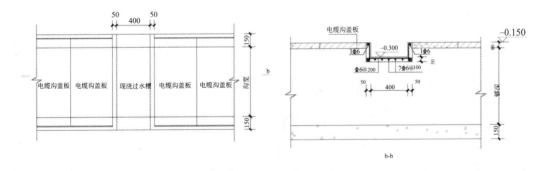

图 1　电缆沟上过水槽平面图

（3）电缆沟底部处理。使用角磨机沿缺陷边缘切割，电锤凿除缺陷部位松散物质直至露出坚实混凝土基面。在渗水点周围均匀地打孔，孔间距 25cm，孔深 20～30cm，随后安装灌浆塞进行灌浆处理，其他灌浆处理工艺与变形缝处理工艺一致。

4.4 混凝土空洞、麻面、露筋渗漏处理

（1）麻面。麻面主要影响混凝土外观，对于面积较大的部位修补，即将麻面部位用清水刷洗，充分湿润（1d）后用1：2水泥砂浆抹面、压实。

（2）蜂窝。混凝土中的小蜂窝，可用水冲洗干净，然后用1：2水泥砂浆抹面、压实。如果是大蜂窝，先将松动的石子剔除，用水冲洗干净，充分湿润后，再用比原混凝土高一强度等级的微膨胀细石混凝土（膨胀剂掺量为11%～13%）浇筑（支模凸出空洞3cm以上，待修补的混凝土强度达到设计强度后，将高出的混凝土凿除），振捣密实，养护保持湿润状态不少于7d。

（3）露筋。将松动的石子剔除，冲洗干净，充分湿润后刷素水泥浆一道，再用比原混凝土高一强度等级的微膨胀细石混凝土（膨胀剂掺量为11%～13%）浇筑（支模凸出空洞3cm以上，待修补的混凝土强度达到设计强度后，将高出的混凝土凿除），振捣密实，养护保持湿润状态不少于7d。

（4）空洞。将松动的石子剔除，用水冲洗干净，充分湿润后用，刷素水泥浆一道，再用比原混凝土高一强度等级的微膨胀细石混凝土（膨胀剂掺量为11%～13%）浇筑（支模凸出空洞3cm以上，待修补的混凝土强度到达设计强度后，将高出的混凝土凿除），振捣密实，养护保持湿润状态不少于7d。注意事项：刷素水泥浆前混凝土处理面处于湿润状态，但不应有水珠；刷完素水泥浆后30min左右浇筑混凝土，不应间隔时间过长，以免形成隔离层。

（5）5D、6D电缆洞内，多为接缝处漏水，处理方法如下：

①确定裂缝位置：根据现场排查确定渗漏裂缝的位置，表面清理后用记号笔画出裂缝走向并标记处打孔位置；

②打孔：沿裂缝两侧，距裂缝10cm，间隔20cm，与基面呈60°角打斜孔，孔深确保穿过裂缝。

其他灌浆处理工艺同变形缝处理工艺一致。

5 结论

针对小浪底水电站220kV开关站电缆洞在多年运行中出现的渗漏水问题，采取了有效的改进措施，取得了良好效果，小浪底220kV开关站电缆洞运行环境比以前更加可靠和安全，这为小浪底的安全稳定运行提供了保证。

参考文献

[1] 国家能源局．水工混凝土建筑物修补加固技术规程：DL/T 5315—2014．北京：中国电力出版社，2014．

[2] 中华人民共和国住房和城乡建设部．混凝土结构加固设计规范：GB 50367—2013．北京：中国建筑工业出版社，2014．

[3] 国家能源局．水工混凝土建筑物缺陷检测和评估技术规程：DL/T 5251—2010．北京：中国电力出版社，2010．

[4] 国际能源局．水工建筑物化学灌浆施工规范：DL/T 5406—2010．北京：中国电力出版社，2010．

高频高水位变幅堆石坝面板缺陷处理技术及应用

岳　龙[1]　邵晓妹[2]　韩朝军[3]　李发权[4]

(1. 贵州乌江水电开发有限责任公司洪家渡发电厂，贵州毕节 551501；

2. 长江水利委员会长江科学院，湖北武汉 430010；

3. 中国电建集团贵阳勘测设计研究院有限公司，贵州贵阳 550081；

4. 武汉长江科创科技发展有限公司，湖北武汉 430010)

摘　要：受复杂外界环境干湿、冷热循环等影响，对多年调节或年调节水库而言，高频高水位变幅条件下的面板堆石坝防渗面板易产生裂缝、接缝止水盖片老化等缺陷，严重时将导致面板破损等安全问题，影响工程安全稳定运行及发电效益。贵州乌江洪家渡水电站面板堆石坝，最大坝高 179.5m，大坝至今已安全稳定运行 16 年，受上述不利条件影响，长期运行中混凝土面板局部产生了浅层裂缝、接缝止水盖片与土工布老化、垂直缝及周边缝粉煤灰流失、压条松动脱落等缺陷。针对上述缺陷，工程采取裂缝化学灌浆、表面涂刮聚脲防护材料的技术处理方案。工程实践表明，面板缺陷处理效果总体良好，化学灌浆有效填充了裂缝内部孔隙，防止面板钢筋锈蚀；裂缝及接缝止水表面涂刮聚脲封闭措施，对后期面板裂缝的产生及扩展起到了较好的抑制作用，也提高了混凝土结构及止水系统的耐久性，有效保障了大坝长期安全稳定运行，相关技术可为同类工程提供借鉴。

关键词：高频高水位变幅；面板缺陷；化学灌浆；聚脲封闭

1　绪论

混凝土缺陷是由环境、材料、结构等因素耦合作用导致，其中环境因素较为重要。在高频高水位运行条件下，堆石坝面板混凝土结构主要受到干湿循环、温度变化、库水位往复循环荷载等因素影响，面板混凝土较易出现干缩、变形适应性差等问题，导致混凝土产生裂缝，从而降低了混凝土强度和刚度，严重破坏了面板整体耐久性[1]。

经调研，大坝混凝土防渗面板缺陷处理措施主要有表面封闭法、灌浆封堵法、结构补强法、混凝土置换法和表面养护法等[2]。其中表面修补法是在裂缝表面均匀涂覆防护材料，将裂缝填实，防护材料主要包括环氧树脂类、聚脲类、聚氨酯类、有机硅类等[3-5]。表面封闭法处理简单，应用广泛，但处理材料性能有待优化。其中环氧树脂与聚脲材料因综合性能相对较好而得到应用，国内外已有大量研究成果和工程经验，并已形成行业标准与技术规程[6]。灌浆封堵法是将胶结材料灌注到裂缝内部，胶结材料固化后与周围混凝土结合，主要适用于混凝土出现较大较深或渗水裂缝，该方法要求胶结材料渗透性好、力学强度高、防渗加固效果佳、耐久性好。常见的灌浆胶结材料包括环氧树脂、聚氨酯、丙

作者简介：岳龙（1985—），男，贵州威宁人，工程师，本科，主要从事水电站水工建筑物运行维护管理工作。E-mail：450260592@qq.com。

烯酸盐及水泥水玻璃等，其中环氧树脂灌浆材料应用最为广泛[7-9]。结构补强法主要针对长期开裂而无法得到及时修补，影响混凝土结构强度和耐久性的裂缝，例如增加截面面积、纤维或钢材结构加固等措施[10]。混凝土置换法是针对损坏严重的混凝土，去除出现裂缝的原有混凝土，采用新材料重新铺设，费时费力，且由于新旧混凝土间结合面受力薄弱，容易造成新的裂缝缺陷[11]。表面养护法是为消除表面混凝土和内部混凝土的温度、湿度差造成的应力，减少裂缝产生和进一步发展，例如人工洒水养护、密封养护、特殊养护等[12,13]。随着面板堆石坝的高速发展，对面板混凝土尤其是高频高水位变幅区混凝土缺陷修复提出了更高要求。

2　技术背景

2.1　工程概况

洪家渡水电站位于贵州西北部黔西市、织金县交界处的乌江干流上，是乌江水电基地11个梯级电站中唯一对水量具有多年调节能力的"龙头"电站。电站枢纽由钢筋混凝土面板堆石坝、洞式溢洪道、泄洪洞、发电引水洞和坝后地面厂房等建筑物组成，总装机容量 600MW；水库总库容 49.47 亿 m^3，调节库容 33.61 亿 m^3，正常蓄水位 1140m，死水位 1076m，运行期水位变幅差 64m 以上。

混凝土面板堆石坝最大坝高 179.5m，坝顶长 427.79m、宽 10.95m，坝底宽 520m，坝体累计填筑量 903.83 万 m^3；坝体上游和下游平均坝坡均为 1∶1.40，上游面板面积 7.2 万 m^2，每 15m 设一条分块缝，总共分成 28 块，在高程 1025m、1095m 处分别设有水平施工缝，布置双层双向钢筋，厚度 0.3～0.91m。根据洪家渡面板坝坝高、陡高边坡的实际情况，接缝止水设计分为五种类型：受拉垂直缝、受压垂直缝、周边缝、面板板间缝及面板与防浪墙接触缝，其中，周边缝采用了止水与自愈相结合的新型止水结构，其顶部止水措施包括 PVC 棒、波形橡胶止水带、GB 柔性填料、GB 三复合橡胶板、粉煤灰及不锈钢保护罩。

2.2　运行期面板缺陷

（1）面板缺陷。2020 年 7 月～2021 年 5 月，采用现场测量和超声波等技术手段对大坝面板缺陷进行了专门检测，发现面板共计裂缝 293 条，裂缝主要产生在水位变幅较大的三期面板，两岸以垂直面板的横向裂缝为主，中部以顺向面板的纵向裂缝为主，部分二期与三期面板施工缝附近有贯通面板的连续横向裂缝，典型裂缝如图 1、图 2 所示。通过检测，大部分裂缝深度在 200mm 以内，裂缝最深 315mm，均未贯穿面板；裂缝宽度在 0.3～2mm 之间；根据《水工混凝土建筑物缺陷检测和评估技术规程》，将裂缝划分为 A、B、C、D 四类，洪家渡大坝面板裂缝大部分为 D 类裂缝。

经分析裂缝产生的主要原因可能是水库运行蓄泄水频繁，期间面板经历了干湿、冷热循环等复杂外部环境因素的变化，引起了混凝土的干缩裂缝。

（2）接缝止水缺陷。面板垂直缝表层止水盖片局部老化和破损（图 3）、压条螺栓松动、脱落等；周边缝土工布老化、破损，粉煤灰流失严重（图 4）。

图 1　典型裂缝

图 2　横向贯通面板的裂缝

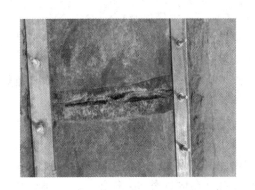

图 3　止水盖片局部老化、破损

图 4　周边缝土工布老化、粉煤灰流失

3　主要技术方案

结合洪家渡大坝面板缺陷情况，并参照同类工程面板缺陷处理经验，遵循"治本为主，治表为辅，表本结合，综合处理"原则进行大坝面板缺陷处理。从防止钢筋锈蚀、修复面板防渗功能，同时兼顾处理措施的耐久性等方面综合考虑，本工程采用"注浆法＋表面封闭法"相结合的面板缺陷修复处理方案。同时，在接缝止水缺陷处理过程中，为保留原设计功能和减少对面板的二次损伤破坏，要求不改变垂直缝和周边缝的原设计结构，不拆卸垂直缝压条螺栓以避免外力扰动后螺栓松动不可恢复，从而避免二次钻孔损伤面板，在此基础上开展缺陷处理。

基于以上原则，从兼顾本工程修复目的、方案的技术可行性及修复效果等角度分析，设计拟定了以下 4 种处理方案进行综合比选：

方案一：裂缝灌浆处理＋整面涂刮聚脲；

方案二：裂缝灌浆处理＋局部涂刮聚脲；

方案三：裂缝灌浆处理＋SK 柔性贴片＋局部涂刮聚脲；

方案四：裂缝灌浆处理＋铺设土工膜。

经综合比选，着重从经济性和耐久性角度考虑，选择投资相对较省的方案二，即裂缝封闭处理＋局部涂刮聚脲处理措施。

3.1 裂缝处理措施

A 类、B 类裂缝不进行化学灌浆处理，C 类、D 类采用环氧树脂化学灌浆对裂缝进行固结填充；所有裂缝表面采用"单组分涂刮聚脲＋胎基布"的方式进行封闭处理，聚脲涂刮厚度 2mm，涂刮范围为裂缝两侧各 20cm。

3.2 接缝止水处理措施

接缝止水同样采用"单组分涂刮聚脲＋胎基布"的方式进行处理，聚脲涂刮厚度为 4mm，涂刮范围为接缝表面及压条两侧各 15cm。

3.3 面板满涂聚脲处理措施试验

为验证高频高水位变幅下面板缺陷处理的措施及提升运行期面板耐久性的可行性，本工程选择了位于河谷中心线附近且面板裂缝相对较多的左 2 号面板作为典型试验块，在裂缝灌浆的基础上，表面全部涂刮聚脲，聚脲涂刮厚度 2mm，同样敷设胎基布增强聚脲性能。

3.4 主要施工材料

本项目施工材料采用长江科学院生产的 CW 系列产品，主要包括 CW 环氧灌浆材料、CW 环氧胶泥、CW 单组分聚脲等，CW 系列材料已在国内外 60 多个大型水利水电工程基础加固和裂缝修补处理中得到成功应用，如三峡工程花岗岩泥化夹层断层破碎带加固处理、向家坝水电站坝基帷幕破碎带防渗补强处理、溪洛渡水电站坝基玄武岩层间层内错动带处理、清远抽水蓄能电站隧洞溶蚀花岗岩防渗加固等。材料主要性能见表 1～表 3。

CW 环氧灌浆材料主要性能　　　　　　　　表 1

配合比		密度 (g/cm³)	黏度 (mPa·s)	可操作时间 (h)	抗压强度 (MPa)	抗拉强度 (MPa)	抗渗压力 (MPa)	粘接强度 (28d,MPa)	
A 组分	B 组分							干粘结	湿粘结
4	1	1.0～1.1	＜30	＞10	＞65	＞15	＞1.2	≥4.0	≥3.0
5	1	1.0～1.1	＜25	＞8	＞75	＞22	＞1.5	≥4.5	≥4.0
6	1	1.0～1.1	＜20	＞4	＞70	＞20	＞1.5	≥4.5	≥3.5

CW 环氧胶泥主要性能　　　　　　　　表 2

配合比		外观	密度 (g/cm³)	可操作时间 (h)	抗压强度 (MPa)	抗拉强度 (MPa)	粘结强度 (MPa)
A 组分	B 组分						
10	3	浅灰色	1.50～1.60	＞0.8	＞70	≥12	＞2.5

CW 单组分聚脲主要性能　　　　　　　　表 3

外观	密度 (g/cm³)	固体含量 (%)	表干时间 (h)	断裂伸长率 (%)	撕裂强度 (N/mm)	拉伸强度 (MPa)	粘结强度 (MPa)	不透水性 (0.4MPa,2h)
浅灰色,可调	1.05±0.2	≥95	≤3	≥200	≥60	≥20	≥2.5	不透水

3.5 主要施工设备

施工设备主要包括：长江科学院生产的 CW 系列智能化学灌浆泵、一体化应急化灌车（图5、图6）。智能化学灌浆泵用于提供化学灌浆所需灌浆压力，最大压力可达 10.0MPa，最大流量为 4.0min/L；一体化应急化灌车是将灌浆材料及辅耗材、灌浆设备、配浆工具、防护用具等集成于机动车中，便于及时快速投入应急抢险和防渗加固工程。

图5 智能化学灌浆泵 　　　　　　　图6 一体化应急化灌车

4 关键施工技术

本项目的重点和难点在于接缝止水的封闭处理，为保留原设计的结构功能，接缝止水结构未做改变，垂直缝需要在三元乙丙橡胶盖片表面直接涂刮聚脲、周边缝需要在不锈钢保护罩表面直接涂刮聚脲，同时三元乙丙橡胶橡胶盖片、不锈钢保护罩压条边缘与面板混凝土表面存在 2cm 左右的高差，对聚脲材料及涂刮施工工艺提出了更高要求。因此，本项目在施工过程中，对聚脲材料、专用界面剂的选择和施工工艺控制采取了相应的措施。

4.1 深层裂缝环氧树脂灌浆

深层裂缝灌浆采用贴嘴法灌浆，示意图如图7所示。主要工艺流程：表面处理→钻孔→埋设灌浆嘴→封缝→压风水检查→灌浆材料配制→灌浆→质量检查（图8）。

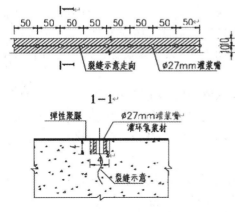

图7 贴嘴法剖面示意图 　　　　　　　图8 现场灌浆

（1）表面处理：清除混凝土基面浮土、水泥浮浆、水生附着物、油漆油脂等，不得使用酸洗，有油漆或油脂部位用丙酮洗刷；采用角磨机清除基层表面突起、起壳、分层及严重碳化疏松等部位，形成毛面；切割并磨平凸起的钢筋头和管件；混凝土裂缝、蜂窝麻面必须先用环氧胶泥局部修补找平；采用高压冲毛水枪从上至下或从左到右对基层面进行反复清洗；混凝土基层处理必须坚固、平整、干净、不松脱、不起砂、不脱层。

（2）钻孔：布骑缝孔，孔间距 50cm，孔深 3～4cm，孔径 25mm。

（3）埋管封缝：将灌浆嘴放入孔内，用环氧胶泥封闭固定，灌浆嘴采用特制止水针头或耐压贴嘴。

（4）压风：待封缝材料有强度后进行通风检查，压风通孔压力为 0.32MPa。

（5）灌浆材料配制：配制 CW 环氧树脂灌浆材料，浆液温度控制在 30℃ 以下，浆液重量配合比 A 组分（基液）：B 组分（固化剂）＝6：1。浆液配制采用少量多配、随用随配原则。

（6）灌浆：竖向裂缝注浆时按照从下至上的顺序，水平裂缝采用先两边后中间顺序进行灌浆。灌浆压力为 0.2～0.3MPa，最大灌浆压力不超过 0.4MPa。灌浆采用稳压慢灌、依序灌浆的施工方法。当进浆量小于 0.01L/min 后可结束灌浆，待凝时间为 48h，进行下一孔灌浆施工。

（7）压水试验：灌浆结束 7d 后进行钻孔压水检查，每条裂缝至少布置一个检查孔。压力 0.1～0.3MPa，并稳压 10～20min 后结束。合格标准：压水检查透水率≤0.1Lu。

4.2　垂直缝表面封闭处理

垂直缝表面采用单组分聚脲刮涂进行封闭处理，主要工艺流程：基面处理→涂刷界面剂→刮涂底层聚脲→铺设胎基布→刮涂面层聚脲→涂层养护及质量检查。

（1）基面处理：不拆除垂直缝内三元乙丙橡胶盖片，沿接缝压条两侧各打磨宽 15cm，用角磨机打磨混凝土表面至密实面，对接缝止水拆除螺栓压条采用钢丝轮打磨（图 9），局部采用人工钢丝刷进行清理，压条两边宽 15cm 用金刚石磨片磨至密实混凝土基面；用风机吹干混凝土表面，对混凝土面和压条涂刮环氧胶进行封闭处理。为满足刮涂聚脲施工，控制混凝土基层含水率小于 12%。

三元乙丙橡胶盖片两侧边缘不平整，长时间运行后局部存在翘曲、变形等情况，在施工过程中需对盖片两侧修型处理，切割突出、变形部位；盖片及压条边缘形成的高差使用环氧胶泥修补为缓坡与面板混凝土平整过渡连接（图 10），便于聚脲涂刮施工，保证聚脲施工后的粘接强度。

（2）刷涂界面剂：基面处理完成后，手工均匀涂刷一层界面剂作为底涂，涂刷时用力在被涂表面反复拉动，或转圈揉涂，有助于漆液对表面充分润湿，增强漆膜附着力。界面剂涂刷范围应大于聚脲涂层范围。界面剂涂刷完成后，基层应防止落入灰尘、砂粒、油污等。

（3）刮涂底层聚脲：涂刷界面剂后于 4～6h 内进行刮涂底层聚脲，刮涂厚度为 0.8～1mm、宽度为 0.90～1.28m、处理范围至接缝压条两侧各 15cm。

（4）铺设胎基布：铺胎基布，用塑料刮板压实（图 11）。

图9　盖片表面打磨

图10　垂直缝两侧高差部位环氧胶泥修补

（5）刮涂面层聚脲：等底层聚脲将胎基布固定后，分2～3次刮涂面层聚脲，每次涂刮厚度1～2mm，聚脲总厚度达到5mm，并确保胎基布网格眼被完全包裹覆盖（图12）。涂层收边为超过胎基布3～5cm。

（6）涂层养护及质量检查：涂刮完后，检查表面涂刮是否均匀平整，是否有漏涂、空鼓、松动和脱皮等现象。养护至一定龄期，检查涂层厚度、封闭效果和粘结性能等。

图11　胎基布铺设

图12　垂直缝聚脲封闭处理效果

4.3　周边缝加固封闭处理

周边缝处理重点和难点是需要在不锈钢保护罩表面涂刮聚脲，防止库水位升降过程中水流带走粉煤灰，采取的主要措施是在不锈钢保护罩表面涂刮专用环氧基液，使环氧胶泥与不锈钢保护罩之间的粘接强度满足设计要求，然后在环氧胶泥上涂刮聚脲进行防渗处理，最终达到周边缝封闭处理的目标。

主要工艺流程：钢罩拆除→粉煤灰回填、土工布恢复→钢罩回装→钢罩基面处理→刮涂环氧基液→刮涂环氧胶泥→涂刷界面剂→刮涂底层聚脲→铺设胎基布→刮涂面层聚脲→涂层养护及质量检查。

（1）钢罩拆除及安装：首先，由上至下拆除周边缝钢罩，更换损坏的钢制螺母、垫片、接缝止水螺栓等；其次，拆除原有破损土工布，填充粉煤灰后，用新土工布包裹严实；最后，从下至上安装钢罩，安装固定好压条，再将钢罩各钢板搭接处电焊固定。

（2）钢罩基面处理：钢罩表面用钢丝轮打磨，对压条两边宽15cm用金刚石磨片，磨至密实混凝土基面；用高压风枪清理基面，确保钢罩表面和混凝土基层坚固、平整、干净、不松脱、不起砂、不脱层。

（3）涂刮环氧基液，如图 13 所示。

（4）刮涂环氧胶泥：按照重量比 10∶3 配制环氧胶泥，拌匀后在钢罩表面刮涂环氧胶泥，刮涂厚度为 2～4mm，刮涂宽度至接缝压条两侧各 20cm。

图 13   涂刮环氧基液   图 14   周边缝聚脲涂刮施工

（5）刮涂底层聚脲：涂刷界面剂后于 4～6h 内刮涂底层聚脲，刮涂厚度为 0.8～1mm、宽度为 2.08m、处理范围至接缝压条两侧各 20cm。

（6）铺设胎基布：铺胎基布，用塑料刮板压实。

（7）刮涂面层聚脲：等底层聚脲将胎基布固定后，分 2～3 次刮涂面层聚脲，每次涂刮厚度 1～2mm，聚脲总厚度达到 5mm，并确保胎基布网格眼被完全包裹覆盖（图 14）。涂层收边为超过胎基布 3～5cm。

（8）涂层养护及质量检查：涂刮完后，检查表面涂刮是否均匀平整，是否有漏涂、空鼓、松动和脱皮等现象。养护至一定龄期，检查涂层厚度、封闭效果和粘结性能等。

4.4 缺陷处理效果评价

洪家渡水电站大坝面板缺陷处理完成后，按照《水工建筑物化学灌浆施工规范》及《水电水利工程聚脲涂层施工技术规程》的相关要求对缺陷处理质量进行了检测，裂缝化学灌浆压水试验、聚脲涂层施工厚度及粘接强度均达到规范和设计要求，施工质量优良，缺陷处理效果达到设计目标（图 15）。

图 15   面板缺陷处理效果

5 结论

在洪家渡水电站大坝面板缺陷处理工程实践中，采用环氧树脂灌浆材料对面板深层裂缝进行化学灌浆，采用单组分聚脲对垂直缝进行表面封闭处理，采用环氧胶泥和单组分聚脲对周边缝进行表面封闭处理，达到了消除面板缺陷的目标。质量检测和实际运行表明，缺陷处理技术方案合理有效，面板裂缝缺陷得到了有效控制，保障了洪家渡水电站大坝的安全稳定运行。该施工技术具有应用效果显著、节省投资和缩短工期等特点，对于高频高水位水电站大坝防渗除险加固，具有参考和推广价值。

参考文献

[1] 吕兴栋，李家正．面板堆石坝混凝土面板裂缝现状、成因与防裂技术进展 [J]．长江科学院院报，2021，38（11）：127-134，141.

[2] 赵旌宏．高堆石坝面板施工期开裂机理与应对措施研究 [D]．南昌：南昌工程学院，2020.

[3] 王亚龙．高面板堆石坝损伤演化分析及抗震措施研究 [D]．大连：大连理工大学，2021.

[4] 张伟民．混凝土裂缝产生机理与防止措施研究 [J]．城市建筑，2019，11（16）：179-180.

[5] 徐凯．某水库大坝混凝土面板裂缝处理方案 [J]．河南水利与南水北调，2021，3：45-47.

[6] 雷显阳，王樱畯．某堆石坝混凝土面板缺陷成因分析及处理措施 [J]．人民长江，2018，12（49）：182-184.

[7] 李红英，王新锋，王逸柳，等．聚脲用混凝土环氧树脂基层处理剂的研究 [J]．新型建筑材料，2012，39（1）：68-72.

[8] 王媛怡，陈亮，汪在芹．水工混凝土大坝表面防护涂层材料研究进展 [J]．材料导报，2016，30（9）：81-86.

[9] 杨伟才，孙志恒．．高拱坝迎水面聚脲涂层防渗结构动力变形性能试验研究 [J]．水利水电技术，2016，47（12）：5.

[10] 马宇，任亮，冯启，等．单组分聚脲材料在寒冷地区某大坝溢流面防护中的应用 [J]．中国水利水电科学研究院学报，2017（1）.

[11] 冯菁，韩炜，李珍，等．新型聚脲混凝土保护材料开发及工程应用研究 [J]．长江科学院院报，2012，29（2）：64-67.

[12] 肖承京，陈亮，肖长伟，等．水工混凝土抗冻融涂层材料的研究与应用 [J]．水力发电，2016，42（5）：25-28.

[13] 梁慧，汪在芹，李珍．新型水工混凝土表面防护涂层抗冻融性能研究 [J]．人民长江，2015，46（22）：79-82.

第三篇　水库大坝施工与材料

严寒地区混凝土坝迎水面耐久性防护措施的研究

费新峰

（国家电投集团青海黄河电力技术有限责任公司，青海西宁 810000）

摘　要：本文总结了目前常用的混凝土表面防护涂层材料，针对严寒地区混凝土坝迎水面容易发生冻融剥蚀及裂缝破坏的现象，提出了在混凝土坝迎水面采用 SK 单组分聚脲进行防护的措施。通过试验，证明了涂刷 SK 单组分聚脲可以限制混凝土坝裂缝的发展，防止大坝渗漏，显著提高混凝土抗冻等级，预防混凝土坝发生冻融破坏，满足严寒地区混凝土坝耐久性防护的需要。

关键词：混凝土坝；严寒地区；耐久性防护

1　研究背景

混凝土本质上是一种非均质、脆性的多孔材料，其耐久性受机械作用（冲击、磨损、冲蚀）以及温差变化等物理作用影响，特别是在寒冷地区修建的混凝土坝工作条件极其苛刻，由于恶劣的气候条件，混凝土坝（混凝土重力坝、碾压混凝土重力坝、混凝土拱坝等）迎水面将长期遭受低温、频繁的冻融循环及冰荷载作用，容易导致混凝土发生冻融剥蚀及裂缝破坏。混凝土的耐久性直接关系到混凝土坝的服役寿命和安全性，实践证明，混凝土坝迎水面采用涂层防护技术，可以在混凝土表层形成致密的防渗层，避免水分和其他有害介质渗入混凝土，减少水对混凝土的浸泡时间和次数，尽量使混凝土处于干燥状态运行，这是减少混凝土冻融剥蚀、延长混凝土使用寿命的有效途径之一。

2　混凝土表面防护涂层材料现状

目前，工程上常用的混凝土表面防护涂层材料主要有环氧树脂类材料、聚氨酯类材料、有机硅涂层材料、氟碳树脂防护涂层、丙烯酸酯类防护材料、水泥基渗透结晶型防水涂料、水性渗透结晶防护涂料、单组分聚脲材料、双组分聚脲材料、JS 防渗涂料、PCP 柔性防渗涂料等。

（1）环氧树脂材料，以环氧树脂为主要成膜物质的涂层材料称为环氧涂层材料。环氧树脂泛指分子中含有两个或两个以上环氧基团，以脂肪、脂环族或芳香族等为骨架，并能通过环氧基团反应形成的热固性高分子低聚物。环氧树脂结构中大量的羟基与醚键使得环氧材料与不同的基材都具有较好的附着力，环氧树脂结构中含有大量的苯环，使得涂层硬度高、耐磨性好及较好耐腐蚀性能。环氧树脂的固化剂灵活多变，可根据不同工作环境做出相应的调整。高温条件下可使用芳香胺类固化剂 DDM、DDS 等；低温条件下可使用聚

作者简介：费新峰（1971—），男，陕西蓝田人，高级工程师，本科，主要从事大坝安全监测工作。
E-mail：1479093957@qq.com。

硫醇固化剂；在潮湿环境时，聚酰胺与曼尼斯（Mannich）碱类固化剂较为合适。因环氧树脂分子中含有醚键，树脂分子在紫外线照射下易降解断链，所以涂膜的户外耐候性差，易失光和粉化；环氧树脂固化时对温度和湿度的依赖性大，潮湿基面粘结强度低；固化后内应力大，涂膜质脆、易开裂；环氧树脂为刚性材料，不能适应混凝土的开裂。

（2）聚氨酯材料，以聚氨酯树脂为主要成膜物质组成的涂层材料，称为聚氨酯涂层材料。通常可以分为双组分聚氨酯涂层材料和单组分聚氨酯涂层材料。双组分聚氨酯涂层材料一般是由含异氰酸酯的预聚物和含羟基的树脂两部分组成。按含羟基的不同可分为：丙烯酸聚氨酯、醇酸聚氨酯、环氧聚氨酯等。单组分聚氨酯是利用混合聚醚进行脱水，加入二异氰酸酯与各种助剂进行环氧改性制成。聚氨酯树脂涂层材料在应用中具有以下优点：涂层的透水性和透气性小，防腐蚀性能优良；通过调节配合比，涂膜既可以做成刚性涂层材料，也可以做成柔性涂层材料；可与多种树脂混合或改性制备成各种特色的防腐蚀涂层材料；可以在低温潮湿的环境下固化；具有良好的机械性能、水解稳定性、耐生物污损性和耐温性。但是，这种材料的缺点是强度较低、附着力相对较小、涂膜易粉化褪色、在室外应用易老化。

（3）有机硅涂层材料，以硅氧键（Si-O）为骨架组成的聚硅氧烷。有机硅涂层材料根据防止水汽入侵的方式不同又可分为防水型和斥水型两类。防水型是通过在基材表面形成一层防水膜而阻止外面水分进入，但同时也阻塞了基材的气孔而不利于基材的透气性。斥水型是使疏水物质附着在基材气孔上而不是阻塞气孔，所以它在阻止外部液体进入的同时也允许内部水蒸气散出，保证了基材的透气性。有机硅类涂层材料的优点是：耐温度变化，良好的成膜性、透气性和保色性。含有机硅树脂的溶液，具有很强的渗透性和憎水性，因此有机硅类涂层材料常用作防水处理材料。但是有机硅防护涂层材料也存在一些问题：涂层材料的挥发性及应用环境的局限性：一般渗透型有机硅防护涂料适用于大气环境，而不能用于水下结构；在低孔隙率混凝土中使用效果不佳。

（4）氟树脂涂层材料，以氟烯烃聚合物或氟烯烃与其他单体为主要成膜物质的涂层材料，又称氟碳涂层材料、有机氟树脂涂层材料、氟碳漆。氟树脂涂层材料具有超强的耐候性及耐腐蚀性。其优异的性能是由于氟树脂分子中的氟原子半径较小，电负性高，它与碳原子间形成的 C—F 键极短，键能高达 485.6kJ/mol，分子结构稳定。由于碳氟原子之间是由比紫外线能量还高的键相连，所以受紫外线照射后不易断裂。这类涂层材料涂膜表面坚硬而柔韧，具有高装饰性，手感光滑，易于用水冲洗保洁，涂膜还具有防霉、阻燃的特点，因此是钢筋混凝土结构涂层材料常用面漆之一。氟树脂涂料为刚性材料，不能适应混凝土裂缝；溶剂型涂料含有大量的有机挥发物（VOC），造价较高。

（5）丙烯酸酯涂层材料，以丙烯酸酯或甲基丙烯酸酯单体为基料，通过加聚反应或与其他单体共聚而得，具有耐腐蚀性、耐候性、保光性和常温自干等特点，主要分为热塑性和热固性两大类。丙烯酸酯的水分散体被称为丙乳乳液，引入水泥和砂组合成的复杂体系称为丙乳砂浆。该砂浆具有优异的防水、抗渗和耐老化性能，适用于钢筋混凝土结构护面的防渗、防腐和修补。该材料为刚性材料，适用于剥蚀厚度大于 1cm 的混凝土表面修补及防护。

（6）水泥基渗透结晶型防护材料，以水泥、砂等为主体，掺加活性化学物质制备而成的一种无机防腐材料。材料中的活性化学物质随着水的渗透扩散而迁移至混凝土孔隙中，并催化混凝土内部孔溶液中的 Ca^{2+} 形成不溶性结晶，实现对孔隙的堵塞与封闭，从而有效提高混凝土结构的抗渗性及抗冻性。但是，水泥基渗透结晶型防护材料是一种刚性防腐材料，在外力作用下容易开裂，虽然材料具有一定的自修复功能，但活性化学物质无法对较宽的裂隙进行修复，不适用于长期应力载荷作用条件下的混凝土表面防护工况；作为水泥基材料，渗透结晶型防护材料与混凝土基面的粘结强度较低；水泥基渗透结晶型涂层材料的活性物质含量有限，质量含量仅为 4% 左右，活性物质催化堵塞孔隙的能力有限，特别是对于强度等级低、孔隙率大的混凝土，活性物质浓度在粗大的孔隙中被稀释，防护能力也被削弱。

（7）水性渗透结晶防护涂料，是一种新型的纳米级刚性防水涂料，可深度渗透至混凝土内部，与混凝土中碱性物质发生化学反应，生成不可溶解的水化硅酸钙凝胶体，充填毛细通道，改善混凝土孔隙结构，提高混凝土表面致密性，有效抑制裂缝产生。可以提高混凝土的抗渗性能、抗氯离子渗透性能，可修复混凝土表面微细裂缝；在水压条件下，可促进混凝土表面裂缝愈合，降低渗水量。水性渗透结晶防护涂料施工快速，工艺简单，操作便捷，对基面混凝土温湿度和平整度要求低，无需找平层和保护层，与混凝土结构同寿命，但是该材料为刚性材料，并不能修复宽度大于 0.2mm 以上的裂缝。

（8）单组分聚脲，是由异氰酸酯预聚体和封闭的胺类化合物、助剂等构成的液态混合物，采用涂刷或刮涂方法施工，在空气中水分作用下，封闭的胺类化合物产生端氨基并与预聚体产生交联点而形成的弹性膜。具有耐老化性能好、强度高、延伸率大、防渗及抗冻效果好等优点，适用于混凝土裂缝、伸缩缝表面封闭及混凝土大面积防渗及耐久性防护。

（9）其他材料，PCS 柔性防渗涂料和 JS 防渗涂料为柔性材料，能适应混凝土的开裂，防渗及防混凝土碳化效果好。这类材料强度较低，耐水性较差，不适应长期在水中应用。

3 混凝土坝表面耐久性防护材料的选择

3.1 SK 单组分聚脲

混凝土表面防护材料各有优缺点，其使用范围和适用的条件也不尽相同，选择混凝土坝表面防护材料时，要对材料的物理力学性能、适用范围及条件、被保护的混凝土结构及运行条件等有深入的了解。通过比较，聚脲材料具有较高的抗冲耐磨性、良好的防渗效果、耐腐蚀性强以及优异的综合力学性能，更适用于混凝土坝迎水面耐久性防护。聚脲材料分为双组分喷涂聚脲和单组分刮涂聚脲。双组分喷涂聚脲原料体系不含溶剂，固化速度快、工艺简单，可很方便地在立面、曲面上喷涂几十毫米厚的涂层而不流挂。但是，喷涂双组分聚脲需要专门的喷涂设备，对混凝土基面材料要求高，在喷涂施工过程中，如果 A、B 组分混合不均匀，会导致聚脲涂层强度下降。为了弥补这些缺陷，开发了施工简单、不需要专用设备的 SK 单组分聚脲。SK 单组分聚脲是由异氰酸酯预聚体和封闭的胺类化合物、助剂等构成的液态混合物，采用涂刷、辊涂或刮涂方法施工，在空气中水分作用下，封闭的胺类化合物产生端氨基并与预聚体产生交联点而形成弹性膜。SK 单组分聚脲力学性能见表 1，该材料具有强度高，延伸率大，抗紫外线和抗太阳暴晒性能强，能适应高寒地区的低温环境，尤其是能抵抗低温混凝土开裂引起的形变而不渗漏。

SK 单组分聚脲主要性能	表 1
项目	性能
拉伸强度	≥16MPa
扯断伸长率(23℃)	≥350%
扯断伸长率(−45℃)	≥100%
撕裂强度	≥40kN/m
硬度	≥50 邵 A
附着力(潮湿面)	≥2.5MPa

3.2 混凝土试块抗折试验

为了研究 SK 单组分聚脲适应混凝土开裂的情况,将 SK 单组分聚脲涂刷在 4cm×4cm×10cm 的混凝土试块底,采用图 1 所示的抗折试验方法。可以看出,混凝土试块从无裂缝到出现裂缝,到裂缝张开 10mm 以上,表层的 SK 单组分聚脲未断裂,仍然具有防渗效果。由此可以说明,在混凝土坝表面涂刷 SK 单组分聚脲,可以防止库水压力渗入混凝土裂缝中,避免发生水力劈裂,防止混凝土裂缝的进一步发展。SK 单组分聚脲适用于可能出现裂缝的混凝土坝迎水面防渗。

图 1　混凝土试块涂层 SK 单组分聚脲+胎基布后抗折试验过程

3.3 混凝土试块抗冻性试验

为了验证 SK 单组分聚脲对混凝土防抗冻融破坏的效果,成型了 2 组抗冻试件(每组 3 块),试件尺寸为 10cm×10cm×40cm。成型后的试件养护 28d,一组混凝土试件表面未做处理、一组表面涂刷 SK 单组分聚脲。这两组混凝土抗冻试件的试验结果见表 2。可以看出,表面未作处理的混凝土经历 225 次冻融循环后,混凝土的相对动弹性模量下降到 50.8%(小于 60%),混凝土质量随冻融循环次数的增加而略有降低。表面涂刷 SK 单组分聚脲的混凝土经历 400 次冻融循环后,相对动弹性模量大于 86%,混凝土质量随冻融循环次数增加而略有提高,相对动弹性模量和质量损失率均满足抗冻要求,涂刷 SK 单组分聚脲可显著提高混凝土抗冻性能,涂刷聚脲后的混凝土大于 F400 的抗冻等级。

3.4 现场耐久性试验

为了验证 SK 单组分聚脲的耐久性及抗冻性,2007 年在十三陵抽水蓄能电站上库混凝土面板进行了现场涂刷 SK 单组分聚脲防护耐久性试验,进行了长达 13 年的跟踪测试。

两组混凝土抗冻试件的试验结果 表2

试验编号	项目	冻融循环次数														
		25	50	75	100	125	150	175	200	225	250	275	300	325	350	400
未防护试件	相对动弹性模量(%)	92.0	91.1	88.8	84.0	81.2	70.2	66.1	60.3	50.8	终止试验					
	质量损失率(%)	0.09	0.18	0.31	0.36	0.41	0.52	0.54	0.56	0.62						
SK单组分聚脲	相对动弹性模量(%)	90.0	89.3	88.3	88.7	88.2	87.9	87.9	87.9	87.7	87.6	87.6	87.6	87.6	86.8	86.1
	质量损失率(%)	0.00	−0.05	−0.06	−0.07	−0.08	−0.08	−0.08	−0.08	−0.08	−0.08	−0.09	−0.09	−0.09	−0.09	−0.09

十三陵抽水蓄能电站上库所处地区属寒冷大风地区，上库冬季实测最低气温−22.6℃，最大风速23m/s，每年最低气温小于0℃的天数达120d左右。电站运行期间，上库水位涨落频繁，每天1~2个循环，最大水位降速7~9m/s。面板经受着温差、冻融及干湿交替频繁等多种不利因素作用。试验范围包括了水下、水位变化区和水上三个部位，从表3所示的SK单组分聚脲与面板混凝土黏结强度可以看出，13年来SK单组分聚脲与面板混凝土之间的黏结强度为2.16~3.88MPa，随着时间的推移，水上、水位变化区及水下部位检测的黏结强度基本上没有变化，说明SK单组分聚脲涂层与混凝土之间的黏结很好，SK单组分聚脲表面无起皮、脱落现象，可以满足工程耐久性防护的需要。

SK单组分聚脲与混凝土黏结强度（MPa） 表3

检测年份	水上	水位变化区	水下
2008	3.15	*	*
2010	3.88	3.68	2.50
2011	3.44	2.96	*
2012	3.37	3.35	2.21
2014	3.02	2.22	2.26
2016	3.13	2.15	2.16
2018	3.41	2.97	2.50
2019	3.30	3.24	2.60
2020	3.01	3.19	*
2021	3.14	3.10	2.87

注：* 表示因为当时水位不能降低，未测量。

4 混凝土坝施工裂缝及裂缝渗漏处理工程实例

杨庄水库位于天津市蓟县北部山区泃河上游段，是以供水为主，兼有防洪功能的一项综合利用的水利工程。杨庄水库混凝土坝段全景见图2，大坝为混凝土面板堆石坝和混凝土重力坝组合坝型，坝顶全长 562m，坝顶高程 188.5m，最大坝高 31.5m。坝轴线桩号 0+000～0+426m 为混凝土面板堆石坝，桩号 0+426～0+562m 为混凝土重力坝。水库蓄水后，杨庄水库混凝土坝段下游渗水严重，通过检测判断，混凝土层间施工冷缝和竖向裂缝是主要渗漏通道，为此，采用了在坝顶钻孔进行灌浆处理的方法，但灌浆处理后的效果不明显。

针对坝体混凝土存在竖向裂缝及水平施工冷缝渗漏的问题，2014 年利用枯水季节水库水位较低的时机，在上游迎水面采用对裂缝及施工冷缝内部进行化学灌浆、表层涂刷 SK 单组分聚脲复合宽胎基布的综合处理方案进行了处理。化学灌浆材料为高强聚氨酯灌浆材料，SK 单组分聚脲选择防渗型，聚脲刮涂宽度 30cm、厚度 3mm、胎基布宽度 20cm。图 3 为上游面裂缝及施工冷缝处理情况。对上游面裂缝及施工冷缝处理后，经过 8 年来的运行，下游面未见渗漏，处理效果显著。

图 2　杨庄水库混凝土坝段下游渗水

图 3　上游面裂缝及施工冷缝处理情况

5　混凝土冻融剥蚀修复及防护工程实例

海甸峡水电站位于甘肃临洮县境内的洮河干流上，为洮河水电开发规划中的梯级电站之一，主要任务是发电。工程由枢纽建筑、引水系统、发电厂房组成。最大坝高 46m，坝顶高程 2004m。从图 4 可以看出，海甸峡电站大坝经长期运行，大坝迎水面水位变化区混凝土出现了严重的冻融剥蚀破坏现象，经检查发现，冻融剥蚀破坏部位宽度 1.6m（高程 2000.6～2002.2m），长度约 182m，最大剥蚀破坏深度约 8cm，破坏深度和范围有逐年加重和增加的趋势。为了防止混凝土进一步冻融剥蚀，采用聚合物砂浆和 SK 单组分聚脲方案对海甸峡大坝上游面水位变化区的混凝土冻融剥蚀进行了修复及耐久性防护，修复后运行三年的情况见图 5，SK 单组分聚脲防护效果很好，为大坝长期安全运行提供了保证。

6　混凝土面板止水修复及面板防护工程实例

纳子峡水电站位于青海省东北部的门源县苏吉滩乡和祁连县默勒镇的交界处，在大通河上游末段。工程以发电为主，水库总库容 7.33 亿 m^3，为年调节水库。水库大坝为混凝土面板砂砾石坝，最大坝高 117.6m，坝顶高程 3204.6m，坝顶长度 416.01m。面板垂直缝共 34 条，原垂直缝顶部采用"缝口塑性填料弧状凸起＋锚固式盖片止水结构"，表面止水受冰层挤压、下拽、错动综合作用影响，变形和破损严重，2017 年考虑到严寒地区高原紫外线强烈以及大坝变形情况，采用 SK 手刮聚脲对 3200.76～3192.24m 高程冬季运行水位变幅区表面止水改造加固，改为"缝口塑性填料与面板平齐＋覆涂式涂层止水结构"。同时选取坝体断面最大的 19 号和 20 号两块相邻面板进行单组分 SK 手刮聚脲生产性试验，面板止水修复及面板防护修复运行五年后的情况见图 6、图 7，SK 单组分聚脲防护效果很好，为大坝长期安全运行提供了保证。

图 4　海淀峡大坝上游面混凝土冻融剥蚀情况

图 5　冻融剥蚀修复后运行三年的情况

图 6　面板接缝表面止水改造后运行效果

图 7　混凝土面板大面积防护处理运效果

7　结论

在寒冷地区修建的混凝土坝迎水面水位变化区工作条件极其苛刻，由于大面积暴露在自然环境下，经受着温差作用、冻融作用、干湿交替等各种不利自然因素的作用和疲劳荷载的作用，混凝土容易发生冻融剥蚀、混凝土裂缝等破坏。在混凝土坝迎水面涂刷防护涂料可以提高混凝土的耐久性。混凝土表面防护材料有多种，其使用范围和适用的环境条件也不尽相同。实践证明，SK 单组分聚脲具有强度高，延伸率大，抗紫外线和抗太阳暴晒性能强，能适应高寒地区的低温环境，在混凝土坝迎水面涂刷 SK 单组分聚脲是防止混凝土裂缝、冻胀剥蚀，提升混凝土坝防渗及耐久性的有效工程措施，已广泛应用于混凝土建筑物伸缩缝渗漏、裂缝、大面积防渗及抗冻融破坏等水利水电工程修补及防护领域。

参考文献

[1] 孙志恒，李萌. 单组分聚脲在水工混凝土缺陷修补及防护中的应用 [M]. 北京：中国水利水电出版社，2020.

[2] 孙志恒，李季，费新峰. 寒冷地区混凝土面板接缝表层平覆型柔性止水结构 [J]. 水力发电，2019，5：50-53.

[3] 孙志恒，夏世法，付颖千，甄理. 单组分聚脲在水利水电工程中的应用 [J]. 水利水电技术，2009：71-80.

[4] 马宇，任亮，冯启，孙志恒，夏世法. 单组分聚脲材料在寒冷地区某大坝溢流面防护中的应用 [J]. 中国水利水电科学研究院学报，2017，1：49-53.

[5] 杨建红，杨伟才，马宇，等. 禹门口渡槽缺陷检测评估与修补加固技术 [J]. 中国水利水电科学研究院学报，2017，15 (5)：371-375.

复杂料源石粉含量双向动态调节技术研究与应用

关乐乐

（中国水利水电第九工程局有限公司，贵州贵阳 550008）

摘　要：石粉含量的稳定性对混凝土生产质量影响显著。为保证 DG 水电站复杂料源制备人工常态、碾压砂石粉含量的稳定性，采取了试验、数据对比，研发了一种复杂料源石粉含量双向动态调节技术，利用变频选粉机代替传统普通选粉机，采用变频螺旋输送机双向石粉输送系统，将石粉含量偏差率波动范围控制在±2%，保证了水工混凝土质量。

关键词：砂石系统；变频选粉机；变频螺旋输送机；双向石粉输送系统；工艺

1　研究背景

DG 水电站砂石加工及混凝土生产系统规划布置于坝址左岸下游 1.2km 处的达古村 II 期场地，主要承担导流隧洞和大坝、厂房等主体工程 280 万 m³ 混凝土生产任务，砂石加工系统按满足混凝土高峰时段强度 14 万 m³/月设计，混凝土生产系统按满足混凝土高峰强度 16 万 m³/月设计[1]，生产砂石骨料的料源主要来自导流隧洞、大坝和厂房等工程开挖料。本工程挡水建筑物为碾压混凝土重力坝，砂石加工系统需同时生产碾压砂和常态砂，在生产过程中因为料源质量波动引起成品砂石粉含量值波动范围较大。

人工砂中的石粉主要是增加混凝土和易性、保水性、抗压强度、抗渗能力[2]。在机制砂石生产过程中，需要控制砂石骨料中的石粉含量。现有石粉含量控制方式为，在制砂过程中将石粉从砂石骨料中单向剔除，得到纯净的砂石。在后期混凝土生产配置过程中，再将制粉系统生产的石粉添加到纯净砂石中，以得到所需石粉含量的砂石骨料。现有的砂石生产系统不能根据不同混凝土的生产需求，自动调整砂石骨料中的石粉含量，导致砂石骨料或混凝土生产成本增加。传统工艺进行砂石骨料生产时，因料源质量稳定，在系统生产稳定后，只进行单向石粉回收工作。

DG 水电站骨料因多种因素影响形成复杂料源，在生产过程中会因为料源质量波动引起成品砂石粉含量值的波动，因此，在砂石骨料生产工艺中，要保证砂石骨料的质量稳定，就必须要对成品砂的石粉含量进行控制。为保证石粉含量的稳定性，本工程研发一种复杂料源石粉含量双向动态调节技术，利用变频选粉机代替传统普通选粉机且利用变频螺旋输送机双向石粉输送系统，解决了石粉含量的稳定性，保证了水工混凝土质量。

2　人工制砂石粉含量波动大的问题分析与论证

在水工混凝土用砂石骨料的生产过程中，特别是有碾压混凝土用砂石骨料的系统，石

作者简介：关乐乐（1977—），男，河南郑州人，高级工程师，主要从事水利水电工程建设工作。

E-mail: guanlele123@sina.com。

粉含量的稳定性直接影响混凝土的质量，因此，砂石系统生产过程中要控制石粉含量的稳定性。传统工艺进行砂石骨料生产时，料源质量稳定，因此在系统生产稳定后，只进行单向石粉回收工作，而本工程料源质量波动较大，在生产过程中，需进行石粉含量双向动态调节，保证人工砂质量的稳定性。

根据《水工碾压混凝土施工规范》DL/T 5112—2009 要求，碾压砂石粉含量满足 12%～22%，常态砂石粉含量满足 6%～18%[3]。DG 水电站骨料料源采用工程开挖料，料源复杂，导致生产人工砂石粉含量波动较大，虽石粉含量满足规范要求，但试验混凝土配合比结果显示，常态砂石粉含量宜在 16%±1%，碾压砂石粉含量宜在 20%±1% 时混凝土的和易性最佳[4]。

现场生产过程中对各类料源情况下的石粉含量进行检测统计，如图 1 所示。

由图 1 可以看出，人工砂石粉含量波动较大，影响人工砂的质量。成品砂石粉含量波动大，部分成品砂石粉含量偏低。

解决混凝土质量波动较大的问题，最好的方法是利用复杂料源生产的细骨料（常态砂、碾压砂）石粉含量稳定，混凝土生产时不因细骨料石粉含量的原因调整混凝土其他掺合料；将常态砂石粉含量控制在 16%±1%，碾压砂石粉含量控制在 20±1%。

3 石粉含量双向动态调节方法

复杂料源石粉含量的双向控制方法，包括以下步骤：①通过破碎机和制砂机进行制砂，破碎机制得的砂石骨料直接进入下一工序，制砂机制得的砂石骨料经气力石粉分离装置后进入下一工序；②通过混合器对破碎机和制砂机制得的砂石骨料进行均化处理；③对均化处理后的砂石骨料进行石粉含量在线检测，并将相关信息传输给 CPU，CPU 将数据分析、比对结果发送给 PLC，PLC 向石粉添加装置和气力石粉分离装置发送相关指令；④制得石粉含量偏差在 ±2% 范围内的砂石骨料。

3.1 石粉回收

石粉分离装置包括分级选粉机和吸粉机，分级选粉机和吸粉机均与 PLC 电性连接，通过分级选粉机将砂石骨料中的砂石和石粉筛分开，通过吸粉机将分级选粉机中的石粉定量抽吸到石粉储存罐中。

3.2 石粉储存及中转

石粉储存罐内设有雷达料位计，雷达料位计与 PLC 连接，当石粉储存罐内的料位过低时，PLC 提高制砂机的频率，并启动气力石粉分离装置，以提高石粉储存罐内的石粉储备量。PLC 就是通过调节吸粉机的运行频率，来调节单位时间内的石粉抽吸量；混合器包括外壳和转子，外壳的顶部设有进料口，底部设有出料口，转子水平布置在外壳内，转子的端部与外壳转动连接，转子的外圆上布设有多个叶片。

3.3 石粉添加

石粉含量在线检测方法包括以下步骤：

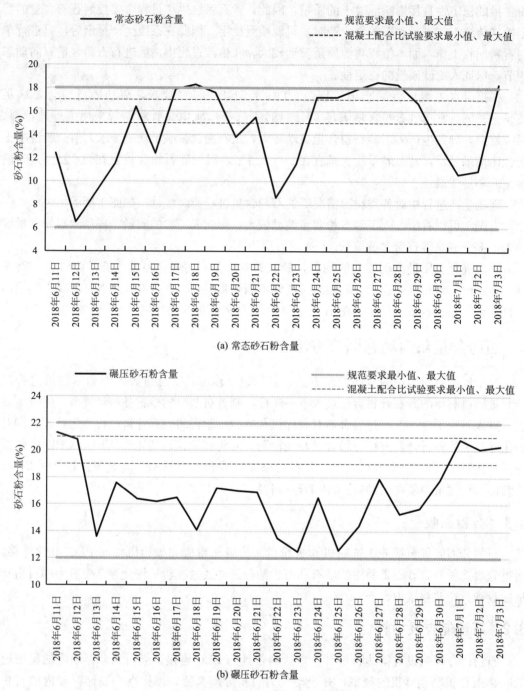

图 1   成品砂石粉含量试验数据统计

（1）定量采集均化处理后的砂石骨料样品；

（2）将样品投入搅拌桶中，向搅拌桶内加入定量水，并搅拌一段时间；

（3）对搅拌桶中的悬浮物浓度进行在线检测；

（4）CPU 计算得到砂石骨料中的石粉含量。

若砂石骨料中的石粉含量在所需范围内，PLC 向石粉添加装置和气力石粉分离装置发送保持原工作状态的指令。若砂石骨料中的石粉含量偏高，PLC控制石粉添加装置保持关闭，启动气力石粉分离装置或提高气力石粉分离装置的运行频率，将砂石骨料中多余的石粉抽吸到石粉储存罐中。若砂石骨料中的石粉含量偏低，PLC降低气力石粉分离装置的运行频率或关闭气力石粉分离装置，并启动石粉添加装置，将石粉储存罐中的石粉定量投加到混合器中。石粉添加装置包括变频式螺旋给料机和皮带秤，变频式螺旋给料机和皮带秤均与PLC连接，变频式螺旋给料机的进料口与石粉储存罐的出料口连接，皮带秤的进料口与变频式螺旋给料机的出料口连接，出料口与混合器的进料口连接。

3.4 石粉储存

为了保证成品砂的质量，根据料源特性进行生产工艺参数预设置及生产过程中成品砂石粉含量在线监测，在添加或回收石粉过程中，石粉需有足够的存贮空间。原设计中选粉机石粉的库存能力为200t，根据砂石系统的生产能力和石粉的变化范围10.2%～24.7%。按本项目的试验配合比最优石粉含量要求，常态混凝土为16%±1%，碾压混凝土20%±2%，石粉需要调节在5%以上，按砂石系统320t/h设计生产能力计算，200t的储存罐无法满足一天生产调节能力。系统生产过程中，从料源开始调整，经半成品料仓，需2d的时间才能调节过来。为了保证系统生产过程中石粉有充分的调节时间，在系统内增加了1个1000t散灰罐，将选粉机选取的石粉通过螺旋输送机转运到1000t罐中[4]。

选粉量主要根据生产的碾压砂和常态砂不同的石粉含量要求，其中石粉回收通过控制选粉机风机的频率调节风量来实现。添加石粉主要采用布置1台1000t粉灰罐底部的变频螺旋输送机来实现。控制流程如图2所示。

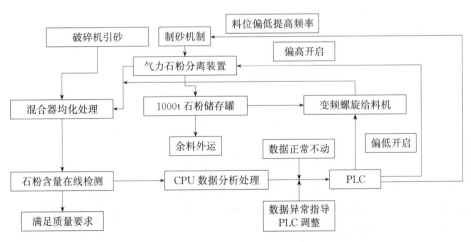

图2 石粉含量双向动态调节工艺流程

4 工艺效果及效益分析

4.1 工艺效果

生产过程中通过检测系统对石粉含量进行实时检测，抽取了2018年10月1日—2019年1月30日测量数据如图3、图4所示。

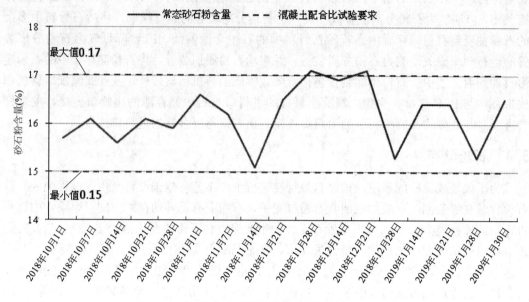

图 3   常态砂石粉含量检测效果图

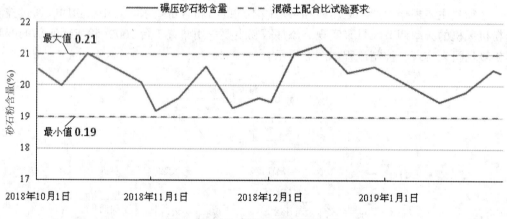

图 4   碾压砂石粉含量检测效果图

通过石粉含量双向动态调节工艺的应用，成品砂石粉含量得到控制，石粉含量偏差控制在 2% 范围内（常态砂石粉含量控制在 16%±1%，碾压砂石粉含量控制在 20%±1%），使产品质量得到提高。

4.2 经济效益分析

（1）在砂石骨料生产过程中，对砂石骨料中的石粉含量进行双向控制，将石粉含量偏差控制在±2%，提高了成品砂石骨料的质量稳定性，降低了混凝土生产过程中凝胶材料的使用量，降低了因成品砂石骨料中石粉含量波动大导致的混凝土废料产生概率，提高了混凝土成品的质量稳定性。

（2）石粉储存罐中的石粉含量可以通过 PLC 控制制砂机的频率进行调节，减少了制粉系统的设备投资，提高了砂石生产原料的利用率。

（3）根据混凝土生产需要，通过 PLC 设置成品砂石骨料中石粉的含量范围，自动生产制得所需石粉含量范围内的成品砂石骨料，自动化程度高，实用性强。

5 结语

机制砂石骨料生产过程中利用复杂料源石粉含量双向动态调节技术，解决了复杂料源生产砂石骨料带来的成品砂石骨料质量波动大，产品石粉含量不稳定，原料利用率低等难题；降低了混凝土生产过程中凝胶材料的使用量，降低了因成品砂石骨料中石粉含量波动大导致的混凝土废料产生概率，提高了混凝土成品的质量稳定性。

参考文献

［1］ 杨宁安；钢波纹涵管在水电站砂石加工系统的应用［J］. 水电与新能源，2019，33（12）：5-6.
［2］ 赵小青，王章忠，冯钧. 水电工程砂石骨料生产技术［M］. 武汉：武汉大学出版社，2013.
［3］ 贾金生，姚福海，王仁坤，等. 水电可持续发展与碾压混凝土坝建设的技术进展［M］. 郑州：黄河水利出版社，2015.
［4］ 杨宁安. 西藏某水电站混凝土骨料料源选择及生产工艺技术研究［J］. 红水河，2021（02）：66-69，89.

高海拔寒冷地区碾压混凝土筑坝温控防裂技术

杨宁安

（华电西藏能源有限公司大古水电分公司，西藏山南 852000）

摘　要： 以西藏某水电站为例，研究适合西藏高海拔大温差条件的混凝土温控措施，并在施工过程中应用，取得好的效果，为高海拔地区大坝的施工和建设提供参考。

关键词： 高海拔；碾压混凝土；温控防裂

1　工程概况

工程位于西藏自治区山南市境内，为Ⅱ等大（2）型工程，电站总装机容量 660MW（4×16.5MW），多年平均发电量 32.045 亿 kWh。

大坝为碾压混凝土重力坝，最大坝高 117.0m，坝顶长 385.0m。

2　工程气象条件

工程位于青藏高原气候区，气温低、空气稀薄、干燥、大风、太阳辐射强烈。工程区多年平均气温 9.3℃，极端最高气温 32.5℃，极端最低气温—16.6℃。昼夜温差大，最大月平均日温差高达 16.9℃，年平均日温差为 13.5℃。最大风速达 19.0m/s，年日照时数为 2605.7h，多年平均降水量 527.4mm，多年平均蒸发量 2084.1mm。

3　温控防裂设计

3.1　温控防裂原则

结合工程区的气象资料和坝体结构及施工特点，大坝温控防裂设计如下：

（1）低温季节月平均气温在 0～2.9℃，高寒、高海拔地区的气候特点明显，混凝土低温季节施工的防冻问题突出。本工程安排每年 12 月～次年 2 月停工，不浇筑坝体碾压混凝土（常态混凝土仍然施工），做好混凝土低温季节的表面保温和防冻措施。

（2）高温季节气温不高，但太阳辐射较强，采取控制出机口温度、坝体预埋冷却水管等降温措施，把混凝土温度控制在允许范围内，并做好混凝土浇筑仓面保护和养护。

（3）工程区昼夜温差较大，加强混凝土表面保护，以减少内外温差、降低混凝土表面温度梯度，防止因内外温差过大而导致的混凝土开裂。

作者简介： 杨宁安（1968—），男，贵州省天柱县人，教授级高级工程师，主要从事水电工程建设管理工作。
　　　　　　E-mail：413579499@qq.com。

3.2 温度控制标准

通过计算分析，结合规范相关规定，两个典型坝段混凝土的允许基础温差和最高温度标准如表1、表2所示。

典型坝段常态基础温差及最高温度 表1

典型坝段	区域	位置	准稳定温度（℃）	允许基础温差（℃）	允许最高温度（℃）
9号溢流坝段	强约束区	垫层	8～10	15	25
5号岸坡坝段	强约束区	垫层	8～10	15	25

典型坝段碾压基础温差及最高温度 表2

典型坝段	区域	距离基础底（m）	准稳定温度（℃）	允许基础温差（℃）	允许最高温度（℃）
9号溢流坝段	强约束区	0～27	8～10	12	22
	弱约束区	27～42	10～11	14.5	25
	自由区	42m以上	10～11	—	28
5号岸坡坝段	强约束区	0～33	8～10	12	22
	弱约束区	33～45	10～11	14.5	25
	自由区	45m以上	10～11	—	—

4 大坝混凝土表面保温保湿研究

电站区域昼夜温差大、太阳辐射强、大风频繁、气候干燥，大坝混凝土表面粘贴的聚苯乙烯板存在自然脱落的现象，且人工二次粘贴后依然存在，致使大坝混凝土外表面保温效果较差。为此，在大坝7～9号坝段（坝左0+38～坝左0+71，3342.5～3347.5m高程）分5个区域分别采取不同保温保湿方式，具体情况见表3，监测成果见表4。同时，还在5～9号坝段3388～3391m高程开展低温季节保温效果监测，温度计埋设位置见表5。

保温保湿方式 表3

序号	桩号段	保温方式	保湿方式
1	坝左0+71～坝左0+62	粘贴聚苯乙烯板	无
2	坝左0+62～坝左0+56	PC薄膜+5cm橡塑海绵+定制压条	无
3	坝左0+56～坝左0+50		混凝土表面铺设加湿管路
4	坝左0+50～坝左0+44	PC薄膜+3cm橡塑海绵+定制压条	无
5	坝左0+44～坝左0+38		混凝土表面铺设加湿管路

监测成果 表 4

序号	时刻（年/月/日）	大气温湿度		混凝土内部	胶水粘贴聚苯乙烯板混凝土表面温湿度		5cm橡塑海绵覆盖后混凝土表面温湿度		加通水花管5cm橡塑海绵覆盖后混凝土表面温湿度		3cm橡塑海绵覆盖后混凝土表面温湿度		加通水花管3cm橡塑海绵覆盖后混凝土表面温湿度	
		温度（℃）	湿度（%）	温度（℃）	温度（℃）	湿度（%）	温度（℃）	湿度（%）	温度（℃）	湿度（%）	温度（℃）	湿度（%）	温度（℃）	湿度（%）
1	2019/4/15 12:29	15.0	39.9	20.12	19.1	42.7	19.2	73.3	18.9	97.2	18.7	73	19.1	96.4
2	2019/4/15 15:22	15.9	34.1	20.15	19.2	41.9	21.6	73.0	21.1	97.2	21.0	72.8	21.2	96.2
3	2019/4/15 17:33	18.4	27.8	20.17	19.9	46.4	21.1	73.1	20.8	97.3	21.2	72.9	20.9	96.3
4	2019/4/15 22:01	7.9	69.5	20.18	19.6	58.8	20.0	72.5	19.4	97.5	19.6	72.2	19.8	95.9
5	2019/4/16 1:39	5.9	81.0	20.21	19.6	59.3	20.1	72.9	19.4	98.1	19.2	72.6	19.6	96.1
6	2019/4/16 4:02	5.7	82.2	20.22	19.4	68.0	19.8	72.8	19.1	98.2	19.4	72.6	19.6	96.3
7	2019/4/16 7:12	6.4	79.2	20.22	18.0	69.7	18.4	73.3	17.7	97.3	17.9	73.1	18.0	96.3
8	2019/4/16 10:09	8.3	72.0	20.23	18.8	62.9	19.0	73.0	18.5	97.5	18.7	72.6	18.9	96.5
9	2019/4/17 21:40	9.3	63.2	20.68	19.0	58.7	19.2	72.4	19.5	97.6	19.5	72.3	19.3	95.7
10	2019/4/18 1:40	6.3	83.2	20.62	19.0	59.1	19.8	72.7	19.5	98.1	19.5	72.5	19.5	96.2
11	2019/4/18 2:10	6.6	86.7	20.68	19.5	64.1	19.7	72.7	19.5	98.1	19.2	72.5	19.6	96.3
12	2019/4/18 3:40	6.3	90.0	20.68	19.4	68.0	19.8	72.8	19.4	98.2	19.2	72.6	19.6	96.3

从表 4 可知：

（1）从保温控制效果上看，胶水粘贴聚苯乙烯板＜3cm 橡塑海绵覆盖＜5cm 橡塑海绵覆盖，而采取以上材料进行保温，均能够达到混凝土内外温差不大于 16℃的要求。

（2）从保湿效果上看，未装通水花管直接采用薄膜和橡塑海绵覆盖以及粘贴聚苯乙烯板的保湿效果均较差，不能够达到较好的养护条件；装通水花管配合薄膜和橡塑海绵覆盖后，对覆盖的温度影响程度较小，白天大气温度较高时，对温度控制较为有利，同时湿度均达到了 95％的要求，后期建议在白天温度较高时可适当通水，增加混凝土表面湿度，同时降低混凝土表面温度，对混凝土温控防裂有利。

温度计埋设位置 表 5

编号	高程（m）	埋设位置	
BWLN-05#-3386.00-X1	3386.0	坝下 0+049	坝左 0+130
BWLN-05#-3386.00-2	3388.0	坝下 0+046.7	坝左 0+130
BWLN-05#-3386.00-1	3388.0	坝下 0+002.35	坝左 0+130
BWLN-05#-3391.00-S1	3388.0	坝轴 0+000	坝左 0+130
BWLN-07#-3395.50-1	3395.5	坝下 0+002.35	坝左 0+081.5
BWLN-07#-3391.00-S1	3391.0	坝轴 0+000	坝左 0+081.5
BWLN-09#-3395.50-1	3395.5	坝下 0+002.35	坝左 0+023
BWLN-09#-3395.50-2	3395.5	坝下 0+019.4	坝左 0+023
BWLN-09#-3392.00-S1	3392.0	坝轴 0+000	坝左 0+023

从 2019 年 11 月至 2020 年 1 月（低温季节）温度监测成果可见，每天从凌晨至上午 10 时左右为气温最低时段，即使是 0℃ 以下，橡塑海绵内温度也均在 0℃ 以上，保证了混凝土内外温度差在设计范围内，避免了内外温差大产生温度裂缝。

5　施工期温控措施

根据大坝混凝土温控防裂研究计算成果，结合工程区气候特点，为防止大坝混凝土产生裂缝，在施工期主要采取了全遮盖骨料、骨料风冷、低水化热水泥（中热水泥）、混凝土加冰（或冰水）拌合、运输车覆盖保温、智能通冷却水、混凝土表面覆盖、仓内喷雾降温保湿等温控措施。

5.1　混凝土配合比控制

混凝土开始浇筑前，充分进行混凝土施工配合比设计优化、试验，通过现场生产试验，根据试验成果，选用合适的配合比，同时调整混凝土标号、调整使用水泥品种（中热水泥）、高掺量粉煤灰（碾压混凝土掺加 50％～60％ 左右的粉煤灰，常态混凝土掺加 15％～25％ 左右的粉煤灰），降低水泥用量等措施，控制混凝土内水化热温升。混凝土局部调整强度等级见表 6。

混凝土局部调整强度　　　　　　　　　　　　　　　　表 6

序号	部位	调整前强度等级	调整后强度等级
1	6～9 号溢流坝段过流面	C40W8F200 二级配常态混凝土	C25W8F200 二级配常态混凝土
2	6～9 号溢流坝段闸墩	C40W8F200 二级配常态混凝土	C30W6F150 二级配常态混凝土
3	6～9 号溢流坝台阶	$C_{90}30W8F200$ 二级配常态混凝土（普硅水泥）	$C_{90}30W8F200$ 二级配常态混凝土（中热水泥）

5.2　混凝土浇筑过程控制措施

（1）成品料仓设置遮阳棚，同时控制成品料仓堆料高度，使骨料温度不受日气温变化影响。

（2）高温季节，采取骨料预冷、加冰（冷水）拌合等措施，控制混凝土出机口温度；低温季节，采取热水拌合、风热骨料等措施提高混凝土出机口温度。

（3）运输车辆覆盖保温材料并加盖，控制混凝土温度回升或损失。

（4）高温季节（4 月上旬～10 月上旬）浇筑混凝土，采取仓面喷雾保湿、降温。

（5）适时调整混凝土 VC 值，确保仓面不陷碾、无弹簧土，利于高温、干燥条件下层面的结合。

（6）直接铺筑层间间隔时间控制在 6h 内，保证结合质量。

（7）对碾压完的层仓及时加盖彩条布。

5.3　智能通水冷却

强约束区水管间距 1.5m×1.5m，垫层水管布置为 1.0m×1.5m（斜坡上的垫层水管仍按 1.5m×1.5m 布置），弱约束区和自由区水管间距 2.0m×1.5m（水平×垂直）。采用智能温控系统及时调控混凝土的降温速率和冷却水通水流量，混凝土下料浇筑即开始一期通水冷却，冷却时间 28d，水温 12℃（流量 $0.8\sim2.5m^3/h$）。自动换向阀自动换向通水，每 24 小时改变一次通水方向。一期通水冷却后即开始中期通水冷却，中期进口水温为 13℃，通水流量为 $0.5\sim1.0m^3/h$，确保混凝土内部温度控制在 16℃。

5.4 越冬面保护

采取"一层厚度 0.6mm 塑料薄膜＋两层 3cm 厚橡塑海绵（纵横向各一层）＋一层三防布"进行保温和防风。上、下游永久表面保温材料加装压条。

6 结语

（1）施工过程中在坝体混凝土内系统地埋设了冷却水管，进行坝体混凝土的一期通水冷却，对降低早期混凝土因水化反应放热而引起的温升幅度极有效果。

（2）与低海拔、温暖湿润地区的混凝土坝相比，电站大坝所处的特殊气候条件使其在施工期采取的温控防裂措施也更为特殊，温控防裂有针对性，如此方能保证大坝施工安全。

（3）该水电站大坝采用的温控防裂措施，克服了高海拔、干燥、大风频繁、昼夜温差大、太阳辐射强、施工期短等不利因素，混凝土浇筑至今未发现危害性裂缝，提高了工程的耐久性和安全性，为以后同类工程的建设提供设计与施工方面的经验。

严寒地区混凝土面板耐久性防护材料的研究与应用

孙志恒[1]　林运东[2]　刘　勇[2]　罗凯允[2]

(1. 中国水利水电科学研究院, 北京 100038;

2. 嫩江尼尔基水利水电有限责任公司, 黑龙江齐齐哈尔 161000)

摘　要: 本文针对严寒地区混凝土面板坝的运行条件, 选择了 SK 手刮聚脲材料 (有机材料)、高耐候水泥基材料 (有机与无机材料组合) 和水性渗透结晶材料 (无机材料) 三种材料进行了室内外试验研究, 采用水工混凝土抗冻试验方法, 对三种材料防护混凝土抗冻效果进行了对比试验。介绍了十三陵抽水蓄能电站、青海纳子峡水电站及九甸峡水电站等混凝土面板坝采用 SK 手刮聚脲进行耐久性防护的工程案例。

关键词: SK 手刮聚脲; 高耐候水泥基材料; 水性渗透结晶材料; 抗冻试验; 耐久性防护

1　前言

混凝土耐久性是指结构对气候作用、化学侵蚀、物理作用或任何其他破坏过程的抵抗能力, 混凝土结构破坏的实质是环境因素对混凝土结构物理化学作用的结果。从严寒地区水工混凝土面板的破坏情况来看, 引起混凝土冻融破坏的直接原因是低温和水的侵入渗入, 由于水工混凝土建筑物长期与水接触, 而混凝土内部又具有一定的贯通孔隙, 水的渗透会加剧混凝土的冻融破坏。

混凝土面板堆石坝造价低廉、施工简便、适应性强, 现已成为我国水利水电工程建设的首选坝型, 混凝土面板的耐久性决定着大坝的使用寿命, 据不完全统计, 堆石坝因面板混凝土损伤发生渗透破坏的占比达到 50% 以上。试验及实践证明, 通过在已浇混凝土面板表面喷涂或涂刷一层防护涂料, 用来隔断混凝土与水的接触, 可以有效减缓混凝土面板冻融剥蚀破坏的发展, 同时表面防护层还可以有效地阻止水中其他有害成分对混凝土的侵蚀, 提高和改善混凝土面板的抗裂性和耐久性, 显著提升寒区面板混凝土的长期服役性能。

严寒地区混凝土面板表面防护材料应具有防水、耐干湿交替作用、抗老化、抗冻融等多种功能。在以往研究的基础上, 针对严寒地区混凝土面板坝的运行条件, 本文选择了 SK 手刮聚脲材料 (有机材料)、高耐候水泥基材料 (有机与无机材料组合) 和水性渗透结晶材料 (无机材料) 三种不同类型的材料进行了室内外试验研究。

2　防护材料

2.1　SK 手刮聚脲材料

SK 手刮聚脲为高性能单组分聚脲, 是由多异氰酸酯 NCO 预聚体和化学封闭的胺类

作者简介: 孙志恒, 男, 教授级高级工程师, 从事水工混凝土建筑物的检测、评估与修补加固技术。

E-mail: 82158652@qq.com。

化合物、助剂等构成的单包装液态混合物；采用涂刷、辊涂或刮涂方法施工，在空气中水分作用下，封闭的胺类化合物产生端氨基并与预聚体的端 NCO 产生交联点全部为脲基的弹性涂层，固化过程没有二氧化碳气泡产生。

根据水工建筑物的不同部位及运行条件的需要，SK 手刮聚脲分为"防渗型"和"抗冲磨型"两种，其主要力学性能见表 1。可以看出，SK 手刮聚脲物理力学性能好，在常温下"防渗型"聚脲断裂伸长率大于 350%、拉伸强度大于 16MPa；"抗冲磨型"聚脲断裂伸长率大于 200%、拉伸强度大于 22MPa。SK 手刮聚脲低温抗裂性能优异，在 −45℃ 环境下"防渗型"聚脲断裂伸长率大于 100%、拉伸强度大于 26MPa；"抗冲磨型"聚脲断裂伸长率大于 50%、拉伸强度大于 30MPa。

SK 手刮聚脲的主要力学性能 表 1

项 目	技术指标	
	防渗型	抗冲磨型
拉伸强度(MPa)(22℃)	≥16	≥22
拉断伸长率(%)(22℃)	≥350	≥200
拉伸强度(MPa)(−45℃)	≥26	≥30
拉断伸长率(%)(−45℃)	≥100	≥50
撕裂强度(kN/m)	≥60	≥80
硬度(邵 A)	≥50	≥80
附着力(潮湿面)(MPa)	≥2.5	≥2.5
吸水率(%)	<5	<5

2.2 高耐候水泥基材料

高耐候水泥基材料是一种经过改性的水性乳液与水泥、石英砂等粉料组成的聚合物水泥基复合材料。该材料中选用的乳液是一种采用纳米分散聚合物微乳液共聚技术制备，具有多支化活性官能团的水性环保树脂。由于该树脂独有的分子结构能够明显减缓各类环境因素引起的材料老化进程，使其具有较好的耐老化、耐腐蚀性能，同时在施工中还兼具工艺灵活（可刮、可滚、可喷）、高效安全、成本低廉等特点，是一种具有高耐候性的新型混凝土防护材料。高耐候水泥基防护材料中液料与粉料的比例可以灵活调配，通过研究不同液粉比、灰聚比、水泥种类对涂层各类性能的影响，可以优选得到满足水工混凝土防护要求的材料配方。试验中液料为高耐候水性乳液，水泥为 42.5 级普硅水泥，粉料中的砂子为 9 号砂。液粉比指聚合物水泥基涂层中高分子成膜物质的用量与粉料用量（水泥＋石英砂等无机填料）的比值。在水泥与石英砂比例固定为 2∶1 的条件下，成型不同膜片，研究液粉比对涂层各类性能的影响，试验结果见表 2。

不同液粉比条件下高耐候水泥基防护材料性能比对 表 2

液粉比	纯树脂	2.5∶1	1.5∶1	1∶1.5	1∶2.5
涂料黏度(mPa·s)	11	57	216	416	886
拉伸强度(MPa)	1.81	2.01	2.73	2.92	4.07

液粉比	纯树脂	2.5:1	1.5:1	1:1.5	1:2.5
拉断伸长率(%)	278	40	28	9	3
粘结强度(MPa)	1.04 (涂层断)	1.28 (涂层断)	1.43 (界面断)	1.72 (混凝土断)	1.93 (混凝土断)
吸水率(%)	8.2	7.8	7.5	6.9	6.1
表干时间(h)	7.6	7.1	3.2	1.4	0.8

可以看出纯乳液成膜后性能较差，无法满足工程应用需要。乳液中加入粉料后水泥水化产物与有机成膜物质形成致密互穿结构，拉伸强度、粘结强度、耐水性等关键性能随粉料比例提高不断上升，拉断伸长率则随之下降，当液粉比达到 1:2.5 时涂层几乎变为纯脆硬性材料。

高耐候水泥基防护材料是一种聚合物水泥基复合涂层。通过材料配方优选试验，确定当材料液粉比为 1:1.5、灰聚比为 1:1、采用普硅 42.5 牌号水泥时为最优配方。此配方下涂层具体性能参数见表 3。

高耐候水泥基防护材料体系性能指标　　　表 3

序号	检测项目		技术指标
1	干燥时间	表干时间(min)	54
2		实干时间(h)	24
3	拉伸强度(MPa)		2.92
4	拉断伸长率(%)		9
5	黏度(mPa·s)		594
6	干燥基面粘结强度(MPa)		2.03
7	吸水率(%)		6.9

2.3　水性渗透结晶材料

水性渗透结晶防护涂料是一种纳米级尺寸刚性防水材料，采用纳米微细化改性技术得到的"纳米尺寸"的硅酸盐分子，辅以深度渗透技术和结晶促进技术，可从混凝土表面深度渗透至内部，与混凝土内部的游离钙离子发生化学反应，生成不可溶解的水化硅酸钙凝胶体，填充毛细通道，改善混凝土内部孔隙结构，使得混凝土内部结构密实，从而具有抑制裂缝，提高抗渗性能，防止冻害、耐酸耐碱耐老化，以及对微细裂纹的自修复等作用。

依据《混凝土外加剂》GB 8076—2008 配制不引气的基准混凝土，用于水性渗透结晶防护涂料的性能对比测试，混凝土配合比见表 4。

基准混凝土配合比　　　表 4

水胶比	砂率 (%)	单方混凝土材料用量(kg/m³)				坍落度 (cm)	含气量 (%)	实测密度 (kg/m³)
		水	水泥	砂	石			
0.60	40	198	329.3	715	1094	7.7	1.4	2316

基准混凝土成型后静置 24h 脱模，放入标准养护室至规定龄期进行试验。试件成型后静置 24h 脱模，放入养护室水槽中养护 6d，再移入干缩室放置 28d 后喷涂水性渗透结晶防护涂料，最后标准养护 14d 进行性能测试；分两次喷涂水性渗透结晶防护涂料，第一次喷涂量为 150mL/m^2，表面干燥后第二次喷涂量为 100mL/m^2。

试验表明，喷水性渗透结晶防护涂料后，混凝土抗压强度略有提高，49d 和 90d 分别提高 1.89% 和 3.98%；水性渗透结晶防护涂料渗透至混凝土内部，与游离钙离子发生化学反应，产生水化硅酸钙凝胶，填充混凝土内部孔隙，提高混凝土抗渗性能，混凝土的抗渗等级由 W6 增加到 W8；水性渗透结晶防护涂料通过细化混凝土表面毛细孔结构，增强混凝土致密性，减少毛细水与吸附于凝胶体上的水蒸气流失，降低混凝土干缩率，混凝土的干缩率由 316×10^{-6} 降为 243×10^{-6}，混凝土干缩率降低 23%，提高了混凝土抗裂性能。

3　三种防护材料对混凝土防护抗冻试验

为了验证上述三种防护材料对混凝土防护抗冻的效果，成型了 4 组抗冻试件，每组 3 块，试件尺寸为 10cm×10cm×40cm。混凝土试件分别为表面未防护、表面涂刷 SK 手刮聚脲、表面涂刷高耐候水泥基材料和表面涂刷水性渗透结晶材料，对混凝土抗冻性能影响试验结果见表 5。可以看出，表面未做处理的混凝土经历 225 次冻融循环后，混凝土的相对动弹性模量下降到 50.8%（小于 60%），试验终止，混凝土质量随冻融循环次数的增加而略有降低。表面涂刷高耐候水泥基材料的混凝土经历 125 次冻融循环后，试件的质量损失率达到 5.2%～15.7%（大于 5%），试验终止，高耐候涂料本体冻融破坏。表面涂刷水性渗透结晶材料的混凝土经历 350 次冻融循环后，试件的相对动弹性模量下降到 58.6%（小于 60%），试验终止，随冻融循环次数增加，混凝土质量先降低后逐渐提高。表面涂刷 SK 手刮聚脲的混凝土经历 400 次冻融循环后，相对动弹性模量大于 86%，混凝土质量随冻融循环次数增加而略有提高，相对动弹性模量和质量损失率均满足抗冻要求，涂刷 SK 手刮聚脲可显著提高混凝土抗冻性能，涂刷聚脲后的混凝土满足 F400 的抗冻等级设计要求。

防护材料对混凝土抗冻性能影响试验结果　　　　　　　　　　表 5

试验编号	项目	冻融循环次数													
		25	50	75	100	125	150	175	200	225	250	275	300	325	350	400
未防护试件	相对动弹性模量(%)	92.0	91.1	88.8	84.0	81.2	70.2	66.1	60.3	50.8	终止试验					
	质量损失率(%)	0.09	0.18	0.31	0.36	0.41	0.52	0.54	0.56	0.62						
SK手刮聚脲	相对动弹性模量(%)	90.0	89.3	88.3	88.7	88.2	87.9	87.9	87.9	87.7	87.6	87.6	87.6	87.6	86.8	86.1
	质量损失率(%)	0.00	−0.05	−0.06	−0.07	−0.08	−0.08	−0.08	−0.08	−0.08	−0.08	−0.09	−0.09	−0.09	−0.09	−0.09

试验编号	项目	冻融循环次数														
		25	50	75	100	125	150	175	200	225	250	275	300	325	350	400
高耐候水泥基材料	相对动弹性模量(%)	98.0	99.7	97.9	98.6	98.1	终止试验									
	质量损失率(%)	−0.31	−0.29	1.69	2.09	15.7										
水性渗透结晶材料	相对动弹性模量(%)	94.2	94.0	93.9	94.6	93.4	92.2	92.2	88.4	85.5	83.6	83.6	81.5	76.4	58.6	终止试验
	质量损失率(%)	0.12	0.11	0.08	0.04	−0.02	−0.06	−0.09	−0.12	−0.13	−0.14	−0.15	−0.22	−0.24	−0.31	

由试验结果可知，未做防护的混凝土试件仅可经历 225 次冻融循环，且混凝土表层砂浆存在剥蚀现象；高耐候水泥基防护涂层不适合在冻融循环的干湿界面使用；表面涂刷水性渗透结晶防护涂料的混凝土试件经历 325 次冻融循环后，混凝土相对动弹性模量在 76％以上，对提高混凝土抗冻性能有一定的效果；表面涂刷 SK 手刮聚脲可显著提升混凝土抗冻性能，经历 400 次冻融循环后混凝土试件相对动弹模模量在 86％以上，无质量损失，混凝土表面完好，涂刷 SK 手刮聚脲的混凝土试件抗冻等级大于 F400。

4 混凝土面板防护工程实例

4.1 十三陵抽水蓄能电站上库面板坝

十三陵抽水蓄能电站位于北京昌平区，上水库所处地区属严寒大风地区，冬季实测最低气温−22.6℃，最大风速 23m/s，每年最低气温小于 0℃的天数达 120d 左右。电站运行期间，上库水位涨落频繁，每天 1～2 个循环，最大水位降速 7～9m/s。面板经受着温差、冻融及干湿交替频繁等多种不利因素作用。现场检查发现，十三陵抽水蓄能电站上库混凝土面板出现了多条裂缝，并且裂缝数量一直在增加。为了提高面板混凝土的耐久性，2018 年选择上库面板裂缝较多的东北坡部位，采用 SK 手刮聚脲在面板混凝土表面进行了大面积防护试验，施工前面板存在多条裂缝，裂缝表面的聚氨酯涂层大部分脱落。现场涂刷了 2mm 厚的 SK 手刮聚脲，涂刷面积 1500m²。运行一年后现场检查情况见图 1，运行三年后现场检查情况见图 2，混凝土面板表面 SK 手刮聚脲完好。

4.2 青海纳子峡水电站面板坝

纳子峡水电站位于青海省东北部的门源县燕麦图呼乡和祁连县皇城乡的交界处，地处高海拔严寒地区，最大冻土深度达 2m 以上。水库大坝为趾板修建在覆盖层上的混凝土面板砂砾石坝，最大坝高 117.60m，坝顶长度 416.01m。运行两年后现场检查发现混凝土面板出现了许多裂缝，经过 2015 年处理后，2017 年再次检查发现，在处理过的裂缝附近又出现了新的裂缝。为了防止混凝土面板裂缝进一步发展，需要对面板进行有效的防护处理。

图 1　运行一年后 SK 手刮聚脲工作情况　　　图 2　运行三年后 SK 手刮聚脲工作情况

2017 年对青海纳子峡大坝裂缝比较多的三块混凝土面板进行耐久性防护处理。面板表面打磨、清洗后，涂刷了 2mm 厚的 SK 手刮聚脲，涂刷面积约 800m²。2019 年汛期对这三块面板进行了检查，从图 3 可以看出，运行两年后未处理的混凝土面板裂缝数量继续增加，已处理的三块刮涂 SK 手刮聚脲面板无裂纹、鼓包、起皮及脱落现象，对防止混凝土面板老化起到了有效的保护作用。

4.3　九甸峡水电站面板坝

九甸峡枢纽工程位于甘肃省洮河中游九甸峡峡谷内，总库容为 9.43 亿 m³，本工程属大（2）型 Ⅱ 等工程。所处地区属严寒高海拔地区，极端最低气温 −29.6℃。拦河大坝为混凝土面板堆石坝，按 1 级建筑物设计。混凝土面板堆石坝设计坝顶高程 2206.50m，最大坝高 133.00m，坝顶长度 232.00m。大坝混凝土面板厚度 0.3～0.69m。面板混凝土采用 C30 高性能混凝土，抗渗等级 W10，抗冻等级 F250。运行中发现面板出现了多条裂缝，威胁到大坝的长期安全运行。2019 年对裂缝比较密集的面板，采用 SK 手刮聚脲复合一层胎基布整体进行了表面柔性封闭处理，对裂缝比较分散的面板采用 20cm 宽的 SK 手刮聚脲复合 15cm 宽的胎基布进行了封闭处理（见图 4）。2021 年现场检查发现，运行三年后九甸峡大坝面板表面 SK 手刮聚脲防护的情况良好。

图 3　纳子峡大坝表面聚脲防护运行两年后情况　　　图 4　九甸峡面板裂缝及面板采用 SK 手刮聚脲防护

5　小结

（1）SK 单组分聚脲具有防渗能力强、抗冻融、抗冲磨效果好、强度高、伸长率大，在零下 45℃的低温环境下仍具有良好的柔性，特别适用于严寒地区抽水蓄能电站混凝土面板表面的防护。在混凝土面板表面涂刷 SK 手刮聚脲可以防止混凝土冻融剥蚀破坏，提高混凝土的抗渗能力，有效提升严寒地区混凝土面板的耐久性。可用于严寒地区混凝土面板全断面耐久性防护。

（2）高耐候水泥基材料耐候和附着性能优异，能显著提高混凝土面板的耐久性和延长建筑物的使用寿命。可用于混凝土面板水上部位表面缺陷的修补及耐久性防护，但不宜用在寒冷地区水位变化冻融循环部位。

（3）水性渗透结晶防护涂料是一种纳米级刚性无机防水涂料，可提高混凝土的抗渗性能、抗氯离子渗透性能、抗碳化性能，降低混凝土干缩，改善抗冻性能，修复微细裂缝，且工艺简单，操作便捷，对基面混凝土温湿度和平整度要求低，无需找平层和保护层，与混凝土结构同寿命。可用于寒冷地区混凝土面板水下及水上部位的耐久性防护，对于提高水位变化区混凝土面板的抗冻融破坏效果不明显。

参考文献

[1] 孙志恒，李萌. 单组分聚脲在水工混凝土缺陷修补及防护中的应用 [M]. 北京：中国水利水电出版社，2020.

[2] 孙小玉. 西北寒区超高性能面板表面防护混凝土试验研究 [J]. 水利规划与设计，2021，4：40-42.

[3] 马宇，任亮，冯启，孙志恒，夏世法. 单组分聚脲材料在寒冷地区某大坝溢流面防护中的应用 [J]. 中国水利水电科学研究院学报，2017，1：49-53.

[4] 杨建红，杨伟才，马宇，等. 禹门口渡槽缺陷检测评估与修补加固技术 [J]. 中国水利水电科学研究院学报. 2017，15（5）：371-375.

[5] 魏江勇. 寒冷地区水库面板混凝土耐久性能的研究和应用 [J]. 小水电，2012，5：81-83.

[6] 刘建平，葛国平，周廷江，等. 九甸峡混凝土面板堆石坝施工关键技术研究 [J]. 水力发电，2010，11：64-66.

西藏高海拔干冷河谷碾压混凝土
筑坝保温材料的比选及应用

向　前　熊　涛

（中国水利水电第九工程局有限公司，贵州贵阳 550081）

摘　要：在雅鲁藏布江中游干冷河谷地区建设碾压混凝土坝，受气候条件影响，对混凝土表面采取有效的保温、保湿措施，是保证混凝土质量，防止裂缝发生的关键；为确定保温保湿效果最佳、适用性高的保温材料，通过在大坝混凝土表面对粘贴聚苯乙烯板、喷涂发泡聚氨酯及橡塑海绵保温卷材等方式的保温保湿效果、施工工艺及成本等方面进行试验对比分析，最终确定橡塑海绵为保温材料，搭配压条式工艺为最佳方式，该工艺拆除后无需二次清理、外观好、二次利用率高；同时经 2019 年大坝越冬监测及揭被检查结果表明，混凝土内外温差及表面湿度指标始终保证在设计指标值内，无裂缝发生，达到了大坝混凝土温控防裂的目的，可供类似工程项目借鉴。

关键词：高海拔；干冷河谷；碾压混凝土；保温材料；比选应用

1　引言

碾压混凝土坝由于其体积大，易产生表面干缩裂缝和温度裂缝。表面干缩裂缝修补困难且效果不佳，温度裂缝会破坏结构的整体性、抗渗性，导致混凝土耐久性下降，危害大坝安全。减少和规避混凝土裂缝的产生一直是坝工界建设者长期关心和共同研究的问题。内外温差大是引起坝体混凝土产生裂缝的主要原因，为防止因环境温度变化而导致混凝土产生裂缝，必须在大坝浇筑成型后及时进行保温，选择经济且满足温控设计指标的保温材料，既能保证大坝的质量，也能节省施工成本。

美国在 20 世纪 50 年代就对混凝土表面保温非常重视，底特律坝和平顶岩坝就是采用泡沫塑料板、纸板保温，索墩坝顶面则采用砂层保温。日本也采用泡沫塑料板加聚氯乙烯薄膜作为表面保温和养护材料[1]。苏联曾采用两层厚模板中填刨花作为隔热材料，部分采用预制混凝土板。但上述保温材料应用后仍旧产生了不少裂缝。

我国从 1961 年才开始重视大坝保温问题。初期主要采用草袋、草帘做保温材料，由于这些材料易燃烧引起火灾，容易受潮腐烂，不耐用，不符合理想的保温材料要求。在我国桓仁、白山等东北地区曾使用过木丝板保温，太平哨大坝喷涂过水泥—膨胀珍珠岩保温，虽然起到一定保温作用，但是受潮后保温作用锐减，木丝板掩盖混凝土表面的缺陷和不易拆除等出现问题。20 世纪 80 年代以后，泡沫塑料成为主要的保温材料。主要有聚苯乙烯泡沫塑料板、保温被、聚乙烯气垫薄膜、聚乙烯泡沫塑料板等[2]。

作者简介：向前（1983—），男，湖南凤凰人，高级工程师，从事水利水电工程项目施工技术与管理工作。
　　　　　　E-mail：380254858@qq.com。

近些年，大坝工程的保温防裂通常是采用泡沫塑料板与纸板保温相结合形式，或是采用泡沫塑料板加聚氯乙烯薄膜结合聚苯乙烯泡沫塑料板、保温被、聚乙烯气垫薄膜、聚乙烯泡沫塑料被、喷涂发泡聚氨酯等形式[1]。国内在建的大型水电站，如丰满水电站、黄登水电站等工程，也采用了喷涂发泡聚氨酯、橡塑海绵卷材等保温材料。本工程根据设计要求采用聚苯乙烯保温板对坝体混凝土进行保温，该方式目前在国内比较常见，且配套施工工艺较成熟，也有相应成熟的行业技术标准。

2　概述

DG水电站位于西藏自治区山南地区桑日县境内，为Ⅱ等大（2）型工程，以发电为主，水库正常蓄水位 3447.00m，相应库容 0.5528 亿 m^3，电站坝址控制流域面积 15.74 万 km^2，多年平均流量 1010m^3/s，电站装机容量为 660MW。

大坝坝顶高程 3451.0m，最大坝高 117m，是在建世界海拔最高的碾压混凝土坝，坝顶长 385m，碾压混凝土 93.7 万 m^3，常态混凝土 50.5 万 m^3。

3　气象资料

本工程位于青藏高原气候区，主要气候特征为：强太阳辐射（＞1500W/m^2）、强风（最大风速 30m/s，且坝址峡谷地区风向紊乱）、昼夜温差大（昼夜温差达 20℃以上）、干燥（多年平均相对湿度为 51%，最低相对湿度不足 10%,）、高蒸发量（2084mm/年）和低降雨量（527mm/年）。多年平均气压为 685.5hPa，多年平均日照时数为 2605.7h，历年最大冻土深度为 19cm。

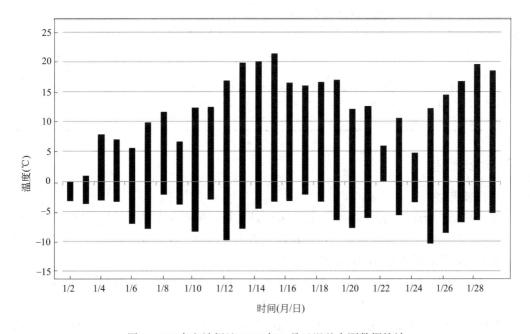

图 1　DG 水电站坝址 2020 年 1 月日温差实测数据统计

图1表明，工程所在地昼夜温差大（最大日温差接近30℃），普遍超过了大坝施工期的碾压混凝土内外温差标准＜16℃和常态混凝土内外温差标准＜22℃的要求，为了避免混凝土产生温度裂缝，设计技术要求蓄水前在混凝土表面长期覆盖保温材料聚苯乙烯保温板，同时需要流水（或洒水）养护。

4 保温材料比选及应用

大坝施工初期，根据设计要求在主体工程提前施工的1号和17号坝段粘贴聚苯乙烯保温板保温应用过程中，因气候条件特殊，聚苯乙烯保温板暴露出了以下问题：受强风影响，聚苯乙烯板存在脱落现象，同时粘贴的苯乙烯板中间不可避免地存在缝隙，导致在太阳辐射及强风的作用下，混凝土表面极易失水、干燥，造成保温、保湿效果差，同时混凝土表面有残留胶水，外观形象差，需二次清除。

结合国内大坝现常用的几种保温方式，决定在DG水电站对聚苯乙烯板、棉被、喷涂发泡聚氨酯以及橡塑海绵的保温效果进行对比试验，以选择效果最佳的保温材料。

4.1 保温材料对比

保温材料对比见表1。

保温材料对比 表1

材料名称	材料性质	价格	导热系数 W/(m·K)	防火等级
聚苯乙烯板	由含有挥发性液体发泡剂的可发性聚苯乙烯珠粒，经加热预发后在模具中加热成型的白色物体，其有微细闭孔的结构特点	一般	0.042	B3级阻燃
发泡聚氨酯	气雾技术和聚氨酯泡沫技术交叉结合的产物，是一种将聚氨酯预聚物、发泡剂、催化剂等组分装填于耐压气雾罐中的特殊聚氨酯产品	高	0.022	B2级阻燃
棉被	棉花加工多层而成	一般	0.04	易燃
橡塑海绵	闭泡式结构，采用性能优异的橡胶，聚氯乙烯（NBR/PVC）为主要原料，配以各种优质辅助材料，经特殊工艺发泡而成的软质绝热保温节能材料	一般	0.034	B1级不可燃

4.2 对比试验

1. 试验开展

（1）聚苯乙烯板保温：施工前，根据安装部位尺寸编制聚苯乙烯板的排版图，以达到节约材料、提高施工速度的目的。挤塑板以长向水平铺贴，保证连续结合，上下两排板竖向错缝1/2板长，局部最小错缝不得小于200mm[3]。

使用毛刷将环保胶水均匀涂于聚苯乙烯板上，粘贴挤塑板时，板缝应挤紧，相邻板应齐平，施工时控制板间缝隙不得大于2mm。

在聚苯乙烯板安装完成后，使用小刀在聚苯乙烯板上开一个10cm×3cm（高×长）凹槽，用于安装温湿度仪探头，安装完成后使用同厚度的聚苯乙烯板涂刷环保胶水封闭。

（2）喷涂聚氨酯保温：施工前，对气候条件、聚氨酯泡沫的特性，喷涂工艺进行详细分析，规避喷涂聚氨酯过程中可能会遇到的问题；按照自上而下或自下而上的喷涂顺序，一次喷涂到位。喷涂时，应保证聚氨酯均匀分散。喷涂在混凝土面上提前安装好温湿度仪探头。

（3）棉被由于具有吸水性能，吸水后保温效果大打折扣，同时属于易燃品，故对棉被保温性能不做对比研究。

（4）橡塑海绵保温：为实现混凝土表面保温兼顾保湿、环保的要求，创新了施工工艺，采取喷水花管＋PC薄膜＋橡塑海绵作为保温保湿层，同时为保证橡塑海绵安装牢固，利用悬臂翻升模板的拉筋孔，拆模后在不破坏混凝土表面和伤及钢筋的同时，采用固定螺栓使用定制套筒连接及扁钢压条将保温保湿层牢牢固定。

保温保湿工艺及试验平面见图2、图3。

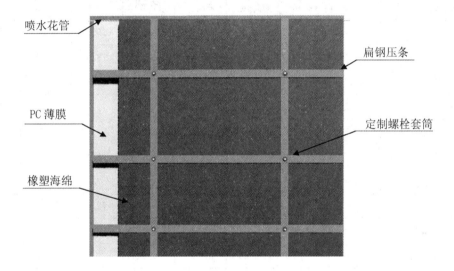

图2 保温保湿工艺示意

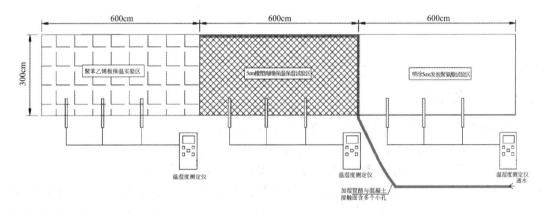

图3 保温保湿试验平面示意图

2. 保温保湿效果对比

保温保湿效果对比见表2、图4、图5。

保温保湿效果对比 表 2

时刻 （年/月/日）	大气温湿度		胶水粘贴聚苯乙烯板		喷涂聚氨酯		通水花管＋薄膜＋5cm 橡塑海绵	
	温度（℃）	湿度（%）	温度（℃）	湿度（%）	温度（℃）	湿度（%）	温度（℃）	湿度（%）
2020/1/11 14:46	12.5	9.6	12.74	69.9	14.31	75.9	14	99.8
2020/1/11 19:15	2	11.5	0.23	68	0.81	72.5	0.5	100
2020/1/12 19:15	8.18	9	1.46	59.7	3.31	71.7	3	98.9
2020/1/13 17:12	8.56	41.1	4.69	59.8	6.81	73.7	6.5	99.9
2020/1/13 21:42	−0.81	35.8	0.56	46.7	1.62	71.4	1.31	100
2020/1/14 19:27	3.75	28.8	3.96	58.8	5.37	74.3	5.06	99.3
2020/1/15 10:27	−3.43	58.3	0.12	64.9	1.18	75.8	0.87	99.9
2020/1/15 17:12	14.12	5	6.25	63.4	8.49	72.9	8.18	100
2020/1/15 21:42	1.5	12.3	0.98	68	1.56	72.8	1.25	99.2
2020/1/16 3:42	1.37	10.2	1.25	64.1	2.31	72.7	2	99.5
2020/1/16 17:12	9.31	38.6	4.95	59.1	7.06	72.7	6.75	98.1
2020/1/16 21:42	6.75	36.2	2.55	58.7	3.99	72.4	3.68	99.6
2020/1/17 12:42	11.06	8.3	10.82	62.9	13.31	73	13	100
2020/1/17 17:12	9.56	42.5	5.43	69.7	7.12	73.3	6.81	99.3
2020/1/17 21:42	1.68	37.9	1.23	68	1.74	72.8	1.43	99.2
2020/1/18 12:42	11.06	13.4	12.25	59.3	13.62	72.9	13.31	99.1
2020/1/18 17:12	9.56	45.6	6.82	58.8	7.37	72.5	7.06	99.5
2020/1/18 21:42	1.37	27.8	1.25	46.4	1.74	73.1	1.43	100
2020/1/19 12:42	11.68	15.6	9.25	41.9	11.75	73	11.31	99.2
2020/1/19 17:12	−4.75	39.9	9.2	42.7	11.62	73.3	11.31	100

4.3 总结与建议

根据试验对比结果，得出以下结论：

（1）从保温效果上看，采取这三种材料进行保温，保温效果曲线基本吻合。

（2）从保湿效果上看，橡塑海绵配套措施保湿效果明显优于前两者。

（3）从施工工艺上看，采用聚苯乙烯板材料粘贴易脱落，外观形象差，且后期拆除需对混凝土表面进行清除，耗费人工。采用喷涂聚氨酯施工速度快，但成本较高，后期清除容易造成环境污染，处理成本增加，环保效果差。采用压条式橡塑海绵保温的混凝土表面不受污染，配合通水花管，保湿效果极佳，同时施工安拆方便，材料均能够重复使用，相对前两者具有较大优势。

综上所述，采用橡塑海绵作为大坝施工期及混凝土成型的保温材料为最佳选择。

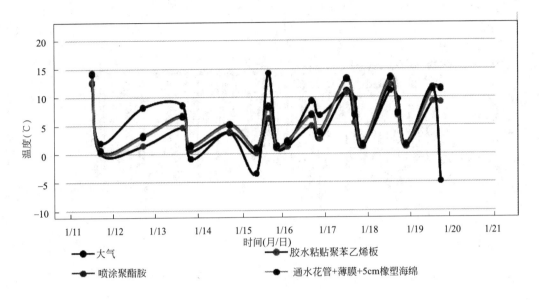

图 4　保温效果对比

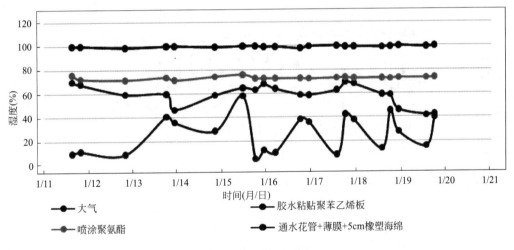

图 5　保湿效果对比

5　冬歇期保温应用效果检测

根据工程地区冬歇期气候条件，结合施工情况，为确保工程质量，在大坝表面增设17 支温度计，用于越冬保温效果监测，在 2019 年冬歇期后揭开保温层，未发现裂缝，得到了建设单位的高度认可（图 6、图 7）。

总体来说，越冬保温效果良好，在揭开保温层检查时，PC 薄膜上均布有水珠，保湿效果满足要求，内外温差最大基本在 14～15℃，最小在 2～3℃。满足并超过：坝体碾压混凝土内外温差不超过 16℃，常态混凝土内外温差不超过 16℃ 的设计指标。

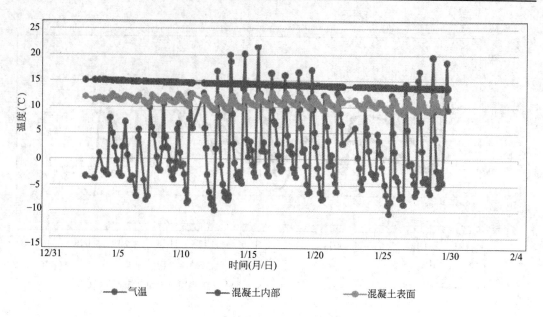

图 6　消力戽池 6 号块表面保温效果

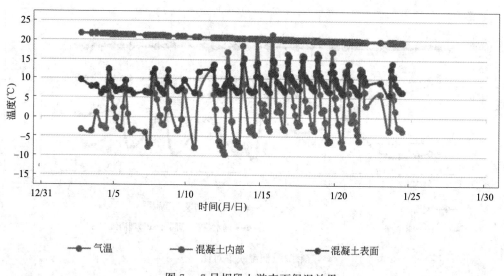

图 7　7 号坝段上游表面保温效果

6　经济效益分析

对进行试验对比的三种施工工艺进行经济效益对比分析，保温保湿试验区面积均为 $18m^2$，在不计其他费用的情况下：

（1）当采取粘贴聚苯乙烯板进行保温施工时，根据材料单价与配套胶水价格（15 元/支），材料费为 30.91×18（聚苯乙烯板）＋12×15（胶水）＝736.38 元，人工 1 个台班（8h）按 350/人计算，共需 3 个工人 6h 施工完成，人工费为 350/8×6×3＝787.5 元，合计为 1555.88 元。

（2）当采用喷涂发泡聚氨酯时，材料费为 $120×18$（聚氨酯）$=2160$ 元，共需 2 个工人 5h 施工完成，人工费为 $350/8×5×2=437.5$ 元，合计为 2597.5 元。

（3）当采用压条式橡塑海绵工艺时，材料费为 $18×(1.26+64.34)$（薄膜和橡塑海绵）$+18×12$（定制扁钢）$+3×1$（PVC 软管）$+6×1.2$（螺栓）$=1407$ 元，共需 3 个工人 5.5h 完成，人工费为 $350/8×5.5×3=738.38$ 元。

经济效益对比分析   表 3

工艺	单价（元/m²）	面积（m²）	材料费（元）	人工费（元）	合计（元）
粘贴聚苯乙烯保温板	30.91	18	736.38	787.5	1555.88
喷涂发泡聚氨酯	120	18	2160	437.5	2597.5
压条式橡塑海绵工艺	64.34	18	1407	738.38	2145.38

如表 3 所示，粘贴聚苯乙烯保温板成本较低，压条式橡塑海绵工艺成本较高，喷涂发泡聚氨酯成本高。

7 结语

通过对聚苯乙烯板、喷涂聚氨酯、橡塑海绵三种材料的保温保湿效果、施工工艺、经济效益进行对比分析，得出以下结论：

（1）粘贴聚苯乙烯板是最节省成本的方式，但是其在应用过程中受环境气候的影响容易发生脱落，保湿效果差，容易导致表面干缩裂缝，拆除后二次利用率低，外观形象差。

（2）采取喷涂聚氨酯保温效果最好，成本也最高，保湿效果低于橡塑海绵工艺，并且其存在环保程度低，后期清除成本也较高。

（3）采取压条式橡塑海绵保温工艺保湿效果最好，成本也偏高，保温效果略低于喷涂聚氨酯，但其拆除后无需二次清理，外观好，二次利用率高，按照重复利用一次计算，就能有效地节省成本。

综上所述，压条式橡塑海绵保温工艺具有保温保湿效果好、施工方便快捷、各部件材料回收方便、可二次利用、节能环保等特点，当前该施工工艺已成功获得西藏自治区施工工法和国家实用新型专利授权。通过在西藏 DG 水电站大坝大面积的应用，经 2019 年大坝越冬监测及揭被检查结果表明，混凝土内外温差及表面湿度指标始终保证在设计指标值内，无裂缝发生，达到了大坝混凝土温控防裂的目的，证明了其适用性及优越性，极大地推动了大坝混凝土面保温保湿技术革新，具有极高的推广应用价值。

参考文献

[1] 高宝军. 浅谈聚氨酯在水电站大坝保温中的应用 [J]. 青海科技，2011，18（06）：114-115.

[2] 杨长征. 寒冷地区碾压混凝土坝施工技术及仿真 [C]. 北京：科学出版社，2009.

[3] 谢义林，童忠良，蒋荃. 新型外保温涂层技术与应用 [M]. 北京：化学工业出版社，2012.

雷山县西江水库胶结砂砾坝筑坝技术研究

李迪光[1]　　孙海锋[2]　　陈　凯[3]

(1. 贵州省水利水电工程咨询有限责任公司，贵州贵阳 550081；2. 贵州水投水务集团
雷山有限公司，贵州贵阳 550001；3. 贵州水利实业有限公司，贵州贵阳 550003)

摘　要：胶结砂砾坝是一种介于堆石坝与碾压混凝土坝之间新型材料坝，就地利用枢纽区工程开挖弃料，通过 150mm 孔筛选择小于该孔径以下的全部混合石料，经与水、水泥和粉煤灰浆体拌合而成的砂石拌合物，运至大坝仓面、摊铺、碾压，达到龄期后具有一定强度和抗剪性能的筑坝，坝体上游防渗层采用富砂浆砂砾石振捣形成，胶结砂砾坝是一种新型材料重力坝，但由于筑坝材料为无级配混合料，胶结坝有少数筑坝材料质量检测时，材料表观密度、压实度等少数检测指标达不到标准要求，应有针对性的质量检测、验收标准，以利于该类坝型推广运用。

关键词：胶结砂砾坝；富浆砂砾石；碾压施工；压实密度

1　引言

西江水库工程位于贵州省雷山县西江镇境内，坝址距西江镇 1.2km，距雷山县城 36km。西江水库工程任务主要是西江镇防洪、供水、灌溉。水库总库容 472 万 m^3，正常蓄水位 896.00m，相应库容 360 万 m^3，工程规模属小（1）型，工程等别为Ⅳ等。水库首部枢纽工程由挡水、泄水、取水建筑物组成，大坝挡水建筑物为胶结砂砾石坝，坝顶高程 900.5m，最大坝高为 49.5m，坝顶宽 6m，坝轴线长 198.5m。

水库大坝原设计为碾压混凝土坝，由于石料场在生态红线范围内、料场开采的岩石强度偏低，且岩石经加工后，粗骨料粒径多为 20mm 以下，不能作为碾压混凝土筑坝材料，结合坝基开挖地质条件差等原因，后经专家论证，就地选择胶结砂砾（确切地说，应为胶结砂石）作筑坝材料，大坝经设计变更并建成后，具备挡水功能，现就小于 1500mm 以下工程开挖石料无级配胶结砂砾料筑坝技术进行总结，并记录该坝建设过程中的一些体会。

2　工程区地质条件

2.1　坝址地形地质条件

坝址位于两岔河口下游 120m 处，坝址河谷形态在横剖面上呈较对称 V 形，河床左右两岸均以山脊地形为主，左岸山体单薄，三面临空，地形上缓下陡，顶部较为平缓；右岸地形相对完整，整体为冲沟相间的斜坡地形，右坝肩上下游均发育冲沟，对坝肩地形切

作者简介：李迪光（1969—），男，贵州普定人，教授级高级工程师，主要从事水利工程技术咨询工作。
　　　　　E-mail：419644342@qq.com。

割，形成较为孤立山脊地形。

2.2　地层岩性

坝址两岸缓斜坡地带多见残坡积黏土夹碎石分布，河床部位普遍被冲洪积砂卵石覆盖，两岸地形陡峻处，多见基岩出露。下伏地层为下江群乌叶组第二段（Pt3wy2）中厚层深灰、灰黑色含碳质绢云母板岩、绢云母板岩夹少量灰色变余粉细砂岩。坝址出露的深灰、灰黑色千枚状绢云母板岩，分布于整个坝址，主要为大坝基础持力层。

2.3　地质构造

左、右岸及河床地基基岩为 Pt3wy2 薄层、极薄层夹少量中厚层深灰、灰黑色千枚状绢云母板岩夹少量灰色变余粉～细砂岩，坝址位于新寨背斜东南翼，西江断层从坝址下游1.5km 一带穿过，受多期构造影响，坝址一带岩层产状变化较大，地质结构的变化主要体现在坝址一带小构造发育，背斜、向斜相间分布，坝轴线附近岩层呈起伏波浪状，整体缓倾上游略偏左岸，岩层产状为 N50°～60°E，SE 或 NW，∠8°～10°，陡倾变缓倾，抗滑稳定不利。

2.4　水文地质

坝址主要为 Pt3wy2 薄层、极薄层夹少量中厚层深灰、灰黑色千枚状绢云母板岩夹少量灰色变余粉～细砂岩。在强风化带内，裂隙张开，且发育密集，是地下水储藏和运移良好部位，属强透水层。地下水类型为基岩裂隙水，地下水主要集中于层面与裂隙面的交汇部位，其运移途径主要为层面、裂隙面。进入弱风化后，裂隙减少且多闭合，岩体透水性明显减弱，属弱透水至相对隔水部位，地下水位多半位于弱风化带。

2.5　岩体风化特征

因出露地层岩性时代久远，遭受各种地质应力作用叠加，岩体裂隙发育，风化强烈，据地表调查，强风化带中～上部，颜色呈黄、黄白色，岩体多变色，风化蚀变，锤击声哑，岩石的组织结构大部分已破坏，小部分岩石已分解或崩解成土，风化裂隙发育，有时夹大量次生夹泥；强风化带底部，颜色呈黄灰色，岩石表面或裂隙面大部分变色，断口色泽较新鲜，但裂隙大多已风化，局部有次生夹泥，间夹少量弱风化岩体；河床岩体风化程度稍低，颜色多呈黄灰色。

强风化带声波纵波平均波速 2000～3000m/s，岩体完整系数<0.45；弱风化带平均波速 3000～4500m/s，岩体完整系数介于 0.55～0.65。

坝址区无崩塌、滑坡、泥石流等不良物理地质现象存在，其物理地质现象主要体现在强风化岩体裂隙发育，局部有浅表层岩体蠕变松弛现象，开挖切脚产生小规模滑塌现象，对基坑开挖的临时边坡稳定性影响大。

3　胶结砂砾坝的变更

3.1　大坝坝型变更地质条件

（1）大坝原设计为碾压混凝土重力坝，在施工阶段开挖过程中，左岸坝基两侧开挖边坡处强风化，裂隙夹泥，岩体破碎，稳定性较差；878～900.5m 基础处强风化底部，851～878m 基础处弱风化带。右岸坝基两侧开挖边坡处强风化，裂隙夹泥，岩体破碎，稳定性较差；871～900.5m 基础处强风化带，节理裂隙发育，岩体破碎，871～888m 基础为裂隙夹泥带，851～871m 基础为弱风化岩体。两坝肩开挖揭露出的覆盖层厚度比初步设计厚 10m 左右、强风化程度比初步设计深 10～20m，岩层缓倾上游，整体地质条件较初设报告地质评价成果差。

（2）初步设计阶段选择的石料场处于雷公山国家森林保护区，料场范围为基本农田、国家公益林及生态红线，禁止开采石料，需另选料场，但就近选取适合于碾压混凝土料源的料场极为困难。

大坝开挖石料岩性为下江群乌叶组第二段（Pt3wy2）薄层、极薄层夹少量中厚层深灰、灰黑色千枚状绢云母板岩夹少量灰色变余粉～细砂岩，强风化上带千枚状绢云母板岩能成块岩石饱和抗压强度试验值为 2.6～6.4MPa，弱风化至微风化板岩饱和抗压强度34.0～83.0MPa。经过试验，岩石逊径含量、颗粒针片状含量高 38.3%、中径筛余率、吸水率等显示均不宜作碾压混凝土重力坝骨料使用，强风化岩体不宜作面板堆石料使用。

西江苗寨旅游公路开挖石料位于拟建水库下游左岸西面山体至白坡村公路方向一带，地形坡度约 25°～50°，岩性为清水江组第二段（Pt3q2）灰色薄层至中厚层状变余层凝灰岩为主，夹变余砂岩及板岩。

强风化岩体节理裂隙较为发育，裂隙张开夹泥，隐节理发育，呈散体～碎裂结构；弱风化岩体带色泽新鲜，无夹泥现象，隐节理发育，呈碎裂结构。强风化岩体不宜作面板堆石坝主堆区及碾压混凝土重力坝骨料使用。

3.2　胶结坝筑坝材料试验及材料条件

（1）大坝基础开挖料及旅游公路开挖石料岩体密度为 2.56～2.58g/cm³，饱和抗压强度为 9～35MPa，泊松比为 0.25～0.26，自然吸水率为 1.18%～1.83%；弱风化变余凝灰岩：块体密度为 2.75～2.78g/cm³，饱和抗压强度为 55.0～60.0MPa，饱和弹性模量为 48～50GPa，泊松比为 0.25～0.26，自然吸水率为 0.11%～0.24%，经检测该砂浆试件 14d 膨胀率大于 0.2%，该骨料具有潜在危害性反应，需进行碱活性试验。

（2）大坝开挖料和西江苗寨旅游公路开挖料存在含泥量较高，作筑坝材料存在强度不均匀性及风化差异性；强风化岩体强度低，遇水易软化，可碾性差，弱风化岩体较好，在施工过程须结合试验成果进行分选处理，分部位，合理选用。经地质勘察后，大坝开挖可利用的开挖强风化下带开挖岩体、河床弱风化开挖岩体石料 8 万 m³；旅游公路开挖弃料，可用石料储量约 11.1 万 m³，共 19.1 万 m³，可满足胶结坝筑坝材料施工需要。

（3）经过对原坝址水库成库条件、渗漏工程条件、坝址岩石边坡稳定性以及水库诱发地震可能性等地质条件，并结合水文、地质、当地筑坝材料分析，就重力坝、面板堆石坝和胶结砂砾坝的比选，经比选后选择胶结砂砾坝。

3.3　胶结砂砾坝设计

胶结砂砾石坝为一种特殊筑坝材料重力坝，大坝自上游至下游依次为厚 0.4mC20 钢筋混凝土上游防渗层、厚 1.9mC15 富砂浆胶结砂砾料过渡层、坝体 C180 8W4F50 胶结砂砾料、下游坝面 C10W4F50 厚 0.5m 防护层，大坝下游非溢流坝坝面外观设计为 1.8m×3.0m（底×高）台阶状；胶结石坝上、下游综合坡比为 1∶0.6。胶结坝坝体断面较大，应力分布相对均匀且应力水平低，因此对材料强度要求较低；较低的应力水平及良好的抗震性能，提高了坝体的基础适应能力，地基要求降低，中低坝可建于非岩基地基；对筑坝材料骨料最大粒径控制在 150mm 以内，充分利用坝基开挖岩石料及附近西江苗寨旅游道路开挖石料，经 150mm 粗筛筛分弃除大于 150mm 粒径的石块后，利用筛余小于 150mm 粒径的无级配砂砾（砂石）混合料与水、水泥、粉煤浆体拌制成胶结砂砾料材料筑坝。

4 胶结砂砾坝施工

胶结砂砾坝施工包括主要坝体结构部分的胶结砂砾石碾压施工和上下游坝体部位富浆砂砾石施工。坝体胶结砂砾石碾压施工方法、工序、工艺同碾压混凝土，施工流程为：胶结砂砾石（类似碾压混凝土）入仓—摊铺—碾压—养护。

大坝主体胶结砂砾石主要采用自卸汽车直接入仓或自卸汽车＋溜槽入仓；局部汽车不能运抵的仓面部位砂砾石料及常态混凝土采用 10/25t 塔机作垂直运输。

胶结砂砾料配合比：水 100～120kg；水泥 50～65kg；粉煤灰 50～65kg；混合砂砾料 2250～2350kg，混合料的砂率为 35％左右。专用外加剂掺量 1％；砂砾石料配合比不同于一般混凝土配合比，根据混合砂砾石粗骨料中小石、中石、大石含量，砂率以及小石和砂的含水率确定。

4.1 胶结砂砾料施工

（1）仓面准备

胶结砂砾坝施工方法、工序、工艺同碾压混凝土施工，仓面准备主要包括缝面处理，钢筋、模板、预埋件安装，经验收合格后可进行坝体胶结砂砾石入仓、摊铺、碾压施工。

（2）摊铺

胶结砂砾拌合料采用平层连续铺筑法，铺料条带从下游向上游平行于坝轴线方向摊铺，每一条带宽 4m，每层砂砾料经碾压成型厚度 50cm，采用 SD16 型履带式推土机摊铺，15t 振动碾碾压；已摊铺碾压的胶结砂砾石料终凝前铺筑上层料，以保证胶结砂砾石坝无冷缝出现。

对于大仓面砂砾石料施工，入仓后的胶结砂砾石拌合料在仓面上均匀分点堆放，采用推土机将胶结砂砾料推平，人工辅助平仓，通仓连续铺筑。坝基及坝肩与岩石岸坡接触部位岩面，铺设富浆胶结砂砾料人工振捣。

（3）碾压

碾压是胶结砂砾料施工质量控制的关键因素。采用 15t 振动碾静压 2 遍＋振动碾压 8 遍，碾压条带错距 20cm 搭接。施工中振动碾的行走速度控制在 1～1.5km/h。连续上升铺筑的胶结砂砾料层间允许间隔时间应小于胶结砂砾石初凝时间 1～2h。每层碾压作业结束后，应及时布点检测 VC 值、压实密度和压实度。

4.2 大坝上游防渗层及下游坝面施工

大坝上游过渡层、下游坝面防护、坝基垫层等结构采用 C15 富砂浆砂砾石料，经加浆振捣而成，上述部位富砂浆砂砾石与大坝主体胶结砂砾料同步上升，两者之间采用振捣器振捣密实。

4.3　取水口、溢洪道、廊道周边常态混凝土施工

取水口、溢洪道、廊道周边为常态混凝土，按照混凝土施工规范施工。

5　胶结砂砾坝质量检测

5.1　质量检测要求

胶结砂砾坝的胶结砂砾料采用碾压施工，坝体施工质量检测方法按碾压混凝土坝的质量检测方法，主要检测砂砾料拌合楼处和入仓后的 VC 值、碾压过后的砂砾料压实度、密度等参数。

本工程胶结砂砾石的设计强度为 8MPa（180d），表观密度大于 $2450kg/m^3$，最大粒径小于 150mm，含泥量不超过 5%，泥块含量不超过 0.5%，砂率控制在 18%～35%。

导则要求，砂砾石料的胶结材料（水泥、粉煤灰）每方用量不宜低于 $80kg/m^3$，其中水泥用量不低于 $40kg/m^3$，粉煤灰总掺量为 40%～60%，采用 42.5 硅酸盐水泥或普通硅酸盐水泥，拌合物的出机口 VC 值：2s～12s；实际采用 P·O42.5 水泥，用量为 50～65kg；采用黔东电厂 Ⅱ 级粉煤灰，用量 50～65kg。

拌合楼具备拌合最大粒径 200mm 砂砾料的能力，生产能力 $200m^3/h$。

5.2　质量检测情况

根据胶结砂砾拌合物原材料检测、胶结砂砾料质量检测、现场取芯等资料检测情况，对胶结砂砾坝质量检测成果分析如下：

（1）本工程由于筑坝砂砾料缺乏，故充分利用大坝开挖料和旅游公路弃渣场的料源，根据砂砾料中的大石、中石、小石含量及砂率的不同，将砂砾料分为 A1、A2、B1、C2 等，其中 A1 料为旅游公路弃料下部料，A2 料为基坑开挖下部料，B1 料为旅游公路弃料上部料，C2 料为基坑开挖上部料；A2 砂为基坑开挖料机制砂。各类开挖利用料经 150mm 筛筛分后，砂及小石、中石、大石各占的百分比含量不稳定，上述几种骨料，普遍存在砂率少于 10%，须增加人工砂，使砂率达到 35% 左右，胶结砂砾石拌合物方能满足设计和导则的质量要求。

（2）原岩体抗压强度抽检 9 组，强度 7.9～40.8MPa，大于 30MPa 仅 1 组，其余均 8 组小于 30MPa，开挖石料，有的岩石强度小于标准要求。

（3）胶结堆石体 VC 值检测 320 组，多为 2～5.0s，满足设计要求。

（4）本工程 $C_{180}8$ 胶结砂砾料压实密度检测 460 组，高程 862.00m 以下 A 料压实密度共检测 88 组，最大值 $2475kg/m^3$，最小值 $2410kg/m^3$，平均值 $2445.5kg/m^3$；高程 862.00～892.50m，B 料压实密度共检测 302 组，最大值 $2468kg/m^3$，最小值 $2343kg/m^3$，平均值 $2385.8kg/m^3$；高程 892.00～900.30m，C 料压实密度共检测 70 组，最大值 $2370kg/m^3$，最小值 $2257kg/m^3$，平均值 $2285.6kg/m^3$；根据设计要求，A 料区按

$2400kg/m^3$ 进行评价，B 料区按 $2350kg/m^3$ 进行评价，C 料区按 $2250kg/m^3$ 进行评价。经统计分析胶结砂砾石压实密度与导则要求 $2450kg/m^3$ 还是存在差距，根据料源实际，岩石强度高的砂砾石用于大坝下部，对于风化的砂砾石料，用于坝体上部，对压实密度达不到设计要求的，标准或要求应有处理措施或建议，如有关标准要求必须达到，则大多风化开挖料都达不到要求，去除大多不合格料，此类坝型则不具有推广的基础和条件。

碾压砂砾石坝采用无核密度仪检测，压实度均大于 97%，满足导则要求。

（5）本工程使用的 $C_{180}8$ 胶结砂砾料，抗压强度检测共 110 组，最大值 23.9MPa，最小值 6.8MPa，平均值 12.2MPa，砂砾石离差异较大，质量波动大，常规的规范标准无法评价，应有专门的质量评价标准。

（6）采取地质钻 DN219 孔、钻取 ϕ200mm 砂砾石芯样，因大坝胶结砂砾料强度较低，钻孔取芯易塌孔，无法钻取完整胶结砂砾石芯样，应完善质量检测标准或采取其他质量检测标准。

6　结语

（1）胶结砂砾石坝的筑坝理念是"宜材适构""宜构适材"，采用碾压快速施工关键技术及工艺，充分利用工程开挖弃料筑坝，具有就地取材、减少弃料、节能环保的优点，是一种生态环境友好型材料坝。

（2）胶结砂砾坝适合坝基岩石强风化，节理裂隙发育、岩体破碎、地质条件较差的坝址，地基条件要求较重力坝低，筑坝材料粒径为小于 150mm 的无级配胶结砂砾石混合料，采用碾压施工工艺，具有快速筑坝施工的特点，可节约投资。

（3）因砂砾石坝筑坝材料为人工开采混合砂石料，其砂的石粉含量、含泥量、细度模数及粗骨料颗粒级配连续性差，造成施工后砾石表观密度、压实度及强度检测结果差异较大，应采取现场处理措施，以保证胶结砂砾坝的施工质量。

（4）胶结砂砾石坝，虽对筑坝材料要求不高，但应对砂砾石坝设计、施工、质量检测及验收，制定相关标准规范，以供该材料坝的实施、质量检测及质量评价，并利于推广。

参考文献

[1]　中华人民共和国水利部 . 胶结颗粒料筑坝技术导则：SL 678—2014 [S]. 北京：中国水利水电出版社，2014.

[2]　中国水利水电科学研究院 . 胶结坝技术手册 [R]，2020.

[3]　田育功，唐幼平 . 胶凝砂石坝筑坝技术在功果桥上游围堰中的研究与运用 [J]. 水利规划与设计，2011，（1）：51-57.

[4]　程兴民 . 胶凝砂凝石筑坝新材料在街面电站下游围堰中的应用 [J]. 闽江水电科技，2005.

[5]　冯炜 . 胶凝砂凝石筑坝技术材料特性研究与工程应用 [D]. 北京：中国水电科学研究院，2013.

[6]　杨会臣 . 胶凝砂砾石结构设计研究与工程应用 [D]. 北京：中国水电科学研究院，2013.

非接触式骨料含水率在线监测应用研究

马明刚[1]　贾金生[2,3]　孟继慧[1]　夏万求[1]　彭泽豹[1]　丁廉营[2]

(1. 国网新源浙江宁海抽水蓄能有限公司，浙江宁海 315600；
2. 中国水利水电科学研究院，北京 100038；
3. 中国大坝工程学会，北京 100038)

摘　要： 针对混凝土拌合生产过程中存在因骨料含水率波动导致混凝土生产质量不稳定，缺陷难以及时发现的问题，提出了一种近红外非接触式骨料含水率监测技术，实现了砂含水率的实时在线监测；通过传统的实验室烘干法辅助率定砂含水率监测仪器，提高砂含水率的监测精度；同时，开发了非接触式骨料含水率在线监测系统，为混凝土配合的动态调整提供了数据支撑。在宁海抽水蓄能电站混凝土拌合生产过程中的应用，取得了良好的效果，对类似工程具有一定的参考价值。

关键词： 混凝土；砂含水率；在线监测；近红外

1　引言

　　抽水蓄能电站是我国能源体系的重要组成部分，对于维护电网安全稳定运行、构建以新能源为主体的新型电力系统具有重要支撑作用[1]。抽水蓄能电站多以混凝土面板堆石坝为主，其中面板、趾板以及上水库进出水口等均涉及混凝土，混凝土质量关系到整个工程的安全。在混凝土拌合过程中，骨料常因露天堆积、用量大等因素存在含水率波动大的问题，会直接影响混凝土的水灰比，进而对混凝土的和易性、力学性能和耐久性等重要性能产生影响。Gavela 等[2]通过敏感性分析研究发现水灰比对混凝土的强度影响很大；申力涛等[3]研究得出水灰比对混凝土的抗盐冻剥蚀性能有决定性影响；李少丽等[4]开展了高性能混凝土配合比及力学性能试验研究，结果表明水灰比对混凝土的抗压强度具有显著影响；骨料含水率决定了混凝土的实际配合比[5]，水灰比的波动直接影响到混凝土的工作性能和耐久性能[6]。因此，为了得到质量稳定的混凝土，水灰比必须得到严格的控制。

　　在混凝土的拌合生产过程中，细骨料的含水率波动是导致混凝土水灰比波动的主要原因[7]。传统的烘干法是实验室公认的细骨料含水率检测方法，虽然准确度较高[8]，但该方法存在检测时间长、结果滞后、样品代表性差等问题[9]，已经难以满足混凝土高质量发展的需求。随着工程对混凝土质量要求的提高以及现代施工管理方式的转变，混凝土在线含水率检测技术成为研究的焦点。在线测量具有采样频率高、代表性强、时间短、误差小等特点[10]。对于混凝土原材料含水率的无损检测，常用的方法主要有微波法、中子法、

作者简介： 马明刚（1971—），男，山东东平人，高级工程师，本科，主要研究抽水蓄能电站工程建设管理。
E-mail: ma_minggang@126.com。

电阻法以及电容法，但普遍存在成本高、稳定性差、操作烦琐等局限性[11,12]。目前国外市场上主流的含水率检测仪器主要有以下几种：德国 ELBA 公司的定型产品 SFM、美国伽瑞公司生产定型的 1100F、日本日立公司的 RMB-D 等，这些仪器的含水率检测方法精度有限，折算成对每方混凝土的用水量精度的影响，一般会超出规范规定的水称量误差≤1%的要求。

因此，为实现混凝土含水量的有效控制，需要研究传统方法与在线方法的综合措施，在提高含水量检测速度的同时，将精度提高到工程可用的水平。本文提出了一种快速的在线含水率检测技术，并辅以传统烘干法的校正，通过研究相关的计算机软件，同时对工地上由快速检测方法上报的大量数据，以及由烘干法上传的高精度数据进行大数据对比分析，研究以数量的优势弥补精度的缺陷，最终拟合出工程上可用的含水率快速检测数据，达到细骨料含水率速测技术可用于指导拌合参数的目的。

2 近红外含水率测量技术的基本原理

近红外光谱分析是利用近红外光谱谱区包含的物质信息，用于物质定性和定量分析的一种分析技术。水是由氧-氢键组成的分子结构，会吸收特定波长的近红外光线，在特定波长下，所反射的近红外线能量和它所包含的吸收近红外线的分子的数量成反比。水分子中两个氢原子与氧原子的键会伸展、收缩或以其他形态扭曲，需要外来的能量引起这些振动，需要的能量遍及整个电磁光谱的特定波段。在整个光谱的不同部位，有一些吸收波段十分强烈，有一些十分微弱，其中在光谱的近红外部位，该部分波段对于水分子特别强烈。使用近红外光能量的特定波长，以提供适量的能量给被测产品中的水分，一般用以测量水分的波长保持在 $1\sim2.5\,\mu m$ 范围，根据近红外波长会被水分子吸收的原理，分析某特定波长的近红外能量变化。特定波长能量被吸收量，取决于近红外能量束所遇到的水分子数量和在该特定波长的吸收强度。能量束所遇到的水分子数量与所测物质中水分成正比。

近红外线水分测量技术是一种非破坏性，非接触式的实时水分检测技术。仪器（图 1）发出特定波长的光经过透镜、滤光盘、反射镜后将平行光反射到被测样品物料上，

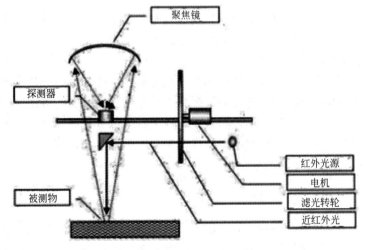

图 1　近红外水分测量仪示意图

其中一部分红外光被样品吸收，另外一部分红外光散射后经过凹面镜聚集到近红外传感器中，传感器的内部数字处理器将光信号的参比光和测量光经过数字处理器处理后传送给仪器主机，主机即可快速显示被测物的水分范围。

3　近红外含水率测定试验

本研究采用的 WKT-R-50ZS 在线水分测定仪是一款非接触式近红外水分测量仪。近红外水分测定系统主要由信号发射、信号采集、控制处理单元、数据传输单元组成，如图2所示。在测量过程中，首先将实验室烘干法测定的至少 3 组标准式样含水率，通过仪器进行标定，系统会自动计算样品的含水率与近红外光线的关系曲线，并存储于设备中；然后计算处理系统可根据标定的曲线对被测物与实际的标定曲线进行比较，得到被测物的含水率。

图 2　非接触式含水率在线监测设备

3.1　试验方法

本试验对拌合站机制砂进行水分仪精准度试验，验证水分测量仪测量砂含水率的稳定性。试验设备采用 WKT-R-50ZS 在线近红外水分测量仪、电烘箱、天平等，在拌合站现场的实验室进行试验。

试验过程中，首先采用近红外水分测量仪测定砂含水率，然后通过烘箱烘干法得出试验数据，再进行比较分析。为了使试验数据更加具有代表性和实际应用价值，依托宁海抽水蓄能电站混凝土工程，对实际生产过程中的砂进行含水率监测。其中，近红外水分测量仪进行全天砂含水率测量，实验室每天抽样检测一组砂含水率，两种测量方式对应的是同一样品，共得到148d 的试验数据。

3.2　试验数据分析

通过对近红外含水率设备和实验室烘干法的数据进行处理，以实验室烘干法测量的含水率数值为准，图3为两种试验方式测得的砂含水率曲线，图4为近红外法测量的含水率相对于烘干法的误差值。由试验结果可以看出，两个测量方式所得的含水率数值基本一致，误差绝对值小于 1%，其中误差小于 0.5% 的数据有 99 组，占比 68%。通过对比分析发现，近红外法与烘干法具有很好的线性关系，表明近红外法测量砂含水率具有较高的精度和可靠性。

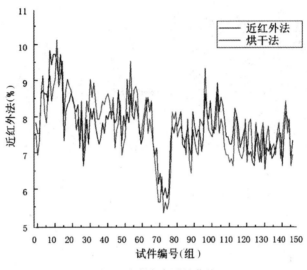

图 3　砂含水率测量曲线

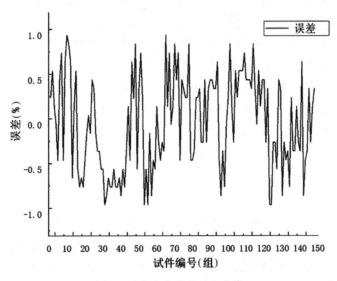

图 4　砂含水率误差对比曲线

4　非接触式骨料含水率在线监测系统应用

砂石骨料的含水率是对混凝土质量有重要影响的关键参数，为了更好地使用近红外水分测量仪测量砂含水率，现场开发了砂含水率在线测定系统。将近红外水分测量仪安装在拌合砂料仓的下料口位置，通过实时监控读取含水率数值，如图 5 所示，不仅实现对砂含水率的监控，而且通过数据的自动分析，上报当前含水率，对超过范围的数据进行报警。通过近红外水分测量仪在砂含水率监测中的应用，实现含水率的实时快速测定并通过高速网路将实测数据及时反馈给拌合楼工控电脑，与混凝土拌合楼联通，及时调整混凝土拌合参数。

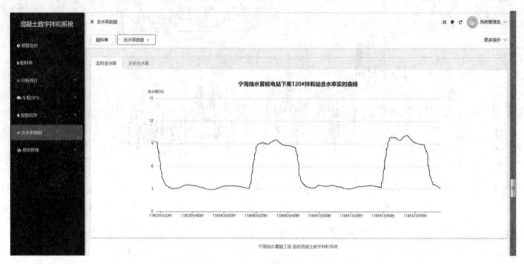

图 5　砂含水率实时在线监测系统

　　根据在宁海抽水蓄能电站工程中混凝土生产配合比预警监控数据显示，下库拌合站2021 年 12 月 1 日～31 日共拌合混凝土 4346 盘，共计 8001m³，监控预警误差超限盘数628 盘，通过混凝土生产智能管控系统对异常问题的及时预警和处理，有效地提升了混凝土的拌合质量，使得混凝土验收合格率达到 100％。

　　根据各物料的误差超限预警信息统计分析可以发现，超过 95％的误差是用水量异常引起的，由于现场砂含水率实验室烘干法检测时间长、不能及时反馈含水率的变化情况，因此也反映了通过砂含水率实时监测技术来动态指导、调整混凝土用水量的必要性，是保证混凝土生产质量满足设计需求的一种重要的技术手段。

5　结论

　　本文介绍了一种使用近红外光谱分析测量拌合站混凝土生产过程中砂含水率，实现了实时在线监测，进而实现对混凝土拌合含水量动态调控的技术。相比于传统的烘干法，非接触式骨料含水率在线无损监测技术具有较高的精度和可靠性，同时减少了实验室的人力投入，具有成本低、稳定性好、精度高的优点，对保障混凝土的生产质量具有的意义。

参考文献

[1]　林铭山．抽水蓄能发展与技术应用综述 [J]．水电与抽水蓄能，2018，4 (1)：1-4，22.
[2]　Gavela S，Nikoloutsopoulos N，Papadakos G，et al．Multifactorial experimental analysis of concrete compressive strength as a function of time and water-to-cement ratio [J]．Procedia Structural Integrity，2018，10：135-140.
[3]　申力涛．水灰比对水泥混凝土抗盐冻性能影响分析 [J]．山西交通科技，2015 (5)：18-20.
[4]　李少丽，王乾峰．高性能混凝土配合比设计及力学强度试验研究 [J]．混凝土，2020 (3)：117-118＋123.

[5]　姚金华，季存健，吴晓明，等．集料含水率对混凝土配合比的影响［J］．现代交通技术，2008，5（6）：7-9.

[6]　刘国华，陈斌，王振宇，等．施工现场砂石料含水率的简易测定［J］．中国农村水利水电，2004（11）：80-81.

[7]　刘俊岩．全自动在线测量细骨料含水率及其对混凝土性能影响的研究［D］．武汉：武汉理工大学，2020.

[8]　李秋忠，查旭东．路基含水量测定方法综述［J］．中外公路，2005（02）：41-43.

[9]　张译文，张燕梁，万霖，等．3种干燥方法对荞麦干燥特性及品质的影响［J］．食品与机械，2019，35（10）：197-200.

[10]　段凯文．基于微波自由空间法的小麦含水率测量方法研究［D］．杨凌：西北农林科技大学，2019.

[11]　Julrat S，Trabelsi S. In-line microwave reflection measurement technique for determining moisture content of biomass material［J］. Biosystems Engineering，2019，188：24-30.

[12]　Gawande N A，Reinhart D R，Thomas P A，et al. Municipal solid waste in situ moisture content measurement using an electrical resistance sensor［J］. Waste Management，2003，23（7）：667-674.

寒冷地区大体积混凝土低温季节施工综述及实践

关乐乐

(中国水利水电第九工程局有限公司，贵州贵阳 550081)

摘　要： 在寒冷地区低温季节进行混凝土施工，受环境温度影响，水泥水化反应减缓，严重影响到混凝土施工质量。通过借鉴国内外大体积混凝土冬季施工技术，采用理论计算结合现场实际施工检测的方法，在混凝土拌合、运输、入仓、浇筑、养护等方面采取了暖棚法与蓄热法相结合的具体措施。工程实践证明，寒冷地区合理采取暖棚法与蓄热法相结合的浇筑方法，能够有效控制过程热量损失，采用新型保温保湿材料加强混凝土表面养护，最终可以保证低温季节浇筑混凝土的各项技术指标满足规范要求。

关键词： 寒冷地区；低温季节；暖棚法；蓄热法；实践

1 概述

目前国内难度相对较低的水电项目即将开发殆尽，水电开发重心已逐渐转移到难度大，制约因素多的西南地区。受工期制约，往往需在低温季节需要安排混凝土施工，低温、低气压、低湿度、强辐射、大温差、氧气含量稀薄等区域环境给混凝土施工带来了巨大的挑战。

我国水工混凝土低温季节施工探索始于 1949 年的丰满水电站的修复与改建工程，之后在桓仁、撒多、李家峡、积石峡、小石峡、吉林台一级、直孔、边坝县二级等水利水电工程建设中均进行了低温季节施工。随着混凝土低温施工技术水平不断提高，暖棚法、蓄热法等混凝土低温季节施工技术逐步被水电行业规范所借鉴，并被广泛采用。但升温手段主要采用电暖炉、热风机、燃煤等，电暖炉和燃煤都对现场防火不利，存在安全隐患，热风机则会造成混凝土表面失水干燥，出现质量问题。

本文在混凝土拌合、运输、入仓、浇筑、养护等方面采取措施，确保混凝土各项技术指标满足施工质量要求，为更多在建的水利水电工程提供宝贵经验。

1.1 项目概况

DG 水电站位于西藏自治区山南市桑日县，拦河大坝为目前海拔最高的 RCC 坝（坝顶高程 3451m）和西藏自治区最高大坝（最大坝高 117m）。

1.2 气候条件

我国幅员辽阔，受地理纬度、地势等影响，气候悬殊，建筑气候区划包括 7 个主气候

作者简介：关乐乐（1977—），男，河南郑州人，高级工程师，从事水利水电工程项目管理工作。
　　　　　E-mail: guanlele123@sina.com。

区。西藏 DG 水电站工程位于高海拔寒冷地区，基本特性为气温低、空气稀薄、紊乱强风、气候干燥、昼夜温差大、太阳辐射强烈。工程区多年平均气温 9.3℃，极端最低气温 −16.6℃。

每年的 12 月初～翌年 2 月底为低温季节，招投标阶段低温季节期间暂停大体积混凝土施工，并做好各暴露面的越冬保护，施工图阶段受工期制约，需安排低温季节施工。

低温季节气温低、干燥、风大，在出现气温骤降、寒潮、昼夜温差等都很容易使混凝土表层形成温度梯度，从而引起很大的拉应力，导致表面裂缝的产生[1]。

2 低温季节混凝土施工技术

2.1 概述

在低温季节进行混凝土施工需保证浇筑温度，实践表明浇筑温度＞6℃时，混凝土能够保持正常的活性，混凝土质量可以得到保证；当浇筑温度在 0～6℃时，水化反应速率降低，凝结时间增加；当浇筑温度趋近＜0℃时，游离水开始冻结，水化反应停止[2]。

国内低温季节混凝土施工始于丰满水电站的修复与改建工程，经过多年的探索，逐步形成以暖棚法、蓄热法以及二者结合的低温季节施工技术。

2.2 出机口温度控制

控制出机口温度是低温季节混凝土施工的根本，直接影响混凝土施工的各项温度指标。因水的比热容大，提前对拌合用水进行加热成为预热混凝土最直接、经济和有效的控制手段。若在低温环境下采用 60℃的热水拌合骨料仍不能满足最低出机温度要求时，则需采取预埋管预热和热风机风热等方式对骨料预热。砂颗粒小，流动性好，热交换面积大，在丰满、白山、图尔古松等水电站采用在砂仓内预制蒸汽排管的方式优先预热。拉西瓦、羊曲水电站采用热风机风热骨料的方式，取得了良好的效果。

在 DG 水电站工程中，低温季节预热混凝土温控措施主要采取"60℃热水拌合＋一次蒸汽预热粗骨料＋二次蒸汽预热骨料"为主要温控手段，同时通过对成品砂仓堆场预埋地暖对成品砂进行预热和破冰，辅以半封闭料仓，确保低温季节期间骨料温度＞2℃，见图 1。该措施有效保证了出机口温度＞6℃的设计技术要求，见图 2。

2.3 混凝土运输

在低温季节采取合理的保温措施，减少混凝土从拌合站至入仓过程中的热量损失也是混凝土温控的关键，合理的措施不但可以避免热量损失甚至可以提高入仓温度。

水平运输一般采用自卸汽车、罐车、皮带机等，过程中要尽量减少转运次数。自卸车运输保温一般用各类保温材料覆盖车厢和在车厢内设置电阻丝加热保温措施；罐车保温采用在罐体上加装专用保温罩的方式，皮带机采用搭设盖棚保温的措施。如拉西瓦水电站施工时在运输车车顶安装布袋，车厢外侧粘贴橡塑海绵，有效控制了温度损失。

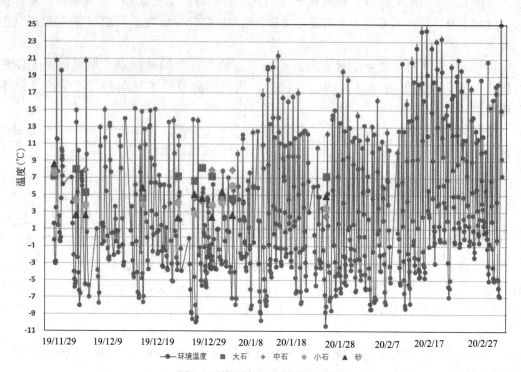

图1 环境温度与骨料温度对比

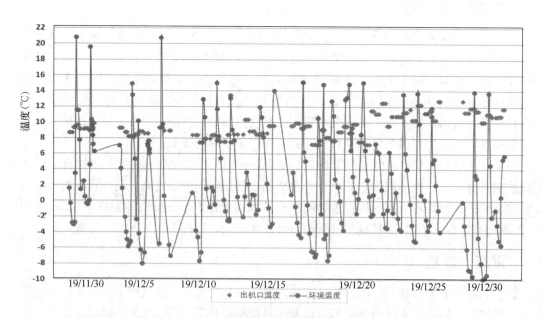

图2 环境温度与出机口温度对比

垂直运输一般采用梭槽、溜桶、各类吊装设备配合吊罐入仓和各类混凝土泵泵送入仓，在吊罐、管路四周均采用各类保温材料覆盖保温。如白山水电站混凝土垂直运输采用毛毡围裹的吊罐入仓，确保温度损失＜1℃。

在 DG 水电站工程中，在投标阶段从拌合站架设胶带机至左岸，采用满管输送混凝土；在施工图阶段主要采用自卸车直接入仓减少转运，自卸车车厢外侧采用 3cm 厚橡塑海绵全覆盖，创新实现了车厢顶部翻转盖板自动启闭[3]，既节约了人工，又保证了保温效果。变态混凝土采用观测运输，在罐车上加装 1cm 厚保温罩。该措施在最低环境温度 ＜－8℃时，也确保了入仓温度＞6℃的设计技术要求，见图 3。

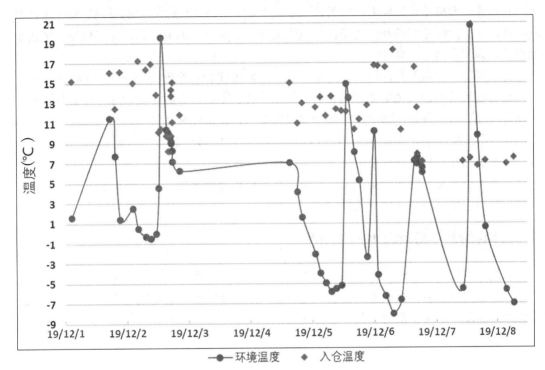

图 3　环境温度与入仓温度对比

2.4　混凝土浇筑

国内混凝土低温季节施工技术主要有三大类[4]：

（1）提高环境温度，使混凝土在正常情况下硬化。典型的技术为暖棚法，适用于环境温度：－25～0℃。

（2）在混凝土配合比中加入防冻剂，使其具有在负温下硬化的性能[5]，适用于环境温度：＜－15℃。

（3）提高混凝土入仓温度，使混凝土在受冻前达到临界抗压强度。典型的技术为蓄热法，适用于环境温度：＞－5℃。

早在 1929 年苏联建设德聂泊水电站时，冬季混凝土施工量约占总混凝土施工量的16％，主要采用暖棚法施工并取得了良好的效果[6]。吉林台、吉前、金河等水电站均采用暖棚法施工，浇筑温度在 7～9℃之间，有效避免了混凝土冻害的发生。拉西瓦水电站、西藏直孔水电站采用蓄热法或暖棚法与蓄热法相结合的方法，均取得了较好的施工效果。

DG 水电站位于西藏高海拔地区，昼夜温差大，低温季节混凝土浇筑作业尽量选择在白天温度较高时间段开始浇筑。当环境温度<−10℃时，不浇筑新的仓面；当浇筑期内最低温度在−10～−3℃时，用蓄热法结合油汀暖棚法施工。浇筑层厚 50cm，及时对浇筑完成的层面采用薄膜覆盖保湿，每层施工宽度 2m 左右，棚内温度可以防止浇筑完成的混凝土受冻。

2.5　表面保温保湿工艺

在坝体表面覆盖保温保湿材料可以减少施工期外界环境温度变化的影响、减小表面温度梯度，改善混凝土变形和受力条件，提高混凝土耐久性。同时，表面保温保湿也能避免混凝土冻害和产生干缩裂缝。

传统混凝土表面保温保湿工艺为粘贴聚苯乙烯板或者喷涂聚氨酯[7]，经 DG 水电站工程现场实施后发现这两种工艺存在着保湿效果不佳、不能适应藏区的特殊气候条件及环保要求等问题。通过科技创新研发了新型保温保湿工艺，采用橡塑海绵作为保温层，薄膜和通水花管形成保湿层，采用压条和螺栓加固的方式，能够使混凝土表面达到标准养护条件，取得了极好的保温保湿效果[8,9]。

在低温季节施工的混凝土尽量不拆模，在钢模板外侧嵌贴 10cm 厚聚苯乙烯板，确保混凝土表面温度，减小混凝土内外温差。

3　蓄热法结合暖棚法施工实例

常规暖棚法采用电暖炉、热风机、燃煤等作为升温手段，电暖炉和燃煤都对现场防火不利，存在安全隐患，热风机则会造成混凝土失水干燥，出现质量问题。经研究，电油汀作为加热手段，解决了常规工艺存在的问题。

3.1　仓面概述

2019 年 12 月 8 日，在西藏 DG 水电站消力池左边墙 2 号块（坝下 0+114.50～坝下 0+134.50，坝左 0+116.00～坝左 0+120.60）采用蓄热法结合暖棚法施工。混凝土浇筑面积 92m²，浇筑高度 3m，浇筑泵送 C25W8F200 二级配混凝土 276m³，配置混凝土泵车 1 台，混凝土罐车 3 台，计划浇筑历时 16h。

坝体冷却水管布置在 3381.50m、3382.50m、3383.50m 高程，按 1m 水平间距、1m 竖向间距"S"形布置，埋设时水管距上、下游混凝土面为 1～1.5m，距横缝及施工缝 0.8～1.5m，距孔洞 1～1.5m。在 3382.00m 高程埋设 1 支温度计（编号：TLC-114-3382.00-1）。

暖棚支撑架采用 φ48 脚手架管搭设，间排距 4m，顶部铺设三防布进行防风，每隔 3m 开设下料口，当下完料需挪动泵管时，及时将下料口封闭，防止棚内热量散失，见图 4。

3.2　升温设备配置

根据浇筑仓面大小，按照每 77m³ 配置 1 台电油汀（2.2kW），在混凝土浇筑前 4h 开始棚内升温，使暖棚内环境温度>6℃。

在暖棚顶部铺设保温被和三防布，采用混凝土泵车入仓，每隔 3m 设置一个 50cm 直径的下料口。为减少棚内热量散失，下完料后及时进行下料口遮盖，暖棚内耗热量计算如下：

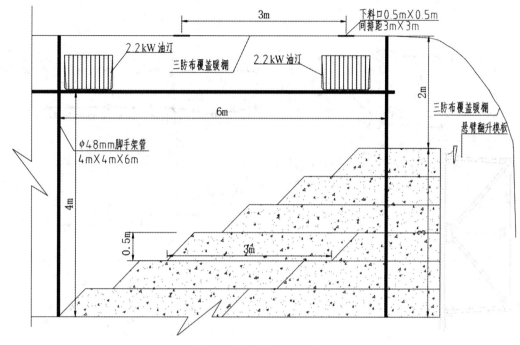

图 4　油汀暖棚法施工布置

按照浇筑体积为 $100m^3$ 进行计算，浇筑仓高度为 3m，暖棚在单位时间内的耗热量计算：

$$Q_0 = Q_1 + Q_2$$
$$Q_1 = \sum AK(T_b - T_a)$$
$$Q_2 = VnC_a\rho_a(T_b - T_a)/3.6$$

经计算，$Q_1 = 1920W$；$Q_2 = 913.33W$；$Q_0 = Q_1 + Q_2 = 2833.33W$。

$100m^3$ 暖棚每小时的耗热量为 2833.33W，采用 2.2kW 的电油汀进行加热，需要配置 1.29 台，单台电油汀可覆盖体积为 $100/1.29 = 77.52m^3$。现场实际施工时，按照仓面体积 $77m^3$ 配置 1 台电油汀，每小时所放出的热量即可满足施工要求。

根据现场浇筑情况，该仓实际开仓时间为 2019 年 12 月 7 日 15：00，封仓时间为 2019 年 12 月 8 日 11：50。现场实测仓外环境、仓内环境、浇筑温度、出机口和入仓温度曲线见图 5。

根据温度曲线，仓外最低温度为 -6℃，在暖棚内温度最低为 3℃，入仓温度受水化反应影响，有一定回升，浇筑温度在 14.31～17.56℃ 之间，能够确保施工质量满足规范要求。

浇筑期间对混凝土拌合物指标进行检测，棍度为上，黏聚性较好，中等含砂，无析水，检测指标满足要求。

根据该仓同等条件下混凝土抗压强度检测报告显示，混凝土 28d 龄期抗压强度分别为 28.5MPa、30.5MPa、29.5MPa，达到设计强度的 118%，满足质量要求。

4　结语

工程实践表明，在寒冷地区低温季节进行混凝土施工时，通过合理使用暖棚法与蓄热

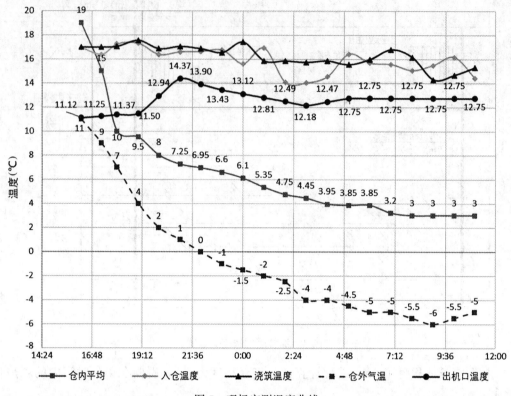

图 5　现场实测温度曲线

法相结合的浇筑方法，在混凝土拌合、运输、入仓、浇筑、养护等方面采取具体的措施，控制施工过程中的热量损失，采用新型保温保湿材料加强混凝土表面养护等施工措施可以保证混凝土各项指标满足规范要求，该技术可供类似工程参考。

参考文献

[1] 陈彦玉，黄达海，代婧. 气温骤降时早龄期混凝土表面保温措施研究 [J]. 水力发电，2010（04）：47-50.

[2] 沈悦. 京津城际铁路 2 号梁场冬季施工温度控制原则 [J]. 铁道建筑技术，2008（S1）：398-399.

[3] 向前，胡中阔，蔡畅，等. 混凝土运输车及可自动遮阳保温的车斗 [P]. CN210591587U，2020-05-22.

[4] 胡小舟，王兴利. 高寒地区混凝土冬季施工技术 [J]. 电力建设，2008（10）：72-74.

[5] 王曦东，董建忠，王利峰，等. 防冻剂对混凝土性能影响的研究现状 [J]. 公路交通科技（应用技术版），2013，000（012）：P.198-201.

[6] В. И. 魏茨，С. А. 库盖尔克拉也夫斯基，И. А. 鲁沙科夫斯基，Т. Л. 卓洛塔廖夫，涂相乾. 在苏联国民经济系统中的德聂泊水电站 [J]. 水力发电，1955（06）：1-9.

[7] 李鹏辉，杜彬，刘光廷，徐增辉. 石门子碾压混凝土拱坝采用聚氨酯硬质泡沫保温保湿的效果分析 [J]. 水利水电技术，2002（06）：37-38.

[8] 蔡畅，向前，杨卫. 高海拔干冷河谷大坝混凝土新型保温保湿工艺研究 [C]. 中国大坝工程学会、西班牙大坝委员会. 国际碾压混凝土坝技术新进展与水库大坝高质量建设管理——中国大坝工程学会 2019 学术年会论文集. 中国大坝工程学会、西班牙大坝委员会：中国大坝工程学会，2019：368-376.

[9] 向前，刘朝建，蔡畅，等. 一种高海拔复杂气候条件下大坝混凝土表面保温保湿装置 [P]. CN210104752U，2020-02-21.

分散性土筑坝关键技术及探讨

刘　卓　彭小川

（中水北方勘测设计研究有限责任公司，天津 300222）

摘　要：越南水资源研究所在 1999 年完成了某工程的可行性研究设计，工程于 2002 年实施，在施工过程中发现筑坝土料有问题，填筑的部分坝体出现落水洞，随后停止施工。中国公司接手本项目后对项目进行了深入研究，发现分散性土是造成工程事故的原因。根据研究和相关设计经验，提出了改性土结合土工膜的心墙坝设计方案。设计方案在充分利用了当地的分散性土的同时，也有效避免了分散性土与水接触形成落水洞，从而为本项目提供了解决方案，并可为其他类似工程提供参考。

关键词：老挝；分散性土；心墙坝；土工膜

1　项目背景

越南水资源研究所在 1999 年完成了某工程的可行性研究设计并于 2000 年完成技施设计，该工程的挡水坝为均质土坝。越南人于 2002 年进行了大坝施工，于河流右岸桩号 D0＋790～D1＋790，填筑 3～6m 高的土坝，并修筑了取水口。在雨水的淋蚀作用下，坝体表面已遍布孔洞和小冲沟，直径以 2～20cm 为主，个别可达 30～50cm，而且坝面形成多条小冲沟，宽 1.5～2m 左右，深约 1～1.6m，见图 1、图 2。

图 1　越南大坝坝面侵蚀情况　　　　　　　图 2　越南大坝溶洞

工程施工进行 1 年多后越南人发现现场出现诸多落水洞，所以停止了施工。越南水资源研究所从大坝初期可研阶段到施工阶段均未进行分散性试验。由于技术和科技水平有限

作者简介：刘卓（1989—），男，天津人，工程师，博士，主要从事水力学和水工结构设计工作。
　　　　　E-mail：liu_z2@qq.com。

造成了工程的失败。后期发现工程问题后，越南人提出了面板堆石坝方案，彻底否定了分散性土的应用。由于面板堆石坝方案造价昂贵，所以工程停滞不前。

2　分散性土分析

中国公司勘察设计人员过对越南人失败的坝型进行了现场考察，了解料场周围地貌、地形、水文和岩性等特征，进行了初步的判断，通过以下几个原因初步分析土体具有分散性：

（1）料场区域下雨后的水沟河道里水都是混浊的，水坑里的水长期混浊，呈现黄色。水干后出现龟裂；

（2）出现了许多冲沟和孔洞等异常冲蚀形式的表面现象；

（3）从地质成因角度分析，海相沉积形成黏土岩和页岩，进而形成的残积土多具有分散性，考察现场发现了许多属于海相成因的贝壳等物体。

因此，根据野外初判和基本试验的结果分析，需要进一步进行分散性的专门试验。

常用的分散性土鉴定有碎块试验、针孔试验、双比重计试验、孔隙水可溶盐试验等多种方法，其中试验成果准确性较高的是针孔试验和双比重计试验。

针孔试验是美国著名工程师 J. L. Sherard 首先提出来的。根据渗透理论可知，当水流流经土壤孔隙时，能将其动能传输给土壤颗粒，从而使土壤颗粒产生分散。针孔试验通过模拟在一定的水压力作用下，测定流经土壤孔隙的水流流量、颜色和孔隙尺寸的变化，反映土壤颗粒所具有的承受水流的冲蚀能力，以此表示分离颗粒所需要力的大小。针孔试验可直接、定性地鉴定试验的分散性能和黏性土胶粒的抗冲蚀性。针孔试验直观地模拟了土体在渗透水流作用下所具有的分散性和抗冲蚀性，因此被认为是最可靠的鉴定方法，同时也是分散性土其他鉴定方法最直接和可靠的验证。

从试验成果看，三个料场土均具有分散性，所以可以肯定坝区范围内土料普遍具有较强的分散性，这也证明了原坝型失败的主要原因是对当地土料的分散性认识不足，没有进行专门的试验分析。通过试验我们确定了当地土料具有分散性，在一定的技术条件和方法下分散性土是可以加以利用的，但是需要进行专门的分析和研究。

3　分散性土创造性应用及坝体断面设计

分散性土不适宜直接作为筑坝材料，但是综合考虑到坝区料场的情况，当地较大范围内均属于海相沉积土，坝区周围适宜开采土料的料场均是分散性土。要利用当地材料筑坝就需要对分散性土进行合理的分析，结合试验数据进行设计。

经地质勘察，区域地质情况显示，本区域的土料由海相沉积的泥岩和页岩风化而来。经过土工试验鉴定，工程坝址周边几处料场的土料均具有不同程度的分散性和膨胀性。

本工程大坝最大坝高 21m，属低坝。参考已建工程实例，如采用分散性土筑坝，因工程周边缺乏非分散性土，分散性土保护只能考虑采用改性土或复合土工膜。

工程所在区域为丘陵山区，石料开采方便，分散性黏土储量比较丰富。结合工程区实际情况，将堆石、土工膜、分散性土、改性土组合在一起，设计成一种新的土石分区坝型。

具体的处理措施是将堆石体用于大坝上游，采用复合土工膜作为防渗心墙；大坝下游则主要为分散性土和改性土填筑，高度方向自上而下分别是：坝顶泥结碎石层、改性土保护层、分散性土填筑区、改性土填筑区、反滤层、碎石排水层。

将分散性土应用于土工膜下游侧上部干燥区，减少分散性土与水接触的机会。在分散性土周围包裹一层改性土作为保护层，同时做好坝后排水，避免雨季降雨强度过大时，出现雨水下渗与分散性土接触形成冲蚀破坏。

在下游水位变动区，采用改性土填筑，底部铺设水平碎石排水层以降低浸润线。断面布置如图3所示。

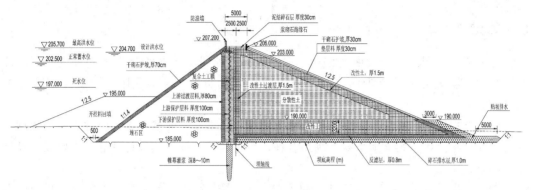

图3　下游土料分区典型断面图

分散性土筑坝的破坏实例和本工程前期的失败经验可以看出，破坏多发生渗流通道，造成落水洞和冲沟。分散性土区虽然外部包裹了改性土，但是自身仍然需要加强碾压密实。根据碾压试验报告结果，并考虑含水率对土体强度的影响，初拟分散性土区的碾压参数为松散铺土厚度30cm，碾压遍数为6遍（静压2遍，强振动4遍），含水率为15.5%～16.9%。根据渗流分析结果，可以看出分散性土区域位于浸润线以上干燥区域，较少受到水的侵扰。

根据图3所示，顺水流向，土工膜防渗心墙与分散性土间设置细砂保护层、改性土过渡层，分散性土顶部和下游侧也包裹了1.5m厚的改性土层。改性土层为分散性土掺拌2%的生石灰进行改性后制成。通过改性试验和碾压试验确定了改性土的参数。利用改性土作为分散性土的保护层作用如下：

分散性土的抗冲流速非常低，只有正常黏土的0.05～0.08倍，所以作为上坝材料不能直接受到雨水的冲刷。对分散土料进行改性处理后，抗冲性能提高，改性土层作为保护层可以有效阻止水的渗透。

在下游侧的水位变动区，采用3m厚的改性土填筑，确保坝体渗流浸润线低于分散性土填筑高程，水位变动区采用改性土填筑，因此改性土起到了与土工膜联合防渗的效果，并保护了分散性土不直接与水接触，防止产生接触冲刷和流失。

土工膜防渗心墙与改性土间设细砂保护层，改性土层下铺0.8m反滤层和1m厚的碎石排水层，可以迅速降低心墙下游浸润线高程，并能汇集坝后两岸沿坝线方向的坝基面渗流、从原河床位置排至下游河道，避免雨季期间下游土层浸润线过高，有利于下游坝坡稳定。

4　分散性土创造性应用及坝体断面设计

分散性土外包改性土层，由于土料进行了改性处理，抗冲性能有了较大提高，碾压后的密实度增加，因此作为黏性土的改性土料防渗性能较好，可以有效地阻止水的渗透。

根据渗流分析结果，坝体渗流浸润线低于分散性土填筑高程，水位变动区采用改性土填筑，因此改性土起到了与土工膜联合防渗的效果，并保护了分散性土不直接与水接触，防止产生接触冲刷和流失。为了使坝体渗漏水尽快排走，在坝体设置下游水平碎石排水层和坡脚贴坡排水，从而降低了浸润线，也对下游坡脚起到了保护作用。

5　结论

大坝长达 1.8km，最大坝高 21m，坝址周边几处料场土料均具有不同程度的分散性和膨胀性，坝体防渗是个难题；由于坝线较长，工期短、投资受限，需要经济合理的坝型。

经过方案比选，采用土工膜防渗心墙土石坝，以堆石、分散性土和改性土作为大坝的主要填筑材料。该方案就地取材，坝型合理，符合经济、环保的设计理念，主要成果及创新点如下：

（1）提出了分散性土与改性土、堆石体组合坝型及大坝分区优化技术。上游为堆石体，中间为复合土工膜防渗心墙，下游浸润线以下为改性土，下游浸润线以上为分散性土，成功实现了分散性土直接筑坝。

（2）创建了土工膜心墙与改性分散土的联合防渗体系。土工膜心墙下游侧为外包改性土保护的分散性土坝体，有效地解决了该类型土坝防渗难题。

（3）优选了分散性土改性技术，通过试验确定掺 2% 的生石灰，有效地消除了分散性土的分散性，满足筑坝土料的技术指标要求。

自密实堆石混凝土重力坝施工关键技术研究与实践

赵京燕

（中国水利水电第九工程局有限公司，贵州贵阳 550018）

摘　要： 自密实堆石混凝土重力坝施工周期较长，工程量浩大，且施工技术极其复杂，一旦坝体工程质量不达标，必然会造成严重影响。为此，本文围绕自密实堆石混凝土重力坝施工特点、难点，研究了施工缝处理、简化凿毛、免振自密实混凝土、快速堆石等施工关键技术与质量控制，并在工程施工中实践，保证工程顺利完成了合同目标，实现质量上乘、安全可靠、经济高效、绿色施工的工作目标，实现较好的经济效益和社会效益，并丰富公司的技术积累和取得一批先进适用的技术成果。

关键词： 重力坝；自密实堆石混凝土；施工关键技术；质量控制

自密实堆石混凝土指利用专用自密实混凝土完全填充大粒径块石或卵石堆积空隙所形成的完整密实的混凝土，其中堆石体积含量 55%，自密实混凝土含量 45%。自密实堆石混凝土施工方法首先将满足一定粒径要求的块石或卵石直接入仓，形成有空隙的堆石体，然后在堆石体表面浇筑满足按比例配制好的专用自密实混凝土，混凝土依靠自重流入、填充满堆石空隙，形成自密实堆石混凝土。具有低碳环保、低水化热、工艺简便、造价低廉、施工速度快等特点。

1　工程概况

余庆打鼓台水库位于余庆县西北面敖溪镇的胜利社区境内，坝址处于乌江支流敖溪河左岸一级支流后溪河上游的岩孔沟汇口以下约 400m 河段，水库坝址距敖溪镇 3.0km、距余庆县城 63.0km。打鼓台水库工程由大坝枢纽、引水工程和泵站工程组成，是贵州省首个自密实堆石混凝土重力坝。竣工形象见图 1。

图 1　余庆打鼓台水库竣工

作者简介：赵京燕（1968—），男，湖南邵东人，高级工程师，主要从事施工技术管理工作。
　　　　　E-mail：377013535@qq.com。

余庆打鼓台水库为小（1）型，工程等别为Ⅳ等，水库拦河坝横跨于后溪河，坝体为 $C_{90}15$ 自密实堆石混凝土重力坝，大坝坝顶轴线长 198.00m，坝顶高程 799.00m，坝顶宽 6.00m，坝底高程 758.00m，坝高 41.00m，坝底宽度 33.94m，坝底长度 62.00m。右岸坝顶桩号 0+000.00m 衔接新建上坝公路，左岸坝顶 0+198.00m 桩号衔接新建 2 号公路。水库正常蓄水位为 796.00m，死水位为 779.50m，水库总库容为 619.00 万 m^3，正常蓄水位库容 523.00 万 m^3，死水库容 61.70 万 m^3。

2 工程难点

2.1 施工缝处理

施工缝处理不当是造成裂缝形成的重要因素，施工缝防渗处理质量控制要求高。

2.2 配合比设计

自密实混凝土材料及配合比设计不当，将直接影响到混凝土的抗拉强度，也会造成混凝土重力坝进一步开裂。

2.3 模板控制

自密实混凝土侧压力较大，且有很强的流动性，模板稳定性、刚度和密闭性等均是混凝土质量控制的关键。

2.4 堆石入仓

堆石料入仓石渣沉积、粉尘量超标也是质量控制的难点之一。

3 关键施工技术

3.1 自密实混凝土配合比设计

1. 原材料选择

（1）水泥：根据《胶结颗粒料筑坝技术导则》SL 678—2014 中的相关规定，用于自密实混凝土的水泥宜选用硅酸盐水泥或普通硅酸盐水泥。工程选用贵州江葛水泥责任有限公司生产的江葛牌 P·O 42.5 水泥。

（2）掺合料：根据《胶结颗粒料筑坝技术导则》SL 678—2014 中的相关规定，用于自密实混凝土的粉煤灰应符合现行国家标准《用于水泥和混凝土中的粉煤灰》GB/T 1596—2017 中Ⅰ级或Ⅱ级粉煤灰的技术性能标准。工程采用遵义科海建材有限公司提供的鸭溪Ⅱ级粉煤灰。

（3）砂石骨料：自密实混凝土应选用 5~20mm 粒径的石子作为粗骨料，粗骨料最大粒径不超过 20mm，针片状颗粒含量不超过 8%；中粗砂粒径 5mm，细度模数平均值 3.20。指定料场生产，各项指标满足要求。

（4）外加剂：北京华石纳固科技有限公司提供堆石混凝土专用外加剂 HSNG，其性能指标符合《混凝土外加剂》GB/T 8076—2008 中的相关规定。掺入适量外加剂后，混凝土可获得适宜的黏度、良好的黏聚性、流动性、保塑性、高强耐久、早强抗渗、硬化过程不收缩，具有微膨胀作用。

（5）水：拌合水为饮用水，符合《混凝土用水标准》JGJ 63—2006 标准要求。

（6）块石：指定料场生产堆石料质地坚硬，粒径为 300～1000mm，饱和抗压强度不小于 30MPa，堆石料的含泥量指标不超过 0.5%，片石重量不得超过堆石料总重的 10%。

2. 配合比设计

大坝设计混凝土为 $C_{90}15W6F50$，在施工现场对自密实混凝土生产原材料进行取样，配送实验室进行专用自密实混凝土配合比设计，设计试验流程及目的：①净浆试验，选取不同型号外加剂同水泥、粉煤灰进行适应性试验，以确定同该工程胶凝材料相适应的外加剂型号；②砂浆试验，选取不同水胶比、砂率、粉煤灰掺量进行试验，以确定合理水胶比、砂率及粉煤灰掺量；③混凝土试验，调整单方石子用量及外加剂用量，得到自密实混凝土的基准配合比；④配合比优化试验，调整配比参数，得到更经济实用的优化配合比。

自密实混凝土试验采用 HJS-60 型单卧轴强制式搅拌机，首先用水把搅拌机润湿，然后依次把称量好的石子、砂、水泥、粉煤灰放入搅拌机中，搅拌 15s 停机。启动搅拌机把称量好的水及外加剂混合后均匀倒入搅拌机中，搅拌 2min 后出机。测量扩展度、坍落度及 V 漏斗通过时间见图 2。

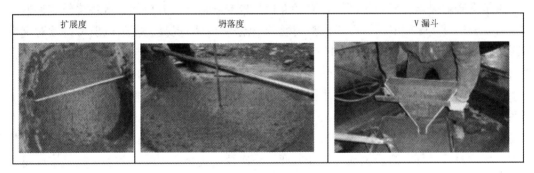

图 2　配合比试验

根据多组试配结果对配合比进行调整，在满足工作性能指标基础进一步优化，确定 10 号配合比为推荐配合比见表 1。对推荐自密实混凝土配合比进行工作性能保持，结果表明该自密实混凝土配合比能满足规范要求的工作性能保持标准，记录见表 2。

推荐配合比　　　　　　　　　　　　　　　　　　　　　　　　　　　　表 1

编号	设计要求	水泥	粉煤灰	砂	石	水	专用外加剂	备注
10	C9015	167	347	962	655	186		理论值
	W6						7.3	
	F50	167	322	992	655	186		实际值

对推荐配合比的混凝土成型标准立方体抗压、抗渗、抗冻试块，标准养护至相应龄期后委托检测公司进行相关检测，具体检测结果见表 3。

工作性能保持标准　　　　　　　　　　　　　表2

工作性能	保持时间(min)		
	0m	30m	60m
扩展度(mm)	660	660	655
坍落度(mm)	265	270	265
V漏斗时间(s)	13.1	14.1	21.1

高自密实性能混凝土硬化性能检测结果　　　　　　　　表3

项目	检测结果	结论
立方体抗压强度	标准养护28d，18.4MPa	满足C9015设计要求
抗渗性能	加压至0.6MPa，所有试件顶面均未渗水	满足W6设计要求
抗冻融性能	快冻法50次循环，质量损失：0.2% 相对动弹模量：82.2%	满足F50设计要求

推荐配合比经各项性能测试均能满足设计指标，满足施工生产要求，最终选择推荐配合比10号确定为施工配合比。

3.2　小钢模拼装大模板、拉模技术

为了有效解决施工缝防渗问题，防渗面板采取与坝体同一升层的一次性浇筑成型的方式，每一升层高度2000mm。由于自密实混凝土流动性大，混凝土凝结以前可持续对钢模板产生较大的侧压力，模板刚度和强度必须能够抵抗高自密实性能混凝土产生的侧向压力。为了提高模板稳定性、刚度、强度，本模板体系首次将小钢模拼装大模板技术应用于防渗面板施工，面板系统主要采用小钢模组拼成定型大模板，分块整体吊装就位；支撑锚固系统则通过钢管 ϕ48.3mm×3.6mm 外侧加固与仓内预埋 ϕ20mm 钢筋地锚拉接，拉模钢筋不应弯曲且竖向拉设不少于三道（图3），横向间距经计算取值700mm。小钢模拼装的大模板拉模技术具有组装灵活、拆卸方便，一次性投资小、周转次数多、模板堆放场地少、混凝土成型效果佳等特点，大大降低了工程支出成本以及缩短了工程周期，施工安全、进度、质量都得到了业主的认可，小钢模在水利施工中的使用上取得了突破性的进展。

3.3　堆石入仓技术

自密实堆石混凝土块石采用自卸汽车直接入仓，集中卸料，人工配合挖机（PC360型）摆石，提高了入仓强度（图4）。堆石料筛选清洗后采用自卸汽车直接运输入仓，入仓设备在进仓口进行清洗干净后入仓作业，仓面设置集中卸料点卸石，采用挖机堆铺摆石，人工辅助堆石，确保大坝结构尺寸，堆石施工机械设备控制在距上游面板2/3处、下游面板1/3处，仓面中间作业，机械设备进入仓面必须待混凝土强度达到2.5MPa才能上坝。仓面铺石后未及时浇筑混凝土时必须进行覆盖，避免还未浇筑被雨水冲刷，导致仓面沉积石渣。

图 3　小钢模拼装大模板拉模

图 4　堆石入仓

3.4　自密实混凝土浇筑与施工缝防渗技术

堆石间的空隙利用自密实混凝土高流动性、黏聚性的特点，自行流动填充密实，入仓时无需振捣，简化入仓方式；同一升层的防渗面板一次性浇筑成型，有效解决施工缝防渗问题。大坝采用分层分块浇筑，设计分层厚度 1500～2000mm，经现场生产试验确定每一升层厚度取 2000mm。混凝土采用泵送结合布料机一端向另一端直接入仓，实现整个升层通仓连续浇筑，浇筑时控制从上游面向下游面进行，沿短边浇筑，上游面浇筑高度低于下游面浇筑高度，形成坡度 $i=1:3$ 倒坡；自密实混凝土浇筑点间距最大控制 3m，斜距流淌约 4～5m，每仓浇筑数据统计分析，混凝土浇筑平均强度约 $28.6m^3/h$，最高强度达到 $36.4m^3/h$。

浇筑完成的堆石混凝土在养护前宜避免太阳曝晒，在浇筑完毕 6～18h 内开始洒水养护，养护时间不少于 28d。

3.5 简化凿毛工艺技术

自密实混凝土浇筑高度以大量的裸露石头高出浇筑面 100~150mm，满足上下层间有效齿合；自密实堆石混凝土浇筑完后，待混凝土达到初凝后，采用高压水枪进行冲毛，对大坝上游面及冲毛不到位的地方采用电镐人工凿毛，再对仓面进行清洗，清除仓面渣石、乳皮、杂物，确保仓面清洁干净、无积水、渣石。

4 质量控制与检测

4.1 施工缝质量控制

施工缝面上的混凝土乳皮、表层裂缝、由于泌水造成的低强混凝土（砂浆）以及嵌入表面的松动堆石必须予以清除，并进行凿毛处理，以无乳皮、成毛面、微露粗砂或石子为凿毛标准，同时凿毛产生的杂物应及时清除，且整个施工缝面全部完成清理后才准许下一道工序。堆石入仓前施工缝面禁止存有积水，对已经凿毛的仓面应做好防雨措施，严禁雨水冲刷凿毛后的仓面。

4.2 堆石入仓质量控制

（1）在堆石过程中，堆石体区域所含有的粒径小于 300mm 的石块数量不得超过 10 块/m²，且不宜集中。

（2）应在入仓道路上设置冲洗台，对将要入仓的自卸车车轮或其他机械设备进行冲洗，泥土、泥水禁止带入堆石仓面，否则不得浇筑高自密实性能混凝土。

（3）堆石仓面上游 2/3 区域严禁自卸汽车进入，应在下游侧设置 2~3 个集中卸料点，由挖机直接转运堆石或转运堆石笼入仓；堆石仓面下游 1/3 区域可由自卸汽车直接卸料入仓堆积，由挖机辅助平仓。当仓面宽度较小时，可以进行错仓堆石；当仓面宽度较长时，卸料点可根据现场情况参建各方商讨后确定卸料位置。

（4）在堆石料运输和入仓过程中由于碰撞、冲击产生的逊径石料、石渣和混凝土碎末应随时发现随时清除，严禁小于 300mm 的石料、石渣聚集。如果冲击产生碎屑和石粉，应及时清扫，避免在仓面底部存积，且清扫过程中仓面严禁用水冲洗。

（5）宜将粒径较大的堆石置于仓面的中下部，粒径较小的堆石置于仓面的中上部。对于粒径超过 800mm 的大块石，宜放置在仓面中部，以免影响堆石混凝土表层粘结质量。与基础仓混凝土接触的堆石应严格避免大面积接触，以免影响冷缝的粘结。

（6）堆石宜采用挖掘机平仓，靠近模板部位的堆石宜采用人工码放。

（7）堆石完成后应做好防雨（水）措施，在浇筑高自密实性能混凝土前必须防止雨（水）冲刷堆石导致泥浆、石粉在堆石仓面底部沉积。

4.3 自密实性能混凝土质量控制

（1）在混凝土拌合生产中，应定期对混凝土拌合物的均匀性、拌合时间和称量仪器的精度进行检验，如发现问题应立即处理。

（2）混凝土的坍落度、坍落扩展度、V 漏斗通过时间每 4h 应检测不少于 1 次，出泵口自密实性能指标必须满足设计的相关标准。

4.4　自密实性能混凝土质量检测

（1）自密实混凝土试块制作方法：抗压、抗渗、抗冻等试块制作所用试模与普通混凝土相同；试块制作过程中，成型过程无需振捣，分两次装入，中间间隔 30s，每层装入试模高度的 1/2，装满后抹平静置 24h，转入标养室养护到 90d 龄期即可，试块检验结果应满足设计要求。

（2）自密实混凝土的力学性能按现行国家标准《普通混凝土力学性能试验方法标准》GB/T 50081—2002 进行检验，并按现行国家标准《混凝土强度检验评定标准》GB/T 50107—2010 进行合格评定；混凝土的长期性能和耐久性应按《普通混凝土长期性能和耐久性能试验方法标准》GB/T 50082—2009 进行检验。

（3）自密实混凝土超声波检测及成果整理按照《水利水电工程岩石试验规程》SL 264—2001 和《水工混凝土试验规程》SL 352—2006 进行，超声波检测波速不宜小于 3000m/s。利用孔内电视设备对混凝土钻孔，通过对孔内表面全面拍照，分析堆石混凝土内部缺陷率，评定混凝土的密实度。

（4）堆石混凝土钻孔取芯密实度与强度检测，钻孔取芯芯样直径不宜小于 21.9cm，应满足《钻芯法检测混凝土强度技术规程》CECS 03—2007 和《水工混凝土试验规程》SL 352—2006 中芯样钻取的相关规定外，还应满足以下要求，堆石混凝土芯样代表试件内部石块体积含量应控制在 55%±20%，自密实混凝土芯样代表试件中不应有块石，坝体每浇筑 1 层，自密实及堆石混凝土芯样加工试块各不少于 1 组；芯样加工、强度检测与评定应满足《钻芯法检测混凝土强度技术规程》CECS 03—2007 中芯样的加工及技术要求及芯样试件的试验和抗压强度值计算的相关规定。

（5）根据《胶结颗粒料筑坝技术导则》SL 678—2014 的规定"采用钻孔压水实验检测大坝的抗渗性能时应符合 SL 31 中的有关规定"。钻孔压水数量每坝段不少于 2 个孔。根据压水试验成果结合抗渗检测成果对混凝土抗渗性能进行综合评价。

5　社会与技术效益

余庆县打鼓台水库大坝枢纽工程是贵州首例使用自密实堆石混凝土施工技术的项目，自密实堆石混凝土施工在项目得到有效实施、创新，取得显著效果，得到业主、监理、设计的一致认可，赢得外界相关单位、项目的观摩学习及赞美，得到有效推广，推动技术进步，同时为自密实堆石混凝土施工技术在中小型重力坝中的应用打下强有力的基础。

余庆打鼓台水库工程大坝自密实堆石混凝土约 74210m³，根据混凝土浇筑施工强度核算自密实堆石混凝土浇筑相比常态混凝土浇筑每 200m³ 节约人工费用约 267156 元；同等级强度混凝土水泥单方用量节约 46kg，水泥每吨按 450 元计算，则节约费用为 691266.1 元；拟定筑坝工期为 11 个月，按现实际施工强度情况节约工期约 1.5 个月，从机械设备、作业人员、管理人员等方面计算每月节约直接成本约 38.32 万元；即总的节约费用约为 153.3 万元。

6　结语

通过对自密实堆石混凝土筑坝施工关键技术研究，解决坝体施工防渗及混凝土质量保障问题，同时施工效益明显提高，机械配合减少大量人力物力使用，缩短施工周期，减少资源浪费，节约了能源，对提高社会资源利用率，对实现可持续发展具有重要意义。余庆打鼓台自密实堆石坝的实施为九局公司筑坝技术多元化发展积累经验，提炼先进技术工艺并丰富公司的技术积累，形成完整施工工法，培育人才队伍，大力提升管理水平和核心竞争力，实现了质量上乘、安全可靠、经济高效、绿色施工的工作目标。

参考文献

[1] 李茂生，周庆刚．高性能自密实混凝土在工程中的应用 [J]．建筑技术，2001，32（1）：39-39．

[2] 周虎，安雪晖，金峰．低水泥用量自密实混凝土配合比设计试验研究 [J]．混凝土，2005（1）：5．

[3] 林贻贤．堆石混凝土（自密实）重力坝施工工艺研究 [J]．黑龙江水利科技．2018，1（46）：160-162．

[4] 郭金喜．自密实堆石混凝土重力坝施工技术应用研究——以甘肃省某堆石混凝土重力坝为例 [J]．中国水利，2018（8）：32-34，46．

[5] 李薇．口上水库堆石混凝土重力坝施工技术分析 [J]．山西水利，2017（3）：2．

西霞院电站基于高含量推移质水流
工况下环氧砂浆修复材料优化研究

谢宝丰　梁国涛　刘焕虎

（黄河水利水电开发集团有限公司，河南济源 454681）

摘　要： 黄河流域水流含沙量大，水流中挟带大量推移质，包括比较粗的砂砾石颗粒，以及在水流推动作用下前移的较大粒径块石等。推移质以滚动、滑行、跳跃的方式移动，其破坏力比悬移质更大，往往能对水利工程泄输水建筑物造成功能性损坏。西霞院工程是位于黄河中下游的大Ⅱ型水利枢纽，受水量调度及水情影响，连续三年经历"低水位、大流量、高含沙、长历时"泄洪运用方式，导致水流挟带大量的推移质及悬移质，对工程的水下建筑物、金属结构，特别是对泄水、输水建筑物造成了严重的冲磨破坏。本文在原配方专利环氧砂浆基础上，研究设计优化方案，研制出以 SiC 为主骨料的新型环氧砂浆，在抗压、耐磨、增韧等性能上有较大提升，解决了水工泄洪建筑受推移质磨蚀破坏修复的问题。

关键词： 推移质；环氧砂浆；优化研究

1　引言

　　黄河流域水流含沙量大，水流中挟带大量推移质，包括比较粗的砂砾石颗粒，以及在水流推动作用下前移的较大粒径块石等[1]。推移质以滚动、滑动、跳跃的方式移动，其破坏力比悬移质更大，往往能对水工泄洪建筑物造成功能性损坏[2]。大中型水利枢纽的泄水和输水建筑物，常处于流速快、大流量、高水头的工况下，水流对水工建筑物混凝土破坏形式主要有三种，一是悬移质颗粒对水工建筑物的磨损破坏；二是水流冲击对混凝土的过流面造成气蚀破坏[3]；三是推移质，特别是粗颗粒等对水利工程过水结构的破坏。推移质造成破坏类型有冲磨或破坏、混凝土表面剥落，甚至出现钢筋外露及锈蚀，比其他类型更加严重[4]。

　　西霞院工程是位于黄河中下游的大（2）型水利枢纽，自 2018 年以来，受水量调度及水情影响，连续三年经历"低水位、大流量、高含沙、长历时"泄洪运用方式，导致水流挟带大量的推移质及悬移质，对工程的水下建筑物、金属结构，特别是对泄水、输水建筑物造成了严重的冲磨破坏。环氧砂浆材料是一种推广性广、高性价比的复合结构材料，具有和易性强、固化速度快、力学性稳定、粘结性优良等优点，其在泄洪流道混凝土修复中得到广泛应用[5]。黄河水利水电开发集团有限公司在 2014 年研发出的混凝土环氧砂浆修复材料，已在西霞院水利枢纽水工建筑中广泛推广使用，取得了一定的成效[6]。但针对 2018 年后在高含量推移质及悬移质的特殊工况下，特别是西霞院泄洪流道的混凝土环氧

作者简介： 谢宝丰（1982—），男，高级工程师，主要从事土建及水工建筑物的运行管理和施工管理工作。
　　　　　E-mail：65391686@qq.com。

砂浆修复效果并不理想，为此需要对环氧砂浆修复材料的性能优化提升进行研究。

2 现状问题

2.1 主要问题

（1）2018 年以来，高含量推移质、悬移质水流通过泄洪流道成为造成水工建筑物混凝土损坏最主要的原因。

（2）推移质以滚动、跳跃、滑动的方式对混凝土造成破坏，特别是流道的底板部分比边墙部分破坏更加严重，2018 年汛后流道检查发现，个别部位混凝土损坏深达 10cm，出现钢筋外露锈蚀。

（3）针对目前的工况，环氧砂浆修补材料要求在良好的抗压强度和粘结强度基础上，还具有良好的韧性和抗冲磨性能[7]，已有的专利环氧砂浆修复材料性能难以满足目前的工况。

2.2 原因分析

（1）2018 年以来，西霞院反调节水库按照大流量、低水位泄洪排沙方式运用，期间实测最大出库含沙量达到 $266kg/m^3$，高含沙水流挟带大量推移质，大量推移质通过泄洪流道堆积在发电坝段消力池区域。2018 年汛后对 9 条排沙孔洞流道进行了检查，发现长时间下泄高含沙水流导致流道混凝土普遍出现了磨蚀、掉块，局部较为严重，出现露筋现象，9 条流道底板平均磨蚀深度在 2～10cm 之间，泄洪流道底板的损坏程度远大于边墙的损坏程度，说明大体积推移质的滚动、碰撞等作用对底板的损坏更大。

（2）2018 年汛后，对破坏较深的底板位置采用的修补方法是底部环氧混凝土并加入植筋，表面 2cm 采用黄河水利水电开发集团有限公司原配方专利环氧砂浆覆盖；边墙位置采用原专利环氧砂浆按 1～2cm 厚度修复。经过 2019 年汛期，检查发现底板位置仍然损坏严重，局部位置出现露筋现象。说明原配方专利环氧砂浆对高含量推移质水流的磨蚀、冲击抵抗保护能力不足，一是原配方环氧砂浆的强度在 60MPa，强度不足；二是应对大粒径推移质的跳跃撞击、滚动等损伤情况，要求环氧砂浆在耐磨高强度的基础上，还应具有足够的韧性。

3 方案的设计研究

3.1 方案初步设计

研究人员通过搜集资料、外出调研、现场试验等方法对环氧砂浆修复材料进行研究，原配方专利环氧砂浆的主骨料为级配石英砂，其主要矿物成分是 SiO_2，其莫氏硬度为 7 级。碳化硅材料目前也在工业应运用中推广，俗称金刚砂，化学式为 SiC，碳化硅的莫氏硬度为 9.5 级，碳化硅由于化学性能稳定，耐磨性和强度均超过石英砂[8]。研究人员拟采用级配 SiC，替代原配方中的石英砂材料。碳化硅耐磨性和强度强于石英砂，但碳化硅材料属于高硬脆性材料，要保证环氧砂浆修复材料具有足够的韧性，必须添加增韧改性材料。

本研究拟提出，一种高韧性耐磨环氧树脂聚合物砂浆配方，初拟按重量份数由15～20 份的环氧树脂浆料、2～4 份活性稀释剂、6～8 份固化混合物、70～80 份填料混合物以及增韧改性材料混合拌制而成。

3.2 三种配比试验方案

根据拟订方案，五种配料详细组成做细微调整，每种配方内部材料按重量配比如表 1 所示，混合后搅拌均匀后备用，再按比例混合，将得到的环氧树脂聚合物砂浆分别进行性能检测，结果如表 2 所示。

三种试验方案配料详细配比　　　　　　　　　　　　　　　　　表 1

配料	试验方案 1	试验方案 2	试验方案 3
环氧树脂浆料	70%的双酚 A 型环氧树脂 E51、4%的羟基液体丁腈橡胶、6%的有机膨润土、8 的邻苯二甲酸二辛酯	75%的双酚 A 型环氧树脂 E51、6%的羟基液体丁腈橡胶、7%的有机膨润土、9%的邻苯二甲酸二辛酯	80% 的双酚 A 型环氧树脂 E51、8%的羟基液体丁腈橡胶、8%的有机膨润土、10%的邻苯二甲酸二辛酯
活性稀释剂	10%的环氧氯丙烷、45%的脂肪醇、6%的多聚醚脂、25%的三氯丙烷	10%的环氧氯丙烷、45%的脂肪醇、6%的多聚醚脂、25%的三氯丙烷	10%的环氧氯丙烷、45%的脂肪醇、6%的多聚醚脂、25%的三氯丙烷
固化混合物	40%的改性酚醛胺、35%的间苯二甲胺、5%的 2-(3,4-环氧环己烷基)乙基三乙氧基硅烷、5%的间苯二酚、10%的 KH50 偶联剂	40%的改性酚醛胺、35%的间苯二甲胺、5%的 2-(3,4-环氧环己烷基)乙基三乙氧基硅烷、5%的间苯二酚、10%的 KH50 偶联剂	45%的改性酚醛胺、40%的间苯二甲胺、5%的 2-(3,4-环氧环己烷基)乙基三乙氧基硅烷、5%的间苯二酚、10%的 KH50 偶联剂
填料混合物	90%的级配 SiC、3%的铸石粉、4%的石墨精粉、0.5%的气相白炭黑、0.5%的金红石钛白粉	90%的级配 SiC、3%的铸石粉、4%的石墨精粉、0.5%的气相白炭黑、0.5%的金红石钛白粉	90% 的级配 SiC、5%的铸石粉、6%的石墨精粉、0.5%的气相白炭黑、0.5%的金红石钛白粉
增韧改性材料	按环氧树脂聚合物砂浆总重量的百分比取：0.2%的 SE1430 型石墨烯、1.5‰的 5mm 短切碳纤维丝、0.5‰的分散剂和 5‰的水	按环氧树脂聚合物砂浆总重量的百分比取：0.3%的 SE1430 型石墨烯、1.7‰的 5mm 短切碳纤维丝、0.5‰的分散剂和 5‰的水	按环氧树脂聚合物砂浆总重量的百分比取：0.4%的 SE1430 型石墨烯、2‰的 5mm 短切碳纤维丝、0.5‰的分散剂和 5‰的水
5 种配料比例	重量份数取 15 份的环氧树脂浆料、2 份活性稀释剂、6 份固化混合物、70 份填料混合物以及微量增韧改性材料	按重量份数取 18 份的环氧树脂浆料、3 份活性稀释剂、7 份固化混合物、75 份填料混合物以及微量增韧改性材料	按重量份数取 20 份的环氧树脂浆料、4 份活性稀释剂、8 份固化混合物、80 份填料混合物以及微量增韧改性材料

三种试验方案性能参数检测结果　　　　　　　　　　　　　　　　表 2

	抗压强度（MPa）	粘结强度（MPa）	抗冲磨强度 $[h/(kg/m^2)]$	抗折弯强度（MPa）
试验方案 1	98.5	5.0	421	26.2
试验方案 2	98.7	5.1	425	26.4
试验方案 3	98.2	4.9	418	26.0

由表 2 可以看出，本研究设计试验方案 1、2、3 得到的高韧性耐磨环氧树脂聚合物砂

浆抗压强度均可以达到 98MPa 以上，粘结强度达到 4.9MPa 以上，抗冲磨强度达到 418h/(kg/m²) 以上，抗折弯强度达到 26.0MPa 以上；通过表 2 还可以看出，本发明的高韧性耐磨环氧树脂聚合物砂浆具有很强的稳定性，具备广泛推广的条件。

3.3 现场试验，效果对比

利用高韧性耐磨环氧树脂聚合物砂浆与原专利配方环氧树脂聚合物砂浆，研究人员在小浪底水利枢纽 2 号排沙洞出水口段进行了现场对比试验，高韧性耐磨环氧树脂聚合物砂浆修补厚度为 10mm；原专利配方环氧树脂聚合物砂浆修补厚度为 10mm。经过 3 个月的泄洪排沙运行，高韧性耐磨环氧树脂聚合物砂浆修补面未出现掉块、冲坑等缺陷，平均磨蚀厚度约 0.5mm，原专利配方环氧树脂聚合物砂浆约 1/2 的修补层被完全冲掉，剩余 1/2 的修补层平均磨蚀厚度约 4mm。

经对比，高韧性耐磨环氧树脂聚合物砂浆除具有强度高、粘结强度大、方便施工的优点外，还具有很好的韧性和抗冲耐磨性能，对受高速含沙水流和推移质影响严重的水工建筑物过流部位，具有很好的修补和防护作用。

3.4 确定最终方案

根据实验室配比试验和现场试验确定高韧性耐磨环氧树脂聚合物砂浆配料比，按重量份数由 15～20 份的环氧树脂浆料、2～4 份活性稀释剂、6～8 份固化混合物、70～80 份填料混合物以及增韧改性材料混合拌制而成，如表 3 所示。

最终方案配料比　　　　　　　　　　　　　　　　表 3

配料	配料详细组成
15～20 份的环氧树脂浆料	70%～80% 的双酚 A 型环氧树脂 E51、4%～8% 的羟基液体丁腈橡胶、6%～8% 的有机膨润土、8%～10% 的邻苯二甲酸二辛酯；级配 SiC 各粒径所占重量比为：8 目 15%、24 目 20%、46 目 22.5%、80 目 22.5%、100 目 15%、200 目 5%
2～4 份活性稀释剂	10%～14% 的环氧氯丙烷、45%～55% 的脂肪醇、6%～10% 的多聚醚脂、25%～35% 的三氯丙烷
6～8 份固化混合物	40%～45% 的改性酚醛胺、35%～40% 的间苯二甲胺、5% 的 2-(3,4-环氧环乙烷基)乙基三乙氧基硅烷、5% 的间苯二酚、10% 的 KH50 偶联剂
70～80 份填料混合物	90% 的级配 SiC、3%～5% 的铸石粉、4%～6% 的石墨精粉、0.5% 的气相白炭黑、0.5% 的金红石钛白粉
增韧改性材料	占环氧树脂聚合物砂浆总体质量的 0.2‰～0.4‰ 的 SE1430 型石墨烯、占环氧树脂聚合物砂浆总体质量的 1.5‰～2‰ 的 5mm 短切碳纤维丝、占环氧树脂聚合物砂浆总体质量的 0.5‰ 的分散剂和 5‰ 水

此种高韧性耐磨环氧树脂聚合物砂浆的应用方法，包括以下步骤：

（1）按照最终配比方案，备齐上述 5 种配料；

（2）施工前，使用电动工具对修补表面进行处理，清理表面的灰尘、乳皮、松动骨料等；

（3）按重量份数取 65 份环氧树脂浆料、10 份活性稀释剂、25 份固化混合物，混合搅拌均匀，制成环氧基液，均匀涂刷在修补表面，并陈化 20～60min；

（4）按重量份数取 15～20 份的环氧树脂浆料、2～4 份活性稀释剂、6～8 份固化混合物、70～80 份填料混合物以及微量增韧改性材料，混合搅拌均匀，制成环氧树脂聚合物砂浆；

（5）将环氧树脂聚合物砂浆均匀涂抹在修补表面，并使用工具压实抹平。

4 实施效果

4.1 新型环氧砂浆材料性能效果

新型环氧砂浆材料与原专利环氧砂浆材料相比，在抗压强度、抗拉强度、粘结强度上具有一定优势，在韧性和耐冲磨性能上也较优。针对受高含量推移质水流破坏的泄洪流道的受损位置，起到预防护和修复作用。研究人员首先经过自检部分指标可达到性能要求，后又委托第三方国家金属制品质量监督检验中心进行检测，主要性能指标达到预期，如表 4 所示。

新型配方环氧砂浆主要性能指标　　　　　　　　　　　　　　　表 4

主要性能	技术指标	备注
抗拉强度(MPa)	90.0	1. ">"表示试验破坏在混凝土本身。 2. 试验龄期为 28d。 3. 养护温度:23±1℃
抗压强度(MPa)	10.0	
与混凝土抗拉强度(MPa)	>3.0	
与混凝土粘结剪切强度(MPa)	10.0	
抗冲磨强度[h/(kg/m^2)]	7.6	
重度(kN/m^3)	1.9	

4.2 汛后流道检查效果

新型环氧砂浆在 2019 年汛后广泛应用于西霞院泄洪流道维修底板部分维修中，经过 2020 年一个汛期累计 120d 的运用，其中过流 5 条泄洪流道，平均过流时间为 1638h，与上年度年过流情况类似。经现场检查，过流的 5 条排沙孔洞流道整体情况良好，在底板和边墙的连接部位、流道折弯部位存在轻微磨蚀，证明新型环氧砂浆材料对高含量推移质及悬移质水流工况下泄洪流道运行状况有较大的改善，其抗磨蚀、冲击性能有较大的提高。

5 结语

该项研究成果，提升了黄河流域高含量推移质流工况下的泄水和输水建筑物修复材料的性能，特别是粗粒径推移质及类推移质造成的冲磨或破坏，导致混凝土表面剥落、钢筋外露及锈蚀的问题；在实践过程中提高了流道维修的施工质量、缩短了检修工期，消除了安全隐患。该研究成果逐步推广到多个电站的水工建筑物维修维护中，对水工建筑物安全度汛提供保障，取得较大社会效益。

参考文献

[1] 孟建宁. 黄河高速含沙水流对水工建筑物的磨蚀破坏 [J]. 水利水电技术，1985 (09)：18-21，31.

［2］ 高欣欣. 含推移质水流作用下的抗冲磨混凝土磨损进程预测［D］. 南京：南京水利科学研究院，2010.

［3］ 卢建勇，于跃，万永发. 小浪底电站水轮机过流部件碳化钨涂层修复［J］. 人民黄河，2017（39）：107-109.

［4］ 乔生祥，黄华平. 水工混凝土缺陷检测和处理［M］. 北京：中国水利水电出版社，1997.

［5］ 王超逸. JME 型改性环氧砂浆在泽雅水库泄洪洞钢衬修复工程中的应用［J］. 浙江水利科技，2020（4）：73-75.

［6］ 李冠州，谷源泉，吴祥. 专利环氧砂浆在西霞院水库泄洪洞中的应用［J］. 人民黄河，2020（42）：246-248.

［7］ 邵晓妹，范冬冬，马保国. CW 弹性环氧砂浆抗冲磨性能及工程应用，［J］. 长江科学院院报，2020，37（6）：166-170.

［8］ 董芸，杨华全，肖开涛，等. 不同骨料对抗冲耐磨混凝土性能的影响［J］. 混凝土，2013（12）：82-86.

基于水下三维摄影测量技术的工程监测方法研究

赵薛强　张　永

（中水珠江规划勘测设计有限公司，广东广州 510610）

摘　要：为获取水下高精度物体三维纹理结构，构建水下三维实景数据底板，服务数字孪生工程和智慧水利建设工作，实现对水下构筑物高精度监测，基于水下摄影测量技术，研究构建了水下三维实景数据获取技术方法体系，并利用多波束测深系统等多种技术对水下三维实景模型数据进行精度评定，结果表明：（1）水下三维实景模型物体的绝对精度在±10cm 以内，高程中误差在±5cm 以内，满足规范要求；（2）水下三维实景模型清晰直观，可识别毫米级的异常物体，结合多波束测深点云数据可实现高精度的三维场景再现。本技术不仅可为水库大坝水下构筑物监测等提供直观翔实的数据模型支撑，也可为数字孪生工程和智慧水利等水下三维数据底板的建设提供技术支撑。

关键词：水下摄影测量；工程监测；三维实景模型；多波束测深系统；水下构筑物

1　引言

2021 年 10 月，水利部印发了《智慧水利建设顶层设计》和《"十四五"智慧水利建设规划》的通知，明确提出了"大力建设数字化场景，构建天空地一体化水利感知网的数字孪生工程"[1]。当前，无论是数字孪生工程建设还是智慧水利建设，其工作的主要关注点是工程主体"看得见"的陆上部分，而对受到水流冲刷、侵蚀等外力条件不断影响作用下的工程主体部分——水下构筑物则关注较少，水下构筑物作为水利工程主体的重要组成部分，由于水下环境复杂及其受到的影响较难"看得见、摸得清"，因此需要重点关注和开展相关监测技术研究，这对研究发现工程变形情况和分析变形原因，进而确保工程主体安全和保障人民群众生命财产安全均具有重大意义。

传统的水下构筑物主要利用多波束测深系统等声学传感器设备进行扫描监测[2-7]，与以摄影测量为主的光学传感器相比，其清晰地展现了水下高精度的三维纹理结构欠佳。近年来，部分学者开展了水下摄影测量系统构建和技术研究，但仅停留在二维影像重构方面，且应用场景受限，不能对水利工程水下构筑物开展高精度的纹理结构监测和提供构建数字孪生工程所需的水下三维实景模型数据底板[8-14]。

本文借鉴空中摄影测量的技术方法，拟通过开展水下摄影测量系统集成研究，通过水下机器人（ROV）搭载高清摄像头、强光照明灯等多源传感器，实现对水下构筑物高清的立体成像拍摄，获取水下高精度的三维纹理结构，建立数字孪生工程所需的水下三维实景模型数据底板，进而实现对水利工程水下构筑物定期、不定期的监测，为保障水下工程

作者简介：赵薛强，男，高级工程师，主要从事水利水电测绘和信息化研究工作。
　　　　　E-mail：414976097@qq.com。

主体安全提供技术支撑。

2　研究方法

基于无人机航空摄影测量的理念，借鉴前人的经验[8-14]，通过开展水下定位关键技术研究，构建水陆一体化高精度定位技术体系，集成 ROV、水下摄影测量仪和强光照明灯，构建水下高精度三维摄影测量系统，实现对水利工程水下构筑物高精度的纹理拍摄和监测，并利用多波束测深系统和三维侧扫声呐扫描系统等多种技术手段对水下摄影测量系统获取的三维实景模型进行精度评价。关键技术流程见图 1。

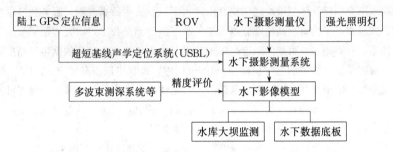

图 1　关键技术流程

第一步，水陆一体化定位系统构建：基于超短基线声学定位系统（USBL）开展水陆一体化定位系统构建研究，将陆上 GPS 定位系统引入水下，实现水下高精度的定位导航。

第二步，水下摄影测量系统的集成：在水陆一体化定位系统构建的基础上，集成 ROV、水下摄影测量仪和强光照明灯，构建水下三维摄影测量系统。

第三步，精度评价：利用声学扫描系统对水下摄影测量系统获取的三维实景模型精度进行定性和定量分析评价。

3　关键技术方法

3.1　水陆一体化定位关键技术

水陆一体化定位系统由母船（或岸站）水下平台和有缆水下机器人（ROV）组成，母船（或岸站）水下平台携带超短基线定位系统的收发器、罗经和运动传感器和 GPS 信标机；ROV 上搭载超短基线定位系统的水下信标、BV5000、前视声呐、高清摄像头、深度计等。

超短基线水下定位系统（USBL）采用先进的宽带处理技术通过高精度的时延估计算法，融合水下信标的距离与方位得到水下信标的相对坐标，再通过罗经与姿态传感器、GPS 等外接辅助设备转换得到大地绝对坐标。基本工作原理如图 2 所示。

（1）母船（或岸站）水下平台的超短基线声学换能器基阵（伸出艇底 1m），通过水面单元控制声学换能器基阵发射问询信号到水中；

（2）水下信标检测到问询信号后，根据设置的转发时延回复应答信号；

（3）水面单元接收处理水下信标的应答信号，确定声学换能器基阵声学中心与水下信标声学中心间的距离和角度关系，从而可以根据母船（或岸站）水下平台的位置信息和无人艇姿态数据（由无人艇端的 GPS、罗经和姿态传感器提供），最终确定由水下信标所在 ROV 的绝对位置信息。

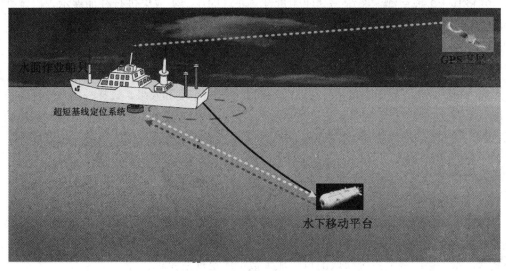

图 2　水陆一体化定位工作原理示意图

3.2　水下摄影测量系统集成关键技术

近年来，随着测绘技术的发展和变革，摄影测量技术应用的领域不断拓宽，从空中（无人机低空遥感摄影测量技术）应用拓展到陆地（陆地近景摄影测量系统）应用再到水下（水下照片拍摄），而针对如空中和陆地的摄影测量获取水下三维高清影像的研究鲜有报道，且未有在水下监测领域的应用研究。为实现对水下构筑物高精度的扫测和模型重构，可通过集成 ROV、水下高清摄影测量相机等多源设备构建水下摄影测量系统。

具体实现方法为：通过 ROV 搭载水下摄影测量仪器和强光照明灯，搭载强光照明灯避免了能见度对光学技术的影响，实现获取场景完美照明最大化的结果；水下摄影测量仪通过 ROV 供电，采集的数据可通过 ROV 的光纤脐带缆实时传输至水面，实现从数据采集到三维模型分析的全方位调查，进而实现对水下特征物进行全方位三维重建，并可对大区域生成二维地形图，可用于如沉船调查、码头桥梁大坝巡检、水下工程调查等多种领域。

3.3　精度评价方法

为分析评价集成构建的水下摄影测量系统获取的水下三维实景数据底板的精度，采用定量分析和定性分析相结合的评价方法对成果精度进行评价。

定量分析方法主要是对水下摄影测量系统获取的三维实景模型的位置（相对位置和绝对位置）、高程等进行定量分析评价。具体实现方法为：通过利用成熟的声学测量系统如多波束测量系统和三维侧扫声呐成像系统等对水下摄影测量系统获取的三维实景模型的绝对位置和高程进行精度评定；通过潜水员潜水的方式对水下构筑物的长度进行丈量，进而与三维实景模型的长度进行比对，来评价模型相对位置的精度。

定性分析方法是通过对水下摄影测量系统获取的水下三维模型的整体效果进行展示分析，并将其于多波束测深系统等其他测量设备获取的点云等成果进行叠加展示，以定性分析评价其成果质量情况。

4 成果应用与评价

为分析研究水下摄影测量系统获取的三维实景模型精度和效果，选择一处水库堤防护岸区域利用集成的水下摄影测量系统进行摄影测量，并利用多波束测深系统和三维侧扫声呐成图系统开展水底地形地貌全覆盖扫测，并对水下摄影测量系统获取的区域进行精度评价。

4.1 定量分析

（1）高程精度分析

选取了多波束测深系统获取的点云数据和水下摄影测量系统获取的水下三维实景模型重合区域的点云数据进行高程精度分析，统计点云数据 12284 点，统计结果列于表 1。结果显示，水下摄影测量系统获取的点云成果数据满足规范要求[15]。

多波束点云与三维实景模型点云精度统计情况 表 1

最大差值（cm）	最小差值（cm）	中误差（cm）
6.2	−7.1	±4.9

（2）绝对定位精度分析

为分析评价本文构建的利用多波束测深系统结合侧扫声呐系统，对水底进行扫描提取 128 个特征物体的二维坐标和三维实景模型的坐标进行比较，精度统计情况列于表 2。结果显示，水陆一体化定位系统的精度和水下摄影测量系统获取的三维实景模型成果的精度满足规范要求[15]。

绝对位置精度统计情况 表 2

横坐标 X（cm）		纵坐标 Y（cm）		中误差（cm）
最大差值	最小差值	最大差值	最小差值	±5.4
8.9	−6.5	7.9	−9.2	

（3）相对位置精度统计

为统计水下构筑物模型的内部相对精度，采用潜水员潜水的方式对模型中的特征物体如裂缝、砖块长度等进行丈量，将其结果与模型中量取的结果进行比较，两者相差最大值 1.2cm，考虑潜水员水中量取存在一定的误差，水下摄影测量系统获取的水下构筑物的相对位置精度可达到毫米级别。

4.2 定性分析

为定性分析水下摄影测量系统获取的三维影像模型的效果，制作了多波束点云与水下三维影像无缝融合的模型如图3所示，从获取的水下影像选取了存在异常的部分区域图像，图4为存在裂缝区域的图像。由图3可知，多波束点云和水下三维实景模型融合拼接效果很好，由图4可知，水下毫米级的裂缝清晰可见，可实现对水库大坝等水下构筑物高精度的监测和三维模型重构。

图3 多波束点云与水下影像拼接效果图

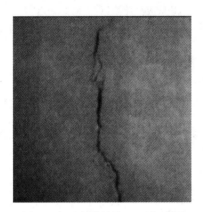

图4 水下裂缝护岸立面高清图

5 结语

为实现对水利工程水下构筑物的不定期高精度的监测，构建数字孪生工程建设所需的水下三维实景模型数据底板，本文研究构建了基于水陆一体化高精度定位技术的水下三维摄影测量系统，并开展了相关示范应用，主要工作如下：

（1）基于水陆一体化高精度定位技术的水下三维摄影测量系统水下绝对定位精度在±10cm以内，高程中误差为±4.9cm，精度满足规范要求，可为水利工程水下构筑物三维实景模型的构建提供技术支撑。

（2）水下三维摄影测量系统可实现水下毫米级的物体清晰可见，相比多波束测深系统、侧扫声呐等厘米级声学设备，不仅监测的物体纹理结构更加清晰可见，其精度也得到大幅度提升。

本文构建的水下三维摄影测量系统不仅能对水下构筑物高精度的全方位三维模型重构，可用于如沉船调查、码头桥梁大坝巡检、水下工程调查等多种领域，也可以为数字孪生工程工程水下三维模型数据底板建设提供技术支撑。同时，获取的影像成果也可对大区域生成二维地形图，因此本研究成果具有广阔的应用前景。

参考文献

[1] 中华人民共和国水利部.“十四五”智慧水利建设规划［R］. 2021.10.

[2] 刘森波，丁继胜，冯义楷，等. 便携式多波束系统在消力池冲刷检测中的应用［J］. 人民黄河，2022，44（07）：128-131.

[3] 任建福，韦忠扬，张治林，全军平，程少强. EM2040C多波束系统在采砂量监测中的应用［J］. 测绘通报，2021（10）：136-140.

[4] 赵俊. 长江干流城市供水取水口水下地形监测分析［J］. 水利水电快报，2021，42（10）：18-21.

[5] 陶振杰，朱永帅，成益品，等. 多波束测深系统在沉管隧道基槽回淤监测及边坡稳定性分析中的应用［J］. 中国港湾建设，2021，41（05）：15-18.

[6] 赵薛强，王小刚，张永，等. 多波束测深系统在西江九江险段汛前汛后监测分析中的应用［J］. 人民珠江，2016，37（02）：74-77.

[7] 朱相丞，彭广东，王子俊，包敏，杨樾. 多波束测深技术在护岸工程运行监测中的应用［J］. 水利技术监督，2021（08）：26-29.

[8] 邹文财. 摄影测量在珊瑚礁水下调查中的应用研究［D］. 南宁：广西大学，2021.

[9] 王振宇，张国胜，包林. 等. 利用水下摄影测量技术测量鱼类体长的可行性研究［J］. 大连海洋大学学报，2018，33（02）：251-257.

[10] 陈远明，叶家玮，吴家鸣. 水下摄影测量系统的研发与试验验证［J］. 华南理工大学学报（自然科学版），2017，45（04）：132-137.

[11] 范亚兵，黄桂平，范亚洲，陈铮. 水下摄影测量技术研究与实践［J］. 测绘科学技术学报，2011，28（04）：266-269.

[12] 范亚兵，黄桂平，陈铮. 某天线型面精度水下摄影测量试验研究［J］. 测绘工程，2011，20（05）：67-69.

[13] J. Leatherdale，陈伉. 水下摄影检测海工结构［J］. 港口工程，1984（03）：56-57.

[14] 王有年，韩玲，王云. 水下近景摄影测量试验研究［J］. 测绘学报，1988（03）：217-224.

[15] 中华人民共和国水利部. 水利水电工程测量规范：SL 197—2013［S］. 北京：中国水利水电出版社，2013.

西藏高海拔碾压混凝土筑坝温控防裂技术与实践

向 前

（中国水利水电第九工程局有限公司，贵州贵阳 550081）

摘 要：DG 水电站是世界在建最高海拔碾压混凝土重力坝。面对高海拔特殊气候条件，混凝土温控防裂成为大坝建设中的关键技术难题。为避免大坝出现温度裂缝，在内地碾压混凝土筑坝温控防裂工程经验的基础上，结合高海拔干冷河谷气候特点，从混凝土原材料到大坝成型后的整个保温保湿工序，开展了温控防裂关键技术研究，并总结出适合高海拔地区的温控防裂技术，有效地防止了大坝温度裂缝的出现，解决了高海拔地区碾压混凝土筑坝温控防裂技术难题。

关键词：高海拔；碾压混凝土；筑坝；温控防裂；实践

1 引言

自 20 世纪 80 年代起，碾压混凝土筑坝技术因其造价低、工期短等优势在中国得到广泛研究和快速推广，但至今碾压混凝土坝的温控防裂仍是坝工界研究的重要课题。

虽从 20 世纪 30 年代开始，碾压混凝土坝的温控防裂就已经发展并形成一整套的理论体系，但国内外仍然存在"无坝不裂"的现象[1]。大体积碾压混凝土裂缝产生的原因：一是内外温差大使混凝土内部产生压应力，表面产生拉应力，产生温度裂缝；二是外界的湿度降低加速混凝土的干缩，导致混凝土干缩裂缝的产生[2]。乌东德水电站与丰满水电站大坝针对温控防裂采取了智能通水温控系统，取得了良好的效果，保证了工程质量[3,4]。溪洛渡水电站、拉西瓦电站、小湾水电站以及龙滩水电站大坝针对工程气候条件，通过一系列的控温控湿措施的研究，避免了危害性裂缝的发生[5~8]，三峡大坝提出并应用"个性化"通水冷却方案，混凝土施工监控实施天气预警、温度控制预警及间歇期预警制度，以及细化的综合防裂措施，取得了显著成效[9]。

DG 水电站地处高海拔干冷河谷地区，气候条件恶劣，大坝温控防裂难度更大，技术措施及手段更需要有针对性。

2 工程概况

DG 水电站位于西藏自治区山南地区桑日县境内，为 II 等大（2）型工程，以发电为主，水库正常蓄水位 3447.00m，相应库容 0.5528 亿 m^3，电站坝址控制流域面积 15.74 万 km^2。多年平均流量 1010m^3/s，电站装机容量 660MW。电站枢纽建筑物由挡水建筑物、泄洪消能建筑物、引水发电系统及升压站等组成。拦河坝为碾压混凝土重力坝，坝体

作者简介：向前（1983—），男，湖南凤凰人，高级工程师，从事水利水电工程项目施工技术与管理工作。
E-mail：380254858@qq.com。

为全断面碾压混凝土，上游防渗采取变态混凝土＋二级配碾压混凝土防渗，防渗区宽度从下至上厚度依次为 5m、3.5m、2m。坝顶高程 3451.00m，最大坝高 117m，坝顶长 385m，大坝碾压混凝土 93.7 万 m^3，常态混凝土 50.5 万 $m^{3[10]}$。

3 坝址气候特征

本工程位于青藏高原气候区，基本特性为气温低、空气稀薄、紊乱强风、气候干燥、昼夜温差大、太阳辐射强烈（＞1500W/m^2）。每年 11 月～次年 4 月为旱季，5 月～10 月为雨季。本地区多年平均气温 9.3℃，极端最高、最低气温分别为 32.5℃和－16.6℃。多年平均降水量 527.4mm，多年平均蒸发量为 2084.1mm，多年平均相对湿度为 51%。最低相对湿度不足 10%，多年平均气压为 685.5hPa，历年最大定时风速为 19.0m/s，多年平均日照时数为 2605.7h，历年最大冻土深度为 19cm[11]。

4 高海拔碾压混凝土筑坝面临温控防裂的挑战

坝址所在地气候条件对坝体的温控防裂极为不利。主要体现如下：（1）新浇混凝土外表面受太阳强辐射、大风、干燥的气候特点影响，表面水分散失极快，易在混凝土表面形成拉应力，从而引起混凝土开裂，导致表面干缩裂缝；（2）新浇混凝土水分蒸发快，产生体积收缩时受老混凝土面的约束，易产生裂缝；（3）昼夜温差大，且温度骤降频率高，混凝土在达到设计强度指标之前，水化温升温降阶段，内部温度高，导致内外温差较大，易产生温度裂缝。

为确保工程质量，从混凝土配合比、原材料、通水冷却、运输及浇筑过程温度回升控制措施，坝面保温保湿、越冬保温等整个工序，开展温控防裂关键技术研究，总结出适合高海拔地区的温控防裂技术[12]。

5 温控防裂设计控制标准

大坝碾压混凝土温控防裂设计技术要求如下。

大坝准稳定温度：10℃。

入仓温度：控制不超过 12℃。

基础容许温差 ΔT：强约束区小于 12℃，弱约束区小于 14.5℃。

新老混凝土温控标准：碾压混凝土不大于 13℃。老混凝土面以上新浇混凝土应短间歇均匀连续上升，避免再次出现老混凝土。

坝体碾压混凝土内外温差：控制不超过 16℃。

设计容许最高温度：碾压混凝土容许最高温度 $[T_{max}]$：强约束区不大于 22℃，弱约束区不大于 25℃，自由区不大于 28℃。

6 温控防裂技术

根据裂缝成因，针对本地区特殊气候条件，大坝温控防裂主要从以下几方面进行控制。

6.1 混凝土配合比

根据浇筑时段、气候条件及原材料性能参数来确定混凝土的原材料组成比例，优化混凝土配合比，配制出抗裂能力高、水化热相对低、最优VC值和良好可碾性、泛浆性的混凝土。

（1）采用中热硅酸盐水泥：放缓混凝土早期的强度增长，利于混凝土内部温度的控制。

（2）龄期：采用90d设计龄期。

（3）加大粉煤灰掺量：在保证混凝土强度的前提下最大程度加大粉煤灰的掺量，降低混凝土绝热温升。

（4）VC值：碾压混凝土VC值极易受高海拔地区特有的强日照、低气压、昼夜大温差、干燥、大风等环境影响。对于VC值控制不能以同一个标准对待，而应随每天各个不同时段的温度、湿度、日照、风速等条件对碾压混凝土的VC值进行动态调整。从2019年总结数据看，早晨和夜晚温度相对较低，湿度较高，仓面VC值宜控制在1~2s；当午后气温≥25℃，且受太阳直射时，仓面VC值损失较快，初凝时间变短的情况下，VC值宜控制在5mm（坍落度），1s。仓面施工按照不陷碾，VC值取小值的原则控制。

（5）坍落度：常态混凝土宜采用低坍落度，以降低胶凝材料用量。

（6）变态混凝土：采用机拌变态工艺取代人工加浆工艺，避免人工加浆容易导致过量从而带来混凝土水化热增加，同时更有利于防渗区变态混凝土层间结合质量。

（7）石粉含量：最佳石粉含量为20%，宜将石粉含量控制在20%±2。

本工程采用的碾压混凝土配合比及每方材料用量如表1、表2所示。

碾压混凝土配合比   表1

设计强度等级	级配	水泥种类	混凝土种类	设计坍落度/VC值 (mm)	水胶比	粉煤灰掺量 (%)	砂率 (%)	用水量 (kg/m³)	骨料比例	减水剂掺量 (%)	减水剂种类	引气剂掺量 (%)
$C_{90}15W6F100$	三	中热	碾压	0~3	0.55	63	34	88	30:40:30	0.8	萘系	0.35
$C_{90}20W8F200$	二	中热	碾压	0~3	0.50	50	38	93	50:50	0.8	萘系	0.30
$C_{90}15W6F100$	三	中热	变态	120~140	60	32	142	30:30:40	0.8	萘系	0.012
$C_{90}20W8F200$	二	中热	变态	120~140	0.50	50	36	151	50:50	0.8	萘系	0.012

每方材料用量（kg/m³）   表2

设计强度等级	级配	混凝土种类	水	水泥	粉煤灰	砂	小石	中石	大石	减水剂	引气剂	表观密度 (kg/m³)
$C_{90}15W6F100$	三	碾压	88	60	100	739	430	573	430	1.28	0.560	—
$C_{90}20W8F200$	二	碾压	93	93	93	805	658	658	—	1.49	0.558	2420
$C_{90}15W6F100$	三	变态	142	104	155	687	438	438	584	2.07	0.310	2400
$C_{90}20W8F200$	二	变态	151	151	151	746	664	664	—	2.42	0.036	2548

6.2 原材料及半成品温控措施

（1）成品料仓（粗细骨料）均采取遮阳保温措施，堆高均大于6m，采用地笼取料，减小骨料温度受昼夜温差及极端天气情况的影响，低温季节不至于冻结、堆料中下部骨料温度不低于 3℃。

（2）水泥提前进场，并增大贮存容量，降低拌合混凝土时的水泥温度。

（3）增加砂的脱水时间，减少砂含水率，以便于能够多加冰或制冷水。

（4）高温季节对粗骨料进行一次风冷。

（5）混凝土拌合加冰或加制冷水。粗骨料、砂、加冰量是影响混凝土出机口温度的主要因素。根据 2019 年的数据统计，粗骨料或砂温度上升 1.0℃，碾压混凝土温度上升 0.30～0.52℃；每加 1.0kg 冰，碾压混凝土温度降 0.17～0.20℃。因此在混凝土生产过程中，需严格控制好粗骨料的风冷效果和尽量加冰或加制冷水（表3）。

碾压混凝土原料温度变化及加冰量对混凝土出机口温度的影响　　　　　　表 3

材料名称		粗骨料(G2～G4)	砂 S	水泥 C	水 W	冰
C₉₀15W6F100 （三级配碾压）	原材料温度变化(℃)	1.0	1.0	1.0	1.0	1.0
	混凝土温度变化(℃)	0.34	0.307	0.0198	0.048	0.192
C₉₀20W8F200 （二级配碾压）	原材料温度变化(℃)	1.0	1.0	1.0	1.0	1.0
	混凝土温度变化(℃)	0.513	0.334	0.0305	0.0316	0.175

6.3　运输过程中温度回升控制

（1）选择合理的入仓方式，减少转运。本工程坝体三分之二的碾压混凝土均采用自卸汽车直接入仓，确保入仓强度的同时减少了温度回升[12]。

（2）运输道路宜采用双车道，不具备双车道入仓条件的在合适位置设置错车道并安排专人调度指挥，以提高混凝土运输车辆的效率，缩短混凝土运输及等待卸料时间[12]。

（3）自卸汽车、满管等混凝土运输设备全部采取在外壁贴 3cm 厚橡塑海绵进行保温，混凝土运输自卸车顶部加设保温活动式遮阳棚。

拌合站至碾压混凝土仓面运输距离 1.6km，通过以上措施，出机口温度至入仓温度的回升能够控制在 2℃ 以内。

6.4　浇筑过程中温度回升控制

（1）入仓后及时进行摊铺、碾压，充分提高混凝土浇筑强度，最大限度地缩短层间间隔时间。碾压混凝土层间间隔时间控制在 6h 内，高温季节通过合理分仓，减小仓面面积，将坝段分成若干块进行平层铺筑法施工，层间间隔时间控制在 4h 内。

（2）碾压后的条带（包括振捣完成的变态混凝土），及时采用浅色彩条布或薄膜覆盖进行保温保湿，在下一层混凝土覆盖前才允许揭开。

（3）制造仓面小气候，采用喷雾机、冲毛机对仓面进行喷雾，形成局部小气候，对已完成碾压进行覆盖的区域同样要进行喷雾。

（4）大坝悬臂翻升钢模板背部粘贴 10cm 厚聚苯乙烯板进行模板保温。

（5）大坝地处峡谷，强日照发生在下午时段，因此冷却水管在夜间或者上午铺设，避开下午高温及太阳直射时段施工冷却水管层碾压混凝土，冷却水管层高可在设计布置高程上下 30cm 实际布置。

通过以上措施，入仓温度至浇筑温度的回升能够控制在2℃以内。

6.5 混凝土成型后保温保湿

（1）表面覆盖保湿、洒水降温。混凝土浇筑完毕后，混凝土表面采用土工布、彩条布或塑料薄膜进行洒水覆盖养护，使混凝土表面保持长时间湿润，且在高温季节起到很好的散热效果。

（2）立面养护。拆模选择在白天高温时段进行，拆模一块区域，保温保湿工艺及时跟进。坝体横缝面拆模后采用橡塑海绵保温，根据坝体上升开仓前才能沿高程逐段拆除。上下游立面养护结合越冬保温措施一次成型。

大坝混凝土保温原设计为粘贴聚苯乙烯保温板，受强风影响，聚苯乙烯板存在脱落现象，同时粘贴的苯乙烯板中间不可避免地存在缝隙，导致在太阳辐射及强风的作用下，混凝土表面极易失水、干燥，造成保温、保湿效果差。

通过保温保湿工艺试验对比，创新出新型压条式保温保湿工艺：喷水花管＋PC薄膜＋橡塑海绵＋三防布＋定制压条＋螺栓固定，如图1所示，同时验证了该工艺具有以下优点：

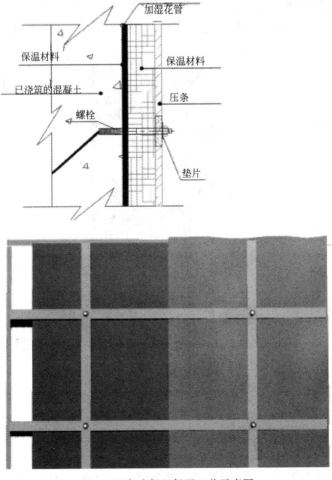

图1 压条式保温保湿工艺示意图

（1）该工艺的保温保湿效果满足设计要求，能够保证混凝土内外温差不大于16℃，混凝土表面湿度可达到95％以上，确保了混凝土表面保温保湿效果，有效避免混凝土表面温度裂缝及干缩裂缝的发生。

（2）该工艺的保温保湿材料均属于柔性材料，能够搭接；且采用压条及螺栓固定，强风条件下也不会导致脱落；拆除后无胶水附着物，外观美观，不需要对坝面二次清理；各部件材料回收方便，能够二次利用，实现了节能环保。

6.6　智能通水冷却，降低混凝土内部温度

冷却用水水池及干支管均采用3cm厚橡塑海绵保温材料包裹，采用雪山融水作为坝体冷却用水，雪山融水高温季节水温5～10℃，低温季节水温1～5℃，大坝在越冬期间气温达到0℃以下时，停止通水。

在冷却水管铺设时，通过坝后设置预留键槽与预埋PPR管，可保证通水过程不受施工干扰，在水管铺设之后第一时间实现通水，而后利用智能温控系统对大坝混凝土进行智能通水，削弱碾压混凝土强度增长的温度峰值来实现大坝温控防裂。

对上下游变态混凝土区域的冷却水管进行适当的加密。

根据系统内部降温速率评价信息，降温速率整体控制较好，整体控制在0.3～0.5℃/d内，且根据内部温度计监测统计成果，总体合格率达90％以上（图2、图3）。

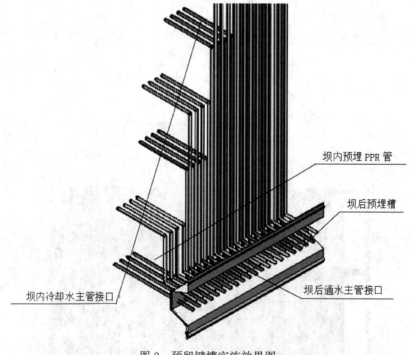

坝内预埋PPR管

坝后预埋槽

坝内冷却水主管接口

坝后通水主管接口

图2　预留键槽实施效果图

6.7　混凝土绝热温升反演

基于智能温控系统的数据，对绝热温升进行反演，对已经浇筑的混凝土的温度过程进

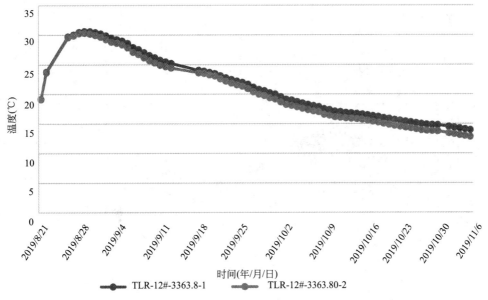

图 3　2019 年 12 号坝段 3363.80m 高程智能温控效果监测

行反馈，观察计算温度过程和实测温度过程是否吻合，为应力的准确预测评估提供依据。

三级配碾压 $C_{90}15W6F100$ 的绝热温升（图 4）为：

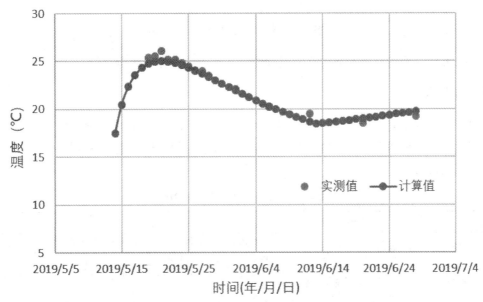

图 4　三级配碾压 $C_{90}15W6F100$ 内部温度实测值与计算值对比

反演值：$T = \dfrac{18.57t}{t + 4.587}$；

设计值：$T = \dfrac{17.57t}{t + 3.286}$；

二级配变态 $C_{90}20W8F200$ 的绝热温升（图 5）为：

反演值：$T = \dfrac{28.08t}{t + 3.20}$；

设计值：$T = \dfrac{23.08t}{t + 3.498}$；

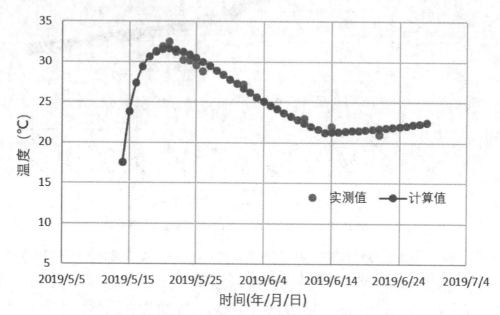

图 5 二级配变态 $C_{90}20W8F200$ 内部温度实测值与计算值对比

结果表明：采用反演参数计算的温度曲线与实测温度曲线吻合良好。

6.8 越冬保温

混凝土在冬歇期（12月~次年2月）暂停施工，越冬保温材料按照坝体上下游表面、坝体侧面、坝体长间歇面、坝体孔洞，根据气候特征及保温要求进行措施划分，并与技术要求措施进行对比，见表4。

越冬保温措施与原技术要求对比 表 4

部位	原技术要求措施	优化后措施	备注
坝体上下游表面	表面粘贴5cm厚聚苯乙烯板	喷水花管＋PC薄膜＋3cm橡塑海绵＋扁钢＋三防布	转角处搭接1.5m
坝体侧面	表面粘贴3cm厚聚苯乙烯板	喷水花管＋PC薄膜＋3cm橡塑海绵＋扁钢＋三防布	转角处搭接1.5m
坝体长间歇面	15cm厚棉被	喷水花管＋PC薄膜＋6cm橡塑海绵（纵横向各一层）＋三防布＋脚手架管及扣件压重	
坝体孔洞	3cm厚聚苯乙烯板封闭	5cm厚保温门帘	

说明：预埋花管及PC薄膜主要功能为保湿。

三防布主要功能为防止大风、降雨、降雪融水进入坝体内，同时具备防火功能，避免工区火灾事故的发生。

表面压重：由于低温季节峡谷风大，保温保湿材料容易被风掀开，影响保温保湿效果，故将脚手架管和扣件连接成整体行成 2m×2m 的网格状，该压重方式安拆方便。

2019 年冬歇期提前在大坝上下游表面、坝段立面及越冬水平面布置了 17 台温湿度记录仪用于越冬保温效果监测，典型部位实测效果如图 6、图 7 所示。

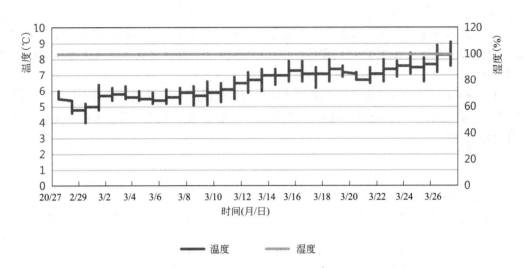

图 6 6 号坝段混凝土表面温湿度数据曲线图

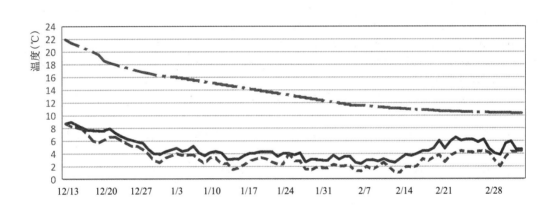

图 7 7 号坝段混凝土表面最大温度、表面最小温度、内部温度数据曲线

监测成果表明，混凝土表面温湿度及温度梯度呈现较好的效果，均满足设计温控指标，避免了表面干缩裂缝、温度裂缝等的产生，采用该越冬保温方式效果良好。

7 结语

通过在高海拔复杂气候条件下开展的大坝温控防裂技术研究与实践，对效果进行分析，得出以下结论：

（1）从原材料到混凝土成型后的温控及养护措施，有效保证了混凝土内外温差在设计指标内，减少乃至避免裂缝发生，积累的数据经验极具借鉴推广意义。

（2）混凝土智能温控系统在温控防裂中起到了关键性作用，节省了施工成本。

（3）大坝混凝土智能温控系统在保证冷却通水效率、混凝土温控指标的同时，降低施工差错率，提高了施工保证率，大幅减小乃至避免裂缝产生，积累的数据经验极具借鉴推广意义。

（4）高海拔地区温控防裂技术有效地防止了大坝温度裂缝的出现，解决了碾压混凝土筑坝关键技术难题。在2019年冬歇期后揭开保温被，未发现裂缝，得到了建设单位的高度认可。

（5）通过对温控防裂技术的实践与总结，为大坝混凝土质量提供了有力保障，同时掌握青藏高原地区碾压混凝土筑坝温控防裂技术，为雅鲁藏布江流域后续水电开发提供很重要的借鉴意义。

参考文献

[1] 刘毅，张国新．混凝土坝温控防裂要点的探讨［J］．水利水电技术，2014，45（01）：77-83，89.

[2] 蔡畅，向前，杨卫．高海拔干冷河谷大坝混凝土新型保温保湿工艺研究［C］．中国大坝工程学会，2019：368-376.

[3] 石晓杰，普新友．智能通水在乌东德大坝混凝土温控中的应用［J］．建设监理，2020（02）：79-84.

[4] 邓春霞，林晓贺．丰满水电站重建大坝智能通水温控系统的应用［J］．建筑技术开发，2017，44（23）：3-4.

[5] 王雁，李小磊，易丹．溪洛渡电站双曲拱坝混凝土温控防裂施工技术［J］．人民长江，2014，45（S1）：123-124，137.

[6] 吴静，张玄．拉西瓦电站大坝混凝土温控措施研究［J］．陕西水利，2011（02）：86-87.

[7] 赵仲，王红军．小湾水电站大坝混凝土温控施工工艺［J］．施工技术，2010，39（12）：45-49.

[8] 李高峰，刘小兵，赵银超，贺磊．龙滩水电站大坝碾压混凝土温控防裂措施［J］．四川水力发电，2010，29（06）：225-229，276.

[9] 郑守仁．三峡大坝混凝土设计及温控防裂技术突破［J］．水利水电科技进展，2009，29（05）：46-53.

[10] 蔡畅，路明．大古水电站碾压混凝土试验研究［J］．水利建设与管理，2020，40（03）：45-52，79.

[11] 勾中刚，张义，晏国顺，翁锐．高寒、高海拔地区常态大体积混凝土温控实践［J］．水电与新能源，2019，33（12）：43-46.

[12] 刘朝建，向前．高海拔特殊气候条件下碾压混凝土坝入仓方式总体规划研究［C］．中国大坝工程学会，2019：335-341.

某水库工程岩溶防渗帷幕灌浆的经验与不足

毕树根　　修翅飞

(中水珠江规划勘测设计有限公司，广东广州 510610)

摘　要： 岩溶地区地质条件复杂，地基透水性强，在岩溶发育基岩上修建水库，大坝基岩、水库周边和库区渗漏通道的处理非常重要，处理的施工技术和施工工艺也较复杂。帷幕灌浆是岩溶地区水工建筑物地基、水库库岸防渗处理的主要手段，在水利水电工程中应用十分广泛。本文以贵州省黔西南某水库工程库岸防渗为例，通过梳理其地质特点、设计思路、实施过程中遇到的问题和对策，总结经验，分析不足，为类似工程提供有益借鉴。

关键词： 岩溶防渗；水库工程；帷幕灌浆；贵州省

1　研究背景

防渗帷幕灌浆在水利水电工程中应用十分广泛，是水工建筑物地基、水库库岸防渗处理的主要手段，对保证水库及水工建筑物安全运行起着重要作用。按照地质条件的差异，可分为岩溶帷幕灌浆和非岩溶帷幕灌浆。

国内外对非岩溶帷幕灌浆的研究较多[1-4]，对岩溶帷幕灌浆的研究较少[5-7]。在岩溶地区筑坝建库，经常会遇到各种各样的问题，大坝基岩、水库周边和库区渗漏通道的处理极为重要，而处理的施工技术比较复杂。本文以贵州省黔西南某水库工程库岸防渗为例，通过梳理其地质特点、设计思路、实施过程中遇到的问题和对策，总结经验与不足，为类似工程提供有益借鉴。

2　工程概况

本工程位于贵州省黔西南州安龙县境内，开发任务为城镇供水、灌溉及农村人畜饮水。枢纽主要建筑物由混凝土面板堆石坝、溢洪道、引水系统等组成，最大坝高 74.5m。水库正常蓄水位 1326.0m，总库容 7898 万 m^3，工程规模为中型。水库左岸库首分布一单薄（低矮）分水岭，需进行防渗处理。

左岸单薄（低矮）分水岭走向北西，水平长度约 1100m，宽度约 1.2km，横穿分水岭两侧地面高程分别为 1275～1417～1270m，上游接坝口冲沟，下游接头人地冲沟，沟内均有泉水点逸出，分水岭北侧高地上有串珠状岩溶洼地分布。

工程区出露 T_{1y}^{2-1} 砂、页岩夹灰岩、T_{1y}^{2-2} 灰岩与砂、页岩互层状地层，并以场区中北部分布的 T_{1y}^{2-2} 地层岩性为主，其次为场区南部分布的 T_{1y}^{2-1} 地层，区域资料反映 T_{1y}^{2-2} 地层

作者简介：毕树根（1981—），高级工程师，长期从事水利水电工程咨询设计。
　　　　　E-mail：525741681@qq.com。

碳酸盐岩铅直厚度最大为 160m、一般为 20～60m，勘探深度内分布位置最低、相对稳定的砂页岩顶板高程在 1200～1250m 之间。岩层走向近垂直穿越分水岭，即碳酸盐岩分布沿走向贯穿分水岭上、下游冲沟，尤其是在库内坝口冲沟内见较大范围的碳酸岩分布缺口。地层产状基本构成一轴向北东、向南南东转折的不规则舒缓向斜构造——其北西翼岩层倾角为 10°～22°，南东翼岩层倾角约 15°～20°，在南东端受构造影响产状凌乱，局部变为 40°～70°。断层、褶皱在分水岭上游部位—坝口冲沟一带较为发育。

施工过程通过先导孔施钻情况、岩心观测及部分孔段电视录像等综合判定，T_{1y}^{2-2} 地层碳酸盐岩最大深度为 117m，分布位置最低、相对稳定的砂页岩顶板高程在 1200～1246m 之间，枯期稳定地下水位变动范围在 1329.5～1277.9m 之间。稳定地下水位以上岩体大致属岩溶地下水的垂直升降带～季节变动带、并以前者为主，岩溶强烈发育（溶蚀裂隙密集、宽大、多已贯通），局部已形成较大的空腔、甚至溶洞穿插，透水率为 13.35，岩溶遇洞率为 65.5%、直线率为 14.3%，构成强烈渗漏带。部分溶洞有充填物，厚度 0.4～17.66m 不等。

3　防渗设计方案

3.1　设计标准

本工程选用可靠而有效的垂直防渗帷幕灌浆措施，根据先导孔实测稳定地下水位成果确定帷幕灌浆防渗底线。帷幕灌浆底线以伸入稳定地下水位不少于 20m 或伸入 $q \leqslant 5Lu$ 线以下 6m 控制。共分三段：桩号帷 0+000.00～帷 0+330.00，帷幕底线高程为 1257.0m；桩号帷 0+330.00～帷 0+510.00，帷幕底线高程为 1210.0m；桩号帷 0+510.00～帷 0+710.00，帷幕底线高程为 1257.0m。

3.2　设计方案

左岸单薄（低矮）分水岭帷幕灌浆左侧接大坝坝肩帷幕，沿近坝库岸单薄分水岭布置，延伸至正常蓄水位与 5Lu 线相交，线路水平投影长度 710m。采用单层灌浆平洞施工，洞内最大钻孔灌浆深度约 120m，平均钻孔灌浆深度约 60m。为保证深孔灌浆帷幕质量和防渗效果，帷幕灌浆孔双排布置，间排距均 1.5m，并根据施工及试验情况对灌浆孔布置进行动态调整。帷幕灌浆纵剖面布置见图 1，灌浆平洞典型断面见图 2。

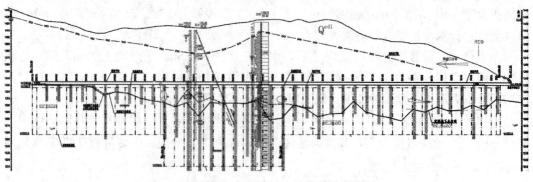

图 1　左岸单薄（低矮）分水岭帷幕灌浆纵剖面

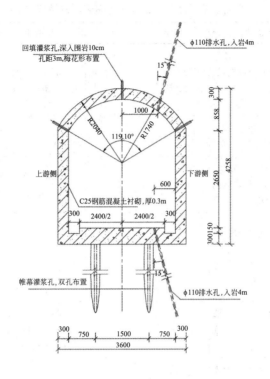

图 2　灌浆平洞典型剖面

根据灌浆试验，确定上游排帷幕灌浆最大灌浆压力为 4MPa，下游排为 2MPa。实施过程中，对遇到如灌浆段注入量大等情况，结合地勘、先导孔、其他钻孔资料等查明原因，采用低压浓浆限流限量间歇灌浆、灌注速凝浆液、灌注水泥砂浆、混合浆液或膏状浆液等措施进行处理。

根据灌浆质量检查对灌浆布置进行优化调整，优化部分上游排灌浆，本项目共完成帷幕灌浆进尺 57062.2m，灌注水泥 28607t，单耗为 501.33kg/m。其中下游排单耗为 635.77kg/m，上游排单耗为 179.98kg/m。灌浆检查最大压水透水率为 4.53Lu，最小压水透水率为 0.00Lu，平均压水透水率为 1.34Lu，满足防渗要求。

4　岩溶地区帷幕灌浆的特点

岩溶地区由于其特殊的地质条件，故在该地区修建水库、大坝，其防渗帷幕灌浆一般有如下的特点：

（1）灌注材料量较多。岩溶地区溶洞、溶蚀裂隙多、透水性很大，所以灌注材料的耗用量较非岩溶地区要大，对国内外部分强烈岩溶地区水电工程帷幕灌浆进行调查研究，灌浆材料单耗量一般多在 400kg/m 以上。国内岩溶地区部分工程帷幕灌浆案例情况统计见表 1。

（2）防渗帷幕较深。岩溶地区的帷幕深度往往比一般岩石地区的帷幕要深，有的大坝的坝基帷幕深度甚至达到坝高的 2～3 倍。

国内岩溶地区部分工程帷幕灌浆案例情况统计　　表 1

项目名称	地质条件	灌浆压力（MPa）	灌浆单耗（kg/m）	备注
乌江渡水电站	三叠系玉龙山灰岩，岩溶较发育	孔深 3m 以下 4～6MPa，最大灌浆压力 6MPa	全部综合 294，下游排 668，上游排 134	坝高 165m，帷幕灌浆水头小于 60m 设置两排，绕坝渗漏地段 1 排
东风水电站	河床地段较好，左岸次之，右岸岩溶极为发育	3～5	全部平均 257，右岸约 600	坝高 162m，帷幕灌浆～3 排
五里冲水库	板岩、灰岩、白云岩，F1 断层西侧的灰岩区的渗漏是防渗重点	4～6	全部平均 150，下游排 1 序孔 733	正常水深 106m，帷幕灌浆上层一排，中下层 2 排
隔河岩水电站	基岩为寒武系灰岩、页岩、页岩与灰岩互层、灰岩与泥灰岩互层。坝基范围内岩石裂隙发育	5	85	坝高 151m，帷幕灌浆河床地段布设三排孔，左、右两岸近河地段布设两排孔，其他地段原则上布设单排孔
观音阁水电站	基岩主要为寒武系张夏组灰岩，透水性大，坝基岩溶发育	5	全部平均 228，河床地段三排孔单位注入量 412，两排孔 466	坝高 82m，帷幕灌浆河床 3 排，其余 1～2 排
江垭水电站	基岩主要为下二叠系栖霞组层状灰岩岩性不纯，易溶岩层和难溶岩层交替出现，易溶岩层透水性大	1.5～4.5	全部平均 269	坝高 131m，帷幕灌浆河床和近河地段为三排孔，其余地段多为两排
五嘎冲水库	1. 关岭组，底部为厚层灰岩、中部为泥岩、泥页岩、中厚层泥灰岩、顶部为中厚层泥质白云岩、泥灰岩；2. 右岸存在 L1 小型逆断层；3. 左岸条件较好	2.5（最大）	全部平均 300，右岸平均单耗 542（上游排平均 675、中间排平均 280、下游排平均 540）	1. 坝高 108m；2. 右岸原设计为两排孔灌浆，实际施工过程中，根据实际吸浆量及检查孔压水试验结果，增加中间排孔
朱昌河	1. 右岸上部为关岭组第一段（T_2g^1）的泥质粉砂岩夹灰岩、泥灰岩、泥岩等，软硬互层；2. 右岸下部、河床及左岸为永宁镇第三段（T_1yn^3）灰岩，岩体呈弱风化；3. 右坝肩上下游两侧，原冲沟发育地带，灰岩、粉砂质泥岩接触带隐伏岩溶发育，局部岩溶充填较多，浅部岩体破碎	2.5（最大）	全部平均单耗 254。右岸关岭组岩基单耗高于河床及左岸永宁镇组岩基	1. 坝高 100.6m，帷幕灌浆标准 3Lu 控制；2. 两岸帷幕灌浆范围接地下水位与正常蓄水位相交处，河床帷幕灌浆底线为基岩 3Lu 线下 3～5m；3. 单排孔帷幕设计，孔距 2m。实施过程中根据检查孔压水试验成果，分部位加密

续表

项目名称	地质条件	灌浆压力(MPa)	灌浆单耗(kg/m)	备注
高生水电站	主要为桐梓组 O_1t_3 灰岩及白云质灰岩, O_1t_2 灰黑色薄层泥岩夹中厚层灰岩、泥质灰岩和 O_1t_1 灰色、深灰色中厚层至厚层灰岩、白云质灰岩	3.0~4.0	全部平均 486.42	坝高 122.5m;底层帷幕布置双排孔;中层、顶层近坝端布置双排孔,远坝端布置单排孔
黔中水利枢纽	左岸帷幕区地层岩性为灰岩、泥灰岩,主要为永宁镇组(T_1yn)地层	3.5	全部平均 420.33	坝高 157.5m;岩溶发育区采用双排灌浆孔,局部强烈发育区,采用加深或加密灌浆孔,岩溶弱发育区,采用单排灌浆孔
上尖坡水电站	坝区地层岩性为二叠系中统吴家坪组(P_2W)中厚层灰岩,左岸为吴家坪组(P_2W_2)第二段中厚层硅质条带灰岩,偶夹碳质泥岩及煤透镜体。由于地层岩性为可溶性碳酸岩,同时受不同时期板块抬升运动不均匀性的影响,整个坝区岩溶溶蚀现象十分发育,且种类繁多分布范围较大,节理裂隙发育普遍,其中以陡倾角裂隙为主	1.5	全部平均 577.23	坝高 82.8m;单排孔布置

（3）防渗帷幕轴线较长。由于岩溶地区的渗漏性较大，不仅坝基部分要设置防渗帷幕，有时为防止坝肩和水库周边的漏水，也需要设置防渗帷幕，这样帷幕便比一般岩石地区的帷幕要长。

（4）帷幕灌浆工程量大。由于岩溶地区防渗帷幕一般深度较大，帷幕线较长，且有时帷幕灌浆孔排数又较多，所以帷幕灌浆工程量常常很大。

（5）施工复杂。

（6）灌浆帷幕造价较高。

5 经验与教训

（1）通过对灌浆施工方法的调查研究，优化了原设计两层平洞灌浆施工方案，取消下层平洞，采用上层平洞进行灌浆，降低了下层平洞洞内施工的安全风险和施工管理难度，避免两层洞方案的帷幕搭接干扰；目前采用单层平洞一次灌浆深度超过 100m 的水利水电工程成功案例已不在少数，当前施工技术成熟可靠，施工质量能有效控制。

（2）左岸单薄（低矮）分水岭帷幕灌浆平均单耗为 501.33kg/m，下游排 1 序孔灌浆综合单耗达 1400kg/m，与贵州同类岩溶发育工程帷幕灌浆单耗类比，虽在合理范围区间内，但处于较高水平。究其原因，一方面左岸近坝库岸单薄分水岭上带（上平洞以下约 70m 范围内）为岩溶强烈发育区，溶蚀裂隙密集、宽大、多已贯通，局部已形成较大的空腔，灌浆工程量较大；另一方面，对不良地质孔段灌浆工艺的严格控制，及时动态调整，是控制灌浆材料耗用量的有效手段，本项目个别不良地质段反复复灌，导致灌注水泥量较大，从而拉高整体灌浆单耗。

（3）国内岩溶注浆相关规范及一些学术研究均提倡在岩溶地区采用较高压力的注浆工艺，尤其当防渗帷幕范围内有充填型溶洞发育时，为了使溶洞内充值物固结、密实，常使用高压注浆方式，一般情况下注浆压力多为 4～6MPa。本工程左岸单薄（低矮）分水岭岩溶发育，部分溶洞有充填物，大部分孔段均存在返水呈黄色或返水夹泥砂的现象，即存在软弱夹层充填物（以黄泥为主），高压灌浆可使裂隙内的疏松黄泥被推挤，保证了灌浆质量和效果。然而，也提高了灌浆工程量。试验表明，1 序孔最大灌浆压力从 1.2MPa 提高至 4.0MPa 时，水泥单耗提高将近 20%。因此，对于岩溶地区库岸防渗帷幕灌浆，通过技术经济比较，确定合理的灌浆压力是非常必要的。

6　结论

本工程位于贵州黔西南岩溶地区，左岸单薄（低矮）分水岭岩溶发育强烈，地质条件复杂。设计采用高压帷幕灌浆进行库岸防渗处理，施工工程中根据试验和质量检查及时动态调整方案，防渗效果良好，但灌浆工程量仍偏大。本文通过梳理其地质特点、设计思路、实施过程中遇到的问题和对策，以及借鉴国内岩溶地区帷幕灌浆工程经验，总结本项目经验与不足，为类似工程提供有益借鉴。

参考文献

[1]　李昌友. 帷幕灌浆施工技术在大坝基础防渗加固处理中的应用 [J]. 工程建设与设计，2018，396（22）：154-155.

[2]　汪金龙. 水工建筑帷幕灌浆施工过程中的要点探析 [J]. 工程建设与设计，2018，000（009）：227-228，231.

[3]　中华人民共和国水利部. 水工建筑物水泥灌浆施工技术规范：SL/T 62—2020 [S]. 北京：中国水利水电出版社，2021.

[4]　姚云辉. 帷幕灌浆施工技术在坝基加固中的应用 [J]. 工程建设与设计，2018，395（21）：217-218，221.

[5]　朱国平. 岩溶地区水库坝基帷幕灌浆处理的几个难点 [J]. 甘肃水利水电技术，2007，43（4）：2.

[6]　岩溶注浆工程技术规范：T/CSRME 003—2020 [S]. 北京：中国水利水电出版社，2020.

[7]　胥向东. 岩溶地区高压帷幕灌浆技术研究与应用 [D]. 长沙：中南大学，2006.

大藤峡船闸基坑复杂岩溶分析及处理措施

陈　良　谢济安

（广西大藤峡水利枢纽开发有限责任公司，广西桂平 537226）

摘　要：大藤峡船闸基础岩性以灰岩和白云岩为主，地表覆盖层厚，岩溶发育，岩溶水文地质条件复杂，在基坑开挖过程中出现多处渗漏涌水，导致基坑开挖和基础混凝土浇筑十分困难。本文以实际工程为例，在通过对复杂岩溶地质条件的深入勘查基础上，根据基坑水补给来源、岩溶的空间分布状况以及灰岩层的主要特性结构特征等方面，提出大藤峡船闸基坑岩溶基础有效的混凝土换填，固结灌浆等基础处理技术措施，基础处理效果显著，为类似工程的基础处理积累成功经验。

关键词：复杂岩溶分析；船闸基坑；处理措施

1　前言

大藤峡水利枢纽主坝位于珠江流域西江干流黔江河段的大藤峡出口弩滩附近，地理坐标北纬 23°09′，东经 110°01′。大藤峡船闸布置在枢纽主坝左岸，船闸等级为Ⅰ级，通航船舶吨级为 3000t。工程区跨越大瑶山区与桂中盆地两个地貌单元，构造上分属桂中～桂东台陷二级构造区的大瑶山凸起和桂中凹陷两个次级构造单元。船闸地基涉及郁江阶灰岩，岩溶发育，建基面高程低于河水位 20～30m，施工期间基坑开挖可能产生涌水问题。通过对工程区岩溶发育规律、发育特征、复杂岩溶水文地质条件的分析和研究，提出有效的岩溶基础处理措施[1]。

2　工程地质条件

大藤峡船闸位于黔江左岸Ⅰ级阶地，地形整体较平坦，地面高程一般 42～45m。地表发育一条切割较深、蜿蜒延伸数公里的冲沟，沟内常年有水[2]。黔江左岸Ⅰ级阶地，覆盖层厚度 20～30m，溶沟溶槽处可达 40m。自上而下可分为三层，第一层为上部冲洪积的次生红黏土，厚度一般 10～15m；第二层为冲洪积卵石混合土，分布不连续，厚度一般 5～12m；第三层为下部的溶塌溶余堆积的粉土和混合土碎（块）石，厚度不均，溶沟溶槽较深。船闸部位开挖揭露 13 条断层，主要发育 4 组节理，各发育 1 条软弱夹层，分别为 R_1 和 R_2，R_1 厚约 30cm 为岩屑夹泥型，R_2 厚约 5cm 为岩屑型和泥型。

船闸基础岩性以灰岩和白云岩为主，属碳酸盐岩地基。地下水类型为基岩裂隙水和岩溶水两种，岩溶水分布于岩溶管道和岩溶裂隙中。地下水化学类型为重碳酸氯化钙型水，对混凝土无腐蚀性，对钢结构具有弱腐蚀性[3]。船闸主要位于大瑶山和桂平溶蚀平原交接带，地

作者简介：陈良（1976—），女，福建龙岩人，高级工程师，硕士，主要从事水利水电工程技术管理、设计、咨询工作。
　　E-mail：498174502@qq.com。

表覆盖层厚，岩溶发育，岩溶水文地质条件复杂。岩溶现象有溶隙、溶沟、溶槽、溶洞等。

3 岩溶发育分析

3.1 钻孔揭露的岩溶现象

船闸部位前期完成钻孔 25 个，技施阶段补充 10 个钻孔，共计完成 35 个勘探钻孔。其中上闸首完成 7 个钻孔，闸室完成 15 个钻孔，下闸首完成 13 个钻孔。钻孔揭露表明，上闸首部位建基面以下岩溶不发育；闸室桩号航下 0＋032.8m～航下 0＋183m 段建基面以下岩溶较发育；桩号航下 0＋183m～航下 0＋301m 段受 F244、F247、F248、F249 断层影响，在 CZK234 和 CZK239 钻孔处建基面以下见有溶洞发育；下闸首左侧建基岩体岩溶不发育，右侧建基岩体岩溶发育。

3.2 物探揭示的岩溶现象

为查明在船闸深部岩溶发育情况，船闸内岩溶物探探测采用的方法有探地雷达、瞬变电磁法及电磁波 CT。根据异常识别解译结果，对探测成果进行了分析。

上闸首共完成 14 条雷达剖面、14 条瞬变电磁剖面及 2 对电磁波 CT 剖面。探地雷达检测 0～15m 的深度范围局部发育溶隙，无大的溶洞；瞬变电磁检测 15～40m 没有发现大的溶洞；电磁波 CT 检测也没发现大的溶洞。物探探测结果表明上闸首部位建基面以下 10m 以内岩溶不发育。

闸室完成 40 条探地雷达剖面，18 条瞬变电磁剖面，7 对电磁波 CT 剖面。依据物探探测结果，并按照水流方向、断层及岩溶通道的走向，闸室部位大致可分为 14 个岩溶发育区。对岩溶发育区进行平面面积、高程及走向进行统计，YCQ01 岩溶发育区探测其平面面积为 793m^2，为闸室区域探测的最大规模的岩溶发育区，通过实际开挖得到了充分验证，其平面面积与探测基本吻合，YCQ01 为断层影响的岩溶发育区，定义为溶槽，解译最大深度为 13m；YCQ06 是由 YC027、YC028、YC029 及 YC040 异常组成，根据其深度及走向可推测为上游溶槽的延伸；在 YCQ07 岩溶发育区右侧边坡处现场可见 1 处约 10m 宽的岩溶发育区，且有向下延伸的趋势，推测与 YCQ07 为同一岩溶发育区，埋深至高程－8m；YCQ11、YCQ12 及 YCQ13 边坡均可见宽度 2m 左右的溶蚀区，但未进行开挖；其他岩溶发育区均未进行开挖或验证。物探结果表明建基面至－15m 高程仍发育有较多的岩溶现象。高程－20m 以下岩溶仍零星发育。

下闸首共完成 13 条探地雷达剖面，8 对电磁波 CT 剖面。依据物探探测成果，并按照水流方向、断层及岩溶通道的走向，下闸首划分了 4 个岩溶发育区，编号为 YCQ16～YCQ18 及 YCQ14，YCQ14 探测处可见岩石完整性较差，经后期开挖有 1m 左右的溶槽经过；YCQ16 左侧边坡可见一较大规模岩溶发育区，推测其与 YCQ16 相通，经施工开挖验证，该发育区为宽度近 2m 的溶槽，埋深为高程－7m 左右至溶槽底，YCQ17 及 YCQ18 现场均可见基岩较破碎，尤其 YCQ18 处为溶槽区，大部分充填黄土，且溶洞发育，溶洞涌水严重，经后期开挖溶槽区至高程－7 左右局部见底，通过电磁波 CT 探测结果分析，岩溶在高程－30m 以下仍有发育。

3.3 岩溶发育特征

（1）岩溶发育深度。船闸部位覆盖层冲洪积物底高程 0～10m，说明侵蚀基准面也为此高程，一般来说岩溶较发育区可低于侵蚀基准面 20m 左右，即岩溶强烈发育区底高程为－20m。通过对勘探钻孔的统计发现可溶岩基岩面起伏大，高程一般 15～25m，船闸基坑开挖揭露的基岩面陡起陡降，表面沟槽发育，也验证了钻孔统计数据。对钻孔发现的溶洞进行统计，高程 10m 以上溶蚀强烈，高程－10m 以下岩溶发育相对较弱。通过物探探测局部高程－25m 仍有岩溶发育，与钻孔统计数据基本吻合，说明高程－20m 以下依然有岩溶发育，但规模数量均较小。船闸开挖揭露的岩溶现象不同高程岩溶发育程度差异较大，高程 10m 以上主要发育溶沟、溶槽、溶洞，多充填黏土、卵石混合土等，规模相对较大，属强烈溶蚀地基见图 1；高程－10～10m 主要发育溶隙、溶洞和少量切割较深的溶槽，多充填黏土，少部分无充填，属弱溶蚀上带地基，见图 2；高程－30～－10m 主要发育溶隙和少量小规模溶洞，多无充填，属弱溶蚀下带地基。

图 1　高程 10m 以上沿断层、裂隙、层面发育溶槽和溶洞

图 2　高程 2m 处沿断层、裂隙发育溶隙和溶洞

（2）岩溶沿构造发育情况。船闸基坑开挖揭露的断层和裂隙按走向可分为两组，且均为陡倾角，利于地下水入渗，易于岩溶发育。其中以走向 N60°～80°W 为主，以走向 N10°～30°E 次之。岩溶发育受构造控制，沿这两组构造面，呈线状或串珠状展布。岩溶

发育不均匀，建基面揭露了 4 条溶槽、20 个溶洞以及较多的溶隙、溶沟，其中溶槽、溶沟、溶隙沿断层、裂隙呈线状发育，充填软塑状黏土和碎块石，溶洞沿断层、裂隙呈串珠状发育，溶洞多充填软塑状黏土和碎块石，小型溶洞多无充填。

（3）岩溶沿层面发育情况。船闸部位岩层产状相对稳定，岩层倾角较缓 15°～20°，沿层面岩溶发育相对较弱。层面发育的扁平溶洞规模相对较小，发育部位多位于构造面附近，表部岩层面多溶蚀扩大，充填软塑黏土，建基面岩层基本无溶蚀现象。

（4）岩溶发育的不均一性和复杂性。根据开挖揭露情况及钻探和物探资料，船闸发育的岩溶主要受构造控制，发育的位置、深度及规模变化较大，具有不均一性，在构造和地下水活动的地方岩石溶蚀强烈，在构造不发育和地下水活动弱的地方岩体溶蚀不发育，在一个小的岩溶通道上，是溶隙与溶洞串联，溶蚀的发育规模相差较大。岩溶的不均匀性主要受地下水活动和构造的影响，多发于溶沟溶牙等，面溶率极高，同时也说明了构造等因素的不均匀性导致地下水的不均匀，从而导致岩溶发育的不均匀性。岩溶的复杂性主要表现在地下水径流条件的复杂性，每一次构造运动都会有一个新的地下水径流条件，不仅径流的方向会发生变化，径流的模式也会改变，原来的补给区有可能变为了排泄区，最低排泄面也在发生变化，多期交织在一起，加上岩溶的继承性，使工作区岩溶发育复杂和多样。

4 岩溶地质缺陷处理

4.1 处理原则[4]

（1）对发育规模较大，深度较大的溶槽，将槽内充填物清除至一定深度，底部铺设钢筋网后回填混凝土，并对其加强固结灌浆。

（2）基础表面揭露的溶沟、溶槽，按其发育形态开挖至新鲜坚硬岩石后回填混凝土。溶沟、溶槽宽度大于 2m 的部位回填 C15 四级配混凝土，宽度小于 2m 的回填 C25W8F100 三级配混凝土，形成混凝土塞。

（3）对基础表面揭露的断层破碎带，应将断层破碎带及其两侧的风化岩石挖除到适当的深度或挖至较完整的岩体后回填混凝土。断层破碎带宽度大于 2m 的回填 C15 四级配混凝土，小于 2m 的回填 C25W8F100 三级配混凝土，形成混凝土塞。

（4）基础表面揭露的溶缝及张开宽度较大的节理采用不低于相同部位混凝土强度等级的水泥砂浆回填，并预埋钢管进行固结灌浆，对于节理密集发育的部位应沿发育方向骑缝固结灌浆。

（5）通过物探手段探明的溶洞进行固结灌浆，吸浆量较大时改用水泥砂浆，必要时采用细石混凝土灌注，灌注完毕后为避免溶洞顶部脱空，结束灌浆时采用水泥砂浆回填灌浆。

4.2 主要断层发育溶槽处理

1）1 号溶槽处理

1 号溶槽沿断层 F241 发育，由上引航道 23m 平台经上闸首右侧进入闸室，延伸至航下 0+183m，溶槽内充填碎块石和软塑黏土。在上闸首建基面部位溶槽充填物已全部清除，宽度 1~5m，溶槽底高程为−10~−6m 左右；航下 0+32.8m~航下 0+80m 溶槽充填物基本挖除，宽度 10~20m，溶槽底高程为−16~−10m；航下 0+80m~航下 0+140m，溶槽底部只有局部挖至完整岩石，仍有黄色黏土和碎、块石充填物，宽度 6~15m，底部高程为−10~15m；航下 0+140m~航下 0+183m，与 11 号溶洞相交，溶槽未清理至完整岩石，底部为软塑黏土和碎、块石，高程为−12m。

1 号溶槽分两部分进行处理，即上游引航道右侧导航墙底部和船闸主体段底部。对上游引航道右侧导航墙基础底部，沿导航墙基础将 1 号溶槽开挖至岩面线后，在基础正下方回填 C15 四级配混凝土，其他部位回填石渣。船闸主体段底部，对基本开挖至溶槽底部或开挖至较承载力较高部位，均在底部铺设$\phi 25 \times \phi 16@250mm$ 钢筋网后回填 C15 四级配混凝土；对溶槽开挖后底部仍有软塑黏土部位，预先抛填一层块石并夯实后，在底部铺设$\phi 25 \times \phi 16@250mm$ 钢筋网后回填 C15 四级配混凝土；特别对于 1 号溶槽与 11 号溶洞交汇处，因岩溶发育形成一个直径约 15m 的大坑。处理时，开挖至−12.00m 高程后，抛填一层块石并夯实，在底部铺设 $2\phi 32 \times \phi 32@200mm$ 钢筋网后，回填 C20 三级配混凝土（图 3、图 4）。

2）2 号溶槽处理

2 号溶槽沿断层 F242 发育，由上引航道 23m 高程平台经上闸首左侧斜穿左侧边坡向下游延伸，溶槽内充填软塑黏土和塌落岩块。溶槽在上引航道 23m 高程平台，宽 7~17m，溶槽底高程一般 5~15m；上闸首部位溶槽底高程−8~−5m，已全部挖除。

2 号溶槽分两部分进行处理，即上游引航道左侧导航墙底部和船闸主体段底部。对上游引航道左侧导航墙基础底部，沿导航墙基础将 2 号溶槽开挖至岩面线后，在基础正下方回填 C15 四级配混凝土，其他部位回填石渣。船闸主体段底部，基本开挖至溶槽底部用 C15 四级配混凝土回填。

3）4 号溶槽处理

4 号溶槽斜穿闸室，由左侧 3 号涌水点经闸室延伸至右侧边坡上部，与 5 号溶槽相接。溶槽宽 8~19m，在闸室部位与 1 号溶槽交汇，底部高程为−10~−8m。左边墙处溶槽处理底高程为−10m，底部为软塑黏土和塌落碎块石。处理时，预先抛填一层块石并夯实后，在底部铺设$\phi 25 \times \phi 16@250mm$ 钢筋网后回填 C15 四级配混凝土。

4）6 号溶槽处理

6 号溶槽沿断层 F235 发育，由下闸首右侧斜穿过泄水箱涵向下游延伸，溶槽内充填软塑黏土和塌落岩块。溶槽宽 13~20m，在航下 0+335m~航下 0+353m 处未处理至完整岩石，处理底高程为−9m 左右，其余部位溶槽底高程为−8m 左右。处理时，底部铺设$\phi 25 \times \phi 25@250mm$ 钢筋网，并回填 C15 四级配混凝土。

5）主要涌水点处理

船闸基础混凝土覆盖时，将基础部位出现的涌水点通过渗漏通道集中汇集至左侧 11 号闸墙集水井、下闸首集水井、右侧 11 号闸墙集水井、下闸首右侧边墩的 4 个涌水点。为避免基础部位产生新的涌水通道，保证施工进度，这 4 个涌水点先期不封堵，预留集水坑，内埋设排水泵抽水。集水坑周围混凝土结构上预留键槽、锚筋，锚筋直径 28mm，间排距 1m，外露 1.5m。待船闸基础混凝土浇筑至 12m 高程以上时，在集水坑内回填 C25W8 三级配微膨胀混凝土反压，并灌浆处理。

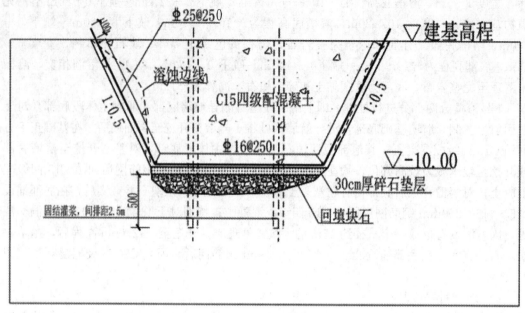

图 3　溶槽处理（1）

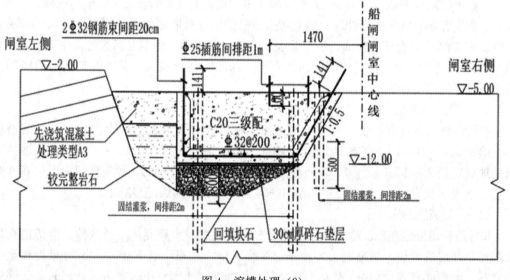

图 4　溶槽处理（2）

5　结论

基础岩体抗变形能力主要受断层带及溶蚀带岩体强度控制。施工过程中，对各基础揭露较宽的断层带和溶蚀带进行了刻槽及回填混凝土处理，采用混凝土塞、钢筋混凝土厚板跨盖处理，闸室基础和溶槽发育部位基础进行了固结灌浆处理。灌浆处理后的基础声波检测表明，基础岩体纵波波速较灌浆前提高 3.09%～16.03%，岩体均一性得到了提高，处理后的基础岩体质量及抗变形能力满足建基要求。

参考文献

［1］　李保方，李占军，王俊杰，等．大藤峡水利枢纽工程岩溶发育特点及规律分析［J］.三峡大学学报（自然科学版），2019，S1.

［2］　冯吉新．大藤峡工程下游围堰岩溶基础防渗处理设计［J］.东北水利水电，2018，11：13-15.

［3］　李春贵，蒋廷均．强岩溶地区混凝土坝基基础处理施工技术［J］.人民长江，2016，47（11）：61-66.

［4］　李通盛，高宇．万家口子水电站岩溶发育特征及工程处理措施［J］.红水河，2020，39（1）：4.

水泥-化学复合加固灌浆技术在锦屏一级水电站左岸煌斑岩脉的应用

宋　涛　管　帝

（长江水利水电开发集团（湖北）有限公司，湖北武汉　430010）

摘　要： 大型水电站建设和运行过程中的工程安全尤为重要，一直备受关注。在全世界已经发生的大坝失事事故中，有相当部分原因是地质缺陷引起的坝基渗漏，我国在修建大量水电站的过程中，总结积累了大量的基础处理施工经验技术，但是对于特殊复杂地质的处理仍然在探索之中。本文以锦屏一级水电站左岸煌斑岩脉处理作为研究对象，通过试验和工程应用实践探索出具有应用价值的施工工艺技术措施，并加以总结，以为同类型复杂地质条件的基础处理提供参考借鉴。

关键词： 水泥；化学；灌浆；锦屏；煌斑岩脉；固结；基础处理；加固

1　研究意义和目的

锦屏一级水电站双曲拱坝坝高 305m，为世界上第一高拱坝，在正常蓄水位时大约有 1200 万 t 的水推力。大坝左岸坝址抗力体工程地质条件极为复杂，分布有煌斑岩脉、f_2、f_5、f_8 断层等。因而，必须研究和采取科学的基础处理方案，避免出现严重渗漏破坏[1-3]。

针对煌斑岩脉遇到水易软化、防渗及受力性能差等特征，本文以锦屏一级水电站左岸煌斑岩脉的加固处理作为研究对象，提了一种更为科学合理的灌浆处理技术，通过水泥-化学复合灌浆的室内及生产性试验，确定适用的施工技术，以期能够解决这类卸荷（松弛）拉裂及软化岩体的加固处理问题，有效提高软弱岩体的整体性、受力性、抗渗性。

2　国内外研究现状和发展趋势

我国从 1953 年开始尝试以水玻璃为主要注浆材料的化学灌浆技术。20 世纪 50 年代末，化学灌浆施工注浆材料已经发展出了环氧树脂、甲基丙烯酸甲酯等，到了 20 世纪 60 年代，我国的化学灌浆材料已经发展出了水泥-水玻璃双液及丙烯酰胺灌浆材料等。20 世纪 80 年代后，超细水泥灌浆材料在三峡工程中得到了深入应用，并且以工程实例证明了超细水泥对混凝土裂缝、断层破碎带能够起到很好的处理效果，能够有效提升其加固防渗性能[4,5]。

谭日升、李焰等对使用湿磨细水泥灌浆材料及复合灌浆的灌浆方式进行了研究，灌浆采用浓浆＋稀浆方式待凝，利用丙烯酸盐灌浆的方式来提升灌浆效果，在灌浆过程中加强抬动观测等，结合三峡二期和三期工程中对大坝基础处理所应用的固结及帷幕灌浆施工技

作者简介： 宋涛（1987—），男，湖南石门人，高级工程师，本科，主要从事水利水电工程项目建设管理相关工作。E-mail：365812044@qq.com。

术实例分析，详细说明了灌浆的施工措施和具体的施工效果[6,7]。

沈安正详细介绍了我国小浪底枢纽工程灌浆技术，在主坝基础灌浆中使用了自动灌浆记录仪，灌浆使用的是稳定浆液，对于固结灌浆灌后质量采用了新的检查方法，成功将GIN灌浆法应用于生产性试验之中[8]。

姚惠芹详细介绍了大坝帷幕灌浆时的施工方案工艺及相应的材料，通过生产性试验来寻求出相对合理的灌浆参数、灌浆材料、施工工艺，为后续的大面积灌浆施工提供参考借鉴[9]。

王晓东以昆明市的某个水库大坝为研究对象，提出了固结灌浆的施工方案及施工工艺，对相关的施工技术参数及施工方案，重点提出了对灌浆过程中特殊问题的处理。经过施工现场的实际勘查和工程的需要，提出了针对性的灌浆方案，从而为类似工程提供一定的指导借鉴意义[10]。

郭晓敏对猴子岩水电站坝基基础灌浆进行研究，该水电站是目前世界上已建及在建的第二高混凝土面板堆石坝，最大坝高达到223.5m，高水头要求坝基基础必须要有良好的抗渗性能。根据工程的帷幕灌浆体系设计技术要求和规范要求，对灌浆质量控制要求进行了详细的阐述，对确保帷幕灌浆质量起到了决定性的指导作用[11]。

但在当时，国内没有针对如锦屏一级水电站左岸大体量的煌斑岩脉岩体成熟的和可借鉴的加固及防渗处理技术，目前仍没有系统性的总结，因此，本文主要对锦屏一级水电站左岸煌斑岩脉的加固处理技术之水泥-化学复合灌浆进行总结。

3　煌斑岩脉地区地质条件及岩体结构特征

煌斑岩脉（X）未在建基面出露，深埋于建基面以里，1885m高程建基面以里埋深约60m，往低高程延伸埋深逐渐增大，至1680m高程埋深大于170m。

根据煌斑岩脉（X）性状、风化卸荷特征可划分为两个区。A区：1680m高程以上，其中1800m高程以上岩脉位于砂板岩中，岩脉厚一般约为2.0～2.4m，普遍弱～强风化，岩体松弛，完整性差，与上下盘岩体多为断层接触，发育宽5～20cm的小断层，且两侧同样为松弛、破碎的IV₂级岩体。B区：1680m高程以下，全部位于大理岩中，岩脉多微风化～新鲜，嵌合紧密，且与上下盘大理岩紧密接触，两侧岩体多微新，为III₂级岩体。

煌斑岩脉具有软弱低渗透的特点，其处理难度较大，具体具有如下几个特征：（1）在湿润条件下，煌斑岩脉岩体中的孔隙含水量较大，难以进行补强加固处理；（2）煌斑岩脉产状呈现为脉状或层状，埋深较大，走向呈不规则规律；（3）在自然湿润状态之下，煌斑岩脉的岩体形状致密而软弱，渗透系数偏低，一般情况下其渗透系数都处于 $K = i \times 10^{-4}$ cm/s 以下，即便是其埋深较大，但是由于风化作用仍然存在着开度大小各异的裂隙，因而无法使用常规的加固技术进行处理。

4　水泥-化学复合灌浆试验

4.1　现场生产性试验

1. 试验区选定

选定左岸1885m-2号固结灌浆平洞施工支洞内开展试验，分为一试区及二试区。试验区内底板煌斑岩脉（X）出露位置偏上外侧，煌斑岩脉产状 N60～70°E/SE∠70～80°，两侧属于强风化，而上盘和下盘为弱～强风化。煌斑岩脉的脉体沿上盘滴水，顺走向裂隙发育，脉体的宽度是 2～2.5m。每个试验区布置 2 个灌前测试孔、9 个化学灌浆试验孔、钻孔间排距均为 1.0m、孔深 32m。

2. 灌浆方式

水泥灌浆采用自上而下、孔口封闭、孔内循环式、分段灌浆法，最大灌浆压力为 5MPa。化学灌浆采用自上而下、孔口封闭、纯压式、分段灌浆法，最大灌浆压力为 3MPa。化学灌浆采取的前提条件有两个，一是灌前压水试验透水率<1Lu；二是灌前压水试验透水率>1Lu 但是经过水泥灌浆后透水率<1Lu 的则进行化学灌浆。

3. 现场灌浆试验成果及评价

1）煌斑岩脉试验区岩体可灌性

水泥灌浆Ⅰ序孔单位注灰量为 617kg/m，Ⅱ序孔为 176kg/m，递减率为 71.47%；单位注灰量≤100kg/m 的频率，随灌序的增进而递增，递增量明显。灌入量较大，试验区煌斑岩脉及周围岩体（$Ⅳ_2$级）可灌性强。

化学灌浆Ⅰ序孔单位注浆量为 123kg/m，Ⅱ序孔为 40kg/m，递减率为 67.48%；单位注浆量≤50L/m 的频率，随灌序的增进而递增，递增明显。其灌入量仍然较大，煌斑岩脉化学灌浆可灌性强。

2）岩体透水率

煌斑岩脉灌前岩体透水率部分 $q=30～100$Lu，部分大于 100Lu，属中等～强透水；水泥灌后透水率多小于 1Lu，少量 1～3Lu；化学灌浆后透水率 $q=0$。表明化学灌浆岩体渗透性能改善效果显著。

3）岩体声波及孔内电视

试验一区水泥灌浆及化学灌浆灌后声波波速平均值分别为 3388m/s、4095m/s，相较于灌前分别提升了 6.81%、29.10%；试验二区水泥灌浆及化学灌浆灌后声波波速平均值分别为 3795m/s、4104m/s，相较于灌前分别提升了 9.78%、18.72%。水泥灌浆及化学灌浆对岩体的声波波速提高效果都比较显著，其中化学灌浆的提升效果更为显著。

4）浆液充填及胶结情况

化学灌浆后，岩体中普遍存在两种浆体，较多裂隙颜色较深，化学浆液几乎充填了所有的缝隙。所取岩芯，完整、柱状成型。最长取出煌斑岩脉岩芯近 2m。在杂乱无章的网状发丝裂隙中，均可见到褐色或黄褐色化浆固化物，把极碎岩块粘结成整体。采用了偏光显微镜鉴定，镜下岩石内缝隙均得到了化学浆液充填，见图 1。

5）变形模量

试验一区水泥灌浆前后的变形模量平均值分别为 0.72GPa、1.44GPa，灌后较灌前提升了 100%，化学灌浆后的钻孔变形模量平均值为 3.52GPa，提高了 144.44%；试验二区水泥灌浆前后的变形模量平均值分别为 0.72GPa、2.03GPa，灌后较灌前提升了 181.94%，化学灌浆后的钻孔变形模量平均值为 3.16GPa，提高了 55.67%。由此可见，水泥灌浆灌后的岩体变形模量有着显著增加。

4. 现场试验结论

图 1   试验一区化灌后大直径岩芯化学浆液充填情况

经过水泥-化学复合灌浆后，试验区煌斑岩脉的岩体透水性得到了显著的改善，对应软弱岩带的物理力学性能也有了较大提高。试验的结果表明了既定的试验方案能够进行锦屏一级坝基软弱岩体的处理，对于相关区域的施工处理技术具有一定的参考借鉴意义。

4.2   室内试验

1. 试验目的

采取对原始岩样的理化试验、室内模拟灌浆试验和室内浸泡试验，了解经灌浆处理后，其强度、防渗性、弹性模量和抗剪强度提高的幅度，论证经过灌浆处理后的煌斑岩脉经过化灌处理后作为防渗帷幕线可靠性。

2. 室内试验项目

1）岩样理化分析试验

试验所取岩样，分别于左岸 1885m、1829m 和 1785m 取得，分别编号为 1 号、2 号、3 号。其中 1785m 高程岩样干燥、轻微粉化有强度、吸水率高；1885m 高程岩样湿润、手掰易碎、密实、强度低。

1 号岩样湿润状态下易碎，含泥，岩石松软。岩样具有深褐黄色，呈不规则块状，呈弱风化程度，松软用手掰即碎（散），岩石矿物成分及原结构形态因水蚀而不可分辨，强度很低。2 号岩样湿润状态下，手易掰碎，含泥少，结构较致密。含水量较低，岩样表面锈斑不均匀分布，锈蚀渲染面大，局部可见黑色晶体矿物零星分布。岩样敲取时能成块状，弱风化程度，岩石仍为软岩类型，岩样难以用手掰成块状。3 号岩样湿润状态下，手掰易碎，含泥少，结构致密。颜色呈土黄色，敲击时感觉质硬，岩面可见云母光斑零星分布及黑色矿物晶体呈晶质零散分布。局部岩石断口面普遍有铁锈渲染，岩样较为新鲜。

2）浆材性能试验

通过煌斑岩脉的室内岩石磨片可以看出，岩石有大量的开放性裂隙，不规则裂隙十分发育，微裂隙中充填着浅黄色的均质性胶结物，具有良好的胶结效果。通过室内的浆液配比及性能试验确定了针对煌斑岩脉处理的相关参数，进一步进行室内的模拟注浆和岩样浸泡试验，最终必选出最为合理优化的化学浆材及现场灌浆施工工艺。

经过对岩样的浸泡和灌注试验，获得了不同性状岩样和特性，对浆材的配制过程中采用多种配方和配比，用同样的压力和工艺分别进行模拟注入试验。获得了具有渗透性好、灌注时长、固结性能优的浆材配合比，并分别对主要的 4 种主灌浆液 PSI-500（5∶1）、PSI-501（6∶1）、PSI-502（7∶1）、PSI-530 封孔浆液（6∶1）进行相关的物理性能测试，测试结果均合格。

3）浆材老化性能试验

通过对 PSI-5 系列浆材的物理性能，酸、碱、热、冻融老化试验和毒性试验，了解PSI-5 系浆材在灌注固化后，浆材固结物在自然环境中与酸、碱、盐、大气环境侵蚀下的耐久性。

4）浆材毒性检测试验

通过对 PSI-5 系列浆材固化物进行化学、生物试验，确认 PSI-5 系浆材固结后是否产生不利的环境影响，是否产生有毒物质进行研究检测。

5）岩样（无压）浸泡试验

针对性调整浆材配方，对不同岩样进行浸润性试验，了解各种配比浆材对将受灌介质的亲和力、浸润性、固结后的性能。进而优化浆液的各项理化性能，充分论证 PSI-5 系浆材对煌斑岩中碎石、粉砂和泥化物的浸透性及在饱水状态下固结性能。选出适合施工现场工况生产所需浆材配方。

岩样经测量和称重后泡水并晾至饱和面干状态，用扎实纱布制备成型浸泡试件。

6）岩样（有压）灌注模拟试验

通过室内有压模拟灌注的试验可以了解水泥化学复合灌浆时水泥最小注入量时，是否适合化学灌浆最佳注入时间，可以为今后大规模化灌生产施工的孔、排距、灌注压力、注浆速率、施灌工具、浆液配制的转换等，以及工艺和参数的优化，提供工程设计和生产施工技术支撑。

灌前测试岩样，在饱水的状态下，采用 $\phi100mm$ 取芯钻钻取规格为 $\phi100mm$，长200mm 芯样进行灌前测试；模拟灌浆岩样，在饱水的状态下，将原岩样压入封闭套筒内，进行模拟灌注，养护 30d 再钻取 $\phi100mm$，长 200mm 芯样进行测试。

3. 室内试验成果及评价

（1）通过多家具有资质的单位检测，所用化学浆材物理指标和力学性能指标满足设计要求。

（2）通过对浆材的酸、碱、热处理、冻融等老化试验证明：PSI-5 系浆材在加速老化时，其各项性能指标变化均符合相关标准要求。固结体在遭受酸碱侵蚀时，其力学性能指标变化很小，完全能满足工程设计的耐久性需求。

（3）室内模拟试验揭示了 PSI-5 系化学浆液能够浸润、渗透到煌斑岩脉岩样的微细裂隙中，并能包裹和浸润断层中的泥状层；浸入断层微细裂隙和断层泥中的浆液，连续、均匀且分布良好；岩样经过浸泡试验后任何一个断面均可以清晰地看到浆材均匀地浸入各种煌斑岩中，提高了煌斑岩的弹性模量，增强了煌斑岩的耐水性能、强度及抗渗性能。

（4）芯样顺利钻取，浆材能浸润和包裹煌斑岩中的各种裂隙，证明了长时间浸润应是锦屏煌斑岩脉岩化灌工程的关键工艺。

（5）试验选用的化学灌浆泵能有效隔离化学浆材，使用和维护及清洗十分方便。化学灌浆泵能够满足于现场化学灌浆施工中，能够同时进行灌浆压力及流量的调整，可以进行长时间的连续作业，能够实现动态及静态的调节。

（6）试验通过室内灌浆模拟试验和岩样浸泡试验，优选出配方三样品可以满足抗压强度、弹性模量和渗透性能的要求，故作为煌斑岩脉化学灌浆推荐配比。

5　左岸煌斑岩脉水泥-化学复合加固技术

5.1　施工设计

左岸煌斑岩脉 1885～1829m 高程之间原三排水泥帷幕灌浆部位布置两排水泥-化学灌浆，原两排水泥帷幕灌浆部位布置一排水泥-化学灌浆孔，孔距 1.0m。抗力体及建基面软弱岩带化学灌浆布置：在 1785m 高程帷幕灌浆平洞内布孔，排距 2.0m，排内发散型布孔，控制孔底距离不超过 2.0m。

5.2　灌浆材料

1. 水泥

普通硅酸盐水泥，强度 $\geqslant 42.5\text{MPa}$，通过 $80\mu\text{m}$ 方孔筛筛余量 $\leqslant 5\%$。

2. 化学浆材

1）化学浆材要求

选用的环氧树脂的浆液性能和固化物性能均满足表 1、表 2 的要求。

环氧树脂灌浆材料浆液性能　　　　　　　　　　　　　　　表 1

序号	项目	单位	要求
1	外观	—	均匀、无分层
2	浆液密度	g/cm³	$\geqslant 1.0$
3	初始黏度	mPa·s	$\leqslant 20$
4	可操作时间（黏度达到 100mPa·s）	h	$\geqslant 20$ 并满足现场灌浆施工最低需求

环氧树脂灌浆材料固化物性能　　　　　　　　　　　　　　表 2

序号	项目	单位	要求
1	28d 抗压强度	MPa	$\geqslant 60$
2	28d 拉伸剪切强度	MPa	$\geqslant 5$

续表

序号	项目		单位	要求
3	28d 抗拉强度		MPa	≥20
4	28d 粘结强度	干粘	MPa	≥4.0
		湿粘	MPa	≥3.0
5	28d 抗渗压力		MPa	≥1.2
6	28d 渗透压力比		%	≥300

2）化学浆材检测

每批进场材料需抽取样品进行检测，样品 2 份，一份做试验，一份备检。

3. 浆材配方

根据生产性试验及室内试验水泥浆液水灰比采用 2∶1、1∶1、0.7∶1、0.5∶1，化学灌浆采用 PSI 化学浆材 4 种系列（PSI-500、PSI-501、PSI-502、PSI-530）浆液，浆液配比主要为 6∶1、7∶1 两个配比（A 组分∶B 组分）。

5.3　水泥-化学复合灌浆施工技术

1. 施工程序及施工工艺流程

化学灌浆施工程序为先进行下游排，后上游排，最后中间排，先后程序依次为抬动观测孔、灌前测试孔、灌浆孔、灌后检查孔。当灌前压水试验透水率 $q \leqslant 1.0$Lu 时，直接进行化学灌浆；当灌前压水试验透水率 $q > 1.0$Lu 时，先进行湿磨细水泥灌浆，再进行化学灌浆。

2. 钻孔

水泥-化学复合灌浆采用地质回转钻机钻孔。有非化学灌浆段的（如 f_2 断层）灌浆孔，非灌段采用 ϕ91mm 孔径，化学灌浆段采用 ϕ56mm 孔径；全孔进行化学灌浆的灌浆孔（f_5 断层），第 1 段采用 ϕ91mm 孔径，以下采用 ϕ56mm 孔径。

3. 裂隙冲洗及压水试验

1）裂隙冲洗

在每次孔段灌浆前都需要进行裂隙冲洗，裂隙冲洗的压力对应孔段灌浆压力的 80% 且不大于 1MPa 进行控制，裂隙冲洗至孔内回水清净为止。

2）风水联合冲洗

地层破碎夹泥的孔段选用风、水联合冲洗。风压 0.5～1.0MPa，水压 0.5～1.0MPa，风水混合压力不大于 1MPa。冲洗时严格控制冲洗压力，若冲洗影响到地层稳定情况时，根据具体情况立即降低冲洗压力甚至改用清水冲洗。岩石裂隙冲洗结合压水试验进行。

3）简易压水试验

各个孔段都必须分别进行简易压水试验。压水压力为该灌浆段灌浆压力的 80%，并不大于 1.0MPa。压水时间 20min，每 5min 测读一次压入流量，以最终流量值计算吕荣值。

4）五点法压水试验

灌前测试孔采用自上而下分段、段顶卡塞、五点法压水试验。

4. 水泥灌浆

采用水泥浆液进行灌浆时，以水灰比 2：1 开灌，并按照 4 个比级进行灌浆，分别为 2：1、1：1、0.7：1 和 0.5：1。采用自上而下、孔口封闭、循环式、分段灌浆施工方法。最大灌浆压力为 5MPa。

5. 化学灌浆

1）化学灌浆前提条件

一是灌前透水率 $q < 1Lu$ 时直接进行化学灌浆；若是 $q > 1Lu$，则需要先进行水泥灌浆后再进行化学灌浆。

2）化学灌浆材料及配比

主要材料是环氧树脂，经过现场试验决定使用某品牌化学浆材，以 PSI-501 和 PSI-530 为主材，配比以 PSI-501（配比 6：1）、PSI-530（配比 5：1）为主，开灌时采用 PSI-501（配比 7：1）。

3）化学灌浆浆液制备

化学浆液在现场配置，根据实际需求配置。

4）化学灌浆施工工艺

化学灌浆采用孔口封闭、纯压式的灌浆方法，对于非灌段的化学灌浆孔，则需要进行分段卡塞、自上而下进行灌浆。

5）化学灌浆段长及压力

化学灌浆压力见表 3。

化学灌浆段长及压力　　　　表 3

段次	第 1 段	第 2 段	第 3 段	第 4 段	5 段及以下	备注
段长（m）	2	2	3	5	5	
压力（MPa）	0.8～1.0	1.5	2.5	3.0	3.0～3.5	

化学灌浆时，尽可能按照长时间、慢速率的原则来灌注，将尽可能多的化学浆材灌注到岩体之中。灌浆注入率控制在 0.05～0.10L/（min·m）之间，若灌浆时注入率低于这个区间，需要适当提高灌浆压力，若高于这个区间，适当降低压力。

6）结束标准

当化学灌浆的累计注入时间超过 35h 后，开始测读注入率，根据注入率的变化情况确定是否结束灌浆。若在 1h 之内有连续 4 次的注入率都小于 0.01L/（min·m），则具备灌浆结束的标准。化学灌浆结束前，将原有的化学浆液变换为速凝化学浆液，并持续灌注 4h 后结束灌浆。每一段灌浆孔段的化学灌浆都必须在 40h 以上，若长时间无法满足结束标准，一般情况下可以延长灌浆时间，但最好不超过 72h。

7）闭浆及封孔

在化学灌浆结束之后，打开进浆管上面的阀门，由回浆管往孔内注浆，注浆选择 0.5：1 的浓浆，采用设计压力将孔内的化学浆液都置换排出，置换完成后，同时关闭进、回浆阀门，让灌浆孔内保持压力并闭浆待凝 12h 后扫孔再钻进下一段。当最后段次化学灌浆后，不再需要置换，而是直接待凝 48h 后闭浆，待浆液凝固后用水泥浓浆将剩余的空隙部分封填，不用单独进行封孔施工。

5.4 水泥-化学复合灌浆检测指标及效果评价

1. 灌后岩体专项检测项目

煌斑岩脉补强化学灌浆灌后岩体除按表 4 进行一般性检测外，还应针对断层破碎带、煌斑岩脉等现场取芯进行室内强度专项试验检测，专项检测每个部位至少取 2 孔完整的岩芯，并满足试验所需的岩芯要求，每项试验不少于 3 组，取芯孔直径 180～220mm（或根据试验需要调整直径），根据专项试验成果，获得岩体化灌后的力学性能，综合分析评价化灌后的效果。

化学灌浆灌后岩芯专项试验检测项目 表 4

岩类＼指标	常规物理性质（相对密度、密度、孔隙率、含水量）	室内变形模量 E（GPa）	抗渗性能	干、湿抗压强度（MPa）	抗剪（断）强度		磨片鉴定
					黏聚力 c（MPa）	摩擦系数 f	
河床煌斑岩脉（坝趾区）	√	√	—	√	—	—	—
左岸煌斑岩脉（砂板岩中）	√	√	√	√	—	—	—

注：夹泥型、岩屑型断层的具体位置，选择 f_5、f_{18}、f_{13}、f_{14} 断层、煌斑岩脉等软弱破碎带，根据检查孔的资料，再分析指定。

2. 化学灌浆灌后质量检测

水泥-化学复合灌浆的灌后质量检查仍然将透水率指标作为最主要的检测指标，以孔内变模、声波波速和钻孔录像相应的数据资料为辅。灌后帷幕岩体检测控制指标见表 5。灌后岩体的各项检查应在化学灌浆结束 30d 后进行。

灌后帷幕岩体检测控制指标 表 5

岩类＼指标	岩体声波纵速度 V_{pm} 平均值（m/s）	钻孔变形模量 E_k（GPa）	单位透水率 q（Lu）
左岸煌斑岩脉（帷幕）	≥4400	≥4.0	≤0.5
河床煌斑岩脉（帷幕）	≥4600	≥5.0	≤0.5
河床煌斑岩脉（软弱岩带）	≥4600	≥5.0	≤0.5

注：1. 声波速度测点以每个检查孔为单位进行统计。

2. 压水试验孔段的合格率必须控制在 90% 以上，但是不合格的压水试验段透水率不能超过合格标准的 150%，且不合格段次不能集中。

6 实际应用及效果评价分析

6.1 锦屏一级水电站左岸煌斑岩水泥-化学复合灌浆布置

1885m 高程帷幕灌浆洞水泥-化学复合灌浆桩号为 K0＋26.00m～K0＋030.00m，按一排孔布置共 7 孔，孔距 1.0m，钻孔角度与水泥灌浆孔角度一致为 9°且顺煌斑岩脉倾向倾角为 22.11°，钻孔孔深都是深入基岩 67.0m，分两序施工。

1730m 层煌斑岩脉网格置换平洞水泥-化学复合灌浆桩号为 K0＋71.37m～K0-4.27m，共布置 38 环孔，每环一排，环间距为 2.0m。施工顺序按环间分两序、环内分三序。1730m层煌斑岩置换平洞采用环间分两序、环内分三序的施工原则进行逐序加密。

1670m高程帷幕灌浆洞煌斑岩脉水泥-化学复合灌浆桩号为 K0＋40.00m～K0＋063.00m，灌浆孔分三序设计，布置了15个水泥灌浆孔、18个化学灌浆孔。水泥灌浆孔的Ⅰ、Ⅱ、Ⅲ序孔的孔间间距为4m、2m、1m，化学灌浆的Ⅰ、Ⅱ序孔的孔间距分别为2m、1m。

6.2　煌斑岩脉水泥-化学复合灌浆灌后效果评价

1. 灌前灌后透水率对比分析

1885m高程煌斑岩脉化学灌浆灌前平均透水率0.25Lu，$q \leqslant 0.5$Lu的共95段，占92.3％，0.5Lu$<q<1$Lu的共8段，占7.7％。经化学灌浆后，灌后检查孔共压水15段，平均透水率为0.03Lu，$q \leqslant 0.5$Lu的共15段，占100％。

1730m高程煌斑岩脉化学灌浆灌前平均透水率为0.99Lu，$q \leqslant 0.5$Lu的共3段，占15％，0.5Lu$<q<1$Lu的共9段，占45％，1Lu$\leqslant q<3$Lu的共8段，占40％。经化学灌浆后，检查孔共压水40段，平均透水率为0.04Lu，$q \leqslant 0.5$Lu的共40段，占100％。

1670m高程煌斑岩脉化学灌浆灌前平均透水率为0.21Lu，$q \leqslant 0.5$Lu的共14段，占100％。经化学灌浆后，检查孔共压水14段，平均透水率为0.1Lu，$q \leqslant 0.5$Lu的共14段，占100％。

煌斑岩脉经化学灌浆后，岩层的整体性和防渗性得到了很大提高，灌浆效果显著。

2. 灌前、灌后岩芯分析对比

1885m高程煌斑岩脉化学灌浆前，岩芯的平均RQD值为34.5％，岩体的完整性较差，岩层破碎；经化学灌浆处理后，检查孔岩芯（28d）的平均RQD值为60.3％，较化学灌浆前提高了74.8％，说明化学灌浆效果明显，岩体的完整性得以很大改善。

1730m高程煌斑岩脉化学灌浆前，岩芯的平均RQD值为58.3％，虽较水泥灌浆前有所提高，但仍较低；而在经化学灌浆处理后，检查孔岩芯（28d）的平均RQD值为81.1％，较化学灌浆前提高了23.3％，说明化学灌浆效果明显，岩体的完整性得以很大改善。

1670m高程煌斑岩脉化学灌浆前，岩芯的平均RQD值为32.3％，虽较水泥灌浆前有所提高，但仍较低；而在经化学灌浆处理后，检查孔岩芯（28d）的平均RQD值为85.3％，较化学灌浆前提高了53.0％，说明化学灌浆效果明显，岩体的完整性得以很大改善。

3. 声波检测分析

1885m高程煌斑岩脉化学灌浆后岩体单孔声波波速分布在3620～4380m/s之间，灌后岩体平均声波波速为3974m/s，灌后较灌前提高13.0％。灌后岩体声波波速$\leqslant 4100$m/s的测点占67.24％，较灌前提高14.0％；声波波速$\geqslant 4800$m/s的测点占8.62％，较灌前提高7.01％。

1730m高程煌斑岩脉灌前未取得有效声波波速值。化学灌浆后岩体单孔声波波速主要分布在3610～4490m/s之间，灌后岩体平均声波波速为3976m/s。灌后岩体声波波速$\leqslant 3900$m/s的测点占58.6％，声波波速$\geqslant 4600$m/s的测点占13.8％。

1670m高程煌斑岩脉水泥灌浆后的声波波速提升较大，灌后灌前的声波波速分别为

4789m/s、2664m/s，提高了 79.76%；灌后 28d 的声波波速为 4858m/s，相较于灌前的 2664m/s 提高了 82.36%，56d 的声波波速为 5062m/s，提高了 90%。

4. 变模检测分析

1885m 高程煌斑岩脉化学灌浆后岩体平均变形模量为 6.97GPa，分布于 1.92～15.16GPa 之间。

1730m 高程 f_5 断层置换洞化学灌浆完成后钻变形模量检测孔 4 个。III_1 级大理岩、IV_2 级大理岩、f_5 断层灌后岩体平均值变形模量分别为 14.77GPa、11.92GPa、7.79GPa。表明该区内的 f_5 断层在经过化学灌浆处理后，岩体胶结密实，其变形模量值得到很大提高，且满足设计指标，处理效果良好。

1670m 高程 f_5 断层破碎带的水泥灌浆灌前灌后没有显著提升，灌后的变形模量值为 2.67GPa。虽然变形模量增加较少，但是 f_5 断层破碎带内的裂隙间得到了水泥的有效填充，抗变形能力有了一定的提升。化学灌浆 28d 后的变形模量能够达到 1.59～3.12GPa，56d 后的变形模量能够达到 2.84～5.01GPa，与水泥灌浆的灌后变形模量对比分析可以看出，化学灌浆的孔内变形模量有显著提高，随着凝期不断增加，化学灌浆对 f_5 断层破碎带孔内变形模量提升影响较大，物理力学性能也有着显著提升。

1670m 高程 f_5 断层影响带水泥灌浆灌前灌后变形模量由 4.45GPa 提升到了 5.12GPa，这显著说明了该断层影响带的裂隙之中有效填充了水泥浆液，抗变形能力也显著提升；化学灌浆 28d 后 f_5 断层影响带孔内变形模量 2.8～8.5GPa，平均值约 5.6GPa，56d 后 f_5 断层影响带孔内变形模量 3.3～11.7GPa。

5. 钻孔全景图像

通过对化学灌浆后孔内电视检测成果综合分析，化学灌浆后，大部分检查孔原岩中裂隙有明显水泥结石及化学胶结物，岩体胶结较密实，灌后岩体总体较完整，灌浆效果良好。少部分检查孔的孔壁仍有少量裂隙发育。

图 2　f_5 断层化学灌浆后典型钻孔全景录像

7 结 论

煌斑岩脉具有软弱低渗透的特点，处理难度较大，采用常规的水泥灌浆措施难以有效达到提高抗渗、加固性能的效果有限，因而本文提出了水泥-化学复合灌浆的新型施工工艺技术，并通过室内和室外生产性试验进行完善。通过现场生产性试验，发现该技术措施能够有效改善煌斑岩脉的物理力学性能和透水性；而通过室内试验得出了较好的灌浆配比浆材等，模拟试验也说明了采用水泥-化学复合灌浆能够有效增加煌斑岩的弹性模量、耐水性能和强度等。进而本文提出了锦屏一级水电站的左岸煌斑岩脉水泥-化学复合加固技术措施，确定了灌浆施工程序及施工工艺流程。通过工程现场的生产性试验，结合既有的工程生产经验，明确了采用水泥-化学复合灌浆的灌后效果评价指标，即以灌后透水率为主，以物探检测结果（声波、变模、孔内电视录像）为辅。

通过锦屏一级水电站 1885m、130m 以及 1670m 高程 f_5 断层煌斑岩脉水泥-化学复合灌浆的灌后效果评价分析可以看出，水泥-化学复合灌浆效果显著，水泥结石充填了宽大裂隙，化学浆材对细小裂隙及煌斑岩脉岩体进行了充填，结石明显，并达到一定强度。

目前，锦屏一级水电站已经蓄水至正常蓄水位 1880m，蓄水之后 5 年多时间里，大坝坝基承受了高达 300m 的最大水头，而当大坝在承受 300m 的水头压力时，通过现场检查和仪器监测数据可以看出，经由灌浆基础处理的部位岩体变形量较小，且渗流渗压值偏小，均属于正常范围之中，没有发现异常情况。

参考文献

[1] 谭成轩，张鹏，郑汉淮，等．雅砻江锦屏一级水电站坝址区实测地应力与重大工程地质问题分析 [J]．工程地质学报，2008，16（2）：162-168．

[2] 钟林君．锦屏一级水电站建基岩体结构特征分析 [D]．成都：成都理工大学，2010．

[3] 苏立海，李婉，李宁．反倾层状岩质边坡破坏机制研究——以锦屏一级水电站左岸边坡为例 [J]．四川建筑科学研究，2012，38（1）：109-114．

[4] 何忠明．裂隙岩体复合防渗堵水浆液试验及作用机理研究 [D]．长沙：中南大学地学与环境工程学院，2017．

[5] 王红喜．高性能水玻璃悬浊型双液灌浆材料研究与应用 [D]．武汉：武汉理工大学，2017．

[6] 谭日升，蒋硕忠，薛希亮．三峡大坝化学灌浆研究 [J]．长江科学院院报，2010，17（6）：4-8．

[7] 李焰，余常茂．三峡坝基灌浆施工主要技术问题及解决措施 [J]．水利水电科技进展，2017，27（1）：21-25．

[8] 沈安正，李立刚．小浪底主坝基础灌浆施工技术进步 [J]．水利学报，2010，31（4）：69-72．

[9] 姚惠芹，彭朝福，陈文灏．QC 水电站大坝帷幕灌浆试验与分析 [J]．水利与建筑工程学报，2010，8（3）：82-84．

[10] 王晓东，李小萌，黄海云．昆明市某水库大坝基础灌浆施工方案研究 [J]．价值工程，2017（15）：74-75．

[11] 郭晓敏．猴子岩水电站大坝帷幕灌浆施工质量控制 [J]．工程技术：文摘版，2016（8）：00125-00126．

矿区深孔岩溶帷幕灌浆成果研究

李锡佳

（广西大藤峡水利枢纽开发有限责任公司，广西南宁　530299）

摘　要：大藤峡水利枢纽工程武宣县库区盘龙铅锌矿防护东帷幕工程地质情况复杂、岩溶较为发育，帷幕灌浆最大孔深 241.12m，属于深孔岩溶帷幕灌浆，面临复杂的技术难题。东帷幕原设计为双排布置，孔距 6m、排距 3m，现场施工并检查后发现孔距偏大，进行了加密补强处理。通过对东帷幕灌浆成果进行分析，为同类型地层的帷幕灌浆提供设计优化、降低工程投入成本等依据。

关键词：深孔；岩溶；帷幕灌浆；成果研究

1　引言

武宣县盘龙铅锌矿区位于广西中部偏东的低山丘陵区，矿区北东侧为黔江，自北西流向南东。矿区灰岩岩溶较发育，岩溶发育程度随深度增大逐渐减弱，溶洞主要发育在 −120m 高程以上。大藤峡水利枢纽工程蓄水后，黔江水位比原河水位抬高 20～30m，将形成以矿区为中心，东部黔江反补给，西部地下水径流补给的格局。为了减免大藤峡水利枢纽工程蓄水对盘龙铅锌矿开采的安全影响，在矿区东西两侧各设一道防渗帷幕。东帷幕工程以南、北部相对隔水层为起止点，轴线长 1314m，采用双排梅花形布置，排距 3m、孔距 6m，幕顶位于基岩面以上 2m，幕底标高 −125m，如遇岩溶发育现象，则继续钻孔注浆至相对不透水层。帷幕灌浆完成后，按透水率不大于 5Lu 标准进行质量检查。

2　施工简述

东帷幕灌浆共布置 413 个灌浆孔，划分为 21 个单元工程、3 个分部工程；其中 1～10 单元为第一分部，11～17 单元为第二分部，18～21 单元为第三分部。工程于 2018 年 7 月开工，2019 年 5 月完成原设计灌浆孔施工，完成钻孔进尺 7.98 万 m，平均孔深 193.21m，最大孔深 241.12m。经抽取总孔数的 10% 进行分段压水试验检查，分段合格率为 84.57%，不能满足设计要求，不合格位置主要位于岩土接触带和上部帷幕。经组织专家讨论研究，建议采取加密补强措施，设计单位完成《东帷幕设计变更报告》后，2019 年 11 月委托水利部水规总院对补强方案进行技术咨询，最终补强方案为：对桩号 K0+098～K1+097 段进行加密补强灌浆，共增加钻孔 241 个，并对基岩接触带进行灌浆。加密补强施工于 2020 年 7 月开始，至 2021 年 5 月完成检查孔施工，共增加灌浆 2.50 万 m，平均孔深约 100m，经检查，灌浆质量全部满足设计要求。

作者简介：李锡佳（1977—），男，广西桂平人，高级工程师，主要从事水利水电工程建设管理工作。
　　　　E-mail：453054917@qq.com。

3 主要施工工艺

3.1 原设计帷幕施工工艺

原设计灌浆孔布置见图1，施工顺序先矿区排、后黔江排，先Ⅰ序孔、后Ⅱ序孔，相邻次序钻孔同时施工时，灌浆段的高差不小于100m。灌浆工艺采用"自上而下，分段阻塞，纯压灌浆"灌注。灌注材料以纯水泥浆液为主、水泥黏土混合浆液为辅。

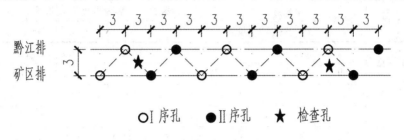

图1 原设计灌浆孔布置

Ⅰ序孔0～50m深度灌浆压力为0.5～1MPa，50m以上深度每增加50m，压力增加1MPa，Ⅱ序孔灌浆压力为Ⅰ序孔的1.2倍；在覆盖层、基岩第一、二段以及遇断层破碎带时，灌浆压力控制在0.3～1.0MPa；第四系灌浆压力控制在0.2～0.3MPa。

3.2 帷幕加密补强施工工艺

加密补强施工钻孔布置方案见图2。岩土接触带采用"套阀管"灌浆工艺，孔深70m以上基岩采用"自上而下、孔口封闭、循环灌浆"工艺，孔深70m以下基岩采用"自上而下，分段阻塞，纯压灌浆"工艺。灌注材料以纯水泥浆液为主、膏状浆液为辅。加密补强先施工Ⅰ序孔，待所有Ⅰ序孔施工完成以后，在Ⅱ序孔位置选取2个孔作为检查孔，若检查合格，补强结束；若检查仍不合格，继续施工其他Ⅱ序孔后再进行检查。加密补强遵循"动态调整"的原则，根据补强效果及时对后续工作进行调整，尽可能优化工期和工程量。

补强施工时上部基岩灌浆段（孔深70m以内）灌浆压力调整至1.0～2.0MPa，其余孔段压力高于原黔江排Ⅱ序孔灌浆压力，套阀管灌浆压力采用0.2～0.5MPa。

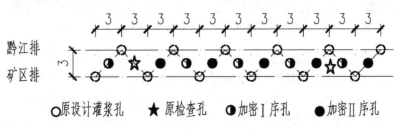

图2 加密补强施工钻孔布置

4 施工成果分析

4.1 原设计帷幕施工成果分析

1. 灌前压水透水率分析

各序孔灌前压水透水率频率统计见表1，频率曲线见图3。

各序孔灌前压水透水率频率统计 表1

单位工程	排序	孔序	平均透水率(Lu)	透水率(Lu)频率(区间段数/频率%)				
				段数	<1	1~5	5~10	10~100	>100
东帷幕	矿区排	Ⅰ	5.00	1398	623/44.6	344/24.6	163/11.7	236/16.9	32/2.3
		Ⅱ	3.24	971	422/43.5	281/28.9	136/14.0	115/11.8	17/1.8
	小计		4.13	2369	1045/44.1	625/26.4	299/12.6	351/14.8	49/2.1
	黔江排	Ⅰ	2.42	902	463/51.3	276/30.6	69/7.6	87/9.6	7/0.8
		Ⅱ	1.69	802	429/53.5	241/30.0	58/7.2	65/8.1	9/1.1
	小计		2.05	1704	892/52.3	517/30.3	127/7.5	152/8.9	16/0.9
合计			3.09	4073	1937/47.6	1142/28.0	426/10.5	503/12.3	65/1.6

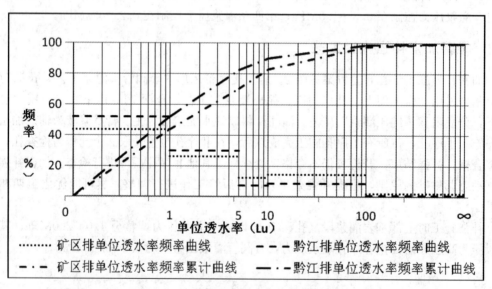

图3 各序孔灌前压水透水率频率曲线

矿区排帷幕灌浆Ⅰ序孔平均透水率 $q=5.0\mathrm{Lu}$，Ⅱ序孔平均透水率 $q=3.24\mathrm{Lu}$，总平均透水率 $q=4.13\mathrm{Lu}$；黔江排帷幕灌浆Ⅰ序孔平均透水率 $q=2.42\mathrm{Lu}$，Ⅱ序孔平均透水率 $q=1.69\mathrm{Lu}$，总平均透水率 $q=2.05\mathrm{Lu}$。矿区排Ⅱ序孔透水率较Ⅰ序孔降低 35.20%；黔江排Ⅱ序孔透水率较Ⅰ序孔降低 30.17%；黔江排总平均透水率较矿区排降低 50.36%。综上所述，各次序孔的岩体灌前透水率随灌浆次序的增加而逐序递减的规律明显，符合帷幕灌浆的一般规律。

2. 灌浆单位注入量分析

各序孔单位注入量统计见表2，频率曲线见图4。

各序孔单位注入量统计 表2

单位工程	排序	孔序	平均注入量(kg/m)	单位注入量(kg)频率(区间段数/频率%)				
				段数	<10	10～50	50～100	100～1000	>1000
东帷幕	矿区排	Ⅰ	565.10	1398	589/42.1	309/22.1	68/4.9	246/17.6	186/13.3
		Ⅱ	439.45	971	363/37.4	224/23.1	70/7.2	196/20.2	118/12.2
	小计		502.73	2369	533/22.5	138/5.8	442/18.7	304/12.8	952/40.2
	黔江排	Ⅰ	227.72	902	192/21.3	63/7.0	143/15.9	63/7.0	441/48.9
		Ⅱ	189.28	802	194/24.2	48/6.0	135/16.8	51/6.4	374/46.6
	小计		208.45	1704	386/22.7	111/6.5	278/16.3	114/6.7	815/47.8
合计			356.11	4073	919/22.6	249/6.1	720/17.7	418/10.2	1767/43.4

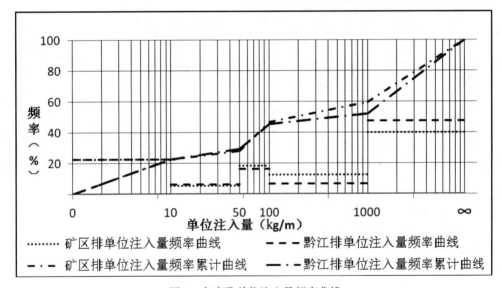

图4　各序孔单位注入量频率曲线

矿区排帷幕灌浆Ⅰ序孔的平均注入量为565.10kg/m，Ⅱ序孔的平均注入量为439.45kg/m，矿区排总平均注入量为502.73kg/m；黔江排帷幕灌浆Ⅰ序孔的平均注入量为227.72kg/m，Ⅱ序孔的平均注入量为189.28kg/m，黔江排总平均注入量为208.45kg/m。矿区排Ⅱ序孔平均注入量较Ⅰ序孔减少22.24%，黔江排Ⅱ序孔平均注入量较Ⅰ序孔减少16.88%，黔江排总平均注入量较矿区排减少58.54%。综上所述，各次序孔的单位注入量随灌浆次序的增加而逐序递减的规律明显，符合帷幕灌浆的一般规律。

3. 质量检查分析

本次灌浆每个单元布置2个检查孔，共41孔，占灌浆孔数比例的10%，共压水1089段，各单元检查孔压水试验成果统计见表3。

各单元检查孔压水试验成果统计　　　　　　表 3

单元序号	检查孔数	压水段次	透水率(Lu)频率分布(段数/频率%)					设计防渗标准(Lu)	不合格段数	合格率(％)
			<1	1~5	5~10	10~100	>100			
1	2	74	58/78.4	16/21.6	0/0	0/0	0/0	5	0	100.00
2	2	41	32/78.0	8/19.5	0/0	1/2.4	0/0	5	1	97.56
3	2	38	20/52.6	9/23.7	7/18.4	2/5.3	0/0	5	9	76.32
4	2	45	2/4.4	28/62.2	14/31.1	1/2.2	0/0	5	15	66.67
5	2	69	1/1.4	36/52.2	22/31.9	9/13.0	1/1.4	5	32	53.62
6	2	42	6/14.3	24/57.1	12/28.6	0/0	0/0	5	12	71.43
7	2	40	30/75.0	9/22.5	1/2.5	0/0	0/0	5	1	97.50
8	2	42	9/21.4	20/47.6	12/28.6	1/2.4	0/0	5	13	69.05
9	2	42	9/21.4	25/59.5	8/19.0	0/0	0/0	5	8	80.95
10	2	40	33/82.5	3/7.5	3/7.5	1/2.5	0/0	5	4	90.00
11	2	72	42/58.3	22/30.6	7/9.7	1/1.4	0/0	5	8	88.89
12	2	40	20/50.0	4/10.0	4/10.0	12/30	0/0	5	16	60.00
13	2	71	26/36.6	34/47.9	9/12.7	2/2.8	0/0	5	11	84.51
14	2	68	26/38.2	25/36.8	9/13.2	8/11.8	0/0	5	17	75.00
15	2	69	17/24.6	47/68.1	4/5.8	1/1.4	0/0	5	5	92.75
16	2	70	15/21.4	51/72.9	3/4.3	1/1.4	0/0	5	4	94.29
17	2	70	17/24.3	45/64.3	5/7.1	3/4.3	0/0	5	8	88.57
18	2	42	9/21.4	31/73.8	2/4.8	0/0	0/0	5	2	95.24
19	2	43	19/44.2	23/53.5	1/2.3	0/0	0/0	5	1	97.67
20	2	47	13/27.7	33/70.2	1/2.1	0/0	0/0	5	1	97.87
21	1	24	8/33.3	16/66.7	0/0	0/0	0/0	5	0	100.00
合计	41	1089	412/37.8	509/46.7	124/11.4	43/3.9	1/0.1	5	168	84.57

可见，压水试验合格段数为 921 段，占比 84.57％；不合格段中 5~10Lu 为 124 段，占 11.4％，大于 10Lu 为 44 段，占 4％。经分析，第一分部不合格段集中在 3~6 单元以及 8 单元、9 单元；从灌浆注入量和岩体取芯情况来看，各孔在孔深 130m 以上时吃浆量大，岩芯多为砂层，岩溶发育程度高；充填型溶洞较多，溶洞一般高 0.30~18.0m，溶洞充填中粗砂，充填物主要为白云石、泥岩等。第二分部不合格段主要分布在第 13~17 单元的岩土接触段及上部帷幕；检查孔的取芯率普遍偏低，个别地层相对较好单元岩芯比较完整，但基岩中夹杂较多乳白色结晶体；部分岩芯风化、破碎严重，砂砾岩芯较多（应为溶洞填充物），岩芯中存在水泥或水泥黏土浆液结块。

4.2　加密补强施工成果分析

1. 灌前压水透水率分析

各序孔灌前压水透水率统计见表 4，频率曲线见图 5。

各序孔灌前压水透水率统计 表4

单位工程	排序	灌浆次序	平均透水率(Lu)	透水率(Lu)频率(区间段数/频率%)					
				段数	<1	1~5	5~10	10~100	>100
加密补强	中间排	Ⅰ	3.80	1474	173/11.7	933/63.2	188/12.7	179/12.1	1/0.1
		Ⅱ	3.52	1022	58/5.7	792/77.5	88/8.6	83/8.1	1/0.1
	合计		3.68	2496	231/9.2	1725/69.1	276/11.0	262/10.5	2/0.1

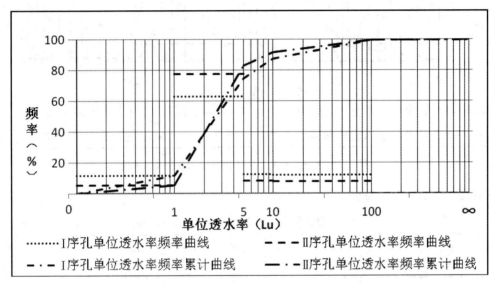

图5 加密补强施工各序孔灌前压水透水率频率曲线

加密补强灌前压水Ⅰ、Ⅱ序孔平均透水率分别为 $q=3.80$Lu、$q=3.52$Lu，总平均为 $q=3.68$Lu，Ⅱ序孔较Ⅰ序孔降低 7.37%，符合帷幕灌浆的一般规律。

2. 灌浆单位注入量分析

加密补强施工各序孔单位注入量统计见表5，频率曲线见图6。

加密补强施工各序孔单位注入量统计 表5

单位工程	排序	序号	平均注入量(kg/m)	单位注入量(kg)频率(区间段数/频率%)					
				段数	<10	10~50	50~100	100~1000	>1000
加密补强	中间排	Ⅰ	167.16	1476	227/15.4	754/51.1	171/11.6	246/16.7	78/5.3
		Ⅱ	73.89	1022	108/10.6	682/66.7	98/9.6	113/11.1	21/2.1
	合计		127.10	2498	335/13.4	1436/57.5	269/10.8	359/14.4	99/4.0

加密补强灌浆Ⅰ序孔平均注入量为 167.16kg/m，Ⅱ序孔平均单位注入量为 73.89kg/m，总平均注入量为 127.10kg/m。Ⅱ序孔平均注入量较Ⅰ序孔减少 55.80%，符合帷幕灌浆的一般规律。

3. 质量检查分析

(1) 基岩灌浆质量检查分析

加密补强阶段共布置检查孔 33 个，占灌浆孔数的 13.7%，共压水 444 段。各单元压

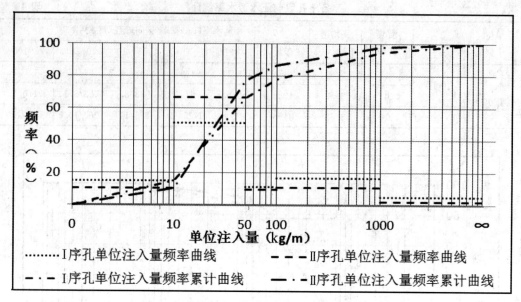

图 6　加密补强施工各序孔单位注入量频率曲线

水试验检查成果分析见表 6。

加密补强阶段各单元压水试验检查成果分析　　　　表 6

单元序号	检查孔数	压水段次	透水率(Lu)频率分布(段数/频率%)					设计防渗标准(Lu)	不合格段数	合格率(%)
			<1	1~5	5~10	10~100	>100			
2	2	23	5/21.7	16/69.6	2/8.7	0/0	0/0	5	2	91.30
3	2	27	4/14.8	21/77.8	1/3.7	1/3.7	0/0	5	2	92.59
4	4	66	4/6.1	58/87.9	1/1.5	2/3.0	1/1.5	5	4	93.94
5	4	67	5/7.5	54/80.6	1/1.5	7/10.4	0/0	5	8	88.06
6	2	25	0/0	25/100.0	0/0	0/0	0/0	5	0	100.00
8	2	26	0/0	26/100.0	0/0	0/0	0/0	5	0	100.00
9	2	26	0/0	26/100.0	0/0	0/0	0/0	5	0	100.00
10	2	26	1/3.8	25/96.2	0/0	0/0	0/0	5	0	100.00
11	2	27	0/0	27/100.0	0/0	0/0	0/0	5	0	100.00
12	2	24	0/0	24/100.0	0/0	0/0	0/0	5	0	100.00
13	2	24	1/4.2	23/95.8	0/0	0/0	0/0	5	0	100.00
14	2	23	1/4.3	22/95.7	0/0	0/0	0/0	5	0	100.00
15	1	12	1/8.3	11/91.7	0/0	0/0	0/0	5	0	100.00
16	2	24	2/8.3	22/91.7	0/0	0/0	0/0	5	0	100.00
17	2	24	1/4.2	23/95.8	0/0	0/0	0/0	5	0	100.00
合计	33	444	25/5.6	403/90.8	5/1.1	10/2.3	1/0.2	5	16	96.40

可见，压水试验透水率小于5Lu共428段，占96.40%；透水率大于5Lu共16段，占3.6%；检查孔不合格孔段集中在第3、4、5单元岩土接触段，不合格孔段采用套阀管灌浆后重新进行检查，全部合格。

（2）岩土接触带灌浆质量检查分析

因该地区岩溶较为发育，且基岩上部较为发育，故对岩土接触带采用套阀管灌浆，共布置灌浆孔128个，单孔灌浆长度为5.0m左右。灌浆结束后，共布置50个检查孔进行注水试验，检查成果分析见表7。

各单元岩土接触带注水试验检查成果分析 表7

单元序号	检查孔数	注水段次	渗透系数（K值）		设计验收标准	不合格段数	合格率（%）
			最大值	最小值			
3	2	2	1.12×10^{-6}	1.1×10^{-6}	5×10^{-5}	0	100.00
4	2	2	8.28×10^{-6}	7.8×10^{-6}	5×10^{-5}	0	100.00
5	2	2	3.61×10^{-6}	1.53×10^{-6}	5×10^{-5}	0	100.00
6	2	2	2.04×10^{-6}	1.85×10^{-6}	5×10^{-5}	0	100.00
8	4	4	4.88×10^{-6}	4.42×10^{-6}	5×10^{-5}	0	100.00
9	6	6	1.12×10^{-5}	5.54×10^{-6}	5×10^{-5}	0	100.00
10	6	6	2.57×10^{-5}	1.04×10^{-6}	5×10^{-5}	0	100.00
11	3	3	1.00×10^{-5}	1.35×10^{-6}	5×10^{-5}	0	100.00
12	4	4	1.46×10^{-5}	2.79×10^{-6}	5×10^{-5}	0	100.00
13	4	4	9.13×10^{-6}	5.28×10^{-6}	5×10^{-5}	0	100.00
14	4	4	1.31×10^{-5}	2.29×10^{-6}	5×10^{-5}	0	100.00
15	3	3	7.95×10^{-6}	1.60×10^{-6}	5×10^{-5}	0	100.00
16	4	4	4.54×10^{-6}	2.0×10^{-6}	5×10^{-5}	0	100.00
17	4	4	1.14×10^{-5}	5.24×10^{-6}	5×10^{-5}	0	100.00
合计	50	50	2.57×10^{-5}	1.04×10^{-6}	5×10^{-5}	0	100.00%

注水试验段长与套阀管灌浆长度一致，合格标准为$K \leqslant 5 \times 10^{-5}$。可见，渗透系数$K$值最大值为$2.57 \times 10^{-5}$，最小值为$1.04 \times 10^{-6}$，全部合格。

5 帷幕灌浆效果长期观测

为持续观测帷幕灌浆效果，2017年3月在东帷幕内外侧共布置3对水位观测孔，对地下水位进行连续长期观测。大藤峡工程一期蓄水后，靠近开采区的一对观测孔水位差稳定在10~15m，距离开采区稍远的两对观测孔水位差稳定在2~3m，且随江水位变化，帷幕内侧观测孔地下水位均没有明显变化，说明帷幕防渗效果良好。

6 结语

武宣县盘龙铅锌矿防护工程东帷幕深孔岩溶帷幕灌浆施工成果分析，为同类型帷幕灌浆提供了可靠的参数，并为深孔岩溶帷幕灌浆积累了经验。

参考文献

［1］　夏可风. 夏可风灌浆技术文集［M］. 北京：中国水利水电出版社，2015.

［2］　中华人民共和国水利部. 水工建筑物水泥灌浆施工技术规范：SL 62—2014［S］. 北京：中国水利水电出版社，2014.

［3］　中华人民共和国国土资源部. 矿山帷幕注浆规范：DZ/T 0285-2015［S］. 北京：中国标准出版社，2015.

［4］　刘潇. 大藤峡盘龙防护工程东帷幕灌浆施工［M］. 北京：中国电力出版社，2022.

机制砂物理性能对混凝土工作性能的影响

杜志芹[1-4]　温金保[1-4]　刘兴荣[1-4]　夏　强[1-4]　王　松[2-4]　季　海[2-4]

(1. 南京水利科学研究院，江苏南京　210029；2. 南京瑞迪高新技术有限公司，江苏南京　210024；

3. 水利部水工新材料工程技术研究中心，江苏南京　210024；

4. 安徽瑞和新材料有限公司安徽省院士工作站，安徽马鞍山　243000)

摘　要：机制砂替代天然砂用作混凝土细骨料已经成为混凝土行业发展趋势，本文主要研究了机制砂的石粉含量和细度模数对混凝土工作性能的影响。试验结果显示：随石粉含量的增加，混凝土的和易性变好，石粉含量≥11％时，机制砂拌制的混凝土的和易性和天然砂拌制的混凝土基本相同。石粉含量≥13％时，混凝土较黏。细度模数在2.4～3.0范围内时，混凝土的和易性好，机制砂细度模数降低，混凝土黏性增大。石粉含量和细度模数变化对强度影响不大。

关键词：机制砂；石粉含量；细度模数；混凝土；工作性能

1　研究背景

　　砂是制备混凝土的重要组成部分，约占混凝土总质量的三分之一，其物理性能对混凝土的工作性能、力学性能及耐久性能具有重要影响。天然砂颗粒圆润光滑、较干净，曾是我国大部分地区的主要建设用砂，但是天然砂是不可再生资源，且在我国境内分布不均，由于大量建设材料需求导致了天然砂资源日益匮乏，我国不少地区已经出现天然砂逐步减少，甚至无资源的情况[1]。另外，天然砂的过度开采引发的环境保护问题也引起了政府的高度重视。2016年元月，习近平总书记在重庆主持第一次长江经济带发展座谈会时指出，"要把修复长江生态环境摆在压倒性位置，共抓大保护，不搞大开发"。随后，围绕长江经济带的六项生态环境专项行动逐一展开，非法采砂专项整治是其中之一。日益加剧的建设用砂供需矛盾和政府出台的多条天然砂的保护开采条例使得天然砂资源日趋紧张。为了满足建设用砂的用量需求，机制砂已经成为混凝土当中细骨料的优先选择，机制砂是通过机械对母岩进行破碎、筛分，筛分粒径小于4.75mm[2]的岩石颗粒。机制砂用作混凝土的细骨料，既可解决天然砂资源短缺问题，又能降低运输成本，保护环境，而且混凝土强度能够得到保障。发达国家如美国、英国、日本等在20世纪60年代就已经开始应用机制砂，并取得了不错的经济效益[3-6]。我国贵州、云南等地缺少天然砂资源的地区在20世纪70年代首先开始机制砂的生产、应用及研究[7,8]，但主要以水电工程应用为主，其他工程中应用较少。目前，机制砂替代天然砂用作混凝土细骨料已经成为混凝土行业发展趋势[9,10]。

基金项目：中央级公益性科研院所基本科研业务专项资金重点基金项目（Y420010）。

作者简介：杜志芹（1984—），女，山东济南人，高级工程师，硕士，主要从事水工混凝土外加剂研究。

　　　　E_mail：zqdu@nhri.cn。

机制砂与天然砂相比，由于自身的理化特性（颗粒表面粗糙、棱角多、级配差及表面能大）导致由其配制的混凝土存在流动性与黏聚性差的问题，易于离析泌水，这与混凝土需要高流动性与高黏聚性来满足良好的泵送施工性能相悖。另外，很多机制砂生产厂家技术不成熟，生产的机制砂细度、石粉含量波动范围较大，导致机制砂混凝土的工作性能变化较大，给机制砂混凝土的工作性能调控带来系列难题。本文主要研究了机制砂的石粉含量和细度模数对混凝土工作性能的影响。

2　试验概况

2.1　试验原材料

水泥：海螺 P·O42.5 普通硅酸盐水泥。

天然砂：河砂，细度模数 2.5，含泥量 1.0%。

粉煤灰：Ⅱ级灰，需水量比 98%。

外加剂：南京瑞迪高新技术有限公司生产的 HLC-IX 聚羧酸系高性能减水剂。

机制砂：扬州市磊鑫建材有限公司生产的机制砂。

石子：5~31.5mm 碎石，连续级配。

2.2　试验方法

（1）根据《建设用砂》GB/T 14684—2011 规定的石粉含量、细度模数、测试机制砂的石粉含量和细度模数。

（2）根据《普通混凝土拌合物性能试验方法标准》GB/T 50080—2016 规定的坍落度、含气量、泌水率测试混凝土拌合物的工作性能。

（3）根据《普通混凝土力学性能试验方法标准》GB/T 50081—2019 测试成型试件在标准养护条件下养护 7d、28d 强度。

2.3　试验配合比

试验选取南京某搅拌站 C30 混凝土配合比，如表 1 所示。

混凝土配合比（单位：kg/m³）　　　　　　　　　　　表 1

强度等级	水泥	粉煤灰	砂	碎石	水	减水剂
C30	270	90	766	1060	165	3.6~4.32

试验中进行混凝土适配时，通过调整外加剂掺量来保持混凝土的坍落度和扩展度基本一致。

3　试验结果与讨论

3.1　机制砂石粉含量对混凝土工作性能的影响

在机制砂生产过程中，不可避免地要产生一定数量粒径小于 $75\mu m$ 的石粉，这也是机制砂与天然砂最明显的区别之一。《建设用砂》GB/T 14684—2011 对机制砂中的石粉含量限值作了严格的规定：当 MB≤1.4 时，石粉含量≤10%；MB>1.4 时，Ⅰ类、Ⅱ类、Ⅱ类砂的石粉含量分别不大于1%、3%、5%。实际上，机制砂生产中通常要产生 10%～15% 的石粉含量，甚至有的机制砂石粉含量高达 20% 以上，远超过国家标准允许的限值含量。

分别选取了石粉含量为 3%、5%、7%、9%、11%、13%、15%、17% 的机制砂进行试验，采用相同的配合比，研究石粉含量变化对混凝土工作性能的影响。主要通过混凝土坍落度、扩展度、含气量、泌水率来衡量混凝土的工作性能。并将机制砂拌制的混凝土与天然砂拌制的混凝土进行了对比，试验结果如表2所示。

不同石粉含量的机制砂混凝土的工作性能   表 2

编号	砂	石粉含量(%)	外加剂(%)	坍落度(mm)	扩展度(mm)	含气量(%)	泌水率(%)	状态描述
1	天然砂	—	1.0	205	480	3.4	0	和易性好
2	机制砂	3	1.0	170	500	1.7	7.5	和易性很差
3	机制砂	5	1.0	165	500	2.0	4.5	和易性差
4	机制砂	7	1.0	180	490	2.7	2.0	和易性较差
5	机制砂	9	1.0	200	510	3.2	0.7	和易性一般
6	机制砂	11	1.0	210	500	3.0	0	和易性好
7	机制砂	13	1.1	215	520	2.7	0	和易性好，略黏
8	机制砂	15	1.15	200	460	2.5	0	和异性好，略黏
9	机制砂	17	1.2	200	440	2.5	0	和异性好，黏

由试验结果可知，当石粉含量≤11%，随着石粉含量的增加，在外加剂掺量相同的情况下混凝土的坍落度呈现增大的趋势，但扩展度变化并不大，主要是由于石粉含量低时，混凝土和易性差，导致混凝土石子堆积，坍落度较小。当石粉含量>11%时，达到相同的坍落度和扩展度需要增加外加剂掺量。随着机制砂石粉含量的增加，混凝土的含气量呈现先增加后减小的趋势，当石粉含量≤9%时，含气量随机制砂石粉含量的增加而减小，当石粉含量≥11%时，机制砂石粉含量增加，含气量略有降低。当石粉含量≤9%时，随着石粉含量的增加，混凝土的泌水率逐渐降低，当石粉含量≥11%时，混凝土无泌水。随着石粉含量的增加，混凝土的和易性变好，当石粉含量≥11%时，混凝土的和易性和天然砂拌制的混凝土基本相同。但是，石粉含量≥13%时，混凝土较天然砂拌制的混凝土黏。

3.2 机制砂细度模数对混凝土工作性能的影响

细度模数是衡量砂粗细程度的指标。砂的粗细程度对新拌混凝土的工作性能有很大影响，从而影响硬化混凝土的各项性能指标。较好的骨料颗粒级配可以在较少用水量的条件下制备出工作性能好的混凝土混合料，并能保证成型时不离析，得到均匀密实的混凝土。

分别选取了细度模数为 2.4、2.6、2.8、3.0、3.2、3.4、3.6 的机制砂进行试验，采用相同的配合比，研究细度模数不同对混凝土工作性能的影响。主要通过混凝土坍落度、扩展度、含气量、泌水率来衡量混凝土的工作性能。并与天然砂拌制的混凝土进行了对比，试验结果如表3所示。

不同细度模数的机制砂混凝土的工作性能　　　　　　　　　　表 3

编号	砂	细度模数	外加剂(%)	坍落度(mm)	扩展度(mm)	含气量(%)	泌水率(%)	状态描述
1	天然砂	—	1.0	220	550	3.6	0	和易性好
2	机制砂	2.4	1.2	220	530	2.4	0	和易性好,略黏
3	机制砂	2.6	1.2	220	550	2.7	0	和易性好,略黏
4	机制砂	2.8	1.1	210	500	2.9	0	和易性好
5	机制砂	3.0	1.0	210	490	3.2	0	和易性较好
6	机制砂	3.2	1.0	205	500	3.0	0.5	和易性一般
7	机制砂	3.4	1.0	19.0	520	2.5	2.6	和易性较差
8	机制砂	3.6	1.0	18.0	520	2.3	5.0	和易性差

　　由试验结果可知，机制砂细度模数在 2.4～2.8 范围内时，随着细度模数的增加达到相同的流动性所需的外加剂掺量逐渐降低；当机制砂细度模数在 3.0～3.6 范围内时，相同掺量的外加剂情况下混凝土的坍落度不断减小，扩展度变化不大，这主要是由于混凝土的和易性变差，石子堆积造成坍落度不断变小。当机制砂细度模数在 2.4～3.0 范围内时，随着细度模数的增加混凝土的含气量呈现增加的趋势，当机制砂细度模数在 3.2～3.6 范围内时，随着细度模数的增加，混凝土含气量降低，且 1h 后混凝土含气量较小。当细度模数在 2.4～3.0 范围内时，混凝土的和易性较好，细度模数降低时，混凝土黏性增大；当细度模数≥3.2 时，混凝土的和易性变差。

3.3　机制砂石粉含量和细度模数对混凝土力学性能的影响

　　不同石粉含量和不同细度模数拌制的混凝土 7d、28d 强度如图 1 和图 2 所示。

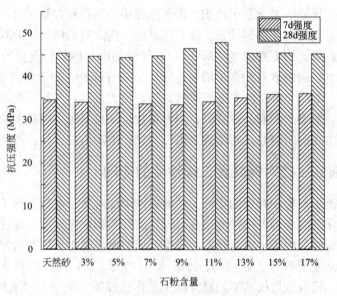

图 1　不同石粉含量机制砂混凝土抗压强度

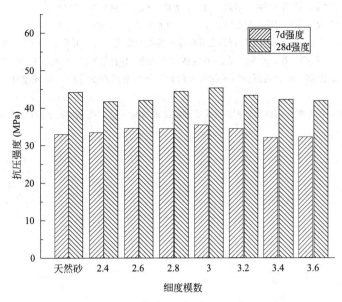

图 2 不同细度模数机制砂混凝土抗压强度

由试验结果可知，石粉含量变化对强度有一定程度影响，但影响并不大。当石粉含量≥11％时，混凝土的 7d 和 28d 强度均大于天然砂拌制的混凝土；当石粉含量＜9％时，其 7d 和 28d 强度均小于天然砂拌制混凝土。当细度模数在 2.8～3.0 范围内时混凝土的 7d 和 28d 强度均大于天然砂；当细度模数＞3.0 和＜2.8 时，机制砂拌制的混凝土强度均小于天然砂。

4 结论

（1）随着石粉含量的增加，混凝土的和易性变好，当石粉含量≥11％时，混凝土的和易性和天然砂拌制的混凝土基本相同。当石粉含量≥13％时，机制砂拌制的混凝土较天然砂拌制的混凝土黏。当石粉含量＞11％时，达到相同的坍落度和扩展度需要增加外加剂掺量。随着石粉含量的增加，混凝土的泌水率逐渐降低，当石粉含量≥11％时，混凝土不泌水。

（2）当细度模数在 2.4～3.0 范围内时，混凝土的和易性较好，随着机制砂细度模数降低，混凝土黏性增大；当细度模数≥3.2 时，混凝土的和易性变差。

（3）石粉含量和细度模数变化对强度有一定程度影响，但影响并不大，当石粉含量≥11％时，混凝土的 7d 和 28d 强度均大于天然砂拌制的混凝土。当细度模数在 2.8～3.0 范围内时混凝土的 7d 和 28d 强度均大于天然砂。

参考文献

[1] 蒋正武，梅世龙，等 . 机制砂高性能混凝土［M］北京：化学工业出版社 . 2014.

[2] 王稷良 . 机制砂特性对混凝土性能的影响及机理研究［D］. 武汉：武汉理工大学，2008.

[3] 何盛东 . 机制砂混凝土及其预应力梁受力性能研究［D］. 郑州：郑州大学，2012.

[4] 刘秀美 . 机制砂作混凝土细骨料的研究［D］. 山东：济南大学，2013.

［5］　余川.机制砂在巴南高速公路中的应用研究［D］.成都：西南交通大学，2011.

［6］　翁定伯.国外人工砂的生产工艺和应用情况［J］.水利水电技术.1965（6）：53-59.

［7］　唐凯靖，刘来宝，周应.岩性对机制砂特性及其混凝土性能的影响［J］.混凝土.2011（12）：62-63.

［8］　岳海军，李北星，周明凯，等.水泥混凝土用机制砂的级配探讨与试验［J］.混凝土.2012（3）：91-94.

［9］　徐健，蔡基伟，王稷良，等.机制砂与精品机制砂混凝土的研究现状［J］.国外建材科技，2004，25（3）：20-24.

［10］　蒋正武，石连富，孙振平.用机制砂配制自密实混凝土的研究［J］.建筑材料学报，2006，10（2）：154-160.

沂蒙抽水蓄能电站防渗面板改性沥青胶结料开发及应用

张永翰[1]　祁　聪[1]　潘瑞强[2]　张福成[3]　汪正兴[3]　赵　常[2]　金　萍[1]　石丽娜[1]

(1. 山东海韵沥青有限公司，山东滨州　256600；2. 中国葛洲坝集团股份有限公司，湖北宜昌　443500；
3. 中水科海利工程技术有限公司，北京　100038)

摘　要：伴随着风、光等新能源发电方式的发展，抽水蓄能电站作为一种最成熟的规模化储能方式得到越来越多的重视，沥青基防渗面板在抗渗性、整体性和自修复等方面具有天然优势，是抽水蓄能电站最主要防渗形式之一。本文针对沂蒙抽水蓄能电站混凝土面板防渗层设计要求，以蜡含量、四组分为依据，选择低蜡环烷基原油沥青为改性料，并根据改性剂掺量对关键指标影响考察，确定项目最佳方案；通过考察改性沥青在不同温度下指标变化，确定170℃静态存储时，存储最大时长不多于144h；引用 PAV 老化方式对改性沥青模拟长期老化后的性能考察，实证改性沥青经长期老化后，其技术指标和流变性明显优于普通改性沥青和 SG70 沥青。改性沥青混凝土在设计配合比下性能达到：70℃下斜坡流淌值为0.699mm，弯曲应变3.75%，冻断温度达到−32.8℃，满足沂蒙抽水蓄能项目防渗使用要求。

关键词：抽水蓄能电站；防渗面板；沥青混凝土；改性沥青；性能评价

1　研究背景

　　抽水蓄能电站是近年来国家大力发展的新型储能方式，但由于电站建设的特殊性对工程的防渗要求较高，尤其是上水库。随着茅坪溪、尼尔基、宝泉、呼和浩特等蓄能电站工程的建成投用[1,2]，推动了沥青混凝土防渗工程的快速发展。沥青是一种优良的胶凝材料，具有较好的高、低温性能和抗老化性能，广泛应用于建筑物防水及水库、大坝等工程。沥青混凝土具有较好柔性和变形能力，可在一定程度上适应构筑物的不均匀沉降，同时沥青混凝土还具有抗渗性强、整体性好、施工简便等优点[3]。

　　沥青混凝土面板服役过程主要承载的是不均匀水压和侧向受力，以及水流冲刷基础沉降变形、化学侵蚀等不同的水工荷载、机械荷载[4]，因此水工用沥青相较于道路用沥青要有更好的高低温、耐老化性能及化学稳定性。通过添加聚合物改性剂提高道路沥青的使用性能已有很长的发展历史，大量的工程实践表明[5-7]，改性沥青能显著增强路面抵抗永久变形能力、低温抗裂性和耐疲劳性能；在水工防渗领域，为改善沥青混凝土延展性、低温工作性能和提升承受频繁变化的荷载能力，也会选用聚合物改性沥青作为胶结材料[8]，已建成的西龙池、呼和浩特抽水蓄能电站、崇礼冬奥会制雪水库等均采用改性沥青[9,10]。

　　沂蒙抽水蓄能电站坐落于山东费县，是鲁南地区第一座抽水蓄能电站，也是山东省内第一座沥青防渗面板形式的抽水蓄能电站。电站上水库采用沥青混凝土面板全库防渗，防

作者简介：张永翰（1982—），男，山东临沂人，高级工程师，硕士，主要从事道路沥青材料、工程建筑材料开发及应用转化工作。E-mail：yonghan.zhang@chambroad.com。

渗面积 33 万 m²，防渗面板采用三层简式断面结构，由内至外的顺序为整平胶结层、防渗层和封闭层，其中防渗层和封闭层设计采用 SBS 改性沥青为胶结料。本文针对设计指标要求，从原料选择、改性方案设计出发，针对性地开发了一种改性沥青。

2　改性沥青原料选择

根据《土石坝沥青混凝土面板和心墙设计规范》DL/T 5411—2009 和《沥青路面施工技术规范》JTG F40—2005，对比了 70 号沥青指标要求情况，并列于表 1 中，可知两种产品的要求差异主要体现在软化点、延度、老化性能指标和蜡含量上。

水工石油沥青 SG-70 与道路 A 级 70 号沥青技术指标对比　　　表 1

项目		单位	SG-70	AH-70
针入度(25℃,100g,5s)		0.1mm	60~80	60~80
延度(15℃,5cm/min)		cm	≥150	≥100
延度(10℃,5cm/min)		cm	—	20
延度(4℃,1cm/min)		cm	≥10	—
软化点(环球法)		℃	48~55	≥46
脆点		℃	≤−10	—
闪点(开口法)		℃	>230	>260
密度(25℃)		g/cm³	实测	实测
溶解度(三氯乙烯)		%	≥99.0	≥99.5
蜡含量(裂解法)		%	≤2.0	≤2.2
薄膜烘箱后	质量损失	%	≤0.2	≤±0.8
	针入度比	%	≥68	≥61
	延度(15℃,5cm/min)	cm	≥80	≥15
	延度(10℃,5cm/min)	cm	—	≥6
	延度(4℃,1cm/min)	cm	≥4	—
	软化点升高	℃	≤5	—

为了了解市场上在售道路石油沥青对 DL/T 5411—2009 中水工沥青技术要求的符合程度，选用国内外不同品牌的 70 号 A 级石油沥青进行性能分析，并列于表 2 中。可知所选的沥青均不能完全符合 DL/T 5411—2009 要求，且不同 70 号沥青在蜡含量、延度、质量损失、老化针入度比等指标上差异较大，这主要是由于不同厂家所生产沥青采用的油源及工艺存在差异，导致沥青组分胶体结构不同所致。

国内外主要企业生产 70 号 A 级道路沥青性能比较　　　表 2

分析项目	国内 A	国内 B	国内 C	国外 A	国外 B	国外 C
	70 号	70 号	70 号	70 号	70 号	70 号
针入度(25℃,5s,100g),0.1mm	70	61	73	73	67	63
针入度指数 PI	−1.5	−0.7	−1.4	−1.5	−1.1	−1.8
软化点(R&B),℃	47.8	48.0	47	47	47	47.5
60℃动力黏度,Pa·s	208	222	212	184	194	222

续表

分析项目		国内 A	国内 B	国内 C	国外 A	国外 B	国外 C
		70 号	70 号	70 号	70 号	70 号	70 号
10℃延度(5cm/min),cm		>100	26	>100	83	>100	31.8
15℃延度(5cm/min),cm		>150	>150	>150	>150	>150	>150
4℃延度(1cm/min),cm		18	16	32	17	21	9
蜡含量(蒸馏法),%		1.0	1.5	1.9	1.7	2.0	1.7
闪点,℃		284	332	290	334	334	314
溶解度,%		99.90	99.61	99.94	99.84	99.77	99.84
TFOT 老化后	质量变化,%	−0.090	−0.064	−0.314	−0.015	0.071	−0.010
	残留针入度比,%	68	72	67	66	70	66
	10℃残留延度(5cm/min),cm	7	6	10	8	9	6
	4℃残留延度(1cm/min),cm	6	0.4	3.6	1.0	2.5	1.1
组分 分析	沥青质,%	11.22	10.23	4.15	9.35	8.09	12.57
	饱和分,%	21.78	15.02	21.01	8.54	13.18	13.41
	胶质,%	21.83	23.86	32.15	25.8	26.47	23.41
	芳香芬,%	39.39	43.01	33.51	49.61	48.5	48.19

制备改性沥青时,SBS 等高分子聚合物,经过预溶胀、研磨、发育等过程,与沥青各组分发生物理吸附、化学交联反应,使沥青组成发生变化,改变了原体系的性能指标,如软化点、延度、脆点等;但沥青中还有一些指标并没有因改性剂的加入而发生明显变化,如蜡含量,因此在选择改性沥青的原料时应重点关注。此外,沥青的四组分构成会直接影响聚合物与沥青的相容性,合适的四组分构成,会使改性沥青在相对低的改性剂掺量下,形成稳固的交联体系,具备较好的高低温性能和存储稳定性。

3 改性沥青方案设计

所选用的基质沥青为山东京博石油化工有限公司生产的海韵 70 号沥青,其技术指标如表 3 所示。

所选用的 SBS 改性剂为中石化岳阳巴陵石化所产 YH-791 型 SBS;助溶剂为芳香芬>80%的芳烃油。

改性设备采用美国 DALWORTH 胶体磨。

改性沥青制备工艺为:将 70 号石油沥青预热至 175℃,加入不同剂量的改性剂和助溶剂,经过胶体磨研磨后,转入发育罐,恒温 175℃,发育 2h,即得到改性沥青,并对沥青指标进行分析检测。

海韵 70 号沥青技术指标　　　　　　　　　　　　表 3

项目	单位	质量要求	检测结果	实验方法
针入度(100g,5s,25℃)	0.1mm	60～80	69	T0604—2011
针入度指数 PI	—	−1.5～+1.0	−1.2	T0604—2011
软化点	℃	≥46	47	T0606—2011

续表

项目	单位	质量要求	检测结果	实验方法
60℃动力黏度	Pa·s	≥180	205	T0620—2011
10℃延度	cm	≥25	69	T0605—2011
15℃延度	cm	≥100	＞150	
蜡含量(蒸馏法)	%	≤2.2	1.0	T0615—2011
TFOT 或 RTFOT 后				
质量变化	%	≤±0.8	—0.092	T0609—2011
残留针入度比(25℃)	%	≥61	68	T0604—2011
残留延度(10℃)	cm	≥6	9	T0605— 2011

3.1　改性剂对改性沥青指标影响考察

采用不同用量的改性剂，考察其对改性沥青软化点、老化针比、质量损失、表观黏度、蜡含量等指标的影响，其指标变化情况如表 4 所示。

不同改性剂掺量下改性沥青各指标变化　　　　表 4

改性剂掺量,%	3.0	3.5	4.0	4.5	5.0
软化点,℃	64	68	71	77	82
脆点,℃	—18	—22	—24	—26	—30
老化针比,%	74	75	77	78	80
135℃表观黏度,Pa·s	0.95	1.1	1.24	1.45	1.64
蜡含量,%	0.9	0.9	0.9	0.9	0.9

由表 4 可知，随着改性剂增多，沥青软化点增加，同时脆点降低，主要原因是 SBS 改性剂具有苯乙烯-丁二烯-苯乙烯的嵌段结构，其中苯乙烯段使沥青呈现高弹的特性，丁二烯段使沥青呈现高黏的特性，两片段具有不同的玻璃化转化温度，因此改性沥青相对于石油沥青具有更宽的玻璃化转化温度区间，相应的工作区间也大了很多。当沥青中改性剂达到一定浓度后，还会形成网状结构，并且网状结构的密集程度和强度在一定程度上随着改性剂量的增多而增强，也进一步拓宽了工作温度范围。

沥青经老化后针入度会变小，采用老化后与老化前的针入度比值，即残留沥青针入度比，可以反映沥青耐老化程度，残留针入度比越大，沥青的抗老化性能越好，由表 4 可知，改性沥青的残留针入度比通常比石油沥青的高，且随改性剂掺量的增加而增大，说明改性剂有助于提升沥青的耐老化性。

表 4 还反映了改性沥青的蜡含量变化情况，可知随着改性剂增多，改性沥青蜡含量无变化，基本与所用的基质沥青相同，其含量并不会因聚合物的加入而改变。沥青中的蜡主要由直链的饱和烃组成，蜡的存在对混合料产生不好的影响，如降低混凝土低温抗裂性，使集料与沥青的黏附性变差，因此应严格控制沥青的蜡含量指标，改性沥青亦应选择低蜡含量的基质沥青为原料。

黏度是反映施工和易性的重要指标，黏度越高时，所需要的拌合和施工温度越高，因此拌合站的能源消耗也就越高,当然黏度过大还会带来其他方面的影响,如卸车慢,影响后续施工效率,甚至有时候导致压实困难,混合料孔隙率偏大,导致渗透系数不满足要求等。表4可以看出随着改性剂增加,改性沥青体系黏度增大,因此改性沥青在选择时需要根据当地气候环境、施工条件、经济成本等因素,设计合适的改性沥青方案。

通过上述分析,最终选定以蜡含量为1.0%的低蜡环烷基原油所产沥青为原料,改性剂掺量4%～4.5%为设计方案,沂蒙抽水蓄能电站所用的改性沥青产品指标如表5所示。

水工改性沥青技术指标 表5

项目		质量指标	检测值	试验方法
针入度(25℃,100g,5s)		60～80	70	DL/T 5362
针入度指数 PI		≥−0.4	−0.3	DL/T 5362
延度(15℃,5cm/min)		实测	141	DL/T 5362
延度(5cm/min,5℃)		≥30	42	DL/T 5362
软化点(环球法)		≥55	69.5	DL/T 5362
溶解度(三氯乙烯)		≥99.0	99.94	DL/T 5362
脆点		≤−10	−23	DL/T 5362
运动黏度(135℃)		≤3	1.10	DL/T 5362
闪点(开口法)		>260	274	DL/T 5362
密度(25℃)		实测	1.021	DL/T 5362
基质蜡含量(裂解法)		≤2	1.0	DL/T 5362
离析,48h软化点差		≤2.5	0.6	JTG E20
TFOT 老化后	质量损失	≤1.0	−0.209	DL/T 5362
	软化点升高	≤5	−3.8	DL/T 5362
	针入度比	≥60	76	DL/T 5362
	延度(5cm/min,15℃)	—	87	DL/T 5362
	延度(5cm/min,5℃)	≥20	29	DL/T 5362

3.2 改性沥青存储稳定性考察

由于改性剂与沥青在热力学指标上存在较大差异,因此改性沥青在生产完毕后,持续发生着改性剂的溶胀、降解、相分离等动态变化,这种变化与存储温度、时间密切相关,不恰当的存储会导致产品指标过快衰减甚至是离析发生。为了考察水工改性沥青的存储稳定情况,在140℃、160℃、170℃、180℃下静态模拟存储状态,考察其指标变化情况。

由图1可知,改性沥青随存储温度升高,可存储时间变短,其中针入度、软化点随着时间的延长变化不明显,但老化前后的延度衰减较快,主要是由于改性剂随着高温存储发生化学键的降解,破坏已形成的交联结构,导致低温性能变差。

图2、图3为在不同存储温度下,改性随着存储时长老化前后延度变化情况。可知,老化前后15℃延度和5℃延度衰减趋势一致,温度越高,衰减趋势线的斜率略大,表明指标衰减越快,可存储的时间越短。

因此,在保证施工条件下,改性沥青尽量采用较低的存储。根据以往的经验,改性沥青存储时间一般不超过14d,且要求存储在带有搅拌的储罐中,应用于水工领域的改性沥

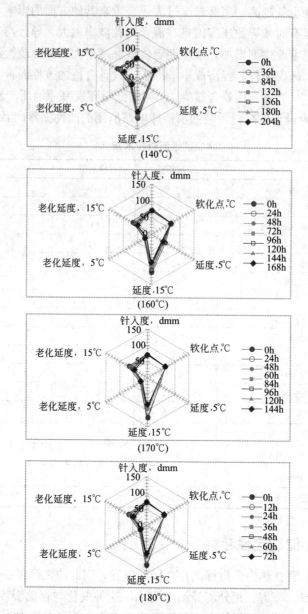

图 1　水工改性沥青不同存储时间下的关键指标衰减情况

青，为保障性能指标最优，建议即产即用，为保障一定的施工作业弹性，也可在 170℃ 以下，存储 144h 以内。

3.3　改性沥青长期老化性能考察

　　水工沥青在长期服役过程中，受光照、空气、水分、微生物等综合因素影响，会发生持续的老化、衰减，这种长期的老化对混凝土的影响更大。20 世纪 80 年代，美国公路与运输协会（AASHTO）提出 SHRP 研究计划，利用时-温等效原理，采用压力老化（PAV）方式，可模拟沥青在服役过程中受温度、空气等综合因素的老化情况，SHRP 研

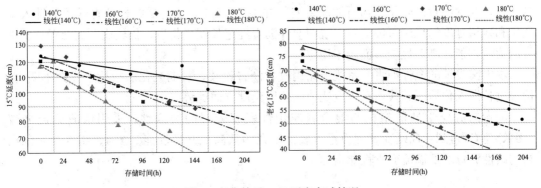

图 2　老化前后 15℃延度衰减情况

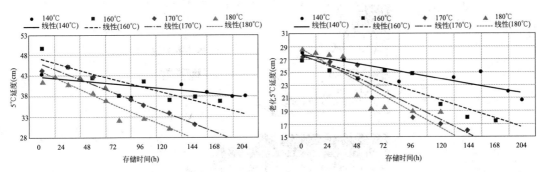

图 3　老化前后 5℃延度衰减情况

究成果证明，在 2.1MPa 压力、90～110℃下，模拟老化沥青的性能与路面实际服役 5～8 年的沥青性能相关性较好。水工沥青服役条件虽然不同于道路沥青，但采用压力老化方式依然具有较好的借鉴意义。本文采用 2.1MPa、100℃、20h 的压力老化条件，开展改性沥青长期老化性能评价，并对比石油沥青，考察改性沥青经 PAV 老化后，沥青指标及流变学指标变化情况。

改性沥青与石油沥青不同老化方式指标比较　　　　　　　　　　表 6

项目	本改性沥青	道路改性沥青	石油沥青 SG-70	石油沥青 AH-70
针入度,0.1mm	70	69	62.5	65.4
软化点,℃	72	74	49.9	49.1
TFOT 老化后				
软化点差,℃	−3.2	−5.3	+3.7	+4.1
针入度比值,%	76	75	80	73
10℃延度(5cm/min),cm	—	—	10.5	7.1
5℃延度(5cm/min),cm	30	28	—	—
PAV 老化后				
针入度比值,%	55.0	52.2	46.5	41.1
软化点差,℃	−5.2	−7.2	+11.4	+12.1
15℃延度,cm	13.2	11.0	7.1	4.8

由表 6 可知，改性沥青和经短期老化后的改性沥青软化点高于石油沥青，但经 PAV

老化后，改性沥青的软化点与石油沥青差别并不大；PAV 老化后改性沥青残留的针入度比值和残留延度远优于石油沥青，说明改性沥青经过长期老化后，仍然比石油沥青具有更好的柔性，但在高温性能方面趋于稳定。

本方案设计的改性沥青与常规道路用改性沥青比较，短期老化后指标差异并不明显，但经过长期老化后，其残留针入度比值和残留延度方面优势突出。

沥青的流变学性能指标与混合料应用性能有较好的关联性，采用弯曲梁流变仪（BBR）测试得到弯曲蠕变劲度模量可表征沥青的低温抗开裂性能。图 4、图 5 为石油沥青与改性沥青的低温流变学性能指标。

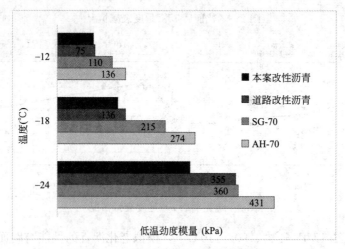

图 4　不同沥青的低温劲度模量变化

由图 4 可知，随着温度的降低，沥青的低温蠕变劲度模量变大，说明沥青黏性变小，弹性增大，沥青变得硬脆。通过改性沥青与两种石油沥青比较，发现经过改性之后，沥青同温度下的劲度模量降低，说明改性剂的加入增大了沥青的变形能力，具有更高的抵御低温开裂的能力。

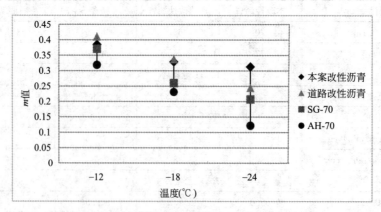

图 5　不同石油沥青与微改性沥青的相位角变化

图 5 为不同沥青的低温蠕变劲度模量变化率 m 值随温度的变化，不同的沥青其劲度随时间的变化是不同的，温度应力累积到一定程度，低温开裂就会产生，蠕变劲度模量变

化率 m 值表征沥青松弛应力的能力大小，m 值越大则松弛应力的能力越好，低温性能越好。由图 5 可知，m 值随着环境温度的下降而降低，在同温度下，改性沥青的应力松弛能力优于石油沥青。

4 沥青混凝土评价

为了验证水工改性沥青性能，依据《山东沂蒙抽水蓄能电站上水库沥青混凝土面板施工技术要求》，北京中水科海利工程技术公司对防渗层沥青混凝土完成配合比设计。

防渗层沥青混凝土所采用的沥青为山东京博石油化工有限公司生产的水工改性沥青；骨料为沂蒙片麻状闪长岩，各档骨料的筛分通过率如表 7 所示；填料采用石灰石矿粉。经室内试验验证，优选级配指数为 0.5、填料含量 9%、油石比 7.6% 为防渗层推荐配合比，如表 8 所示。

所用骨料分级和筛分通过率检测结果 表 7

筛孔尺寸 (mm)	通过下列筛孔的质量百分率(%)										
	19	16	13.2	9.5	4.75	2.36	1.18	0.6	0.3	0.15	0.075
16～19	96.0	12.6	0.8	0.3	0.0	0.0	0.0	0.0	0.0	0.0	0.0
9.5～16	100.0	87.9	45.7	2.9	0.2	0.0	0.0	0.0	0.0	0.0	0.0
4.75～9.5	100.0	100.0	100.0	95.2	11.1	0.2	0.0	0.0	0.0	0.0	0.0
2.36～4.75	100.0	100.0	100.0	100.0	97.3	0.4	0.0	0.0	0.0	0.0	0.0
0～2.36	100.0	100.0	100.0	100.0	99.4	85.0	68.8	56.0	29.6	11.2	3.1
矿粉	100.0	100.0	100.0	100.0	100.0	100.0	100.0	100.0	100.0	100.0	99.0

防渗层所用推荐配合比 表 8

筛孔尺寸 (mm)	通过下列筛孔的质量百分率(%)										油石比 (%)
	16	13.2	9.5	4.75	2.36	1.18	0.6	0.3	0.15	0.075	
通过率	100.0	92.4	80.6	60.3	44.9	33.3	24.7	14.5	10.5	9.0	7.6

防渗层沥青混凝土性能指标如表 9 所示，可知在设计配合比下，沥青混凝土 70℃ 下斜坡流淌为 0.699mm，弯曲应变 3.75%，冻断温度达到 −32.8℃，具有较好的抗高温斜坡流淌、抗弯曲性能、抗渗透性能和耐水性能，满足沂蒙抽水蓄能电站设计使用要求，是一种性能优良的防渗用沥青胶结料。

防渗层沥青混凝土性能指标 表 9

项目	单位	技术要求	检测结果
孔隙率	%	<2	1.31
斜坡流淌	mm	<0.8	0.699
渗透系数	cm/s	1×10^{-8}	不渗
拉伸应变	%	>1.0	1.48
弯曲应变	%	>2.5	3.72
水稳定系数	—	≥0.90	0.99
冻断温度	℃	≤−25	−32.8

5 结论

(1) 依据《土石坝沥青混凝土面板和心墙设计规范》DL/T 5411—2009，大部分的道路石油沥青不满足使用要求，大多在软化点、延度、质量损失、老化针入度比、蜡含量等指标上差异较大。

(2) 改性剂可明显地改善基质沥青的高低温性能指标，但改性沥青的蜡含量受基质沥青决定，因此改性沥青应选择蜡含量低，组分适宜的石油沥青作为改性料。改性沥青方案设计时，应根据气候条件、施工水平、经济成本等综合考虑，保证性能满足要求，同时防止性能过剩造成资源浪费。

(3) 对改性沥青在不同温度下分别表征高温、低温、老化性能等指标变化情况考察，得出延度是高温存储过程中衰减较快的指标，并确定170℃静态存储时，存储最大时长不多于144h；采用压力老化方式对不同沥青进行长期老化性能评价，改性沥青残留的针入度比值和残留延度优于石油沥青；同时发现改性沥青比石油沥青具有更优良的低温流变性，表明改性沥青经过长期服役在低温下仍然具有良好的抗应变能力。

(4) 通过室内配合比验证，表明改性水工沥青具有较好的抗高温斜坡流淌、抗弯曲性能、抗渗透性能和耐水性能，是一种性能优良的防渗用沥青胶结料。

参考文献

[1] 郝巨涛，纪国晋，孙志恒，等. 水工结构材料研究的回顾与展望 [J]. 中国水利水电科学研究院学报，2018，16 (5)：405-416.
[2] 郝巨涛，刘增洪，汪正兴. 我国沥青混凝土防渗工程技术的发展与展望 [J]. 水利学报，2018，49 (9)：1137-1147.
[3] 张锦华，王亚明，沈艺. 三峡水工沥青的研制与生产 [J]. 石油沥青，15 (3)：16-18.
[4] 杜振坤，贾金生，陈肖蕾. 我国水工沥青混凝土防渗技术发展及其应用 [J]. 水力发电，2004，30 (11)：75-83.
[5] 于国锋，董春仁，张家宇. SBS改性沥青性能的探讨 [J]. 辽宁省交通高等专科学校学报，2003，5 (4)：36-42.
[6] 王金勤，杨克红，周秀珍. 乌鲁木齐国际机场特种改性沥青路用性能研究 [J]. 石油沥青，2014，28 (5)：10-15.
[7] 唐文峻，张根合，李晓娟. 西宁南绕城高速公路 SBS 改性沥青试验研究 [J]. 路基工程，2015，4：120-124.
[8] 杜振冲，贾金生，陈肖蕾. 水工沥青混凝土防渗技术发展与应用 [J]. 水利规划与设计，2007：56-65.
[9] 陈春雷，戈文武. 西龙池抽水蓄能电站上库盆沥青混凝土面板施工 [J]. 水利水电技术，2008，39 (11)：58-61.
[10] 夏世法，鲁一晖，郝巨涛，等. 呼和浩特抽水蓄能电站上水库沥青混凝土面板关键技术问题 [J]. 中国三峡. 2013，12：21-25.

复杂料源制备砂石骨料技术

邓 兵

（中国水利水电第九工程局有限公司，贵州贵阳 550008）

摘 要：通过复杂料源制备砂石骨料技术的研究，解决了复杂料源制约系统产能，成品砂石骨料级配，石粉含量等质量波动问题，同时提高料源的利用率，解决了大型水电工程开挖料利用率低的问题，减少矿山开采，实现绿色工程建设。

关键词：复杂料源；原料利用率；绿色工程建设

1 研究背景

我国在人工砂石骨料制备技术中，主要是根据料源的岩石特性制定生产工艺，不同的料源采用不同的生产工艺。当料源受污染或与工艺设计中的料源质量相差较大时，只能作为无用料处理。在大型基建工程建设中，特别是水电工程建设中大量的土石方开挖，因为开挖目的、施工布置及地质结构复杂以及大量的工程开挖有用料因级配、含泥量等，导致不能用于砂石系统生产工艺中而成为无用料。工程建设混凝土用砂石骨料需新开矿山或外购骨料，造成大量的矿产资源浪费。在我国大中型水电工程中已开始使用工程开挖料生产砂石骨料，但主要使用的是地下洞室、基坑等部位开挖的较好的料源，最好的利用率在61%左右。2016年5月，国务院办公厅发布《国务院办公厅关于促进建材工业稳增长调结构增效益的指导意见（国办发〔2016〕34号）》[1]，为砂石骨料科技发展指明了新的方向，也是践行习近平总书记提出"绿水青山就是金山银山"发展理念。

2 复杂料源产生的原因

水电工程主要是利用江河的地形，筑坝将河流截断，抬高水位利用水的势能取水或发电。建设位置一般在狭窄的山峪地区，基础开挖包含两坝肩边坡开挖、河床基础开挖、交通道路及洞室开挖等。开挖的目的是清除表面的风化软表层、破碎岩体、满足主体工程建基面及主要设施设备的布置。各部位开挖方式，地质构造等差异较大，导致各个部位的开挖料特性相差较大，另外由于各个部位采用同步开挖、共用渣场等，主体工程开挖料形成复杂料源。以西藏DG水电站为例，电站主体工程开挖量 $620 \times 10^4 \, \mathrm{m}^3$，其中石方开挖达到 $471 \times 10^4 \, \mathrm{m}^3$，可用于砂石骨料生产的料源只有 $287 \times 10^4 \, \mathrm{m}^3$，远小于 $368.5 \times 10^4 \, \mathrm{m}^3$ 骨料料源的要求。如需解决料源缺口问题，就要提高料源的利用率，充分利用复杂料源。

作者简介：邓兵（1987—），男，四川人，工程师，主要从事水利水电工程建设工作。
E-mail：276692686@qq.com。

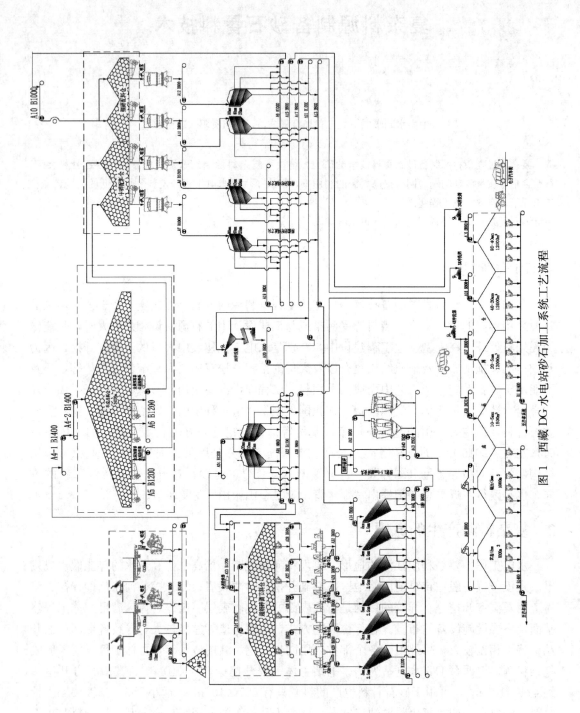

图 1　西藏 DG 水电站砂石加工系统工艺流程

3 复杂料源对砂石骨料生产的影响

人工砂石骨料的生产从 20 世纪 50 年代开始进入我国,之后水电工程建设经历了从 20 世纪 50~80 年代的摸索阶段、80 年代到 2000 年的提升阶段、2000 年以后生产环保发展阶段。生产工艺有干法、湿法、半干法等多种。不论采用何种生产工艺,都要根据料源特性、岩石硬度、磨蚀性、级配等参数进行工艺水平设计,当料源特性发生变化时,采用该工艺难以生产合格的砂石骨料。另外当料源中混有大量的无用料如泥粉、泥团、风化物等软弱颗粒时,该部分料只能作为无用料处理。以西藏 DG 水电站砂石加工系统工程(工艺流程见图 1)为例,各部位开挖料的线配曲线如图 2 所示,复杂料源会对加工系统产生多方面的影响。

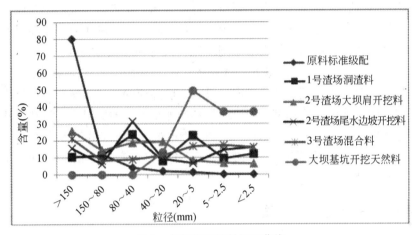

图 2　各部位开挖料级配曲线

(1) 在粗碎生产过程中,破碎料都是通过破碎机前的棒条筛处理后直接进入半成品料仓,只有少量进入破碎机进行破碎,导致破碎机不能形成满腔给料,石块之间的挤压减少,附在毛料表面附着的壳破碎降低,粗骨料裹粉的概率增加。粗碎车间设有脱泥筛分系统,主要是将料源中含有的泥粉、泥团等集中的物料通过筛分分选出来,作为弃料处理。由于各种不同的料源级配差异较大,物料中需要分选出来的弃料范围不同,导致弃料量偏高、料源浪费或脱泥不足影响成品砂石骨料质量。

(2) 通过粗碎后的半成品料级配与原设计中通过破碎机后的级配相差较大,细料含量远大于设计值,导致半成品料到中碎后小于 20mm 颗粒超过设计值。因小于 20mm 需要通过冲洗筛,采用湿法将小于 5mm 颗粒筛分出来后进入洗砂机进行搓洗,因为这部分细料主要是由料源、粗碎及中碎破碎过程中产生,需要进行充分搓洗后才能进入成品砂中。细料的比例严重超过设计比例,冲洗筛和洗砂机的处理能力不能满足要求,只有降低产能进行生产,因此大量的细料降低了砂石系统的产能。

(3) 本系统细碎车间主要用于调节大、中、小石级配,由于料源级配变化导致生产过程中无料或只有少量的料可调节进入细碎车间,使细碎车间无法形成满腔给料,弱化了细碎车间整形和级配调节功能。

(4) 制砂车间主要用于生产、调节砂的细度模数和石粉含量,由于料源中小于 5mm

的砂含量较高，导致生产过程中制砂车间只需要生产少量的砂，就能满足生产量要求。降低了制砂车间对砂制质量指标（石粉和细度模数）调节功效。

4　工艺技术的改进与优化成果

4.1　粗碎搭配生产及脱泥筛分方案

为了提高粗碎生产的合理性，对粗碎车间主要进行以下几个方面的改进和优化：一是为了提高半成品料级配的合理性，粗碎车间生产最大化地采用搭配生产，通过回采料场进行搭配，一条生产线选用好料生产，不脱泥；另一条生产线采用复杂料源进行脱离泥生产。二是解决脱泥筛处理能力不足问题，将棒条给料机间隙由 120mm 调至 100mm。同时将棒条给料机下料斗设为两条快速调整通道，可以快速调整进入半成品料仓或脱泥筛。三是解决因脱泥筛网孔尺寸导致料源浪费或脱泥不足问题。充分利用粗碎车间脱泥的两层筛网，根据生产性工艺试验成果，将上层筛网的网孔尺寸调整为 40mm×40mm，下层筛网的尺寸改为 30mm×30mm，并且将下层筛网靠出料口的筛网改为活动式翻板。当料源为尾水开挖的较差料时，将翻板打开，半成品只取上层筛面的料，当料源为 3 号渣场混合料时，将翻板门关闭，取第一层和第二层筛面的料。如果料源差的料主要为基坑开挖的砂砾石时，将下层筛网更换为 15mm×15mm。通过以上方式，将部分原本作为弃料的复杂料源充分利用起来，在保证质量和产能的情况下，开挖料的利用率由 61% 提高到 80.1%，解决了本工程料源缺口的问题。

4.2　中细碎车间产能调节方案

通过粗碎车间脱泥后，还有部分泥带入半成品中（主要是因为棒条给料机筛分不完全和裹在石块表面的泥粉），通过中碎车间圆锥式破碎机挤压破碎，将石块表面的"壳"挤破后，泥粉主要混入细料中（<20mm），通过一筛车间筛分后，将小于 20mm 的料全部进入 1 号冲洗筛进行冲洗，小于 5mm 的砂通过冲洗后采用一台 FG15 洗砂机回收。根据现场料源情况，因料源中小于 5mm 的细料较多。该系统原有的一台洗砂机无法满足处理要求，增加一台 FG15 洗砂机，对细砂进行充分的搓洗，将细料中的泥团、泥粉等洗除，洗砂机布置在现有洗砂机的旁边。

另外，当料源质量较好时，为减少石粉的损耗，提高料源的利用率，生产过程中尽量降低进入 1 号冲洗筛的冲洗量，保证成品砂中的石粉含量。在第四筛分车间增加对第一、第二筛分车间筛分出来的细料（<20mm）的处理能力，在原第四筛分车间 4 号筛与 5 号筛之间增加 1 台高频筛 5-1 号，同时与 5 号筛共同处理第一、第二筛分车间筛分出来的细料（<20mm）。通过以上工艺改进，在复杂料源情况下将产能由 50% 左右提高到 85%～90%，解决了细料制约系统产能，解决了复杂料源影响系统产能问题。

4.3　级配调整方案

成品小石生产比例偏低主要有两个原因，一是在粗碎车间进行脱泥过程中，大量的小石被无用料带走。二是细碎车间为标准腔，可调开口范围较小，进料主要为大石和超径石，在破碎腔内受到挤压破碎不连续，导致细碎的产品主要为中石，小石比例较小。三是细碎车间 HP400 的生产料源主要为一筛筛后的超径石（＞80mm）和部分超出生产比例的中石和大石。料源级配受中碎车间进料级配影响较大，当进入中碎的料源整体偏细时，进入细碎的量就比较少，且主要为超径石和大石，细碎圆锥既不能形成满腔给料，料源级配也不连续，导致细碎车间的整形效果和级配调节能力较差。

为了实现满腔给料、调节范围和进入细碎车间料源粒径小、量小的问题，将细碎车间 HP400 圆锥式破碎机的腔型进行调整（由标准腔型改为细腔型），增加 HP400 圆锥式破碎机对粒径偏小料源的调节能力，同时利用半成品料仓锥形料堆的自然离析原理，引入部分半成品料与原进入细碎车间的料源组合，使细碎车间实现常态化满腔给料运行。通过该工艺技术改进，小石产量从 15％～16％提高到 20％～22％，满足工程需求的同时，将粗骨料针片状含量降低 2％～3％。

4.4　石粉调整方案

由于料源复杂，采用原设计工艺生产，成品砂石粉含量变化范围为 10.2％～24.7％。按本项目的试验配合比最优石粉含量要求，常态混凝土为 15±1％，碾压混凝土为 20±2％。因此原用于选粉的系统不能对成品砂石粉含量进行调节，只能在石粉含量偏高的时候将多余的石粉选除。因此，从两个方面对石粉含量进行控制，一是根据生产常态砂和碾压砂的时段选用适合的料源。二是对系统进行改进，将分选出来的石粉采用一个 1000t 罐进行储贮，当成品砂石粉含量偏低时，采用变频螺旋给料机向成品砂中添加石粉，根据检测成果和需要添加的比例调节给料机频率进行控制。使成品砂的石粉含量保持在最佳范围内。

5　结束语

在 DG 水电站砂石系统中进行复杂料源制备砂石骨料技术的研究与应用，通过了主体工程混凝土浇筑高峰期的检验，解决了复杂料源影响系统产能，产品级配不平衡，石粉含量波动大的生产工艺技术问题，从而提高料源利用率，解决了主体工程混凝土用砂石骨料料源缺口大的问题。另外，通过该技术生产的副产品——脱泥料用于主体工程施工区的绿化，解决了施工区周边无土可取的问题。取得较好的经济效益和环保效益，具有较高的推广应用价值。

参考文献

[1] 王琼杰. 砂石行业也需要一场"革命"[N]. 中国矿业报，2016-10-12（003）.

高原地区深 V 峡谷河流截流施工技术浅谈

翁 锐[1] 梁俊霞[1] 张元元[2]

(1. 中国水利水电第七工程局有限公司，四川成都 611130；
2. 华电西藏能源有限公司大古水电分公司，西藏山南 856000)

摘 要： 青藏高原蕴藏着我国丰富的水能资源，水电项目的开发建设不仅为世界人类发展提供清洁能源，也是实现"碳中和"和"碳达峰"的重要举措之一。目前在青藏高原地区水电项目技术不够成熟，尤其在面临青藏高原地区深 V 峡谷河流复杂地质条件情况时，未采取过一次性拦断河床截流施工的案例。本文对 YLZBJ 流域首次采用一次性截断河床的截流方案设计、现场组织准备及实施过程等方面进行了阐述，为类似条件下的大江截流积累了经验。

关键词： 一次性拦断河床；截流施工程；施工方案；戗堤位置

1 概述

本文以位于西藏自治区山南市桑日县境内的 DG 水电站为例，阐述了在青藏高原地区深 V 峡谷河流复杂地质条件情况下，首次采用一次性拦断河床截流施工的方案，为 YLZBJ 流域水电项目的开发，乃至整个高原地区类似河床截流施工提供宝贵的经验。

2 本工程截流特点

根据工程水文地质资料、截流料源及截流水力学模型试验成果，本工程大江截流存在以下特点和难点：

（1）计算截流戗堤上下游最大落差 3.13m，截流龙口最大平均流速 4.86m/s，是本河段流域最大截流流速。

（2）工程坝址区河床地质、水文条件复杂，河床为深厚砂卵石覆盖层，抗冲刷能力弱，不利于截流戗堤稳定。从模型试验来看，冲刷明显，冲刷深度约 3~4m。

（3）截流戗堤预进占段位于河床深槽位置，水深、流速较大、流态复杂，不利于截流戗堤稳定。从模型试验情况看，小粒径抛投料难以稳定，戗堤堤头坍塌频发且规模较大，给截流人员和设备带来很大的安全隐患。

（4）本工程截流预进占段抛投的料物来自 2 号渣场，截流道路狭窄，对截流运输影响较大。

（5）截流块石量有限，仅 3000m³，块石料严重缺乏，备料任务艰巨。

作者简介：翁锐（1987—），男，四川内江人，工程师，主要从事水电工程施工技术管理。
E-mai：119746695@qq.com。

3 戗堤位置调整

根据召开的截流施工组织设计审查会明确，戗堤位置有两种布置方案，均由左岸的 1 号和 2 号导流洞双洞联合过流。

方案一：双洞过流，截流的戗堤位置按设计提供位置布置。截流戗堤轴线与围堰轴线平行，距上游围堰轴线上游约 42.5m 处，戗堤轴线长约 121m，戗堤顶部高程为 3376m。

方案二：根据截流备料情况和实际施工进度，将戗堤上移至 1 号导流洞下游侧，按双洞导流方式进行截流施工。截流戗堤轴线与围堰轴线平行，布置在围堰上游侧，距轴线约 140m，戗堤轴线长约 93m，戗堤顶部高程为 3376m。方案二的选择主要基于以下情况考虑：通过对原设计戗堤部位地形进行考察，鉴于原截流设计方案由 2 号洞单洞过流，龙口流速过大，且截流的准备时间过短。根据现场条件，目前戗堤正好处于河床陡坎下游，实测 1 号导流洞进口水位 3374.365m，戗堤轴线水位为 3370.849m。水位相差 3.516m，戗堤轴线上移后正好移至陡坎上游，水位较目前戗堤部位大大提高。戗堤位置上移后使得戗堤部位河床抬高，在截流时龙口和流洞的分流曲线更靠近导流洞，有利于龙口水力学参数的改善。且戗堤上移给防渗墙施工前对孤石的预爆破提供了有利条件，增加了防渗墙施工的进度保证系数。

4 导流方式及二期截流特点

4.1 截流控制标准

DG 水电站工程主要导流建筑物（包括导流隧洞、大坝上下游主围堰）级别为 4 级。施工导流采用断流围堰、隧洞导流的方式，截流控制标准如表 1 所示。

施工导流程序   表 1

导流阶段	导流时段	导流标准		导流建筑物		上游水位（m）	下游水位（m）	备注
		频率	流量（m³/s）	挡水建筑物	泄水建筑物			
截流	2016 年 12 月下旬	旬平均 $P=10\%$	416	戗堤	两条导流隧洞	3374.26		
初期导流	2016 年 12 月～2017 年 3 月	$P=10\%$	601	围堰	两条导流隧洞	3375.51		
	2017 年 4 月～2017 年 5 月	$P=10\%$	907	围堰	两条导流隧洞	3377.31		
	2017 年 6 月～大坝全线浇筑高程超过上游围堰顶高程	$P=20\%$	8840	围堰	两条导流隧洞	3416.79	3377.57	
中后期导流	大坝全线浇筑高程超过上游围堰顶高程～导流隧洞下闸封堵	全年 $P=2\%$	10300	坝体临时度汛断面	两条导流隧洞＋泄洪冲沙底孔	3422.97	3379.60	汛前浇筑至 3424m 高程以上

4.2　二期截流水力学模型试验

为保证本工程顺利截流，特委托福州大学进行了截流模型专项试验，针对不同戗堤宽度、不同进占方式、不同龙口宽度的多种截流方式进行对比试验，测试与分析截流水力学指标与截流难度的关系，针对截流过程中可预见和不可预见的情况进行了可靠的试验，根据试验结果提出了宝贵的意见和建议，以指导截流施工方案的编制以及截流施工。

截流模型的试验结论如下：

（1）结合截流试验结果和工程实际情况，DG 水电站河床截流方案拟定为单戗立堵截流，考虑到左岸备料条件及交通条件均较好，采用左岸为主，右岸为辅的双向进占方式。龙口布置在河床中部偏右；截流戗堤按梯形断面设计，上游设计坡比为 1：1.4，下游设计坡比为 1：1.4，端头设计坡比为 1：1.3，截流戗堤顶宽为 40.0m；戗堤进占的抛投强度为 1238m^3/h。截流施工所需材料主要为就地石渣料、中石、大石；考虑截流困难阶段防冲和减少流失量考虑，需要备用一定数量的钢筋石笼串、四面体串等作为截流关键阶段应急备料和安全贮备。

（2）11 月上旬截流流量（$Q=801.0$m^3/s）和 12 月下旬截流流量（$Q=801.0$m^3/s）对于 2 号单洞导流和双洞导流两种导流状况，截流试验过程中，获得的龙口水力特征指标见表 2。

不同试验工况时的龙口水力特征指标　　　　　　　　表 2

截流流量 （m^3/s）	截流 时间	导流状况	最大截流 落差(m)	最大流速 （m/s）	最大单宽流量 （m^3/s）	最大单宽功率 [t・m/（s・m）]	最大平均 流速(m/s)
416	12 月下旬	2 号单洞导流	7.61	9.68	29.01	152.02	5.68
416	12 月下旬	2 号单洞导流 残埂高 2.0m	9.20	9.50	29.01	166.14	5.68
416	12 月下旬	双洞导流	5.92	7.28	20.12	76.76	3.14
416	12 月下旬	双洞导流残 埂高 2.0m	6.86	7.28	21.38	93.25	3.67
801	11 月上旬	2 号单洞导流	10.63	11.24	23.86	197.15	6.60
801	11 月上旬	双洞导流	8.05	8.29	23.23	123.22	4.01

（3）截流过程中，龙口流速、单宽流量逐渐增大，当龙口束窄至三角形断面、龙口水流形成水舌时，龙口水流流速、单宽流量达到最大。试验发现，龙口水流流速和单宽流量两指标均在截流进入困难段（45～35m）后的某一龙口宽度下达到最大，但不一定在同一时刻。双向进占截流龙口流速比单向进占稍大。随着戗堤进占，增大趋势较为明显，但截流困难段最大流速比单向进占稍小。

（4）试验过程中发现，抛投材料如果流失在戗堤下游一定范围内，会有利于抛投材料的稳定。随着戗堤进占，截流材料的流失将下游河床垫起抬高，减小龙口的局部水头，从而降低了截流的难度。同时在某种程度上起到部分护底作用，对截流戗堤及堤头稳定是有利的。

（5）11 月上旬截流（$Q=801$m^3/s）、12 月下旬截（$Q=416$m^3/s）流量条件与 2 号单

洞导流、双洞导流两种导流条件之间组合的四种截流工况截流抛投量指标见表 3。

不同试验工况时的截流抛投量指标   表 3

流量 (m³/s)	戗堤顶 宽(m)	导流 状况	抛投石料(万 m³)					合计 (万 m³)	备料 (万 m³)	备注
			石渣料	中石	大石	钢筋石笼串	四面体串			
416	40	2 号单洞导流，无残埂	1.25	1.03	0.99	0.33	0.19	3.79	5.69	戗堤顶 高程 3380.00m
416	40	2 号单洞导流，残埂高 2m	1.25	1.08	1.00	0.34	0.24	3.88	5.82	
416	30	双洞导流，无残埂	1.15	1.06	0.29	0.31	0.14	2.95	4.43	
416	30	双洞导流，残埂高 2m	1.15	1.07	0.33	0.31	0.16	3.02	4.53	
801	40	2 号单洞导流	1.25	1.08	0.97	0.37	0.25	3.92	5.88	
801	30	双洞导流	1.07	1.19	0.35	0.32	0.19	3.12	4.68	

说明：上述表格中备料(含钢筋石笼串和四面体串)系数取 1.5

（6）试验表明：导流洞进口有 2m 岩埂时，截流闭气后戗堤上游水位、终落差均比无残埂工况有所增加。岩埂的存在对截流难度有一定程度的增加，尤其在龙口预进占和第 I 期截流初期，因底部高程增加，影响导流洞分流；龙口落差增大，对截流难度的影响更甚。

5 截流方案设计

5.1 截流方式选择

借鉴目前国内水利枢纽工程及类似工程截流施工经验，根据本工程现场地形条件、交通布置等情况，参考截流模型试验成果，依据水力学计算结果，并对施工技术方案进行了科学合理性、可行性、经济性对比分析，采用上游单戗单向（从左岸到右岸）立堵截流方式。截流龙口设在右岸河床。

5.2 截流戗堤断面优化设计

按设计提供的设计报告及截流流量 $Q = 416m^3/s$（12 月下旬 10 年一遇旬平均流量），双洞导流堰前水位为 3374.26m，考虑到安全超高等因素，确定两种截流方案的戗堤顶高程均为 3376m。截流戗堤按梯形断面设计，顶宽 35m，上游设计坡比为 1：1.4，下游设计坡比为 1：1.4，端头设计坡比为 1：1.2。

5.3 截流分区及龙口参数

截流龙口位置及宽度的确定与设计截流标准的流量、导流明渠的分流条件关系密切。确定截流分区及龙口参数是十分重要的环节，为此，为保证截流的成功，对以下参数进行了精确的计算和选择。

1. 龙口位置选择

工程区河床呈 V 形，戗堤位置河床左岸覆盖层较深，根据目前工程实际，右岸不具备通行条件，因此龙口选择在河右岸；龙口附近，左岸场地较开阔，适合作为合龙抛投料车辆暂停待卸料场地，因此采用左岸进占的方式，戗堤由左岸向右岸进占，龙口位置设置在主河床右侧。

2. 龙口护底和裹头保护

由于本工程龙口段位于河床右岸，不具备交通条件，因此本次截流施工进行护底施工困难。

根据水力计算结果，龙口段流速高达 4.86m/s 以上，根据设计资料本工程截流戗堤处河床地面高程约 3358～3370m，覆盖层厚度 4.4～38.9m，主要为冲积漂卵石，漂石含量 35%～40%，直径以 0.5～2.0m 为主，最大直径可达 5m，中细砂充填其间，局部存在架空现象；轴线附近两侧岸边表层分布厚 0.8～1.9m 的中细砂。根据钻孔抽水试验，漂卵石层渗透系数为 0.02～0.13cm/s，呈强透水性。

根据本工程河床覆盖层性状，暂不考虑采用河床护底及右岸裹头保护措施。

3. 截流进占分区

根据水力学计算成果并结合龙口布置情况，截流戗堤分为预进占段和龙口段。预进占段长约 61m，龙口段长 60m。其中，龙口段分为 3 个区段：龙口Ⅰ区、龙口Ⅱ区、龙口Ⅲ区。具体截流戗堤龙口分区如图 1 所示。

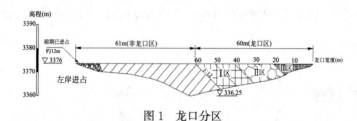

图 1　龙口分区

各区段计算截流水力学指标如下：

龙口Ⅰ区：龙口宽 60～40m，龙口平均流速 4.76～4.86m/s，最大平均流速 4.86m/s。

龙口Ⅱ区：龙口宽 40～20m，龙口平均流速 3.37～4.86m/s，最大平均流速 4.86m/s。

龙口Ⅲ区：龙口宽 20～0m，龙口平均流速 3.37～0m/s，最大平均流速 3.37m/s。

6　截流材料规划

依据水力计算成果，截流材料分区工程量如表 4 所示。

截流材料分区工程量　　　　　　　　　　　　　　　　　　　表 4

抛投区段部位		流速	抛投材料					合计
			石渣 (10～40cm)	中块石 (40～70cm)	大块石 (70～120cm)	特大石 (>120cm)	钢筋石笼 (2m×1m×1m)	
单位		m/s	m³	m³	m³	m³	m³	m³
预进占区		<3.34	5565	3339	2968	—	—	11872
龙口区	Ⅰ(70～50m)	3.0～3.34	8011	8545	6124	142	120	22942
	Ⅱ(50～20m)	3.0～1.52	6786	7238	5187	121	80	19412
	Ⅲ(20～0m)	1.52～0	1470	1548	1109	26	—	4153
合计			21832	20670	15388	289	200	58379

依据水力计算成果，龙口段采用石渣料、块石料、特大石和钢筋石笼填筑。

为满足截流需要，非龙口段需备料 11872m³，龙口区备料 46507m³，总备料 58379m³，为防止不可预见因素发生，需另配备约 1000m³ 块石串。

7 截流施工

7.1 截流进度计划

工程的进度直接关系到工程的经济效益和资金筹措，为保证大江截流在最佳时机截流成功，按施工总进度计划安排，2016 年 12 月开始截流施工准备，12 月底开始上游围堰戗堤预进占施工，同时防渗平台滞后 20~30m 跟进填筑。具体截流施工进度计划及日程安排如下：

①各类截流材料准备：2016 年 12 月 3 日至 24 日；
②预进占及截流演习、整改：2016 年 12 月 15 日—2016 年 12 月 22 日；
③河床截流：2016 年 12 月 25 日—2016 年 12 月 26 日。

7.2 截流施工强度考虑

（1）预进占段抛投强度考虑

预进占段抛投总量 26700m³，按照截流施工规划，戗堤预进占段施工时段为 2016 年 12 月 15 日—2016 年 12 月 22 日，共 7d。日平均抛投强度 3376m³，日最大抛投强度 5064m³（考虑 1.5 的不均匀系数），小时最大抛投强度 253m³（按照每天工作 20h 计）。

（2）龙口段抛投强度考虑

2016 年 12 月 25—26 日龙口合龙，戗堤龙口合龙总抛投量 26413m³ 料物，设计截流合龙历时 48h，平均抛投强度 550m³/h，最大抛投强度为 825m³/h（考虑 1.5 的不均匀系数）。

（3）堤头抛填强度考虑

戗堤堤头最大抛投强度可达 1200m³/h。截流预进占段最大抛投强度 253m³/h，龙口段最大抛投强度为 825m³/h，由此可见 4 个卸料点满足戗堤抛投施工要求。

7.3 设备选型及配置

为满足截流抛投强度的要求，必须配备足够的装、挖、吊、运设备，优先选用大容量、高效率、机动性好的设备。挖装设备主要选用 1.6~2.0m³ 的反铲和装载机，大石选用 2.0m³ 液压反铲或 16t 汽车式起重机挖装，特大石、中块石及石渣料等选用 2.0m³ 液压反铲和 1.6m³ 液压挖掘机挖装，钢筋石笼、块石串选用 25t/16t 的汽车式起重机吊装。运输设备主要选用 25t 自卸汽车。根据计算，需要 25t 自卸汽车共 53 辆，推土机 3 台、挖装设备 7 台、汽车式起重机 5 辆投入截流施工。

7.4 预进占段施工

根据截流戗堤设计和截流施工道路的布置等条件，截流进占采取上游单戗自左向右单向立堵进占，按照"测量放样→非龙口段预进占→戗堤裹头保护"程序施工，预留龙口宽

60m。预进占段抛投总量约 $26700m^3$，历时 7d，平均强度约 $3814m^3/d$。

（1）戗堤均采用 25t 自卸汽车抛填进占。在进占过程中，根据堤头稳定情况选用两种抛投方法：自卸汽车在堤头直接卸料，全断面抛投；深水抛填时，采用堤头卸车集料，330/320 推土机配合赶料抛投。截流挖装设备主要选用斗容 $1.6m^3$、$2.0m^3$ 的液压反铲。吊装钢筋石笼串等选用 16t、25t 汽车式起重机。截流戗堤堤头采用大功率推土机推料，另配一定数量装载机进行备料场集料和截流施工道路维护。

（2）预进占期间最大流速为 4.76m/s，根据具体情况决定是否抛填大石、钢筋石笼、特大石等特殊料物。

7.5　龙口段施工

龙口段抛投总量约 $26413m^3$，施工历时 48h，平均强度约 $550m^3/h$，高峰强度 $825m^3/h$（考虑 1.5 的不均匀系数）。

截流戗堤龙口段采用全断面推进和凸出上游挑角两种进占方式，堤头抛投拟采用直接抛投、集中推运抛投和卸料冲砸抛投 3 种方法。

根据进占方式不同，将截流戗堤龙口段分成 3 个区段进行抛填。

（1）龙口Ⅰ区

进占方式：采用凸出上游挑角的方式施工，在堤头上游侧与戗堤轴线成 30°～45°角的方向，用钢筋石笼串、大石抛填形成一个防冲矶头，在防冲矶头下游侧形成回流，堤头下游采用块石串和钢筋石笼，联合中小石、石渣料尾随进占。此段视堤头的稳定情况，小部分采用自卸汽车直接抛填，大部分需要采用堤头集料、推土机密切配合赶料的方式抛填。在此阶段应千方百计实施满足抛填强度，以加快进占速度、减小流失，实现顺利进占。

进占方法：在戗堤上游部位采用突出上游挑角法，用钢筋石笼和块石串抛投，钢筋石笼和块石串由 16t 汽车式起重机先吊装到 25t 自卸车上，每车吊装 4～5 个，然后采用钢丝绳和卡环将钢筋石笼在车上串在一起，直接卸在堤头后，由 320/220 推土机联合推赶。钢筋石笼采用 16t/25t 汽车式起重机吊装到 25t 自卸汽车，拉运至堤头。块石串则安排人工，快速在戗堤堤头串成串。钢筋石笼串和大块石串采用推土机推赶。在龙口形成防冲矶头，以减小流失和稳定龙口，然后用块石料和石渣料快速抛投跟进，并对戗堤下游坡脚用钢筋石笼和特大石、大块石进行防护。

（2）龙口Ⅱ区

进占方法：在容易坍塌的抛填区段采用堤头赶料的方式抛投，自卸汽车在堤头卸料，堤头集料量约 $100m^3$，由 320/220 推土机配合赶料抛填。在流速增大后，在戗堤上游采用凸出上游挑角的方式，开始抛投大块石，在龙口形成防冲矶头，以减小流失和稳定龙口，然后用块石料和石渣料快速抛投跟进，并对戗堤下游坡脚用钢筋石笼和大块石进行防护。钢筋石笼由 16t 汽车式起重机先吊装到 25t 自卸车上，每车吊装 4～5 个，然后采用钢丝绳和卡环将钢筋石笼在车上串在一起，直接卸在堤头后，由推土机联合推赶。初始抛投时钢筋石笼 4 个为一串抛投，在龙口形成防冲矶头，以减小流失和稳定龙口，然后用块石料和石渣料快速抛投跟进。

（3）龙口Ⅲ区

进占方式：采用凸出上挑角法施工，先用特大石和大块石等抛出一个防冲矶头，使戗堤下游侧形成回流，然后石渣料、石渣混合料、中小石料尾随跟进。堤头视稳定情况，部分采用自卸汽车直接抛填，部分采用 25t 自卸汽车堤头集料、320/220 推土机赶料的方式抛填。

8 结语

DG 水电站大江截流施工通过精心组织，科学筹划、准备充分、措施到位，在施工过程中结合实际情况，对 DG 水电站工程截流工程中截流方式选择、截流戗堤布置、截流料源规划以及施工方法等主要技术问题与施工方案的不断的优化，不仅缩短了工期、克服了填筑物料细小等困难，还减少了施工资源的投入，使 DG 水电工程使整个围堰戗堤仅仅在 5d 内就成功合龙，为后续施工赢得了宝贵的时间，充分证明了本次截流所采用方案的合理性和可行性。截流工程施工取得圆满成功，为后续在深 V 峡谷河段采用一次性截断河床截流工程领域的施工积累了更为丰富的宝贵经验。

参考文献

[1] 中华人民共和国水利部．水利水电工程施工组织设计规范：SL303—2004［S］．北京：中国水利水电出版社，2017．

[2] 《水利水电工程施工手册》编委会．水利水电工程施工手册 第 1 卷 施工规划［M］．北京：中国电力出版社，2002．

新型灌浆材料在西霞院水库泄洪闸溢流面裂缝补强加固中的应用

许清远　黄　卓

（黄河水利水电开发集团有限公司，河南济源　459017）

摘　要： 混凝土裂缝是水利工程中常见缺陷，裂缝会产生渗水，伴随着钙质析出，造成混凝土内钢筋锈蚀，冬季发生冻融破坏，进而影响混凝土结构耐久性和安全。本文介绍了西霞院水库在岁修过程中泄洪闸溢流面混凝土裂缝的检查及处理情况，并对通常采取的聚氨酯化学灌浆等处理方法进行优化，通过采取高性能环氧灌浆修补材料和化学灌浆工艺后，修复效果显著。该修补材料及工艺对类似工程有借鉴作用，为处理泄洪闸溢流面混凝土裂缝提供参考。

关键词： 泄洪闸溢流面；西霞院水库；混凝土裂缝；高性能环氧灌浆材料

1　绪论

随着社会的发展和进步，混凝土结构在现代工程建设中占据越来越重要的地位，特别是在水利工程项目中，其重要性尤为突出。混凝土裂缝作为常见缺陷成因较多，有外部原因引起，有施工措施引起，还有内部变因引起。本文将从泄洪闸溢流面混凝土裂缝的修补工艺出发，提出对其检查及补强加固措施。

2　工程概况

西霞院反调节水库位于黄河干流中游河南省境内，上距小浪底水利枢纽 16km，属大（2）型工程，其 21 孔泄洪闸、6 孔排沙洞、3 孔排沙底孔，共同承担整个枢纽的泄洪任务。泄洪闸为西霞院水库的主要泄洪建筑物，按 2 级建筑物设计，防洪标准按 100 年一遇洪水设计，5000 年一遇洪水校核，下游消能防冲按 50 年一遇洪水设计，2000 年一遇洪水校核。西霞院反调节水库特征水位：汛限水位 131m，正常蓄水位 134m，设计洪水位 132.56m，校核洪水位 134.75m。

西霞院水库自建成以来经过了多次调水调沙运用，特别是 2018—2021 年连续四年的"低水位、大流量、高含沙、长历时"泄洪运用后，大量推移质对泄洪排沙系统建筑物造成冲击、淘刷，造成溢流面表面出现局部磨损、裂缝、渗水现象，并且混凝土裂缝会产生渗水伴随着钙质析出，造成混凝土内钢筋锈蚀，冬季造成冻融破坏，进而影响混凝土结构耐久性和安全，需对其重新进行加固处理。

作者简介： 许清远（1971—），男，河南唐河人，中级职称，主要从事水利工程管理工作。
E-mail：515585530@qq.com。

14 孔开敞式泄洪闸闸室单孔净宽 12m，堰顶高程 126.4m，堰体采用 WES 曲线剖面实用堰，堰面曲线方程为 $y = x1.836/9.424$，上游接双圆弧曲线段和 3∶1 直线段与上游 118m 高程闸底板相连，下游接 1∶0.88 直线段和半径为 14m 的反弧段与闸下消力池底板相接。开敞式溢洪闸纵剖面见图 1。

根据泄洪闸各部位环境条件的不同，混凝土强度、抗渗、抗冻及抗冲耐磨性能要求也不同，共分区如下：闸墩 133.0m 高程以上 C25W4F100，133.0m 高程以下、堰体以上 C30W4F100；过流表面 C30W6F100CM，与堰体的交接面呈台阶状，最小厚度 1.0m；堰体部位采用 C20W4F100 混凝土，闸底板 C20W4F50。

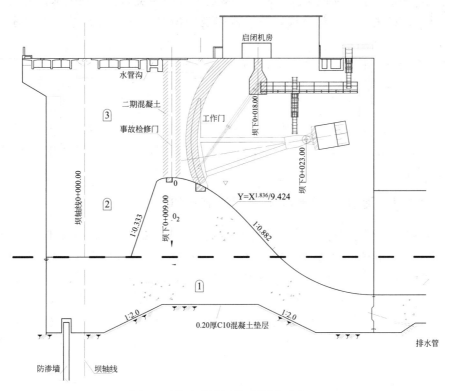

图 1　开敞式泄洪闸典型纵剖面图

3　裂缝原因分析

造成裂缝的原因主要有材料、施工、使用与环境条件、结构与荷载等方面，西霞院泄洪闸溢流面裂缝经分析判断有以下几方面原因：溢流面混凝土曲面施工采用二次成型浇筑方法，过流表面有一定的不平整现象，开闸泄流时，引起高速水流局部与边界分离，形成漩涡，导致溢流面产生空隙破坏；溢流面二期混凝土浇筑正值冬季施工，保温加热措施不够，早期受冻降低了其强度及耐久性；连续四年低水位、高含沙泄流，携带悬移质和推移质的高速水流，对于溢流面混凝土冲磨剥蚀破坏更加严重；黄河每年汛期调水调沙闸门泄流运行频繁，为保证泄洪闸消力池内流态相对合理，要求闸门对称开启，因此部分泄洪闸长时间运用，造成溢流面长期冲刷、磨蚀。

4 裂缝检查与处理

4.1 裂缝检查和分析

裂缝检查流程：用角磨机、钢丝刷清理溢流面污垢，清理裂缝周边的水垢、附着生物等，以使裂缝能够清晰显现，拍照后在平面图上绘出溢流面所有裂缝的位置及走向，并对裂缝进行编号。用探尺根据编号逐条对裂缝进行检查，并在平面图上标注检测点，裂缝深度及宽度，是否渗水等都记录检测内容。最后整理检测资料。对缺陷部位的尺寸进行测量，书面记录绘制、拍照及录像，最后依据现场情况、测量数据等进行整理并绘制出样图。

仔细检查混凝土表面裂缝是否存在渗漏水；混凝土表面裂缝灰缝无脱落，无松动、变形等。并在平面图上编号标示，然后按序逐一进行检查，并及时将检查结果在平面图上相应位置进行标注。

编写检查报告及裂缝原因分析：检查结束后，对检查的影像及文字资料及时进行整理编辑。影像资料进行后期剪辑并存放在准备好的硬盘中，文字、样图资料进行编辑整理形成正式检查报告书。

4.2 泄洪闸溢流面混凝土裂缝处理措施原则

对泄洪闸溢流面混凝土裂缝的处理措施就是修补和加固，并且在修补前需要对泄洪闸溢流面混凝土裂缝进行检测，将裂缝的位置、裂缝的成因和开裂程度，根据裂缝的具体情况分类进行及时处理，以保证泄洪闸溢流面混凝土裂缝修补措施有效。主要有以下方法：

（1）表面处理。适用于微细裂缝（一般宽度小于 0.2mm），主要用来提高结构的防水性和耐久性，使用的材料一般为弹性涂膜防水材料、聚合物灰浆等。在防护的同时为了防止混凝土受各种作用的影响继续开裂，通常可以采用在裂缝的表面粘贴玻璃纤维布等措施。

（2）压力灌浆。将环氧树脂或其他低黏度粘结类材料在一定压力下注入到裂缝内部，对较细、较浅的裂缝，可用低压注入方式；此方法主要用于较宽、很深的裂缝。常见的胶结材料有水泥浆、聚氨酯、环氧树脂等化学材料。

（3）填充法。适合于修补较宽的裂缝（一般宽度大于 0.5mm），具体做法是沿裂缝处凿开混凝土，并在该处填充密封材料、柔韧性环氧树脂及聚合物水泥沙浆等。当钢筋已经腐蚀时，应先将钢筋除锈并作防锈处理后再作填充。

4.3 裂缝补强加固施工工艺的优化

西霞院水库溢流面渗水裂缝缺陷较为常见，以前使用水利行业通用的水溶性聚氨酯灌浆液材料，采取高压斜孔灌浆法进行处理。此处理方法优点为能够快速达到堵漏效果，但经过长期运用发现，聚氨酯遇水膨胀后生成的弹性体会对混凝土造成破坏。在高速水流冲刷下，反而加剧损坏速度，直接影响建筑物的安全。西霞院泄洪建筑物裂缝处理最主要的是进行补强处理，所以采用环氧树脂作为补强材料是最佳选择，不同于聚氨酯材料，环氧树脂具有强度高，黏度低，渗透力强，可灌性好，耐化学腐蚀且有一定的柔韧性等优点。通过在小浪底工程明流洞进行试验，采用深圳帕斯卡 PSI-501 高渗透改性环氧灌浆材料和水电十一局的 NE-Ⅳ 环氧结构胶进行裂缝处理试验。经过多年泄洪运用，现场查看试验效果，采用环氧树脂灌浆材料处理的渗水裂缝效果明显，灌浆处理的裂缝至今未发生渗水，并且未出现混凝土破损。因此，西霞院水库泄洪闸溢流面裂缝补强处理采用上述材料和相应工艺。

4.4　溢流面裂缝补强处理施工工艺

灌浆材料采用深圳帕斯卡 PSI-501 高性能快凝型环氧灌浆材料，封缝材料采用凯顿 Krtstol 修补胶泥和 PSI-HY 高性能环氧胶泥。灌浆施工工艺工序流程如下。

（1）裂缝描述：现场查找裂缝，根据裂缝走向进行标示，并绘制出裂缝示意图；根据裂缝的情况填写《混凝土裂缝性状描述表》，确认后再进行下一道工序。

（2）打磨：采用手持打磨机沿裂缝进行打磨，打磨的宽度为裂缝两侧各 20～40mm，打磨厚度为 2mm。

（3）开槽：用开槽机延裂缝开宽 30mm、深 25mm 的 U 形槽。

（4）开孔：根据裂缝宽度决定孔距，0.4mm 以上的裂缝孔距间隔 300～500mm 布孔，0.4mm 以下的裂缝孔距间隔 300mm 左右布孔；用冲击钻上直径 14mm×250mm 的钻头开孔。

（5）封缝：高压水枪清理槽内基面，使用 Plug 快干水泥止住流水，使用 Krystol 修补胶泥填满 U 形槽。最后用 PSI-HY 高性能环氧胶泥涂刮表面厚度 2mm。

（6）安装注浆嘴：用定位针穿过进浆管，对准孔内缝口插上，然后将注浆嘴压向注浆孔内用专用扳手拧紧。

（7）压风检查：封缝完成待材料上强度后进行压风检查；风检压力不能超过灌浆压力的 50%。检查前先将各注浆嘴接上孔口管，检查每一个孔的贯通情况，做好详细记录后封闭所有的注浆嘴。

（8）注浆：注浆时按照从下至上的顺序，注浆起始压力为 0.1MPa，最大压力不超过 0.6MPa。

（9）闭浆：当灌浆吸浆量为 10mL/min 时，继续灌 15min 再结束灌浆，达到闭浆要求后进行扎管闭浆。

（10）封孔：浆液凝固后拆掉灌浆嘴，清理干净灌浆孔，将拌制好的环氧砂浆进行充填并插捣，使其密实。

（11）灌浆效果检查：每个坝段灌浆结束后进行抽样钻检查孔、做压水试验的办法检查灌浆效果。在 0.5MPa 状态下恒压 20min，裂缝表面不得有渗漏。

5　结论

通过对西霞院水库泄洪闸溢流面混凝土裂缝补强加固施工工艺的优化，2022 年对 14 孔开敞式泄洪闸的裂缝全部进行处理，采取新型化学灌浆材料方案与工艺处理后，效果较好。通过压水试验结果表明，透水率满足规范要求，裂缝渗水得到有效控制，西霞院水库泄洪闸溢流面混凝土裂缝经过补强加固，已处于稳定状态。针对泄洪闸溢流面裂缝的特点，采用高性能环氧灌浆材料进行化学灌浆处理，施工简单、工期短，实际工程证明补强加固和防渗效果非常明显，值得在工程中推广应用。

参考文献

[1] 苏鸿键，任枫. 混凝土结构裂缝产生的原因分析及处理措施 [J]. 中小企业管理与科技，2012（9）：2.

[2] 秦文保. 大坝溢流面裂缝产生原因及处理 [J]. 水利科技与经济，2009，15（7）：2.

[3] 陈雯，来妙法. 南江水库混凝土坝裂缝检测与处理 [J]. 今日科苑，2014（2）：1.

[4] 王绍斯，陈泽钦，刘枞. 水口水电站溢流面裂缝检测及分析 [J]. 水利与建筑工程学报，2018，16（4）：227-230.

青藏高原水泥裹砂石碾压混凝土性能及其生产工艺研究

路　明　周兴朝

（中国水利水电第九工程局有限公司，贵州贵阳　550081）

摘　要：水泥裹砂混凝土是 20 世纪 70 年代日本创造发展起来的一项喷射混凝土技术（简称 SEC 混凝土），在环保、节能及建筑物安全问题成为全球焦点的今天，结合国内水电工程开发形势，首次在青藏高原提出水泥裹砂石碾压混凝土性能研究。通过对最佳水泥裹砂石（造壳）水灰比、最佳水泥裹砂石（造壳）搅拌时间、砂石骨料最佳脱水含水率、碾压混凝土各项性能稳定性及水泥裹砂石碾压石混凝土的工艺性等进行研究，形成了一整套节能、环保、经济、优质的混凝土生产技术，对雅鲁藏布江中游及下游水电站建设具有重要借鉴意义。

关键词：水泥裹砂石；造壳；青藏高原；碾压混凝土

1　引言

水泥裹砂混凝土是 20 世纪 70 年代日本创造发展起来的一项喷射混凝土技术（简称 SEC 混凝土）并成功应用于世界著名的日本青函海底隧道。在此基础上结合我国的国情，中国山东省水利科学研究所 1980 年开始研究应用水泥裹砂法喷射混凝土，此后成功在渔子溪二级水电站引水隧洞施工中应用，水泥裹砂法得到进一步完善。水泥裹砂混凝土工艺是先将全部的砂、石子和一部分的拌合水倒入搅拌机，拌合 60s 使骨料湿润，再倒入全部水泥进行造壳搅拌 30～60s，然后加入剩余部分的拌合水再进行糊化搅拌 40s 左右即完成，分两次加水，两次搅拌。优点是与普通搅拌工艺相比，用水泥裹砂法搅拌工艺可使混凝土强度提高 20％以上，抗拉强度提高 17％以上或节约水泥 10％～15％。在我国推广这种新工艺，有巨大的经济效益。

西藏地区是我国的水能富矿，受高寒缺氧，环境艰苦，交通不便，施工条件差等条件限制，水能开发起步较晚。随着国家社会、经济条件持续发展，一方面对能源的需求持续上涨，另一方面水电开发的技术水平也持续提高，该地区已逐渐成为当前和今后一段时期水电开发的主要战场，目前青藏高原西南部的雅鲁藏布江上的各水电工程已开始如火如荼的规划、建设。

在环保、节能问题及建筑物安全成为全球焦点的今天，采用该工艺应用于大坝混凝土浇筑，对环保作出重大贡献，降低工程建设成本，保证建筑物的安全。在国家政策引领下，施工企业利用新工艺、科研成果为企业转型升级，该技术研发符合国际、国内发展趋势。

作者简介：路明（1989—），男，山东泰安人，工程师，本科，主要从事试验检测工作。E-mail：245937416@qq.com。

2　工程概述

西藏 DG 水电站位于西藏自治区山南地区雅鲁藏布江干流藏木峡谷河段之上，坝址中心区地理坐标，北纬 29°14′40″，东经 92°23′48″，是雅鲁藏布江中游水电规划沃卡河口——朗县县城河段 8 级开发方案中的第 2 级。上距巴玉水电站坝址约 7.6km，下距街需水电站坝址约 7.0km。工程区距桑日县城公路约 43km，距山南市泽当镇约 78km，距拉萨市约 263km。

西藏 DG 水电站为 Ⅱ 等大（2）型工程，以发电为主，水库正常蓄水位 3447.00m，相应库容 0.5528 亿 m^3，电站装机容量 660MW。电站枢纽建筑物由挡水建筑物、泄洪消能建筑物、引水发电系统及升压站等组成。拦河坝为碾压混凝土重力坝，分为 17 个坝段，坝体为全断面碾压混凝土，上游防渗采取变态混凝土＋二级配碾压混凝土防渗，防渗区宽度从下至上厚度依次为 5m、3.5m、2m。坝顶高程 3451.00m，是目前世界海拔最高的碾压混凝土重力坝，最大坝高 117m，坝顶长 385m，大坝碾压混凝土 93.7 万 m^3，常态混凝土 50.5 万 m^3。

3　技术原理

水泥裹砂石混凝土是在砂石骨料中先加入适量的水，使水泥颗粒粘结在砂子表面，形成低水灰比的净浆薄壳，用以提高混凝土或砂浆强度。

3.1　普通混凝土制备技术原理

将砂、骨料、水泥（水泥＋掺合料）、水（水＋外加剂）一次拌合硬化形成，见图 1。

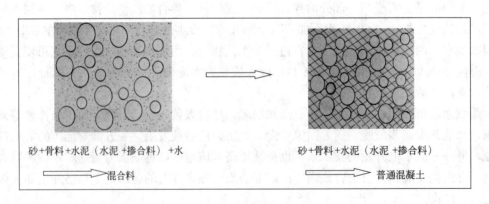

砂＋骨料＋水泥（水泥＋掺合料）＋水 → 混合料

砂＋骨料＋水泥（水泥＋掺合料）→ 普通混凝土

图 1　普通混凝土示意图

3.2　水泥裹砂石碾压混凝土制备技术原理

将砂＋骨料＋W1＋水泥（水泥＋掺合料）＋W2（W2＋外加剂）二次拌合硬化形成，见图 2。

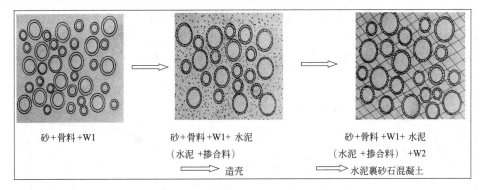

砂+骨料+W1　　　　　砂+骨料+W1+ 水泥　　　　　砂+骨料+W1+ 水泥
　　　　　　　　　　　（水泥 +掺合料）　　　　　（水泥 +掺合料） +W2
　　　　　　　　　　⟹ 造壳　　　　　　　　⟹ 水泥裹砂石混凝土

图 2　水泥裹砂石混凝土示意图

4　研究内容及方法

本项目中的水泥裹砂碾压混凝土的施工条件是指在海拔高于 3300m 以上地区，温度、日照、湿度等波动较大的复杂环境条件下，原材料来自不同工程部位和施工场面，导致砂石骨料系统含泥量、含水率变化等情况。主要研究内容如下。

4.1　碾压混凝土造壳质量的技术研究

本项目研究关键技术是确定最佳水泥裹砂石（造壳）水灰比及最佳水泥裹砂石（造壳）时间，选定用于水泥裹砂石碾压混凝土的原材料（水泥、粉煤灰、减水剂、引气剂及砂石骨料）后并对其品质进行检测，经过检测合格后用于以下试验。

（1）水泥裹砂石（造壳）水灰比试验：采用相同配合比不同水泥裹砂石（造壳）水灰比进行试验，为了解水泥裹砂石（造壳）水灰比对碾压混凝土强度的影响，分别选用 0.18、0.20、0.22、0.25、0.28 五个水泥裹砂石（造壳）水灰比进行试验，确定最佳水泥裹砂石（造壳）水灰比，从而得出水泥裹砂石第一次加水量 W1。

（2）水泥裹砂石（造壳）时间试验：水泥裹砂石（造壳）水灰比统一为最佳水泥裹砂石（造壳）水灰比，搅拌时间分为 30s、60s、90s 和 120s 四个组，投料程序相同时确定最佳水泥裹砂石（造壳）搅拌时间。

根据试验结果分析，造壳水灰比为 0.22 时，碾压混凝土各项物理力学性能、耐久性能最佳，即最佳造壳水灰比为 0.22，见图 3、图 4。

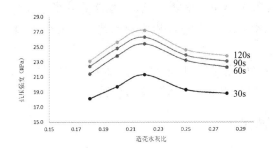

图 3　C_{90}15W6F100 碾压混凝土
不同造壳水灰比抗压强度变化曲线

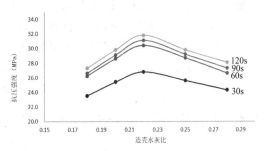

图 4　C_{90}20W8F200 碾压混凝土
不同造壳水灰比抗压强度变化曲线

　　根据试验结果分析，随着造壳时间的增加，碾压混凝土各项性能均有所增长，但是从30～60s增长最为明显，从60～90s、90～120s虽均有增长，但效果不明显，在60s时出现拐点，从生产效益等多方面考虑，最佳造壳时间为60s，见图5、图6。

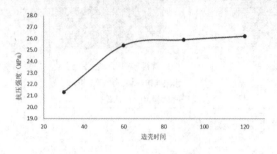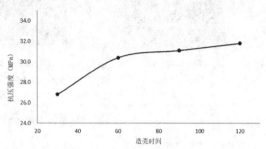

图5　$C_{90}15W6F100$ 碾压混凝土不同造壳时间抗压强度变化曲线　　　　图6　$C_{90}20W8F200$ 碾压混凝土不同造壳时间抗压强度变化曲线

4.2　砂石骨料最佳脱水含水率的定量研究

　　该项研究目的是使砂石骨料的饱和面干含水率刚好为水泥裹砂石碾压混凝土的造壳用水量 W1，以减少混凝土生产过程中第一次加水的问题。通过大量实测水洗砂石料生产系统生产的砂、小石、中石、大石的饱和面干含水率，确定每种材料的饱和面干含水率的最大值、最小值、平均值，根据水泥裹砂石碾压混凝土配合比砂石料用量及第一次加水量 W1 来确定砂石料的脱水时间。

　　由最佳造壳水灰比为 0.22 确定，本工程 $C_{90}15W6F100$ 三级配碾压混凝土 W1 为35.2kg；$C_{90}20W8F200$ 二级配碾压混凝土 W2 为 40.5kg，从而可以根据配合比砂石骨料总用量确定骨料总含水量及含水率，由于粗骨料生产过程中含水率较低且比较稳定，在考虑骨料含水率时仅考虑细骨料。经大量试验及计算，要满足最佳造壳水灰比 0.22，细骨料饱和面干含水率应控制在 5%左右最为适宜，根据本项目骨料生产工艺及含水情况，最佳脱水时间为 24h 左右。

4.3　水泥裹砂石碾压混凝土室内物理力学性能研究

　　选择自然干燥的砂石料在室内做水泥裹砂石碾压混凝土变异性试验，在相同条件下，同配合比、造壳水灰比、搅拌时间、外加剂的掺入顺序，重复 30 次试验能够获得水泥裹砂石碾压混凝土的抗压、抗拉、抗渗、抗冻等指标的标准差 σ 和变异系数 C_v，确定该工艺生产的水泥裹砂石碾压混凝土质量的稳定性。

　　试验结果表明，$C_{90}15W6F100$、$C_{90}20W8F200$ 混凝土抗压强度标准差 $\sigma < 3.0$MPa、变异系数 $C_v < 0.15$，混凝土质量等级和混凝土生产质量控制水平均为优秀。

4.4　水泥裹砂石碾压混凝土的工艺性研究

　　通过室内试验，在确定水泥裹砂石碾压混凝土参数的基础上，进行生产工艺性试验，试验包括混凝土生产投料顺序，选用"造壳"水灰比拌合时间及相应的最佳砂石饱和面干含水率等。本次工艺性试验中，骨料其饱和面干含水量应与最佳"造壳"水灰比匹配，应相对进行砂石生产脱水时间与饱和面干含水率的试验检测，确定最佳的饱和面干含水率，从而达到水泥裹砂石碾压混凝土施工配合比生产适应稳定性的试验要求。

通过对出机口碾压混凝土各项性能进行检测和分析，混凝土抗压强度、抗拉强度等各项物理力学性能和耐久性能均满足规范及设计要求，$C_{90}15W6F100$、$C_{90}20W8F200$ 混凝土抗压强度标准差 $\sigma < 3.0MPa$、变异系数 $C_v < 0.15$，混凝土质量等级和混凝土生产质量控制水平均为优秀，即证明水泥裹砂石碾压混凝土施工配合比达到生产适应稳定性的要求。

5 水泥裹砂石碾压混凝土经济性研究及推广应用

本课题研究成果能大幅提高坝体混凝土的各项物理性能及耐久性能，同时降低能耗（水泥、粉煤灰用量等），该套拌合工艺、水泥裹砂石工艺在水电站大坝建设中的应用，可有效控制质量和降低成本。其经济效益有如下几方面。

5.1 该科研项目依托西藏 DG 水电站工程，可获直接经济效益

降低资源获得的费用：大坝碾压混凝土还可以在目前施工优化配合比的基础再降直接成本 12 元/m^3，以 DG 水电站 90 万 m^3 碾压混凝土计，碾压混凝土总成本可降 1080 万元；同时大坝混凝土温控成本也随之降低。

5.2 本技术成果推广应用前景

本项目研究成果将有效解决废弃石料作为砂石加工原料问题、混凝土浇筑砂石料脱水时间问题、大体积混凝土温控问题等，扩大了水泥裹砂石碾压混凝土施工范围，其质量优于国家及行业标准，适用范围广。本科研项目与中国水利水电第九工程局有限公司绿色环保半干法制砂工艺相结合后，将能实现建筑开挖废弃石料就近加工及水泥裹砂石碾压混凝土应用于大坝混凝土浇筑的目的。

6 结语

当今世界，创新是引领发展的第一动力，也是推动整个行业乃至人类社会向前发展的重要力量。在国家政策引领下，施工企业利用新工艺、科研成果为企业转型升级势在必行，该技术研发符合国际国内发展趋势。

本文依托于西藏 DG 水电站，首次在青藏高原提出水泥裹砂石碾压混凝土性能研究。通过对最佳水泥裹砂石（造壳）水灰比、最佳水泥裹砂石（造壳）搅拌时间、砂石骨料最佳脱水含水率、碾压混凝土各项性能稳定性及水泥裹砂石碾压石混凝土的工艺性等进行研究，对研究成果进行总结、提炼，形成了一整套节能、环保、经济、优质的混凝土生产技术。为雅鲁藏布江中游及下游水电站开发和建设提供强有力的技术支撑，同时带来巨大的经济效益，为实现双碳目标贡献力量。

参考文献

[1] 马晶，张文静，秦昉，等．投料搅拌工艺对嵌锁密实水泥混凝土性能的影响分析 [J]．武汉理工大学学报（交

通科学与工程版），2015，39（02）：5-9.

[2] 向江洪.水泥裹砂工艺对高性能混凝土性能的影响 [J].中国建材，2002，12：35-36.

[3] 徐正廉，齐秀芝，韩彪，等.水泥裹砂混凝土新工艺技术的应用 [J].黑龙江水利科技，1998，1：116-118.

[4] 王崇义.水泥裹砂喷射混凝土工艺研究 [J].地下空间，1989，4：54-67.

[5] 张戬经，李象佩，姚其裕.水泥裹砂喷射混凝土在渔子溪二级电站工程中的试验与应用 [J].水力发电，1985，6：20-25.

[6] 张戬经，李象佩，刘艳春.水泥裹砂混凝土的调制及其喷射的试验与应用 [J].水利水电技术，1983，12：32-39.

自密实堆石混凝土在洛艾水库中的应用分析

糜凯华　　邓水明

（中水珠江规划勘测设计有限公司，广东广州　510610）

摘　要： 自密实堆石混凝土可节约投资，降低混凝土内部水化热温升，提高大坝混凝土的施工质量和施工效率。本文介绍自密实堆石混凝土重力坝的优缺点，并总结洛艾水库建设过程中应用自密实堆石混凝土技术的优越性。结果表明：自密实堆石混凝土可显著提高混凝土的浇筑质量、加快建设进度、降低施工成本、消除噪音、延长模板的使用寿命。

关键词： 自密实混凝土；堆石混凝土；洛艾水库；重力坝

1　研究背景

自密实混凝土（SCC）是依靠自身重量，能够自行流动、密实，即使存在致密钢筋也能完全充填模板，获得良好均质性，不需要附加振捣的混凝土[1]。在 20 世纪 70 年代，欧洲开始使用轻微振捣的混凝土，到 20 世纪 80 年代后期，SCC 在日本发展起来。日本发展 SCC 的主要原因是解决熟练技术工稀缺和提高混凝土耐久性之间的矛盾。欧洲在 20 世纪 90 年代中期才将 SCC 用于瑞典的交通网络民用工程，并建立了一个多国合作的 SCC 指导项目。此后，欧洲的 SCC 应用普遍增加。

堆石混凝土（RFC）与自密实混凝土密不可分[2]，RFC 的粗骨料是料场初步筛分的块石，施工时将块石直接入仓，然后浇筑自密实混凝土，利用自密实混凝土的高流动性能，使其填充到堆石与堆石、堆石与模板的空隙中，形成完整、密实、有较高强度的混凝土。

随着经济的发展，建设领域对混凝土材料提出了更高的要求，混凝土的研究受到了更高的关注，先后有国内外知名研究机构对自密实混凝土开展研究[3-5]，研究表明自密实混凝土早期体积变形小、干缩小、水化热低，抗裂能力高，可避免早期缺陷，硬化后混凝土的抗渗能力高，可有效抵制外界因素的影响，耐久性能优异[6,7]。自密实混凝土在浇筑过程中无需施加任何振捣，仅靠混凝土自身的重量就能完全充填模板内任何角落和钢筋之间的间隙，具有高流动性、抗离析性、高密实度、高耐久性、施工方便、噪声低等特点。

2　工程概况

洛艾水库位于册亨县丫他镇洛省村境内的板其河流域上游左岸支流洛艾沟上，坝址距册亨县城约 35km。坝址以上控制集雨面积 $4.64km^2$，多年平均流量 $0.076m^3/s$，水库总

作者简介：糜凯华（1986—），男，贵州毕节人，工程师，硕士，主要从事水利水电工程设计工作。
　　　　　E-mail：964578575@qq.com。

库容 145.3 万 m³，正常蓄水位 843.0m，兴利库容 103.1 万 m³，最大坝高 45m。工程规模为小（1）型，工程等别为 IV 等，工程的主要任务是下游沿河两岸的农村供水和农业灌溉，枢纽建筑物由挡水建筑物、泄水建筑物及取水建筑物等组成。挡水建筑物为自密实堆石混凝土重力坝，泄水建筑物为溢流坝，取水建筑物为坝体取水孔。

3 自密实堆石混凝土在洛艾水库中应用

1）常用材料重力坝的选择

根据坝址处地形地质条件，洛艾水库挡水坝适用刚性坝，常用的刚性坝有重力坝和拱坝。重力坝依靠自身重量来维持稳定，对地基要求相对较高。洛艾水库坝基坐落在弱风化中上部，坝体稳定性好，安全性高。因此，坝型推荐采用重力坝方案。

常用的重力坝有：常态混凝土重力坝、C15 细石混凝土砌毛石重力坝、碾压混凝土重力坝和自密实堆石混凝土重力坝等。其中常规混凝土重力坝投资较多，施工时水化热大，需要采取专门的降温措施来保证坝体不会因温度升高而开裂。C15 细石混凝土砌毛石重力坝施工速度慢，坝体强度较差，投资相对少。碾压混凝土重力坝（RCC）与常态混凝土重力坝相比，有施工简单、胶凝材料用量少、不设纵缝、可少设或不设横缝、施工导流容易及工程造价低等优点。RCC 采用大型机械施工需要较大的仓面，大型工程中运用较多，而且施工时受外界条件干扰较大。自密实堆石混凝土坝是一种国家重点推荐的新型筑坝技术，是在立好模的坝体上堆上满足上坝条件的石料，然后利用加入外加剂的自密实混凝土进行浇筑，施工简单、速度快、水化热小。坝体的堆石率可达 55%～58%，虽然需要支付外加剂及技术转让费用，但投资较常态混凝土坝少。各种重力坝优缺点比较见表 1。

常用材料重力坝优缺点比较   表 1

重力坝	优点	缺点
常态混凝土重力坝	施工技术成熟	施工需要振捣，施工速度较慢，工期较长，投资较多。施工时水化热高，坝体需要分缝
C15 细石混凝土砌毛石重力坝	投资最省，施工简单，砌石量达 40%～50%；水化热低	上游面需要设置防渗面板，施工需要振捣，施工速度慢，工期长
碾压混凝土重力坝	施工技术成熟，施工水化热低，只设诱导缝，施工进度相对较快	坝高较小，施工工艺优势不明显。投资较多，施工工艺要求高
自密实堆石混凝土重力坝	混凝土无需振捣，施工简单，施工速度快，工期短，坝体强度大，堆石率达 55%～58%，水化热低	需要支付外加剂及技术转让费用，投资相对砌石坝多，但相对常态混凝土坝少

综合考虑地形地质条件以及天然建筑材料的情况，石料储量，运距等，洛艾水库重力坝方案推荐采用投资相对少、施工简单、施工速度快的 C15 自密实堆石混凝土重力坝为选定坝型。

2）自密实混凝土的浇筑控制

自密实堆石混凝土坝的质量控制关键是自密实混凝土的浇筑控制[8,9]，其浇筑主要控制工序和要点如下：

为保证自密实堆石混凝土的质量，堆石运输过程中需进行冲洗，见图 1。自密实混凝土浇筑时应考虑结构的浇筑区域、范围、施工条件及自密实混凝土拌合物的品质，并选用适当机具与浇筑方法。自密实混凝土浇筑之前必须检查模板及支架、预埋件等的位置、尺寸，确认正确无误后，方可进行浇筑。对外观有较高要求的部位，为防止表面气泡，浇筑时，可在模板外侧辅助敲击。采用泵送入仓时，应根据试验结果及施工条件，合理确定混凝土泵的种类、输送管径、配管距离等，并应根据试验结果及施工条件确定自密实混凝土的浇筑速度。自密实混凝土的泵送和浇筑应保持连续性，当因停泵时间过长，混凝土不能达到要求的浇筑强度时，应及时清除泵及泵管中的混凝土，自密实混凝土泵送浇筑见图 2。

图 1　堆石上坝前的运输及冲洗　　　　图 2　自密实混凝土泵送浇筑实况

对现场浇筑的混凝土需进行监控，运抵现场的混凝土坍落扩展度低于设计扩展度下限值不得施工，可采取经试验确认的可靠方法调整坍落扩展度。中雨以上的雨天不得新开浇筑仓面，有抗冲耐磨和有抹面要求时不得在雨天施工。浇筑时的最大自由下落高度宜在5m 以内。自密实混凝土浇筑点应均匀布置，浇筑点间距不宜超过 3m。在浇筑过程中应遵循单向逐点浇筑的原则，每个浇筑点浇满后方可移动至下一浇筑点浇筑，浇筑点不应重复使用。浇筑时需防止模板、定位装置等移动和变形。当分层连续浇筑混凝土时，为使上、下层混凝土一体化，应在下一层混凝土初凝前将上一层混凝土浇筑完毕。自密实堆石混凝土的施工流程见图 3。

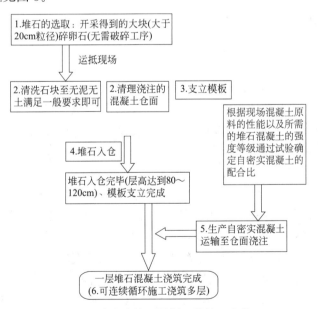

图 3　自密实堆石混凝土的施工流程

3）自密实堆石混凝土质量控制

（1）自密实堆石混凝土一般要求是：原材料、配合比、施工各主要环节及施工后的质量均应进行控制和检查[10,11]。自密实堆石混凝土施工过程中，应由专职人员进行质量检测和质量控制，其质量控制标准应符合《水工混凝土施工规范》SL 677—2014[12] 中的有关规定。

（2）专用自密实混凝土质量控制：专用自密实混凝土的坍落度、坍落扩展度、V 漏斗通过时间应每 4h 检测不少于 1 次，出泵口自密实混凝土的性能指标必须满足相关标准，坍落扩展度的测量及 V 漏斗见图 4、图 5。专用自密实混凝土浇筑温度的测量，每 $100m^2$ 仓面面积应不少于一个测点，每一浇筑层应不少于 3 个测点。测点应均匀分布在浇筑层面上。

图 4   坍落扩展度的测量

图 5   V 漏斗试验

4   洛艾水库自密实堆石混凝土应用成效分析

艾洛水库工程应用自密实堆石混凝土施工技术和常规混凝土施工技术相比，呈现出以下三大优势：

1）施工便利

自密实堆石混凝土技术主要适用于大体积素混凝土施工，施工流程主要包括堆石入仓和专用自密实混凝土浇筑两道工序，模板、养护、坝段分缝等与常态混凝土基本一致。施工工艺简单，机械化程度高，能大幅提高大仓面素混凝土的施工效率、大大缩短工期，其施工工效比常规混凝土提高 50%～70%。

2）质量

自密实混凝土具有高流动性、抗分离性，填充空隙的能力可达毫米级，使得混凝土的密实性和强度能得到有效保证，其施工完成后的芯样见图 6，芯样证实了自密实堆石混凝土内部致密。大块岩石堆积形成的骨架，具有较好的稳定性。提高坝体的堆石率，可增加大坝的整体稳定性和刚度，同时节约混凝土用量。自密实混凝土的密实性好，经压水试验检验其防渗性能优于普通混凝土，见图 7。自密实堆石混凝土水泥用量少，各仓浇筑的大体积混凝土水化温升小，相对温升最大不超过 10℃，施工过程中无需采取预埋冷却水管等复杂的温控措施。避免因人为过多干扰，影响工程质量。层间抗剪能力强，简化凿毛工序，自密实堆石混凝土施工工艺能保证施工层面裸露大量的块石棱角，以增加混凝土层间结合面的抗剪能力。由于自密实混凝具有高流动性和填充能力强等特点，消除了人工振捣不规范带来的混凝土密实程度度差、强度低等工程质量问题。

图 6 自密实堆石混凝土芯样   图 7 自密实混凝土防渗性能检测

3）经济环保

自密实混凝土具有高流动性、低水化热等特性，显著减少人工振捣工序、减少温控施工成本、降低水泥用量，从而大大节省投资及减小对环境的影响。充分利用当地丰富且易于开采的块石、卵石等建筑材料，大幅度减少混凝土的使用，减少混凝土的运输和骨料破碎、筛选工序，简化工艺，缩短施工工期，节约成本及能耗，减少 CO_2 排放，为低碳节能减排作出实质性的贡献。

5 结论

自密实混凝土具用高流动性、抗离析性、高密实度、高耐久性、施工方便、噪声低等特点，在多年的实践中得到了充分的验证。经过十余年的探索，自密实堆石混凝土技术在研究和实践方面均取得长足的发展，特别在大体积混凝土工程、衬砌工程、除险加固工程、复杂条件下的基础处理、海岸水下混凝土工程、循环经济中得到广泛的应用。自密实堆石混凝土的出现简化了混凝土结构的施工工艺、提高了施工效率和施工质量，缩短了施工工期，减少了噪声污染，同时因大量掺合各种工业废料有利于资源的综合利用和生态环境保护，做到了节能、环保、高效、经济，适应了当代混凝土工程规模化、复杂化的要求，是名副其实的节能环保高性能混凝土。自密实堆石混凝土在水利、水电、公路、铁路、市政、电力等领域具有广阔的应用前景，还可进一步推广到全国建筑领域，对提高我国建筑领域混凝土浇筑质量、加快建设进度、降低施工成本将起到巨大的推动作用。

参考文献

[1] 吴永锦，刘清 . C20 自密实混凝土在堆石混凝土中的应用 [J] . 混凝土，2010（3）：117-119.

[2] 尹蕾 . 堆石混凝土的应用现状与发展趋势 [J] . 水利水电技术，2012，43（7）：1-4.

[3] 秦政 . 高自密实性堆石混凝土的试验分析 [J] . 云南水力发电，2019，35（4）：62-65.

[4] 赵长明.自密实混凝土重力坝施工过程仿真研究 [D].成都：四川大学，2006.

[5] 朱朝艳，严冬，王学志，等.C40 自密实混凝土配制实验研究 [J].吉林水利，2013，(6)：19-21.

[6] 郭永建.水库大坝自密实堆石混凝土施工技术应用研究 [J].地下水，2019，41 (6)：219-220.

[7] 王韶华，施佳嘉，崔召.堆石混凝土施工技术应用研究 [J].人民长江，2019，50 (S1)：173-177.

[8] 易绍林，黄国芳，孙邵岗.堆石自密实混凝土重力坝施工技术要点分析 [J].水利建设与管理，2020，40 (8)：31-34.

[9] 易绍林，黄国芳，孙邵岗.堆石自密实混凝土重力坝施工技术要点分析 [J].水利建设与管理，2020，40 (8)：31-34.

[10] 杨万高.水库堆石坝自密实混凝土施工技术 [J].智能城市，2019，5 (21)：165-166.

[11] 毕云.水工建筑物自密实混凝土配合比设计与研究 [J].水利科技与经济，2016，22 (06)：42-42.

[12] 中华人民共和国水利部.水工混凝土施工规范：SL 677-2014 [S].北京：中国水利水电出版社，2014.

碾压混凝土引气剂性能的试验研究

夏 强　刘兴荣　杜志芹　温金保　唐修生　祝烨然

（1. 南京水利科学研究院，江苏南京　210029；2. 南京瑞迪高新技术有限公司，江苏南京，210024；

3. 水利部水工新材料工程技术中心，江苏南京　210024）

摘　要：碾压混凝土胶材用量少、拌合物状态较为干硬且粉煤灰掺量较高，导致引气剂在碾压混凝土中引气能力和效率降低，使得新拌混凝土含气量降低，硬化后混凝土抗冻耐久性不足。因此，本文研究了新型聚醚类引气剂 AE-613 对碾压混凝土含气量的影响，并与市售松香类引气剂以及常规聚醚类引气剂进行对比，系统地比较了三种引气剂溶液的表面活性、泡沫性能以及碾压混凝土的含气量和气泡稳定性。结果表明，AE-613 具有更高的表面活性，在去离子水、饱和 Ca（OH）$_2$ 溶液和水泥稀浆中具有更好的起泡和稳泡性能，在碾压混凝土干硬性体系中具有更好的适应性，可以满足碾压混凝土中的使用需求。

关键词：碾压混凝土；引气剂；表面活性；泡沫性能；含气量

1　研究背景

碾压混凝土具有水泥用量少、水化放热量低、施工效率高以及工程造价低等优点[1-2]，在水利工程建设中得到了广泛应用。我国从 1986 年建成第一座坑口碾压混凝土坝以来，截至 2018 年底，据不完全统计，我国建成及在建的碾压混凝土坝已超过 300 多座[3]，碾压混凝土筑坝在建数量、坝型以及成套施工技术等方面均达到国际领先水平[4]。为了提高碾压混凝土的抗冻性能，一般需要掺入引气剂，通过在混凝土内部引入大量均匀、稳定的微小气泡，缓解水结冰时膨胀产生的静水压和渗透压[5]，从而有效提升混凝土的耐久性。目前常用的混凝土引气剂包括松香、三萜皂甙、烷基苯磺酸盐、脂肪醇磺酸盐等[6,7]，根据其活性基团所带电荷种类可以分为阴离子型、阳离子型、非离子型和两性离子型。其中，阴离子型引气剂由于来源广泛、价格低廉而成为引气剂的主要品种。

根据《水工混凝土施工规范》DL/T 5144—2015，为了达到设计的抗冻性要求，需要保证混凝土的含气量达到规定要求。然而，由于碾压混凝土胶材用量少且拌合物状态较为干硬，同时，碾压混凝土配合比中粉煤灰掺量高，粉煤灰中残余碳对引气剂具有显著的吸附作用[8,9]，也会导致引气剂在碾压混凝土中引气能力和效率降低。因此，要引入足够的含气量，碾压混凝土中引气剂的掺量往往比常态混凝土中高出很多倍[10]。

目前，我国市场上引气剂的品种繁多，产品性能及适应性差异较大，有些工程即使掺入了引气剂，仍达不到规定的含气量。因此，本文研究了新型聚醚类引气剂 AE-613 对溶液及碾压混凝土性能的影响，并与市售松香类引气剂及常规聚醚类引气剂进行对比，系统

基金项目：中央级公益性科研院所基本科研业务费专项资金项目（Y420011）。

作者简介：夏强（1989—），男，江苏南京人，工程师，工学硕士，主要从事水工新材料研发及耐久性研究。

E-mail：qxia@nhri.cn。

地比较了三种引气剂的溶液表面活性、泡沫性能以及碾压混凝土的含气量和气泡稳定性，为实际工程中引气剂的科学选用提供理论依据。

2 原材料及试验方法

2.1 原材料

聚醚类引气剂 AE-613 由南京瑞迪高新技术有限公司提供，此外还采用市售松香引气剂 SX-1 和聚醚类引气剂 CY-1，其基本性能见表 1。

水泥为海螺 P·O 42.5 级水泥，粉煤灰为 Ⅱ 级粉煤灰，细骨料为某工程机制砂，细度模数为 3.1，石粉含量约 8.6%，粗骨料为 5～25mm 碎石，拌合水为自来水。减水剂采用南京瑞迪高新技术有限公司生产的 HLC-NAF 缓凝高效减水剂。

不同引气剂的基本性能   表 1

种类	外观	固含量(%)	pH 值
AE-613	淡黄色透明液体	35	12.2
SX-1	棕色液体	45	10.8
CY-1	淡黄色透明液体	35	12.8

2.2 试验方法

1. 表面张力测试

采用德国 Krüss K20 全自动表面张力仪测试 3 种引气剂的表面张力 γ。将一定量待测的引气剂加入到去离子水中配制一系列不同浓度 c 的溶液，在 25℃ 环境下静置约 30min，采用 Du Noüy 环法测试表面张力，每次测试重复 3 次，取平均值作为最终结果，并绘制 γ-lg c 曲线。

2. 泡沫性能测试

为了探究不同因素对引气剂溶液泡沫性能的影响，设计了 3 种溶液介质：①去离子水；②饱和 Ca（OH）$_2$ 溶液；③水泥稀浆[11]（150mL 去离子水中加入 5g 水泥和 5g 粉煤灰）。采用 Waring-Blender 搅拌法来测试每种引气剂在不同介质中的起泡性能和稳泡性能，引气剂的质量浓度均为 0.5%，将 150 mL 含有引气剂的溶液沿筒壁缓缓加入到 500mL 量筒中，将搅拌叶片固定在溶液中部位置，搅拌速率为 1800r/min，搅拌 60s 后停止搅拌，在 10s 内测量并记录初始泡沫高度 h_0，然后分别测量 15min、30min、45min、60min 的泡沫高度 h_t，按下式计算泡沫高度衰减率 η：

$$\eta = \frac{h_t - h_0}{h_0} \times 100\% \tag{1}$$

3. 碾压混凝土含气量测试

碾压混凝土配合比设计见表 2，粉煤灰掺量为 50%，水胶比为 0.42，减水剂掺量为 0.8%，引气剂掺量分别为胶材总质量的 0.05%、0.10% 和 0.15%，分别测试不同引气剂不同掺量下碾压混凝土的 VC 值和含气量，从而比较引气剂的引气及稳泡性能。

							表 2

碾压混凝土配合比

序号	水泥(kg/m³)	粉煤灰(kg/m³)	机制砂(kg/m³)	碎石(kg/m³)	水(kg/m³)	减水剂掺量(%)	引气剂掺量(%)
1	110	110	815	1340	90	0.8	0.05
2	110	110	815	1340	90	0.8	0.10
3	110	110	815	1340	90	0.8	0.15

3　结果与讨论

3.1　表面活性

　　表面张力是表征引气剂表面活性的一个重要指标，图 1 为 3 种引气剂的表面张力 γ 随浓度对数 $\lg c$ 变化曲线，可以看出各引气剂水溶液的表面张力均随着引气剂浓度的增加而表现为线性降低，当达到临界胶束浓度 c_m 时，由于开始形成胶束，而溶液中单体浓度几乎不再增加[12]，因此表面张力不会继续减小而趋于稳定。

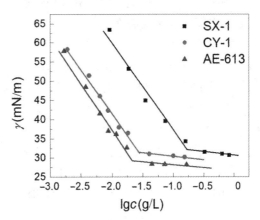

图 1　引气剂的表面张力 γ 随浓度对数 $\lg c$ 变化曲线

　　根据引气剂水溶液的 γ-$\lg c$ 曲线拐点可以计算得到 c_m 以及临界胶束浓度时的表面张力 γ_c。Rosen 等[13] 提出，将使水的表面张力下降 20mN/m 所需的表面活性剂浓度的负对数 pc_{20} 定义为降低表面张力的效率，pc_{20} 越大，表明引气剂降低表面张力的效率越高。pc_{20} 可以按下式计算：

$$pc_{20} = -\lg c_{\pi=20} \qquad (2)$$

　　式中，$c_{\pi=20}$ 为使水的表面张力下降 20mN/m 所需的表面活性剂浓度（g/L）。

　　根据图 1 及式（2）计算得到 3 种引气剂的 c_m、γ_c 以及 pc_{20}，结果见表 3。可以发现，聚醚类引气剂 CY-1 和 AE-613 的临界胶束浓度 c_m 显著低于松香引气剂 SX-1，其中 AE-613 的 c_m 最低。尽管 3 种引气剂的 γ_c 相差不大，均在 30mN/m 附近，但是根据 pc_{20} 结果可以看到，聚醚类引气剂降低表面张力的效率显著高于松香类引气剂，CY-1 的 pc_{20} 是 SX-1 的 1.49 倍，AE-613 的 pc_{20} 是 SX-1 的 1.57 倍。综上，3 种引气剂表面活性由高到低依次为 AE-613、CY-1 和 SX-1。

各引气剂在不同溶液中的 c_m、γ_c 以及 pc_{20}　　　　表 3

引气剂种类	c_m(g/L)	γ_c(mN/m)	pc_{20}
SX-1	0.1675	31.5	1.64
CY-1	0.0282	31.2	2.44
AE-613	0.0226	28.5	2.57

3.2　泡沫性能

图 2～图 4 为 3 种引气剂在不同溶液介质中的初始泡沫高度以及泡沫高度随时间变化的柱状图。初始泡沫高度越大，表明引气剂起泡能力越强，泡沫高度变化越小，则表明泡沫越稳定。

由图 2 可见，在去离子水中，AE-613 的初始泡沫高度最高，其次是 CY-1，SX-1 的初始泡沫高度最低。3 种引气剂的泡沫高度在前 15min 内下降速率最快，然后趋于平缓，60min 后 AE-613 泡沫高度衰减率为 15.7％，CY-1 为 29.1％，SX-1 为 71.1％，这与表面活性的结果一致，引气剂的临界胶束浓度处表面张力 γ_c 越低，降低表面张力的效率越高，其起泡性能和稳泡性能就越好。

由于混凝土孔隙液为碱性且含有大量 Ca（OH）$_2$，因此研究了不同引气剂在饱和 Ca（OH）$_2$ 溶液中的泡沫性能，结果如图 3 所示。可以发现，与在去离子水中不同，3 种引气剂在饱和 Ca（OH）$_2$ 溶液中的初始泡沫高度均大幅降低，60min 泡沫高度损失也有所增大。这是由于一方面饱和 Ca（OH）$_2$ 溶液为碱性，pH 值约 12.6，另一方面，饱和 Ca（OH）$_2$ 溶液中含有大量 Ca^{2+}，Ca^{2+} 也会影响气泡的产生和泡沫稳定性[14]。3 种引气剂的初始泡沫高度由高到低依次为 AE-613、CY-1 和 SX-1，60min 泡沫高度衰减率由高到低依次为 SX-1（58.8％）、CY-1（51.6％）和 AE-613（38.2％），表明 AE-613 在饱和 Ca（OH）$_2$ 溶液中也具有较好的起泡和稳泡性能。

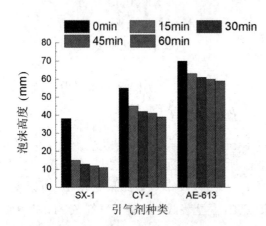
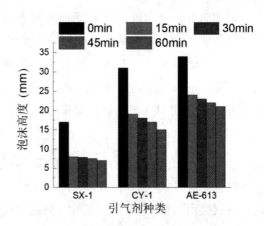

图 2　去离子水中的泡沫高度变化柱状图　　　图 3　饱和 Ca（OH）$_2$ 溶液中的泡沫高度变化柱状图

图 4 为去离子水中加入水泥和粉煤灰的水泥稀浆中引气剂溶液的泡沫高度变化结果，由于水泥水化是一个极为复杂的化学进程，会产生 Ca^{2+}、Al^{3+}、Na$^+$、K$^+$、SO$_4^{2-}$、OH$^-$ 等离子[15]，同时粉煤灰中残余的碳对引气剂存在吸附作用[16]，因此，水泥稀浆中引气剂溶液的泡沫性能与实际水泥胶凝体系更为接近。由图 4 可以发现，3 种引气剂在水泥稀浆中初始泡沫高度显著低于在去离子水中，CY-1 的初始泡沫高度与在饱和 Ca（OH）$_2$ 溶液中接近，而 SX-1 和 AE-613 的初始泡沫高度略高于在饱和 Ca（OH）$_2$ 溶液中。3 种引气剂的初始泡沫高度由高到低依次为 AE-613、CY-1 和 SX-1，60min 泡沫高度衰减率由高到低依次为 SX-1（55.6％）、CY-1（46.7％）和 AE-613（22.0％）。综上，

引气剂的表面活性越高，在水泥稀浆中的泡沫性能也越好。

3.3 碾压混凝土拌合物性能

表 4 为 3 种引气剂不同掺量条件下碾压混凝土的 VC 值及含气量的结果。一般情况下，碾压混凝土的 VC 值随着含气量的增大而减小，这是由于引入的气泡增加了浆体的体积，从而改善了混凝土的和易性。当掺量为 0.05％时，3 种引气剂的混凝土含气量均低于 3.0％。对于松香引气剂 SX-1，当其掺量达到 0.15％时，碾压混凝土的初始含气量才能达到

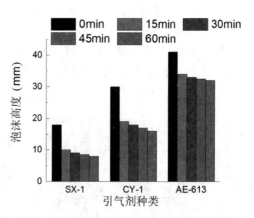

图 4 水泥稀浆中的泡沫高度变化柱状图

3.5％。对于 CY-1，当掺量从 0.05％提高到 0.10％，含气量增加了 0.9％，但是当掺量从 0.10％提高到 0.15％时，含气量仅仅增加了 0.2％，表明常规聚醚类引气剂在碾压混凝土中引气效率降低，即便提高掺量含气量也不会提高。对于 AE-613，掺量为 0.10％时含气量就可以达到 3.6％，掺量为 0.15％时含气量可以增加到 4.7％，VC 值降低到 3.5s，混凝土和易性提高。掺 SX-1 混凝土 30min 含气量损失为 0.4％～1.4％，而掺 AE-613 混凝土 30min 含气量损失为 0.6％～1.0％，AE-613 在碾压混凝土中的稳泡能力更高。综上，相同掺量条件下 AE-613 的引气能力最好，而达到相同的含气量时最低，表明 AE-613 在碾压混凝土干硬性体系中具有更好的适应性。

不同引气剂对碾压混凝土含气量的影响结果 表 4

编号	品种	掺量(％)	初始		30min 后	
			VC 值(s)	含气量(％)	VC 值(s)	含气量(％)
1	SX-1	0.05	7.4	1.7	9.1	1.3
2		0.10	6.8	2.6	8.3	1.6
3		0.15	5.5	3.5	7.6	2.1
4	CY-1	0.05	7.6	1.8	9.2	1.3
5		0.10	6.7	2.7	8.5	1.6
6		0.15	6.4	2.9	8.3	1.7
7	AE-613	0.05	6.5	2.6	7.5	2.0
8		0.10	5.3	3.6	6.6	2.8
9		0.15	3.5	4.7	5.3	3.7

3.4 工程应用

凤山水库位于贵州省黔南州福泉市境内，总库容 1.04 亿 m³，以城乡生活和工业供水为主，兼顾发电，是国家 172 项节水供水重大水利工程之一。凤山水库工程大坝为碾压混凝土重力坝，大坝坝顶高程 912m，最大坝高 90m，坝顶长 281m，大坝总浇筑方量 53.54

万 m^3，其中碾压混凝土约 40.96 万 m^3。大坝工程碾压混凝土采用 AE-613 引气剂，大坝内部碾压混凝土强度设计等级为 $C_{90}15W4F50$，水胶比为 0.55，粉煤灰掺量为 60%，引气剂掺量为 0.15%。碾压混凝土出机 VC 值约 2～5s，含气量为 4.0%～4.5%，碾压混凝土出机状态及碾压施工现场图如图 5 及图 6 所示，可见碾压混凝土和易性良好，不陷碾，碾压后混凝土表面泛浆充分，有光亮感，很好地满足碾压施工的质量要求。

图 5　碾压混凝土出机状态　　　　　　图 6　碾压混凝土施工现场

4　结论

（1）综合比较各引气剂的临界胶束浓度 c_m、临界胶束浓度时的表面张力 γ_c 以及 pc_{20}，3 种引气剂表面活性由高到低依次为 AE-613、CY-1 和 SX-1。

（2）3 种引气剂在去离子水、饱和 $Ca(OH)_2$ 溶液和水泥稀浆中的泡沫性能存在较大差异，引气剂的表面活性越高，起泡性能和稳泡性能就越好。

（3）在碾压混凝土中，相同掺量条件下 AE-613 的引气能力最好，而达到相同的含气量时掺量最低，并且 30min 混凝土含气量损失最小，表明 AE-613 在碾压混凝土干硬性体系中具有更好的适应性。

参考文献

[1]　陈佳礼，闫浪浪，王晓虎，等．外掺石粉对天然砂碾压混凝土性能的影响 [J]．福建水力发电，2022，(1)：68-71.

[2]　常昊天，姚宝永，薛建峰，等．严寒地区碾压混凝土筑坝技术创新与实践 [J]．水电站设计，2021，37 (04)：25-28.

[3]　田育功，于子忠，郑桂斌．中国 RCC 快速筑坝技术特点 [C]．国际碾压混凝土坝技术新进展与水库大坝高质量建设管理——中国大坝工程学会 2019 学术年会论文集，2019：62-72.

[4]　赵二峰，顾冲时．碾压混凝土坝安全服役关键技术研究进展 [J]．水利水电科技进展，2022，42 (1)：11-20.

[5]　Shan H A，Yuan Q，Zuo S．Air entrainment in fresh concrete and its effects on hardened concrete-a review [J]．Construction and Building Materials，2021，274，121835.

[6]　单广程，陆超，陈健，等．不同结构的引气剂对溶液及混凝土性能的影响 [J]．硅酸盐学报，2020，48 (8)：1256-1262.

[7]　夏强，温金保，唐修生，等．早强剂和防冻剂对不同类型引气剂性能的影响 [J]．硅酸盐通报，2022，41 (1)：

51-59.

［8］ Lori E T, George W S, Robert K. A new hypothesis for air loss in cement systems containing fly ash ［J］. Cement and Concrete Research，2021，142，106352.

［9］ 宋美丽，樊春喜. 粉煤灰对混凝土含气量影响的研究 ［J］. 水电与新能源，2014 (02)：32-34.

［10］ 高建山，张国慧. 保持高抗冻碾压混凝土含气量的试验研究 ［C］. 中国碾压混凝土筑坝技术 2015，2015：349-352.

［11］ Ke G J, Zhang J, Tian B, et al. Characteristic analysis of concrete air entraining agents in different media ［J］. Cement and Concrete Research，2020，135，106142.

［12］ 崔正刚. 表面活性剂、胶体与界面化学 ［M］. 北京：化学工业出版社，2019.

［13］ Rosen M J, Kunjappu J T. Surfactants and interfacial phenomena (Fourth edition) ［M］. A John Wiley& Sons, Inc.，Publication，2012.

［14］ 张向东，李庆文，李广华，等. 防冻剂对混凝土引气剂气泡稳定性能影响研究 ［J］. 功能材料，2015，46 (23)：23036-23041.

［15］ 李明，王育江，王文彬，等. 高吸水树脂在水泥基材料中的早期吸水与释水行为 ［J］. 硅酸盐学报，2016，44 (11)：1595-1601.

［16］ Liu Q, Chen Z, Yang Y. Effect of fly ash on the air void size distribution entrained by selected anionic, cationic and nonionic surfactants in hardened cement mortars ［J］. Cement and Concrete Composites，2021，124：104253.

自密实堆石混凝土重力坝施工配合比设计研究与实践

邓　钊　王　聪

（中国水利水电第九工程局有限公司，贵州贵阳　550081）

摘　要：本文围绕自密实堆石混凝土重力坝施工特点、难点，针对自密实堆石混凝土施工过程混凝土配合比性能状态的变化，从自密实混凝土原材料控制、配合比设计调整、自密实混凝土搅拌、混凝土性能状态检测试验等方面进行质量研究控制与实践，阐述各阶段的控制要点，结合工程实际论述了自密实堆石混凝土所用原材料及掺合物配置比例，以配制优良稳定的自密实混凝土。

关键词：自密实堆石混凝土；配合比的配置；原材料质量控制；混凝土质量控制

1　引言

　　自密实堆石混凝土施工指将满足一定粒径要求的块石或卵石直接入仓，形成有缝隙的堆石体，然后在堆石体表面浇筑满足按比例配制好的专用自密实混凝土，自密实混凝土依靠自身重力流入堆石缝隙，有效填满堆石空隙形成自密实堆石混凝土。自密实混凝土是指具有很高的流动性、不泌水、不离析、不需要外加振捣，利用其自身重力来达到密实填充效果的新型混凝土；主要由原材料水泥、掺合料、砂、小石、外加剂、水等有效拌合而成，外加剂（聚羧酸系高性能减水剂）是配制自密实混凝土的关键组分，做好原材料的质量控制是保证自密实混凝土性能状态稳定的基础。

2　工程概况

　　余庆打鼓台水库位于余庆县西北面敖溪镇的胜利社区境内，坝址处于乌江支流敖溪河左岸一级支流后溪河上游的岩孔沟汇口以下约 400.00m 河段，水库坝址距敖溪镇 3.0km、距余庆县城 63.0km。水库为小（1）型，工程等别为Ⅳ等，坝体为 $C_{90}15$ 自密实堆石混凝土重力坝结构，大坝坝顶轴线长 198.00m，坝顶高程 799.00m，坝顶宽 6.00m，坝底高程 758.00m，坝高 41.00m，坝底宽度 33.94m，坝底长度 62.00m。水库正常蓄水位为 796.00m，死水位为 779.50m，水库总库容为 619.00 万 m^3，正常蓄水位库容 523.00 万 m^3，死水位库容 61.70 万 m^3。

3　原材料控制

3.1　水泥

　　自密实混凝土的拌制需要掺大量矿物掺合料，选用硅酸盐水泥或普通硅酸盐水泥，避

作者简介：邓钊（1992—），男，贵州思南人，工程师，本科，主要从事水利工程项目施工管理工作。
　　　　　　E-mail：809060642@qq.com。

免容易引起混凝土早期强度增长过慢，水泥强度等级要求较高，自密实混凝土拌制用水泥较少，水泥用量较多不但增加成本，而且早期水泥水化热加大导致混凝土收缩开裂，影响混凝土耐久性和稳定性。结合工程实际情况选用贵州江葛水泥责任有限公司生产的江葛牌 P·O 42.5 水泥，该水泥通过取样检测满足性能要求。

3.2 掺合料

自密实混凝土拌制需要较多胶凝材料，因而必须加入大量矿物掺合料进行配置，获得更好的工作性和耐久性，掺合料满足《堆石混凝土筑坝技术导则》NB/T 10077—2018 中的相关规定，用于自密实混凝土的粉煤灰符合现行国家标准《用于水泥和混凝土中的粉煤灰》GB/T 1596 中 Ⅰ 级或 Ⅱ 级粉煤灰的技术性能标准。结合工程实际情况采用遵义科海建材有限公司提供的鸭溪 Ⅱ 级粉煤灰，该粉煤灰通过取样检测满足性能要求，如图 1 所示。

检测项目	计量单位	标准要求			检测结果	单项结论
		Ⅰ级	Ⅱ级	Ⅲ级		
细度（45μm方孔筛筛余）	%	≤12.0	≤25.0	≤45.0	20.5	Ⅱ级
需水量比	%	≤95	≤105	≤115	103	Ⅱ级
烧失量	%	≤5.0	≤8.0	≤15.0	4.52	Ⅰ级
含水量	%	≤1.0			0.4	Ⅱ级
三氧化硫	%	≤3.0			—	—
游离氧化钙	%	≤1.0			—	—
安定性 雷氏夹沸煮后增加距离	mm	≤5.0			—	—
检验结论	所检项目满足 GB/T 1596—2005 规范 Ⅱ 级粉煤灰要求。					
备注	1. 报告无 CMA 计量认证章和检验检测专用章无效。若一份报告为多页，无骑缝章无效。 2. 报告无批准、审核、试验签字（章）无效；报告涂改无效。 3. 未经检测单位书面同意，不得复制本检测报告。 4. 对检测报告若有异议，应于收到报告之日十五日内向检测单位提出，逾期不予受理。 5. 本报告只对来样负责。					

图 1 粉煤灰检测成果

3.3 砂

砂宜选用级配合理，有效控制砂粒径、含泥，确保混凝土工作性能，每次拌制前需对砂进行含泥、含水和细度模数进行检验，对砂的表观密度和 0.08mm 水洗筛余量和颗粒级配进行了检测。具体检测情况见表 1～表 3，图 2。

砂的表观密度 表 1

质量(g)	瓶加水重(g)	瓶砂水重(g)	表观密度(kg/m³)	平均值(kg/m³)
600.0	1317.4	1695.2	2700	2700
600.0	1326.8	1703.8	2690	

砂含泥量

表2

项目	干砂样重(g)	水洗后干重(g)	含泥量(%)	平均值(%)
0.08mm 水洗筛余量	500.0	456.5	8.7	8.6
	500.0	457.5	8.5	

砂的筛分数据情况

表3

项目	组1(600.0g)				组2(605.0g)			
筛孔孔径 (mm)	筛余量 (g)	筛余百分比(%)	累积筛余量(g)	累积筛余百分比(%)	筛余量 (g)	筛余百分比(%)	累积筛余量(g)	累积筛余百分比(%)
5.00	0	0	0	0	0	0	0	0
2.50	98.71	16.5	98.71	16.5	124.21	20.5	124.21	20.5
1.25	181.26	30.2	279.97	46.7	193.34	32.0	318.55	52.5
0.63	171.79	28.6	451.76	75.3	161.90	26.8	479.45	79.2
0.315	49.23	8.2	500.99	83.5	44.29	7.3	523.74	86.6
0.16	35.01	5.8	536	89.3	24.08	4.0	547.82	90.5
筛底	63.58	10.6	599.58	99.9	56.49	9.3	604.31	99.9
细度模数	3.11				3.29			
平均值	3.20							

检测成果						
检测项目	检测结果	规范要求		检测项目	检测结果	规范要求
表观密度(kg/m³)	2680	≥2500		含泥量(%)	—	—
松散堆积密度(kg/m³)	—	—		泥块含量(%)	0	不允许
轻物质含量%	—	—		坚固性(%)	—	≤8
云母(%)	—	≤2		表面含水率(%)	—	≤6
有机物含量	—	不允许		硫化物及硫酸盐含量(%)	—	≤1
筛孔尺寸(mm)	10	5	2.5	1.25	0.63	0.315	0.16
砂颗粒级配区 Ⅰ区	0	10-0	35-5	65-35	85-71	95-80	97-85
Ⅱ区	0	10-0	25-0	50-10	70-41	92-70	94-80
Ⅲ区	0	10-0	15-0	25-10	40-16	85-55	94-75
实际累计筛余(%)	0	1.6	13.4	32.2	62.2	78.6	84.1
石粉含量(%)	15.9			细度模数	2.69	
检验结论	所检项目满足《水工混凝土施工规范》SL677—2014的要求。					
备注	1.报告无CMA计量认证章和检验检测专用章无效；若一份报告为多页，无骑缝章无效。 2.报告无批准、审核、试验签字（章）无效；报告涂改无效。 3.未经检测单位书面同意，不得复制本检测报告。 4.对检测报告若有异议，应于收到报告之日起十五日内向检测单位提出，逾期不予受理。 5.本报告只对来样负责。					

图2　砂检测成果

3.4 小石

小石选用连续级配，最大公称粒径不宜大于 20mm，针片状颗粒含量不大于 8%，小石粒径控制不符合要求直接影响混凝土的和易性与流动性，必要时适当调整小石掺合比例，保证拌制自密实混凝土的性能状态稳定。对小石的颗粒级配和表观密度进行了检测，具体检测情况见表 4、表 5、图 3。

石子的筛分数据情况 表 4

项目	组一（10000g）	组二（10000g）
筛孔孔径（mm）	累计筛余（g）	累计筛余（g）
20	0	0
16	333	327
10	6413	6219
5	9800	9776
2.5	9933	9985
筛底	9999	10000

石子的表观密度测量结果 表 5

质量（g）	瓶加水重（g）	瓶石水重（g）	表观密度（kg/m³）	平均值（kg/m³）
1014.0	1433.7	2074.9	2720	2730
1077.5	1445.2	2129.5	2740	

检 测 成 果			
检测项目	检测结果	设计要求	单项结论
超径（%）	2	<5	合格
逊径（%）	4	<10	合格
表观密度（kg/m³）	—	≥2550	—
吸水率（%）		≤1.5	—
针片状含量（%）	4	≤15	合格
堆积密度（kg/m³）	—	—	—
空隙率（%）		—	—
压碎指标值（%）		≤20	
含泥量（%）	0.8	≤1	合格
泥块含量（%）	0	不允许	合格
结论	该粗骨料所检项目满足《水工混凝土施工规范》SL677—2014 的要求。		
备注	1.报告无 CMA 计量认证章和检验检测专用章无效；若一份报告为多页，无骑缝章无效。2.报告无批准、审核、试验签字（章）无效，报告涂改无效。3.未经检测单位书面同意，不得复制本检测报告。4.对检测报告若有异议，应于收到报告之日起十五日内向检测单位提出，逾期不予受理。5.本报告只对来样负责。		

图 3 粗骨料检测成果

3.5　外加剂

外加剂是自密实混凝土的核心技术，是保证自密实混凝土性能状态的最关键材料，外加剂应根据现场原材料的情况、环境温度、施工需求等因素通过试验确定最佳掺量；自密实混凝土具备的高流动性、抗离析性、间隙通过性等性能则是添加外加剂来实现的，所以要严格控制外加剂的质量，保证混凝土性能稳定。采用北京华石纳固科技有限公司生产的 HSNG-T 自密实混凝土专用外加剂性，能满足要求，如图 4 所示。

检测依据	GB 8076-2008		报告日期	2017-02-28
检 测 成 果				
检测项目	计量单位	标准要求	检测结果	单项结论
减水率	%	≥25	27.7	合格
含气量	%	≤6.0	2.3	合格
泌水率比	%	≤70	55	合格
凝结时间差　初凝	min	≥+90	130	合格
终凝	—	—	—	—
坍落度 1h 经时变化量	mm	≤60	37	合格
抗压强度比　7 天	%	≥140	153	合格
28 天	%	≥130	152	合格
结论	所检项目满足规范 GB 8076—2008 的要求。			
备注	1.报告无 CMA 计量认证章和检验检测专用章无效；若一份报告为多页，无骑缝章无效。 2.报告无批准、审核、试验签字（章）无效。报告涂改无效。 3.未经检测单位书面同意，不得复制本检测报告。 4.对检测报告若有异议，应于收到报告之日起十五日内向检测单位提出，逾期不予受理。 5.本报告只对来样负责。			

图 4　外加剂检测成果

3.6　水

拌制混凝土采用清澈河水，特殊时期控制水温，避免使用浑浊水。

4　自密实混凝土配合比设计试验

本工程自密实堆石混凝土设计等级为 $C_{90}15$，采用选定原材料进行自密实混凝土配合比试验，检测混凝土性能状态，配制优良稳定的自密实混凝土。

自密实混凝土配合比设计试验流程：

（1）净浆试验。选取不同型号外加剂同水泥、粉煤灰进行适应性试验，以确定与该工程胶凝材料适应的外加剂型号。

（2）砂浆试验。选取不同水胶比、砂率、粉煤灰掺量进行试验，以确定合理水胶比、砂率及粉煤灰掺量。

（3）混凝土试验。调整单方石子用量及外加剂用量，得到自密实混凝土的基准配合比。

（4）配合比优化试验。调整配比参数，得到更经济实用的优化配合比。

自密实混凝土拌制试验采用 HJS-60 型单卧轴强制式搅拌机，首先用水把搅拌机润湿，然后依次把称量好的石子、砂、水泥、粉煤灰放入搅拌机中，搅拌 15s 停机。启动搅拌机把预先称量好的水及外加剂混合后均匀倒入搅拌机中，搅拌 90s 后出机，立即对混凝土性能进行检测（扩展度、坍落度及 V 漏斗通过时间）。

试验得到专用自密实混凝土配合比（kg/m³） 表 6

配合比编号	设计要求	水泥	粉煤灰	砂	石	水	外加剂	备注
9	$C_{90}15$	167	370	941	655	183	7.4	理论值
		170	346	971	655	183		实际值
10（推荐）	$C_{90}15$	167	347	962	655	186	7.3	理论值
		167	322	992	655	186		实际值

经过多组试验确定自密实混凝土配比，9 号配合比满足混凝土稳定性指标，对其进一步优化，确定 10 号配合比为最合适配合比，10 号配合比自密实混凝土进行稳定性能检测，性能保持良好。记录如表 7 所示。

对推荐配合比的混凝土成型标准立方体抗压、抗渗、抗冻试块，标准养护至相应龄期后委托检测公司进行相关检测。记录如表 8 所示。

混凝土稳定性指标保持纪录 表 7

工作性能	保持时间(min)		
	0	30	60
扩展度(mm)	660	660	655
坍落度(mm)	265	270	265
V 漏斗时间(s)	13.1	14.1	21.1

高自密实性能混凝土硬化性能检测结果 表 8

项目	检测结果	结论
立方体抗压强度	标准养护 28d，18.4MPa	满足 $C_{90}15$ 设计要求
抗渗性能	加压至 0.6MPa，所有事件顶面均未渗水	满足 W6 设计要求
抗冻融性能	快冻法 50 次循环； 质量损失：0.2%； 相对动弹性模量：82.2%	满足 F50 设计要求

试验结果表明，该自密实混凝土配合比能满足规范要求的工作性能保持标准，得到最终合适配合比。

该配合比通过打鼓台水库工程大坝实体实施验证，每仓混凝土浇筑取样送检，试块通过实验室标养达到混凝土龄期，检测结果显示，混凝土质量满足要求。坝体浇筑 C15 混凝土试块共 101 组：最小强度 16.8MPa、最大强度 36.1MPa、平均强度 24.9MPa、标准差 4.27；根据《水利水电工程施工质量检验与评定规程》SL 176—2007 附录 C，同一强度等级混凝土试块 28d 龄期抗压强度的组数 $n \geqslant 30$ 时，试块任何强度均大于设计值 90%

以上，无筋强度保证率大于 85%，强度小于 20MPa 的混凝土抗压强度离差系数为 0.17，小于 0.18；判定结果为质量优良。

5　自密实混凝土性能状态检测方法

5.1　自密实混凝土扩展度与坍落度检测

本方法用于测量拌制自密实混凝土的流动性能，用于各等级高自密实性能混凝土的流动性能测定。选择平整地面，铺上预制好钢板，钢板要铺设平整，钢质平板的表面必须平滑且板材具有良好的水密性和刚性，用湿布擦拭坍落度桶内面及钢质平板表面使之湿润，在钢板平板上放置坍落度筒，拌制混凝土不产生析离的状态下将其填入坍落度筒内，不分层一次填充至满，开始入料至填充结束应在 2min 内完成，且不施以任何捣实或振动；然后用刮刀刮除坍落度筒中已填充混凝土顶部的余料，使其与坍落度桶的上缘齐平，随即将坍落度筒沿铅直方向连续地向上提起 30cm，提起时间宜控制在 3s 左右。待混凝土的流动停止后，测量展开圆形的最大直径，以及与最大直径呈垂直方向的直径，为混凝土扩展度、坍落度值。测量混凝土中央部位坍下的距离，即为坍落度；混凝土拌合物坍落扩展终止后扩展面相互垂直的两个直径的平均值，即为扩展度。如图 5、图 6 所示。

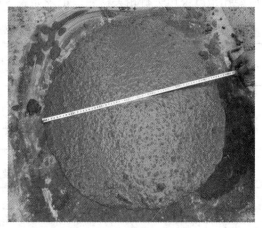

图 5　坍落度检测试验　　　　　　　　　　　图 6　扩展度检测试验

5.2　自密实混凝土 V 漏斗试验

本方法用于测量自密实混凝土的黏稠性和抗离析性，适用于各个等级的自密实混凝土黏稠性能和抗离析性能的测定。

1）V 漏斗

V 漏斗的形状及内部尺寸如图 3 所示，漏斗的容量约为 10L，其内表面需经加工修整呈平滑状。V 漏斗制作材料可用金属，也可用塑料，漏斗出料口的部位需设置快速开启且具有水密性的底盖。漏斗上端边缘的部位，须加工平整，构造平滑，如图 7 所示。

2）V 漏斗试验方法

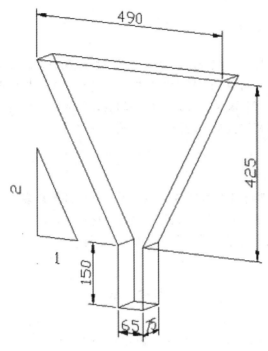

图 7　V 漏斗的形状及内部尺寸

　　V 漏斗经清水冲洗干净后置于台架上，顶面呈水平立面垂直状态，应确保漏斗稳固，用拧过的湿布擦拭漏斗内表面，使其保持湿润状态。漏斗出口的下方放置承接混凝土容器，关闭漏斗底盖，漏斗的上端平稳地填入混凝土，用刮刀刮平漏斗顶面。混凝土顶面刮平后静置 1min，将漏斗出料口的底盖打开，用秒表测量开盖至漏斗内混凝土全部流出的时间，即为 V 漏斗时间，如图 8 所示。

图 8　V 漏斗检测试验

6　自密实混凝土拌制

自密实混凝土的搅拌主要控制搅拌时间、投料顺序和投料，搅拌前必须对原材料进行检测。由于自密实混凝土自身具有较大的黏性，拌合楼设置搅拌机选用时必须选择强制式搅拌机，拌制时，首先将胶凝材料投入干拌均匀后，加入砂、小石，然后加入混合均匀的水与外加剂混合物，自密实混凝土的搅拌时间较长（拌合 70s），利于各掺合物充分拌合。

7　结语

明确提出自密实混凝土工作性能受到原材料、外加剂等众多因素的影响，要做好自密实混凝土性能状态的控制，必须要从混凝土拌制原材料的选用、配比等方面加强控制，强化技术人员培训，才能控制好混凝土性能状态，保障自密实混凝土质量，拌制优良稳定的混凝土。

参考文献

[1]　水利部．胶结颗粒料筑坝技术导则：SL 678—2014［S］．北京：中国水利水电出版社，2014.
[2]　李茂生，周庆刚．高性能自密实混凝土在工程中的应用［J］．建筑技术，2001，32（1）：39-40.
[3]　周虎，安雪晖，金峰．低水泥用量自密实混凝土配合比设计试验研究［J］．混凝土，2005（1）：5.

西藏高海拔地区基于凝灰岩粉作为掺合料替代粉煤灰的水工混凝土研究及应用

路　明　周兴朝　向　前

（中国水利水电第九工程局有限公司，贵州贵阳　550081）

摘　要： 掺合料作为水工混凝土必不可少的重要成分，西藏地区缺乏粉煤灰等传统、成熟的矿物掺合料，通过青藏铁路从青海和宁夏等地区调运粉煤灰进入西藏地区还需公路二次中转倒运，货源和运输可靠性较低，无法为工程建设提供有效的保障，且成本较高。本文主要通过对凝灰岩粉材料特性的研究，与传统掺合料特性进行对比分析，针对混凝土按照不同掺配方式、掺配比例掺入凝灰岩粉进行研究分析，并且与传统掺入粉煤灰掺合料的混凝土进行对比，通过对混凝土拌合物性能、力学性能及耐久性能分析研究，得出西藏地区具有应用价值的水工混凝土凝灰岩粉掺配方式及掺量的技术成果，为西藏地区水电开发混凝土掺合料技术提供参考。

关键词： 凝灰岩粉；掺合料；水工混凝土；西藏高海拔地区

1　工程概述

西藏 DG 水电站位于西藏自治区山南地区雅鲁藏布江干流藏木峡谷河段之上，是雅鲁藏布江中游水电规划沃卡河口～朗县县城河段 8 级开发方案中的第 2 级。上距巴玉水电站坝址约 7.6km，下距街需水电站坝址约 7.0km。工程区距桑日县城公路里程约 43km，距山南市泽当镇约 78km，距拉萨市约 263km。

DG 水电站为 II 等大（2）型工程，开发任务以发电为主，水库正常蓄水位3447.00m，相应库容 0.5528 亿 m^3，电站坝址控制流域面积 15.74 万 km^2，多年平均流量 $1010m^3/a$。电站装机容量 660MW，多年平均发电量 32.045 亿 kWh，保证出力（$P=5\%$）173.43MW。

电站枢纽建筑物由挡水建筑物、泄洪消能建筑物、引水发电系统及升压站等组成。拦河坝为碾压混凝土重力坝，坝顶高程 3451.00m，最大坝高 113.0m，坝顶长 371.0m。本工程碾压混凝土约 80 万 m^3，常态混凝土约 120 万 m^3。

2　研究的意义及必要性

我国从 20 世纪 80 年代开始在水工混凝土中大规模使用粉煤灰，取得了较好的技术经济效果，尤其是近期随着高效减水剂技术发展及优质粉煤灰的大量供应，粉煤灰已成为水工混凝土必不可少的成分之一，对于水工混凝土各项技术性能发挥都起着重要作用，目前

作者简介： 路明（1989—），男，山东泰安人，工程师，本科，主要从事试验检测工作。E-mail：245937416@qq.com。

在粉煤灰资源较为丰富的地区一般优先选用粉煤灰。但随着我国水电建设向西部河流上游、工业欠发达的边远地区发展，粉煤灰、矿渣等优质掺合料资源匮乏，因此寻找容易获得、储量丰富、质优价廉的新型掺合料势在必行。

西藏高海拔地区是我国的水能富矿，受高寒缺氧，环境艰苦，交通不便，施工条件差等条件限制，水能开发起步较晚。随着国家社会、经济条件持续发展，一方面对能源的需求持续上涨，另一方面水电开发的技术水平也持续提高，该地区已逐渐成为当前和今后一段时期水电开发的主要战场。

根据国家"十四五"规划，加快西藏雅鲁藏布江水电开发刻不容缓，但西藏地区缺乏粉煤灰、矿渣等优质掺合料资源，需借助青藏铁路长距离运输大量掺合料，既增加工程造价，又受地域、气候及运输条件的影响而得不到有效保障，进而可能影响工程建设，因此掺合料的方案选择和稳定供应将成为制约工程建设的关键环节之一。西藏地区有较为丰富的凝灰岩粉资源，且在国内也有研究应用凝灰岩粉作为水工混凝土掺合料的成功先例，即在西藏地区开展凝灰岩粉作为掺合料替代粉煤灰的水工混凝土研究及应用意义深远，成果将拓展西藏地区混凝土矿物掺合料品种，在解决西藏地区水电工程建设中传统掺合料缺乏的迫切需要，保证工程建设进度的同时，也为工程建设节约成本。

3　研究内容

本文研究主要依托于西藏 DG 水电站，试验基于相同的水泥、粉煤灰、人工砂（花岗岩）、碎石（花岗岩）、外加剂、拌合用水等原材料，其研究方式主要从两方面进行：一是对凝灰岩粉原材物理性能、化学性能进行检测，对其物理、化学性能有充分了解，以便开展下一步研究；二是在西藏 DG 水电站原配合比基础上针对不同混凝土按照不同掺配方式、掺配比例掺入凝灰岩粉进行研究分析，并且与传统掺入粉煤灰掺合料的混凝土进行对比，通过对混凝土拌合物性能、力学性能及耐久性能对比研究，推荐出最佳凝灰岩粉掺配方式及掺量。

试验配合比在原大坝配合比基础上，针对不同混凝土按照不同掺配方式、掺配比例掺入凝灰岩粉进行对比试验，其中 $C_{90}15W6F100$ 三级配碾压混凝土、$C_{90}20W8F200$ 二级配碾压混凝土分别按（粉煤灰：凝灰岩粉）100：0、50：50、40：60、30：70、20：80、0：100 掺入凝灰岩粉进行对比试验；$C_{90}20W8F200$ 三级配常态混凝土、$C25W8F200$ 二级配常态混凝土、$C30W8F200$ 二级配泵送混凝土掺合料按 20%、25%、30%（粉煤灰：凝灰岩粉按 100：0、0：100 掺入凝灰岩粉）开展对比试验。原配合比参数见表 1。

原配合比参数　　　　　　　　　　　　　　　　　　　　　表 1

序号	设计强度等级	级配	类型	设计 VC 值(s)/坍落度(mm)	水胶比	粉煤灰掺量(%)	砂率(%)	减水剂掺量(%)	减水剂种类	引气剂掺量(%)	表观密度(kg/m³)
1	$C_{90}15W6F100$	三	碾压	1～3	0.55	62	34	0.8	萘系	0.35	2420
2	$C_{90}20W8F200$	二	碾压	1～3	0.50	50	38	0.8	萘系	0.30	2400
3	$C_{90}20W8F200$	三	常态	50～70	0.50	20	29	0.8	羧酸	0.012	2380
4	$C_{90}20W8F200$	三	常态	50～70	0.50	25	29	0.8	羧酸	0.012	2380

续表

序号	设计强度等级	级配	类型	设计 VC 值 (s)/坍落度 (mm)	水胶比	粉煤灰掺量(%)	砂率(%)	减水剂掺量(%)	减水剂种类	引气剂掺量(%)	表观密度 (kg/m³)
5	C$_{90}$20W8F200	三	常态	50～70	0.50	30	29	0.8	羧酸	0.012	2380
6	C25W8F200	二	常态	70～90	0.48	20	36	0.8	羧酸	0.01	2360
7	C25W8F200	二	常态	70～90	0.48	25	36	0.8	羧酸	0.01	2360
8	C25W8F200	二	常态	70～90	0.48	30	36	0.8	羧酸	0.01	2360
9	C30W8F200	二	泵送	160～180	0.42	20	37	0.8	羧酸	0.005	2380
10	C30W8F200	二	泵送	160～180	0.42	25	37	0.8	羧酸	0.005	2380
11	C30W8F200	二	泵送	160～180	0.42	30	37	0.8	羧酸	0.005	2380

4　凝岩粉性能研究

本次试验采用西藏吾羊实业有限公司生产的凝灰岩粉，分别对其物理性能及化学指标进行检测，其物理性能及化学成分检验均执行《水工混凝土掺用天然火山灰质材料技术规范》DL/T 5273—2012，具体检测结果见表 2、表 3。

凝灰岩粉物理性能检测结果　　　　　　　　　　　　　　表 2

检测项目	含水率(%)	细度(%)	需水量比(%)	烧失量(%)	安定性	28d 活性指数(%)
实测值	0.1	10.7	109	4.7	合格	70.1
DL/T 5273—2012	≤1.0	≤25.0	≤115	≤10	合格	≥60

凝灰岩粉化学性能检测结果　　　　　　　　　　　　　　表 3

检测项目	SiO$_2$	Fe$_2$O$_3$	Al$_2$O$_3$	CaO	MgO	R20 *	SO$_3$
实测值	60.64	3.43	13.51	5.37	1.42	3.72	0.30
DL/T 5273—2012	SiO$_2$+Al$_2$O$_3$+ Fe$_2$O$_3$≥70	—	—	—	—	—	≤4.0

试验结果显示，吾羊凝灰岩粉 SiO$_2$ + Al$_2$O$_3$ + Fe$_2$O$_3$ 总量为 77.58%，满足规范不小于 70% 的要求；吾羊凝灰岩粉 SO$_3$ 含量、烧失量、活性指数、细度、需水量比及含水率等指标也均在规范相应要求范围之内，但其需水量比与粉煤灰相比相对较大，其会对混凝土单方用水量造成一定影响。

5　混凝土全面性能研究

根据前述试验内容及技术路线，按照《水工混凝土试验规程》DL/T 5150—2017、《水工碾压混凝土试验规程》DL/T 5433—2009 相关要求开展掺凝灰岩粉混凝土全面性能试验，主要包括新拌混凝土拌合物性能、力学性能及耐久性能等试验内容。

5.1　混凝土拌合物性能

对新拌混凝土按照《水工混凝土试验规程》DL/T 5150—2017、《水工碾压混凝土试验规程》DL/T 5433—2009 相关要求开展试验，检测结果见表 4。

混凝土拌合物性能检测结果　　　　　　　　　　　　　　表 4

序号	混凝土强度等级	混凝土类型	掺合料 (%)	粉煤灰与凝灰岩粉比例（粉煤灰：凝灰岩粉）	坍落度/VC值 (mm/s)	含气量 (%)	经1h损失		初凝时间 (h:min)	终凝时间 (h:min)	表观密度 (kg/m³)
							坍落度/VC值 (mm/s)	含气量 (%)			
1	$C_{90}15W6F100$	碾压	62	100：0	1.5	4.9	−2.5	−2.5	15：15	17：50	2420
2	$C_{90}15W6F100$	碾压	62	50：50	1.8	5.1	−2.3	−3.1	14：20	17：35	2420
3	$C_{90}15W6F100$	碾压	62	40：60	2.1	5.4	−2.5	−3.5	15：25	18：10	2420
4	$C_{90}15W6F100$	碾压	62	30：70	2.2	4.8	−2.1	−1.9	15：05	18：20	2420
5	$C_{90}15W6F100$	碾压	62	20：80	2.4	5.0	−2.6	−2.4	15：10	18：20	2420
6	$C_{90}15W6F100$	碾压	62	0：100	1.2	5.0	−2.4	−3.0	14：40	17：50	2420
7	$C_{90}20W8F200$	碾压	50	100：0	1.9	4.9	−2.6	−3.1	14：30	17：30	2400
8	$C_{90}20W8F200$	碾压	50	50：50	2.1	4.8	−2.9	−3.4	15：05	17：45	2400
9	$C_{90}20W8F200$	碾压	50	40：60	2.3	5.1	−1.9	−2.9	14：30	16：55	2400
10	$C_{90}20W8F200$	碾压	50	30：70	2.5	5.0	−2.4	−2.6	14：25	17：50	2400
11	$C_{90}20W8F200$	碾压	50	20：80	2.6	4.7	−2.3	−3.0	14：25	18：25	2400
12	$C_{90}20W8F200$	碾压	50	0：100	1.5	5.2	−3.0	−3.4	14：10	18：10	2400
13	$C_{90}20W8F200$	常态	20	100：0	65	5.2	−35	−1.1	8：10	9：15	2380
14	$C_{90}20W8F200$	常态	20	0：100	65	4.8	−30	−1.4	8：05	9：05	2380
15	$C_{90}20W8F200$	常态	25	100：0	75	5.3	−40	−1.1	8：20	9：35	2380
16	$C_{90}20W8F200$	常态	25	0：100	60	4.9	−40	−1.3	8：10	9：25	2380
17	$C_{90}20W8F200$	常态	30	100：0	70	5.5	−35	−1.2	8：35	9：40	2380
18	$C_{90}20W8F200$	常态	30	0：100	65	5.6	−35	−1.4	8：20	9：30	2380
19	C25W8F200	常态	20	100：0	85	5.3	−40	−1.0	8：50	9：30	2360
20	C25W8F200	常态	20	0：100	80	5.5	−35	−1.1	8：20	9：20	2360
21	C25W8F200	常态	25	100：0	85	4.9	−30	−0.9	8：55	9：50	2360
22	C25W8F200	常态	25	0：100	75	5.2	−35	−1.3	8：20	9：30	2360
23	C25W8F200	常态	30	100：0	100	5.0	−40	−1.4	8：30	9：25	2360
24	C25W8F200	常态	30	0：100	85	4.9	−30	−1.2	8：20	9：15	2360
25	C30W8F200	泵送	20	100：0	175	5.1	−30	−1.1	7：50	9：05	2380
26	C30W8F200	泵送	20	0：100	165	4.9	−25	−1.4	7：45	8：50	2380
27	C30W8F200	泵送	25	100：0	175	5.3	−40	−1.1	8：30	9：55	2380
28	C30W8F200	泵送	25	0：100	170	5.1	−30	−1.6	8：05	9：30	2380
29	C30W8F200	泵送	30	100：0	170	5.4	−35	−1.7	8：10	9：35	2380
30	C30W8F200	泵送	30	0：100	175	4.9	−30	−1.4	7：50	9：25	2380

从混凝土拌合物性能看，使用凝灰岩粉作为掺合料的混凝土与使用粉煤灰作为掺合料

的混凝土在拌合物性能上无明显差异；但随着凝灰岩粉掺量的增加，碾压混凝土在全掺凝灰岩粉时，需将减水剂掺量提高至 0.9％，受凝灰岩粉需水量比影响较大，其他比例掺入凝灰岩粉时减水剂掺量为 0.8％；常态混凝土掺合料掺入比例最高仅为 30％，受凝灰岩粉需水量比影响较小，减水剂掺量与原配合比相同（0.8％）。

5.2 混凝土物理力学性能

按照《水工混凝土试验规程》DL/T 5150—2017、《水工碾压混凝土试验规程》DL/T 5433—2009 相关要求对混凝土进行成型、养护，达到试验龄期后按照规范要求进行检测，并对试验结果进行整理、分析，试验结果见表 5。

混凝土物理力学性能检测结果   表 5

序号	混凝土强度等级	混凝土类型	掺合料（％）	粉煤灰与凝灰岩粉比例（粉煤灰：凝灰岩粉）	抗压强度（MPa）			劈裂抗拉强度（MPa）	极限拉伸（1×10^{-6}）	静力抗压弹性模量（1×10^{4}）MPa
					28d	60d	90d			
1	$C_{90}15W6F100$	碾压	62	100：0	15.6	20.1	23.9	1.83	83	2.41
2	$C_{90}15W6F100$	碾压	62	50：50	15.1	18.8	22.6	1.81	81	2.35
3	$C_{90}15W6F100$	碾压	62	40：60	14.8	18.0	21.2	1.78	79	2.31
4	$C_{90}15W6F100$	碾压	62	30：70	14.2	17.5	19.8	1.74	78	2.29
5	$C_{90}15W6F100$	碾压	62	20：80	13.9	17.1	19.2	1.69	76	2.27
6	$C_{90}15W6F100$	碾压	62	0：100	13.6	16.4	18.1	1.64	76	2.24
7	$C_{90}20W8F200$	碾压	50	100：0	21.6	27.1	30.8	2.31	85	2.64
8	$C_{90}20W8F200$	碾压	50	50：50	20.3	25.4	29.1	2.28	83	2.61
9	$C_{90}20W8F200$	碾压	50	40：60	19.8	24.6	27.7	2.24	83	2.59
10	$C_{90}20W8F200$	碾压	50	30：70	19.5	24.1	27.1	2.17	82	2.57
11	$C_{90}20W8F200$	碾压	50	20：80	18.9	23.8	26.8	2.05	81	2.55
12	$C_{90}20W8F200$	碾压	50	0：100	18.4	22.7	25.2	1.93	81	2.54
13	$C_{90}20W8F200$	常态	20	100：0	22.7	27.6	31.2	2.41	88	2.67
14	$C_{90}20W8F200$	常态	20	0：100	21.5	26.8	29.5	2.34	88	2.65
15	$C_{90}20W8F200$	常态	25	100：0	22.4	26.9	29.4	2.33	87	2.64
16	$C_{90}20W8F200$	常态	25	0：100	21.1	25.7	28.8	2.32	88	2.62
17	$C_{90}20W8F200$	常态	30	100：0	21.9	25.8	28.7	2.30	87	2.60
18	$C_{90}20W8F200$	常态	30	0：100	20.8	24.9	28.1	2.29	87	2.59
19	C25W8F200	常态	20	100：0	31.5	—	—	2.87	93	2.88
20	C25W8F200	常态	20	0：100	30.7			2.85	91	2.85
21	C25W8F200	常态	25	100：0	31.2			2.84	90	2.87
22	C25W8F200	常态	25	0：100	30.5			2.82	91	2.84
23	C25W8F200	常态	30	100：0	30.9			2.80	90	2.83
24	C25W8F200	常态	30	0：100	30.4			2.79	90	2.81

续表

序号	混凝土强度等级	混凝土类型	掺合料(%)	粉煤灰与凝灰岩粉比例(粉煤灰:凝灰岩粉)	抗压强度(MPa)			劈裂抗拉强度(MPa)	极限拉伸($1×10^{-6}$)	静力抗压弹性模量($1×10^4$)MPa
					28d	60d	90d			
25	C30W8F200	泵送	20	100:0	37.1	—	—	3.16	94	3.13
26	C30W8F200	泵送	20	0:100	36.2	—	—	3.14	94	3.11
27	C30W8F200	泵送	25	100:0	36.4	—	—	3.13	93	3.09
28	C30W8F200	泵送	25	0:100	35.7	—	—	3.11	92	3.10
29	C30W8F200	泵送	30	100:0	36.5	—	—	3.12	93	3.08
30	C30W8F200	泵送	30	0:100	35.5	—	—	3.11	93	3.04

碾压混凝土试验结果表明，28d、60d、90d 龄期的 $C_{90}15W6F100$ 三级配碾压混凝土、$C_{90}20W8F200$ 二级配碾压混凝土均随着凝灰岩粉掺量的增加，抗压强度逐渐降低，在粉煤灰:凝灰岩粉按 50:50 掺入时，混凝土抗压强度最高；常态混凝土试验结果表明，常态及泵送混凝土按 20%、25%、30% 比例分别全掺入粉煤灰和凝灰岩粉，随着掺合料掺量的增加，混凝土抗压强度逐渐降低，按相同比例掺入凝灰岩粉的混凝土抗压强度比掺入粉煤灰的略低。从表 5 中混凝土劈裂抗拉强度、极限拉伸、静力抗压弹性模量检测结果看，其力学性能规律与抗压强度相符合，随着凝灰岩粉掺量的增加，其劈裂抗拉强度逐渐降低、极限拉伸值逐渐减小、静力抗压弹性模量减小。

5.3 混凝土耐久性能

按照《水工混凝土试验规程》DL/T 5150—2017、《水工碾压混凝土试验规程》DL/T 5433—2009 相关要求对混凝土进行成型、养护，达到试验龄期后按照规范要求进行检测，并对试验结果进行整理、分析，试验结果见表 6。

混凝土耐久性能检测结果   表 6

序号	混凝土强度等级	混凝土类型	掺合料(%)	粉煤灰与凝灰岩粉比例(粉煤灰:凝灰岩粉)	抗冻性		抗渗性
					质量损失率(%)	相对动弹性模量(%)	
1	$C_{90}15W6F100$	碾压	62	100:0	3.1	85	>W6
2	$C_{90}15W6F100$	碾压	62	50:50	5.3	81	>W6
3	$C_{90}15W6F100$	碾压	62	40:60	5.6	79	>W6
4	$C_{90}15W6F100$	碾压	62	30:70	5.8	77	>W6
5	$C_{90}15W6F100$	碾压	62	20:80	6.2	76	>W6
6	$C_{90}15W6F100$	碾压	62	0:100	6.5	74	>W6
7	$C_{90}20W8F200$	碾压	50	100:0	3.5	88	>W8
8	$C_{90}20W8F200$	碾压	50	50:50	5.5	79	>W8
9	$C_{90}20W8F200$	碾压	50	40:60	5.7	75	>W8
10	$C_{90}20W8F200$	碾压	50	30:70	6.1	73	>W8
11	$C_{90}20W8F200$	碾压	50	20:80	6.4	74	>W8

续表

序号	混凝土强度等级	混凝土类型	掺合料（%）	粉煤灰与凝灰岩粉比例（粉煤灰：凝灰岩粉）	抗冻性		抗渗性
					质量损失率（%）	相对动弹性模量（%）	
12	C₉₀20W8F200	碾压	50	0：100	6.7	75	＞W8
13	C₉₀20W8F200	常态	20	100：0	2.9	88	＞W8
14	C₉₀20W8F200	常态	20	0：100	3.9	85	＞W8
15	C₉₀20W8F200	常态	25	100：0	3.0	90	＞W8
16	C₉₀20W8F200	常态	25	0：100	4.0	84	＞W8
17	C₉₀20W8F200	常态	30	100：0	2.8	88	＞W8
18	C₉₀20W8F200	常态	30	0：100	4.1	82	＞W8
19	C25W8F200	常态	20	100：0	2.5	90	＞W8
20	C25W8F200	常态	20	0：100	2.6	88	＞W8
21	C25W8F200	常态	25	100：0	3.0	89	＞W8
22	C25W8F200	常态	25	0：100	3.4	82	＞W8
23	C25W8F200	常态	30	100：0	2.6	91	＞W8
24	C25W8F200	常态	30	0：100	3.2	89	＞W8
25	C30W8F200	泵送	20	100：0	2.3	89	＞W8
26	C30W8F200	泵送	20	0：100	2.2	90	＞W8
27	C30W8F200	泵送	25	100：0	2.4	88	＞W8
28	C30W8F200	泵送	25	0：100	1.9	90	＞W8
29	C30W8F200	泵送	30	100：0	2.2	91	＞W8
30	C30W8F200	泵送	30	0：100	2.4	89	＞W8

从表 6 中混凝土耐久性能检测结果看，掺凝灰岩粉碾压及常态混凝土抗渗性能均满足设计要求；单掺凝灰岩粉（粉煤灰：凝灰岩粉为 0：100）、复掺凝灰岩粉（粉煤灰：凝灰岩粉为 50：50、40：60、30：70、20：80）C₉₀15W6F100 三级配碾压混凝土、C₉₀20W8F200 二级配碾压混凝土抗冻性能均不满足设计要求；常态及泵送混凝土抗冻性能均满足设计要求，但其抗冻性能也随着凝灰岩粉掺量增加有所减弱。从抗冻性能整体检测结果看，凝灰岩粉相较粉煤灰对混凝土抗冻性能影响较大，随着其掺量增加，抗冻性能逐渐减弱。

6 凝灰岩粉现场生产及应用

根据工程实际情况，结合现阶段研究成果，提出进一步优化施工配合比后在本工程厂引坝段闸门井下游侧、高程 3417～3448m 区域采用三级配 C₉₀15W6F100、二级配 C₉₀20W8F200 复掺凝灰岩粉和粉煤灰碾压混凝土，凝灰岩粉和粉煤灰掺入比例为 50：50。根据以往工程经验结合研究成果，在试验配合比基础上，将三级配 C₉₀15W6F100、二级配 C₉₀20W8F200 复掺（粉煤灰：凝灰岩粉为 50：50）凝灰岩粉和粉煤灰碾压混凝土水胶比降低 0.05，并控制凝灰岩粉最大掺量不超过 30%。优化后配合比试验成果见表 7。

优化后配合比试验混凝土各项性能检测结果　　　表7

序号	混凝土强度等级	混凝土类型	抗压强度（MPa）			劈裂抗拉强度（MPa）	极限拉伸（1×10^{-6}）	静力抗压弹性模量（1×10^4）MPa	抗冻性		抗渗性
			28d	60d	90d				质量损失率（%）	相对动弹性模量（%）	
1	C_{90}15W6F100	碾压	15.8	20.9	23.5	1.72	81	2.12	3.5	81	＞W6
2	C_{90}20W8F200	碾压	20.3	25.3	29.5	2.21	85	2.54	3.6	78	＞W8

根据试验结果，现场应用复掺凝灰岩粉和粉煤灰（凝灰岩粉和粉煤灰掺入比例为50∶50）的碾压混凝土配合比经优化后各项性能满足设计要求。

7　结语

通过对凝灰岩粉原材料物理、化学性能检测、分析，同时在西藏DG水电站原配合比基础上针对不同混凝土按照不同掺配方式、掺配比例掺入凝灰岩粉进行试验，通过对混凝土拌合物性能、力学性能及耐久性能对比研究，得出拌合物性能、物理力学性能及耐久性能均满足设计要求的最优掺凝灰岩粉配合比：三级配C_{90}15W6F100碾压混凝土（掺合料掺量60%）、二级配C_{90}20W8F200碾压混凝土（掺合料掺量50%）水胶比在原配合比基础上降低0.05，现分别为0.50和0.45，掺合料掺入方式采用复掺凝灰岩粉和粉煤灰（凝灰岩粉和粉煤灰掺入比例为50∶50）；三级配C_{90}20W8F200常态混凝土、二级配C25W8F200常态混凝土及二级配C30W8F200泵送混凝土水胶比均不变，分别为0.50、0.48、0.42，掺合料掺入方式采用单掺凝灰岩粉，掺合料掺量均为30%。从目前该水电站蓄水后情况看，凝灰岩粉的运用取得较好的成绩。

该项研究取得西藏地区具有应用价值的水工混凝土凝灰岩粉最佳掺配方式及掺量的技术成果，该项成果在解决西藏地区水电工程建设中传统掺合料缺乏的迫切需要，保证工程建设进度的同时，也为工程建设节约成本。由于藏区内缺乏粉煤灰、矿渣粉等优质掺合料资源，需借助青藏铁路长距离运输大量掺合料，粉煤灰进场单价为800元/t，藏区内拥有丰富的火山灰质材料，其到工地单价仅为300元/t，以DG水电站200万m^3混凝土为例，可以节约成本约8000万元，若在后期工程建设中加以推广应用，将能带来巨大的经济效益和社会效益。

参考文献

[1] 张思.凝灰岩粉掺和料对水工混凝土性能影响研究［D］.武汉：长江科学院，2016.

[2] 杨建.凝灰岩粉作为水工混凝土掺和料的可行性研究［D］.杭州：浙江大学，2018.

[3] 李新宇，谢国帅，姜宏军.西藏大古水电站原材料优选与混凝土性能试验［A］.中国大坝工程学会、西班牙大坝委员会.国际碾压混凝土坝技术新进展与水库大坝高质量建设管理——中国大坝工程学会2019学术年会论文集［C］.中国大坝工程学会、西班牙大坝委员会；中国大坝工程学会，2019：7.

[4] 陆采荣，梅国兴，戈雪良，刘伟宝，王珩，杨虎.新型掺合料特性及其碾压混凝土性能研究［A］.中国环境出版社.中国碾压混凝土筑坝技术2015［C］.：中国水力发电工程学会，2015：4.

[5] 李响，彭松涛，田德智，李家正，严伟，石妍.相同设计强度下凝灰岩粉对水工混凝土性能的影响［J］.人民长江，2019，50（S2）：216-219.

[6] 殷洁.景洪水电站混凝土掺和料选择试验研究［J］.云南水力发电，2005（03）：40-45.

红鱼洞水库沥青混凝土堆石坝填筑施工技术

杨 坤

（巴中市红鱼洞水库运行保护中心，四川 巴中 636000）

摘 要：本文依托红鱼洞水库沥青混凝土堆石坝工程，通过对灰岩、高强度白云岩开挖爆破及碾压参数的确定，介绍了大坝填筑施工技术、质量保证措施和碾压实时监控系统，确保了填筑质量，为类似项目提供参考。

关键词：堆石坝；坝体填筑技术；质量保证

1 工程概况

四川省南江县红鱼洞水库及灌区工程是用于灌溉、防洪、城乡生活及工业供水等综合水利工程。水库坝址位于南江县桥亭乡境内的南江河红鱼洞河段，大坝采用沥青混凝土堆石坝，正常蓄水位 650.00m，设计洪水位 650.50m，校核洪水位 652.11m，坝顶高程652.80m，心墙基础最低高程 548.00m，最大坝高 104.80m，坝顶宽 10.00m，坝顶全长290.00m，最大坝底 420.80m。大坝上游坝坡在高程 597.00m 处为导流主围堰顶部平台，宽度 12.00m，围堰上坝坡 1：2.5，下坝坡 1：1.7，中部设复合土工膜心墙防渗体，心墙垫层厚 3.00m；主围堰后部为主坝堆石填筑区，上游坝坡高程 597.00m 以上无马道，坡比 1：1.7，下游坝坡 1：1.7。

沥青混凝土心墙布置于坝轴线上游 2.0m 处，顶高程 652.50m，高于正常蓄水位2.50m，心墙顶厚 0.80m；高程 620.00m 处，心墙厚 1.00m；高程 590.00m 处，心墙厚1.20m；在底部 2.00m 高范围内，心墙厚度扩大系数为 2。沥青左心墙与上下游坝体碾压堆石料之间各设水平宽为 3.00m 的过渡料。

2 坝料分区及填筑设计技术要求

2.1 坝料分区

坝体填筑主要分为六个填筑区，分别是上游围堰石渣填筑料 3 区、滴水岩主堆石 1区、滴水岩主堆石 2 区、孔明洞主堆石 1 区、孔明洞主堆石 2 区、心墙过渡层，坝体分区见图 1。

作者简介：杨坤（1992—），男，工程师，主要从事质量管理工作。E-mail：121310653@qq.com。

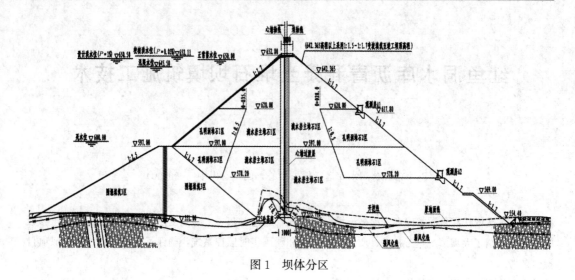

图1　坝体分区

2.2　填筑设计技术要求

大坝填筑料来源及材料特性见表1。

大坝填筑料来源及材料特性　　　　　　　　　　　　　　　　表1

分区名称	料源	级配要求			干密度 (g/cm³)	渗透系数 (cm/s)	孔隙率 (%)
		最大粒径 (mm)	≤5mm (%)	≤0.075 mm(%)			
上游围堰石渣填筑料3区	坝区开挖料的砂质页岩	600	20		2.24	1×10⁻²	≤22
滴水岩主堆石1区	水岩料场的弱风化～新鲜灰岩	800	5～15	5	2.14	1×10⁻¹	≤21
滴水岩主堆石2区	滴水岩料场的强风化～新鲜灰岩	800	5～15	5	2.15	1×10⁻¹	≤22
孔明洞主堆石1区	孔明洞料场的裂隙性溶蚀风化下带～微新白云岩	600	15	5	2.13	1×10⁻²	≤21
孔明洞主堆石2区	孔明洞料场的裂隙性溶蚀风化上带～微新白云岩	600	15	实测	2.13	实测	≤24
心墙过渡层	滴水岩料场新鲜灰岩	80	25～40	5	2.2	1×10⁻²	≤24

3　堆石坝填筑施工

3.1　碾压试验

（1）孔明洞主堆石区

料源来自孔明洞料场，为寒武纪白云岩，选择深孔挤压爆破，自上而下采用梯段式台阶法开采。经检测岩石饱和抗压强度为200MPa以上，考虑岩质坚硬，且多成板条状，孔隙率难以达标，采取33t重型振动碾。经碾压试验，铺料厚度80cm，进占法卸料，行车速度2～3km/h碾压，错距法，碾压搭接20cm，16遍强振碾，加水量为填筑体积的

10%，可满足设计干密度、孔隙率、渗透系数等要求。

（2）滴水岩主堆石

料源来自滴水岩料场，为寒武纪石灰岩，选择梯段挤压爆破开采。经检测岩石饱和抗压强度为197.3MPa。经碾压试验，松铺厚度95cm，进占法卸料，26t振动碾行车速度2～3km/h碾压，错距法碾压搭接20cm，12遍振动振碾，加水量为填筑体积的5%，可满足设计干密度、孔隙率、渗透系数等要求。

（3）上游围堰石渣填筑料

料源来自坝区开挖料的砂质页岩料。经碾压试验，铺料厚度70cm，进占法卸料，26t振动碾行车速度2～3km/h碾压，错距法碾压搭接20cm，2静＋6动碾压，加水量为填筑体积的5%，可满足设计干密度、孔隙率、渗透系数等要求。

（4）心墙过渡料

采用砂石系统加工生产，料源来自滴水岩料场经加工，经碾压试验，铺料厚度30cm，进占法卸料，3t振动碾行车速度1.5～1.8km/h碾压，错距法，碾压搭接20cm，2静＋6动碾压，加水量为填筑体积的3%，可满足设计干密度、孔隙率等要求。

（5）接头区过渡料

采用砂石系统加工生产，料源来自滴水岩料场经加工，经碾压试验，铺料厚度50cm，进占法卸料，26t振动碾行车速度2～3km/h碾压，错距法，碾压搭接20cm，2静＋6碾压，加水量为填筑体积的5%，可满足设计干密度、孔隙率等要求。

3.2　填筑施工

1. 堆石料填筑

坝体填筑均衡上升，坝面按流水作业要求划分作业区，作业区之间高差不允许超过设计和规范要求，坝体填筑施工程序为：坝料开采、运输→卸料→平料→洒水→碾压→质量检测→不合格区域处理→下一作业循环。

采用2.2～3.0m³液压反铲配合25t自卸汽车运料至在填筑工作面的前沿（离端点2～3m处）卸料，平行于坝轴线采用进占法铺料，推土机推料摊铺平仓，使仓面基本平整，起伏差不超过10cm，层厚不超过批准的铺料厚度，两侧岸坡用红油漆画层高线，中间层厚采用标尺控制，标尺放在距卸料端前2～4m，指派专人及时清理填料中的泥团、树根等杂物。每层填筑水平宽度向外超填60～80cm，以便保证削坡质量。采用坝外和坝面洒水相结合，以坝外加水为主。振动碾平行大坝轴线方向行走，采用进退错距法碾压，且在进退方向上依次延伸至每个单元，每个工作面配备两台振动碾，整个填筑大面保证2个工作面同步施工，振动碾的工作质量、频率、振幅按时标定，以保证其良好的性能和效率，满足高强度填筑碾压施工的需要。

坝体的坡面修整采用机械为主、人工为辅的方式进行。削坡分层为坝堆石料填筑每3m一层。配以电子全站仪在坡面上放出控制点并标出高程（高于设计10cm），采用白石灰等逐层标示出坝体预留沉降影响后的轮廓线。机械修坡派专人指挥现代R445液压反铲进行削坡施工，严格控制超挖和欠挖；对局部边角部位及其他机械无法运行的部位采用人工配铁锹、锄头等进行修坡，对超、欠挖部分进行回填或挖除。修整后的边坡预留10cm厚的保护层，使碾压后的边坡基本达到设计轮廓尺寸。碾压后的坡面在垂直方向上不超出设计边线+5cm或-10cm，深度超过15cm的凹坑，面积较小的采用过渡料回填压实，对于面积较大的采用砂浆回填密实。经削坡处理后的边坡平整顺直，无陡坎、无凹凸、无孔洞、无松散块体及其他杂物堆积。

2. 过渡料填筑

过渡料位于主堆石区与心墙之间，起到缓冲过渡作用，采用25t自卸汽车运料至现场在填筑工作面的前沿（离端点2～3m处）卸料，采用进占法铺料，推土机推料摊铺，使仓面基本平整，起伏差不超过10cm，层厚不超过批准的铺料厚度，层厚采用标尺控制，标尺放在距卸料端前2～4m。左右岸坡接头处、局部坡度较陡或狭小的边角部位通过人工辅助施工。每层水平宽度向外超填40～60cm。过渡料、堆石料相接时，相邻层次间应做到材料界限分明，并做好接缝处的连接，防止层间产生过大的错动或混杂现象，在斜面上的横向接缝收成1:2的锯齿状斜坡。块间的虚坡采取台阶式接坡方式，过渡料填筑完成、坝壳主堆石料施工前通过人工将接坡处超填未经压实的过渡料清理挖除。过渡料填筑碾压时需要根据实际情况适当洒水，严格控制填料含水率在允许的范围以内，洒水应在碾压开始前进行一次，然后边加水边压实，加水必须均匀、连续、不间断。

采用3t自行式振动碾沿平行于坝轴线方向碾压，靠近岸坡处用小型振动碾夯实。严禁无振碾压、欠碾和漏碾，工作面之间交接处进行搭接碾压，搭接宽度为0.5m。振动碾的行驶方向以及铺料方向平行于大坝轴线，采用进退错距法碾压，且在进退方向上依次延伸至每个单元，保证连续施工。

3. 填筑特殊部位施工法

填筑体特殊区域的碾压包括：堆石料区与过渡料区交接部位；过渡料区与沥青混凝土心墙区交接部位；填筑体分期分块及不同料源接缝处；两岸坝肩接头区，用过渡料填筑。

堆石料区与过渡料区交接部位采用26t单轮振动碾骑缝补碾；过渡料区与沥青混凝土心墙区交接部位采用3.5t自行式振动碾骑缝补碾；在靠近填筑体分期分块及不同料源接缝处边缘1～2m宽范围虽经过碾压但达不到设计要求的，必须利用反铲将接缝1～2m宽的渣料扒到待铺料的填筑面上，与该填筑层一起水平碾压。为确保接缝处的干密度达到设计要求，接缝扒料范围加碾2～3遍。同时不同料源填筑搭接采用1m×1m台阶进行搭接；大坝两岸坝肩接头区使用26t单轮振动碾沿坝肩碾压，碾压不到的部位采用BW75S手扶式振动碾碾压。

4. 雨季坝体填筑

加强天气预报，提前做好各项施工预防措施。在临时堆料场、填筑区四周及其上部边坡的顶部设置排水沟，有效防止雨水流入填筑工作面，并采取覆盖防雨措施。坝体上下游填筑面应分别向上下游倾斜一定的坡度（可取1%～2%），以利排除坝面积水。下雨或雨后严禁践踏坝面，严禁车辆通行。雨前振动平碾等快速压实表层，并注意保持填筑面平整，以防积水和雨水下渗，并妥善铺设防雨层（采用双面涂塑帆布遮盖），布置截水沟、排水沟等，雨后填筑面应晾晒或处理，经检查合格后方可复工。

5. 冬季坝体施工

对运输至坝面的坝料，及时摊铺、整平、碾压，各工序安排紧凑，尽可能在白天温度较高时进行施工，且做到当日上坝料当日碾压成型。大坝填筑对拉运至坝体的过渡料，因在坝料加工掺配中考虑了加水，故在摊铺平整中，应注意因堆集运输过程中结冰、结块料的发生，并及时对其予以剔除或严禁上坝。如因下雪停工，复工前应先清理坝面积雪，经检查验收合格后方可复工。负温下坝体填筑，视填筑料性质、区域、气温情况，采用减小铺筑厚度（减小20cm）、增加碾压遍数（增加2遍）、不加水的方法进行施工。负温下坝体填筑，对运输道路加强养护，尤其防止路面结冰现象发生，设专人清理路面结冰，如铲除冰面、摊撒粗砂等。对运输车辆加强维护保养，确保机械制动系统安全。

4 质量保证措施

（1）在大坝填筑施工中，积极推行全面质量管理，建立健全了施工质量保证体系和各级责任制。严格按照设计图纸、修改通知、监理工程师指示及有关施工技术规范进行施工。对工程质量严格实行"初检、复检、终检"的三检制。

（2）采用先进的全站仪测放点线，严格控制填筑边线和坝体的轮廓尺寸。

（3）建立了现场中心试验室，配备足够的专业人员和先进的设备，严格控制各种坝体填料的级配并检测分层铺料厚度、含水率、碾压遍数及干重度等碾压参数，保证在填筑过程中严格按照批准的碾压参数和施工程序进行施工。

（4）坝面施工统一管理，保证均衡上升和施工连续性，树立"预防为主"和"质量第一"观点，控制每一道工序的操作质量，防止发生质量事故。

（5）对大坝建基面，在进行填筑施工前，根据堰基地面的具体情况，将础表面的浮渣、碎屑、松动岩石、草皮、树木、杂物、残渣、垃圾、腐殖土及其他有机质等予以彻底清除处理，最后清除仓面积水，经监理工程师检查验收合格签证后方可进行填筑施工。

（6）碾压施工过程中严格按照规范规定或监理工程师的指示进行分组取样试验分析，做到不合格材料不上坝，下面一层施工未达到技术质量要求不得施工上面一层料物。

（7）设置足够的排水设施，有效排除工作面的积水并防止场外水流进填筑施工工作面以内，确保干地施工；雨季施工还要做好防雨措施，确保填筑施工质量。

（8）各个采料场、备料场及装载不同种类料物的车辆均应挂设醒目的标牌，并由专人指挥，防止不同种类的料物相互混杂和污染。

（9）填筑料的质量必须满足设计和相关规范规定要求，施工过程中重点检查了各填筑部位的坝料质量、填筑厚度和碾压参数、碾压机械规格、重量（施工期间对碾重应每季度检查一次）；检查碾压情况，判断含水量、碾重等是否适当；检查层间光面、剪切破坏、弹簧土、漏压或欠压层、裂缝等；检查与坝基、岩坡、刚性建筑物等的结合以及纵横向接缝的处理与结合。

（10）坝体压实检查项目和取样试验次数应满足《碾压式土石坝施工规范》DL/T 5129—2013，质量检查的仪器和操作方法，应按《土工试验方法标准》GB/T 50123—2019进行，取样试坑必须按坝体填筑要求回填。

5 大坝碾压实时监控系统

为切实管控坝体填筑质量，确保红鱼洞水库主体工程质量安全，建设一套红鱼洞水库大坝填筑施工质量实时监控系统，实现参建各方对坝体质量控制的深度参与和管理，有效提升红鱼洞水库质量建设管理水平。

5.1 系统功能

（1）实时动态检测碾压机械运动轨迹和振动状态，自动监测记录碾压机械在坝面上的碾压遍数和运行速度，并在坝面施工数字化地图上可视化显示。

（2）动态测量大坝各区各层堆石料压实后的高程，以此计算压实厚度，在坝面施工数字地图上可视化显示。

（3）根据自动测量的施工数据，对大坝填筑过程进行实时监控。当填筑碾压过程中有超速、漏振等情况发生时，能够自动醒目地提示驾驶员、施工管理人员和质量监理人，以便他们及时指示返工或调整，使碾压施工质量在整个施工过程中始终处于受控状态。

（4）在每仓施工结束后，输出碾压质量图形报表，包括碾压轨迹图、碾压遍数图、压实厚度图和压实后高程图等，作为仓面质量验收的辅助材料。

5.2 运行情况

系统运行期间，监控堆石区 457 个仓面、过渡料区 493 个仓面，心墙区 249 个仓面，合计 1199 个仓面。

（1）碾压机行驶超速统计与分析。大坝填筑碾压过程实时监控系统共监控到碾压机因司机操作失误连续 10s 超速行驶而引起报警 8064 次，平均每天每台班超速约 12.76 次。对于实际碾压操作行驶超速的情况，现场监理及时敦促碾压机操作手更正。从实际碾压时超速轨迹所占全部监控轨迹比例看，并经与现场监理核实确认，不影响大坝碾压质量，碾压机行驶速度处于受控状态。

（2）仓面碾压遍数统计与分析。堆石区、过渡料区、心墙区碾压遍数合格区域所占比例平均为 96.14％、98.88％、97.25％，结果表明现场碾压质量控制良好。

通过已上功能的实现，达到了对大坝填筑碾压环节的实时、连续、可靠的监控，实现了自动控制与人工控制相结合的优势，确保了大坝填筑质量。

6 结论

（1）红鱼洞水库大坝填筑采用了强度不同的料源，且料源强度差别较大，通过爆破试验确定了开挖爆破参数，提高一次爆破成型率，有效控制了料源级配，加快施工步伐。

（2）通过碾压试验确定了不同区域填筑参数，通过多种料源的填筑，提高了施工效率，缩短了施工工期。同时通过大坝填筑时数字监控系统，实现了坝体填筑过程的数字化与可视化，确保坝体质量可控，为提高管理和质量控制水平有着重要意义。希望为类似工程提供参考。

DG 水电站大断面导流隧洞汛期快速封堵施工技术

熊 涛

（中国水利水电第九工程局有限公司，贵州贵阳 550081）

摘 要： 为实现 DG 水电站 2021 年 "5.23" 首台机组投产发电目标；导流隧洞定于 2021 年 4 月中旬下闸，5 月 1 日开始蓄水，时间紧，工程量大。通过对封堵施工进行合理规划，优化封堵方案，在下闸后 27d 内安全、快速、高效地完成临时堵头＋永久堵头施工，缓解工期压力，降低施工风险，助力首台机组投产发电，对后续类似工程具有借鉴意义。

关键词： 导流隧洞；堵头；下闸蓄水；汛期；DG 水电站

1 引言

导流隧洞封堵工程是水电站蓄水发电的重要项目之一，直接影响到电站能否按期蓄水发电，工程质量直接关系到电站后期的运行。一般导流隧洞封堵施工安排在枯水期下闸，枯水期径流量小，水流速低，导流洞堵头准备工作更充分，可规避导流洞堵头封堵期间的风险，对封堵工程有利。在梨园水电站导流洞堵头封堵工程中，通过对堵头进行分段分层，确保了混凝土施工质量和温控效果，按期实现封堵；在上尖坡水电站导流洞堵头施工中，通过对堵头进行合理分段，缓解工期压力、降低施工风险，顺利完成封堵任务。

西藏 DG 水电站工程采用全年断流围堰、隧洞过流的导流方式，导流洞断面尺寸为 15m×17m，每条导流洞长度约 1000m。导流洞作为临时建筑物工程，受主体结构建设工期影响，第二条导流隧洞仅能在汛期封堵，工期紧，任务重，如何实现快速、安全、高质封堵是工程建设难题。

2 概述

DG 水电站位于西藏自治区山南地区桑日县境内，为 Ⅱ 等大（2）型工程，电站装机容量为 660MW，是目前世界海拔最高碾压混凝土，坝顶高程 3451.0m，最大坝高 117m，坝顶长 385m。

大坝左岸布置有两条导流隧洞，靠河道侧为 1 号导流隧洞，靠山体侧为 2 号导流隧洞。导流隧洞衬后断面均为 15m×17m 城门洞形。导流隧洞封堵堵头结合大坝防渗帷幕线布置，永久堵头形式采用混凝土重力式。1 号导流隧洞全长 908.67m，进口高程为 3368.50m，出口高程为 3363.00m，纵坡度 0.622%；2 号导流隧洞全长 1110.18m，进口高程为 3371.50m，出口高程为 3363.00m，纵坡度 0.774%。1 号、2 号导流隧洞永久堵

作者简介：熊涛（1996—），男，助理工程师，本科，从事水利水电工程施工技术与管理工作。

E-mail：352642656@qq.com。

头长均为 36.0m，2 号导流隧洞永久堵头之前设置 15.0m 长的临时堵头（图 1）。

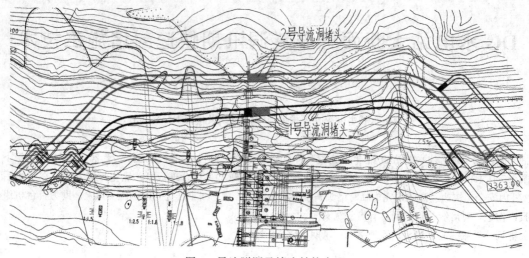

图 1　导流隧洞及堵头结构布置

3　导流隧洞封堵规划

3.1　施工规划

DG 水电站下闸蓄水主要考虑工程安全、下游生态环境用水需求、下游生产生活综合用水及对下游梯级电站的影响确定，根据现场实施进度，工程原封堵方案为：2021 年 2 月初 1 号导流隧洞下闸、河水转流后实施封堵，2021 年 4 月底 2 号导流隧洞下闸后实施封堵。后经水利水电规划总院蓄水验收专家组现场检查，发现 2 号导流隧洞在经历 4 个汛期过流后，导流洞进口洞段底板和底部边墙出现局部冲蚀破坏，其中底板冲槽深度超过 40cm，表层钢筋出露。考虑到若 1 号导流隧洞先下闸，2 号导流隧洞还要过流运行至少三个月，2 号导流隧洞后下闸可能存在一定的安全风险。验收专家组经与参建各方共同研究，鉴于两条导流洞下闸条件、封堵施工条件基本相同，考虑到 2 号导流隧洞过流缺陷修复工期影响，为降低工程安全风险，DG 水电站按先下 2 号导流隧洞、后下 1 号导流隧洞调整工程蓄水规划，同时将 2 号导流隧洞的临时堵头调整至 1 号导流隧洞。

3.2　充分利用枯水期作封堵前期工作

为进一步加快导流隧洞封堵进度，在枯水期对导流洞进口闸门至堵头段进行脱空检查，采取搭设移动台车的方式，采用钻孔全景图像方式，孔径为 $\phi76mm$、孔深为进入基岩 1m。检查完毕后，对洞壁空腔处进行回填灌浆，灌浆材料采用普硅 42.5 纯水泥浆液，浆液水灰比 0.5，灌浆压力 0.4～0.5MPa。灌浆作业浆液由制浆站集中拌制，灌浆采用 HDPE 管，进回浆主管、排气主管采用 $\phi50mm\times5mm$，出浆支管、排气管采用 $\phi32mm\times2mm$。

对堵头段采用 $\phi48mm$ 脚手架管按照间排距 1.5m×1.5m×1.5m 搭设满堂脚手架进行堵头段脱空检查及回填灌浆、固结灌浆、凿毛作业，采用墙面凿毛机，凿毛深度 1cm。

4 大断面导流隧洞快速封堵施工技术

4.1 堵头混凝土快速封堵施工

（1）导流洞封堵施工临近汛期，汛期洪水难以预测，导流隧洞需在汛前快速完成封堵施工，尽可能降低汛期不可预见的风险，同时为电站首台机组发电打下坚实基础。受上述条件影响，导流洞快速封堵施工中对总体的施工组织协调和技术方案措施等提出了更高的要求。

对于临时堵头混凝土施工：采用 C20 混凝土一次浇筑成型，采取脚手架管进行加固增强仓面稳定性，架管直接埋设进临时堵头仓内。

临时堵头回填灌浆：临时堵头混凝土浇筑完后，马上进行顶拱回填灌浆，通过提前布置好的灌浆孔，让临时堵头提前具备挡水效果，堵头施工期间大坝水位不抬升。

（2）混凝土浇筑分段分层。先封堵导流洞分为两段施工；后封堵导流洞分为三段施工，先施工临时堵头，再施工两段永久堵头，浇筑分层按照设计要求，除灌浆廊道部位层厚为 6m，顶拱部位层厚为 2m，其余均为 3m 控制（图 2）。

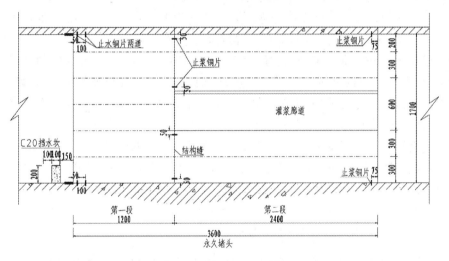

(a) 先封堵导流洞示意图

(b) 后封堵导流洞示意图

图 2 导流洞封堵混凝土浇筑分段分层

（3）永久堵头混凝土浇筑。除最后一层外混凝土均采用平层法从上游向下游浇筑。浇筑过程中人工将混凝土料推向下料点两侧铺料并振捣密实。在仓面混凝土向下游浇筑过程中，泵管跟随仓面混凝土接头逐节拆除。

堵头最后一层混凝土浇筑时，采取埋设泵管的方式进行浇筑。采用台阶法浇筑，每层铺料厚度 50cm，混凝土入仓后，采用 ϕ70 插入式振捣器振捣密实。浇筑到拱顶部位人工无法振捣时，用泵送压力尽可能向仓内打料，尽量充填顶拱部位空间，直至无法泵送为止。同时在混凝土浇筑后期适当加大输送压力，输送完成后稳定一段时间，确保拱顶部位密实。

（4）堵头混凝土温控施工。堵头混凝土施工前预埋冷却水管进行通水冷却，堵头 6m 以下冷却水管布置间距为 1.5m×1.5m（水平×竖直）方式，6m 以上冷却水管布置间距为 1.5m×1.8m（水平×竖直）方式。冷却水管距上下游面、左右边墙、廊道孔口 0.75m。冷却水管蛇形布置，单根蛇形支管的长度不超过 300m，当同一仓面需要布置多条蛇形支管时，各蛇形支管的长度应基本相当。冷却水管铺设时用扎丝将冷却水管固于架立钢筋网上，并绑扎牢固，避免在混凝土下料过程中冷却水管直接受力而损坏，同时在架立钢筋网上设置钢跳板，形成振捣作业平台。水平钢筋网：Φ18@1.5m×2m；竖向架立筋Φ25@1.5m×2m（2m 间距为洞室左、右方向）。

（5）堵头段回填灌浆。堵头混凝土浇筑完成 3d 后，对堵头采取回填灌浆，保证堵头混凝土顶部空腔的密实性，在回填灌浆时，通过封堵前期预埋的回填灌浆管，深入基岩 10cm（基岩已采取固结灌浆），以此保证堵头混凝土与顶拱之间的空腔回填灌浆效果。

（6）接缝灌浆。待堵头混凝土二期通水冷却完毕、温度降至 12℃后实施接缝灌浆；堵头周边接缝灌浆采用预埋灌浆盒及引管措施，灌浆孔采用预埋镀锌铁管，进回浆主管、排气主管采用 ϕ40，出浆支管、排气支管采用 ϕ25；灌浆材料采用普硅 42.5 纯水泥浆液，浆液水灰比采用 2、1、0.5 三个比级，开灌水灰比 2、终灌水灰比 0.5，灌浆压力：边顶拱 1.2～1.3MPa，分段缝面 0.4～0.6MPa。

4.2　地质条件差、岩层覆盖薄区域导流隧洞堵头防渗漏处理措施

对导流洞堵头区域进行超前物探、脱空检查，并进行回填灌浆、固结灌浆，避免导流洞封堵期间堵头段出现大面积渗漏，1 号导流洞封堵时间更短，没有时间进行超前物探、脱空回填，封堵施工期间堵头段若出现渗漏水情况，采取仓面内引排水措施，保证正常封堵施工。

搭接帷幕灌浆：常规情况下，导流隧洞轴线布置与大坝帷幕灌浆平洞在平面图上会相交，在导流隧洞与灌浆平洞交叉段，将导流洞堵头布置在灌浆平洞之下，堵头混凝土施工完毕后，采取在灌浆平洞增设一排帷幕灌浆孔打至导流洞底板 5m 位置，从灌浆平洞至堵头底板 5m 位置形成一道防渗幕墙，大大增加了导流洞堵头的防渗效果（图 3）。

开孔孔径 91mm，终孔孔径不低于 56mm，灌浆管采取 50mm，浆液水灰比自 3：1→2：1→1：1→0.8：1→0.5：1，灌浆最大压力 5MPa。

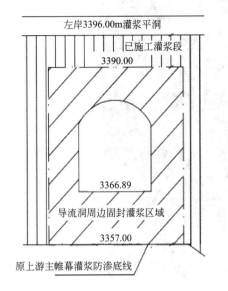 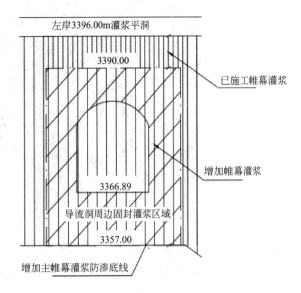

图 3 导流洞部位增加帷幕灌浆前后对比

4.3 堵头新混凝土与原衬砌混凝土间接缝止水措施

导流隧洞堵头新混凝土与原衬砌混凝土间接缝止水防渗一般采取在导流隧洞衬砌时预埋环状铜片止水带并进行回填灌浆的方式，现有技术一般防渗效果存在一定风险，大坝建坝周期较长，一般在 2～3 年甚至更长的时间，在此之前，导流隧洞需要运行至少 3 年以上，由于导流隧洞长期过流，坝址处于山区峡谷河流，悬移质所占比重大，对预埋的环状铜片止水带会形成破坏，若对环状铜片止水带采取全包，后期施工不易凿出，为保证大坝后期运行安全，因此研究一种导流隧洞堵头新老混凝土与原衬砌混凝土间接缝止水的防渗结构及施工尤为重要。

创新导流隧洞堵头防渗 T 形止水结构，取得实用新型专利授权，在堵头上下游均安装 1 道 T 形不锈钢止水，保证新老混凝土间的止水效果。

4.4 封堵施工期风险防治

后封堵导流洞封堵施工临近汛期，突发水情预警时间短，水位抬升快，水位抬升期间封堵风险不可控，防范封堵风险发生的措施至关重要。

封堵之初，进口位置因多年过流导致闸门无法落到底部，经研究，采取投入棉被、水下混凝土等措施，堵水效果明显。

封堵期间，大坝水位抬升，水压大，在堵头段形成多处渗流，通过采取合理的引排措施，钻孔灌浆处理，保证了封堵期间的安全。

在进口闸门无法完全闭水的情况下，采取在进口闸门底部投放棉被、钢棒，利用溜槽自进口闸门浇筑水下混凝土，浇筑过程添加速凝剂，取得明显的堵水效果（图 4）。

图 4　进口闸门水下混凝土浇筑（添加速凝剂）

5　效益分析

通过提前封堵规划，确定先后封堵顺序，对封堵措施进行优化，实现了导流隧洞堵头快速施工，均在一个月时间内完成封堵。在后封堵导流洞永久堵头施工期间，由于大坝水位抬升，堵头段形成多处渗流，通过引排措施及钻孔灌浆处理，保证了封堵期间施工安全。

在合同内项目不变的情况下，对止水创新方式进行对比：堵头部位止水原计划采取止水梗的方式进行施工，该工艺不利于堵头的防渗；受前期洞室衬砌限制，采用创新 T 形止水施工时，不锈钢板只能采取凿槽埋设，再焊接不锈钢止水。对两种方式进行对比分析：两条导流洞尺寸宽×高均为 15m×17m，边墙高度为 12.67m，在上下游均布置有止水，止水长度 12.67×8＝101.36m，加上顶拱部位橡胶止水长度 18.13×4＝72.52m，人工费为 200 元/d，机械台班费 300 元/d，定制不锈钢止水（含不锈钢钢板）210 元/m，铜片止水 560 元/m，橡胶止水 79 元/m，混凝土（C25W8F200）每方单价 456.42 元，综上，完成止水施工成本如表 1 所示。

效益对比分析　　　　　　　　　　　　　　　　　　　　　　　表 1

序号	项目	止水梗	T 形止水	备注
1	人工费	凿槽埋设＋立模＋混凝土浇筑 5 人 20d；共计 5×20×200＝20000 元	后期凿槽埋设＋焊接不锈钢止水 5 人 10d；共计 5×10×200＝10000 元	
2	材料费	铜片止水＋混凝土＋橡胶止水：共计 560×101.36＋6.08×456.42＋79×72.52＝65265.71 元	顶拱与边墙整体施工：不锈钢止水（含不锈钢钢板）：共计（101.36＋72.52）×210＝36510.80 元	
3	机械费	浇筑机械使用 10d：10×300＝3000 元	—	
	合计	88265.71 元	46510.80 元	

可以得出，仅止水施工完成创新工艺可节约成本：88265.7－46510.80＝4.17 万元，止水整体施工更有利于堵头段的防渗。

导流洞提前封堵完成，对于大坝蓄水发电有利，DG 电站多年平均发电量 32.045 亿 kWh，在提前 13d 封堵完成的情况下，按 0.05 元/kWh 计算，可增加收益 32.045×0.05× 13/365＝570.66 万元。

共计实现经济效益 4.17＋570.66＝574.83 万元。

6 结语

在 DG 水电站工程中，通过对导流隧洞堵头封堵进行合理规划，在枯水期将前期工作做充分，以及对堵头段的施工采取合理分段分层，保证堵头的施工及温控质量。通过增加帷幕灌浆、采取新的止水结构、对进口闸门处增加封堵措施，快速、高质地完成堵头施工，同时缓解了工期压力，降低堵头施工风险，助力首台机组投产发电，可供类似工程参考。

参考文献

[1] 田福文. 上尖坡水电站导流洞封堵施工技术 [J]. 红水河, 2019, 38 (01): 42-45.

[2] 张义超, 卓战伟, 于旭. 梨园水电站导流洞混凝土堵头封堵施工 [J]. 人民长江, 2016, 47 (11): 58-60.

[3] 陈建军, 宋迎爽. 观音岩水电站小断面施工支洞封堵施工技术 [J]. 四川水利, 2016, 37 (03): 18-20.

[4] 郑守仁, 王世华, 夏仲平. 导流截流及围堰工程上 [M]. 北京: 中国水利水电出版社, 2005.01.

[5] 李传栋, 陈书桂, 吴振建. 沐若水电站导流洞汛期下闸封堵施工技术 [J]. 湖南水利水电, 2015 (06): 18-22.

[6] 刘刚. 溪洛渡水电站大型导流洞室群快速封堵施工措施 [J]. 四川水利, 2019, 40 (06): 92-94.

[7] 贾福昌. 龙背湾水电站导流洞封堵施工技术 [J]. 中小企业管理与科技 (上旬刊), 2015 (09): 108-109.

[8] 刘志枫. 小溶江水利枢纽导流隧洞设计 [J]. 广西水利水电, 2006 (04): 28-31.

JK-NBS 水泥改性剂在小型土坝输水涵洞病害修复中的应用

封嘉蕊[1-3]　　石明建[1-3]　　王　冬[1-4]

（1. 南京瑞迪高新技术有限公司，江苏南京　211161；2. 水利部水工新材料工程技术中心，
江苏南京　210024；3. 安徽瑞和新材料有限公司安徽省院士工作站，安徽马鞍山　238281；
4. 南京水利科学研究院，江苏南京　210024）

摘　要： 输水涵洞是水库的重要组成部分，不少小型水库土坝建设于数十年前，其输水涵洞由于长期处于潮湿环境和早期设计施工标准较低，已出现老化、裂缝、渗漏等不同程度的病害，严重影响水库土坝的安全，亟须修补加固。JK-NBS 水泥改性剂因其优异的抗裂、防渗、粘结性能被广泛运用于水利工程除险加固中。本文从小型土坝输水涵洞的常见病害入手，分析不同类型病害的成因及相应修复措施，介绍 JK-NBS 水泥改性剂的材料特性，并通过某小型水库应用案例，阐述其在输水涵洞病害修复中的应用情况。结果表明，JK-NBS 水泥改性剂修复效果良好，是一种兼具高性能和经济性的修补材料。

关键词： JK-NBS；水泥改性剂；输水涵洞；病害修复；施工工艺

1　前言

目前我国各类水库总量已达 9.8 万余座，其中小型水库占比超过 95%，为农业灌溉、防汛抗旱、生活供水等提供了重要保障[1]。小型水库的主体建筑物一般包括大坝、溢洪道和输水涵洞等，坝体多为均质土坝。由于早期建设设计标准偏低，不少小型水库土坝在经过数十年的运行后，输水涵洞出现老化、裂缝、渗漏等不同程度的病害，甚至可能造成溃坝事故，故应及时针对涵洞病害修复加固，使水库在确保安全运行的前提下充分发挥工程效益。

JK-NBS 水泥改性剂——丙烯酸酯共聚乳液（丙乳）是一种高分子聚合物水分散体，将其掺入水泥砂浆后，乳液失水形成聚合物膜，可有效降低砂浆内部有害孔隙，提高砂浆致密性，从而使聚合物改性砂浆具有优异的粘结、防渗抗裂、防腐耐老化性能[2]。在小型水库土坝输水涵洞的病害修复中，使用该材料进行修补加固，可显著提高结构强度和耐久性，保障工程使用寿命与运行安全。

本文从小型土坝输水涵洞的常见病害入手，分析不同类型病害的成因及相应修复措施，以实际工程案例介绍 JK-NBS 水泥改性剂在小型土坝输水涵洞病害修复中的应用情况。

2　小型土坝输水涵洞常见病害

输水涵洞中常见的病害缺陷可按点、线、面分类，分析点、线、面病害缺陷的成因并采取相应修复措施是输水涵洞除险加固的关键。

作者简介： 封嘉蕊（1995—），女，江苏泰州人，硕士，助理工程师，主要从事混凝土结构修复与防护工作。
E-mail：fjr9487@163.com。

2.1 点缺陷

"点缺陷"主要表现为孔洞渗漏。水泥品种、砂石颗粒级配选择不当，骨料过粗，流动度状态过大，养护不到位，结构特征异常和配筋不当等因素，都会造成混凝土出现薄弱孔隙，一旦出现微小孔洞，就容易引发渗漏[3]。点渗治理主要通过灌浆封堵方式，即通过预埋管道将灌浆修补材料以一定压力输送到缺陷部位混凝土内部，待浆液硬化，将孔道填充密实，实现封闭空隙、防渗堵漏的效果。灌浆孔封闭处可采用聚合物水泥砂浆、高分子防水涂料等，封闭表面并进行面层修饰。

2.2 线缺陷

"线缺陷"主要表现为裂缝，又可分为环向裂缝、纵向裂缝与横向裂缝。主要原因可能为：伸缩缝间距过大导致表面开裂、预制管件接头处理不过关导致基础不实、砌筑不密实导致受力不均等。线缺陷的处理方式需根据裂缝的宽度、深度、走向及破损程度确定。对于表层细小裂缝，采用水泥砂浆、环氧砂浆等修补材料对裂缝表面进行涂抹修补即可；裂缝宽度较小可采用压力注浆法；凿槽回填聚合物修补砂浆适用于修复纵向裂缝与环向裂缝；对于结构性裂缝，危害建筑物整体安全时，需采取结构处理与表面处理措施双管齐下，必要时可能需废涵重建，以确保满足结构除险加固的修复目标[4]。

2.3 面缺陷

"面缺陷"主要表现为蜂窝、麻面、泛碱、碳化等。混凝土水灰比过大、浇筑不均匀、养护不到位、防水层与基层粘结不牢等原因都会产生渗水通道，导致"面缺陷"。主要处理措施为采用防水砂浆进行表面封闭，形成致密防水层，从源头上阻断渗水通道。

3 JK-NBS 水泥改性剂在输水涵洞病害修复中的应用

3.1 材料性能

JK-NBS 水泥改性剂与其他聚合物乳液相比，具有优异的抗渗性、耐候性与潮湿面粘结性，且无毒无腐蚀，绿色环保，已作为一种新型修复加固材料应用于诸多水利工程的除险加固工程建设中[5-7]，取得了良好的经济效益与社会效益。使用 JK-NBS 水泥改性剂改性的水泥基修补与防护材料主要包括三类：涂料、腻子和砂浆。其中，涂料和砂浆可直接用于水工混凝土面层修补和表层防护，腻子则主要用于基层找平和填补缺陷，外层仍需覆盖涂料或砂浆以保证外观和修补防护效果。JK-NBS 水泥改性剂技术指标如表 1 所示，JK-NBS 改性砂浆性能指标如表 2 所示。

JK-NBS 水泥改性剂技术指标   表 1

序号	项目名称	指标	备注
1	外观	乳白微蓝乳状液	
2	固含量(%)	38.00±2.00	

续表

序号	项目名称	指标	备注
3	黏度(s)	≤16.0	涂-4 号杯
4	pH 值	2.0~6.0	
5	凝聚浓度(g/L)	>50	$CaCl_2$ 溶液

JK-NBS 改性砂浆性能指标 表 2

序号	项目名称	指标
1	28d 抗折强度(MPa)	≥8
2	28d 抗压强度(MPa)	≥35
3	28d 与老砂浆粘结强度(MPa)	≥2.5
4	2d 吸水率(%)	≤2.5
5	28d 砂浆抗渗性	1.5MPa 不渗水

在同等条件下，相比 M50 水泥砂浆，采用改性砂浆修补加固，新旧界面粘结强度提高 2~3 倍，抗拉弹性模量降低约 10%，极限拉伸率提升 50% 以上，可见其粘结、抗裂与抗变形性能良好[8]。传统环氧树脂砂浆膨胀系数大于基底混凝土，因此常出现开裂脱空现象，而 JK-NBS 改性砂浆良好的变形适应性解决了该难题，而且其施工工艺更为简单，成本更低，对环境的污染更小。针对小型土坝输水涵洞的点、线、面病害缺陷，运用 JK-NBS 改性水泥基修补材料与灌浆材料相结合的修复方案，可有效解决涵洞渗漏问题，提升结构耐久性，节省修复成本，保障水库安全运行。

3.2 推荐配合比

为保证抗渗和耐冲磨效果，水利工程中较多使用 JK-NBS 改性砂浆进行大面积混凝土表层修复或防碳化处理，JK-NBS 改性砂浆推荐配合比如表 3 所示，若对防腐抗渗效果要求较低，则采用配合比①，若要求较高，推荐采用配合比②。配制 JK-NBS 改性砂浆一般使用 42.5 级别以上的硅酸盐水泥或普通硅酸盐水泥，砂的最大粒径不超过 2.5mm，砂浆跳桌流动度控制在 140±5mm 为宜，用水量需用现场材料试拌后确定。JK-NBS 改性涂料推荐配比为水泥∶JK-NBS 改性剂∶水＝3∶1∶1，腻子中则不加水或适量掺加。

JK-NBS 改性砂浆推荐配合比（各材料质量比） 表 3

编号	水泥	砂	JK-NBS 水泥改性剂	水	备注
①	1.0	2.0~3.0	0.15~0.20	0.15~0.35	防腐抗渗要求较低
②	1.0	1.5~2.0	0.25~0.30	0.00~0.10	防腐抗渗要求较高

4 应用案例

某城市针对小型水库开展全面除险加固工作，在 3 座小型水库的输水涵洞修复工程中运用了 JK-NBS 水泥改性剂，修复后，渗水部位成功封堵，洞身表面平整光洁，有效解决了涵洞渗漏、蜂窝麻面、泛碱等缺陷问题，提升了涵洞抗渗耐久性，增强了工程运行安全可靠性。下面以其中一座小型水库为例介绍实际应用情况。

4.1　工程概况

　　某小型水库建于 1968 年，大坝为均质土坝，2011—2012 年期间曾进行过除险加固，最大坝高 10m，加固后坝顶高程 43.8m。输水涵洞总长 65.2m，由 7 个钢筋混凝土箱涵组成，涵洞横剖面尺寸如图 1 所示。2019 年对水库结构进行安全检测，结果表明涵洞结构完好，洞身段未见明显变形、沉降，局部存在 A 类竖向裂缝，洞壁整体存在腐蚀现象。为保证涵洞在没有严重破损前能及时修复，降低维修费用，消除发生安全事故的隐患，2021 年 11 月开展了涵洞破损部位修复工程。经过实地勘察，该水库输水涵洞底板与侧墙交角处存在 4 处纵向渗水裂缝，1 处点渗，洞壁泛碱现象较为严重，存在多处横向裂缝及蜂窝、麻面缺陷，不同缺陷部位病害情况如图 2 所示。最终确定实际修补工程量为：渗水裂缝 3.5m，砂浆修补面积约 350m^2。

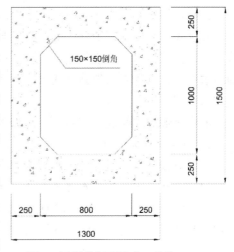

图 1　涵洞横剖面尺寸（单位：mm）

（a）纵向裂缝　　　　　　　　　（b）洞壁泛碱

（c）点渗　　　　　　（d）横向裂缝及蜂窝、麻面

图 2　涵洞不同缺陷部位病害情况

4.2 修复方案及施工工艺

针对该输水涵洞内不同点、线、面缺陷部位，分别制定了相应修复方案。先对洞身点渗及渗水裂缝部位，采用开槽灌浆封堵与砂浆面层修整相结合的工艺，再对洞壁整体进行饰面修复。该输水涵洞修复采取的主要措施包括：（1）涵洞洞内淤泥、杂物清理；（2）基面打磨；（3）洞身渗水裂缝（或点）开槽灌浆、修补；（4）蜂窝麻面修补；（5）洞身整体加固防水修补。

输水涵洞病害修复具体施工工艺如下。

1）缺陷处理

按以下步骤进行点渗及渗水裂缝部位开槽灌浆处理。

（1）开槽：点渗在渗水点外缘 3cm 开深度 5 cm 左右的 V 形槽，裂缝处沿走向凿宽约 5cm、深约 4cm 的 V 形槽，开槽长度先凿至无明显渗水部位，再向两端多凿约 10cm，缺陷部位整体开凿长度在 30～50cm，开槽完毕后清除槽内松散层、油污、浮灰和其他不牢附着物，充分润湿凹槽，擦除明水。

（2）造灌浆通道：在槽底放入直径约 1cm 的软管，用快硬水泥轻轻覆盖软管，待水泥初凝后终凝前将软管抽出，预埋灌浆嘴、预留出浆孔，做完需检查灌浆通道是否通畅。

（3）封闭凹槽：配制 JK-NBS 改性砂浆，分层填平 V 形槽。

（4）灌浆：从预埋灌浆嘴依次注入聚氨酯灌浆材料，灌浆嘴输入 0.2MPa 左右无油压缩空气，待出浆孔出浆后，将出浆孔封闭，切割灌浆管口，表面打磨平整。

2）基面清理

凿除洞壁表面蜂窝、麻面处的松动和脆弱部分，清除涵洞内青苔、水藻、污垢并清洗干净表面。

3）界面处理

施工前先在混凝土表面洒水，充分润湿基面，待稍干保持湿润且无明水时，先用 JK-NBS 改性腻子填充孔洞，然后均匀涂刷一遍 JK-NBS 改性剂作为界面剂。

4）涂抹 JK-NBS 改性砂浆

待丙乳收干还未表干时，刮抹 JK-NBS 改性砂浆两遍，施工时，第一遍砂浆达到表干后方可进行下一遍施工。

5）养护

刮抹完 JK-NBS 改性砂浆后，12～24h 内应开始潮湿养护，养护 7d。

4.3 施工情况

JK-NBS 改性腻子与砂浆施工可采用人工涂抹或机械喷涂，一般多采用涂刷、涂抹等人工施工方式，以免形成空洞[9]。该输水涵洞病害修复工程共使用 JK-NBS 改性腻子 150kg，JK-NBS 改性砂浆 2.2t，合计每平方米 JK-NBS 水泥改性剂用量仅为 0.5kg，材料经济性良好。小型土坝输水涵洞通常内部空间狭窄，有的洞身高度不足 1m，施工操作难度大，对施工人员的体力、操作规范度都提出了更高要求，该材料在特种环境下应用的喷涂设备有待进一步开发。

4.4　修复效果评价

该输水涵洞修复工程针对洞身渗水裂缝（或点）部位、洞壁整体、伸缩缝等不同破损部位制定了不同的优化修复方案。施工完成后，涵洞修复效果如图 3 所示。渗水裂缝（或点）表面平整，无渗漏；洞壁整体表面平整光洁，无渗漏，无蜂窝麻面，泛碱问题消失；伸缩缝表面平整，槽口线直，达到了修补目标。采用 JK-NBS 水泥改性剂与聚氨酯灌浆材料等高性能修补材料相结合，对涵洞渗水裂缝和伸缩缝起到了较好修补效果，圆满完成水库输水涵洞修补工程。

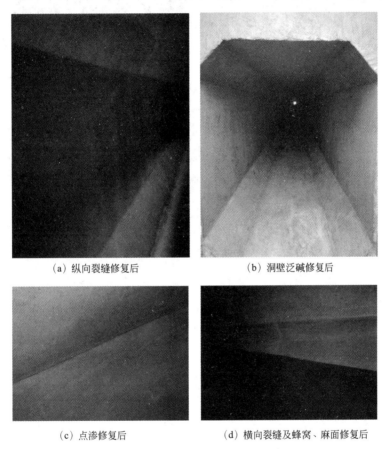

（a）纵向裂缝修复后　　　　　　　　（b）洞壁泛碱修复后

（c）点渗修复后　　　　　　　　（d）横向裂缝及蜂窝、麻面修复后

图 3　涵洞病害修复效果

5　结语

在小型土坝输水涵洞除险加固工程中，使用 JK-NBS 水泥改性剂进行常见点、线、面病害修复，施工工艺简单，潮湿面粘结性能优异，解决渗漏问题效果良好，输水涵洞的抗渗、防腐、防碳化等耐久性大大提升，为水库充分发挥综合效益提供坚实的安全保障。

参考文献

［1］　陈顺华．小型水库土坝施工中除险加固研究［J］．建材与装饰，2017（33）：295-296.

［2］　王冬，祝烨然，黄国泓，等．HLC-GMS 特种抗冲耐磨聚合物钢纤维砂浆的性能研究［J］．混凝土，2012（5）：111-113.

［3］　瞿培华．点线面渗漏治理与防水构造优化［J］．深圳土木与建筑，2015（2）：23-25.

［4］　谢国强．水库土坝坝内输水涵洞的裂缝处理分析［J］．黑龙江水利科技，2014（2）：132-134.

［5］　陈峥雄，方国甫，从厚样．水泥基丙乳砂浆在水利工程加固修复中的应用［J］．水利技术监督，2019（1）：255-257.

［6］　李成．丙乳砂浆在水利工程混凝土修补补强方面的应用［J］．黑龙江水利科技，2016（10）：85-88.

［7］　熊爱华．丙乳砂浆防碳化修复技术在坝体廊道除险加固中的应用［J］．中国水能及电气化，2021（6）：20-22.

［8］　蔡胜华，唐丽芳．聚合物水泥砂浆在混凝土修补中的应用研究［J］．长江科学院院报，2007（1）：44-46，60.

［9］　孙宁，吴昊．丙乳砂浆在黄坛水库溢流面大面积运用的探讨［J］．小水电，2017（1）：59-62.

西藏高海拔地区某水电站 HF 抗冲耐磨混凝土研究及应用

周兴朝　　路　明

（中国水利水电第九工程局有限公司，贵州贵阳　550081）

摘　要： 水利水电工程中泄洪消能建筑物抗冲磨、防空蚀问题一直是行业中突出的技术性难题。泄洪消能建筑物在高速水流的动水压力、高速泥砂及空蚀作用下，其整体或局部结构失稳易被冲毁，目前水利水电工程中多采用外掺硅粉提高其抗冲耐磨性能。西藏高海拔地区某水电站对 HF 抗冲耐磨混凝土开展研究及应用，主要从 HF 抗冲耐磨混凝土组成及特点和普通抗冲耐磨混凝土开展对比试验。通过试验研究及工程实践，HF 抗冲耐磨混凝土在抗冲耐磨强度、抗压强度、干缩率、拌合物性能及施工便利性等方面均优于普通抗冲耐磨混凝土。此外由于其强度高于普通抗冲耐磨混凝土，给配合比优化带来一定的空间，减少胶凝材料用量，节约工程建设成本，具有一定经济效益的同时降低混凝土水化热，利于大体积混凝土的温控防裂，减少裂缝的产生，提高护面混凝土的稳定性。研究结果表明，HF 抗冲耐磨混凝土在水利水电工程建设中具有经济、安全、可靠、施工便利等特点，具有较大的优越性及应用价值。

关键词： HF 抗冲耐磨混凝土；泄洪消能；抗冲耐磨强度；西藏高海拔地区

1　工程概述

西藏 DG 水电站位于西藏自治区山南地区雅鲁藏布江干流藏木峡谷河段之上，是雅鲁藏布江中游水电规划沃卡河口～朗县县城河段 8 级开发方案中的第 2 级。上距巴玉水电站坝址约 7.6km，下距街需水电站坝址约 7.0km。工程区距桑日县城公路里程约 43km，距山南市泽当镇约 78km，距拉萨市约 263km。

DG 水电站为 Ⅱ 等大（2）型工程，开发任务以发电为主，水库正常蓄水位 3447.00m，相应库容 0.5528 亿 m^3，电站坝址控制流域面积 15.74 万 km^2，多年平均流量 1010m^3/年。电站装机容量为 660MW，多年平均发电量 32.045 亿 kWh，保证出力（$P=5\%$）173.43MW。

电站枢纽建筑物由挡水建筑物、泄洪消能建筑物、引水发电系统及升压站等组成。拦河坝为碾压混凝土重力坝，坝顶高程 3451.00m，最大坝高 113.0m，坝顶长 371.0m。发电厂房采用坝后式布置，主要由主厂房、副厂房、变电站等组成。其中泄洪建筑物为 5 个溢流表孔＋1 个泄洪冲砂底孔，表孔采用 X 形宽尾墩＋台阶溢流面＋消力戽池的联合消能形式，底孔采用挑流消能，抗冲耐磨混凝土主要用于大坝消力戽池，设计强度等级为 $C_{90}40W8F200$。

作者简介：周兴朝（1993—），男，贵州毕节人，助理工程师，本科，主要从事试验检测工作。
　　　　　E-mail：751895771@qq.com。

2　泄洪消能建筑物破坏形式

水利水电工程中泄洪消能建筑物抗冲磨、防空蚀问题一直是行业中突出的技术性难题，其破坏形式主要以冲刷破坏、磨损破坏及空蚀破坏为主，此等破坏均会使泄洪消能建筑整体或局部结构失稳被冲毁，对水工建筑整体结构的安全性和稳固性产生较大的威胁。

高速水流泄水消能建筑物，受高速水流的动水压力和脉动压力作用，整体或局部结构被冲毁，称为护面的冲刷破坏。抗冲耐磨防空蚀混凝土，从称谓看，抗冲是排在抗磨和防空蚀功能之前的，也就是抗冲稳定性是首先解决的问题。

对于护面混凝土承受泥沙磨损破坏的问题，主要有两大类：一类为悬移质磨损破坏，这类工程一般是具有高速水流泄水建筑物的工程，水流含沙量少且粒径较小，尽管流速很高，但一般磨损速度较慢，除一些没有维修条件的部位，破坏面基本在可控范围之内，随着运行过程，每隔一段时间进行维修即可。另一类是水流含推移质条件下的磨损破坏问题。这类破坏的严重程度，在《水工建筑物抗冲磨防空蚀混凝土技术规范》DL/T 5207—2021 中，仅有一个条款涉及，该条款内容如下"在有推移质泥沙的河流的建筑物，可以采用钢轨、钢板、复合钢板、钢纤维混凝土、硅粉混凝土和高强度等级混凝土，具体采用何种材料需要研究决定"。

对于护面层的防空蚀问题，规范一般都提出了护面混凝土的平整度和流线型以及凹坑和凸起的具体要求，在实际工程中，由于混凝土和易性、施工工艺和质量控制方法问题等，造成工程中混凝土护面层的流线型和平整度不能达到设计要求，工程投入运行后空蚀破坏时有发生。同时在护面混凝土长期磨损过后的不平整表面，必然也会引起空蚀破坏。

DG 水电站位于西藏山南地区，是高海拔高寒冷地区，四季温差和日内温差大，空气湿度小蒸发量大，日照和紫外线强烈，这些都是与一般地区混凝土浇筑不同的自然环境，尤其是空气稀薄、缺氧对于工人施工效率和工作状态的影响，有些专家还认为气压低对于混凝土的气泡大小和含气量也有不同的影响。这些都会造成混凝土施工浇筑缺陷增多，施工过程相对难以控制，更易于出现混凝土温度裂缝和干缩裂缝，易于出现内部裂缝；环境的差异，在护面层混凝土结构上也与一般地区不同和存在差异。传统存在的问题，加上这些不利的因素和困难，使抗冲耐磨、防空蚀问题复杂化。

3　水工抗冲耐磨混凝土研究现状

为提高水工混凝土的抗冲磨、防空蚀能力，20 世纪 60～70 年代多采用高分子材料护面，但由于其存在与基底混凝土温度适应性不好，容易开裂脱落且有毒性、污染环境、施工不便等缺点，20 世纪 80 年代以来国内多家科研单位先后开展了无机胶凝材料类的水工泄水建筑物抗冲磨混凝土研究和应用，主要有：硅粉混凝土、纤维增强混凝土、粉煤灰混凝土、铁钢砂混凝土等。经过几十年的工程实践，硅粉混凝土抗冲磨性能较为突出，从 20 世纪 70 年代开始在水利水电工程中得到应用，位于黄河河道上的小浪底工程就成功地设计和应用了掺硅粉的抗冲磨混凝土。随着科技进步，20 世纪 90 年代后期发展起来的高强耐磨粉煤灰混凝土（HF 抗冲耐磨混凝土），正逐步走向成熟，大有取代原工程中应用较多的硅粉混凝土的趋势，目前已在贵州洪家渡水电站、董箐水电站、四川嘉陵江金银台航电枢纽和锦屏一级水电站等 20 多个工程中成功应用。

4 HF 抗冲耐磨混凝土研究

4.1 HF 抗冲耐磨混凝土技术原理

HF 抗冲耐磨混凝土的机理是利用 HF 外加剂激发混凝土中粉煤灰的活性,使粉煤灰可以起到与硅粉一样的作用,使水泥水化产生的 Ca(OH)$_2$ 发生快速反应,生成 S-C-H 凝胶。由于胶凝材料与骨料之间结合力的提高,两者强度差异减小,使混凝土形成一个相对的均质材料体,不易产生应力集中破坏。在空蚀和磨损作用下,整个表面基本上被均匀磨损,形成比较光滑的表面,不会出现普通混凝土所形成的胶凝材料和砂浆被磨掉、骨料外露现象。HF 抗冲耐磨混凝土胶凝物中大孔显著减少,小孔及微孔数量增加,且气孔之间互不连通,使 HF 抗冲耐磨混凝土具有优良的水密性和气密性,抗渗性能和抗碳化性能提高。另外致密的结构使水不能进入混凝土中从而使混凝土具有良好的抗冻性能。

4.2 试验原材料

1. 水泥

水泥是华新水泥(西藏)有限公司生产的"华新"P·MH42.5 水泥,检测结果如表 1 所示。

水泥检测结果 表 1

检测项目	比表面积（细度）	标准稠度	凝结时间（min）		安定性	抗折强度（MPa）			抗压强度（MPa）		
			初凝	终凝		3d	7d	28d	3d	7d	28d
实测	312	24.6	165	260	合格	4.8	6.2	9.5	17.5	28.9	49.8
标准（GB/T 200—2017）	≥250m²/kg	—	≥60	≤720	煮沸后试并未发现裂缝,没有弯曲	≥3.0	≥4.5	≥6.5	≥12.0	≥22.0	≥42.5

2. 粉煤灰

粉煤灰为宁夏锦鑫环保科技有限公司生产的"锦绣"Ⅱ级粉煤灰,检测结果如表 2 所示。

粉煤灰检测结果 表 2

检测项目	含水率（%）	细度（%）	需水量比（%）	烧失量（%）
实测	0.1	4.5	99	3.1
标准（不低于Ⅱ级 F 类 DL/T 5055—2007）	≤1.0	≤25.0	≤105	≤8.0

3. 外加剂

减水剂为石家庄市长安育才建材有限公司生产的 GK-3000 高性能减水剂(缓凝型);引气剂为石家庄市长安育才建材有限公司生产的 GK-9A 引气剂。本次外加剂检测参检材料为:"华新"P·O42.5 水泥及中国水利水电第九工程局有限公司自产砂石,小石比例(5～10mm：10～20mm＝45：55),具体检测结果如表 3、表 4 所示。

减水剂检测结果　　表 3

检测项目	减水率 (%)	收缩率比 (%)	含气量 (%)	泌水率比 (%)	凝结时间差(min)		抗压强度比(%)		经 1h 变化 (mm)
					初凝	终凝	7d	28d	
实测	28.5	56	1.9	42	130	—	151	142	−30
标准(DL/T 5100—2014)	≥25	≤110	≤2.5	≤70	≥+90	—	≥140	≥130	≤60

引气剂检测结果　　表 4

检测项目	减水率 (%)	含气量 (%)	泌水率比 (%)	凝结时间差(min)		抗压强度比(%)			经 1h 变化 (%)
				初凝	终凝	3d	7d	28d	
实测	8.1	4.8	48	60	50	105	98	95	−1.0
标准(DL/T 5100—2014)	≥6	4.5～5.5	≤70	−90～+120	−90～+120	≥90	≥90	≥85	−1.5～+1.5

4. 细骨料

细骨料由中国水利水电第九工程局有限公司主标砂石系统生产,具体检测结果如表 5 所示。

细骨料检测结果　　表 5

检测项目	表观密度 (kg/m³)	云母含量 (%)	饱和面干 吸水率(%)	细度 模数	石粉含量 (%)	表面含水率 (%)	泥块含量 (%)
实测	2650	0.8	1.4	2.58	15.2	0	0
标准(DL/T 5144—2015)	≥2500	≤2.0	—	2.4～2.8	6～18	≤6	不允许

5. 粗骨料

粗骨料由中国水利水电第九工程局有限公司主标砂石系统生产,具体检测结果如表 6 所示。

粗骨料具体检测结果　　表 6

检测项目	含泥量 (%)	泥块含量 (%)	压碎指标 (%)	超径 (%)	逊径 (%)	针片状 (%)	吸水率 (%)	表观密度 (kg/m³)
小石	0.3	0	9.8	3	6	7	0.80	2650
中石	0.3	0	—	1	5	5	0.61	2660
标准(DL/T 5151—2014)	≤1(D20, D40 粒径)	不允许	≤16	<5	<10	≤15	≤2.5	≥2550

6. HF 外加剂

HF 外加剂由甘肃巨力电力技术有限公司生产的六型高减水缓凝型 HF 混凝土专用 HF 外加剂,具体检测结果如表 7 所示。

HF 外加剂检测结果　　表 7

检测项目	细度(%)(1.25mm 筛余)	含水量(%)	水泥胶砂流动度(mm)
实测	4	0.3	160
企业标准	≤10	≤5	≥140

4.3 混凝土性能检测

本文研究主要依托于西藏 DG 水电站，在大坝原设计 $C_{90}40W8F200$ 普通抗冲耐磨混凝土基础上，将聚羧酸外加剂替换为 HF 外加剂，HF 外加剂掺量为生产厂家推荐掺量（2%），配合比砂率及用水量等根据实际情况可稍做调整，保持水胶比不变原则，配合比参数见表 8。将 $C_{90}40W8F200$ 普通抗冲耐磨混凝土和 $C_{90}40W8F200HF$ 抗冲耐磨混凝土按《水工混凝土试验规程》DL/T 5150—2017 进行拌制、养护、试验，并对两种混凝土拌合物性能、力学性能、变形能力及耐久性能进行对比分析，具体检测结果见表 9～表 11。

配合比参数　　　　　　　　　　　　表 8

序号	设计强度等级	级配	设计坍落度（mm）	水胶比	粉煤灰掺量（%）	砂率（%）	用水量（kg/m³）	骨料比例	外加剂掺量（%）	外加剂种类	引气剂掺量（%）	表观密度（kg/m³）
1	$C_{90}40W8F200$	二	70～90	0.40	25	33	131	40:60	0.9	羧酸	0.012	2380
2	$C_{90}40W8F200HF$	二	70～90	0.40	25	33	131	40:60	2.0	HF 外加剂	0.012	2380

混凝土拌合物性能检测结果　　　　　　　　　　表 9

强度等级	坍落度（mm）	含气量（%）	坍落度经时变化(mm)		凝结时间(min)		表观密度（kg/m³）
			1h	2h	初凝	终凝	
$C_{90}40W8F200$	80	4.9	−20	−50	430	520	2380
$C_{90}40W8F200HF$	80	5.0	−20	−40	450	540	2380

混凝土力学性能、变形能力及抗冲磨检测结果　　　　　表 10

序号	混凝土强度等级	抗压强度（MPa）		劈裂抗拉强度（MPa）	极限拉伸（MPa）	静力抗压弹性模量（1×10⁴）MPa	抗冲磨		干缩湿胀	
		28d	90d				抗冲磨强度 h（kg/m²）	磨损率（%）	干缩率（1×10⁻⁶）	湿胀率（1×10⁻⁶）
1	$C_{90}40W8F200$	44.0	50.8	3.6	109	3.53	14.36	2.08	−333	253
2	$C_{90}40W8F200HF$	51.4	58.2	4.1	116	3.68	17.45	1.73	−312	212

混凝土耐久性能检测结果　　　　　　　　　表 11

序号	混凝土强度等级	抗冻性		抗渗性
		质量损失率(%)	相对动弹性模量(%)	
1	$C_{90}40W8F200$	2.3	79	＞W8
2	$C_{90}40W8F200HF$	1.8	88	＞W8

混凝土性能分析如下：

（1）从混凝土拌合物性能看，HF 抗冲耐磨混凝土的和易性、黏聚性等性能均优于普通抗冲耐磨混凝土。

（2）从混凝土物理力学性能看，HF 抗冲耐磨混凝土物理力学性能（抗压强度、轴心抗压强度、劈裂抗拉强度）均优于普通抗冲耐磨混凝土。

（3）混凝土抗冲磨试验结果显示，HF 抗冲耐磨混凝土的抗冲磨强度高于普通抗冲耐磨混凝土的抗冲磨强度，HF 抗冲耐磨混凝土的磨损率小于普通抗冲耐磨混凝土的磨损率。

（4）从混凝土干缩试验结果显示，HF 抗冲耐磨混凝土的干缩率小于普通抗冲耐磨混凝土的干缩率，HF 抗冲耐磨混凝土的湿胀率小于普通抗冲耐磨混凝土的湿胀率。

（5）从混凝土的耐久性能（抗冻性、抗渗性）试验结果显示，耐久性均满足设计要求，但 HF 抗冲耐磨混凝土抗冻性能优于普通抗冲耐磨混凝土。

（6）由于 HF 抗冲耐磨混凝土高于普通抗冲耐磨混凝土，给配合比优化带来一定的空间，减少胶凝材料用量，节约工程建设成本，具有一定经济效益的同时降低混凝土水化热，利于大体积混凝土的温控防裂，提高护面混凝土的稳定性。

5　HF 抗冲耐磨混凝土应用

根据工程实际情况，结合室内研究成果，在 HF 抗冲耐磨混凝土各项性能均满足设计要求，且各项性能均优于普通抗冲耐磨混凝土的情况下，提出在本工程消力池使用 HF 抗冲耐磨混凝土。

施工过程中，HF 抗冲耐磨混凝土和易性好，易于压光抹面，施工后的混凝土表面光滑平整，在有模板的部位，拆除模板后，混凝土表面光滑、密实，无孔洞麻面和大的气孔，表明 HF 抗冲耐磨混凝土具有良好的施工性能和成熟有效的施工工艺，是 HF 抗冲耐磨混凝土达到设计要求的表面平整度和流线型的保障。施工完成后检查，在整个消力池混凝土面上，未发现一条温度裂缝，表明 HF 抗冲耐磨混凝土具有良好的抗裂性能，内部缺陷减少，提高了消力池抗磨抗空蚀性能。

6　结语

HF 抗冲耐磨混凝土从泄洪消能建筑物破坏形式及破坏机理出发，通过 HF 外加剂提高胶凝材料与骨料之间结合力、提高混凝土强度、减少裂缝，使混凝土形成一个相对的均质材料体，提高护面混凝土稳定性，不易产生应力集中破坏。在高速水流的动水压力、高速泥砂作用下，整个表面基本上被均匀磨损，形成比较光滑的表面，同时由于 HF 抗冲耐磨混凝土良好的施工性能和成熟有效的施工工艺，保障了护面混凝土的表面平整度和流线型，这将大幅度提高泄洪消能建筑物抗冲磨、防空蚀的能力。此外由于其强度高于普通抗冲耐磨混凝土，给配合比优化带来一定的空间，减少胶凝材料用量，节约工程建设成本，具有一定经济效益。研究结果表明，HF 抗冲耐磨混凝土在水利水电工程建设中具有经济、安全、可靠、施工便利等特点，具有较大的优越性及应用价值。

参考文献

[1] 支拴喜，支晓妮，江文静. HF 混凝土的性能和机理的试验研究及其工程应用 [J]. 水力发电学报，2008（03）：60-64.

［2］ 陈振华，范玲斌，杨祥震，钟贞闽，张双飞.洪口拦河坝溢洪道反弧段 HF 抗冲耐磨混凝土施工技术［J］.水利科技，2011（01）：73-75.

［3］ 王毅鸣，李贺林，林健勇.HF 抗冲耐磨混凝土在天花板水电站工程中的应用［J］.水力发电，2011，37（06）：20-22.

［4］ 韩苏建，程哲，李元婷，李萍.HF 粉煤灰混凝土与普通混凝土抗冲耐磨性能试验研究［J］.西北水资源与水工程，2003（03）：17-19.

第四篇　多能互补与生态保护

水光互补运行管理探讨

姚福海　　周业荣　　熊兴勤

（国家能源集团金沙江分公司，四川成都　610041）

摘　要： 在分析水力和光伏发电运行特点的基础上，结合可再生能源行业的现状和中长期发展规划，对两种可再生清洁能源的互补约束界面条件进行了较系统的研究，提出了具体管理对策。

关键词： 水光互补；水库调节能力；系统调节；约束条件

1　前言

水力发电是技术最成熟、能量转换利用率最高、调节最灵活的可再生能源。其缺点在于受季节来水的影响，汛期发电出力大，而枯水期发电出力小。

光伏发电具有单位千瓦造价低、建设速度快、对环境影响小等优点，是最具大规模开发的可再生清洁能源；其缺点在于发电出力受天气变化的影响很大，且每天的发电出力具有波动性、间歇性和随机性。

2015 年 8 月，黄河龙羊峡水光互补基地（128＋85 万 kW）的建成，为上述两种清洁能源的高效利用开辟了新的模式。随后，水光互补运行模式也在其他流域得到了快速发展。受新的成功模式启发，国内不少相关单位开展了从理论到实践的研究。如文献［4］～［8］站在不同的角度，对水光互补的界面条件、约束条件、中短期调度等，都进行了较深入的研究。但在管理实践中，流域水电开发公司更关心：一座有调节能力的水电站到底能和多大规模的光伏基地配套互补稳定运行？水光互补运行受到约束时，如何解决？水光长期互补运行如何才能实现高质量发展等。

自 2020 年 9 月 22 日"双碳"目标提出后，在构建以新能源为主体的电网中，如何面临新形势进一步发挥水电和新能源各自的优点，实现优势互补，稳定上网，是可再生能源实现健康、可持续发展的重要课题。为此，国家"十四五"可再生能源发展规划指出，应积极推进大型水电站优化升级，发挥水电调节潜力，充分发挥水电既有的调峰潜力，在保护生态的前提下，进一步提升水电的灵活调节能力，支撑风电和光伏大规模开发。很显然，在新的能源发展形势下，水风光一体化建设和运行管理已成为可再生能源发展的方向，下文站在流域开发公司管理的角度，仅对光伏和水力发电互补运行的约束条件和如何实现高质量发展进行深入分析。

作者简介：姚福海（1964—），男，陕西渭南人，正高级工程师，国家注册土木工程师，工学博士，主要从事大型水电建设管理工作。E-mail：1309040406@qq.com。

2 水光互补运行约束条件分析

2.1 简易数学分析模型的建立

在正常日照条件下，光伏发电的出力，从早上太阳升起开始缓慢上升，到了中午时分达到峰值。从下午二三时开始下降，直到傍晚时分降落到零。图1为我国东部沿海某地光伏的典型出力曲线。为简化分析，假定某水光一体化基地内，光伏的上网容量按图1所示的柱状图进行调度，并与水力发电联合打捆上网。在每天光伏发电的有效时段内，水电机组尽可能保持低开度运行。待光伏发电进入小出力时段后，水电机组再根据所在电网的负荷需求进入大开度运行状态。以工作日的上海电网为例，早九点到晚九点，负荷处于高峰状态，其余时间处于低负荷运行状态，见图2。

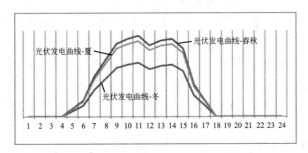

图1 沿海某地光伏发电出力

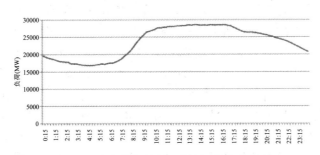

图2 上海市某年某月工作日电力负荷曲线

根据上述某一体化基地光伏和水力发电联合运行上网的特点，水光互补运行需要建立两个目标函数。一是每天的联合上网电量追求最大，特别是调峰电量追求最大。二是在光伏发电时段内，水电机组的发电量追求最小。如下式所示。

$$E_{总max} = E_{水max} + E_{光max} = \sum (E_{水i}) + \sum (E_{光j}) \tag{1}$$

$$E_{水min} = \sum (E_{水j}) \tag{2}$$

式中，$i = 1 \sim 24$，$j = 10 \sim 17$。

若在某一天的光伏运行时段，水电机组的平均出力为$E_{水1}$；而在其他时段，水电机组的平均出力为$E_{水2}$，二者的差值反映了水光互补的能力。如下式所示。

$$\triangle E = E_{水2} - E_{水1} = 9.8 \eta (H_2 Q_2 - H_1 Q_1) \tag{3}$$

式中，η为水电机组的效率；H_2和H_1分别为两段运行工况对应的平均水头；Q_2和

Q_1 分别为两段运行工况对应的平均发电流量，Q_2 与当日的平均入库流量和调节库容有关。

2.2 水光互补运行约束条件分析

（1）库容约束条件。库容大小直接决定水光互补运行的能力。根据库容大小，二者的互补运行分为三种情况：

①没有调节库容的水电站，如长引水式水电站等，一般不具备和光伏互补运行条件。但当紧邻的上游分布有日调节及其以上的大型水库时，可以实现上下游梯级水电站同步运行与光伏互补。

②对于日调节水库而言，当汛期的日平均入库流量大于全部机组的发电流量时，水电站将以最大基荷上网，水光不能互补运行，光伏只能以较小容量的基荷上网。但在非汛期，当日平均入库流量小于全部机组的发电流量时，则具备互补运行条件。以金沙江旭龙水电站（2400MW）日调节水库（调节库容1.26亿 m^3）为例，每年的7月（月均2060m^3/s）和8月（月均2210m^3/s），入库平均流量大于四台机的满发流量（1866m^3/s），水光不能互补运行。到了9月份，受上游的岗托年调节水库蓄水影响，来水减少，水光可以进行适当互补。其他月份都可以完全可以和光伏互补运行，以五月份为例，当月的平均入库流量为655m^3/s。若5月份每天10时到下午5时，水电机组的最小发电流量按210m^3/s的最小生态流量控制，机组对应的最小出力为270MW，则当天的入库水量可在其他时段供四台机组调峰满发4h，供一台机组带基荷满发13h。

③对于季或年调节水库而言，在非汛期，水光的互补运行能力很强。进入汛期后，因季或年调节的大型水库普遍承担防洪功能，在库水位到达汛限水位前，水光互补运行还有一定的库容条件，互补的天数受防洪库容限制。当库水位达到汛限水位后，水光不能互补运行。以大渡河双江口年调节水库（调节库容19.17亿 m^3）枯水期11月到4月为例，该时段的平均入库流量195m^3/s，计入调节库容在枯水期的均匀下泄后，每天平均可用于发电的流量约为318m^3/s。若每天10点到下午5时，水电机组的最小发电流量按121m^3/s的最小生态流量控制，机组对应的最小出力为230MW，则当天的剩余发电用水量可在其他时段供四台机组调峰满发4h，供一台机组带382MW的负荷运行13h。即在枯水期的白天，双江口水电站至少可以和容量为1800MW的光伏打捆上网，形成2000MW以上的稳定出力。

（2）生态约束条件。我国水电开发实行生态优先的指导思想。其中，在正常运行期，发电流量大于最小生态流量是必须遵循的生态调度原则。因此，对于式（2）来讲，在光伏运行时段内，水电站与其互补运行时的最小发电流量不应小于生态环境部批复的最小生态流量。此外，有些河流为了满足鱼类产卵要求，每年要在鱼类产卵期，水库实施一段时间的生态调度。在该段时间内，电站下泄流量保持基本稳定，水光不能互补运行。为此，在每年的11月底，流域公司与电网公司签订来年的上网协议时，需要对该时段的运行做出专门规定。

（3）水轮机安全运行约束条件。新修编的《水轮机基本技术条件》GB/T 15468—2020对水轮机稳定运行功率范围提出了较严格的要求。如对于转轮直径大于6m的混流式机型而言，在额定水头及其以下时，发电出力范围按50%～100%的最大功率控制。其余运行技术要求详见参考文件 3。因此，对于式（2）来讲，在光伏运行时段内，水电站与其互补运行时的最小发电流量不应小于水轮机安全稳定对应的流量。若要突破该界限规定，则应在机组招标阶段，由中标厂家开展模型试验研究后提出可行的安全稳定最小流量。

据文献［1］统计，黄河上游青海境内的五座百万千瓦级水电站和新能源实行互补运行后，仅 2017 年机组的空耗损失电量就达 11.93 亿 kWh。该年度机组的检修费用比 2015 年增加了 1.36 亿元。因此，为了实现水电机组和光伏基地运行双赢，在每天光伏运行的不稳定时段（如起步和收尾时段、阴雨天的锯齿出力时段等）可根据情况保持一定数量的弃光。

（4）社会约束条件。大型水利水电工程往往带有多种功能，如防洪、防凌、向下游供水、航运等。结合我国国情，电调服从水调、企业利益服从社会利益也是水光互补运行必须长期遵循的基本原则。因此，当出现上述社会面的基本需求时，水光互补运行应优先为社会利益让路。

在实际管理中，水电流域公司可根据积累的管理经验，将受社会约束运行的时间提前反映在年度并网协议中，并提前提出其他水光互补预案。

（5）自然灾害约束条件。两种清洁能源虽然是大自然对人类的馈赠，但当发生以下自然灾害时，两者不能互补运行或运行严重受阻。

①遇到特枯年份，来流锐减，库水位接近死水位时。

②发生较长时间的大面积冰雪灾害。

③发生历时较长的大洪水，水库水位突破汛限或警戒水位。

④突发破坏性较强的地震等。当发生上述突发事件时，应立即启动相关管理预案。

3 对水光互补运行管理的进一步探讨

3.1 光伏发电与抽水蓄能电站的互补运行

抽水蓄能电站本身并不真正产生电量，它只是其他能源的"搬运工"或"充电宝"，而且自身也是耗电大户。按照我国抽水蓄能电站中长期发展规划，到了 2030 年，抽水蓄能电站装机容量将达到 1.2 亿 kW 以上。若年平均发电小时按 1200h 计，则到了 2030 年，全国抽水蓄能电站的调峰发电量和抽水耗电量分别为 1440 亿 kWh 和 1920 亿 kWh，两者的差值（480 亿 kWh）相当于三峡水电站多年平均发电量的 57%。

为了满足新能源，特别是光伏的大规模开发要求，同时考虑节能需求，有必要对水光一体化基地内光伏发电与抽水蓄能的合理配套进行分析。

为了提高光伏发电的上网质量，在其白天有限的运行时段内，其上网容量不宜变化过快、过大，应根据电网的需求，保持 2~3 个容量台阶运行。因此，光伏发出的电量一部分用于直接上网，另一部分用于抽水蓄能。二者的数量分配应至少符合黄金分割法，并安全稳定上网。即在光伏发出的电量中，至少应有 61.8% 用于直接上网，其他 38.2% 以下用于抽水蓄能。对于一座装机容量为 120 万 kW 的抽水蓄能电站，与之配套的光伏发电容量至少为 320 万 kW。若考虑电网系统的互补调节能力，则在水光一体化基地内，抽蓄容量与光伏发电容量的配套比值可达 1：3 及以上。

光伏与抽水蓄能电站配套互补运行，除了受水轮机安全稳定约束外，"2.2"节所述的其他约束条件均不存在。在抽水工况下，抽水蓄能发电机组不能像常规水电机组那样随时启动调峰或调频，这也是抽水蓄能发电与常规水电在电网安全运行中不能互相取代的根本原因。为了应对长时间阴雨天气对上网稳定带来的影响，有条件的抽水蓄能项目可将水库规划为周调节。

3.2 光伏发电与流域梯级水电站群互补运行分析

流域梯级水库群形成后，水电站群的弃水量显著减少，上网的调节能力也大大提高。若梯级水电站群能和周边的光伏进行互补运行，则能创造最佳经济效益。对此，有三个问题需要引起关注。

（1）在目前多元投资的流域上，要实现流域整体水电和光伏运行互补，则需要增加部分反调节水库，并明确统一的调度规程，为此需要出台流域内新的上网政策。

（2）对于流域水光一体化基地而言，在枯水期，水光两种能源能够实现互补运行上网。但到了汛期，如 2.2 节所述，流域内除了有年调节的水电站外，其他都承担基荷上网，水光互补运行严重受限。为此，在流域水光一体化基地规划时，有两个因素需要考虑。一是利用某个水电站的水库作为下库布置抽水蓄能电站，解决汛期常规水电站与光伏互补运行的受限问题，其中，汛期若遇到阴天，还可利用常规水电发出的部分电量抽水；二是通过市场调节手段，汛期用光伏上网的电量替代白天一部分煤电机组的电量。在煤电机组白天时段的临时停运或低负荷运行期，由流域水光一体化基地予以适当的经济补偿。

（3）常规水电与光伏容量的配置如何确定。电与其他商品一样，也要经历生产端、流通端和消费端三个阶段。为了把供电质量优先控制在生产端，在每年的 11 月底以前，发电企业要和电网公司签订来年的并网协议。在该协议中，基本明确了来年每月的上网电量。此外，电网公司还要依据协议对发电企业的上网质量进行考核。由于水光互补需要考虑的约束条件较多，且难以用最优化的方法求解。因此，通过建立水光互补短期调度模型，并通过模拟优化的思想求解，以此分析二者的配置容量。

水电与光伏容量配置的本质是：依据年度并网协议，在发电侧形成一个短期内（一般为一个月）的稳定电源。假定一个和水电站互补运行的光伏基地的最大容量为 $E_{光晴}$，在遇到数天的阴雨天，其互补运行时段的平均容量为 $0.6\alpha E_{光晴}$，0.6 为平均出力系数，α 为阴雨天与晴天的平均出力比值。在阴雨天的上午 10 时到下午 5 时，由水电机组加大出力对光伏进行补充；二者的联合平均出力不应小于晴天对应时段的 85%，才不至于对电网的稳定运行构成影响。若在阴雨天和晴天，水电机组互补运行时段的平均出力分别为 $E_{水阴}$ 和 $E_{水晴}$；则在阴雨天时间内，水电机组与光伏机组的联合出力应满足下列关系式。

$$E_{水阴} + E_{光阴} = 0.85(E_{水晴} + 0.6E_{光晴}) \tag{4}$$

其中，$E_{光阴} = 0.6\alpha E_{光晴}$。上述关系式可表达为：

$$E_{光晴} = (E_{水阴} - 0.85E_{水晴})/(0.51 - 0.6\alpha) \tag{5}$$

经统计，α 约为 $0.1\sim0.3$。以金沙江旭龙水电站五月份的两天阴雨天为例，$E_{水阴}$ 约为 100 万 kW，$E_{水晴}$ 约为 40 万 kW，则由此推算的光伏配套容量约为 115 万 kW。如果五月份的阴雨天增加到四天，受调节库容的影响，配套光伏的容量下降为 70 万 kW。由式（4）可知，常规水电与光伏的配套容量与调节库容和当地阴雨天的持续时间有关。与日调节水电站的配套光伏容量约为水电装机容量的 0.5~0.7 倍。与年调节水电站的配套光伏容量可达水电装机的 1.25~1.4 倍；同时，还应小于送出线路工程的设计容量。

3.3 光伏发电与电网系统调度运行互补

一个以省为主的大电网，具有地域范围广、多种电源共存、负荷波动大等特点。在以新能源为主体的电网中，各地气象条件的突变增大了电网调度的难度。电网系统调度可以实现在气象变化条件下，在宏观上实现水光互补运行。由于电源供给侧多种成分共存，经济矛盾不断彰显，真正实现系统内互补，需要回归电的商品属性。以新能源汽车为例，截至 2021 年 6 月，我国纯电动轿车的保有量为 624.65 万辆。当年 6 月，全国电动汽车的充电量约为 9.21 亿 kWh。若在今后适时出台电动汽车充电优惠政策，在电价上鼓励电动汽车在每天光伏发电的高峰时段充电，则可实现系统调度与光伏发电直接互补。

3.4 在水光互补运行条件下，对常规水电年平均利用小时数的探讨

据文献 [3] 分析，我国常规水电复核后的技术可开发容量为 6.87 亿 kW。预计到了 2025 年和 2030 年，常规水电的装机容量将分别将达到 3.8 亿 kW 和 4.2 亿 kW。由于常规水电是未来推动能源绿色转型发展的重要抓手，因此，结合《水电工程动能设计规范》 NB/T 35061—2015 和我国未来电网的电源构成特点，作者对常规水电站的年利用小时数提出以下观点：

（1）常规水电已进入最后建设期，在未来以新能源为主体的电网中，其不可替代的调峰、调频、调相等功能日益珍贵。为此，需要进一步提高常规水电在电网中的特殊定位。有日调节及以上能力的水电站可明确其储能功能。

（2）对于有日调节能力的水电站，可结合水库的调节能力增加一台负荷备用或事故备用机组，其年平均利用小时数可控制在 3500~4000h 之间。没有日调节能力，但来水受上游相邻水电站控制的径流式水电站，其年平均利用小时数可与之基本相同。

（3）对于有季调节能力的水电站，可将备用机组增加到两台，其年平均利用小时数可控制在 3000h 左右。而对于有年调节能力的水电站，可将年平均利用小时数控制在 2500h 左右。季、年调节水库是电网的重要储能调节库。

在水光互补运行条件下，常规水电站的扩容是一种必然选择。扩容的方式主要有更换转轮和新增加机组两种。其中，在上下游两个已有的水库之间，增加可逆式发电机组具有不增加水库淹没、能和周边光伏配套运行、行政审批程序少等优点。但其规划必须满足三个约束条件：

①两个梯级之间没有脱水河段，生态流量不影响电站正常运行。

②上水库必须有季调节及以上能力，电站水头经济指标优越，周边有足量的光伏资源与之配套运行。

③地形地质条件具备等。

4 结论

（1）在水光一体化基地的电源供给侧，光伏发电和有调节能力的常规水电是一对互补性很强的可再生能源，两者的互补运行程度受库容、生态、社会等多种因素的制约。光伏发电与抽水蓄能电站互补运行基本没有制约因素，但二者互补运行需要消耗一定的电量。综合考虑各种因素，在大型水光一体化基地内，布置适量的抽水蓄能电站是必要的。在互补的次序上，光伏发电应优先和有调节能力的常规水电互补运行，其次再和抽水蓄能电站互补运行。光伏和常规水电配套互补运行时，光伏的容量受制于库容和阴雨的天数，在初步分析时可按式（5）判断。光伏和抽水蓄能电站配套运行时，光伏发电的上网电量与抽水电量分配应至少符合黄金分割法，并以此确定抽水蓄能电站的规模。

（2）在构建以新能源为主体的电网环境条件下，确定常规水电年平均利用小时数的界面条件已发生了质的变化。要实现水光互补运行或多能互补，有调节能力的常规水电站需要在以往分析的基础上，增加电网系统所需的备用机组容量，降低年利用小时数，把调节能力发挥到最优水平。

参考文献

[1] 谢小平 . 黄河上游水电开发与水风光互补技术研究 [J] . 水电与抽水蓄能，2022.
[2] 国家市场监督管理总局 . 水轮机基本技术条件：GB/T 15468—2020 [S] . 北京：中国标准出版社，2020.
[3] 韩冬，等 . 2021年中国常规水电发展现状与展望 [J] . 水力发电，2022.
[4] 庞秀岚，张伟 . 水光互补技术研究及应用 [J] . 水力发电学报，2017.
[5] 古婷婷，等 . 梯级水电站水光互补发电系统稳定分析 [J] . 水电与抽水蓄能，2021.
[6] 明波，等 . 水光互补电站中长期随机优化调度方法评估 [J] . 水电与抽水蓄能，2021.
[7] 刘娟楠，等 . 水光互补系统对龙羊峡水电站综合运用影响分析 [J] . 电网与清洁能源，2015.
[8] 贺元康，等 . 水光互补系统互补特性分析与评价 [J] . 电气自动化，2016.

旺隆水库枢纽工程建设的生态环境保护

黄小镜[1]　张全意[1]　曾林林[2]　王　旭[2]

(1. 遵义市水利水电勘测设计研究院有限责任公司，贵州遵义　563002；

2. 贵州嘉泽建设工程有限公司，贵州遵义 563002)

摘　要： 旺隆水库工程是《贵州省乡乡有稳定供水水源工程规划（2016—2020）》《遵义市"十三五"水务发展规划》《赤水市"十三五"水利事业发展规划》的建设重点项目，属贵州省供水骨干水源工程之一，水库枢纽区域生态环境好，结合水库施工总体布置、在大坝枢纽工程建设、环湖公路专项复建同步施工条件下、针对工程区实际情况，在实施过程中对料场、弃渣、施工场地及场内公路等进行优化布局，精心组织施工建设、节约工程占地、减少土石方弃渣、三同时开展环境保护和水土保持恢复治理，在建设好枢纽工程的同时较好地保护了周边的生态环境。

关键词： 旺隆水库；枢纽工程；建设；生态环境保护

1　水库建设背景

赤水市属于国家全域旅游示范区，中国（赤水）丹霞世界自然遗产地、国家生态市、全国生态保护与建设典型示范区、国家重点生态功能区、全国"绿水青山就是金山银山"实践创新基地，是国务院唯一以行政区名称命名的国家级风景名胜区。旺隆水库位于赤水市旺隆镇胜丰村境内，建成后可解决赤水市旺隆、葫市片区的集镇及农村饮水用水问题，同时还解决辖区内农田灌溉，保障粮油作物稳产增产的同时，还促进了区域的石斛、蔬菜等特色产业发展，从根本上缓解了片区内供水、灌溉用水的工程性缺水问题，有效促进区域内水资源合理配置和高效利用体系，对促进赤水社会经济持续稳定发展具有积极意义，属巩固脱贫攻坚成果、助力乡村振兴、旅游产业发展的民生工程。工程建设非常必要，但枢纽工作选址位于全域旅游示范区内，工程建设对辖区内生态环境保护提出了更高的要求。

2　水库枢纽工程概况

旺隆水库工程是《贵州省乡乡有稳定水源工程规划》《遵义市"十三五"水务发展规划》《赤水市"十三五"水利事业发展规划》的建设重点项目，大坝位于赤水河右岸一级支流鸭岭河上游河段，距赤水市区 28km。水库枢纽工程由水库大坝、溢洪道、取（放）水建筑物等组成，主要枢纽建筑物为 4 级建筑物，次要建筑物为 5 级建筑物。水库正常蓄水位 442.00m，水库总库容 441 万 m^3，水库规模为小（1）型，工程等别为 Ⅳ 等。

作者简介： 黄小镜：（1978—）男，贵州省道真县人，正高级工程师，本科，从事水利水电工程施工组织、水土保持、环境保护专业技术工作。E-mail：45141212@qq.com。

旺隆水库枢纽区两岸上、下游冲沟较发育，两岸坡地形对称性较差，且坝址区基岩以泥岩为主，间夹砂岩及粉砂岩，岩性以软质岩为主，局部为中硬岩，岩体均一性差，岩体质量及抗变形能力差，基础存在一定程度的变形问题，区内虽无断层构造切割，但裂隙较发育，受裂隙切割的影响，地表至河床一定深度范围内岩体较破碎，基础岩体抗滑、抗变形能力均较差，结合工程规模、地形地质条件和场区内可综合利用的天然建筑材料情况进行综合比较。大坝设计推荐方案采用泥岩心墙坝，坝轴线长 295.0m，坝顶宽 6.0m，最大坝底厚 216.50m，最大坝高 49.0m。大坝上游坝坡采用 10cm 厚 C15 混凝土预制块护坡；下游坝坡采用 C15 混凝土网格植草护坡及干砌块石护坡。大坝工程土石方开挖 15.70 万 m^3，坝体填筑量 75.77 万 m^3，混凝土及钢筋混凝土浇筑量 0.43 万 m^3。

溢洪道布置于右岸，主要包括侧槽段、调整段、泄槽段、消力池段和出水渠，总长 271.90m。溢洪道土石方开挖量 4.6 万 m^3，土石方回填量 0.16 万 m^3，混凝土及钢筋混凝土浇筑量 0.72 万 m^3。

取（放）水建筑物布置在右岸，由导流隧洞改建而成，总长 309.00m，隧洞进口采用塔式取水口闸门井，其后采取"龙抬头"与城门形隧洞连接，洞身尺寸 3.0m×4.0m。取水闸井顶部平台与右岸公路采用工作桥相连，放空管出口接消力池及出水渠，放空阀门前接 DN800 取水钢管和 DN200 生态放水钢管。取（放）水建筑物土石方开挖量 0.26 万 m^3，混凝土及钢筋混凝土浇筑量 0.46 万 m^3。

3 建设施工场地布置

旺隆水库库区淹没线以下场地开阔，便于布置施工辅助设施设备，结合前期征地和蓄水淹没区范围综合考虑，水库建设提前开始库区征地，前期用于施工场地布置，减少施工场地布置的临时征地面积，料场剥离、导流建筑物开挖、场内公路修建、施工临时场地平整主要在库区淹没线下进行。枢纽工程 2018 年 8 月 18 日举行开工仪式，11 月底截流后进行大坝的填筑，2019 年 4 月 30 日填筑至度汛高程（418.0m），坝体填筑总量约 31 万 m^3。进入汛期后结合天气预报和做好防洪抢险应急抢险预案前提下对坝体填筑持续施工，并考虑汛期夜间常有降雨，开采料的岩石大部分为泥岩，遇水风干后易软化，对大坝的填筑施工和生态环境保护都不利，需提前做好道路的布置规划、硬化及排水通道设置，另外，枢纽工程施工须中断原大坝下游穿越坝址区连接库尾的乡村公路，该公路是上游群众出行和竹产业毛竹收购运输的重要通道，汛期前可利用上坝公路和库区临时公路分时段临时通行，达到度汛高程后专项环库复建公路必须连通，确保上下游正常通行，尽可能减少项目建设对当地群众生产生活的影响（图 1）。

4 天然建筑材料场

根据项目区天然建筑材料分布、岩性、开采条件及储量情况，旺隆水库大坝枢纽工程建设的天然建筑材料在设计 I 号料场进行开采，料场位于水库库区胡家沟与鸭岭河之间的山体及专项复建公路经过区域，质量和储量满足心墙泥岩填筑料和坝壳填筑料的要求，开采高程为 416～490m。料场山体多被第四系崩塌堆积碎块石及残破积砂质黏土覆盖，厚1～2m，出露地层岩性为侏罗系中统沙溪庙上亚组紫红色砂质泥岩、灰色至浅灰色泥质粉砂岩夹砂岩，料场距坝址综合运距 0.8km，有乡村公路通至料场附近，交通条件较好，运距近、易开采，集料区位于库底，场地条件好。天然建筑材料选择在满足大坝填筑开采量的前提下，充分和库区复建公路边坡开挖进行综合考虑，尽可能减少开采范围以利于生态环境保护，通过精细化调度管理，实现了料场开采和公路施工的完美结合，保证安全作业条件下最大限度减少了复建公路边坡开挖对料场开采的安全和生态环境的影响。因项目区附近无质量和级配良好的天然砂石料场，无可开采加工混凝土碎石、砂骨料的灰岩石料场可利用，故工程所用混凝土的碎石、砂骨料通过在异地合法采石场外购方式解决，其生态环境保护纳入采石场矿山恢复治理系统考虑。

5 开挖土石方弃渣场

旺隆水库大坝枢纽工程开挖土石方弃渣场布置于右岸上坝公路内侧溪沟处的槽谷中，弃渣综合运距 0.6km，容量约 24.0 万 m³。根据水土保持专题论证，因弃渣场所在冲沟集雨面积 1.9km²，为确保弃渣场排水及冲沟排洪安全，渣场洪水设防按 10 年一遇（$p = 10\%$）标准设计，洪水流量 24.9m³/s，采取在弃渣场顶面与山体结合部设梯形断面 $B \times H = 2.0\text{m} \times 2.0\text{m}$ 的排洪沟接至下游冲沟，排洪沟总长 380m。渣场弃渣堆放坡比 1：2，C20 混凝土网格＋草皮护坡，顶部堆渣完毕后进行平整、覆土后结合生态环境保护及水土保持措施综合治理。施工期结合大坝枢纽工程开挖及坝体填筑施工组织及工期安排，对土石方开挖弃渣充分利用于临时建筑物场地回填平整、坝壳料填筑后减少了弃渣外运量，在上坝公路填方路段埋设涵管满足排泄洪水要求，不占用的弃渣场区域不进行扰动，保留原始耕地和竹林地貌，利于环境保护及水土流失防治，既减少了弃渣场占地面积和地表扰动，又节省了弃渣场排洪沟、绿化恢复治理等水土保持工程措施投资。

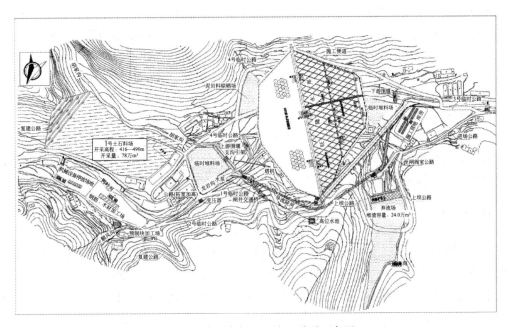

图 1　旺隆水库枢纽区施工总平面布置

6　生态环境保护措施

旺隆水库大坝坝基开挖分两期进行，采用先两肩后河床的开挖程序，工程截流前完成河床高程以上的两坝肩开挖，开挖后及时进行边坡工程措施支护，截流之后再进行河床的坝基开挖，对坝基开挖的土石方弃渣，一部分用作现场材料加工和施工营地的场地平整土石方回填，符合大坝填筑质量要求的土石渣料采取预留或开挖后运至下游临时堆料场堆放后按环境保护和水土保持要求及时进行临时遮盖，部分弃渣运至大坝右岸下游冲沟段用作上坝公路路基回填，对本项目的土石方开挖进行了最大程度的利用。

坝体泥岩料及心墙填筑料在料场爆破后的成品料集料区采用反铲挖掘机挖装，自卸汽车运输，根据大坝分区情况进行车辆调配，根据填筑分区指定行驶路线，保持车厢、轮胎的清洁，防止残留在车厢和轮胎上的泥土填筑区。自卸汽车卸料时，采用"进占法"卸料，岸坡处不允许有倒坡，防止大径料集中，坝体与岸坡结合部位填筑时，坝体上下游边坡部位采用反铲挖掘机按照设计坝比进行坡面修整，保证坡面平顺整齐。随着坝体仓面填筑高程上升，坝内上、下游形成临时斜坡运输道路需便于材料入仓运输重车安全通行，纵坡不应大于15％，当坝体填筑上升覆盖坝内临时斜坡道路时，采用反铲将斜坡道路两侧的松散石料挖除至同一层面上，与该层填筑料同时碾压，已保证结合部位的填筑治理及大坝填筑期间整体外观。

大坝填筑的料场雨季施工开采时，堆存料应采取台阶立面方式，利于排水及后续施工，防止雨水大面积渗入坝体填筑料内造成含水率过高，料场开挖后形成直立面避免雨水冲刷渗入，周边及道路两侧设置截、排水沟，确保坡面雨水能够顺利排出，未造成面流冲刷，利于场区施工期水土流失防治及下游河道生态环境保护。

溢洪道进口引渠土石开挖与右坝肩开挖同步进行，泄槽及出口消力池段开挖在坝体填筑期间进行，对可利用的开挖料采用挖掘机配合自卸汽车直接运输上坝填筑。开挖完毕边坡支护后及时进行结构混凝土及钢筋混凝土浇筑施工。

取（放）水建筑物基础与导流隧洞明渠段基础同步开挖，开挖土石方弃渣主要用于上坝公路路基填筑，场内临时场地回填平整，未产生直接开挖土石方弃渣。

溢洪道及取（放）水建筑物开挖后边坡及时进行了工程支护，坡面水土流失，施工冲洗及混凝土养护弃水在大坝下游设置的临时沉淀池进行收集沉淀，经环保监测取样化验达到排放标准后排放至下游河道。建筑物施工期间的水土流失防治及环境保护措施同步设计、同步实施，同时投入使用。

7　结论

旺隆水库枢纽工程地处赤水河右岸一级支流鸭岭河上游河段，生态屏障功能突出，生态环境保护是项目建设的重要元素，项目建设树立"绿水青山就是金山银山"的发展理念，不以牺牲环境为代价开展项目建设。旺隆水库大坝枢纽工程前期设计和开工后参建各方进行多次研讨论证，实施过程中对河流水环境、建设场区及周边生态环境、大气污染防治、施工作业噪声控制、固体废弃物处置、土壤污染等方面因地制宜开展利于生态环境保护和水土流失防治的创新和优化：一是对主要作业场区封闭施工，临时围挡、隔声屏障、临时交通管制等措施减少对周边群众生产生活及出行的影响；二是对料场开采范围四周设立隔离带及截排水沟，结合岩层产状分台阶立面开采，并对边坡结合工程措施和水土保持设施及时治理，以保证边坡稳定和绿化恢复；三是做好现场安全文明施工，随时清理废弃物，做到无积水、无杂物、工作面清洁，各施工作业区做到"工完、料尽、场地清"，不留垃圾，不留剩余施工材料和施工机具；四是枢纽工程的土石方开挖进行临时场地平整回填、大坝填筑利用，减少土石方弃渣约 20 万 m³，节约征地面积 8 亩，减少弃渣场区扰动和恢复治理面积 8 亩、减少开挖土石方弃渣运输柴油消耗约 10.5t，达到土地资源节约、原始地表扰动减少、节省油料能源消耗、机械设备损耗；五是项目生态环境保护措施、水土流失防治措施在施工期同步实施，严格执行同时设计、同时施工、同时投入使用的"三同时"制度，保证了枢纽施工扰动区域的绿化效果及生态环境恢复，在保护好生态环境的前提下成功建设好旺隆水库顺利蓄水并发挥效益，值得同类型水库工程项目建设的参考和借鉴（图 2）。

图 2　旺隆水库枢纽工程鸟瞰图（现状）

参考文献

［1］　赤水市旺隆水库工程初步设计报告［R］.遵义水利水电勘测设计研究院，2018.

［2］　赤水市旺隆水库工程环境影响报告表［R］.杭州市环境保护有限公司，2017.

［3］　赤水市旺隆水库工程水土保持方案报告书［R］.遵义水利水电勘测设计研究院，2017.

［4］　中华人民共和国水利部.水利水电工程施工组织设计规范：SL 303－2017［S］.北京：中国水利水电出版社，2017.

大藤峡水利枢纽库区水资源水生态环境保护对策分析

姜海萍[1]　　闭小棉[2]

(1. 珠江水资源保护科学研究所，广东广州　510635；
2. 广西大藤峡水利枢纽开发有限责任公司，广西南宁　530029)

摘　要： 大藤峡水利枢纽是一座具有防洪、发电、航运、灌溉等综合效益的大型水利工程，2020年3月初期蓄水。大藤峡库区涉及3个地市7个县区，库区水资源水生态环境保护关系到珠江-西江经济带社会经济稳定发展和下游粤港澳大湾区供水安全。通过调查研究库区环境特性和生态环境功能定位，分析大藤峡库区水资源水生态环境保护现状及面临的形势，从水质、水量、水生态、水空间及综合管理等多方面提出库区水资源水生态环境保护对策，对今后开展库区水资源水生态环境保护和促进社会经济健康发展具有重要的指导意义。

关键词： 大藤峡水利枢纽；库区；水资源水生态环境保护；对策；分析

1　前言

大型水利枢纽工程建成后库区水资源与水生态环境保护历来备受各方关注，特别是作为饮用水水源地或者战略备用水源地的水库，水资源和水生态环境保护工作尤为关切。1972年6月，联合国人类环境组织发布《人类环境宣言》，在中外共同探讨全球环境问题背景下，20世纪80～90年代，长江流域在葛洲坝、三峡工程前期论证阶段开展了库区水化学水环境特征方面的研究[1]，由于水污染和断流而导致的河流生态恶化问题逐步得到关注，流域机构和国家科研院所及高等院校合作开展了大量关于三峡工程和南水北调东线、中线工程库区水质预测[2]、库湾水质预测[3]、库区纳污能力及限排总量[4]等多项专题研究。21世纪以来，水利部治水思路逐渐从传统水利向生态水利转变，2014年，习近平总书记从国家水安全和中华民族永续发展的战略高度，提出了新时期"节水优先、空间均衡、系统治理、两手发力"的治水新思路。各流域机构相继开展了有关河道生态需水、湿地生态需水、河流及湿地生态修复技术、流域水资源变化的生态响应关系、水库生态优化调度等方面的研究[1]。三峡工程库区生态环境保护规划的编制思路[5]（2011），提出了水量、水质和水生态的统一规划和一体化管理思路。福建莆田东方红水库水资源保护对策分析[6]（2018），提出了保护水生态环境和水资源的对策。开展水库水环境保护研究实现水资源可持续利用[7]（2019），分析了水库水环境污染主要源头来自农村各种污染源。水资源保护新内涵"量-质-域-流-生"协同保护与修复[8]（2021）和新时期水资源保护规划框架体系研究[9]（2021），明确了新形势下水资源水生态环境保护从水质、水量、水生态

作者简介：姜海萍（1966—），女，湖北丹江口人，正高级工程师，博士，主要从事水文水资源保护工作。
E-mail：857385717@qq.com。

聚焦河湖水域岸线等涉水空间生态保护"红线"的刚性管控。

大藤峡水利枢纽一期主体工程 2015 年 9 月开工建设，2019 年 10 月大江截流，2020 年 3 月下闸蓄水、船闸通航，2020 年 4 月首台机组发电，二期工程计划 2023 年 12 月完工。随着大藤峡水利枢纽工程的顺利实施和蓄水试运行，坝址所在河段上游将逐步形成一个狭长蜿蜒数百公里的河道型大型水库。本文从库区流域保护出发，划定库区水生态空间，将其融入国土空间管控体系，提出水质、水量、水生态、水空间及综合管理等库区流域水资源水生态环境保护对策，具有创新性，对今后开展库区水资源水生态环境保护和促进社会经济健康发展具有良好的促进作用。

2 大藤峡库区流域概况

2.1 大藤峡库区环境特性

大藤峡水利枢纽是一座综合利用的大型生态水利工程，由黔江主坝、黔江副坝、黔江左岸船闸、黔江右岸鱼道，南木江副坝及全国独一无二的近自然生态双鱼道组成。坝址位于珠江流域西江干流黔江段大藤峡谷出口弩滩处，库区控制流域面积 19.86 万 km^2，约占西江水系流域总面积的 56.2%。库区呈狭长的 Y 形：从坝址处上溯，先是西江干流黔江段库区，至三江口柳江支流汇入口开始两边分汊，一边是西江干流红水河段，一边是西江支流柳江段，整个库区蜿蜒横卧于陡峻的 V 形或 U 形峡谷中，黔江段库区长约 112km，红水河段库区长约 190.14km，柳江段库区长约 213.09km，其水面面积可达 185.79 km^2。大藤峡库区地处我国低纬度地带，属亚热带季风气候区，多年平均气温 21.5℃，多年平均降雨量为 1400mm。

大藤峡库区除红水河、柳江及黔江主干构成外，库区流域内汇入的主要支流还有红水河段的清水河、北之江、止马河、河敏河、凤凰河、龙洞河及南泗河；柳江段的洛清江、运江（罗秀河）、石祥河、石龙河；黔江段的武赖河、新江河、濠江、东乡河、马来河、南木江（大湟江）等 28 条。其中，集雨面积大于 1000 km^2 的支流有清水河、北之江、洛清江、运江等。

大藤峡水利枢纽库区涉及广西贵港市下辖的桂平市，来宾市下辖的武宣县、象州县、兴宾区，柳州市下辖的柳江区、鱼峰区、鹿寨县 3 个地级市的 7 个县（市、区），涉及的行政区域面积 18442.88km²。2018 年总人口 472.57 万人，2018 年地区生产总值 1828.34 亿元。

2.2 大藤峡库区生态环境功能定位

大藤峡库区狭长蜿蜒数百公里，穿过山岭、丘陵、平原和大藤峡谷，两岸风光秀丽，婀娜多姿，库区廊道具有丰富的岸线资源、水资源和生态旅游资源，分布有 15 个水源地、8 个产卵场和 1 个广西红水河来宾自治区级珍稀鱼类自然保护区；库区廊道"峡幽、峰秀、滩险、水美"，有桂平大藤峡谷、武宣百崖大峡谷、红水河峡谷景观、砂岩峰林景观、"金钉子"蓬莱滩剖面地质景观等丰富多彩的两岸风光景观带；库区两岸开发布局有重要港口来宾港、三江口石龙—武宣港产城新区、来宾都市群等；除此之外，大藤峡库区是保障下游粤港澳大湾区供水安全的重要水源地，在珠江—西江经济带和粤港澳大湾区区域发展总体格局中具有重要的战略地位。

因此，提出大藤峡库区生态环境功能定位：水源地保护区，珍稀鱼类资源保护区，水源涵养与物种生境保护区，景观资源保护区以及山水宜居绿色发展保护区。大藤峡库区主体功能区划、生态功能区划等相关规划及保护类别的定位及要求如表1所示。

大藤峡库区相关规划及保护类别的定位及要求　　　　　　　　　　表1

序号	相关规划及保护类别	定位及要求
1	《广西壮族自治区主体功能区规划》	自治区级农产品主产区和自治区级重点开发区域
2	《广西壮族自治区生态功能区规划》	大瑶山南部水源涵养与生物多样性保护功能区 莲花山水源涵养与林产品提供功能区 红水河流域岩溶山地土壤保持功能区 鹿寨-柳江丘陵农林产品提供功能区 桂中平原农林产品提供功能区 来宾中心城市功能区
3	《珠江水资源保护规划（2016—2030年）》	珠江流域中下游控制保护片
4	《大藤峡水利枢纽工程库区水资源保护规划（2018—2035年）》	水源地保护区，珍稀鱼类资源保护区，水源涵养与物种生境保护区，景观资源保护区以及山水宜居绿色发展保护区

3　大藤峡库区水资源水生态环境保护现状及面临的形势

3.1　库区主干流及水源地水质优良，但少数入库支流污染严重，库湾富营养化不可忽视

根据2017、2018年珠江片水资源公报、生态环境部门水环境质量月报以及补充监测等资料，大藤峡库区红水河、柳江、黔江主干流水功能区水质全部达标，年均水质优于Ⅲ类均达到Ⅱ类，达标率100％；库区15个水源地水质现状为Ⅱ～Ⅲ类，达标率100％[10]。库区水质优良稳定。

大藤峡库区大部分支流呈陡峻的形V或U形河，暴雨后地表径流汇流入库速度较快，形成的库湾回水区受支流水质影响很大。目前，28条支流中大部分支流水质较好，但有6条支流不达标包括：黔江段库区支流新江，红水河段库区支流思畔河、南泗河，柳江段库区支流洛清江、高龙河、北山河。主要原因是有些支流入库前有拦河坝，坝前水体易集聚养分，导致富营养化趋势明显；有些支流上游有集中的村庄，有分散的畜禽养殖，农村生活污水和养殖废水直排入河，导致河流污染；有些支流两岸分布片状相连的农田，星罗棋布，农灌小渠与支流相连，雨季农业面源污染随雨水迅速排入支流。因此，这些因素导致库区部分支流污染严重。

随着大藤峡水库正常蓄水后，水文情势与天然情况将发生很大变化，水流变缓，如果上述支流污染得不到有效控制，进入水库的营养物质在支流库湾富集，会导致支流库湾的水体富营养化问题突出，长江三峡水库自2003年6月蓄水以来，受回水顶托影响的支流（小江、汤溪河、磨刀溪、长滩河、梅溪河、大宁河和香溪河等支流库湾）均出现了不同程度或频次的水华[5]。因此，大藤峡水库蓄水后，支流污染问题凸显是大藤峡库区生态环境保护面临的新变化。

3.2 库区水资源量丰质优，但潜在污染风险依然存在，蓄水后污染增加风险更大

大藤峡库区多年平均径流量 1340 亿 m³，水资源量丰质优，但潜在污染风险依然存在，蓄水后污染增加风险更大。大藤峡库区规模以上入河排污口 56 个，废污水入河量 7942 万 t/a。现状污染物入河量 COD、氨氮、总磷分别为 7143t/a、572t/a、232t/a。其中，点源污染占比 33.9%、面源污染占比 65.8%、内源污染占比 0.3%。目前，库区 23 个乡镇有 15 个乡镇级污水处理厂，处理规模 0.94 万 t/d，加上市县级污水处理厂，库区的废污水处理规模 12.14 万 t/d[10]，污水管网覆盖程度和污水收集处理率偏低，而面源污染占比偏重且不易收集。

大藤峡区建成后，库区的水环境将受到多重因素的影响，首先，库区水位、流速等水文节律不仅受上游来水影响还受大藤峡水利枢纽调度运行方式影响；其次，库区是广西西江经济带的"黄金水道"，是自治区级农产品主产区和重点开发区域，是未来广西三大城镇群中的"柳-来"城市副中心。至 2035 年，航道等级提高到 I 级航道，货物吞吐量达到 5000 万吨，旅游客运量实现 100 万人次，建设忻城港区、合山港区、兴宾港区、象州港区和武宣港区等五大港区。规划利用港口岸线长 35.214km，全部位于大藤峡水利枢纽库区；来宾市重点加强西江水系"一干七支"沿岸生态农业产业带、三江口生态产业区规划建设。据初步预测，到 2035 年，库区废污水入河量约 12230 万 t/a，污染物入河量 COD、氨氮、总磷约 10353 t/a、1057 t/a、293 t/a[10]。不仅如此，库区两岸还分布有矿山及尾矿库、化工企业及港口码头等风险源，重金属污染问题和重大污染事故隐患不容忽视。可以预见，随着库区城镇化进程的加快，库区水源地安全面临很多的风险隐患，库区水质保护和风险防控面临新的挑战。

3.3 库区水生态保护与修复措施体系完善，实施后应及时开展效果评估

大藤峡库区涉及广西红水河来宾自治区级珍稀鱼类自然保护区，库区红水河桥巩断面至坝址下游西江封开江段分布有鱼类 270 多种，其中库区江段分布有珍稀保护特有鱼类 24 种，坝址以下江段分布有珍稀保护特有鱼类 22 种[11]。

大藤峡库区及坝下主要的鱼类产卵场有 11 个，大部分鱼类繁殖期在 3～8 月，部分鱼类在 3～4 月。较为明显的产卵场有老城厢、大步、石龙三江口、东塔等。大藤峡水库蓄水后，库区内的老城厢、大步、石龙三江口产卵场功能大为减弱，坝下的东塔产卵场区域生境较好，产卵场功能尚好[11]，见表 2。

大藤峡库区及坝下产漂流性卵鱼类产卵场分布及其参数　　　　表 2

位置	序号	产卵场名称	至大藤峡坝址距离(km)	主要产卵鱼类
桥巩坝下至三江口	1	定子滩	195	赤眼鳟、银鲴、黄尾鲴、鳊、四须盘鮈
	2	老城厢	157	青、草、鲢、鳙
	3	大步	145	斑鳠、长臀鮠及青鱼、草鱼等
	4	衣滩	116	鲢、鳙

续表

位置	序号	产卵场名称	至大藤峡坝址距离(km)	主要产卵鱼类
三江口至坝址	5	石龙三江口	100~112	青、草、赤眼鳟、鲮、银鮈、四须盘鮈
	6	大藤峡	8~12	青、草、鲢、鳙
坝下	7	东塔	10~15	青、草、鲢、鳙、赤眼鳟、银鲴、鲮、鳊
	8	盆龙	42~52	青、草、鲢、鳙、粗唇鮠、卷口鱼、瓦氏黄颡鱼、斑鳠
	9	观音阁	58~62	青、草、鲢、鳙
柳江红花电站以下	10	里雍	193	鳊
	11	运江	153	青鱼

大藤峡库区水生态保护与修复措施体系完善。按照《大藤峡水利枢纽工程环境影响报告书》及批复，大藤峡水利枢纽库区水生态保护和修复措施包括：红水河珍稀鱼类保育中心、大藤峡主坝鱼道及南木江仿生态鱼道、大藤峡鱼类增殖站及来宾珍稀鱼类保护站等水生态保护措施；根据《来宾市环境保护和生态建设"十三五"规划》，至2025年，来宾市建成珠江—西江来宾段生态走廊，开展鱼类增殖放流，加强红水河来宾段珍稀鱼类自然保护区管理。目前大藤峡主坝鱼道及南木江仿生态鱼道基本建成，红水河珍稀鱼类保育中心也挂牌成立，这些措施正在一一贯彻落实。适时开展跟踪监测，评估水生态保护和修复措施的实际效果，提出调整建议和补救措施是库区水生态保护和修复的主要任务，也是库区珍稀鱼类自然保护区管理的重要基础。

3.4　库区水资源水生态环境保护管理基础较好，但面临的任务很重

大藤峡库区涉及柳州市、来宾市和贵港市3个地级市，2015年，各地市制定水污染防治行动计划工作方案，实施一系列全方位综合防治措施，取缔污染治理水平低的小型造纸、印染、炼油等严重污染水环境的企业；专项整治来宾东糖纸业有限公司、钢铁企业、印染行业、制药（抗生素、维生素）行业等技术改造；集中治理工业集聚区水污染；强化城镇生活污染治理等。2018年，各地市全面建立河长制、湖长制责任体系，开展"生态河湖""美丽河湖"等行动，针对河湖管理保护突出问题，开展河湖"清四乱"（乱占、乱采、乱堆、乱建）专项行动，持续改善河湖面貌，打造了河湖管理保护的新样板。

大藤峡库区蓄水后，水资源水生态环境保护面临的任务很重。首先，需要开展大藤峡库区全方位监测工作。目前，柳江、红水河仅开展了水功能区和县级以上水源地的常规监测，乡镇级水源地、行政区界、入河排污口、生态水量、水生生物及重要生境监测等常规监测工作尚未开展，要建立库区的监测体系，提高库区的监测能力。其次，库区水资源水生态环境保护管理机制需尽快完善。目前，大藤峡公司水资源水生态环境保护管理工作重点在施工期，制定了《工程施工期环境保护工作管理办法》和《工程施工期水土保持工作管理办法》，这些管理办法对保障施工期工程所在地水环境、大气环境、声环境、生态环境的污染防治和修复工程顺利实施发挥了重要的支撑指导作用。然而，二期工程建设和运行期水库的水资源水生态环境保护工作仍任重而道远，需要尽快制订与水资源水生态环境保护相关的系列法律法规，尽快建立大藤峡库区联防联控机制，制定库区重大水污染事件的响应体系与应急预案，建立库区流域与区域水污染防治协作机制，建立库区上下游、地

市间、部门间、政企间水资源水生态环境保护信息共享联动机制及水资源水生态环境保护监督管理机制等，才能有效保障大藤峡库区供水安全和生态安全。最后，需要进一步加强和完善大藤峡库区"河（湖）长制"。依法划定河湖管理范围，落实水域空间管控边界，作为系统治理大藤峡库区河湖水域岸线和水资源水生态水环境问题的重要支撑。

4 大藤峡库区水资源水生态环境保护对策

4.1 划定库区水生态空间，全面融入国土空间管控体系

按照"多规合一"的原则，针对大藤峡水利枢纽库区国土资源分布特点，结合珠江—西江经济带发展规划、广西西江经济带国土规划、珠江—西江经济带岸线保护与利用规划、珠江—西江经济带"两口一源"规划，广西生态红线、广西国土资源"三区三线"等规划成果，从保障库区水质和水生态安全、兼顾上下游、左右岸、干支流区域协调发展对水资源需求，确定大藤峡水利枢纽库区水生态空间的管控边界及管控要求，全面融入国土空间管控体系，是优化管理库区水资源利用、水污染防治、岸线利用、航运发展等区域发展总体布局和规模的重要基础。

水生态空间是指为库区生态-水文过程提供场所，维持库区水生态系统健康稳定、保障水安全的水域陆域空间。大藤峡水利枢纽库区水生态空间对象分为：大藤峡水库主体工程；库区水域（包括消落带、水源地、珍稀鱼类自然保护区等）；库区岸边带和岛屿；库区鳄蜥等珍稀濒危动物生境。大藤峡水库主体工程生态空间 3.65km²；水域岸线生态空间 603km、43.59km²；含消落带、水源地、珍稀鱼类自然保护区等在内的库区水域生态空间 103.86km²；鳄蜥等珍稀濒危动物生境生态空间为库区黔江右岸海拔 40～110m、郁闭度高、人为干扰较小、坡度较平缓的山区阔叶林中的山溪沟冲[11]。

4.2 开展库区流域综合整治，保护库区优良水质，保障库区水源地安全

大藤峡库区有著名的大藤峡峡谷、百崖大峡谷、红水河峡谷以及喀斯特地貌特征的峰丛耸立沿江两岸，秀山碧水，蜿蜒流转，是一道山水画廊，也是库区重要的水源涵养区，禁止坡度 25° 以上的山林开垦和矿产开采，加强尾矿库风险管控，建立风险防范体系和应急响应机制，有效防范并杜绝污染事故的发生。在红水河来宾段、柳江柳州段、黔江武宣段等饮用水水源保护区及红水河来宾段珍稀鱼类自然保护区等河段，划定长 130.6km 的禁止区水域，禁止区水域的入河排污口实施取缔或迁建。严格控制工业园区污染物排放，提高废污水的循环利用率和中水回用水平，有条件的园区远期应实现工业废水"零排放"；生活污水处理覆盖库区全乡镇。重点开展水源地达标建设，加强水源地预警监控、风险防控和联防联控。污染严重的新江、南泗河、思畔河、高龙河、北山河、洛清江等小流域开展石漠化、畜禽养殖、农药化肥使用等综合整治，防止库尾库湾水域面源污染和水华的发生，确保支流水质达标，保护库区优良水质，保障库区水源地安全。

4.3 开展大藤峡生态调度，保障库区上下游生态流量，保护和修复库区和下游水生生境

根据《大藤峡水利枢纽工程环境影响报告书》及批复要求，开展大藤峡生态调度，保

障库区上下游生态流量，保护和修复库区和下游水生生境。生态流量保障：通过闸门下泄、发电机组下泄等方式保障大藤峡水利枢纽主坝生态流量下泄，下泄水量为 $700m^3/s$。利用生态鱼道下泄南木江副坝生态流量，下泄流量不小于 $3.0m^3/s$，每年 4～7 月不小于 $30.0m^3/s$。鱼类繁殖期生态调度：每年 4 月水库运行水位降低到 59.6m 以下运行；每年 5～7 月，根据不同的来水过程，采取来水下泄、开展人造洪峰调度等方式进行鱼类繁殖期生态调度。汛期 5～7 月入库流量大于 $3000m^3/s$ 时，大藤峡发电调度按腰荷运行，不进行日内调峰调度。

4.4 严格落实库区水生态保护和修复措施，保护大藤峡库区重要生境

严格落实库区水生态保护和修复措施，保护大藤峡库区重要生境。鱼类栖息地保护：采用干流与支流相结合的保护措施，共设置总长为 256.8km 的保护河段。通过设立禁渔区、延长禁渔期、严格控制建设项目等手段对栖息地进行保护。鱼类生境再造：设置红水河大步产卵场、洛清江江口电站坝下、柳江洛清江河口汇入口下游、东塔产卵场 4 处人工鱼巢及柳江洛清江汇合口人工产卵场等 5 个鱼类再造生境，并进行定期管理和维护。开发栖息地远程智能跟踪监控系统。鳄蜥生境修复：在金田林场大湾肚分厂内合适的地块进行永久性阔叶林恢复或补偿性阔叶林恢复；金田林场大湾肚分场一带的 7 条冲沟周边选择合适地块构造数量适宜的小型的仿自然积水塘。

4.5 建立大藤峡库区水资源水生态环境保护监控体系，健全法律法规，提高综合管理能力

建立水量、水质、水生态监控体系，重点布设监控断面对入库及出库的水量、水质、水生态状况进行有效监控，加强水源地水质全指标监测，加强重要生境的水生态监控，建立完善的水资源水生态环境保护监控体系。创新完善库区河湖长制度，多元共治，构建大藤峡库区社会化河湖监管体系。制定大藤峡库区水质保护条例，强化库区水生态空间管控和水源地的保护，严格入库支流水污染防控，控制库区支流梯级开发强度，加强库区水生态保护和重要生境保护。建立企业法人主导、上下游梯级业主分担的管理体制及流域统筹、地方合作的协同共商合作机制，提高库区综合管理能力。

5 结论

大藤峡水利枢纽是"西江亿吨黄金水道"基础设施建设的标志性工程，库区地处西江干流中下游，具有三江汇流、生境多样的生态环境特征。在流域高质量发展新形势下，作为水源地保护区，珍稀鱼类资源保护区，水源涵养与物种生境保护区，景观资源保护区以及山水宜居绿色发展保护区，大藤峡水利枢纽二期工程建设和运行期库区水资源水生态环境保护压力会持续增加，水资源水生态环境保护从最初只关注水质保护为主发展到水质水量水生态保护并重经历了 30 多年的历程，进入新世纪后，水资源水生态环境保护越来越聚焦山水林田湖草生命共同体的保护，体现了流域性生态系统保护的理念，但由于人们对河流形态结构、水生生物保护的认识不足，保护修复措施不到位，水资源水生态环境保护的成效还不理想。本文提出的水资源水生态环境保护对策对促进大藤峡库区社会经济发

展，保障库区"高峡绿湖、三江画廊、碧水深悠、鱼肥草美"的水资源与水生态安全格局，具有重要的指导意义。

参考文献

[1] 黄锦辉，连煜，宋世霞. 中国水资源保护科研发展历程回顾 [J]. 水利规划与设计，2020（10）：58-61.

[2] 侯国祥，翁立达，叶闽，张勇传. 三峡水库重庆库区水质预测 [J]. 长江科学院院报，2002，19（1）：13-16.

[3] 雒文生，谈戈. 三峡水库香溪河库湾水质预测 [J]. 水电能源科学，2000，18（4）：46-48.

[4] 罗小勇. 三峡水库蓄水 156m 时纳污能力及限排总量分析 [J]. 中国三峡建设，科技版 2008：34-37.

[5] 李迎喜，王孟. 三峡库区水资源保护规划的编制思路 [J]. 人民长江，2011，42（002）：48-50.

[6] 唐俊雄. 福建省莆田市东方红水库水资源保护对策分析 [J]. 亚热带水土保持，2018，30（03）：67-70.

[7] 卫晶. 开展水库水环境保护研究实现水资源可持续利用 [J]. 农家参谋，2018，595（18）：219-219.

[8] 王浩，王建华，胡鹏. 水资源保护的新内涵："量-质-域-流-生"协同保护与修复 [J]. 水资源保护，2021，37（2）：1-9

[9] 王晓红，张建永，史晓新. 新时期水资源保护规划框架体系研究 [J]. 水利规划与设计，2021（06）：1-3，61.

[10] 珠江水资源保护科学研究所，广西大藤峡水利枢纽开发有限责任公司. 大藤峡水利枢纽工程库区生态环境保护规划（2018-2035 年）[R]. 广州：珠江水资源保护科学研究所，广西大藤峡水利枢纽开发有限责任公司，2020.

[11] 珠江水资源保护科学研究所，广西大藤峡水利枢纽开发有限责任公司. 大藤峡水利枢纽工程环境影响报告书（批复稿）[R]. 广州：珠江水资源保护科学研究所，广西大藤峡水利枢纽开发有限责任公司，2014.

文登水电站水库围堰填筑防止水污染处理措施

余万龙   谢小东

（中国葛洲坝集团第二工程有限公司，四川成都   610091）

摘　要：围堰是指在水利工程建设中，为建造永久性水利设施，修建的临时性围护结构，是水利工程中最重要的临时设施之一。土石围堰因能充分利用当地材料、对基础适应性强、施工工艺简单等优点，被广泛应用。随着国家环保要求的不断提高，妥善解决土石围堰填筑过程中对周围水体的污染问题也成了填筑施工技术发展的一个方向。本文依托山东文登抽水蓄能电站项目，阐述了一种浮船帷幕式围堰填筑防污染措施，经实践证明，防污染效果良好。

关键词：围堰；水质污染；帷幕；防污染

1　引言

随着我国经济的发展，我国的水利工程越来越多，土石围堰施工在水利工程中较为常见。其作用是防止水和土进入建筑物的修建位置，以便在围堰内排水、开挖基坑、修筑建筑物。一般主要用于水工建筑中，除作为正式建筑物的一部分外，围堰一般在用完后拆除。围堰高度高于施工期内可能出现的最高水位。土石围堰施工分为水上、水下两部分，水上施工与土石坝相同，采用分层填筑。水下部分的施工，土料、石渣、的填筑可采用进占法，也可采用驳船抛填水下材料。文登电站昆嵛山溢洪道施工时，由于设计要求须在昆嵛山溢洪道首部前水库新增一条横向土石围堰，围堰填筑采取进占法。由于昆嵛山山水库为上下游居民的主要生活用水取水源，为避免围堰填筑时对其产生污染，故在填筑前对其采取防护措施，保证水源免受污染。

2　工程背景

文登水电站下水库昆嵛山溢洪道泄水建筑物工程，位于昆嵛山水库南侧的一垭口部位，地面高程165m，向两侧地形逐渐变陡，坡度$20°\sim40°$。其正常运用洪水200年一遇洪峰流量$430m^3/s$，非常运用洪水1000年一遇洪峰流量$608m^3/s$。溢洪道为Y形无闸门挡水侧槽溢洪道，堰顶高程165.5m，堰宽95m，昆嵛山水库汛期洪水全部由溢洪道泄入下水库内。

昆嵛山水库距下水库坝址上游约1.8km，昆嵛山水库～米山水库之间的西母猪河支流楚岘河为一季节性河流，枯水季节基本无水流。昆嵛山水库水质指标满足水功能区划分

作者简介：余万龙（1978—），男，湖北宜昌人，高级工程师，后续本科生，主要从事水利水电工程施工工作。
E-mail：364944197@qq.com。

要求的Ⅰ类水质标准要求。昆嵛山溢洪道施工时，由于水库水位无法调节下降至施工设计高程，为保证昆嵛山溢洪道施工，在昆嵛山溢洪道首部前水库新增一条横向围堰。围堰为全年挡水围堰，当水位到达高程165.5m，水库洪水通过昆嵛山拱坝泄洪。围堰填筑采用单向戗堤进占法，从水库的右岸单向进行填筑，土石围堰采取黏土心墙防渗。

3 问题及原因分析

文登电站昆嵛山溢洪道围堰施工时，从右岸向左岸采用自卸汽车进行抛填，填筑料采用风化砂。在围堰填筑过程中发现水质浑浊在水面产生一层白色的浮渣（该水库是Ⅰ类水质饮用水水源，主要供当地村民使用）而停止填筑，为防止昆嵛山水库围堰填筑水质污染及保证施工进度，需要采取处理措施。

昆嵛山溢洪道围堰回填对水库水质的影响主要有两点：

一是围堰抛填风化料时对水库底部淤泥的挤压搅动致使水质发生变化。根据围堰填筑情况计算，需填筑60000m³左右的填筑料才能完成合龙，因此必须采取相应措施，在保障水质的前提下顺利地完成围堰填筑施工。

二是围堰填筑量大，填筑料源粒径细小，进行抛填时料源本身也会使水质受到污染。

4 方案比选

根据水库水质污染原因分析，初步拟定三种处理方案：

方案一：与当地水库管理局进行协调联系，暂时切段此水库供水管线。增加机械设备及人员进行24h高强度填筑，争取在最短的时间内完成围堰填筑，在时间上减少水库水质污染。

方案二：安排潜水员潜入水库库底，采用高性能拦污网将在水库出水口增加一层高性能拦污过滤网，水源通过拦污网进行过滤后引入到供水管线中。

方案三：在围堰上游10～20m处设一道拦污帷幕，帷幕采用复合土工膜，采用钢管及钢丝绳进行悬挂，将围堰进行隔离，减少水质污染范围。

将三种方案进行对比，方案一由于围堰填筑量大，所需填筑时间较长且该水库是当地村民的主要供水水源，如要切断水源造成的经济损失较大。方案二由于水库水深较大，潜水员难以潜入水底且在水中安装拦污网较为困难，施工中难以操作。方案三相比方案二施工较为简单，拦污性能较好。相比方案一，方案三较为经济实用，不需要投入大量设备及人员。

综上所述，采用方案三，在围堰上游10～20m处设一道拦污帷幕，帷幕采用复合土工膜，采用钢管及钢丝绳进行悬挂，将围堰隔离。

5 围堰填筑防污染处理措施

5.1 围堰慢填与监测

根据填筑实际情况，与水库管理所进行沟通，进量避免供水和填筑之间发生的矛盾。围堰填筑采取慢填施工方式，根据试验监测选取污染降到最小的填筑方式。采取每隔两小时取水进行检查进行判断，分别在水深 2m、5m、8m、11m、13m 检测取样。

（1）慢填：先进行试验，自卸车首先卸载围堰填筑部位端头，推土机往昆嵛山溢洪道部位推填。从 2 车—5 车—10 车等慢慢填筑，观察水质是否发生变化。

（2）观测：围堰填筑全程安排专人监控，在监控过程中进行检查记录、巡查等工作。

（3）试验检测：实验室对水质进行检测。

5.2　采用隔离方式

围堰慢填并不能从根本上解决围堰周边水体污染问题，经过对水库水质污染的原因进一步分析，决定采用拦污帷幕的方式限制细小填筑料及库底淤泥扩散范围，从而阻断污染源。在围堰上游 10m～20m 处设一道拦污帷幕，通过拦污帷幕将围堰进行隔离，减小水质受到污染的范围。拦污帷幕由复合土工膜组成（两布一膜），土工布采用 $\phi18$ 钢丝绳＋$\phi48$ 钢管（用于顶部包裹土工膜固定及施工）串联，钢丝绳固定在两岸 $\phi28$ 锚筋桩，锚筋桩由 3 根 $\phi28$ 锚杆组成，锚杆长 4.5m，入岩 4.0m。拦污帷幕施工时，共设三道通长钢丝绳，一道用于串联土工膜，另外两道用于辅助施工及穿挂浮筒。浮筒采用 500mm×800mm 拦污网塑料浮筒，间隔 2～3m 设一个，采用绳索串挂浮筒，浮筒采用机动船安装架设。围堰设土工膜平面图及横剖图见图 1、图 2。

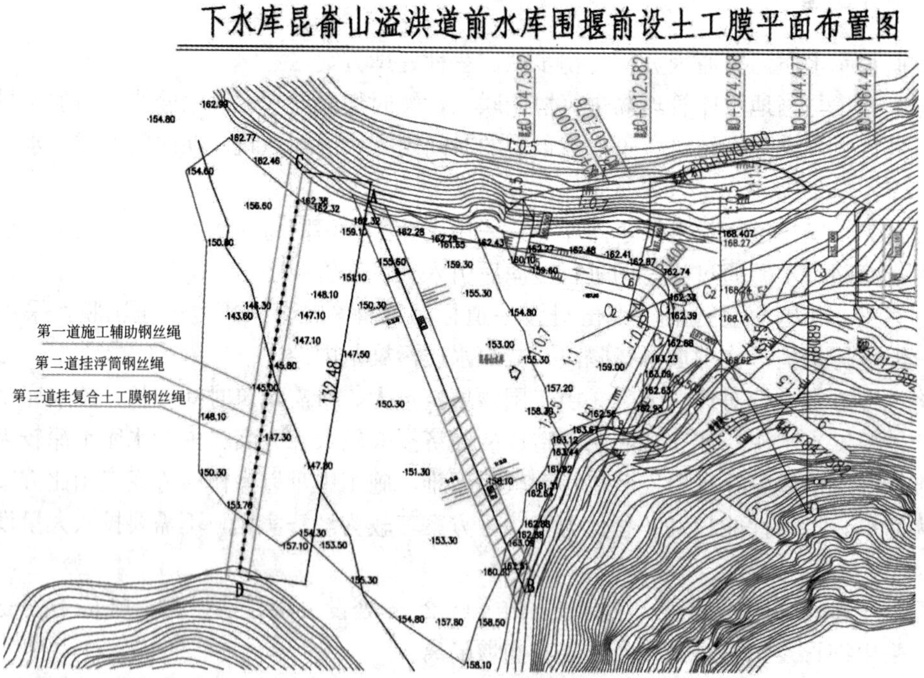

图 1　土工膜平面布置

土工膜底部采用 $\phi50$ 钢管固定，底部每间隔 1m 增加一个 1000g 重球。土工膜和土工膜之间连接采用粘接，为防止脱落后再缝接。土工膜中间横向 2～3m 采用尼龙绳增加支撑，形成一个整体固定网。施工时土工膜在岸上拼接完成后，再用卷扬机拖拉入水中。

土工膜拉入水中后，将钢丝绳固定在两岸的锚筋桩上，形成一个完整的隔离帷幕。

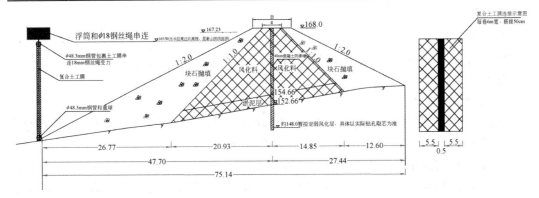

图 2　围堰土工膜横剖图

6　施工工艺及方法

6.1　施工工艺

锚杆及支座定位→钻凿锚杆孔→基座及锚杆安装→辅助钢丝绳和拉锚固绳（钢丝绳）安装→安装卷扬机→浮筒安装→复合土工膜岸上缝合→复合土工膜的铺挂。

6.2　施工方法

1. 锚杆定位、钻孔

结合现场实际情况对锚杆基础进行测量定位。锚孔位置处选择在距离围堰上游 15m 处两岸整体坚固的岩石上，人工采用 YTP-28 气腿式手风钻造孔。

2. 锚杆定位、钻孔

钻孔完成后，先插锚杆后注浆，先插入锚杆和注浆管，固定锚杆选用 3ϕ28 带肋钢筋，每根长为 4.5m，外漏 0.5m；锚杆应插入孔底并对中，注浆管插至距离孔底 50～100mm。当浆液升至孔口，溢出浓浆后缓慢将注浆管拔出。

注浆锚杆的水泥砂浆经过试验室进行配合比试验，采用 M30 水泥砂浆液。水泥砂浆随拌随用，拌制均匀，防止石块或其他杂物混入。水泥砂浆中含有速凝剂，以保证 24h 内达到设计抗拔强度。采用 SUB80 注浆泵。在锚杆孔灌浆之前，采用压力风、水将锚杆孔彻底清洗干净。灌浆前，先检查灌浆机的工作性能，经试运行正常后方能投入施工，并用水或稀水泥浆润湿管路。

水泥砂浆在施工现场拌制，灌浆设备布置于围堰右端起始点处，砂浆采用 NJ-6 注浆机灌注。

3. 辅助钢丝绳及拉锚钢丝绳安装

辅助绳及拉锚绳的型号为 ϕ18 钢丝绳，将其一端固定在以打入基岩的锚筋桩上，应锚固可靠。

4. 卷扬机安装

卷扬机安装主要包括基座安装、架身安装、揽风绳安装、吊篮、附属设施安装等。在安装过程中，操作人员应做好个人防护，保证施工安全。安装完成后应对卷扬机进行检查，确定无问题后再使用。

5. 复合土工膜安装

复合土工膜由土工布、土工膜组成（两布一膜），中间为土工膜，其两边为土工布。土工膜采用粘胶粘结后并用粘结线进行缝合，横向每 2～3m 用尼龙绳进行支撑，形成一个完整的屏障。

6. 支撑吊绳安装

挂复合土工膜前先安装顶部支撑绳，支撑绳采用 ϕ18 钢丝绳。复合土工膜中间增加支撑绳形成网，支撑绳采用 ϕ10 尼龙绳，间隔 2～3m 铺设一道。

7. 复合土工膜的铺挂

复合土工膜铺挂前先在右岸坡采用厂家提供的"双缝热合焊机"进行焊接，确保焊接质量的同时，注意土工膜在水平方向和竖直方向的平顺。焊缝质量检查时采用焊缝充气长度为 60～100cm，双焊缝之间充气压力达到 0.15～0.2MPa，保持 1～5min，压力无明显下降为焊缝合格。为防止脱离，焊接后再采用粘结线进行缝接加强。土工膜焊接完成后，将土工膜用钢管卷起，并用扎丝每间隔 15cm 进行固定，固定完成后，再采用一根 ϕ18 钢丝绳穿过钢管，钢丝绳固定在两岸的锚筋桩上。

为保证复合土工膜垂直沉入水中形成一道帷幕。复合土工膜底部采用 ϕ50 钢管固定，底部每间隔 1m 挂一个 1000g 重球或混凝土块（0.2m×0.2m×0.2m）。每焊接和缝接一段，从右向左采用 5t 卷扬机拖拉。

8. 浮筒安装

浮筒采用 500mm×800mm 拦污网塑料浮筒，每个载重为 157kg，浮筒间距为 2.5m，人工利用机动船采用绳索进行串挂，并固定卷起土工膜的钢管上。

9. 钢丝绳固定

卷扬机将土工膜拖拉完成后，将穿过钢管的钢丝绳的另一端固定在岸的锚筋桩上。

7　实施效果对比

根据现场实际情况及试验检测结果，表明了该方法是可行有效的，拦污帷幕安装完成后不仅保护了水质不受污染，而且保障了施工顺利进行。其现场实际情况见图 3、图 4。

图 3　土工膜安装　　　　　　　　　　图 4　现场效果图

8 结束语

实践证明，该处理措施是合理可行、安全有效的。将水库成功进行隔离，减少了水库水质扰动的范围，在保证水库水质的前提下使围堰的填筑顺利进行，对今后类似的工程具有实际借鉴指导意义。

参考文献

［1］ 王铃宇.水污染治理措施［J］.吉林农业，2019（9）：60.

［2］ 张涛，张勇.矿井水污染防治及处理措施［J］.才智，2012（3）：293.

［3］ 韩庆杰.老挝水电站围堰填筑施工浅析［J］.技术与市场，2018（9）：120.

广西驮英水库工程施工期环境影响与保护措施特点研究

范利平　　马海涛　　葛晓霞

（珠江水资源保护科学研究所，广东广州　510611）

摘　要： 水库工程施工期环境影响与保护措施，在环境影响评价的规范中都有涉及，但是各个规范的规定不统一，专门研究水库工程施工期环境影响与保护措施的论文也不多。本文以广西驮英水库工程为例，开展施工期环境影响与保护措施研究。研究结果表明，驮英水库受影响的环境因子众多、存在长期影响的作用因素，应该加强驮英水库工程施工期的环境管理，做好环境监理和监测工作。

关键词： 施工期；环境影响；保护措施；水库工程；环境评价

1　研究背景

关于水库工程施工期环境影响与保护措施，在环境影响评价的规范中都有涉及，《建设项目环境影响评价技术导则 总纲》HJ 2.1—2016[1] 指出要明确建设项目在建设阶段、生产运行、服务期满后等不同阶段的各种行为与可能受影响的环境要素间的作用效应关系、影响性质、影响范围、影响程度等。《环境影响评价技术导则 水利水电工程》HJ/T 88—2003[2] 将工程分析分为施工期和运行期两个时段，分别对施工、淹没占地、移民安置、工程运行 4 个方面的作用因素与影响源、影响方式与范围、污染物源强、排放量生态影响程度进行分析，确定环境保护目标与工程关系。《建设项目竣工环境保护验收技术规范 水利水电》HJ 464—2009[3] 根据水利水电建设项目特点，验收调查包括工程前期、施工期和运行期三个时段，并把大、中型水库的初期蓄水对下游影响的减缓措施作为验收重点。《水利建设项目环境影响后评价导则》SL/Z 705—2015[4] 工程建设实施阶段评价包括施工准备期、工程建设期和试运行期工作评价。以上几个规范关于施工期的规定不完全一致，大致涉及施工准备期、工程建设期，其中初期蓄水又是工程建设期的一个重要阶段。专门研究水库工程施工期环境影响与保护措施的论文也不多，翟红娟等发表了《金沙江旭龙水电站施工期水环境影响研究》[5]，研究了施工期砂石料加工系统及生活污水对金沙江水环境的影响。李雷等在《花桥水利枢纽工程建设中的生态环境保护分析》[6] 中提出了加大投入环保设备装置、强化工程建设与生态环境保护措施相融合、建立环境管理与监测体系、扎实做好移民安置工作等施工期环境保护措施的建议。马丽[7]、房晨[8]、白少博[9]、阮丁丁[10]、王俊峰[11]、杨雪东[12] 主要对施工期的污染防治措施进行了分析。本文以广西驮英水库工程为例开展施工期环境影响与保护措施研究，分析广西驮英水库工

作者简介：范利平（1970—），男，江苏宜兴人，高级工程师，硕士，主要从事水文水资源工作。
Email：1330148657@qq.com。

程施工期环境影响与保护措施方面的特点，供其他水库环境影响评价参考。

2 工程概况

广西驮英水库工程建设开发任务以灌溉、供水为主，兼顾发电等综合利用。驮英水库坝址位于珠江流域西江水系四级支流公安河上，地处广西壮族自治区崇左市宁明县那堪乡峒中村浦城屯。工程建成后，驮英水库与已建大型水库客兰水库及灌区内其他中小型蓄、引、提工程联合调度，共同承担驮英联合灌片的灌溉供水任务。驮英联合灌区规划灌溉面积 84.12 万亩，同时提高区域内 39.2 万人农村人口饮用水标准，并向广西东盟产业园、崇左工业区 2 个工业园供水。驮英水库为新建工程，正常蓄水位 226.5m，死水位 195m，最大坝高 72.2m，坝顶长度 225m，总库容 2.276 亿 m^3，调节库容 1.512 亿 m^3。坝后电站装机容量 13MW，渠道电站装机容量 7.6MW，多年平均发电量 5297 万 kWh。

3 施工期环境影响识别

驮英水库施工总工期为 39 个月，施工时段为第一年 3 月初～第四年 5 月底，其中第一年 3 月初进入施工准备期，第一年 9 月导流工程开始施工，第二年 10 月底截流，第三年 12 月初下闸封堵蓄水，第四年 5 月泄洪隧洞施工结束标志着驮英水库施工期结束。按环境影响作用因素划分，驮英水库工程施工影响可以分成主辅工程各种施工活动、施工工厂生产、施工人员生活、初期蓄水淹没占地四大类环境影响。主辅工程各种施工活动、施工工厂生产、施工人员生活的环境影响以污染类影响为主，初期蓄水、淹没、占地的环境影响以生态类影响为主。根据驮英水库的施工组织设计，可以对驮英水库施工期的环境影响进行识别，识别结果见表 1。

驮英水库施工期环境影响识别 表 1

环境影响作用因素	环境要素	影响途径和方式	直接影响	间接影响
主体、辅助工程（拦河坝、溢洪道、泄洪隧洞、灌溉引水发电系统、坝后河道电站发电引水隧洞、电站厂房、料场开挖、临时道路）施工活动	水环境	基坑废水、隧洞施工涌水	废水污染	
	水生生物	截流、施工废水	截流导致阻隔鱼类基因交流	施工填筑、开挖和混凝土养护废水、基坑排水等导致局部水域水体悬浮物浓度增加，水质下降，对水生生物和鱼类栖息产生不利影响
	大气环境	土石方、料场开挖、爆破、机械运行等过程中将产生粉尘、尾气等	粉尘、尾气污染	影响陆生动物
	声环境	土石方、料场开挖、钻孔、爆破、混凝土拌和及施工、运输机械运行等产生噪声	噪声污染	影响陆生动物
	地下水	工程施工	可能造成地下水补给、径流和排泄条件的变化，从而对地下水量及地下水位的影响	

环境影响作用因素	环境要素	影响途径和方式	直接影响	间接影响
施工工厂生产	水环境	混凝土拌合系统废水、机修厂含油废水排放	废水污染	
	固体废物	含油抹布	危险废物	
施工人员生活	水环境	生活污水	废水污染	
	固体废物	生活垃圾	固体废物	
初期蓄水淹没占地	水文情势	初期蓄水	改变坝址上下水文情势	
	水环境	淹没		水库蓄水初期,残留的少量枯枝落叶等有机物将在水库内形成漂浮物,蓄积在耕园地和林草地土壤中的部分有机营养物质也将释放进入水体,故短期内库区水体中的 N、P 等有机物的含量将明显增高,从而对库区水质造成一定影响
	陆生生态	淹没和占地	破坏淹没和占地范围内的陆生动植物	

4 施工期环境影响预测与保护措施研究

根据驮英水库施工期环境影响识别结果,驮英水库施工期的影响包括水文情势、水环境、地下水、水生生态、陆生生态、大气环境、声环境、固体废物等,涉及环境要素齐全,驮英水库影响预测结果与保护措施见表 2。

驮英水库影响预测与保护措施 表 2

环境要素	影响途径	影响程度	保护措施
水文情势	初期蓄水	根据施工进度安排,在第三年 12 月初下闸封堵蓄水。下闸蓄水过程中下泄 1.73～2.18m³/s,保证下游生态需水和下游集中用水,至驮英水库蓄至死水位 195m 为止,此时对应库容为 1434 万 m³。从安全角度考虑,采用 80% 保证率来水条件作为蓄水水文条件,此次过程历时为 126d	在水库下闸蓄水期间,需保证向下游最少下放生态流量 1.73m³/s。水库水位蓄至死水位 195m 前,采用布置于导流洞进水口闸墩外侧的 2 根预埋钢管向下游下放生态流量,水库蓄水位超过 195m 后,通过河道电站向下游下放生态流量
水环境	围堰、河道内施工	基坑废水,正常排放情况下,排放口下游 SS 增量最大值为 9.22mg/L,未超过《国家渔业水质标准》GB 11607—89 确定的可允许 SS 浓度增量 10mg/L,正常围堰施工对下游水质影响较小;在事故排放情况下,坝下 17km 内河段 SS 增量均超过 10mg/L,围堰施工废水事故排放下会对下游水质造成一定影响	在围堰内地势低洼处设置集水坑,定期向集水坑内投加絮凝剂(可采用聚合氯化铝或者聚丙烯酰胺),排水静置 2h 后抽出排放至下游河道,剩余污泥定时人工清理即可

续表

环境要素	影响途径	影响程度	保护措施
	隧洞施工涌水	隧洞工程大部分位于地下水位以下,由于工程均为线性布置,对地下水水位及水量会产生局部影响,但不会对区域整体的地下水流向、地下水水量产生明显不利影响	隧洞施工废水可以采用混凝沉淀工艺进行处理,混凝剂可选择聚合氯化铝或者聚丙烯酰胺,经管道混合器均匀混合进入沉淀池,出水再经二次投药沉淀,处理后出水可直接排放至附近山林地、山沟
	初期蓄水	水库蓄水初期,残留的少量枯枝落叶等有机物将在水库内形成漂浮物,蓄积在耕园地和林草地土壤中的部分有机营养物质也将释放进入水体,故短期内库区水体中的 N、P 等有机物的含量将明显增高,从而对库区水质造成一定影响	采取严格的库底清理措施,定期控制放水,加快水库内污染物质外排、稀释
	混凝土拌和系统废水	混凝土拌合系统废水来源于混凝土转筒和料罐的冲洗过程,该部分废水相对比较集中,且为间歇排放,含有较高的悬浮物,浓度一般高达 2000mg/L 以上,pH 值为 11～12,需要治理	废水先流入调节池,再通过提升泵进入折流反应池,在提升泵后管道里加混凝剂聚合氯化铝或者聚丙烯酰胺,经过混合后到反应池中,在混凝剂的作用下,废水中的悬浮颗粒形成比较大的颗粒体。反应池出水流进沉淀池,在沉淀池中实现固液的高效分离。沉淀池出水到回用水池,为砂石场提供回用循环水。底部的污泥排到干化池脱水,过滤水回到调节池处理,干泥可作为回填土用于各施工场所
	机械保养含油废水	施工区配备施工机械停放场、机械修配场,机械修配基本不产生污水,机械的保养和冲洗则会产生污水。废水污染物以石油类为主,石油类产生浓度约 40mg/L,需要治理	含油废水经过油水分离器后可大幅降低废水含油浓度,一般情况下,出水石油类浓度可达 5mg/L 以下,其余指标符合《城市杂用水水质标准》,可就近回用于车辆冲洗、场地道路抑尘洒水
	生活污水	施工营地高峰期生活污水产生量分别为 44m³/d 和 20m³/d,施工期生活污水主要污染物为 BOD_5、COD_{Cr}、SS,浓度分别为 200mg/L、300mg/L 和 250mg/L,需要治理	根据污水水质及排放特点,建议采用 WSZ-AO 系列一体化污水处理设备,该设备采用的是接触氧化工艺,可埋入地表以下,地表可作为绿化或广场用地,也可以设置于地面
地下水	隧洞施工	隧洞施工中的抽排水和建成后部分改变了隧洞区水文地质条件,降低了地下水位,隧洞沿线形成一降落低槽带,可能引发岩溶塌陷,地表水体漏失,水井、水田干涸等水文地质问题	隧洞施工前加强水文地质勘察,必要时对其进行专项水文地质勘察研究。为防止隧洞开挖过程中出现高压涌水,破坏隧顶生态环境、影响居民生活,隧洞施工中要贯彻以疏与堵为主,堵排相结合的原则。若发现水源流失而影响居民正常生产、生活的,应根据区域水文地质、环境概况实施已制定好的应急预案,采取另寻水源、修筑供水设施、汽车送水等补救、补偿措施,并预留建设替代水源费
陆生生态	淹没占地	驮英水库工程兴建对土地的淹没和占地是不可避免的。被淹没和永久占地的物种和植被类型,在库周区内或库区上游地区仍然有大量的分布,随着水库的蓄水,新的环境的形成,这些要求生长在河岸边的物种将重新定居和发展,形成群落。驮英水库建设对植被和植物资源的直接影响不大	对驮英水库淹没的重点保护植物金毛狗,建议将其移植到环境相近的区域,实施迁地保护。尽量保留临时占地地区植物群落和物种。为尽可能在最大程度上保护其生物多样性,在项目施工前应进行详细的野外调查,施工临时用地,将原有的耕作层熟土推在一旁存好,待施工完毕再将期推平,恢复土地的耕作层;合理安排施工进度,尽量减少过多的施工区域,缩短临时占地使用时间。施工完毕,立即复垦

续表

环境要素	影响途径	影响程度	保护措施
	施工活动	各种施工噪声增多,施工造成空气中扬尘大增,施工人员活动频繁等因素,会对坝区的野生动物造成一定的干扰	施工期应采取措施尽量减少施工噪声和空气中的扬尘,最大度地减少对野生动物的干扰。施工结束后,采用一些人工辅助措施,使被破坏的植被尽快恢复,给野生动物创造一个好的生存环境。加强野生动物保护,防止施工人员捕猎或伤害红隼及其动物
水生生态	截流、初期蓄水	截流后阻断了河流,也阻隔鱼类基因交流。堆石坝施工及河道两岸配套施工场地在正常施工时会破坏底栖生物赖以生存的底质环境,底栖动物种类和数量将会有所下降。使下游局部水域的悬浮物增加,在此范围内的浮游生物将受到一定程度的抑制,驱使河道中的鱼类逃离,造成局部水域中鱼类资源的下降。初期蓄水阶段坝下河段仍保持流水河段,但由于下泄流量的减少,水生物栖息空间有所下降	生态流量、过鱼设施、增殖放流、栖息地保护、渔政管理、生态监测
大气环境	工程施工	施工高峰期扬尘对周围环境和敏感点污染物浓度贡献量较大,水库施工区的浦城和百邑两个村庄的预测值均超出《环境空气质量标准》GB 3095—2012中的二级标准	在开挖、爆破高度集中的大坝工区和料场区,配置洒水车在非雨日进行洒水降尘。对各加工、拌和系统附近场地采取洒水降尘、定期冲洗清扫的方法,结合水保措施在加工系统外围种植植物,以降低粉尘污染影响的程度与范围。成立公路养护、维修、清扫专业队伍,及时清除路面洒落物体和浮土,保持道路清洁、运行状态良好;结合水保措施,做好公路绿化,依不同路段地形情况,在绿化区段有针对性的种植树木或草坪,以降低扬尘污染。配置洒水车在无雨日进行洒水降尘
	燃油废气	由于施工运输车辆多为燃柴油的大型车辆,非电力驱动机械也多为柴油驱动,尾气排放量与污染物含量较高,需安装尾气净化器,保证尾气达标排放	选用符合国家环境标准的施工机械和运输工具,使其废气达标排放
声环境	施工噪声	本项目施工期噪声主要来源于工程开挖、回填、钻孔、爆破、混凝土浇筑等施工活动,以及交通运输产生的交通噪声,使声环境敏感目标超标	在运输道路和施工工区靠居民点一侧设置隔声屏障
固体废物	一般固废	施工高峰生活垃圾产生量为 0.4t/d,生活垃圾若随意堆放或抛弃,将会孳生蚊蝇和鼠害,对施工区的环境卫生、景观、施工人员的健康以及河道水体水质将产生不良影响	施工生活区应设置垃圾临时堆放点,对垃圾进行分类处理,为避免因垃圾存放产生二次污染,生活垃圾定时清运到指定的固体废弃物处理场所统一处理
	危险废物	施工过程中产生危废主要为含油废水处理产生废油和机械维护产生的含油抹布等	采用专用设施进行堆存,不得随意堆放和外排,定期将交由具有危险废物处理资质的单位统一处置

5 结论与建议

广西驮英水库工程施工期环境影响与保护措施研究结果表明,驮英水库工程影响特点首先是受影响环境因子众多,包括地表水、地下水、大气、声、陆生生态、水生生态等,影响时间为整个施工期 39 个月，有些影响是长期的，施工期结束后仍然有影响，如公安河截流后水文情势、水生生态将发生永久改变，淹没和永久占地造成的陆生生态的改变也是长期的。其他施工污染影响、临时占地的生态影响将随着施工结束而结束。广西驮英水库工程主要影响的河流为公安河，河流全长 123km，流域总面积 1038km^2，是珠江流域 4 级支流，多年平均流量 30.8m^3/s，水库工程不涉及生态敏感区，水库淹没土地面积 20km^2，永久占地 1.65km^2，临时占地 1.15km^2。环境影响预测结果表明广西驮英水库工程环境影响总体上不大。考虑到受影响的环境因子众多、存在长期影响的作用因素等，应该加强驮英水库工程施工期的环境管理，做好环境监理和监测工作。

参考文献

[1]　环境保护部. 建设项目环境影响评价技术导则总纲：HJ 2.1—2016 [S]，2016.

[2]　国家环境保护总局、中华人民共和国水利部. 环境影响评价技术导则水利水电工程：HJ/T 88—2003 [S]，2003.

[3]　环境保护部. 建设项目竣工环境保护验收技术规范水利水电：HJ 464—2009 [S]，2009.

[4]　中华人民共和国水利部. 水利建设项目环境影响后评价导则：SL/Z 705—2015 [S]，2015.

[5]　翟红娟，彭才喜，王孟. 金沙江旭龙水电站施工期水环境影响研究 [J]. 中国农村水利水电，2021，（5）：188-192.

[6]　李雷，鲁艳春. 花桥水利枢纽工程建设中的生态环境保护分析 [J]. 人民黄河，2021，43（S02）：2.

[7]　马丽. 水利工程施工及施工过程中生态环境保护分析 [J]. 科技风，2021.

[8]　房晨. 水利水电工程建设阶段对生态环境影响与评价 [J]. 山西水土保持科技，2021.

[9]　白少博，吴志鹏. 水利水电工程施工期生态环境管理要点分析 [J]. 西北水电，2022（2）：5.

[10]　阮丁丁. 水利水电工程施工现场环境保护措施研究 [J]. 绿色环保建材，2021（9）：2.

[11]　王俊峰. 水利水电工程施工中生态环境保护分析 [J]. 皮革制作与环保科技，2021，2（11）：2.

[12]　杨雪东. 水利水电建设中生态环境问题探析 [J]. 黑龙江科学，2021.

长龙山抽水蓄能电站 400m 级超长斜井施工关键技术

齐界夷[1,2]　　江谊园[1]

(1. 中国葛洲坝集团三峡建设工程有限公司，湖北宜昌　443002；

2. 中国能建工程研究院水电施工设计研究所，湖北宜昌·443002)

摘　要：长龙山抽水蓄能电站引水斜井单级长度超过 400m，采用传统的施工技术在精度、安全和进度等方面都难以满足实际要求。为此，通过研究新技术、研发新装置、改进施工工艺等措施，形成了一套超长斜井开挖、钢衬安装及混凝土回填等施工关键技术，成功解决了 400m 级超长斜井导井与扩挖、钢衬安装与回填混凝土施工技术难题。该技术主要包括采用"定向钻＋反井钻"法进行导井施工，研发了深斜井扩挖支护一体化装置进行扩挖支护施工，以及超大段长钢衬安装及混凝土回填施工，实现超长斜井导井精准成型、扩挖支护及钢衬安装与混凝土回填安全高效施工，从而有效提高了超长斜井施工机械化水平。

关键词：抽水蓄能电站；超长斜井；导井；扩挖；钢衬安装；混凝土回填；施工技术

1　引言

长龙山抽水蓄能电站位于浙江省安吉县天荒坪镇境内，紧邻已建天荒坪抽水蓄能电站，地处华东电网负荷中心，电站装机容量 2100MW，安装 6 台单机容量为 350MW 的混流可逆式水轮发电机组，多年平均发电量 24.35 亿 kWh，属一等大（1）型工程。电站枢纽主要由上水库、下水库、输水系统（含引水系统、尾水系统）、地下厂房及开关站等建（构）筑物组成。其中，引水系统布置 3 条引水隧洞，共 6 条引水斜井，即 3 条引水上斜井和 3 条引水下斜井，其中 3 条引水下斜井采用全钢衬结构。

引水下斜井开挖断面尺寸为 5.0m×5.9m（马蹄形），倾角 58°；其总长度约 415m，居国内第一、世界第二。上下井口高差约 350m，洞室埋深 200～600m；斜井轴线方向为 N42°W，自上而下穿越流纹质含砾晶屑熔结凝灰岩（J_3L^{1-5}）～火山角砾（集块）岩（J_3L^{1-2}）等，局部有 NW 向煌斑岩脉发育。沿线及附近通过 $f_{(710)}$、$f_{(734)}$ 断层及 $f_{(473)}$、$f_{(238)}$、$f_{(244)}$ 层间错动带，节理较发育。围岩类别以 Ⅱ 类为主，局部为 Ⅲ～Ⅳ 类，岩石硬度极大，实测岩石单轴抗压强度最大超过 280MPa，平均约 245MPa。

鉴于常规施工技术在长度超过 400m 的斜井工程中尚无应用先例，且存在很大的技术和安全风险，有必要通过应用或研发新设备、新技术解决这一难题，进一步提升我国在水电施工技术领域的竞争力，尤其可推动我国抽蓄电站快速建设，助力"双碳"目标的实现。

作者简介：齐界夷（1983—），男，高级工程师，从事水利水电施工技术研究工作。E-mail：308894342@qq.com。

2 施工难点

斜井工程开挖及钢衬安装、混凝土回填在施工难度和安全风险方面均远高于平洞和竖井开挖，对于长度达 415m 的超长斜井，其难度更大，主要体现在以下几个方面：

（1）斜井长度大，钻孔精度要求高，控制难度大。该斜井是目前国内水利水电工程首条单级长度超过 400m 的斜井，要求导孔偏斜控制在 5‰ 以内，无可靠的施工技术可借鉴。当前较成熟和先进的斜井施工技术，主要是采用反井钻法施工导井，再进行人工扩挖。但采用反井钻机施工导孔过程中，几乎没有有效的孔向监控和纠偏措施，一次成孔的难度极大，且该工程斜井倾角为 58°，反井钻施工导孔受重力影响更大，难以满足偏斜控制在 5‰ 之内的要求，导孔一旦偏出设计开挖边线以外即是废孔，必须返工。

（2）扩挖支护施工难度大，安全风险高，工效低。传统斜井扩挖支护施工采用卷扬机提升作业平台自上而下人工钻爆方法进行，每循环钻爆采取人工在掌子面搭设简易操作排架实施，爆破前将简易操作排架拆除，爆破后作业人员须系安全绳（带）至掌子面进行扒渣作业，因此，扩挖支护施工不仅安全风险很高，且作业环境恶劣，工效低。

（3）扩挖控制测量难度大。斜井扩挖测量相对平洞测量因无稳定的仪器架设平台，且通视条件较差，精确测量难度本就较大，超长斜井扩挖的控制测量因长度大，井内空气湿度和温度随高程、季节不同而变化，严重影响测量精度。

（4）岩石强度高，对施工设备机具的性能要求更高。斜井所穿地层主要为凝灰岩，岩石强度远超预期，且岩石耐磨度较高，无论是导孔钻孔和反拉扩孔，还是扩挖支护难度均大幅增加。

（5）大直径钢管平洞内运输、井内溜放与安装难度大。本工程压力钢管直径 4.4m，采取厂内加工制作完成后整体运输安装，在平洞内运输存在线路长、传统运输方式慢，井内溜放距离长、安全风险大、对接就位难度大等难点。

（6）超长斜井回填混凝土施工难度大。实施长度超过 400m 的斜井回填混凝土施工在国内也尚属首次，混凝土入仓除采用溜管外尚无可替代方案，但溜管入仓存在堵管几率大、磨损快等问题，此问题在超长斜井施工中更为突出。

3 技术方案确定

3.1 超长斜井导井施工方案确定

根据国内相关工程经验及工程实例，长斜井导井开挖主要有三种方案[1]：反井钻方案、爬罐方案、"反井钻＋爬罐"方案。

（1）反井钻方案是利用反井钻机先钻设导孔，再安装反拉钻头，反拉扩孔形成导井。其优点是机械化程度高，工序简单，进度优于爬罐方案；缺点是导孔孔向偏差控制难度大，导孔钻进过程中受隐蔽因素影响较大，且无法及时有效地进行偏斜监测和控制，尤其对长度超过 300m、与水平面夹角小于 60° 的长斜井，受重力等因素影响，孔向偏差更为突出。

（2）爬罐方案是利用爬罐设备作为操作平台自下而上开挖导井。该方案在国内桐柏抽水蓄能电站、天荒坪抽水蓄能电站和仙游抽水蓄能电站等工程中均得到成功应用,其优点是使用经验较成熟,安全性能稳定;缺点在于测量控制难度大,超过200m后作业环境恶劣,工效大幅下降,且轨道安装及风水电管线延伸操作难度大,安全风险高。

(3)"反井钻+爬罐"方案是利用反井钻机开挖斜井上段导井+爬罐开挖斜井下段导井,优点是在一定程度上克服了反井钻方案和爬罐方案的缺点,但反井钻施工上段导井与爬罐施工下段导井对接难度大。

该工程斜井长度415m,我国水电工程尚无单级长度超过400m的斜井开挖先例。经过考察对比上述导井开挖方案在类似工程的施工经验,分析传统扩挖方案的不足,认为在该工程中应用均存在很大的风险。为了实现导孔精准贯通和导井快速施工,经过技术研究论证,确定采用"定向钻+反井钻"方案进行导井施工。

3.2 超长斜井扩挖方案确定

传统斜井扩挖采取自制简易钻爆台车实施,钻孔爆破后需人工下至掌子面进行扒渣作业,安全风险极高且工效低。为此,研发深斜井扩挖支护一体化装置及施工方法进行扩挖施工,并制定配套安全综合措施,从而实现斜井扩挖高度机械化作业。

3.3 超长斜井压力钢管安装及混凝土回填方案确定

针对超长斜井压力钢管安装及回填混凝土施工,结合同类工程经验,对钢管焊接应力、加固措施、抗浮及混凝土入仓方案进行综合分析,研究优化运输手段、应用专用装置等技术措施,确定采用60m超大段长钢管循环安装及混凝土回填施工方案,以期实现抽蓄电站大直径高强钢压力钢管安装及混凝土回填安全高效施工。

4 超长斜井导井施工技术

采用"定向钻机+综合测斜纠偏技术"实现超长斜井定向孔精准施工,并进行反井钻科学选型、改进钻头设计等措施,实现硬岩条件下超长斜井导井反拉快速施工。

4.1 超长斜井定向孔精准钻孔施工技术

超长斜井定向孔钻孔的成败取决于两个决定性指标:①定向孔出钻点是否在允许范围内;②定向钻孔过程中的全角变化率是否在允许范围内。达到这两个指标的前提是能够监测钻孔偏斜,继而对钻孔轨迹进行控制。为此,必须严格执行既定工艺流程(图1),开机钻进过程中采用MWD(随钻测量,Measurement While Drilling)无线随钻测斜[1]、多点测斜和磁导向等综合测斜技术指导纠偏,以保证定向钻孔精度。

1. MWD无线随钻测斜技术

采用MWD无线随钻测斜仪实时监测钻孔三维位置参数,并与设计导孔轴线进行对比反映出钻孔偏斜,以指导纠偏,保证钻孔方位角、井斜及全角变化率控制在允许值范围内。无线随钻测斜仪采用对三轴重力和三轴磁力线进行探测的传感器,通过这些传感器测得的数值,由内置计算机进行编码,经脉冲发生器通过泥浆脉动传递至地面,地面计算机分析解码数据后,再综合钻孔深度参数,实现实时监测定向钻第一节钻杆的三维坐标及偏

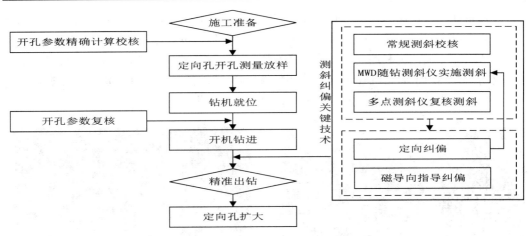

图 1 超长斜井定向孔钻孔工艺流程图

斜数据，与设计参数进行比对，由此可判断钻进方向及偏斜是否在允许范围内；也可得出整条导孔的钻进轨迹，判断导孔轨迹的全角变化率是否在允许范围内。

全角变化率的控制主要是保证反井钻机反拉导井顺利进行。定向钻的钻杆直径一般为 102~127mm，刚度较小，在导孔内可发生较大弯曲而仍能正常工作；反井钻机反拉导井时使用的钻杆直径达 311mm，采用特殊钢材加工而成，刚度很大。在进行反拉作业过程中，很容易在全角变化率较大的孔段内因长时间弯曲旋转而造成损坏。经现场实践验证，导孔全角变化率控制在 2.5°/100ft 以内，能够满足反拉正常进行。

2. 定向孔开钻参数精确校核

定向钻孔开钻前需精确计算定向孔设计方位角，并将设计方位角、倾角等参数输入随钻测斜仪，从而保证 MWD 无线随钻测斜数据准确。设计方位角为磁方位角与磁偏角、子午收敛角之和，磁偏角与大地磁场相关并随不同地理位置而变化，因此计算出的设计方位角须在施工现场进行校核。该工程采用自主研发的"一种可调磁偏角复测校核装置"专利技术，对理论磁偏角、子午收敛角数值进行二次校核，确保测斜仪器精准指导定向钻钻孔过程纠偏。

3. 磁导向测斜技术

采用磁导向技术对剩余约 100m 定向孔进行精准导引，即在定向孔出钻点附近布置磁导向仪，实时监测定向钻钻进数据，指导及时纠偏，确保剩余定向孔精准贯通。

4. 多点测斜与 MWD 无线随钻测斜互相验证

为了对 MWD 无线随钻测斜数据进行校核，一般按照每钻进 30~50m 采用多点测斜仪进行复测，与 MWD 无线随钻测斜数据进行对比验证，更好掌握偏斜情况，确保导孔轨迹全角变化率满足要求。

5. 地质预判指导钻进

充分利用设计地质资料及钻进过程收集岩屑钻渣，对钻进前方一定范围地层情况和岩性提前进行预判，并结合钻进过程中的异常情况，如水压超过正常范围（5~7MPa）、返水量减小、返渣量增大或减小、孔内异响等，应及时停机，进行原因分析，采取调整钻压、转速和泥浆浓度或固壁等措施，确保钻孔的顺利进行。

6. 定向孔扩大

超长斜井因导孔长度大、导孔轨迹全角变化率等因素，反拉导井使用的钻杆直径较大，因此需对定向钻施工的定向孔进行扩孔。定向孔扩孔可采用自上而下正向法和自下而上反向法[2]，正向法为利用定向钻机更换专用扩孔钻头（图2），以冲击方式自上而下扩孔；反向法为利用定向钻机安装反扩专用钻头（图3），自下而上进行扩孔。根据现场应用情况，反向法对定向钻机性能要求更高，但施工效果优于正向扩孔法。

图2　定向孔正向法扩孔专用钻头

图3　定向孔反向法扩孔专用钻头

4.2　超长斜井坚硬岩导井反拉施工技术

定向孔完成扩大后，即可安装反井钻机进行导井反拉施工。导井反拉需综合考虑扩挖溜渣需要、钻机性能、岩石条件、工期等因素，以确定合适的导井直径、刀盘结构、滚刀形式及布置等关键要素。

1. 钻机选型

反井钻机选择主要考虑拉力和扭矩，经计算，该工程导井反拉拉力应大于2595kN，最大扭矩142.6kN·m，选用国产性能优越的某型号反井钻机，其性能见表1，该反井钻机能够满足施工需要。

某型号反井钻机性能参数　　　　　　　　　　　　　　　　表1

序号	项目	技术参数	数值
1	扭矩及拉力	额定扭矩	197kN·m
2		最大扭矩	197kN·m
3		额定拉力	4300kN
4	转速	导孔施工	0～37r/min
5		扩孔施工	0～12r/min
6	角度	钻孔角度	50°～90°
7	钻杆	标准钻杆	$\phi286mm \times 1524mm$
8		稳定钻杆	$\phi311mm \times 1524mm$
9		抗拉强度	1150MPa
10		屈服强度	1050MPa
11	功率/电压/频率		132kW/380V/50Hz
12	运输尺寸	$H \times B \times L$	3m×2.5m×5m

2. 确定导井直径

长龙山引水下斜井导井直径投标期为 2.5m，主要目的是降低堵井风险。在平洞段开挖及定向孔施工过程中，检测岩石硬度远超于招标预期。考虑到斜井长度大、导孔轨迹容易存在一定偏差，加之岩石硬度大，若反拉 $\phi 2.5$m 导井，对反井钻机、钻杆及反拉刀盘滚刀等性能要求极高，而且存在诸多不可预见突发情况。经综合研究讨论，确定将导井直径调整为 2.0m，在扩挖期通过采取技术措施和管理措施降低堵井风险。

3. 刀盘及滚刀设计

反井钻机的工作原理是通过反井钻机的钻杆施加拉力，使镶齿滚刀压入岩石中，同时由钻杆旋转带动刀具滚压实现破碎岩石。经现场实践，为了提高刀盘结构稳定性、破岩能力，同时防止意外断杆而卡钻，将刀盘结构由圆台形调整为碗形（图4），并将刀盘采取镂空处理，增大排渣效率。滚刀采取螺旋形扩散布置，见图5。

图 4　碗形刀盘

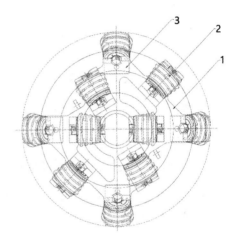

图 5　刀盘及滚刀布置
1—刀盘；2—滚刀；3—刀架

滚刀选用槽形布齿滚刀，共 10 把，镶齿为优质硬合金，每把滚刀布置 5 排镶齿，10 把滚刀由内向外螺旋形扩散布置，共分为 4 组。在内环靠近拉杆两侧各布置 1 把为第 1 组，但两把滚刀安装角度、镶齿排布并不对称，距离拉杆最近的 1 把滚刀内侧 2 排镶齿并列布置，为最先与岩体接触的滚刀，第 2 把滚刀距离拉杆稍远，且外侧 2 排镶齿并列布置，该滚刀是在第 1 把滚刀对内环围岩滚压破碎后，紧跟进行第 2 环围岩滚压破碎，其余滚刀按照上述规律且不对称布置，最终形成螺旋形扩散的滚刀组合，实现对坚硬岩条件下导井反拉施工，实践证明破岩效果良好，反拉最高日进尺可达 16m。

4. 反井钻头安装

斜井导井施工时，下弯段已开挖完成，反拉钻头安装须保证钻杆角度与导井轴线一致，以避免损伤钻杆。为解决这一问题，设计了一种半圆形刀盘安装槽架，槽架由型钢和钢板加工而成。首次安装刀盘及需要更换滚刀时，将槽架安装于导井下口，槽架安装角度需与导井角度一致，上部与事先布设的锚杆焊接加固，下部采用型钢支撑加固，见图6和图7。

图6　防卡钻反井钻头三维图

图7　反井钻头安装

5　超长斜井扩挖施工技术

通过研发斜井扩挖支护一体化装置，辅以个性化爆破技术和综合安全措施，实现斜井安全快速开挖支护；应用专利技术、专业软件和仪器实现超长斜井扩挖精确测量控制。

5.1　超长斜井扩挖支护施工技术

1. 扩挖支护一体化装置及安全提升施工技术

自主研发了斜井扩挖支护一体化装置，该装置[3]设置3层作业平台，不仅可作为钻孔、支护作业平台，还可进行扒渣作业。上层平台为锚喷支护作业平台，同时存放锚杆和注浆材料；中层平台为注浆机作业平台，同时安装小型卷扬机提升系统，可进行溜渣井井盖吊放作业；下层平台上安装液压机械臂，可359°旋转，作业人员不用下至掌子面便可通过液压控制操作进行机械扒渣作业，提高了扒渣效率，有效降低了作业安全风险。作业人员上下通行采用单独一套安全运输系统，避免一体化台车频繁上下运行，提高了上下井效率，降低了安全风险。

2. 个性化钻爆施工技术

采用底拱错台阶钻孔、爆破联网分段及个性化布孔、装药等钻爆技术，有效降低了堵井概率，提高了扒渣效率。底拱错台阶钻孔技术与爆破联网分段技术，即将底拱部位的钻孔孔底高程适当抬高，爆破后形成斜坡，以便底拱爆渣能自然溜入导溜渣井，减小后续扒渣工作量，同时有效避免了爆破飞石对台车轨道的损伤；在爆破联网时将底拱部位缓冲孔及周边孔分段滞后顶拱部位爆破，利用爆破冲击波将底拱部位爆渣抛掷进入溜渣井，减小后续扒渣工作量；个性化爆破布孔、装药技术，按照靠近导井和周边适当加密布孔，中间布孔间距约为导井直径的1/3进行控制，并根据围岩条件变化及时调整钻爆参数，保证爆渣块度不大于导井直径的1/3，有效降低了堵井概率。

3. 安全保障综合措施

一体化扩挖支护装置采用专门设计的卷扬提升系统，配置断绳、断电、上下限位等保护装置，确保运行安全。

在一体化扩挖支护装置上安装视频监控摄像头，视频通过无线信号传输至台车控制室内安装的监视器，台车操作人员及施工管理人员可通过监视器随时了解井下作业情况，实现对井下施工全过程的监控，有效避免了施工安全风险。

在一体化扩挖支护装置上安装高压水管，在扒渣过程中打开高压水管对爆渣进行喷洒，不仅起到降尘作用，而且可辅助扒渣，提高扒渣效率。

5.2 超长斜井开挖精确测量技术

1. 精确控制测量

采用"一种洞内导线测量照准装置[4]"辅助全站仪和某测量数据处理软件进行控制测量和成果处理，减小洞室内光线不足及视角干扰的影响，降低照准时产生角度及距离的测量误差，实现精准贯通。

2. 联合使用全站仪、CGGC测绘软件和激光指向仪进行孔位放样及角度控制

采用全站仪＋CGGC测绘进行掌子面周边孔放样，全站仪设站完成后，开启全站仪蓝牙，与手机CGGC测绘软件进行连接。连接成功后可以直接在手机CGGC测绘软件上操作，选中编辑好的斜井轴线、开挖洞型等参数，按照爆破设计钻孔间距设置放样点间距便可以对掌子面进行钻孔放样；同时在斜井侧壁间隔约100m设置激光指向仪，辅助钻孔放样和检查钻孔角度，保证扩挖质量，也可复核斜井扩挖轴线走向。

3. 测量成果快速提交

在Cass7.1和测绘项目管理系统下，采用CGGC测绘软件进行放样及断面测量验收后，数据会存在手机文件夹中，将其导入测绘项目管理系统中，实现快速下载、编辑、内业处理以及原始数据归档。

6 超长斜井压力钢管安装及混凝土回填施工技术

通过优化运输手段和措施，实现了抽蓄电站大直径压力钢管洞内井内快速运输；研发应用专用装置、调整单元循环长度等措施，实现了深斜井内超大段长压力钢管安装及混凝土回填施工，有效加快了施工进度。

6.1 超长斜井压力钢管快速安装技术

（1）采用"轮式牵引机车＋有轨台车"替代传统卷扬机牵引方式进行压力钢管洞内水平运输，压力钢管安放固定在专用有轨台车上，由轮式牵引机车牵引有轨台车在洞内运输轨道上运行，利用千斤顶辅助有轨台车在岔洞口进行转向，较传统卷扬机牵引不仅更加高效，且布置简单，解决了洞内空间狭小、转向困难的问题；有轨运输台车总体尺寸与管节尺寸相匹配，设置弧形托架及吊耳（图8），以便将钢管牢牢地固定在台车上，保证运输过程中的稳定性。

（2）钢管运输至靠近斜井上弯部位后，在下游侧轨道上安装专用止锁装置防止台车下滑。斜井内采用双联卷筒卷扬机、配置双钢丝绳进行压力钢管溜放，其中一根钢丝绳作为保险，钢管利用自重下滑至安装部位。

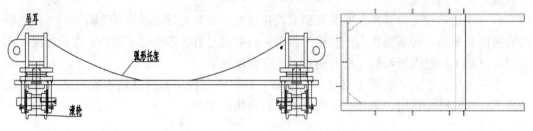

图8　有轨运输台车示意图

6.2　超长斜井高强钢管无内撑安装关键技术

　　压力钢管每6m为一个安装节，通过斜井溜放系统溜放入井到达安装位置，然后依次进行拼装、精调、定位（检验）、加固等准备作业，最后实施环缝焊接（检验）作业。

　　（1）准备作业采用旋转横梁顶撑装置（图9）进行压缝拼装施工，该装置安装在钢管内装配台车上，可以进行360°旋转，对缝间隙、错台精确调整合格后进行定位焊接，从而取消了环缝组对传统施工工艺中的压码与锁板，实现了超长大型压力钢管无内支撑安装，提高了高强压力钢管安装质量。

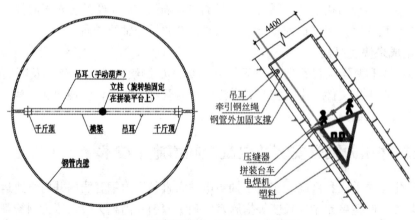

图9　平衡梁结构（压缝器）示意图

　　（2）钢管环缝焊接采用多层多道、对称、分段退步的焊接工艺（图10），不同位置的焊接采用不同的焊接参数。

6.3　深斜井超大段长钢管安装及混凝土回填技术

　　（1）常规斜井内压力钢管安装循环段长为36m或48m；对于超长斜井，较短的循环段长意味着较多次的反复交面，影响总体工期。通过对混凝土运输速度、浇筑速度和初凝时间的综合分析，并对钢管应力进行监测，将斜井内压力钢管安装循环段长由36m调整为60m，相应外包混凝土一次浇筑60m，为国内同类工程最大段长，显著减少土建与金结互相交面次数，节省了交面影响时间。

　　（2）深斜井超大段长钢管安装及混凝土回填保障措施：在钢管拼装及焊接过程中利用有轨台车准确对缝、旋转横梁顶撑装置精确定位，并及时定位焊接和钢管外支撑加固等措

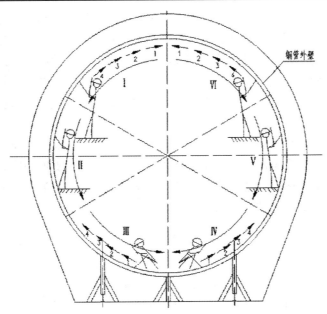

Ⅰ、Ⅱ、Ⅲ、Ⅳ—表示焊工工位及整体焊接方向；1、2、3、4—表示每个焊工的焊接顺序及运条方向

图 10 焊接顺序及焊工布置示意图

施、确保钢管不产生超标应力；同时，在钢管顶部与围岩之间设置顶撑抗浮，经现场应力监测验证，未出现超标应力。采用自主研发的耐磨混凝土浇筑溜管＋大落差混凝土浇筑用缓冲器进行大段长混凝土浇筑，有效降低和缓冲混凝土下滑速度，提高溜管使用寿命；同时将斜井回填混凝土由原设计二级配调整为下部 150m 为自密实混凝土，上部为一级配流动性混凝土，从而有效降低堵管几率，并保证入仓后仍具有一定流动性，保证了浇筑密实性。

7 应用效果

长龙山抽水蓄能电站引水下斜井开挖支护工程首次研究和采用"定向钻＋反井钻"方案、一体化扩挖支护装置，最终顺利完成了 3 条引水下斜井的导井施工和扩挖支护。定向孔出钻偏差均小于 50cm，定向孔全角变化率均控制在 2.5°/100ft 以内。定向孔正常情况下日平均进尺 15～30m，最高达 50m，纠偏工况下日进尺 10m 左右；导孔正向扩孔日进尺 18～36m，反向扩孔日进尺约 9～36m；正常情况下，反井钻反拉日进尺约 8～16m。扩挖支护月平均进尺达 90m，最高可达 108m，创造了世界纪录；压力钢管安装及混凝土回填首次采用 60m 大段长循环浇筑，施工过程安全高效，施工工效由原 25d/36m 提升至 22d/60m，节约工期约 4 个月。上述技术的成功应用为长龙山抽蓄电站 2021 年首台机组发电奠定了坚实基础。

8 结语

长龙山抽水蓄能电站引水下斜井采用"定向钻＋反井钻"方法进行导井施工，应用综合测斜纠偏技术，解决了超长斜井导井开挖技术难题；采用"碗"形刀盘和螺旋形组合滚刀，解决了最高抗压强度达 280MPa 的坚硬岩破岩施工难题；采用一体化扩挖支护装置及其辅助安全措施，实现了超长斜井安全高效扩挖支护施工；通过优化运输手段、应用实用新型专利技术，实现了超大段长钢管安装及混凝土回填安全高效施工。该超长斜井开挖施工技术基本实现了斜井开挖全机械化作业，自动化程度高，安全高效，钢管安装及混凝土回填施工创业内最高水平，总体技术水平达到了国内领先，为我国抽水蓄能电站建设快速推进具有积极意义。

需要指出的是，该技术还存在一些改进空间：一是定向孔施工磁导向信号传导深度有待扩大，从而进一步提高定向孔偏斜监测能力；二是斜井扩挖支护一体化装置有待改进和完善，进一步提高其机械化、智能化程度；三是压力钢管焊接仍为人工操作，有待研究自动化、智能化安装焊接相关技术。

参考文献

［1］ 李学平．长龙山抽水蓄能电站引水长斜井导井施工技术研究［J］．施工技术，2018，47（S1）：612-616.
［2］ 王伟玲．抽水蓄能电站长斜井开挖方案比选研究［J］．电力勘测设计，2019（9）：23-27.
［3］ 中国葛洲坝集团三峡建设工程有限公司，长江三峡技术经济发展有限公司．深斜井扩挖支护装置：CN211287685U［P］.2020-08-18.
［4］ 葛洲坝测绘地理信息技术有限公司．一种洞内导线测量照准装置：CN213209049U［P］.2021-05-14.

鱼类保护措施在河流梯级开发中的生态影响

庞远宇¹ 陈 良²

（1. 珠江水利委员会水文局，广东广州，510610；
2. 广西大藤峡水利枢纽开发有限责任公司，广西桂平，537226）

摘 要：为了保持生态环境和谐，在水利工程进行河流梯级开发时，可采取多种形式的措施对鱼类加以保护，达到恢复河流的生物多样性目的。本文以大藤峡水利枢纽工程为例，阐述了工程构建的鱼类保护措施体系，并对比国内已建过鱼设施的设计参数及效果。通过分析得出结论，采取工程和非工程措施相结合的多样性鱼类保护综合措施，可以形成有效的水生态保护措施体系，能够很好地保护鱼类，恢复受到工程建设影响的生态系统，修复河流的生态环境。

关键字：水利工程；生态保护；鱼类保护措施；鱼道；生态调度

1 河流梯级开发对鱼类生境的影响

新中国成立以来，特别是改革开放 40 多年来，水利作为国家基础设施建设的优先领域，对我国经济社会建设起到重要的支撑和保障作用。水利工程在破解新老水问题中发挥了不可替代的作用，但工程建设引发的生态环境问题也不容忽视。当前，我国正处于新的历史时期，在全面推进生态文明建设中，水利高质量发展一定要遵循生态优先、人水和谐等绿色发展要求。水利工程设计理念也需要不断调整。

河流上的梯级水利工程拦河筑坝，从生态环境讲，一方面，阻隔了河流纵向连通性，鱼类索饵、繁殖的洄游通道被切断；另一方面，改变了河道的天然水力条件，水体流速、水深、水温等相应变化，破坏了原有生态系统的完整性和稳定性。

拦河筑坝形成了水库，河流被阻隔，库区水流减缓，使河道中原江河急流型鱼类和底栖生物的水生态环境发生了巨变，洄游性鱼类的洄游通道被隔断，影响了鱼类的索饵和繁殖性洄游，可能会导致原河道中的流水性鱼类减少或者消失；水库的建成，河流的水文特性被改变，径流受人为控制和调节，对水生生物的生活也会产生很大影响；水库可能淹没鱼类的产卵场；水库筑坝后，库内水体可能发生水温分层，低温水下泄、下泄水体气体过饱和或溶解氧不足等现象，对鱼类生命造成威胁。但同时，却也会使另外一些鱼类更加适应。水库大坝建成后，形成了有利于静水性鱼类的生活环境，为一些适应缓流或静水、摄食浮游生物的鱼类提供了良好的生存环境，反而有利于渔业发展。

2 水利工程的主要鱼类保护措施及作用

为了最大限度地降低拦河建坝对生态环境带来的影响，在梯级工程建设时，可采取适

作者简介：庞远宇（1970—），女，正高级工程师，主要从事水利 规划与设计、咨询及技术管理工作。
E-mail：419646392@qq.com。

当的措施进行补救。水利工程主要采取的鱼类保护措施有：过鱼设施、枢纽调度、非过鱼设施的亲鱼设计、人工增殖放流、栖息地保护和修复、开闸纳苗、禁渔期制度、设置鱼类保护区等。

过鱼设施是一种重要的工程措施，可以减缓大坝的阻隔影响，沟通鱼类的洄游路线，维持河流通道功能从而使鱼类能够完成生活史，促进被大坝隔断的上下游鱼类群体的遗传交流。过鱼设施包括鱼道、升鱼机、卡车/集运渔船、鱼闸（通航船闸）、仿自然通道等。建设时主要根据过坝鱼类的品种、数量、鱼的习性以及水利工程的特性等方面的因素选择形式。过鱼设施分为溯河和降河两类，我国目前建设的大多数过鱼设施主要考虑解决鱼类上溯的问题。

鱼道是最早采用和兴建、最常见的一种过鱼设施。是供鱼类溯河降河通过闸、坝等建筑物或天然障碍物的一种专门水工建筑物，一般由进鱼口段、槽身或通道、出鱼口段、导诱鱼设施、观测室等部分组成[1]。鱼道是河流生态系统健康的评价指标之一，是实施生态修复的重要措施。在水利工程的建设中对有洄游需求的水生生物及其洄游路线进行保护，对实现水利可持续发展及其重要。

鱼道的建设恢复了河道水域的连通性，保护了鱼类，减小了大坝阻隔带来的影响。鱼道能够形成自然通道，使鱼类通过鱼道上溯时不会被伤害，对鱼的性腺发育也不会产生不良影响；且能够使鱼类连续及时过坝，过鱼能力大；还能够恢复大坝上下游水系中鱼类及其他水生生物之间的沟通和联系，以能够起到维护原有生态系统平衡的作用；同时因为机械障碍少，鱼道的运行保证率更高。但鱼道也有一定的缺点，不同的鱼道往往对过鱼对象有一定的选择性，设计长度一般较长，设计难度大、造价比较高。国内部分已建鱼道主要参数见表1[2]。

国内部分已建鱼道主要参数　　　　　　　　　　　　　　　　表1

项目名称	地点	主要过鱼品种	长度(m)	宽度(m)	水深(m)	底坡	设计流速(m/s)
长洲	广西西江	中华鲟、鲥鱼、花鳗鲡、七丝鲚、白肌银鱼、鳗鲡	1443.3	5	3	1/80	潜孔 1.3 表孔 0.8
斗龙港	江苏大丰	鳗、蟹、鲻、梭、鲈	50	2	1	1/33.2	0.8~1.0
太平闸	江苏	鳗、蟹、四大家鱼、鲚	297 127 117	3 2 4	2 2 2	1/115 1/86 1/115	0.5~0.8
浏河	江苏太仓	鳗、蟹、四大家鱼、鲚	90	2	1.5	1/90	0.8
裕溪河	安徽和县	鳗、蟹、四大家鱼、鲚	256	2 1	2 2	1/64 1/64	0.5~1.0
团结河	江苏南通	鲻、梭、鲈	51.3	1	2.5	1/50	0.8
洋塘	湖南衡东	鲴、草、鲤、鳊	317	4	2.5	1/67	0.8~1.2
石虎塘	江西赣江	青鱼、草鱼、鲢鱼、鳙鱼、鲴鱼	683	3	2	1/60	0.7~1.2
鱼梁航运枢纽	广西右江	四大家鱼、鳗鲡、白肌银鱼	754	3	2.5	1/61.7	0.8~1.2
藏木水电站鱼道	西藏	异齿裂腹鱼、拉萨裂腹鱼、巨须裂腹鱼、尖裸鲤、双须叶须鱼、黑斑原鮡、黄斑褶鮡、拉萨裸裂尻鱼	3621	3	2.4	0.2	1.2

续表

项目名称	地点	主要过鱼品种	长度（m）	宽度（m）	水深（m）	底坡	设计流速（m/s）
老龙口水利枢纽工程鱼道	吉林春晖	马苏、大马哈鱼	532.5	3	2.5	1/16	0.45～1.65
峡江水利枢纽鱼道	江西	四大家鱼、赤眼鳟	905	3	3	1/60	0.7～1.1
汉江崔家营航运枢纽鱼道	湖北	鳗鲡、长颌鲚、"四大家鱼"、铜鱼	487.2	2	2	0.677	1.8～2.8
兴隆水利枢纽工程鱼道	湖北	鳗鲡、长颌鲚、四大家鱼、铜鱼等	334.4	2	0.6～2.5	1/50	0.4～0.8
西牛航运枢纽工程	广东连江	银鲴、四大家鱼、乐山小鳔鮈	左支85 右支45	1.5	1.5	1:18.5 1:13.5	
土谷塘电站鱼道	湖南衡阳	青、草、鲢、鳙	728.5	2.5	2.2	1/80 1/99	1
多布水电站鱼道	西藏	巨须裂腹鱼、异齿裂腹鱼、尖裸鲤、拉萨裂腹鱼	1100	2	1.5～2.5	1/50	0.9～1.1
老口航运枢纽鱼道	广西	"四大家鱼"，土著鱼类有倒刺鲃、大眼卷口鱼、唇鲮、鳊	721	0.45	2	1:60	0.8

通过对国内现有鱼道的调查统计分析，我国虽已建设了上百座鱼道，但由于我国鱼类种类繁多、生态习性千差万别，过鱼对象的行为习性和过坝所需水文水力学条件的研究还很薄弱，过鱼设施的设计仍多沿用国外过鱼设施的技术参数，使已建鱼道的过鱼效果和生态效应参差不齐。

如果加以其他类型的保护措施，如枢纽调度，采取流量调节、优化枢纽运行、创造生殖水动力条件等，再加上人工增殖放流、栖息地保护和修复、开闸纳苗、禁渔期制度、设置鱼类保护区等，则可以形成综合措施体系，达到一定的生态保护效果。

3 大藤峡工程的鱼类保护措施体系

大藤峡水利枢纽工程是珠江流域的控制性工程，位于珠江流域西江水系黔江干流大藤峡谷出口处。工程在生态方面的建设目标是要成为珠江流域水生态保护的标杆、区域绿色发展的示范、国内生态水利创新的典范。工程在规划、建设和管理的各个环节，始终贯穿生态文明的建设理念，以珠江治理的总体目标"维护河流健康、建设绿色珠江"为指导，满足生态保护的要求。

大藤峡工程的建设，阻隔了主河道黔江上游红水河、柳江与下游浔江的河流连续性，对生活其中的鱼类资源产生了重要影响。为了恢复工程所在江段的河流生物多样性，同时为了对整个流域的水生态资源进行全周期的保护，将大藤峡水利枢纽打造成为珠江流域水生态保护的示范工程，工程采取了一系列的措施。在工程的规划、设计和建设过程中，不断地在枢纽运行水位、水生态保护措施和生态调度等多个方面进行优化。工程提出了由生境保护、过鱼设施、生态调度、增殖放流、科学研究和渔政管理所组成的水生态保护措施体系。大藤峡水利枢纽鱼类保护措施体系见表2[3]。

大藤峡水利枢纽鱼类保护措施体系表　　　　　　　　表 2

序号	措施名称	保护对象	主要作用
1	施工期及蓄水初期鱼类保护	坝址附近鱼类	通过宣传教育、应急救护、加强管理等措施减缓施工对鱼类的影响
2	栖息地保护	因库区水文情势的改变,流水生境减少而受影响的鱼类:斑鳠、光倒刺鲃、南方白甲鱼、东方墨头鱼、单纹似鳡、乌原鲤、长臀鮠、长鳍光唇鱼、稀有白甲鱼、唇䱻、暗色唇鲮等	通过保护鱼类生境,保护鱼类资源
3	过鱼设施	鳗鲡、花鳗鲡以及短距离洄游鱼类	减缓大坝阻隔的影响
4	生态调度	因水库调峰受影响的鱼类	减缓枢纽调度对鱼类的影响
5	增殖放流	因产卵场淹没而受影响的产漂流性卵鱼类四大家鱼、银鲴、黄尾鲴等和产黏性卵鱼类长臀鮠、斑鳠、唇䱻、暗色唇鲮、南方白甲鱼等	补充鱼类种群数量,恢复鱼类资源
6	科学研究	受影响的珍稀保护鱼类	研究人工驯养和繁殖技术,为鱼类增殖放流提供技术支持
7	渔政管理	江段所有鱼类	加强管理,保护鱼类资源及其重要生境

　　大藤峡工程配套建设的生态环境保护工程包括黔江主坝鱼道,南木江仿生态通道、红水河珍稀鱼类保育中心、来宾市珍稀鱼类增殖保护站、大藤峡鱼类增殖站及实施鱼类生境再造工程等。

　　大藤峡工程是整个珠江流域高原山地急流性鱼类向江河平原鱼类的过渡区,是流水性鱼类的重要生境之一,所在江段的水生生态敏感程度很高,是珠江洄游鱼类的重要通道。在离工程坝址不远的郁江与黔江交汇处,就有一个珠江流域的重要洄游鱼类产卵场。工程影响区分布的鱼类包括海洋至江河之间的洄游鱼类中华鲟、花鳗鲡、日本鳗鲡、江湖洄游鱼类四大家鱼等,有过坝需求的还包括鳡、鳤、赤眼鳟、白肌银鱼、黄尾鲴、七丝鲚、三角鲂、翘嘴鲌、银鲴、蒙古鲌等多种鱼类。考虑需要长远保护的鱼类对象种类的需求,可根据流域梯级开发后鱼类资源的变化情况,对资源量显著减少的敏感性种类,采取必要措施进行有针对性的保护。

　　根据过鱼对象的不同,设置多种类型或多个鱼道,可以满足不同鱼类的洄游需求。比如冷水鱼类喜欢水流较急的鱼道,跳跃类型的鱼能够进入比较陡的鱼道,而静水鱼则更喜欢弯弯曲曲的鱼道。为了保护好原有水生鱼类种群的数量和生活习性,最大程度减小工程对珠江-西江鱼类影响,大藤峡工程采取了双鱼道的过鱼设施布置方案,由位于黔江主河床右岸的工程鱼道和位于南木江支流的生态鱼道组成。

　　鱼道的布置,主要根据过鱼季节、过鱼对象、鱼类游泳能力、下游水位及工程总体布置综合确定。黔江鱼道位于主河床右岸岸坡上,在主坝的右岸挡水坝段上过坝。鱼道在过坝时设置了两个出口,对应水库汛期、非汛期过鱼时期的不同,分别为"汛期鱼道"和"非汛期鱼道"。"汛期鱼道"根据汛期的运行水位设置一条鱼道,非汛期鱼道则根据水库的三个运行水位,将鱼道出口布置在同一条鱼道不同高程上。非汛期鱼道与汛期鱼道在坝下汇合后伸展至进口。黔江主坝鱼道全长约 3700m。

　　南木江是黔江的天然分洪河道,为满足南木江生态及过鱼要求,建设了仿生态通道。

仿生态通道模拟了河床的天然形态，通道的结构和水流形态接近天然河道，尽量还原接近了原有河道的天然状态，使鱼类能够很好地适应。南木江过鱼通道的过坝段采用工程鱼道形式，之后为生态鱼道＋景观湖结合的形式，然后以曲折蜿蜒的仿生态通道的形式与原河床相接。通过束窄南木江副坝下游河床，疏通地势较高的河段，并堆砌石滩，使工程最大程度接近原有的自然状态，以满足过鱼要求。南木江副坝生态通道长约 2700m。

工程的水生态保护措施体系中，还采取了生境保护、生态调度、增殖放流、科学研究和渔政管理等一系列的非工程措施。

实施对栖息地的生境保护，基于工程所在河段的水电梯级规划、工程的运营调度以及鱼类资源的现状，采用干流与支流保护相结合的措施。从干支流河段的水量、水质、地形地貌、区域位置、河床河势、水文情势、鱼类资源、河流的开发状况等各指标进行综合比选，划定了珍稀鱼类自然保护区。干流的保护范围为主坝坝下 15km 河段范围，支流的相应河段保护范围，保护河段总长 256.8km。建库后，所划定的鱼类栖息地保护区能够维持鱼类产卵、生存的相应条件。栖息地采取设立禁渔区、延长禁渔期等渔政管理措施，严格控制建设项目。同时，水库的建设回水导致库区水文情势的改变，采取在鱼类栖息地保护区域内设置人工鱼巢及人造产卵场营造的措施进行弥补。

生态调度是一种主要的河流生态修复措施，工程的调峰生态调度应在满足其防洪、水资源配置任务的前提下，在非防洪、非压咸调度时制定生态调度方案，满足鱼类生存、索饵、洄游、产卵等的生境要求。需结合发电调度下放生态流量，以满足下游梯级的生态流量和工程的压咸流量要求。生态流量的最小下泄流量，要综合考虑维持坝址下游水生生态系统稳定所需水量、下游压咸所需水量、下游航运所需水量后确定。在鱼类产卵期，若流域来水偏枯，无明显洪水时，需通过采用水库人造洪峰调度方式来刺激鱼类洄游产卵。当汛期入库流量较大时，电站不参与电网的调峰调频调度，水库按来水下泄，不改变天然来水过程，保留水流对鱼类产卵的刺激作用。

此外，大藤峡还采取了鱼类增殖放流、依托建立渔业种质资源救护站及珍稀鱼类保护中心开展相关科学研究、加强渔政管理等生态保护措施。

4 鱼类保护措施的生态效应

大藤峡建库后，所划定的鱼类栖息地保护区域能够维持鱼类产卵、生存的相应条件，保护了产卵场；采取全年禁渔等措施有利于鱼类资源的恢复和增长。对漂流性卵鱼类的产卵场的影响得到有效减缓。

工程的双鱼道设计在国内同类型水利工程建设中比较罕见，可以满足更多种鱼类的不同需要。黔江主坝鱼道和南木江仿自然通道双鱼道建成后，将同时发挥作用，满足珍稀鱼类洄游繁殖的过坝需求。工程建设导致的河流阻断在一定程度上得到了连通性恢复，对坝上坝下鱼类的基因交流有一定的改善作用。

工程的生态调度方案要深入研究工程所在江段主要鱼类洄游、产卵及发育所需的生境条件，逐步从单一的满足代表性鱼类繁殖需求向构建以鱼类为主的健康河流生境方向转变而开展调度。今后可进一步结合鱼类繁殖期水量调度需求和调度目标，选择不同类型典型洪水过程，对大藤峡水利枢纽调度方式进行优化，研究既能满足鱼类繁殖期水量调度要求又能实现多目标共赢的调度方式。

工程建成后，对于水生生物的保护，有赖于对水库生态系统的深刻认识，需要在对水库生态环境进行长期动态监测的基础上，系统研究水库生态系统的发育特点和结构功能，不断完善水生生物保护措施，落实水库生态调度保护措施，以维持水库生物多样性。大藤峡工程打造了独有的"一保育中心、双增殖站、双鱼道、五人造生境"的水生态保护体系，充分体现了生态水利的建设理念。

5 展望

鱼道是一种重要的过鱼措施，为使鱼道充分发挥作用，降低拦河筑坝给生境带来的不利影响，需结合河流的生态环境、生物资源种类和特点，加强国内已建鱼道的运行监测与管理，对鱼道运行效果进行评价，及时反馈鱼道设计信息，落实评价的指导作用，加强鱼道研究工作，建立相关技术规范体系，以促进鱼道设计建设更科学。

生态调度在国内外开展的时间不长，理论和实践基础都还比较薄弱，亟待进行进一步的多学科联合攻关；需针对重要河流进行生态调度的目标制定，建立相关技术规范规程，以促进河流的生态环境保护与修复。

水利工程的建设会对河流生态系统造成影响破坏，在工程的规划、设计、建设与运行的全过程，都需加强生态理念，兼顾水生态系统健康与可持续利用。今后的水利工程建设中，可更多地采取工程和非工程措施相结合，加上相应的管理措施，提出符合生态安全的水利建设规划与设计方案，形成有效的水生态保护措施体系，尽最大力度地恢复受到工程建设影响的生态系统，为河流生态环境保护和水利高质量发展提供保障。

参考文献

[1] 水利部. 水利水电工程鱼道设计导则：SL609—2013 [S]. 北京：中国水利水电出版社，2013.

[2] 中水珠江规划勘测设计有限公司，水利部珠江水利委员会水文局. 国内典型鱼道设计及运行情况调研报告 [R]，2021.

[3] 中水东北勘测设计研究有限责任公司，中水珠江规划勘测设计有限公司. 大藤峡水利枢纽工程初步设计报告（核定稿）10 环境保护设计 [R]，2015.

大藤峡水利枢纽工程大江截流对下游
影响分析及应对方案

陈　良[1]　侯贵兵[2]　朱炬明[2]　林若兰[2]

(1. 广西大藤峡水利枢纽开发有限责任公司 广西桂平 537226；

2. 中水珠江规划勘测设计有限公司 广东广州 510610)

摘　要：大藤峡水利枢纽工程大江截流期可能对下游供水、生态、航运等方面造成影响，为了保障工程截流的顺利实施，根据大藤峡水利枢纽工程大江截流施工方案、来水预测情况，结合下游咸潮规律，分析大江截流对下游供水影响，并针对可能存在的影响从流域水库联合调度等方面提出应对方案。

关键词：大藤峡水利枢纽；大江截流；下游影响；应对方案

1　引言

大藤峡水利枢纽工程位于珠江水系西江流域黔江干流上，为红水河梯级规划中最末一个梯级，是以防洪、航运、发电、补水压咸、灌溉等综合利用的流域关键性工程。大藤峡水利枢纽施工导流采用二期导流方式，一期导流先围左岸，江水由束窄后的右岸河床过流，左岸主体工程建成后再实施二期大江截流，大藤峡水利枢纽二期截流预进占从 2019 年 10 月 9 日开始，设计截流时段为 2019 年 11 月下旬。大江截流过程中，由于河道逐步束窄，特别是龙口合龙前几天河道槽蓄，局部时段可能会减少下游出流。大藤峡坝址下游是我国西南水运出海大通道重要组成部分西江黄金水道，也是目前广西最繁忙的航道，保障西江干流航道畅通意义重大；大藤峡坝址以上来水是粤港澳大湾区澳门、珠海等城市的主要来水水源，进入枯水期以后，澳门、珠海等城市主要依靠上游来水，特别是 2019 年适逢新中国成立 70 周年、澳门回归 20 周年，保障澳门、珠海等粤港澳大湾区城市供水安全意义重大；同时国务院批复的《珠江流域综合规划》和《珠江—西江经济带发展规划》等规划提出了保障西江水生态安全的要求。大藤峡水利枢纽工程大江截流减少下游流量可能对下游供水、生态、航运等方面造成不利影响。

因此，为保障工程截流的顺利实施，减少对下游供水、河道生态以及航运的影响，本研究在分析截流期径流、珠三角径流与咸潮响应关系的基础上，构建河流一维非恒定流数学模型，研究大江截流对来水过程的影响，并提出有效的应对措施显得尤为必要。

2　工程概况及大江截流施工方案

大藤峡水利枢纽工程位于珠江流域西江水系黔江干流大藤峡出口弩滩上，地属广西壮

作者简介：陈良（1976—），女，福建龙岩人，高级工程师，硕士，主要从事水利水电工程技术管理、设计、咨询工作。

E-mail：498174502@qq.com。

族自治区（以下简称广西区或广西）桂平市，坝址下距桂平市彩虹桥约 6.6km，控制流域面积 19.86 万 km²，占西江流域面积的 56%。工程任务为防洪、航运、发电、补水压咸、灌溉等综合利用。水库正常蓄水位 61.0m，汛期限制水位（死水位）47.6m，汛期 5 年一遇洪水临时降低水位至 44.0m。水库总库容 32.77 亿 m³，防洪库容 15.00 亿 m³，防洪库容完全设置于正常蓄水位以下。船闸规模为 3000t 级。电站装机容量 1600MW，8 台机组，多年平均发电量 60.62 亿 kWh，保证出力 365.8MW。

根据《大藤峡水利枢纽工程二期导流施工组织设计专题报告》，大藤峡水利枢纽工程二期截流方式采用从右岸一侧单戗堤进占，立堵截流方式。截流戗堤位于上游围堰下游侧，戗堤顶宽 20m。2019 年 10 月开始戗堤预进占，同年 11 月截流，截流设计洪水标准为 5 年重现期 11 月下旬旬平均流量，设计流量 $Q=2380\text{m}^3/\text{s}$。

3　研究方法

根据本研究的研究重点与要求，本次采用一维非恒定流数学模型分析大藤峡工程大江截流对来水过程的影响；采用马斯京根法计算下游各个河段的洪水演进。

3.1　模型建立

大藤峡库区主要河流有红水河、柳江、洛清江及黔江。根据库区水系组成和水文（位）站分布情况，模型上边界红水河至迁江水文站，柳江至柳州水文站，洛清江至对亭水文站。其中边界迁江站流量过程是考虑上游龙滩等水库调蓄后成果。模型下边界采用黔江大藤峡坝址根据截流进度计算的动态水位流量关系曲线。

根据库区河道特性及计算需要，将库区分为 5 个直河段，用 2 个汊口连接，共截取 113 个河道横断面，断面间距一般在 3000～4000m，各直河段计算断面布置情况见图 1。

3.2　模型验证

在大藤峡水利枢纽工程项目建议书阶段和可行性研究阶段，中水珠江规划勘测设计有限公司分别对 1994 年、1996 年、1998 年 3 个年型洪水进行模型率定与验证。考虑到本次计算的来水过程流量较小，在该糙率成果基础上进行了微调，选择梧州站 11 月来水频率 90% 的 2007 年和来水频率 98% 的 1992 年径流过程进行验证，验证结果见表 1 和图 2。从验证结果来看，各旬平均流量 2007 年型计算误差在 -1.5%～-3.4% 之间，1992 年型计算误差在 -3.8%～3.1% 之间，模拟精度较高，符合规范要求。

武宣站 10～11 月径流对比　　　　　　　　　　　　　　　　表 1

年型	项目	10月上旬	10月中旬	10月下旬	11月上旬	11月中旬	11月下旬
2007 年	实测平均流量（m³/s）	2414	1670	1410	1449	1464	1404
	计算平均流量（m³/s）	2377	1638	1385	1400	1426	1377
	误差	−1.5%	−2.0%	−1.8%	−3.4%	−2.6%	−1.9%
1992 年	实测平均流量（m³/s）	1543	1638	1618	1109	1043	761
	计算平均流量（m³/s）	1533	1606	1593	1075	1004	785
	误差	−0.7%	−2.0%	−1.6%	−3.1%	−3.8%	3.1%

图 1　计算断面位置示意图

4　大江截流对下游影响分析

　　珠江委水文局考虑前期气候背景、天气形势等条件的相似程度，推荐的 1993 年来水过程作为大藤峡水利枢纽大江截流期相似来水过程。另外，尽可能选择不利的典型过程，分别选取来水频率为 90%、98%、99% 的 2007 年、1992 年、2009 年作为不利典型来水过程。本次分析大江截流对下游影响采用上述四个年型进行分析计算。

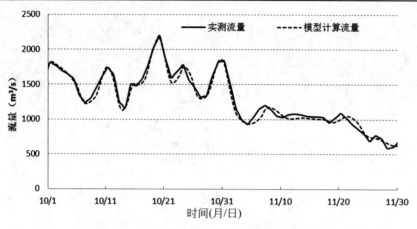

图 2　1992 年型武宣站实测和计算径流过程

4.1　大江截流对梧州来水过程及下游供水的影响

从各典型年大江截流对梧州下游来水过程来看，大藤峡实施截流与不实施截流相比，大藤峡坝址断面旬均流量最大减小流量 $22\sim52\text{m}^3/\text{s}$，大藤峡坝址断面瞬时流量最大减小分别为 $91\sim178\text{m}^3/\text{s}$；梧州断面旬均流量最大减小 $21\sim54\text{m}^3/\text{s}$，梧州断面瞬时流量最大减小分别为 $62\sim100\text{m}^3/\text{s}$。经上游骨干水库调度后，大藤峡大江截流对下游澳门、珠海等城市取淡有一定的影响，影响主要发生在 11 月份，影响取淡概率在 1％以内，如表 2 所示。但从近几年咸潮实测资料看，在梧州＋石角断面流量在 $2500\text{m}^3/\text{s}$ 及以下流量时，当下游遭遇不利取淡条件，梧州＋石角平均每降低 $100\text{m}^3/\text{s}$，下游取淡概率降低 5％～7％。综合来看，大藤峡截流对下游取淡概率影响在 1％～7％，总体影响不大。

各来水条件下大江截流前后下游主要取淡泵站取淡几率的变化量（％）　表 2

来水条件	月份	10 月上旬	10 月中旬	10 月下旬	11 月上旬	11 月中旬	11 月下旬	合计
预测来水	平岗	0	0	0	−0.38	−0.01	−0.66	−0.17
	竹洲头	0	0	0	−0.35	0.00	−0.56	−0.15
1993 年来水	平岗	0	0	0	−0.43	−0.02	−0.56	−0.17
	竹洲头	0	0	0	−0.39	0	−0.46	−0.13
2007 年来水	平岗	0	0	−0.32	−0.31	−0.05	−0.74	−0.24
	竹洲头	0	0	−0.11	−0.24	−0.01	−0.62	−0.16
1992 年来水	平岗	0	−0.06	−0.18	−0.34	−0.43	−0.61	−0.27
	竹洲头	0	−0.05	−0.12	−0.27	−0.32	−0.43	−0.20
2009 年来水	平岗	0	−0.02	−0.29	−0.28	0	−0.61	−0.21
	竹洲头	0	−0.01	−0.07	−0.25	0	−0.55	−0.15

4.2　大江截流对下游河道生态的影响

大藤峡水利枢纽工程实施截流期间预测来水、1993 年、2007 年、1992 年、2009 年坝址最小流量（m^3/s）分别为：1080、1430、1180、1200、1010，下游梧州最小流量

（m^3/s）分别为：2800、3010、2630、2380、2020。大藤峡坝址河段最小生态环境流量为660m^3/s，西江梧州断面非汛期生态流量为1800m^3/s，大藤峡水利枢纽实施大江截流期间均能满足最小生态环境流量要求。

4.3 大江截流对下游航道通航的影响

大藤峡水利枢纽工程实施截流期间预测来水、1993年、2007年、1992年、2009年坝址最小流量（m^3/s）分别为：1080、1430、1180、1200、1010，大藤峡坝址下游设计最小通航流量为700m^3/s，计算的全部来水条件下大藤峡坝址流量均能满足通航要求。

5 大江截流期间下游用水保障应对措施

5.1 截流时机

根据大藤峡水利枢纽工程大江截流对下游供水影响、珠江口咸潮规律以及截流施工进度、主体工程施工工期等多因素分析，在施工强度允许的前提下建议大藤峡工程10月底前实施大江截流，最晚不宜晚于11月25日。

5.2 流域水库群应急调度方案

为确保澳门、珠海等地供水安全，建议做好大江截流期间流域短、中、长期水舆情滚动预报，加强流域统一调度，提前做好下游供水水库蓄水储备，必要时启动应急调度。综合大藤峡大江截流对下游的影响以及流域水库群分布特点、调蓄作用，建议大藤峡大江截流期应急调度水库以长洲、龙滩为主，天生桥一级、岩滩、红花、百色、西津等水库服从安排。龙滩水电站为主要的补水节点，长洲水利枢纽作为反调节水库，动态调控上游来水过程。

6 结语

为实现大藤峡工程大江截流重大节点目标，珠江委、广西水利厅加强上游水库联合调度，加密水情、雨情监测预报，严格控制下泄流量，创造有利截流条件。大藤峡公司成立了大江截流指挥领导机构，下设现场施工、水力学指标监测等小组，实行24h值班制，以"重在戗堤、要在心墙、技术保障是关键、施工资源是保证"为基本原则，协调指挥调度，及时解决截流过程中出现的困难和问题，推动截流各项工作有序开展。2019年10月9日，大藤峡水利枢纽工程戗堤正式预进占，10月26日较计划提前一个月实现大江截流。大藤峡工程的建成，将有效调配西江枯水期径流，抑制河口咸潮上溯，保障澳门及珠江三角洲1500万人供水安全，与珠江三角洲水资源配置工程联合调度，为粤港澳大湾区7000万人输送清洁水源。

参考文献

[1] 易灵，王保华，侯贵兵，等. 大藤峡水利枢纽工程大江截流、二期围堰施工期间防洪风险分析及流域调度预案 [R]. 中水珠江规划勘测设计有限公司，2019.

[2] 易灵，王保华，侯贵兵，等. 大藤峡水利枢纽工程大江截流对下游影响分析及对策研究 [R]. 中水珠江规划勘测设计有限公司，2019.

绿色低碳水利数据中心建设研究

董鹏飞 徐鸿亮

(黄河水利水电开发集团有限公司，河南济源 459017)

摘 要：本文阐明建设绿色低碳数据中心的必要性，在建筑、电气、供配电、空调以及设备配置和布局等方面提出了适合数据中心的建设方法，打造绿色、高效的数据中心，推动数据中心绿色低碳建设技术水平的提升。

关键词：数据中心；绿色；低碳

1 引言

随着新一代信息技术的迅猛发展，数据中心作为重要的算力支撑，建设热潮高涨，我国数据中心产业总量年平均发展增长 30％左右，预计在"十四五"期间仍将保持快速增长。由于数据中心属于高耗能产业，其绿色、低碳、节能、高质量发展是未来数据中心的重点发展方向，也是行业发展和国家政策的方向。根据我国的"双碳"目标，力争于 2030 年前实现"碳达峰"、在 2060 年前实现"碳中和"，以及能效双控等愿景。行业发展必须顺应历史潮流，建立有效的低碳数据中心发展路径，助力国家实现"双碳"目标。

2 建设的必要性

数据存储量呈几何数量级的上升趋势，对数据存储服务的要求日益迫切，仅靠现有分散式的信息孤岛，已不能满足行业发展需求。数据中心集约化建设，规模化经营，产业化管理模式，是实现优势资源共享，从源头上解决重复投资、资源浪费和能源损耗问题的必由之路，因此需要规划建设集中式的数据中心。

3 传统机房的问题

为了推动数据中心的节能减排，工业和信息化部在《工业节能"十二五"规划》提出，"到 2015 年，数据中心 PUE 值需下降 8％"的目标。国家发改委等组织的"云计算示范工程"也要求示范工程建设的数据中心 PUE 要达到 1.5 以下。

传统机房建设中，没有充分考虑能耗、制冷和气流管理等问题。许多数据中心的 PUE 都很高，采用了传统意义上的高可靠性环境电源设备，但这些设备的效率较低，数据中心的 PUE 在 2.0 以上甚至更高，这意味着数据中心使用的能源约有一半消耗在 IT 负

作者简介：董鹏飞（1984—），男，高级工程师，主要从事智慧水利研究工作。

E-mail：dongpengfei@xiaolangdi.com.cn。

载上，另一半用于网络关键物理基础设施，包括供电设备、冷却设备和照明设施。

4 绿色低碳的建设途径

4.1 建筑保温

本数据中心利用旧房改造而成，重点考虑室内的保温措施。主要是在墙面基础上增加墙面板，在其之间增加岩棉等保温材料。同时，进一步提高了数据中心的防静电、隔声、保温、防尘等性能，并进一步优化提升机房内部整体环境。

4.2 电气节能

（1）照明光源采用 LED 灯，光效比常规金卤灯提高 50%。

（2）电气所用器件和设备：如电力变压器采用高效、低损耗产品，降低了用电量；高压设备配置的断路器为真空断路器，用电功率小。在提高自然功率因数的基础上，装置自动补偿静电电容器屏进行无功补偿，使功率因数达到 0.91 以上。在检测的基础上采取得力的谐波治理措施，降低谐波电流造成的损耗。

（3）单相用电设备都均匀地接在三相网络上，降低三相负荷电流的不平衡，使其达到供电网络的电流不平衡度小于 20%。

（4）直流通信电源需用的整流设备均选用高频开关整流器，提高效率。

4.3 空调系统节能

空调系统耗能主要包括风机和空调末端机组，采用变频空调，根据空调负荷变化可以实现 10%~100% 无级调节，节省空调运行费用。同时，具有省电、稳压功能、减少对电力系统冲击、降低噪声的特点。采用列间空调部署，设置冷通道，减少冷量损失，回风温度可达 30~32℃。气流组织如图 1 所示。

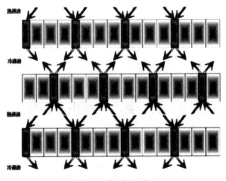

图 1　气流组织

4.4 变配电系统节能

数据中心充分利用水利枢纽的优势，部署在水电站附近，从供电侧最大限度利用清洁能源，优先就地消纳新能源，推动数据中心清洁能源的利用、持续优化用能结构。变配电系统积极应用新技术，提高供电系统的安全可靠性，同时在变配电系统中的各个环节考虑采取节能措施。

1. 优化系统结构与节能

根据负荷容量、供电距离及分布、用电设备特点等因素合理选择集中供电或分散供电方式，降低导线使用量，合理选择导线截面、线路敷设方案，降低配电线路损耗。根据机房的总体布局以及规划情况，合理布置电力机房，使供电电源尽量靠近负荷中心，减少较长送电距离造成的损耗，而利于节能。

在变配电系统结构以及 UPS 系统结构等方面，也可以根据安全级别定位以及节能减排目标等要求，适当采用新型的组织结构，以适当的代价获取合适的安全级别和节能效果。

2. 选用新产品及节能设备

用新产品及节能型设备可减少设备自身能耗，提高系统的整体节能效果，是数据中心机房变配电系统节能的重要措施。变配电设备的选型应选择国家认证机构确定的节能型设备，以及符合国家节能标准的配电设备。

例如，传统的 UPS 设备在正常工作时，由于设备负荷率相对较低，效率方面一直不高。近些年出现的一些新型 UPS 产品，比如模块化 UPS 设备、高频 UPS 设备等相对传统的 6 脉冲、12 脉冲整流器型 UPS 在效率方面有较明显的优势。本工程根据安全级别定位以及节能减排目标等要求，适当选用这些设备。

3. 合理进行设备配置和布局

合理计算、选择 UPS 的容量及配置数量；工程配置的 UPS 容量和数量根据新建通信机房楼近远期负荷情况；UPS 不间断电源的效率应满足相关国家和行业标准要求。

4. 合理进行导线选择和布放方式

（1）设计中在布放导线时，优化导线路由，尽量减少导线长度。

（2）对于供电线路较长的情况，在满足敷设条件、载流量、热稳定、保护配合及电压降要求的前提下，适当增加导线截面来降低线路损耗。

5 总结

本文针对数据中心机房基础设施的绿色低碳建设实现路径进行研究，在建筑、电气、供配电、空调等方面提出了适合数据中心的建设方法，在节能和布局等方面具有显著优势，有利于数据中心的绿色、安全运行，推动数据中心绿色低碳建设技术水平的提升。

参考文献

[1] 中华人民共和国工业和信息化部. 数据中心设计规范: GB 50174—2017 [S]. 北京: 中国计划出版社, 2018.

[2] 高书辰. 关于绿色节能模块化数据中心建立的探讨 [J]. 中国能源, 2020, 42 (11), 44-47.

[3] 杨辰. 基于模块化数据中心的低碳化技术分析 [J]. 信息技术与标准化, 2021 (S1), 55-58.

[4] 熊振华. 如何利用微模块打造绿色数据中心 [J]. 通信电源技术, 2018, 35 (1), 122-123.

[5] 高书辰. 我国数据中心低碳发展现状与路径分析 [J]. 信息技术与标准化, 2021 (12), 53-55.

大藤峡水利枢纽工程施工污染治理实践

徐 林 崔延华

（广西大藤峡水利枢纽开发有限责任公司，广西南宁 530000）

摘 要： 十八大以来，水利工程建设深入贯彻落实习近平生态文明思想，坚持生态优先、绿色发展，推动水利高质量发展，基于此，结合大藤峡水利枢纽工程建设运行实际，总结大藤峡水利枢纽工程施工污染监督管理实践经验，从防治措施、风险管理和监督管理等分析讨论了大藤峡水利枢纽工程污染防治的具体做法和取得成效，为大藤峡水利枢纽工程的生态功能全面发挥起到积极作用；同时也对水利工程建设过程中的施工污染监督管理工作具有一定的参考价值。

关键词： 环境保护；施工污染；监督管理；实践；大藤峡；水利工程

1 引言

　　水利工程环境保护工作长期以来受到国家生态环境部、水利部，地方政府和业主企业等各方的高度关注。水利工程建设不仅要符合环境保护"三同时"要求，业主企业还要充分考虑各种环境保护因素，落实各项环境保护措施，并在建设过程中进行有效监督管理。不少学者对国内水利枢纽工程建设过程中存在的施工污染问题及相应的环境保护监督管理措施进行了研究。赵文君[1] 就水利水电施工工地水质保护、大气保护以及噪音控制等环境保护管理问题和措施进行了阐述。王晓云等[2] 强调应加强水利水电施工现场水、气、声及固废的管理。邢伟等[3] 提出从企业生态环保组织、制度、措施、科研、监督、保障6个方面构建金沙江上游流域水电开发生态环保管理体系。杨柳等[4] 分析了水利工程环境保护管理模式及其存在的问题。黄维华等[5] 分析了小浪底水利枢纽建设运行过程中体现的生态理念、采取的生态措施、发挥的生态作用和生态效益。这些研究和讨论分析有一定的代表性，为水利工程环境保护提供了参考。大藤峡水利枢纽工程是国务院确定的国家172项节水供水重大工程的标志性工程，也是国务院批准的《珠江流域防洪规划》确定的一座防洪、航运、发电、水资源配置、灌溉等综合利用的流域防洪控制性工程。因此，大藤峡水利枢纽工程具有很强的代表性，参考价值较大。基于此，本文结合大藤峡水利枢纽工程建设运行实际，从防治措施、风险管理和监督管理等方面系统分析讨论大藤峡水利枢纽工程污染治理具体做法和取得成效，研究结果对建设生态大藤峡提供了重要参考依据；同时，也对国内水利工程建设过程中的施工污染监督管理工作具有一定的推广和参考价值。

作者简介： 徐林（1978—），男，广西南宁人，高级工程师，本科，主要从事水利水电工程管理。
E-mail：3154010@qq.com。

2　工程概况

大藤峡水利枢纽位于珠江流域西江水系的黔江河段大藤峡谷出口的弩滩处，地理坐标为东经 $110°02'$，北纬 $23°28'$。坝址在广西桂平市黔江彩虹桥上游 6.6km 处，开发任务以防洪、航运、发电、补水压咸、灌溉等综合利用。坝址以上控制流域面积为 $198612km^2$。大藤峡水利枢纽工程是国务院批准的珠江流域综合规划、防洪规划、保障澳门珠海供水安全专项规划确定的流域防洪控制性枢纽工程和重要水资源配置工程，是建设西江亿吨黄金水道的关键节点和红水河水电梯级开发的最后一级。大藤峡水利枢纽工程是一座防洪、航运、发电、补水压咸、灌溉等综合利用的流域关键性工程。工程建成后可完善西、北江中下游堤库结合的防洪体系；改善红柳黔地区航运条件，提升西江航运能力；缓解电力紧张局面，优化能源结构；保障澳门、西江中下游及珠江三角洲地区供水安全；解决桂中旱片干旱缺水问题，改善生产条件。

3　环境质量标准

3.1　废污水标准

目前国内生活污水、机修含油废水再生利用参考国家标准《城市污水再生利用　城市杂用水水质》GB/T 18920—2002[6]，砂石系统生产废水循环利用参考《水电工程砂石加工系统设计规范》NB/T 10488—2021[7]，需满足附录 F 砂石加工用水水质标准，即 pH>4、SS≤100mg/L。混凝土拌合系统生产废水循环利用参考《混凝土用水标准》JGJ 63—2006[8]。大藤峡水利枢纽工程施工期废污水经过处理达标后全部回用于施工区道路抑尘、洒水绿化等，回用标准参照《城市污水再生利用　城市杂用水水质标准》GB/T 18920—2002 及《混凝土用水标准》JGJ 63—2006，见表1、表2。

城市杂用水水质标准　　　　　　　　　　　　　　　　　　表1

序号	项目	冲厕	道路清扫、消防	城市绿化	车辆冲洗	建筑施工
1	pH	6.0～9.0				
2	色度≤	30				
3	嗅	无不适感				
4	浊度(NTU)≤	5	10	10	5	20
5	溶解性总固体(mg/L)≤	1500	1500	1000	1000	—
6	五日生化需氧量(BOD5,mg/L)≤	10	15	20	10	15
7	氨氮(mg/L)≤	10	10	20	10	20
8	阴离子表面活性剂(mg/L)≤	1.0	1.0	1.0	0.5	1.0
9	铁(mg/L)≤	0.3	—	—	0.3	—
10	锰(mg/L)≤	0.1	—	—	0.1	—
11	溶解氧(mg/L)≥	1.0				
12	总余氯(mg/L)	接触30min后≥1.0,管网末端≥0.2				
13	总大肠菌群(个/L)≤	3				

混凝土用水标准			表 2
项目	pH	不可溶物	可溶物
预应力混凝土	标准值(mg/L)	≥5.0	≤2000	≤2000
钢筋混凝土		≥4.5	≤2000	≤5000
素混凝土		≥4.5	≤5000	≤10000

3.2 环境空气标准

目前国内环境空气污染物管理统一实行《环境空气质量标准》GB 3095—2012[9]，大藤峡水利枢纽工程在建设运行期间严格执行《环境空气质量标准》GB3095—2012 二级标准。环境空气质量标准见表 3。

空气环境质量标准			表 3
环境要素	标准名称	项目	标准限值(mg/m³)
环境空气	《环境空气质量标准》GB 3095—2012 二级标准	总悬浮颗粒物	0.30
		可吸入颗粒物	0.15
		二氧化硫	0.15

3.3 噪声标准

目前国内环境噪声管理统一实行《声环境质量标准》GB 3096—2008[10]。大藤峡水利枢纽工程在建设运行期间严格执行《建筑施工场界环境噪声排放标准》GB 12523—2011[11]，该标准适用于周围有噪声敏感建筑物的建筑施工噪声排放的管理、评价及控制。噪声标准见表 4。

噪声环境质量标准			表 4
环境要素	标准名称	项目	标准限值[dB(A)]
噪声	《建筑施工场界环境噪声排放标准》GB 12523—2011	昼间	70
		夜间	55

4 治理工作实践

4.1 治理措施

1. 废污水治理措施

大藤峡水利枢纽工程施工期生活污水、生产废水经处理达标后回用于施工区绿化和洒水降尘，实现"零排放"。坝区施工期生活污水采用一体化污水处理装置进行处理达标后回用于施工区及道路抑尘、绿化；砂石料场施工期生活污水采用一体化污水处理装置进行处理达到《污水综合排放标准》GB 8978—1996 第二时段一级标准后回用。混凝土拌合系统废水经过絮凝沉淀处理后循环利用；砂石料冲洗废水采用混凝沉淀法处理后进行循环利用；汽车冲洗废水采用成套油水分离器的方法进行隔油处理，处理过后的出水回用；对基坑废水向基坑内投加絮凝剂（可采用聚合氯化铝或者聚丙烯酰胺）进行沉淀处理后清水排放。大藤峡水利枢纽工程施工期各废污水处置措施情况见表 5。

大藤峡水利枢纽工程废污水处置措施 　　　　　　　　　　　　　　表 5

序号	项目组成	现场实施
1	砂石料加工废水	采用混凝沉淀法处理,废水处理量 1499m³/h。废水处理后循环回用于骨料冲洗
2	混凝土生产废水	采用絮凝沉淀法处理后回用于混凝土拌合系统的冲洗,现场废水处理量 465m³/d
3	基坑排水	采用中和沉淀法,沉淀池污泥定期人工清除
4	洗车废水	工程布置机修及汽车保养站 1 处,对含油较高的机修废水选用成套油水分离设备进行处理,废水处理能力为 10m³/h,废水经处理达标后回用于洒水降尘
5	生活污水	采用 MCO-B 一体化污水处理设备,污水设施设计处理总规模为 300m³/d;采用 MBBR 一体化地埋式污水处理设备,污水处理规模 45m³/d,污水处理后回用于洒水降尘、绿化

2. 大气污染防治措施

大藤峡水利枢纽工程施工期主要采取了以下大气污染防治措施：

（1）开挖、爆破粉尘控制措施

采取预裂爆破、光面爆破、缓冲爆破技术来控制粉尘浓度，炮眼钻孔采用湿法作业，选用带收尘设备的施工机械以降低施工产生的粉尘量，降低粉尘浓度。另外，爆破粉尘采取洒水降尘处理，在爆破前向预爆体表面洒水湿润表面，在预爆区钻孔进行高压注水，配备洒水车，在开挖、爆破高度集中的区域进行洒水。施工过程中受大气污染影响严重的施工人员，采取必要的防护措施，如佩戴防尘口罩、隔声耳包等。

（2）砂石加工系统粉尘控制措施

砂石加工系统筛分车间选用湿法生产；破碎车间采用湿法破碎的低尘工艺，并且降低砂石原料转运落差；成品骨料、半成品骨料在移送过程中采用封闭式输送方式。降尘措施：

①针对干法生产的筛分车间，产生粉尘部位采取封闭或局部封闭措施，或采取除尘系统工艺设计，安装除尘设施，进行粉尘回收；

②对砂石加工系统施工区场地及其周围采取人力车定期洒水降尘，时间为非雨日每天3～5 次，间隔时间 2～4h；

③结合水保措施在砂石加工系统施工区外围种植植物，以降低粉尘污染影响的程度和范围。

（3）混凝土拌合系统粉尘控制措施

拌合系统内的拌合作业、水泥、粉煤灰等粉状物的运输、装卸及进料过程中会产生一定量的粉尘。为了减少这些粉尘的产生，对工程左岸主要 3 座混凝土拌合系统（厂坝、船闸、坝下交通桥项目）采取了如下措施：

①采用全封闭式自动化拌合楼，配置若干台袋式除尘器除尘；

②对每个水泥罐、掺合料罐配置一台袋式除尘器除尘，减少粉尘外溢；

③水泥、粉煤灰采用封闭式输送及运输，管道接口密封，避免在运输和输送过程泄漏；

④拌合系统内场地洒水、喷雾降尘。

（4）施工道路粉尘控制措施

施工场内主干为混凝土路面，开挖区临时道路为砂砾石路面，路面浮土受车辆运输和风的吹动，将产生较大扬尘。采取如下交通扬尘控制措施：

①雇用专业清扫队伍，及时清除主干道路面撒落物和浮土，保持道路清洁；

②限制车辆超载，减少运输过程掉渣，在各个临时道路路口设车辆冲洗设备，以减少车轮、底盘携带泥土撒落，污染路面；

③主干道及开挖区临时道路配置多辆洒水车，在无雨日进行洒水降尘。

3. 噪声污染防治措施

大藤峡水利枢纽工程施工期主要采取了以下噪声污染防治措施：

声环境保护对象主要包括工程影响范围内的噪声敏感目标、施工临时生活区和办公生活区。进场施工机械的噪声选择符合国家环境保护标准的施工机械。优先选用高效率、低噪声设备；尽量缩短高噪声设备的使用时间；振动大的设备应配备使用减噪槽、减振基座，以降低噪声源、振动源的影响；加强设备的维护和保养，保持机械润滑，降低运行噪声；做好机械设备使用前的检修，使设备性能处于良好状态。合理安排施工时间，所有敏感点附近夜间（22：00～6：00）及午休时间（12：00～14：00）禁止施工。

（1）开挖爆破噪声控制措施

开挖爆破噪声为瞬间即逝，时间短且远离敏感目标、施工临时生活区和办公生活区，不会造成明显的噪声影响。

（2）砂石加工系统噪声控制措施

砂石加工系统噪声控制措施：

①将传统的钢板筛全部改为聚氨酯筛，采用橡胶板将接料斗内衬，对噪声源尽可能封闭，降低噪声量；

②加强设备的维护和保养，保持机械润滑，降低运行噪声；

③调整生产时间，对于确实影响敏感目标的噪声，调整生产时间，避开作息时段，减少噪声污染。

（3）混凝土拌合系统噪声控制措施

①在拌合楼四周用吸声材料围成全封闭形式，以降低噪声外传；

②对噪声振动大的拌合机安装隔振垫和隔声罩，同时加强设备的维护和保养，保持机械润滑，降低运行噪声。

4.2　应急管理

1. 应急机构

成立大藤峡水利枢纽工程枢纽区施工期突发环境事件应急领导小组（应急救援指挥部），统一领导、负责组织指挥大藤峡水利枢纽工程枢纽区施工期突发环境事件应急处置工作。大藤峡水利枢纽工程枢纽区突发环境事件应急组织体系由应急指挥部、应急救援办公室、应急专业队、保障救援队、行政保障队、后勤保障队、环境监测队组成。组织机构框图见图1。

2. 应急预案

大藤峡公司组织编制了《库区施工期突发环境事件应急预案》《枢纽区施工期突发环

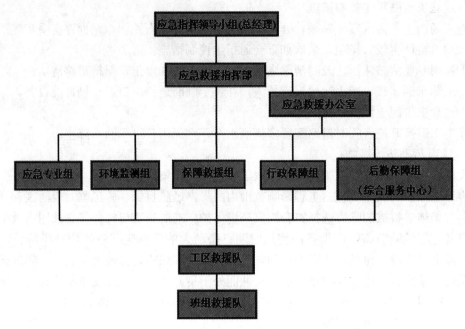

图1　应急组织机构框图

境事件应急预案》，已完成备案工作。应急预案主要内容包括总则、基本情况、环境敏感点、环境风险源及等级评估、应急组织指挥体系与职责、预防与预警、应急处置、应急终止、后期处置、应急保障、监督管理、附则及附件等。

同时，大藤峡公司还编制了《枢纽区施工期环境风险评估报告》《枢纽区施工期环境应急资源调查报告》《库区施工期环境应急资源调查报告》《库区施工期环境风险评估报告》。

3. 应急演练

大藤峡公司根据工程建设实际情况定期组织应急演练，演练内容包括突发环境事件预防、避险、报警、减灾、事件撤离、应急救援、紧急处置、综合协调等内容，以提高各参建单位应对环境污染处置的能力。

各参建单位建立演练档案；演练结束后进行总结、记录，演练后报送大藤峡公司。内容包括演练时间、地点、参加人员、演练项目、具体内容、演练效果、演练发现的问题和改进建议、演练考核结果等。

5　监督管理

广西大藤峡水利枢纽开发有限责任公司作为项目法人，设置专门环保工作机构，配备相关人员从事环境保护工作，建立了系列管理办法，委托落实环保设计、监理、监测和环保管家单位，进一步健全管理机构，并通过招标落实实施单位，明确任务。工作中，参建单位各级环保机构采取每日巡视监督、旁站监理、定期进行全面联合大检查的形式，建立周例会、月例会制度，日常环境管理中所有要求、通报、整改通知及评议等，促进环保措施落实。

在此过程中，大藤峡公司制定了《大藤峡水利枢纽工程建设期环境保护监督管理办法》，以合同为基础，严格落实环保考核、奖惩与责任追究，实现施工区环境保护"强监管"。一是将各参建单位环保工作纳入环保考核体系，定期进行量化考核，对各参建单位环境保护措施和责任落实情况实施奖惩；二是对屡纠屡犯的突出环境问题"零容忍"，采取"铁手腕"，重拳出击，给予通报批评、列入不良记录、违约处罚、工作约谈等多种形式开展问责追责，确保施工区"环境向好，面貌整洁"常态化；三是对履约不到位的单位，终止合同任务，另外委托专业第三方进场整改并提供技术服务，确保治理达标。大藤峡水利枢纽工程自开工以来，各环境指标检测基本全部达标，未发生环境污染事件，施工污染治理效果良好。

6 结语

本文结合大藤峡水利枢纽工程建设实际，从环境质量标准、治理措施、风险管理和监督管理等方面分析讨论了大藤峡水利枢纽工程污染治理的管理思路和实践意义。结果表明，大藤峡公司认真执行"三同时"制度，工程环境管理体系健全且运行有效，在工程建设和运行过程中有序开展了各项环保措施及工作，施工区已经采取的生态保护措施、污染防治设施基本有效，对施工区水环境、大气环境和声环境等生态环境没有产生明显的不利影响。为建设一流水利工程，打造优秀现代企业，全面发挥大藤峡水利枢纽工程生态效益，助力打造幸福珠江，保障粤港澳大湾区水安全提供了重要的科学依据。

参考文献

[1] 赵文君. 关于水利水电施工工地环境保护管理的探讨 [J]. 资源与环境，2015，12（23）：51-52.

[2] 王晓云，马丽. 浅析水利水电工程施工现场环境保护管理 [J]. 科技视界，2015，16（77）：106.

[3] 邢伟，毛进. 水电开发生态环保管理体系的探索与实践 [J]. 水力发电，2020，46（9）：32-36.

[4] 杨柳，石从浩，周娅. 水利工程环境保护管理模式探讨 [J]. 黑龙江水利，2017，3（6）：81-84.

[5] 黄维华，李杰. 小浪底水利枢纽生态影响分析与实践 [J]. 水环境与生态，2021，41（12）：59-65.

[6] 张怀宇，余琴芳. 谈城市杂用水的应用与《城市污水再生利用 城市杂用水水质》国家标准的修订 [J]. 给水排水，2021，47（3）：30-43.

[7] 国家能源局. 水电工程砂石加工系统设计规范：NB/T 10488—2021 [S]. 北京：中国电力出版社，2010.

[8] 丁威，冷发光，赵文春. 《混凝土用水标准》JGJ 63—2006 解析 [J]. 施工技术，2007，36（4）：92-93.

[9] 刘池，《环境空气质量标准（2012）》的实施对中国企业高质量发展的影响研究 [D]. 武汉：湖北大学，2021.

[10] 环境保护部. 声环境质量标准：GB 3096—2008 [S]. 北京：中国环境科学出版社，2008.

[11] 建筑施工场界环境噪声排放标准 [J]. 油气田环境保护，2012，22（3）：77-78.

永定河 2021 年全线通水效果评估分析

高金强　徐　鹤　徐　宁

（水利部海河水利委员会水资源保护科学研究所，山东莱芜 300170）

摘　要： 永定河 2021 年生态补水，通过对通水河长、河道水面变化、地下水回补及水质变化情况分析，结合生物多样性监测调查，可知：2021 年 9 月永定河三家店至屈家店区间关键河段顺利贯通，实现了永定河 865km 河道全线通水；2021 年永定河全线通水实施后，生态水面明显增加；永定河平原段 10km 范围内地下水水位比通水实施前平均回升 1.45m，地下水回补效果明显；全年Ⅲ类水质及以上河长占到评价河长的 67.4%，水质提升明显。生物多样性增加，永定河生态环境逐步复苏、持续向好。

关键词： 永定河；生态补水；全线通水；效果评估

1　引言

推动京津冀协同发展是党中央、国务院作出的一项重大战略决策部署。《京津冀协同发展规划纲要》中明确提出要推进"六河五湖"生态治理与修复。永定河是"六河五湖"重要河流之一，是京津冀区域重要水源涵养区、生态屏障和生态廊道。开展永定河综合治理与生态修复，打造绿色生态河流廊道，是京津冀协同发展在生态领域率先实现突破的着力点，对改善区域生态环境具有重要的引领示范作用。2021 年 9 月实现永定河 865km 河道全线通水，推动永定河生态修复迈入新阶段。

2　研究区域概况

永定河流域发源于内蒙古高原的南缘和山西高原的北部，东邻潮白、北运河系，西临黄河流域，南为大清河系，北为内陆河。流域地跨内蒙古、山西、河北、北京、天津 5 个省 6（自治区、直辖市），面积 4.70 万 km^2，占海河流域总面积 32.06 万 km^2 的 14.7%。

永定河上游有桑干河、洋河两大支流，于河北省张家口怀来县朱官屯汇合后称永定河，在官厅水库纳妫水河，经官厅山峡于三家店进入平原。三家店以下，两岸靠堤防约束，梁各庄以下进入永定河泛区。永定河泛区下口屈家店以下为永定新河，在大张庄以下纳龙凤河、金钟河、潮白新河和蓟运河，于北塘入海。

3　永定河生态水量调度实施情况

2016 年 12 月，国家发展改革委、水利部、原国家林业局联合印发《永定河综合治理

基金项目： 国家水体污染控制与治理科技重大专项永定河（北京段）河流廊道生态修复技术与示范（2018ZX07101005）。

作者简介： 高金强（1986—），女，山东莱芜人，高级工程师，硕士，主要从事水资源保护、水生态修复工作。

E-mail：gaojinqiang@163.com。

与生态修复总体方案》，将保障河道生态需水，恢复永定河河流生态功能、维持河流生态健康作为永定河生态修复的关键。永定河综合治理与生态修复工作自 2017 年启动以来，在部省协调领导小组和水利部的指导下，在京津冀晋四省市的共同努力下，绿色河流生态廊道建设取得了阶段性成效。

为实现《永定河综合治理与生态修复总体方案》生态水量目标，按照《永定河生态用水保障合作协议》，2017 年以来，海河水利委员会多次实施永定河生态水量统一调度，累计生态补水超 10 亿 m³。随着生态补水的实施，永定河水生态环境明显好转，生态系统的质量和稳定性逐步提升，综合治理与生态修复成效日趋显现。

自 2017 年通过水资源优化配置加大了上游向下游集中生态补水水量。2019 年首次开展了引黄水与永定河本地径流统筹调度、官厅水库上下游联合调度[1]，官厅水库上游共向永定河生态补水 3.31 亿 m³（其中引黄水 1.94 亿 m³）。2019 年春季补水后，自引黄北干线 1 号隧洞出口至卢沟桥拦河闸下游 14km，形成持续有水河道约 501km，其中卢沟桥以下常年干涸段通水约 14km，形成水面面积约 18km²，河道景观明显改观[2]。2020 年永定河生态补水为期 3 个月，累计补水量约为 2.6 亿 m³。2021 年 9 月 27 日，屈家店提闸放水，生态补水水头与永定新河连通，实现了《永定河综合治理与生态修复总体方案》确定的永定河 865km 河道全线通水的目标，2021 年永定河生态补水累计补水量约为 5.22亿 m³。

4 永定河 2021 年生态补水水量统计

2021 年，官厅水库以上各水源累计向永定河生态补水 2.94 亿 m³（包括春季累计补水 1.57 亿 m³，秋季累计补水 1.37 亿 m³），其中引黄生态补水 2.02 亿 m³；册田水库、友谊水库、洋河水库集中输水补水 0.92 亿 m³。

官厅水库及下游各水源累计向永定河山峡段和平原段生态补水 2.28 亿 m³。其中，官厅水库向下游生态补水 1.2 亿 m³，保障了山峡段全年不断流；南水北调中线补水 0.75 亿 m³；北运河补水 0.01 亿 m³；小红门再生水补水 0.32 亿 m³。

5 永定河 2021 年全线通水效果分析

5.1 通水河长

洋河：友谊水库至朱官屯河道全长 162km。其中，洋河柴沟堡至朱官屯 101km 河道全年有水，除集中输水期间外，水库以下有 35km 干涸。

桑干河：通过集中输水和生态补水，东榆林水库至朱官屯河道全长 334km 全年有水。

永定河：朱官屯至屈家店河道全长 307km，其中朱官屯至三家店 161km 全年通水。三家店至卢沟桥河道 17.4km，全年有水，卢沟桥以下至屈家店河道 1 至 8 月，由于地下水及区间涝水补充，河道形成间歇水面。8 月底实施生态补水后，通水河长不断增加，至 9 月 27 日实现了断流河道通水目标并维持流动约 2 个月，维持水面约 3 个月。

永定新河：屈家店至永定新河防潮闸河道全长 62km，全年有水。

综上，2021 年永定河 865km 实现全线通水入海，阶段性实现"流动的河"的目标。

5.2　河道水面变化

邸苏闯等[3] 通过分析研究 2020 年永定河生态补水期间，永定河山峡入境断面以下到崔指挥营出境断面永定河水系补水前后水面面积，发现水面积的变化主要集中在卢沟桥拦河闸下游段。2021 年永定河全线通水期间，官厅水库以下河段生态水面明显增加。通水之后，官厅水库至屈家店生态水面面积达到 23.24km²，较全线通水前增加了 7.62km²，增加幅度近 50%。其中，梁各庄至屈家店河段增加幅度最为明显，水面面积增加了 106%。官厅水库以下河段生态水面变化情况详见表 1。

官厅水库以下河段生态水面变化情况（km²）　　　　　　　表 1

河段	全线通水前（6 月 3 日）	全线通水期间		
		8 月 27 日	9 月 21 日	9 月 29 日
官厅水库~三家店	4.15	基本维持不变		
三家店~梁各庄	10.17	11.04	16.4	16.4
梁各庄~屈家店	1.3	1.53	1.95	2.68
合计	15.62	16.71	22.50	23.24

5.3　地下水回补分析

马尧等[4] 利用水均衡法计算生态补水期间山峡段、平原段不同区段的地下水补给量。研究发现：2019 年永定河生态补水后地下水位平均升幅 1.42 m，平原段补水影响范围 207km²。胡立堂等[5] 于 2020 年 4 月 20 日生态补水开始至 6 月 1 日通过对永定河北京段河道周边 77 眼观测井地下水位观测发现：水位上升主要在三家店水文站上游和卢沟桥水文站周边，水位上升值最大约为 20m。

本次重点调查永定河平原段地下水回补情况。2021 年永定河全线通水实施后，永定河平原段 10km 范围内地下水水位比通水实施前平均回升 1.45m，地下水回补效果明显，回升大于 3m 的区域主要位于三家店至卢沟桥河段的山前区域。全线通水前后永定河平原区各河段地下水水位变化情况如图 1 所示。

1）三家店至卢沟桥段

与生态补水前对比，陈家庄至卢沟桥段永定河沿线 10km 以内地下水水位平均回升 4.06m，最大回升值为 6.38m，出现在门头沟区再生水厂。距河 3km 内地下水水位平均回升 3.91m，距河 3~6km 内地下水水位平均回升 4.32m，距河 6~10km 内地下水水位平均回升 4.47 m。

2）卢沟桥至梁各庄段

与生态补水前对比，卢沟桥至梁各庄段永定河沿线 10km 以内地下水水位平均回升 1.17m，最大回升值为 3.71m，出现在大兴区裤腿闸。距河 3km 内地下水水位平均回升 1.48m，距河 3~6km 内地下水水位平均回升 0.94m，距河 6~10km 内地下水水位平均回升 0.82m。

3）梁各庄至屈家店段

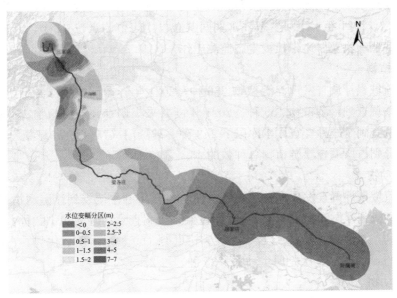

图 1　永定河平原区 10km 内地下水水位变化

与生态补水前相比，梁各庄至屈家店段永定河沿线 10km 以内地下水水位平均回升 0.82m，最大回升值为 1.55m，出现在老柳坨。距河 3km 内地下水水位平均回升 0.66m，距河 3～6km 内地下水水位平均回升 0.74m，距河 6～10km 内地下水水位平均回升 0.92m。

4）屈家店至永定新河防潮闸段

屈家店至永定新河防潮闸段沿线 3km 以内地下水水位平均下降 0.26m，生态补水对该段无影响。

5.4　水质分析

2021 年永定河流域水质评价河长 865km，全年Ⅲ类水质及以上河长 583km，占评价河长的 67.4%，Ⅳ类水质河长分别为 204km，占评价河长 23.6%；Ⅴ类水质河长 78km，占评价河长 9.0%。

实施生态补水后，重要水质断面典型指标浓度较输水前或输水初期均呈现较明显的下降趋势。官厅水库入库八号桥断面水质由Ⅳ类改善至Ⅲ类再至Ⅱ类，主要指标高锰酸盐浓度由 7.5mg/L 下降到 3.6mg/L，氨氮浓度由 1.3mg/L 下降到 0.22mg/L；固安断面补水前处于河干状态。生态补水后，水质由补水初期的劣Ⅴ类改善至Ⅲ类再至Ⅱ类，主要指标高锰酸盐浓度由 6.4mg/L 下降到 2.6mg/L，氨氮浓度由 0.46mg/L 下降到 0.06mg/L。

总体上，随着引黄生态补水及南水北调向永定河生态补水的实施，桑干河、永定河水质有所改善，尤其是常年断流甚至河干的卢沟桥至新龙河汇合口以上河段，水质基本能优于Ⅲ类，水质提升最为明显。

5.5　生物多样性分析

永定河大规模生态补水后，对河流生境质量恢复、生态功能改善起到了积极作用，水量、水质和物理结构变化导致生物群落组成的变化，从而推动水生态环境逐渐改善，生物多样性增加[6]。2021 年永定河生态补水期间共布设生态监测点位 34 个，开展浮游植物、浮游动物、底栖动物及岸边带植被生态监测工作。

1. 浮游植物

永定河流域累计调查发现浮游植物 386 种，2021 年春季调查到浮游植物 122 种，全线通水后秋季调查到浮游植物 156 种。2021 年度共采集调查到浮游植物 173 种，其中官厅水库以上调查到 163 种，官厅水库以下 143 种。硅藻门（75 种）和绿藻门（55 种）占明显优势，分别占所调查浮游植物总种数的 43.4%和 31.8%。

2. 浮游动物

永定河流域累计调查发现浮游动物 213 种，2021 年春季调查到浮游动物 87 种，全线通水后秋季调查到浮游动物 99 种，2021 年度共采集调查到浮游动物 132 种，其中官厅水库以上调查到 110 种，官厅水库以下 94 种。轮虫类（59 种）占明显优势，占所调查浮游动物总种数的 44.7%；其次是原生动物（36 种）占 27.3%。

3. 底栖动物

永定河流域累计调查发现底栖动物 238 种，2021 年春季调查到底栖动物 75 种，全线通水后秋季调查到底栖动物 71 种，受水流冲刷影响，全线通水后调查到的底栖生物种数略有减少。2021 年度共采集调查到底栖动物 112 种，其中官厅水库以上调查到 90 种，官厅水库以下 49 种。节肢动物门（82 种）占明显优势，占所调查底栖动物总种数的 73.2%。

4. 岸边带植物

永定河流域岸边带植物累计调查发现维管植物共计 82 科 262 属 386 种，2021 年度共调查发现 67 科 178 属 235 种，较 2020 年增加 36 种。包括裸子植物 9 种，被子植物 225 种，蕨类植物 1 种。以广布科、属居多，主要集中于菊科、禾本科、豆科等一些世界性大科。在桑干河石匣里，永定河山峡段王平湿地、平原段邵七堤等地调查发现国家二级重点保护植物野大豆。

5. 主要保护地鸟类

重点对官厅水库及桑干河等重点生态敏感区域鸟类进行了统计调查，共发现鸟类 360 余种。官厅水库在迁徙季中转、休憩候鸟达 40 万～50 万只。2021 年 12 月，官厅水库及上游壶流河湿地首次发现丹顶鹤 *Grus japonensis*。丹顶鹤属国家一级保护动物，被列入《世界自然保护联盟濒危物种红色名录》濒危物种。湿地鸟类作为河湖生态环境变化的重要指示生物，种群数量的增加是永定河生态环境逐步复苏、持续向好的有力证明。

6 结论

（1）2021 年永定河生态补水累计补水量约为 5.22 亿 m³，实现了全线通水的目标。

（2）全线通水期间，官厅水库以下河段生态水面明显增加。通水之后，官厅水库至屈家店生态水面面积增幅近 50%。其中，梁各庄至屈家店河段增加幅度最为明显，水面面积增加了 106%。

（3）2021 年永定河全线通水实施后，永定河平原段 10km 范围内地下水水位比通水实施前平均回升 1.45m，地下水回补效果明显。

（4）2021 年永定河流域全年Ⅲ类水质及以上河长占到评价河长的 67.4%，重要水质断面典型指标浓度较输水前或输水初期均呈现较明显的下降趋势，水质有所改善。

（5）2021 年永定河全线通水实施后，浮游动植物、岸边带植被及鸟类等生物种群数量有所增加，永定河生态环境逐步复苏。

参考文献

［1］ 杜勇，万超，杜国志，等．永定河全线通水需水量及保障方案研究［J］．水利规划与设计，2020（7）：14-18.

［2］ 户作亮．永定河综合治理与生态修复战略实践［J］．中国水利，2019（22）：16-18.

［3］ 邸苏闯，李卓蔓，潘兴瑶，等．永定河生态补水面积及河势演变规律遥感监测分析［J］．北京水务，2020（4）：13-17.

［4］ 马尧，杨勇，胡国金，等．永定河（北京段）生态补水对地下水的补给分析［J］．北京水务，2020（4）：22-27.

［5］ 胡立堂，郭建丽，张寿全，等．永定河生态补水的地下水位动态响应［J］．水文地质工程地质，2020，9（5）：5-11.

［6］ 莫晶，杨青瑞，彭文启，等．生态补水后永定河北京山区段河流生境质量评价［J］．中国农村水利水电，2021（2）：30-36.

嘉陵江流域径流演变规律及成因分析

杜　涛[1, 2]　平妍容[1]　邵　骏[2]　曹　磊[1]　李　俊[1]

(1. 长江水利委员会水文局长江上游水文水资源勘测局 重庆 400020;
2. 长江水利委员会水文局 武汉 430010)

摘　要：作为长江上游重要支流，嘉陵江流域径流情势直接关系着流域社会经济发展、流域防洪乃至整个长江上游的防洪安全。近年来，全球气候变化及大规模人类活动改变了嘉陵江流域天然水文情势，降水、径流等水文要素时空变化规律及成因研究是保障流域社会经济发展及防洪安全的重要基础。本研究基于数理统计检验及水文模型法，开展嘉陵江流域径流演变规律及成因分析。结果表明，嘉陵江流域年径流深、降水深序列均呈现出显著的下降趋势，同时在 1993 年前后发生向下跳跃性突变，但不显著，说明各序列的历史演变规律以趋势性下降为主，也即气候变化引起的径流变化相比人类活动的影响更为显著。进而采用水文模型法进行了径流变化归因分析，嘉陵江流域 1994—2016 年多年平均径流量较 1962—1993 年减少了 119.3 亿 m^3，其中受气候变化和人类活动影响分别约占 61.6% 和 38.4%。本研究成果可为流域水资源规划管理等工作提供科学依据。

关键词：嘉陵江流域；气候变化；趋势分析；变点分析；水文模型

1　研究背景

作为长江上游重要支流，嘉陵江流域径流情势直接关系着流域社会经济发展、流域防洪乃至整个长江上游的防洪安全。近年来，全球气候变化及大规模人类活动改变了嘉陵江流域天然水文情势，降水、径流等水文要素时空变化规律及成因研究是保障流域社会经济发展及防洪安全的重要基础[1-4]。宋萌勃和陈吉琴[1]采用 Spearman 秩次相关检验法、线性回归分析法、MK 统计检验法等分析了嘉陵江流域降水径流变化趋势，研究发现，流域降水有微弱的减小趋势，径流下降趋势较显著，降水径流关系在 1993 年后发生明显改变，主要原因在于流域内水土保持措施的综合作用及用水消耗的增加。白桦等[2]采用时间序列分析法和正交函数法研究了嘉陵江流域降水和径流演变规律，年降水量自流域西北向东南递增，流域年降水量未呈现出显著的变化趋势及突变点，流域控制站北碚站年径流量呈现显著的下降趋势，且于 1990 年前后发生跳跃性突变。许炯心和孙季[3]基于嘉陵江流域北碚站 1956—2000 年降水、径流系列，研究了水土保持措施减少径流的效应及其对年降水的依赖程度，结果表明，降水量减少及水土保持措施所引起的径流量减少比例分别为 84.3% 和 15.7%，即北碚站 1956—2000 年径流量减少以气候变化因素为主，且人类活动

基金项目：国家重点研发计划（2019YFC0408903），长江水科学研究联合基金（U2240201）。

作者简介：杜涛（1988—），男，河北承德人，博士，高级工程师，主要从事水文分析与计算等方面的研究。
E-mail：dtgege@126.com。

对径流量减少的影响与年降水量密切相关，当降水量超过某一临界值（流域年降水量 1000mm）时，年径流量有增加趋势。陈桂亚和 Derek Clarke[4] 采用 Penman-Monteith 公式计算嘉陵江流域面平均蒸散发量，并用流域降水及径流深对计算结果进行验证，进一步根据水量平衡模型结合气候预报产品，研究了气候变化对嘉陵江流域水资源量的影响。结果表明，2050 年和 2100 年，嘉陵江流域年径流量将分别减少 23.0%～27.9% 和 28.2%～35.2%。

前期研究大多基于水文气象资料进行趋势、突变、周期分析，本研究在前人基础上，重点延长了嘉陵江流域实施水土保持措施后近些年来的水文气象资料，系统分析嘉陵江流域水文气象要素演变规律及成因，为流域水资源规划管理等工作提供科学依据。

2 研究区域及数据

嘉陵江流域位于 $102°31'～109°01'$E、$29°17'～34°33'$N，发源于秦岭南麓，流经陕西、甘肃、四川、重庆四省（市），干流全长 1120km，落差 2300m，平均比降 2.05‰。全流域面积 15.98 万 km^2，占长江流域面积的 9%。嘉陵江以广元以上为上游，河长约 380km，广元至合川为中游，河长约 645km，合川至河口为下游，河长约 95km[5]。北碚水文站是嘉陵江流域的总控制站，控制流域面积 15.67 万 km^2，占嘉陵江流域总面积的 98.1%。

本次研究收集了嘉陵江流域及周边共 36 个气象站 1961—2016 年共 56 年逐日降水、平均气温、最高气温、最低气温等气象数据以及流域控制站北碚站 1961—2016 年共 56 年逐月径流系列。

3 研究方法

3.1 非参数检验

由于水文气象要素的非正态性分布，经典统计方法已失效。近年来，针对水文气象要素趋势、突变分析，非参数检验方法成为诸多学者较为青睐的实用工具。针对水文气象序列趋势性检验及其显著性评价，世界气象组织（WMO）推荐采用 Mann-Kendall（MK）趋势检验法[6]。MK 方法因其不受少数异常值干扰，并且不要求样本序列服从某一特定分布，被广泛应用于降水、气温、径流等水文气象资料的趋势性分析[7-10]。Pettitt A. 于 1979 年提出了 Pettitt 突变点检验法[11]，该方法同样因其不受少数异常值干扰、计算简便等特点，并且可以确切检测出序列突变点的发生时间及显著性水平，在水文气象等领域得到了广泛应用[12]。关于 MK 趋势检验法及 Pettitt 变点检验法的详细原理，详见参考文献 [13]。本研究选取 MK 和 Pettitt 方法对水文气象序列进行初步趋势、突变检验。

3.2 两参数月水量平衡模型（TPWB）

1948 年，Thornthwaite C. W. 首先提出了水量平衡模型的概念[14]，之后 Thornthwaite C. W. 和 Mather J. R. 于 1955 年对其作了改进[15]。到 20 世纪末，诸多学者先后提出了基于不同假设及结构的水量平衡模型，以应对气候变化、人类活动影响以及干旱分析等不同需求。月水量平衡模型主要用来模拟和预测不同气候条件下流域的月径流量，相比日尺度径流过程，较短时间尺度的一些随机不确定因素在月径流过程中被概化掉。同时，月水量平衡模型具有参数较少、对资料要求不高、结构简单、易于推广和应用等优点，被广泛应用于各种流域尺度的水文模拟[16-17]。熊立华等于1996年提出了两参数月水量平衡模型（简称TPWB模型），因其具有物理概念清楚、结构简单、模型参数少、模拟精度高以及参数优化值稳健等突出优点，在汉江、赣江、东江等湿润、半湿润地区月径流模拟中得到较为成功的应用[18,19]。

本研究基于嘉陵江流域面平均逐月降水和蒸散发资料以及流域出口控制站北碚站逐月流量资料，建立嘉陵江流域TPWB模型，用来分析气候变化和人类活动对流域水资源的影响。模型评价主要采用Nash-Sutcliffe效率系数NSE[20]和多年平均相对误差RE。模型参数采用Duan等[21]于1993年提出的SCE-UA算法进行优选。

3.3 径流变化定量归因方法

对于研究流域的径流序列，根据初步检验成果，确定其径流变化转折点（本研究以突变点检验成果为准），则有径流变化总量为：

$$\Delta Q = \overline{Q_{o,后}} - \overline{Q_{o,前}} \tag{1}$$

式中，$\overline{Q_{o,前}} = \frac{1}{t}\sum_{i=1}^{t}Q_o^i$，$\overline{Q_{o,后}} = \frac{1}{T-t}\sum_{i=t+1}^{T}Q_o^i$，$\Delta Q$ 为突变点前后径流变化总量；Q_o^i 为第 i 年实测年平均径流量；t 为年平均径流序列突变点；T 为径流序列总长度。

ΔQ 为人类活动和气候变化共同作用的结果，因此可表示为：

$$\Delta Q = \Delta Q_h + \Delta Q_c \tag{2}$$

式中，ΔQ_h 为人类活动影响导致径流变化量，ΔQ_c 为气候变化影响导致径流变化量。

基于突变点之前实测月尺度水文气象资料，构建TPWB模型对径流序列进行水文模拟，进而假定不受人类活动影响，即模型结构和参数不变，以突变点之后的气象资料驱动水文模型，模拟得到的突变点之后的径流序列即为气候变化引起径流变化后的序列，即：

$$\Delta Q_c = \frac{1}{T-t}\sum_{i=t+1}^{T}Q_o^i - \frac{1}{T-t}\sum_{i=t+1}^{T}Q_s^i \tag{3}$$

式中，Q_s^i 为第 i 年模拟年平均径流量。

将式(3)代入式(2)，可进一步得到人类活动影响导致径流变化量。

4 结果分析

4.1 降水及径流趋势性分析

根据嘉陵江流域1961—2016年面平均年降水序列、径流序列，绘制 $N=10$、$N=20$、$N=30$、$N=40$ 年滑动平均过程线，各序列滑动平均过程线见图1。嘉陵江流域1961—2016年多年平均降水深为912.0mm，从序列过程线及滑动平均线可见，1985—1997年序列基本呈下降趋势，1997年以后降水量基本轻微上升趋势，并保持在多年平均值附近波动。嘉陵江流域1961—2016年多年平均径流深416.1mm，1984—1997年处于下降期，1998—2011年处于上升期，但仍稍低于多年平均值。总体来看，降水、径流序列均呈现出下降趋势。

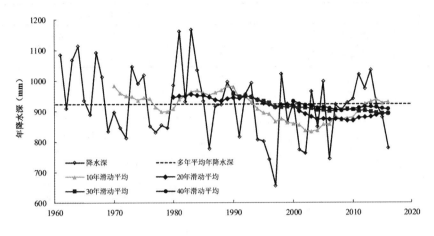

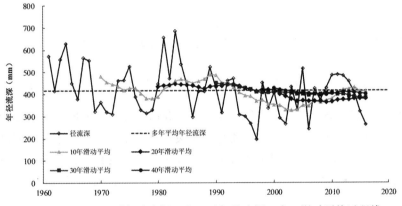

图 1　嘉陵江流域年降水深（左）及年径流深（右）滑动平均过程线

采用 MK 趋势检验法定量分析嘉陵江流域降水深、径流深序列变化趋势，显著性水平 α 取 0.05，检验结果见表 1。可见，降水和径流均呈现下降趋势，在显著性水平 $\alpha=$ 0.05 条件下，序列均具有显著的下降趋势。

嘉陵江流域年降水深、年径流深序列趋势性 MK 检验统计　　表 1

序列	MK 趋势检验 $U_{MK}(U_{1-\alpha/2}=1.96)$
嘉陵江流域年降水深	-1.74
嘉陵江流域年径流深	-2.19

4.2　降水及径流突变分析

采用 Pettitt 变点检验法分析嘉陵江流域年降水深、年径流深序列跳跃性突变，检验结果见表 2 及图 2。结果表明，降水和径流均呈现向下跳跃性突变，且突变点均发生在 1993 年，在显著性水平 $\alpha=0.05$ 条件下，两序列跳跃性突变不显著。由此可见，各序列的长期变化以趋势性下降为主，也即气候变化引起的径流变化相比人类活动的影响更为显著。

嘉陵江流域年降水深、年径流深序列突变检验统计　　　　　　　　　　　　表2

序列	Pettitt 检验 $P_t(\alpha=0.05)$
嘉陵江流域年降水深	0.076(1993)
嘉陵江流域年径流深	0.094(1993)

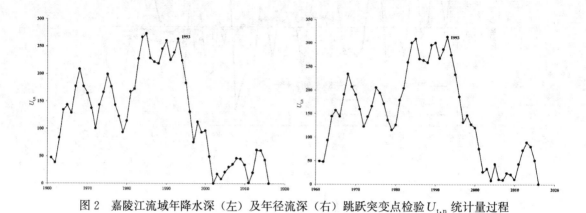

图2　嘉陵江流域年降水深（左）及年径流深（右）跳跃突变点检验 $U_{t,n}$ 统计量过程

4.3　嘉陵江流域降水径流关系

径流变化一方面与降水、气温等气象要素的变化密切相关，同时也与下垫面及土地利用类型变化等人类活动分不开。检测径流与降水关系有无系统变化，通常采用降水径流关系图及其双累积曲线方法。流域降水径流关系如发生趋势性变化，在双累积关系线上将表现出明显的转折。嘉陵江流域降水径流关系点据图、双累积曲线分别见图3和图4。

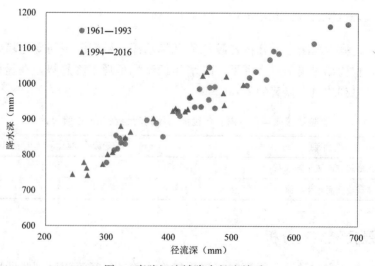

图3　嘉陵江流域降水径流关系

从降水径流双累积曲线图可见，降水径流双累积曲线斜率在1993年前后发生了较为明显的转折，点据趋势线斜率增大，说明嘉陵江流域降水径流关系发了明显变化。从降水径流关系图可见，1994—2016年的点据相比1961—1993年点据有明显向左上偏离的趋

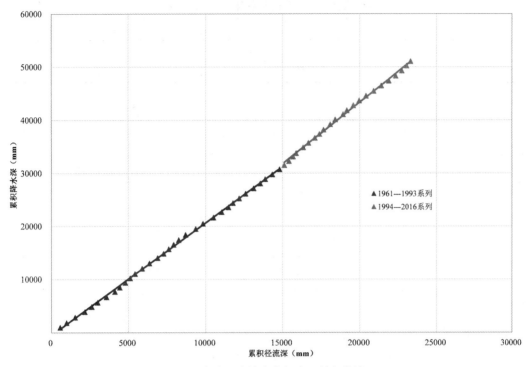

图 4　嘉陵江流域降水径流双累积曲线

势，同一降水量条件下，径流深减小，说明这一时期，受人类活动等因素影响，流域下垫面等条件发生了改变，导致流域产汇流条件发生了变化。

4.4　径流变化归因分析

　　自 20 世纪 90 年代以来，气候变化和人类活动对嘉陵江流域水资源的影响逐渐显著，通常我们采用统计水文学或随机水文学方法来研究其影响程度，然而该方法所提供的信息量已难以满足实际需求，因此，构建基于降水径流等水文气象要素的流域水文模拟技术显得更为实用且重要。本研究选用模型参数少、模拟精度高的两参数月水量平衡模型（TP-WB）对嘉陵江流域进行水文模拟，在此基础上，采用径流变化定量归因方法区分人类活动、气候变化各自对嘉陵江流域水资源变化的影响比例。

　　嘉陵江流域在 1993 年后降水径流关系发了较为明显的变化，因此，可以认为 1993 年以前嘉陵江流域受人类活动影响较小。本研究基于嘉陵江流域出口控制站北碚站具有同步逐月降水、蒸发和径流资料的 1961—1993 年系列对 TPWB 模型进行率定，对 1994—2016 年系列进行径流模拟，假设模拟系列能够代表嘉陵江流域 1994—2016 年不受人类活动影响的径流系列，将 1994—2016 年模拟系列与实测系列进行对比分析，定量研究气候变化及人类活动对嘉陵江流域径流的影响。嘉陵江流域 TPWB 模型参数率定与验证结果见表 3。通过试算，系列第一年的 12 个月份作为预热期以减小模型初始条件对模拟结果的影响。结果表明，嘉陵江流域 TPWB 模型率定期和验证期 NSE 分别为 86.36% 和 84.66%，RE 分别为 −3.23% 和 −7.97%，模型模拟效果较好。率定期和验证期模型模拟径流与实测径流对比情况分别见图 5 和图 6。

嘉陵江流域 TPWB 模型参数率定和验证结果　　　表 3

参数值		率定期(1962—1993 年)			验证期(1994—2016 年)		
C	SC	Nc	NSE（%）	RE（%）	Nc	NSE（%）	RE（%）
1.110	415	384	86.36	−3.23	276	84.66	−7.97

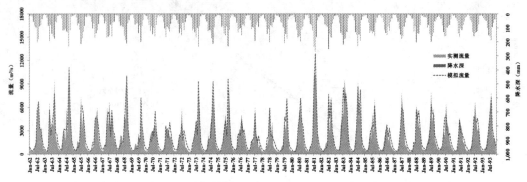

图 5　嘉陵江流域 TPWB 模型模拟和实测月径流过程（率定期 1962—1993 年）

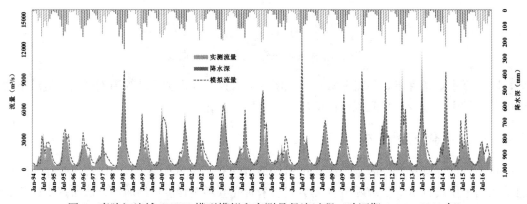

图 6　嘉陵江流域 TPWB 模型模拟和实测月径流过程（验证期 1994—2016 年）

　　嘉陵江流域 1962—1993 年实测多年平均径流量约为 697.7 亿 m³，1994 年左右径流及径流系数呈现较为显著的变化，1994—2016 年实测多年平均径流量约为 578.4 亿 m³，相比 1962—1993 年减少了约 119.3 亿 m³，减少约 17.1%。这部分减少径流量可以看作是气候变化和人类活动共同影响造成的。

　　根据 TPWB 模型模拟结果，1994—2016 年模拟多年平均径流量约为 624.2 亿 m³，可以认为该模拟径流量不受人类活动的影响，较 1962—1993 年实测多年平均径流量 697.7 亿 m³ 减少了约 73.5 亿 m³，主要受气候变化的影响；1994—2016 年模拟多年平均径流量 624.2 亿 m³ 较 1994—2016 年实测多年平均径流量 578.4 亿 m³ 增加了 45.8 亿 m³，该部分径流量的变化主要原因是 1994—2016 年实测径流量受人类活动影响，导致实测径流减少。综合分析，嘉陵江流域 1994—2016 年实测多年平均径流量较 1962—1993 年实测多年平均径流量减少了 119.3 亿 m³，其中 73.5 亿 m³ 主要受气候变化影响（主要是降水量减少），占比 61.6%，45.8 亿 m³ 主要受人类活动影响，占比 38.4%。

5 结论

作为长江上游重要支流，嘉陵江流域径流情势直接关系着流域社会经济发展、流域防洪乃至整个长江上游的防洪安全。近年来，全球气候变化及大规模人类活动改变了嘉陵江流域天然水文情势，降水、径流等水文要素时空变化规律及成因研究是保障流域社会经济发展及防洪安全的重要基础。本研究基于数理统计检验及水文模型法，开展嘉陵江流域水文要素演变规律及归因分析，主要得到如下结论：

（1）嘉陵江流域降水深、径流深序列均呈现下降趋势，在显著性水平 $\alpha = 0.05$ 条件下，各序列下降趋势显著。

（2）嘉陵江流域年降水深、年径流深序列均呈现向下跳跃性突变，且突变点均发生在1993年，两序列跳跃性突变不显著。

（3）嘉陵江流域 1994—2016 年实测多年平均径流量较 1962—1993 年实测多年平均径流量减少了 119.3 亿 m^3，其中受气候变化影响占比约 61.6%，受人类活动影响占比约 38.4%。

参考文献

[1] 宋萌勃，陈吉琴. 嘉陵江西汉水流域降水径流关系变化分析 [J]. 人民长江，2014，45 (14)：13-16.

[2] 白桦，穆兴民，高鹏，等. 嘉陵江流域降水及径流演变规律分析 [J]. 水土保持研究，2012，19 (1)：102-106.

[3] 许炯心，孙季. 嘉陵江流域年径流量的变化及其原因 [J]. 山地学报，2007，25 (2)：153-159.

[4] 陈桂亚，Derek Clarke. 气候变化对嘉陵江流域水资源量的影响分析 [J]. 长江科学院院报，2007，24 (4)：14-18.

[5] 张跃华. 嘉陵江流域径流变化规律及其对气候变化的响应 [D]. 重庆：西南大学，2012.

[6] Mittchell J M, Dzerdzeevskii B, Flohn H, et al. Climate Change [M]. WMO Technical Note No. 79, World Meteorological Organization，1966.

[7] Dou L, Huang M B, Yang H. Statistical assessment of the impact of conservation measures on streamflow responses in a watershed of the Loess Plateau, China [J]. Water Resources Management，2009，23 (10)：1935-1949.

[8] 徐宗学，刘浏. 太湖流域气候变化检测与未来气候变化情景预估 [J]. 水利水电科技进展，2012，32 (1)：1-7.

[9] 章诞武，丛振涛，倪广恒. 基于中国气象资料的趋势检验方法对比分析 [J]. 水科学进展，2013，24 (4)：490-496.

[10] 张建云，章四龙，王金星，等. 近50年来中国六大流域年际径流变化趋势研究 [J]. 水科学进展，2007，18 (2)：230-234.

[11] Pettitt A. A nonparametric approach to the change point problem [J]. Applied Statistics，1979，28：126-135.

[12] 杨大文，张树磊，徐翔宇. 基于水热耦合平衡方程的黄河流域径流变化归因分析 [J]. 中国科学：技术科学，2015，45 (10)：1024-1034.

[13] 杜涛. 气候变化背景下非一致性设计洪水流量研究 [D]. 武汉：武汉大学，2016.

[14] Thornthwaite C W. An approach toward a rational classification of climate [J]. Geogr. Rev.，1948，38 (1)：55-94.

[15] Thornthwaite C W, Mather JR. The water balance [J]. Publ. Climatol. Lab. Climatol. Drexel Inst. Technol.，1955，8 (1)：1-104.

[16] 李帅，杜涛. 基于月水量平衡模型的年径流模拟方法设计及应用 [J]. 长江科学院院报，2022，39 (3)：21-26.

[17] 吴迪，郭家力，向晓莉，等. 降水径流特征变化对月水量平衡模型模拟精度及参数的影响 [J]. 长江科学院院报，2019，37 (7)：41-46，52.

[18] 熊立华，郭生练，付小平，等. 两参数月水量平衡模型的研制和应用 [J]. 水科学进展，1996，7 (增刊)：80-86.

［19］ 胡庆芳，王银堂，刘克琳，等．基于改进的两参数月水量平衡模型的月径流模拟［J］．河海大学学报（自然科学版），2007，35（6）：638-642.

［20］ Nash J E，Sutcliffe J V. River flow forecasting through conceptual models［J］．Journal of Hydrology，1970，10：282-290.

［21］ Duan Q，Gupta V K，Sorooshian S. Shuffled complex evolution approach for effective and efficient global minimization［J］．Journal of Optimization Theory and Applications，1993，76（3）：501-521.

荆江大堤综合整治工程的几点效益分析

罗麟斌　周　建

（荆州市长江工程开发管理处，湖北荆州 434000）

摘　要： 长江荆江河道蜿蜒曲折，历史上洪灾频繁，更有"万里长江，险在荆江"之说。荆江大堤是长江流域最为重要的堤防，保护着江汉平原上 660 万余人生命财产安全，曾发挥了巨大的社会效益。虽然经过一、二期整险加固，各类险情有所减轻，但随着三峡工程建成运行，坝下游荆江河道长期处于冲刷状态，危及无滩或窄滩段的堤防安全。荆江大堤综合整治工程实施后，结合后期对工程的不断完善，逐步达到汛期只需专业队伍巡查排险，一般无须动用广大军民进行防守，适应经济社会可持续发展的需求，符合新时代"人水和谐"治水理念的要求。

关键词： 荆江大堤；整险加固；清水下泄；防洪保安；效益分析

1　引言

"不惧荆州干戈起，只怕荆堤一梦终"[1]。荆江河段上起枝城、下迄洞庭湖出口城陵矶，全长 326km。以藕池口为界，分为上、下荆江，上荆江为微弯分汊河段，下荆江为典型的蜿蜒性河段[2]。荆江堤防始终是长江流域重要且险要的堤段。长江流域的洪水主要发生在 5～10 月，而长江大洪水峰高量大，往往超过河道的安全泄量。荆州河段在上游洪水与洞庭湖水系洪水遭遇或受洞庭湖水系洪水顶托影响时，多次出现了持续时间长的高洪水位。据统计，沙市站自 1903 年以来，超过警戒水位的有 45 年。一旦荆江大堤发生溃决，不仅荆北，包括江汉平原的广大地区将尽成泽国，而且长江还有发生改道的可能，从而造成毁灭性灾害[3]。古人虽认识到主政荆州，"为政之要在江防，而江防之要在万城一堤"（亦指荆江大堤），但由于政治的腐败和经济技术的落后，荆堤永固、荆江安澜在 1949 年以前始终只是荆州人民的一个良好愿望。新中国成立前夕，长江流域堤防大多只能抵御 3～5 年一遇的洪水，在大量通江湖泊对洪水进行调蓄的情况下，洪灾仍连年不断。1931 年长江发生了全流域洪水，中下游地区绝大部分堤垸溃决，有 186 个县（市）被淹，死亡人数达 14.5 万[4]。新中国成立以来，党和政府对荆江大堤的建设极为重视，使防洪能力得到较大的提高。1998 年荆江大堤抗御了 8 次洪峰袭击，为避免启用荆江分洪区分洪，决战决胜长江罕见的洪水发挥了重要作用[5]。

2　荆江大堤概况及整险加固历史

荆江大堤位于荆江北岸，西起荆州区枣林岗（桩号 810＋350），东迄监利市城南（桩

作者简介： 罗麟斌（1964—），男，湖北监利人，高级经济师，主要从事水利工程运行管理工作。
E-mail：280893718@qq.com。

号 628＋000）接监利长江干堤，地跨上、下荆江河段（图 1），全长 182.35km（其中直接挡水堤段为 71.195km），是江汉平原的重要防洪屏障。荆江大堤保护区约 1.51 万 km²，其中耕地 816 万亩、人口约 660 多万，包括了武汉、沙市等重要的工业城市，江汉油田等工矿企业及京广铁路和宜黄公路、318、207、351 国道和沙市机场等重要的现代交通网络。荆江大堤为 1 级堤防，是江汉平原的重要防洪屏障，1974 年列入国家基建计划，属国家确保堤防[9]。

　　荆江大堤历史悠久，自两晋年间肇基，经两宋扩展培修，至明代成型。演变过程可概括为"始于东晋，拓于两宋，分段筑于明，合于清，加固于新中国"[1]。荆江大堤按现行政区划，分属荆州区、沙市区、江陵县、监利市管理，沿线共有五座涵闸，分别为万城闸（794＋087）、观音寺闸（740＋750）、颜家台闸（703＋532）、一弓堤闸（673＋423）、西门渊闸（631＋340）。

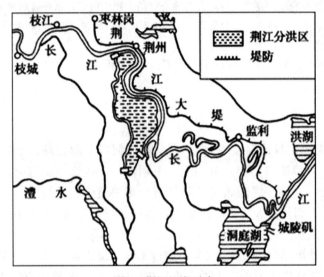

图 1　荆江河段示意

　　新中国成立以来，党和政府对荆江大堤的建设极为重视，投入了大量的人力物力进行整险加固。较大规模的整险加固工程有一期加固工程、二期加固工程和荆江大堤综合整治工程。

　　1975—1983 年为一期加固工程。总投资 1.25 亿元。主要进行了填塘和内外平台的加固。

　　1984—2007 年为二期加固工程。总投资 8.806 亿元。二期加固主要建设内容有：对全长 182.35km 的大堤进行堤身加培、堤内外平台填筑、堤基处理、抛石护岸、5 座涵闸改建重建等。二期加固工程自 2007 年 12 月 24～26 日，水利部会同湖北省人民政府在武汉市主持了荆江大堤加固工程竣工验收。

　　2013 年 12 月，荆江大堤综合整治工程开工，堤防总长 181.403km。内容包括：堤身灌浆、新建防渗墙、堤后盖重、填塘固基，设置压浸平台、堤后布置排渗沟、减压井，修整部分堤段缺失欠宽平台、建设防浪墙，堤身护坡，清淤万城闸等 4 座水闸上下游连接渠、改造加固观音寺等 4 座涵闸等。2017 年 6 月，主体工程完工；2020 年 6 月，附属工程及变更项目完工，完成总投资 18.43 亿元，其中工程部分完成投资 10.73 亿元，建设征地移民安置完成投资 7.3 亿元。

3 三峡工程运行后，荆江大堤面临的新形势

新中国成立后，经过几十年的堤防体系整治建设，长江中下游防洪标准大为提高（表1）[6]。荆江大堤经过一期、二期整险加固，各类险情有所减轻，但仍未根除，散浸、清水漏洞和管涌的现象仍有存在[7]；加之，20 世纪 70 年代初期，荆江河段裁弯取直（图2），导致荆南四河（松滋河、虎渡河、藕池河、调弦河）分流分沙逐年减少，长江干流洪峰、洪量增加，下荆江受洞庭湖顶托影响，汛期高水位持续时间延长；三峡水库运行来，荆江河段防洪标准由 10～20 年一遇的大洪水提高到百年一遇，但由于清水下泄，造成局部河段河床下切、岸坡淘刷，引起河岸崩塌或现有护岸块石下挫，危及无滩或窄滩段的堤防安全，仍威胁着保护区 660 多万人的生命财产安全[8]。为进一步巩固荆江大堤加固建设的成果，消除大堤安全隐患，保障江汉平原和武汉市的防洪安全，对荆江大堤进行综合整治是十分必要和迫切的。

长江中下游部分河段目前达到的防洪标准   表 1

长江干流	依靠堤防	依靠堤防与蓄洪区理想运用
荆江河段	接近 10 年一遇	约 40 年一遇
城陵矶河段	约 10 年一遇	约 100 年一遇(1954 年型)
武汉河段	20～30 年一遇	约 1954 年洪水
湖口河段	约 10 年一遇	约 100 年一遇(1954 年型)
汉江中下游	依靠堤防、丹江口水库、杜家台分洪区防御 20 年一遇洪水	依靠堤防、丹江口水库、杜家台分洪区、民垸分洪防御 1935 年洪水（约 100 年一遇）
洞庭湖区及四水尾闾	依靠堤防一般防御 5～10 年一遇洪水其中澧水下游防御 4～7 年一遇洪水	
鄱阳湖区及五河尾闾	依靠堤防一般防御 5～10 年一遇洪水	

注：据王俊和王善序，2002。

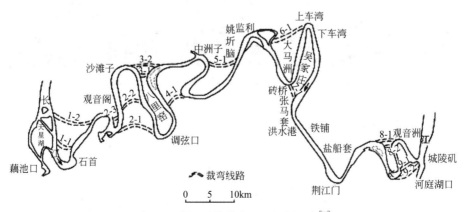

图 2 下荆江系统裁弯工程规划示意[9]

4   荆江大堤综合整治工程主要内容

2012 年 12 月 27 日，国家发展和改革委员会批复同意实施荆江大堤综合整治工程。2014 年 9 月 19 日，水利部批复同意荆江大堤综合整治工程初步设计报告，总投资 18.43 亿元。

荆江大堤综合整治工程历时 8 年，在二期加固的基础上，进一步整治险情、加固堤防、完善工程管理措施。解决了堤身渗漏问题、堤基渗漏问题、堤身稳定及散浸问题，处理了堤身护坡、穿堤涵闸缺陷，对影响防洪抢险严重的沙市、监利城区堤外进行了拆迁，增加了管理设施，改造了几处沿江景观。主要工程量有：新建防渗墙 86.48km，堤身灌浆 119.85 公里，沙市城区堤顶防浪墙整治 9.65km，背水侧堤身压浸平台 52.713km，堤身内、外平台修整 108.763km，临水侧迎流顶冲堤段护坡 29.475km，背水侧盖重 31.65km，减压井 555 眼，导渗沟 3.684km，排水沟 10.334km，填塘固基 227 处、顺堤 31.831km。对万城闸、观音寺闸、颜家台闸、一号堤闸 4 座穿堤涵闸的金属结构、电气设备及万城闸电气设备均进行了加固改造（图 3）。

本次项目建设征地移民安置共完成永久占地 0.15 万亩、临时用地 2.08 万亩，农村拆迁 311 户（684 人）、私房 6.39 万 m^2、公房 0.28 万 m^2，城（集）镇拆迁 362 户（732 人）、房屋 4.32 万 m^2，拆除复建企事业单位 115 个、房屋 17.45 万 m^2，拆除复建输电线路 21.97km。

图 3   江陵县荆江大堤综合整治工程中某处新建减压井

5   工程社会效益分析

荆江大堤综合整治工程以防洪保安为根本，主体工程建成前后，经过历年汛期洪水的考验，险情较以往大为减少，堤防抵御洪水的能力显著提高。

在建设过程中，国家发改委、审计署、水利部、省水利厅等上级部门共 14 次现场巡查项目施工质量，均给予一致好评。参建各方及有关部门各司其职、各负其责、通力合作,工程所用原材料、中间产品质量检测全部合格,施工质量满足规程规范、合同及设计要求。以监利姚圻垴段堤段为例,本次新建防渗墙最大深度 85m,有 20 多层楼高,厚 60cm,均创下了同类工程国内之最。整治前,2007、2012 年先后发生管涌及管涌群险情,堤身也有散浸险情;2015 年 6 月防渗墙建成后,经过 2016—2018 年汛期洪水检验,散浸、管涌险情等得到有效控制[10]。荆江大堤综合整治工程实施后,结合后期对工程的不断完善,现已"逐步达到汛期只需专业队伍巡查排险,一般无须动用广大军民进行防守"的建设目标。

2013 年 1 月至 4 月,荆州市政府组织成立"荆江大堤综合整治工程建设征地移民实物复核调查领导小组",围绕"搬得起,住得下,能发展"的目标,开展了荆江大堤综合整治工程建设征地移民安置实物复核调查工作,并对结果公示(图 4)。工程涉及荆州区、沙市区、江陵县、监利市、石首市 5 个县(市、区)的农村住房、农村公房、农村公墓、城镇住房、企事业单位用地等区域。贯彻社会、经济、环境可持续发展的战略思想,坚持"以人为本、构建和谐社会"的指导要求,尊重当地政府和移民群众的意愿,采取就近后靠本村分散安置、货币补偿安置和就近后靠分散安置等人口安置方法。农村移民以村内调剂耕地为主,并通过改造中低产田、改善水利条件、调整种植结构等手段,增加农民收入。搬迁安置在广泛听取意见后,研究确定安置的去向和方式[11]。搬迁安置点主要采用联排住宅的形式,每户宅基地面积 140m^2(平均 2 层),每排建筑前后铺设道路和绿化带 23100m^2,同时配有给水、排水、环卫、电力、电信、有线电视、广播、文教卫等工程设施。

图 4　荆江大堤综合整治工程某处移民安置点

2021 年 11 月至 12 月,工程相继通过了水土保持设施、环境保护、工程档案等专项验收及征地移民省级终验[12]。荆江大堤三次加固后,防洪标准提高到 20 年一遇;运用三峡水库调蓄,荆江河段防洪标准可提高到百年一遇;综合运用三峡水库、荆江地区蓄滞洪区、洪湖分蓄洪区等后,有效保障荆江河段的行洪安全,避免荆江地区发生干堤溃决的毁灭性灾害[10]。

6   工程经济效益分析

水利大投入带来防洪大效益[13]。1998 年洪水后，荆州市组织 100 多万劳力、近万台机械、投资 16 亿元对 904km 江河堤防进行整修加固，完成了"1998 年冬堤防大整治"。与 1998 年同期相比，一样高的水位、一样长的堤段、一样严重的汛情，1999 年的堤防险情却大为减少，抗灾消耗大为降低，洪灾损失也大为减轻[13]。1999 年，荆江堤防发生 54 处重点险情，仅为上年的 17%；抢险消耗砂石料 8 万 m³、编织袋 3000 万条、资金 2.3 亿元，分别为上年的 28%、23%、260%；1998 年洪水直接淹没农田面积 6 万 hm²、42 万人灾民被迫转移，而 1999 年除为破口行洪淹没的约 333hm² 农田外，其他地方的农田都夺得了丰收；洪涝灾害直接经济损失 17.28 亿元，仅为上年的 24%。

荆江大堤综合整治工程总投资 200409 万元（按 2013 年第 4 季度价格水平计算）。工程部分投资 114976 万元，其中建筑工程 80636 万元，机电设备及安装工程 2315 万元，金属结构设备及安装工程 153 万元，施工临时工程 2882 万元，独立费用 23515 万元，基本预备费 5475 万元；移民和环境部分投资 85433 万元，其中移民征地拆迁费用 81885 万元，环保投资 1865 万元，水保投资 1683 万元。

荆江大堤直接保护区内共有人口 660.16 万人（城区人口 154.14 万人），耕地面积 543.95khm²，一次淹没损失约 1197.66 亿元。考虑直接保护区三面环堤，其直接挡水的还有 71.195km 的汉江干堤、东荆河堤和主隔堤，防洪效益为共同所有，对防洪效益分摊，荆江大堤分摊得到一次减免淹没损失达 554.5 亿元的效益。

荆江大堤综合整治工程不仅为江汉平原防洪保安提供有力支撑，还能为该区域乃至湖北省社会经济稳定快速发展提供可靠保障，带来了难以用货币价值衡量的效益。

7   工程生态效益分析

荆江大堤沿线地区地带性植被属亚热带常绿阔叶林和落叶林交界区，地表覆盖物多为农田植被，陆生动物以湿地和农田常见动物为主。荆江河段地处长江中下游洪泛平原区，水生生物种类丰富。据调查，水生维管束植物共有 32 科 86 种，鱼类 20 科 82 种，还有龟、鳖、虾、蟹以及各种贝类等。珍贵的野生动物主要有白鳍豚、中华鲟、江豚等。在荆江大堤综合整治工程建设全过程里，荆州市长江河道管理局（项目法人）聘请了专业的环境监理工程师；并采用了陆生、水生生态主要保护措施、自然保护区保护措施、水环境、人群健康、大气环境、声环境保护等措施及拆迁居民环保措施减免了工程建设中对原生态环境的不利影响。

荆江大堤综合整治工程水土流失防治责任范围为 2069.19hm²。按照水土保持的要求，配合主体工程的实施，同步进行表土剥离、拦挡土埂土方填筑、排水系统土方开挖、表土返还、草袋土临时拦挡、备用土工布、防雨布、撒播红三叶草籽、撒播狗牙根草籽、撒播鸢尾、撒播鸭茅、樟树、意杨等工程措施和植物措施，有效整治水土流失的问题，项目建设区绿化面积达 994.99hm²。

荆江大堤综合整治工程涉及的荆州区、沙市区、江陵县及监利市 4 地均为血吸虫病疫区。2008 年荆州市有血吸虫病人 160168 人，血吸虫病人感染率 3.36%；血吸虫病牛

3070头,血吸虫病牛感染率2.58%[14]。工程施工时,对血吸虫病疫区及钉螺滋生地采取填塘、土料场工程灭螺、喷洒药物灭螺、血防宣传、血防卫生设施设置等措施,并对施工人员进行血吸虫抽查体检。特别是在对堤内万城闸、观音寺闸、颜家台闸、一弓堤闸4座涵闸清淤后,采取渠道硬化的方法进行水利血防,硬化涵闸消力池下游200m的渠道、边坡,使万城闸等4座涵闸渠道顶部达到当地最高无螺高程线。

经过多年的建设和经营,不仅移民和安置区原居民生活远超过原有水平,整个荆江大堤的生态环境发生了翻天覆地的变化。182km堤身两边的杉树、樟树、意杨、女贞、枫香、桂花树等一大批优质苗源已经成材,为国家和附近村镇提供了大量木材和树枝[15]。沙市观音矶、临江仙公园、江陵郝穴铁牛矶、监利滨江公园等工程的相继竣工,昔日的险点已变景点,人水和谐成为新常态(图5、图6)。2018年4月,习近平总书记视察湖北,刚到荆州港码头就说:"荆州很美,看起来很漂亮。"荆江大堤,这座湖北人民、荆州人民战胜洪水的巍巍丰碑,已成为一道亮丽的风景线和绿色发展生态长廊[15]。

图5 江陵县荆州大堤综合整治工程前郝穴铁牛矶

图6 江陵县荆州大堤综合整治工程后郝穴铁牛矶

8 结论

三峡工程运用后，虽显著提高了荆江河段防洪能力，但由于清水下泄和可能超标准运用的影响，对荆江大堤进行整险加固仍是江汉平原防洪保安的重中之重。荆江大堤综合整治工程实施后，荆江大堤有了全面、系统、规范化的整治，进一步提升了防洪保安的能力，保障了江汉平原乃至湖北省社会经济的稳定、快速发展，逐步构建成"万里长江，美在荆江"的新画卷，使长江大保护理念深入人心。

参考文献

[1] 胡彦鸿.荆江大堤 千年筑就 [J].中国三峡.2017，(08)：58-67.

[2] 段光磊.长江荆江河段典型洲滩演变机理初探 [J].水利水运工程学报.2008，(02)：10-15.

[3] 荆州市长江河道管理局编.荆江堤防志 [M].中国水利水电出版社，2012 年版.

[4] (清)郭茂泰修，(清)胡在恪纂.康熙荆州府志 [M].南京：江苏古籍出版社，2001.

[5] 李民权.多年加高加固荆江大堤战 98 洪水作用重大 [J].防汛与抗旱.1998：144.

[6] 李长安.基于"人－水－地和谐"的长江堤防功能 [J].地球科学 (中国地质大学学报).2015：261-267.

[7] 易朝路.荆江大堤典型地段管涌险情与水情要素定量分析 [J].水利学报.2002，(08)：113-117.

[8] 杨冬军.荆江大堤堤基渗控方案设计 [J].中国水运 (下半月).2018，(05)：159-161.

[9] 潘庆燊.长江荆江河道整治 60 年回顾 [J].人民长江.2015，4：1-6.

[10] 祝华，邓祥虎.总投资 18 亿元 荆江大堤综合整治工程主体完工 [N].湖北日报，2019-04-11.

[11] 梁福庆.非自愿性移民和谐社会建设研究 [J].重庆三峡学院学报.2007，(06)：1-5.

[12] 湖北省水利厅建设处.荆江大堤综合整治工程通过竣工验收 [EB/OL].湖北省水利厅，2021-12-23.

[13] 刘克毅.关于荆江防汛抗洪若干问题的思考 [J].武汉水利电力大学学报 (社会科学版).2000，1：17-21.

[14] 荆州多措并举"送瘟神"血吸虫病疫情大大降低 [N].荆州电视台.2013-03-06.

[15] 赵华忠.荆江大堤千年抗洪的历史回响 [J].档案记忆.2019-12-05：31-36.

抽水蓄能电站超深多腔室竖井
滑模混凝土安全快速施工技术

马琪琪

（中国水利水电第六工程局有限公司，辽宁沈阳 110000）

摘　要： 通过对滑模施工工艺和标准化方案设计技术研究，标准化的施工程序及精细化过程控制措施进行研究，攻克超深竖井混凝土施工技术重、难点，加快施工进度，降低滑模施工安全风险，保证多腔室混凝土形体质量，达到了预期的效益，对工程顺利完成有着重要意义，可为类似工程提供参考。

关键词： 超深；多腔；施工技术

1　概述

荒沟抽水蓄能电站电缆兼排风竖井，井深为 341m，开挖直径 11m，在圆形井筒中部高压电缆井腔一侧设置有城门洞型电缆耳洞，其宽 6.1m、高 11.4m、长 15m。电缆兼排风竖井井内孔腔功能主要分为高压电缆井、低压电缆井、电梯井、电梯前室、楼梯间、电梯泄风井、事故排风井（2 个）及排风井（3 个），共计 11 个小室。

竖井内楼梯、楼梯休息平台、电梯前室、高压电缆井、低压电缆井内设置有混凝土结构平台，混凝土滑模施工时要在相应设计位置预留板槽、梁窝，二期进行施工；同时在混凝土筒壁及隔墙中设计有各类孔洞、梁、门等结构，接地和管线预埋；诸多设施间隔不一，施工过程的质量控制尤为重要。

2　施工布置

2.1　井内交通设计

根据施工需要及从安全角度出发，施工人员井内上下交通与材料、设备上下运输引用安全性较高的专用提升系统，用于人员上下交通及小型工具、材料的运输。

首先是选择矿用凿井井架的使用，在国内水电行业乃是先例，该提升架具有近 20m 的高度及大跨度（悬吊点可以布置的 $42.25m^2$ 范围内）的绝对优势，从深竖井开挖支护到永久混凝土浇筑，直至后期二期板梁等设施的安装，整个施工过程收益非常之大。

其次是提升设备的选用，包括提升载人绞车（载人专用，以下均称为提升绞车）和凿井载物绞车（专用，以下均称为凿井绞车）两类。其优点主要有以下几点：

（1）优越的制动性。设备的制动系统设计为常闭式，包括滚筒闸板液压制动与电机传

作者简介：马琪琪（1989—），男，陕西西安人，工程师，本科，主要从事水利水电工程研究。
E-mail：1061449494@qq.com。

动轴液压制动两种制动方式，绞车启动时利用液压系统供油联动机械装置松开抱闸，运行停止时自动关闭抱闸，突然断电时抱闸同样随即自动关闭。设备运行的安全性大大提高。

（2）绝对的速度控制。凿井绞车最高绳速为 6m/min。提升绞车为无级变速控制，设置最高绳速为 50m/min，均符合施工规范的要求值。

（3）可靠的限位。在提升绞车电脑控制程序内设置相对限位点，设备运行至设置点时系统自动进行减速并制动。为确保万无一失，另在井口盘出口以上 3m 处设置限位断电装置，当防坠罐笼提升过高碰触到限位开关时电控系统可自动断电，防止出现意外，设置两道限位开关，间距 1m，当第一道限位开关因特殊原因故障失灵时，第二道限位能够断电保护，起到双重保险作用，能够有效地杜绝事故的发生。

（4）电子技术的支撑。提升绞车电路控制系统采用 PLC，设备投用前根据现场设定各项参数，通过深度指示传感器与电子程序计算悬吊设施的相对运行距离；信号点位的错误传递不能控制绞车启动；绞车启动时缓慢加速到正常速度，临近到停靠位置时提前减速。另外在井口与井下工作面布置无线传输的视频监控系统，让绞车操作人员、安全监管人员在地面操作间能够随时掌握关键部位运行情况，连接网络后也可以远程监控。

（5）管理的保障。建立各类规章制度，设置各类岗位人员，在防坠罐笼向往运送人员时，通过信号人员的指挥下，罐笼停靠在上下平台位置，乘坐人员进入罐笼，安全门关闭完好且经检查无误后，信号人员发出启动信号，提升绞车司机启动绞车，严格按照程序进行操作。

2.2　井口布置

（1）井口提升设备布置：施工吊盘悬吊采用 2 台 JZ-16 型凿井绞车悬吊，载人容器使用专用的防坠罐笼，提升罐笼的设备使用 JTP-1.6×1.2P 型提升绞车，稳绳提升设备使用 2JZ-10/800 型凿井绞车，材料运输使用 JZ2T-10/700 型凿井绞车，管路悬吊使用 2JZ-25/1500 型凿井绞车，井口门使用 JM-5 型绞车牵引开闭。

（2）井口安全防护：对井口进行全封闭管理，设置井口封口盘，采用井字形框架钢梁，封口盘在井口现场进行组装。钢梁布置完毕后，增加相应的横撑，利用花纹钢板封堵井口，主梁采用 36b 工字钢、副梁采用 20 号槽钢，上面铺满 4mm 花纹钢板，封口盘上设置设备材料与防坠罐笼上下井口预留孔/门，设备通过孔设置型钢焊制的双开井盖门遮盖，利用 JM-5 型提升绞车开闭井盖门，设备材料通过时打开，其余时间关闭。罐笼通道四周、封口盘四周安设高度 1.2m 的钢管围栏，围栏全高设置踢脚板，以防止高空坠物落井伤人，围栏中留有人员通过门，井口布置见图 1。

2.3　井内布置

竖井施工过程中吊盘的使用非常重要，能够防止高空坠物对井下作业人员的造成伤害，又能作为混凝土分料平台。

吊盘半径 5.2m，距离井壁 0.3m，吊盘主梁采用 36b 工字钢、圈梁采用 36 号槽钢，辅梁采用 20 号槽钢，上面铺满 4mm 花纹钢板，吊盘上留有设备材料、防坠罐笼上下通过孔，通道四周、吊盘四周安设围栏，以防止高空坠物落井伤人。主梁上设置 4 个悬吊点，加工钢板吊耳、轴销与悬吊钢丝绳绳夹端相连。

图 1　井口布置

采用矿用凿井井架悬挂防坠载人罐笼作为人员上下竖井的通道，防坠罐笼的运行轨道即稳绳，使用 2JZ-10/800 型凿井绞车悬吊两根稳绳，钢丝绳末端与吊盘相连利用吊盘自重张紧。此提升系统安全，易于操作，乘坐人员安全感较强，采用此设计，在施工中有效的保证施工人员安全。

沿井筒布置 1 套下料系统，溜管采用 Φ219 无缝钢管，壁厚 10mm，溜管单节长度＜6m，为保证下料系统安全，使用一台 2JZ-25/1500 凿井绞车缠绕 2 根 Φ32 钢丝绳悬吊管路；为防止混凝土骨料分离，每隔 50m 设置一个 H 型缓冲器，管与管之间采用法兰盘及螺栓连接，钢丝绳与每节溜管的吊环用钢丝绳卡连接固定。另外每节溜管连接时，在溜管接口处内壁焊接 C20，L＝20cm@5cm 短钢筋，已起到溜管节节变径减少、骨料分离及加强管路节点处耐磨损性能的效果。溜管上的吊环与钢管壁满焊，吊环位置在距离钢管端头0.5m 处。通过采用 Φ219 无缝钢管配 H 形缓冲器实现混凝土井内垂直运输，未发生流管击穿现象。通过双钢丝绳悬吊于井内，保证混凝土顺利入仓，有效地保证了混凝土浇筑质量，确保混凝土施工连续性和安全性。

混凝土罐车运输到井口通过井口集料斗内，经溜管到达分料盘，经分料盘上的集料斗二次分料后沿串管入仓，保证了混凝土均匀入仓，且不发生骨料分离现象。

电缆兼排风竖井混凝土施工采用滑模施工，由于电缆兼排风竖井井内系统设计体型结构复杂，精度要求高，工序多，竖井工作空间受限制，混凝土浇筑和钢筋绑扎材料运输等上下交叉作业，下料系统布置困难，安全防护难度大；采用常规方法施工，导致滑模工作盘上存放材料较多，以及钢筋运输、绑扎和混凝土浇筑交叉进行，滑模施工空间布置有限，滑模工作盘不能存放太多材料，存在较大安全隐患。传统的竖井混凝土滑模施工过程中一般采用垂直管道将混凝土料输送至受料点上方，通过缓降器缓降减速后，经由固定（移动）溜槽（筒）进入待浇筑区域。这种方法需要在井内布置多路输送管，以满足多个腔室的混凝土布料入仓，不仅人工劳动量较大，且需要多人配合进行操作，效率低；同时，容易产生混凝土离析的问题，影响施工质量。

为保证施工安全，经采用自行研制的实用新型专利一种用于多腔深竖井滑模施工的混凝土输送装置，在竖井混凝土工作面上方吊挂一个用于混凝土分料作业的盘体，由集料斗、分料盘、溜管以及用于驱动溜管旋转的旋转机构组成，分料盘结构整体设计为轻型钢结构，旋转机构是结构的核心部件，与盘体开口部位配合，中心旋转轴联动斜向溜管配合环形行走装置进行自由旋转，混凝土料在集料斗汇拢后，通过旋转机构外圈大孔径放射肋算格后，滑入主体斜向溜管。

首先该盘体能在垂直方向上起到安全防护作的重要作用，其次分料盘的结构设计简单，上平面可以为井壁钢筋绑扎作业提供操作空间，也可以暂存一定量的钢筋等其他辅助材料，混凝土料经由输料竖管到达末端时先通过缓冲器首先降低混凝土自重坠落冲击力，集料斗收集汇拢后穿过分料盘框架开口部位，滑入斜向溜管后通尾部活动式溜筒溜放分配至抵达预定浇筑各腔室。在施工期间吊盘按照每班使用量来限制，按每班滑升 2m 计算，经计算，分料盘中材料放置要求不大于 5t，可以满足规范要求。

3　滑模系统设计

3.1　滑升原理

滑模模体依靠液压千斤顶在爬杆上的往复爬升来实现位移，工作时爬杆固定。千斤的动作分为两部分：活塞与上卡体为上组；缸体、端盖、下卡体为下组，两部分组件交替动作。当千斤顶进油时，上组的上卡体紧卡爬杆，锁紧在原来的位置；下组被液压力顶升，千斤顶即向上爬升一定行程，同时带动滑模向上移动。当千斤顶回油时，下组的下卡体紧卡爬杆锁紧，上组复位，由此循环节节上升。

3.2　滑模系统设计

探索使用高精度、安拆速度快、高复用率、技术成熟的球形网架钢结构作为模体框架，该设计便于工厂批量加工，且有足够的强度、刚度及稳定性，目前网架结构已在建筑领域广泛的应用。

本套模体结构新颖美观，杆件规律性强，整体性好，空间刚度大，所有杆件均采用加厚壁空心钢管，节点采用相贯线直接交汇螺栓球连接，便于安装，操作简便。但其精度要求较高，杆件长度基本相似，容易错误，杆件、球型支座、螺栓球节点的标识与定位成为关键，网架安装过程中挠度监测、假拧紧现象的排查，成为检验其刚度和定位、控制质量的主要手段。

为了保证网架的安装质量，所有空心钢球节点和钢管杆件均在工厂集中加工。钢球采用胎模加工，原材料为 45 号钢。采用车床切边，加工允许公差为：直径偏差 ±1mm，球椭圆度偏差 <1mm。钢管杆件长度允许偏差为 ±1mm，杆件端面与杆轴线必须垂直，其

允许偏差为 $0.5\%R$（R 为钢管半径），钢管杆件的最大弯曲不得大于 1/1000 杆长。

由于井内空间及环境受限，各腔构件截面尺寸都较大，不易在井内进行部件拼装，需提前在地面将各腔室的模体结构拼装完成，后进行整体对接校验，确认无误后再逐一分体运输至井内。整体预组装连接在地面操作的过程，能够提高工人操作的熟练程度，要求对施工安排、构件运输、实地操作等问题要精密组织，保证到达井下后能够顺利拼装。

为了保证整个施工过程的误差处于受控状态，施工中采用了全过程定点跟踪测量方法，每部分结构都设置了测量控制点。在杆件安装、螺栓球安装过程中，每班三次进行测量并记录控制点的轴线标高和垂直度误差结果，将结果在分析之后提交给施工人员，以便及时调整、控制误差。

为保证施工质量，滑升千斤顶选用 QYD-100 型 10t 千斤顶，滑升动力装置为 HKY-36 型自动调平液压控制台。设计承载能力为 10t，计算承载能力为 5t，爬升行程为 40mm，液压控制台选用 YKT-36 型自动调平液压控制台。高压油管：主管选用 $\phi16$；支管选用 $\phi8$，通过油管和分油器与控制台和千斤顶分组相连，形成液压管路，全部千斤顶共分 6 组进行连接形成液压系统，选用 2 台控制台，1 用 1 备。千斤顶、油管按设计总数的 20% 备用，千斤顶配件按 15% 备用。为保证滑模系统同步滑升，经计算，采用 32 台千斤顶可满足结构要求，在施工中有效地保证了滑模系统同步滑升，保证了混凝土形体的质量。油路布置应便于千斤顶的同步控制和调整，单个组油路的长度、元件规格和数量基本相等，以便于压力传递均匀，油量尽可能一致。

4 滑模施工

滑模施工的特点是钢筋绑扎、预埋件施工、混凝土浇筑、滑模滑升、体型控制、抹面修补、养护等工序平行作业，各工序连续进行，相互配合，相互适应。

4.1 钢筋绑扎、爬杆延长

模体就位后，按设计进行钢筋绑扎和搭接，爬杆的保护层与竖向钢筋的保护层设计一致。钢筋安装进度应与滑升速度相适应，确保顺利滑升。混凝土浇筑后必须露出最上面一层横筋，每层水平钢筋基本上呈一水平面，上下层之间接头要错开，相邻钢筋的接头要错开。利用提升架焊钢管控制钢筋保护层。

爬杆在同一水平内接头不超过 1/4，因此第一套爬杆要有 4 种以上长度规格（3m、4m、5m、6m），错开布置，爬杆要求平整、无锈皮。当千斤顶滑升距爬杆顶端小于 350mm 时，应接长爬杆（每根爬杆长 3.0m），爬杆接头对齐焊接内置钢筋芯，不平处用角磨机找平，接头露出千斤顶后加帮条焊接，爬杆采与水平环向钢筋采用电焊加固。

4.2 门洞、梁窝、预埋件施工

竖井腔内每隔一定高度设有检修平台及大量的门洞、梁窝、板槽、金属结构预埋件等，在滑模施工期间依据间距尺寸和井壁测量定位在设计位置进行预留。采用高密度定型泡沫块，使用架立筋固定到结构钢筋上。泡沫块安拆方便，在有效保证部件尺寸的同时，能够加快预埋施工的进度。

4.3 混凝土浇筑

混凝土浇筑按以下顺序进行：下料→平仓振捣→滑升→钢筋绑扎→下料。混凝土的浇筑顺序为沿井壁自下而上顺序浇筑，滑模滑升要求对称均匀下料，正常施工按分层 30cm 一层进行，采用插入式振动器振捣，经常变换振捣方向，并避免直接振动爬杆及模板，振动器插入深度不得超过下层混凝土内 50mm，模板滑升时停止振捣。正常滑升控制每次滑升高度 30cm，间隔时间约 2h，混凝土初凝时间宜在 8～10h，每日滑升高度控制在 3m 左右。

混凝土初次浇筑和模板初次滑升应严格按以下六个步骤进行：初次浇筑前要对井圈岩面进行清洗，接着按分层 300mm 浇筑两层；厚度达到 600mm 时，达到初凝后开始滑升 30～60mm 检查脱模的混凝土凝固是否合适；第三层浇筑后滑升 150mm，继续浇筑第四层，滑升 150～200mm；第六层浇筑后滑 200mm。若无异常情况，便可进行正常浇筑和滑升。

为保证混凝土施工质量及井下作业人员安全，在施工中严格控制井壁渗水引排以及仓内积水及时引排处理。在施工中严格要求井下作业人员不得大于 29 人，做好安全防护措施。模体组装阶段效果图见图 2。

图 2　模体组装阶段效果图

4.4　滑模滑升

施工进入正常浇筑和滑升时，应尽量保持连续施工，并设专人观察和分析混凝土表面情况，根据现场条件确定合理的滑升速度和分层浇筑厚度，现场混凝土初凝时间为 4h，脱模强度控制在 0.2～0.4MPa；依据下列情况进行鉴别：滑升过程中能听到"沙沙"的声音，出模的混凝土无流淌和拉裂现象，手按有硬的感觉，并留有 1mm 左右的指印，能用抹子抹平。滑升过程中有专人检查千斤顶的情况，观察爬杆上的压痕和受力状态是否正常，检查滑模中心线及操作盘的水平度。

为了减少模体滑升时棱角所带来的阻力，对模体所有锐角进行导角处理，该方法确保了模体滑升的顺利进行，见图 3。

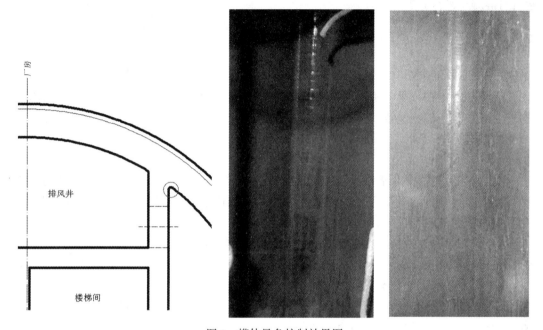

图 3　模体导角控制效果图

4.5　滑模控制

滑模中线控制：为保证结构中心不发生偏移，门洞、梁窝和预埋件位置准确，采用测量手段进行控制。在井筒内设重锤钢丝，拟在电梯井内设置 1 根，排风井的长边两端靠井壁侧各设 1 根，井中心设 1 根。井中心线滑模每滑升 5m 校核一次滑模的水平偏移，电梯井和排风井的垂线每 2h 观测一次并做好记录，及时掌握滑模的运行状态，发生偏移及时纠偏并做好记录。具体观测方式为：在滑模操作盘上制作控制点，固定在操作盘上，做好滑模初次滑动前垂线到控制点的距离测量，滑模滑动过程中观测垂线到控制点的距离，与初设数值进行比较以确定滑模的偏移情况。滑模水平控制：利用激光扫平仪测量，进行水平检查。通过采用此方法，有效地保证了滑模体型控制，保证了结构中心偏移控制在合理范围内。

4.6　滑模纠偏措施

滑模正常施工应加强控制模板水平控制，确保滑模体垂直上升，在每根爬杆上间隔30cm 设专人严格操出一个水平面，把滑模千斤顶的爬升限位器固定在水平面上，保证滑模千斤顶在一个 30cm 的爬升高度内自动找平，保证了滑模的垂直上升。严格控制滑模千斤顶的爬升行程，在滑升中及时观察测量，发现偏差通过千斤顶上端的行程调节套进行调整，确保每个行程所有的千斤顶的上升高度一样，出现问题的千斤顶及时更换。

4.7 表面修整及养护

混凝土表面抹面直接关系混凝土外观质量，在滑模辅助盘上专设抹面平台，待混凝土脱出滑模模板的下沿后安排专人抹面，保证混凝土表面外观光滑、平整。在辅助盘上设洒水管对混凝土进行养护。

5 结论

荒沟抽水蓄能电站电缆兼排风竖井深度超过了 300m，在开挖直径 11m 的井内紧凑的布置 11 个腔室，在行业内还较为罕见。经过对混凝土滑模施工方案的各类优化，创新地选用上述方案，安全、高效地完成混凝土的施工。其特点主要体现在以下几个方面：

（1）采用了一系列专用的本质安全型配套提升设备，最大限度地保证了井内作业人员的安全。

（2）利用专用凿井井架作为悬吊钢丝绳固定混凝土下料溜管，井架的高度满足了井口安、拆下料管。既保证了上下作业的施工安全，又加快了施工进度，同时也节约了固定下料管的材料，降低了成本。

（3）利用吊盘改造为分料盘，与 H 形缓冲器结合使用，有效地解决了混凝土二次分料和局部出现离析问题，同时该作业盘还兼做竖井外层钢筋的施工平台，部分钢筋和材料的存放平台，还起到安全保护的作用。

（4）本套球形网架结构滑模模体，新颖独特，质轻，易组装，坚固耐用，周转复用率高，乃是国内各类建筑物滑模历史上的创新。

（5）梁槽、板槽、预留孔洞采用高密度泡沫块填塞，能够实现工厂批量生产，减低了以往使用木制模板高额的施工成本，因重量轻便易操作，同时也提高了安拆效率。

该项施工技术这将为后续行业国内外多腔、超深竖井混凝土滑模施工提供很好的借鉴作用。

参考文献

[1] 王明君，姜纪学. 多腔竖井滑模施工技术应用例析 [J]. 建筑，2012（22）.

[2] 周涛. 溪洛渡水电站右岸出线竖井整体滑模施工技术 [J]. 云南水力发电，2011.

[3] 赵希平，陈伟民，徐飞. 大断面、多格室、超深竖井滑模混凝土施工技术研究 [J]. 中国工程咨询. 2013（7）.

[4] 闫平. 371m 超深电缆竖井多格空间结构滑模混凝土施工技术 [J]. 技术与市场，2015，22（6）.

基于太阳能供电的水位控制系统在
南水北调中线的应用

王庆磊　　宋继超

（中国南水北调集团中线有限公司河北分公司，河北石家庄 050000）

摘　要：南水北调中线干线工程是保障北京、天津、河北、河南等地区水安全，支撑华北地区国民经济与社会高质量发展的一项跨流域、长距离的特大型线性调水工程，为保障沿线渠道输水调度安全，各机构与站点之间需要建立话音、数据、图像等各种信息通道，而通信传输系统是为各种业务提供高速可靠的公共传送平台，其工作稳定性对于中线工程平稳运行至关重要。本文结合中线工程实际，设计一种利用太阳能供电系统的水位控制系统布设在沿线人手井（孔）内，使人手井（孔）水位保持在一个底限水位，进而保证通信传输系统外部环境稳定。

关键词：南水北调中线工程；通信系统；供电系统；太阳能系统；光纤通信

1　引言

南水北调中线干线工程是保障北京、天津、河北、河南等地区水安全，支撑华北地区国民经济与社会高质量发展的一项跨流域、长距离的特大型线性调水工程，全线无调蓄设施，完全依靠节制闸、分水闸、惠南庄泵站等控制性设施进行输水，为保障沿线渠道输水调度安全，各机构与站点之间需要建立话音、数据、图像等各种信息通道，通信传输系统是为各种业务提供高速可靠的公共传送平台。目前中线工程通信传输系统采用光纤通信方式。渠道沿线布设有若干光缆人手孔便于开展运行维护工作，然而由于中线距离较长，地形复杂，汛期部分人手孔中存在积水，随着通水年限的增加，长期积水一方面势必会影响光纤的传输性能和机械性能，同时也会腐蚀光缆外层构件、降低光缆强度；另一方面，光缆及其配件遇到水后，光纤表面吸附后会逐渐发生水解反应，于是硅氧键就会断裂，就会造成光纤断裂，轻则使光纤损耗增大，会影响正常的通信传输，重则导致通信中断。因此迫切需要设计一种基于太阳能供电系统的自动水位控制系统，使光缆人手井（孔）水位保持在一个底限水位，进而保证光缆、熔纤盒等设施外部环境稳定对供水安全至关重要。

2　水位控制系统组成和各部分功能

水位控制系统由太阳能供电系统、水位控制装置、监测装置、水泵四部分组成，太阳能供电系统是为系统全天候提供可靠电力供应，水位监测装置是根据监测装置采集的光缆人手孔（井）水位数据来控制水泵的启停，从而控制光缆人手孔（井）水位，保证水位处于较低状态。水位控制系统组成见图1。

作者简介：王庆磊（1986—），男，河北邯郸人，工程师，本科，主要从事南水北调中线工程运行管理。
E-mail：13586890@qq.com。

图 1　水位控制系统组成

3　太阳能供电系统工作原理和组成

3.1　太阳能供电系统工作原理

太阳能电池板是将太阳辐射能利用半导体材料光电效应直接转换成电能的装置，太阳能控制器是太阳能供电系统的核心部件，一方面将经太阳能电池板转化的电能储蓄到蓄电池组内，另一方面控制蓄电池组向负载供电，若用电负载有交流设备，可以通过逆变器将蓄电池直流电逆变成交流电，然后在向交流设备提供电源。

3.2　太阳能供电系统组成

太阳能供电系统由太阳能电池板、太阳能电池板安装支架、太阳能控制器、蓄电池组、逆变器等部件组成，太阳能供电系统的组成框图如图 2 所示。当太阳能电池板受到光照时，电池板内部的电荷分布状态发生变化，从而产生一定的电动势和电流，然后通过电缆输送到太阳能控制器。太阳能控制器是太阳能供电系统中核心的部件，对太阳能电池板、蓄电池组、负载等部件进行集中管理和实时监控，控制器是一种具有自行运行管理的自动控制装置，在太阳光照较为蓄电池组充电时，保证不会对蓄电池组过充，当蓄电池组放电时，保证蓄电池组不会深度放电，以此提高蓄电池的使用寿命。蓄电池组作为储能部件，它的作用是存储太阳能电池板受光照时产生的多余电能，当直流负载需要时随时供电。逆变器是将蓄电池的直流电能转换为交流负载可使用的交流电压，例如将直流 12V 转换成交流 220V。

4　太阳能供电系统特点

（1）采用模块化，结构紧凑，轻便；

（2）衰减率一年内不大于 5%，以后基本保持稳定；

（3）太阳能电池板使用寿命较长，一般不少于 25 年；

（4）采用满足 IEC 标准的电气连接，采用工业防水耐温快速接插，防紫外线阻燃电缆；

（5）系统具有完善的过充、过放、电子短路、过载保护、防反接保护等全自动控制功能；

（6）系统运行过程不需要人员长期职守，仅需定期维护，就可以像其他能源一样向负载持续供电。

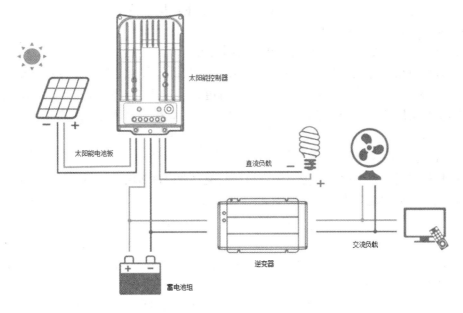

图 2　太阳能供电系统的组成框图

5　太阳能供电系统设计原则和供电设计

5.1　设计原则

（1）保证水位控制所有设备供电可靠；

（2）满足采光要求，并便于维护管理；

（3）根据控制立杆安装的位置、地区峰值日照情况和负载耗总电量，确定太阳能发电容量。

5.2　供电设计

1. 监控设备功率及日耗电量的确定

太阳能供电系统负载主要为室外水位控制装置、监测装置、水泵，须满足全天候用电负荷。水位控制装置最大功耗为 5W；监测装置最大功耗 6W；水泵最大功耗 60W。考虑到监控系统各部件工作时间，确定整套监控系统的负载日耗电量为 5W×5h＋6W×5h＋60W×5h ＝ 355Wh，同时考虑到逆变器转换效率 85%，因此实际负载日耗电量为 417.6Wh。

2. 蓄电池组容量设计

根据日耗电量可以估算蓄电池组容量，系统额定电压采用直流 12V，考虑到沿线光照时间及阴雨、雾霾等不利条件，容量须满足负载 5 个连续阴雨天正常供电；两个最长连续阴雨天最短间隔天数 15d。蓄电池组的容量 C_B 计算公式为：

$$C_B = \frac{Q_L \times (D+1)}{V \times 0.8} \tag{1}$$

式中，C_B 为蓄电池组容量；Q_L 为负载日耗电量；D 为连续阴雨天数；V 为系统额定电压；0.8 为蓄电池放电深度。

注：$D+1$ 表示表示连续阴雨天数和连续阴雨天前一天。

由上式计算出蓄电池的总容量约为 261Ah，考虑到厂商额定蓄电池容量，蓄电池的选择为 12V/300Ah，选用单体为 6V/150Ah 蓄电池，采用先并后串方式，即两块单体 6V/150Ah 电池并联为一组，然后两组电池再串联，或者采用单体为 12V/150Ah 蓄电池，两块采用并联方式。

3. 太阳能电池方阵设计

根据日耗电量、蓄电池组容量、渠道沿线峰值日照时间等参数，可以计算出太阳能电池方阵容量。太阳阳能方阵板总功率 P 的计算公式为：

$$P = \frac{Q_L + C_B \times 0.8 \times V \div d}{H \times 0.7 \times \eta} \tag{2}$$

式中，P 为太阳能方阵板总功率；V 为系统额定电压；D 为计划几天充满蓄电池的天数；H 为峰值日照时间；Q_L 为负载日耗电量；0.8 为蓄电池放电深度；0.7 为光电池折损系数；η 为若选用 PWM 控制器可取 0.7，若选用 MPPT 控制器可取 0.95。

其中综合考虑渠道沿线峰值日照时间，采用平均峰值日照时间取 4h，系统额定电压采用直流 12V，计划 4d 充满蓄电池组，采用 MPPT 类型太阳能控制器，由上式计算出太阳能方阵板总功率约为 392.5WP。目前，市面上太阳能电池板分为单晶组件和多晶组件，单晶组件将光能转化为电能的效率更高，目前市面上的产品最高可达 24%，也更节省空间，持久耐用。而多晶组件生产材料制造简便，节约电耗，总生产成本较低，但其光电转换效率仅仅 15%左右。拟选定单组为 12V/200WP 单晶太阳能电池板，采用 2 组并联方式组成方阵，即两组 12V/200WP 单晶太阳能电池板并联，然后接至太阳能控制器。

4. 太阳能供电系统其他参数选择

太阳能电池方阵安装的方位角和倾斜角的是太阳能供电系统设计时关键的因素，根据中线工程地理条件，太阳能电池方阵的方位角选择正南方向，部分地区可以根据实际情况进行细微调整，以使太阳能电池单位容量的发电量最大。倾斜角是太阳电池方阵平面与水平地面的夹角，综合考虑中线工程实际情况太阳能电池方阵倾斜角度是 42°左右。太阳能供电系统还应该具有远程监控功能接口，可实时监测电压、电流、充放电状态、故障状态等参数，可通过通信接口接入无线网络交换机，并上传至监控中心。供电系统应考虑电池板的清洁、维护，电池更换、防盗等因素，架杆安装应安全、稳固、占地少。

6 场地选取要求和立杆防雷

安装立杆附近选取地势开阔、无建筑物和无树木遮挡的区域，面积应大于 $12m^2$，满足架杆基础、接地、手井等建设需求。开工前，应先进行场地平整，夯实地面基础。地质条件较差时，应采取加固措施，场地选取应便于安装、维护，电缆、光缆接引。系统的防雷、避雷主要是考虑室外应用的各类探测设备。室外应用的各类设备中，立柱安装在空旷的渠堤外侧，加上本身高度，是附近的高点，在雷雨天易受到雷击，因此防雷、避雷要求较高。

立柱安装 0.5m 长引雷针，利用金属立杆做引下线与立柱专用防雷接地网连接。防雷接地网的垂直接地极不小于 $\phi40\times4$，长度为 2m 的热镀锌钢管 2 根，呈直线排列垂直打入土壤中，间距 5m，钢管之间用 40mm×4mm 扁钢焊接在一起。用 1 根 40mm×4mm 扁钢连接接地网和接地端子，接地电阻的阻值不大于 10Ω。如接地阻值达不到要求，需按上述方法再加 1 组接地体，直至达到规范要求。接地体应做完善的防腐处理。太阳能电池方阵安装如图 3 所示。

图 3　太阳能电池方阵安装情况

7　结论和建议

综上所述，在光纤通信传输系统是数字通信的理想通道。它具有抗干扰能力强、传输距离远、信息容量大、灵敏度高、传输质量好等诸多优点。因此，大容量长距离的光纤通信系统大多采用数字传输方式。然而在光缆长距离过程中保证光缆外部工作条件稳定就显得尤为重要。本文结合南水北调中线干线工程实际情况，旨在对该中线工程通信传输系统运行维护过程中所要解决的关键技术进行分析与探讨。本文以期对南水北调中线干线工程通信传输系统太阳能供电系统的建设提供有价值的参考，同时本文的研究成果可以为我国后续长距离重大调水工程供电系统的设计与建设提供了有效借鉴。

参考文献

［1］　水利部南水北调规划设计局 . 南水北调工程总体规划［R］，2003.

［2］　李安定，吕全亚 . 太阳能光伏发电系统工程［M］. 2 版 . 北京：化学工业出版社，2015.

［3］　蒋建斌，余俊杰 . 新能源技术在广播电视领域的应用与实践［J］. 有线电视技术，2012（9）：122-125.

［4］　南水北调中线建设管理局 . 南水北调中线干线工程自动化调度与运行管理决策支持系统初步设计报告［R］，2009：200-220.

西藏 DG 水电站竖缝式鱼道转弯段水力特性研究

章宏生[1]　　朱瑞晨[1]　　吴世勇[1]　　卢乾[2]　　廖浚成[3]

（1. 中国电建集团华东勘测设计研究院有限公司，浙江杭州 311100；2. 中国电建集团中南勘测
设计研究院有限公司，湖南长沙 410000；3. 华电西藏能源有限公司大古水电分公司，西藏山南 856000）

摘　要： 西藏 DG 水电站采用竖缝式全鱼道过鱼，鱼道进、出口水头落差大，鱼道总长约 3.3km，转弯段数目多，转弯段水流流态对鱼道过鱼保证率有至关重要的影响。基于 CFD 软件，采用 RNG $k\text{-}\varepsilon$ 湍流模型，对转弯段设计方案和优化方案进行数值模拟分析。计算结果表明，方案优化后，流速量值与优化前相当，满足过鱼流速需求；对比流线分布，体型优化后无贴壁流现象，流速分布更为均匀，利于鱼类上溯。研究结果可为竖缝式鱼道转弯段结构设计提供参考。

关键词： DG 水电站；竖缝式鱼道；鱼道转弯段；水流流态；数值计算

1　前言

为了保护鱼类资源，恢复河流多样性，在修建拦河坝的同时，要求设置过鱼设施。目前，国内外现有的大坝过鱼设施主要有鱼道、仿自然通道、鱼闸和集运鱼系统等[1~3]。根据规划环评报告书要求，考虑到开发河段上下游的宽谷区段作为鱼类重要栖息地，从生物多样性和河流连通性保护的角度看，建议水电开发过程中研究设计过鱼设施，以维持河流连通性。

鱼道可实现上下游河段连通，维持河流的连续性和物质循环，适应上下游水位变幅，持续过鱼。DG 水电站两岸边坡地形高陡，无法布置仿生态鱼道。该河段主要过鱼对象均为裂腹鱼亚科鱼类[4]，适宜布置竖缝式鱼道，结构简单，过鱼保证率较高，应用广泛。

对于进、出口水头落差较大的鱼道，鱼道布置较长，受场地限制，往往难以平顺布置成直线型，需要循环往返布置，形成鱼道转弯段。由于水流方向发生 180°转变，水流流速及流态发生变化，对鱼类洄游产生较大影响[5]。

本文以西藏 DG 水电站鱼道转弯段为研究对象，进行水力学数值计算，对转弯段不同结构方案对比分析，提出优化方案结构，利于鱼类上溯，为竖缝式鱼道转弯段结构设计提供参考。

2　工程概况

西藏 DG 水电站位于海拔约 3500m 的高原地区，坝址区控制流域面积约 16 万 km^2。

作者简介：章宏生（1991—），男，安徽安庆人，工程师，硕士，主要从事水工结构设计工作。
　　　　　E-mail：zhang_hs@hdec.com。

水电站为Ⅱ等大（2）型工程，电站装机容量为 660MW，多年平均发电量 32.045 亿 kWh，保证出力（$P=5\%$）173.43MW。水库总库容为 0.58 亿 m^3，具有日调节性能。

枢纽建筑物主要由碾压混凝土重力坝、坝身泄洪、右岸坝后式引水发电系统及升压站、右岸竖缝式全鱼道等建筑物组成。大坝最大坝高 118.0m，坝顶长 389m。鱼道全长约 3.3km，进、出口最大水头差约 80m，鱼道池室设计底坡 $i=2.76\%$，共设置有 25 个转弯段，转弯段设计底坡 $i=0$。

3 数学模型

3.1 数学模型理论

鱼道水池的数值模拟采用 CFD 软件，选用 RNG k-ε 湍流模型并采用 VOF 方法捕捉自由水面，该模型能够较准确地模拟鱼道水池内流场分布。

RNG k-ε 模型中，通过修正紊动黏度，考虑了平均流动中的旋转和旋流流动情况；同时在 ε 方程中考虑了时均应变率，从而使方程可以更好地模拟高应变率及流线弯曲程度较大的流动。为此，本研究采用 RNG k-ε 紊流模型进行计算。单流体 RNG k-ε 紊流模型可表示为[6~8]：

$$\frac{\partial \rho \kappa}{\partial t}+\frac{\partial(\rho \kappa u_i)}{\partial x_i}=\frac{\partial}{\partial x_j}\left(\sigma_k \mu_{\text{eff}} \frac{\partial \kappa}{\partial x_j}\right)+G_\kappa-\rho\varepsilon \tag{1}$$

$$\frac{\partial \rho \varepsilon}{\partial t}+\frac{\partial(\rho \varepsilon u_i)}{\partial x_i}=\frac{\partial}{\partial x_j}\left(\sigma_\varepsilon \mu_{\text{eff}} \frac{\partial \varepsilon}{\partial x_j}\right)+C_{1\varepsilon}^* \frac{\varepsilon}{\kappa}G_\kappa-C_{2\varepsilon}\rho \frac{\varepsilon^2}{\kappa} \tag{2}$$

$$G_\kappa=\mu_t\left(\frac{\partial u_i}{\partial x_j}+\frac{\partial u_j}{\partial x_i}\right)\frac{\partial u_i}{\partial x_j} \tag{3}$$

$$\mu_{\text{eff}}=\mu+\mu_t \tag{4}$$

模型中的常数如表 1 所示。

模型中常数取值 表 1

C_μ	$C_{2\varepsilon}$	$C_{1\varepsilon}^*$	σ_k	σ_ε
0.0845	1.68	$1.42-\dfrac{\lambda(1-\lambda/\lambda_0)}{1+\psi\lambda^3}$	1.393	1.393

其中：$\lambda=(2E_{ij} \cdot E_{ij})^{1/2} \dfrac{\kappa}{\varepsilon}$；$E_{ij}=0.5\left(\dfrac{\partial u_i}{\partial x_j}+\dfrac{\partial u_j}{\partial x_i}\right)$；$\lambda_0=4.377$；$\psi=0.012$。

3.2 数学模型网格

鱼道模型选取 2 个转弯段进行分析，在数值模拟中采用结构性网格，长度及宽度方向上网格尺寸设置为 2~5cm，高度方向上网格尺寸为 3~5cm，计算网格数量为 700 多万。计算模型范围及局部网格如图 1 和图 2 所示。

4 原设计方案计算分析

鱼道上游水流进口采用压力进口，下游水流出口采用压力出口，顶部设置为压力进

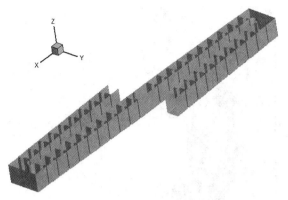

图 1   计算模型范围

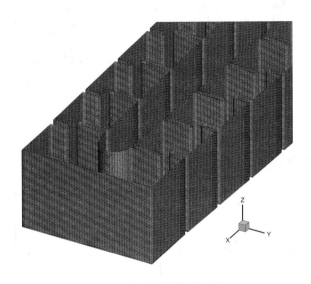

图 2   局部计算网格示意图

口，压强为 1.01×10^5 Pa。上下游运行水深 H_0 设置为 2m。鱼道转弯段流场计算结果见图 3，结果表明，转弯段内出现 2 个较大回流区，回流区流速为 $0 \sim 0.2$ m/s，池室内主流流速为 $0.2 \sim 0.8$ m/s，满足过鱼需求。然而转弯段内出现了明显主流贴壁现象，该流态将不利于鱼类上溯，故需要对转弯段体型进行优化。

5   优化方案计算分析

5.1   优化方案结构设计

    拟对鱼道转弯段结构进行优化，以改善该部位水流流态。优化结构如图 4 所示，优化方案一将隔墙转弯墩头优化为半圆形墩头，转弯半径 60cm；优化方案二在方案一的基础上，在池室 1/2 宽度位置增加整流板，整流板厚 0.2m，长 0.5m，墩头为半圆形，直径 $R = 0.2$m；优化方案三在方案二的基础上，将整流板由 1/2 宽度位置向上游移动，整流板与左边墙的净间距为 2.0m，整流板体型与方案二维持不变；优化方案四在方案二的基

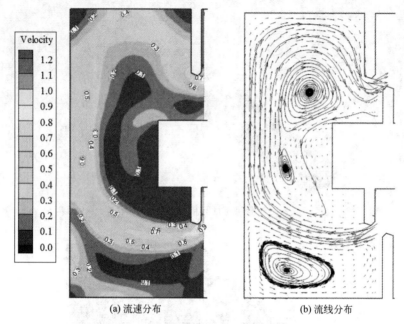

(a) 流速分布　　　　　　　　　(b) 流线分布

图 3　原设计方案转弯段流场分布

础上保留 1/2 宽度位置处的整流板，在上游侧 1/4 宽度位置处增加一个整流板，整流板体型均与方案二维持不变。

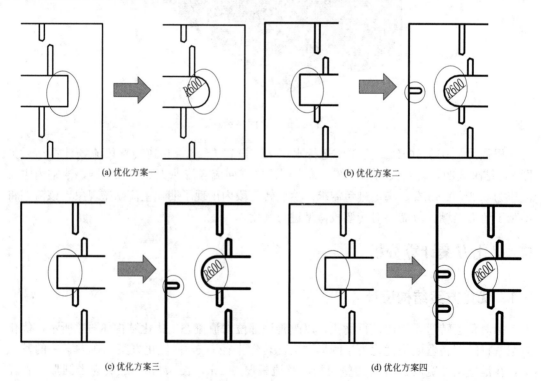

(a) 优化方案一　　　　　　　　　　　　　　(b) 优化方案二

(c) 优化方案三　　　　　　　　　　　　　　(d) 优化方案四

图 4　不同优化方案鱼道转弯段结构

5.2 优化方案计算结果

不同优化方案鱼道转弯段流场计算结果见图 5～图 8。计算结果表明：（1）优化方案一流速量值与原设计方案相当，满足过鱼流速需求；对比流线分布，体型优化后主流贴壁现象有所改善。（2）优化方案二流速量值与原设计方案相当，转弯段内流态有所调整，在转弯段内主流贴壁现象较原设计方案和优化方案一有所改善，但主流上游区域仍存在局部

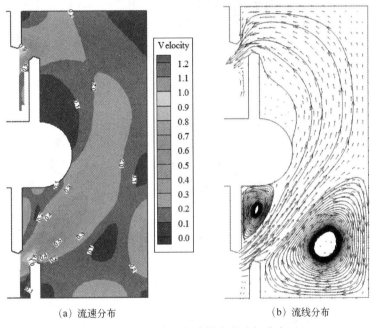

（a）流速分布 （b）流线分布

图 5 优化方案一鱼道转弯段流场分布

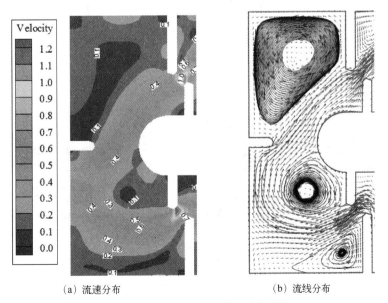

（a）流速分布 （b）流线分布

图 6 优化方案二鱼道转弯段流场分布

贴壁现象。（3）优化方案三流速量值与原设计方案相当，较优化方案一主流流态有了更好的调整，但整流板上游侧仍有局部冲墙现象。（4）优化方案四转弯段流场得到明显改善，无贴壁流现象；流速分布更为均匀，为 0.5m/s 左右，利于目标鱼类上溯；池室内存在 3 个稳定的回流区，流速为 0.1～0.2m/s，便于目标鱼类休憩。综合分析，优化方案四鱼道转弯段内流态更利于鱼类上溯。

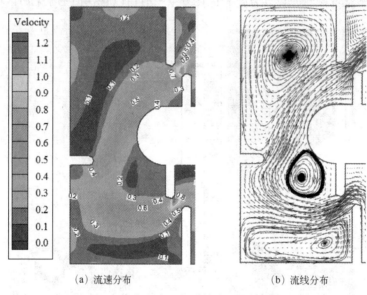

（a）流速分布 　　　　　　　（b）流线分布

图 7　优化方案三鱼道转弯段流场分布

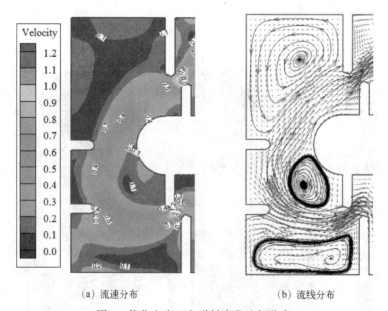

（a）流速分布 　　　　　　　（b）流线分布

图 8　优化方案四鱼道转弯段流场分布

6 结论

通过对鱼道转弯段原设计方案以及优化方案的水力学计算分析，可得出以下结论：

鱼道转弯段水流方向发生 180°转变，该部位水流流态较为复杂，原设计常规方案转弯段内出现了明显主流贴壁现象，不利于鱼类上溯。对转弯段结构进行优化，数值模拟计算结果表明，将隔墙转弯墩头优化为半圆形墩头，转弯半径 60cm，在池室 1/2 宽度位置和上游侧 1/4 宽度位置处增加整流板，整流板厚 0.2m，长 0.5m，墩头为半圆形，直径 $R=0.2$m。该优化方案无贴壁流现象，流速分布更为均匀，更有利于鱼类上溯。该结构可为其他水利水电工程竖缝式鱼道转弯段设计提供参考。

参考文献

[1] 曹庆磊，杨文俊，周良景. 国内外过鱼设施研究综述 [J]. 长江科学院院报，2010，27 (5)：39-43.

[2] 伍铭杰，诸韬. 国内外鱼道发展探析 [J]. 东北水利水电，2018，036 (009)：68-70.

[3] 陈凯麒，常仲农，曹晓红，等. 我国鱼道的建设现状与展望 [J]. 水利学报，2012，43 (2)：182-188.

[4] 姜昊，陆波，蔡跃平. 4 种高原裂腹鱼类对水流和底质的趋性研究 [J]. 安徽农业科学，2020 (9)：117-120.

[5] 韩若冰，蔡德所. 广西老口枢纽 U 形鱼道转弯段水力特性研究 [J]. 吉林农业，2018，439 (22)：126-127.

[6] 张超，孙双科，李广宁. 竖缝式鱼道细部结构改进研究 [J]. 中国水利水电科学研究院学报，2017，015 (005)：389-396.

[7] 徐体兵，孙双科. 竖缝式鱼道水流结构的数值模拟 [J]. 水利学报，2009，40 (011)：1386-1391.

[8] 边永欢，孙双科，郑铁刚，等. 竖缝式鱼道 180°转弯段的水力特性与改进研究 [J]. 四川大学学报（工程科学版），2015，47 (001)：90-96.

水利工程建设的意义及生态环境保护探讨

倪　洁　余　晓　吴文强　包宇飞　赵晓辉　张盼伟　郎　航

（中国水利水电科学研究院，北京 100038）

摘　要： 水利工程与人类的生产生活有着密切的关系。新阶段下水利工程建设的意义已不仅仅局限于防洪、灌溉、发电、航运等功能，水利工程已成为区域经济带中的重要组成部分。本文综述了我国目前规划实施的 172 项节水供水重大水利工程和 150 项重大水利工程建设总体情况。客观描述了水利工程对生态环境造成的影响，继而提出水利工程建设中环境保护意义及具体措施，使水利工程建设对人民群众的生产、生活产生较小的影响，实现工程建设的环境、社会和经济效益的统一。

关键词： 水利工程；建设情况；建设意义；生态环境；保护措施

1　引言

水利与人民群众的生活、生产以及赖以生存的生态环境密切相关。李克强总理亲切称水利工程为安全工程、民生工程、发展工程，既利当下，又惠长远。新阶段水利高质量发展的总体目标是全面提升国家水安全保障能力，为全面建设社会主义现代化国家提供有力的水安全保障[1]。新阶段的水利工程建设不仅确保工程质量安全，更要注重工程建设中的水生态环境安全，以更好地保障人民群众的用水安全。

2　新阶段水利高质量发展下水利工程建设的意义

2.1　新阶段下水利工程建设总体情况

我国基本水情夏汛冬枯、北缺南丰，多涝少旱，时空分布不均是我国水资源分布特点。针对这一水情国情，立足流域整体和水资源空间配置，遵循确有需要、生态安全、可以持续的重大水利工程论证原则，我国先后规划实施了 172 项节水供水重大水利工程和 150 项重大水利工程。172 项节水供水重大水利工程[2] 是 2014 年党中央、国务院作出的决策部署，包含 5 大类：一是推进重大农业节水工程，突出抓好重点灌区节水改造和严重缺水、生态脆弱地区及粮食主产区节水灌溉工程建设；二是加快实施重大引调水工程，强化节水优先、环保治污、提效控需，统筹做好调出调入区域、重要经济区和城市群用水保障；三是建设重点水源工程，增强城乡供水和应急能力。四是实施江河湖泊治理骨干工程，综合考虑防洪、供水、航运、生态保护等要求，提高抵御洪涝灾害能力；五是开展大型灌区建设工程。坚持高标准规划，在东北平原、长江上中游等水土资源条件较好地区新建节水型、生态型灌区。截至 2020 年 7 月[3]，172 项重大水利工程已经累计开工 146 项，

作者简介： 倪洁（1986—），女，山西临汾人，工程师，主要从事水生态环境工作。E-mail：nijie@iwhr.com。

在建投资规模超过 1 万亿元。引江济淮、西江大藤峡水利枢纽、淮河出山店水库等一批标志性的工程已开工建设，南北水调东中线一期工程等 32 项工程已相继建成，发挥了显著的经济、社会和生态效益。

2020 年，国务院又研究部署了 150 项重大水利工程，主要有五大类型，包括防洪减灾工程 56 项、水资源优化配置工程 26 项、灌溉节水和供水工程 55 项、水生态保护修复工程 8 项、智慧水利工程 5 项，其中有 96 项涉及京津冀协同发展、长江经济带发展、黄河流域生态保护和高质量发展等国家重大战略。150 项重大水利工程匡算总投资是 1.29 万亿元，超过 500 亿元项目 5 个，300 亿元到 500 亿元的项目 4 个，100 亿元到 300 亿元的项目 18 个。

截至 2022 年 5 月 31 日[4]，已开工 9417 个水利项目，开工率 70.4%。从项目类型看，重大水利工程开工率 84.9%，病险水库（水闸）除险加固开工率 82.0%，灌区建设和现代化改造开工率 84.5%，水生态保护和中小河流治理开工率 79.2%，中小型水库建设开工率 85.3%，其他项目开工率 65.6%。2022 年 1-5 月，吴淞江整治、福建木兰溪下游水生态修复与治理、雄安新区防洪治理、江西大坳灌区、广西大藤峡水利枢纽灌区等 14 项重大水利项目开工建设，投资规模达 869 亿元。云南滇中引水工程输水隧洞已开挖 438 公里，比计划工期提前半年；安徽引江济淮主体工程完成近九成，有望 2022 年 9 月底试通水。南水北调中线引江补汉、淮河入海水道二期、广东环北部湾水资源配置等重大水利工程也即将开工建设[5]。

2.2　新阶段下水利工程建设的意义

新阶段下的水利工程已不仅仅局限于防洪、灌溉、发电、航运等功能，而从国家战略发展看，水利工程已成为区域经济带中的重要组成部分。大藤峡水利枢纽工程，作为国家 172 项节水供水重大水利工程的标志性工程和珠江流域关键控制性工程，投资 357 亿元，集防洪、航运、发电、补水压咸、灌溉等综合效益于一身，堪称国之重器，2022 年 6 月 5 日，广西大藤峡水利枢纽工程黔江主坝全线挡水[6]。南水北调东线、中线一期主体工程自 2014 年建成通水以来，截至 2022 年 5 月已累计调水 530 多亿立方米，直接受益人口超 1.4 亿人，在经济社会发展和生态环境保护方面发挥了重要作用[7]。迈湾水利枢纽工程是国务院确定的 172 项节水供水重大水利工程，也是海南水网建设的重点工程，建成后将为南渡江流域蓄丰补枯，并兼具灌溉、发电功能，保障海口市和海口江东新区的供水安全，推动琼北乃至琼西北经济社会发展[8]。景德镇水利枢纽工程作为景德镇市水生态文明建设"一号工程"，是一座以改善水生态环境为主，兼顾航运、发电等综合利用的水利枢纽工程。该工程通过生态坝的建设，抬升昌江城区段水位，进一步改善水生态环境，提高和增强城市亲水性，改善区域人居环境，构建标志性滨水景观，形成一道独特的绕城水景观带[9]。四方井水利枢纽因其紧邻明月山景区，在建设中强化创新创意，突出环境保护，大力推进水利与旅游深度融合发展，让水更清、山更绿、群众更富裕、水利更安全，工程建成后，可使宜春中心城区防洪标准达到 50 年一遇，可向中心城区日供水 30.9 万吨，多年平均发电量 368.9 万度[10]。2022 年 6 月 30 日开工建设的安徽省长江芜湖河段整治工程，为国务院部署实施的 150 项重大水利工程之一，该工程以防洪保安为主，并兼顾岸线利用和环境保护等综合效益，将长江干堤和已建护岸工程构成完整的防洪工程体系，进一步提升防洪能力，防止河床发生沿程冲刷，有效改善保护区的生态环境，有力促进沿岸地区经济社会高质量发展[11]。

3　水利工程对生态环境造成的影响

水利工程建设无论从水利实用性还是促经济发展方面，对人民的生活、生产、生态都是有利的，但是水利工程施工期产生的废水、废气、废渣、噪声等，对周围环境将产生不利影响。

3.1　土地利用的影响

水利工程的永久占地影响区域土地资源和土地利用，且在施工的过程中，会产生一些废渣造成土地资源的浪费，如果不能将这些废渣进行及时的处理，就会破坏周围的植被，造成水土流失的现象，最终导致河道堵塞的现象[12]。

3.2　对水文环境的影响

水环境具有联动性的特点，即某一位置的水文因素改变往往会对上下游的水文因素起到一定程度的影响。输水隧洞穿越沿线断裂带和裂隙密集带存在岩溶突涌水风险，可能导致地下水水位下降。

3.3　对水质的影响

水利工程项目主要会对流量、流速产生影响。流量的变化主要改变的是悬浮质或溶解质的浓度，当流量较大时，水中杂质浓度将受到稀释，使污染程度降低；流速直接影响的是水中生物活动的频繁程度以及污染物的沉降速度。水流流速过快将降低水生浮游生物的活动频率，不利于水体中颗粒态杂质的沉降，使水体污染程度加剧；水流流速过慢将导致污染物不易扩散、交换，氧含量减少，从而使水质变差。

3.4　生态平衡遭到破坏

生态平衡造成破坏是水利工程建设施工不可避免的问题。如工程取水的卷吸效应会导致局部水域一定的鱼卵、鱼苗损失；在水利工程的施工中，会破坏水生生物的生存环境，造成一些稀缺物种灭绝的现象；在施工中产生的大量废物破坏了生态环境中的食物链，打破了原有的生态系统，更有甚者还会产生瘟疫等灾害[13]。

3.5　对生物多样性的影响

水利工程的修建将导致水位发生变化，水位直接影响的是水中生物的分布，底层水温低、含氧量少，上层水温高、含氧量高，水温和含氧量的不同将可能导致分层现象发生，进而影响水中生物的分布，从而影响生物多样性。

4　新阶段下水利工程建设中环境保护意义及具体措施

4.1　水利工程建设中环境保护意义

水利工程建设对环境造成的影响在所难免，除工程永久占地损失为不可逆影响，其他影响均可以通过采取适当的环境保护措施予以减缓或消除，如采取优化施工方式、降噪降尘和废水处理、植被恢复，以及隧洞封堵加固、生境修复、增殖放流、优化调度、水环境治理等环境保护措施。在项目建设前期进行有针对性的分析预判，明确水利工程项目对环境的影响，进而采取科学、积极、稳妥的措施，最大限度地降低水利工程项目对环境的不利影响。针对工程施工、运行和移民安置对环境带来的不利影响，制定可行的环境保护对策和减缓措施，维护区域环境功能、生态系统完整性及生物多样性，充分发挥工程的经济、社会和环境效益，促进工程区域生态环境的良性发展。

4.2 水利工程建设中生态环境保护具体措施

1. 通过环评优化施工布置方案

依据相关法律法规、部门规章的要求，结合工程与环境敏感区的特点，客观评价主体工程、弃渣场、施工营地等布置的环境合理性，施工单位与设计单位充分沟通与互动，从环境保护角度，提出工程布置优化调整方案，从源头减免工程建设产生的不利环境影响。在工程实施过程中认真组织开展项目环境影响评价并严格按照国家相关法规等要求，文明施工。

2. 制定监理和监测方案

为防治施工活动造成环境污染，保障施工人员的身体健康，保证工程顺利进行，制定工程建设环境监理与管理计划，明确各方环境保护任务和职责，及时掌握工程环境影响状况，为工程环境管理提供科学依据。监测任务主要包括施工期水质监测、施工期环境空气、声环境敏感点监测、施工期人群健康监测、生态监测等。

3. 智慧水利助推生态环境保护精准化决策

充分利用智慧化水利工程建设体系模块，运用数字化、网络化和智能化等现代信息手段，及时跟踪分析水利工程建设过程中的各项环境指标数据，为精准化决策提供科学依据，切实提升水利工程建设中环境保护的管理水平。

4. 实施生态修复

立足流域整体和水资源空间均衡配置，科学推进工程规划建设的同时，从生态系统整体性和流域系统性出发，追根溯源、系统治疗，如划定鱼类栖息地保护水域，采取"集运鱼系统"过鱼，建设鱼类增殖站，实施增殖放流，对受影响的古大树和重点保护植物进行移栽等生态修复措施。加快建立生态产品价值实现机制，让保护修复生态环境获得合理回报。

5 结语

水利是国民经济的基础产业和基础设施，水利工程是水利经济的载体，水利工程建设要以山青、水净、村美、民富为目标，统筹生态各要素打造安全环保的水利工程。因此，在水利工程建设中，从环境保护专业角度出发，结合现代化科技手段及国家最新的指导政策，制定科学、合理的环境保护措施，真正做到水利工程既利当下又惠长远。

参考文献

[1] 水利部网站.李国英部长在水利部"三对标、一规划"专项行动总结大会上的讲话.[EB/OL].2021-08-31.

［2］　中央人民政府官网．水利建设助力稳增长 172 项重大工程分步启动 ［EB/OL］．2014-05-22.

［3］　水利部网站．防汛抗旱和重大水利工程建设国务院政策例行吹风会 ［EB/OL］．2020-07-13.

［4］　水利部网站．水利规划计划简报 2022 年第 15 期 ［EB/OL］．2022-06-09.

［5］　水利部网站．加快水利基础设施建设有关情况新闻发布会 ［EB/OL］．2022-06-10.

［6］　水利部网站．广西大藤峡水利枢纽工程黔江主坝全线挡水 ［EB/OL］．2022-06-07.

［7］　中国南水北调集团有限公司网站．经济日报：南水北调能否破解新难题 ［EB/OL］．2022-05-23.

［8］　水利部网站．海南迈湾水利枢纽工程左岸灌区引水隧洞进口事故闸门顺利吊装到位 ［EB/OL］．2022-06-07.

［9］　水利部网站．江西四方井水利枢纽工程建设稳步推进 ［EB/OL］．2022-05-24.

［10］　水利部网站．江西省水景德镇水利枢纽工程建设如火如荼 ［EB/OL］．2022-03-01.

［11］　水利部网站．安徽省长江芜湖河段整治工程开工建设 ［EB/OL］．2022-06-30.

［12］　蔡松年．水利工程建设对生态环境的影响分析及保护对策探讨 ［J］．中国水能及电气化，2013，（9）.

［13］　田世家．水利工程建设中生态环境保护探析 ［J］．资源与环境，2016，（22）.

西藏 DG 水电站尾水出口鱼道设计

朱　赫[1]　徐建伟[1]　嘎玛次珠[2]

(1. 中国电建集团华东勘测设计研究院有限公司，浙江杭州 311122；

2. 华电西藏能源有限公司大古水电分公司，西藏山南 856000)

摘　要： 高耸鱼道结构因为需要高排架支撑，无法快速高效地进行施工。为了在保证结构安全可靠的基础上，提高施工效率，通过工程实例研究，现提供一种现浇和预制吊装相结合的高排架鱼道结构设计和施工方式。

关键词： 鱼道设计；高排架结构；水利水电工程

1　引言

近年来，随着水电站建设向着西部地区发展，鱼道的长度和提升高度在增加，鱼道设计所面临的高耸结构问题也越来越多。往往在鱼道入口附近，为了使鱼道不被下游洪水位淹没，需要保证鱼道边墙的一定高程，因此会出现鱼道高耸结构。但是高耸结构往往面临施工难度高，施工效率低等问题，因此如何在保证结构安全的情况下，提高施工效率和减少施工难度，成为目前鱼道高耸结构需要解决的主要问题。

目前竖缝式鱼道池室的结构设计主要采用以下三种方式：池室全断面现浇、池室底板预制吊装、池室全断面预制吊装。但是以上三种方式均有其弊端，全断面现浇需要现场搭设大量的脚手架和模板，并且高空作业也带来一定的施工作业安全隐患；池室底板预制吊装，同样也需要为边墙搭设脚手架和模板，并且同样具有高空作业的安全风险；池室全断面预制吊装虽然避免了大量搭设脚手架和模板，但是尾水部分的鱼道池室内水头较高，边墙也较高，池室预制结构单位长度的重量过大，在有限的吊装能力及条件下，只能减少单跨长度，从而增加底部支撑柱的数量，造成工程量的增加。

现有高排架鱼道结构多为单柱单向鱼道池室的布置，支撑柱数量较多且柱身单薄，安全性及经济性不高。

2　项目概况

为了更好地开发西部地区水电资源，在某地区规划建设了 DG 水电站。因该水电站所在河段内鱼类有回溯习性，且能满足其繁衍生息的条件河段并不多，因此须在该水电站内建设鱼道从而维持鱼类的习性，保证种群延续。但该工程上下游水位差达 80m，鱼道所需长度极长，尾水部分水位极高，在大坝下游鱼道尾水部分，边墙普遍需要 15～20m 的

作者简介：朱赫（1994—），男，工程师，硕士，主要从事水工结构研究。E-mail：zhu_h2@hdec.com。

高度。同时为了保证鱼道在不同季节水位下的过鱼效果，该工程一共设计了4个鱼道进口，在中导墙位置设置了较低的鱼道进口，这就导致鱼道需要跨过大坝厂房尾水段[2]。该段鱼道基础高程距鱼道池室底板高程均在20m以上，边墙也有15m以上，因此该段鱼道具有高支撑柱、高边墙的特点，如图1、图2所示。

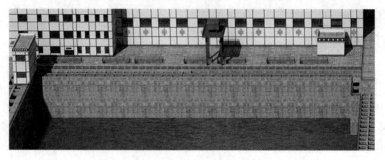

图1　厂房尾水段鱼道

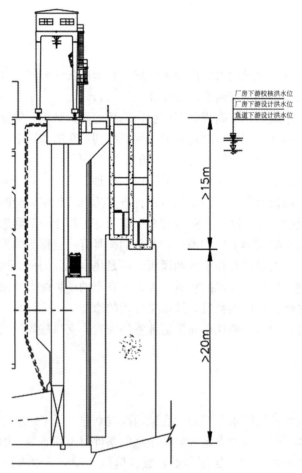

图2　厂房尾水段鱼道横剖图

3 鱼道设计

因为此段鱼道池室底板高程较高，且存在与厂房施工顺序先后的问题，此段鱼道面临施工难度大、施工时间短等问题。故此段鱼道使用了钢管柱表面浇筑混凝土快速形成支撑柱，然后在支撑柱上搭设预制梁来实现鱼道的快速建设。

3.1 支撑柱设计

该工程因较低基础高程和较高的鱼道池室底板高程，故需要 20m 以上的支撑柱将鱼道池室抬高。如果采用全柱现浇的形式，工期较长，还存在施工安全隐患，不宜全柱现浇。因此，采用 2 根直径约 13m 的钢管柱直接立于基础之上，两根钢管柱之间有数根水平腹杆连接，然后在钢管柱周围浇筑厚约 1m 的混凝土形成支撑鱼道的支撑柱[1]，如图 3 所示。支撑柱顶部与鱼道预制梁直接接触的部分因为是应力集中点，无配筋的混凝土无法承受预制梁的重量，因此在支撑柱的顶面向下凹陷形成与承台相适配的凹槽，凹槽内为配有 $\phi 32$ 锚筋桩的现浇混凝土承台，根据不同的鱼道位置，承台形状会有所改变。

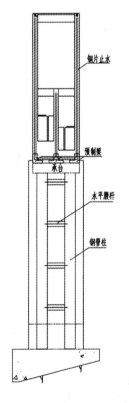

图 3 鱼道典型剖面图

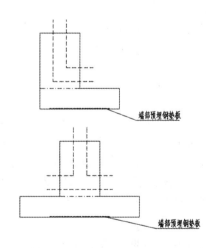

图 4 L 形和倒 T 形预制梁

3.2 预制梁设计

为了保证鱼道施工速度，通过在支撑柱顶部承台上架设 L 形预制梁和倒 T 形预制梁来达到快速施工的目的。L 形预制梁和倒 T 形预制梁底部均预埋钢垫板，并在梁内部预埋止水铜片以及供连接件穿过的预埋钢管，如图 4 所示。L 形及倒 T 形预制梁的截面设计可根据《混凝土结构设计规范》[3] GB 50010—2010（2015 年版）中式（6.2.7-1）、式（6.3.1）和式（7.1.4-3）计算，以上公式表述如下。

抗弯计算公式：

$$\xi_b = \frac{\beta_1}{1 + \dfrac{f_y}{E_s \varepsilon_{cu}}}$$

式中，ξ_b 为相对界限受压区高度，取 x_b/h_0；x_b 为界限受压区高度；h_0 为截面有效高度，纵向受拉钢筋合力点至截面受压边缘的距离；E_s 为钢筋弹性模量，按《混凝土结构设计规范》GB 50010—2010（2015 年版）表 4.2.5 采用；ε_{cu} 为非均匀受压时的混凝土极限压应变，按《混凝土结构设计规范》GB 50010—2010（2015 年版）式（6.2.1-5）计算；β_1 为系数，按《混凝土结构设计规范》GB 50010—2010（2015 年版）第 6.2.6 条的规范计算。

抗剪计算公式：

$$V \leqslant 0.25 \beta_c f_c b h_0$$

式中，V 为构件斜截面上的最大剪力设计值；β_c 为混凝土强度影响系数；b 为矩形截面的宽度，T 形截面或 I 形截面的腹板宽度；h_0 为截面的有效高度；f_c 为混凝土轴心抗压强度设计值。

受拉钢筋应力计算式：

$$\sigma_{sq} = \frac{M_q}{0.87 A_s h_0}$$

式中，A_s 为受拉区纵向普通钢筋截面面积；M_q 为按荷载准永久组合计算的轴向力值、弯矩值。

在 DG 水电站中，最大预制梁跨度为 12.8m，最小跨度为 10.2m。吊装预制梁时，L 形预制梁吊装在承台靠边侧，倒 T 形预制梁吊装在承台中间，L 形预制梁与倒 T 形预制梁之间即为一个池室的宽度。

4   施工顺序

因为 DG 水电站此段鱼道高耸结构采用了预制与现浇高度结合的结构设计，所以施工顺序的安排尤为重要。在本工程中，施工顺序安排如下：

（1）按照设计要求布置钢管柱，然后在钢管柱顶部浇筑混凝土形成承台。

（2）将预制好的 L 形预制梁和倒 T 形预制梁吊装至承台上，并临时固定。

（3）对 L 形预制梁和倒 T 形预制梁与非承台的混凝土支撑柱接触底面进行凿毛，铺设浇筑混凝土支撑柱所需的钢筋，并将该钢筋与承台中的预留钢筋焊接牢靠，将连接件插入 L 形预制梁和倒 T 形预制梁的预埋钢管中并伸入下部混凝土支撑柱中设定位置，之后在钢管柱外围浇筑混凝土形成混凝土支撑柱。

（4）在 L 形预制梁或倒 T 形预制梁梁端的结构缝部位放置止水结构，在止水结构上浇筑混凝土形成梁端混凝土段。

（5）将预制鱼道内导隔板按设计位置放在底板钢筋上，最后浇筑双向鱼道池室的边墙和底板，完成施工。

5 结论

（1）在鱼道高耸结构设计中，底部支撑柱可以采用预立钢管柱外部浇混凝土的形式快速搭建。

（2）为了防止单位长度预制梁重量过大，吊装能力无法满足，可以采用 L 形和倒 T 形预制梁组合的形式。

（3）本工程设计为鱼道设计提供了一种施工效率高、结构跨度大、质量好、精度高的高排架并列双向鱼道池室结构，可为国内西部地区上下游水位差大的鱼道设计提供参考依据。

参考文献

[1] 朱琳，许凤荣，戴玉 . 高水头鱼道框架结构体系研究 [J] . 海河水利，2020，06（13）：34-37.

[2] 吴剑疆，邵剑南，李宁博 . 水利水电工程中高水头鱼道的布置和设计 [J]，水利水电技术，2016，47（9）：34-39.

[3] 中华人民共和国住房和城乡建设部 . 混凝土结构设计规范：GB 50010—2010 [S] . 北京：中国建筑工业出版社，2011.

DG 水电站鱼类增殖放流站养殖用水温控
技术研究与实践

潘炳锟

（华电西藏能源有限公司大古水电分公司，西藏山南 856000）

摘　要：针对鱼类增殖放流站增殖放流对象异齿裂腹鱼、拉萨裂腹鱼、巨须裂腹鱼、黑斑原鮡、尖裸鲤和双须叶须鱼，研究养殖用水温控技术，保障冬季鱼类正常生长的需求。

关键词：DG 水电站；鱼类增殖放流站；鱼类养殖用水水温控制

1　研究背景

　　DG 水电站位于西藏自治区山南地区桑日县境内，于 2016 年建设了鱼类增殖放流站，位于工程坝址左岸上游约 23km 的藏噶村，是当前世界海拔最高的鱼类增殖放流站，海拔高度为 3608m，每年 6～8 月的气温最高，但也只有 20 多摄氏度，气候比较凉爽，昼夜温差较大，一般都相差 10 多摄氏度，相差最大时超过 20℃，而 12 月和 1 月是最寒冷的两个月，平均气温在零下 10 多摄氏度，极端最低气温在零下 37℃。YLZBJ 流域全年以夏季水温最高，为 6～11℃，冬季水温 1～2℃。而 DG 水电站鱼类增殖放流站养殖的 6 种鱼类适宜的水温在 7～20℃。因此需要对增殖站养殖用水温度进行控制，保证增殖站内人工养殖鱼种的正常生长和摄食。

1.1　研究内容

　　研究在循环水养殖模式下太阳能温度控制系统方案的可行性。研究在不同季节，尤其是冬季低温条件下，太阳能加热温控系统提供热源的保障性。研究鱼类增殖放流站运行的技术经济性，论证在高寒地区鱼类增殖放流站中的推广应用价值。

1.2　研究目的及意义

　　DG 水电站鱼类增殖放流站的 6 种放流鱼类生活水温宜在 5℃以上。根据监测数据得知 2019 年室内养殖池最低水温为 0.3℃，且水面表层已经结冰。增殖站水源来自 YLZBJ 支流沃曲卡，河段年平均水温 6～11℃，冬季平均水温 1～2℃。

　　各种放流鱼类在生活史的不同阶段对水温的需求不同，为了使放流鱼类能够正常的生长发育，顺利完成环评规定的增殖放流任务，需要对增殖站车间内养殖水体进行温度调控。

作者简介：潘炳锟（1992—），男，助理工程师，长期从事水电工程安全环保管理工作。
　　　　　　E-mail：754964762@qq.com。

根据西藏山南地区太阳能资源极其丰富的特点，因地制宜，增殖放流站采用太阳能作为热源的温控系统，使养殖车间摆脱冬季对电加热的依赖，实现节能减排和循环经济。通过对太阳能加热温控系统的应用研究，以期探索出经济、低能耗的温度控制模式，保证增殖站鱼种培育需求，降低增殖放流运行成本，为在高海拔高寒地区鱼类增殖放流站进行太阳能温控系统的推广提供参考依据。

2 项目简介

2.1 鱼类增殖放流站简介

DG 水电站鱼类增殖放流站增殖放流对象为异齿裂腹鱼、拉萨裂腹鱼、巨须裂腹鱼、黑斑原鮡、尖裸鲤和双须叶须鱼，放流规模为 7 万尾/年。

根据增殖放流规模，鱼类增殖站建设综合楼 1 栋，建筑面积 $871m^2$；亲鱼车间 1 个，建筑面积 $1279.22m^2$；产孵车间 1 个，建筑面积 $931.32m^2$；鱼种车间 1 个，建筑面积 $1055.57m^2$；蓄水池 1 个，建筑面积 $232.3m^2$；三个车间内均设有循环水养殖系统。其中亲鱼车间承担亲鱼驯养功能；产孵车间承担催产、受精卵孵化、开口苗及鱼苗培育功能；鱼种车间承担鱼种培育功能。DG 水电站鱼类增殖放流站现场如图 1 所示。

图 1　DG 水电站鱼类增殖放流站现场

2.2 增殖站放流鱼种

1. 异齿裂腹鱼

异齿裂腹鱼（图 2）隶属鲤科裂腹鱼亚科裂腹鱼属，别名棒棒鱼，分布于 YLZBJ 上、中游的干支流及附属水体。多生活于水质清新、砾石底质的河道。

2. 拉萨裂腹鱼

拉萨裂腹鱼（图 3）隶属于鲤形目。鲤科，裂腹鱼亚科，裂腹鱼属，广泛分布于西藏地区 YLZBJ 中上游干、支流及附属水体，为我国特有种。拉萨裂腹鱼是西藏重要的土著鱼类之一，具有很大的经济价值、科研价值和生态价值。

图2　异齿裂腹鱼　　　　　　　　　　图3　拉萨裂腹鱼

3. 巨须裂腹鱼

巨须裂腹鱼（图4）属于鲤形目，鲤科，裂腹鱼亚科，裂腹鱼属，俗称巨须弓鱼。是一种仅生活在 YLZBJ 中游及其干支流的西藏地区主要经济鱼类之一。

4. 黑斑原鮡

黑斑原鮡（图5）主要分布在 YLZBJ 中游干支流，为青藏高原特有珍稀经济鱼类。其喜居于急流水中的石下和隙间，也有栖居于沙地、水流缓慢的河流中。

图4　巨须裂腹鱼　　　　　　　　　　图5　黑斑原鮡

5. 尖裸鲤

尖裸鲤（图6）隶属鲤形目、鲤科、裂腹鱼亚科、尖裸鲤属，别名斯氏裸鲤，俗称白鱼。尖裸鲤为 YLZBJ 流域特有的单型属种，体型较大，主要分布在 YLZBJ 中游海拔3000～4500m 江段及各大干支流。

6. 双须叶须鱼

双须叶须鱼（图7）隶属于鲤形目，鲤科，裂腹鱼亚科，叶须鱼属，俗称双须重唇鱼，地方名花鱼。双须叶须鱼是高原底栖冷水性鱼类，仅分布在青藏高原 YLZBJ 中游干支流中，常见于以砾石为底，水流较为平缓的清澈水域中。

图6　尖裸鲤　　　　　　　　　　　　图7　双须叶须鱼

2.3　水温对放流鱼类的影响

1. 水温监测情况

从表1和表2可以看出，养殖池内年均水温11℃左右；养殖池最低水温可以达到0.3℃（2019年2月15日）；最高温可以达到17.2℃（2019年夏季）。按照月份统计分析，5～10月，室内鱼池水温在10℃以上；其余月份平均水温在5～10℃。1月份鱼池水温最低，达5～6℃；7月份，鱼池水温最高，达17.2℃。

室内养殖鱼池水温检测分析结果（单位：℃）　　　　表 1

月份	8:00	12:00	18:00	月份	8:00	12:00	18:00
1	3.0	3.3	3.5	7	15.0	17.0	17.2
2	1.9	2.2	2.4	8	15.0	17.0	17.0
3	4.6	6.3	6.6	9	14.3	15.8	15.8
4	8.0	10.2	11.2	10	9.5	11.9	11.9
5	13.6	13.8	13.7	11	4.9	7.0	6.2
6	14.4	14.7	15.0	12	4.5	5.6	5.0

室内养殖鱼池水温检测特征值分析结果（单位：℃）　　　　表 2

	8:00	12:00	18:00
单日最小值	0.3	0.5	0.8
单日最大值	15.1	17.0	17.2
年度平均值	9.1	10.4	10.4

2. 增殖放流鱼种适宜的水温环境

异齿裂腹鱼幼鱼在 12～22℃水温范围内均可存活，摄食及生长，最适温度为 15.15～17.24℃。异齿裂腹鱼可以在 5～23.5℃的温度范围正常生存，对水质要求高。异齿裂腹鱼幼鱼摄食水温分别为 8～25℃；极限最高温度分别为 32.4℃；极限最低温度是 0.4℃。

拉萨裂腹鱼生活水温在 10～12℃，拉萨裂腹鱼胚胎发育水温不宜超过 17℃，在（13±1)℃水温下，拉萨裂腹鱼胚胎发育历时 225h 10 min，积温为 2838.79h·℃；水温为 12℃时，拉萨裂腹鱼受精卵孵化破膜时间为 11d，开口摄食时间为破膜后第 6d。在冬季人工养殖过程中，由于小规格拉萨裂腹鱼耐受能力差，拉萨裂腹鱼应移入温室大棚中养殖，从而保证较高成活率和正常生长。

巨须裂腹鱼人工孵化的最佳水温是 8.5～9.5℃。黑斑原鮡受精卵最佳孵化水温为 13～14℃。黑斑原仔稚鱼的适宜培育温度 9～12℃。尖裸鲤的孵化水温在 9.5～11.8℃。在水温 10℃左右的条件下，经历 336.02h 孵化出膜，摄食水温 7～26℃，极限最高温度 30.2℃，极限最低温度 0℃，温度耐受幅 30.2℃。

根据水产科学研究所研究人员、增殖放流站运行人员针对 6 种鱼类的研究及参考文献资料，表 3 列举了 6 种放流鱼种各生长阶段适宜水温。在常规鱼类养殖时，不同养殖阶段对适宜水温的要求不同，6 种放流鱼类的适宜养殖水温应该控制在 7～20℃之间，最低水温不应低于 5℃。最高水温不宜高于 30℃。在适宜水温范围内，适当增加温度可提高鱼类的生长、繁殖、成活率，提高增殖站放流生产效率。

六种放流鱼种各生长阶段适宜水温（单位：℃）　　　　表 3

鱼种	孵化	苗种	仔稚鱼
异齿裂腹鱼	10～16	10～20	14～20
拉萨裂腹鱼	10～16	10～20	14～20

鱼种	孵化	苗种	仔稚鱼
尖裸鲤	10～16	10～20	14～20
双须叶须鱼	10～16	10～20	14～20
巨须裂腹鱼	7～12	12～20	7～14
黑斑原鮡	10～14	12～20	9～12

3. 水温对鱼类的影响

鱼类是变温动物,体温随周围环境变化而变化,缺乏维持体温的结构,水温对鱼类的生长发育繁殖十分重要。鱼类的体温与水温差异不大。大多数鱼类体温与所处水环境水温相差 0～1.0℃,也有少数的如鲤鱼,体温与水温相差可达到 1.7℃。幼小鱼类体温与所处水温几乎无差异,体型大的鱼类的体温比体型小的与所处水温的差异要明显。

各种鱼类在生殖时期,都要求一定的温度范围,温度对鱼类的性腺以及胚胎发育的影响是显著的。原则上当水温升高时,胚胎发育速度加快,反之则减慢。一般情况下鱼类的代谢速度与水温成正相关关系。水温升高,鱼类代谢强度增加,鱼类的摄食及活动能力增加,促进了鱼类的生长。陕西省富县鱼种场利用太阳能热水器提高鱼池水温,促使亲鱼提前半个月成熟,加速了鱼苗培育,产卵量增加 25%,鱼苗成活率提高 20% 以上。在一定水温范围内,随着水温升高,异齿裂腹鱼幼鱼摄食率升高。但超出适温范围,则可能导致鱼体内代谢失调,甚至死亡。当水温超过 24℃时,大规格拉萨裂腹鱼开始出现个体死亡,超过 32℃,所有大规格拉萨裂腹鱼死亡。表 4 列出了异齿裂腹鱼幼鱼时期对水温的需求,表 5 列出了不同规格拉萨裂腹鱼在活动正常和出现死亡时的水温。

异齿裂腹鱼幼鱼适宜水温（单位:℃）　　　　　　　　表 4

名称	幼鱼最适生长水温	最大体质量生长水温	最大摄食水温
异齿裂腹鱼	17.24	17.32	21.91

不同规格拉萨裂腹鱼的耐受温度（单位:℃）　　　　　　表 5

拉萨裂腹鱼	活动正常	有死亡个体	全部死亡	活动缓慢
大规格	6～23	≥24	≥32	≤6
中规格	5～21	≥22	≥33	≤5
小规格	4～26	≥26	≥36	≤4

水温不仅直接影响鱼类生存和生长,而且通过水温对水体环境条件的改变,间接对鱼类产生作用。在适宜水温范围内,水温升高,细菌和浮游植物生长繁殖快,浮游动物繁殖加快,促进池中物质循环,为鱼类生长和繁殖提供了丰富的天然饵料,有利于鱼类生长。水温变化也会引起水体中某些物质浓度的变化。水中饱和溶解氧浓度与温度相关,温度越高,饱和溶解氧浓度越低,而水中溶解氧是鱼类生存的必要条件。

3　太阳能加热温控系统

3.1　系统组成

鱼类增殖放流站温控系统包括太阳能集热器、内部循环水泵、外部循环水泵、保温水箱、电加热器、板式换热器、温度传感器、时间控制器、电磁阀、排气阀和循环管路。鱼类增殖放流站内每个养殖车间配一套太阳能加热温控系统。系统组成如图 8 所示。

太阳能集热器：吸收太阳辐射并将产生的热能传递到传热介质的装置，是一种将太阳的辐射能转换为热能的设备。

循环水泵：在采暖系统闭合环路内，循环水泵使水在系统内周而复始地循环，克服环路的阻力损失。

保温水箱：保温水箱是指在水箱的夹层增加特殊工业和保温材料，使水箱得保持一定的温度满足生活或工业需要。

电加热器：辅助设备。当太阳能集热器无法正常使用时，启动电辅热设备，保持保温水箱内水温恒定。

板式换热器：板式换热器是由一系列具有一定波纹形状的金属片叠装而成的一种高效换热器。

温度传感器：指能感受温度并转换成可用输出信号的传感器。

时间控制器：能够根据设定的时间来控制电路的接通或者断开，也就是控制电器的开关装置。

电磁阀：用电磁控制流体的自动化基础元件。

排气阀：控制太阳能采暖系统管道排气。

循环管路：连接太阳能集热器、保温水箱、板式换热器及养殖池间的管路。

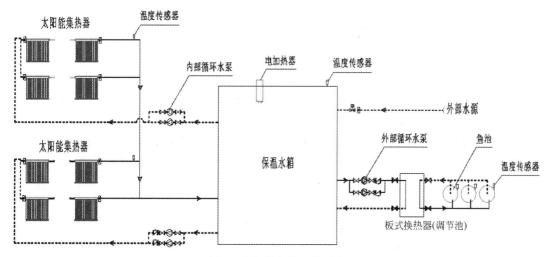

图 8　太阳能加热温控系统

3.2　系统原理

（1）内部循环加热模式：当太阳能顶部温度 T_1 大于水箱温度 T_2 $X℃$（可调）以上时，启动内部循环水泵，进行温差循环，使保温水箱水温逐渐升高；当（$T_1 - T_2$）$\leqslant Y℃$（可调）时，内部循环水泵自动停止。

（2）外部补水循环模式：当保温水箱非满水位时，自动打开补水液位阀门，当保温水箱水位达到最高水位时，保温水箱的浮球开关关闭，实现动态给保温水箱自动补水功能。

（3）定温混水模式：当换热水池温度 T_3 小于设定温度时，外部循环泵开启，由保温水箱通过板式换热器给换热水池补水；当换热水池温度 T_3 大于设定温度时，外部循环泵关闭，停止热量交换。

（4）辅助电加热控制模式：当阴雨天或光照不足导致太阳能产热水量不足时，可启动辅助电加热对保温水箱进行加热。当保温水箱温度 T_2 小于设定值时，自动启动辅助电加热器；当保温水箱温度 T_2 大于等于设定值时，辅助电加热器自动断电。保证保温水箱温度在 T_2 设定范围内。

（5）防干烧保护模式：当 T_1＞设定温度时，太阳能系统所有循环停止运行，实现太阳能集热器防干烧保护功能，确保整个系统的安全；当 T_1＜设定温度时，太阳能系统所有循环恢复运行。

（6）防冻模式：当光照不足，太阳能顶部温度 T_1 过低且有结冰风险时，内部循环泵关闭，放水电磁阀打开，将集热器中的存水放入保温水箱，保护集热器不因存水结冰而冻结。

（7）热量存储模式：根据日出和日落的时间，通过时间控制器设置内部循环泵的启闭和放水电磁阀的闭合，实现太阳能集热器与保温水箱只在白天时段进行水体交换，夜晚则自动停止。

4　太阳能加热温控系统实验研究

4.1　太阳能恒温系统试运行

于 2020 年 11 月 21 日至 2020 年 11 月 29 日开展了亲鱼车间太阳能恒温系统的试运行测试。其中，2020 年 11 月 21 日～2020 年 11 月 24 日进行保温水箱的升温测试，主循环启动，未打开热传递循环，未接入循环水养殖系统；2020 年 11 月 25 日～2020 年 11 月 29 日进行调节池升温测试，主循环启动，打开热传递循环，未接入循环水养殖系统。

太阳能顶部温度 T_1 减去水箱温度 T_2 的值 T_0 上限设为 20℃（大于该值，内部循环水泵自动启动），下限设为 1℃（小于该值，内部循环水泵自动停止）。

太阳能加热温控系统在当日 8：00～19：00 开启内部循环加热模式，19：00～次日 8：00 系统开启热量存储模式。

保温水箱升温测试过程中，记录系统中太阳能集热器和保温箱中水温；调节池升温测试过程中，记录系统中太阳能集热器、保温水箱和集水池中的水温，分析系统温度变化特征及原因。

1. 保温水箱升温测试

实验时间从 2020 年 11 月 21 日至 2020 年 11 月 24 日，每天分三次（上午 8：30、中午 12：00，下午 18：30）记录太阳能集热器、保温水箱和调节池的水温。

（1）保温水箱温度变化趋势分析

保温水箱水温不设限值，检验保温水箱内水温最大值。此时系统热传递方向是太阳能集热器→保温水箱。从图 9 可知，从 2020 年 11 月 21 日～2020 年 11 月 24 日，太阳能集热器的温度波动变化，单日内下午水温较清晨明显升高；保温水箱中水温呈上升趋势，平均水温达 51.6℃，最高水温达到 85.2℃。

调节池水温稳定在 7.2℃ 左右，此时调节池水温为自然状态下水温。由于夜间温差大，几乎没有太阳辐射，当日清晨太阳能集热器水温较前一日水温下降，保温水箱温度略有下降。水箱内温度越高，沿程散热损失越大，单位表面积净热随温度的升高而减少，太阳能热水器转化而来的太阳能用于温度升高的部分呈下降趋势，直至接近沸点。

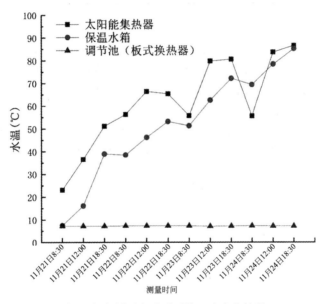

图 9　仅主循环启动时系统温度变化情况

（2）太阳能集热器日转化能量分析

2020 年 11 月 21 日～2020 年 11 月 24 日，单日积温分别是 31.5℃、14.7℃、20.9℃、15.8℃。

太阳能集热器太阳能日转化量的影响因素大体可分为三大类。第一类是气象因素，如阴晴、季节、时日的变化等；第二类是结构因素，如热水器的安装倾角、水箱容水量、热损系数、采光面积、管距等各种控制变量；第三类是运行条件因素，如热水器所在地区的纬度，水箱的初始水温等。

于 2020 年 11 月 21 日～2020 年 11 月 24 日进行了太阳能加热温控系统的试运行，统计了太阳能集热器的水温变化情况。11 月 21 日的保温水箱日积温最大（达到 31.5℃），11 月 22 日的日积温最低（14.7℃）。太阳能集热器的日太阳能转化效率主要与当日天气、水箱的初始温度有关。天气晴朗，云量少，气温高，太阳辐射强度高，太阳能集热器日平均变化效率越高；水箱温度越低，太阳能集热日平均变化效率越高。根据表6实验日期纪录情况表明，11月21日山南地区天气晴，气温较高，保温箱温度最低，所以当日的保温水箱日积温最高。11月22日，气温下降，阴天，光照时间短，保温箱水温高，所以当日保温水箱的日积温最低。11月23日，随着气温上升，太阳辐射强度的增加，故而23日的保温水箱日积温上升。11月24日，保温水箱的初始温度达到69.4℃，最终温度85.2℃，已接近研究区域水的沸点，因此日积温难以再增加。

温控系统试运行过程中太阳能加热温控系统运行室外天气情况　　**表6**

日期	天气	气温（℃）	风向，风速等级	保温箱初始温度（℃）
11月21日	晴/晴	12/—4	南风1～2级/南风1～2级	7.5
11月22日	阴	9/—3	北风1～2级/北风1～2级	38.5
11月23日	晴/多云	11/—4	北风1～2级/北风1～2级	51.3
11月24日	晴/晴	12/—4	北风1～2级/北风1～2级	69.4

2. 调节池升温测试

实验时间从2020年11月25日至2020年11月29日，每天分三次（上午8：30、中午12：00，下午18：30）记录太阳能集热器、保温水箱和调节池的水温。

当主循环和热传递循环启动时，热传递方向是太阳能集热器→保温水箱→板式换热器（调节池）。图10所示为从2020年11月25日～2020年11月29日，保温水箱中水温波动变化；调节池水温波动上升，最高达到23℃。调节池的水温由7.3℃增加到23℃用了4天时间。由于调节池是开放式的，无保温设备，水池散热快，因此调节池水温增加幅度较小。

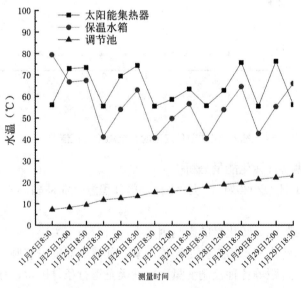

图10　主循环和热传递循环启动时系统温度变化情况

4.2　亲鱼车间养殖池水温测试

实验时间为2020年12月10日～2021年1月12日。2020年12月10日～2020年12

月 11 日，打开主循环，关闭热传递循环，接入循环水养殖系统。2020 年 12 月 12 日～2021 年 1 月 12 日，主循环启动，打开热传递循环，使用循环水系统。每天分三次（上午 8：30、中午 12：00，下午 18：30）记录太阳能集热器、保温水箱、集水池和养殖池中的水温。

太阳能顶部温度 T_1 减去水箱温度 T_2 的值 T_0 上限设为 20℃（大于该值，内部循环水泵自动启动），下限设为 1℃（小于该值，内部循环水泵自动停止）。

太阳能加热温控系统在当日 8：00～19：00 开启内部循环加热模式，19：00～次日 8：00 系统开启热量存储模式。

1. 亲鱼车间加热前养殖池水温变化特征

连续 2 天检测养殖池循环水未被太阳能加热温控系统加热时养殖池中养殖水体的温度。如图 11 所示，养殖池的水温变化范围在 3.6～5.6℃，从早上 8 点至下午 6 点 30 分，水温呈上升趋势，从下午 6 点 30 分至次日早晨，水温在夜间明显下降，此为系统水温日变化的一般趋势。环境温度直接相关。

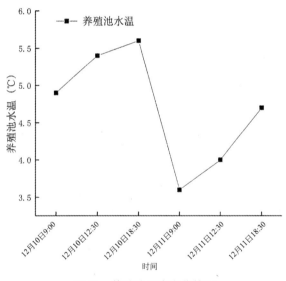

图 11　养殖池温度变化情况

2. 亲鱼车间养殖池循环水水温变化特征

采集亲鱼车间养殖池 2020 年 12 月 12 日～2021 年 1 月 12 日的监测数据，计算每日养殖池的日均温及养殖池每日升温幅度，温度随时间变化关系见图 12 和图 13。

由图 12 和图 13 可以看出，当太阳能加热温控系统正常运行时，亲鱼车间养殖池循环水系统正常运行，养殖池进水被加热。除个别时间亲鱼车间补水，养殖池日均温度可以达到 6℃ 以上，最高可以达到 9.27℃；单日养殖池平均水温可升高 0.4～1℃；单日养殖池平均水温升温幅度最高达 1.3℃，升温幅度的大小主要受当天的天气状况影响。养殖池水温与未加热相比，有了显著的提升，能够基本满足 6 种放流鱼类正常的活动需求。

2020 年 12 月 12 日～2021 年 1 月 12 日，保温水箱平均每天升温 27.4℃，养殖池平均每天升温 0.58℃（图 14）。保温水箱水温变化主要与当日太阳辐射强度、气温有关。亲鱼车间养殖池温度变化主要与保温水箱水温、换热器效率、室内气温、车间养殖设备（养殖

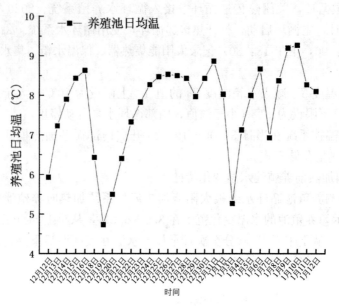

图 12 不同时间养殖池日均温

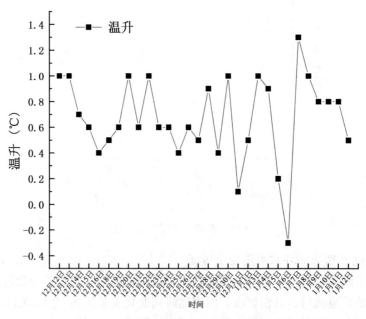

图 13 不同时间养殖池温度变化程度

池、循环管路、水泵等）散热等相关。养殖水体升高的温度随太阳辐照度的变化而变化，太阳辐照度越大则温升越高。然而由于太阳能加热温控系统仅在白天吸收太阳辐射能，到了夜间不但无法收集太阳能，还会随着环境温度的降低而散失系统内的热量，即使系统有保温措施，系统散热量仍然不容忽视，这是造成养殖池水温升温幅度较低的主要原因。但总体而言，养殖池水温基本能够达到 6 种鱼类需求的水温。

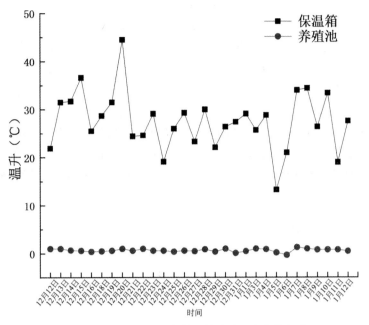

图 14　不同时间保温水箱和养殖池温度变化幅度

3. 热量传递效率

保温水箱获得热量和鱼缸获得热量之比表示保温水箱和养殖池间热量传递效率（η）。其中，水箱获得热量和鱼缸获得的热量用公式表示：

$$Q = Cm\Delta t$$

式中，Q 为水体吸收的热量（J）；C 为水的比热容 [J/(kg·℃)]；m 为水的质量（kg）；Δt 为容器内终止储水水温和初始储水水温的差值（℃）。

代入纪录数据得到 2020 年 12 月 12 日~2021 年 1 月 12 日系统的热量传递效率（表 7），分析系统热量传递效率和养殖池水温变化幅度的关系。结果如图 15 所示（X 轴表示养殖池单日温升，Y 轴表示对应日期系统热量传递效率）。

系统热量传递效率　　　　　　　　　　　　　　　　　　　　　　　表 7

日期	效率	日期	效率	日期	效率
12 月 12 日	1.64	12 月 23 日	0.74	1 月 3 日	1.40
12 月 13 日	1.14	12 月 24 日	1.13	1 月 4 日	1.13
12 月 14 日	0.79	12 月 25 日	0.55	1 月 5 日	0.54
12 月 15 日	0.59	12 月 26 日	0.74	1 月 7 日	1.38
12 月 16 日	0.56	12 月 27 日	0.77	1 月 8 日	1.05
12 月 18 日	0.63	12 月 28 日	1.08	1 月 9 日	1.09
12 月 19 日	0.69	12 月 29 日	0.65	1 月 10 日	0.86
12 月 20 日	0.81	12 月 30 日	1.36	1 月 11 日	1.52
12 月 21 日	0.89	12 月 31 日	0.13	1 月 12 日	0.65
12 月 22 日	1.46	1 月 1 日	0.62		

系统热量传递效率在 1%~12.7%。通过 Excel 进行数据拟合，发现系统热量传递效率和养殖池温升之间是确定关系（指数函数：$y=9.4731x^{0.8306}$，$R^2=0.8146$），有良好的的拟合效果。当养殖池温度单日温升主要分布在 0.6~1℃，系统热量传递效率主要分布在 6%~9%。可以认为，当养殖池单日温度升高 0.6~1℃时，养殖池温度变化幅度越大，系统热量传递效率越高。系统热量传递效率最高可达 12%（养殖池水温升高 1℃），最低 1%（养殖池水温升高 0.1℃）。

系统热量传递效率还与车间内系统散热性能有关，系统散热越多，保温水箱、养殖池及设备其他设备散热量多。系统散热主要来自鱼池、管道、设备等散热。现场，水箱和管道采取保温措施，具有良好的保温性能；调节池和养殖池的池顶无覆盖，水池散热量较大。

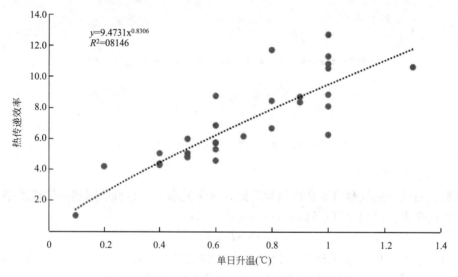

图 15   养殖池单日温升与系统热量传递效率关系

4.3   温控系统年度测试

1. 数据采集日常操作

于 2020 年 1 月 1 日至 2020 年 12 月 31 日，对鱼类增殖放流站的太阳能恒温系统进行了连续性测试。基本操作如下：

（1）每天记录太阳能集热器、保温水箱、集水池、养殖池和蓄水池的水温；

（2）每个车间选择中间位置的养殖池作为温度采集点，记录温度数据；

（3）温控系统设定参数记录；

（4）观察内部循环加热系统各处液位状态，并记录；

（5）记录各温度传感器处温度数据时，并随机用红外线点温计进行温度数据复核；

（6）测量并记录室外温度情况；

（7）观察并记录电磁阀、循环水泵的电控情况；

（8）记录车间日换水量等生产数据。

2. 恒温系统年度测试结果

鱼类增殖放流站的放流对象均为冷水性鱼类，最适生长温度为 12~20℃。亲鱼车间全年均有亲鱼驯养，考虑到冬季（12月至次年2月）YLZBJ的水温在0～3℃，为了既给亲鱼提供较好的越冬条件，又能接近天然水温，因此亲鱼车间冬季的目标温度设定为5～10℃，3～11月份则在最适温度区间内进行梯度调温，当温度过高时减少太阳能集热器启动数量，如4月份之后若全部开启太阳能集热器，则亲鱼车间的水温会超过最适生长温度，因此4～11月份太阳能集热器的开启比例在25％～75％，经过调节，亲鱼车间的水温能够很好地满足亲鱼驯养的需求（见表8）。

产孵车间的使用时间在3～5月份，主要用于催产、孵化及开口苗培育，催产孵化阶段最适温度为12～15℃，开口苗培育的最适温度为16～18℃，通过对太阳能集热器开启比例的调节，产孵车间的水温能够为该车间的生产提供良好的水温调节。

鱼种车间的使用时间在5～10月份，主要用于鱼种培育，该阶段应使鱼种处于最佳生长温度，得以快速成长，从而实现在秋季放流前达到放流规格，通过对太阳能集热器开启比例的调节，鱼种车间的充足温控能力完全可以适应鱼种快速生长发育对水温的需求。数据统计见表8。

恒温系统数据年度统计   表8

月份	1	2	3	4	5	6	7	8	9	10	11	12
气温	−1.0	1.8	5.6	9.2	13.2	17.1	16.7	15.7	14.1	10.0	4.0	−0.5
蓄水池水温（℃）	0.6	2.4	4.5	8.6	12.1	15.3	16.2	15.6	14.2	10.0	4.2	1.1
亲鱼车间养殖池（℃）	8.4	10.1	12.4	14.2	16.0	17.4	18.2	17.5	16.3	14.1	12.2	9.0
日均换水量	10％	10％	10％	10％	10％	10％	10％	10％	10％	10％	10％	10％
集热器开启比例	100％	100％	100％	75％	50％	25％	25％	25％	25％	50％	75％	100％
产孵车间养殖池（℃）	—	—	12.8	14.6	16.5	—	—	—	—	—	—	—
日均换水量	—	—	20％	20％	20％	—	—	—	—	—	—	—
集热器开启比例	—	—	100％	75％	50％	—	—	—	—	—	—	—
鱼种车间养殖池（℃）	—	—	—	—	16.3	17.8	18.5	17.8	16.7	14.2	—	—
日均换水量	—	—	—	—	10％	10％	10％	10％	10％	10％	—	—
集热器开启比例	—	—	—	—	50％	25％	25％	25％	25％	50％	—	—

4.4 分析及结论

通过对太阳能温控系统和循环水养殖系统耦合运行可得出以下结论：

（1）在未使用加热系统的情况下，亲鱼车间养殖池冬季的水温0～3℃；使用太阳能加热温控系统，冬季亲鱼车间养殖池水温日均可以达到6℃以上，最高可以达到9.27℃，满足6种放流鱼类正常活动需求；

（2）冬季亲鱼车间，保温水箱和养殖池之间系统热量传递效率在1％～12.7％，当养殖池温度单日温升分布在0.6～1℃时，系统热量传递效率在6％～9％左右；

（3）通过对太阳能集热器开启比例（25％～100％）的调节，亲鱼车间、产孵车间和鱼种车间的温控系统均能够较好地满足放流鱼类生活史各阶段对水温的需求。

亲鱼车间和产孵车间太阳能集热器最大使用比例为100％，证明了这两个车间的太阳能集热器数量设计合理，但在极端低温的条件下，可能会出现供热不足的问题。鱼种车间太阳能集热器最大使用比例仅为 50% 就能满足加温需求，证明了该车间太阳能集热器的设计数量有一定的剩余。

（4）通过对面板参数以及时间控制器的合理设置，太阳能温控系统各单元之间实现了良好的联动效果，整个试验过程中无故障发生，证明了控制系统的科学性和有效性。

5　效益分析

5.1　社会效益

太阳能属于可再生能源，能够实现节能减排，且运行费用低，本研究解决了鱼类增殖放流站采暖的需求，保障了增殖站放流鱼种正常生长对养殖水温的需求，推广阻力小，为在高原地区（尤其是太阳能资源丰富的地区）推广水产养殖技术提供参考依据。同时，改变传统采暖方式，避免燃煤造成的安全隐患。也有助于推动太阳能区域采暖的市场终端发展。

5.2　生态效益

在煤和液化石油气燃烧过程中以及电能获取过程中都会产生一定的污染，除了二氧化碳，还有二氧化硫、氮氧化物等有害气体。利用太阳能加热温控系统每年可减少二氧化碳减排量约 2634t、节约标煤约 1110t，为实现"双碳"目标作出积极贡献，生态环保效益显著。具有良好的经济效益、社会效益和生态效益，适宜在西藏地区推广应用。

浅谈福建区域抽水蓄能电站的发展历程与前景

巫美强

（中国华电集团有限公司福建分公司，福建福州 350013）

摘　要： 抽水蓄能电站发展至今已有上百年的历史，而在我国其建设起步较晚。但随着风电、光伏发电及核电等新型电源的不断发展，抽水蓄能电站迎来了新时代的建设热潮，其作用日趋明显，成为当下电力系统中有效的且不可或缺的调节、辅助工具。地处东南沿海的福建省，有着丰富的风能、太阳能、潮汐能等可再生能源，是发展新能源的重要省份。经过华东院和福建省院数十年来的调查研究和实地查勘，在福建省内已相继找出数十个具有开发价值的抽水蓄能电站站址。相信不久后福建省将迎来抽水蓄能电站建设高峰期，有望建设成为大型、特大型抽水蓄能电站分布区域。

关键词： 抽水蓄能电站；福建省；新能源

1　引言

随着社会发展的不断推进，化石燃料作为人类长期以来赖以生存的重要能源，已经变得越发短缺。过去数百万年积累下来的化石燃料，可能将在未来数百年内消耗殆尽，此外，化石燃料带来高能源的同时也伴随着高污染。为此，大力发展清洁的可再生能源成为全人类的共识[1]。从第二次世界大战后经济复苏期到 1973 年世界石油危机前，美欧等经济发达地区经历了长达二十余年的经济高速增长期。工业化时代的来临，加速着电力负荷的增加，兴建电站成为大势所趋，而抽水蓄能电站作为多种电站形式之一，相比于传统电站具有更大的发展空间[2]。抽水蓄能电站是一种特殊的电源，既能发电，也能储能。其主要依据能量转换原理，利用电力系统负荷低谷时多余的电量，将低处的水抽至高处，等电力系统负荷高峰时，再将此部分水通过水轮发电机组进行发电，供电力系统调峰[3]。

作为华东电网四省一市中的一员，福建省地处台湾海峡西岸，地理位置和气候条件独特，拥有较丰富的风能、太阳能资源和狭长的海岸线，可大力发展风、光和生物质能等新能源为主体能源的新型电力系统。但伴随着清洁电力能源的不断发展，电网调峰问题成为福建构建新型电力系统的主要阻碍，而建设抽水蓄能电站是解决电网调峰问题的有效措施[4]。为此，加速推进福建区域抽水蓄能电站建设成为促进福建省经济发展的重要内容。

2　抽水蓄能电站的发展历程

抽水蓄能电站发展至今已有上百年的历史。世界上第一座抽水蓄能电站于 1882 年诞生于瑞士苏黎世，其装机容量为 515kW，扬程为 153m。早期以抽水为主要目的，主要用

作者简介：巫美强（1995—），男，福建三明人，初级工程师，硕士，主要从事水工建筑材料、水电站建设管理等方面研究。E-mail：1004268371@qq.com。

于调节常规水电站出力的季节性不均衡。随后几十年发展缓慢，直到 1945 年第二次世界大战结束后，全球仅有 50 余座抽水蓄能电站投入运行，其主要分布在美国、日本和欧洲一些国家。20 世纪 50 年代以后，随着核电站和大容量火电机组大批投产，为提高电力系统能源的调峰能力和减少调峰费用，世界各国开始大力兴建抽水蓄能电站，开始进入迅速发展的起步阶段，此时年均新增装机容量还不足 30 万 kW。真正较具规模的开发始于 20 世纪 60 年代，60 年代到 80 年代约 30 年间，是抽水蓄能电站建设蓬勃发展的时期，尤其在 20 世纪 70 年代和 80 年代是抽水蓄能电站发展的黄金时期，60 年代抽水蓄能电站装机容量年均增加约 126 万 kW，而 70 和 80 年代年均各增加约 305 万 kW 和 404 万 kW，年均增长率分别为 11.26% 和 6.45%。在此阶段，美国抽水蓄能电站装机容量跃居世界第一。至 1990 年全球抽水蓄能电站装机容量达到 8300 万 kW，占总装机容量的 3.15%，30 年内装机容量增长近 23 倍，占总装机容量的比例增长了 4 倍。20 世纪 90 年代到 21 世纪初是抽水蓄能发展的成熟时期，此阶段涌现了燃气、石油能源，影响了抽水蓄能电站的发展，使其发展逐渐缓慢。在此阶段，日本后来居上，超过美国成为抽水蓄能电站装机容量最大的国家，也是经济发达国家中至今仍在大规模建设抽水蓄能电站的唯一国家。至 2010 年，全球抽水蓄能电站装机容量达到 13500 万 kW，继续保持较快增长[5-10]。

我国抽水蓄能电站建设起步较晚，1968 年和 1973 年分别建成两座小型混合式抽水蓄能电站，岗南抽水蓄能电站和密云抽水蓄能电站，但因机组容量比较小，在电力系统中的效益不够明显。我国抽水蓄能电站的发展大致可分为三个阶段：第一个阶段，20 世纪 60～80 年代，处于探索阶段。1968 年，我国首次在河北岗南水库安装了一台从日本进口的抽蓄机组，装机容量仅为 1.1 万 kW，此时抽蓄机组的水头低、容量小，在电网中发挥的作用有限；第二阶段是 20 世纪 80 年代到 21 世纪初，抽水蓄能电站建设技术和理论得到进一步研究论证和规划设计，开始较快发展。先后建成了潘家口、十三陵、广蓄、天荒坪等一批抽水蓄能电站。这些电站在机组技术标准、工程建设、项目管理方面均已达到较高水平；第三阶段是 2005 年前后至今，国内抽水蓄能电站开始专业化发展，为适应新能源、特高压电网快速发展，抽水蓄能电站建设运营规模不断增加，分布区域也不断扩大。截至 2020 年底，我国在运抽水蓄能电站共计 32 座，装机容量合计 3149 万 kW，占全国总装机容量的 1.43%；在建抽水蓄能电站共计 37 座，装机容量合计 5373 万 kW。通过引进吸收和自主创新，目前我国在抽水蓄能电站建设、运营等方面的技术已达到世界先进水平[11-15]。

从全球的发展趋势来看，在建的抽水蓄能电站主要集中在亚洲，世界抽水蓄能电站建设中心由西欧往亚洲转移。经济发达国家新建抽水蓄能电站愈来愈困难。美欧等国家抽水蓄能电站建设重点已从新建电站转为对老电站的更新改造和扩建增容[5]。

3　福建区域抽水蓄能电站的发展历程

福建省是化石能源资源匮乏的省份，无油少煤，目前煤炭探明储量仅 12.9 亿 t，保有储量 9.75 亿 t。同时，煤的品质相对也较差，多为无烟煤，难以作为大型火电厂的燃煤。但相对的，福建省的可再生能源相对丰富，素有"三个一千万"之称，即可开发常规水电资源约 1000 万 kW，居华东地区首位；风能理论蕴藏量在 1000 万 kW 以上，居全国前列；潮汐能理论蕴藏量也在 1000 万 kW 以上，居全国首位。要开发可再生能源，相配套的就需要大力发展储能技术，其中，开发抽水蓄能资源就显得尤为重要[16]。

福建省水电比重大，调节性能差，汛期调峰容量严重不足，水电站夜间弃水多，为此，自 20 世纪 80 年代以来，国家电力公司华东勘测设计研究院（以下简称"华东院"）就对福建省的抽水蓄能资源进行了大量的调查研究工作，在全省范围内实地查勘 30 多处站址，1988 年还开展了全省的抽水蓄能资源普查，提出了《福建省抽水蓄能电站普查报告》。为开展进一步的规划设计工作，又进行了多次补充查勘，前后共选出可开发站址近 30 处。之后，福建省水利水电勘测设计研究院（以下简称福建省院）重点对东部沿海负荷中心地区的抽水蓄能资源进行了普查，选出可开发站址近 20 处。经过华东院和福建省院多年的普查工作，基本摸清了福建全省抽水蓄能资源的分布情况，具有开发价值的抽水蓄能电站站址 41 处，总装机容量 5717 万 kW，其中以福州地区抽水蓄能资源最为丰富，装机容量达 1727 万 kW，占全省容量的 30.2%，其他如漳州、宁德、泉州等地区均占有一定比例[17]。1993 年 12 月，福建省院提出《福建省抽水蓄能电站选址报告》，推荐仙游 1 期为福建省中长期项目，鼓岭、莲花为近期项目[18]。

2009 年 5 月 1 日，福建省首座大型抽水蓄能电站——仙游抽水蓄能电站主体开工，2014 年 10 月 31 日电站正式并网运行。该电站总装机容量为 120 万 kW，设计年发电量 18.96 亿 kWh，年抽水电量 25.28 亿 kWh，年发电利用小时数 1580h，具有周调节能力。该电站也是国内首家全部使用高水头、高转速国产化机组的抽水蓄能电站，机组完全由我国自行研究、设计、制造、安装和调试。截至目前，仙游抽水蓄能电站仍是福建省境内唯一在投运行的抽水蓄能电站。当然，周宁抽水蓄能电站（装机容量 120 万 kW）、厦门抽水蓄能电站（装机容量 140 万 kW）、永泰抽水蓄能电站（装机容量 120 万 kW）及云霄抽水蓄能电站（装机容量 180 万 kW）也正处于建设期，预计未来几年均将投产运行。福建区域抽水蓄能电站正迈入快速发展阶段。

4 发展抽水蓄能电站的必要性

在工程建设实际需求和科学技术不断发展的推动下，使储能与电源、电网、负荷并列，成为当下电力系统不可或缺的第四要素。抽水蓄能电站作为重要的储能方式，其发展需要受到高度重视，它是一种特殊的电源，具有运行方式灵活和反应快速的特点，在电力系统中具有调峰填谷、调频、调相、储能、系统备用和黑启动等多种功能，是保障电力系统安全、可靠、稳定和经济运行的有效途径[19]。其主要作用包括：

（1）保障电力系统安全稳定运行和电力有序供应。可充当事故应急电源，保障系统平稳运行，也可作为黑启动电源，在大规模停电发生后及时恢复供电。同时，能承担系统尖峰负荷，保障电力有序供应，容量效益明显；

（2）提升新能源利用水平，实现新能源消纳"双升双降"。可有效应对新能源装机占比持续提升给电力系统带来的调节压力；

（3）改善系统发、配、用各环节性能。可提升火电、核电、水电的综合利用率，降低系统能耗。在配电侧可促进分布式发电顺利并网，减少频率偏差，提升用户侧电能质量。

从装机容量占比来看，截至 2020 年底，我国全口径发电装机容量约 22 亿 kW，其中

火电装机 12.45 亿 kW、常规水电装机 3.39 亿 kW、抽水蓄能装机 0.31 亿 kW、核电装机
0.50 亿 kW、风电装机 2.82 亿 kW、光伏发电装机 2.53 亿 kW，风电及光伏发电等新能
源在电力装机总量中的占比约 24.3%。其中，各类装机全国主要分布省份如图 1～图 6 所
示，福建核电装机容量位居全国前列。近年来，我国风电、光伏发电新增装机占当年新增
总发电装机的比例在 50% 以上，2020 年更是达到了 62.8%，目前我国电力系统正处于新
增装机以新能源为主体的发展阶段。但从发电量占比来看，截至 2020 年底，我国全口径
发电量为 7.62 万亿 kWh，其中风电发电量 0.47 万亿 kWh，光伏发电发电量 0.26 万亿
kWh，风电及光伏发电等新能源发电量仅占整体发电量的 9.5%[20]。但随着能源革命进
程快速推进，新能源将迎来爆发式增长。预计到 2030 年和 2060 年，我国风电及光伏发电
等新能源装机容量占比将分别超过 44.5% 和 82.7%，发电量占比则将分别超过 24.2% 和
67.4%[21]。高比例新能源的接入势必会给电力系统的稳定运行带来巨大挑战。

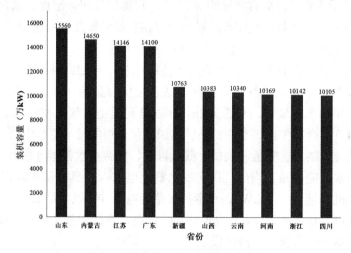

图 1   全国总发电装机容量前十省份

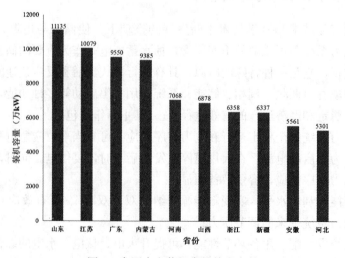

图 2   全国火电装机容量前十省份

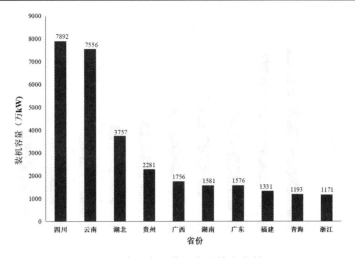

图 3　全国水电装机容量前十省份

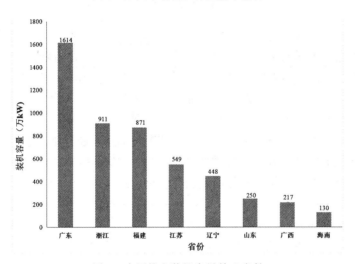

图 4　全国核电装机容量前八省份

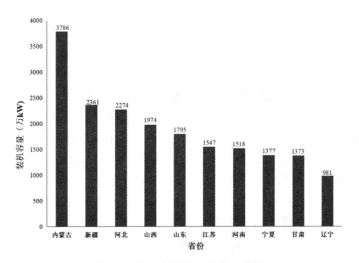

图 5　全国风电装机容量前十省份

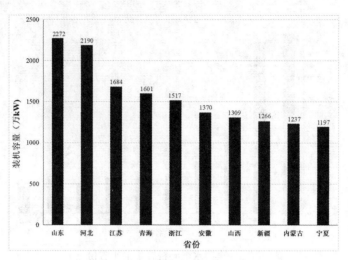

图 6　全国光伏发电装机容量前十省份

不难发现，抽水蓄能是打破这一困境的有效途径。通过对抽水蓄能电站和风电、光伏发电等新能源发电出力进行对比分析发现，抽水蓄能电站出力与新能源发电出力较为互补。以风电为例，抽水蓄能电站在抽水时，风电出力处于高峰期；而抽水蓄能电站在发电时，风电出力则处于低谷期。因此抽水蓄能电站抽水时段多为风电发电高峰时期，而抽水蓄能电站发电时段多为风电出力低谷时期。另外，通过对四季典型日的全网夜间抽水时段风光消纳情况分析发现，各分电网的风电消纳情况与抽水蓄能消纳风电能力基本吻合，证实抽水蓄能电站在消纳风电方面有着重要作用，可有效缓解弃风压力[22]。可见，加快建设抽水蓄能电站对于促进风能等新能源发展有着重要的作用。

从福建省的电力结构来看，其电力结构中火电、水电占比较大，近年来核电、风电装机容量正稳步攀升，而省内的常规水电开发已基本完成。截至 2020 年底，福建省总装机容量约 6371.6 万 kW，其中火电装机 3477.7 万 kW、常规水电装机 1211.2 万 kW、核电装机 871.2 万 kW、抽水蓄能装机 120 万 kW、风电及光伏发电等新能源装机 691.5 万 kW，核电装机与新能源装机占比分别达到 13.7% 和 10.9%。从全省发电量来看，截至 2020 年底，福建省全口径发电量为 2636.5 亿 kWh，其中核电发电量 652.5 亿 kWh、风电发电量 122.3 亿 kWh、光伏发电发电量 19.2 亿 kWh，核电发电量与新能源发电量占比分别达到 24.7% 和 5.4%。

为实现"双碳"目标，福建省将持续扩大对核能与新能源的开发利用。核电方面，除了已投运的福清核电和宁德核电将继续增加开发新机组外，漳州核电与宁德霞浦核电也已获批在建。新能源方面，福建具有"八山一水一分田"的地形特色，再加上十分曲折延绵的海岸线，有足够的水面发展太阳能，也有足够的山脉放置大型风机，发展风能[8]。同时，福建省海上风能资源理论蕴藏量约 2140 万 kW，规划海上风电总规模 1330 万 kW。风电、光伏发电装机规模将持续增大。核电、风电及光伏发电的发展势必将对福建区域电力系统造成巨大的调峰困难，而建设抽水蓄能电站是解决调峰问题最为行之有效的方法。可见，加速发展福建区域抽水蓄能电站是非常有必要的。

5 福建区域抽水蓄能电站的发展前景

截至 2020 年底，我国在运行抽水蓄能电站共计 32 座，总装机容量为 3149 万 kW，占全国总装机容量的 1.43％，在建抽水蓄能电站共计 37 座，总装机容量为 5373 万 kW。根据抽水蓄能电站的需求分析，初步预计"十四五"期间我国抽水蓄能电站年度投产规模约 500 万～600 万 kW，期间新开工规模约 3000 万～4000 万 kW，到 2025 年抽水蓄能电站总装机容量将达到 6500 万 kW 左右，预期到 2035 年总装机容量将超过 1.2 亿 kW。抽水蓄能电站仍有很大的发展空间。

抽水蓄能站址资源本身是一种稀缺资源，其站址选择受制于外部环境因素，对水头、地质等要求较高，地理位置、自然条件优良的站址非常有限。为此，今后抽水蓄能电站的发展布局将遵循以下原则：

（1）应位于或靠近峰谷差大、有较大调峰需求的负荷中心地区；

（2）应考虑抽水蓄能电站接入方便，并且在接入以后不会导致电网潮流加重；

（3）优选站址必须具有较好的建站条件[23]。

此外，随着构建和谐社会的理念深入人心，原有的电站建设标准已无法适应当下对于生态、环保与审美等方面的要求。近年来已有提出要将抽水蓄能电站往景区化方向发展，使得电站的景观建设被提到新的高度。通过对抽水蓄能电站进行景区化规划，结合电站自身特色，合理布置旅游格局，协调电站生产与综合功能的关系，通过生态补偿的方式来弥补电站对生态环境的干扰，确保人与自然的高度和谐[24]。

抽水蓄能电站作为调峰电源技术已经非常成熟，日本、欧美等发达国家抽水蓄能电站占总装机的比重都比较高，但在国内发展却相对滞后。过去影响国内抽水蓄能电站发展的主要原因在于：

（1）大多数调峰任务由火电机组承担，对抽水蓄能电站需求相对不高；

（2）电力市场不完善，辅助服务机制尚未健全，对用电质量考核不严格；

（3）与抽水蓄能电站生存发展相关的调度制度尚未建立；

（4）节能减排要求不高[25]。随着"双碳"目标的不断推进，节能减排要求正逐年增高，相应火电机组装机逐年下降，抽水蓄能电站势必会突破上述发展阻碍，相关制度也将逐步建立和完善。

福建区域地貌多峡谷且较陡峻，有较大的落差，具备建设抽水蓄能电站的优越条件。装机容量超过 100 万 kW，且水头在 300～650m 之间的资源有 23 处，合计装机容量可达到 4190 万 kW[4]。目前，周宁抽水蓄能电站、厦门抽水蓄能电站、永泰抽水蓄能电站及云霄抽水蓄能电站都在紧锣密鼓的建设中，宁德浮鹰岛作为国内首个海水抽水蓄能电站试验示范项目站点，也将为海水抽水蓄能电站在国内的普及与发展做出重要贡献。

今后，福建省抽水蓄能电站的发展将着力于解决高比例新能源、核能等电能接入给电网带来的调峰问题，为电网黑启动提供备用电源等，提升电网运行的稳定性。同时，省内抽水蓄能电站的发展还将结合当地风土环境，推动当地旅游行业发展，形成区域旅游体系。届时，抽水蓄能电站将不仅具有调峰、调频等功能效益，还具有消纳富余清洁能源、修复区域生态的环境效益。凭借着特有的地理优势和生态环境，福建省有望建设成为全球范围内少有的大型、特大型抽水蓄能电站分布区域。

6 总结

抽水蓄能电站历经上百年的发展，设计建造技术已趋于成熟，也积累了相当丰富的运营经验，对促进电力系统的发展起到了重要的作用。从全球的发展趋势来看，抽水蓄能电站的建设中心正从西欧向亚洲转移。随着风电、光伏发电及核电的不断发展，抽水蓄能电站势必将迎来新的发展热潮。作为新能源发展的重要省份，福建省将持续推进抽水蓄能电站建设，向着建设成为特大型抽水蓄能电站分布区域的方向发展。

参考文献

[1] 林国庆，林礼清．抽水蓄能电站与核电联合运行浅议 [J]．福建水力发电，2016（02）：28-29，32．

[2] 张姝．我国抽水蓄能电站发展对策研究 [D]．哈尔滨：哈尔滨工业大学，2008．

[3] 施文庆．福建省建设抽水蓄能电站的必要性 [J]．水利科技，2003（01）：19-20，29．

[4] 林峰．福建电力发展与电网调峰运行技术经济性研究 [J]．能源与环境，2016（05）：9-12．

[5] 赵恺，董化宏，靳亚东．国外抽水蓄能电站建设情况 [J]．中国三峡，2010（11）：29-30．

[6] 邱彬如．世界抽水蓄能电站发展新趋势 [A]．中国水力发电工程学会抽水蓄能专业委员会．抽水蓄能电站工程建设文集 [C]．中国水力发电工程学会，2005：8．

[7] 陶凤玲．中日抽水蓄能电站发展的对比分析 [J]．青海大学学报（自然科学版），2004（04）：23-25．

[8] 曹明良．抽水蓄能电站在我国电力工业发展中的重要作用 [J]．水电能源科学，2009，27（02）：212-214．

[9] 罗莎莎，刘云，刘国中，聂金峰．国外抽水蓄能电站发展概况及相关启示 [J]．中外能源，2013，18（11）：26-29．

[10] 王楠，白建华，刘贵元，潘尔生，李成仁，谢枫，刘殿海．国外抽水蓄能电站发展经验及相关启示 [J]．中国电力，2009，42（01）：89-92．

[11] 黄锐．我国抽水蓄能电站的发展与展望 [J]．城市建设理论研究（电子版），2015（19）：3676-3677．

[12] 陈守伦．抽水蓄能电站的发展 [J]．江苏电机工程，2001，20（1）：6-10．

[13] 薛文萍，李宏伟．抽水蓄能电站的发展和运行特性 [J]．电站系统工程，2012，28（03）：68，70．

[14] 李伟，李剑峰．抽水蓄能电站发展综述 [J]．吉林水利，2008（07）：53-54，57．

[15] 郭敏晓．"十四五"能源转型为抽水蓄能发展创造有利条件 [J]．中国能源，2021，43（01）：12-16．

[16] 朱光华，林琳，陈文群．福建省风能、抽水蓄能的资源与开发 [A]．中国水力发电工程学会抽水蓄能专委会、福建省水力发电工程学会．抽水蓄能电站建设经验技术交流会论文集 [C]．中国水力发电工程学会抽水蓄能专委会、福建省水力发电工程学会：中国水力发电工程学会，2002：4．

[17] 方滔，马迅．福建省抽水蓄能电站开发前景 [J]．水力发电，2002（02）：40-42．

[18] 张绍康．国内外抽水蓄能电站发展综述（Ⅱ）[J]．广西电力建设科技信息，1998，000（003）：33-46．

[19] 耿克红．抽水蓄能电站发展的政策瓶颈与建议 [J]．能源与环境，2011（05）：25-26．

[20] 张子瑞．新型电力系统是电网的机遇之战 [N]．中国能源报，2021-04-19（022）．

[21] 中国南方电网．数字电网推动构建以新能源为主体的新型电力系统白皮书 [M]．中国南方电网，2021．

[22] 汤宁，张玮．从电网保障安全与负荷低谷消纳角度分析抽水蓄能电站应用的影响 [J]．电气时代，2021（04）：14-15，18．

[23] 刘峻，林章岁．福建电网调峰电源规划研究 [J]．海峡科学，2010（10）：181-184．

[24] 中国抽水蓄能电站特征与景区化发展展望 [A]．中国水力发电工程学会．2008 中国水力发电论文集 [C]．中国水力发电工程学会，2008：9．

[25] 龚伟．论抽水蓄能电站在加快新能源发展中的重要作用 [J]．能源与节能，2012（09）：48-49．

第五篇　数字孪生与智能化新技术

数字孪生三门峡水利枢纽综合设计与应用研究

王育杰[1]   施凯敏[2]   娄书建[1]

(1. 黄河水利委员会三门峡水利枢纽管理局，河南三门峡 472000；

2. 北京慧联无限信息技术有限公司，河南郑州 450000)

摘　要：为建设数字孪生三门峡水利枢纽与智慧三门峡水库，通过无人机数字正射影像、倾斜摄影及重点工程与主要建筑物的精细化数字三维建模等，建立了基于 3d 地球的数据底板，在此基础上应用计算数学等解决了库区空间信息即时测算难题，以大数据分析技术解决了断面冲淤快速比对难题。依靠水三维仿真自动建模等技术，以遥测水位、流量、含沙量与枢纽闸门启闭态、水电站机组运行态等核心要素信息为驱动源，实现了三门峡库区及坝后全域空间范围水体的实时动态映射，整体上取得了良好的可视化效果。并以计算机编程技术显著提升了三门峡水库调洪演算模型的算据、算法与算力，解决了洪水预报、预警、预演与预案结合实际难题，采用先进技术为其他多类业务进行智慧化赋能，能够全天候为三门峡水利枢纽防汛抗旱决策、水资源调度与运行管理等提供支持，对其他水利枢纽及水库具有良好的借鉴与参考价值。

关键词：倾斜摄影；要素信息；数字驱动；实时映射；模拟；水三维仿真；调洪演算；数字孪生

1　概述

《中华人民共和国国民经济和社会发展第十四个五年规划和 2035 年远景目标纲要》要求加快构建智慧水利体系，水利部党组高度重视，提出了"需求牵引、应用至上、数字赋能、提升能力"总要求，并将其作为新阶段水利高质量发展的显著标志。根据水利部《关于大力推进智慧水利建设的指导意见》《"十四五"智慧水利建设规划》《智慧水利建设顶层设计》与《"十四五"期间推进智慧水利建设实施方案》[1-4]，结合《数字孪生黄河建设规划（2022—2025）》及关键问题[5,6]，参照《数字孪生流域建设技术大纲（试行）》与《数字孪生水利工程建设技术导则（试行）》[7,8] 三门峡黄河明珠（集团）有限公司与相关单位合作，在三门峡库区及坝区以无人机航测技术获取了数字正射影像及倾斜摄影等空间信息资料，采用水三维仿真自动建模等技术、核心要素信息实时映射与驱动技术，结合实际需求与主要业务计算模型的深入研究，建设了以数字孪生三门峡水利枢纽工程及三门峡水库为基础的平台体系，初步实现了智慧化应用。

2　总体要求

2.1　整体性与实用性

在整体构架设计上，以资源高度共享、避免重复建设为原则，全面统筹规划与优化现

作者简介：王育杰（1964—），男，河南灵宝人，教授级高级工程师，硕士研究生导师，主要从事水沙分析、水文预报、防汛调度及水利信息技术应用研发等。E-mail：454337067@qq.com。

有资源结构。尤其考虑现有基础信息来源、要素信息组成、数据库存储方式、业务逻辑结构、应用系统构架以及未来多系统扩展规划方向等，围绕数字孪生三门峡水利枢纽与智慧化水库调度及管理等核心问题，从全局出发、从长远出发综合构建该平台体系。

实用性是数字孪生三门峡水利枢纽与智慧水库平台建设的不竭生命力，唯有坚持"需求牵引、应用至上"的基本原则，才能实现现代水利事业高质量发展的重要价值与根本意义。若平台体系缺乏实用性，无论现代科学技术的利用与否，都只能是"花架子"，都将失去最重要的根基。

2.2　先进性与智慧性

在技术体系上，采用数字三维地球及符合国内发展方向与趋势的核心技术等，并充分借鉴目前国内外先进成熟的主流网络技术与跨平台综合技术，以保障数字孪生三门峡水利枢纽与智慧水库系统建设具有较长的生命力和扩展能力。

在智慧化方面，做好重点业务模型的构建与核心应用，提升算据、算法与算力。包括：不同洪水条件下水库调洪演算分析；各级洪水位、含沙量条件下库区实时淹没映射与模拟预演；任意区域内高程、距离与面积测算；枢纽工程 27 个泄流建筑物闸门及水电站 7 台发电机组实时启闭态泄流映射及模拟；库区各级水位条件下快速巡航；尾水区防倒灌模拟；枢纽防汛重点区域巡航功能等。

2.3　标准化与可扩展性

数字孪生三门峡水利枢纽与智慧水库建设，建立在国家信息化行业标准设计体系上，既要符合水利部智慧水利建设总体需求，又要遵循国际标准、中国国家标准及相关行业技术规范等标准体系。

考虑到未来业务系统扩充与发展的需求，系统设计简明扼要，支持多种格式数据存储，增强各功能模块的独立性，降低其耦合度与关联性，充分考虑未来系统的兼容性与可扩展性。

2.4　经济性与安全性

为最大限度地节约开发成本，除对要素信息进行数据挖掘、数据关系协调、数据标准同化及数据应用融合之外，还充分利用了信息源、数据库、服务器与功能模块等共享机制；充分利用了"全球三维系统""水三维动态仿真系统""全球河网系统"等技术储备；利用了航空摄影大规模成图与侧面纹理贴图技术，大幅度降低了三维建模成本，实现了互联互通、资源共享与便捷应用。

在系统安全设计策略上，为避免系统数据被非法用户侵入、盗用或人为破坏，避免不可预见情况下信息丢失或损毁，根据《信息安全技术　网络安全等级保护实施指南》GB/T 25058—2019，采用了一定安全等级与备份恢复机制，最大限度地保障系统安全性与可靠性。

3　基本构架及方案原理

3.1　基本架构

总体以 B/S 架构为主。主要包含 7 个独立层：用户终端层；SOA 支撑服务层；业务模块层；应用支撑层；数据存储层；数据传输层及数据采集层。整个系统以 3 个相关数据层为基础，以应用支撑层与业务模块层为核心，以 SOA 服务层为媒介，为用户终端层提供高品质服务。如图 1 所示。

（1）用户终端层。主要任务是面向用户端，包括：PC 端的 Web 服务、移动端（手机与 iPad）APP、及其他终端，涉及登录界面、信息内容及主要服务功能等。

（2）SOA 服务层。主要涉及：安全认证、身份管理、权限管理、交互通信、服务描述、服务注册、服务发现、流程编排等。屏蔽硬件层、操作系统层及网络层，使逻辑关系与底层平台无关，提供标准信息通道，实现异构环境下的可靠传输，保障系统的可靠性、可移植性及可扩充性。

（3）业务模块层。主要遵循高内聚、低耦合原则，将每个业务模块的功能分解成适当程度的插件，以支持对服务的灵活调用与业务扩展。包括：三门峡水库全域三维仿真水体等驱动、映射及模拟；三门峡水利枢纽防汛抗旱调度指挥决策等多种业务应用。

（4）应用支撑层。提供数字孪生与业务应用的各种基础服务，如消息引擎、三维引擎、GIS 引擎、图表服务、语音服务、视频服务、ADO. net. dataadapter、异常处理及日志管理等。

（5）数据存储层。支持关系型数据、对象型数据、文件型数据等物理存储，主要包含：地理信息库、专题信息库、三维模型库、水沙监测库、枢纽运行库及业务信息库等。

（6）数据传输层。主要包括：超短波、GPRS/4G/5G、光线宽带、专线/专网、互联网等。

（7）数据采集层。涉及地理空间信息、水库与枢纽核心要素信息、模型信息等。主要包括：卫星遥感、无人机航测、水沙自动测报、站点数据同步、电站运行监控、闸门运行监控、大坝安全监测及人工填报等。

3.2　网络设计

主要基于三门峡水利枢纽工程现有水利专网，实现大坝管理区与三门峡市区（枢纽局办公楼）、黄河流域机构等之间的信息通信及网络系统运行。用户移动手机与平台之间的通信通过局域网或公网联入，通过路由器端口映射的方式实现与外网之间的数据交互。通过水利部与黄委水利专网，可以实现本平台系统的远程操作与演示等。

3.3　数据采集

数据采集是数字孪生静态化场景建立与动态化场景驱动的关键。包括：

（1）空间数据。包括 1：10000～1：50000 河道水上地形数据，1：5000～1：10000 河道水下地形数据等。

（2）河网数据。包括三门峡库区流域内的河网水系，支持 6 级河网分级管理与数据信息服务。

（3）水文整编数据。依据最新版《基础水文数据库表结构及标识符标准》提供水文整编数据，满足业务系统检索、查询与存储管理。

（4）实时水情监测数据。包括三门峡水库实时水位、流量、含沙量等核心要素数据。

（5）河道断面测量数据。包括河道基本数据、断面布设数据、淤积断面测量等数据。

图 1　基于 3d 地球的数字孪生三门峡水库（水利枢纽）系统构架

（6）水工建筑及环境植被模型数据。包括大坝主体构造、泄洪排沙启闭设施、水电站厂房、办公楼及防汛仓库模型数据，以及重点区域植被及精细化模型数据等。

（7）工程设计数据与相关参数数据。包括三门峡枢纽工程技术设计数据、水文模型参数等数据。如水库设计与校核洪水过程、库容曲线、枢纽泄流能力曲线、相关模型率定等数据。

（8）枢纽实时动态运行数据。包括三门峡水利枢纽工程 27 个泄流排沙设施如底孔、深孔、隧洞、排沙钢管闸门实时状态与开度等核心要素数据；三门峡水电站 1～7 号发电机组实时运行状态量、负荷值及累计发电量（动态积分值）等核心要素数据。

3.4 业务系统

数字孪生建设的关键是业务系统，本业务系统的主要目标是三门峡水库（枢纽）防汛抗旱指挥调度决策支持，兼顾其他功能及运行、管理与维护等。即以三门峡水库及枢纽大范围内的三维地理空间信息 L1、L2、L3 数字化逼真表达为背景，以各域水体三维仿真的动态化、智慧化与可视化技术为支撑，以三门峡水库及枢纽实时核心要素信息为驱动源与驱动力，结合业务模型的模拟计算、优化分析及大数据平台技术等，初步实现各子系统之间的功能协调与综合应用。

主要包括：

（1）构建基于 3D 地球的三门峡全库区（含黄河小北干流、渭河下游、潼关以下河段及回水区、大坝下游 10km 范围内）静态化场景，实现全域地形地貌、河网水系、水利设施、监测站点及淤积断面等三维空间信息的数字化与可视化准映射，为水库蓄泄运用提供映射、模拟与分析基础。

（2）基于上述场景，构建三门峡水利枢纽工程主体建筑物、泄洪孔洞、发电机组等数字化三维模型，构建三门峡水利枢纽闸门启闭设施（含发电厂防倒灌设施）、防汛电源、防汛仓库、防汛道路及通讯设施等三维模型，为三门峡水利枢纽工程运用提供实时动态映射、模拟与分析基础。

（3）以全空间场景及重点设施、设备为基础，以三门峡水库与枢纽核心要素信息为依据，全天候实时驱动全域水体的可视化、动态化与智慧化表达，驱动相关统计报表、图形过程线等自动更新，驱动相关的超限自动报警等。

（4）在地理空间信息上，具有区域巡航、范围穿越、视角控制、地域测量（高程、距离、面积）、聚焦定位（水文站点、测控断面、滩涂、渡口码头、防护工程、控导工程、景观、防控点）等功能。在业务应用上，具有水库与枢纽工程信息查询、大坝安全监测、水文分析（如调洪演算）、断面冲淤分析、直通监视、在线会商（视频连线）、防汛管理、协同办公及系统运维管理等功能。

（5）将 PC 端的 Web 应用与手机客户端的 APP 应用进行有机结合，实现多类用户综合业务的一体化管理，多终端用户的同步化管理，应用 ASP. NET MVC 框架技术、数据库快速检索技术、语音识别 ASR 技术、语音合成 TTS 技术、腾讯云 TRTC 视频连线与通话技术等满足综合业务应用需求。

3.5 数据库设计

该项目数据库设计主要为关系型数据库。为满足系统对综合事务性要求较高及复杂数据查询，满足数据库操作的高性能与稳定性，本项目数据库强调坚持 ACID 规则，即保持原子性（Atomicity）、一致性（Consistency）、隔离性（Isolation）与持久性（Durability）。

该项目数据库是为多用户共享而建立，摆脱了具体程序的限制与制约，多用户可各按所需使用或存取同一数据库中的数据，共享数据资源及满足用户之间的通信需求。

3.6　文件存储

关系型数据库主要是针对结构化数据设计的，虽有字段格式支持存储，但若把视频等文件存储到数据库，需使用大字段（如 Oracle、Mysql 中的 BLOB 特殊二进制字段），这种存储方式用户每次请求数据时，需先访问数据库，再从数据库中查询相关文件，然后将文件以数据流的方式读到数据库内存，最后返回用户，这样会耗占大量内存、降低运行速度与效率，浪费大量的数据库资源。

因此，针对非结构化类型的数据，如视频、图片、文档、DEM 数据、DOM 数据、OP 数据及 3D 模型数据，本系统采用本地文件存储方式并发布为服务，供系统内部与外部快捷高效调用。

此外，洪水预报成果采用 FTP 存储方式，由黄委水文局预报系统直接写入服务器指定区域，通过对文档的操作实现对洪水预报成果的查询与显示，或导入 EXCEL 表格供水库调洪演算模块调用。

3.7　用户管理

统一用户管理可以为用户提供统一的基础数据与精确匹配的功能模块，为系统使用带来极大方便。本项目采用安全且开放的身份认证服务实现用户管理。主要体现是：

（1）统一用户登录。为所有用户提供统一的登录界面，根据用户名的差异，系统会自动选择对应的功能模块接入与访问控制。

（2）分布式分级管理权限。当用户分布在不同部门且规模很大时，用户权限的集中管理与维护是十分不方便的，因此，采用分布式分级权限管理更具可控性、可扩展性与灵活性。

当前，由于使用本系统的各岗位人员流动频繁，为保障众多用户能够正常登录与长期安全使用，同时大幅度减轻运维与管理人员的工作量，本系统采用"用户名＋密码"进行分布式分级管理。即用户名以岗位职责不同进行命名分类，能够访问的数据、功能模块及操作权限是十分明确的。当岗位人员发生变动时，只需管理员或新用户及时修改登陆密码即可完成用户安全继承。

3.8　系统性能

（1）运行耗时要求。针对大量的数据读写、条件查询与复杂计算分析等，充分利用 ASP. NET MVC 框架技术有效地降低了各功能模块调用运行耗时。

（2）灵活性要求。在设计过程中，已充分考虑到系统整体结构的灵活性，为未来业务功能的新增、修改、完善及挂接等提供了充足的预留空间。

4　数字孪生数据底板建设

三门峡水利枢纽工程是万里黄河上兴建的第一座大型控制性工程，三门峡库区涉及晋陕豫三省交界区域广阔范围。长期以来，不但整个库区缺乏三维数字地球空间信息数据，而且水利枢纽工程缺少可利用的建筑信息模型 BIM，仅有的只是一些陈旧且精度较低的库区平面图与工程图纸，在全域地理空间与主要工程建筑物等方面缺乏现代意义上详细的电子化数据。因此，要解决数字孪生数据底板问题，必须依靠现代先进的信息技术手段才能实现。

4.1　获取全域地理空间数据

2020 年 3 月底至 4 月初，三门峡库区植被稀疏，此时进行了第一次无人机航测，获取了三门峡库区 334m 以下（1985 国家高程基准）、水面以上区域数字正射影像图 DOM（Digital Orthophoto Map）；7 月初，第二次航测对重要区域（天鹅湖、坝区等）进行倾斜摄影 OP（Oblique Photography）；并计划第三次对核心区域进行贴近摄影 NOP（Nap-of-the-Object Photogrammetry）。

既往 DEM（Digital Elevation Model）是通过有限高程数据对地表形态进行数字化模拟与表达。本项目 DOM 则是基于航空摄影＋测量技术，通过推进扫描、像元辐射改正、微分纠正及镶嵌等而形式的数字正射影像，它同时具有地物影像与地图几何坐标精度，信息丰富，直观逼真。

倾斜摄影是对大范围多方位复杂场景的航测，同一飞行器上搭载多台传感器，能够从 1 个垂向、4 个侧向同步进行坐标测量与影像采集，更加直观、清晰地反映地物位置和高度及侧面纹理信息。

计划进行的第三次航测贴近摄影是一套全新的面向重点目标"面"精细化摄影测量，能够获取精确坐标、亚厘米级高清影像及细微结构形状，更加有利于精细化三维建模。

在我国数字孪生流域建设中，按照区域范围的逐级缩小与数据精度的逐级提高，地理空间数据底板分为 L1、L2、L3 三个层级。L1 为大范围低分辨率、低精度级；L2 为重点区域较高分辨率、较高精度级；L3 为重要实体场景高分辨率、高精度级。三门峡库区 334m 高程以上空间为 L1 级，参考 GPS＋北斗信息；334m 高程以下为 L2 级，利用无人机 DOM 及 OP 航测成果；三门峡水利枢纽坝区及三门峡市临黄区为 L3 级，利用 OP 成果，水库水下部分借用黄委水文局断面测量成果。

4.2　重点工程与主要建筑物建模

三维数字模型是应用计算机建模软件构建的直观化、可视化三维虚拟体。本项目重点工程与主要建筑物的建模基于无人机倾斜摄影（或贴近摄影）及人工多角度精细化摄影成果，同时参考三门峡库区与水利枢纽等主要建筑工程设施的图纸、照片及 720 全景摄像资料等，以库区两岸及毗邻区重要建筑设施的形体与结构数据，经过数字高程配准及 DOM、倾斜摄影纹理信息的镶嵌，实现了较高质量的三维数字建模，将重点工程与主要建筑物模型逐级（L3→L2→L1）融入至基于 3d 地球、大范围全空间方位三维虚拟静态场景，完成由现实世界向虚拟世界的准映射。

4.3 全域静态化场景的建立与应用

三门峡库区与水利枢纽工程全域空间信息，基于 CGCS2000 国家大地坐标系与 1985 国家高程基准，全域静态化场景的建立基于现实空间的相对稳定存在。以 DEM＋DOM＋OP 等为依托建立的空间场景，不仅较 BIM 直观、逼真与可视化，而且具备强大的潜在应用功能。例如：库区全域水体实时空间位置与周边场景对应关系分析（如洪水淹没模拟）；主要建筑物内部穿越；降维后兼容二维 GIS 模型相应功能等，这是一般 BIM 与二维 GIS 所不可比拟的。

基于此，依据三门峡水库与水利枢纽核心要素信息，可以实时映射全域动态化场景，特别是驱动（或模拟）全域孪生水体的仿真变化。

5 数字孪生模型仿真、数据驱动与智慧化应用

数字孪生水库与水利枢纽工程，涉及测量学、摄影学、地理信息学、遥感学、仿真学、水文学、水力学、河流动力学、水利工程学、计算数学及计算机应用技术等多门学科。

5.1 构建仿真孪生体

数字孪生必须具备仿真技术。仿真技术以计算机为基础，通过数学模型对真实系统进行模拟，揭示和表达研究对象的本质特征、内在联系及运行规律。它是高技术领域中的关键技术之一。

水利行业的仿真技术，主要涉及工程仿真、水仿真、机械仿真、电气仿真等。其中，水仿真具有较高的技术难度。2019 年之前，由于无人机倾斜摄影、贴近摄影使用范围及使用者有限；加之水三维仿真技术研究与应用水平的限制[9-13]。因此，难以发现基于 3d 地球的大范围的数字孪生—大型水库与水利枢纽工程建成和投入实际使用。

2020 年汛前，三门峡黄河明珠（集团）有限公司与北京慧联无限信息技术有限公司合作以水三维仿真 3.0 版水面自动建模等技术，能够自动建立与实时要素信息保持联动的三维动态化场景，特别是全域水体的仿真应用，并为应用功能的进一步开发奠定了可靠基础。

5.2 融合核心要素信息

三门峡水库与水利枢纽工程已有多个独立分散的实时监测及水文报汛子系统，例如：实时遥测水位（流量、含沙量）；大坝安全监测；枢纽闸门启闭态监测；水电站实时运行监控；水文报汛等。通过对这些子系统数据的集成与融合，可以为三门峡水库控制运用与水利枢纽工程管理运行提供较为完整的核心要素信息，可以全天候地为数字孪生提供实时映射与驱动服务，可以为三门峡水库优化调度计算分析与模拟运用等提供基本信息保障。

5.3 实时映射与驱动孪生体

三门峡库区及两岸自然地理环境的静态化准映射，主要涵盖了大坝-渭河 160km、大

坝-北干流 240km 等区域约 2370km² 的广阔范围，为与之浑然一体地逼真地动态化映射全域水体空间变化及枢纽运行状态变化等实况，主要以核心要素信息（遥测水位、流量、含沙量、闸门启闭态及开度、发电机组运行态、库区上空降雨及光照信息等）为映射与驱动源，通过三维水仿真、工程仿真、机械仿真、电气仿真、大气空间仿真等建模技术及动态化展示方法才能达到整体可视化效果，加之各类业务模型的优化计算、模拟分析与智能化应用，才能实现真正意义上的数字孪生水库与枢纽。

已经实现全天候实时映射与驱动（也可模拟）数字孪生体的主要应用如下：

1. 由遥测水位（或流量）映射与驱动淹没范围及蓄水边界变化

（1）由坝前（史家滩）遥测水位，驱动水尺指针变化、回水区淹没范围水体联动及展示；

（2）由禹门口站与潼关站遥测水位，驱动库区黄河小北干流河段槽蓄水体联动及展示；

（3）由华县站与潼关站遥测水位，驱动库区渭河下游河段槽蓄水体联动及展示；

（4）由三门峡水电站尾水区与三门峡站遥测水位，驱动尾水区至三门峡站河槽蓄水体联动及展示，如图 2 所示。

图 2　数字孪生三门峡水库实时动态化应用场景

2. 由遥测含沙量映射与驱动三维仿真水体颜色深浅属性变化

（1）由潼关站遥测含沙量，驱动三门峡库区水三维仿真颜色深浅属性变化；

（2）由三门峡水电站实时遥测含沙量，驱动坝后尾水区水三维仿真颜色深浅属性变化。

3. 由泄洪闸门与发电机组启闭态映射与驱动坝后出流态变化

（1）由大坝 27 个泄洪排沙闸门实时启闭态，驱动相应孔、洞、管的泄流联动与展示（明流、射流）；

（2）由水电站 7 台发电机组运行态，驱动尾水区相应泄流联动（淹没出流），如图 3 所示。

图 3　数字孪生三门峡水利枢纽工程实时动态化应用场景

4. 由降雨实况及光照信息映射与驱动天空状态变化

（1）由中央气象台三门峡库区降雨实况图、降雨雷达图或自记雨量计信息，驱动三门峡库区上空降雨仿真；

（2）由三门峡市湖滨区日出日落时间信息，驱动天空光亮度（黑夜/白昼模式切换）与坝顶照明灯光线变化（点亮/熄灭模式切换）。

5.4　技术赋能与智慧化应用

在库区空间信息应用中，通过计算数学及计算机应用技术解决了淹没边界范围自动计算分析、映射与表达难题，解决了任意区域点、线、面的高程、距离、面积即时测算难题，以大数据分析技术解决了淤积断面冲淤变化的灵活快速比对难题。在水库调洪演算模型中，通过计算机程序严密的逻辑判断、自动收敛性逐步迭代计算以及精度与误差的严格控制，使计算模型的相应算据、算法与算力得到了显著提升，可靠地解决了水库洪水预报、预警、预演与预案相结合关键性实际难题。

同时，还采用三维数字模型动态展示与交互技术、大数据分析应用技术、语音识别 ASR 与语音合成 TTS 技术、腾讯云 TRTC 视频连线与通话等为各类业务进行智慧化赋能，研发的手机 APP 具有智能交互功能与对某些监测、监视及监控实体设备的重要控制功能。其中，数字孪生水利枢纽工程三维仿真系统、智慧水库调洪演算与洪水淹没分析系统、智慧河流水沙测报与冲淤分析系统、智慧水库语音交互查询系统 4 个子系统获得了中华人民共和国计算机软件著作权。

6   结语

该项目数字孪生数据底板以无人机航测获取了三门峡水库全域数字正射影像与倾斜摄影信息为前提，通过三门峡水利枢纽工程与主要建筑物的三维数字建模，实现了由 L3→L2→L1 逐级融入，构建了全域静态化场景。在此基础上，以三维水仿真自动建模等先进技术，通过核心要素信息驱动，实现了库区全域水体与天空状态的实时映射，取得了整体动态性可视化效果。在研发过程通过计算数学等解决了空间信息实用性难题；通过水库调洪演算等模型的算据、算法与算力提升解决了"四预"结合难题；通过大数据、云计算等技术为多类业务应用进行了智慧化赋能；初步具备了对某些实体设备的交互与控制功能，基本实现了数字孪生实际应用。

该项目成果对我国其他重要水利枢纽工程及水库具有良好的借鉴与参考价值，在水资源、水环境、水生态、水安全、水文化、岸线整治、科普、旅游、专业培训及教学实践等方面，具有广阔的适用范围与推广应用前景。

参考文献

[1]   中华人民共和国水利部. 关于大力推进智慧水利建设的指导意见 [A]，2022，03：1-9.

[2]   中华人民共和国水利部. "十四五"智慧水利建设规划 [A]. 2022，03：1-155.

[3]   中华人民共和国水利部. 智慧水利建设顶层设计 [A]. 2022，03：1-32.

[4]   中华人民共和国水利部. "十四五"期间推进智慧水利建设实施方案 [A]. 2022，03：3-57.

[5]   黄委数字孪生黄河建设领导小组办公室. 数字孪生黄河建设规划（2022—2025）[A]. 2022，03：1-41.

[6]   曾焱，程益联，江志琴，李暨. 十四五智慧水利建设规划关键问题思考 [J]. 水利信息化，2022（1）：1-5.

[7]   中华人民共和国水利部. 数字孪生流域建设技术大纲（试行）[S]. 2022，03：1-23.

[8]   中华人民共和国水利部. 数字孪生水利工程建设技术导则（试行）[S]. 2022，03：1-41.

[9]   陈文辉，谈晓军，董朝霞. 大范围流域内水体三维仿真研究 [J]. 系统仿真学报，2004（11）：2401-2412.

[10]   冯玉芬. 基于虚拟现实技术的动态水面仿真方法研究 [J]. 系统仿真学报，2012，34（2）：52-55.

[11]   方贵盛，潘志庚. 水虚拟仿真技术研究进展 [J]. 系统仿真学报，2013，25（9）：1981-1989.

[12]   余伟，王伟，蒲慧龙，王鹏. 河道流动水体三维仿真方法研究 [J]. 测绘通报，2015（9）：39-43.

[13]   潘立武，朱坤华，吴惠玲. 基于 B_zier 曲线的三维河流仿真研究 [J]. 水力发电，2016（4）：86-89.

基于移动网络的混凝土生产数字拌合系统研究与开发

赵　春[1,3]　夏万求[2]　贾金生[1,3]　孟继慧[2]　丁廉营[1]　顾　彬[4]

(1. 中国水利水电科学研究院，北京 100038；2. 浙江宁海抽水蓄能有限公司，
浙江宁海 315600；3. 中国大坝工程学会，北京 100038；4. 北京益邦达科技发展有限公司，北京 100144)

摘　要：针对混凝土拌合生产系统信息孤岛的现状，利用 4G/5G 移动网络与自建私有云服务器形成自动实时的数据采集传输链路，将各自分散的拌合站生产过程中的主要物料称量数据、材料检测数据、配比信息等纳入监控管理，以便管理者掌握；利用配比智能分析模型甄别异常信息，发出预警并反馈指导拌合站生产，确保每一方混凝土的质量满足设计要求。该项技术在宁海抽水蓄能电站成功应用于生产实践。

关键词：混凝土；数字拌合；移动网络；数据采集；配比分析；预警预报

1　引言

混凝土是由掺合料、外加剂、粗骨料、细骨料、水和水泥等多种原材料按照比例混合而成的，经均匀搅拌、振捣密实以及维护硬化之后做成的人工石材。混凝土的抗压强度是衡量混凝土质量的一个重要指标，混凝土的抗压强度主要是由水灰比和水泥强度决定的。但传统施工中由于拌合楼称量设备不精确、承包人节省水泥控制成本、操作人员未按照配料单拌制等原因，常导致混凝土质量波动大或不合格，严重影响工程质量和耐久性，甚至影响到工程安全。

此外，随着工程对混凝土质量要求的提高以及现代施工管理方式的转变，常规混凝土制备过程中的质量管控方法也存在一定的不足，具体到混凝土拌合楼，主要问题包括以下几个方面：

(1) 混凝土原材料，尤其是细骨料，由于受天气状况、开采部位以及加工运输过程中不确定性的影响，含水会存在较大波动，需要全过程实时监测原材料的情况。通常人工做实验的结果滞后，原材料质量缺陷无法及时发现和纠正，导致不能准确甄别在配制混凝土的过程中原料、生产、施工等哪个具体环节的哪个步骤出错，原因查找滞后被动。

(2) 当前混凝土拌合过程存在管理缺陷，例如为适应混凝土原材料中含水量的变化和不同强度混凝土配合比的变化，拌合楼试验人员需要按规定程序对混凝土配合比进行动态调整、试拌，在实际操作中，存在拌合楼操作人员为追求不当利益擅自修改施工配合比的现象。上述违规现场往往难以查证，导致监管黑洞，为混凝土质量埋下隐患。

(3) 混凝土拌合楼控制电脑中自动储存收集的混凝土生产所需原材料消耗台账，是混

作者简介：赵春 (1975—)，男，湖南衡东人，正高级工程师，主要从事大坝建设运行信息化、数字化、智能化管理研究工作。E-mail：zhaochun@iwhr.com。

凝土生产过程控制的最直接资料。然而在操作中，常因人为因素或拌合楼控制电脑的稳定性问题，造成关键信息丢失，给项目成本核算和过程控制造成困难。此外，拌合楼中一些过程控制数据和试验检测数据需要操作人员按规定格式录入，实际操作中，存在录入数据的准确性不能被及时鉴别和处理等问题，使混凝土生产过程的事后监控难以实施。

（4）混凝土拌合楼生产过程中的各种数据，一般储存在各工点的拌合楼控制电脑中以及拌合楼试验室的电脑中，或者零散的分布于管理人员的电脑和记录本上，这些数据的收集汇总和分析工作繁重，很难做到及时统计和分析。同时，拌合生产中问题的反馈处理过程滞后，制约了混凝土生产过程管理的效果。

对于上述问题的解决方法，可以是大量投入经验丰富并且责任心强的施工管理人员加强对混凝土拌合楼的施工监管。然而从当前总体上来说，由于工程项目庞大而复杂，各种任务繁多以及高素质技术人员的紧缺，靠大量的人工投入难度较大，而且管理成本将大幅上升，另外大量人员的投入又会引发新的问题，受人员的能力、经验、主观意愿等各种条件的限制，要求发现所有薄弱部位并采取措施是不现实的。因此有必要提出相关技术手段来弥补上述不足。

针对上述问题，采用智能化的手段采集混凝土拌合楼生产过程的关键信息，排除人为干涉，保障生产过程中信息采集的唯一性、真实性，以及解决信息反馈的及时性问题，达到实时动态监控拌合楼生产的目的；实现混凝土拌合过程中各种信息数据的数字化、智能化分析和处理，解决对问题干预的准确性和及时性的问题，为混凝土的成品质量提供高效可靠的技术支撑。

混凝土数字化拌合的意义，实际上起到了一个拌合楼"监理工程师"和"专家决策"系统的角色，既可以为项目业主提供方便快捷的拌合楼监管手段，也可以针对监管到的问题提供专业的分析和给出建议，方便管理人员决策。通过对混凝土数字化拌合的相关研究，将实现拌合楼各个环节的信息流集中管理，实现对信息流的深度挖掘和共享，最终有望达到工程中每方混凝土"有案可查"和"有据可循"的目的，将为未来工程的智能化施工提供支撑，成为数字工程的重要组成部分。

2　国内外研究水平综述

拌合楼数字化、智能化管控首先涉及的技术是数据采集、传输与共享。数据采集主要实现混凝土拌合楼各个环节的生产数据或试验数据的准确、实时、高效采集，数据共享主要完成生产数据的查询，预警预报和相关结果的推送等，使用户能够更加直观地掌握混凝土生产情况。马辉等（2012）研发的混凝土拌合站生产过程动态监控系统通过一个安装在拌合机控制器上的专用接口程序实现生产数据的自动采集。龚霞等（2014）通过一个安装在混凝土搅拌车上的嵌入式数据采集设备采集并传输搅拌车的位置及状态参数等信息，为了适应移动中的数据传输要求，该设备对传输的数据量做了限制。梁贵荣等（2014）开发的混凝土质量追踪及动态监管系统使用 RFID 射频芯片技术为每一批次的混凝土赋予一个唯一的数字标识。为不合格混凝土的定位提供了便利。韩光等（2013）开发的基于 PDA 的大坝混凝土施工信息采集系统，通过 PDA 客户端解析服务端数据并列表框控件展示给用户。郭玲玲等（2011）开发的基于打印机数据流解析的沥青混凝土拌合站监控系统，通过并口采集打印机数据流，从中提取出有用的信息，使得大量独立分散的数据得到有效的利用。王辉麟等（2016）开发了用来连接各种类型的拌合机生产控制系统并采集生产数据的数据采集系统，该系统采集的数据包括从拌合机控制电脑的数据库读取，以及从原材料检测传感器采集，他们还实现数据信息统一管理、生产情况实时把控、质量监督全面推广，并可完成拌合站及试验室的信息共享和数据交互。随着这些技术的推广和应用，目前市场上的混凝土拌合站管控系统基本实现了生产数据的自动采集，但是，由于这些系统大多针对特定的混凝土生产控制系统设计，可移植性较差，不利于在短时间内大范围部署。另外，这些系统一般只采集拌合楼控制电脑上的一些结果数据，并没有深入到混凝土生产的全过程中，无法从根本上避免上节所指出的混凝土拌合楼的质量监控漏洞。

3 数字拌合系统

3.1 混凝土配合比设计

混凝土配合比设计理论是数字拌合系统的理论基础。混凝土性能与其配合比密切相关，国内外学者从不同的出发点对混凝土配合比设计方法进行了大量的研究，提出了许多配合比设计方法，其中有些仍然是半经验性的，如基于实践经验的设计方法、基于紧密堆积理论的设计方法、基于浆骨比的设计方法等，有些是基于理论计算的优化设计方法，如全计算法、基于计算机控制系统的设计方法等。

混凝土配合比设计方法目的是充分合理、最大限度的发挥骨料作用。通过骨料致密堆积，粉煤灰等掺合物的合理使用，来有效降低混凝土系统的空隙率，减小水泥浆量的使用，提高混凝土耐久性。同时粉煤灰作为总量相当大的工业废料，在混凝土中大量掺入粉煤灰，既能有效改善混凝土性能，降低混凝土生产成本，同时也减少了对环境的二次污染。

混凝土配合比设计模型考虑混凝土中砂的空隙由胶凝材料来填充，充分发挥粉煤灰的微集料效应，并确定粉煤灰填充砂的致密系数；石的空隙由砂与胶凝材料来填充；并确定砂与胶凝材料填充石的致密系数。利用骨料致密堆积后的最小空隙结合水泥浆体富裕系数、水胶比来确定水泥用量与水用量。

3.2 技术路线

针对混凝土拌合站存在原材料检测滞后、检测结果反馈不及时、原材料配合比波动大、配合比无法实时监控和调整的问题，导致混凝土质量波动大，质量问题难以及时发现和纠正，易发展为工程质量和安全隐患等问题，开发混凝土原材料关键参数的实时检测设备，搭建现场数据实时传输网络，保障混凝土拌合过程中信息采集的实时性、真实性和可靠性；开发基于人工神经网络的混凝土性能智能预测和预警系统，实时监控混凝土拌合过程，为混凝土的配合比和性能满足设计要求提供技术保障，可应用于水利水电工程中混凝土拌合过程的实时智能监控，项目的实施技术路线见图1。

3.3 系统建设方案

数字拌合系统的实施主要包括两方面的内容：现场硬件系统的搭建和软件系统的开发。系统中的硬件部分需要在工地现场的拌合楼进行部署和验证，各硬件之间的连接示意

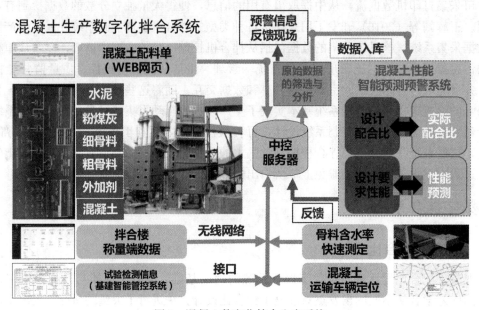

图 1　混凝土数字化拌合生产系统

如图 2 所示，包括：高速无线网络、拌合楼监控、手机录入、车辆定位、环境信息采集、五系统一中心、输出子系统。

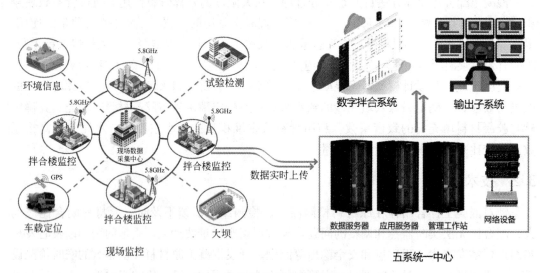

图 2　数字拌合系统连接示意图

4　主要关键技术

4.1　主要技术难点分析

1）拌合楼运行状况的全方位实时监控

受各种主观和客观的不确定因素影响，拌合楼常存在不符合规范的运行状况。例如原材料计量不准确，这些运行状况的偏差往往难以监测，是拌合楼管理的长期难题。

对策：研究专门的硬件模块，或数据接口，在对拌合楼进行微小完善、不改造、不影响原配置的条件下，将拌合楼的各个管理的数据以及称量端运行状态进行数字化采集，并传送至控制中心。

2）实时、可靠的拌合楼数据采集链路

拌合楼是一个钢铁林立的环境，且运行着各种高功率电器，对电磁干扰大。在这种复杂环境下，于深藏其内的关键位置设置数据采集模块，并且保证数据的可靠传输，对无线电的抗干扰提出较高要求。

对策：研究采用高增益高穿透的传输模式。数据的实时性、准确性和完备性，以及不同位置数据存在时间差，各个传感器的数据需要归一到同一锅混凝土下面进行分类，这样归类的数据才有意义，才能做到每方混凝土质量的"有案可查"。因此一方面需要研究各传感器时间同步，给数据打上精确的时间戳，又需要研究其他的特征戳记，从而实现海量数据的有效归类。

3）基于采集数据的混凝土质量智能分析

混凝土成品质量受各种原材料和不同制备工艺等多种因素的影响，各影响因素与最终产品质量之间的映射复杂，而且混凝土成品质量的评价指标也较多，对于特定的工程，质量评价指标都具有独特性。如何将采集到的数据进行合理的分析，从而得到科学的预测结果，具有一定难度。

对策：将复杂的混凝土配制理论进行智能化编程，得到一个类似混凝土专家的决策系统。

4.2 拌合数据无线网络系统建设

1）蜂窝网络的实施方案

众所周知我国的蜂窝网络，即公众移动通信网络非常发达，几乎遍布任何地方，而且一般都具有较好的网络质量。对于宁海抽水蓄能电站混凝土生产的智能在线管控，可借用该网络实现便捷入网。当前我国有移动、联通、电信三大网络运营商，他们的网络制式各有差异。中国移动尚在运营的网络有移动 4G 时分双工 TD-LTE，移动 3G 时分双工 TD-SCDMA，以及移动 2G 网络 GSM。中国联通和中国电信当前已经大面积关闭了自己的 2G 网络。中国联通尚在运营的网络有联通 4G 时分双工 TD-LTE，和频分双工 FDD-LTE，以及联通 3G 网络 WCDMA。中国电信尚在运营的网络有电信 4G 时分双工 TD-LTE，和频分双工 FDD-LTE，以及电信 3G 网络 CDMA2000。

将采用全网通用的蜂窝网络联网模块研发适合宁海抽水蓄能电站混凝土生产智能在线管控的数据传输模块。将根据工地现场各运营商的蜂窝网络泛在情况，开发模块的智能化代码，使数据传输模块自适应最佳的网络信号，保证数据传输的可靠性，如图 3 和图 4 所示。

2）高速无线局域网实施方案

在施工现场选取合适的节点位置，架设无线骨干网络，用于数据的传输，并且骨干网络可根据实际施工情况进行拆卸调整。研究采用 5.8GHz 点对点无线高速传输网络，保证现场局域网内每条链路的传输带宽不低于 150Mbps，保证所有数据实时、高速传输。无线骨干网络的设置情况如图 5 所示。

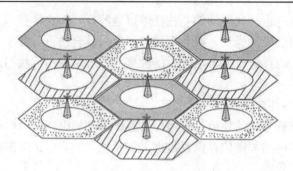

图 3　蜂窝网络（公众移动通信网络）

图 4　蜂窝网络联网模块

图 5　工地现场无线局域网的骨干网络设置

安装 Wi-Fi 覆盖网络无线 AP 及覆盖天线，实现工作面 Wi-Fi 信号的全覆盖。采用 2.4G，802.11b/g/n/ac 高速 Wi-Fi 覆盖 AP，配置高增益的扇区天线，每个天线覆盖距离约为 300m，在工地现场放置多个无线 AP 覆盖站，满足施工工作面全覆盖。局部区域设置的无线网络覆盖设备如图 6 所示。

图 6　工地现场无线局域网的覆盖设备

4.3　中控软件与数据库

中控软件针对混凝土生产过程，采用当前安全可靠的 JAVA 网络编程语言开发专门的软件系统。中控软件具有模块化的设计，系统总体架构图如图 7 所示。

该中控软件具备如下功能：

（1）可同时监听千路以上的数据上报，并可快速接收和识别归档。

（2）理论上可存储无限多的数据，存储容量受硬件限制。

（3）根据混凝土生产过程所要遵循的国家标准和行业规范等，以及水电站施工方案中规定的混凝土生产应当遵循的工艺方法等，对混凝土的生产过程进行实时分析。

（4）可向工程的相关管理人员实时发送预警预报信息。

（5）可向设定的远程专家展示详细的工程问题，以便远程会诊等。

中心数据库采用关系型数据库模式。数据库采用主流的 MySQL 数据库。它是一种开放源代码的关系型数据库管理系统（RDBMS），可以使用最常用结构化查询语言进行数据库操作。也因为其开源的特性，可以在 General Public License 的许可下下载并根据个性化的需要对其进行修改。MySQL 数据库体积小、速度快、总体拥有成本低，在不需要大规模事务化处理的情况下，MySQL 是管理数据内容的较好选择。MySQL 数据库可以存

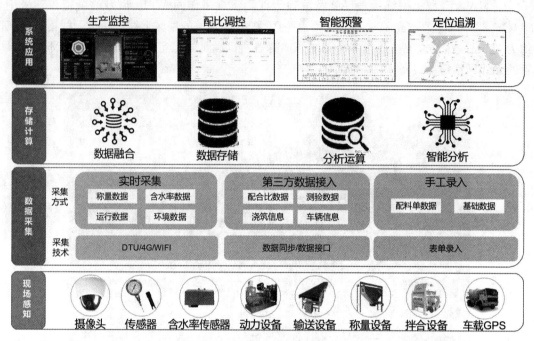

图 7　中控软件总体架构

储图片和视频，方法一般有两种：其一，将图片和视频保存的路径存储到数据库；其二，将图片和视频以二进制数据流的形式直接写入数据库字段中，如图 8 所示。

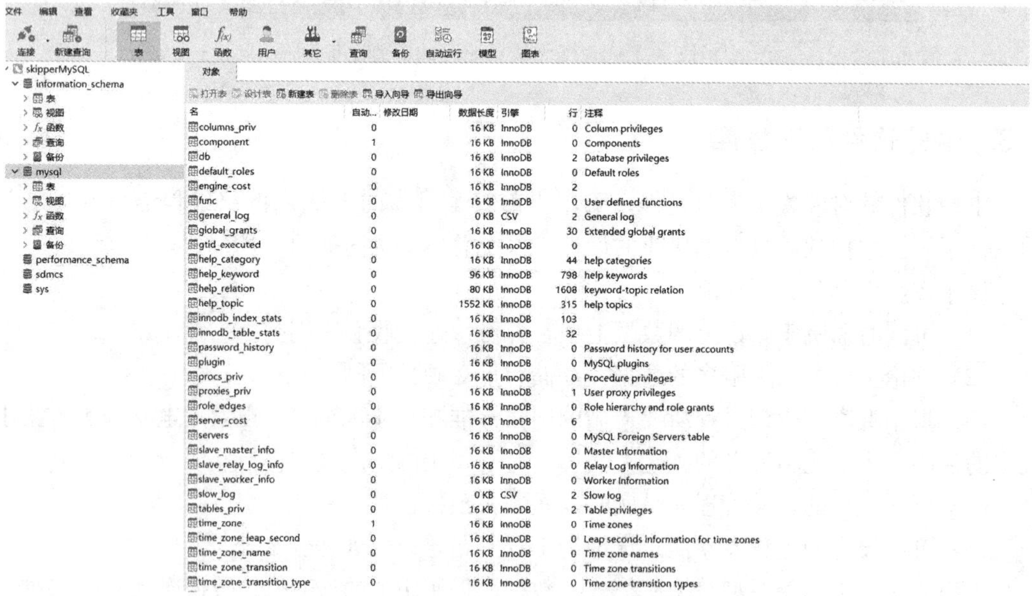

图 8　数据库整体方案（可视化展示，但非完备展示）

中心数据主要包含：常参数、用户管理、预设配合比、现场运行环境、拌合楼实时运行数据、原材料检测数据、成品检测数据等。

4.4 拌合监控系统

拌合楼在生产过程中会产生大量的原始数据，主要是各种原材料的称量数据，存储在拌合楼的控制电脑中。通过高速无线局域网络实时读取拌合系统数据库，对产量、各类拌合物料重量、设定配合比、实际配合比等进行监控，实现产量统计、配合比误差分析等功能，出现配比异常、误差超限等问题时及时报警。

1）系统实施方案

当前国内水工混凝土拌合楼的控制电脑大都采用 windows 操作系统。在 windows 系统下开发针对水电站混凝土拌合楼的数据自动采集和上传模块，通过在拌合楼各个控制电脑中进行部署，实现对拌合楼生产控制数据的自动化采集和上传。根据拌合楼控制电脑的接口形式，采用 RJ45 接口将控制电脑与专门的数据自动采集和上传模块相连，该模块实时获得控制电脑中的新增数据，然后通过工地现场局域网或蜂窝网络将数据上传给中心服务器。该方案示意图如图 9 所示。

RJ45　　　　　　Wi-Fi/4G /3G/2G

控制电脑　　　　数据采集和上传模块　　　中心服务器

图 9　拌合楼控制电脑中的称量数据采集和上传方案

2）实时运行数据采集

拌合楼在生产过程中产生的大量原始数据是拌合生产过程的第一手数据，对智能化管控系统的正常运行至关重要。

以搅拌机的每一盘成品料为目标对象，对每盘混凝土所经历的称量过程、搅拌过程、卸料过程都能准确的辨别和归类。通过集成传感元件和通信元件等，研究开发智能化的数据采集和上传模块，安置于拌合楼的关键部位，自动上传拌合楼的运行状态参数等，例如称量系统的启停，搅拌机的启停，卸料口的启停等。通过各个传感器返回数据的时间戳等特征值，及时将这些原始数据上传到中心服务器，将数据归类处理，目的是将同一方混凝土的原材料检测信息、原材料称量信息、设备搅拌该方混凝土时的运行信息等进行归类分析，达到跟踪及监督每一方混凝土配合比信息，以及成品质量和使用部位等目的。

3）实时监控与预警

材料配合比设计决定了材料的性能，材料配比出现误差，会使材料强度等重要性能参数得不到保障，导致不合格拌合材料上坝，严重影响工程的本质安全性。布置于中控服务器的后台软件，将对每方混凝土的配合比信息进行对比分析，计算当前实际配比和设定配比之间的误差，当发生误差值超过规定值或其他异常情况时进行报警，并反馈至拌合生产系统进行故障检查和排除。后台软件也可查询和统计拌合楼的生产数据。相关功能如图10～图 15 所示。

图 10　拌合数据实时记录

盘信息	数量	配料名称	骨料小石	骨料砂	水泥	粉煤灰	水	外加剂	小计	查看检测报告
盘编号	306469	含水率(%)	0	2	0	0	0	0	-	-
盘序号	1	理论配比(Kg)	744	897	391	98	164	7.33	2301.3	理论配比图
盘方量(方)	1.25	设定重量(Kg)	930	1143	489	123	183	9.16	2877.2	设定配比图
盘误差(%)	-0.04	实际重量(Kg)	925	1139	497	123	182.9	9.13	2876	实际配比图
盘完成时间	14:29:00	相对误差(%)				0	-0.05	-0.33	-0.04	配料误差对比图
盘记录时间	14:30:03	配料完成时间	14:24:50	14:25:04	14:25:39	14:25:55	14:29:01	14:28:16	-	-
盘编号	306471	含水率(%)	0	2	0	0	0	0	-	-
盘序号	2	理论配比(Kg)	744	897	391	98	164	7.33	2301.3	理论配比图
盘方量(方)	1.25	设定重量(Kg)	930	1143	489	123	183	9.16	2877.2	设定配比图
盘误差(%)	0.33	实际重量(Kg)	924	1153	492	126	182.5	9.15	2886.7	实际配比图
盘完成时间	0.605336	相对误差(%)				2.44	-0.27	-0.11	0.33	配料误差对比图
盘记录时间	14:32:31	配料完成时间	14:25:36	14:25:48	14:29:46	14:30:02	14:31:41	14:29:51	-	-
盘编号	306473	含水率(%)	0	2	0	0	0	0	-	-
盘序号	3	理论配比(Kg)	744	897	391	98	164	7.33	2301.3	理论配比图
盘方量(方)	1.25	设定重量(Kg)	930	1143	489	123	183	9.16	2877.2	设定配比图
盘误差(%)	-0.08	实际重量(Kg)	926	1149	486	122	182.7	9.15	2874.8	实际配比图
盘完成时间	14:34:02	相对误差(%)				-0.81	-0.16	-0.11	-0.08	配料误差对比图
盘记录时间	14:34:52	配料完成时间	14:29:49	14:30:01	14:32:25	14:32:55	14:34:02	14:32:33	-	-

图 11　配合比信息实时监控画面

5　结论

《水工混凝土施工规范》SL 677—2014 中规定，水泥、掺合料、水、外加剂等材料允许称量偏差±1%，砂、石称量允许偏差±2%。通过在宁海抽水蓄能电站工程中对混凝土生产配合比进行预警监控数据显示，下库拌合站 2021 年 12 月 1 日～31 日拌合混凝土 4346 盘，共计 8001m³，监控预警误差超限盘数 628 盘，通过混凝土生产智能管控系统对异常问题的及时预警和处理，有效提升了混凝土的拌合质量，使得混凝土验收合格率达到 100%。根据各物料的误差超限预警信息统计分析可以发现，超过 95% 的误差是用水量异

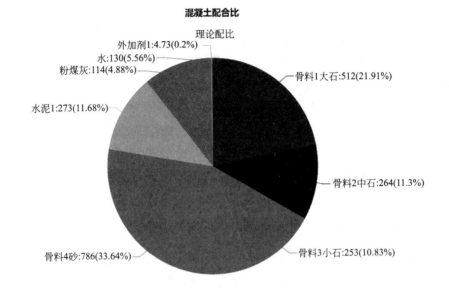

图 12 实时配合比图形化展示

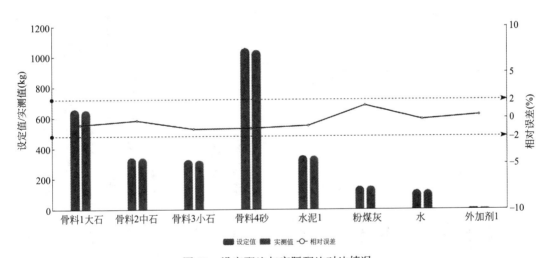

图 13 设定配比与实际配比对比情况

常引起的，由于现场砂含水率试验室烘干法检测时间长、不能及时反馈含水率的变化情况，因此也反映了通过砂含水率实时监测技术来动态指导、调整混凝土用水量，是保证混凝土生产质量满足设计需求的一种重要的技术手段。

"数字拌合"是实现混凝土生产的智能化的关键技术手段，本文通过对宁海抽水蓄能水电站建设过程中混凝土全过程生产数据和生产模式的分析，运用数字化、智能化技术，通过搭建稳定、可靠的数据传输链路，开展了混凝土全过程混凝土生产质量智能化监控关键技术研究。开发了混凝土配合比误差分析程序，构建混凝土性能预测模型，结合速测技术和预测技术，实现对混凝土配合比的动态调控；通过对混凝土生产全过程的原材料检测过程、混凝土拌合过程、运输过程进行监控和数据关联分析，解决传统施工中的混凝土生

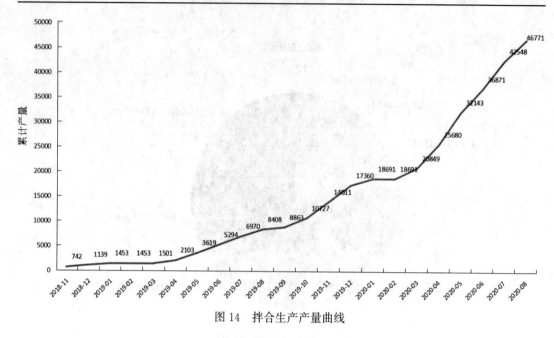

图 14　拌合生产产量曲线

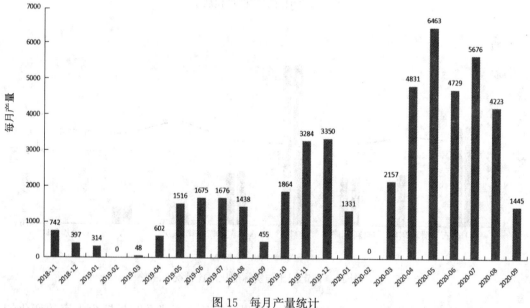

图 15　每月产量统计

产数据"信息孤岛"问题，实现对混凝土质量的智能分析。取得的一系列成果在宁海抽水蓄能电站中的应用效果良好，提供的高效混凝土生产质量管控措施，对于保障该工程混凝土的高质量生产发挥了重要的作用，同时，也为类似工程提供了技术借鉴。

参考文献

[1]　高志民．抽水蓄能迎来快速发展机遇期［N］．人民政协报，2021：6.

[2]　吴小辉．混凝土搅拌站生产过程质量控制分析［J］．四川水泥，2021（09）：14-15.

[3]　马辉，刘仁智，董庆，等．混凝土拌合拌合站生产过程动态监控系统的开发与应用［J］．路基工程，2012（02）：144-147.

［4］ 王辉麟.基于智能监控的铁路工程混凝土拌合站质量管控系统［J］.北京交通大学学报，2016，40（06）：38-42.

［5］ 梁贵荣.混凝土质量追踪及动态监管系统的设计与实现［D］.长春：吉林大学，2014.

［6］ 王春华.混凝土生产的智能化和自动化应用技术［J］.中国住宅设施，2020.90-91.

［7］ 赵筠，路新瀛.构建科学智能混凝土配制新技术体系的设想和建议［J］.混凝土世界，2019（10）：51-61.

［8］ 中华人民共和国住房和城乡建设部.普通混凝土配合比设计规程：JGJ 55—2011［S］.北京：中国建筑工业出版社，2011.

水库数字孪生数据引擎及底板构建研究及实践

张振军[1]　　冯传勇[2]　　魏　猛[3]

(1. 长江水利委员会水文局汉江水文水资源勘测局，湖北襄阳 441000；2. 长江水利委员会水文局，
湖北武汉 430000；3. 长江水利委员会水文局长江中游水文水资源勘测局，湖北武汉 430000)

摘　要： 本文研究探讨了按照数字孪生水利工程体系构建要求，水陆一体数字化场景是数字孪生平台建设的数据底板，为其提供海量数据支撑。提出了数字化场景的构成及实现路径，构建了丹江口水库全范围地形级、重点河段景观级、地物实体级数字化场景。解决了水陆一体实景三维数据获取方法、实景三维模型单体化、水文、河道、水质等语义信息与单体化实体或符号融合及轻量化处理、海量数据管理、服务发布等关键性技术问题。探讨了数字化场景服务的业务应用前景，为业务协同与综合数据管理、计算分析等提供数字化场景服务，更好地确保水库安全运行并充分发挥效益，为丹江口水库库区管理提供决策支撑。

关键词： 丹江口水库；智慧水利；数字孪生；时空数据；GIS

1　引言

2021 年，水利部提出了大力推进智慧水利建设。按照"需求牵引、应用至上、数字赋能、提升能力"要求，以数字化、网络化、智能化为主线，以数字化场景、智慧化模拟、精准化决策为路径，全面推进算据、算法、算力建设，加快构建具有预报、预警、预演、预案功能的智慧水利体系[1,2]。2021 年 12 月 23 日，水利部召开推进数字孪生流域建设工作会议，要求大力推进数字孪生流域建设，并进行了工作部署。数字孪生流域建设是一项复杂的系统工程，数字孪生水利工程是数字孪生流域的重要组成部分，也是数字孪生流域建设的切入点和突破点，数字孪生水利工程涵盖信息化基础设施建设，数据引擎、知识引擎、模拟仿真引擎三大孪生引擎，数据底板、模型库、知识库三大孪生平台内容，并顾及工程安全智能分析预警、防洪兴利智能调度、生产运行管理、巡查管护、综合决策支持等典型应用，调用孪生水利工程平台提供的算据、算法、算力等资源，支撑水利业务四预等重点应用，网络安全体系、保障体系支撑数字孪生水利工程、典型应用持续可靠发挥作用。

按照数字孪生平台体系框架要求，由地理空间数据、基础数据、监测数据、业务管理数据及外部共享数据组成的数据底板是数字孪生水利工程的算据基础，为其提供海量数据支撑，本文以丹江口水库为实例，综合分析水库工程数据现状，对水库数字孪生数据引擎

基金项目： 汉江中下游水资源优化配置与水量水质联合调控（U20A20317）。

作者简介： 张振军（1980—），男，辽宁海城人，高级工程师，本科，主要从事水文水资源及水利信息化工作。
　　　　　　E-mail：57962180@qq.com。

及底板构建进行研究探讨,提出利用汉江局在丹江口水库多年来的水文泥沙、水质、河道地理空间监测的技术和资料,建设全水库范围的水陆一体三维可视化场景,按统一的时空基准进行数据治理、建库与服务。应用无人机正射摄影测量、倾斜摄影测量、机载 lidar 技术、基于 BDS 三维测量的水底空间信息一站式获取技术等进行场景的动态更新。为业务协同与综合数据管理、计算分析等提供数字化场景服务,在此基础上进行洪水演进等智慧化模拟,更好地确保水库安全运行并充分发挥效益,为丹江口水库库区管理提供决策支撑。

2 场景构成及技术路线

2.1 场景构成

智慧水利体系构建的首要工作是构建数字孪生流域。以自然地理、干支流水系、水利工程、经济社会信息为主要内容,对物理流域进行全要素数字化映射,并实现物理流域与数字流域之间的动态实时信息交互和深度融合,保持两者的同步性、孪生性。数字孪生流域是以物理流域为单元、时空数据为底座、水利模型为核心、水利知识为驱动,推进算据、算法、算力建设。算据方面,重点是扩展升级水利一张图,构建智慧水利三级数据底板,并完善空天地一体化物联感知网,对物理流域进行全要素数字化映射,为数字化场景构建提供海量数据基础。数字化映射是数字孪生流域的基础,重点是构建数字化流场,主要任务是建设数据底板,为智慧水利提供海量数据支撑。建设内容包括物理流域的自然地理、干支流水系、水利工程、经济社会等对象,感知要素就是这些对象的各类属性,如自然地理的地形地貌、干支流水系的水文、水利工程的安全监测、经济社会的农作物产量等要素[1,2]。

河道勘测是以河床陆上和水底空间信息为对象进行测量,获取河道三维地理空间信息及进行河道量算、资料分析,并采集相关水力泥沙要素的工作[3]。因此,构建数字孪生流域的首要工作是建设由地理空间数据体、水文在线监测数据、水质自动监测站、视频等物联感知数据以及信息支撑环境组成的数字化场景。水库孪生数据底板的构成见图1。

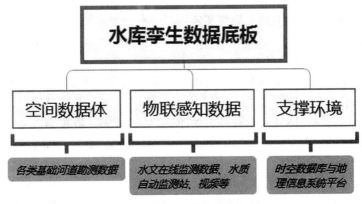

图 1 水库孪生数据底板构成

随着无人机低空遥感技术的飞速发展,河道陆上测绘工作已逐步完成传统全站仪、

RTK 测绘向遥感测绘的方向转变，产品形式也由单一的二维点、线、面及其属性组成的数字线划图（DLG）转变为由地理场景、三维矢量数据、地理实体组成的地理空间数据体，地理空间数据体的构成见图 2。

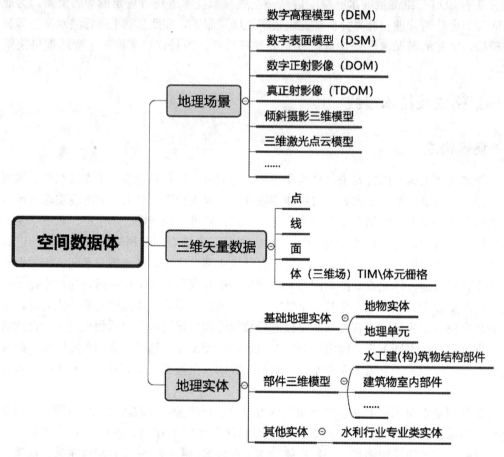

图 2　地理空间数据体的构成

由图 2 可见，"无人机倾斜摄影三维模型"和"激光点云数据"成为和传统 4D 产品同一级别的地理场景数据。而且，地理实体生产中有一个重要的技术路线就是对"倾斜摄影三维模型"和"激光点云"的处理、抽取和加工。同时，地形级实景三维模型是融合不同尺度及分辨率的影像数据（DOM）以及数字高程模型（DEM），生成带有精确三维地理位置的、可视化的场景，常作为大尺度数字化场景的构建方案[4-6]。在地形级实景三维模型之上叠加二维矢量、实景三维、BIM 模型、区域水文、水质模拟模型等各类型数据成果，从而实现二三维一体化展示和分析功能。"倾斜摄影三维模型"和"地形级实景三维模型"涉及的自动化重建、信息提取、语义化、表达等问题解决方案为数字化场景建设的关键技术。

数字化场景建设信息支撑环境主要由基础设施层、时空数据库、平台驱动层组成[7-13]，基础设施层依托现有的网络体系、服务器、存储设备、安全保障体系等软硬件基础设施，为平台运转提供必要的运行环境与保障。时空数据库是以历年勘测和收集的水陆多形式的基础地理信息，如水陆一体 DEM、DOM、倾斜摄影三维模型、点线面体组成的三维矢量数据等为数据源，以 MongoDB、MySQL 等为时空数据库管理系统建立起来的，为数字化场景建设提供海量数据支撑。平台驱动层集合了三维数据生产制作、数据更新及数据共享的功能与服务，通过对多源三维数据进行生产与统一管理，构建三维地图服务接口，实现三维基础地理信息数据服务发布，包括 REST、WMS、WFS、WMTS 等的发布和接入，同时也包括专业的地理信息分析服务，为数字化场景的共享应用提供二三维 GIS 基础平台支撑。

2.2 技术路线

数字化场景构建按照统一的时空基准进行数据获取与处理、建库与服务，技术路线如图 3 所示。

从技术路线可以看出，数字化场景建设的关键在于：

（1）实体化，即对于包含传统 4D 产品和倾斜模型等的空间数据体进行实体化；

（2）融合与轻量化，即实体数据与物联感知数据提取出的语义化信息进行融合与轻量化处理，用于机器可读与高效展示；

（3）数据入库，即地理场景、地理实体等数据建立时空索引构建、与空间身份编码（实体编码）挂接与数据入库；

（4）共享发布，即面向水利行业的应用与共享发布[4,5]。

3 项目实践

自 1952 年以来，长江委水文局汉江水文水资源勘测局在丹江口库区设测有大量的基本控制成果和固定断面标点成果，构建了基于栅格计算的丹江口水库全范围似大地水准面精化模型，形成了丹江口水库全库区时空基准框架。于建库前的 1960 年，开展了库区的 1∶10000 水道地形测量工作。建库后，分别于 1976 年、2003 年、2008 年开展了库区 1∶10000 地形测量及库容量算工作，2020—2021 年开展了库区干流 1∶5000、支流 1∶2000 的地形测量及库容复核工作。围绕丹江口水库库区布设一系列水位站、水文站、水质监测断面以及河道勘测固定断面，形成了较为完备的水文、河道、水质监测站网，用于收集丹江口库区水文、河道及水质等长系列资料，更好地确保了水库安全运行并充分发挥效益，为丹江口水库库区管理提供决策支撑。

3.1 水陆一体实景三维数据获取

制作智慧水利体系框架下的丹江口水库数字化场景离不开基础地理信息数据的支持。本文采用地形级实景三维模型融合全水库范围尺度、高精度、高分辨率的数字正射影像图（DOM）以及水陆一体的数字高程模型（DEM），生成带有精确三维地理位置的、可视化的地理场景，并以白河水文站测验河段及丹江口坝区管理保护河段作为试点，采集处理了倾斜摄影三维模型，其中，丹江口水库全范围的数字正射影像图（DOM）、水陆一体的数字高程模型（DEM）通过结合丹江库水库库区地形观测及库容复核进行了获取。

1. 无人机正射摄影测量

2020—2021 年，丹江口水库地形观测项目陆上部分主体采用无人机低空摄影测量的

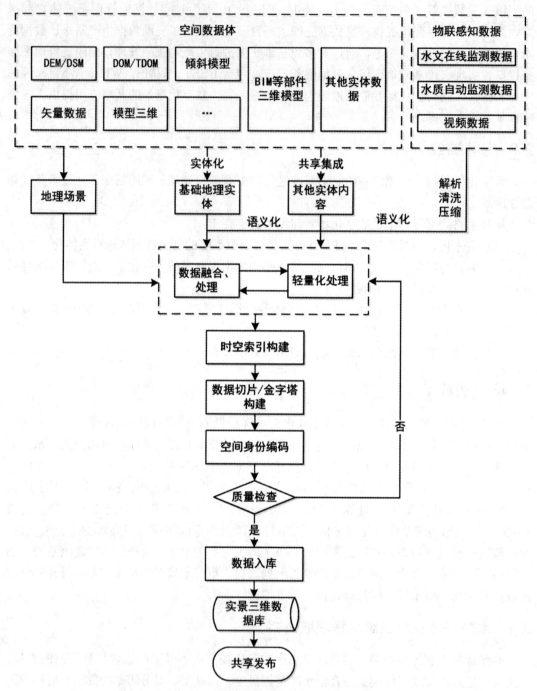

图 3　数字化场景构建技术路线

方式进行，该方法输出成果形式丰富，可包含如原始彩色点云文件（las）、地面点云文件（las）、DOM、DSM、DEM、等高线、实景三维模型（osgb）等。

通过商用软件自动处理输出的 DOM，首先可在图像处理软件中对影像进行颜色处理，确保影像的灰度均匀、反差适中，影像清晰，无扭曲、变形、拉花等，对水面等纹理破碎的区域进行裁切操作。

影像密集匹配点云数据是无人机摄影测量产生的一种主要数据，它主要以点的形式表达空间目标的属性和位置，具有精确的三维坐标信息和 RGB 信息。其是经过计算机立体视觉匹配出来的点云，和 lidar 点云相比，密度更大，噪声更大，异常值更多，并且没有包括回波强度、回波次数、扫描角度等对点云滤波至关重要的信息，点云去噪和滤波的难度更大。但是，无人机影像密集匹配点云具有丰富的纹理信息和色彩信息。本文基于机器学习算法，对影像密集匹配点云进行识别和标记，将点云分组为地面、道路、植被、楼宇和构造物，进行自动分类，并通过点云编辑器，手动去除噪点或不需要的物体，获取粗分类后的地面点云文件（las），然后生成高分辨率的 DEM 及矢量等高线，调入 EPS 平台，结合 DOM，人机交互完成等高线的修饰及高程注记点的提取，最终获得高精度的丹江口水库校核洪水位以下的陆上 DLG 数据及 DEM 数据。

在丹江口水库全范围摄区内共分为 128 个航摄区块，无人机航摄总面积 1007.8km²，布测像控点 1106 个，精度检查点 7880 个，经计算高程注记点中误差为 0.121m，最大误差为 0.332m。根据规范要求，最终数字高程模型的格网间距取为 2m，采用 2019 年固定断面未变化测点检测评定最终陆上数字高程模型（DEM）精度，检查点在区域均匀分布，覆盖裸地面点、稀疏林地、稠密林地、草地及耕地等大部分地貌特征。经统计，检查点个数为 2018 个，高程中误差和最大高程较差满足规范规定的 1∶2000 一级 DEM 高程中误差不大于 1.2m，采样点数据最大误差不大于 2.4m 的规定。同时，形成了丹江口水库地面分辨率不大于 0.2m 现势性好的航空遥感影像底图，底图色彩和饱和度保持一致。

2. 基于 BDS 三维测量的水底空间信息一站式获取

采用北斗地基增强定位系统、单波束或多波束测深仪及其他附属设备，基于有人船或者无人船动态平台，应用基于栅格计算的区域似大地水准面精化、数值滤波等数据处理技术一站式获取水底空间信息，应用高程注记点和等高线构建水底数字高程模型。

2020—2021 年，丹江口水库地形观测项目水下部分主体采用有人船平台一站式采集水底空间信息，封闭水域部分采用无人船水下测量，经统计，水下地形测量计划线施测约为 2.1 万条，共计长度约为 2.4 万 km，施测水深测点约为 60 万点，比对相同测点的测时水位，共比对点数为 53872 点，中误差为 0.051m，比对互差不大于 0.1m 的点数占比对总点数的 99.9%，满足相关规范要求。应用高程注记点和等高线构建了格网间距为 2m 的水下数字高程模型（DEM）。数字高程模型高程中，误差不大于 2.4m，即满足 1∶2000DEM 精度要求。

3. 无人机倾斜摄影测量

倾斜摄影测量技术是测绘领域近年来发展迅猛的一项高新技术，具有大范围、高精度、高分辨率、高效快速等特点。利用多旋翼无人机倾斜摄影测量技术采集基本水文监测河段、河道险工护岸河段、水电枢纽坝区管理保护河段、地质灾害隐患河段、跨河工程及涵闸河段等重点区域三维模型数据，经过大疆智图等倾斜摄影自动批量建模软件制作，实现批量、自动、快速建模，并可将其与其他二三维数据进行叠加分析，进而反映河段周边真实情况，为业务协同与综合数据管理、计算分析等提供地理场景支撑。

3.2 海量数据管理及服务发布

2020—2021 年，开展了库区干流 1∶5000、支流 1∶2000 的地形测量及库容复核工作。陆上采用无人机摄影测量技术及三维激光扫描技术开展，水下采用基于 BDS 三维测量的水底空间信息一站式获取技术进行，形成了高精度、高分辨率的 DOM、陆上 DEM、水下 DEM 栅格数据，以及包含丰富属性信息的数字线划图成果（DLG），在白河水文站测验河段、丹江口坝区等重点监测河段获取了倾斜摄影三维模型，其成果特点是数据量及其庞大，达到近 20TB。

基于对现有数据的分析和智慧水利框架下数字化场景构建方法的探讨，本文实现统一时空基准下的海量多源数据高效管理，构建了丹江口水库全范围地形级实景三维模型，融合重点监测河段倾斜摄影三维模型，并可融合三维点线面体等矢量数据及水文、水质、视频等物联感知数据，发布为符合 OGC 标准的服务，为业务协同与综合数据管理、计算分析等提供数字化场景服务。时空数据治理、管理、服务发布及满足业务协同与综合数据管理、查询统计、分析计算及三维可视化展示等方面的需求，系统架构如图 4 所示。

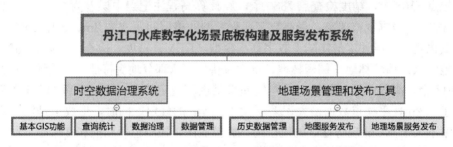

图 4　丹江口水库数字化场景底板构建及服务发布系统架构

1. 时空数据治理系统

建立丹江口水库全范围大尺度地形级实景三维模型，通过 SuperMap IDesktop 软件进行 DOM、水陆一体 DEM、倾斜摄影三维模型、固定断面测点等点线面体矢量数据的地理信息资源整合，整合的方法包括数据清洗、地理空间数据库设计、数据融合、数据更新与维护等。SuperMap IDesktop 软件是一种在网络环境下的三维地理信息平台软件，可以为三维地理信息系统与虚拟现实领域提供数据生产、显示、编辑、查询到网络发布成熟的技术平台方案。通过数据集导入 AutoCad、ArcGis、MapInfo、Google KML、MapGis、电子表格（＊.csv、＊.xlsx）、影像位图文件、栅格文件、三维模型文件（＊.osgb 等）、LIDAR 文件（＊.txt）、TIN、矢量文件（＊.vct 等）、GRIB2 文件、GEO3DML 文件（＊.xml）、倾斜摄影（＊.scp）等实现多源数据添加、精确匹配、融合。主要功能包括基本 GIS 功能、查询统计、数据生成及管理等。影像切片等非结构性数据采用 MongoDB 数据库存储管理，固定断面测点等结构性数据采用 MySQL 数据库存储管理。

2. 三维地理场景等管理和发布系统

通过 SuperMap IServer 组织管理地形和模型数据，实现数字化场景数据管理和符合 OGC 标准的三维场景服务发布。

4　数字化场景服务的应用

丹江口水库水陆一体数字化场景作为智慧水利建设的数据底板，可为其提供海量数据支撑，不仅可以作为三维立体可视化展示，也兼具三维和实景两大特性，在丹江口水库管理的业务工作上，有着丰富的空间分析应用，应用层通过构建各业务系统，为各业务协同与综合数据管理、查询统计、计算分析等提供数据服务和工具支撑，并为数据的可视化展示提供三维数字化场景平台支持，满足多项业务需求。

1. 河道勘测

通过数字化场景的平台驱动层"时空数据治理系统"完成 DOM、DEM、DLG、倾斜摄影三维模型、激光点云数据、影像密集匹配点云数据、固定断面测量成果及河道水沙监测成果等多元产品形式的时空基准统一、结构化数据抽取重构及存储管理等；完成基本控制、固定断面控制、固定断面线、区域空间基准转换参数、区域似大地水准面精化模型等基础地理信息数据的存储管理；完成河道勘测成果的合理性分析等。如图 5 所示，为丹江口水库固定断面成果的合理性分析。

图 5　水库固定断面成果的合理性分析

2. 水文、水质监测

可通过"时空数据治理系统"对逐年度逐站整编的水沙要素进行时空基准统一、抽取重构、对单体化地理实体或符号进行水文、水质语义化，并完成属性挂接、入库、上图；对水文、水质在线监测、视频等物联感知数据进行接收、滤波、展示、管理等。

3. 水文水动力分析计算

可通过"时空数据治理系统"进行水库库容计算、泥沙冲淤分析、对水模拟系统平台输出的水模型进行重构加载或直接加载、管理，综合多源数据进行三维可视化分析等。

4. 水库管理

对围垦、填库、造地、造田、筑坝拦汊、分割水面等侵占库区河道、超标排污、非法采砂等现势或历史问题进行排查、清理整治。通过"时空数据治理系统"生成涉水事件空间位置分布图，三维可视化展示，以供决策。

基于数字化场景服务的应用远不止这些，可用在水利工作的方方面面。

5 结论

本文针对丹江口水库管理的要求不断提高，管理对象越来越复杂，需要汇聚更多的数据和业务进行综合分析，精细化管理决策对可视化环境的需求越来越高，需要更加完整可用的三维 GIS 服务支撑的现状。研究探讨了按照智慧水利体系构建要求，丹江口水库水陆一体数字化场景是智慧水利建设的数据底板，为其提供海量数据支撑。提出了数字化场景的构成及实现路径，综合分析本单位历史、现势数据现状以及已有的和将建设的水文、水质、视频等物联感知设备情况，结合已开展的丹江口水库库区地形观测及库容复核项目，构建了丹江口水库全范围地形级实景三维模型，并以白河水文站测验河段及丹江口坝区管理保护河段作为试点，采集、处理、融合了倾斜摄影三维模型。解决了水陆一体实景三维数据获取方法、实景三维模型单体化、水文、河道、水质等语义信息与单体化实体或符号融合及轻量化处理、海量数据管理、服务发布等关键性技术问题。探讨了数字化场景服务的业务应用前景，后续将根据业务和项目需求，进一步采集如地质灾害隐患河段、跨河工程及涵闸河段等的倾斜摄影三维模型，并根据需求进行单体化处理及属性挂接、轻量化处理、多源数据融合等工作。在地理场景上叠加二三维矢量、BIM 模型、区域水文、水质模拟预测模型及水文、水质、视频物联感知数据等各类成果，发布为符合 OGC 标准的服务，为业务协同与综合数据管理、计算分析等提供数字化场景服务，在此基础上进行洪水演进等智慧化模拟，更好地确保水库安全运行并充分发挥效益，为丹江口水库库区管理提供决策支撑。

参考文献

[1] 蔡阳，成建国，曾焱，张阿哲．大力推进智慧水利建设 [J]．水利发展研究，2021，21（09）：32-36.
[2] 蔡阳，成建国，曾焱，张阿哲．加快构建具有"四预"功能的智慧水利体系 [J]．中国水利，2021（20）：2-5.
[3] 中华人民共和国水利部．水道观测规范：SL 257-2017 [S]．北京：中国水利水电出版社，2017.
[4] 张帆，黄先锋，高云龙，章若芝，周济安，张民瑶．《实景三维中国建设技术大纲（2021 版）》解读与思考 [J/OL]．测绘地理信息，2021（06）：171-174 [2021-12-04].
[5] 王维，王晨阳．实景三维中国建设布局与实现路径思考 [J]．测绘与空间地理信息，2021，44（07）：6-8，14.
[6] 王隽雄，李阳，王宇菲．推进智慧水利建设急需解决的遥感数据处理问题研究 [J]．中国水土保持，2021（11）：65-68.
[7] 范小东，李芝云，史姣，王洁瑜，杨文栋．海宁市智慧水利系统平台研究与应用 [J]．西北水电，2021（05）：154-157.
[8] 寇怀忠．智慧黄河概念与内容研究 [J]．水利信息化，2021（05）：1-5.
[9] 张绿原，胡露骞，沈启航，谈震，牛霄飞．水利工程数字孪生技术研究与探索 [J]．中国农村水利水电，2021（11）：58-62.
[10] 郑学东．空间信息技术在水利行业的应用回顾与展望 [J]．长江科学院院报，2021，38（10）：167-173.
[11] 赵文超，刘满杰，王国岗．智慧水利中地质与测绘技术信息化提升与应用 [J]．水利规划与设计，2021（10）：20-22，111，129.
[12] 乔鹏．基于时空信息技术的智慧水利建设 [J]．电子世界，2021（16）：73-74.
[13] 马礼．高精度实景三维与水质反演在排污口排查中的应用 [J]．测绘通报，2021（07）：107-110.

一种水库大坝智能巡检监测管理系统研发与应用

赵薛强[1]　孙　文[2]　凌　峻[1]

（1. 中水珠江规划勘测设计有限公司，广东广州 510610；

2. 广州中科云图智能科技有限公司，广东广州 510100）

摘　要：为构建"空-地"一体化的立体感知网，服务于智慧水利和数字孪生工程建设，基于无人机低空遥感技术、通信技术、AI 技术等多源技术手段和方法，研发了水库大坝智能巡检监测管理系统，构建了无人机智能巡检监测技术体系，并将其成功应用于大藤峡水利枢纽工程中，实现了对水库大坝建设期的动态巡检和安全监测。运用该技术方法，可为数字孪生水库大坝建设提供动态的立体感知技术支撑，也可为河湖"四乱"整治等水利行业的监管提供大数据支持。

关键词：水库大坝；巡检监测；智能巡检；立体感知；无人机

1　引言

我国现存水库大坝 9.8 万多座，其中大中型水库 4700 多座、小型水库 9.4 万多座，80% 以上修建于 20 世纪 50～70 年代，由于建设年代较为久远，为保障水库大坝安全需要定期开展巡检安全监测，但水库大坝由于所处地形地貌复杂，采用传统的人工巡检监测方式不仅费时费力，且存在极大的安全风险；同时，伴随着智慧水利孪生流域、孪生工程建设工作的开展，迫切需要构建"空-地"一体化的水利智能感知网，大力建设数字化场景推动孪生水库大坝工程建设，但传统的"空-地"一体化感知方法是采用人工操作无人机巡检的方式对孪生工程进行立体监测，不仅效率低下对操控手的专业性要求较高且巡检感知数据停留在文件管理阶段不能可视化、智能化地及时有效反馈巡检和立体感知情况[1-3]，亟须发展一种基于无人机低空遥感技术的智能化的"空-地"一体化立体动态感知技术实现智能化巡检监测和智慧化管理海量数据。

基于无人机低空遥感技术的"空-地"一体的立体感知技术最早应用于输变电电线行业，并且受到了国内外相关学者的密切关注，技术较为成熟[4-6]。但国内外目前正常运行基于无人机低空遥感技术的输电线路智能巡检立体感知系统并不多，且仅是针对输变电等行业，沿着架空输变电线等电力线的线状立体感知巡检，虽智能巡检技术较为成熟，但未有针对海量巡检监测大数据数据分析、管理相关的研究和应用，不利于及时查找发现问题。

在水库大坝监测巡检等领域，无人机智能巡检监测仅停留在人工手动操控巡查监测阶段，智能化程度不高且对飞控手的专业性要求极高，巡检监测数据采用文件管理和人工判

作者简介：赵薛强，男，高级工程师，主要从事水利水电测绘和信息化研究工作。E-mail：414976097@qq.com。

别方式查找发现问题，效率不高[7-8]。为推动智慧水利建设和服务于数字孪生工程建设，实现水库大坝等水利工程的智能化巡检、立体动态感知和海量数据的智慧管理，拟通过开展水库大坝智能巡检监测管理系统构建研究，研发无人机智能巡检监测大数据管理平台，实现对水库大坝的智能巡检和立体动态感知，以期为水库大坝的安全监测保驾护航。

2　研究方法

通过开展基于无人机低空遥感系统、无人机起降系统、无人机远程智能操控系统和无人机智能停放机巢等硬件系统的集成研究，研发无人机智能巡检系统；通过对巡检监测大数据的融合分析，利用时空数据库构建技术，基于地理信息系统开发技术、AI技术、时空大数据管理技术等研发无人机智能巡检管理系统，形成一种面向于水库大坝等水利工程实时动态监测、监管的水库大坝智能巡检管理系统。系统整体设计如图1所示。

具体研究实施方法为：首先，集成多旋翼无人机低空遥感航摄系统、高精度起降系统、无人机远程控制系统和智能机巢，研发无人机智能巡检系统；其次，利用数据库构建技术，将照片、视频和正射影像等海量巡检监测大数据进行入库，构建巡检数据库，基于地理信息系统开发技术研发海量影像大数据批量化管理的智能巡检管理系统。

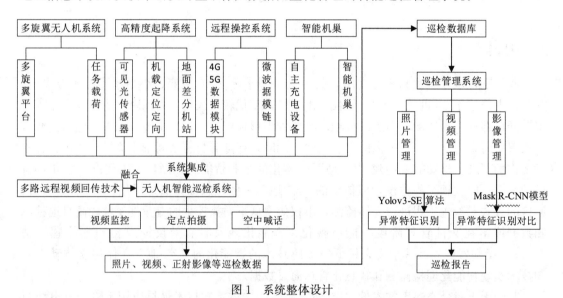

图1　系统整体设计

3　算法设计

3.1　无人机智能巡检系统集成

集成多旋翼无人机系统、高精度起降系统、远程控制系统和智能机巢，基于5G、物联网、无人机和计算机等技术，研发支持WEB和手机端的多地、多终端的远程控制系统——无人机智能巡检系统，系统硬件集成如图2所示。在固定沿线或区域布设该系统，可实现点、线、面的动态巡检。首先，基于TCP/IP协议[9]建立机巢与系统平台之间的通信联系，无人机操控平台依托4G/5G技术下发任务指令到智能机巢，智能机巢开启；

其次，基于 2.4GHz/5.8GHz 微波信号建立无人机与机巢间的通信联系，机巢接到系统平台的下发任务指令通过微波通信传递给无人机，多旋翼无人机自主起飞，根据操控平台下发的任务指令开展基于高精度卫星导航定位技术（GNSS）的精准巡航作业；最后，多旋翼无人机作业完毕自主降落，智能机巢舱门关闭并开始对无人机自主充电。

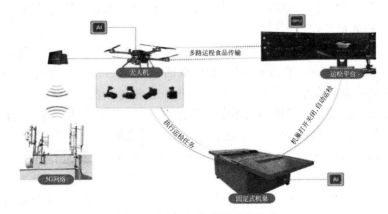

图 2　无人机智能巡检系统集成

3.2　基于 5G 的多路远程视频回传技术

为打破市场上主流无人机远程视频回传技术受到 Wi-Fi 传输距离短的影响，存在信号抗干扰性差和实时监控能力差等弊端[9]，突破无人机自带操控 APP 的局限，基于无人机 SDK 和移动操作系统开发支持 5G 通信网络远程分享至流媒体服务器的无人机操控 APP，打通无人机与机巢、机巢与客户端之间的通信通道，突破自建局域网[10] 的技术限制，研究构建基于 4G/5G/宽带通信的无人机拍摄视频实时传输和多人共享的多路远程视频回传技术。

具体实现方法：首先由无人机搭载高清摄像头实时采集视频，巡检视频流经 H.264（一种数字视频压缩格式）编码解译后传输至无人机硬件系统（操控遥控器或智能机巢），通过 5G 网络 RTMP 协议传输至基于开源架构 Nginx-rtmp-modul[11] 搭建的流媒体服务器；其次，通过流媒体服务器对视频流进行视频流转码；最后，利用自主研发的无人机智能巡检系统基于 HTTP-FLV（一种将 RTMP 封装在 HTTP 协议上的直播协议）直播协议对流媒体服务器的视频流进行拉流，实现无人机多路远程视频回传的前端播放。关键技术流程如图 3 所示。

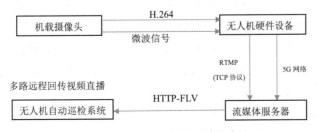

图 3　多路无人机远程视频回传技术流程

3.3   基于目标检测的图像异常特征物识别

当前主流的检测方法主要有双阶段的目标检测识别法和单阶段目标检测两种。双阶段目标检测算法精度高速度慢[12]；而单阶段目标检测算法对图像仅需处理一次就可获得异常目标的位置及分类信息，速度运行较快[13]，在实时性要求较高的场景中得到广泛应用，其代表算法为 YOLO 算法[13-19]。

由于无人机照片中特征物大小尺寸不同，直接采用 YOLO 算法难以满足工程应用中速度与精度需求[13]。因此，在 Yolov3 框架的基础上，引入可通过对各通道的依赖性进行建模以提高网络的表征能力，并且可以对特征进行逐通道调整的通道注意力模块[20]，构建 Yolov3-SE 算法以提供图像识别的速度与精度。具体实现方法为：首先通过 squeeze 操作，将各通道的全局空间特征作为该通道的表示，形成通道描述符；再经 excitation 操作，学习对各通道的依赖程度，并根据依赖程度的不同对特征图进行调整；最终得到输出。添加通道注意力模块后的 Yolov3-SE 算法网络结构如图 4 所示。

同时，针对标注数据集样本不均衡的情况，根据图片数据和目标物分布的实际情景做相应的数据增强，用以提高无人机特征物识别的成功率。关键技术流程分为 3 个步骤：首先，根据要求将视频流进行解析，转换为图片；其次，对图片中特征物体进行人工标注，制作用于模型训练的数据集；最后，根据检测的精度和速度的要求，采选取现行精度和速度适宜的 Yolov3 框架，引入注意力模块，并优化相关算法、开展网络的训练工作以及图片的预测与测试。具体实现技术流程如图 5 所示。

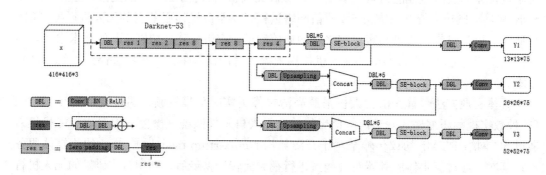

图 4   Yolov3-SE 的算法架构

3.4   多期影像检测识别对比分析算法设计

为实现多期无人机航摄遥感影像异常变化对比分析，在总结前人经验的基础上[21-22]，针对当前深度学习模型对 CPU 和 GPU 等硬件的高要求以及深度学习模型检测没有地理坐标等缺点，采用浅层机器学习模型 Tensorflow 和深度卷积神经网络模型 Mask R-CNN，通过引入 GIS 技术，将无人机遥感影像地物检测识别设计为一种网络地理信息处理服务（WPS）的正射影像识别方法，实现深度学习模型下的遥感影像地物检测的远程在线和多人共享应用，降低对硬件设备的依赖。

具体实现技术方法：

（1）利用机器学习框架 Tensorflow 实现 Mask R-CNN 模型结构，并通过基于 TCP/

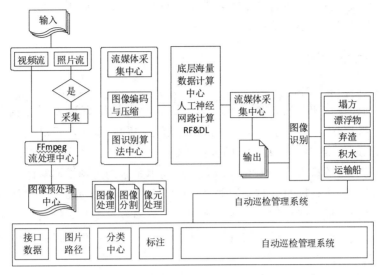

图 5　异常特征物自动识别技术流程

IP 协议的 Socket 网络通信实现对 Mask R-CNN 模型的远程调用；

（2）利用地理服务器提供的编程 API，制作地理 WPS 服务，地理 WPS 服务可接受客户端的网络请求参数，然后向 Mask R-CNN 模型发出远程调用请求；

（3）利用 GDAL（Geospatial Data Abstraction Library）空间数据读取库，实现 Mask R-CNN 模型对遥感影像数据的自动化地物检测识别计算；

（4）利用 GIS 空间处理和空间数据库，将 Mask R-CNN 模型遥感影像地物检测的输出结果自动转换为空间矢量多边形数据并进行存储；

（5）将地物检测的空间矢量结果转换为能进行网络传输的地理编码格式，通过地理 WPS 服务返回至请求服务的客户端；

（6）将不同期的地物检测结果采用 GIS 叠加分析，进而分析多期正射影像变化情况；也可针对特定检测物如建筑物，在其识别结果的基础上，叠加水利工程管理范围线，通过矢量逻辑运算，筛选出管理范围线内的建筑物，实现违建提取的目的。

4　实验应用与结果分析

4.1　区域概况

实验区域—大藤峡水利枢纽工程（110°2′E，23°27′N）位于珠江流域西江水系黔江河段大藤峡峡谷出口处，下距广西桂平市 6km，属于亚热带季风气候区，多年平均风速为 1.2m/s，多年平均气温为 21.5℃，流域多年平均降雨量为 1400～1800mm，雨水充沛[23]。区域水文地质条件复杂，处于大瑶山向溶蚀平原过渡地带和宽缓的河流阶地部位，属于低平原覆盖型岩溶[24]。

实验区域为国务院确定的 172 项节水供水重大水利工程的标志性工程，是集防洪、航运、发电、水资源配置、灌溉等综合效益于一体的珠江流域关键控制性水利枢纽，被喻为珠江上的"三峡工程"。为了在工程建设、运营期，实时全方位地监控坝址重点施工区的变化，基于水库大坝智能巡检管理系统开展了针对重点施工区施工和异常变化等重要场景智能化、智慧化地巡检、巡查应用研究。

4.2　应用与结果分析

1. 巡检效率及结果分析

基于无人机、计算机、物联网、4G/5G、目标识别检测算法和图像检测识别算法、GIS 等先进技术和方法，研发了大藤峡无人机智能巡检管理系统，实现了对大藤峡建设期内的重点施工区进行全方位、24h 随时巡检。大藤峡重点施工区 6km^2 的巡检区域，同等条件下，传统的人工巡检方式需 12h 巡检完毕；而本系统通过预设巡检任务，无需作业人员到达现场手动操控飞行即可实现自动巡检和自动更换电池，完成此飞行仅需 4h。与传统的人工手动操控巡检方式相比，解放了生产力，巡检效率提升 3 倍以上，尤其是应急救援等特殊情况下的巡检，可快速到达现场作业，具有传统无人机巡检无法比拟的优势。

2. 多路远程视频回传效果分析

为了验证多路远程视频回传的效果，在自制的实际应用场景上进行了有效验证。实验将无人机自带的视频回传功能即利用自带的操控 APP 将视频流推流分享至第三方流媒体服务器与基于 5G 的多路远程视频回传技术进行回传效果比较分析。

实验环境为大疆系列无人机、第三方流媒体服务器和无人机智能巡检系统，实验方法为：（1）采用同架无人机分别近距离拍摄移动物体，根据移动物体的动作变化对两种视频回传技术进行延迟分析；

（2）采用同架无人机，分别远距离开展无人机视频回传，对比分析两种方法的最大回传距离。

结果表明：

（1）自主研发的多路远程视频回传技术的视频回传延迟时间在 0.8s 以内，远小于无人机自带的视频回传功能 5s 左右的回传延迟时间；

（2）在同等画质清晰度方面，本回传技术同类型的视频回传距离比无人机系统自带的视频回传距离长 30%；

（3）通过实验对比，多路远程视频回传技术最大可支持 8 路视频无损、无延迟高清实时回传，而无人机自带的视频回传功能仅支持单路且视频不流畅。

3. 图像识别效率及精度分析

为了评估本文所提出的 Yolov3-SE 算法的检测性能，选取了各类别精度 AP（Average Precision）和平均精度 mAP（mean Average Precision，各类别 AP 的平均值）作为评价指标，在真实图片数据集上进行测试，开展了大藤峡重点施工区 4 年 150 万张巡检照片和视频中的聚集型垃圾（g_garbage 针对建筑处、坝址设置的拦网所形成的水面上聚集型漂浮物）、分散型垃圾（d_garbage：水面上漂浮的零散的、不成堆的漂浮物）、施工弃渣（spoil）、塌方（collapse）、运输船（trans_boat）、工地积水（stag_water）6 种异常特征物的自动识别及变化对比，如图 6 所示。本文算法总共进行 80 轮迭代训练，每轮训练的批大小（batchsize）设为 8，前 50 轮学习率为 le-4，后 30 轮为 le-5，采用 Adam（Adam optimization algorithm）优化策略，学习率衰减为 0.95。实验环境为 Ubuntu18.04 系统，配备两张显存大小为 11GB 的 NVIDIA GPU GTX-1080Ti 显卡、64GB 内存和 Intel

Xeon Gold 5122 CPU，采用 Pytorch1.2.0 深度学习框架，编程语言及其版本为 Python3.6.12。结果表明，改进算法的 mAP 达到了 90.17%，比基础算法的 59.83% 提高了 30%，统计结果见表 1。综合以上结果，本文算法相较于 Yolov3 基础算法在单个目标物的检测精度及总体平均检测精度都有明显提升。

识别精度统计 表1

算法结构	trans_boat	collapse	stag_water	spoil	d_garbage	g_garbage	mAP
Yolov3	61	62	59	56	60	61	59.83
Yolov3-SE	93	95	89	81	91	92	90.17

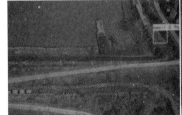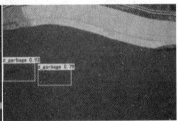

图 6　特征物识别代表图

4. 影像识别对比效率及精度分析

为了评估本文所提出的影像检测识别方法的精度和效果，采用以联合交集 IoU（Intersection-over-Union）为主要指标的基于像素的评价方法[19]，在自制的实际应用场景数据集上进行了有效验证。本次验证选取了大藤峡重点施工区域无人机航拍巡检数据库中 2cm 分辨率的正射影像图，并针对实际应用场景中的违章建筑物，制作了实际应用场景下的数据集。实验环境为 Ubuntu18.04 系统，配备两张显存大小为 11GB 的 NVIDIA GPU GTX-1080Ti 显卡、64GB 内存和 Intel Xeon Gold 5122 CPU，利用机器学习框架 Tensorflow，进行 100 轮次训练，使用 Microsoft COCO 数据集预训练权重，再进行 fine-tuning，对 $6km^2$ 的巡检区域进行训练，训练总时长约 20h，训练效率大幅提升。自动化样本制作工具，并将样本存储于空间数据库。

为防止在训练过程中出现过拟合现象，采用两种方法对训练样本进行增强：

（1）根据该数据集的建立规则，选取形状各异、不同季节、不同尺度、不同光照条件下的高分辨率遥感影像数据作为训练数据的扩充；

（2）打乱训练样本数据，再进行随机排序，从而达到提升模型检测性能的效果。经过深度学习识别后的建筑物情况如图 7 所示。

(a) 原始正射影像　　　(b) 检测识别提取结果

图 7　建筑物自动识别提取结果

为了量化建筑物检测识别的效果，采用基于像素的评价方法，其主要指标为 IoU，定义公式为：

$$IoU = \frac{TP}{TP + FP + FN}$$

式中：FP 代表错误分类为建筑物实例的像素数；TP 代表正确分类为建筑物实例的像素数；FN 代表错误分类为背景的像素数。

结果表明：本文设计提出的基于网络共享遥感影像建筑物检测模型的多期影像分类识别对比算法，极大节省和降低了影像识别对计算机硬件的要求，降低了生产成本；通过计算，建筑物实例整体的置信度为 0.938，可为海量影像的自动识别和多期对比分析提供技术支持。

5　结语

通过深入研究无人机、人工智能、GIS 等技术，设计实现了水库大坝智能巡检管理系统，主要工作如下：

（1）基于无人机、人工智能、AI 算法等多种技术构建的水库大坝智能巡检管理系统，实现了大型水利枢纽工程——大藤峡水利枢纽工程重点施工区全天候 24h 不间断巡检、巡查，以及对巡检照片、视频和正射影像等建设期历史珍贵资料的存档管理和异常特征自动识别分析，为大藤峡水利枢纽工程博物馆的建设提供了珍贵的历史资料。

（2）基于无人机智能巡检技术的水库大坝智能巡检管理系统解放了生产力，规避和降低了人工巡检的安全风险，巡检效率提升 3 倍以上；海量巡检照片、视频的自动异常识别算法，将判别效率和识别成功率提升了 30 个百分点，具有传统人工判别具有无法比拟的优势。

（3）水库大坝智能巡检管理系统目前主要是针对巡检后的照片、视频和影像进行入库、异常识别和管理，相对于应急救援等特殊情况仍需进一步研究基于无人机航摄视频的前端异常特征实时识别。

设计的水库大坝智能巡检管理系统，不仅适用于大型水利枢纽工程建设期、运营期的自动巡检、巡查等，也可应用于河道岸线、库区、应急救援、输变线电站、交通执法等多行业多领域，具有广阔的应用前景。

参考文献

[1] 冯智慧，张雪峰，方书博，等．基于三维 GIS 的无人机巡检航迹规划研究 [J]．高压电器，2017，53（08）：81-86，93.

[2] 王小刚，赵薛强，王建成．贴近摄影测量在水利工程监测中的应用 [J]．人民长江，2021，52（S1）：130-133.

[3] 王博，宋丹，王洪玉．无人机自主巡检系统的关键技术研究 [J]．计算机工程与应用，2021，57（09）：255-263.

[4] Montambault S，BeaudryJ，ToussaintK，et al. On the application of VTOL UAVs to the inspection of power utility assets [C]．Applied Robotics for the Power Industry (CARPI)，2010 1st International Conference on. IEEE，2010：1-7.

[5] 缪希仁，刘志颖，鄢齐晨．无人机输电线路智能巡检技术综述 [J]．福州大学学报（自然科学版），2020，48（02）：198-209.

[6] 杨成顺，杨忠，葛乐，等．基于多旋翼无人机的输电线路智能巡检系统 [J]．济南大学学报（自然科学版），2013，27（04）：358-362.

[7] 孙勇，毛思，蒋涛，等．基于物联网技术的水利工程智能巡检系统 [J]．江苏水利，2019（08）：51-56.

[8] 黄莹．一种基于无人机的河流巡检系统导航技术研究 [J]．网络安全技术与应用，2018（05）：84＋90.

[9] 刘满堂，杜刚．基于 IP 传输的空地遥控系统设计 [J]．电讯技术，2012，52（06）：853-857.

[10] 陈晓婷，程丽红，王佳鑫，等．基于 5G 网络的无人机信息传输 [J]．电子制作，2020（18）：10-11＋5.

[11] 林旻．Nginx-rtmp-module 流媒体服务器鉴权应用研究 [J]．现代信息科技，2020，4（16）：5-7＋12.

[12] 邹鑫垚．基于优化预选区域的二阶段目标检测算法 [D]．哈尔滨：哈尔滨工程大学，2020.

[13] 杨高坤．单阶段法目标检测技术研究 [J]．电子世界，2021（03）：77-78＋81.

[14] 江波，屈若锟，李彦冬，等．基于深度学习的无人机航拍目标检测研究综述 [J]．航空学报，2021，42（04）：137-151.

[15] 蔡鸿峰，吴观茂．一种基于改进 YOLO v3 的小目标检测方法 [J]．湖北理工学院学报，2021，37（02）：33-36＋47.

[16] 韩锟，李斯宇，肖友刚．施工场景下基于 YOLOv3 的安全帽佩戴状态检测 [J]．铁道科学与工程学报，2021，18（01）：268-276.

[17] 张震，李浩方，李孟洲，等．改进 YOLOv3 算法与人体信息数据融合的视频监控检测方法 [J]．郑州大学学报（工学版），2021，42（01）：28-34.

[18] 邢姗姗，赵文龙．基于 YOLO 系列算法的复杂场景下无人机目标检测研究综述 [J]．计算机应用研究，2020，37（S2）：28-30.

[19] REDMON J，DIVVALA S，GIRSHICK R，et al. You only look once：unified，real-time object detection [C]．Proceedings of the 2016 IEEEConference on Computer Vision and Pattern Recognition. Washington，DC：IEEE Computer Society，2016：779-788.

[20] HU J，ShenL，Sun G. Squeeze-and-excitation network [C] //Proceedings of the IEEE Conference on computer vision and pattern recognition. Salt Lake City：IEEE，2018：7132-7141.

[21] 宋师然．高分遥感城市建筑物对象化识别方法研究 [D]．北京：北京建筑大学，2020.

[22] 谢嘉丽．基于高分辨率遥感影像的农村建筑物信息提取若干关键技术研究 [D]．成都：西南交通大学，2019.

[23] 马雪梅，李英士．大藤峡水利枢纽工程水文分析计算 [J]．东北水利水电，2013，31（05）：38-40＋72.

[24] 李保方，李占军，王俊杰，等．大藤峡水利枢纽工程岩溶发育特点及规律分析 [J]．三峡大学学报（自然科学版），2019，41（S1）：177-181.

数字孪生技术驱动下的 EPC 大型水电站拱坝智能温控研发与现场应用

宋 涛 管 帝

（长江水利水电开发集团（湖北）有限公司，湖北武汉 430010）

摘 要： 杨房沟水电站作为国内首个超百万千瓦 EPC 水电建设项目，在大型水电工程 EPC 建设组织管理模式及智能化建设方面，大胆创新与不断深化探索实践。众所周知，若混凝土结构尤其是挡水建筑物混凝土出现危害性裂缝，会影响承载力、使用安全性、耐久性和使用寿命。因此，做好混凝土温控防裂对于确保杨房沟拱坝质量至关重要。如果依赖于"人"的主观判断和行为对大体积混凝土进行温度控制和管理，不仅发挥不出 EPC 的优势，管理成本不会减少，也不能为混凝土温控提供科学保障和可靠的数据，同时在数字孪生技术驱动下，杨房沟水电站拱坝混凝土工程成功实施了拱坝混凝土智能温控系统研发及应用工作。

关键词： 数字孪生；智能温控；拱坝混凝土

1 研究背景

混凝土若出现危害性裂缝，不但会影响结构承载力、运行安全性、耐久性和使用寿命，且对于裂缝的走向、产状、深度、宽度检测手段尚不成熟，难以准确查明，给裂缝处理技术方案确定带来不确定性，还在一定程度上影响混凝土观感质量，处理费时费力耗资。同时，鉴于杨房沟水电站作为国内首个超百万千瓦 EPC 水电建设项目的特殊性，做好混凝土温控防裂对于确保杨房沟拱坝质量至关重要。

如何预防和控制混凝土裂缝的发生一直是大体积混凝土施工的难点之一，也是业内专家学者一直潜心研究的问题。温控防裂体系研究最早开始于 20 世纪 30 年代，历经几十年的发展，工程界已逐步建立了一整套较完善的温控防裂理论体系，形成了较为系统的混凝土温控防裂措施，包括改善混凝土抗裂性能、分缝分块、降低浇筑温度、通水冷却、降低相邻温差、表面保温等，朱伯芳在《混凝土坝温度控制与防止裂缝的现状与展望》一文中提到"裂缝问题是包括重力坝、支墩坝、拱坝在内各种混凝土坝普遍存在的问题，所谓无坝不裂长期困扰着人们，它本身就是一个很复杂的问题[1]"。温控信息获取不及时、不准确、不真实、不是混凝土裂缝产生其中一个重要原因[3]。施工过程中，往往受人员专业能力与职业素养影响较大，产生与设计状态较大的偏差，导致温控"四大"即：温差大、降温幅度大、降温速率大、温度梯度大，最终导致混凝土裂缝的产生。

针对大体积混凝土温控施工及数字监控存在的问题，应采取"早保护、小温差、慢冷却、三期冷却、智能监控"的温控模式，从根本上可达到混凝土温控防裂的目的。

作者简介： 宋涛（1987—），男，湖南石门人，高级工程师，本科，主要从事水利水电工程项目建设管理相关工作。E-mail：365812044@qq.com。

国内其他大型水电站也都在开展智能温控系统研发及应用，由中国水利水电科学研究院研发的黄登水电站、锦屏一级水电站拱坝混凝土智能温控系统应用较为成功过。而在大型水电 EPC 建设项目管理方面，我们也在积极探索和实践智慧质量管理，建成投运了 BIM 系统、视频监控系统、智能振捣系统、智能灌浆系统等，在数字孪生技术驱动、拱坝温控防裂刚性要求和 EPC 合同背景下，杨房沟水电站拱坝智能温控系统研发及应用十分有必要。

2　系统实施的必要性分析

2.1　有利于特殊条件下的杨房沟拱坝温控防裂

杨房沟水电站气温随季节变化较大，早晚温差大，夏季平均温度 21.8℃，冬季平均温度 7.9℃，杨房沟水电站枢纽区干湿季分明、日照强，冬季干燥，夏季气温高、多雨。不同时段的月平均气温波动较大[2]。应严格控制混凝土内部最高温度、降温幅度、内外温差等，避免因温度应力过大导致裂缝。拱坝混凝土结构尺寸大，较大的温度变化容易引发危害性裂缝，作为挡水建筑物，防裂稳定性要求极高。结合实际，将混凝土温控大数据采集与分析、人工智能预警、虚拟现实交互、可视化等技术融入拱坝混凝土温控中，将数据直接传输到三维模型对象，实现虚拟空间和物理空间之间、混凝土温控各要素之间的融合互动，促进高级形态的智能温控落地，直接服务于杨房沟水电站工程的温控防裂工作，对拱坝质量控制及本工程打造百万千瓦级 EPC 水电建设项目"标杆工程"具有重要意义。

2.2　为温控质量控制提供直接技术支撑

温控防裂跟踪反馈仿真分析，可实现温控实施全过程监测和重点环节的自动干预，使混凝土浇筑温度过程与设计过程在某些环节出现偏差的情况下对温控措施进行动态调整与干预，使温度过程接近设计过程，有效提高混凝土施工质量和效率。最终可实现拱坝施工期工作性态"可知，可控"，在需要采取赶工措施等施工计划调整时，可根据现场温控防裂实施情况，提出更符合实际方案调整建议，从而做到进度与质量控制的双赢。

2.3　有效解决温控工作不足

（1）有效解决四方面不足：监测断面有限导致监测成果不够全面；监测体系不够自动化、实时化、不及时；监测数据往往需要人工处理，避免不了人为主观性；人工手动测量及操作误差导致数据不准确。

（2）采用自动化监测和智能控制，尽量避免人为造成"温差大、降温幅度大、降温速率大、温度梯度大"问题。

（3）采用施工期材料参数反馈和温控防裂跟踪反馈仿真分析手段，有效解决设计条件与实际条件、施工情况同设计条件的两个差异带来的混凝土的开裂风险。

3　系统功能定位

（1）智能监控系统的构成与人工智能类似，包括感知、互联、分析决策和控制四个部分[3]。具备全要素信息采集、信息关联、无障碍传输与共享、仿真与反演、预测与报警、分析决策功能；同时，还应满足文档管理要求，实现一次归档，避免二次人工消缺处理。

（2）满足实用、个性化、接口可扩展、安全、规范和可管理原则。

（3）从实用性、经济性出发，选用先进技术，构造性价比最佳的系统。

（4）使用多种技术手段，实现个性化设计。与权限管理相结合，提供个性化的系统使用操作环境；采用先进技术手段，如气温信息管理、混凝土材料添加、标段添加、坝段添加等，使系统可以不断调整信息服务的内容和精化操作流程。

（5）能为本工程已建成投运的 BIM 提供优良接口，完全具备系统兼容性，便于系统的维护、修改与扩展。

（6）符合国际标准、国家标准和业界标准的技术和设备，为系统的扩展升级、与其他系统的互联提供良好的基础。方便进行数据收集，快速精确进行分析。

（7）易于管理、维护，操作简单、易学、易用，便于进行系统配置。

（8）工程完工后，系统形成的图表及原始记录、资料应全部移交业主档案室，且与业主开发的档案信息系统具备兼容性。

4   系统研发

综合考虑杨房沟拱坝特点，运用自动化监测、GPS、无线传输、网络与数据库、信息挖掘、数值仿真、自动控制等技术，实现温控信息实时采集、实时传输、自动管理、自主评价、温度应力自动分析、开裂风险实时预警、温控防裂反馈实时控制等动态智能监测、分析与控制系统，实现拱坝混凝土从原材料、拌和、运输、浇筑、温度监测、冷却通水到封拱全过程智能控制。

4.1   采用三层 C/S 架构设计

表现层：为数据采集层，包括数据的采集，系统管理界面等。表现层将系统操作界面与系统功能实现分离。

应用层：应用系统的业务逻辑实现层，是系统的核心部分，它接收来自表现层的功能请求，是实现各种业务功能的逻辑实体，这些逻辑实体在实现上表现为数据库的触发器及存储过程及各种功能组件。

数据层：存放并管理各种信息，采用 SQLserver 数据库，实现对各种数据库和数据源的访问，也是系统访问其他数据源的统一接口。

4.2   信息实时采集、传输与数据库

采用温控信息实时采集设备，对混凝土施工信息以及有关要素信息（包括混凝土原材料骨料温度、浇筑信息、出机口温度、入仓温度与浇筑温度等信息、通水冷却信息、仓面温控信息、混凝土内部温度信息等）进行实时采集，信息实时自动传输至服务器。数据输入时应能自动甄别出明显异常的数据，自动提示按照要求时间间隔未及时输入而空缺的数据、剔除重复数据。

（1）拱坝几何数据库：包括拱坝的几何信息，用于温控信息高效管理系统实时直观显

示拱坝的浇筑进度、暴露面信息、各仓之间的关联信息等；

（2）施工信息库：包括开仓时间、收仓时间、浇筑位置、混凝土方量、温控曲线号等；

（3）温控信息库：包括浇筑温度信息、出机口温度信息、入仓温度信息、仓面保温信息、通水信息等；

（4）基础数据库：主要包括仪器编号、分控站信息、账号信息、气温信息、温控标准等信息；

（5）温控措施建议库：根据几何信息库、仿真信息库、温控信息库、施工信息库给出不同时间段温控措施，包括长间歇信息、出机口温度、入仓温度、浇筑温度、最高温度、基础温差、上下层温差、内外温差、保温、通水等控制措施。

4.3 温控信息高效管理与可视化

将温控信息纳入数据库进行高效管理，实现基于网络和权限分配的信息共享；开发相关温控管理图表，形成温控信息二维和三维可视化管理平台，通过该平台实现海量温控数据二维和三维高效化管理和直观化显示。可实时输出温控管理可视化图表：拱坝各期冷却内部温差情况统计、拱坝混凝土最高温度符合率统计情况、拱坝混凝土工程温控全过程温度回弹控制情况统计、拱坝混凝土工程各期冷却通水情况统计、拱坝混凝土工程各期冷却降温速率控制情况统计、拱坝各期冷却内部温差情况统计表等。大大提高管理效率和信息化管理水平，供业主方、设计方、监理方、施工方等使用；主要包括公共信息、浇筑信息、水管信息、浇筑仓表面及监测信息功能模块。

4.4 温度应力仿真分析与反分析

在温控信息高效化管理与可视化平台的基础上，根据实测资料和现场需要及时进行温度应力的正分析及反分析，按照实际进度提出温控周报、温控月报、温控季报、温控年报及阶段性科研分析报告，实时把握大体积混凝土的实际热力学参数及温度应力状态。

4.5 温控施工效果评价和预警

温控信息高效管理及实时评价，主要是各种评价图形和表格开发及应用，包括天气情况及实测气温表、骨料温度检测表、出机口温度检测、混凝土入仓温度、浇筑温度检测表、混凝土浇筑情况统计表、最高温度统计表、通水冷却统计表、仓面温控措施统计表、温控档案表共计 10 个表格；综合曲线图、气温动态分析图、出机口、入仓和浇筑温度分布图、拱坝内部温度过程线图、坝段沿高程分布图、温度梯度图、降温速率图共 8 个图。

通过对温控信息的高效化管理与温度应力的正反分析，对混凝土温控进行评价，对超标量进行实时预警并对超标程度进行类别划分，将需要处理的意见建议通过平台发送至不同权限的施工与管理人员。实现最高温度、降温速率、浇筑温度、出机口温度、混凝土表面保温、温度梯度、浇筑仓超冷、顶面间歇期、数据缺失等项目预警机制。预警信息的发布分为两类：一类预警为现场施工监理、施工及业主对应温控系统账号及手机号，对应接受所有级别预警信息；二类预警为业主管理人员，总监，设总对应温控系统账号及手机号，对应接受一级预警、二级预警及未按要求实时处理的三级预警。

4.6 温控施工智能控制

基于统一的信息平台和实测数据，运用经过率定和验证的预测分析模型，采用考虑通水流量精细调控的智能通水方法，提出通水冷却、混凝土预冷、保温等施工指令，通过自动控制设备或人工方式完成下一个时段的温控施工。

混凝土智能通水系统能够实现动态智能通水控制、实时通水信息管理的综合平台。该系统通过对大体积混凝土仓位信息、水管信息等基础数据的输入，实时采集通水流量，混凝土温度等，按照预先预测的通水流量实时调节控制阀门，使通水流量始终保持在目标状态值，实现统一控制管理，同时可以查询控制状态，以及各类生产报表的自动生成等功能。通水子系统提高了对大体积混凝土通水的精度和工作效率，达到了智能化、信息化、实时化的水平，实现通水现场无人值守以及对通水施工质量的实时、有效控制。

4.7 施工期材料参数反馈和施工过程坝体实时跟踪反馈仿真分析

进入施工阶段后，由于设计条件与实际条件会存在较大差异，这些差异在特定条件下可能产生混凝土开裂的风险，且难以及时准确地针对温控施工中出现的问题进行快速有效响应，这就需要充分利用智能温控系统以及其他系统现场实测的各种施工浇筑数据、温控数据及拱坝安全监测数据，通过跟踪反演坝基和坝体混凝土本身的热、力学参数及边界条件，使得计算所用的各种参数和边界条件均尽可能地与实际相符，然后利用新的反演参数及边界条件，结合工程实际需要，分阶段对拱坝整体温度场及温度应力进行仿真分析预测，对细部结构或者重点关注部位进行精细化的仿真分析，以动态跟踪拱坝混凝土内部温度和应力在空间和时间上的分布变化个规律，对可能出现的问题提出及时有效处理措施。

4.8 混凝土智能温控硬件设备研发和集成

采用由水科院研制的专用手持式采集设备及其软件，包括骨料温度、混凝土出机口温度、入仓温度、浇筑温度的采集，并可通过 GPRS 网络或 WIFI 无线网络模块将检测温度、时间、部位等信息发送至数据库；采用专用仓面小气候监测设备，实现仓面气温、湿度、风速等自动监测采集，通过无线网络发送至数据库。

4.9 系统安全

智能温控系统采用 MD5 加密技术，对几何数据信息进行加密处理，保证系统数据信息安全性。

5 系统应用

5.1 系统运行情况

杨房沟水电站拱坝混凝土智能温控系统于 2018 年 10 月 30 日拱坝首仓混凝土浇筑时正式投入，过程中硬件设备以及软件系统总体运行正常，数据实时采集、总体监控、评价预警以及智能自动化通水等运行基本稳定，见图 1。

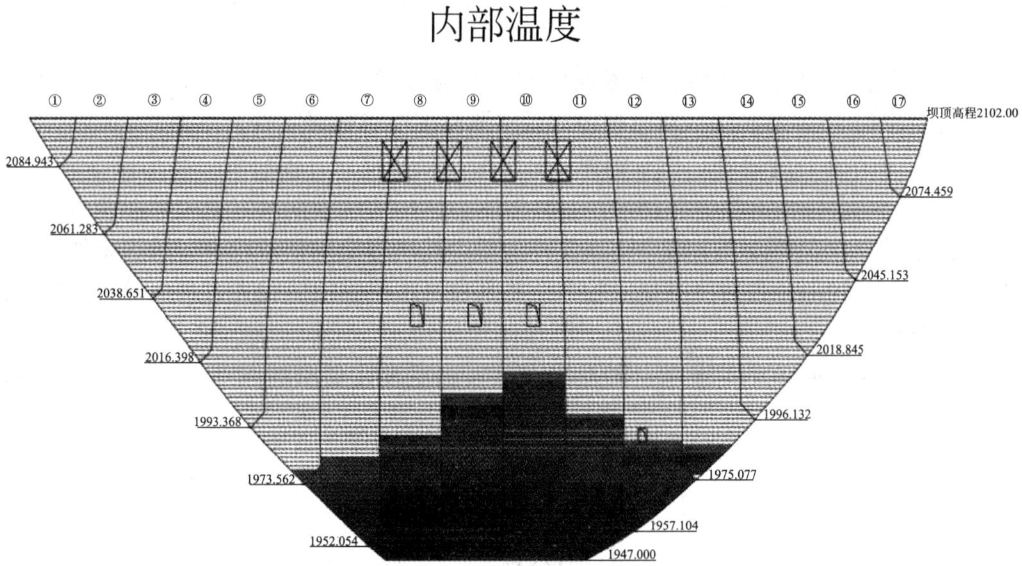

内部温度

图 1　混凝土内部温度监控

5.2　拱坝混凝土浇筑

（1）骨料温度共计检测上传数据 18618 组，其中合格 18173 组，合格率为 97.61%，骨料温度控制总体满足设计要求。

（2）出机口温度合格率为 99.84%，入仓温度合格率为 99.53%，浇筑温度合格率为 99.26%。

（3）混凝土内部共埋设 1549 支数字式温度计，混凝土最高温度合格率为 94.05%，结构部位最高温度较设计要求存在一定的偏差，主要因结构部位低级配混凝土用量较大，导致早期混凝土温升较大。

（4）拱坝浇筑过程埋设 8 支温度梯度仪，从温度梯度分布情况来看初始测值温度梯度较大，之后温度梯度基本处于收敛稳定状态，过程中受冷却通水及气温变化有所波动，总体满足技术要求。

（5）降温速率控制较好，均满足设计要求的降温速率合格率不低于 95%。其中，一期降温速率符合率为 96.17%，中期降温速率符合率为 97.09%，二期降温速率符合率为 97.11%。

5.3　智能通水

（1）一是系统数据采集及时、准确全面，温控仿真计算预测模型预测的通水方案比较准确；二是自动调控系统下达通水指令且调控准确，实测通水流量和目标流量都在误差范围内。智能温控系统对于混凝土的一期温升阶段的调控策略首先是验算设计要求最大流量能否满足控温要求，如果满足则采用最大流量进行通水冷却，确保控制住最高温度，升温阶段混凝土是膨胀的趋势，因此采用早冷却大流量通水尽量降低混凝土最高温。这个过程目标温度只是根据最大通水流量计算出来的一个参考值，不指导升温阶段的流量计算；其次，如果设计允许最大流量不满足要求，系统会计算出理想的通水流量并出方案进行自动调控。

（2）一期、中期通水冷却后实测温度与目标温度符合率分别为 92.52％、91.24％，满足设计要求的 90％以上；二期通水冷却后实测温度与目标温度符合率为 92.23％，与设计要求的 95％存在一定偏差，主要因第一、二灌区受横缝张开度影响，存在超冷情况。

（3）非结构部位内部温差控制满足设计要求，结构部位中期及二期内部温差较设计要求存在微小差异，主要因上下游牛腿、支撑大梁、孔口等结构相对较小，散热条件好，在未通水的时，结构部位自然降温幅值较非结构部位通水降温幅值较大，进而导致混凝土内部温差逐渐扩大。

（4）内部温度回弹实测值符合率为 97.8％，满足设计要求的内部温度回弹控制不低于 85％。

6　小结

通过前期系统研发背景调研、用户需求调查、系统研发直至现场应用，杨房沟水电站智能温控系统功能齐全、运行正常、要素完整、所采取的拱坝温控信息及时、准确、完整、真实，有效地解决了以往温控工作中存在的不足，大大减少了人工成本，并为温控措施选择与优化提供可靠信息和科学依据。各项监测结果表明，杨房沟水电站拱坝混凝土温控满足规范及设计要求。该系统促进了良好的施工过程规划和管理，也简化了温控人工管理工作，当出现异常情况时能及时发出预警并为项目团队提供更多地优化方案，从而提高项目安全性，降低混凝土温度开裂风险，提高工程整体质量，并伴有其他各种益处，如原始记录、图表等可直接刻盘移交归档。但也存在超标监测点自动缺少自动导航功能、配套制度不完善，个别人员责任心不强导致个别数据遗失或无效的现象，今后需要进一步改正。

参考文献

[1] 朱伯芳. 混凝土坝温度控制与防止裂缝的现状与展望 [J]. 水利学报，2006 (12)：1424-1432.

[2] 何展国，张立新，孙昌茂，吴凯. 杨房沟水电站水垫塘边墙温控防裂研究 [J]. 浙江水利科技，2021，49 (06)：84-88.

[3] 张磊，张国新，刘毅，郑爱武，迟福东，庞博慧. 数字黄登拱坝混凝土温控智能监控系统的开发和应用 [J]. 水利水电技术，2019，50 (06)：108-114.

地下工程安全监测数据预处理技术研究

傅志浩 吕 彬

（中水珠江规划勘测设计有限公司，广东广州 510610）

摘 要：基于安全监测数据反馈的施工方法在地下工程中被广泛应用，如何有效提升监测数据的质量、开展计算分析，仍是目前值得深入研究的问题。文章首先介绍了小波变换基本原理、小波包变换处理流程以及数据异常检测、监测数据降噪方法，并通过工程案例对数据处理效果进行了验证，结果表明经处理后的监测数据质量得到明显提升，能更直接、简便地反映数据变化规律。其次从监测数据变化规律出发，以多点位移计和锚杆应力计为例，结合洞室开挖时围岩变形的一般规律和基本地质知识，按变形机理反向推断岩体内部的变形状态和岩体结构的组成，以获取松动破坏区深度、岩体参数范围等基础信息，用于后续高效地开展反馈分析。本文提出的数据处理与数据分析思路在监测数据的自动化处理、智能分析决策方面具有实际意义和可操作性，可为相关研究与应用工作提供经验借鉴与参考。

关键词：地下工程；工程安全监测；小波分析；数据预处理

1 前言

　　智慧水利建设作为推动新阶段水利高质量发展最显著标志及实施路径之一，其最主要特点是包含"四预"（预报、预警、预演、预案）功能。"四预"中预报部分的核心是基于对历史数据的分析、研判，得出某事件的发展规律，从而在事件发生之前给出预测，预报功能高度依赖于历史数据，尤其是数据的准确性、有效性及规律性。工程安全监测数据作为"四预"功能最基础和最关键的信息要素，对其开展相关研究与应用一直是项目参建各方关注的热点，受观测条件的影响，各类监测资料都会存在误差，区别是误差大小和性质不同，因此在分析监测数据之前，均需进行一定的预处理[1-4]。

　　信息化反馈施工技术在地下工程中的应用日趋广泛，基于监测数据分析地下洞室稳定的一般方法如下：通过监测数据反演分析得到围岩参数，再通过围岩参数进行数值模拟正分析[5-7]，并预测围岩后续的变形和稳定情况，指导施工设计。因此监测数据的预处理是信息化反馈施工的第一步，也是重要的一步。限于篇幅，本文对反演分析及其相关优化算法不做探讨，将重点关注在监测数据的预处理方面。而对监测数据的预处理与分析，目前主要有三类方式：机理分析、数理分析以及基于两者的混合分析。其中机理分析是根据各类监测数据，结合洞室开挖时围岩变形的一般规律和基本地质知识，反演推断岩体内部的变形状态和岩体结构的组成；数理分析则主要包括针对监测资料中奇异值的检测与插补、监测信号的消噪与规律性识别。本文分别从数理分析、机理分析角度

作者简介：傅志浩（1980 年—），男，湖北潜江人，高级工程师，博士，主要从事水利水电工程设计与研究、工程数字技术研究与应用。E-mail：5753079@qq.com。

对监测数据的预处理进行研究与探索，并梳理相关处理流程，可为相关研究与应用工作提供经验借鉴与参考。

2　基于小波包分解的监测数据预处理

2.1　小波变换基本原理

工程安全监测信息可描述为随时间或空间变化的信号，监测所获取的信号包含了有用信号和误差（即噪声）两部分，如何有效地消除误差并提取特征是监测数据分析研究的重要内容[8]。工程安全监测数据序列可看成由不同频率成分组成的数字信号序列[9]，而变化趋势的有用信号部分主要以低频形式出现，而趋势中的突变及异常则通常以高频形式出现，因此可采用信号处理的方式来进行监测数据分析。

自 1822 年傅里叶（Fourier）发表"热传导解析理论"以来，傅里叶变换一直是信号处理领域中应用最为广泛的一种分析手段。由于傅里叶变换得到的信息只有频率分辨率而没有时间分辨率，仅可确定信号中包含的频率成分，但不能确定具有这些频率的信号出现在什么时刻；任一频率成分都取决于全时段信号的整体性质，无法进行局部分析。为了研究信号在局部时间范围的频域特征，人们一直在寻找新的方法：20 世纪 40 年代 Gabor 提出了著名的 Gabor 变换，之后又进一步发展成为短时傅里叶变换（STFT），又称为加窗傅里叶变换，但均未能有效地提升在时域和频域表征信号局部信息的能力，这最终导致了小波分析理论的产生。

小波分析克服了短时傅里叶变换在单分辨率上的缺陷，具有多分辨率分析的特点，在时域和频域都有表征信号局部信息的能力，时间窗和频率窗都可以根据信号的具体形态动态调整，在一般情况下，在低频部分（信号较平稳）可以采用较低的时间分辨率，而提高频率的分辨率，在高频部分（频率变化不大）可以用较低的频率分辨率来换取精确的时间定位。因为这些特点，小波分析可以探测正常信号中的瞬态成分，并展示其频率成分，被称为"数学显微镜"，广泛应用于各个时频分析领域[10-12]。小波包变换则是建立在小波变换的基础上，可以实现信号频带均匀划分，具有更好的时频特性，因此小波包在对信号进行处理时，有更高的应用价值。限于篇幅，本文不再累述小波变换相关理论及公式，做多分辨率小波变换的时候是分解低频，也就是尺度空间，每一次都保留高频、分解低频；而小波包变换则是每次变换时均同时分解低频与高频，因此得到的频带更为精确，两者变换过程示意如图 1 所示。

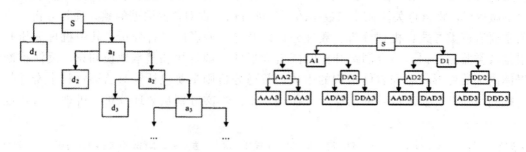

图 1　小波分解与小波包分解示意

2.2 小波包变换基本流程

工程安全监测数据有着设备类型多、数据量大且杂、持续时间长等特点，面对当前工程智慧化模拟、精准化决策的需求，快速批量地进行监测数据的处理、提升数据质量、开展相关研究工作十分必要且具有重要的现实意义。结合工程应用实践，本文梳理出采用小波包分解进行监测数据处理的工作流程见图 2，并采用基于 Python 语言的 PyWavelets 包编程实现，经应用验证，分析工作流程合理，程序运行结果正确。

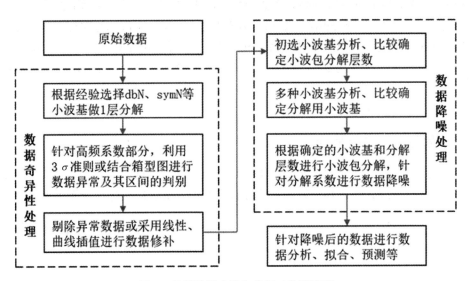

图 2　监测数据小波包分解工作流程图

1）数据异常检测

经小波分解后的信息中，变化趋势的信息分布于低频系数中，信息突变多体现为高频系数的模量极大值。由于小波分析不仅可以识别信息的频率变化，还可定位其发生异常的位置，因而可以通过对模量极大值点的检测来诊断出异常信息出现的时间、类型以及变幅。

对于异常数据的处理的方式一般假定高频的噪声服从高斯正态分布，故可以采用 3σ 准则进行剔除；也可采用箱型线先统计得到数据的分布规律，再结合前述 3σ 准则进行。对于工程安全监测数据而言，异常数据的出现，往往包含了一些重要信息，如地下洞室的锚杆应力计以及洞周的多点位移计，在分层爆破开挖作业时，其会受到爆破振动影响，也会因为围岩变形以及洞周应力重分布而导致测值上存在一定的突变。因此在进行数据奇异性检测和处理时，还需要针对数据变化进行客观的分析，以免丢失重要的信息；在确定上述信息后，则可采用数据删除或数据插补的方式进行异常数据的修复。

2）监测数据降噪

实测数据不可避免地存在噪声（误差），在实测值中含有噪声的测量数据将导致实测值的失真和实测结果的歪曲。噪声的存在对数据的应用研究分析有着显著影响，更可能影响参数估计，引起较大残差，进而影响安全监控模型的拟合效果及外推预报性能。因此，在应用工程安全监测资料时，应对其中的噪声进行判断和处理，去伪存真，使分析工作建立在可靠数据的基础上。

利用小波分解降噪的研究通常的做法[13]是首先根据经验选择常用的小波基对测值的时间序列进行小波或小波包分解，然后通过设定阈值，选择合适的阈值函数对低频或高频系数进行降噪处理，最后再将处理后的系数重构为原信号，再进行误差判断和后续的分析工作。对于监测数据的降噪处理，小波基通常选择 db 或 sym 族的小波。对于阈值的确定，规则有多种，其意义在于从高频信息中提取弱小的有用信号，而不至于在消噪过程中将有用的高频特征信号当作噪声信号而消除。一般可设置阈值为：

$$\lambda = \sigma\sqrt{2\log n} \tag{1}$$

式中，n 为对应分解层次的高频系数个数。由于实际噪声系数的标准偏差 σ 一般是未知的，因此，可用小波分解的第 1 层（即最细尺度）上高频系数的绝对标准偏差作为 σ 的估计值。对各层小波分解高频系数选择阈值函数进行阈值量化处理，一般采用软阈值函数：即小于阈值 λ 的系数置为 0，大于或等于阈值 λ 的系数均减少 λ，这样可将集中于高频系数的噪声成分舍去；而硬阈值函数则是将大于阈值的高频系数完全保留；也可根据需求选择其他类型阈值函数。

2.3　小波包变换案例验证

选取某地下厂房工程其中一支多点位移计监测数据，根据经验选择 sym4 小波基对数据进行 1 层数据小波分解，其原数据及分解后的高频、低频以及噪声分布见图 3～图 4。

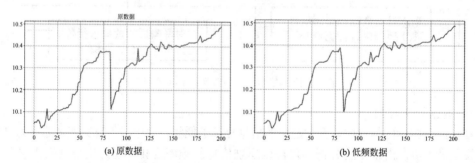

(a) 原数据　　　　　　　　　　　　　(b) 低频数据

图 3　多点位移计小波包单层分解后原数据与低频数据（变化趋势）

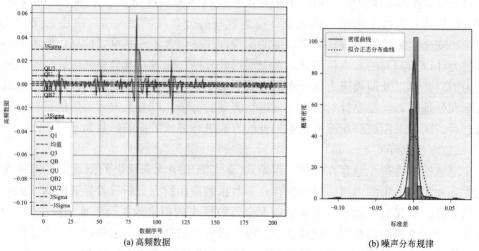

(a) 高频数据　　　　　　　　　　　　　(b) 噪声分布规律

图 4　多点位移计小波包单层分解后高频数据及噪声分布规律

对比原监测数据序列与分解后的低频还原数据，可看出小波包分解后较好地保留了原数据的变化趋势。对高频还原数据进行箱型线和统计分析得到关键参数绘制于图 4 中，其高频部分主要体现为数据噪声，通过查看其核密度图，可直观地看出噪声呈现高斯正态分布特性。

一般识别异常采用基于正态分布的 3σ 准则是以假定数据服从正态分布为前提，以计算数据的均值和标准差为基础，因通常均值和标准差的耐抗性较小，异常值本身也会对均值和标准差产生较大影响，因此单纯采用此类方式处理有效性存在一定限制。在实际处理过程中可引入箱型图的异常数据处理方式，对比图 4 中箱型图和 3σ 准则，箱型图更直观地表现了数据分布形状，其对异常值的判断标准以四分位数和四分位距为基础，具有一定的耐抗性，对数据异常的识别较为客观，在实际应用中可将两者配合使用。对照原始数据和噪声分布，即可直观识别出数据序列异常数据范围，采用按内在物理联系进行插补、按数学方法进行插补（线性内插、拉格朗日内插、多项式曲线拟合）等方法对数据序列进行修补。

对于数据的降噪处理，分别各层小波分解高频系数利用前述计算的全局阈值，选用合适的阈值函数（软阈值函数、硬阈值函数或其他自定义阈值函数）进行处理，完成后采用正常的小波包重构信号即可实现信号的降噪。在实际应用中，另一种可行的降噪处理方式是对小波包分解后的信号能量特征进行分析[14,15]，即直接剔除能量特征占比较小的小波包系数后进行重构。因小波包分解对原始信息进行了完整的保留，采用此种方式处理只保留数据信息中最主要的部分，这对于工程监测数据变化规律的识别与分析而言更为直接、简便，且物理意义更强。

3   监测数据变化机理分析

通过前述数理分析处理后的监测数据，经过数据异常值识别以及数据的降噪处理，其数据质量得到了明显提高，规律性较原始数据的变化规律得到了较大提升。但从监测数据变化规律到数值模型计算参数的判定与选取仍需要做进一步的机理分析判断，即结合洞室开挖时围岩变形的一般规律和基本地质知识，反向推断岩体内部的变形状态和岩体结构的组成[16]。

3.1   多点位移计监测分析

多点位移计由于在一定的测量范围内加大了测点的密度，仪器可以将多点间的相对位移变化测量出来，因此可以较为准确地提供分析岩体结构组成的信息。本文对多点位移计的构造以及测量原理不做介绍，仅对测量结果做理论分析。多点位移计的测点一般为 4～5 个，下面以 4 点的多点位移计为例进行分析。

假定多点位移计布置见图 5。其中 1、2、3 号点为测杆上的固定点，4 号点为位于洞周表面的测点。在开挖过程中，由于应力释放将导致洞周产生向洞内的变形，令各点沿测杆方向的绝对位移值分别为 u_1、u_2、u_3、u_4。在通常情况下，各测点之间绝对位移值一般满足关系式(2)，即洞周点位移最大，随着深度的增加，位移逐渐减小。

$$u_4 > u_3 > u_2 > u_1 \qquad\qquad (2)$$

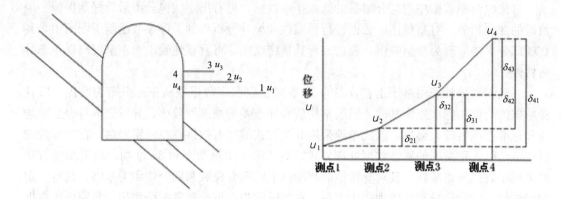

图 5　多点位移计示意图　　　　　　　图 6　测点绝对位移与相对位移的关系

在实际监测中各测点所测得的值是图 5 中第 4 点与其他各测杆上固定点沿测杆方向上的相对位移值 δ_{41}、δ_{42}、δ_{43}。相对位移值和绝对位移之间的关系可以通过式（3）和图 6 来表示。

$$\delta_{41}=u_4-u_1;\delta_{42}=u_4-u_2;\delta_{43}=u_4-u_3 \tag{3}$$

由图可看出如果 1 号点离洞周足够远或 u_1 很小的时候，可以认为 $u_1\approx0$。

此时则可直接根据式（3）计算得到测杆上各测点绝对位移。利用绝对位移或相对位移之间的关系，我们即可对洞周围岩变形以及岩体结构进行分析。

由于实际监测中可能出现情况较为复杂，这里仅对几种常见的关系（在考虑的各种关系中均假定洞周点的绝对位移最大）进行比较分析，见表 1。

常见相对位移关系分析　　　　　　　　　表 1

序号	相对位移关系	绝对位移关系	说明
1	$\delta_{41}\approx\delta_{42}>\delta_{43}$	$u_1\approx u_2\approx0<u_3<u_4$	开挖后洞周岩体的松动范围不会超过 2 号点的深度
2	$\delta_{41}\approx\delta_{42}>\delta_{43}$	$u_1=u_2\neq0<u_3<u_4$	1、2 号点之间岩体较为完整可认为同步变形；2 号点到洞周范围的岩体性质较差
3	$\delta_{41}\approx\delta_{42}<\delta_{43}$	$u_3<u_1\approx u_2<u_4$	2 号点和 3 号点之间可能存在节理裂隙或是破碎带；1、2 及 3、4 号点间岩体相对较好
4	$\delta_{41}<\delta_{42}<\delta_{43}$	$u_3<u_2<u_1<u_4$	1、2 号点之间以及 2、3 号点之间可能存在破碎带、软弱层或节理，位移较大，但其位移影响未能传递出去，说明 3 号点到洞周部分的围岩性质较好
5	$\delta_{41}<\delta_{43}<\delta_{42}$	$u_2<u_3<u_1<u_4$	1、2 号以及 2、3 号之间可能存在破碎带，2 号点受到来自 1 号点方向的挤压作用和来自 3 点点方向的牵扯作用均较小，因此 2 号点的位移很小，说明 2 号点极有可能处于一个与周围岩体联系较差的裂隙带中
6	$\delta_{41}\approx\delta_{42}\approx\delta_{43}$	$u_1\approx u_2\approx u_3<u_4$	1 号点至 3 号点之间岩体性质较为完整，而 3、4 号点之间的岩体性质较差，从而导致 1、2、3 号测点变形同步

表 1 仅对 4 测点多点位移计可能出现的几种情况进行了简要分析，实际监测过程中还可能出现其他比较复杂的情况，但只要结合工程实际进行对比，大都可以得到较为符合实际的结论。除对各测点的位移进行比较外，还可以对各测点的位移变化速率等来考虑洞周

围岩变形是否收敛、判断洞室是否稳定。通过对位移变化情况的分析，我们可以得到洞周岩性分布以及初步的围岩松动圈深度等信息。

某地下电站工程，主厂房洞室共分九期开挖，取主厂房 0＋139.0m 监测断面上游侧边墙的两支多点位移计进行分析说明，其中 C6B-CF-IV-M-06 布置于 1008.7m 高程，位于边墙上部，C6B-CF-IV-M-08 布置于 998.78m 高程，位于边墙中部，两设备位移值变化规律见图 7。可以看出，边墙位移变化规律基本符合表 1 中第 1 种情况，边墙部位的 3 号测点至洞周之间岩体变形较大，说明边墙浅部岩体在施工开挖过程中受到扰动较大。从位移量值上来看，C6B-CF-IV-M-06 的累计量较 C6B-CF-IV-M-08 要高出许多，说明在施工开挖过程中，一方面随着洞室向下开挖，边墙上部岩体仍然受到扰动；另一方面 M-06 设备的测点 2 位移较大，因其埋设深度为 15m，说明存在深部变形可能。通过对照现场开挖情况，在桩号 0＋139.0m 处确有断层出露，因此在后续施工开挖中一方面应控制施工爆破对洞周岩体的影响，另一方面可在此部位增加一定的支护措施以确保洞室稳定。

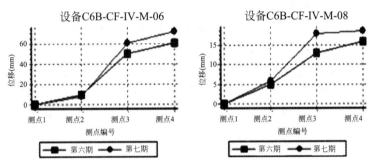

图 7　某地下厂房上游边墙位移变化曲线

3.2　锚杆应力计监测分析

锚杆监测关注的主要是两方面的问题：一是锚杆应力量值；二是洞周破坏区深度同锚杆长度的关系。锚杆应力计监测数据分析和多点位移计数据分析基本一致，也可以通过比较各个不同深度的锚杆应力计的数值大小，从而对洞周结构面分布以及围岩松动破坏区进行判断。对于在监测数据中如果锚杆应力接近或超过锚杆的抗拉强度，则可以肯定此处围岩变形或岩体扰动较大，应及时增加支护；如洞周围岩松动破坏区深度等于或大于现有锚杆的长度，则说明当前情况下，围岩可能产生深部变形，当前的锚杆支护已经不能满足围岩稳定的要求，应当考虑适量地增加锚索支护以限制松动破坏区的进一步发展。

如某地下厂房施工过程中某一时段内锚杆应力计有效点数为 410 个，其中有效测点监测值大于 200MPa 的点占有效总测点数的 18％，在这些点中，75％的测点深度≤5m，67％的测点深度≤3m；监测值大于 300MPa 的点占有效总测点数的 10％，在这些点中，84％的测点深度≤5m，74％的测点深度≤3m。因此通过对比可看出，当前时段内锚杆应力大部分在 200MPa 以下，锚杆应力测值较大的点深度基本小于 3m，说明厂房围岩变形属于浅层变形，围岩扰动深度基本位于 3m 范围之内。

采用上述方法对多点位移计以及锚杆应力计的监测数据进行分析，即可大致确定当前工程岩体的参数范围、岩体扰动破坏深度等信息。在信息反馈施工中反演分析不仅要求计算值和监测值在数值上逼近，更重要的是分析结果变形规律应符合实际，这样预测才能符合实际，真正为工程所用。由于工程监测数据的种类多且量大，在实际应用过程中，我们通常需要建立专门的监测数据库以便于数据的统计分析；而前文提及的小波包分解和重构，各测点的数值变化规律识别等思路，可借助程序包如 PyWavelets、Scipy 或其他编程语言实现，从而实现对监测数据进行批量快速的处理。

4 结论

（1）对安全监测数据变形规律进行数理分析，通过数据异常识别、修补，数据降噪等处理，提升数据质量，可为后续数据规律的分析打下良好基础。

（2）对位移监测数据和围岩形态之间的关系进行理论分析，通过分析可以较为客观地把握岩体变形规律，获取松动破坏区深度、岩体参数范围等基础信息。对锚杆应力监测数据按应力大小和分布深度进行统计分析，同时结合锚杆应力的分析可感知洞周围岩变形规律，并可将之与位移变形规律相互验证，从而得到对工程安全状态的全面认识，对于提升信息反馈施工的质量和效率具有现实意义。

（3）本文限于篇幅，仅针对多点位移计、锚杆应力计监测数据从数理和机理两方面进行了研究与探讨，梳理了相关处理流程，并给出案例说明。文中提出的数据处理与数据分析思路在监测数据的自动化处理、智能分析决策方面具有实际意义和可操作性，可为相关研究与应用工作提供经验借鉴与参考。

参考文献

[1] 杨其新，王明年．地下工程施工与管理［M］．成都：西南交通大学出版社，2005.

[2] 黄铭，刘俊，葛修润．边坡开挖期实测位移的分解与合成预测［J］．岩石力学与工程学报，2003，22（8）：1320-1323.

[3] 高幼龙，王洪德，薛星桥等．破裂岩体相对位移监测值的温度影响及校正——以链子崖危岩体相对位移监测为例［J］．中国地质灾害与防治学报，2001，12（3）：57-60.

[4] 胡建军，赵文光，文银平等．用图像处理技术进行结构动态位移监测的研究［J］．华中科技大学学报（城市科学版），2002，19（4）：34-37.

[5] 刘钧，周瑞光，董万里．岩体结构效应的综合反演分析［J］．工程地质学报，1994，2（2）：9-17.

[6] 陈胜宏，陈尚法，杨启贵．三峡工程船闸边坡的反馈分析［J］．岩石力学与工程学报，2001，20（5）：619-626.

[7] 张晨明，朱合华，赵海斌．增量位移反分析在水电地下洞室工程中的应用［J］．岩土力学，2004，25（2）：149-153.

[8] 唐晓初．小波分析及其应用［M］．重庆：重庆大学出版社，2006.

[9] 聂学军，候玉成，卢兆辉．小波分析在大坝安全监测数据处理中的应用研究［J］．红水河，2004，23（2）：106-109.

[10] 董长虹．MATLAB 小波分析工具箱原理与工具［M］．北京：国防工业出版社，2005.

[11] 郑治真，沈萍，杨选辉．小波变换及其 MATLAB 工具的应用［M］．北京：地震出版社，2001.

[12] 胡昌华，张军波，夏军等．基于 MATLAB 的系统分析与设计-小波分析［M］．西安：西安电子科技大学出版社，2000.

［13］ 于凤芹 . 实用小波分析十讲［M］. 西安：西安电子科技大学出版社，2019.

［14］ 曾宪伟，赵卫明，盛菊琴 . 小波包分解树节点与节点子空间频带的对应关系及其应用［J］. 地震学报，2008，30（1）：90-96.

［15］ 张雅晖，杨凯，杨帆 . 基于小波包能量分析和信号融合的异步电机转子故障诊断［J/OL］. 电测与仪表，2021，11：1-9.

［16］ 傅志浩，肖明 . 地下工程围岩稳定反馈分析研究［J］. 岩土力学，2006，27（S）：443-448.

丹江口水利枢纽防洪-兴利综合调度研究及应用

张 睿 王乾伟 张利升

（长江勘测规划设计研究有限责任公司，湖北武汉 430010）

摘 要： 丹江口水利枢纽综合调度是保障南水北调工程供水安全、充分发挥枢纽综合兴利效益的重要课题，如何统筹兼顾防洪与兴利开发任务，协调不同用水部门间竞争性用水关系，实现汉江流域水资源的高效利用，是丹江口枢纽综合调度的关键。本文以南水北调中线一期工程通水背景下丹江口水利枢纽运行调度为研究对象，在南水北调工程规划及丹江口枢纽大坝加高设计的基础上开展深化研究，通过专题研究提出防洪、供水、发电、航运调度方式，综合效益结果表明，提出的调度方式能在保障防洪安全的情况下充分发挥水资源综合效益，为丹江口水利枢纽后期规模正常运行提供技术支撑。

关键词： 南水北调工程；丹江口水利枢纽；综合调度

1 引言

丹江口水利枢纽位于湖北省丹江口市汉江干流、丹江汇口下游约 800m 处，具有防洪、供水、发电、航运等综合利用效益，是汉江综合利用开发治理的关键性水利工程，也是南水北调中线的供水水源工程[1]。工程于 1958 年 9 月动工修建，1962 年后国务院决定采取分期兴建方式，分初期规模和后期规模两期兴建。初期规模水库正常蓄水位 157m，死水位 140m（极限死水位 139m），开发任务为防洪、发电、灌溉、航运及水产养殖，初期工程于 1973 年底全部建成[2]，工程运行 40 余年以来，取得了巨大的综合利用效益。后期规模水库正常蓄水位 170m，死水位 150m（极限死水位 145m），防洪限制水位 160～163.5m，具有多年调节能力[3]，开发任务调整为防洪、供水、发电及航运，供水成为丹江口水利枢纽的首要兴利任务。丹江口水利枢纽 2014 年 12 月通水以来，供水安全平稳，水质全线达标，惠及 5300 多万居民，南水北调中、东线累计调水超过 560 亿 m³，在保供水、保生态、促环保等方面取得实实在在的综合效益受益。丹江口水利枢纽后期规模水库特征水位及库容参数见表 1。

丹江口水利枢纽特征水位及库容　　　　　　　　　　　　　　　　表 1

名称	水位(m)	备注	
校核洪水位	174.35	调洪库容	夏汛期 139.64
			秋汛期 109.96
设计洪水位	172.20		
防洪高水位	171.70	防洪库容	夏汛期 110.21
			秋汛期 80.53

基金项目： 湖北省自然科学基金（2015CFB515）；国家重点研发计划项目（2016YFC0400907）。

作者简介： 张睿（1987—），男，高级工程师，博士，研究方向为流域水工程群运行调度。
　　　　　　E-mail：ruiz6551@foxmail.com。

名称		水位(m)	备注	
正常蓄水位		170.00	调节库容	150m 以上 161.22
				145m 以上 186.97
防洪限制水位	夏汛期	160.00		
	秋汛期	163.50		

丹江口水利枢纽由于所处优越的地理位置且综合效益巨大，成为汉江流域开发的关键工程。枢纽初期规模时，综合利用任务为：防洪、发电、供水（灌溉）、航运等。加高完建后，作为南水北调中线工程的水源工程，按照"发电服从调水、调水服从生态、生态服从防洪安全"的原则，丹江口水利枢纽的综合利用水利任务调整为防洪、供水、发电、航运等。作为一个综合效益巨大的大型水利枢纽工程，供水成为丹江口首要兴利任务，其供水调度关系到汉江中下游、清泉沟用水安全和南水北调中线工程的正常运行，关系到我国水资源优化配置战略格局，也关系到有效缓解京、津、华北地区缺水和改善生态环境战略目标的实现[4]。因此，如何协调防洪与兴利制约关系，统筹供水与发电、航运等多个兴利目标用水，制定丹江口水利枢纽科学合理的调度方案，是丹江口水利枢纽正常调度运用必须解决的重要问题。

丹江口水利枢纽综合利用调度是一个多目标、多约束、非线性的复杂决策问题。从水利资源综合高效利用的角度，有必要对各个开发任务进行目标分解，深入研究南水北调新形势下的防洪、供水、发电、航运的调度方式，并对枢纽综合进行分析评价，以期为水资源高效利用、现在综合兴利效益的最大化提供技术支撑。为此，本文以南水北调中线一期工程通水以后，丹江口水利枢纽进入后期规模正常运行期为大背景，分析本流域综合利用及跨流域供水等不同任务需求的差异性，研究制定防洪、供水、发电、航运调度目标运行方式，得到满足多个调度目标的综合调度方案，为丹江口水利枢纽多目标兴利调度方案的决策提供科学指导。

2 防洪

防洪作为丹江口水利枢纽第一大开发任务，无论枢纽大坝加高与否，均置于各大开发任务之首。根据流域开发定位，丹江口水利枢纽防洪任务是：在确保工程防洪安全的前提下，提高汉江中下游防洪能力。当汉江中下游遭遇 1935 年同大洪水（相当于百年一遇）时，通过水库拦蓄上游洪水，配合运用杜家台蓄滞洪区和中下游部分民垸分洪，确保汉江中下游防洪安全；当遇 1935 年以下洪水时，通过水库拦蓄上游洪水，减少杜家台蓄滞洪区和中下游民垸的运用概率。

2.1 流域防洪需求

汉江中下游防洪突出矛盾是洪水来量与河道泄量严重的不平衡，受两岸堤防约束，河道安全泄量由上而下递减，下游泄量只有中游的 $1/2 \sim 1/3$，远不能满足泄洪要求，出口河段还受长江洪水位的顶托，导致下游灾害频繁[5]。为解决汉江洪水出路问题，以"蓄泄兼筹、以蓄为主，适当扩大中下游泄量"为治理方针。因此，汉江中下游防洪采取综合措施，以堤防为基础，丹江口水库为骨干，杜家台分洪工程、中游民垸分蓄洪、干支流水库、河道整治相配套及防洪非工程措施组成汉江中下游综合防洪体系。

汉江中下游以防御 1935 年同大洪水（相当于百年一遇）为目标。根据前述治理方针及措施，在河道维持 1964 年洪水的实有泄洪能力及杜家台分洪工程维持原设计规模不变的情况下，结合南水北调的引水要求，完建丹江口水利枢纽大坝加高，当遇 1935 年洪水，配合杜家台分洪工程的运用，用丹江口水库蓄洪替代中游民垸蓄洪，在中游分蓄洪民垸基本不用的情况下，可确保遥堤的安全[6]。

2.2　防洪调度方式

根据丹江口水利枢纽承担的汉江中下游 1935 年同大洪水调度任务及"预报预泄、补偿调节、分级控泄"的防洪调度原则。由于水文、预报及水库特性等边界条件的变化，本次研究采用最新复核的丹江口入库和丹～碾（皇）区间设计洪水、预报预见期、预报精度及 2008 年水位库容曲线，对原防洪调度方式的部分判别参数及开孔数进行局部调整，提出了调整的防洪调度方式。

1）预报预泄

水库泄放流量时，考虑区间洪水短期预报确定泄放流量，以达到控制碾盘山河段流量不超过允许泄量，预报精度取用偏安全值，以留有余地；水库开始预泄的时间由碾盘山的预报流量确定，为了不使预泄过于频繁及从安全考虑，在夏季，当碾盘山预报流量大于 6000m³/s，开始预泄；秋季则当预报流量大于 10000m³/s 才开始预泄。为适当减少预留防洪库容，在达到预泄时机时，启动水库预泄。最终采用的预泄流量，应不大于确保碾盘山防洪控制点不超过相应分级允许泄量反推的丹江口水库允许下泄流量及枢纽相应最大泄流能力。当预泄流量开始大于水库允许下泄流量时，则终止预泄，转入按照水库允许下泄流量下泄。

2）分级补偿调节

根据水文预报的可能性及精度，确定采用以预报流量判别的分级补偿调节的运行方式。汉江中下游防洪控制点为碾盘山，在汉江中下游防洪标准以内，丹江口水利枢纽根据碾盘山允许泄量情况，考虑丹～碾（皇）区间预报偏大值，按照预泄量与丹～碾（皇）区间预报偏大值的差值作为丹江口水利枢纽补偿调节的下泄流量。

根据拟定的分级允许泄量，按大水多放、小水少放，逐级加大泄量的分级控制泄量原则，丹江口入库来水或碾盘山预报来水小于或等于某一级判别流量，碾盘山按这一级允许泄量，如：小于或等于 10 年一遇洪水，碾盘山河段允许泄量为 11000～12000m³/s；大于 10 年直至 20 年一遇洪水，碾盘山河段允许泄量为 16000～17000m³/s；大于 20 年直至 1935 年同大洪水，碾盘山河段允许泄量为 20000～21000m³/s；当大于 1935 年同大洪水时，逐级加大泄量，以保大坝安全为主。

当夏汛丹江口入库流量超过 1935 年同大洪水洪峰流量 55800m³/s 或碾盘山总入流大于 74000m³/s 时，秋汛丹江口入库流量超过 100 年一遇洪水洪峰流量 45000m³/s 或碾盘山总入流大于 49765m³/s 时，停止对碾盘山防洪控制点的补偿，转入确保丹江口枢纽本身安全的防洪调度。

3）汛期运行水位

根据近年来丹江口水利枢纽汛期运行水位研究及预报预见期采用情况，在保证库区防洪、枢纽工程安全及汉江中下游防洪安全的前提下，为有效利用洪水资源，考虑3d的预报预见期及0.5m的调度操作灵活度，丹江口水利枢纽汛期水位可在一定范围内浮动运行。丹江口上浮运用后提前预泄计算成果见表2。

丹江口水利枢纽提前预泄计算成果 表 2

汛期运行水位（m）	洪水典型	洪水频率（%）	最大泄量（m³/s）	预泄期末水位（m）
161（夏汛）	35.7	20	6493	159.91
		5	6494	159.92
		1	6494	159.96
	75.8	20	6496	159.81
		5	6497	160
		1	6499	160
164.5（秋汛）	64.1	20	8317	163.5
		5	8320	163.5
		1	8322	163.58
	83.1	20	8316	163.46
		5	8317	163.5
		1	8319	163.5

3 供水

3.1 供水任务

汉江流域供水任务主要是除满足本流域经济社会发展需水要求外，还承担向北方缺水地区调水的任务。根据流域开发定位，丹江口水利枢纽主要是向汉江中下游、清泉沟灌区供水，并作为南水北调中线工程的供水水源向北方受水区供水。综合考虑汉江流域综合治理开发定位及供水对象要求，丹江口水利枢纽供水调度任务是在确保枢纽工程安全的前提下，以满足汉江中下游、清泉沟和南水北调中线一期工程供水为目标，按水利部批准的年度水量调度计划供水。

3.2 供水调度方式

1）供水调度模型构建

依据丹江口水利枢纽供水调度任务及原则的要求，结合实际调度运行的需求，在保障南水北调中线一期设计多年平均供水量的基础上，尽可能满足设计供水过程，从而构建丹江口水利枢纽供水调度模型。

$$obj:P=\max f(p_{\mathrm{Down}},p_{\mathrm{QQG}},p_{\mathrm{TC}})$$

$$其中, \begin{cases} p_{Down} = \Pr(q_{Down} \geqslant D_{Down}) \\ p_{QQG} = \Pr(q_{QQG} \geqslant D_{QQG}) \\ p_{TC} = \Pr(q_{TC} \geqslant D_{TC}) \end{cases} \quad s.t. \begin{cases} \Delta_{Down} = |w_{Down} - W_{Down}| \\ \Delta_{QQG} = |w_{QQG} - W_{QQG}| \\ \Delta_{TC} = |w_{TC} - W_{TC}| \end{cases} \tag{1}$$

式中，p_{Down}、p_{QQG}、p_{TC} 分别表示汉江中下游、清泉沟和陶岔的长系列供水历时保证率，以表达长系列供水过程满足南水北调中线一期工程设计供水过程的程度；W_{Down}、W_{QQG}、W_{TC} 分别表示汉江中下游、清泉沟和陶岔的设计需水水量，根据南水北调中线工程设计成果，丹江口水利枢纽多年平均补偿汉江中下游下泄水量及清泉沟供水量合计 168.5 亿 m^3，其中清泉沟多年平均供水 6.28 亿 m^3，陶岔多年平均供水量 94.93 亿 m^3。

2）供水调度图编制

从成果的实用性和可操作性出发，研究选取以供水调度图的方式研究丹江口水利枢纽供水调度方式。水库供水调度图系指导年或多年调节水库运行的工具，调度图根据水库历史径流统计资料和相应设计需水流量资料拟定。供水调度图一般以时间为横坐标，水库水位（或蓄水量）为纵坐标，由控制供水方式的指导线划分出不同的供水区，其数学描述可表示为：

$$Q_s = f(Z, T) \tag{2}$$

式中，Q_s、Z、T 分别表示水库供水流量、水库水位和相应时间。

在供水调度图的编制过程中，从统筹兼顾设计用水过程及多年平均供水水量要求、各供水对象优先次序、实时调度等需求的角度出发，拟定多个供水调度图方案。而后，采用层次分析法（Analytic Hierarchy Process，简称 AHP）的多属性决策方法，从供水量、水量利用率、弃水量、多年平均发电量及调度灵活度等方面进行多方案比选，提出丹江口水利枢纽供水调度图，如图 1 所示。

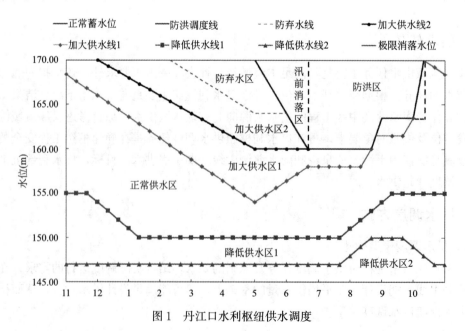

图 1 丹江口水利枢纽供水调度

3）供水调度方式的提出

供水调度运行方式研究是在上述供水调度图的基础上，通过比较分析不同供水方式的调度成果，推荐合理可行的供水调度运行方式。结合南水北调中线通水以后丹江口水利枢纽综合调度需求，研究提出了丹江口水利枢纽供水调度方式：丹江口水利枢纽供水调度期为每年 11 月 1 日至次年 10 月 31 日，按丹江口水库预报来水、水库水位，结合汉江中下游、清泉沟和陶岔供水需调水量，按库水位高低，以供水调度线作为控制水位，进行分区调度。供水调度按照年度水量调度计划和月水量调度方案执行，当水库运行情况与供水调度图有较大差距时，按照调度图调整月计划。汛期当库水位接近防洪限制水位时，若预报来水偏丰，可加大供水。

4 发电

丹江口水电站是湖北省电网重要的统调水电厂，电站安装 6 台单机额定容量 150MW 的竖轴混流式水轮发电机组，转轮直径约 5.7m，额定转速 100r/min，装机容量 900MW。电站最大水头 80.3m，最小水头 55.3m，加权平均水头 71.2m，水轮机额定水头 63.5m。丹江口水利枢纽地处湖北十堰境内，其供电范围主要为鄂西北的十堰、襄阳等地，其余电力送湖北省和华中电网。华中电网成立后，丹江口水电站担负华中电网调频、调峰和事故备用任务，曾为华中电网直调电厂，目前交由湖北电网调度。

4.1 发电任务

丹江口水利枢纽是汉江流域综合治理开发的关键工程，也是湖北电网乃至华中电网中发挥支撑作用的骨干性水电站，无论丹江口水利枢纽大坝加高与否，均在区域电力系统中发挥着重要的作用，发电始终是枢纽的重要的兴利任务。丹江口水电站是华中地区少有的好的电源点，在满足供水要求后，作为骨干电站在华中电网中充分发挥其调峰、调频、调相及备用容量的作用[11]。

4.2 发电调度方式

丹江口水利枢纽的任务是以防洪、供水为主，结合发电、航运等综合利用，发电运行方式研究应在优先满足防洪、供水调度的基础上进行。优先满足防洪调度，要求发电运行水位在汛期不超过防洪限制水位；优先满足供水调度，要求电站仅结合向汉江中下游供水发电，不专门为发电下泄水量，仅当水库汛期面临弃水时，才加大发电。丹江口水利枢纽发电调度运行方式为中长期调度和短期调度：

1）中长期发电调度运行方式

丹江口水利枢纽发电调度期为每年 11 月 1 日至次年 10 月 31 日。丹江口水利枢纽按丹江口水库预报来水、水库水位，在保证大坝防洪安全及供水运用的前提下，按库水位高低，利用汉江中下游需丹江口水库补偿下泄的水量进行分区发电调度。汛期当预报来水较大可能产生弃水时，可结合来水预报，相机加大发电。

2）短期发电运行方式

丹江口水利枢纽在满足防洪、供水要求后，在电力系统中承担调峰、调频、调相及备用容量的任务。丹江口水利枢纽电厂日运行按湖北省电力公司给定的日运行方式工作。为减少发电耗水、提高电厂运行经济性，当电力公司下达日负荷过程后，采用电厂最优动力特性表选择合理可行的机组组合和负荷分配方式。综合考虑丹江口水电厂机组稳定运行及南水北调中线供水的运行需求，建议电站尽量避免调峰运行，并控制调峰幅度。

5　航运

丹江口水利枢纽初期规模升船机已于 1973 年建成运用。枢纽航运过坝设施由垂直、斜面升船机和中间渠道组成。大坝加高工程完建后，丹江口水利枢纽升船机系统包括垂直升船机、斜面升船机、中间航道、上游趸船等，过船能力由原来的 150t 级提高为 300t 级。

5.1　航运规划

根据交通部全国水运主通道的布局规划以及交通部、水利部、国家经济贸易委员会［1998］659 号《关于内河航道技术等级的批复》的规划精神，近期通航标准，白河至神定河口为 100t 级，神定河口至丹江口为 300t 级[12]，丹江口至襄樊为 500t 级；远期通航标准，白河至丹江口为 500t 级，丹江口至襄樊为 1000t 级。远期的航道建设规模通航标准，将结合南水北调工程建设，实施梯级渠化和引江济汉工程来实现[13]。

5.2　枢纽航运方式

丹江口水利枢纽加高后最大通航流量仍采用 $6200\text{m}^3/\text{s}$，下游最小通航流量为 $200\text{m}^3/\text{s}$。上游最高通航水位为水库正常蓄水位 170m（吴淞，下同），上游最低通航水位 145m。下游最高通航水位 93.09m，下游最低通航水位为 88.3m。

升船机设计规模按一次过坝 300t 级分节驳单船，并考虑 300t 级汽车专用驳的过坝。在运输需求小时船队推（拖）轮过坝；运量较大时考虑推（拖）轮不过坝，以满足货物过坝运输的需要。承船厢有效尺寸为：干运 $34\text{m} \times 10.6\text{m}$；湿运 $28\text{m} \times 10.6\text{m} \times 1.4\text{m}$。

丹江口枢纽加高后水库调节为多年调节，仍将是华中电网主要的调峰电站。电站调峰运行的不稳定流影响可通过下游王甫洲实施反调节来消减。

6　综合效益分析

丹江口水利枢纽建设是汉江流域治理和开发的关键工程，也是南水北调中线工程的水源工程，枢纽的正常运行可在保障本流域防洪安全、汉江流域水资源高效利用的同时，实现改善京、津、华北地区缺水和改善生态环境的战略目标。随着大坝加高工程的建成和投产，丹江口因其巨大的库容调节能力，将在防洪、供水、发电、航运等方面发挥着巨大的综合效益，计算成果如图 2 所示。

（1）丹江口水库提高了汉江中下游防洪能力。汉江流域洪水峰高量大，中下游河道安全泄量远小于洪峰流量，当遭遇长江中下游高洪水位时，其安全泄量将进一步降低。丹江

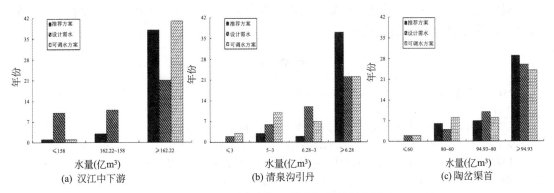

图 2　丹江口水利枢纽供水调度效益分析

口枢纽作为解决汉江中下游洪水灾害的关键性工程，加坝后遭遇 1935 年同大洪水时，最大下泄流量由初期规模的 16100m^3/s 减小至 5960m^3/s，中下游民垸需配合的分蓄洪量由初期规模的 24 亿 m^3 减至 1.4 亿 m^3，由此可见丹江口水利枢纽的防洪作用是汉江干流其他梯级所不能替代的。

（2）丹江口枢纽是南水北调中线工程的主要水源，也是汉江中下游沿岸地区的重要供水水源。从丹江口水利枢纽自陶岔渠首引水进入华北平原并直抵京、津地区，极大地缓解上述地区城市供水、工业用水日益紧缺状况，其社会效益及经济效益都是巨大的。丹江口枢纽加高完成后，在首先满足汉江中下游工农业用水、居民生活水及生态环境用水的前提下，2010 水平年向北方供水 94.93 亿 m^3。

（3）丹江口水电站是华中电网骨干调峰电源。丹江口水库有效调节库容达 163.5 亿～190.5 亿 m^3，为多年调节水库，经电力电量平衡计算，丹江口电站是中南地区少有的好的电源点，在满足供水要求后，作为骨干电站在华中电网中充分发挥其调峰、调频、调相及备用容量的作用。

（4）丹江口枢纽是改善汉江中下游航运条件的重要工程。汉江中下游尽管水运事业发展较早，但由于汉江洪水流量大，枯水流量又相对小，丹江口水库兴建后极大地降低了洪水流量，改善了枯水期的流量，使其从 200m^3/s 大幅度到 400～500m^3/s，下游航道得到了改善并可通过升船机（300t 级）贯通库区航道，丹江口水库的修建，使汉江可通行航道增加到 800km。

7　结语

丹江口水利枢纽综合调度须均衡协调防洪、供水、发电、航运等开发任务，调度目标众多，涉及的因素复杂，研究难度巨大。本文以南水北调中线工程通水后的丹江口水利枢纽为研究对象，在继承规划设计研究成果的基础上，深入分析新形势下丹江口运行所面临的调度需求和边界条件，分别从防洪、供水、发电、航运四个方面开展系统研究，在优化各目标调度方式的基础上提出丹江口水利枢纽综合调度方案，为南水北调中线工程通水后丹江口水利枢纽综合效益的发挥提供了有力的技术支撑。同时考虑到，汉江流域安康、潘口、三里坪、鸭河口等干支流大型控制性水库逐步建成，如何结合本阶段研究成果，深入优化以丹江口水库为核心的汉江流域水库群联合调度方式，对于提高整个汉江流域防洪减灾、综合兴利能力，完善本流域供水和跨流域供水综合保障体系具有重要现实意义。

参考文献

[1] 张丽丽，殷峻暹，蒋云钟．丹江口水库农业及生态可补水量规模研究［J］．水电能源科学，2012，30（2）：24-27．

[2] 刘宁．南水北调中线一期工程丹江口大坝加高方案的论证与决策［J］．水利学报，2006，37（8）：899-905．

[3] 粟飞，高仕春，李响．丹江口水库多目标调度方式研究［J］．中国农村水利水电，2010，16：18-20．

[4] 王银堂，胡四一，周全林．南水北调中线工程水量优化调度研究［J］．水科学进展，2001，16（1）：72-80．

[5] 朱勇华，胡玉林，王新才．汉江中下游防洪风险分析［J］．人民长江，2000，31（11）：29-30．

[6] 管光明，张利升，吴泽宇．丹江口大坝加高在汉江防洪规划中的作用［J］．人民长江，2006，37（9）：53-54．

[7] 常福宣，陈进，张洲英．汉江中下游供水风险敏感性分析［J］．长江科学院院报，2011，28（12）：98-102．

[8] 长江勘测规划设计研究院．南水北调中线一期工程可行性研究总报告［R］．2005．

[9] 王忠法．汉江流域防洪与鄂北水资源配置［J］．水利发展研究，2012，12：13-17．

[10] 李英，李致家，张利升，等．丹江口水库北调水量的不确定性分析［J］．武汉大学学报（工学版），2008，41（3）：34-37．

[11] 余进生，亢春建，张停．丹江口大坝加高后发电效益的探讨［J］．水利水电科技进展，2005，25（6）：88-90．

[12] 刘俊萍，黄强，田峰巍，等．汉江上游梯级发电与航运的优化调度研究［J］．水力发电学报，2001，4：8-17．

[13] 马方凯，李小芬，尹维清，等．梯级开发对汉江中下游航运的改善作用研究［J］．中国水运，2014，14（2）：34-35．

基于 MQTT 服务的工程安全监测无线感知终端开发

贺　虎　武学毅　孙建会

（1. 中国水利水电科学研究院，北京 100048；2. 北京中水科工程集团有限公司，北京 100048）

摘　要：水利工程安全监测系统一般采用先埋设仪器后大规模布线的模式实现自动化，一般耗时数年之久。为缩短建设周期，降低建设成本，使监测仪器安装埋设后能够及时投运，达到少线缆甚至无线缆的理想效果，借助物联网技术，设计开发了基于 MQTT 服务的安全监测无线感知终端，对监测仪器进行测量、信号质量诊断，无线自组织上线运行，通过云平台服务可实时查询所有监测仪器的历史数据和各种图表，从而实现智慧监测的目标。

关键词：物联网；MQTT；振弦式传感器；无线感知；安全监测

1　研究背景

现有水工程安全监测系统一般采用分布式控制模式，监测系统各监测点和监测区域与中心控制站间采用有线方式连接。由于水库大坝一般监测的地域范围广，其线缆敷设是一项复杂的工程，且其监测测点的调整、扩充、维护很不方便，系统的可靠性长期难以保证。物联网技术是全球范围最有影响力的战略性新兴技术，同时也推动无线传感器技术的迅猛发展，监测仪器技术与物联网技术在全面感知、可靠传递、信息汇聚、行业智慧应用等方面的未来发展目标高度一致，为监测仪器实现智慧感知、无线自组织上线运行提供了技术支持。无线传感器网络大坝安全监测技术在检测准确度和监测灵活性等方面都具有传统监控手段难比拟的优势，它不仅可以提供更大的灵活性、流动性，省去花在综合布线上的费用和精力，而且各个监测点间没有连接，避免了雷击破坏，单个监测点的损坏，也不会影响其他节点。通过物联网 MQTT 服务，可以使整个无线传感器节点之间通过分布式协作实现统计采样、数据融合、查询式监控和动态功能升级等先进的监控措施，从而使工程安全监测自动化系统达到"即时施工、即时投运"的理想效果。

2　无线感知终端设计

感知终端为物联网中的一个数据节点，核心为 ESP8266 模块，它是一个完整且自成体系的无线组网控制器，具有单独的编程功能，内置高速缓冲存储器，具有最高 160MHz 主频[1]。ESP8266 模块在低功耗及高集成度方面的特性保证了其典型应用仅需极少的外

基金项目：北京中水科工程集团有限公司技术研发项目（JC220001YF）。

作者简介：贺虎（1981—），男，山西大同人，高级工程师，硕士，主要从事工程安全监测系统研究工作。
　　E-mail：hehu@iwhr.com。

部电路[2]。无线感知终端由 ESP8266 模组、电源控制模块、OLED 显示屏和传感器测控模块组成，其硬件结构如图 1 所示。

图 1　无线感知终端硬件结构

ESP8266 模块使用锂电池供电，通过 MCP73831T 芯片给锂电池充电，利用电源芯片 AP2112-3.3V 和 FET 设计稳压和保护电路，为终端系统提供稳定和可靠的电源输出（图 2）。

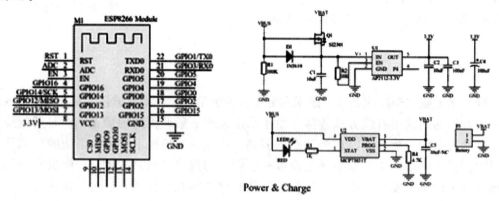

图 2　ESP8266 电路和供电电路原理

3　传感器测量策略

振弦式传感器具有测量精度高、抗干扰能力强、结构简单等优点，广泛应用于大坝安全监测[3]。振弦式传感器测量模块是振弦式传感器激励、频率读取、温度转换的专业化采集模块，集成多种激励方法，能够识别传感器接入与拔出，激励电压可编程，可检测信号幅值和传感器钢弦的共振信号质量，并将传感器信号质量、幅值、频率、频模、温度转换为数字量输出。

模块有连续测量和单次测量两种测量模式，通过向测量模式寄存器写入特定值来切换工作模式，写入 1 使模块进入连续测量工作模式，写入 0 使模块进入单次测量工作模式。如图 3 所示，采集模块的测量过程分为激励、采样、计算三个大的步骤，每个大的步骤内又可拆分成数个子过程。在连续测量模式，计算完成后立即重新开始一次新的测量过程，而在单次测量模式时，仅会在收到单次测量指令后才会触发指定次数的测量过程，测量完成后进入待机等待状态，等待指令。

激励：采用低压反馈式扫频方法向传感器线圈发送周期脉冲激励信号，当激励信号频率与传感器钢弦自振频率接近时，钢弦产生自振。

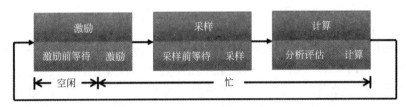

图 3　振弦传感器测量流程

采样：采集振弦传感器钢弦自振产生的自由振荡衰减的正弦频率信号。

计算：将采集到的传感器信号进行质量评定、平差运算，计算得到传感器钢弦振动频率值。

传感器的测量策略为：

（1）检测传感器是否接入；

（2）延时一段时间；

（3）向传感器线圈发送特定的激励信号，使传感器钢弦产生自振；

（4）延时一段时间，等待传感器返回信号稳定；

（5）检测传感器线圈返回的信号，当信号符合要求时进行样本数据质量评定及频率计算；

（6）读取温度传感器；

（7）按照 MQTT 协议格式主动上报数据。

4　物联网技术及协议

MQTT 协议是一种简洁可靠的工业物联网通信协议，它能够将嵌入式设备接入到互联网中，完成数据采集的云端存储和管理[4]。在互联网应用大多使用 WebSocket 接口来传输数据。而在物联网应用中，常常出现这样的情况：海量的传感器，需要时刻保持在线，传输数据量非常低，有着大量用户使用。如果仍然使用 Socket 通信，那么服务器的压力和通讯框架的设计随着数量的上升将变得异常复杂，而 MQTT 通信方式可以很好地解决这一问题。

4.1　MQTT 协议

MQTT（Message Queuing Telemetry Transport，消息队列遥测传输协议），是一种基于发布/订阅（publish/subscribe）模式的"轻量级"通讯协议[5]，该协议构建于 TCP/IP 协议上，由 IBM 在 1999 年发布。MQTT 最大优点在于，可以以极少的代码和有限的带宽，为连接远程设备提供实时可靠的消息服务。作为一种低开销、低带宽占用的即时通讯协议，使其在物联网、小型设备、移动应用等方面有较广泛的应用。

总结下来 MQTT 有如下特性/优势：

（1）异步消息协议；

（2）面向长连接；

（3）双向数据传输；

（4）协议轻量级；

（5）被动数据获取。

从图 4 可以看到，MQTT 通信的角色有两个，分别是服务器和客户端。服务器只负责中转数据，不做存储；客户端可以是信息发送者或订阅者，也可以同时是两者。MQTT 会构建底层网络传输，它将建立客户端到服务器的连接，提供两者之间的一个有序的、无损的、基于字节流的双向传输。当应用数据通过 MQTT 网络发送时，MQTT 会把与之相关的服务质量（QoS）和主题名（Topic）相关联。

图 4 MQTT 角色说明

4.2 终端通信程序设计

使用 MQTT 协议传输数据，需要在服务器端开启 MQTT 服务。例如完成某定时测量任务后，振弦传感器发布主题"Frequency"，消息是"2453.8"（表示频率），发布主题"Temperature"，消息是"25.4"（表示温度）。那么所有订阅了这个主题编号的客户端（或服务器）就会收到相关信息，从而实现通信。因为每个感知终端都需要自己独立的几个主题以避免发生数据误收，故借助 ESP8266 的 MAC 地址作为唯一身份标识，作为用户-设备绑定、发布/订阅主题的依据。数据帧格式设计如表 1 所示。

MQTT 数据帧格式	表 1
Topic ID（主题编号）	Message（消息）
Frequency（频率：Hz）	2453.8
Temperature（温度：℃）	25.4

终端数据发布流程如图 5 所示。

程序初始化前，先用构造函数 MQTTClient 构建 MQTT 客户端对象：

client＝simple. MQTTClient（client_id, server, port）

其中 client_id 为客户端 ID，具有唯一性；server 是服务器地址，可以是 IP 或者网址；port：服务器端口，默认是 1883。

5 云平台软件设计

云平台数据接收软件采用前后端分离模式设计，数据在线采集列表如图 6 所示。

（1）后端采用基于 Python 的 Web 框架 Django 作为纯后端，负责为前端提供服

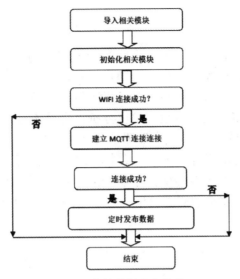

图 5　终端数据发布流程

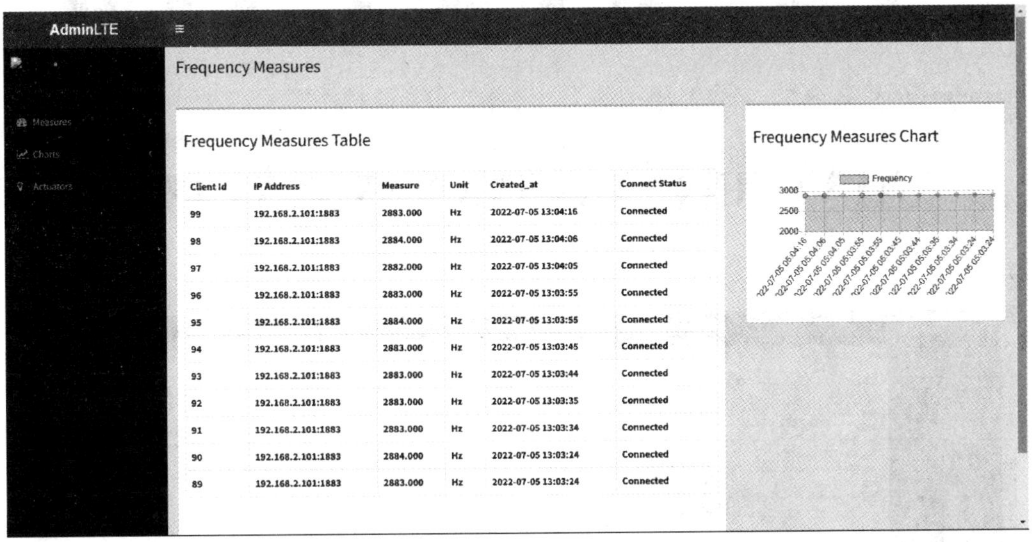

图 6　云平台软件数据在线采集列表页面

务，使用 paho-mqtt 模块接收硬件设备上传的数据、并向感知设备发送用户的配置指令。

（2）前端采用 AdminLTE 框架，其提供了较为完整的响应式 UI 组件库。使用 JQuery 做各种 DOM 操作、发送 Ajax 请求。使用 Echarts 实现数据可视化中的图表展示等。

（3）数据库使用 MySQL 作为关系型数据库，使用 Redis 作为缓存，存储临时数据的同时，也为 MySQL 分担一些压力。

（4）使用 Mosquitto 作为 MQTT 服务器，部署方便，配置简单，对服务器负载相对较小。

6   应用案例

　　该系统采集终端及云平台监测软件可实现水库大坝、输水工程、边坡、地下洞室、桥梁等多种场合中变形、渗流、应力应变和环境量的自动化在线监测。并以分析软件为基础打造数据中心和技术服务平台，为各省市级、流域机构或独立水库管理局提供日常数据维护、预警发布、成果整编、专项分析报告等服务。本系统已在内蒙古引绰济辽工程平原区段 PCCP 输水管线安全监测自动化建设中应用。平原区共设 267 个安全监测断面，为了实现安全监测自动化，需要建设 250 个安全监测现场采集点，其中 206 个安全监测现场采集点通过无线传输技术与最近的数据集中点连接汇集，采集设备全部采用低功耗设备，实现安全监测自动化。PCCP 管道监测自动化系统结构及软件应用实例如图 7～图 9 所示。

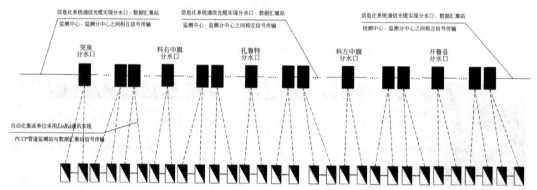

图 7   PCCP 管道监测自动化系统结构图

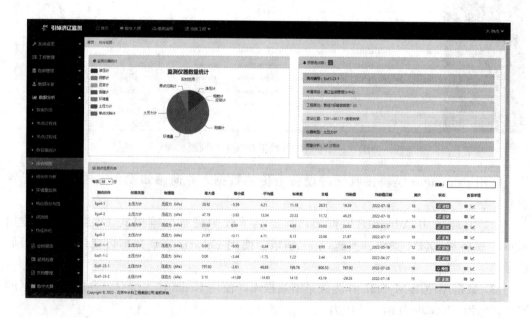

图 8   引绰济辽工程应用实例

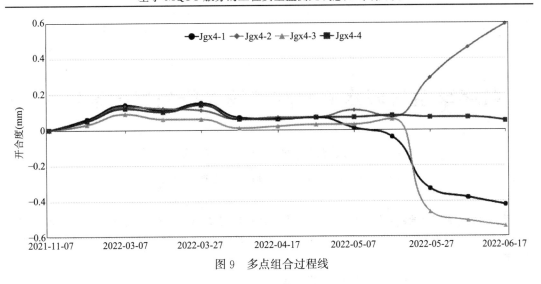

图 9　多点组合过程线

7　结语

　　智慧感知将成为未来安全监测仪器自动化测量技术的最基本要求，以 MCU 为主要设备的传统自动化系统模式可能被突破，取而代之的是无线物联网数据采集终端的大规模兴起。无线物联网数据采集终端将具有小体积、"少电缆甚至是无电缆"数据采集、超低功耗、无线自组网、智慧测量、智能识别、智能决策等功能。同时，云计算、大数据技术是有效推动物联网技术发展的重要信息处理技术，将极大促进监测仪器测量数据的信息化进程，在更为广域的范围内实现不同领域的信息共享、数据关联，赋予监测仪器技术真正的"智慧"内涵。

参考文献

［1］　张恒强，安霆，王乙涵，等．基于 ESP8266 的物联网技术应用研究［J］．仪表技术，2022，（03）：26-29.

［2］　马媛．基于 ESP8266 的无线通信系统设计［J］．电子测试，2022，36（05）：44-46.

［3］　唐世祥，陈康，赵韧，杨英寿．振弦式传感器在大坝安全监测系统中的应用及施工期监测分析［J］．水利水电技术，2020，51（S2）：361-366.

［4］　陈明，花桥建，顾小红，等．基于 MQTT 的水务数据传输系统设计开发［J］．工业控制计算机，2022，35（05）：6-8.

［5］　张小明，田二胜，朱国栋，等．基于 MQTT 服务的输电线路覆冰智能监测终端开发［J］．电工技术，2021，（14）：48-50.

数字孪生岳城水库水利工程先行先试建设探索

毛贵臻　刘　伟　徐秀梅

（水利部海委漳卫南运河管理局，山东德州 253009）

摘　要：根据水利部建设数字孪生水利工程的要求，数字孪生岳城水库应构建防洪和水资源调配"四预"以及安全监测应用体系，实现数字工程与物理工程的要素精准全映射和同步仿真运行，大幅提升工程管理水平。

关键词：数字孪生水利工程；先行先试；建设探索

1　建设背景

2022 年 2 月 21 日，水利部印发《水利部关于开展数字孪生流域建设先行先试工作的通知》（水信息〔2022〕79 号），要求以数字孪生流域建设为主线，以数字孪生水利工程建设为切入点和突破口，水利部本级在小浪底、岳城水库等 11 个重要水利工程组织开展数字孪生水利工程建设先行先试，示范引领数字孪生流域建设有力有序有效推进，为新阶段水利高质量发展提供有力支撑和强力驱动[1]。

2　数字孪生水利工程简介

数字孪生水利工程是数字孪生流域的重要组成部分（图 1），也是数字孪生流域建设的切入点和突破点。在《水利部关于印发<数字孪生水利工程建设技术导则（试行）>的通知》（水信息〔2022〕148 号）中明确指出：数字孪生水利工程（digital twin of water conservancy project）是指以物理水利工程为单元、时空数据为底座、数学模型为核心、水利知识为驱动，对物理水利工程全要素和建设运行全过程进行数字映射、智能模拟、前瞻预演，与物理水利工程同步仿真运行、虚实交互、迭代优化，实现对物理水利工程的实时监控、发现问题、优化调度的新型基础设施[2]。

3　岳城水库现状

岳城水库位于河北省磁县与河南省安阳县交界处，是漳河上游一座以防洪为主，兼有灌溉、城市供水、发电等综合效益的大型水利枢纽，控制流域面积 18100km²，占漳河流域山区面积的 99%，总库容 13 亿 m³，对控制漳河洪水，保证下游河道防洪安全起着关

作者简介：毛贵臻（1979—），男，本科，高级工程师，从事水利信息化和水利工程建设管理工作。
　　　　　E-mail：phyjacky@163.com。

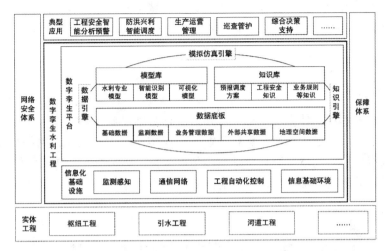

图 1 数字孪生水利工程系统结构

键性的作用[3]。枢纽工程等别属一等，主要建筑物级别为 1 级。工程由主、副坝（主坝 1 座，副坝 4 座）、溢洪道、泄洪洞、电站及引水渠首工程等建筑物组成。岳城水库当前信息化水平相对较低，对于库区的防洪形势、供水现状、机电运行、安全监测等均缺乏自动化、智慧化的手段，不利于岳城水库业务的精细化管理。

4 总体目标

岳城水库作为数字孪生工程试点之一，核心目标是工程安全。通过夯实信息基础设施，搭建数字孪生平台，提升业务应用智能化水平，推进数字孪生岳城建设，构建防洪水资源调配"四预"、安全监测、生产运营管理、巡查管护、综合决策支持应用体系，实现数字工程与物理工程的要素精准全映射和同步仿真运行，大幅提升工程管理水平；按照水利部有关要求和标准汇交数据成果，向水利部本级、海委提供模型调用和模型计算成果、知识库共享[4]。

一是夯实信息基础设施。完善水库控制流域监测站网布局，在入库河流尾闾、上游控制断面、水库供水口、工程管理区、库区周边及库区内自然村庄等增设监测监控点，对设备老化、监测要素不全、监测信息化水平不高的监测站点进行提档升级改造，实现监测设施自动化；构建覆盖溢洪道和泄洪洞控制机房、发电厂房至调度控制室的工控网；建设岳城远程集中控制中心。

二是搭建数字孪生平台。数据方面重点构建覆盖岳城坝区、库区及水库管理与保护范围等影响区域的 L3 级数据底板；模型方面重点构建水库工程安全分析评价模型、防洪预报调度与供水分配模型、视频 AI 模型以及大坝结构安全分析专业模型等；知识方面重点构建业务规则库、专家知识库以及工程安全知识库，如典型洪水预报方案、洪水调度方案、专家经验、历史典型洪水过程等。

三是提升业务应用智能化水平。构建防洪调度、水资源管理与调配、大坝安全、生产运营管理、巡查管护等业务数字化模拟预演场景。岳城水库作为漳河上重要水库之一，数字孪生岳城水库也是数字孪生漳卫河流域的组成部分。一方面，分别构建数据底板、模型库、知识库，互相补充；另一方面，将重点聚焦岳城水库的库区、坝区、下游影响区等区域和管理范围，将数字孪生岳城水库成果与数字孪生漳卫河流域进行共享，实现有机整合。

5 建设方案

数字孪生岳城水库总体架构（图 2）分为信息基础设施、数字孪生平台（数据底板、模型平台、知识平台和孪生引擎）和智慧业务应用体系三大横向层及网络信息安全体系、标准规范两大纵向层，实现与物理流域同步仿真运行、虚实交互、迭代优化，支撑水旱灾害防御、水资源管理与调配和工程安全监测的"四预"等功能[5]。

图 2   系统总体架构

5.1 信息基础设施建设

岳城水库信息基础设施包括水利感知网、水利信息网、集控中心、水利云等。

1. 水利感知网

水利感知网包括传统水利监测站网和新型水利监测站网。

传统水利监测站网建设了 4 处雨量站、3 处流量站、1 处水位站，用来完善库区水文监测体系（图 3）；8 处水文测站均采用自动化在线监测设备，实现水位和表面流速的实时监测功能，配备北斗和 4G 双信道实时传输，监测数据均采用"一站双发"模式，实时发送漳卫南局和岳城水库管理局，并通过水情信息交换系统共享到海委。结合岳城水库主坝、大副坝的表面（内部）水平位移、裂缝和伸缩缝监测，以及主坝、大副坝的坝基渗压监测、坝体渗压监测、渗流量监测等现有监测设施，补充完善建设智能巡检等大坝安全监测系统，用来掌握典型断面工作性态，监控水库大坝安全，服务工程运行，提高工程效益（图 4）。

图 3　库区水文监测体系　　　　　　　图 4　大坝安全监测系统

2. 水利信息网

岳城水库通过水利专网接入漳卫南局、海委，实现与各级水利部门业务网的互联互通，满足工程与相关部门数字孪生业务交互需要。目前，岳城水库与漳卫南局建有微波传输链路，带宽满足 50M 最低要求；但海委与漳卫南局当前通道带宽仅达到 10M，无法满足服务调用和数据共享的需求，在本次建设中通过租赁专线扩展海委与漳卫南局之间的带宽至 50M。

数字孪生岳城水库建设覆盖溢洪道和泄洪洞控制机房、发电厂房至调度控制室的工控网，控制溢洪道 9 孔闸门、泄洪洞 9 孔闸门、民有渠渠首闸闸门、漳南渠渠首闸闸门，形成一个由工控主站和现地控制站组成一个通过工业以太星形网连接的完整系统，对现地站进行可靠有效的远程控制，将采集的数据信息准确无误上报共享数据库，并能根据上级调度指令，完成闸门启闭机等设备的控制。

3. 集控中心

集控中心按照统一、开放的国际通信标准和信息建模标准，采用一体化管控平台建设，系统结构由基础硬件平台、系统安全保障和系统运行实体环境等部分组成。

基础硬件平台由相互独立的分布在生产控制大区和管理信息大区的两套计算机基础硬件平台组成，不同安全区的计算机基础硬件平台按照系统安全防护要求进行隔离，基础硬件平台提供跨安全区统一的对外通信接口。

系统安全保障通过对各系统进行安全区的划分工作，安全区之间进行安全隔离；针对不同安全区的特点采取不同的技术及管理手段，建设一整套有针对性的安全防护体系。

系统运行实体环境包括建设集控中心的 UPS 电源系统、综合布线系统、机房动力环境监控系统、集控中心安防设施系统、大屏幕展示系统、KVM 系统等基础设施。

4. 水利云

数字孪生岳城水库云系统（图 5）采用三地部署方式，分别在水利部海河水利委员会、漳卫南运河管理局、岳城水库管理局进行部署，并通过网络进行数据交换。主系统部署到海委和漳卫南局，岳城水库只部署前端采集服务器及相关软件。

当前，海委已具备完善的云计算环境，无需重复建设。漳卫南局的配置现状，不能满足大部分应用系统的运行要求，采用计算、存储、网络、服务器虚拟化等技术融合的方式将漳卫南局服务器升级改造为超融合系统，实现系统灵活、部署方便、扩展容易、运用简便。

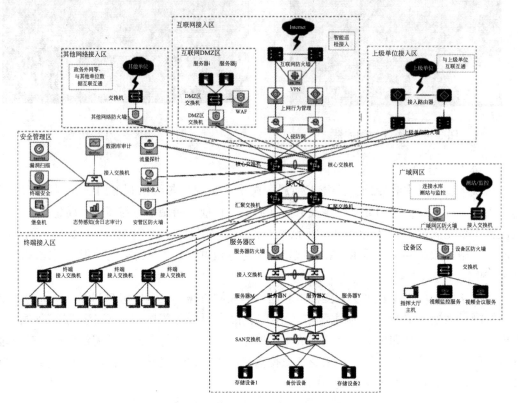

图5　数字孪生岳城水库云系统示意图

5.2　数字孪生平台建设

数字孪生平台建设包括数据底板、模型平台、知识平台、孪生引擎建设四部分。

1. 数据底板建设

在共享水利部本级及海委 L1 级和 L2 级数据底板基础上，采集、构建基于 BIM＋GIS 技术的岳城水库工程区域 L3 级数据底板，汇聚工程全要素基础数据、监测数据、业务管理数据以及可用的外部共享数据，打造与物理工程孪生的数字化孪生场景（图6）。

2. 模型平台建设

按需构建、完善以防洪预报调度与水资源配置、水量调度模型及安全分析评价模型为主的工程水利专业模型、以视频 AI 模型为主的人工智能模型及可视化模型，支撑工程安全运行和防洪和水资源调度等工作智慧化模拟，为智慧水利提供"算法"。构建大坝结构安全分析专业模型库，涵盖坝体材料性能专业模型、过程模拟专业模型、物理机制驱动预报预警模型等，支撑工程安全分析评价的仿真计算模拟及预报预警。

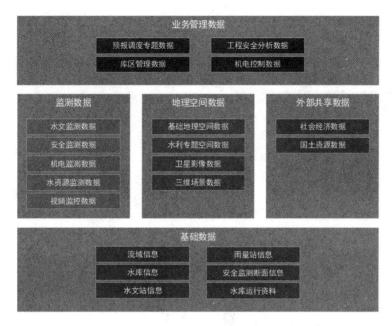

图 6　系统总体数据架构

3. 知识平台建设

建设支持工程运行的典型洪水预报方案、洪水调度方案、专家经验、历史场景为主的业务规则库（防洪、水资源）和专家知识库等。构建包括工程风险隐患、隐患事故案例、事件处置案例、工程安全会商、工程安全鉴定、专项安全检查等在内的工程安全知识库。

4. 孪生引擎建设

孪生引擎包含模型引擎、数据引擎、水利知识引擎、数字模拟仿真引擎等功能，支撑各类业务应用。孪生引擎满足数据加载、模型计算、实时渲染等大容量、低时延、高性能等要求，兼容国产软硬件环境；提供丰富的开发接口或开发工具包，支撑上层业务应用，开发接口以网络应用程序接口（Web API）或软件开发工具包（SDK）等形式提供。

5.3　业务应用

为更好地履行工程职责、提升水库运行管理水平和综合调度管理技术、充分发挥工程综合效益，本次建设以全面建成数字孪生岳城水库作为方向，重点以防洪兴利智能调度、工程安全监测、生产运营管理、巡查管护及综合决策支持进行试点应用。

1. 岳城水库防洪预报调度

岳城水库防洪预报调度通过接入海委水文局或漳卫南局水文处提供的与水文预报分区相应的气象数值预报成果，及水文预报方案，构建岳城水库以上流域的水情预报系统，进行水库洪水预报；根据防洪形势对可能的风险进行预警；针对岳城、关河、后湾、漳泽、泽城西安的调度方案进行预演，从各水库的运用时间、方式、效果和风险进行分析；经过综合分析优选建议调度方案，生成与实际情况相符的预案，实现防洪调度四预（图 7～图 10）。

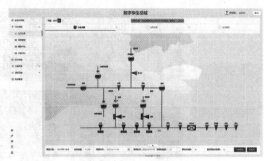

图 7 降雨过程及产流预报　　　　　　　图 8 防洪计算结果预警

图 9 通过调度计算进行预演　　　　　　　图 10 通过对比选择形成预案

2. 水资源管理与调配

水资源调度与配置管理主要完成取水许可管理、水量调度管理、水资源保护等功能，辅助和支撑漳卫南流域水量统一调度和管理。预报方面，通过接入相关水文预报系统或外部接入水文预报成果数据，对岳城来水进行滚动预测预报，支撑水资源精细化调度；预警方面，结合区域用水总量控制和生态流量监管要求，制定水量调度预警指标，依托水资源监控体系，对岳城水库入库径流、出库水量以及灌区和生活、工业供用水情况进行实时监测，根据设置的预警启动条件开展预警；预演方面，构建数字化场景，围绕年度（月）水量调度计划和实时调度业务需要，开发水资源配置、水量调度等专业模型，对调度方案进行模拟仿真预演；预案方面，紧密结合用水需求，结合岳城水库运行状况，对预演结果进行分析评估，开展水量调度方案滚动调整，制定岳城水量调度运行方案和应急调度预案，实现水资源管理和调配四预。

3. 工程安全监测

工程安全监测建设包括采集控制、测点管理、巡检管理、孪生模型、数据管理、知识管理、模型管理、移动应用、大坝安全监测智能巡检、工程安全分析评价等内容。利用数字孪生技术强化"预报、预警、预演、预案"能力，以超前的安全预报、可靠的监测预警、精准的数字预演、科学的预案配置，坚决守住工程安全底线，不断创新完善工作思路和理念，补齐工程短板，提升安全保障能力。综合运用监测专业模型、智能算法模型及专家经验知识形成监测数据处理与预警体系，实现监测数据实时分析预警及其动态展示。在二三维可视化场景中实现监测"四预"，根据历史数据数学模型及其智能组合模型，实现工程安全各类效应量预测预报；智能判断实测数据与预测数据（阈值）差异，提出工程运行安全状态异常预警；提供历史数据再现、实时数据映射、预测数据推演，多维度工程运行态势仿真预演；提供超阈数据、超强降雨、超大洪水等，智能触发监测预案。

基于现有基础数据、监测感知能力和工程安全运行管理经验，构建可赋值、可仿真、可评估和可视化的 CAE 网格模型数字化场景，反映大坝-地基-库水位等相互作用、满足不同物理场性态耦合分析和坝坡安全稳定评估要求，实现大坝在线结构性态仿真和安全诊断分析，实时监控预警分析。

4. 生产经营管理

岳城水库生产运营业务应用部署在远程集控中心一体化平台，各应用系统分布在生产控制大区和管理信息大区，对监视、报警和预警功能进行智能优化，形成高度一体化且开放的智能生产运营调度与控制系统。对设备进行智慧检修模式的探索，即通过设备运行参数大数据的计算分析，评价设备健康程度，对设备运行状态做趋势分析，预警潜在的故障，指导检修工作；合理规划联动模式、联动策略，由一体化管控平台与各需要联动的子系统间通过联动信息的交互解析实现生产实时监控及调度、生产管理信息系统、工业电视、火灾报警、门禁等系统的智能联动；在集控中心一体化管控平台中部署报表功能模块，主要实现对岳城水库运行中所需的报表进行自动统计计算及相关文档生成。

5. 巡查管护

本项目按照确权划界、水政巡查、次生灾害、库区安防、"四乱"整治等业务的需要，强化风险预判、灾害预警、事故预演、处置支撑等功能，支撑库区安全运行。包括监管遥感动态监测数据分析、库区地质灾害监测预警、水域、库岸、消落区智慧管控（图11）。

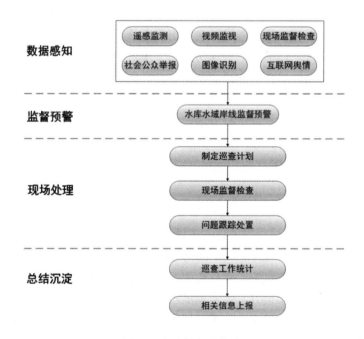

图 11　巡查管护业务流程

6. 综合决策支持

本项目建设岳城水库一张图系统，实现基础地理信息、岳城水库水利工程设施等底板数据的可视化展示，为水雨情、预报调度、大坝安全监测智能分析等业务提供基础接口服务，辅助专业模型分析结果进行数据可视化展示实现。集成利用现有会商系统，实现各级水主管单位的高清视频会商功能，快速高效链接各个决策会商会议场地的实时视频音频，以及数据或图像材料的高保真在线共享功能，为会商参与人员开展高效讨论提供基础环境。

基于流域水模拟体系，实现流域洪水、水量预报功能；依据岳城水库相关区域水文气象预报，结合预警指标体系，实现岳城水库相关区域防洪形势分析和水情预警及水库、重要控制断面的非正常运行水位等危险性预警；利用流域水模拟体系及数字化场景，结合流域智能知识引擎，建设洪水演进及调度方案模拟、分析功能，实现岳城水库预演功能；基于岳城水库历史调度案例库、调度方案预案库，结合流域情势分析，以防洪调度为主要目标，实现调度方案、预案的评估推选与智能推荐。

5.4　网络安全保障

根据《海委网络安全管理办法（试行）》，本项目网络安全遵循网络安全与信息化"同步规划、同步建设、同步运行"的原则。参考网络安全等级保护要求，结合数字孪生平台安全需求特点，遵循适度安全为核心，以重点保护、分类防护、保障关键业务、技术、管理、服务并重、标准化和成熟性为原则，从多个层面进行建设，构建必要的信息安全体系，使信息系统在安全通信网络、安全区域边界、安全计算环境、安全管理中心等各个层面不仅达到"第三级网络安全等级要求"，而且还符合信息系统业务特点，为信息系统业务的运行提供安全保障。

安全通信网络方面，在漳卫南局互联网出口部署抗拒绝服务（抗DDOS）、链路负载均衡；安全区域边界方面，在漳卫南局互联网出口部署下一代防火墙（高性能），在广域网上连海委以及服务器区之前部署下一代防火墙（中低性能），在互联网出口防火墙之后部署入侵防御系统；安全计算环境方面，在核心交换机旁路部署入侵检测系统，并全局部署日志审计设备、数据库审计系统、WEB应用安全网关、数据备份系统、杀毒软件和用户准入及行为监控系统；安全管理中心方面，在运维管理区部署堡垒机和漏洞扫描系统，并提升综合安全运营服务（态势感知）能力和重大活动网络安全保障服务（含应急响应）能力。

6　项目成果与效益

通过2022年数字孪生岳城水库工程的建设，水利感知网和水利信息网得到了一定的完善，包含包括数据底板、模型平台、知识平台、孪生引擎的数字孪生平台基本建设完成，岳城水库防洪预报调度、水资源管理与调配和工程安全监测初步实现"四预"目标。

数字孪生岳城通过完善预报方案、实现洪水预报，将为岳城库区提供更高精度的洪水预警信息服务，为提高漳河流域水文情报预报能力提供预报基础支撑；通过工程调度、大坝安全分析等模拟仿真，可快速、系统地认知水库运行对防洪及安全方面的作用和影响，提高制定调度方案的科学性，显著提升水库防洪减灾能力。同时，通过数据底板、模型库、知识库等多项能力建设，可提高算据、算法的共享程度，可强化各项业务应用整合，促进业务协同，补齐岳城信息化智慧化短板，为未来岳城进一步智慧化发展打下基础。

参考文献

［1］ 水利部办公厅 . 水利部关于开展数字孪生流域建设先行先试工作的通知［R］. 北京，2022.

［2］ 水利部 . 水利部关于印发《数字孪生水利工程建设技术导则（试行）》的通知［R］. 北京，2022.

［3］ 张胜红，李瑞江，于伟东，等 . 漳卫南运河落实最严格水资源管理制度研究［M］. 北京：中国水利水电出版社，2016：192-193.

［4］ 水利部海河水利委员会 . 海委关于印发《数字孪生海河建设实施方案（2021—2025 年）》的通知［R］. 天津，2022.

［5］ 长江勘测规划设计研究有限责任公司 . 数字孪生岳城水库实施方案［R］. 武汉，2022.

数字孪生海河总体架构设计探究

张　洋

（水利部海河水利委员会信息中心，天津 300170）

摘　要：本文分析了智慧水利发展形势，数字孪生海河的建设需求，从信息化基础设施，数字孪生平台，流域业务应用，网络安全防护体系，信息化标准体系几方面提出了数字孪生海河建设总体架构设计构想，从业务协同角度提出水利业务架构图，在智慧水利框架指导下协同解决流域"水资源、水生态水环境、水灾害、水工程"等问题。

关键词：智慧水利；数字孪生海河；数字孪生平台；业务协同

1　引言

　　智慧水利旨在应用云计算、物联网、大数据、移动互联网和人工智能等新一代信息技术，实现对水利对象及活动的透彻感知、全面互联、智能应用与泛在服务，从而促进水治理系统和能力现代化[1]。当前，互联网＋、窄带物联网、5G 网络、云计算、大数据、人工智能等新技术的发展与革新得到了广泛应用，使各行业在 IT 基础设施动态扩展、平台云化管理、应用智能化、无人值守方面实现了颠覆性发展。传统水利已难以满足新时代经济社会发展要求，需以流域为建设单元、以江河水系为经络走向、以水利工程为区间节点，通过智慧水利构建起现代水利基础设施网络平台，满足新时代经济社会发展新要求。数字孪生海河，主要是通过物联网、5G、大数据、AI、虚拟仿真、区块链等技术，以物理流域为单元，时空数据为底座，水利专业模型为核心，水利知识为驱动，对物理流域全要素和水利治理管理全过程的数字化映射、智能化模拟，实现与物理流域的同步仿真运行、虚实交互、迭代优化。以数字孪生海河建设带动智慧海河建设，达到全要素动态实时畅通信息交互和深度融合，实现"四预"功能，提升水利决策和管理的科学化、精准化、高效化能力和水平。海河流域水利信息化建设虽然已经取得一定成效，为各项水利业务工作提供了重要支撑，但与交通、电力、医疗等行业相比在智慧化建设方面仍具有很大差距。差距不仅表现在对大数据、云计算、物联网、无人机、无人船、移动卫星通信等新一代信息技术的应用上，更重要的是表现在对传统水利向智慧水利转变必要性、重要性的认识上，需要认清形势，发现问题，从而为智慧海河建设指明方向[2]。

作者简介：张洋（1981—），女，辽宁辽阳人，高级工程师，主要从事水利信息化研究。

E-mail：zhangyang@hwcc.gov.cn。

2 智慧水利发展形势

2.1 国家对水利信息化提出更新更高的要求

《中华人民共和国国民经济和社会发展第十四个五年规划和 2035 年远景目标纲要》提出,"十四五"时期推动高质量发展,必须立足新发展阶段、贯彻新发展理念、构建新发展格局。明确提出要加快建设新型基础设施和数字中国。智慧水利是数字中国的重要组成部分,是数字化智能化融为一体的新型基础设施。要构建智慧水利体系,就要以流域为单元提升水情测报和智能调度能力,必须充分发挥新一代信息技术的驱动引领作用,大力推进高新技术与水利业务深度融合,通过数字流域建设,推进智慧水利建设步伐,利用数字模拟等新技术以水旱灾害防御、水资源管理和优化配置为重点,提升核心能力。

2.2 京津冀协同发展对海河流域水利信息化提出新要求

京津冀协同发展对海河流域水利信息化提出更新更高要求,全面落实最严格的水资源管理制度、推进供水保障能力、防洪减灾能力、饮用水水源地保护和水质保障等重点工程建设,需要进一步完善信息化基础设施,有效管控信息资源,提高流域协同水治理能力水平,发挥水利对协同发展的支撑保障作用。

3 数字孪生海河建设需求

海河流域地理位置重要,承担着服务北京、天津、河北省协同发展和雄安新区、北京城市副中心建设等重大国家战略实施的水安全保障任务。面对新时代治水的新趋势,按照水利部《智慧水利总体方案》要求,需要深刻认识水利信息化向水利现代化转变的必要性与重要性,准确把握技术发展趋势,充分利用新一代信息技术驱动水利改革发展,实施智慧海河建设。

3.1 提高流域防洪减灾能力对水利信息化提出新的需求

现有的防汛抗旱指挥系统,在暴雨洪水信息源的采集范围与传输手段、洪水预报调度体系等技术方面,离水旱灾害防御做到"四预"(预报、预警、预演、预案)还有相当大的差距,需要通过数字海河智慧水利的建设,充分运用数字孪生、数字映射、三维仿真模拟、BIM 等信息技术,建立覆盖全海河流域七大河系的流域防汛指挥系统,实现洪水预报数字化、智能化、精细化,提高实时雨水情信息的监测能力和分析预报能力,及时发布水灾害预警,模拟实现洪水演进过程、形成水工程调度模拟预演,细化完善江河洪水调度方案和超标洪水防御预案。

3.2 提高利于水资源管理水平对水利信息化提出新的需要

随着南水北调通水,海河流域水资源形势也随之发生了变化。海河流域初步形成了"两纵六横"的水资源配置工程体系和多水源互济的供水格局。当地水与外调水、地表水与地下水、东线与中线、供水与防洪、供水与生态环境等,相互交织,错综复杂。在进行流域水资源管理时,必须研究海河流域的自然属性,掌握其变化规律,并且根据城市和农村的工业、生活、生态环境等用水需求情况，进行科学决策、统筹调度、统一管理、合理配置。需要充足的动态信息对其发展趋势做出预测，才能够对流域水资源进行实时优化配置和调度。实现对流域水资源年计划、月分配、旬调整、实时监控、随机调度，使有限的水资源得以发挥最大效益和实现可持续利用。

4　数字孪生海河平台总体架构设计

初步设想数字孪生海河平台建设如图 1 所示应包括五部分：信息化基础设施、数字孪生平台、业务应用、网络安全体系、标准体系。

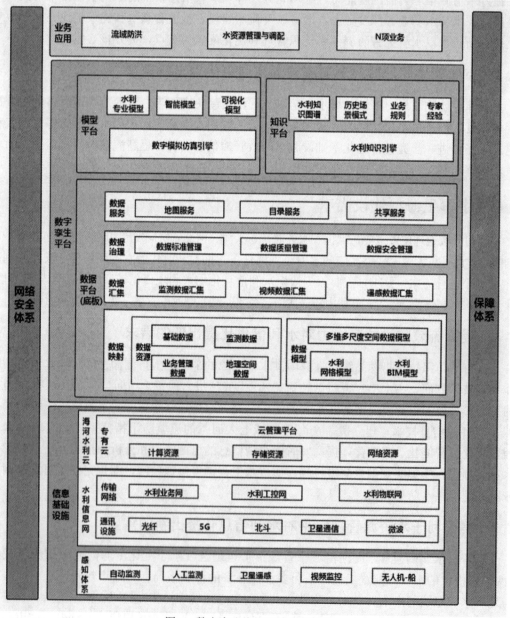

图 1　数字孪生海河平台总体架构

（1）信息化基础设施包括：感知体系、水利信息网、海河水利云。通过扩大信息采集范围、实现数据汇集、提升监测感知能力，构建覆盖全流域"空天地"一体化的水信息监测体系，实现流域水情、雨情、工情、灾情、旱情、水质、生态等全要素相关信息的实时感知。利用公网和自建网络形成水利专网，利用物联网和卫星等新技术提升信息采集传输能力和应急通讯手段。

（2）数字孪生平台包括：数据底板、模型平台、知识平台三部分。数据底板充分运用3S、数字映射、数字模拟等信息技术，构建海河流域数字流场，实现流域自然地理、经济社会、水利工程的数字化场景；通过降雨产汇流、水文预测预报、水资源动态评价、水资源调度模型等模型库建设，建立流域水循环模拟系统。通过虚拟仿真、增强现实等技术对海河流域进行数据可视化，建设三维可视化仿真模拟系统。

（3）海河流域 2＋N 业务应用系统。围绕流域各职能部门的业务工作，依据业务工作流程进行建设，构建水旱灾害防御、水资源管理与调配以及其他水利业务管理的"2＋N"水利业务应用系统，实现各项水利业务的"四预"，提高海河流域信息化、现代化管理水平。

（4）流域网络安全防护体系。建成覆盖水利部门、关键信息基础设施运行管理单位的网络安全态势感知平台；实现水利关键信息基础设施、三级以上信息系统安全等级保护达标；形成覆盖各级水利部门网络安全信息通报机制和应急响应体系。

（5）流域信息化标准体系。构建与"数字海河"建设、发展相适应的标准规范和规章制度，包括资源共享、系统开发、信息安全、项目管理等方面。

5 数字孪生海河水利业务架构设计

基于统一的数字孪生海河平台、信息化基础设施，构建"2＋N"水利业务应用系统。"2"是指流域防洪、水资源管理与调配业务应用系统，"N"是指水利工程建设和运行管理、河湖长制及河湖管理、水土保持、节水管理与服务、水行政执法、水利监督、水文管理、水利行政等业务应用系统。流域内各级水管单位根据自身业务管理特点，分级进行管辖范围内相关业务应用建设，并最终在数字孪生平台上进行集成。

针对当前海河流域管理工作中的重点工作及薄弱环节，兼顾流域、地方、部门职能，统筹考虑各水利业务工作与职能，打破传统水利业务垂直单线运作、各部门内循环模式，基于水旱灾害防御、水资源管理、水利工程安全运行管理、水利工程建设管理、城乡供水保障、节水管理、水土保护、河湖管理和水利监督等业务的流程分析，梳理业务之间的协同关系，重构高效协同的流域水利应用体系，协同解决流域"水资源、水生态水环境、水灾害、水工程"等问题，形成图2所示数字孪生海河水利业务协同架构。

6 数字孪生海河建设目标

数字孪生海河建设总体目标要在《智慧水利总体方案》中的年度目标框架指导下，充分体现海河流域特点，协同解决海河流域面对的问题，通过对比分析，确立对应关系。由补齐短板、支撑监管，到提升重点领域智能化水平、再到全面支撑水治理体系和治理能力现代化。

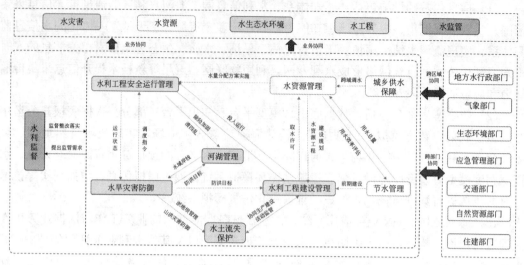

图 2　数字孪生海河水利业务架构

　　到 2025 年建成数字孪生海河 1.0 版。全面建成全时全域立体感知网，自动监测覆盖率超过 90%，智能化率超过 80%；全面建成高效通信网，骨干网带宽达到 200Mbps，扩容海委机关与委属四局的政务外网，带宽预计达到 100Mbps，海委与流域内省级水行政主管部门带宽达到 100Mbps；建成智慧融合赋能中心，大数据在水利各业务领域得到全面深入应用；以创新协同为核心的精准映射、仿真推演、虚实交互、精细监管、协同应用、智能决策将着力体现，监管格局显著优化，水利业务全面进入智慧化应用；全面建成海河流域水利网络安全体系，水利关键信息基础设施安全等级保护达标率为 100%，三级以上信息系统安全等级保护达标率为 100%；形成覆盖各级水利部门网络安全信息通报机制和应急响应体系。

7　结语

　　数字孪生海河是以完善流域水信息"空天地"监测体系，建立流域雨情、水情、工情、灾情、水生态等信息的实时感知与高速互联；整合信息资源，建立流域数据中心，实现数据资源有效挖掘利用；基于数字映射技术实现物理流域镜像数字流域，构建数字孪生平台；初步构建以水旱灾害防御、水资源管理与调配业务管理为基础的"2＋N"智慧水利业务应用系统；建立较为完善的水信息安全防护体系，支撑流域水安全保障，为打造"幸福海河"提供有力支撑和强力驱动。

参考文献

[1]　蔡阳. 智慧水利建设现状分析与发展思考 [J]. 水利信息化，2018（4）：1-6.
[2]　海河水利委员会. 智慧海河总体方案 [R]. 天津，2020.

综合物探技术在思林水电站引水发电隧洞安全定检工作中的应用

罗通强[1]　杨　冶[2]

（1. 贵州乌江水电开发有限责任公司思林发电厂，贵州思南 565109；

2. 中国电建集团贵阳勘测设计研究院有限公司，贵州贵阳 550009）

摘　要： 在水电站长期运行过程中，引水隧洞受到水长期的浸泡、冲刷，导致混凝土衬砌脱空、压力钢管接触灌浆脱空等质量缺陷。为保障电站正常运行，选取适当的物探检测手段进行无损检测至关重要。本文结合思林电站安全定检工程实例，采用综合物探检测手段（探地雷达法、超声回弹综合法、脉冲回波法、超声三维横波法）查明引水隧洞衬砌混凝土质量、压力钢管接触灌浆脱空情况，进一步了解和掌握引水发电系统的运行工况，结合维全景数字可视化模型，实现已建水电主体工程外观质量检测的三维化、可视化；最后，根据引水隧洞关键部位的检测情况，分析缺陷危害程度，为水电站引水发电系统安全运维提供有力资料支撑。

关键词： 综合物探法；引水发电系统；质量缺陷

1　引言

引水隧洞作为水电站重要水工建筑物之一，在运营过程中，长期受到水流冲刷、磨蚀导致混凝土衬砌、压力钢管接触灌浆部位出现劣化现象，在安全水电站安全定检实施过程中属于重点关注环节。引水系统定检涉及引水隧洞上平段、压力钢管、尾水隧洞众多部位的质量检测，由于引水隧洞等地下洞室多具有埋深大、洞线长、洞径大、地质构造复杂、检测作业环境差等特点，同时多数检测需要水电站整体或局部暂停运营（隧洞放空等），要求检测和处理的时间短，精度要求高，其隐埋性和所涉及工程地质问题的复杂性决定了水电站定检工作的难度大，需要在极短的时间内了解和掌握引水隧洞等地下洞室及其围岩在运行过程中所发生的变化情况，指导水工工程人员确立合理方案，以排除隐患、确保引水发电系统运行安全。

本文以思林水电站引水隧洞综合物探安全检测为例，通过采用探地雷达、超声回弹、脉冲回波、超声三维横波法等综合物探方法对该水电站引水隧洞、压力钢管等进行检测以及采用可视化三维全景数字成像技术建立水电站引水隧洞各部位三维全景数字可视化模型，实现已建水电站主体工程外观质量检测的数字化、三维化、可视化，将物探检测与三维可视化数字建模相结合取得了较好的应用效果，在水电站定检中，综合物探检测方法显示出高效、可靠、无损的优点。

作者简介： 罗通强（1972—），男，贵州遵义人，高级工程师，本科，主要从事水电站水工建筑物运行维护工作。
E-mail：398967054@qq.com。

2　工程概况

思林水电站水库正常蓄水位 440m，相应库容 12.05 亿 m³，调节库容 3.17 亿 m³，防洪库容 1.84 亿 m³，总库容 15.93 亿 m³，属日周调节水库。水库为 I 等大（1）型工程，枢纽建筑物由碾压混凝土重力坝、右岸地下引水发电系统、左岸垂直升船机等组成。枢纽工程开发任务以发电为主，其次为航运，兼顾防洪、灌溉等。电站装机 4 台，单机容量 26.25MW，总装机容量 1050MW。

引水发电系统采用单洞单机供水方式，由岸塔式进水口、4 条引水隧洞、4 条压力钢管组成，尾水建筑物由 4 条尾水隧洞、尾水出水口组成，单机设计引用流量 468m³/s。四条引水隧洞呈平行布置，轴线间距 30m。

1 号引水隧洞内径 12.6m，长度为 233.8m；压力钢管内径 8.8m。1 号压力钢管为正向进厂，长度为 43.362m。1 号尾水隧洞断面为（圆拱、直墙）城门洞型，断面尺寸为 13m×19m，长度为 231.489m。

2 号引水隧洞内径 12.6m，长度为 249.59m；压力钢管内径 8.8m。2 号钢管为正向进厂，长度为 43.362m。2 号尾水隧洞断面为（圆拱、直墙）城门洞型，断面尺寸为 11m×17m，长度为 177.381m。

3 号引水隧洞内径 12.6m，长度为 249.59m；压力钢管内径 8.8m。3 号钢管为正向进厂，长度为 43.362m。3 号尾水隧洞断面为（圆拱、直墙）城门洞型，断面尺寸为 11m×17m，长度为 177.381m。

4 号引水隧洞内径 10m，长度为 112.03m；压力钢管内径 8.8m。4 号压力钢管为正向进厂，长度为 56.924m。4 号尾水隧洞断面为（圆拱、直墙）城门洞型，断面尺寸为 11m×17m，长度为 151.45m。

1～4 号尾水出水口底板高程为 350.0m，顶部平台高程为 405.0m，尾水塔前沿宽度 106m，顺水流方向长 15m，高 55m。

引水隧洞围岩以碳酸盐岩为主，沿线水文地质及工程地质条件极其复杂，由于隧洞埋深大，存在威胁隧洞安全运行和围岩稳定等系列问题。因此，上平段采用 C20、尾水部位采用 C25 号素混凝土或钢筋混凝土衬砌，特殊不良洞段采用部分加厚衬砌并采用高压固结灌浆的方式加固处理，其余的常规洞段进行常规固结灌浆处理。

3　检测内容及工作布置

3.1　检测内容及目的

采用综合检测方式，即以普查和详查、外观检查与物探检测相结合的检测方式查明引水隧洞衬砌质量问题；检测衬砌混凝土强度；同时对隧洞内表面裂缝、破损等结构情况进行外观质量检查并建立隧洞主体部位的三维可视化模型，为设计、安全运行合理评价提供资料。

（1）引水、尾水隧洞混凝土外观调查：采用三维实景建模和外观素描相结合方法对混凝土表面质量进行外观调查，对混凝土表面质量进行监测和评价。

（2）引水、尾水隧洞混凝土衬砌厚度及脱空检测：采用探地雷达法或三维横波法对混凝土衬砌厚度及脱空进行监测，并对结合超声三维横波法进行异常复核。

（3）混凝土强度监测：采用超声回弹综合法对混凝土强度进行监测，以评价混凝土强度是否满足设计要求。

（4）对压力钢管、蜗壳、尾水锥管、肘管采用脉冲回波法、超声三维横波法查明钢管与混凝土接触状况，确定有无脱空及脱空范围。

3.2　工作方法及测线布置

主要对引水隧洞外观质量、衬砌混凝土厚度、混凝土脱空及密实程度，混凝土强度以及压力钢管钢衬与混凝土接触状况进行检测。具体测线布置如图1所示。

隧洞衬砌混凝土厚度、欠密实、脱空。

布置6条测线：隧洞顶拱及顶拱左、右侧、以45°角分布，边墙左、右侧、底板各45°分别布设一条测线，采用点测或连测观测方式。

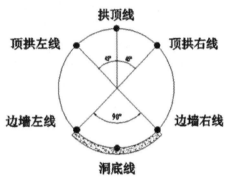

图1　引水隧洞探地雷达测线布置

1. 洞壁混凝土强度检测

在隧洞两侧腰部各布置一条测线，每10m选取一处测区，测试混凝土表面声波波速及回弹代表值，见图2。

2. 压力钢管接触灌浆脱空检测

沿洞轴向底拱90°范围布置了洞底左线洞底右线2条测线、拱顶布置一条测线超声脉冲回波法测试点距为0.5m，每5m校对一次距离，见图3。

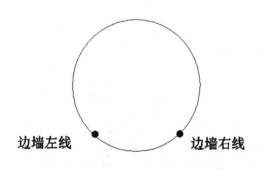

图2　引水隧洞超声回弹综合法测线布置

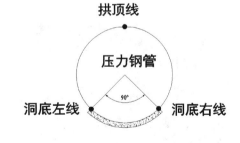

图3　引水隧洞压力钢管接触脱空检测测线布置

4　典型成果分析

4.1　引水发电隧洞右侧壁检测成果

1. 混凝土脱空和厚度检测

探地雷达是利用高频（106～109Hz）脉冲电磁波确定地下介质的分布规律。它利用电磁波的反射原理，向地面发射高频电磁波，经地层界面反射返回地面，接收高频脉冲反射电磁波，通过识别和分析反射电磁波来达到探查目的（图 4）。

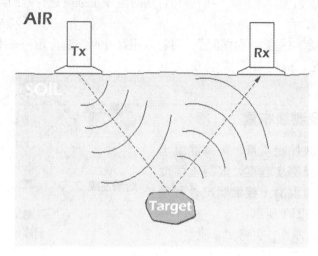

图 4 探地雷达反射探测原理

探地雷达检测混凝土脱空和厚度是根据空腔、围岩与混凝土间存在电磁差异进行的。电磁差异越大，电磁反射信号越强。混凝土与围岩填充密实，雷达信号幅度较弱，甚至没有界面反射信号；当衬砌混凝土背后填充不密实时，混凝土与围岩之间有空隙（脱空），由于空气与混凝土的相对介电常数差别较大，因此电磁波在混凝土与空气之间将产生很强的反射信号[1-4]。

此次工作采用 PLT600 探地雷达，主频 600MHz 天线进行测试，测试过程中，保证仪器紧贴墙壁，采用测距轮模式进行测量，同时利用三维横波法对缺陷部位进行复测，现场工作图见图 5。

图 5 探地雷达顶拱检测平台及超声三维横波复核工作

图 6 为进水口隧洞边墙右壁 1 号 0＋070～0＋80m 段探地雷达及超声三维横波检测成果（图中剖面起始桩号需要加 30m 与实际桩号对应），根据两种检测方法成果剖面，进水口隧洞二衬衬砌中存在 2 层钢筋，钢筋保护层厚度约 10cm，二次衬砌厚在 60～85cm，平

均厚度 75cm，钢筋间距及层数清晰可见，布设规则，在剖面桩号 40～41、46～47、49～50 出现轻微疑似缺筋现象。

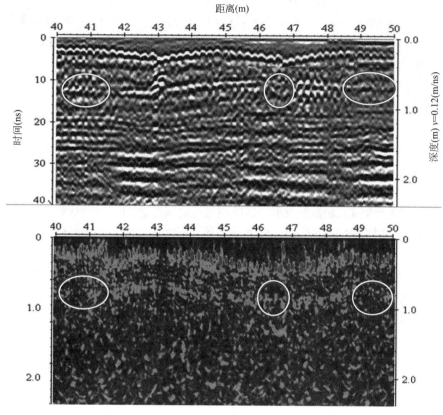

图 6　探地雷达与超声三维横波成果对比

图 7 为进水口隧洞边墙右壁部分段 1 号 0＋030～0＋150m 段探地雷达检测成果（图中剖面起始桩号需要加 30 与实际桩号对应），根据检测方法成果，进水口隧洞右壁二衬衬

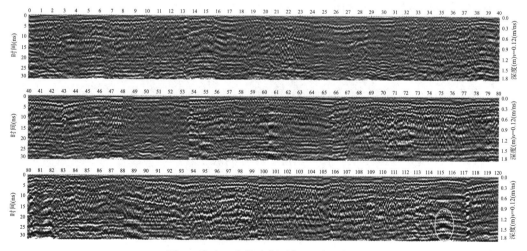

图 7　进水口底部右侧壁探地雷达成果

砌中存在 2 层钢筋，钢筋保护层厚度约 10cm，二次衬砌厚在 60～100cm，平均厚度 80cm，钢筋间距及层数清晰可见，布设规则，部分出现小范围缺筋现象。

在桩号 81.5～82.5m，衬砌面以下（桩号 0 对应实际设计图 1 号 0+030m），雷达信号稍强，出现明显强反射弧、同相轴连续，推断为二衬混凝土与围岩出现脱空现象。桩号 114.5～116m，在衬砌面以下，电磁波信号较强同相轴呈绕射弧形，且不连续，较分散现象，判断为混凝土欠密实。

2. 超声回弹综合法

（1）超声波测试

现场测试时，用刮刀或磨光机将测区打磨光滑平整，采取单发-单收方式，收发距离分别为 10cm、20cm，通过两次测量，测试出 10cm 距离内超声波传播时差，根据距离与声时差计算出测区表面波速。

（2）回弹测试

在测量回弹值应该在超声波的发射和接收测量点之间弹射 10 次，测区的回弹代表值从该测区的 10 个回弹值中剔除 1 个最大值和 1 个最小值，根据其余的 8 个回弹值计算平均值。

（3）测区抗压强度值计算

根据实测超声波速度值和回弹值综合推定混凝土强度。在求得测区的回弹代表值和波速代表值后，根据《超声回弹综合法检测混凝土强度技术规程》T/CECS 02—2020[5] 推荐的全国统一测区混凝土抗压强度换算公式，推定构件混凝土抗压强度。

$$R_m = \sum_{i=1}^{8} R_i \tag{1}$$

式中，R 为测区回弹代表值，取有效测试数据的平均值，精确到 0.1；R_i 为第 i 个测点的有效回弹值。

$$f_{cu,i}^{c} = 0.0286 v_i^{1.999} R_i^{1.155} \tag{2}$$

式中，$f_{cu,i}^{c}$ 为第 i 个测区的混凝土抗压强度换算值；v_i 为测点处超声波波速（km/s）代表值；R_i 为测点处回弹值代表值。

构件混凝土抗压强度推定值的 $f_{cu,e}$ 确定，应符合以下要求：

（1）当构件的测区混凝土抗压强度换算值中出现小于 10MPa 时，构件混凝土抗压强度推定值 $f_{cu,e}$ 应小于 10MPa。

（2）当构件中测区数小于 10 个时，应按下式计算：

$$f_{cu,e} = f_{cu,min}^{c} \tag{3}$$

式中，$f_{cu,min}^{c}$ 为构件最小的测区强度换算值，精确到 0.1MPa。

（3）当构件中测区数不小于 10 或按批量监测时，应按照下列公式计算：

$$f_{cu,e} = m_{f_{cu}^{c}} - 1.645 s_{f_{cu}^{c}} \tag{4}$$

$$m_{f_{cu}^{c}} = \frac{1}{n} \sum_{i=1}^{n} f_{cu,i}^{c} \tag{5}$$

$$s_{f_{cu}^{c}} = \sqrt{\frac{\sum_{i}^{n} (f_{cu,i}^{c})^2 - n(m_{f_{cu}^{c}})^2}{n-1}} \tag{6}$$

如图 8 所示，引水隧洞混凝土强度等级为 C20，左、右壁超声-回弹强度测试成果表明：该洞壁混凝土回弹值在 35.7～51.3MPa 之间，平均回弹值为 44.5MPa；混凝土超声波波速在 3.82～4.47km/s 之间，平均波速值为 4.16km/s；换算混凝土抗压强度在 30.0～46.0MPa 之间，平均强度值为 39.0MPa，标准差为 5.65MPa，构件推定混凝土抗压强度为 31.9MPa，满足设计要求。具体测试结果详见表 1 和图 9。

图 8   超声-回弹综合法现场测试

1 号引水发电系统引水隧洞进水口超声-回弹测试成果   表 1

位置	桩号（m）	速度（km/s）	回弹代表值	换算抗压强度（MPa）	标准差	构件推定抗压强度（MPa）
左边墙	1 号 0+030	4.36	42.0	40.1	4.31	31.9
	1 号 0+040	4.28	45.8	42.7		
	1 号 0+050	4.16	47.8	42.4		
	1 号 0+060	4.36	41.1	39.1		
	1 号 0+070	4.16	39.1	33.6		
	1 号 0+080	4.34	45.7	43.8		
	1 号 0+090	4.16	49.5	44.2		
	1 号 0+100	4.12	51.3	45.2		
	1 号 0+110	3.89	44.5	34.2		
	1 号 0+120	4.07	46.3	39.1		
	1 号 0+130	4.18	48.6	43.7		
	1 号 0+140	4.47	44.7	45.3		
	1 号 0+150	4.34	45.3	43.4		
	1 号 0+160	4.24	44.1	40.1		
	1 号 0+170	4.16	44.0	38.5		
	1 号 0+180	4.34	43.0	40.8		
	1 号 0+190	4.24	41.1	37.0		

续表

位置	桩号(m)	速度(km/s)	回弹代表值	换算抗压强度 (MPa)	标准差	构件推定抗压 强度(MPa)
右边墙	1号0+030	4.26	41.2	37.5	4.31	31.9
	1号0+040	4.05	47.7	40.1		
	1号0+050	4.16	43.7	38.2		
	1号0+060	3.98	41.0	32.5		
	1号0+070	3.82	41.2	30.1		
	1号0+080	4.14	35.7	30.0		
	1号0+090	4.14	49.3	43.5		
	1号0+100	4.28	48.8	46.0		
	1号0+110	4.34	40.0	37.6		
	1号0+120	3.96	50.6	41.1		
	1号0+130	4.34	41.8	39.5		
	1号0+140	4.07	41.0	34.0		
	1号0+150	3.89	43.6	33.4		
	1号0+160	4.16	41.0	35.5		
	1号0+170	3.89	49.2	38.4		
	1号0+180	4.14	44.7	38.9		
	1号0+190	3.94	46.5	36.9		

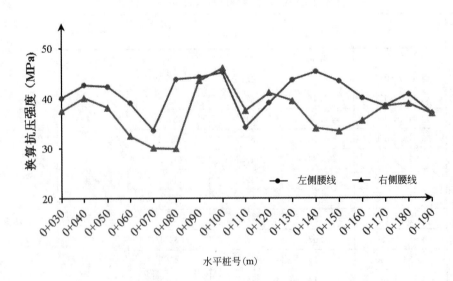

图9 1号引水发电系统引水隧洞渐变段~上平段超声-回弹测试成果

4.2 表观调查及三维实景建模

采用表观调查及实际建模结合方式,高度还原现场情况,三维全景摄像技术是借鉴倾斜摄影测量技术可应用于地面建筑(防空洞、平硐、洞室)三维全景建模的摄像技术,同一移动平台上搭载一个可多个角度旋转的相机对地面物体进行多角度摄影，获取的影像不仅具有高分辨率、大视场角的特点，而且具有丰富的侧面纹理信息，能够将真实场景进行还原[6]。

1. 表观调查

根据《水工混凝土建筑物缺陷监测和评估技术规程》DL/T 5251—2010[7] 要求，水工钢筋混凝土裂缝有四种类型，分别为 A 类、B 类、C 类、D 类。裂缝宽度小于 0.2mm 为 A 类；裂缝宽度大于 0.2mm，小于 0.3mm 为 B 类；裂缝宽度大于 0.3mm，小于 0.4mm 为 C 类，裂缝宽度大于 0.4mm 为 D 类。渗漏点主要三种类型，分别为 A 类、B 类、C 类。A 类为轻微渗漏，混凝土轻微的面渗或者点渗；B 类为一般渗漏，局部集中渗漏、产生溶蚀。

根据调查共发现共发育裂缝 7 条（裂缝长度 1.7~4.1m，缝宽 0.1~0.2mm，均属于 A 类裂缝；渗漏点 30 处（A 类渗漏 28 处、B 类渗漏 2 处）。23 处为裂缝渗漏形成钙化及析出区域，均呈现细条状，6 处表面破损，面积均最大为 90cm^2。调查成果见图 10。

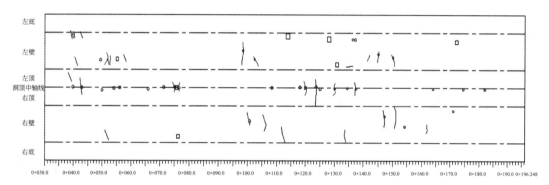

图 10　1 号引水发电系统引水隧洞渐变段~上平段素描

2. 三维实景建模

通过对该洞段采用外观素描与洞壁三维数字成像的方法对混凝土外观质量进行检测。三维可视化模型，能对壁面外观质量进行清晰、直观的检查、判别与分析、评价，部分实景建模成果见图 11、图 12。

图 11　1 号引水发电系统引水隧洞渐变段~上平段实景建模

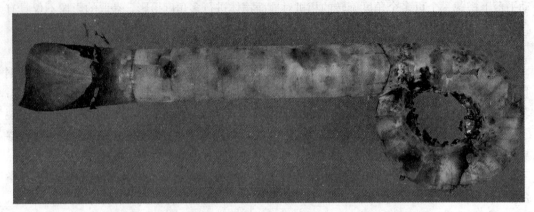

图 12   1 号引水发电系统引水隧洞压力钢管及蜗壳素实景建模

4.3   引水发电隧洞压力钢管脱空检测

此次检测采用脉冲回波法及超声三维横波法进行压力钢管接触灌浆脱空检测，脉冲回波法采用混凝土多功能无损测试仪 SCE-MATS-B 型号中振动法测试脱空功能，超声三维横波采用 MIRA 超声横波三维成像仪，进行检测。

1. 脉冲回波

检测过程中采用窄脉冲、高频震源，通过长余振、高频率接收换能器接收反射回波信号，对仪器所接收的信号进行回波分析[8]，根据现场回波波形，若出现一个或两个峰值表示钢板无脱空、若出现 2 个及以上峰值（图 13），则表示钢板出现脱空。

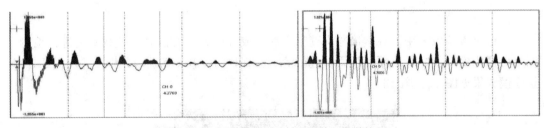

图 13   脉冲回波测试压力钢管脱空频谱特征

2. 超声横波三维成像

超声横波三维成像法是一种新型的混凝土内部缺陷无损检测技术，其不受电磁屏蔽影响、抗干扰性强，当压力钢管接触灌浆出现脱空时，信号将会在钢板与脱空分界面表面形成反射波，反射能量较强[9]，如图 14 所示，桩号 0 对应压力钢管起点、桩号 42.5 对应压力钢管终点（与蜗壳接触部分）。根据三维横波检测成果，在压力钢管底部左右两侧水平桩号 36~42.5m 范围内，深度大约为 0.15~0.16cm，出现脱空现象。

1 号引水发电系统下平段压力钢管接触灌浆脱空检测桩号段为 1 号 0＋232.248~0＋274.565m，综合脉冲回波及超声三维横波检测成果，在压力钢管段共发现 4 处脱空，脱空面积在 0.34~7.2m^2。脱空部位主要分布在 0＋265.211~0＋272.588m 之间，位于压力钢管与蜗壳接触区域（图 15）。

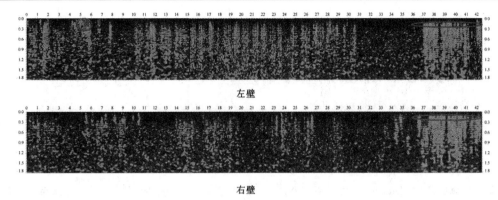

图 14 超声横波三维成像法检测压力钢管脱空成果

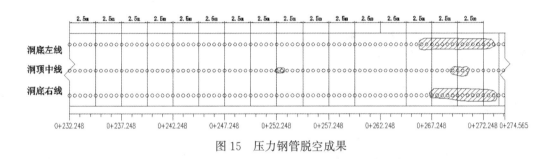

图 15 压力钢管脱空成果

5 结语

在水电站引水隧道安全定检检测工作中，综合物探技术得到较好的效果，采用三维实景建模及素描展现引水隧洞表面裂缝、渗水点分布情况，结合各类检测技术查明了引水隧洞衬砌质量缺陷分布、混凝土抗压强度、压力钢管及蜗壳脱空情况，表明综合物探检测方法在水电站引水隧洞安全定检的工作中具有高效、可靠、无损的优点。最后根据探测结果给出合理建议，以免出现突发事故。

参考文献

[1] 袁景花，杜松，许煜东 . 物探检测在某水电站引水发电系统安检中的应用效果 [C] . 2005 年中国地球物理学会地下工程地球物理勘探技术方法研讨会，2005.

[2] 许煜东，沈云发，王军平 . 引水发电隧洞物探综合检测方法与应用 [J] . 贵州水力发电，2010，24（05）：24-27.

[3] 杜松，王凡 . 探地雷达在引水隧洞复合式衬砌厚度检测中的应用研究 [J] . 红水河，2016，35（05）：65-70+85.

[4] 刘恩军，冯强，余海忠 . 地铁隧道衬砌病害探地雷达图像特征分析 [J] . 现代城市轨道交通，2022（04）：41-45.

[5] T/CECS 02—2020：超声回弹综合法检测混凝土抗压强度技术规程 [S]，2020.

[6] 万凯，王硕，李炳 . 三维实景建模在水利工程中的应用 [J] . 山东水利，2020（06）：53-54.

[7] DL/T 5251—2010：水工混凝土建筑物缺陷监测和评估技术规程 [S] . 北京：中国电力出版社，2010.

[8] 刘俊青，殷振兴 . 脉冲回波法在水闸底板脱空检测中的应用 [J] . 江苏水利，2020（03）：34-36+42.

[9] 朱燕梅，范泯进，沙椿 . 混凝土缺陷超声横波三维成像法探测精度影响因素的研究 [J] . 工程地球物理学报，2016，13（06）：739-745.

东莞市麻涌镇河网水系引调水效果研究

武亚菊[1]   龙晓飞[1]   吴   琼[1]   严   萌[2]   钱树芹[1]

(1. 珠江水利科学研究院，广东广州 510610；2. 广州珠科院工程勘察设计有限公司，广东广州 510610)

摘   要： 以典型感潮河网麻涌镇为例，针对麻涌镇河涌水系水循环不畅的现状，充分利用水系格局和水利工程，整体控制河网水系北进南出，构建不同水动力调控方案下的一维河网水动力模型，研究分析不同的水系连涌、河道整治、闸泵联调方案的引调水效果，对比分析对区域的水体循环的改善效果，推荐最优的水系连涌、河道整治、综合调水和闸泵联控方案，为麻涌镇整个河涌水系综合治理提供科学依据，为珠三角城市河涌水环境治理提供参考。

关键词： 感潮河网；水系连通；河道整治；闸泵联调；引调水；一维水动力模型

1   研究背景

珠三角感潮河网地区区内地势平缓低洼，水系发达，河涌纵横交错，水网密布，河湖相连，水流情势复杂。随着平原感潮河网地区社会经济的高速发展，各种工业和生活污水大量排入河网，导致水环境质量日益恶化；同时，由于城市的发展和土地的不合理开发利用，严重挤占了河道和湖泊，水系空间遭到严重破坏，加剧了感潮河湖地区的水动力水环境问题。通过河湖水系连通，河道整治、闸泵等水利工程的联合优化调度进行引调水，可以盘活河网水系、增强水体流动性、提高水体置换速度，在一定程度上改善感潮河网地区的水环境问题。

本文以东莞市麻涌镇河西片区为例，针对内河涌多处交界河涌中断，水动力不足，内河涌水体泥沙自然沉降，加速内河涌淤积速度，导致断头河涌淤塞严重，水动力受到一定影响。拟利用一维水动力模型，综合考虑水系连通、河道整治，闸泵联调，对比分析引调水效果，推荐最优引调水方案，为珠江三角洲感潮河网水系水动力水环境改善提供参考依据。

2   研究区域概况

麻涌镇四周河网密布，西临狮子洋，东靠倒运海，北有东江北干流，内拥麻涌河。东江北干流和倒运海水道为麻涌提供丰富的地面水资源。镇区以麻涌河为界分为河东片区和河西片区（图1），镇区两大片区内河涌密布，两个片区受麻涌河相隔水系相对独立，全镇内河涌约有116条，长约127km，与外江连通的水闸31个，其中河东联围18个，河西联围13个。

本文以河西联围为研究区，北侧的东江北干流，水质优良，常年在Ⅲ类；围内的华阳

作者简介：武亚菊（1980—），女，河南禹州人，高级工程师，硕士，主要从事水动力水质模拟工作。

E-mail：28718571@qq.com。

湖国家湿地公园，总面积 351.97hm^2，水面面积约 45.0hm^2，是三角洲湿地生态保护体系建设和绿色生态水网建设的典范；近年来，河道整治最得一定成效，但由于城镇发展和历史原因造成侵占河道，断头涌增多，瓶颈增加，加之因受潮汐影响，内河涌双向流动，水流来回回荡，导致内河涌水流减速，自然冲刷能力减弱，河床淤积加快，水体自净能力明显减弱。

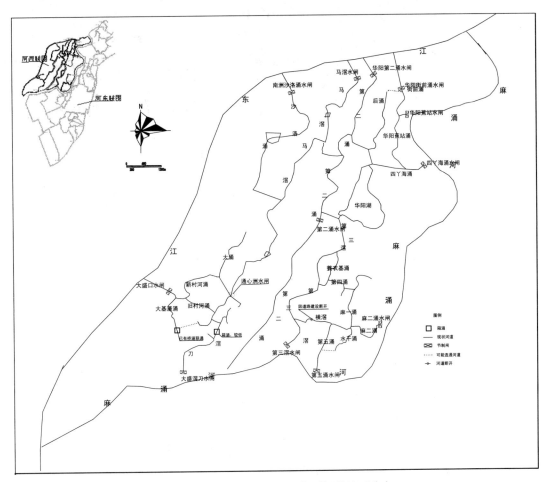

图 1 河西片区水系短板及瓶颈概况片区分布

3 一维河网水动力模型

3.1 模型方程

一维明渠非恒定流是基于垂向积分的物质和动量守恒方程，即圣维南方程组：

$$\frac{1}{B}\frac{\partial Q}{\partial x}+\frac{\partial H}{\partial t}=q_l \qquad \frac{\partial u}{\partial t}+\frac{\partial u}{\partial x}+g\frac{\partial H}{\partial x}+g\frac{u|u|}{C^2R}+u_lq_l=0$$

式中，H 表示断面水位；Q 表示流量；$u=Q/s$，表示平均流速；s 为河道过水面积；g 为重力加速度；B 表示不同高程下的过水宽度；q_l 为旁侧入流流量或取水流量；R 是水力半径；C 是谢才（Chezy）系数；x、t 是位置和时间的坐标；u_l 为单位流程上的侧向出流流速在主流方向的分量。方程离散利用 Abbott 六点隐式格式。

3.2 河网的概化

本模型共概化河道 22 条，涉及水闸 13 座，具体见图 2。

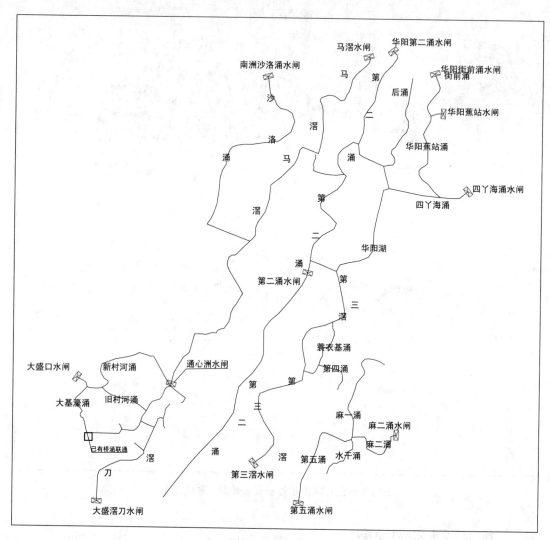

图 2 河网概化图

3.3 方案设计

根据潮汐涨落规律，当闸外水位高于闸内且低于现状实际关闸水位时引水闸全开，定向引水，只进不出，反之则关闭；当闸外水位低于闸内水位或低于现状实际关闸水位时，排水闸定向排水，只出不进，反之则关闭。水闸关闭时，当达到启泵水位时，泵站开启，反之则关闭。定向控制麻涌镇围内河涌景观水位为 0.5m。综合考虑水系连通、河道整治、闸泵联调，方案设计见表 1。

水动力模型计算方案 表1

方案	方案简述	水闸控制	水系联通	河道整治	其他工程措施
现状	闸全开	外江水闸均全开，达到关闸水位时关闸	无	现状河道	无
方案1	北进南出定向引水	引水闸定向引水，排水闸定向排水	无	现状河道	无
方案2	连通后涌与街前涌、第五涌和水干涌	引水闸定向引水，排水闸定向排水	连通后涌与街前涌、第五涌和水干涌	现状河道	无
方案3	连通大基濠涌和滘刀涌	引水闸定向引水，排水闸定向排水	增加连通大基濠涌和滘刀涌	现状河道	无
方案4	河道整治	引水闸定向引水，排水闸定向排水	无新增	对河道进行整治	拓宽通心洲闸
方案5	移动第二涌水闸	引水闸定向引水，排水闸定向排水	无新增	整治河道	第二涌水闸移至汇入麻涌河口处
方案6	增设节制闸，控制水流进入马滘涌	引水闸定向引水，排水闸定向排水	无新增	整治河道	马滘涌和第二涌连接段增设节制闸
方案7	增加引水泵站	引水闸定向引水，排水闸定向排水	无新增	整治河道	在华阳第二涌水闸处增加引水泵站

4 水动力调控方案计算分析

选取第二涌、马滘涌和马滘涌与第二涌相连处典型断面，分析各方案下典型断面流速为正值（顺水流方向）占整个模拟时间段的比例，具体见表2，现状时第二涌各典型断面流速正值比例基本在39%～56%之间，马滘涌基本在32%～50%之间，马滘涌与第二涌相连处为38.31%；连通后方案1时第二涌600、1400典型断面流速正向比明显增加约一倍，马滘涌1200典型断面流速正向比由49.52%变为83.08%；方案2（连通后涌与街前涌、第五涌和水干涌）、方案3（连通大基濠涌和滘刀涌）下各典型断面流速正向比变化小；方案4（河道整治，拓宽通心洲闸）下第二涌1400典型断面流速由65.17%减小至20.90%，第二涌水从马滘涌与第二涌相连处流出并顶托1400断面，其余为断面变化较小；方案5（第二涌水闸移至下游并拓宽）下第二涌典型断面流速正向比明显增加，尤其是2400、3400、4600断面流速正向比分别由52.24%、53.73%、54.73%增加至68.16%、82.59%、83.08%；方案6（马滘涌与第二涌相连处设置节制闸）下第二涌距离马滘涌与第二涌相连处最近的1400典型断面流速正向比明显增加，由24.38%增加至66.17%，第二涌水流向马滘涌增加，马滘涌2000、4000典型断面流速正向比有所增加明显增加，分别由38.31%、41.29%增加至81.59%、80.10%，马滘涌与第二涌相连处典型断面流速正向比由29.35%增加至61.69%；连通后方案7（第二涌水闸处设置引水泵站）下，各典型断面流速正向比变化小。见图3。

由整体更新速度计算成果表可知，连通前现状方案下，河网整体更新速度为4.83d/次，方案一定向引排水时整体更新速度明显加快，为1.13d/次，方案6和方案7时速度一致且最快。见表3。

综合对比，方案6（马滘涌与第二涌相连处设置节制闸）时，对整体河网水体动力改善最优。

图 3　第二涌沿程断面位置示意图

第二涌、马滘涌典型各方案断面流速正向百分比　　　　表 2

断面 方案 （%）	第二涌					马滘涌			马滘涌与第 二涌相连处
	600	1400	2400	3400	4600	1200	2000	4000	38.31%
闸全开	43.78	39.30	53.23	55.22	55.22	49.52	36.67	32.86	31.84
方案1	91.04	64.68	54.23	55.72	56.72	83.08	34.83	33.83	33.33
方案2	88.56	65.17	52.24	55.72	56.72	82.59	33.83	36.32	33.33
方案3	88.56	65.17	52.24	55.72	56.72	82.59	33.83	36.32	36.32
方案4	82.59	20.90	52.24	53.73	54.73	86.57	40.30	46.27	29.35
方案5	83.08	24.38	68.16	82.59	83.08	87.06	38.31	41.29	61.69
方案6	83.08	66.17	69.65	82.59	82.59	83.08	81.59	80.10	61.69
方案7	84.08	66.17	69.15	82.59	82.59	89.10	75.67	73.28	38.31

注：马滘涌与第二涌相连处正值为从第二涌流向马滘涌。

各方案河网整体更新速度 表3

	整体更新时间(h)	整体更新速度(d/次)
闸全开	116	4.83
方案1	27	1.13
方案2	27	1.13
方案3	26	1.08
方案4	29	1.21
方案5	27	1.13
方案6	24	0.98
方案7	24	0.98

5 结论

针对东莞市麻涌镇河网水系水动力循环不畅的现状，拟结合水系连通，整治河道，利用闸泵引调水，利用 MIKE11 模型对不同方案做数值试验，计算分析多渠道措施对主干河涌的水动力影响。根据模型计算结果分析对比，方案6为推荐综合调水方案，研究区域主干河涌典型断面流速正向流速比最大，水体定向流速最明显，水体更新速率改善效果最优。

综合引调水需全面建成一个以水雨工情信息采集系统为基础、通信系统为保障、计算机网络系统为依托、自动监控与调度决策支持系统为核心的泵、闸联合调度管理系统。建议在实施工程措施的同时，还应切实加快对非工程措施的建设力度，并建立河涌日常管理的长效机制，完善河涌保护和管理办法，强化河涌的管理。

参考文献

［1］ Danish Hydraulic Institute（DHI）. MIKE11：A Modeling System for Rivers and Channels Reference Manual ［R］，DHI. 2002.

［2］ 徐祖信. 平原感潮河网水动力水质模型研究 ［J］. 水动力学研究与进展，2003（2）.

混凝土立方体试件劈裂抗拉性能数值模拟

糜凯华　　邓水明

（中水珠江规划勘测设计有限公司，广东广州 510000）

摘　要： 为从细观尺度上研究混凝土的劈裂抗拉力学性能，通过椭球形、多面体三维随机骨料模型模拟混凝土中粗骨料形状及分布，利用非线性有限元法对混凝土劈裂抗拉细观损伤断裂进行数值分析。结果表明：初始裂纹在界面上最先起裂，接着扩展至砂浆直到整个试件发生脆性断裂破坏；数值分析结果与试验结果基本相符，所采用的数值分析方法在模拟混凝土劈裂抗拉力学性能时具有较高的可靠性。

关键词： 混凝土；劈拉性能；立方体试件；数值模拟

1　研究背景

混凝土作为一种多相准脆性复合材料广泛应用于水利工程中。水工混凝土在使用过程中，不可避免地承受各种荷载，容易产生拉裂破坏。因此，测定混凝土的抗拉强度对实际工程具有非常重要的意义。过去常采用直接拉伸法测定材料的抗拉强度，但该法对混凝土类准脆性材料不适用，主要是由于试验机刚度不足。美国商务 ASTM 推荐了一种对立方体试件施加对径受压荷载测试劈裂抗拉强度的方法，即巴西圆盘劈拉试验法[1]。进行试验时通过垫条沿立方体试件的轴向施加线性荷载，使试件中间的垂直截面上产生均匀拉应力，当拉应力达到混凝土的抗拉强度时，试件就沿轴向对半劈裂。尽管劈拉试验法应用广泛，但在工程应用上仍存在不少问题，如试件尺寸受测试条件的限制，较难接近真实尺寸；试验还受技术、资金等客观条件的限制，使得试验结果只能近似反映混凝土的力学性质。

近年来，国内外许多学者从细观尺度上对混凝土材料的损伤演化过程进行了研究，特别是随着计算机技术的发展更为细观尺度上研究混凝土宏观尺度上的力学问题开辟了广阔途径。如秦川[2] 等基于细观力学对混凝土劈拉破坏率特性开展了研究；杨茜[3] 等基于二维随机骨料模型开展了混凝土劈拉强度数值模拟。本文则采用三维椭球体、多面体随机骨料模型及相应的细观模型研究混凝土劈裂抗拉过程中细观损伤断裂，从而为细观尺度上数值分析混凝土的劈裂抗拉力学性能提供借鉴参考。

2　混凝土劈拉细观模型

2.1　随机骨料模型

本文选取椭球体及多面体模拟混凝土中粗骨料形状。河北省桃林口水库混凝土配合比

作者简介：糜凯华（1986—），男，贵州毕节人，工程师，硕士，主要从事水利水电工程设计工作。
E-mail：964578575@qq.com。

资料：粗骨料级配（大石∶中石∶小石等于 4∶3∶3）；材料用量（砂 585kg/m³、石 1560kg/m³），结合文献［4］、［5］给定的混凝土配合比资料，按照《水工混凝土试验规程》[6] 选取三级配混凝土劈裂抗拉试验立方体试件尺寸 300mm×300mm×300mm。通过公式（1）得出混凝土中大石（40～80mm）、中石（20～40mm）、小石（10～20mm）占立方体试件的体积率分别为 0.2267、0.1700、0.1700，粗骨料总含量为 56.67％，通过文献［7］、［8］的方法编制程序代码进行骨料投放得到椭球体和多面体随机骨料模型，见图 1。

$$v_{agg}[d_s,d_{s+1}]=\frac{P(d_{s+1})-P(d_s)\gamma_p v_{con}}{P(d_{max})-P(d_{min})} \tag{1}$$

式中，V_p 为 $[d_s,d_{s+1}]$ 级配段中骨料占混凝土试件的体积；d_{max} 为骨料最大粒径；d_{min} 为骨料最小粒径；V 为混凝土试件体积；v_p 为粗骨料与混凝土试件的体积比；$P(d)$ 为通过筛孔 d 骨料的质量百分比。

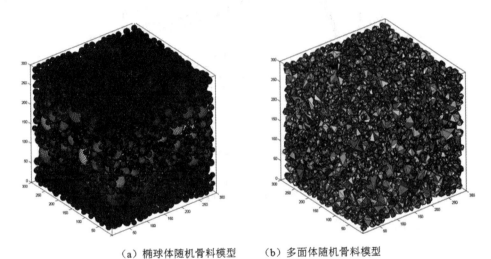

（a）椭球体随机骨料模型　　（b）多面体随机骨料模型

图 1　随机骨料立方体细观几何模型（mm）

2.2　数值模型及材料参数

对混凝土细观层次上骨料、砂浆及界面进行有限元网格剖分并满足网格一致性要求，一直以来是混凝土细观力学的研究难点。本文基于文献［9］提出的映射网格法编制程序代码，运用背景网格技术将事先剖分好的网格映射到随机骨料立方体细观几何模型上，表达混凝土中骨料随机分布的特点。在此基础上，根据各单元与骨料的相对位置自动给混凝土细观各组分赋予材料属性。细观各组分计算参数综合文献［10］和桃林口水库大坝混凝土试验资料取得，见表 1。

混凝土细观各组分材料参数　　　　　　　　　　　　　　表 1

材料	弹性模量（GPa）	泊松比	抗拉强度（MPa）	抗压强度（MPa）	密度（t/m³）	剪胀角 ψ（°）	流动势偏移量 ε	不变量应力之比 K_c	双、单轴抗压强度之比 α_f	黏滞系数 μ
骨料	55.5	0.16	10.0	80.0	2.733					
砂浆	26.0	0.22	2.5	25.0	2.000	30	0.1	0.667	1.16	0.0004
界面	25.0	0.16	1.5	22.0	2.350	20	0.1	0.667	1.16	0.0002

3 骨料分布及形状对劈拉力学性能的影响

由于混凝土内部骨料的断裂能及强度均较高，采用线弹性模型描述骨料的力学性质，利用混凝土损伤塑性模型描述砂浆和界面的本构关系。进行混凝土劈裂抗拉数值分析时，在立方体试件的上、下表面采用准静态位移控制加载，逐级增加位移量直至试件破坏、断裂，混凝土细观模型劈裂抗拉加载位移曲线，见图 2。

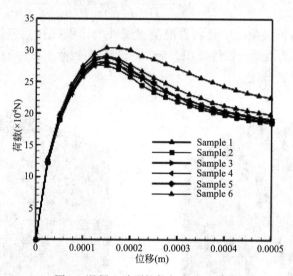

图 2 混凝土劈裂抗拉加载位移曲线

混凝土劈拉强度按下式计算：

$$f_{ts} = \frac{2P}{\pi A} = 0.637 \frac{P}{A} \tag{2}$$

式中，f_{ts} 为劈裂抗拉强度（MPa）；P 为破坏荷载（N）；A 为试件劈裂面面积（mm^2）。

采用自编程序将混凝土劈裂抗拉细观模型导入非线性有限元软件进行模拟分析。河北省桃林口水库混凝土立方体芯样试件的劈裂抗拉强度试验结果为：劈拉试件 36 组，最大值 3.84MPa，最小值 1.26MPa，平均值 2.71MPa。数值分析结果为：椭球体和多面体混凝土劈拉试件均为 6 组，劈裂抗拉强度平均值分别为 2.65MPa、2.70MPa，模拟结果与试验结果基本相符。椭球体、多面体骨料混凝土细观模型在劈拉情况下的最终破坏形态分别见图 3、图 4；内部损伤情况见图 5。

从图 3～图 5 可看出，在试件中间的垂直截面上除垫条附近极小部分外，产生的均匀拉应力使裂纹从荷载作用处起裂，随后沿着荷载作用面传播。当应力达到混凝土抗拉强度时，随着裂纹的扩展，整个试件最终发生劈裂破坏。级配相同骨料形状不同的混凝土细观劈裂抗拉试件在静荷载作用下呈现出不同的裂纹形态，这主要是由混凝土材料的非均质性导致。由于界面的强度远低于砂浆及骨料，致使初始裂纹最先起裂于界面，随后扩展至砂浆，直至整个试件劈裂成两半，试件最终丧失承载力，这与一般试验规律基本相符。

图 3 椭球体骨料混凝土细观模型劈拉破坏 　　 图 4 多面体骨料混凝土细观模型劈拉破坏

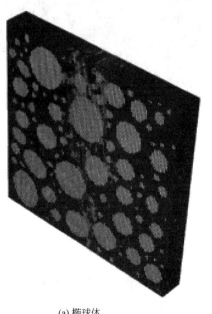 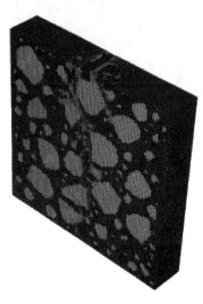

(a) 椭球体 　　　　　　　　　　　　　　　　　 (b) 多面体

图 5 不同骨料结构混凝土劈拉破坏时内部损伤

4 垫条宽度对劈拉力学性能的影响

劈裂抗拉试验结果受垫条宽度的影响较大，合理的垫条宽度可显著地缓解试件加载部位的应力集中现象。过窄的垫条会导致应力集中，致使混凝土试件出现局部性破坏，数值模拟结果与一般试验规律不符，见图 6；垫条过宽又会使试件的受力趋向于单轴受压情况，见图 7。考虑 5 种垫条宽度分析其对混凝土细观模型劈裂抗拉力学性能的影响，垫条宽度取值及劈拉数值模拟结果见表 2。

垫条宽度对混凝土劈拉力学性能的影响　　　　　　　　　　表 2

垫条宽度(mm)	5	10	15	20	25
试件劈拉极限荷载(kN)	60.46	213.59	30.70	392.31	450.68
试件劈拉强度(MPa)	0.43	1.51	2.17	2.78	3.19

从表 2 可看出，垫条宽度小于 10mm 时，因加载部位应力集中导致混凝土局部压碎；当垫条宽度按照试验规程取 15mm 时，混凝土试件被对半劈裂，破坏荷载达到极限荷载时，加载部位两侧虽然存在部分应力集中现象，但数值模拟结果与给定的试验结果基本相符；垫条宽度大于 20mm 时，混凝土试件的受力和破坏形态逐渐向立方体试件单轴受压情况过渡。

图 6　垫条过窄时劈拉破坏形态　　　　　　　　图 7　垫条过宽时劈拉破坏形态

5　结论

对桃林口水库大坝混凝土在静载作用下进行劈裂抗拉数值模拟，得出级配相同骨料分布或形状不同的试件最终破坏形态略有差异，但模拟得到的劈拉力学性能与桃林口水库大坝混凝土试验的劈拉力学性能基本吻合。从数值模拟结果可知，混凝土破坏的根本原因在于其内部存在薄弱的界面层，因此在实际工程中需要采取可靠措施改善界面层力学性质；混凝土的宏观破坏是细观损伤断裂的积累和演化；采用有限单元法模拟混凝土立方体试件的劈拉破坏具有较高的可靠性。

参考文献

[1]　Carneiro F L, Borcellos A. Tensile strength of concrete [A]. RILEM Bulletin No 13 [C]. Paris：International Association of Testing and Research Laboratories for Material and Structure，1953，97-123.

[2]　秦川，张楚汉. 基于细观力学的混凝土劈拉劈坏率相关特性研究 [J]. 岩土力学. 2010，31 (12)：3771-3777.

[3] 杨茜，屈彦玲. 基于随机骨料模型的混凝土劈拉强度数值模拟 [J]. 路基工程. 2009 (2)：91-92.

[4] 刘政姝. 桃林口水库大坝全断面碾压混凝土配合比设计与实验 [J]. 河北水利水电技术. 1999 (1)：17-19.

[5] 李虎章. 桃林口水库大坝碾压混凝土施工 [J]. 水利水电技术. 1996 (8)：29-30.

[6] 水工混凝土试验规程 SL 352-2006 [M]. 中国水利水电出版社. 2006.

[7] 伍君勇. 混凝土细观结构的自动生成 [D]. 大连理工大学，2006.

[8] 宋晓刚. 随机游走法在混凝土球形骨料投放中的应用 [J]. 宁波大学学报（理工版）. 2010，23 (12)：104-108.

[9] 方秦，张锦华，还毅，等. 全级配混凝土三维细观模型的建模方法研究 [J]. 工程力学. 2013，30 (1)：14-21.

[10] 刘光廷，王宗敏. 用随机骨料模型数值模拟碾压混凝土材料的断裂 [J]. 清华大学学报. 1996，36 (1)：84-89.

金沙江下游水库区地震尾波衰减关系研究
——以向家坝、溪洛渡水库为例

杨　磊　江晓涛　黄　易　石　磊　皮开荣　杜兴忠

（中国电建集团贵阳勘测设计研究院有限公司，贵州贵阳 550081）

摘　要：基于向家坝、溪洛渡水库地震监测台网 35 个台站记录到的 99 次 M_L2.1～4.1 级地方震观测资料，利用 Aki 单次散射模型，研究了水库区地震尾波衰减特征。结果表明，库区 Q_c 值与频率有较强的依赖关系：$Q(f)=(120.8\pm3.6)f^{(0.7712\pm0.0103)}$，这为后续的震源参数计算和定标关系研究提供了良好基础。相较于印度 Koyna、埃及 Aswan 和我国新丰江水库，向家坝、溪洛渡水库具有高 Q_0 值和低 n 值特征，这与上述水库库区地震活动性相符。

关键词：向家坝；溪洛渡；水库地震；尾波衰减

1　研究背景

向家坝、溪洛渡水电站位于川、滇两省的界河金沙江上，是金沙江水电基地下游段的最后两个梯级，也是国家"西电东送"的骨干工程。向家坝水电站拦河坝为混凝土重力坝，坝高 161m，库容 51.63 亿 m^3，装机容量 640 万 kW，工程于 2004 年 7 月开始筹建，2012 年 10 月 10 日下闸蓄水[1]。溪洛渡水电站拦河坝为混凝土双曲拱坝，坝高 278m，库容 126.7 亿 m^3，装机容量 1386 万 kW，于 2003 年 8 月开始筹建，2012 年 11 月 16 日，导流洞封堵，围堰开始挡水，2013 年 5 月 4 日，正式下闸蓄水[2]。

金沙江下游地区，属西南地质构造不稳定区域，区域内中强地震时有发生，自有历史地震纪录以来，累计发生 20 多次 M≥7 级地震[3-4]。按照国家相关规范要求[5]，向家坝、溪洛渡水库专用地震台网于 2011 年建成，布设有 35 个数字化实时观测台站，网内地震控震能力可达 M_L0.5 级，提升了金沙江下游地区地震监测能力[6]。

地壳介质的横向不均匀性导致地震波在传播过程中非弹性衰减[7]。地震波衰减关系，是研究地震地质构造特征和地震危险性评价的重要内容[8]。20 世纪 60 年代末，Aki 提出了地震尾波单次散射模型[9]，该模型认为地震波传播途径中的非均匀体对初始波产生的次生波向后散射叠加是地震尾波产生的主要原因。之后，世界各地大量的地震观测资料表明[10-16]，地方震尾波衰减有明显的相似性、稳定性，因而利用尾波研究地震波衰减规律就成为了一种简便、高效的方法。通常采用无量纲品质因子 Q 来表示地震波衰减关系，

项目来源：中国电力建设股份有限公司科技项目（DJ-ZDXM-2020-55）；中国电建集团贵阳勘测设计研究院有限公司科研项目（ZL2020-25、ZL2022-12）。

作者简介：杨磊（1986—），男，四川南充人，工程师，硕士，主要从事水库诱发地震研究。
　　　　　　E-mail：yangleichinau@163.com。

一种估计 Q 值的常用方法，即计算地震尾波的衰减率[17-19]。国内外已有大量利用地震尾波研究介质衰减特性的研究，前人的研究结果表明地震尾波 Q_C 值满足类似 $Q_C = Q_0 f^n$ 的关系式，Q_0 为 Q_C 在频率为 1Hz 的值，n 为频率依赖因子。已有的研究结果表明，Q_0 和 n 值反映了相关区域地震的强度：Q_0 值低、n 值高，地震活动比较强烈；Q_0 值高、n 值低，则地震活动较弱。

向家坝、溪洛渡水库台网运行以来，记录到大量数字化地震波形数据，为研究该区域地震尾波衰减规律提供了很好的基础。笔者基于 Aki 单次散射模型，利用实测波形数据，计算向家坝、溪洛渡库区地震尾波衰减关系，为后续水库地震应力降和震源半径等震源参数计算以及震源参数定标关系研究提供良好基础。

2 库区地质构造概况

向家坝、溪洛渡库区位于川西，青藏高原强震区向华南地震区过渡区域，地震地质条件复杂，现代地震活动也比较强烈。区域内新构造运动活跃，表现为强烈的垂直差异运动和块体的侧向滑移及以近南北向、北北西向断裂左旋位移为代表的断裂活动。库区外围控制性主干断裂包括北东向的龙门山断裂带、北西向的则木河断裂带和鲜水河断裂带、近南北向的安宁河断裂带和小江断裂带，它们距水电工程坝址在 140km 以外。据野外地质调查[20-21]，与库区交汇的区域次级断裂为近南北向的峨边—金阳断裂带、北北西向的马边—盐津隐伏断裂带和北东向的莲峰—华蓥山断裂带，见图 1。

峨边—金阳断裂北起自峨边西北，南截止于莲峰断裂，总长达 180km。断裂总体走向近南北向，倾向西，倾角一般在 $50°\sim80°$ 之间。峨边—金阳断裂是重要的区域构造边界线，西侧以南北向构造为主；东侧构造复杂，以北东向、北北西向为主。峨边—金阳断裂规模宏大，断层破碎带与影响带宽可达数十米，显示强烈的挤压特征，一般西盘向东逆冲。断裂经过多期活动，以脆性破坏为主。

马边—盐津一带隐伏着一条北北西向的深断裂，其展布同上扬子台坳与四川台坳分界线大体一致。隐伏断裂带与马边强震带在空间分布上有较好的对应关系，其活动性主要通过地震和地表断层的活动反映出来。一系列强震和群集的弱震活动都发生在这一带上。地震主要发生在近南北向断层与北东向断裂（层）的交汇部位（图 1）。与隐伏断裂对应的地壳表层，发育有数条规模较小的次级断层，自北向南分别为利店断层、中都断层、玛瑙断层、翼子坝断层和关村断层，它们组成一个北北西向排列的断层组，可能是该隐伏断裂在表层作用的产物，两者具有一定的成生联系。这些表层断层多数走向近南北至北北西，倾西，倾角 $40°\sim70°$，单条断层的长度一般小于 35km，破碎带宽小于 10m，均显示逆冲性质。

莲峰—华蓥山断裂南西起自会理、宁南，向北东经莲峰至川东华蓥山，全长达 500km 以上。断裂带在宁南至巧家附近被北北西向则木河断裂及近南北向小江断裂所切穿，在盐津附近被北北西向马边—盐津断裂所穿切，从而分割成为宁南—会理断裂、莲峰断裂和华蓥山断裂。对溪洛渡水电工程有一定影响的是莲峰断裂，该断裂于坝址南侧 25km 处通过，南起巧家，止于盐津附近的北西向构造带，长达 150km。该断裂沿莲峰背斜轴部发育，切割了从震旦系至中生界的所有地层，总体走向 $N50°\sim60°E$，倾向北西，倾角 60°～80°，总断距可达数百米，破碎带宽 30～40m，主要由片状构造岩、碎裂岩和断层泥组成。

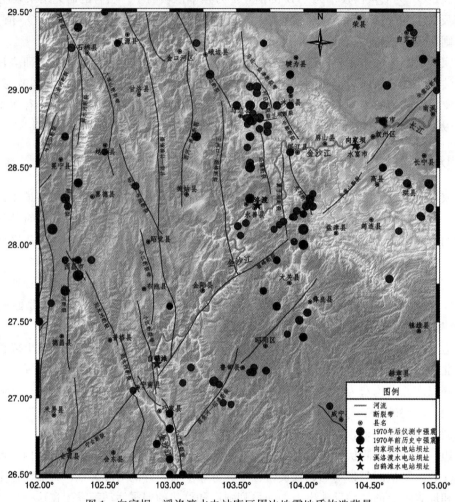

图 1　向家坝、溪洛渡水电站库区周边地震地质构造背景

3　观测数据

向家坝、溪洛渡水库台网 35 个测震台配置 FSS-3M 型短周期地震计和 EDAS-24IP 型数据采集器，采样率 100Hz，授时误差小于 1ms。笔者拾取了向家坝、溪洛渡库区内 1491 次 $M_L \geqslant 1.5$ 级地震的 Pg、Sg 初至波震相，Pg 到时拾取误差约为 0.02s，Sg 到时拾取误差约 0.05s，采用 MSDP 挂载的 Loc3dSB（川滇 3D）程序进行了常规定位，速度模型为川滇地区三维速度模型。常规定位结果表明，水平向定位误差均值 248m，深度方向定位误差均值 486m。为进一步提高地震定位精度，采用双差层析成像方法反演了震源区速度结构并实现了地震精定位[22]。

本文从上述 1491 次地震事件中，在满足每次地震至少有 12 个台站记录清晰、震中距小于 90km、信噪比较高、地震动记录中无干扰事件叠加的条件下，挑选了 99 次地震事件，共计截取 2155 条三分量波形记录，用于计算向家坝、溪洛渡库区地震尾波衰减关系。地震震级介于 $M_L 2.1 \sim 4.1$，震源深度在 $1 \sim 11 km$ 之间（图2）。

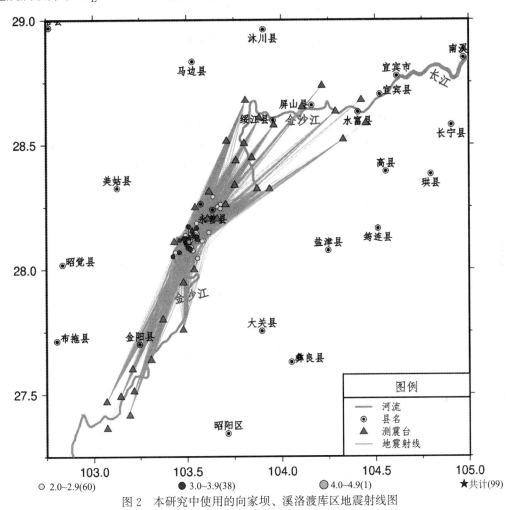

图 2　本研究中使用的向家坝、溪洛渡库区地震射线图

4　方法与原理

1969 年，日本学者 Aki 提出了地震尾波单次散射模型[9]，尾波被认为是地震波在传播过程中非均匀衰减和几何散射导致幅值逐步减小，地震尾波可用式(1) 表示。

$$A(f,t) = A_0 \cdot R \cdot e^{\frac{-\pi f R}{vQ}} \qquad (1)$$

式中，R 为震源距；v 为地震波在传播路径上的速度均值。当传播距离较远时，地震波速可能会有明显变化。因此，对于有较为精确的震源位置参数和发震时刻参数，采用流逝时间 t 来替换式(1) 中的波速 v，会更为容易和准确，则式(1) 可写为：

$$A(f,t) = A_0 \cdot t^{-\beta} \cdot e^{\frac{-\pi f t}{Q}} \qquad (2)$$

使用的地震波为体波时，β 值取 1，面波则 β 值取为 0.5。式(2) 等号两侧取对数、移项后可得：

$$\ln[A(f,t)]+\beta\ln t=\ln A_0-\frac{\pi f}{Q(f)}t \tag{3}$$

根据式(3)，地震信号经带通滤波后，将 $\ln[A(f,t)]+\beta\ln t$ 是在给定中心频点 f 处关于 t 的函数，斜率为 $-\dfrac{\pi f}{Q(f)}$，进而可以拟合得到品质因子 $Q(f)$ 的关系式。

5 计算过程和结果

笔者回放了参与计算的地震三分向记录，剔除叠加了诸如爆破、人为振动、地震等干扰数据。在数据处理过程中，采用 2 阶巴特沃斯高通滤波器滤除信号中的低频部分，取 Pg 波前 2s 数据均值用于扣除背景噪声，去除趋势线。尾波起始时间为 $t>2t_s$，t_s 为直达 S 波走时，取窗长为 256 个采样点，进行傅里叶变换，流逝时间取窗中心的时间，滑动步长为 50 个采样点，数据截断时间取窗内信号振幅均值小于 2 倍背景噪声振幅的时刻。采用 4 阶巴特沃斯带通滤波器对处理后的尾波进行滤波，滤波中心频率和滤波器上下限见表 1。

从式(3)可以看出，等式左右两侧是关于流逝时间 t 的线性方程。地震数据经带通滤波后，可以测出 $\ln[A(f,t)]+\beta\ln t$ 和 t，将所有数据点代入式(3)，基于最小二乘法可得到斜率 $-\dfrac{\pi f}{Q(f)}$ 和截距 $\ln A_0$，从而得到中心频率对应的 Q 值。采用不同中心频率对应的 $Q(f)$ 值，拟合 $Q_C=Q_0 f^n$ 关系式，即可得到 Q_0 和 n 值。图 3 给出了 2015 年 5 月 16 日 14 时 28 分务基台记录到的一次 $M_L 3.0$ 级地震的原始波形及不同频带滤波后的波形，图 4 为该次地震不同中心频率对应的 Q 值拟合结果及拟合相关系数。

带通滤波器中心频率及滤波器上下限参数（Hz） 表1

低频截止频率	中心频率	高频截止频率
1	1.5	2
2	3	4
4	6	8
6	9	12
8	12	16
12	18	24
16	24	32

本文选取向家坝、溪洛渡水库地震监测台网 35 个台站记录的 99 次地方震，合计 2155 条数字地震波，采用 Aki 模型计算得到向家坝、溪洛渡水库区地震尾波 Q 值与频率的依赖关系［式(4)］，拟合数据分布见图 5。

$$Q(f)=(120.8\pm3.6)f^{(0.7712\pm0.0103)} \tag{4}$$

由式(4)可以看出，Q_0 值为 120.8，n 值为 0.7712，且上述两个参数的拟合标准偏差均小于 3%，说明选取库区内地方震观测资料拟合的尾波衰减参数具有高度的一致性，较好地反映研究区地震尾波衰减规律。笔者在计算前获得了较为准确的地震定位参数，选

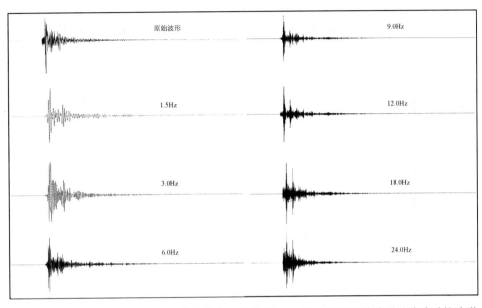

图3　2015年5月16日14时28分务基台记录的 M_L 3.0 级地震的原始波形及滤波后的波形

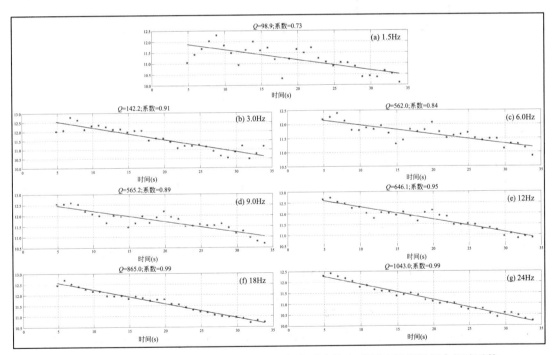

图4　务基台记录的 M_L 3.0 级地震不同中心频率对应的 Q 值拟合结果及拟合相关系数

择震中距 90km 范围内的地方震观测资料，同时采用一致的尾波数据截断准则，这是拟合尾波衰减参数时标准差较小的基础。

赵小艳等[23]基于云南数字地震观测台网 10 个台站，震中距 60km 范围内的观测数据，采用 Aki 单次散射模型计算了小江断裂带 Q_c 值与频率的关系，给出的昭通台尾波计算结果：$Q(f)=91.7f^{0.74}$。吴薇薇等[24] 基于 Atkinson 方法，得到攀枝花—西昌地区的 Q 值与频率关系：$Q(f)=101.9f^{0.6663}$。向家坝、溪洛渡库区与前述文献研究区相邻，本文的计算结果与上述成果接近。

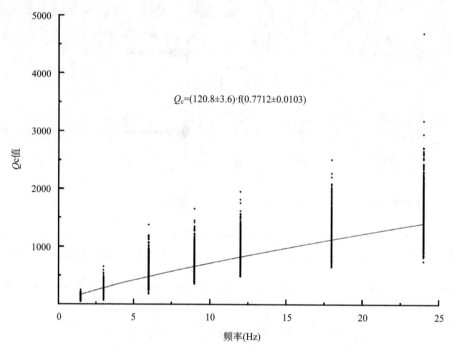

$$Q_c=(120.8\pm3.6)\cdot f^{(0.7712\pm0.0103)}$$

图 5 向家坝、溪洛渡水库台网台站记录的尾波衰减参数与频率关系

6 讨论和结论

本文研究了向家坝、溪洛渡水库区地震尾波衰减与频率的关系，结果表明，水库区地震尾波 Q_0 值为 120.8，频率指数 n 为 0.7712，且 Q_c 值随着频率的增大而增大，显示出二者存在很强的依赖关系。

国内外相关学者也做过水库区地震尾波衰减关系研究[25]，S. C. Gupta 等[26] 采用 13 次地方震观测资料（76 条数字地震波），基于 Aki 单次散射模型，计算了印度 Koyna 水库区的尾波衰减关系，结果为：$Q(f)=96f^{1.09}$；Mohamed 等[15] 利用 28 次地方震观测资料（330 条数字地震波），同样基于 Aki 单次散射模型，估算了埃及 Aswan 水库区的地震尾波衰减关系，作者选取的流逝时间介于 25～70s 之间，得到的 Q_0 值和 n 值分别介于 54～100 和 1.0～1.16 之间，参数拟合标准差小于 10%；洪玉清等[27] 利用广东地震台网记录到的新丰江库区内的 85 次 M_L 2.0 级以上地震（385 条数字地震波），基于 Aki 单次散射模型，得到了新丰江水库区地震尾波衰减关系，结果为：$Q(f)=(104.3\pm37.54)f^{(0.8734\pm0.1447)}$。

已有的研究成果表明，Q 值的高低反映了地震波的衰减程度，低 Q_0 值高 n 值区域地震活动相对频繁。向家坝、溪洛渡水库区 Q_0 值相较于印度 Koyna 水库、中国新丰江水库和埃及 Aswan 水库偏高，对应的 n 值偏低。从地震活动强度上说明，向家坝、溪洛渡库区地震活动性弱于上述三个水库。Koyna 和新丰江水库在蓄水后，均发生了 6 级以上的地震，Aswan 水库区最大地震则为 5.7 级，且蓄水数十年以来库区地震仍活动频繁。向家坝、溪洛渡水库蓄水后发生的最大地震为 5.3 级，库区地震以微震为主，相较于蓄水初期，现阶段库区地震活动性明显降低，趋于平稳。

相关研究结果表明[15][28-29]，Q_0 值和 n 值的大小与流逝时间的长度也有关系，总体而言，随着流逝时间的增加，Q_0 值和 n 值分别有增大和减小的趋势。不同学者选择的流逝时间长度或尾波截断标准不尽一致，导致得到的结果可比性较差，因此，不同长度流逝时间对本文结果的影响，还需深入研究与探索。

致　谢：在本研究过程中，得到了中国水利水电科学研究院张艳红教授和王济教授的指导，部分图件采用 GMT 绘制，在此一并表示感谢。

参考文献

[1] 樊启祥，李文伟，陈文夫，等．大型水电工程混凝土质量控制与管理关键技术 [J]．人民长江，2017，48 (24)：91-100．

[2] 王仁坤．溪洛渡工程规划设计历程及关键技术研究与实践 [J]．中国三峡，2013，2013 (7)：64-72．

[3] 顾功叙，林庭煌，时振梁，等．中国地震目录 [M]．北京：科学出版社，1983．

[4] 中国地震台网统一地震目录．国家地震科学数据中心，2020．

[5] SL 516—2013 水库诱发地震监测技术规范 [S]．北京：中国水利水电出版社，2013．

[6] 金沙江下游梯级水电站水库地震监测台网观测报告．中国地震局工程力学研究所，2016．

[7] Aki K，Chouet B. Origin of coda waves：Source，attenuation，and scattering effects [J]．Journal of Geophysical Research，1975，80．

[8] Boulanouar A，Moudnib L E，Padhy S，et al. Estimation of Coda Wave Attenuation in Northern Morocco [J]．Pure & Applied Geophysics，2018．

[9] Aki，Keiiti. Analysis of the seismic coda of local earthquakes as scattered waves [J]．Journal of Geophysical Research，1969，74 (2)：615-631．

[10] Atkinson G M，Mereu R F. The shape of ground motion attenuation curves in southeastern Canada [J]．Bull. seism. soc. am，1992，82 (5)：2014-2031．

[11] Herrmann R B. Q estimates using the coda of local earthquakes [J]．Bulletin of the Seismological Society of America，1980，70 (2)：447-468．

[12] CZ Huang，HC Ge，TY Jiang. Attenuation characteristics of coda waves and estimation of Q_c values in eastern China [J]．Earthquake Science，1995，8 (2)：241-248．

[13] Gupta S C，Teotia S S，Rai S S，et al. Coda Q Estimates in the Koyna Region，India. Birkhäuser Basel，1998．

[14] Pulli J J. Attenuation of coda waves in New England [J]．Bulletin of the Seismological Society of America，1984，74 (4)：1149-1166．

[15] Mohamed H H，Mukhopadhyay S，Sharma. Attenuation of coda waves in the Aswan Reservoir area，Egypt [J]．Tectonophysics，2010，492 (1-4)：88-98．

[16] Naghavi M，Rahimi H，Moradi A，et al. Spatial variations of seismic attenuation in the North West of Iranian plateau from analysis of coda waves [J]．Tectonophysics，2017：S0040195117301609．

[17] Morsy M A，Hady S E，Mahmoud S M，et al. Lateral variations of coda Q and attenuation of seismic waves in the Gulf of Suez，Egypt [J]．Arabian Journal of Geosciences，2013，6 (1)：1-11．

[18] Mukhopadhyay S，Tyagi C. Lapse time and frequency-dependent attenuation characteristics of coda waves in the Northwestern Himalayas [J]．Journal of Seismology，2007，11 (2)：149-158．

[19] Mahood M，Hamzehloo H. Estimation of coda wave attenuation for NW Himalayan region using local earthquakes [J]．Physics of the Earth and Planetary Interiors，2005，151 (3-4)：243-258．

［20］　常廷改，汪雍熙．金沙江溪洛渡水电站水库诱发地震危险性预测研究报告［R］．北京：中国水利水电科学研究院，2001．

［21］　韩德润，戴良焕，王继存，等．向家坝水库诱发地震危险性初步分析［R］．北京：国家地震局地壳应力研究所，1990．

［22］　杨磊．向家坝、溪洛渡水库区三维 P 波速度结构及地震精定位研究［D］．中国水利水电科学研究院，2020．

［23］　赵小艳，苏有锦．小江断裂带地震尾波 Q_c 值特征研究［J］．地震研究，2011，34（02）：166-172．

［24］　吴微微，苏金蓉，魏娅玲，等．四川地区介质衰减、场地响应与震级测定的讨论［J］．地震地质，2016，38（04）：1005-1018．

［25］　夏其发，李敏，常廷改，等．水库地震评价与预测［M］．北京：中国水利水电出版社，2012．

［26］　Gupta S C，Teotia S S，Rai S S，et al. Coda Q Estimates in the Koyna Region，India. Birkhäuser Basel，1998．

［27］　洪玉清，杨选．利用 Aki 模型对新丰江水库地区尾波 Q 值的研究［J］．华南地震，2015，35（03）：66-71．

［28］　Roecker S W，Tucker B，King J，et al. Estimates of Q in central Asia as a function of frequency and depth using the coda of locally recorded earthquakes［J］．Bull. seismol. soc. am，1982，72（1）．

［29］　Pulli J J. Attenuation of coda waves in New England［J］．Bulletin of the Seismological Society of America，1984，74（4）：1149-1166．

高精度 GNSS 接收机研制及在南水北调工程应用研究

高振铭　翟宜峰　孙持酉　冯建强　杨　喆

（南水北调中线信息科技公司，北京 100038）

摘　要：GNSS 技术在渠道、边坡自动化监测系统逐渐普及，其测量精准，水平精度和垂直精度可精确至亚厘米级、毫米级。国外 GNSS 接收机的费用价格高，维护成本高，难以进行大量使用。近年来，北斗系统广泛应用于高精度实时定位监控领域，数据精度在逐步提高。本文选用司南板卡进行接收机研制，进行基站和移动站点的设置，采集北斗星历原始报文并将其转发至数据接收平台，服务器根据设备解析方式和卫星星历协议对原始星历数据进行解析，进而解出位置坐标，同时以国外品牌接收机选取点位进行同步测试，验证坐标误差并进行分析。

关键词：GNSS；星历原始报文；服务器解算；物联网

1　引言

南水北调中线干线工程是一项跨流域、长距离的特大调水工程，工程全长约为 1432km，需要全面掌握中线干线渠道及建筑物运行状况[1]，当前监测方式主要以传统人工观测为主。此方式自动化程度低、工作量大、存在观测易受气候和其他外界条件影响、采集频次相对较低等诸多问题[2]。同时，数据采集难以提供高精度和高时效性兼顾的监测方案[3]。国外产品虽能满足需求，但价格昂贵，维护成本高、难以进行大批量应用且存在信息安全问题。针对此，本文对高精度 GNSS 接收机进行研制，设计一款高精度 GNSS 接收机，能够采集星历原始报文，通过数据接收传送至服务器进行坐标解算，并进行数据比对与分析，进而验证国产板卡在渠道形变的适用性。

2　使用环境选择及方案设计

2.1　监测形变精度需求

南水北调中线工程安全监测外部变形工作主要包括垂直位移监测和水平位移监测[4]。依据南水北调中线工程现行安全监测技术标准要求：输水建筑物水平位移点观测精度相对于临近工作基点不大于 ± 1.5mm；渠道及其他建筑物水平位移观测精度相对于临近工作基点不大于 ± 3.0mm。垂直位移监测输水建筑物测点及相关工作基点按国家一等水准观测要求施测[5]。渠道和其他建筑物测点及相关工作基点按国家二等水准观测要求施测[6]。

作者简介：高振铭（1992—），男，安徽涡阳县人，工程师，硕士，主要从事物联网系统开发工作。
E-mail：gaoswork@126.com。

2.2　板卡对比与选择

GNSS 板卡是定位系统中的关键硬件，影响信号的采集质量和数据精度[7]。在静态形变观测中，定位支持的卫星种类、数量和频点对定位精度会产生影响，为解算提供重要的原始星历报文，故要着重比对。将国外的 Trimble 公司的 MB2 板卡、NovAtel 的 OEM7700 板卡、国内的司南公司的 K803 板卡和和芯星通的 UB4B0 板卡在定位支持、RTK 精度、数据速率，数据输出格式进行对比分析，如表 1 所示。

国内外 GNSS 板卡重点数据对比　　　　　　　　　　　　　　　　表 1

参数	Trimble MB2	NovAtel OEM7700	司南 K803	和芯星通 UB4B0
定位支持	GPS BDS GLONASS Galileo SBAS IRNSS	GPS GLONASS BDS Galileo SBAS QZSS	GPS BDS GLONASS Galileo QZSS SBAS IRNSS	GPS BDS GLONASS Galileo QZSS
RTK 精度 H	0.8cm+1ppm	1cm+1ppm	1cm+1ppm	0.8cm+1ppm
RTK 精度 V	1.5cm+1ppm	1cm+1ppm	1.5cm+1ppm	1.5cm+1ppm
数据速率	50Hz	100Hz	50Hz	50Hz
输出数据格式	NMEA-0183/ Trimble	RTCM2.X/ RTCM3.X/ CMR/ CMR+/ RTCA/ NOVATELX	NMEA-0183/ ComNavBinary/ CMR/ RTCM2.X/ RTCM3.X/ MSM3~MSM7	NMEA-0183/ Unicore

通过比对分析，国内在 RTK 精度解算方面已经逐步提升，国内外的板卡在 RTK 测量精度上处于厘米级，无法达到毫米级别，需要引入 CORS 系统，进行高精度静态差分解算来提高精度。考虑到定位支持卫星的种类、硬件成本、输出数据格式和平台解算因素，本文项目中使用司南 K803 板卡进行星历原始报文采集，板卡数据输出格式使用 ComNavBinary 格式。

2.3　GNSS 系统工作原理

GNSS 导航定位技术，在区域内建立多个基准参考站和移动站，通讯网络技术将各个参考站之间以及数据中心连接起来，形成一个参考网络站[8]。它是差分 GPS 和 RTK 技术的基础上演变而来的，在全球卫星导航定位技术 GNSS 和计算机网络通信等技术相互结合下出现的新兴技术。整套系统中，影响 CORS 系统定位精度有：现场环境、GNSS 板卡的性能、天线的质量和平台的解算能力。GNSS 系统工作原理可参考图 1 所示。

3　GNSS 接收机软硬件设计方案

本文设计高精度 GNSS 接收机需要适用于户外环境，具备一定的抗电磁干扰能力[9]，输入电压满足宽电压输入的需求，同时整机运行时，器件模块产生瞬时功耗会较大，如

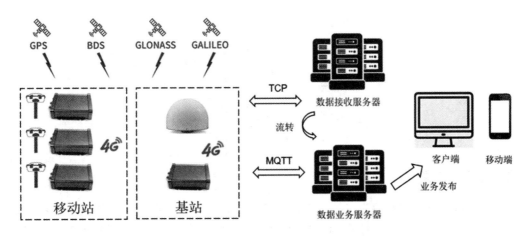

图 1　GNSS 定位系统设计方案框图

4G 模块等，需要保证其电流正常输出进而保证整个系统的稳定性。整个系统中分为 GNSS 模块、4G 模块、人机交互模块、CPU 处理模块、温湿度采集模块等。通过天线定时获取星历原始报文，处理器将获取的报文，进行打包处理，通过 4G 板卡以 TCPIP 方式将星历原始报文发送到服务器中。人机交互模块能够配置 IP 地址，报文周期等信息的配置。

3.1　硬件设计方案

根据需求，选用兆易创新公司芯片 GD32F407RET6 作为 CPU 用于处理和计算，CPU 最大主频为 168MHz，支持多串口、多 SPI、内置 FLASH 等功能。本设备支持通过现地串口和远程修改参数的功能，其中串口修改的参数的权限高于网络远程修改的权限。具体流程图如图 2 所示。

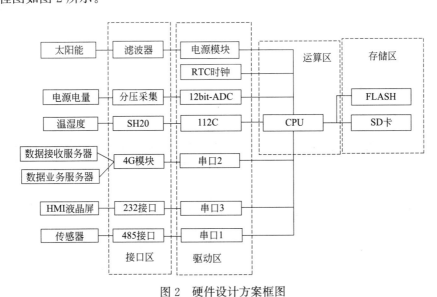

图 2　硬件设计方案框图

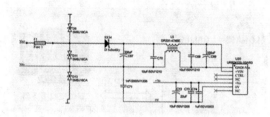

图 3 EMC 电源输入设计

3.2 EMC 电源设计

GNSS 接收机使用环境为室外，工作环境恶劣，要具备一定的抗干扰能力。基于此，选用 URB-YMD-10WR3 型号的 DC-DC 模块电源，效率为 88%，对其进行 EMC 电源设计，如图 3 所示，增强其电路抗干扰性。电源进入后通过开关电源芯片输出各个模块所需要的电压 5V、3.6V 和 3.3V 等电压。如图 3 EMC 电源输入设计，通过 TVS 管和保险丝形成后级电路保护，肖特基二极管完成防反接设计，保证了设备的电路安全性，使用共模滤波器消除电源噪声。

3.3 GNSS 软件方案设计

本文中的 GNSS 接收机在功能上需要有人机交互功能、设备信息 SD 卡存储、flash 存储、GNSS 航电报文采集、数据缓冲处理、数据转发、设备信息采集等功能。多任务交织在一起效率降低，故引入 LiteOS 操作系统，LiteOS 是一种轻量级操作系统，使用信号量功能完成任务间同步和共享资源的互斥访问，同时使用系统内的互斥锁，解决信号量中存在的优先级反转问题，通过对操作系统的合理运用解决了任务间的相互冲突，如图 4 所示。人机交互界面如图 5 所示，显示出正在运行的状态数据及信息。

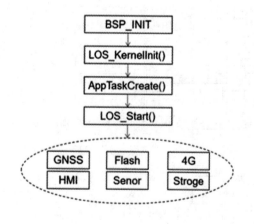

图 4 基于 LiteOS 程序架构

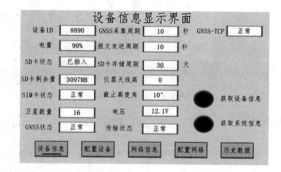

图 5 人机交互显示界面

3.4 接收机数据处理机制

1. 星历原始报文接收处理机制

GNSS 板卡在实际调试中，在发送出数据请求后，会接收到二进制序列的数组，通过实际测试得到数据大小为 4K 左右，对芯片的缓存和处理造成一定的影响，易引起串码和数据缓存区溢出。对此问题，本文采用的方案是使用串口空闲中断进行数据接收处理，使用队列环形缓冲来接收数据，其中使用链式队列产生的指针域会造成额外的空间使用。故本文缓冲方式使用环形数组结构来接收数据，使用线性结构，易于完成预测校验。

2. 网络传输管理

由于 GNSS 接收机要进行设备信息配置，在网络传输中会传输两类数据。

（1）设备信息数据、指令类数据传输

Web 端和 App 端能够远程设置仪器仪表参数。此部分协议需要快速实时响应，且能够远程配置信息，简化现地人员工作难度，远程完成配置。此部分协议为了防止在数据传输中数据堵塞，在设备端新建端口，用 MQTT 消息协议进行配置，能够配置 GNSS 系统通信系统和设备信息。在设置中使用设备三要素规则，所有设备走一个服务器端口，用以保证设备到网络的安全性。

（2）航电原始报文传输

航电原始报文单独走一个通道，一台设备对应服务器一个端口进行信息解算，服务器接收设备发送 ComNavBinary 格式的数据，并进行解算。

4 样机实验与测试

4.1 比对测试方案

南水北调中线干线工程是一项跨流域、长距离的特大型调水工程，跨越地貌多样，工程地质条件复杂[10]，尤其是"膨胀土"渠段，是南水北调中线工程重大工程地质环境问题[11]。一旦出现安全事故，将导致难以估量的后果。为切实保障供水安全、工程安全，南水北调中线工程对安全监测外部变形提出了更高的监测精度要求，自研 GNSS 接收机能否满足工程安全监测需求须进行必要的验证。

GNSS 技术在变形监测的应用既要满足监测精度的基本要求，还要具备良好的稳定性、抗干扰性和持续性。为切实评价自研 GNSS 接收机的观测精度和整体性能，基于南水北调中线工程实际监测环境，采用 BDS+GPS 多系统组合定位方式进行相对静态观测。现场选取地质条件相对稳定，年累计变形量较小的 6 个观测墩如图 6 所示，组成不同量程的基线（基线长度 67～331m），目的是排除现场环境变形对测试精度评定的影响，确保测试环境的同一性，同时采用短基线相对静态定位的方法，可以有效减小卫星星历误差、卫星钟差、大气延迟误差带来的影响，确保测试结果真实可靠。本次自研 GNSS 接收机精度评价，主要从以下 3 个方面进行：第一、稳定性测试，其反映的观测数据的内聚程度，以内符合精度进行评定；第二、准确性和可靠性比对测试，其反映的是观测值与真值的偏差程度，以外符合精度进行评定；第三、在相同测试环境下对标业界高端 GNSS 产品，以自研 GNSS 接收机与 Leica 高精度 GNSS 接收机进行横向比对，评价接收机的整体性能及存在的优劣势。测试状态如图 7 所示。

图 6　GNSS 样机测试区域观测点布置图　　　　图 7　GNSS 样机现场数据采集

稳定性测试比对，以不同基线多个时段观测数据进行基线重复性评价，初步验证基线观测质量，计算标准差（STD）评定内符合精度，其值越小，表明观测值聚合程度越高，稳定性越高。基线解算采用司南高精度定位板卡配套随机数据处理系统 Compass Solution 进行，并对原始数据进行 Ratio 检验。Ratio 值为在采用搜索算法确定整周未知数参数的整数值时，产生次最小的单位权方差与最小的单位权方差的比值[12]，其比值越大，观测数据质量越好。实践表明，当 Ratio 值大于 3 时，基线数据观测质量较好。检验结果表明，自研 GNSS 接收机 Ratio 值大于 3 的测段约占 80%，其余测段 Ratio 值均分布在 2.5～2.8 之间，观测数据质量略差；而同一测试环境下（相同时间、相同区域、相同对空条件），Leica 高精度 GNSS 接收机 Ratio 值均大于 3，数据质量相对较好。

外符合精度评定，以高精度全站仪 Leica TM50（标称精度 0.6mm＋1ppm）测定各基线长度作为标准值。参照《全球定位系统 GPS 测量型接收机检定规程》CH 8016—1995[13]，基线观测值 $d_测$ 与标准值 $d_标$ 之差 Δd 应该小于仪器的标准误差 δ，对 GNSS 观测值与标准值的差值，进行统计分析和外符合精度评定。一般情况，GNSS 接收机在垂直方向观测精度要低于水平方向观测精度，本次测试为验证自研 GNSS 接收机能否达到南水北调中线工程垂直位移监测的精度需求，通过特定三维微动可调节基座，人为给定标准垂直位移模拟变形量，以 GNSS 直接观测量大地高的相对变化量与标准位移量的差值进行数学统计分析，然后计算均方根（RMS）来评定监测精度和可靠性，数据精度对比如图 8、图 9 所示。

4.2　比对测试结果

测试结果表明，自研低成本 GNSS 接收机稳定性和可靠性均具有较好的精度水平，在较短基线测试环境下，其内符合精度约±0.67mm，基线外符合精度约±1.46mm，垂直位移外符合精度约±4.6mm。相同测试环境，与业内高端产品 Leica 高精度 GNSS 接收机相比，在整体性能和精度水平上仍存在一定差距。一方面，初步分析可能是由于自研 GNSS 接收机集成工艺水平、基础产品稳定性、可靠性和电磁兼容性存在一定的缺陷，需进一步优化提升；另一方面，采用 4G 无线通信模块进行数据传输可能对数据接收造成一定程度的电磁干扰。此外，本次测试未采用具有扼流圈的天线，无法有效减弱或抵消多路径效应带来的观测误差，因此在稳定性、抗干扰性方面略显不足，后续天线选型方面将进一步考虑相位中心误差±1mm，且具备扼流圈的天线，以提高监测精度。

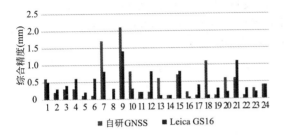 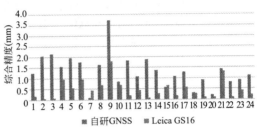

图 8　GNSS 接收机内符合精度比对统计分析　　　图 9　GNSS 接收机外符合精度比对统计分析

5　结论

根据安全监测外部变形观测需求，研制了高精度 GNSS 接收机，分为人机交互、数据采集、数据处理、数据通信四大部分。高精度 GNSS 接收机为平台准确的星历原始数据，高精度 GNSS 接收机完成对设备状态、温湿度的信息采集并通过 4G 通信方式将数据定时报送给业务数据平台，以自研 GNSS 接收机与 Leica 接收机进行横向比对试验，得到以下结论。

（1）自主研发低成本 GNSS 接收机基于较短基线测试环境，虽距业内高端产品存在一定差距，但内、外符合精度水平整体表现较好，可大幅降低监测设备成本，能够满足南水北调中线工程对水平位移监测精度的需求，证明国产板卡方案加平台解算高精度坐标方案是可行的。

（2）本次研究对其他大型水利工程安全监测具有一定参考、借鉴价值。后续研发将进一步拓展 GNSS 基础产品的选型优化，在数据解算算法、硬件设施、安装环境做进一步优化，同时提高垂直位移外符合精度，并保证数据的稳定性、可靠性，对推动"十四五"国家北斗 GNSS 设备规模化应用产业化发展，促进实现北斗＋南水北调深度有机融合，落实国家重大战略部署具有良好的指导作用。同时本次研究对其他大型水利工程安全监测具有一定参考、借鉴价值。

参考文献

[1]　马艳军，郭芳，郭艳艳，等 . 基于二维码扫描的南水北调工程巡查系统 [J] . 东北水利水电，2016，34（4）：2.
[2]　李学会，韦宏鹄 . 桥梁变形监测方法浅析 [J] . 市政技术，2014，32（5）：
[3]　赵升 . 气象数据采集与处理系统的研究 [D] . 武汉：武汉理工大学，2013.
[4]　杨爱明，严建国，姚楚光 .《南水北调中线干线工程施工测量实施规定》编制概况 [J] . 水利水电快报，2007，28（9）：4.
[5]　王珍萍，马洪亮 . 南水北调中线干线工程大型输水渡槽安全监测简述 [C] . 全国大坝安全监测技术信息网全网大会暨全国大坝安全监测技术与应用学术交流会 . 全国大坝安全检测技术信息网，2015.
[6]　田林亚，赵士华，李斌 . 利用全站仪同时监测公路施工阶段水平位移和垂直位移 [J] . 勘察科学技术，2004（6）：3.

［7］　赵鹏飞．嵌入式多频 GNSS 单历元动态 RTK 定位技术［D］．南京：东南大学，2019.

［8］　秦世民．区域连续运行参考站稳定性分析［D］．西安：西安科技大学，2019.

［9］　戴鑫志．卫星导航天线阵抗干扰偏差分析及无偏算法研究［D］．长沙：国防科学技术大学，2017.
　　　南水北调中线干线工程自动化调度与运行管理决策支持系统总体框架初讨［J］．南水北调与水利科技，2005，3
　　　（005）：21-25.

［10］　吴剑疆，邵剑南．南水北调中线工程总干渠渠道设计关键技术问题［J］．水利规划与设计，2011（5）：3.

［11］　魏峰，张健，彭伟．基于 TBC 软件的基线处理及其质量控制［J］．绿色科技，2013（10）：3.

［12］　李征航．GPS 测量与数据处理［M］．武汉：武汉大学出版社，2013.

基于数字孪生的水利工程安全监测管理平台研发

戴　领[1]　李少林[2]　刘光彪[2]　纪传波[2]

（1. 长江设计集团有限公司，湖北武汉 430010；2. 长江勘测规划设计研究有限责任公司，湖北武汉 430010）

摘　要： 近年来，数字孪生技术在淮河流域、珠江流域与海河流域等水利部确定的众多先行先试流域中已初见成效，特别是在流域智慧化仿真模拟、精准化决策支持等方面，基本实现了数字流域和物理流域数字映射，形成流域调度的实时写真、虚实互动。本文基于已有研究成果和应用案例，分析了数字孪生技术在工程安全监测领域中的可行性与必要性，以数据感知-数据处理-数据分析-数据可视化为主线明确了数字孪生技术在水利工程安全监测领域应用方式，在此基础上，提出了基于数字孪生的水利工程安全监测管理平台架构体系，最后梳理了工程"四预"业务在平台中的应用途径。本研究可为数字孪生工程的建设提供经验借鉴和理论参考。

关键词： 数字孪生；水利工程；安全监测；四预；数据可视化

1　研究背景

"十四五"以来，水利部积极推进智慧水利体系建设，相继颁布《关于"十四五"期间大力推进智慧水利建设的指导意见》《智慧水利建设顶层设计》《"十四五"智慧水利建设实施方案》《数字孪生流域建设技术大纲（试行）》《数字孪生水利工程建设技术导则（试行）》《水利业务"四预"功能基本技术要求（试行）》等指导文件和技术要求指导各级水利部门开展水利业务业智能化、智慧化转型工作，推动新阶段水利高质量发展[1]。

数字孪生技术是充分利用物理模型、传感器、运行数据等，集成多学科、多物理量、多尺度、多概率的仿真过程，在虚拟空间中完成映射，从而反映相对应的实体对象的全生命周期过程[2-3]，其主要核心点在于虚实映射，实时同步，共生演化，闭环优化，即建立现实世界物理系统的虚拟数字镜像，贯穿于物理系统的全生命周期，并随着物理系统动态演化通过描述物理实体内在机理，分析规律、洞察趋势，基于分析与仿真对物理世界形成优化指令或策略，实现对物理实体决策优化功能的闭环[4-5]。作为实现数字化转型和促进智能化升级的重要技术，数字孪生技术最早应用于工业及航空航天领域，而后逐渐在智慧城市建设与基建工程方面崭露头角[6]。传统水利行业如何利用数字孪生技术优势，提升行业智能化程度，同时在行业应用过程中取长补短、相互融合促进技术向更高层次发展，是数字孪生技术发展建设所需要关注的重点与难点。目前，以流域防洪"四预"业务为主的数字孪生流域相关试点应用较多，陈胜[7]等以防洪应用实际需求为驱动，研究防洪

基金项目： 湖北省博士后创新实践岗位（2022CXGW003）；长江勘测规划设计研究有限责任公司自主创新项目（CX2019Z18，CX2020Z46）。

作者简介： 戴领（1994—），男，湖北浠水人，博士，主要从事安全监测，水利信息化工作。E-mail：dailing2021@qq.com。

"四预"数字孪生技术框架，开发支撑"虚实映射"的数字流域模拟系统、数字化场景和"孪生体"状态同步等核心数字孪生技术；范光伟[8] 等以珠江流域西江干流重点阶段为研究对象，探索数字孪生珠江防洪"四预"功能实现路径；刘业森[9] 等针对防洪"四预"业务，在梳理数据底板相关技术基础上，结合试点工作经验，提出了面向防洪"四预"的数据底板建设框架和技术路线。相关研究对数字孪生流域建设提供了多种思路，为实现流域防洪"四预"业务奠定了基础。然而，作为数据孪生流域建设的重要组成部分、突破点和切入点，数字孪生水利工程相关研究案例较少，尚处于概念阶段，相关边界与规范尚不明确，各业务间相互联系不清晰。

为此，研究以工程安全"四预"业务为切入点，分析数字孪生技术在工程安全监测领域中的可行性与必要性，厘清在数字孪生技术应用中数据在安全监测业务中传输过程及其演化出的众多工程，提出基于数字孪生的水利工程安全监测管理平台架构体系，梳理工程安全"四预"领域应用，为提升水利工程智能化程度和提高工程运行管理水平提供高效、便捷、可靠的技术手段，完善智慧水利建设理论和方法。

2 数字孪生技术与工程安全监测

安全监测体系以"耳目"作用贯穿整个水利工程运营周期，可及时获取反映工程工作性态的第一手资料，为准确评估工程状态提供依据，从而可以在发生险情时提前采取维护措施保证工程安全或减小事故损失。同时，通过对观测资料整体分析，建立各种数学监测模型，能够了解工程各种物理量变化规律、馈控工程原型结构、检验设计成果和检查施工质量。因此，工程安全监测及其资料分析是保证工程安全运行的有效举措，也是坝工建设和运行管理中不可或缺的一项工作，具有十分重大的现实意义[10]。在数字孪生技术中，数据是基础，模型是核心，服务是重点。类比工程安全监测，监测实时数据与工程基础数据是工程实体基础，安全监测模型是业务核心，工程安全评价是重点。通过 BIM＋GIS 技术在数字世界构建工程孪生体，通过监测传感器将数据从实体输送至孪生体赋予其"体征"，进而通过安全监测模型预测未来工程性态变化，同时通过可视化技术将预测数据反映在孪生体中，仿真工程未来变形、渗流、应力应变等性态特征变化过程，以此为基础完成预警和预案处置。相对于传统安全监测信息化而言，数字孪生技术有以下优势：（1）直观表达工程状态，视觉效果更好；（2）便于从不同角度整体把握工程状态，分析更加全面；（3）基本涵盖工程运行过程中涉及的所有业务，一套系统代替多套系统。见图 1。

综上所述，十分有必要、也完全有可能将数字孪生技术有机融入工程安全监测中，探索其与工程安全监测理论方法的交融创新，对于推进工程安全监测向智慧水利方向发展具有重要价值和广泛应用前景。

3 基于数字孪生的水利工程安全监测系统设计与实现

系统采用 SOA（面向服务的体系架构）设计思路，运用模块化结构设计理念，实现监测数据采集、数据处理、数据分析、数据可视化，并由此脉络延伸扩展开发监测管理、巡检管理、资料分析等业务功能。系统以"一中心多模块"的组织方式进行各业务功能模

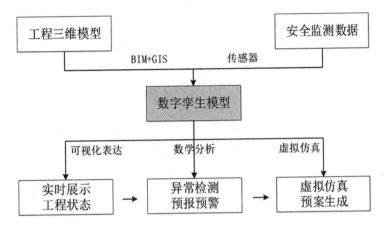

图 1　数字孪生安全监测技术路线图

块的松耦合集成，进而通过数据库配置，即可实现具体工程安全监测信息化系统功能模块动态组合。

3.1　系统逻辑与功能架构

结合数字孪生技术，通过数据感知、处理、分析和可视化，完成工程安全监测智能化管理。功能逻辑流程见图 2。

图 2　系统功能逻辑流程

数据感知：通过"空天地内"监测网络体系，实现工程状态的全方位感知。"空"指采用北斗、GNSS、星载SAR等技术对大范围滑坡体以及边坡等进行高频高精度监测；"天"指采用无人机贴近摄影等技术对工程部位进行无接触、全覆盖拍摄与隐患识别；"地"指采用地基雷达、激光雷达等技术对工程重点部分变形进行毫米级实时监测；"内"指采用阵列式位移计等新型传感器以及巡检机器人等新技术对工程内部进行全方位监测。

数据处理：对采集到的多源异构数据进行整理分类检验融合，并通过阈值方法、人工智能方法等进行异常值处理，对缺失数据采用线性插值、三次样条等插值方法进行补缺；同时结合地形地貌、BIM模型等基础数据组建工程数字底板，并以此为基础构建工程数字孪生体，囊括工程周边地形地貌、基础结构、建筑物、机电设备、监测仪器等实体工程中的所有元素。

数据分析：对处理后的数据进行分析，包括相关性分析、趋势性分析、突变分析等常规分析手段；建立监测统计模型、确定性模型、混合模型，分析各类环境变量对变形、渗流、应力应变等监测效应量的影响趋势；引入深度神经网络、支持向量机等机器学习算法对监测效应量进行智能预测与预警、安全评价等；通过接口封装完成工程模型库构建。

数据可视化：以工程监测实时数据与模型预测数据驱动数据孪生体，对工程高精度模拟仿真，实现工程状态变化直观展示，为业务人员提供决策支持。

3.2　系统技术架构

系统采用时下流行的B/S系统架构模式进行前后端分离式开发，前端主要采用VUE框架以及ElementUI、Echarts等开源组件库以及自主研发适用于各类监测业务的定制化组件，后端主要使用SpringBoot、SpringCloud框架搭建服务平台，服务配置与管理采用Nacos，数据库主要使用MySQL、PostgreSQL。系统主要由资源层、数据层、服务层、应用层和展示层构成。总体技术架构和各部分内容如图3所示。

资源层：该层为从开发阶段到运行阶段全过程的基础支撑资源，划分为设备资源与数据资源。设备资源包括存储器、服务器、数据采集器等硬件设备以及数据库支撑服务和网络通信服务等网络设备；数据资源具体包括基础数据、监测数据、地理数据、地形数据等，监测业务数据可划分为人工观测数据、自动化采集数据、环境量数据、巡视检查数据等。

数据层：该层主要是对数据资源中多源异构化海量数据进行融合存储与提供数据管理服务，方便系统进行增删改查操作，可划分为监测业务数据库、基础地理数据库、三维模型数据库及系统管理数据库。其中，监测业务数据库根据其存储方式与组织结构划分为结构化数据和非结构化数据；结构化数据主要有各监测项目观测数据以及效应量数据、环境量数据和工程及监测仪器基础信息数据等；非结构化数据主要有巡视检查记录、预警预报信息、视频监控和系统管理信息等。

服务层：该层主要设计有统一数据服务、监测业务服务、基础地理服务、BIM模型服务、通用服务、缓存服务、服务治理、日志分析、链路跟踪等。统一数据服务为所有数据的唯一出口，提供上层功能应用与数据库的交互，统一完成应用层与数据层通信，为各具体安

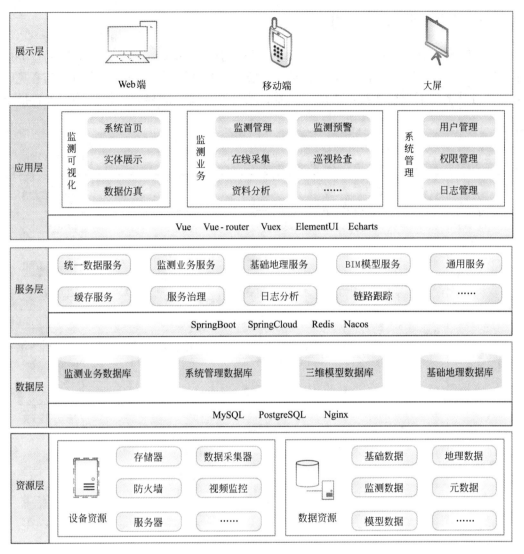

图 3　系统总体架构

全监测业务提供数据操作服务；监测业务服务主要支撑监测管理、设备管理、资料分析等各项安全监测业务；通用服务将各应用都需要的功能模块集中于该服务下，从而减少开发过程冗余工作，同时能够更好的管理系统各模块功能。缓存服务用于缓存系统授权等信息；服务治理主要负责所有微服务的注册、配置与发现；日志分析用于系统日志存储管理与分析，提供解决业务模块内部问题可能；链路跟踪主要用于服务调用链管理与分析。

应用层：该层主要分为监测可视化、监测业务以及系统管理等。其中监测可视化包含首页一张图、工程实体展示、数据仿真等；监测业务主要包含工程管理、数据采集、测点信息管理、测点数据管理、数据展示、资料分析、离线分析、巡视检查管理、预警分析管理和系统管理等功能应用；系统管理主要包含用户管理、权限管理、日志管理等。

展示层：该层主要通过 WEB 应用、APP、大屏等手段与用户实现交互，提供用户完成水利水电工程安全监测各业务，极大降低安全监测管理分析专业门槛，提升监测工作效率。

4 工程安全"四预"应用

工程安全"四预"应用即工程安全领域预测、预警、预演、预案四个方面的业务应用，通过系统各功能模块间配合，可完成工程安全"四预"业务应用，具体业务流程见图4，各业务从上到下层层递进，为应对洪水、地震等突发事故提供决策支持与处置措施建议。

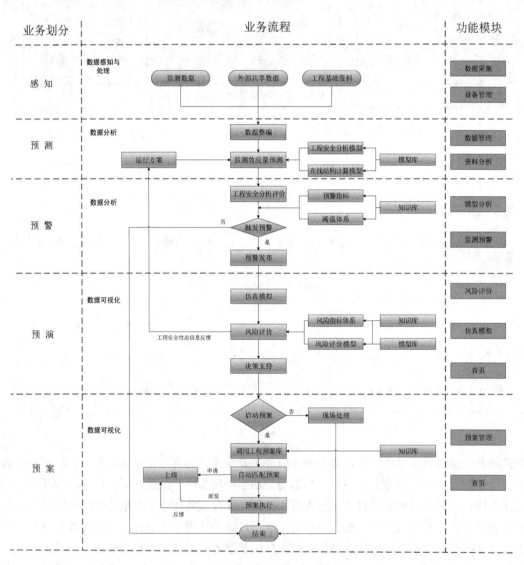

图 4 工程安全"四预"业务流程

4.1 预测

以工程实时监测数据与运行方案为输入，调用系统模型库中工程安全分析模型或在线结构计算模型，对工程重点部位变形、渗流、应力应变等安全监测效应量进行预测。

4.2 预警

根据监测效应量预测结果，进行工程安全分析评价，并结合预警指标与阈值体系进行预警触发判断，对触发预警指标的情景进行预警发布。

4.3 预演

在工程数据孪生体上对预测与预警结果进行模拟仿真，对工程安全分析评价结构进行风险评价与定级，将评价结果反馈以调整运行方案。

4.4 预案

确定运行方案后，结合预测、预警、预案结果调用工程预案库自动优选应急预案，并向上级发起申请，审核通过后进行预案执行。

5 结论

在大数据、云计算、物联网、人工智能等新技术蓬勃发展的背景下，数字孪生技术将在水利行业广泛推广使用，为解决"信息水利"向"智慧水利"跨越过程中的某些科学决策问题提供新理论、新技术和新模式。本文以数字孪生技术为核心，重新梳理了安全监测业务，将传统的安全监测信息化系统拆解重构为精细化、智能化、智慧化程度更高的水利工程安全监测数字孪生平台，并提出了工程安全"四预"业务流程，为数据孪生工程建设提供助力。

然而，数字孪生技术在水利行业应用还处于初级阶段，要想实现虚拟场景与现实状况完全孪生，还需将各类传统水利专业模型信息化，真正驱动工程数字孪生体"动"起来，进一步实现水利专业理论突破、技术探索、业务理解和模式创新。

参考文献

[1] 刘昌军，吕娟，任明磊，等．数字孪生淮河流域智慧防洪体系研究与实践［J］．中国防汛抗旱，2022，32（1）：47-53．

[2] GRIEVES M．Digital Twin：Manufacturing Excellence Through Virtual Factory Replication［R］．White Paper，2014．

[3] 陶飞，刘蔚然，刘检华，等．数字孪生及其应用探索［J］．计算机集成制造系统，2018，24（1）：1-18．

[4] 张洪刚，姚磊，袁晓庆，等．数字孪生白皮书（2019年）［R］．北京：中国电子信息产业发展研究院，2021．

[5] TUEGEL E J，INGRAFFEA A R，EASON T G，et al．Reengineering aircraft structural life prediction using a digital twin［J］．International Journal of Aerospace Engineering，2011，2011：1-4

[6] 黄艳，喻杉，罗斌，李荣波，李昌文，黄卫．面向流域水工程防灾联合智能调度的数字孪生长江探索［J］．水利学报，2022，53（03）：253-269．DOI：10.13243/j.cnki.slxb.20210865.

[7] 陈胜，刘昌军，李京兵，等．防洪"四预"数字孪生技术及应用研究［J］．中国防汛抗旱，2022，32（6）：1-5，14．

[8] 范光伟，王高丹，侯贵兵，罗朝林．数字孪生珠江防洪"四预"先行先试建设思路［J/OL］．中国防汛抗旱．

[9] 刘业森，刘昌军，郝苗，等．面向防洪"四预"的数字孪生流域数据底板建设［J］．中国防汛抗旱，2022，32（6）：6-14．

[10] 李珍照．大坝安全监测［M］．北京：中国电力出版社，1997．

基于 GNSS 技术的水电站外部变形自动化监测系统方案设计与应用

杨细源　曾飞翔　聂文泽　黎　杰

(中国电建集团贵阳勘测设计研究院有限公司，贵州贵阳 550081)

摘　要： GNSS 自动化监测技术凭借其全天候、精度高、可靠性强、扩展性好及动态实时、网络监控等优点已在各种工程监测项目中使用。本文研究并归纳总结了 GNSS 技术在水电站自动化变形监测系统建设中的方案设计与土建施工、设备安装和组网调试的一般步骤与经验方法。工程应用实例表明，新建 GNSS 自动化变形监测系统具有精美的外观与较高的稳定性，在观测数据无缺失情况下，提供有效解的概率高于 98%，24h 时段解在上下游向（顺逆坡向）、左右岸向（上下游向）与垂直向的重复性分别为 0.5～2.2mm、0.5～1.9mm、1.9～4.0mm，具备一定的工程借鉴、参考与推广价值。

关键词： GNSS 自动化监测系统；系统方案设计；设备安装与组网调试；方法步骤

1　引言

全球导航卫星系统（Global Navigation Satellite System，GNSS）定位技术具有全天候、精度高、可靠性强、扩展性好、实时动态、网络监控，且能同时获得三维位移信息等优点，已被广泛应用于水电站的高精度外部变形监测领域[1-2]。随着北斗卫星导航系统的全球组网成功，GNSS 技术已进入多系统、多频率时代，PNT 服务的可用性、精度和可靠性得到进一步改善和提高[3]。GNSS 安全监测主要基于网络 RTK 技术，其核心思想是双差相对定位，按系统误差（与距离相关部分）改正模式可分为：虚拟参考站技术（Virtual Reference Station，VRS）、区域改正数法（FKP）、主辅站技术（MAX/i-MAX）以及综合误差内插法（CBI）等[4-6]。

基于 GNSS 技术的水电站自动化变形监测系统建设内容主要包括系统施工阶段方案设计、设备材料采购、土建施工、设备安装与组网调试、系统试运行等[2]。本文重点研究并归纳总结了系统方案设计与土建施工、设备安装和组网调试的一般步骤与经验方法，并以此指导某水电站的 GNSS 自动化监测系统建设，取得了良好的工程实践效果，为日后类似工程项目建设提供了借鉴、参考与进一步完善的宝贵经验。

作者简介：杨细源（1994—），男，贵州人，助理工程师，硕士，主要从事水电水利安全监测工作。
　　　　　E_mail：xyyangwhu@163.com。

2　系统方案设计与土建

2.1　基准站

GNSS 自动化监测系统的基准站为连续运行观测的永久站点，其观测值按非差模型进行网络解算可获得系统误差改正参数（如轨道误差、电离层延迟误差和对流层延迟误差等）及基线模糊度水平[4-5]。基准站（含观测房、观测墩）的施工设计图与施工方法步骤分别见图 1 和表 1。

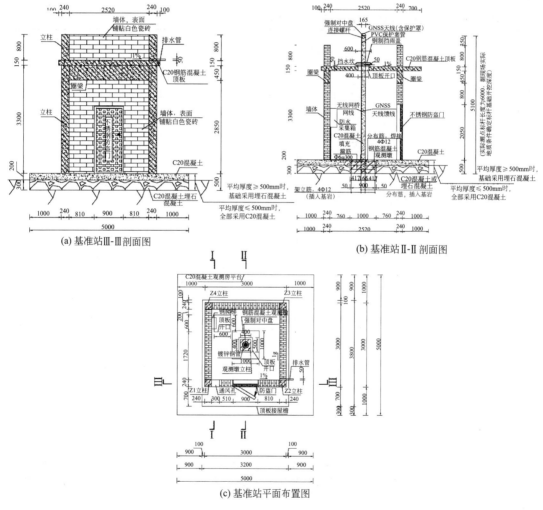

(a) 基准站Ⅲ-Ⅲ剖面图

(b) 基准站Ⅱ-Ⅱ剖面图

(c) 基准站平面布置图

图 1　基准站施工设计图

2.2　监测点

GNSS 自动化监测系统的监测点建造在变形部位的特征断面上（能准确反映其运行性态），并且远离不利观测条件（如遮挡、高电压/电磁区域和强反射面）。监测点一般存在两种类型——"边坡型监测点"和"大坝型监测点"，前者施工设计图与施工方法步骤分别见图 2 和表 2,后者见图 3 和表 3。

基准站施工方法步骤　　　　　　　　　　　　　　　　表 1

1. 按设计坐标测量放点并开挖观测房基础至原生土层。开挖完毕,以点位为中心在地表标记分布筋(4 根 $\phi18$ 带肋钢,长度 2.5m),架立筋钻孔位置,钻孔完成后,将它们插入孔内

2. 采用外径 $\phi165$、壁厚 3～4mm、长度 6m 的镀锌钢管作为主体墩体(测杆),测杆提前预埋 PVC 保护管并穿入网线、电缆线。测杆放入分布筋内,将测杆与分布筋焊接在一起。用 $\phi12$ 带肋钢、$\phi6$ 光圆钢箍筋制作钢筋骨架

3. 木模板(尺寸:长×宽×高为 1m×1m×1.4m)制作,立模后浇筑强度 C20 混凝土并振捣密实、混凝土面抹平整

4. 测杆内部浇筑 C20 混凝土至钢管顶部,用水平尺调节强制对中基座至水平状态,基座抹平光滑,基座不锈钢板突出混凝土面

5. 观测墩强度达到后拆模,再继续按设计图进行观测房的修建

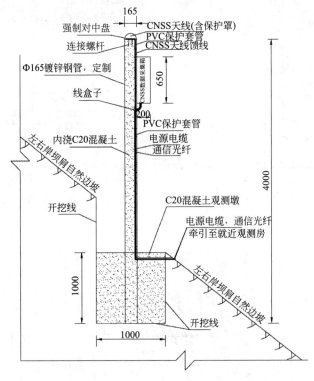

图 2　"边坡型监测点"施工设计图

"边坡型监测点"施工方法步骤　　　　　　　　　　　表 2

1. 按照设计坐标测量放点,以点位为中心按设计尺寸在地表上标记观测墩开挖位置,开挖尺寸为(长×宽×深)1m×1m×1m,开挖至砂岩层(或原土层)

2. 采用外径 $\phi165$、壁厚 3～4mm、长度 4m 的镀锌钢管作为主体墩体(测杆),测杆提前预埋 PVC 保护管并穿入光缆、电缆线。测杆放入基础底面中间,浇筑强度 C20 混凝土并振捣密实;浇筑至地表高度时,立木模板,继续浇筑混凝土并将混凝土面抹平整

3. 测杆内部浇筑 C20 混凝土至钢管顶部,用水平尺调节强制对中基座至水平状态,基座抹平光滑,基座不锈钢板突出混凝土面

4. 观测墩养护,强度达到后拆模,观测墩表面修补及散水制作

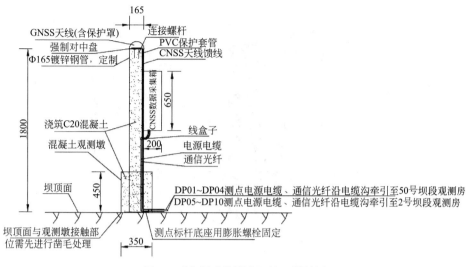

图 3　"大坝型监测点"施工设计图

"大坝型监测点"施工方法步骤　　　　　　　　　　　　　　　　　表 3

1. 按照设计坐标测量放点，以点位为中心按设计尺寸在坝面上标记膨胀螺栓安装及立模位置，膨胀螺栓安装位置（四个角）打孔，立模内部坝面凿毛处理

2. 采用外径 ϕ165、壁厚 3~4mm、长度 1.8m 的镀锌钢管作为主体墩体（测杆），测杆提前预埋 PVC 保护管并穿入光缆、电缆线以及防雷接地线，提前安装好避雷针并与接地线连接良好。测杆按照标记线立起并微调，确保位于中间，底座四角安装膨胀螺栓并固定

3. 木模板（尺寸：长×宽×高为 0.5m×0.5m×0.5m）制作，立模后浇筑强度 C20 混凝土并振捣密实，混凝土面抹平整

4. 测杆内部浇筑 C20 混凝土至钢管顶部，用水平尺调节强制对中基座至水平状态，基座抹平光滑，基座不锈钢板突出混凝土面

5. 观测墩养护，强度达到后拆模，观测墩表面修补

2.3　监测基准网点

　　GNSS 自动化监测系统的监测基准网点连同基准站为监测网点位运动提供了变形参考系（基准），同时可在基准网复测时对基准站的稳定性进行校核（如使用基于自由网平差的平均间隙法）[7]。监测基准网点施工设计图与施工方法步骤分别见图 4 和表 4。

监测基准网点施工方法步骤　　　　　　　　　　　　　　　　　表 4

1. 按设计坐标测量放点并开挖基础至原生土层，开挖完毕，以点位为中心在地表标记架立筋（4 根，ϕ12 带肋钢，长度 2.1m）钻孔位置；钻孔完成后，插入架立筋并用 ϕ6 光圆钢箍筋制作钢筋骨架

2. 采用外径 ϕ315、长度 1.8m 的 PVC 硬管套住钢筋骨架，微调使之竖直并保证钢筋骨架处于正中央；然后，往基坑回浇 C20 混凝土且振捣密实，待混凝土找平地表，立模（尺寸：长×宽×高为 1m×1m×0.2m）进行观测墩底面硬化

3. PVC 管浇筑 C20 混凝土至顶部，用水平尺调节强制对中基座至水平状态，基座抹平光滑，基座不锈钢板突出混凝土面

4. 观测墩养护，强度达到后拆模，观测墩表面修补

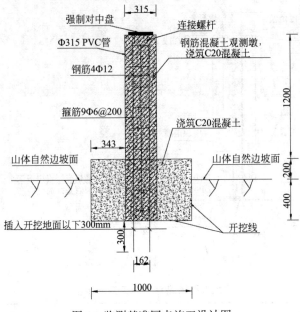

图 4 监测基准网点施工设计图

2.4 防雷子系统

GNSS 自动化监测系统的防雷子系统可有效地降低直击雷和感应雷对监测设备造成损坏的风险，前者通过建造避雷针来保护设备，后者通过安装馈线避雷器、电源避雷器或网络避雷器来达到防护目的。避雷针建设尺寸按"折线法"计算[8]。如图 5 所示，设备距地表高度为 H，避雷针针尖距地表高度为 h，测点标杆与避雷针水平间距为 d，防护半径 R 按下式计算

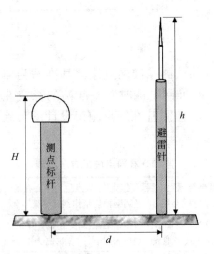

图 5 防直击雷系统——避雷针建设示意图

$$R = \begin{cases} (h-H) \cdot p, & H > \dfrac{1}{2}h \\ \left(\dfrac{3}{2}h - 2H\right) \cdot p, & H \leqslant \dfrac{1}{2}h \end{cases}$$

式中，p 为高度影响系数，当 $h \leqslant 30\text{m}$ 时，$p = 1$；当 $30\text{m} < h \leqslant 120\text{m}$ 时，$p = 5.5 \times h^{-1/2}$；当 $h > 120\text{m}$ 时，$p = 0.5$。

2.5　通信子系统

GNSS 自动化监测系统一般采用光纤或 3G/4G 无线通信方式传输数据。其中，光纤通信数据传输质量高，主要应用在移动通信网络较差区域；3G/4G 无线通信方式更便捷、灵活，一般在国内大部分地区均可使用。光纤通信、3G/4G 无线通信结构示意图分别见图 6、图 7。

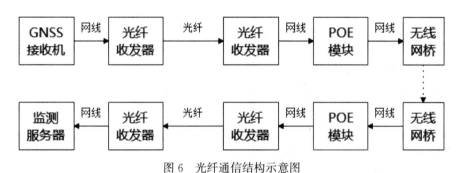

图 6　光纤通信结构示意图

图 7　3G/4G 无线通信结构示意图

3　设备安装与组网调试

3.1　设备安装

GNSS 自动化监测系统的设备安装主要包括测点设备安装和监测管理站设备安装（它们均含"光纤通信型"与"3G/4G 无线通信型"设备安装），此外还需对 GNSS 接收机进行相关配置（如卫星跟踪、数据通信参数等设置）。

1. 测点设备安装

"光纤通信型"设备安装包括 GNSS 接收机安装、光纤收发器安装、光纤终端盒安装及光纤熔接、避雷器安装和供电子系统安装等，安装示意图见图 8(a)。"3G/4G 无线通信型"设备安装包括 GNSS 接收机安装、3G/4G DTU 模块安装、太阳能控制器安装、避雷器安装和供电子系统安装等，安装示意图见图 8(b)。

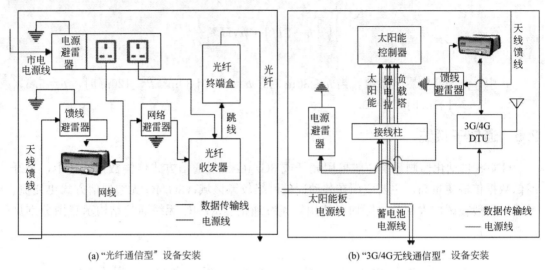

(a)"光纤通信型"设备安装　　　　　　　(b)"3G/4G无线通信型"设备安装

图 8　测点设备安装示意图

2. 监测管理站设备安装

"光纤通信型"设备安装包括光纤终端盒安装及光纤熔接、光纤收发器安装、网络交换机安装、监测服务器安装（含监测软件）和 UPS 安装等，安装示意图见图 9(a)。"3G/4G 无线通信型"设备安装包括 ComWay 无线串口软件安装、监测服务器安装（含监测软件）和 UPS 安装等，安装示意图见图 9(b)。

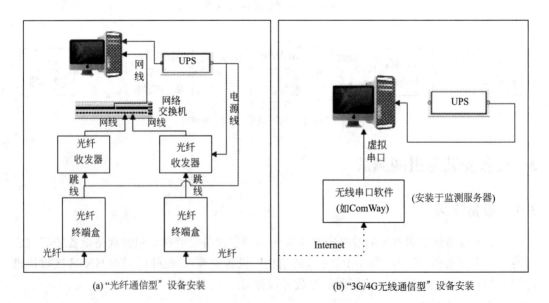

(a)"光纤通信型"设备安装　　　　　　　(b)"3G/4G无线通信型"设备安装

图 9　监测管理站设备安装示意图

3.2　组网调试

GNSS 自动化监测系统在完成系统土建施工、设备安装后即可进行组网调试。一般来说，首先应在监测软件（如徕卡 Spider）中新建工程项目及站点信息（包括站点名称、通信方式及传感器参数）并激活；其次，创建监测定位产品（如实时产品、后处理产品等）并激活；最后，在分析软件（或模块，如徕卡 GeoMos）中连接监测数据库并设置数据分析参数（如参考断面、报警阈值、数据报表等）。组网调试成功后，各测点数据流如图 10 所示。

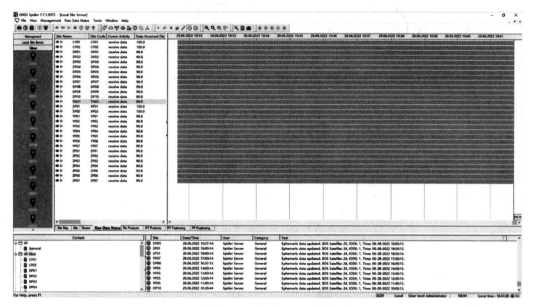

图 10　组网调试完毕，监测软件（Spider）上的测点数据流

4　工程应用实例

4.1　工程概况

以本文探讨的 GNSS 自动化监测系统一般建设经验方法指导非洲某水电站外部变形监测系统建设——监测对象包括大坝坝顶（10 点）、左右岸坝肩边坡（各 7 点）、厂房房顶（2 点）和泄流底孔边墙（2 点），其中基准网点 TN01 同时作为 GNSS 基准站，为 GNSS 监测点提供系统误差改正参数。系统网络拓扑图如图 11 所示。

4.2　监测成果分析

选取此系统 2022 年 2 月 1 日至 2 月 28 日的监测数据按下式（白塞尔公式）：

$$\sigma = \sqrt{\frac{\sum_{i=1}^{n} d^2}{n-1}}$$

式中，d 为 24h 时段解的累计变形量。

计算监测数据的重复性，结果统计于图 12。

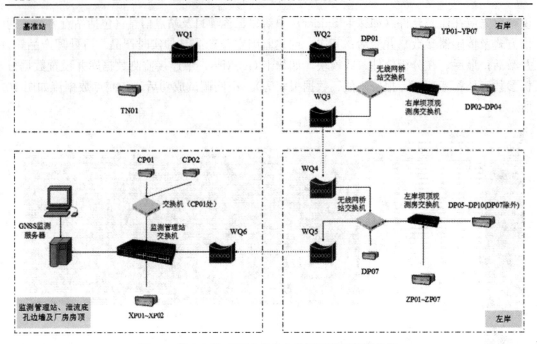

图 11　某水电站 GNSS 自动化监测系统网络拓扑图

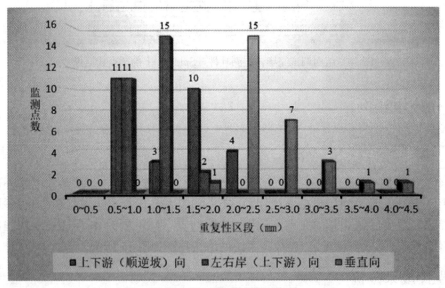

图 12　系统监测数据的重复性

由图可知：GNSS 自动化监测系统上下游向（顺逆坡向）、左右岸向（上下游向）与垂直向的重复性分别在 0.5～2.2mm、0.5～1.9mm 与 1.9～4.0mm 之间，并且平面数据的重复性基本在 2.0mm 以内，系统监测精度较高。

5　结论

本文研究、总结和提炼了 GNSS 技术在水电站外部变形自动化监测系统建设中的方案设计与土建施工、设备安装与组网调试的一般步骤和经验方法，角度全面、技术成熟且可行性强。

通过非洲某水电站的工程应用实践证明了 GNSS 技术应用于水电站外部变形监测的可行性、有效性和价值性，为将来类似项目提供了宝贵的借鉴经验、实践技巧和启示。

参考文献

[1] 姜卫平，刘鸿飞，刘万科，等 . 西龙池上水库 GPS 变形监测系统研究及实现 [J] . 武汉大学学报（信息科学版），2012，37（8）：949-952.

[2] 聂文泽，杨细源，黎杰，等 . 非洲几内亚苏阿皮蒂水电站基于北斗/GNSS 技术的变形自动化监测系统建设方案设计与应用 [J] . 中国水利学会 2021 学术年会论文集，2021：295-303.

[3] 姜卫平 . 卫星导航定位基准站网的发展现状、机遇与挑战 [J] . 测绘学报，2017，46（10）：1379-1388.

[4] 姜卫平 . GNSS 基准站网数据处理方法与应用 [M] . 武汉：武汉大学出版社，2017.

[5] 李征航，黄劲松 . GPS 测量与数据处理 [M] . 3 版 . 武汉：武汉大学出版社，2016.

[6] 王晨辉，郭伟，孟庆佳，等 . 基于虚拟参考站的 GNSS 滑坡变形监测方法及性能分析 [J] . 武汉大学学报（信息科学版），2022，47（06）：990-996.

[7] 黄声享，尹晖，蒋征 . 变形监测数据处理 [M] . 2 版 . 武汉：武汉大学出版社，2010.

[8] 中国电力企业联合会 . 交流电气装置的过电压保护和绝缘配合设计规范 GB/T 50064—2014. 北京：中国计划出版社，2014.

基于 Delmia Quest 的大坝围堰施工仿真方法研究

郝龙刚　黄　洁　张永瑞

（中国电建集团贵阳勘测设计研究院有限公司，贵州贵阳 邮编 550000）

摘　要：土石围堰是水电水利工程中水下围护施工的临时建筑物，其施工过程对主体工程施工进度以及施工安全有很大的影响。现有施工进度计划拟定方式很难证明其合理性，难以满足施工要求。本文通过建立围堰施工的动态离散系统，利用 Delmia Quest 对围堰施工过程进行仿真可以对其施工进度计划和各机械的利用进行分析，从而验证施工方案的可行性和正确性，并对施工方案进行进一步的优化调整，从而提升施工的效率和机械的利用率。

关键词：水电工程；围堰施工；离散事件仿真；Delmia Quest

1　研究背景

土石围堰是水利水电工程中水下维护施工的临时建筑物，是影响主体工程施工的控制性建筑物，能否按期完成土石围堰的施工，将影响到主体工程的节点工期，对工程施工进度产生很大的影响[1]，它的施作关系到工程施工进度以及工程的安全[2]。当前水利水电工程中土石围堰的施工计划往往仅按照工程经验来拟定，其施工节拍以及各施工机械的利用率、项目进度实施与进度计划的匹配度以及资源配置的合理程度都难以保证。一旦土石围堰未能按时完工，将会拖累整个工程的进度，造成大量人、财、物的浪费。

为保证项目计划的进度，大量学者对此进行了研究。王卓甫等[3] 理论分析了水利水电工程施工进度计划的不确定性和风险性，提出了风险的计算方法的步骤。张晓峰等[4] 运用故障树风险分析方法对影响工程施工进度的各种因素风险进行全面评价。周尔民等[5] 对某车间的齿轮生产线进行了的建模仿真，提出了较为理想的优化方案。马健萍等[6] 通过对某厂的汽车变速箱装配线进行仿真研究，大大优化了该厂的装配效率。上述部分学者从理论上分析了项目实施过程中可能出现的风险因素，但并未能对进度计划进行全面、直观的优化。另外部分学者虽然对进度计划基于仿真研究进行了优化，但均针对物流调度或产线零件装配等，并未对工程施工进行研究。

本文以水利水电工程中的土石围堰施工为对象，采用 Delmia Quest 通过快速建立模型对围堰施工进行仿真。利用施工仿真对围堰施工进度计划进行优化，验证工程施工仿真的可行性，以期为工程施工进度计划优化提供参考。

作者简介：郝龙刚（1994—），男，陕西咸阳人，助理工程师，硕士，主要从事水利信息化工作。

E-mail：haolonggang@foxmail.com。

2 基于 Delmia Quest 的离散事件仿真

2.1 围堰施工动态离散事件系统模型

围堰施工主要包括开挖过程，运输过程，填筑过程等，这些过程可以抽象为离散事件，即为系统的状态在一些离散的时间点上由于某种事件的驱动而发生改变[7]，其用数学模型来表示如下：

$$M=(T,U,X,Y,\Omega,\lambda)$$

其中，T 用来表示系统中推进的仿真时钟，U 代表各变量的输入值，X 是用来表征状态变量的值，Y 代表各变量的输出值，Ω 是状态转移函数，用来表示状态发生变化的规律，λ 则表示系统中状态的集合[7]。

离散事件系统中的活动用于表示相邻两个可以区分的事件之间的过程，它标志着系统状态的转移。例如混凝土运输到达事件和混凝土开始浇筑事件之间便存在一个排队活动。进程是对所有事件和活动以及它们之间逻辑关系的描述，通常由若干个有序事件及活动构成。例如混凝土装车从混凝土到达自卸汽车接受服务开始，到服务结束离开自卸汽车的过程，便是混凝土运输的进程。仿真时钟用来表示仿真时间的进程，在一个仿真系统中，可以有多个仿真时钟。围堰的施工过程可以看作是一系列离散事件组成的动态系统。

2.2 Delmia Quest 介绍

Delmia Quest 是法国达索公司开发的三维数字化工厂仿真平台，可以对离散事件系统进行仿真，Delmia Quest 中有多种元素（Element）分别代表不同的含义，例如[8]：

原料站（source）：用于原料生产，施工中可以表示料源点等。

接收（sinks）：用来接收零件的要素。

缓冲（buffers）：用于储存零件的要素，施工中可以表示中转料场以及存放卸料待摊铺的坝料等。

机器（machines）：用于加工原料的要素，可以表示施工过程中的各类机械。

此外还有自动导引车（AGV）、工人（Labor）以及传送带（Conveyor）等，其均具有不同的特性可供选择更加适合的元素进行仿真。

2.3 Delmia Quest 离散事件仿真过程

Delmia Quest 离散事件仿真过程也即利用 Delmia Quest 平台布设仿真模型，设置各变量的输入值，输出值以及状态转移的相关参数，以及编写各活动之间的逻辑。其主要步骤分为以下四步：

（1）分析施工过程，根据不同的施工工序特性选择相应的元素，建立各道工序的仿真模型；

（2）根据施工流程建立仿真模型之间的连接，从而使原料能够从一道工序按照生产工艺流程进入下一道工序；

（3）设置各道工序的加工工艺和设备等资源参数，例如设备资源的数量、运输速度生产节拍；

（4）最后，根据各施工流程的逻辑顺序，编写工序之间的衔接代码以及触发运行代码。

3　Delmia Quest 仿真实施

3.1　项目简介

某电站为二等工程，工程规模为大（2）型，选用围堰分期包围河床的导流方式，采用纵向土石围堰作为项目一期工程的挡水，一期围堰总工程量 2.27 万 m^2，关键节点安排防渗墙工期只有 69d，防渗墙混凝土高峰强度达 12265m^3/月，工期异常紧张。在施工过程中，道路和设备的布置以及各项工作的协调，确保各项工作顺利进行是本工程的重点和难点。因此对围堰施工过程进行仿真，验证其工期和施工方案是很有必要的。

该土石围堰堰体及基础采用混凝土防渗墙防渗，施工分为水下枯水位以下施工，施工总体流程为：水下堰体填筑→水下至防渗墙施工平台部分填筑完成→防渗墙施工→防渗墙平台以上填筑，施工流程见图 1。

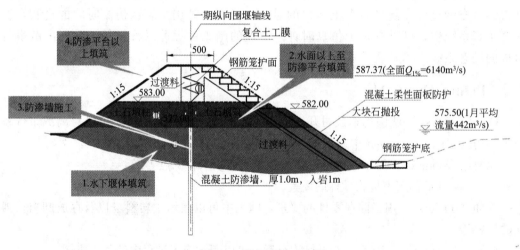

图 1　一期围堰施工流程

土石围堰填筑材料主要包括戗堤料、土石料、土工膜、砂垫层以及塑性混凝土。其中，土石料，戗堤料和过渡料来自基坑开挖料，塑性混凝土由左岸混凝土生产系统提供，土工膜放置于现场设置的土工膜仓库，砂垫层为外购。

3.2　建模简化

在模型建立过程中影响因素众多，应适当对模型进行简化。不同型号挖掘机开挖生产率取经验值；自卸汽车运输重车速度、空车速度、装车时间、卸料时间取经验值，运距按照平均运距进行简化；土石料和戗堤料的抛填速率均按照取经验值。

土石料摊铺速率，振动碾碾压速率按照《水利水电施工设计手册》中速率公式进行计算。混凝土罐车运输重车速度、空车速度、装车时间、卸料时间取经验值，运距按照平均运距进行简化；混凝土浇筑速率取经验值。

防渗墙施工平台以上工程主要为土石料填筑，土工膜铺设和砂垫层铺填穿插进行，因此简化为按照土石料填筑量进行划分工作区域，按照碾压一次的工程量作工作区域划分。

考虑机械故障率、施工时段的影响及水文气象条件限制等因素，每个月按照 25d 进行施工。

3.3 建模实施

建模实施主要从四个部分来分开建模，对水下堰体填筑、水面至防渗平台填筑、防渗墙施工以及防渗平台以上填筑建立的仿真模型如图 2～图 5 所示。

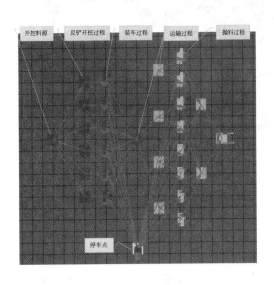

图 2　水下堰体填筑仿真模型

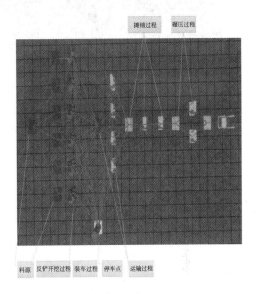

图 3　水面至防渗平台填筑仿真模型

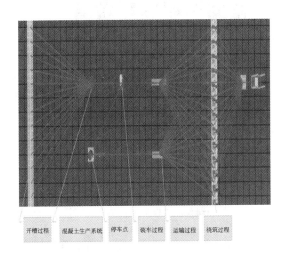

图 4　混凝土防渗墙平台施工仿真模型

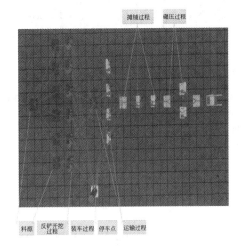

图 5　防渗墙平台以上施工仿真模型

对各部分物料来源及数量确定后，根据工序衔接情况对各物料在运输及生产过程中的输入输出关系进行 process 的设置。并对各个部位的模型逻辑关系进行编码设定。点击运行进行仿真动画运行，如图 6 所示。

图 6　仿真实施界面

3.4　结果分析

可以得到仿真各个阶段的工程量，如图 7～图 11 所示。

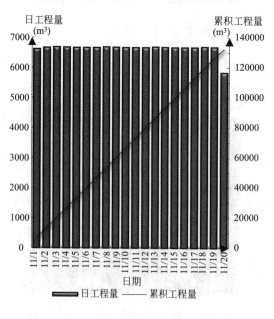

图 7　水下堰体填筑工程量

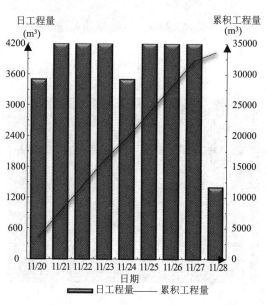

图 8　水面至防渗平台填筑工程量

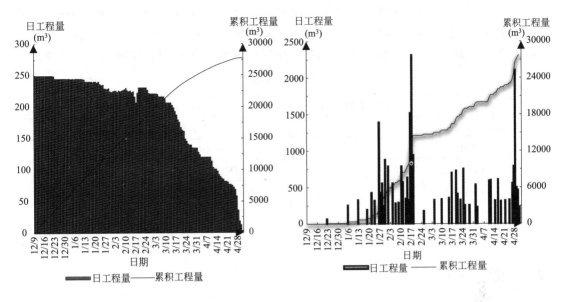

图 9　混凝土防渗墙开槽工程量　　　　　图 10　混凝土防渗墙浇筑工程量

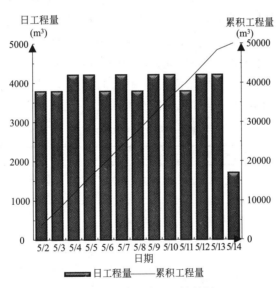

图 11　防渗平台以上填筑量

从一期围堰开始填筑到一期围堰施工填筑完成计划工期总共 180d，仿真得到的工期为 194d，其施工方案不能满足进度要求。见表 1。

计划日期与仿真日期比较　　　　　　　　　　表 1

序号	项目	计划日期	仿真日期
1	一期围堰开始填筑	2021 年 11 月 1 日	2021 年 11 月 1 日
2	防渗墙施工平台填筑完成	2022 年 1 月 10 日	2021 年 11 月 28 日
3	一期围堰防渗墙施工完成	2022 年 3 月 15 日	2022 年 5 月 1 日
4	一期围堰填筑完成	2022 年 4 月 30 日	2022 年 5 月 14 日

通过分析各机械平均利用率，可以看出挖掘机、推土机利用率过高，说明其机械数量过少，而冲击钻、25台自卸汽车平台以及9台9m³混凝土罐车平台平均利用率过低。需要通过进一步增加利用率过高的机械数量来提高生产率，仿真得到各机械利用率表见表2。

各机械利用率 表2

机械名称	平均利用率（%）	机械名称	平均利用率（%）
1.6m³ 挖掘机1	93	25台自卸汽车平台	23
1.6m³ 挖掘机2	93	TY320型推土机	97
1.6m³ 挖掘机3	93	26t自行式振动碾1	76
2.0m³ 挖掘机1	89	26t自行式振动碾2	76
2.0m³ 挖掘机2	89	CZ-6D冲击钻平均生产率	2
2.0m³ 挖掘机3	89	9台9m³混凝土罐车平台	52

3.5 优化方案

因此，在施工进度计划的限制下，需要通过增加部分机械的方式来增加生产率，选择增加一台1.6m³挖掘机、一台2.0m³挖掘机、一台TY320型推土机。而减少机械数量不会增加生产率，因此可以适当减少自卸汽车以及混凝土罐车的数量，使其机械使用率更高，减少运输成本，本方案将自卸汽车以及混凝土罐车的数量降至20台和7台。在本方案中，冲击钻的位置不能随便移动，因此冲击钻的数目不减少。

通过仿真得到的优化方案各机械使用率见表3。可以看出，挖掘机的整体生产率增加，推土机的整体生产率增加，自卸汽车以及混凝土罐车的机械使用率增加。

优化方案各机械利用率 表3

机械名称	平均利用率（%）	机械名称	平均利用率（%）
1.6m³ 挖掘机1	92	20台自卸汽车平台	70
1.6m³ 挖掘机2	92	TY320型推土机1	96
1.6m³ 挖掘机3	92	TY320型推土机2	96
1.6m³ 挖掘机4	92	26t自行式振动碾1	83
2.0m³ 挖掘机1	90	26t自行式振动碾2	83
2.0m³ 挖掘机2	90	CZ-6D冲击钻平均生产率	2
2.0m³ 挖掘机3	90	7台9m³混凝土罐车平台	76
2.0m³ 挖掘机3	90		

可以得到优化方案仿真工期为174d，见表4。其施工方案满足进度要求。

优化方案计划日期与仿真日期比较 表4

序号	项目	计划日期	仿真日期
1	一期围堰开始填筑	2021年11月1日	2021年11月1日
2	防渗墙施工平台填筑完成	2022年1月10日	2021年11月17日
3	一期围堰防渗墙施工完成	2022年3月15日	2022年4月20日
4	一期围堰填筑完成	2022年4月30日	2022年4月24日

4　结论

本文针对水电围堰工程施工进度计划及施工方案设计措施不明的现状，建立了围堰施工模型，并利用 Delmia Quest 进行仿真模拟。以某工程土石围堰为例，验证了其施工方案的合理性和可行性，分析了各机械对施工进度的影响，并对其施工方案进行优化。具体结论如下：

（1）本文的模拟结果为从一期围堰开始填筑到一期围堰施工填筑完成计划工期 180d，仿真得到的工期为 194d，不满足施工进度计划的要求，分析得到各机械利用率数据，需通过调整其机械数量进行方案优化。

（2）通过对施工机械数量的调整，使其仿真工期缩短至 174d，并提升了相关机械的利用效率。

本文利用 Delmia Quest 进行施工仿真验证，并对施工方案进行优化，证明在工程领域使用施工仿真的可行性。且 Delmia Quest 简单易学，大大减少了仿真实施的学习成本。

参考文献

[1]　龙江，孙明光．大型围堰平面应变问题的一种算法［J］．中山大学学报（自然科学版），1997（01）：2-6.

[2]　王朝江，刘国强，杨炳炎．土石围堰变饱和非稳定渗流数值模拟分析［J］．水利水电工程设计，2012，31（04）：16-18.

[3]　王卓甫，陈登星．水利水电施工进度计划的风险分析［J］．河海大学学报（自然科学版），1999（04）：83-87.

[4]　张晓峰，朱琳，谭学奇，王仁超．大型水利水电工程施工进度风险分析［J］．水利水电技术，2005（04）：82-84.

[5]　周尔民，朱进，王贵用．基于 DELMIA/QUEST 的生产线数字化工艺规划研究［J］．制造业自动化，2015，37（23）：1-4，12.

[6]　马健萍，周新建，潘磊．基于 Delmia/QUEST 的数字化装配线仿真应用［J］．华东交通大学学报，2006（02）：125-128.

[7]　班克斯．离散事件系统仿真［M］．北京：机械工业出版社，2007.

[8]　杨光，卢峰华，姜斌，刘阳，杨鑫华．基于 Delmia/Quest 的焊接生产线仿真与应用［J］．焊接技术，2020，49（02）：68-72.